河北森林昆虫志

第一卷

（原尾纲、弹尾纲、双尾纲、昆虫纲：不全变态类）

任国栋　邸济民　主编

河北省森林病虫害防治检疫站专项科考项目资助
河北大学国家动物学重点（培育）学科资助
河北省动物系统学与应用重点实验室资助

科学出版社
北　京

内 容 简 介

《河北森林昆虫志》是由河北大学国家动物学重点（培育）甲虫系统学研究室牵头，河北省动物系统学与应用重点实验室和河北省森林病虫害防治检疫站合作完成的专项科考项目取得的阶段性成果编撰而成，共 4 卷，按分类系统由低等到高等依序编排。本卷是第一卷，共记述六足亚门昆虫 4 纲 21 目 147 科 518 属 875 种，分别是原尾纲 2 目 5 科 7 属 16 种，弹尾纲 3 目 8 科 20 属 35 种，双尾纲 2 目 3 科 3 属 3 种，昆虫纲（不全变态类）14 目 131 科 488 属 821 种（亚种），其中，蟎目为河北地区首次记录。本书列出了纲、目、科的主要识别特征，科级以上分类检索表或检索图、标本信息，列出了部分物种的寄主、食性或采访植物及其分布地，并附有大部分物种的照片、部分物种的特征图，以及中文名和学名索引。

本书可供国内外从事自然保护、农林业、植物保护、植物检疫、生物多样性、陆地生态学等领域研究的科研人员，以及大中专院校相关专业人员学习参考。

图书在版编目（CIP）数据

河北森林昆虫志. 第一卷 / 任国栋, 邸济民主编. — 北京：科学出版社, 2024.10.
ISBN 978-7-03-079574-8

Ⅰ. S718.7

中国国家版本馆 CIP 数据核字第 2024T96U56 号

责任编辑：张会格　王　静　薛　丽 / 责任校对：郑金红
责任印制：肖　兴 / 封面设计：金舵手

科学出版社 出版
北京东黄城根北街 16 号
邮政编码：100717
http://www.sciencep.com
北京建宏印刷有限公司印刷
科学出版社发行　各地新华书店经销

*

2024 年 10 月第　一　版　　开本：787×1092　1/16
2025 年 7 月第二次印刷　　印张：34 3/4　插页：18
字数：874 000

定价：398.00 元
（如有印装质量问题，我社负责调换）

FAUNA OF FOREST INSECTS FROM HEBEI PROVINCE, CHINA

Volume 1

Protura, Collembola, Diplura, Insecta (Heterometabola)

By

GUO-DONG REN & JI-MIN DI
(Chief Editors)

Science Press
Beijing, China

《河北森林昆虫志》领导小组

主　任（组长）：周金中

副主任（副组长）：王　忠　李小亭

成　员：邱济民　任国栋　牛敬生　李　跃　任卫红
　　　　刘国权　曹运强　孙建国　李盼威　徐海占
　　　　曹江峰　庞国强　刘志群　郭淑霞　高秋海
　　　　降光兵　刘　恋

《河北森林昆虫志》编委会

主　编：任国栋　邱济民

委　员（以姓氏拼音为序）：
　　　　巴义彬　白　玲　白茜茜　白兴龙　常凌小
　　　　董赛红　方　程　关环环　郭欣乐　姬俏俏
　　　　荆彤彤　李　迪　李东越　李　静　李文静
　　　　李新江　李秀敏　李　雪　李　跃　李罂旭
　　　　刘军侠　刘　琳　刘　蕊　刘杉杉　牛敬生
　　　　牛一平　潘　昭　任　甫　单军生　史　贺
　　　　宋　璐　孙晓杰　唐慎言　魏中华　闫　艳
　　　　杨晋宇　杨丽坤　苑彩霞　张　嘉　张润杨
　　　　张　越　周国娜　朱　琳

前　　言

　　河北省位于我国东部的北温带大陆性季风气候带，地貌类型复杂，植被覆盖率较高，昆虫种类比较丰富。在 Holt 等（2013）的世界动物地理区划意见中，河北省跨越了古北界和中日界两个动物地理区；在张荣祖（2011）的中国动物地理区划中，河北省隶属于古北界东北亚界的东北区和华北区、古北界中亚亚界的蒙新区，由于世界动物地理区近年发生的重要变化，蒙新区的局部地区相应调整为中日界的华北区及华中区的一部分。由河北省所处的区域地理位置可以看出，其处在中国南北昆虫多种区系成分相融交汇的地带。河北省毗邻蒙古高原的南缘和黄土高原的东部地区，尤其毗邻渤海，气候受海洋影响较大，为境内的各类自然保护区、森林公园和湿地提供了比较湿润的环境。河北大地，尤其是燕山-太行山地区山高谷深、降水适度，为森林植被的良好发育和野生动物繁衍生息提供了良好的生态环境，成为一些珍稀动、植物的生长地和避难所，孕育了比较丰富的昆虫多样性，保存着大量有价值的生物物种基因。揭示和了解河北省昆虫多样性本底，对于我们认知其资源分布状况和可利用价值，具有重要的科学价值和现实意义。

　　昆虫是地球上进化最为成功的生物群体，它们具有独特的多样性和近乎全球性的分布，是构成生物多样性和维持地球所有生命过程不可忽视的力量，被看作是所有陆地生态系统的生物基础。昆虫不仅为植物授粉、传播种子，还在维持生态系统的健康、复杂性和恢复力方面发挥着关键作用。可以这样说，在促成生态平衡的无数物种中，没有其他任何一类物种像昆虫那样无处不在或有如此大的影响力。昆虫可为植物授粉、分解物质、维持土壤结构和肥力、控制其他生物的种群，并可作为其他动物类群重要的食物来源；昆虫提供的生物防治等服务，可维系生态系统的健康运作，从而极大地影响着整个生物世界。昆虫还通过成为食物、药物成分，以及帮助净化水和空气、防止土壤侵蚀、调节气候等为人类提供必要的服务，为旅游业和渔业提供重要的资源，此外，昆虫还具有重要的文化、审美和精神价值。昆虫的这些重要作用表明它们在生物界中占有重要地位，是一些科学领域进步的关键（Foottit et al.，2017）。

　　在森林生态系统中，昆虫是不可或缺的组成部分，占有不可替代的生态位，在维持生态系统结构和功能方面发挥着关键作用。昆虫的多样性与生态系统的生物多样性紧密相连，其多样性对森林植被变化十分敏感，昆虫群落多样性的变化对评估森林生态系统健康状况具有重要价值。在全球陆地生态环境中，昆虫是生态系统重要的参与者、建设者和贡献者，是评估自然保护区和森林公园生态环境优劣的重要指标性生物。昆虫的个头普遍很小，种数繁多，功能作用分化复杂，以及分类识别难度较大，目前开发利用有限，因此昆虫是自然保护区、森林公园或湿地生态环境中颇具开发前景的资源。

　　由于种种原因，尤其是分类学人才的匮乏，河北省丰富的昆虫多样性缺乏比较持续性的调查研究。大量物种资源"隐姓埋名"为我们所不知，或学者记录的众多种类散落在各种各样的文献中没有归纳总结出来，影响我们对河北森林景观生物资源本底的认知和健康水平的评估，更缺少对其生态服务功能的了解。

河北省历史上的森林昆虫物种本底普查，当以 1979～1982 年国家林业部统一部署的全国森林病虫普查项目规模最大、影响最广。此次考察以各地（市）林业局、国营林场管理局、总场为单位，组成了 28 个普查队，对河北省主要森林昆虫进行了比较认真、细致的野外调查和系统采集，收获了大宗珍贵标本。主要成果总结于 1985 年出版的《河北森林昆虫图册》一书中，共计记述河北省常见森林昆虫 87 科 1104 种，包括主要害虫 600 余种，林木伴生植物害虫 300 余种，天敌昆虫 100 余种；每种均有成虫的形态描述和彩色照片，并附有主要森林害虫防治方法。该书是河北省历史上第一部以图文并茂形式记述森林昆虫的学术专著，在指导河北省森林保护工作中发挥了积极作用。

伴随着我国改革开放及经济社会的蓬勃发展和综合科技实力的不断提升，保护生物多样性就是保护我们人类的生存环境，成为全社会的普遍共识，如何提高公民对生物多样性重要性的认知与对绿色生态家园的保护意识，成为当今社会最为重要和亟须解答的命题，这种广泛共识目前已上升至世界共识层次并成为坚定的政府发展意识。在此背景之下，河北省林业有害生物普查课题在国家和省政府的支持下得以立项，并于 2014～2016 年组织实施。此次昆虫普查的现实意义反映在以下 3 个方面：一是进一步挖掘和认知河北省森林昆虫物种资源本底，尤其是未知昆虫种类及其分布和发生情况；二是综合标本鉴定结果和文献记录，将其统一在有效的物种名称之下，并按照国际公认度高的分类系统进行编目；三是将调查研究获得的物种标本和相关数据转化成为林业及农业生产、科学研究、教学和科普服务的资源，成为植物保护工作中昆虫种类识别、虫情测报和有害种类防治、植物检疫服务的科学依据。这项工作由河北省森林病虫害防治检疫站直接领导、河北大学动物学科教授任国栋牵头，组织河北大学等省内外相关昆虫学专业团体共同完成。项目自开展以来，先后对省内小五台山国家级自然保护区、塞罕坝国家森林公园、木兰围场国家森林公园、黑龙山国家森林公园、辽河源省级自然保护区、雾灵山国家级自然保护区、五岳寨国家森林公园、不老青山风景区、老爷山省级森林公园、太行山南段（包括涉县、邯郸市峰峰矿区、武安市清崖寨国家级自然保护区等）10 个代表性森林景观的昆虫资源进行了联合考察，基本覆盖了从河北燕山到太行山两大关键山系各代表性森林景观。项目开展期间，分别邀请中国科学院动物研究所、南开大学、河北大学、河北农业大学、中国农业大学、上海自然博物馆、广西师范大学、上海师范大学、南京农业大学、沈阳师范大学、扬州大学、中山大学、华南师范大学、浙江大学等单位的相关专家参与调查或帮助鉴定了有关类群的标本，上海自然博物馆的卜云研究员提供了 10 种跳虫的形态特征记述，在此一并致以衷心感谢。与此同时，项目组还对国内外相关记录进行了艰巨的搜集和整理，使此次考察工作更为全面和丰富。在此基础上，项目组组织力量编撰完成了《河北森林昆虫志》4 卷志书。该系列志书是对河北省森林昆虫资源一次新的总结和深入揭示，共记载除卫生昆虫以外的其他昆虫 6000 余种（亚种），为探讨河北省森林昆虫物种多样性构成、区系性质、分布类型、资源类型与保护利用等提供了大量实证和有价值的数据。

此次考察与第一次河北省森林昆虫普查成果相比，在以下 3 个方面有所不同：一是物种多样性大幅度增加，纲级增加了 3.0 倍、目级增加了 3.5 倍（含 1 新纪录目——蜱目 Phasmatodea）、科级增加了 3.0 倍、种级增加了 5.0 倍；二是对河北省森林昆虫的中文名和学名进行了初步修订与统一，增强了学术有效性；三是基于考察总结的数据，对河北省森林昆虫各级分类阶元的构成比重、区系组成特点、分布类型、与世界和中国动物地理区的关系、资源类型和保护利用等提出了新的见解和建议。

最后还需要说明的是，尽管本书总结的种类还不够全面，一些结论还存在不足，但就记录的昆虫种类而言，无疑在河北省森林昆虫的记录历史上留下了浓重一笔，为今后深入揭示河北省昆虫资源及其多样性等科学问题奠定了一个比较重要的基础，对从事昆虫学、生物多样性、生态学、森林保护学及生物地理学研究的科技工作者，具有重要的参考价值。

尽管如此，本书还存在以下一些缺憾：一是我们的考察工作周期相对较短，分工合作中各点的采集方法和技术、采集力度和采集的全面程度均存在差异，从而影响到对各地区的昆虫种类及其物种数量的总结分析和比较；二是受考察人力和专业技术水平所限，此次考察所鉴定的种类大致占到采集物种总数的 60%～70%，这个数字距基本摸清河北省森林昆虫物种本底还有相当大的差距，有待今后继续努力；三是由于作者水平有限，书中难免存在不足之处，敬请广大学者指正。

任国栋
2022 年 6 月 20 日

编 写 说 明

一、本书记述的河北森林昆虫包括森林生态系统中与林木有直接和间接关系的昆虫种类。作者认为森林环境是众多生活于森林生态系统中的各种生命体的共同家园，具有复杂的立体生态相，成分包括各种乔木、灌木、苔藓植物、地衣、草本植物、菌物、动物等在内，同时也包括与昆虫紧密联系的天敌、微生物、清洁生物、水生生物和陆地生物等生命类型。因此，本书所记述的森林昆虫种类不是单纯危害森林的害虫种类，而是除大量卫生昆虫以外的其他昆虫种类。

二、本书记述了河北省境内有分布的森林昆虫，并按国际公认度较高的昆虫分类系统进行编排，各分类阶元的中文名采用国内使用范围较广且比较系统化的名称，编制了科级阶元以上各大类群的分类检索表（图），介绍了各纲、目、科、种成虫的主要形态识别特征、简要分类信息、大部分物种的标本记录、分布地和取食对象；对于不同中文名者和学名者，分别列出了其主要中文名的别名和学名异名；在所知范围内，将取食对象明确者分别称为寄主、捕食对象，反之笼统按取食对象对待，对于寄主或取食对象不明者，列出部分物种的栖息地。

三、本书所包含的昆虫种类，大多数配有成虫整体彩色图或部分形态特征图，所有物种均按图版次序单独编号；为便于图文查对，在文内昆虫种类后注有图版序号。

四、本书记述的昆虫种类，主要为 2014~2016 年河北省林业有害生物普查的结果，同时也对相关文献记录的分布于河北省的有效物种做了一定收录。

五、本书使用的昆虫中文名和学名，主要根据国内外较新学术专著和重要期刊上记述的名称而编写，许多名称出自专家经系统分类研究后确认的种类，有些名称沿用或惯用至今；对外国学者记录的、国内尚无中文名的种类，作者主要根据其词义或特征赋予其中文名，以利读者使用。

六、本书为节省篇幅，仅在一些小纲和小目下直接列出其隶属的目、科和种级阶元，不再一一列出其他高级阶元。

七、本书一律使用"标本记录"一词，意在反映观察过或检视过标本的物种，同时也包括合作研究者单位保存在国内其他标本馆（室）的河北地区标本，在标本记录中均有注明。

八、本书附有中文名、学名索引。中文名索引按拼音顺序编排；学名仅列出各物种的有效名称，按字母依序编排；凡有彩色照片的种类，中文名和学名后均写有编号。

目　　录

前言
编写说明
总论 ··· 1
　一、昆虫概述 ··· 1
　　（一）昆虫的识别 ··· 1
　二、昆虫的分类 ··· 2
　　（一）主要分类依据 ··· 2
　　（二）基本分类体系 ··· 2
　三、昆虫的重要性 ··· 3
　　（一）昆虫是地球繁荣的贡献者 ··· 3
　　（二）昆虫是维护生态系统的重要力量 ··· 4
　　（三）昆虫带给人类的福祉 ··· 4
　四、本书记录的河北森林昆虫 ··· 8
各论 ··· 13
　一、原尾纲 Protura Silvestri, 1907 ··· 14
　　Ⅰ. 蚖目 Acerentomata Yin, 1996 ·· 14
　　　1. 蚖科 Acerentomidae Silvestri, 1907 ·· 14
　　　2. 檗蚖科 Berberentulidae Yin, 1983 ·· 15
　　　3. 夕蚖科 Hesperentomidae Price, 1960 ··· 20
　　　4. 始蚖科 Protentomidae Ewing, 1936 ··· 21
　　Ⅱ. 古蚖目 Eosentomata Yin, 1996 ·· 22
　　　5. 古蚖科 Eosentomidae Berlese, 1909 ··· 22
　二、弹尾纲 Collembola Lubbock, 1870 ··· 27
　　Ⅲ. 愈腹蚖目 Symphypleona Börner, 1901 ··· 27
　　　6. 圆蚖科 Sminthuridae Lubbock, 1862 ·· 28
　　Ⅳ. 原蚖目 Poduromorpha Börner, 1913 ··· 29
　　　7. 球角蚖科 Hypogastruridae Börner, 1913 ·· 29

　　　　8. 疣䖴科 Neanuridae Börner, 1901 ·· 30

　　　　9. 棘䖴科 Onychiuridae Börner, 1913 ·· 31

　　　　10. 土䖴科 Tullbergiidae Bagnall, 1947 ··· 34

　　Ⅴ. 长角䖴目 Entomobryomorpha Börner, 1913 ··· 35

　　　　11. 长角䖴科 Entomobryidae Schaffer, 1896 ·· 35

　　　　12. 等䖴科 Isotomidae Börner, 1913 ·· 40

　　　　13. 鳞䖴科 Tomoceridae Schaffer, 1896 ··· 43

三、双尾纲 Diplura Börner, 1904 ·· 44

　　Ⅵ. 钳尾目 Dicellurata Cook, 1896 ·· 45

　　　　14. 铗蚖科 Japygidae Lubbock, 1873 ·· 45

　　　　15. 副铗蚖科 Parajapygidae Womeley, 1939 ··· 46

　　Ⅶ. 棒尾目 Rhabdura Cook, 1896 ·· 46

　　　　16. 康蚖科 Campodeidae Lubbock, 1873 ·· 47

四、昆虫纲 Insecta Linnaeus, 1758 ·· 47

　　（一）无翅亚纲 Apterygota Chapman & Hall, 1877 ·· 47

　　　Ⅷ. 石蛃目 Archaeognatha Börner, 1904 ·· 56

　　　　17. 石蛃科 Machilidae Grassi, 1888 ··· 56

　　　Ⅸ. 衣鱼目 Zygentoma Latreille, 1796 ··· 56

　　　　18. 衣鱼科 Lepismatidae Latreille, 1802 ·· 57

　　（二）有翅亚纲 Pterygota Schott & Endlicher, 1832 ·· 58

　　　Ⅹ. 蜉蝣目 Ephemeroptera Hyatt & Arms, 1891 ·· 58

　　　　19. 四节蜉科 Baetidae Leach, 1815 ··· 59

　　　　20. 细蜉科 Caenidae Newman, 1853 ·· 60

　　　　21. 小蜉科 Ephemerellidae Walsh, 1862 ·· 61

　　　　22. 蜉蝣科 Ephemeridae Latreille, 1810 ·· 62

　　　　23. 扁蜉科 Heptageniidae Needham & Betten, 1901 ··· 64

　　　　24. 细裳蜉科 Leptophlebiidae Leach, 1815 ·· 66

　　　　25. 新蜉科 Neoephemeridae Lestage, 1931 ··· 68

　　　Ⅺ. 蜻蜓目 Odonata Fabricius, 1793 ·· 69

　　　　26. 蜓科 Aeshnidae Leach, 1815 ·· 70

　　　　27. 色蟌科 Calopterygidae Sélys, 1850 ·· 71

　　　　28. 蟌科 Coenagrionidae Kirby, 1890 ·· 73

29. 大蜓科 Cordulegastridae Tillyard, 1917 ······ 77

30. 伪蜻科 Corduliidae Kirby, 1890 ······ 78

31. 春蜓科 Gomphidae Handlirsch, 1906 ······ 79

32. 蜻科 Libellulidae Rambu, 1842 ······ 82

33. 大蜻科 Macromiidae Needham, 1903 ······ 89

34. 扇螅科 Platycnemididae Tillyard & Fraser, 1938 ······ 92

XII. 蜚蠊目 Blattaria Latreille, 1810 ······ 94

35. 姬蠊科 Blattellidae Karny, 1908 ······ 94

36. 蜚蠊科 Blattidae Handlisch, 1925 ······ 95

37. 地鳖蠊科 Corydiidae Saussure, 1864 ······ 96

XIII. 螳螂目 Mantodea Latreille, 1802 ······ 97

38. 螳科 Mantidae Burmeister, 1838 ······ 97

XIV. 等翅目 Isoptera Comstock, 1895 ······ 99

39. 鼻白蚁科 Rhinotermitidae Light, 1921 ······ 99

XV. 䗛目 Phasmatodea Jacobson & Bianchi, 1902 ······ 102

40. 异䗛科 Heteronemiidae Rehn, 1904 ······ 102

XVI. 直翅目 Orthoptera Latreille, 1810 ······ 103

XVI-1. 螽亚目 Ensifera Ander, 1939 ······ 105

41. 蟋蟀科 Gryllidae Laicharting, 1781 ······ 105

42. 蝼蛄科 Gryllotalpidae Leach, 1815 ······ 108

43. 树蟋科 Oecanthidae Blanchard, 1845 ······ 109

44. 驼螽科 Rhaphidophoridae Walker, 1869 ······ 110

45. 螽斯科 Tettigoniidae Krauss, 1902 ······ 111

46. 蚤蝼科 Tridactylidae Brullé, 1835 ······ 124

47. 蛉蟋科 Trigonidiidae Saussur, 1874 ······ 125

XVI-2. 蝗亚目 Caelifera Ander, 1939 ······ 128

48. 剑角蝗科 Acrididae MacLeay, 1821 ······ 128

49. 锥角蝗科 Gomphoceridae Fieber, 1853 ······ 140

50. 斑翅蝗科 Oedipodidae Walker, 1871 ······ 141

51. 癞蝗科 Pamphagidae Burmeister, 1840 ······ 148

52. 锥头蝗科 Pyrgomorphidae Brunner von Wattenwyl, 1874 ······ 149

53. 蚱科 Tetrigidae Rambur, 1838 ······ 150

XVII. 革翅目 Dermaptera De Geer, 1773·······153

 54. 肥螋科 Anisolabididae Verhoeff, 1902·······154

 55. 球螋科 Forficulidae Tillyard, 1926·······156

 56. 蠷螋科 Labiduridae Verhoeff, 1902·······162

 57. 大尾螋科 Pygidicranidae Verhoeff, 1902·······162

 58. 苔螋科 Spongiphoridae Verhoeff, 1902·······163

XVIII. 襀翅目 Plecoptera Burmeister, 1839·······164

 59. 叉襀科 Nemouridae Newman, 1853·······164

 60. 绿襀科 Chloroperlidae Okamoto, 1802·······169

 61. 扁襀科 Peltoperlidae Claassen, 1931·······169

 62. 网襀科 Perlodidae Klapálek, 1909·······170

XIX. 蚜目 Psocoptera Shipley, 1904·······171

 63. 重蚜科 Amphientomidae Enderlein, 1903·······172

 64. 双蚜科 Amphipsocidae Pearman, 1936·······173

 65. 亚蚜科 Asiopsocidae Mockford & Garcia Aldrete, 1976·······174

 66. 单蚜科 Caeciliusidae Rafinesque, 1814·······174

 67. 外蚜科 Ectopsocidae Roesler, 1944·······179

 68. 上蚜科 Epipsocidae Pearman, 1936·······181

 69. 分蚜科 Lachesillidae Pearman, 1936·······182

 70. 虱蚜科 Liposcelididae Broadhead, 1950·······186

 71. 羚蚜科 Mesopsocidae Pearman, 1936·······191

 72. 围蚜科 Peripsocidae Roesler, 1944·······192

 73. 蚜科 Psocidae Hagen, 1865·······194

 74. 狭蚜科 Stenopsocidae Pearman, 1936·······204

XX. 缨翅目 Thysanoptera Haliday, 1836·······206

 75. 纹蓟马科 Aeolothripidae Uzel, 1895·······207

 76. 管蓟马科 Phlaeothripidae Uzel, 1895·······208

 77. 蓟马科 Thripidae Stephens, 1829·······209

XXI. 半翅目 Hemiptera Linnaeus, 1758·······214

XXI-1. 蝉亚目 Cicadomorpha Batsch, 1789·······215

 1）蝉总科 Cicadoidea Batsch, 1789·······215

  78. 蝉科 Cicadidae Batsch, 1789·······215

2）沫蝉总科 Cercopoidea Leach, 1815 ····· 217
    79. 尖胸沫蝉科 Aphrophoridae Amyot & Serville, 1843 ····· 218
    80. 沫蝉科 Cercopidae Leach, 1815 ····· 219

3）角蝉总科 Membracoidea Rafinesque, 1815 ····· 220
    81. 角蝉科 Membracidae Rafinesque, 1815 ····· 220

4）叶蝉总科 Cicadelloidea Latreille, 1802 ····· 223
    82. 叶蝉科 Cicadellidae Latreille, 1802 ····· 223

XXI-2. 蜡蝉亚目 Fulgoromorpha Latreille, 1807 ····· 231
  1）蜡蝉总科 Fulgoroidea Latreille, 1807 ····· 232
    83. 颖蜡蝉科 Achilidae Stål, 1866 ····· 232
    84. 袖蜡蝉科 Derbidae Spinola, 1839 ····· 233
    85. 象蜡蝉科 Dictyopharidae Spinola, 1839 ····· 233
    86. 蜡蝉科 Fulgoridae Latreille, 1807 ····· 236
    87. 瓢蜡蝉科 Issidae Spinola, 1839 ····· 237
    88. 广翅蜡蝉科 Ricaniidae Amyot & Serville, 1843 ····· 238
    89. 飞虱科 Delphacidae Leach, 1815 ····· 239

XXI-3. 胸喙亚目 Sternorrhyncha Amyot & Audinet-Serville, 1843 ····· 243
  1）粉虱总科 Aleyrodoidea Westwood, 1840 ····· 243
    90. 粉虱科 Aleyrodidae Westwood, 1840 ····· 243

  2）木虱总科 Psylloidea Latreille, 1807 ····· 245
    91. 斑木虱科 Aphalaridae Löw, 1879 ····· 246
    92. 丽木虱科 Calophyidae Vondracek, 1957 ····· 251
    93. 裂木虱科 Carsidaridae Crawford, 1911 ····· 252
    94. 幽木虱科 Euphaleridae Becker-Migdisova, 1973 ····· 253
    95. 叶木虱科 Euphylluridae Crawford, 1914 ····· 255
    96. 木虱科 Psyllidae Löw, 1878 ····· 257
    97. 盾木虱科 Spondyliaspididae Schwarz, 1898 ····· 282
    98. 个木虱科 Triozidae Löw, 1879 ····· 282

  3）球蚜总科 Adelgoidea Schouteden, 1909 ····· 294
    99. 球蚜科 Adelgidae Schouteden, 1909 ····· 295
    100. 根瘤蚜科 Phylloxeridae Herrich-Schaeffer, 1854 ····· 296

4）蚜总科 Aphidoidea Latreille, 1802 ································· 296
　　101. 蚜科 Aphididae Latreille, 1802 ····························· 297
　　102. 大蚜科 Lachnidae Herrich-Schaeffer, 1854 ··············· 299
　　103. 瘿绵蚜科 Pemphigidae Herrich-Schaeffer, 1854 ········· 302
5）蚧总科 Coccoidea Fallen, 1814 ·································· 308
　　104. 仁蚧科 Aclerdidae Cockerell, 1905 ······················· 309
　　105. 蚧科 Coccidae Fallen, 1814 ································ 310
　　106. 盾蚧科 Diaspididae Targioni - Tozzetti, 1868 ············ 326
　　107. 毡蚧科 Eriococcidae Cockerell, 1899 ····················· 362
　　108. 红蚧科 Kermesidae Signoret, 1875 ························ 369
　　109. 绵蚧科 Monophlebidae Morrison, 1927 ··················· 372
　　110. 珠蚧科 Margarodidae Morrison, 1927 ····················· 374
　　111. 粉蚧科 Pseudococcidae Cockerell, 1905 ·················· 375
XXI-4. 异翅亚目 Heteroptera Latreille, 1810 ··························· 386
　A. 蝎蝽次目 Nepomorpha Latreille, 1802 ···························· 389
　　1）蝎蝽总科 Nepoidea Latreille, 1802 ·························· 389
　　　　112. 蝎蝽科 Nepidae Latreille, 1802 ························· 389
　　　　113. 负蝽科 Belostomatidae Leach, 1815 ···················· 390
　　2）蜍蝽总科 Ochteroidea Kirkaldy, 1906 ······················· 391
　　　　114. 蜍蝽科 Ochteridae Kirkaldy, 1906 ····················· 391
　　3）潜蝽总科 Naucoroidea Leach, 1815 ·························· 392
　　　　115. 潜蝽科 Naucoridae Leach, 1815 ························· 392
　　4）划蝽总科 Corixoidea Leach, 1815 ···························· 392
　　　　116. 划蝽科 Corixidae Leach, 1815 ·························· 392
　　　　117. 黾蝽科 Gerridae Leach, 1815 ···························· 394
　　5）仰蝽总科 Notonectoidea Latreille, 1802 ···················· 397
　　　　118. 仰蝽科 Notonectidae Latreille, 1802 ··················· 397
　B. 臭蝽次目 Cimicomorpha Leston, Pendergrast & Southwood, 1954 ······· 398
　　1）花蝽总科 Anthocoroidea Fieber, 1836 ······················· 398
　　　　119. 花蝽科 Anthocoridae Fieber, 1836 ······················ 398
　　　　120. 细角花蝽科 Lyctocoridae Reuter, 1884 ················ 403

2）姬蝽总科 Nabioidea A. Costa, 1853 ··· 404
    121. 姬蝽科 Nabidae A. Costa, 1853 ·· 404
3）盲蝽总科 Mirioidea Hahn, 1833 ·· 407
    122. 盲蝽科 Miridae Hahn, 1833 ··· 407
    123. 网蝽科 Tingidae Laporte, 1832 ·· 428
4）猎蝽总科 Reduvioidea Latreille, 1807 ······································· 432
    124. 瘤蝽科 Phymatidae Laporte, 1832 ······································ 432
    125. 猎蝽科 Reduviidae Latreille, 1807 ······································ 433

C. 蝽次目 Pentatomorpha Leach, 1815 ·· 440
  1）长蝽总科 Lygaeoidea Schilling, 1829 ··· 440
    126. 大眼长蝽科 Geocoridae Dahlbom, 1851 ······························· 440
    127. 尖长蝽科 Oxycarenidae Stål, 1862 ······································ 441
    128. 地长蝽科 Rhyparochromidae Amyot & Serville, 1843 ············ 442
    129. 长蝽科 Lygaeidae Schilling, 1829 ·· 443
  2）红蝽总科 Pyrrhocoroidea Amyot & Serville, 1843 ····················· 446
    130. 红蝽科 Pyrrhocoridae Amyot & Serville, 1843 ····················· 446
  3）缘蝽总科 Coreoidea Leach, 1815 ·· 446
    131. 姬缘蝽科 Rhopalidae Amyot & Serville, 1843 ······················ 446
    132. 蛛缘蝽科 Alydidae Pyrrhocoridae Amyot & Serville, 1843 ···· 449
    133. 缘蝽科 Coreidae Leach, 1815 ·· 449
  4）蝽总科 Pentatomoidea Leach, 1815 ·· 455
    134. 同蝽科 Acanthosomatidae Signoret, 1863 ···························· 455
    135. 扁蝽科 Aradidae Brullé, 1836 ··· 459
    136. 跷蝽科 Berytidae Fieber, 1851 ·· 461
    137. 土蝽科 Cydnidae Billberg, 1820 ·· 462
    138. 兜蝽科 Dinidoridae Stål, 1868 ··· 466
    139. 鞭蝽科 Dipsocoridae Dohrn, 1859 ······································· 466
    140. 蝽科 Pentatomidae Leach, 1815 ·· 468
    141. 皮蝽科 Piesmatidae Amyot & Serville, 1843 ························ 482
    142. 龟蝽科 Plataspidae Dallas, 1851 ·· 482
    143. 固蝽科 Pleidae Fieber, 1851 ·· 485
    144. 跳蝽科 Saldidae Amyot & Serville, 1843 ····························· 486

145. 盾蝽科 Scutelleridae Leach, 1815 ··· 488

　　146. 荔蝽科 Tessaratomidae Stål, 1865 ··· 489

　　147. 异蝽科 Urostylididae Dallas, 1851 ·· 490

参考文献 ·· 494

英文摘要（**Abstract**）·· 512

中文名索引 ··· 513

学名索引 ·· 522

图版

总 论

一、昆虫概述

昆虫是所有六足动物的统称。本章从昆虫的识别、分类和重要性3个方面作简要介绍。

（一）昆虫的识别

1. 昆虫与六足亚门 昆虫是节肢动物门 Arthropoda 六足亚门 Hexapoda 动物的统称，包括原尾纲 Protura、弹尾纲 Collembola、双尾纲 Diplura 和昆虫纲 Insecta 4 个纲级阶元，泛指在所有生命阶段着生6条腿（3对胸足），体躯分为头、胸和腹3个体段、着生1对触角的无脊椎动物。

节肢动物门 Arthropoda 已知由三叶虫亚门、螯肢亚门、甲壳亚门、六足亚门、多足亚门5个亚门组成，其中三叶虫亚门为灭绝类群。昆虫是整个节肢动物门最富多样性的超级类群，全球已知被描述的物种多达105万，占六足亚门物种总数的85.0%以上，其中鞘翅目 Coleoptera、鳞翅目 Lepidoptera、双翅目 Diptera、膜翅目 Hymenoptera、半翅目 Hemiptera 和直翅目 Orthoptera 六大类群共计94.9万种，占整个六足亚门的95.0%之多（Nigel and Stork，2018）。就物种和个体数量、适应性和广泛分布的程度而言，昆虫是地球上所有动物中进化最为成功的群体。昆虫以其他动物无与伦比的物种数量和个体数量在当今的陆地动物世界中占据绝对优势，代表了所有被描述动物物种的3/4。昆虫学家估计，现存昆虫种类的实际数量可能高达550万（Nigel and Stork，2018）。昆虫物种数量最多的目级阶元是鞘翅目（甲虫）、鳞翅目、膜翅目和双翅目，其中，甲虫的物种数量估计超过150万种。

2. 昆虫的显著特征 体躯分为头部、胸部和腹部3个功能各异的体段。头部各部分融合十分紧密，有1对触角，1对复眼，0~3个单眼；口器部分包括上唇，1对上颚和1对下颚，喉咽和下唇。胸部由前胸、中胸和后胸3个胸节构成，各部分均着生1对胸足，分别称为前足、中足和后足，每足由基节、转节、腿节、胫节和跗节5个部分组成；中胸和后胸通常各有1~2对翅膀。腹部通常11节，无附肢或附肢极度缩小，包含了呼吸系统、排泄系统和生殖系统等大部分的内部系统；通过气管呼吸；通过肾小管排泄。分阶段发育；经历若虫或幼虫阶段，变态类型多样化，主要有增节变态、表变态、原变态、半变态、渐变态和全变态。

二、昆虫的分类

（一）主要分类依据

基于形态特征的昆虫分类主要依据头部、胸部、腹部结构。头部结构包括眼（复眼、单眼）的类型及其数量、口器类型及特点、触角类型及其着生部位与结构特点；胸部结构包括足的类型和特点，翅的有无、类型及特点；腹部结构包括分节、气门和附属物，如尾须、生殖鞘、弹器等，生殖器及其附属结构通常位于腹部第Ⅸ节上。其他分类标准还包括毛的特点（如毛的分布形式和排序），感器（如刺、毛、鼓膜器等）形态，以及翅脉的模式和口器着生位置等。此外，昆虫的变态类型、幼虫和蛹的形态也被用于区分昆虫。

（二）基本分类体系

目前，世界昆虫分为4纲39目约1050科，分别如下。

原尾纲 Protura：包括3目10科。

蚖目 Acerentomata（6科）：夕蚖科 Hesperentomidae、始蚖科 Protentomidae、檗蚖科 Berberentulidae、蚖科 Acerentomidae、日本蚖科 Nipponentomidae、囊腺蚖科 Acerellidae。

华蚖目 Sinentomata（2科）：富蚖科 Fujientomidae、华蚖科 Sinen-tomidae。

古蚖目 Eosentomata（2科）：古蚖科 Eosentomidae、旭蚖科 Antelientomidae。

弹尾纲 Collembola：包括4目30科。

原䖴目 Poduromorpha（11科）：球道䖴科 Gulgastruridae、球角䖴科 Hypogastruridae、厚皮土䖴科 Pachytulbergiidae、古土䖴科 Palcotullbergiidae、短吻䖴科 Caputanurinidae、疣䖴科 Neanuridae、具齿䖴科 Odontellidae、棘䖴科 Onychiuridae、土䖴科 Tullbergiidae、似球角䖴科 Isotogastruridae（地位存疑）、原䖴科 Poduridae（地位存疑）。

长角䖴目 Entomobryomorpha（9科）：等䖴科 Isotomidae、阔䖴科 Oncopoduridac、鳞䖴科 Tomoceridae、驼䖴科 Cyphoderidae、长角䖴科 Entomobryidae、微䖴跳科 Nicrofalculidae、爪䖴科 Paronellidae、海岸䖴科 Actaletidae（地位存疑）、共生䖴科 Coenaletidae（地位存疑）。

愈腹䖴目 Symphypleona（9科）：齿棘䖴科 Arrhopalitidae、鲍圆䖴科 Bourleticllidae、地圆䖴科 Dicyrtomidae、卡天圆䖴科 Katiannidae、马䖴科 Mackenziellidae、圆䖴科 Sminthuridae、符圆䖴科 Sminthurididae、具刺䖴科 Spinothecidae、斯䖴科 Sturmiidae。

短角䖴目 Neelipleona（1科）：短角䖴科 Neelidae。

双尾纲 Diplura：包括2目3总科9科800种以上。

棒尾目 Rhabdura（2总科4科290余种）：康蚣总科 Campodeoidea、康蚣科 Campodeidae、原康蚣科 Procampodeidae；原铗蚣总科 Projapygoidea、后铗蚣科 Anajapygidae、原铗蚣科 Projapygidae。

钳尾目 Dicellura（1 总科 5 科）：铗虮总科 Japygoidea、敏铗虮科 Dinjapygldae、异铗虮科 Heterjapygidae、铗虮科 Japygidae、副铗虮科 Parajapygidae、平铗虮科 Evalljapygidae。

昆虫纲 Insecta：分为 2 亚纲 2 下纲 2 总目 30 目 1000 余科。

无翅亚纲 Apterygota：由衣鱼目 Zygentoma 和石蛃目 Archaeognatha 2 个目级阶元组成。

有翅亚纲 Pterygota：其下分 2 个下纲，即古翅下纲 Paleoptera 和新翅下纲 Neoptera。

古翅下纲 Paleoptera：原始具翅，休息时翅直立或展开，不完全变态。分蜉蝣目 Ephemeroptera 和蜻蜓目 Odonata 2 目。

新翅下纲 Neoptera：具翅，翅灵活，可折叠于腹背上。下设 2 个总目。

外翅总目 Exopterygot：变态简单，有时有轻微变态；很少有蛹期；幼期翅芽外生，翅在身体外部发育；未发育成熟的虫体通常在结构和习惯上与成虫相似。世界已知 13 万种以上，分为 15 个目级阶元，分别是：襀翅目 Plecoptera、蜚蠊目 Blattodea、螳蠊目 Notoptera、䗛目 Phasmatodea、螳螂目 Mantodea、螳䗛目 Mantophasmatodea、直翅目 Orthoptera、革翅目 Dermaptera、纺足目 Embioptera、等翅目 Isoptera、啮目 Psocoptera、缺翅目 Zoraptera、虱目 Phthiraptera、缨翅目 Thysanoptera、半翅目 Heteroptera（Hemiptera）。

内翅总目 Endopterygota（全变态类 Holometabola）：完全变态，即经历 1 个完整的蜕变——蛹阶段，翅在体内发育，直到成虫期方能看见。由 11 个目组成：广翅目 Megaloptera、蛇蛉目 Raphidioptera、脉翅目 Neuroptera、长翅目 Mecoptera、毛翅目 Trichoptera、鳞翅目 Lepidoptera、鞘翅目 Coleoptera、蚤目 Siphonaptera、双翅目 Diptera、捻翅目 Strepsiptera、膜翅目 Hymenoptera。

三、昆虫的重要性

（一）昆虫是地球繁荣的贡献者

昆虫在生物世界中占有十分重要的地位，它们在科学进步的许多方面发挥特殊作用。昆虫因其多样性、在生态系统中的作用及其对农业、森林、草原与人类健康和自然资源的影响而显示出重要价值。昆虫是所有陆地生态系统的生物基础。它们循环养分，为植物授粉，传播种子，维持土壤结构和肥力，控制其他生物的种群，并为其他分类群提供食物来源，在植物繁殖、土壤肥力、森林持续健康和物种多样性方面发挥着重要作用。昆虫在自然界中的重要作用至少反映在 9 个方面：消费植物、传花授粉、传播种子、捕食动物、寄生动物、清洁各种生态环境中的腐败动物和植物残体、疏松土壤增加其透气性、检测水质及土壤环境状况。昆虫的这些作用帮助人类构建了稳定的自然生态平衡，丰富了地球生物多样性，昆虫的生物作用有效控制了有害生物的蔓延和成灾，使其成为地球生物繁荣的贡献者和生态环境的天然清洁工，昆虫的作用有效维护了地球生态系统的自然运行。我们还应该知道，农林牧业生产中的大多数重要害虫是引入新生态系统的非本地物种，通常没有天敌来控制其数量。长期以来，人类不明智的农业生产和过分压缩昆虫的生存空间，致使自人类开始耕种土地以来，昆虫一直在与人类竞争劳动果实并发生冲突，使其在不同地区发生不同程度的危害，伤害我们的利益和福祉。

（二）昆虫是维护生态系统的重要力量

生态系统是在一个特定地理区域内生物及其环境和相互关系的综合体。生态系统为人类和其他生物提供宝贵的服务，关乎包括人类在内的各种生物的生存和福祉。在物质层面，生态系统提供的服务涵盖为各种生物类型提供食物、水、纤维和其他资源；而其非物质层面，可为人类提供包括娱乐和审美价值在内的服务。昆虫作为地球上最为丰富和多样化的动物类群之一，它们在自然生态系统中以其独特的生存方式和作用，维系着生态系统的平衡和多样性，而且这些服务基本是免费提供的。所以，昆虫与我们的生活息息相关，并以多种方式影响着人类的福祉。

昆虫在生态系统中发挥的关键作用主要表现在促进营养物质的养分循环、为植物授粉、传播种子、维持土壤结构和肥力、控制其他生物种群、为其他类群提供主要食物来源等方面。首先，昆虫在食物链中扮演着至关重要的角色。它们既是许多动物的主要食物来源，又是食物链中的底层生物，为上层动物提供能量。例如，几乎所有的蜜蜂和蝴蝶、许多甲虫、双翅目和膜翅目等昆虫是许多鸟类和小型哺乳动物的主要食物来源。其次，昆虫在传粉过程中发挥着至关重要的作用。许多植物依赖昆虫为其传粉，以完成繁殖过程。昆虫在采集花蜜、花粉的过程中，会帮助植物完成授粉，从而促进植物的繁殖。蜜蜂、蝴蝶和飞蛾等昆虫是常见的传粉媒介，它们的活动对农作物的产量和多样性的维护至关重要。此外，昆虫在生态系统的分解过程中也发挥着关键作用。它们是自然界中最主要的分解生物之一，能够将有机物质和垃圾转化为可被其他生物利用的养分；昆虫通过分解死亡的动植物遗体，促进了有机物的分解和循环，为生态系统的稳定提供了重要支持。除上述作用之外，许多昆虫还在农林牧业生产中被用作生物防治的工具，对农作物进行保护。例如，瓢虫的成幼虫能够捕食蚜虫和其他害虫，起到天敌昆虫的作用；还有一些寄生性昆虫，如种类众多的寄生蜂等，能够寄生在害虫体内，控制害虫数量，降低害虫对植物的危害。许多昆虫的幼虫也是鱼类等水生动物的食物。由此看出，昆虫的这种取食层级结构使得能量在生态系统中得以流动，维持了生态平衡。

总的来说，昆虫是生态系统中不可或缺的一部分。它们通过食物链、传粉、分解和农业作用等方式，维系着生态系统的平衡和多样性。因此，昆虫的存在，使得我们的世界更加丰富多彩，也为我们提供了许多宝贵的生态服务。我们应该更加珍视和保护昆虫，以维护生态系统的健康和稳定。

（三）昆虫带给人类的福祉

1. 促进土壤肥力 昆虫可帮助细菌、真菌和其他生物分解有机物并形成土壤，通过分解和循环有机物质，促进了土壤肥力和生态系统的健康，有助于维持生态系统的循环和生产力。例如，各种动物尸体的腐烂主要由细菌引起，而蝇类等许多食腐昆虫的参与加快了动物尸体的分解速度，常常以蝇类幼虫为先锋种群消费尸体的内脏和软组织部分，紧接着皮蠹、葬甲、阎甲、隐翅甲等甲虫接踵而至，它们在不同时间段参与进来，重点分解动物尸体的皮毛和羽毛等。

2. 为植物授粉和传播种子 昆虫和花的进化是同步发生的，许多植物依靠昆虫授粉以繁衍种族。昆虫通过为植物授粉驱动种子、水果和蔬菜的生产，给人类带来切实好处；昆虫帮助植物传播种子，增加了植物繁殖的机会。在自然界大约80%的乔木和灌木的繁衍是通过昆虫授粉完成的，只有很少部分的植物利用风媒和水媒完成其繁衍生息。有些植物需要消耗大量能量才能长出充满诱人花蜜的花朵，以吸引蜜蜂等蜂类、蝇类、蝶类和甲虫类昆虫访花，诸如蔷薇科植物、菊科植物、杨柳科植物及许多禾本科植物，还有常见的苹果树、梨树、枣树、椴树、桃树、杏树、蒲公英、油菜、草莓等被子植物，在昆虫取食花蜜和花粉的同时，把花粉带到其他植物那里，为其花朵授粉。在自然界有85%以上的野生开花植物和75%以上的农作物依赖昆虫授粉（Klein et al.，2007），毫不夸张地说，我们每吃3口食物中就有1口在生产过程中依赖于昆虫等动物的授粉贡献。许多种类的蚂蚁在传播草本植物种子和果实方面起着重要的作用，已知有超过150种植物属于这种情况；某些植物产生特殊的种子，这些种子被蚂蚁收集并吃掉，而没有被吃掉的种子沿着蚂蚁的行进路径进行传播或在它们的"垃圾堆"上发芽，在蚂蚁的帮助下这些种子可以在无风的地面上传播得更远，此外，靠近蚁堆有助于保护它们免受其他猎食者的侵害。

3. 分解植物残体和营养转化 食叶昆虫是营养和能量的调控者，其幼虫所食的植物物质进入土壤时已经以动物排泄物的形式被充分分解了，这些排泄物很快被微生物定植并矿化，使得植物生长迅速获得所需的营养物质。在自然界中，总有自然死亡或受雷击、暴风雨、森林火灾、干旱、虫害或病原体侵害而生命濒危的植物，其储存在植物体中的营养物质和能量必须提供给土壤。对于微生物来说，木本植物的分解比草本植物的更为困难，因为树皮及木质素很难被真菌分解。此时，如果刚刚枯死的树木被许多专门的先锋昆虫占据，它们在树皮或木质部上钻洞，使其他木食性昆虫和真菌可以接触到这个基质，由此产生的碎屑和排泄物比硬木更容易被微生物分解。如果没有这些昆虫的帮助，仅靠微生物分解树干至少需要花费两倍的时间。在森林自然生态系统中，枯树的分解通常经过以下3个阶段：第一阶段，先锋昆虫在刚死的树木上定居。这些初级树栖动物通常以特定类型树木的树皮或树液为食，像各种不同的甲虫，如天牛、吉丁甲、叩甲、扁甲、树皮甲、长角甲、小蠹、锹甲等，以及木蠹蛾、透翅蛾、木蜂和茎蜂等昆虫均可作为侵入木质部的先锋物种，由于木材营养贫乏，这些昆虫幼虫的发育往往需要较长时间，它们的排泄物携带真菌孢子，以更好地分解木材。第二阶段，木材开始被分解。小枝或树枝脱落，树皮从树上脱落，此时，昆虫的组成相发生了变化，占主导地位的是不同种类的甲虫，以及各种各样的双翅目昆虫等，它们在木质部的隧道正常发育，在征服树木进入"殖民化"阶段后，也有许多掠食性昆虫和寄生虫生活在树木里，以真正的食木动物为食，此时，细菌和真菌扮演的角色越来越重要了。第三阶段为腐殖化阶段，木材分解并慢慢变成土壤。蚂蚁、蝇蛆、各种甲虫、螨虫和跳虫生活在腐木里，真正的土壤生物（蠕虫、蜗牛、各种昆虫）随之进入腐烂的木头内，这些动物的参与，减少了木头的颗粒状，增加了微生物的接触面，开始了实际意义上的纤维素、半纤维素、木质素和果胶的分解，木材由此最终变成了腐殖质，进而变成了

"土壤"。

4. 促进森林健康和创造生境 昆虫对全球森林腐木分解的贡献十分卓越,它们在动物和植物物质的分解中起着至关重要的作用,主要表现在它们在枯木分解和碳循环中发挥的重要作用。科学家推测,储存在森林枯木中的碳大约相当于全球森林碳储量的8.0%,枯木的分解在很大程度上受微生物和昆虫等分解者群体的左右。研究发现,昆虫直接消耗和通过与微生物相互作用产生的间接影响,加速了森林枯木的分解(Seibold et al., 2021)。在全球范围内,昆虫对森林枯木分解的净影响可能占枯木碳通量的29.0%,这表明,树木的死亡和昆虫对枯木的分解创造了新的栖息地。枯木的消失让阳光进入森林,为各种草本植物和先锋树木的茁壮成长创造了条件,使喜欢温暖开阔地形的昆虫物种和其他动物能够找到新的繁殖、取食和生活场所,昆虫对枯木的分解加速了枯木的消失,为其他生物提供了新的栖息地。各种各样的昆虫能够在脆弱但仍然活着的树木上定居,这方面最著名的例子是某些种类的食腐甲虫。在这个过程中,老弱病残的树木或负压重的树木被淘汰,从而有利于森林的整体健康和其抵抗力提升。森林动物的尸体和粪便也被专门的昆虫,如飞虫和肉蝇或腐尸类甲虫所"殖民"和处理,从而促进了森林环境的健康,这对于释放养分至关重要,这些养分可被用于植物生长。昆虫分解森林自然环境中的动物残体还有助于清除尸体中的致病生物,尤其是蜣螂和白蚁,因为它们可通过清除和协助分解牲畜粪便来提供农业服务,从而降低了粪便积聚对牧场的污染,昆虫的这些作用还有助于改善土壤中的水和碳的储存状态。

5. 为人类及许多其他动物提供食品和产品服务 昆虫是蛋白质、维生素和矿物质的丰富来源,在许多发展中国家被视为美味佳肴。目前全世界测定的4000多种昆虫营养成分中,没有一种的价值低于鸡蛋和牛奶的。昆虫是世界上许多人的重要营养来源,昆虫消费在世界各地也越来越受欢迎。自古至今较受欢迎的昆虫如蚱蜢、白蚁、大型棕榈象等一直是人类享用的食源之一。除此之外,广泛的昆虫资源也为人类提供了工业原料、美学价值、科研素材、供人类科技创新的仿生材料等。昆虫具有广泛的形态和生态学特征,成为我们进行生态学、进化生物学、行为学、生物医学等多个领域研究的重要对象。

昆虫是人类及许多其他动物重要的营养源。世界各地食用的昆虫种类至少记录了2111种(Jongema, 2017),其中甲虫659种、毛毛虫362种、蚂蚁-蜜蜂-胡蜂321种、蝗虫278种、蟪237种,其他昆虫254种,可望在不远的将来昆虫会成为我们重要的开发利用食源之一。与脊椎动物蛋白质相比,昆虫蛋白质更为经济和划算。用昆虫蛋白质代替脊椎动物产生的蛋白质可能会显著减少温室气体排放,同时也节省了饲料生产所需的粮食。为此,联合国粮食及农业组织于2017年推介出版的《昆虫作为食物和饲料:从生产到消费》,旨在引导人们关注昆虫食品。中国的食药用昆虫资源十分丰富,已记录15目97科311属654种(任国栋,2022年内部资料),实际存在的这类昆虫资源远非如此。专家预测,昆虫蛋白质可能是未来人类的基本食物。

6. 生物防治、维持生态平衡、保护植物生长 昆虫群体在生态系统中普遍存在食与被食的关系。它们自身为各种动物群体提供食物,如鸟类中典型的食虫者啄木鸟、山雀、莺、麻雀和杜鹃等;以昆虫为食的脊椎动物有一些鼠类、鼩鼱、蝙蝠、蝾螈、青蛙、蟾蜍和蜥蜴等。食肉昆虫和食虫脊椎动物为生态平衡提供了重要的调控机制,它们的捕食作用有助于控制病媒。与此同时，许多昆虫也以其他昆虫为捕食或寄生对象，它们在控制害虫成灾方面发挥着重要作用。一般来说，自然生态系统中原生昆虫种群是维系其系统平衡的重要力量。在一个稳定的天然生态环境中，几千万年来，昆虫与其栖息环境是相互依存和互利发展的，也称之为共同进化。在这样的生态环境中植物和昆虫的本地组合形成一个稳定且紧密的食物链，很难见到彼此消灭对方。大多数昆虫通过高繁殖率来弥补高死亡率以维持种群的生存。随着生存条件的变化，无论是火灾、山体滑坡或飓风等扰动过程，还是更微妙的气候变化，都可能会改变植物，尤其是树木在景观中的主导地位，昆虫种群也会随之改变。外来昆虫是原生森林生态系统的最大威胁之一。由于外来昆虫和树木没有形成共同进化机制，树木通常没有任何自然防御这些入侵昆虫的能力，当地的植物种群可能要受到严重的影响。最终，一个物种内的一些树木可能会有一个突变基因，为它们提供一种抗性机制，允许该物种的一个稍微改变的版本重新繁殖，如果听任自然，这样的过程可能需要数百年或数千年。如引进舞毒蛾 *Lymantria dispar*（Linnaeus，1758）则可能造成毁灭性的后果。昆虫是关键物种，通过对害虫进行生物控制，并作为健康溪流的生物指标，提供了超越授粉的宝贵生态系统服务。因此，努力营造健康稳定的自然生态系统是保持生物多样性和控制有害生物发生危害的重要基础。

7. 医学价值 昆虫也被用于医学。很早以前，蝇蛆就被用来治疗伤口以防止或阻止坏疽。坏疽由坏死组织感染引起。蛆虫只吃坏死组织部分，当它们被放在人受伤化脓的坏死组织上时，可以清洁伤口，防止感染。将蟋蟀等可食用昆虫添加到人类饮食中可以实现环境效益和营养效益，包括总体减少温室气体排放，减少农业土地和水的使用，改善糖尿病和癌症等疾病的发展，并有助于心血管疾病等慢性疾病的预防与治理，增强免疫功能。药用昆虫自古以来就被用来治疗人类疾病，中国现有药用昆虫约为 300 种，估计约有 1700 种中药处方包括药用昆虫或昆虫衍生的原料药，许多昆虫来源的化合物已被研究并显示出有效的治疗功能，药用昆虫产业可通过药用昆虫的大规模饲养和繁育技术得到发展（Feng et al.，2009）。昆虫常用于激素作用、神经和感觉器官功能及许多其他生理过程的研究。昆虫还被用作评价水质和土壤污染的环境质量指标，是许多生物多样性研究的基础。昆虫生产的有用物质如蜂蜜、蜂蜡、染料和丝绸等，有助于人类健康和社会文明发展。

8. 文化服务价值 昆虫与人类的衣食住行密切相关，也与我们的精神生活休戚相关。人类社会利用昆虫资源不但产生了物质文化，还产生了丰富的精神文化。昆虫文化属于人类追求美感、提升艺术修养的领域，是文化生物学的重要组成部分。

我国古今不少文人墨客对昆虫之千奇百怪的体形、五彩缤纷的色泽、立于枝头或草间的高亢吟唱，以及各种飞舞之姿和生死打斗行为等欣赏有加，如《全唐诗》、《全宋词》和《全元散曲》中与昆虫有关的诗作、词作和曲作分别有 1241 首、1090 首和 288 首，其中与蝶有关的有 1394 首、与蛾有关的有 763 首、与蚕有关的有 305 首、与茧有关的有 117 首，与螟有关的和与蠓有关的分别有 23 首和 17 首。据本书第一作者研究团队不完全统计，在 1840 年至 2012 年，有 268 位诗人作虫诗 2270 首。进一步表明昆虫文化是中华文化的一个独特领域，它伴随汉文化发展而成长，伴随中华文明而兴旺，展现出强大的生命力。

如果将昆虫放在对生态系统的服务层面看，它们主要表现在供应、调节、支持和文化 4 个方面。单就文化方面而言，文化昆虫学（culture entomology）是 20 世纪 80 年代以来正在兴起的一个新型特色学科，它是一门研究昆虫在人类实践中对其精神和灵魂产生滋养影响的学科（Weidner, 1995），包括民族昆虫学（ethnoentomology）、民俗昆虫学（folk entomology）、神话昆虫学（mythological entomology）和文学昆虫学（literatrue entomology）四大分支及至少 13 个次分支领域，如甲虫学（coleopterology）、双翅学（dipterology）、异翅学（heteropterology）、蚁学（myrmecology）、脉翅学（neuropterology）、鳞翅学（lepidopterology）、蜜蜂学（melittology）、蜻蜓学（odonatology）、直翅学（orthoptrrology）、毛翅学（trichopterology）、胡蜂学（vespology）等等。

燕赵大地蕴藏着大量具有文化观赏价值的昆虫，它们对人类的教育价值十分重要，如常见的蝉类、螽斯、蟋蟀、锹甲、天牛、吉丁甲、大步甲类、蝴蝶、大蚕蛾、绿尺蛾、青尺蛾、天蛾、灯蛾、透翅蛾、荔蝽、猎蝽等是大自然馈赠我们的宝物，但受到商业利益的驱动，人为捕捉野生种类严重，其生存空间受到挤压，自然种群数量堪忧，保护形势不容乐观。

除上述方面外，昆虫在阐明生物学和生态学的许多方面都是有价值的研究对象。遗传学的许多科学知识是从果蝇实验和对赤拟谷盗 *Tribolium castaneum*（Herbst, 1797）的研究中获得的，从蚂蚁的社群研究中了解到其对人类有启发价值的社会生物学。

昆虫提供的生态系统服务的广度估计相当于每年 570 亿美元的经济价值（Losey and Vaughan, 2006）。许多昆虫是农作物、林木和城市的重要害虫，它们传播危害人类、植物和动物健康的疾病，虫媒疾病每年造成不少人失去生命。这将会破坏健康生态系统的平衡，威胁到全球的生物多样性、粮食安全和人类生计。日益加剧的全球化生物多样性衰减趋势和不断变化的气候正在不断重塑昆虫群落的丰富度、多样性和分布范围。我们必须了解昆虫生活方式变化背后的力量，这样才能维持健康和富有成效的生态系统，为有益昆虫提供支持，并根除或尽量减少害虫对其的影响。

四、本书记录的河北森林昆虫

本书记录河北森林昆虫 4 纲 21 目 147 科 518 属 875 种（表 1），约占目前已知昆虫总种数的 14.7%，其中 3 个低等昆虫纲（原尾纲 Protura、弹尾纲 Collembola、双尾纲 Diplura）共计 54 种，约占本书总种数的 6.2%，昆虫纲 Insecta 821 种，约占本书总种数的 93.8%。数据显示，昆虫纲的有翅亚纲 Pterygota 是构成本书中河北森林昆虫的主体，尤其以半翅目昆虫最为丰富，占到本书总种数的 59.3%。

表 1 《河北森林昆虫志》（第一卷）记录的各类昆虫一览表

纲	目	科	属	种
原尾纲 Protura	1. 蚖目 Acerentomata	1）蚖科 Acerentomidae	1	1
		2）檠蚖科 Berberentulidae	2	6
		3）夕蚖科 Hesperentomidae	1	2
		4）始蚖科 Protentomidae	1	1
	2. 古蚖目 Eosentomata	5）古蚖科 Eosentomidae	2	6

续表

纲	目	科	属	种
弹尾纲 Collembola	3. 愈腹蚖目 Symphypleona	6）圆蚖科 Sminthuridae	2	2
	4. 原蚖目 Poduromorpha	7）球角蚖科 Hypogastruridae	1	1
		8）疣蚖科 Neanuridae	1	1
		9）棘蚖科 Onychiuridae	3	6
		10）土蚖科 Tullbergiidae	1	2
	5. 长角蚖目 Entomobryomorpha	11）长角蚖科 Entomobryidae	5	12
		12）等蚖科 Isotomidea	6	8
		13）鳞蚖科 Tomoceridae	1	3
双尾纲 Diplura	6. 钳尾目 Dicellurata	14）铗虮科 Japygidae	1	1
		15）副铗虮科 Parajapygidae	1	1
	7. 棒尾目 Rhabdura	16）康虮科 Campodeidae	1	1
昆虫纲 Insecta A. 无翅亚纲 Apterygota	8. 石蛃目 Archaeognatha	17）石蛃科 Machilidae	1	1
	9. 衣鱼目 Zygentoma	18）衣鱼科 Lepismatidae	3	3
昆虫纲 Insecta B. 有翅亚纲 Pterygota	10. 蜉蝣目 Ephemeroptera	19）四节蜉科 Baetidae	1	2
		20）细蜉科 Caenidae	1	2
		21）小蜉科 Ephemerellidae	1	1
		22）蜉蝣科 Ephemeridae	1	5
		23）扁蜉科 Heptageniidae	3	3
		24）细裳蜉科 Leptophlebiidae	4	4
		25）新蜉科 Neoephemeridae	1	2
	11. 蜻蜓目 Odonata	26）蜓科 Aeshnidae	3	4
		27）色蟌科 Calopterygidae	3	5
		28）蟌科 Coenagrionidae	5	11
		29）大蜓科 Cordulegastridae	2	3
		30）伪蜻科 Corduliidae	2	4
		31）春蜓科 Gomphidae	8	8
		32）蜻科 Libellulidae	10	26
		33）大蜻科 Macromiidae	2	3
		34）扇蟌科 Platycnemididae	2	4
	12. 蜚蠊目 Blattaria	35）姬蠊科 Blattellidae	1	1
		36）蜚蠊科 Blattidae	1	2
		37）地鳖蠊科 Corydiidae	2	2
	13. 螳螂目 Mantodea	38）螳科 Mantidae	4	6
	14. 等翅目 Isoptera	39）鼻白蚁科 Rhinotermitidae	1	3
	15. 䗛目 Phasmatodea	40）异䗛科 Heteronemiidae	2	3

续表

纲	目	科	属	种
昆虫纲 Insecta B. 有翅亚纲 Pterygota	16. 直翅目 Orthoptera 16.1. 螽亚目 Ensifera	41）蟋蟀科 Gryllidae	4	7
		42）蝼蛄科 Gryllotalpidae	1	2
		43）树蟋科 Oecanthidae	1	2
		44）驼螽科 Rhaphidophoridae	2	2
		45）螽斯科 Tettigoniidae	20	35
		46）蚤蝼科 Tridactylidae	1	1
		47）蛉蟋科 Trigonidiidae	3	6
	16.2. 蝗亚目 Caelifera	48）剑角蝗科 Acrididae	16	28
		49）锥角蝗科 Gomphoceridae	3	5
		50）斑翅蝗科 Oedipodidae	12	15
		51）癞蝗科 Pamphagidae	1	1
		52）锥头蝗科 Pyrgomorphidae	1	1
		53）蚱科 Tetrigidae	2	6
	17. 革翅目 Dermaptera	54）肥蠼科 Anisolabididae	3	5
		55）球蠼科 Forficulidae	4	11
		56）蠼螋科 Labiduridae	1	1
		57）大尾蠼科 Pygidicranidae	1	1
		58）苔蠼科 Spongiphoridae	1	1
	18. 襀翅目 Plecoptera	59）叉襀科 Nemouridae	3	7
		60）绿襀科 Chloroperlidae	1	1
		61）扁襀科 Peltoperlidae	1	1
		62）网襀科 Perlodidae	1	1
	19. 啮目 Psocoptera	63）重啮科 Amphientomidae	1	1
		64）双啮科 Amphipsocidae	1	1
		65）亚啮科 Asiopsocidae	1	1
		66）单啮科 Caeciliusidae	3	6
		67）外啮科 Ectopsocidae	1	2
		68）上啮科 Epipsocidae	1	1
		69）分啮科 Lachesillidae	3	5
		70）虱啮科 Liposcelididae	1	7
		71）羚啮科 Mesopsocidae	1	1
		72）围啮科 Peripsocidae	2	3
		73）啮科 Psocidae	7	11
		74）狭啮科 Stenopsocidae	2	3
	20. 缨翅目 Thysanoptera	75）纹蓟马科 Aeolothripidae	1	2
		76）管蓟马科 Phlaeothripidae	2	3
		77）蓟马科 Thripidae	6	10

续表

纲	目	科	属	种
昆虫纲 Insecta B. 有翅亚纲 Pterygota	21. 半翅目 Hemiptera 21-1. 蝉亚目 Cicadomorpha	78）蝉科 Cicadidae	5	5
		79）尖胸沫蝉科 Aphrophoridae	2	2
		80）沫蝉科 Cercopidae	3	3
		81）角蝉科 Membracidae	4	5
		82）叶蝉科 Cicadellidae	26	26
	21-2. 蜡蝉亚目 Fulgoromorpha	83）颖蜡蝉科 Achilidae	1	1
		84）袖蜡蝉科 Derbidae	1	1
		85）象蜡蝉科 Dictyopharidae	4	6
		86）蜡蝉科 Fulgoridae	2	2
		87）瓢蜡蝉科 Issidae	2	2
		88）广翅蜡蝉科 Ricaniidae	3	3
		89）飞虱科 Delphacidae	9	9
	半翅目 Hemiptera 21-3. 胸喙亚目 Sternorrhyncha	90）粉虱科 Aleyrodidae	4	4
		91）斑木虱科 Aphalaridae	3	9
		92）丽木虱科 Calophyidae	1	1
		93）裂木虱科 Carsidaridae	1	1
		94）幽木虱科 Euphaleridae	2	4
		95）叶木虱科 Euphylluridae	2	3
		96）木虱科 Psyllidae	5	31
		97）盾木虱科 Spondyliaspididae	1	1
		98）个木虱科 Triozidae	7	19
		99）球蚜科 Adelgidae	1	1
		100）根瘤蚜科 Phylloxeridae	1	1
		101）蚜科 Aphididae	4	4
		102）大蚜科 Lachnidae	2	4
		103）瘿绵蚜科 Pemphigidae	7	10
		104）仁蚧科 Aclerdidae	1	1
		105）蚧科 Coccidae	10	22
		106）盾蚧科 Diaspididae	19	46
		107）毡蚧科 Eriococcidae	3	10
		108）红蚧科 Kermesidae	2	3
		109）绵蚧科 Monophlebidae	2	2
		110）珠蚧科 Margarodidae	2	2
		111）粉蚧科 Pseudococcidae	10	16
	半翅目 Hemiptera 21-4. 异翅亚目 Heteroptera	112）蝎蝽科 Nepidae	2	2
		113）负蝽科 Belostomatidae	2	2
		114）蜍蝽科 Ochteridae	1	1

续表

纲	目	科	属	种
昆虫纲 Insecta B. 有翅亚纲 Pterygota	半翅目 Hemiptera 21-4. 异翅亚目 Heteroptera	115）潜蝽科 Naucoridae	1	1
		116）划蝽科 Corixidae	5	6
		117）黾蝽科 Gerridae	2	4
		118）仰蝽科 Notonectidae	1	2
		119）花蝽科 Anthocoridae	6	17
		120）细角花蝽科 Lyctocoridae	1	2
		121）姬蝽科 Nabidae	4	7
		122）盲蝽科 Miridae	30	56
		123）网蝽科 Tingidae	10	12
		124）瘤蝽科 Phymatidae	2	3
		125）猎蝽科 Reduviidae	14	18
		126）大眼长蝽科 Geocoridae	1	2
		127）尖长蝽科 Oxycarenidae	1	1
		128）地长蝽科 Rhyparochromidae	2	4
		129）长蝽科 Lygaeidae	4	5
		130）红蝽科 Pyrrhocoridae	1	2
		131）姬缘蝽科 Rhopalidae	4	6
		132）蛛缘蝽科 Alydidae	1	1
		133）缘蝽科 Coreidae	11	14
		134）同蝽科 Acanthosomatidae	5	11
		135）扁蝽科 Aradidae	1	4
		136）跷蝽科 Berytidae	2	2
		137）土蝽科 Cydnidae	6	8
		138）兜蝽科 Dinidoridae	1	1
		139）鞭蝽科 Dipsocoridae	1	2
		140）蝽科 Pentatomidae	22	32
		141）皮蝽科 Piesmatidae	1	1
		142）龟蝽科 Plataspidae	2	6
		143）固蝽科 Pleidae	1	2
		144）跳蝽科 Saldidae	2	5
		145）盾蝽科 Scutelleridae	3	3
		146）荔蝽科 Tessaratomidae	1	1
		147）异蝽科 Urostylididae	2	10
合计	21	147	518	875

各 论

六足亚门 HEXAPODA LATREILLE, 1825

主要特征：体躯分为头部、胸部和腹部 3 个体段。头部各部分融合非常紧密，有 1 对触角，1 对复眼，0~3 个单眼；口器部分包括上唇，1 对上颚和 1 对下颚，喉咽和下唇。胸部由前胸、中胸和后胸 3 个胸节构成，各部分均有 1 对胸足，分别称为前足、中足和后足，每足由基节、转节、腿节、胫节、跗节组成；中胸和后胸各有 1~2 对翅膀。腹部通常有 11 节，无附肢或附肢极度缩小；腹部包含了呼吸系统、排泄系统和生殖系统等大部分的内部系统；通过导管呼吸；通过肾小管排泄。分阶段发育；经历若虫或幼虫阶段，变态类型多样化，主要有增节变态、表变态、原变态、半变态、渐变态和全变态。

昆虫隶属于节肢动物门 Arthropoda 六足亚门 Hexapoda，业已描述的物种超过 105 万（Ritchie，2022），约占目前世界整个动物界已知总种数（143.4544 万种）的 73.2% 和世界生物总种数（170.0725 万种，Osborn，2024）的 61.7%。昆虫生活在地球任何无脊椎动物存在的陆地和水环境中，由高度多样化的有翅种类和许多无翅种类共同组成。

本书记述河北森林昆虫共计 4 纲 21 目 147 科 518 属 875 种，其中：原尾纲 Protura 2 目 5 科 7 属 16 种，占总种数的 1.8%；弹尾纲 Collembola 3 目 8 科 20 属 35 种，占总种数的 4.0%；双尾纲 Diplura 2 目 3 科 3 属 3 种，占总种数的 0.3%；昆虫纲 Insecta 14 目 131 科 488 属 821 种，占总种数的 93.8%，并发现河北地区 1 新纪录昆虫目——蜻目 Phasmatodea。在昆虫纲的组成上，无翅亚纲 Archaeognatha 2 目 2 科 4 属 4 种，占比仅为 0.5%，有翅亚纲 12 目 129 科 485 属 818 种，占昆虫纲总种数的 99.5%。

纲检索表

1. 口器内藏式，上颚藏在头壳内；表变态、增节变态发育 ·· 2
   口器外颚式，上颚露在头壳外；极少数无翅；全变态发育和不全变态发育 ························· 昆虫纲 Insect
2. 腹部 12 节或 6 节；无尾须 ··· 3
   腹部 11 节，多数节上有成对的刺突或泡囊；尾须 1 对，线状或铗状 ····························· 双尾纲 Diplura
3. 腹部 12 节，前 3 节有小型附器；无触角，前足长而代替触角功能 ······························· 原尾纲 Protura
   腹部 6 节或更少，第 1 节、第 3 节、第 4 节分别有黏管、握弹器和弹器；触角 4~6 节；无尾须 ···········
   ··· 弹尾纲 Collembola

一、原尾纲 Protura Silvestri, 1907

体微小（0.6~2.5 mm），细长，成虫淡白色或黄色，尾端淡黄色至红棕色，幼虫乳白色。头无触角和眼，1 对假眼；上、下颚内藏式，下颚和下唇均有须。无翅。胸足均由 6 节组成，前足发达，长而上举，代替触角功能。腹部 12 节，第 I~III 节各有 1 对附肢，各分为 1 或 2 节。腹末无尾须。两性外生殖器结构相似，但雄性的较为细长，雌性的较为粗壮，生殖孔位于第 XI~XII 节。增节变态。

世界已知 3 目 10 科 80 属 810 种以上，是一类典型的土壤动物，多在深度 20.0 mm 以上富含腐殖质的土壤中生活，分布以东洋区成分占绝对优势，见于比较湿润的森林土壤、苔藓植物、腐朽木材与树洞中，以及白蚁和小型哺乳动物的巢穴中，吸食寄生在植物上的根菌或取食土壤中自由生活的真菌菌丝。中国记录原尾纲昆虫 3 目 9 科 207 种。本书记述河北地区 2 目 5 科 7 属 16 种。

目、科检索表

1. 中、后胸节的背板有 1 对中刚毛（M）（蚖目 Acerentomata） ·· 2
   中、后胸节的背板无中刚毛，两侧各生 1 对气孔或退化；具气管龛；3 对腹足均 2 节，各生 5 根刚毛（古蚖目 Eosentomata） ·· 古蚖科 Eosentomidae
2. 假眼梨形，中裂 "S" 形；颚腺管中部的萼膨大为香肠状 ·· 夕蚖科 Hesperentomidae
   假眼圆形无中裂；颚腺管中部生有球形或心形的萼 ·· 3
3. 假眼多数具后杆，颚腺管中部具光滑的球形萼 ·· 始蚖科 Protentomidae
   假眼无后杆，颚腺管中部具心形萼 ·· 4
4. 颚腺萼部光滑无花饰，颚腺管基部细长简单，或有 2~3 处膨大或出现分支 ········ 檗蚖科 Berberentulidae
   颚腺萼部有多瘤的花饰或其他附属物 ·· 蚖科 Acerentomidae

I. 蚖目 Acerentomata Yin, 1996

体较粗壮，口器尖细，上唇中部向前延伸成喙。无气孔和气管系统，头假眼突出；颚腺管的中部常有不同形状的"萼"和花饰，以及膨大部分或突起。3 对胸足均为 2 节，或者第 2、第 3 胸足 1 节。腹部第 VIII 节前缘具 1 条腰带，生有栅纹或不同程度退化；第 VIII 腹节背板两侧 1 对腹腺开口，覆盖有栉梳。

世界已知 3 科 7 亚科 3 属 107 种，分布于除澳大利亚以外的其他国家和地区。中国记录 5 亚科 35 属 170 余种，主要分布于东北与西北地区。

1. 蚖科 Acerentomidae Silvestri, 1907

后胸背板具 2~4 对前刚毛和 1 对中刚毛；体较粗壮，口器常尖细，上唇中部常向前延伸成喙。假眼圆形或扁圆形，有中隔无后杆。颚腺管细长平直，具单一的心形萼，其上无花饰，具 1 光滑的盔状附属物；下唇须由 1 感器和成簇的刚毛组成，第 VIII 腹节的腰带常有清晰的栅纹。

世界已知 4 亚科 55 属 410 种以上，分布于全球陆地各动物地理区。中国记录了 11 属 55 种以上，主要分布于东北与西北地区。本书记述河北地区 1 属 1 种。

（1）高绳线毛蚖 *Filientomon takanawanum* (Imadaté, 1956)（图 1）

识别特征：体长 1200.0～1600.0 μm。头长 151.0～163.0 μm。假眼宽大于长；颚腺管细小，颚简单光滑，背面 1 椭圆形盔状附属物。前足跗节长 100.0～120.0 μm，爪长 40.0～44.0 μm，具较小内悬片；中垫短小；中足跗节长 51.0～55.0 μm，爪长 21.0～24.0 μm；后足跗节长 59.0～64.0 μm，爪长 23.0～26.0 μm。第Ⅷ腹节的腰带上栅纹清晰，栅梳后缘向后弧形突出，有尖齿 15～20 枚。腹部第Ⅰ～Ⅵ节侧板常具成排棘齿，偶沿第Ⅷ～Ⅺ腹节背板后缘具小齿。

标本记录：平泉市：1 头，辽河源，2016-Ⅶ-15，卜云采。

分布：河北（小五台山、承德）、吉林、山西、安徽、浙江；朝鲜半岛，日本。

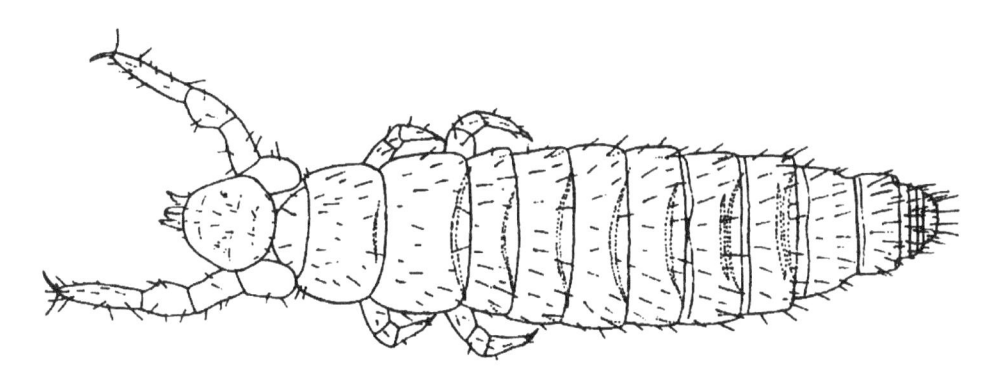

图 1 高绳线毛蚖 *Filientomon takanawanum* (Imadaté, 1956) 成虫整体背视（引自尹文英，1999）

2. 䗛蚖科 Berberentulidae Yin, 1983

体较粗壮，成虫腹部后段多为土黄色。口器较小，上唇不呈喙状突出，下唇须退化成 1～3 根刚毛或 1 感器；颚腺管细长或短而平直，具简单而光滑的心形萼；假眼圆形、椭圆形或长卵形，具中隔。中胸和后胸背板具 2 对前刚毛和 1 对中刚毛。第 1 对腹足 2 节，每节各有 4 刚毛；第 2～3 对腹足均为 1 节，每节各具 1～2 刚毛；第Ⅷ腹节前缘有明显的腰带纵纹或不同程度退化或变形。

世界已知 3 亚科 21 属 156 种以上，分布于古北区、东洋区和整个埃塞俄比亚区。中国记录 2 亚科 11 属 55 种以上。本书记述河北地区 2 属 6 种。

（2）歪眼巴蚖 *Baculentulus loxoglenus* Yin, 1980（图 2）

识别特征：体长 890.0～1250.0 μm。头长 90.0～99.0 μm，宽 74.0～80.0 μm。下唇须具 3 刚毛和 1 感器。假眼长卵形，微斜，外缘平直，内缘弯度较大，中隔线内弯。颚腺管细长，颚小。前足跗节长 54.0～64.0 μm，爪长 19.0～22.0 μm。中垫长约 3.0 μm。中足跗节长 22.0~29.0 μm，爪长约 16.0 μm；后足跗节长 29.0~32.0 μm，爪长约 16.0 μm。第 1~3 腹足均为 1 节，每节各 1~2 对刚毛，顶端刚毛短，仅为次顶端刚毛之半。第Ⅷ腹节前缘腰带无纵纹；栉梳后缘具小齿约 10 枚且不规则排列。

标本记录：平泉市：1 头，辽河源，2016-Ⅶ-15，卜云采。

分布：河北、黑龙江、辽宁。

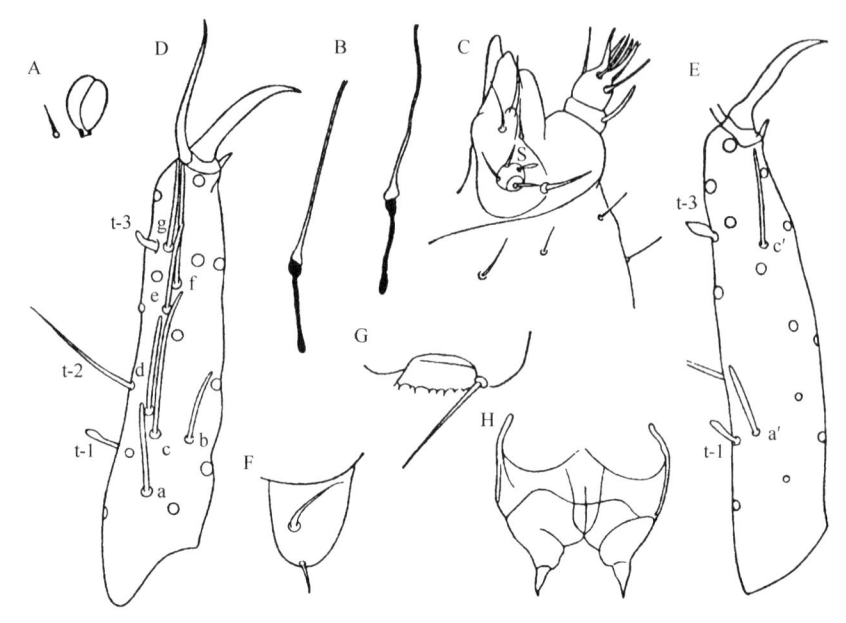

图 2　歪眼巴虮 *Baculentulus loxoglenus* Yin, 1980（引自尹文英，1999）
A. 假眼；B. 颚腺；C. 下颚须和下唇须；D. 前足跗节外侧视；E. 前足跗节内侧视；F. 第 3 腹足；G. 栉梳；H. 雌性外生殖器
a~g：前足跗节外侧感器；a′, c′：前足跗节内侧感器；t-1~t-3：背感器；S：距毛

（3）森川巴虮 *Baculentulus morikawai* (Imadaté & Yosii, 1956)（图3）

识别特征：体长 920.0~1320.0 μm。头长 115.0~128.0 μm，宽 77.0~82.0 μm。下颚须次顶节的感器粗钝；下唇须的感器亦较粗钝，顶端钝形。假眼近圆形，直径 7.0~9.0 μm，头眼比为 14.0~18.0。颚腺简单，近基端腺管较短，盲端略膨大。

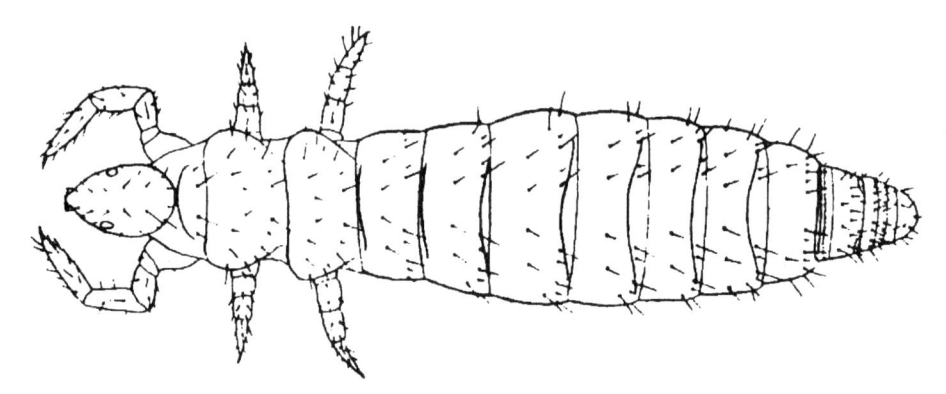

图 3　森川巴虮 *Baculentulus morikawai* (Imadaté & Yosii, 1956) 成虫背视（引自尹文英，1999）

标本记录：兴隆县：6头，雾灵山，2016-Ⅶ-17，卜云采。

分布：河北、安徽、台湾、香港、云南；韩国，日本，泰国，印度，尼泊尔，马来西亚，新加坡，印度尼西亚（婆罗洲、爪哇岛），塞舌尔。

（4）天目山巴蚖 *Baculentulus tianmushanensis* (Yin, 1963)（图4）

识别特征：体长800.0～1400.0 μm。头长96.0～130.0 μm，假眼近圆形，直径8.0～12.0 μm，头眼比为12.0～14.0。颚腺管短而平直，萝卜形，简单或远侧具不规则的突起，腺管盲端不膨大或稍膨大。前足跗节长70.0～96.0 μm，爪长24.0～30.0 μm，跗爪比为3.3～3.6，中垫长3.0～4.0 μm；前足跗节背感器t-1鼓槌状，基端长度比约为0.5，t-2细长，t-3细长芽形，外侧感器a细长，b长而粗，顶端接近g的基部，c靠近d，e和f细长，f的顶端不超过爪的基部，g较长，顶端超过爪的基部，内侧感器a′甚粗大，b′缺失，c′细长；第Ⅷ腹节的腰带无栅纹，仅中部1排波浪形小齿；栉梳长方形，后缘具6～8小齿。

分布：河北、辽宁、内蒙古、河南、陕西、宁夏、甘肃、上海、安徽、浙江、湖北、江西、湖南、海南、重庆、四川、贵州、云南。

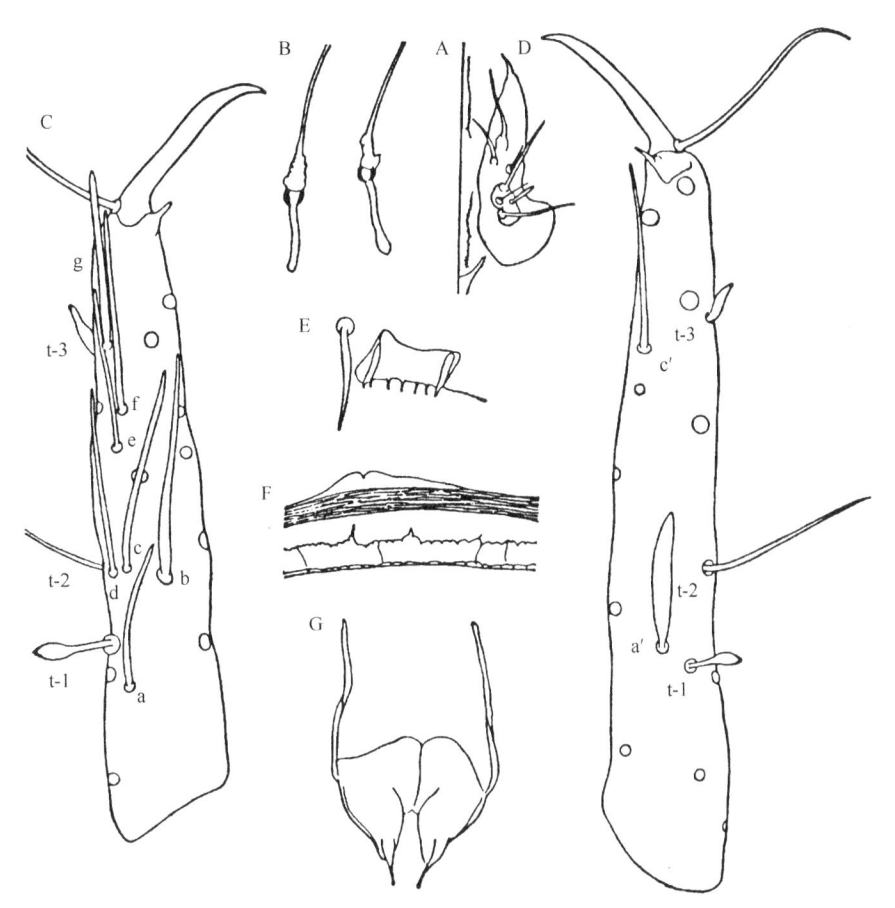

图4 天目山巴蚖 *Baculentulus tianmushanensis* (Yin, 1963)（引自尹文英，1999）
A. 下唇须；B. 颚腺；C. 前足跗节外侧视；D. 前足跗节内侧视；E. 栉梳；F. 腰带；G. 雌性外生殖器
a～g：前足跗节外侧感器；a′, c′：前足跗节内侧感器；t-1～t-3：背感器

（5）毛萼肯蚖 *Kenyentulus ciliciocalyci* Yin, 1987（图5）

识别特征：体长 700.0～1000.0 μm。头长 77.0～104.0 μm，宽 61.0～57.0 μm，上唇稍突出，下唇须 3 刚毛和 1 细长感器；假眼圆形，直径 6.0～8.0 μm，头眼比为 11.0～14.0。颚腺管上的萼光滑，其远侧生有许多放射状的细小如纤毛的突起，沿基侧颚腺管有 2 膨大处，盲端不膨大或稍膨大。前足跗节长 50.0～70.0 μm，爪长 16.0～23.0 μm，跗爪比为 3.0～

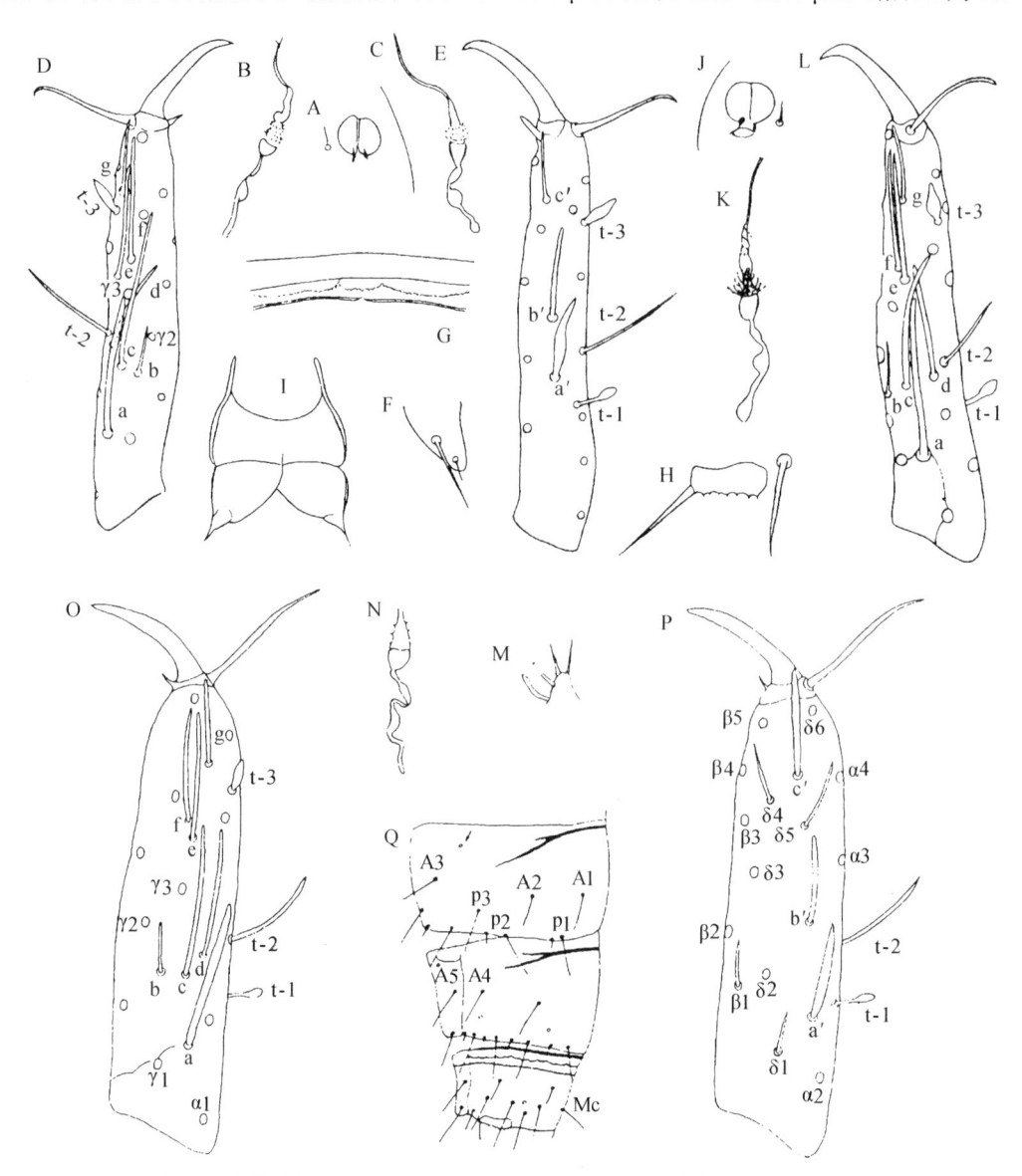

图5 毛萼肯蚖 *Kenyentulus ciliciocalyci* Yin, 1987（引自尹文英，1999）
A. 眼；B、C. 颚腺；D. 前足跗节外侧视；E. 前足跗节内侧视；F. 第3腹足；G. 腰带；H. 栉梳；I. 雄性外生殖器；J～L. 副模的假眼、颚腺和前足跗节外侧视；M～Q. 下唇须、颚腺、前足跗节外、内侧面，腹部第Ⅵ～Ⅷ节背侧视。
a～g：前足跗节外侧感器；a′～c′：前足跗节内侧感器；t-1～t-3：背感器；A1～A5：前排刚毛；P1～P3：后排刚毛；
α1～α4、β1～β5、γ1～γ3、δ1～δ6、Mc：刚毛

3.2，中垫短，长约 3.0 μm；前足跗节背感器 t-1 鼓槌状，基端比为 0.5～0.6，t-2 细长，t-3 矛形，外侧感器 a 粗大，b 细小，顶端略超过 γ2 的基部，c 甚长，顶端可达或超过 f 的基部，e 和 f 靠近，g 短粗，顶端可达爪的基部；第Ⅷ腹节的腰带退化无栅纹，仅中部 1 条具细齿波纹；栉梳长形，后缘 7～8 小齿。

标本记录：兴隆县：1 头，雾灵山，2016-Ⅶ-17，卜云采。

分布：河北、陕西、浙江、湖南、海南、香港、重庆、四川、贵州、云南。

（6）大同肯蚖 *Kenyentulus datonensis* Imadaté & Yin, 1983（图 6）

识别特征：体长 700.0～760.0 μm。头卵圆形，长 83.0～85.0 μm，宽 74.0～78.0 μm；下唇须端部 3 刚毛和 1 细长感器；颚腺 3 个膨大部分，其中第 2 个膨大呈半球状。前足跗节长 44.0～48.0 μm；爪长 14.0 μm，跗爪比 3.1～3.4；中垫较长，约 4.0 mm，垫爪比 0.3；"S"形距毛比爪稍短。背感器 t-1 鼓槌形，t-2 细长略弯，t-3 宽；外侧感器 a 长且稍粗；b 短，顶端略超过 γ2；c 和 d 很靠近，长度相近；e 和 f 也很靠近，e 相当短；f 和 g 的顶端可达跗前节。中足跗节长 19.0～21.0 μm，爪长 10.0～11.0 μm；后足跗节长 21.0～23.0 μm，爪长 10.0～12.0 μm。

分布：河北、北京、山西、河南、四川。

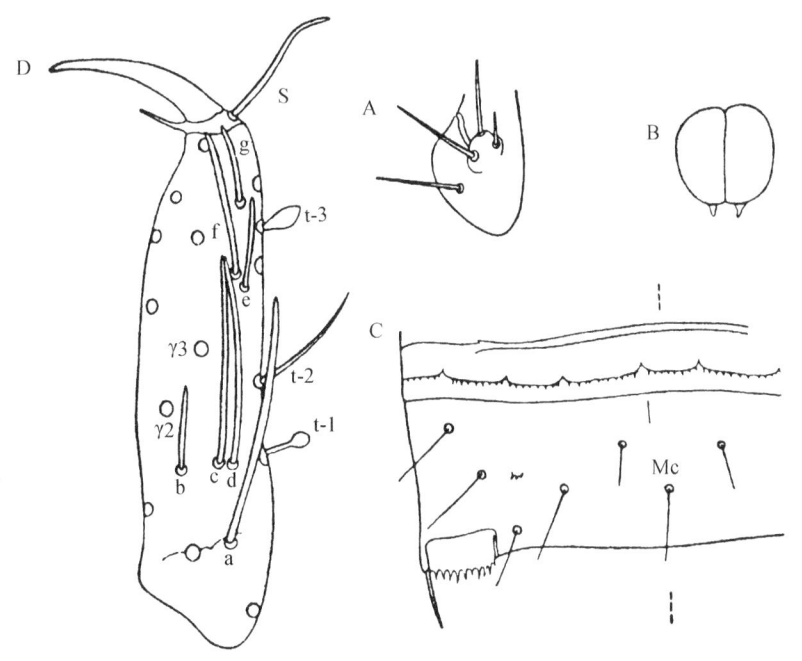

图 6 大同肯蚖 *Kenyentulus datonensis* Imadaté & Yin, 1983（引自尹文英，1999）
A. 下唇须；B. 假眼；C. 第Ⅷ腹节背板；D. 前足跗节外侧视
a～g：前足跗节外侧感器；t-1～t-3：背感器；S：距毛；γ2、γ3、Mc：刚毛

（7）日本肯蚖 *Kenyentulus japonicas* (Imadaté, 1961)（图 7）

识别特征：体长 600.0～900.0 μm。头长 93.0～102.0 μm，宽 75.0～85.0 μm。假眼圆

形，长 7.0～8.0 μm，头眼比为 12.0～14.0，颚腺管的萼光滑，远侧无明显突起，沿基侧腺管有 2 处膨大，盲端不膨大。前足跗节长 45.0～60.0 μm，爪长 15.0～27.0 μm，跗爪比为 3.2～3.5，中垫短，垫爪比约为 0.1。第Ⅷ腹节的腰带不发达，无栅纹；栉梳宽扁，后缘生 10 枚细齿；雌性外生殖器的端阴刺尖锥形。

标本记录：兴隆县：3 头，雾灵山，2016-Ⅶ-17，卜云采。

分布：河北、陕西、上海、安徽、浙江、江西、湖南、海南、四川、贵州、云南；日本。

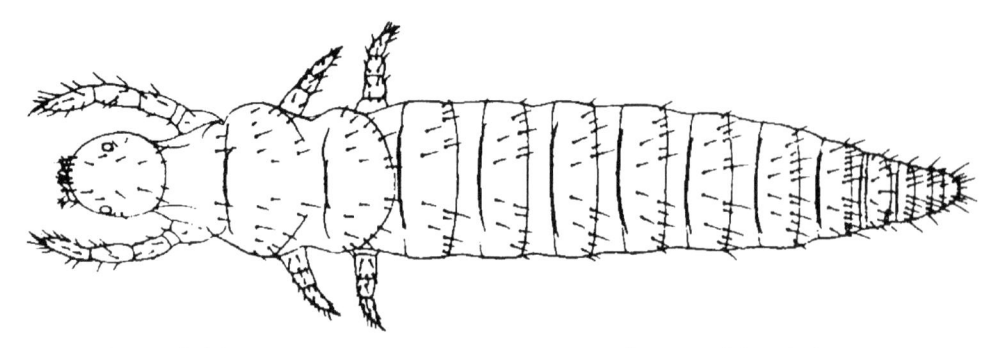

图 7　日本肯蚖 *Kenyentulus japonicas* (Imadaté, 1961) 背面观（引自尹文英，1999）

3. 夕蚖科 Hesperentomidae Price, 1960

体细长，口器较宽、平直；大颚顶端具 3 小齿和纵纹；下颚外颚叶较长，呈钩状，内叶宽大，顶端生针状突起；下颚须 4 节，顶端丛生 1 簇刚毛；下唇须也生 1 簇刚毛。假眼呈梨形，上圆下尖，中部有"S"形中隔纵贯。前胸足跗节的感觉毛柳叶形或短棒形，感觉毛内侧各 2 对，第 1～3 对腹足均 2 对，各生 4 刚毛或第 3 节 2 刚毛；后胸背板 2 对前刚毛和 1 对中刚毛。第Ⅷ腹节前缘的腰带简单而无纵纹，仅 1 条锯齿状线纹；栉梳长方形，后缘生短齿。

世界已知 2 亚科 5 属，分布于亚洲中部、俄罗斯和北美洲。中国记录 2 属至少 16 种以上。本书记述河北地区 1 属 2 种。

（8）敦化夕蚖 *Hesperentomon dunhuaense* Bu, Shrubovych & Yin, 2011（图 8）

识别特征：体长 1400.0～1460.0 μm。头椭圆形，被刚毛短；上唇内侧和外侧多刚毛；下颚须上有 2 个圆锥形感器。前胸背板无毛，中胸背板 2 对前刚毛和 7 对后刚毛。第Ⅰ腹节背板 2 对前刚毛和 5 对后刚毛；第Ⅱ～Ⅵ腹节背板 4 对前刚毛和 6 对后刚毛；第Ⅳ～Ⅶ腹节具后中毛；第Ⅴ～Ⅶ腹节具毛孔。各腹足分为 2 节，有 4 毛。第Ⅰ～Ⅲ腹节具 1 中毛孔；第Ⅵ～Ⅷ腹节具 1 中毛孔和 1 对侧毛孔；第Ⅷ腹节的条纹减弱，后缘散布颗粒；第Ⅷ腹节腹部的梳毛直角形，后缘具 10～12 齿；第Ⅹ～Ⅺ腹节基部的一些毛围成圆形；第Ⅸ～Ⅺ腹节具毛孔，第Ⅻ腹节有单一的中毛孔。

标本记录：兴隆县：1 头，雾灵山，2016-Ⅶ-17，卜云采。

分布：河北（兴隆县）、吉林（敦化市）。

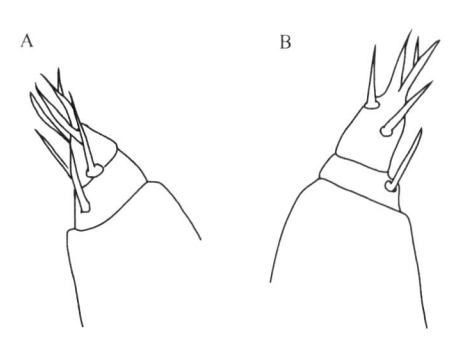

图 8　敦化夕蚖 *Hesperentomon dunhuaense* Bu, Shrubovych & Yin, 2011
下颚须圆锥形感器（引自 Bu et al., 2011）
A. 背感器；B. 腹感器

（9）棘腹夕蚖 *Hesperentomon pectigastrulum* (Yin, 1984)（图 9）

识别特征：体长 1250.0～1320.0 μm。黄色，前足跗节深色。头椭圆形，长 107.5～140.0 μm，宽 87.5～95.0 μm；假眼梨形，长 15.0～16.2 μm，宽 7.5～10.0 μm，头眼比 7.1～8.6。颚腺基部稍细，盲端稍膨大或不膨大，中部膨大呈袋状，后部长约 17.5 μm，头颚腺比 6.1～8.0 μm。前足跗节长 75.0～96.2 μm，爪长 21.2 μm，跗爪比为 3.5～4.5，中垫长 2.5～3.8 μm，垫爪比为 0.2～0.3；中足跗节长约 37.5 μm，爪长约 17.5 μm；后足跗节长约 42.5 μm，爪长 18.0～20.0 μm。第Ⅱ～Ⅵ腹节背板毛序为 8/12；第Ⅷ腹节栉梳后缘具 4 尖齿。

分布：河北、山西、陕西、宁夏。

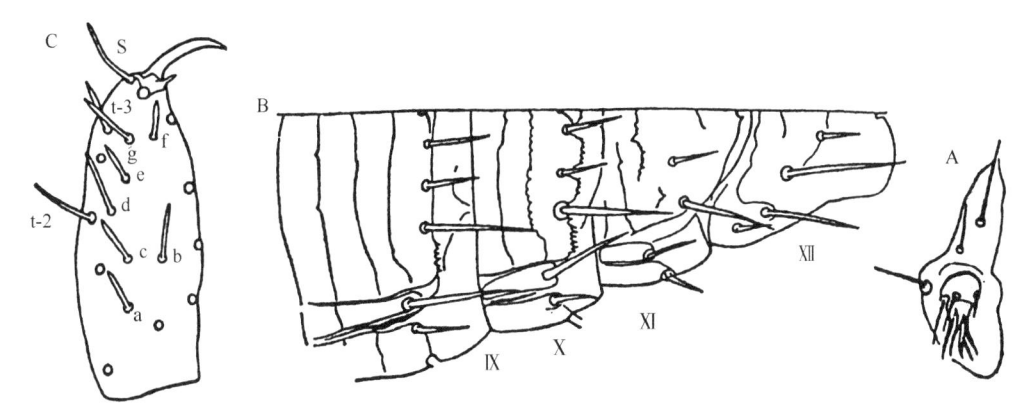

图 9　棘腹夕蚖 *Hesperentomon pectigastrulum* (Yin, 1984)（引自尹文英，1999）
A. 下唇须；B. 第Ⅸ～Ⅻ腹节腹视；C. 前足跗节外侧视
a～g：前足跗节外侧感器；t-2, t-3：背感器；S：距毛

4. 始蚖科 Protentomidae Ewing, 1936

第 1～2 对腹足 2 节，第 3 对腹足 1 节；颚腺管上具光滑的球形萼。假眼圆形，具杆或无。前足跗节感觉毛呈短棒状。

世界已知 2 亚科 6 属 43 种，分布于除埃塞俄比亚区外的世界其他动物地理区。中国已报道 4 属 11 种，分布于华中、西南和东北地区。本书记述河北地区 1 属 1 种。

（10）中国原蚖 *Proturentomon chinensis* Yin, 1984（图 10）

识别特征：体长 800.0～916.0 μm。头长 75.0～88.0 μm，宽 50.0～58.0 μm；假眼圆形，8.0 μm×8.0 μm，后杆端部钝圆，长 4.0～6.0 μm，头眼比为 5.4～6.8。颚腺管上具球形萼，光滑而无花饰，近基端腺管中部稍粗大，盲端略呈小球形。第 1～2 对腹足均 2 节，各 4 刚毛；第 3 腹足 1 节，2 刚毛。第Ⅶ腹节后部具 5～6 横棘纹；第Ⅷ腹节的纵纹带上无明显纵纹，其后缘 1 排稀疏浅齿；栉梳略呈长方形，后缘 5～6 齿，另有 2～3 前齿；第Ⅸ～Ⅺ节背板，背和腹节两侧均密布成排小齿。

分布：河北（小五台山、承德）、辽宁、内蒙古、山西、山东、宁夏。

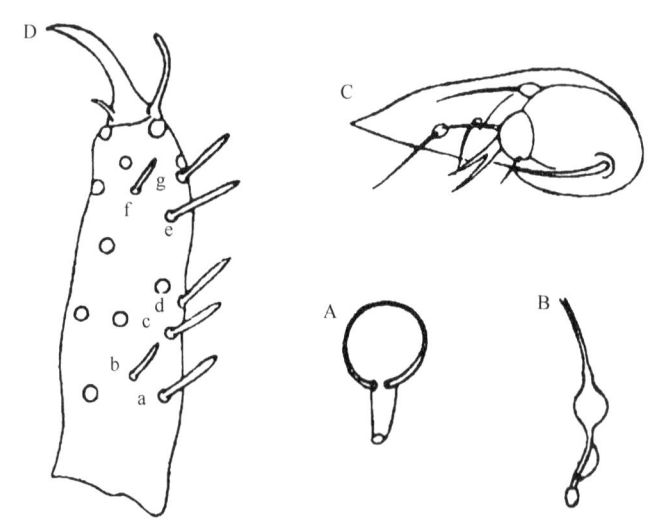

图 10 中国原蚖 *Proturentomon chinensis* Yin, 1984（引自尹文英，1999）
A. 假眼；B.颚腺；C.下唇须；D. 前足跗节外侧视
a～g：前足跗节外侧感器

Ⅱ. 古蚖目 Eosentomata Yin, 1996

中胸和后胸背板具中刚毛，两侧各生 1 对气孔或退化，其内有气管壳和分布全身的气管系统。口器较宽而平直，一般不突出成喙。上颚顶端较粗钝并具细齿，下颚外颚叶钩状，颚腺细长无萼。假眼小而突出，具假眼腔。3 对腹足均为 2 节，每节各有 5 刚毛。

世界已知 2 科 3 亚科 10 属 260 余种，世界性分布。中国记录 2 科 2 亚科 7 属 78 种。

5. 古蚖科 Eosentomidae Berlese, 1909

中胸和后胸背板具中刚毛，两侧各生 1 对气孔或气孔退化。口器较宽而平直，一般不突出成喙。上颚顶端粗钝具小齿，下颚外颚叶钩状。颚腺细长无萼。假眼小而突出。前足跗节各节有2根感觉毛，非感觉毛比蚖目多数根，前足跗节的爪垫几乎与爪长相仿。中足跗节和后足跗节均具爪。第Ⅷ腹节前缘无腰带。雌性外生殖器常有细长的端阴刺。

世界已知10属260余种。中国记录2科7属91种。本书记述河北地区2属6种。

（11）日升古蚖 *Eosentomon asahi* **(Imadaté, 1961)**（图11）

识别特征： 体长1200.0～1600.0 μm。头椭圆形，长130.0～140.0 μm，宽90.0～112.5 um。大颚端齿3个；假眼圆形，长10.0 μm，头眼比约为12。前足跗节长约110.0 μm，爪长20.0～22.0 μm，跗爪比为6.1～6.7，基端比为0.9～1.0；中足跗节长48.0～53.0 μm，爪长13.0～16.0 μm；后足跗节长61.0～63.0 μm，爪长16.0～18.0 μm；第2、第3胸足的爪垫均短，约为爪长的1/6。

标本记录： 围场满族蒙古族自治县（以下简称围场县）：1头，木兰围场五道沟，2016-Ⅶ-11，卜云采；兴隆县：42头，雾灵山，2016-Ⅶ-16，卜云采；平泉市：3头，辽河源，2016-Ⅶ-13，卜云采。

分布： 河北、黑龙江、吉林、辽宁、内蒙古、北京、宁夏、甘肃、青海；俄罗斯（远东），日本。

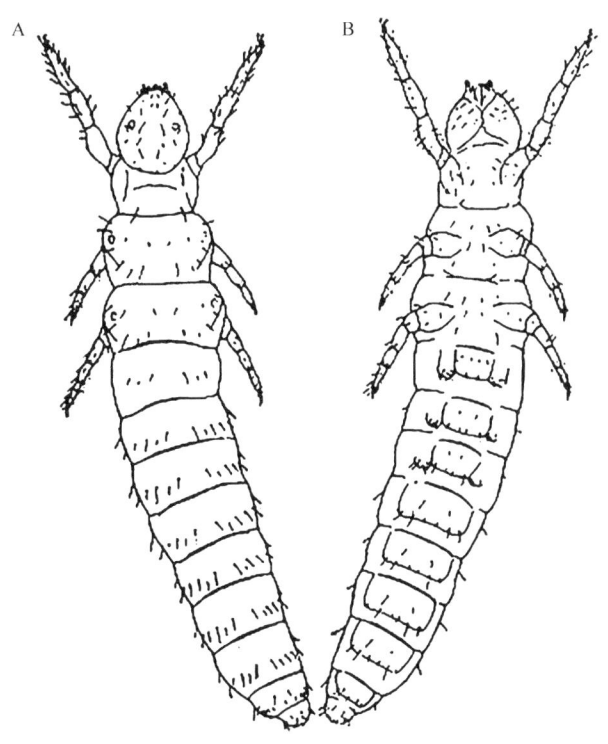

图11 日升古蚖 *Eosentomon asahi* (Imadaté, 1961)（引自 Imadaté，1961）
A. 身体背视；B. 身体腹视

（12）短身古蚖 *Eosentomon brevicorpusculum* **Yin, 1965**（图12）

识别特征： 体长630.0～754.0.0 μm。头长77.0～80.0 μm，宽55.0～64.0 μm；假眼较

小，长 8.0～10.0 μm，头眼比为 8.0～10.0。前足跗节长 50.0～56.0 μm；爪长 8.0～10.0 μm，跗爪比为 5.0～5.6。背感器 t-1 纺锤形，基端比 0.9，t-2 较纤细；外侧感器 a 较短，b 与 c 的长度相仿，d 较粗；e 和 g 的顶部膨大成匙形，f-1 短而尖，f-2 甚短小。内侧面感器 a′ 中部较粗，b′-1 粗钝，b′-2 较细弱，c′甚短小。中足跗节长 23.0～26.0 μm，爪长约 6.4 μm；后足跗节长 27.0～29.0 μm，爪长 6.4～8.0 μm。中、后胸气孔直径 5.0～6.0 μm。

标本记录：涉县：1 头，偏城西涧，2016-VII-13，鄢麒宝采。

分布：河北、辽宁、山东、河南、陕西、宁夏、甘肃、江苏、上海、安徽、浙江、湖北、江西、湖南、福建、广东、广西、重庆、四川、贵州、云南。

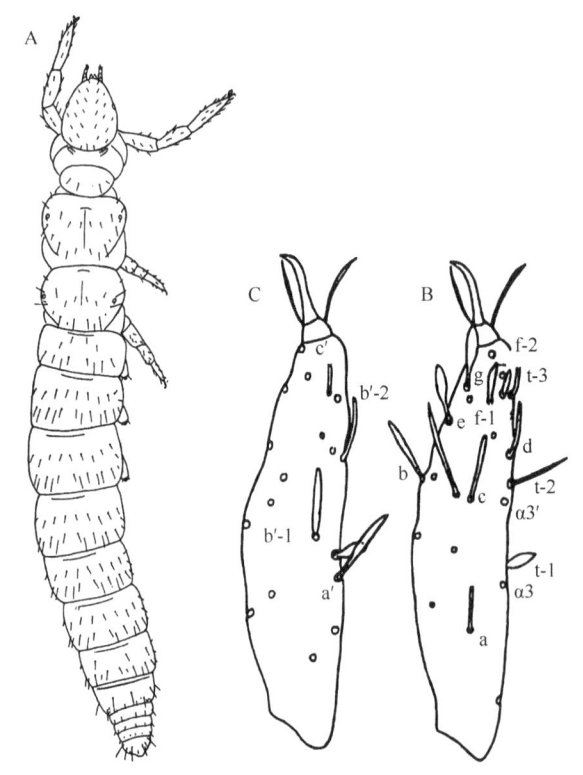

图 12　短身古蚖 *Eosentomon brevicorpusculum* Yin, 1965（引自尹文英，1999）
A. 背视；B. 前跗节外侧面观；C. 前跗节内侧面观
a～g、f-1、f-2：前足跗节外侧感器；a′、b′-1、b′-2、c′：前足跗节内侧感器；t-1～t-3：前足跗节背感器；α3、α3′：刚毛

（13）大眼古蚖 *Eosentomon megaglenum* Yin, 1989（图 13）

识别特征：体长约 700.0 μm。头椭圆形，长约 76.0 μm，宽约 76.0 μm；大颚端齿 3 个；假眼大，长约 14.0 μm，宽约 15.0 μm，头眼比约为 5.4；前足跗节长约 50.0 μm，爪长约 8.0 μm，跗爪比约为 6.3，中垫长约 9.0 μm，垫爪比约为 1，基端比约为 1.2；中足跗节长约 15.0 μm，爪长约 6.0 μm；后足跗节长约 18.0 μm，爪长约 7.0 μm。第 3 对胸足跗节基部刚毛正常；第 2 对胸足的爪垫短，第 3 对胸足的爪垫长。第XI腹节的背板刚毛 1、2 极短。

分布：河北、湖北、湖南、贵州。

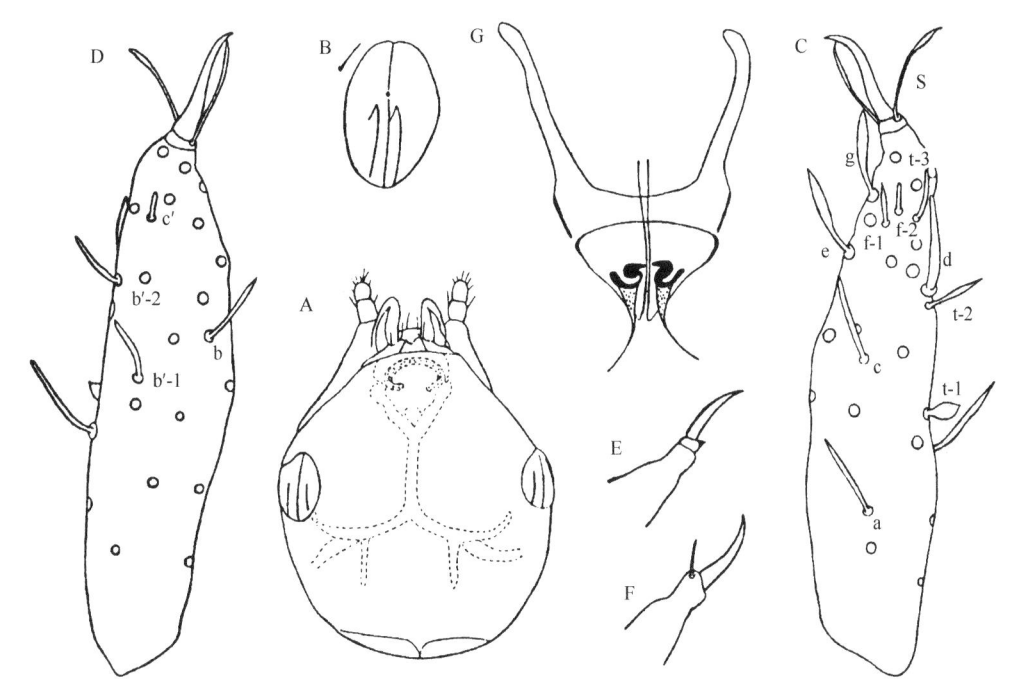

图 13 大眼古蚖 *Eosentomon megaglenum* Yin, 1989（引自尹文英，1999）
A. 头背视；B. 假眼；C. 前足跗节外侧视；D. 前足跗节内侧视；E. 中爪和爪垫；F. 后爪和爪垫；G. 雌性外生殖器
a~e, f-1, f-2, g: 前足跗节外侧感器；b'-1, b'-2, c': 前足跗节内侧感器；t-1~t-3: 前足跗节背感器；S: 距毛

（14）九毛古蚖 *Eosentomon novemchaetum* Yin, 1965（图 14）

识别特征：体长 600.0~900.0 μm；活体呈半透明的草黄色或象牙白，表皮骨化较弱。头呈卵圆形，缺触角、复眼和单眼，假眼较小。前胸足细长，向头前伸出；前足跗节长 54.0~58.0 μm，爪长约 10.0 μm；其背面和外侧的感器有槌形、匙形、棍棒形等不同形状，而且长短也很悬殊。中胸和后胸背板各生气孔 1 对。成虫腹部 12 节，3 对腹足均为 2 节，各生 5 根刚毛。第Ⅷ腹节腹板的毛式为 2/9。无尾须。

生境：潮湿土壤、苔藓植物和砖石下，以及树皮下或林地落叶层、树根附近。以腐木、腐败有机质和菌类等为食。

标本记录：兴隆县：1 头，雾灵山，2016-Ⅶ-17，卜云采。

分布：河北（雾灵山）、辽宁、江苏、上海、安徽、江西。

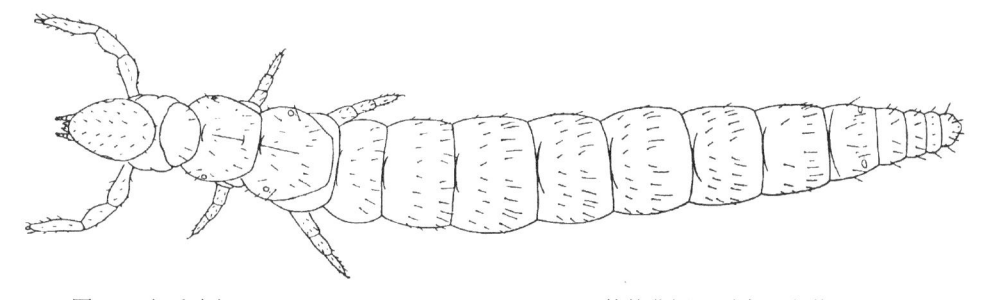

图 14 九毛古蚖 *Eosentomon novemchaetum* Yin, 1965 整体背视（引自尹文英，1999）

(15) 东方古蚖 *Eosentomon orientalis* Yin, 1965（图 15）

识别特征：体长 800.0～924.0 μm。头长 90.0～102.0 μm，宽 64.0～75.0 μm。假眼长 10.0～13.0 μm，具 3 条线纹，有时线纹不清晰，头眼比为 8～10。前足跗节长 60.0～74.0 μm，爪长 10.0～12.0 μm，跗爪比为 5.0～6.0。背部感器较短，中部和顶部膨大，基端比约为 0.8。中足跗节长 26.0～30.0 μm，爪长 7.0～9.0 μm，中垫短小；后足跗节长 30.0～40.0 μm，爪长 8.0～10.0 μm，中垫甚长。中、后胸气孔直径 5.0～6.0 μm。

标本记录：兴隆县：1 头，雾灵山，2016-Ⅶ-17，卜云采。

分布：河北、辽宁、陕西、江苏、上海、安徽、浙江、湖北、江西、湖南、广东、海南、广西、重庆、四川、贵州。

图 15　东方古蚖 *Eosentomon orientalis* Yin, 1965 背视（引自尹文英，1999）

(16) 短跗新康蚖 *Neocondeellum brachytarsum* (Yin, 1977)（图 16）

识别特征：体长 678.2～812.0 μm，宽 73.0～94.0 μm。体淡黄色，前胸足跗节和腹部后端棕黄色。头卵形，长 80.0～102.0 μm，宽 47.0～57.0 μm；假眼长 6.0～6.4 μm，头眼比为 13.0～16.0；颚腺萼球形，后部腺管弯曲；下颚须倒数第 2 节具 1 宽短的柳叶形感器。前足跗节长 37.0～42.0 μm，爪长 11.0～13.0 μm，跗爪比为 3.3～3.8。中垫长 2.0～3.0 μm，垫爪长度近等长，基端比约 1.3；感器多数退化。中足跗节长 14.0～16.0 μm，爪长 10.0～12.0 μm，后足跗节长 16.0～19.0 μm，爪长 11.0～13.0 μm，均有较长的中垫和膜瓣。

分布：河北、吉林、辽宁、北京、河南、陕西、甘肃、江苏、上海、安徽、浙江、湖北、湖南、四川、重庆、贵州。

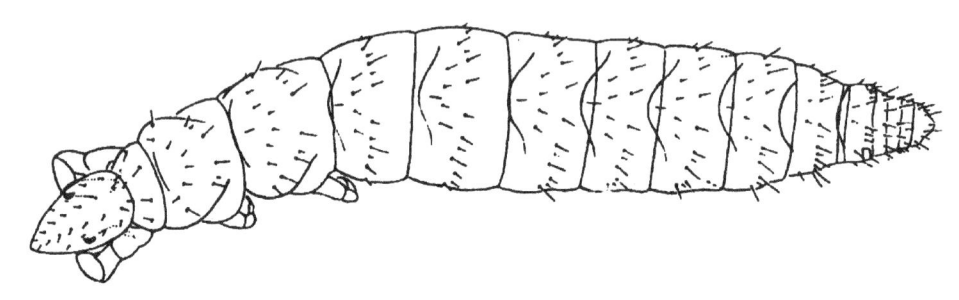

图 16　短跗新康蚖 *Neocondeellum brachytarsum* (Yin, 1977) 背视（引自尹文英，1999）

二、弹尾纲 Collembola Lubbock, 1870

弹尾纲昆虫俗称跳虫。体长 0.2~10.0 mm，常有鳞片或毛。口器咀嚼式，陷入头。触角 4~6 节，丝状，无真正的复眼。腹部 6 节，附器 3 对：生于第 I 腹节者，为 1 黏着性的腹管或称黏管；生于第 III 腹节者为 1 握弹器；第 4 节为 1 叉状弹器。跗节端爪 1 对或 1 枚。稀有气管系统，缺马氏管，无变态。

世界已知 4 目 16 总科 35 科约 680 属 9000 余种，种数约占整个六足亚门的 0.74%，世界性分布，食性包括腐食性或植食性，有些种类危害活体植物种子、根茎和嫩叶，成为农作物及园艺作物的害虫；也有危害菌类或地衣者，极少数为肉食性。中国记录 21 科 92 属 300 余种，本书记述河北地区 3 目 8 科 20 属 35 种。

目、科检索表

1. 腹背分节明显，身体主干延长；眼存在。触角长于头长；体长大于 0.7 mm；身体为 2 个近球形：主干为 1 大的近球形单位，后端终止于 1 小球形单位（愈腹蚖目 Symphypleona） ······ 圆蚖科 Sminthuridae
   腹背分节不明显，身体主干近球形 ··· 2
2. 前胸背板清晰，背面有刚毛（原蚖目 Poduromorpha） ··· 3
   前胸背板退化，前胸背面无刚毛（长角蚖目 Entomobryomorpha） ·································· 6
3. 有假眼 ·· 4
   无假眼 ·· 5
4. 角后器构造复杂；第 3 触角节感器发达，至少是由 6 部分组成的复合体，外侧有乳突 4~5 个，内侧有感觉结构 1~3 个 ··· 棘蚖科 Onychiuridae
   角后器构造简单；第 3 触角节的感器至多有 3 个外侧乳突及 2 个内侧感器，或感器分为背、腹两部分，且每一部分的感器多于 2 个 ··· 土蚖科 Tullbergiidae
5. 上颚臼齿盘发达；弹器退化或无；常有 2~3 根肛针 ··· 球角蚖科 Hypogastruridae
   上颚无颚臼齿盘；第 VI 腹节大，端部 2 叶状分开；体表生粗颗粒或疣 ··················· 疣蚖科 Neanuridae
6. 第 III、第 IV 腹节长度相等 ··· 7
   第 IV 腹节比第 III 腹节明显长；末节小，具 1~2 基刺；触角长；无角后器 ··········· 长角蚖科 Entomobryidae
7. 触角第 3 节、第 4 节不分亚节；体表无鳞片 ··· 等蚖科 Isotomidae
   触角第 3 节、第 4 节分亚节，齿节有刺，末节生有大齿 ·· 鳞蚖科 Tomoceridae

III. 愈腹蚖目 Symphypleona Börner, 1901

体近球形，胸部与腹部第 I~IV 节愈合，故胸部与腹部的分界线不太清晰。腹部第 VI 节易区别。头下口式，缺角后器。弹器与握弹器发达。体壁光滑，有气管。

愈腹蚖目昆虫分 5 总科 11 科，主要生活在潮湿的地方，以腐烂的植物类、地衣或菌类为主要食物，少数种类取食活的植物体和发芽的种子，成为农作物和园艺作物的害虫。极少数种类取食腐肉。中国记录 4 总科 6 科 16 属 47 种以上。本书记述河北地区 1 科 2 属 2 种。

6. 圆䗛科 Sminthuridae Lubbock, 1862

体长 0.4~2.5 mm，近球形，分节不明显，一般第Ⅴ、第Ⅵ腹节与第Ⅳ腹节分节清晰。触角 4 节，通常长过头，第 4 节长于第 3 节。

世界已知 47 属约 500 种。中国记录 13 属 31 种，大多数生活在地面上，生活环境多样。本书记述河北地区 2 属 2 种。

(17) 绿圆䗛 *Sminthurus viridis* (Linnaeus, 1758)（图 17）

识别特征：体长 1.0~2.0 mm。圆球形，鲜绿至土褐色。口器柱形，隐藏于头下方。眼黑色，球形，由 8 个小眼组成；无单眼。触角 4 节，线状，着生于眼的前方；触角长于头，第 1 节较短，第 2 节、第 3 节的长度相似，第 4 节最长且弯向前方，末节具环状感器。胸部较小，与腹部愈合；足 3 对，胫节与跗节不易区分，端 1 爪。腹部隐约可见 3 节，第Ⅰ节粗大，由前几节愈合而成，黏管端部外翻，握钩端部分叉；腹部后 2 节上的弹器管状，端部分叉，总长短于腹部，弯向前方。体表布稀疏短毛。

取食对象：小麦、大麦、燕麦、稻、马铃薯、黄瓜、苜蓿、油菜、牧草、大蒜、蚕豆、豌豆、欧蓍草、矢车菊、鸭茅、羽扇豆等。

分布：华北、西北（陕西、宁夏、甘肃）、华东、华中、西南、华南；世界。

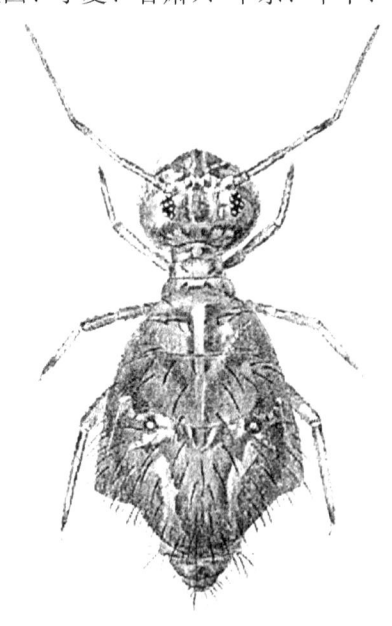

图 17　绿圆䗛 *Sminthurus viridis* (Linnaeus, 1758)（引自 Lubbock，1873）

(18) 中华长角圆䗛 *Temeritas sinensis* Dallai & Faneiulli, 1985（图 18）

识别特征：体长 1.5~1.9 mm。腹部或大或小，红棕色，大腹的背面和侧面有暗斑。头较亮，除复眼外全部为黑色，触角仅第 4 节的前面和第 5~6 鞭节的亚节具绿斑；胫节和跗节、弹器下侧无色。触角较短，第 3 节近端部有 2 个感觉小杆，着生在 2 凹陷之内；第

4 节分为 26 个亚节，各亚节具 1 圈长毛。背毛长刺状，混杂一些小毛。后足转节外侧有 5 长毛，内侧 1 长毛。握弹器端部 3 毛。弹尾长，弹器基部 7-7 毛；齿节约 40 毛；末节内、外缘齿状，内缘 15 细齿，末节 1 毛。雌性生殖节具 1 尖弯的尾器。

分布：河北、陕西。

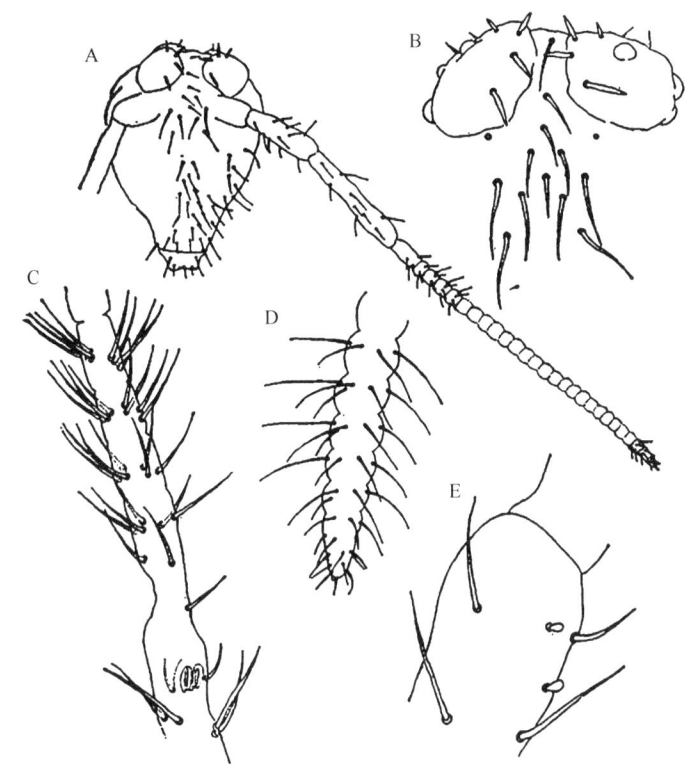

图 18 中华长角圆蚖 *Temeritas sinensis* Dallai & Faneiulli, 1985（引自 Dallai, 1985）
A. 头部毛序；B. 眼间棘细节；C. 触角第 3 节顶端和第 4 节基部；D. 触角第 4 节顶端；E. 触角第 2 节顶端感器

IV. 原蚖目 Poduromorpha Börner, 1913

触角 4~6 节，稍弯，基部粗壮，顶尖；头的每侧有 0~8 个单眼。第 1 胸节明显，背侧视 3 胸段。胸部背面具刚毛。腿和触角均很短。体表有颗粒。腹部 6 节以下或很少包括尾节，通常第 IV 腹节和第 III 腹节具弹器；体表具柔毛、刚毛、鬃毛或鳞片。

世界已知 6 总科 11 科。本书记述河北地区 4 科 5 属 10 种。

7. 球角蚖科 Hypogastruridae Börner, 1913

上颚臼齿盘发达。弹器发达、退化或无。常有 2~3 根肛针。无假眼或仅有在电子显微镜下才能够看到的假眼。角后器发达。触角第 3 节感器最多有 2~3 个乳突和 2 个内感器结构。

世界已知 55 属 700 余种，世界性分布。中国记录约 30 种。本书记述河北地区 1 属 1 种。

（19）微小蚤 *Ceratophysella adexilis* Stach, 1964（图19）

别名：紫跳虫。

识别特征：体长1.2~1.6 mm。紫黑色，扁宽；体疣中等到粗，腹部第V节中间1横带，带上疣突近等大，数量13~15个。毛序A型，胸部和腹背的毛序大小差异显著。小眼8+8个；角后器大，4叶，直径是最近小眼的2.0倍。触角第3节感器典型；第4节顶具泡叶，背侧7感觉毛，有小感器、亚顶端器和腹感觉毛；第2节、第4节之间的泡囊清晰。胫跗节第1~3节有毛，分别为19、19和18；爪发达，中部具内齿1枚，无侧齿；小爪弓形，基叶宽；黏毛尖。腹管毛4+4根；握弹器4+4齿。弹器发达，齿节7毛，端部2毛的基部粗大，末节舟状，顶圆，外叶发达。臀刺长而弯。

取食对象：冰草（冰菜）。

分布：河北、北京、江苏、上海、浙江、湖南。

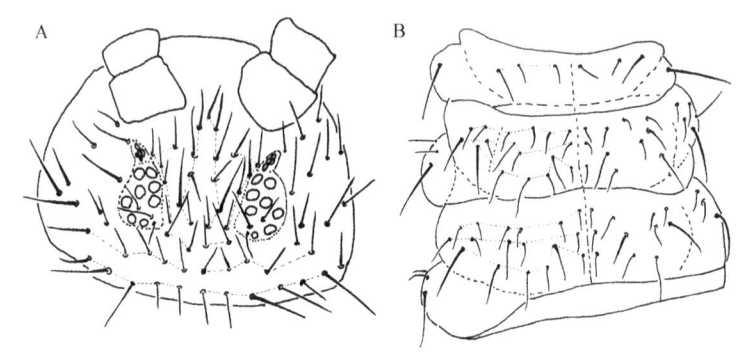

图19 微小蚤 *Ceratophysella adexilis* Stach, 1964（引自姜吉刚和尹文英，2010）
A. 头背部毛序；B. 头胸毛序

8. 疣蚤科 Neanuridae Börner, 1901

具上颚，其基部无臼齿盘。无假眼或仅有在电子显微镜下才能够看到的假眼。触角第3节感器最多2~3乳突和2个内感器结构。第1胸节明显。弹器末节无3层结构；小颚叶柄和其附属结构之间具1独立的轴节。

世界已知6亚科96属1419种。中国记录4亚科13属31种。本书记述河北地区1属1种。

（20）迷奇刺蚤 *Friesea incognita* Bu, Palacios & Arango, 2019（图20）

识别特征：体长7.3~7.9 mm，白色。眼具黑粒斑，刚毛光滑、短尖。头4眼。触角被毛第1节7，第2节12~13；背感器弯，下侧感器直，微感器1和2呈短圆柱形，其下的表皮褶皱。头、胸部背刚毛4+4，侧刚毛1。腹部末端具3臀刺，弹器末节退化不可见，第3节具刚毛。胫节和跗节无黏毛。

取食对象：多种食用菌的菌丝和子实体。

标本记录：平泉市：7头，辽河源，2016-Ⅶ-13，卜云采。

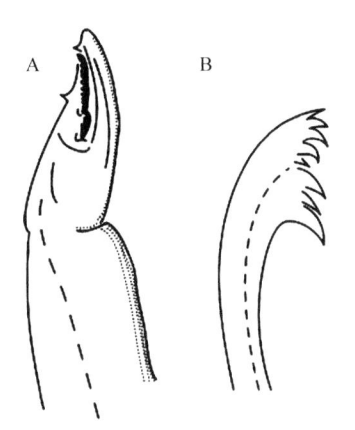

图 20　迷奇刺蚖 *Friesea incognita* Bu, Palacios & Arango, 2019（引自卜云等，2019）

A. 上颚；B. 下颚

分布：河北（承德、平泉、兴隆）。

9. 棘蚖科 Onychiuridae Börner, 1913

体细长圆筒状，长 1.2～5.0 mm。多为白色。体背腹扁平，体表布小颗粒，短毛闪亮，有时与长毛混在一起。口器位于头的前下方，上颚无臼盘。体表有粗糙的颗粒，刚毛简单、光滑。有假眼。触角 4 节，第 3 节感器发达，有 2 感觉棒和 2 感觉球，以及外部的 4 或 5 个乳突与内部的 1～3 个感器结构。雄性刺状，有 1 对尾角。

世界已知 3 亚科 6 族 48 属 725 种，大多数种类分布在北半球，少数广泛分布的物种在南半球发现，主要生活在腐殖质丰富的土壤中，也有危害农作物的种类。本书记述河北地区 3 属 6 种。

（21）狭胸小蚖 *Allonychiurus foliates* (Rusek, 1967)（图 21）

识别特征：体微小，长约 0.9 mm。白色，长椭圆形。体表布细粒及短疏毛。触角 4 节，略短于头，第 3 节感器上具 2 光滑的 4 叶状突起，2 支感觉小杆，4 乳突，5 支保护毛。角后器沟槽状，长条形，内具 14 个细粒状突起。前、中、后足亚基节的拟单眼器以 1、2、

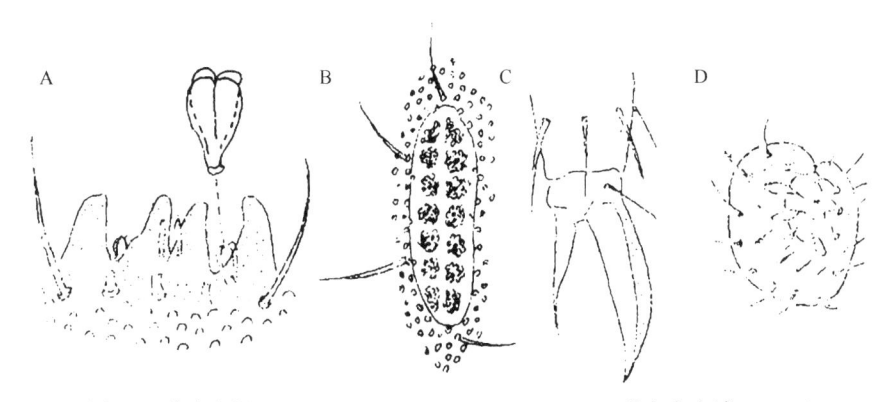

图 21　狭胸小蚖 *Allonychiurus foliates* (Rusek, 1967)（引自李忠诚，1989）

A. 触角第 3 节前器；B. 触角后器；C. 第 3 足爪；D. 肛门

1式排列，前胸背板狭小。爪细长，无齿，小爪端部细针状。雄性腹管上有2大2小粗刺毛。肛门四周具4+4支粗叶状刺毛，无弹器，肛刺略弯，长约为第3足爪的4/5。

分布：河北、内蒙古、北京、天津、山西、四川。

（22）粪棘蚖 *Deuteraphorura inermis* (Tullberg, 1871)

别名：细齿棘蚖。

识别特征：体长约2.5 mm。体布细粒及疏毛。触角短于头，与头长之比为5.0∶8.0。触角第3节感器具5乳突，5支保护毛，2肾形光滑感觉球，2支感觉小杆；角后器沟槽状，长椭圆形，内具12~16个粒状突起。爪细长，具小侧齿，无内齿，小爪与爪等长，无弹器及肛针。

取食对象：蔬菜幼根、植物病原真菌、腐殖质。

分布：中国；世界。

（23）具刺棘蚖 *Onychiurus (Paotophorura) armatus* (Tullberg, 1869)（图22）

识别特征：体长约2.5 mm。长椭圆形，白色至乳黄色。触角4节，短于头；第3节感器5个乳突状感觉突，5支保护毛，2个葡萄串状感觉球，2支感觉小杆。触角后器长条形，沟槽状，内具16~32个光滑条形突，其长与触角后器垂直。爪无内齿，小爪端部细针状，与爪等长。肛刺很长，略弯曲，长约为第3足爪内缘之长。弹器痕迹状，为第Ⅳ腹节下侧1瘤状褶，其上和基部各1对刚毛。

取食对象：菜根幼根。

分布：中国。

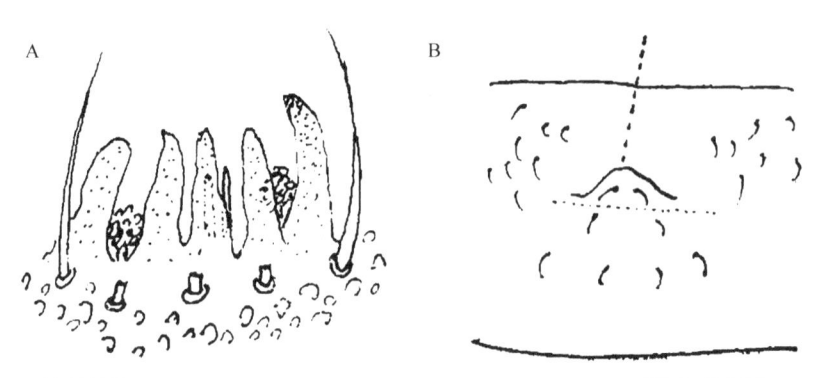

图22 具刺棘蚖 *Onychiurus (Paotophorura) armatus* (Tullberg, 1869)（引自李忠诚，1989）
A. 触角第3节；B. 腹部第Ⅳ节下侧弹器

（24）小棘蚖 *Onychiurus folsomi* (Schäffer, 1900)（图23）

识别特征：体长约1.0 mm。白色，椭圆形。触角第3节感器具4乳突，2桨状感觉球，2支感觉小杆，6支保护毛。触角后器沟槽状，椭圆形，内具13~16粒突。弹器及肛刺均无，雄性第Ⅱ节下侧有腹器，其由4个具翼片的矛状突组成，排列成横排，爪不具齿，小爪向端部渐细，长与爪内缘之长相近或更长。

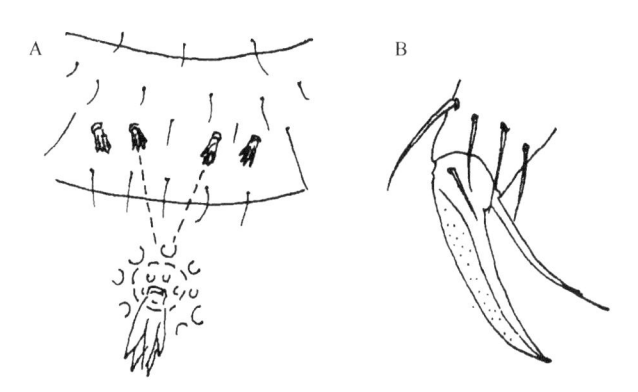

图 23　小棘蚼 *Onychiurus folsomi* (Schäffer, 1900)（引自李忠诚，1989）
A. 腹器；B. 第 3 足爪

分布：中国；世界，温暖潮湿的地区较为常见。

(25) 麦棘蚼 *Onychiurus* (*Paotophorura*) *sibiricus* (Tullberg, 1876)（图 24）

识别特征：体长约 2.0 mm。白色，略长纺锤形，体表布细粒和短疏毛。触角 4 节，与头等长；第 3 节和第 4 节具乳突状感器，2 直立葡萄串状感觉球，2 支感觉小杆，4 支保护毛。触角后器沟槽状，椭圆形，内有 8~13 个星条状光滑突起，其长与角后器沟槽等长。爪无齿，小爪与爪等长。肛刺位于肛门背方的肛突上，肛突＋肛刺之长与第 3 足的爪等长。

取食对象：小麦幼根。

分布：中国；日本，欧洲西部。

图 24　麦棘蚼 *Onychiurus* (*Paotophorura*) *sibiricus* (Tullberg, 1876)
触角第 3 节（引自李忠诚，1989）

(26) 中华棘蚼 *Onychiurus sinensis* Stach, 1954（图 25）

识别特征：体长 2.0 mm。白色，长纺锤形，腹部较粗。体表密布细粒及疏毛。触角短于头。触角第 3 节感器 4 个乳突状突起，5 支保护毛，2 个梨形感觉球，2 支感觉小杆。触角第 4 节端部 1 小凹，内具 1 小突起。触角后器沟槽状、椭圆形，内有 0~12 个细粒状突起。爪略弯，内齿明显，爪长与爪内缘等长。无弹器及肛刺，雄性第 II 腹节下侧有腹器，腹器由 4 个小瘤排列成 1 横排，瘤上 8 支细臂，呈星海葵状平放，向上伸时呈刷把状。

分布：河北、内蒙古、北京、天津、山西、四川。

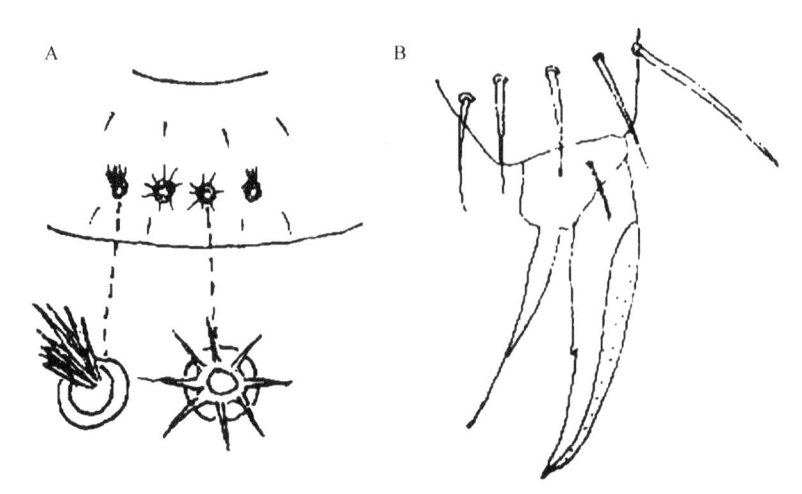

图 25　中华棘䖴 *Onychiurus sinensis* Stach, 1954（引自李忠诚，1989）
A. 腹器；B. 第 3 足爪

10. 土䖴科 Tullbergiidae Bagnall, 1947

体细长，圆筒形，体毛很短。眼上有几根直立长尖毛，头上毛很尖。表皮颗粒细小，有时在腹部第Ⅵ节有大颗粒，将小凹围成半圆形，隆起部分具粗毛和刺。第 3 触角节的感器至多有 3 外乳突及 2 内感器结构；或感器分为背、腹两部分，且每一部分超过 2 感觉结构。

世界已知 34 属约 220 种，各动物地理区均有分布。本书记述河北地区 1 属 2 种。

(27) 林栖美土䖴 *Mesaphorura hylophila* Rusek, 1982（图版Ⅰ-1）

识别特征：体长约 500.0 μm。角后器狭窄，长 14.0～16.0 μm，宽 4.0～5.0 μm，由 28～32 椭圆形泡囊组成，排成 2 列。上唇毛式 4/5/4；下唇乳突 5 个，顶端 6 防御毛，6 端刚毛，基中 4 刚毛和 5 基侧刚毛。触角短于头，第 1 节 7 毛，第 2 节 11 毛，腿上胫跗骨无棒状毛。腹部第Ⅰ～Ⅲ节的背侧轴向毛 2+2；第Ⅰ～Ⅲ节有侧毛，但第Ⅱ节和第Ⅲ节的毛粗，第Ⅵ节有新月形脊。

标本记录：兴隆县：2 头，雾灵山，1200 m，2016-Ⅶ-17，采集人不详。

分布：河北（涉县、邢台、兴隆、平泉、围场）；俄罗斯（远东），日本，亚洲中部，地中海，欧洲西部。

(28) 太平洋美土䖴 *Mesaphorura pacifica* Rusek, 1976（图版Ⅰ-2）

识别特征：雄性体长平均 590.0 μm（540.0～650.0 μm）。刚毛分化良好。体表具长度 0.5～1.0 μm 的颗粒状组织。触角（66.0～73.0 μm）短于头部（80.0～93.0 μm）；第 1 节和第 2 节分别具 7 毛和 11 毛；感觉器略细，具小的微感器，近顶端有 1 大的端泡囊；第 3 触角器由隐藏在 1 个下乳突后面的 2 个感觉小杆和 2 个相互弯曲的粗感觉棒组成，并有 4 根保护毛。腿无棍棒状胫跗毛。爪长 12.0～13.0 μm，尾部附属物短（2.0～3.0 μm）。肛棘长 8.0～10.0 μm。前胸背面布长度为 6.0～17.0 μm 的刚毛。

标本记录：围场县：3♀，红松洼国家级自然保护区，2016-Ⅶ-11，卜云采；平泉市：5♀，辽河源省级自然保护区，2016-Ⅶ-13，卜云采。

分布：河北（燕山、围场、平泉）；伊朗，非洲北部，加拿大。

Ⅴ. 长角蚖目 Entomobryomorpha Börner, 1913

体长形。触角发达，4～6节，着生于头前端，通常为头长的4.0～5.0倍，有些种类的末节分为1～2亚节。第1胸节背面隆起弱，无背刚毛。第Ⅲ腹节明显短于第Ⅳ节；弹器发达。身体密被毛或鳞片或无鳞片，体毛类型多种。

世界已知4总科11科50属2000余种。中国记录80种以上。本书记述河北地区3科12属23种。

11. 长角蚖科 Entomobryidae Schaffer, 1896

体长形，第1胸节背板不明显，各体节不同。鳞片有或无，表皮光滑，体表具明显的花斑型。前胸背板无刚毛，通常退化，藏在中胸背板下。触角一般较长，无角后器。爪和小爪发达，爪内缘常具1基沟。第Ⅳ腹节明显长，通常为第Ⅲ腹节的几倍。弹器很长，齿节较弹器基长许多，明显呈钝齿形或环形，末节短，1～2齿。背面平滑，具缘毛或锯齿。

世界已知6亚科57属1707种，中国记录10属72种。本书记述河北地区5属12种。

（29）黑暗长角蚖 *Coecobrya tenebricosa* (Folsom, 1902)
（图版Ⅰ-3）

识别特征：无唇状乳突，唇缘"U"形，唇毛光滑，每侧眼0～3只，色素弱或无。触角顶端无鳞片，镰状短毛有基底棘，触节有4+4齿和1条毛纹，无鳞片和棘；柄节背面光滑。胫跗节具分化的毛囊。腹部第Ⅰ节中间有长毛6+6根，第Ⅱ节有毛3+3根。

分布：华北、东北、华中、华东、华南、西南；世界。

（30）方斑长蚖 *Entomobrya imitabilis* Stach, 1963（图26）

识别特征：该种以头具1长方形斑纹而得名。体长约33.0 mm。体淡黄色，触角窝间、头侧面、两眼之间等区域具黑褐斑；背面缘毛弯长；侧眼各8个。触角4节，淡黄色，第1～3节端部及第2、第3节中部黑褐色，第4节除基部淡黄褐色外均为淡红褐色。

取食对象：旋覆花。

分布：河北、北京。

图26 方斑长蚖 *Entomobrya imitabilis* Stach, 1963 背面观
（引自 Jordana，2012）

(31) 北京长䖴 *Entomobrya pekinensis* Stach, 1963

识别特征：体长约 2.0 mm。基色淡灰褐色，触角窝间、头侧面等区域具淡紫褐斑，背面具许多弯曲且具缘毛的长刚毛；每侧有眼 8 个。触角 4 节，淡黄褐色，第 1～3 节端部紫红色，中部淡紫红色，第 4 节除基部淡黄褐色外均为淡紫红色。

栖息环境：室内外。

分布：河北、北京、上海。

(32) 金化刺齿䖴 *Homidia phjongjangica* Szeptycki, 1973

识别特征：体长 1.4～2.1 mm。触角为头长的 2.6～4.2 倍。触角各节长度比例为 1.0∶1.4∶1.2∶1.9。体色为白色至污紫色，斑纹深棕色至黑色。上唇 4 稍退化乳突，外侧乳突较内侧的宽。足基节大毛的毛序为 3/4+1 或 3/4+2。体表小毛长而稠密。腹管有 3+3 大毛。弹器基粗大，成虫齿节具 17～38 刺，平均 28 刺，齿节基部刚毛长尖，具缘毛，基部内侧刚毛纤细，有缘毛。

标本记录：灵寿县：五岳寨国家森林公园七女峰，2016-Ⅶ-6，鄢麒宝采；1 头，五岳寨国家森林公园瀑布景区，2016-Ⅶ-7，鄢麒宝采。

分布：河北；俄罗斯（远东），朝鲜半岛。

(33) 索特长角䖴 *Homidia sauteri* (Börner, 1909)（图 27）

识别特征：体长约 2.8 mm。体灰白，具紫色斑点和色带，触角紫红色。体表光滑，颈部有许多深棕色刷状毛，无鳞片。小眼 8+8 个，位于深色眼区内，最后 2 个略小。爪上背齿 1，内齿 2；小爪矛状，外缘宽；黏毛粗壮，端部扁平、膨大。第Ⅳ腹节长约为第Ⅱ腹节的 6.8 倍。握弹器 4+4 齿，具 1 粗壮刚毛。弹器发达；基节和齿节长度比为 2.0∶3.0；齿节上具粗刺 25～30 个，排成 2 排；末节 2 齿，1 基刺。

分布：河北、山西、上海、浙江、福建；日本，越南，北美洲。

图 27 索特长角䖴 *Homidia sauteri* (Börner, 1909) 侧面观（引自 Stach，1964）

(34) 似少刺齿䖴 *Homidia similis* Szeptycki, 1973（图 28）

识别特征：体长 2.4～2.7 mm。浅黄色具黑褐斑，被长刚毛（具缘毛）。触角长，第 2～

4节灰色，各节颜色向端部变深；眼区黑色，各8眼，两触角间有暗色横带。中胸两侧缘具暗褐色纵纹，后胸中间具黑横斑；第Ⅲ腹节后缘具黑褐色横带，第Ⅳ节长，约为前节长的3.0倍，中间具断开的暗色斑（左右对称），有时不明显，近后缘具黑褐色横带（中间断裂），第Ⅴ节呈黑褐色。

标本记录：灵寿县：15头，五岳寨南营，2016-Ⅶ-9，鄢麒宝采。

分布：河北、北京、山东、浙江；韩国。

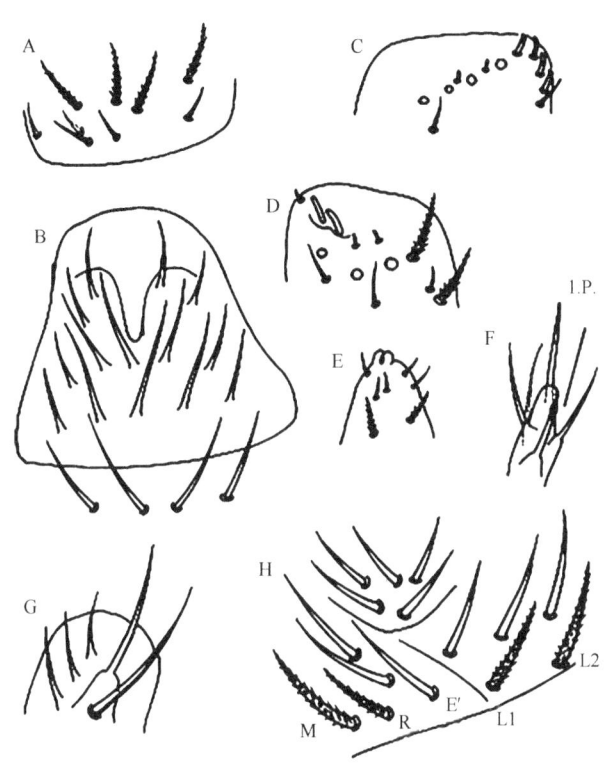

图28 似少刺齿䖴 *Homidia similis* Szeptycki, 1973（引自陈方圆等，2011）
A. 触角第1节基部；B. 上唇；C. 触角第2节顶端；D. 触角第3节器；E. 触角第5节端泡；F. 下唇外器；
G. 小颚外叶；H. 下唇
M、R、E'、L1、L2：下唇刚毛；l.P.：下唇侧突

（35）黑角鳞长䖴 *Lepidocyrtus* (*Lanocyrtus*) *caeruleicornis* Bonet, 1930

识别特征：触角短，各节形态相仿，具细刚毛；第4节的感觉毛弯曲；各节长度之比为1.0∶2.0∶2.3∶3.0。头部8+8眼。体黄色或乳白色，触角紫色，第3节和第4节及第2节远端颜色更深，眼区和头前为黑色，色素仅见于眼之间的头前区，其余为白色。弹器基节稍长于齿节，背面具有短的细毛，腹面有鳞片覆盖，末节2齿。

分布：河北（小五台山）；印度。

（36）暗色裸长䖴 *Sinella coeca* (Schott, 1896)（图29）

别名：盲囊裸长角䖴。

识别特征：白色，体长约 2.5 mm。具缘毛状粗刚毛。触角第 1 节具刚毛；第 2 节背面具粗刚毛，腹面具缘毛状刚毛；第 3 节感器由 2 个位于小浅沟内的弯短感觉棒组成；第 4 节顶端无可收缩的感觉乳突。上唇背面前端 4 个小乳突，各乳突具 1 根细刚毛。无眼和角后器。胫跗节腹面具 2 排直立粗缘毛。爪细长，无外缘齿，近基部的侧齿很小，内缘齿 4 枚。小爪有的外缘齿宽。黏毛细短，顶端不粗大。弹器基节和齿节长度比为 2.0：3.0；末节镰刀状，具 1 根长基针；齿节末端无环区，与末节等长。第Ⅳ腹节长约为第Ⅲ腹节的 3.0 倍。

分布：河北、上海、浙江；日本。

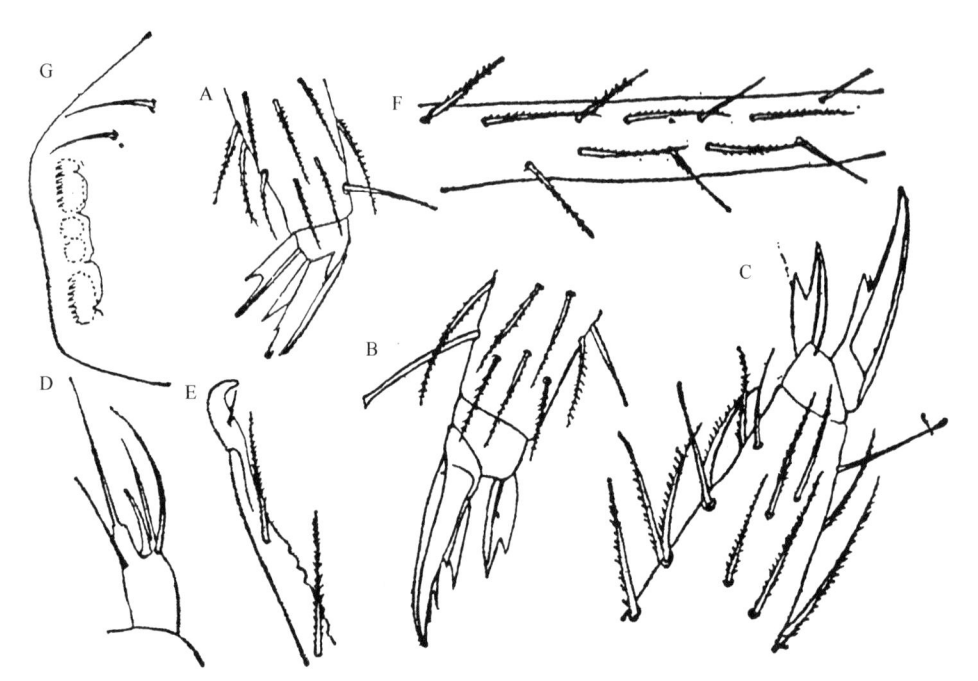

图 29　暗色裸长虮 *Sinella coeca* (Schott, 1896)（引自尹文英等，1992）
A. 第 2 足外侧视；B. 第 3 足外侧视；C. 第 3 足内侧视；D. 下唇突；
E. 弹器末节；F. 胫跗节腹缘刚毛排列；G. 上唇突起

（37）曲毛裸长角虮 *Sinella curviseta* Brook, 1882（图 30）

识别特征：体长约 1.6 mm，浅污黄色，足的胫节、跗节和触角末节浅色。触角 4 节，末节长且浅色；背面有许多弯曲长缘毛，以头、胸部的最发达；每侧 2 眼，其周围具褐斑；单眼分离。弹器末节的基刺明显长过亚端齿。

取食对象：食用菌。

标本记录：灵寿县：1 头，五岳寨南营，2016-Ⅷ-8，鄢麒宝采；2 头，五岳寨国家森林公园管理处，2016-Ⅶ-9，鄢麒宝采。

分布：河北、北京、山东、陕西、江苏、上海、安徽、浙江、湖北、江西、台湾、四川、贵州；韩国，日本，印度，欧洲，北美洲。

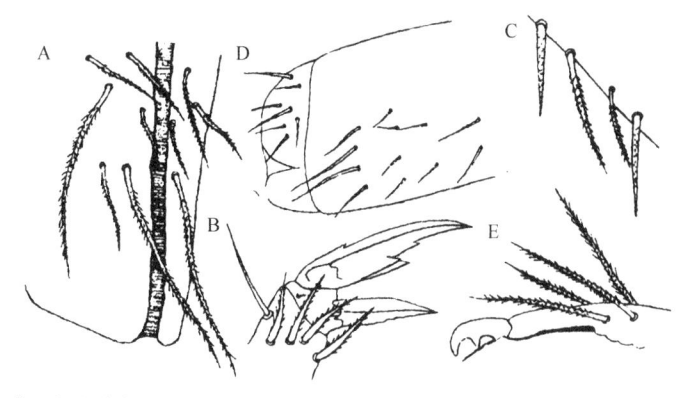

图 30 曲毛裸长角蚖 *Sinella curviseta* Brook, 1882（仿 Chen 和 Christiansen，1933）
A. 腹管前侧面；B. 后足爪和小爪；C. 胫跗节内侧面毛；D. 腹管后侧面和侧片；E. 弹器齿节和末节

(38) 曲阜裸长蚖 *Sinella qufuensis* Chen & Christiansen, 1993

识别特征：头部和身体黄色，其上广布蓝色颗粒。具 4+4 眼，眼区深蓝色至黑色。触角长为头长的 1.8～2.3 倍。爪基齿等长。黏毛粗，棍棒状。腹管前面 14 刚毛，后面 10 刚毛。弹器基节每侧 3 刚毛，齿节长为末节的 1.1～1.2 倍。

标本记录：灵寿县：1 头，五岳寨南营乡，2016-Ⅶ-8，鄢麒宝采。

分布：河北、山东。

(39) 蒿裸长角蚖 *Sinella straminea* (J. W. Folsom, 1899)（图 31）

识别特征：体长约 1.9 mm。整个身体呈淡草黄色，头和身体密布倒钩状刚毛；头顶和触角基节粗壮呈棍棒状；头每侧各有 3 眼，黑色，3+3 式。触角长达体长之半，部分圆柱形，相对长度为 1.0∶2.0∶2.0∶3.0。腹部各节沿背中线长度之比依次为 4.0∶17.0∶12.0∶8.0∶11.0∶11.0∶31.0∶5.0∶3.0；中间膜的前缘具 1 簇棒状毛，并且在每个后续节上有类似的背侧簇。足细长；爪发达，近于直，向端部渐变细；外缘 1 小齿，内缘 2 齿（1 大 1 小）。第Ⅲ腹节中间具 2 根长毛。

图 31 蒿裸长角蚖 *Sinella straminea* (J. W. Folsom, 1899) 侧面观（引自 Folsom，1899）

分布：华北、华东、华南、西南；日本。

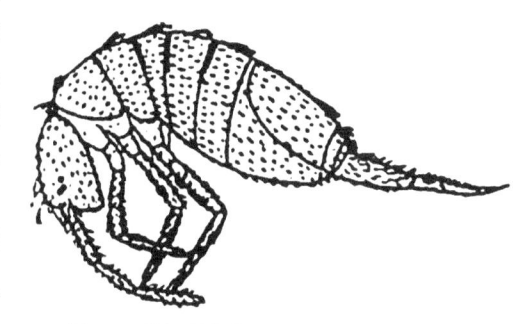

(40) 三眼裸长角蚖 *Sinella triocula* Chen & K. Christiansen, 1993

识别特征：最大体长 1.6 mm。眼区黑色，其余体表为乳白色。具 3+3 眼。触角长为头长的 1.3～2.1 倍，触角第 3 节感器不明显。体表大毛分化明显。爪基部的齿不对称，外侧的爪大，为鸟翼状。小爪具 1 大外齿。黏毛粗大，棍棒状。腹管 16 具缘毛的前列刚毛，12 光滑的后刚毛。弹器末节末端齿长约为亚端齿的 2.5 倍，齿节长为末节的 1.2～1.3 倍。

分布：河北、北京、江苏。

12. 等䖴科 Isotomidae Börner, 1913

体长形，体壁光滑，无鳞片，第1胸节背板不明显。触角第3节感器呈棒状，裸露在外或陷于小浅窝之中。角后器长条形或椭圆形，有的角后器近中部被1细横隔分成相同的两部分，少数无角后器。大部分有弹器，在低等类群中弹器退化或无，弹器基节背面有毛，下侧光滑或具较多刚毛；齿节一般比弹器基长，有的齿节退化，背面光滑或具钝齿；末节形状多变，一般具1端齿，1～2近端齿。握弹器4+4齿，着生刚毛1至数根或无。前胸退化、平滑。第Ⅵ腹节与第Ⅲ腹节近等长；第Ⅱ～Ⅲ腹节偶有愈合。

世界已知7亚科75属350多种。中国记录21属约60种。本文记述河北地区6属8种。

（41）尹氏艾等䖴 *Axelsonia yinii* Huang & Liang, 1992（图32）

识别特征：体长最大2.2 mm。淡绿灰色，具黑眼点。眼8+8；缺角后器。触角第2节感觉棒12～39个；上唇边缘4乳突。爪基宽，内侧无齿；背面基部1对丝状侧齿；爪间突宽，披针形；胫跗节无棒状毛。黏管每侧14～17毛，颈侧囊23～41毛；挟钩有4齿和12～18毛；柄状突被密毛，齿长，后面具许多细长碎粒；近端前部和后部密被短刚毛；黏管端部有5齿，以顶端1齿最小，次顶端1齿较大，近端部1对强齿。雄性腹部第Ⅵ节1对粗弯毛。

分布：河北（唐山）。

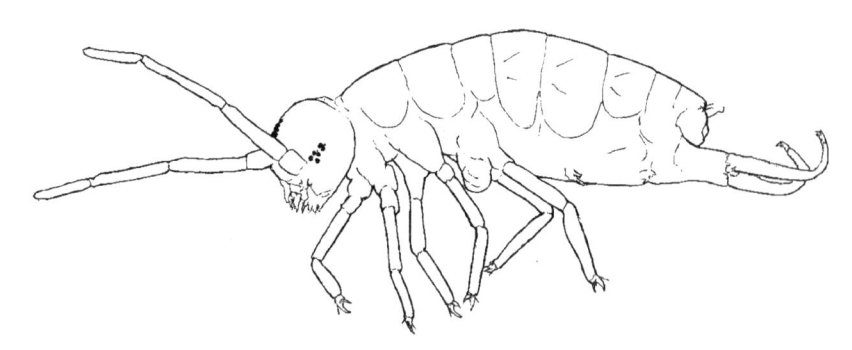

图32 尹氏艾等䖴 *Axelsonia yinii* Huang & Liang, 1992 侧面观
（引自 Tanaka and Niijima, 2019）

（42）白符等䖴 *Folsomia candida* Willem, 1902（图版Ⅰ-4）

识别特征：体长600.0～1400.0 μm，白色。无眼。角后器窄椭圆形。爪简单。第Ⅳ～Ⅵ腹节完全愈合。弹器发达，齿节长，齿节下内侧被毛大于8+8；末节具2齿突。腹管侧顶的端区域有刚毛9～16根，背面具刚毛7～12根。

分布：河北、内蒙古、山东、陕西、宁夏、甘肃、青海、新疆、江苏、上海、浙江、湖南、福建、广东；欧洲。

（43）二眼符䖴 *Folsomia decemoculata* Stach, 1946（图33）

识别特征：体长 800.0~1400.0 μm，白色或灰白色，密布简单短刚毛，眼每侧1毛。角后器椭圆形。触角与头近于相等。腹节第Ⅳ~Ⅵ节完全愈合。弹器的齿节腹面9根刚毛。爪复杂，末跗节2齿。

分布：河北、北京、陕西、江苏、上海、浙江；欧洲中南部，澳大利亚。

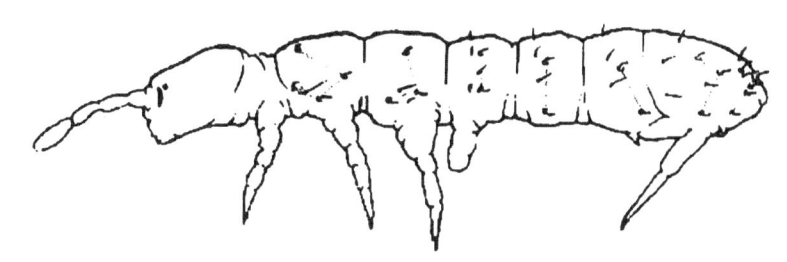

图33 二眼符䖴 *Folsomia decemoculata* Stach, 1946 侧面观（仿 Potapov 和 Dunger，2000）

（44）四眼符䖴 *Folsomia quadrioculata* (Tullberg, 1871)（图34）

识别特征：体长 1.0~1.3 mm，个别体长可达 2.5 mm。浅灰色至黑色。体表色素颗粒不规则散布，有时形成条带和斑点。头部具2+2眼，侧单眼明显分开。角后器狭窄，长于触角第1节。上唇具有 5/5/4 刚毛。触角第1节具3微感觉毛和2感器；第3~5节有感器。

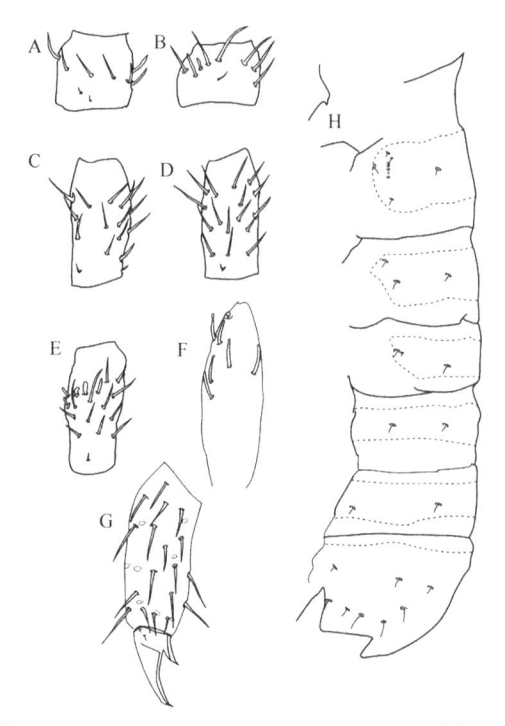

图34 四眼符䖴 *Folsomia quadrioculata* (Tullberg, 1871)（引自 Lee et al.，2019）
A. 第1触角节背视；B. 第1触角节腹视；C. 第2触角节背视；D. 第2触角节腹视；E. 第3触角节背视；
F. 第4触角节刚毛；G. 后足；H. 腹部第Ⅱ~Ⅵ节感器和微感器的排列

爪无齿。腹管具3+3侧刚毛，6后刚毛。握弹器有4+4齿和1刚毛。弹器基节具1+1前侧刚毛，后侧具3+3侧基部刚毛，2+2中央刚毛，2+2远端刚毛和1端刚毛；齿节8前侧刚毛和3后侧刚毛；末节2齿。体表大毛和感觉毛分化明显，腹部末节最大毛长为弹器末节的3.7~4.2倍。胸部腹面无刚毛。

分布：河北、辽宁、上海、浙江；北美洲，古北区。

（45）小裔符䖴 *Folsomides parvulus* (Stach, 1922)（图35）

识别特征：体长约1.8 mm，白色。小眼每侧2个，位于彼此分开的眼区内，眼区内有黑色素。触角短于头长；第3节感器为2感觉短棒。爪和小爪光滑无齿，小爪长度为爪长的1/3，无黏毛。腹管基部1+1毛，顶囊3+3毛。握弹器3+3齿，无毛。弹器短，齿节末端愈合，末节2齿状，齿节背面3毛。

标本记录：灵寿县：1头，五岳寨国家森林公园七女峰，2016-Ⅶ-6，鄢麒宝采。

分布：河北、陕西、宁夏、甘肃、青海、新疆、江苏、上海、浙江、福建、海南；俄罗斯（西伯利亚东北部），越南，印度，伊朗，欧洲，北美洲，澳大利亚。

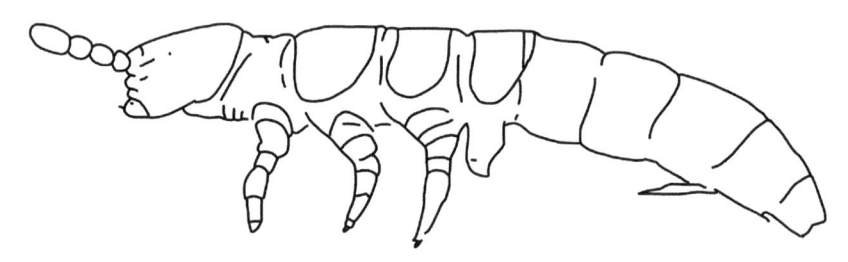

图35 小裔符䖴 *Folsomides parvulus* (Stach, 1922) 侧面观（仿 López，2002）

（46）沼生陷等䖴 *Isotomurus palustris* (Müller, 1776)

识别特征：体长约2.0 mm，浅灰色。触角大于头长；第3节感器位于表皮皱褶内的感觉棒上；第4节顶端1针状毛。眼区深黑色，每侧小眼8个。角后器简单，椭圆形，长轴与毗邻小眼的直径相同。爪简单，齿不明显；小爪长是爪长的2/5。腹部分节明显。腹管前表面约24毛，每侧顶囊6毛。握弹器4+4齿，12毛。弹器发达；齿节长约为基节长的2.0倍；末节5齿，无基刺。

分布：河北、北京、江苏、上海、浙江；日本，欧洲。

（47）小原等䖴 *Proisotoma minuta* (Tullberg, 1871)

识别特征：体长约1.1 mm，长筒形，灰色。8+8眼，其大小基本相等。角后器椭圆形，是小眼的3.0~4.0倍。小颚外侧叶简单，具小叶毛4根，下唇有不完全护卫毛。体表刚毛中等长度，胸部第1节无毛，第2节、第3节均具1+1或2+2刚毛。腹管顶侧端刚毛4+4，后面6。握弹器4+4齿，刚毛1。弹器较短，弹器基前面1+1毛；齿节前后面均具6刚毛，其中前面刚毛1+2+3式排列；末节3齿，无薄片，亚顶端齿最大。爪无齿，胫节和跗节被较长黏毛，非棍状。

分布：河北、上海；蒙古国，伊朗，欧洲，北美洲，夏威夷群岛，南非，澳大利亚，新西兰。

（48）树栖沃等䖴 *Vertagopus arborata* Huang, Yin & Liang, 1993（图版Ⅰ-5）

曾用名：拟树抱等䖴。
识别特征：体长约 1.5 mm。紫色，具灰白色圆斑，弹器、足及节间为灰白色。体被稠密短毛，带蓝色彩虹，腿白色。幼虫体色为紫罗兰色。触角略长于头，第 4 节有短钝的感器，端部 2 乳突。角后器椭圆形，长度约为单眼的 1.5 倍。具 8+8 眼。爪具侧齿和 1 内齿。小爪具内叶突。腹管前面具 1+1 毛，端部具 5+5 毛。弹器长于触角，握弹器 4+4 齿，腹面 4~5 毛。弹器齿节约为弹器基节长的 2.0 倍，背面 7 毛。腹部第Ⅳ节具齿。
分布：河北、北京；日本，欧洲。

13. 鳞䖴科 Tomoceridae Schaffer, 1896

体被极为显著的鳞片并形成条纹，有明显的突起或沟。体中型至大型，长度 1.0~9.0 mm。眼发达，眼后无陷毛；第Ⅱ~Ⅲ腹节具 0~1/1~2 陷毛。触角末节长度显短于齿节。触角第 3 节、第 4 节有环状亚节。弹器的齿节有特殊的齿节刺。

世界已知 15 属 80 种以上，主要分布于中国、朝鲜半岛、日本和东南亚地区。中国记录 1 属 10 余种，多见于树皮下、石下、落叶层中，也有发现于洞穴者，本书记述河北地区 1 属 3 种。

（49）吉林鳞䖴 *Tomocerus jilinensis* Ma, 2011

识别特征：体长可达 3.0 mm。基底色为淡黄色，眼区深蓝色，触角第 3 节和第 4 节蓝色，第 1 节和第 2 节浅蓝色。触角为体长的 80%~110%，为头长的 3.6~5.8 倍。体表大毛分化明显。足胫节和跗节腹面有许多光滑的尖刺状细刚毛。爪纤细，具 5 内齿。小爪锥状，具 1 内齿。黏毛发达，长为爪内缘的 1.1~1.3 倍，末端为匙状。腹管具鳞片，前面有 35~49 光滑刚毛，后面 71 光滑刚毛，侧翼 74 刚毛。握弹器无鳞片，具 6~17 刚毛。弹器基节背侧面具 1 排 10~13 根大毛，末节延长，外侧片具齿 3~9 个。
标本记录：灵寿县：8 头，五岳寨国家森林公园，2016-Ⅶ-16，鄢麒宝采；6 头，五岳寨国家森林公园七女峰，鄢麒宝采。
分布：河北（石家庄）、吉林。

（50）霍县鳞䖴 *Tomocerus huoensis* Sun, Liang & Huang, 2006（图 36）

识别特征：体长 4.1~4.3 mm，棕黄色。眼黑色；触角长是体长的 73%，长于头 4.3 倍，第 3 节具深紫色斑纹。头背面 12 毛。上唇 4/5 处具毛，端部 3 行毛均着

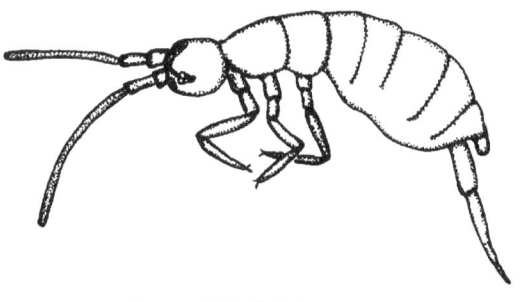

图 36 霍县鳞䖴 *Tomocerus huoensis* Sun, Liang & Huang, 2006 整体侧视（引自 Sun et al., 2006）

生于乳状突上；前缘 4 弯刺。胫节毛长短不一；腿节第 1～3 节下侧分别具 7、7、8 钝毛。爪细长，具刺 2 枚，约为爪长的 1/2；第 1～3 节内侧具齿，分别为 6、5 和 5。腹部无覆盖物，前缘、后缘和侧缘被毛长短不一；柄状突背侧缘各 12 大毛。

分布：河北、山西。

（51）墨鳞蚖 *Tomocerus* (*Tomocerus*) *nigrus* Sun, Liang & Huang, 2006（图 37）

识别特征：体长 2.9～3.2 mm，黄色。眼罩黑色，触角 4 节，深紫色，第 2 节和第 4 节具环纹，头、身体和触角柄节散布不规则黑色素；触角第 3 节长度分别是体长的 3/5 和头长的 2.8 倍。头被毛 30 根；上唇 4/5 处具毛，端部 3 行毛都着生于乳状突上；上唇前缘有 4 弯刺。胫节被长短不一的尖毛；腿节第 1～3 节下侧分别具钝毛 7～8、7、7～8；爪细长，具大刺 2 枚；腿节第 1～3 节内侧均分别具 4～5 齿。腹部无覆盖物，前缘、后缘和侧缘的毛大小不一。柄状突背侧缘各 12 大毛。

标本记录：兴隆县：1 头，雾灵山国家级自然保护区，2015-Ⅶ，卜云采；灵寿县：2 头，五岳寨国家森林公园，2015-Ⅶ-30，卜云采；25 头，五岳寨国家森林公园，2016-Ⅶ-9，鄂麒宝采。

分布：河北（石家庄、雾灵山）、吉林、山西。

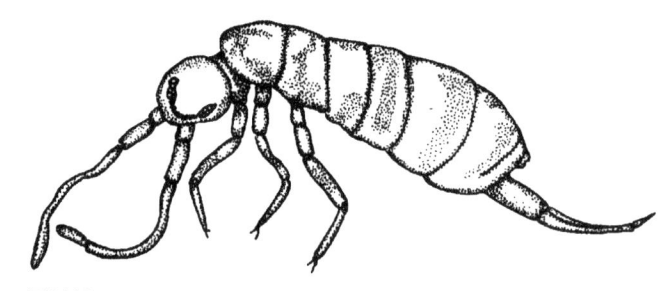

图 37 墨鳞蚖 *Tomocerus* (*Tomocerus*) *nigrus* Sun, Liang & Huang, 2006 整体侧视
（引自 Sun et al.，2006）

三、双尾纲 Diplura Börner, 1904

双尾纲昆虫以腹末 1 对显著的线状或钳状尾铗而得名。典型特征是：无复眼和单眼。触角念珠状，长于头；跗节 1 节；尾须丝状或钳状。体小型至大型（19.0～58.6 mm），较扁细长，淡黄色或灰色，有的具鳞片，多毛。无翅。口器位于头下侧，缩入头壳内，内口式。腹部 11 节，基部的腹节有刺突和基节囊，腹末无中尾丝。生殖孔位于第Ⅷ、第Ⅸ腹节之间。胸部气门 24 对，腹部气门 7 对。表变态发育。

世界已知 3 目 10 科 800 余种，种数占比不足六足亚门的 1.0%，世界性分布。常见于草或树木繁茂的栖息地，生活于土壤中，食物包括各种各样的土壤生物、腐烂植物及其组织、菌丝、螨类、其他昆虫和小型土壤无脊椎动物碎屑等。中国记录 3 目 10 科 200 种以上，本书记述河北地区 2 目 3 科 3 属 3 种。

目、科检索表

1. 胸气门2对；第Ⅰ腹节腹板上无伸缩的泡囊（钳尾目 Dicellurata） ················· 副铗虮科 Parajapygidae
   胸气门4对；第Ⅰ腹节腹板上具1对可伸缩的泡囊。触角第4~6节有感觉毛；爪间有小爪（棒尾目 Rhabdura） ··· 铗虮科 Japygidae

Ⅵ. 钳尾目 Dicellurata Cook, 1896

体细长，较脆弱。腹末1对骨化较强的单节钳形尾铗。体表裸露，无鳞片覆盖，触角偶具感觉毛。上颚无可动的内叶，下颚内叶呈梳状，具1强钩和4~5透明的梳状瓣。腹部第Ⅰ~Ⅶ节具刺突，第Ⅰ节有基节器及泡囊。

世界已知1总科5科约40属170种以上。中国记录3科13属。

14. 铗虮科 Japygidae Lubbock, 1873

体型小型至大型，最大长度达58.6 mm。触角短于头、胸部，仅第4~6节具感觉毛；末节有板状感器6个。胸部气门4对。腹部第Ⅰ~Ⅶ节具气门。尾须1对，终端钳状，用于防御和压制猎物；尾铗无基腺孔。腹部第Ⅰ腹板有1对可伸缩泡囊，第Ⅷ~Ⅹ节几丁质化。爪间具小爪。

世界已知34属，分布于北美洲、中国等地。中国记述10属。本书记述河北地区1属1种。

（52）伟铗虮 *Atlatsjapyx atlas* Zhou & Huang, 1986（图38）

识别特征：体长38.0~58.6 mm。第Ⅱ腹节最宽，为5.8~8.6 mm。头和足黄色，胸部和第Ⅶ腹节背灰色，腹下黄色；第Ⅷ、第Ⅸ腹节背赤褐色，腹黄色，第Ⅹ腹节和尾铗深褐色。头前窄后宽，呈梯形，"Y"形头盖缝明显。触角48~49节。上颚4粗齿，下颚内叶5瓣，呈梳状。前胸背板宽盾形，背长约1.7 mm，宽约2.5 mm。前缘弧形突出；每侧缘10长毛；后缘略平直。前胸背板稀布细毛。中胸背板近于裸露，两侧各10长毛。腹部各节背面光滑，仅侧方具个别小毛；第Ⅹ腹节近方形，稀布小刻点，通常光秃无毛；尾铗粗长；尾内缘具大小齿各1枚。

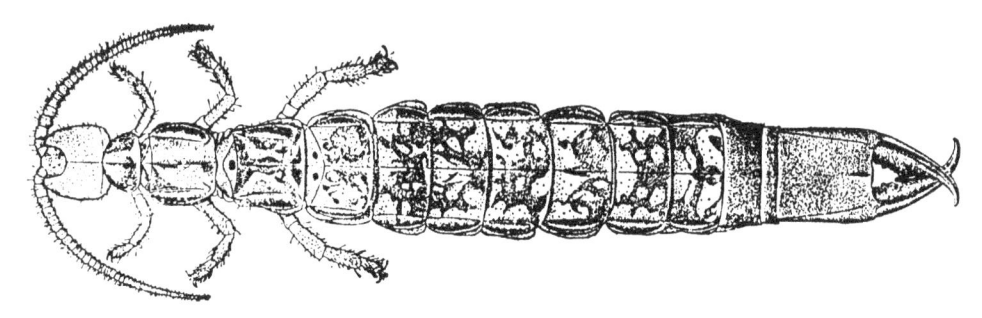

图38 伟铗虮 *Atlatsjapyx atlas* Zhou & Huang, 1986 成虫（引自周尧，2001）

生境：潮湿的大石块下。国内有栖息于木段下、枯树皮下或落叶下，取食腐殖质、菌类或微小动物的记录。

标本记录：涿鹿县：1头，小五台山杨家坪林场，2019-Ⅵ-23，任国栋采。

分布：河北（小五台山）、四川。

15. 副铗虮科 Parajapygidae Womeley, 1939

体白色至黄色，胸气门2对；第Ⅰ腹节腹板上无伸缩的泡囊。头与躯干相比明显更大，尾须锥形缩短，每个尾须上都有吐丝器，能够产生丝线，用来束缚猎物。触角短于头、胸部；尾须小于腹长之半，少于10节。本书记述河北地区1属1种。

（53）黄副铗虮 *Parajapyx isabellae* (Grassi, 1886)（图39）

识别特征：体长2.0～2.8 mm。小型，细长；白色，末节及尾部黄褐色。头腹比1.0。触角18节。腹部第Ⅰ～Ⅶ节有刺突，腹板第Ⅱ～Ⅲ节有泡囊。臀尾比1.6；尾铗单节，左右略对称，内缘5大齿，近基部1/3内陷。两侧爪略有差异，中爪不成对。

标本记录：围场县：1头，木兰围场五道沟，2016-Ⅶ-11，卜云采；涉县：1♀，太行五指山景区，2016-Ⅶ-16，鄢麒宝采。

分布：河北、北京、山东、河南、陕西、宁夏、甘肃、江苏、上海、安徽、浙江、湖北、湖南、福建、广东、广西、四川、贵州、云南；韩国，北美洲。

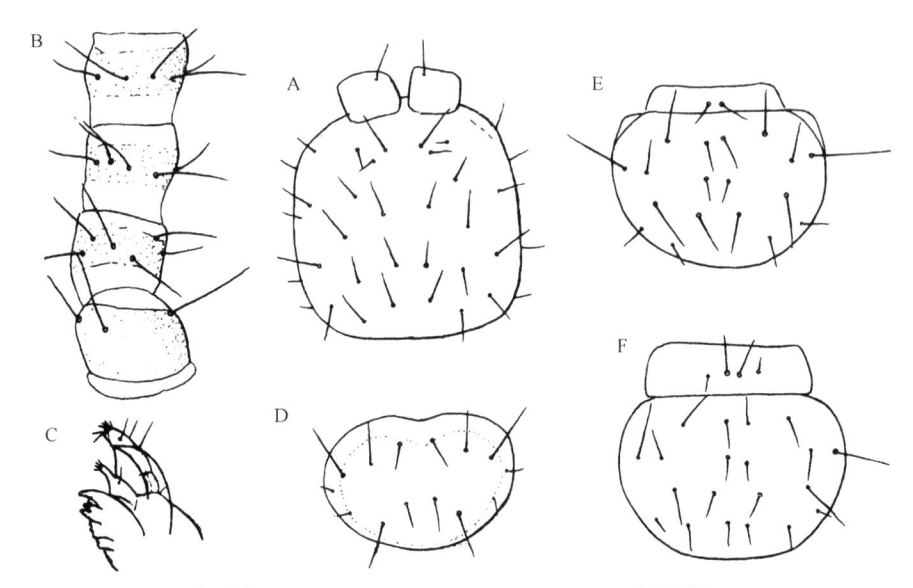

图39 黄副铗虮 *Parajapyx isabellae* (Grassi, 1886)（引自周尧，2001）
A. 头部背观；B. 触角第1～4节；C. 上颚与下颚的端部；D. 前胸背板；E. 中胸背板；F. 后胸背板

Ⅶ. 棒尾目 Rhabdura Cook, 1896

上颚有磨区；尾须多节；腹部刺突较软，具许多刚毛。腹部第Ⅷ～Ⅹ节不明显骨化。

腹部有 7 个神经节。

世界已知 2 总科 5 科 290 种以上。中国记录 3 科 13 属。

16. 康蚁科 Campodeidae Lubbock, 1873

体色发白，无眼，最大体长达 12.0 mm。腹部末端着生 2 条长而多节的尾须。无腹气门。

世界已知至少 30 属 280 种。本书记述河北地区 1 属 1 种。

（54）莫氏康蚁 *Compodea mondainii* Silvestri, 1931

识别特征：体长 2.5～2.8 mm。触角 21 节，长约 0.8 mm。前胸背板和中胸背板有 3+3 大毛，后胸背板有 2+2 大毛。前足跗节侧刚毛简单，呈弯曲状。胫节距 2 根刺，光滑。腹部第 Ⅰ～Ⅶ 背片有 1+1 大毛。腹部第 Ⅶ 背片后缘有 1 对毛；第 Ⅷ 背片后缘有 2 对大毛。腹部第 Ⅰ 节腹片有 5+5 大毛。尾须长约 0.9 mm，10～11 节。

标本记录：灵寿县：1♀，1 幼体，五岳寨国家森林公园七女峰，阔叶林和灌木林，2016-Ⅶ-6，鄢麒宝采；涉县：1♀，1 幼体，偏城镇西岐村，阔叶林和灌木林，2016-Ⅶ-13，鄢麒宝采。

分布：河北（灵寿、涉县）。

四、昆虫纲 Insecta Linnaeus, 1758

外口式。头 1 对触角和 3 对口器附肢，通常 1 对复眼和 1～3 个单眼；胸部有 3 对胸足，一般具 1～2 对翅；腹部分为 8～12 个体节，其中第 Ⅰ～Ⅶ 节形成脏节，第 Ⅷ～Ⅸ 节形成生殖节；在生长发育过程中体态要经过一系列的变态。其变态类型主要有全变态或不全变态两种。

昆虫纲拥有的物种数量约占整个六足亚门的 89.5%，分无翅亚纲 Apterygota 和有翅亚纲 Pterygota 2 亚纲（图 40），后者又分为 2 下纲 2 总目 28 目，两亚纲已知有 1000 余科。世界广泛分布，生活类型十分复杂。本书记述河北地区 14 目 131 科 488 属 821 种。

（一）无翅亚纲 Apterygota Chapman & Hall, 1877

原始无翅，体型微小，体壁柔软，变态轻微或无变态。成虫具 1 对或多对前生殖器附属物；成虫上颚关节和头壳在 1 个单点上。口器多陷入头，形成吸收形式。胸足发达。腹部可见 6 节以下，或 10～12 节，腹足退化，具腹部附器，有的针突状，第 Ⅰ 腹节下侧具腹管突、突泡等构造。增节变态或表变态。陆栖，喜潮湿环境。

世界已知 2 目（石蛃目 Archaeognatha、衣鱼目 Zygentoma）10 科 3260 种以上。一般陆栖种类多生活于潮湿的地方。本书记述河北地区 2 目 2 科 4 属 4 种。

昆虫纲 Insecta

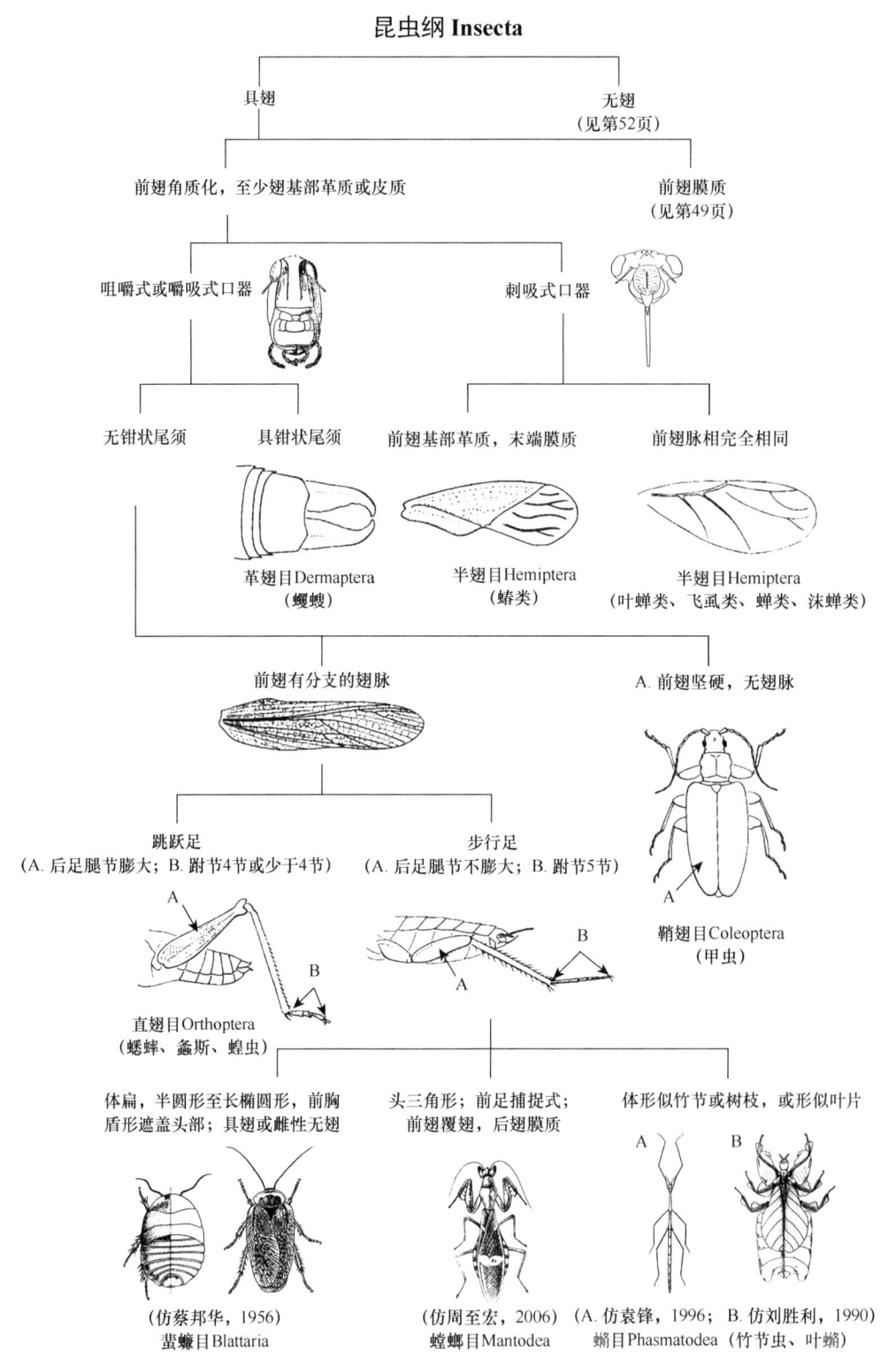

- 具翅
  - 前翅角质化，至少翅基部革质或皮质
    - 咀嚼式或嚼吸式口器
      - 无钳状尾须
      - 具钳状尾须 → 革翅目 Dermaptera（蠼螋）
    - 刺吸式口器
      - 前翅基部革质，末端膜质 → 半翅目 Hemiptera（蝽类）
      - 前翅脉相完全相同 → 半翅目 Hemiptera（叶蝉类、飞虱类、蝉类、沫蝉类）
  - 前翅膜质（见第49页）
- 无翅（见第52页）

前翅有分支的翅脉
- 跳跃足（A. 后足腿节膨大；B. 跗节4节或少于4节）→ 直翅目 Orthoptera（蟋蟀、螽斯、蝗虫）
- 步行足（A. 后足腿节不膨大；B. 跗节5节）
  - 体扁，半圆形至长椭圆形，前胸盾形遮盖头部；具翅或雌性无翅 →（仿蔡邦华，1956）蜚蠊目 Blattaria
  - 头三角形；前足捕捉式；前翅覆翅，后翅膜质 →（仿周至宏，2006）螳螂目 Mantodea
  - 体形似竹节或树枝，或形似叶片 →（A. 仿袁锋，1996；B. 仿刘胜利，1990）䗛目 Phasmatodea（竹节虫、叶䗛）

A. 前翅坚硬，无翅脉 → 鞘翅目 Coleoptera（甲虫）

图 40　昆虫纲分目检索图

本图综合国内外有关分类资料修改而成；为显示昆虫纲的衣鱼目和石蛃目的腹部无弹器，特别与弹尾纲相区别

各 论 石蛾科

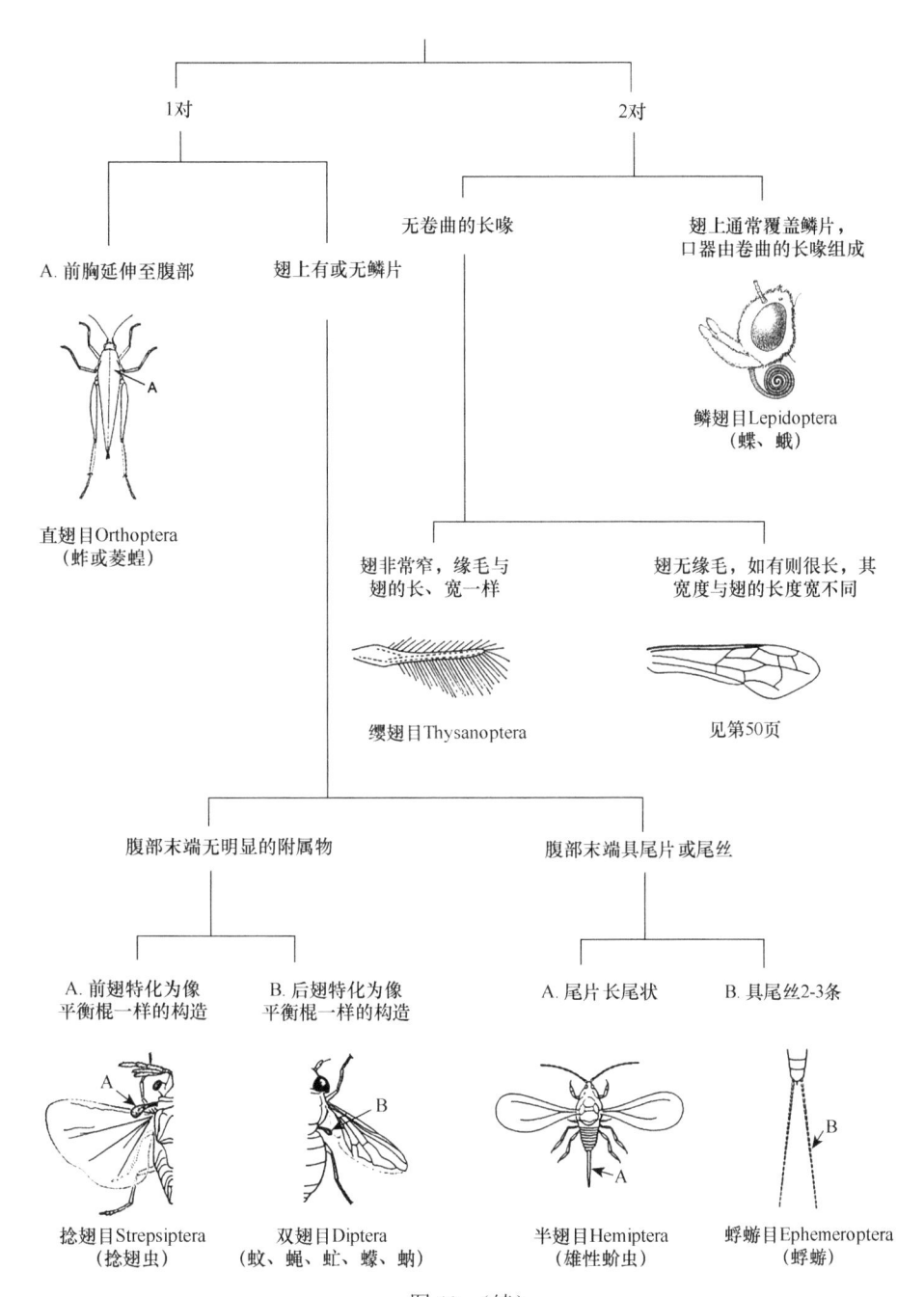

```
                          ┌─────────────┴─────────────┐
                        1对                          2对
               ┌─────────┴─────────┐        ┌─────────┴─────────┐
                                                          翅上通常覆盖鳞片，
           A. 前胸延伸至腹部    翅上有或无鳞片              口器由卷曲的长喙组成
                               无卷曲的长喙

                                                           鳞翅目 Lepidoptera
              直翅目 Orthoptera                                  （蝶、蛾）
                 （蚱或菱蝗）
                                    ┌─────────────┴─────────────┐
                              翅非常窄，缘毛与              翅无缘毛，如有则很长，其
                              翅的长、宽一样                宽度与翅的长度宽不同


                               缨翅目 Thysanoptera                见第50页

                ┌──────────────────┴──────────────────┐
            腹部末端无明显的附属物              腹部末端具尾片或尾丝
          ┌─────────┴─────────┐            ┌─────────┴─────────┐
      A. 前翅特化为像        B. 后翅特化为像      A. 尾片 长尾状      B. 具尾丝2-3条
      平衡棍一样的构造      平衡棍一样的构造


       捻翅目 Strepsiptera   双翅目 Diptera       半翅目 Hemiptera    蜉蝣目 Ephemeroptera
          （捻翅虫）        （蚊、蝇、虻、蠓、蚋）   （雄性蚧虫）            （蜉蝣）
```

图 40 （续）

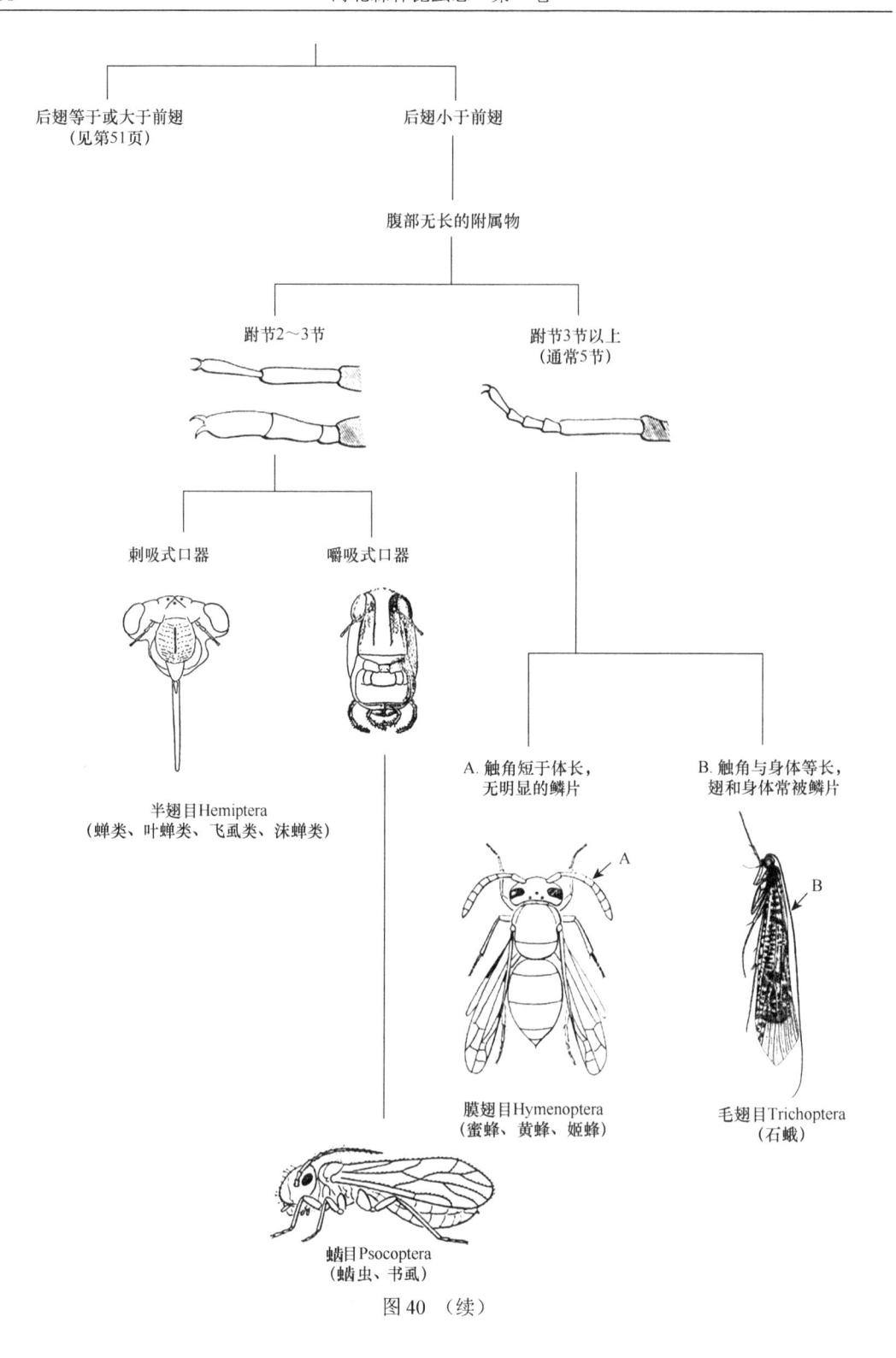

```
                        ┌─────────────┴─────────────┐
                  后翅等于或大于前翅            后翅小于前翅
                    (见第51页)                      │
                                              腹部无长的附属物
                                         ┌────────┴────────┐
                                    跗节2~3节           跗节3节以上
                                                        (通常5节)
                                   ┌────┴────┐
                              刺吸式口器   嚼吸式口器           ┌────────┴────────┐
                                                      A. 触角短于体长,    B. 触角与身体等长,
                                                         无明显的鳞片        翅和身体常被鳞片

                              半翅目Hemiptera                膜翅目Hymenoptera    毛翅目Trichoptera
                          (蝉类、叶蝉类、飞虱类、沫蝉类)      (蜜蜂、黄蜂、姬蜂)        (石蛾)

                                           啮目Psocoptera
                                           (啮虫、书虱)

                                              图40 (续)
```

各　论　石蛾科　51

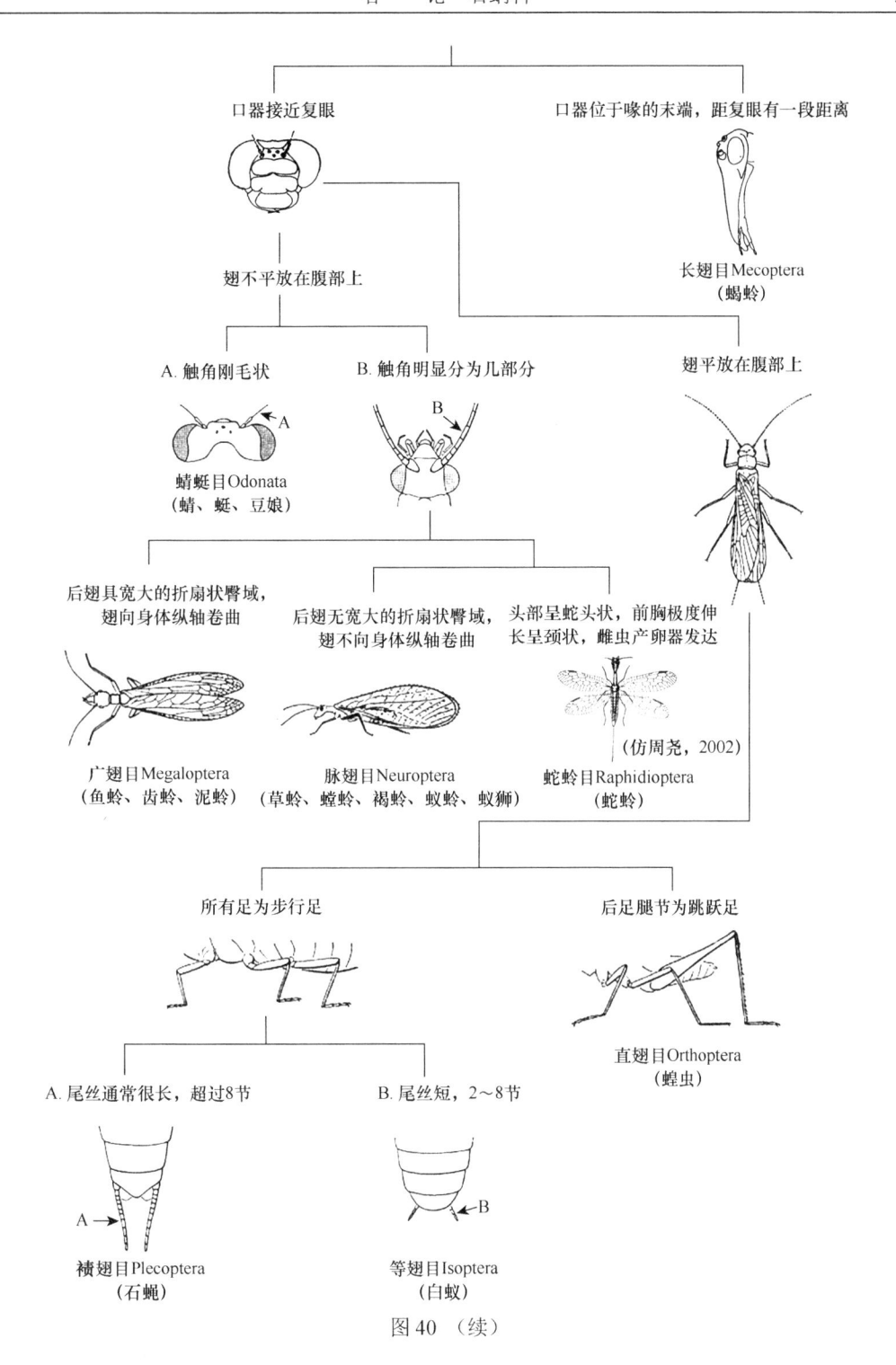

口器接近复眼　　　　　　　　　　口器位于喙的末端，距复眼有一段距离

　　　　　　　　　　　　　　　　　　　长翅目 Mecoptera
　　　　　　　　　　　　　　　　　　　（蝎蛉）

翅不平放在腹部上　　　　　　　　翅平放在腹部上

A. 触角刚毛状　　　B. 触角明显分为几部分

蜻蜓目 Odonata
（蜻、蜒、豆娘）

后翅具宽大的折扇状臀域，　后翅无宽大的折扇状臀域，　头部呈蛇头状，前胸极度伸
翅向身体纵轴卷曲　　　　　翅不向身体纵轴卷曲　　　　长呈颈状，雌虫产卵器发达

　　　　　　　　　　　　　　　　　　　　　　　　　　　（仿周尧，2002）

广翅目 Megaloptera　　脉翅目 Neuroptera　　蛇蛉目 Raphidioptera
（鱼蛉、齿蛉、泥蛉）　（草蛉、螳蛉、褐蛉、蚁蛉、蚁狮）　（蛇蛉）

所有足为步行足　　　　　　　　　　后足腿节为跳跃足

　　　　　　　　　　　　　　　　　直翅目 Orthoptera
　　　　　　　　　　　　　　　　　（蝗虫）

A. 尾丝通常很长，超过8节　　B. 尾丝短，2～8节

襀翅目 Plecoptera　　　等翅目 Isoptera
（石蝇）　　　　　　　（白蚁）

图40（续）

```
                          ┌──────────────┴──────────────┐
                       有触角                          无触角
                                               ┌─────────┴─────────┐
                                             有足                  无足
                                                          ┌─────────┴─────────┐
                                                      头和胸分离            头和胸融合
```

双翅目Diptera
（虱蝇、蝠蝇）

半翅目Hemiptera
（牡蛎蚧、盾蚧、蜡蚧）

捻翅目Strepsiptera
（捻翅虫雌虫）

```
         ┌──────────────┴──────────────┐
    A. 具腹管                      无腹管和弹器
    B. 通常具弹器           ┌─────────────┴─────────────┐
                        无长尾状附属物          有3根长尾丝       有1对尾须和1根中尾丝
```

弹尾纲Collembola
（跳虫）

```
    ┌──────┴──────┐
身体不扁平    A. 身体侧扁
              B. 背腹面均较扁
                 （侧观）
```

衣鱼目Zygentoma（衣鱼）　　石蛃目Archaeognatha（石蛃）
腹部末端具缨状尾须和中尾丝　胸部粗，背拱，向后渐细

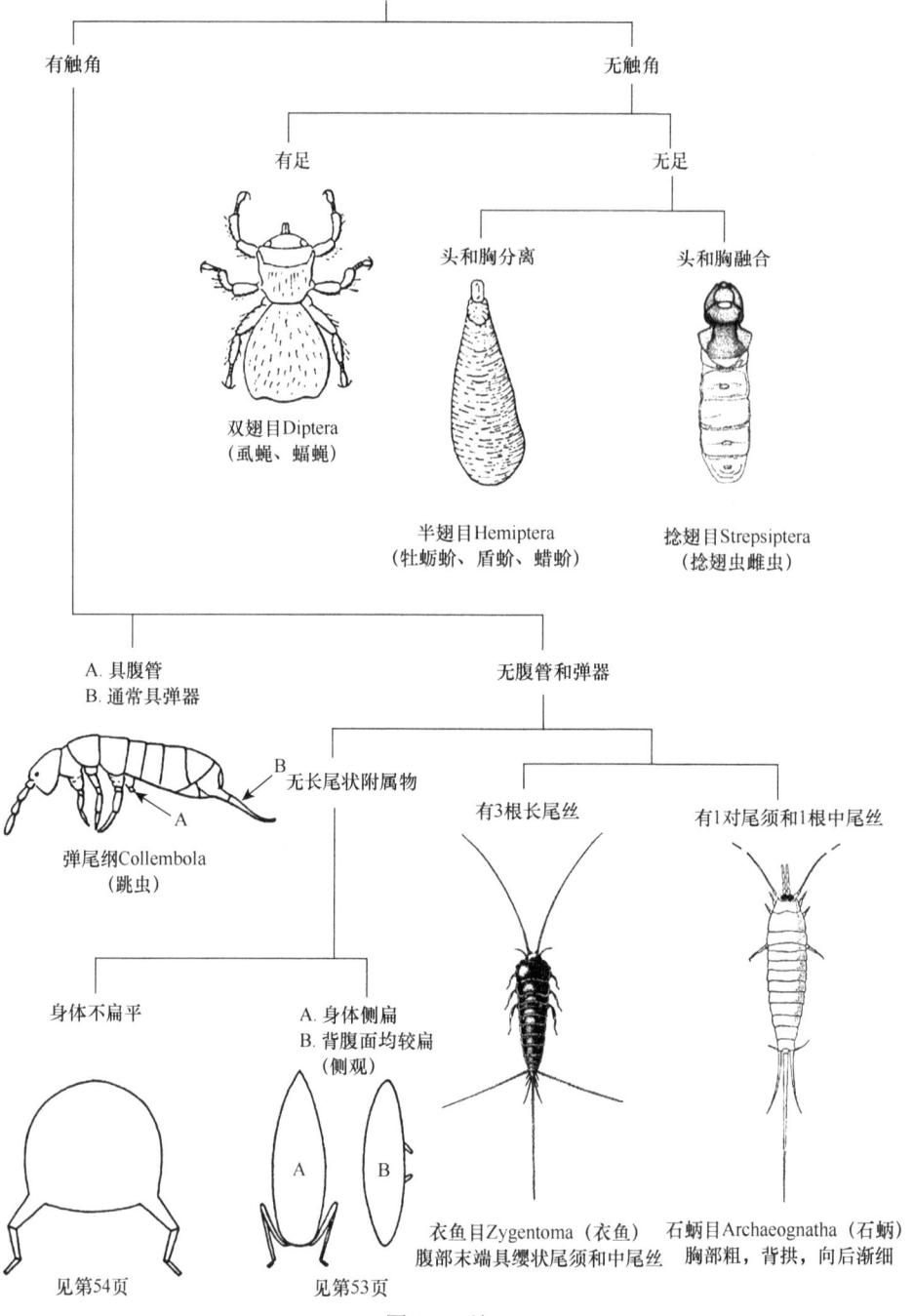

见第54页　　见第53页

图40 （续）

各 论 石蛃科　53

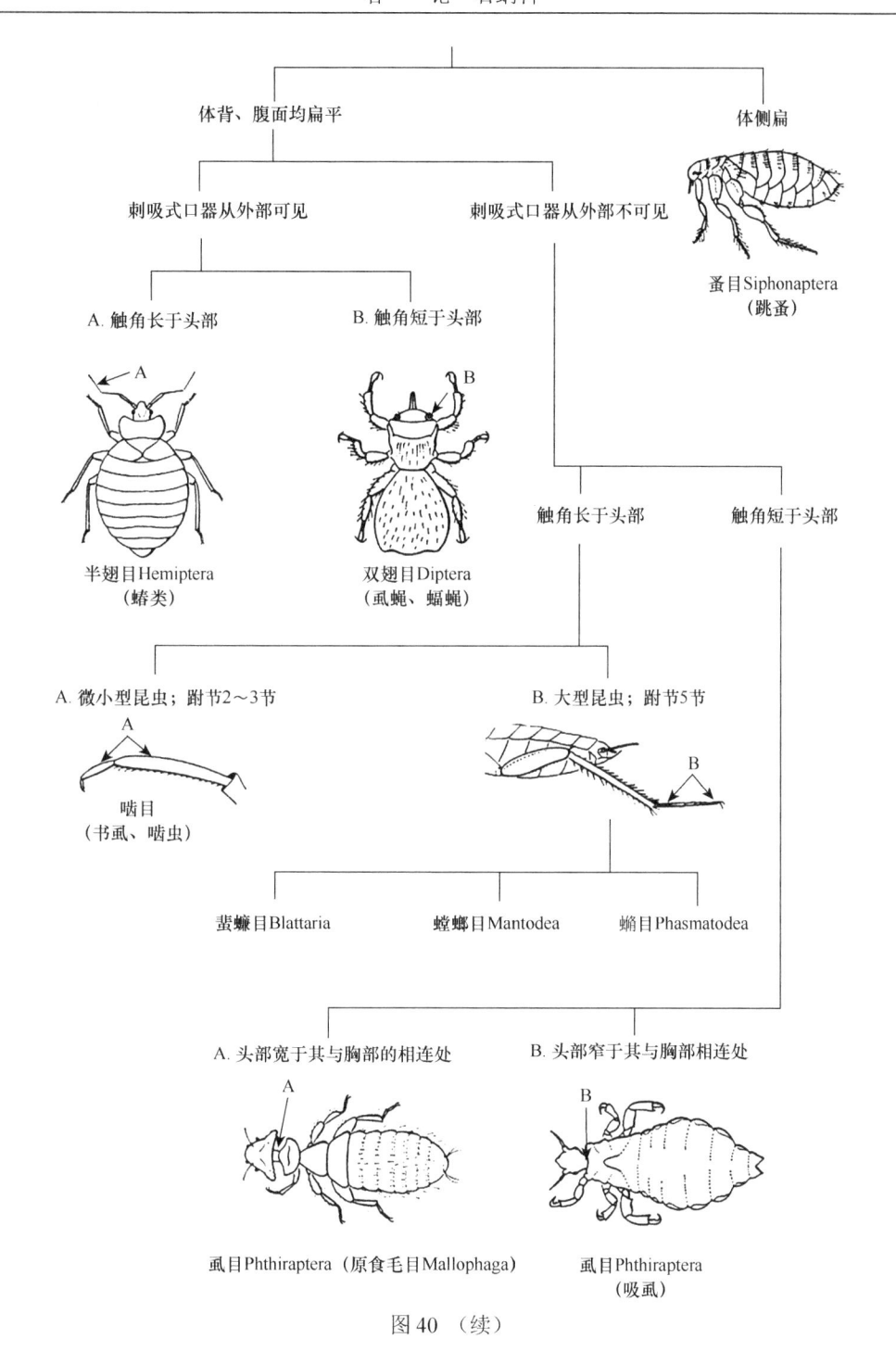

```
                    ┌──────────────────────────┬──────────────────┐
              体背、腹面均扁平                                体侧扁
         ┌─────────┴─────────┐                              蚤目 Siphonaptera
   刺吸式口器从外部可见      刺吸式口器从外部不可见               （跳蚤）
   ┌─────┴─────┐
 A.触角长于头部  B.触角短于头部
  半翅目 Hemiptera    双翅目 Diptera
    （蝽类）         （虱蝇、蝠蝇）
```

A. 触角长于头部　　　　B. 触角短于头部

半翅目 Hemiptera（蝽类）　　双翅目 Diptera（虱蝇、蝠蝇）

A. 微小型昆虫；跗节 2～3 节　　　　B. 大型昆虫；跗节 5 节

啮目（书虱、啮虫）

蜚蠊目 Blattaria　　螳螂目 Mantodea　　䗛目 Phasmatodea

A. 头部宽于其与胸部的相连处　　　　B. 头部窄于其与胸部相连处

虱目 Phthiraptera（原食毛目 Mallophaga）　　虱目 Phthiraptera（吸虱）

图 40（续）

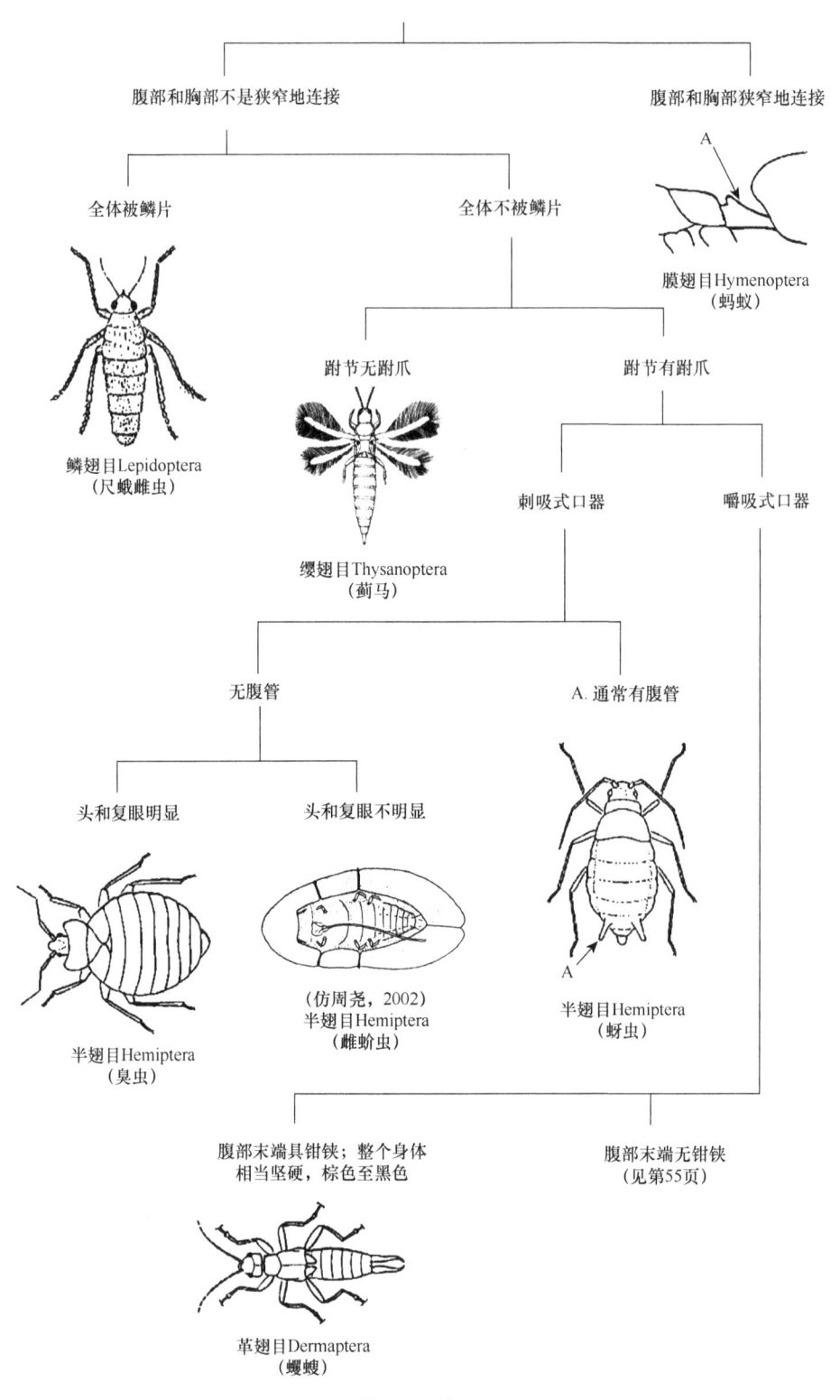

```
                          ┌─────────────────────────────┴─────────────────────────────┐
                   腹部和胸部不是狭窄地连接                                    腹部和胸部狭窄地连接
          ┌────────────────┴────────────────┐
      全体被鳞片                        全体不被鳞片                               膜翅目 Hymenoptera
                                                                                      (蚂蚁)
      鳞翅目 Lepidoptera      ┌─────────────┴─────────────┐
       (尺蛾雌虫)          跗节无跗爪                    跗节有跗爪
                                                    ┌─────────┴─────────┐
                          缨翅目 Thysanoptera     刺吸式口器         嚼吸式口器
                              (蓟马)
                                              ┌────────┴────────┐
                                           无腹管          A. 通常有腹管
                                     ┌──────┴──────┐
                                头和复眼明显    头和复眼不明显
                                
                                半翅目 Hemiptera   半翅目 Hemiptera    半翅目 Hemiptera
                                   (臭虫)        (仿周尧, 2002)          (蚜虫)
                                                   (雌蚧虫)
                                        ┌──────────┴──────────┐
                                   腹部末端具钳铗；整个身体      腹部末端无钳铗
                                   相当坚硬，棕色至黑色         (见第55页)
                                   
                                     革翅目 Dermaptera
                                         (蠼螋)
```

图 40 （续）

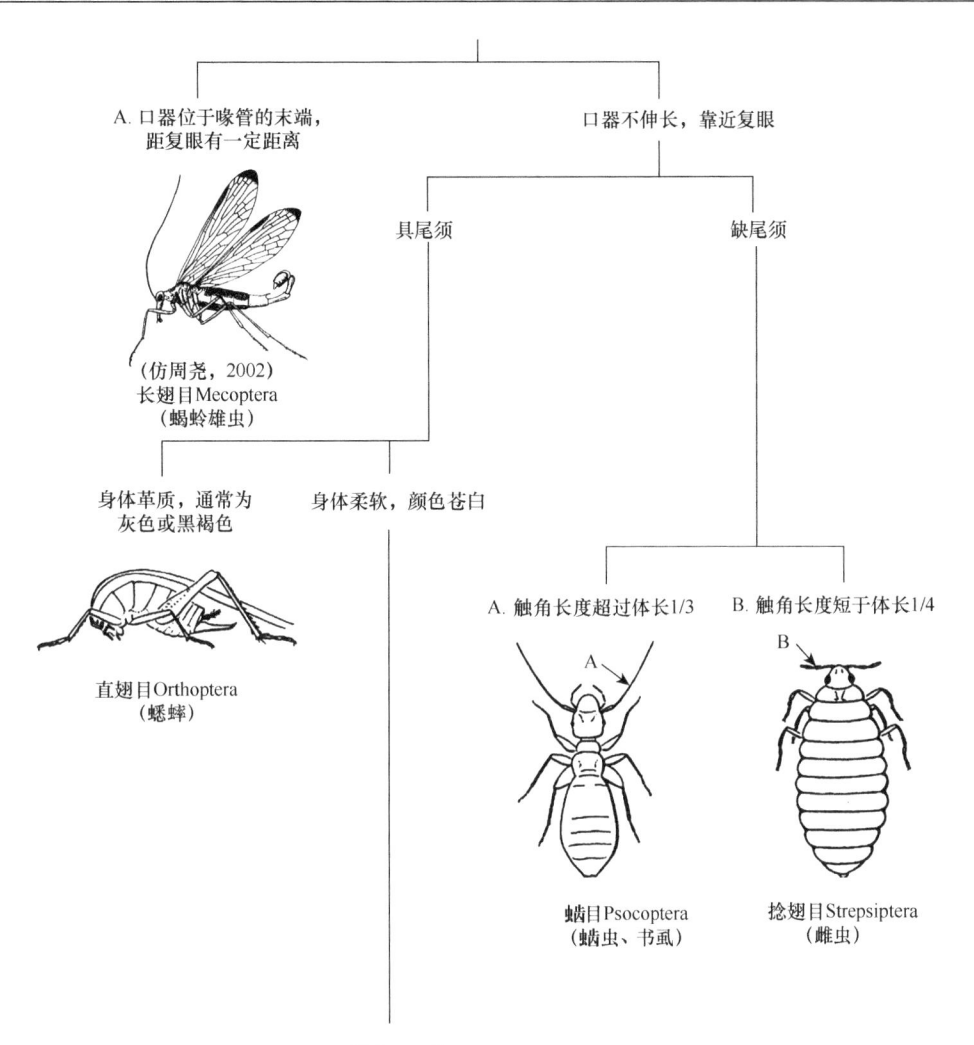

各　论　石蛃科　　55

A. 口器位于喙管的末端，距复眼有一定距离　　　　口器不伸长，靠近复眼

具尾须　　　　缺尾须

（仿周尧，2002）
长翅目 Mecoptera
（蝎蛉雄虫）

身体革质，通常为灰色或黑褐色　　　　身体柔软，颜色苍白

A. 触角长度超过体长1/3　　　　B. 触角长度短于体长1/4

直翅目 Orthoptera
（蟋蟀）

啮目 Psocoptera
（啮虫、书虱）

捻翅目 Strepsiptera
（雌虫）

跗节3～5节
A. 前跗节的基节大小大约与其后面的跗节相同

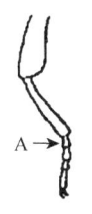

等翅目 Isoptera
（白蚁）

图 40 （续）

VIII. 石蛃目 Archaeognatha Börner, 1904

体细长（15.0 mm以下），无翅。体表密被不同形状的鳞片，具金属光泽。表变态。头小，具复眼和单眼；口器咀嚼式。触角长丝状，灵活，通常30节以上，着生于单眼下侧方。胸足具亚基节，跗节3节。腹部11节，下侧具附器1对；第Ⅸ腹节短小，具尾须1对，背板延长成多节的中尾丝，通常中尾丝不短于尾须。

世界已知4科76属520余种。通常生活在阴暗潮湿的石下或倒木树皮下、青苔间，主要取食腐殖质、菌类、地衣和苔藓植物，室内生活的种类可取食谷物、淀粉、糨糊、书籍及丝织品等，有些是仓储物害虫。中国记录2科6属约30种。本书记述河北地区1科1属1种。

17. 石蛃科 Machilidae Grassi, 1888

体多呈纺锤形。胸部背侧隆起，两复眼大，彼此接近或接触。触角多节，柄节与梗节被鳞片。胸足具鳞片，至少第3胸足具针突。腹部腹板发达，三角形，第Ⅱ~Ⅶ腹节有伸缩囊1~2对，雄性第Ⅸ腹节具阳基侧突。

世界已知3亚科26属250种，多数种类分布于北半球。中国记录5属13种以上。本书记述河北地区1属1种。

（55）希氏跳蛃 *Pedetontus silvestrii* (Mendes, 1993)

识别特征：体长雄性10.0~13.0 mm，雌性10.0~15.0 mm。棕黑色，背板具黑色鳞片；复眼隆起，深棕色，中连线长0.6~0.7 mm。第2、第3胸足具基节刺突；能外翻的伸缩囊在第Ⅰ、第Ⅵ、第Ⅶ腹板各1对，在第Ⅱ~Ⅴ腹板各2对；雄性仅第Ⅳ腹节具阳茎和阳基侧突；雌性产卵管初级型。

标本记录：兴隆县：雾灵山五岔沟，3头，2015-Ⅶ-17；雾灵山冰冷沟，1头，2016-Ⅷ-17；雾灵山流水沟，1头，2016-Ⅵ-7；雾灵山眼石，1头，2016-Ⅵ-11；采集人均不详。

分布：河北、吉林、辽宁、北京。

Ⅸ. 衣鱼目 Zygentoma Latreille, 1796

体长5.0~20.0 mm。柔软，略呈纺锤形，背腹部扁平且不隆起，体表密被鳞片，具金属光泽，通常褐色，室内种类多为银灰色和银白色。无翅。复眼存在或退化，若有则位于额的两侧。触角长丝状，30节以上，向端部渐变细。口器外口式，适于咀嚼。上颚有前后2个关节突与头相连；下颚须5~6节；下唇须3节。足的跗关节2~4节。腹部11节，腹部第Ⅶ~Ⅸ节具成对刺突和泡囊，末节末端有中尾丝和1对多节的侧尾丝。雌性产卵器发达。变态轻微或无。

世界已知6科160属640种，广布世界各动物地理区，生活于潮湿阴暗的土壤、朽木、枯枝落叶、树皮、树洞、砖石等缝隙，室内见于衣服、纸张、书画、谷物及衣橱等日用品之间，野外也见于蚂蚁和白蚁巢穴中，喜食碳水化合物和蛋白性食物，室内种类可危害书籍、衣服、糨糊、胶质等，并传播细菌。中国记录4科20种；本书记述河北地区1科3属3种。

科检索表

1. 有单眼和复眼；体表无鳞片；足跗节5节 ·· 毛衣鱼科 Lepidotrichidae
   无单眼；体表有或无鳞片；足跗节3～4节 ··· 2
2. 无复眼；体表无鳞片；雄性生殖突长；生活于土壤、蚂蚁或白蚁巢穴 ·············· 土衣鱼科 Nicoleriidae
   有复眼；雄性生殖器较短；很少土栖，在野外或室内自由活动 ························ 衣鱼科 Lepismatidae

18. 衣鱼科 Lepismatidae Latreille, 1802

体型多样，全体密被银色或棕色鳞片。口器前口式；具复眼，且左右相隔较远，无单眼。胸足跗节分为4节。腹部无可外翻的泡囊，刺突多为1～3对；第Ⅷ～Ⅸ腹节的基肢片发达，盖住产卵器基部或阳基侧突。

世界已知6亚科53属（含8个化石属）约370种（含8个化石种），仅栉衣鱼属 *Ctenolepsima* 记录的种数就多达100种。通常生活在树洞、树皮、砖石下，或蚂蚁、白蚁巢中，室内种生活在衣服、书画、碗橱、仓库、锅炉、壁炉等温暖潮湿或干燥之处，食干燥植物及其加工食品，如纸张、书籍、衣服、糨糊、谷物，或苔藓植物、地衣、菌类或腐殖质。本书记述河北地区3属3种。

（56）多毛栉衣鱼 *Ctenolepsima villosa* (Fabricius, 1775)（图41）

别名：毛衣鱼、绒毛衣鱼、银鱼。

识别特征：体长10.0～12.0 mm。体扁长圆锥形，体密被银色鳞片，腹部被有白色鳞片。头大，较前胸短，无单眼，具复眼，两复眼左右远离；触角丝状，多节。胸部宽于腹部。头部、胸部和腹部边缘具棘状毛束，第Ⅰ腹节背面具梳状毛3对，腹部具梳状毛2对，雄性生殖器较短。

取食对象：书籍纸张、装裱处、标签及封面花纹，以及淀粉类食物、藻类、地衣等。

分布：中国；东南亚各国。

（57）糖衣鱼 *Lepismas saccharina* (Linnaeus, 1758)
（图版Ⅰ-6）

别名：普通衣鱼、西洋衣鱼。

识别特征：体长8.0～15.0 mm。体型较多毛栉衣鱼 *Ctenolepsima villosa* 略小，纤细，体被具光泽银色鳞片，身体两侧无明显刚毛。无单眼，具复眼，两复

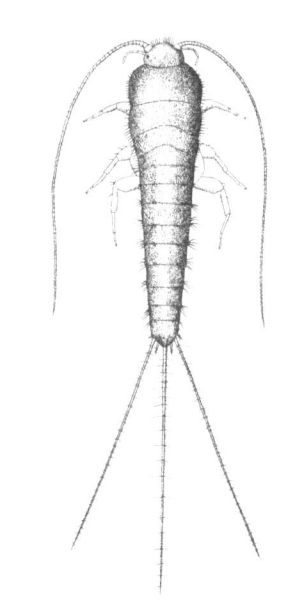

图41 多毛栉衣鱼 *Ctenolepsima Villosa* (Fabricius, 1775)
（引自周尧，2001）

眼左右远离；腹部第Ⅷ～Ⅸ节的基肢片宽大，可遮雄性或雌性生殖突，雄性生殖器较短；腹部第Ⅶ～Ⅸ节各具1对针突。

取食对象：书籍纸张、装裱处、标签及封面上的花纹，以及糖、纤维素、亚麻、丝绸、棉花、蔬菜、谷物、干肉、昆虫尸体。

分布：中国；日本，欧洲，北美洲，美国（夏威夷群岛），新西兰。

（58）家衣鱼 *Thermobia domestica* (Packard, 1873)

别名：小灶衣鱼、斑衣鱼。

识别特征：体长13.0～14.0 mm。体扁长、粗壮，从前向后逐渐变细，银色具光泽，背面布大片浅色和深色鳞片形成的斑点。触角细长，无翅。腹部末端有3条细长尾丝。

取食对象：面粉和土豆等淀粉类产品；纸制品、书本的装帧处及胶质纺织品、棉花、丝绸、含淀粉的物品、标本标签、动植物标本、照片和昆虫尸体等。

分布：中国；世界。

（二）有翅亚纲 Pterygota Schott & Endlicher, 1832

具翅，少数种类的翅发生次生性退化，通常原变态类和不全变态类为外生翅类，全变态类为内生翅类。口器类型多样，有咀嚼式、刺吸式、锉吸式、虹吸式、舐吸式等类型。腹部除外生殖器和少数种类具尾须外，通常无其他附器。原变态、不全变态和全变态。

有翅亚纲昆虫分为古翅下纲 Paleoptera 和新翅下纲 Neoptera，前者由蜉蝣目 Ephemeroptera 和蜻蜓目 Odonata 2 目构成；蜻蜓目分外翅总目 Exopterygota 和内翅总目 Endopterygota 2 个总目，前者由 15 个目组成，后者由 11 目组成。有翅亚纲有不少种类是重要的农林牧业、医学害虫，与人类关系极为密切。本书舍弃总目和下目两个分类级别，直接切入目级阶元。本书记述河北地区 12 目 129 科 484 属 817 种。

X. 蜉蝣目 Ephemeroptera Hyatt & Arms, 1891

体细长（3.0～27.0 mm），体壁柔软。触角短刚毛状。复眼发达，雌性的复眼常左右远离；雄性的复眼较发达，左右接近，每个复眼的小眼面往往上半部的大于下半部的，或两部分完全分离。单眼3个。口器咀嚼式；上颚退化或消失，具下颚须。中胸较大；前翅发达，后翅退化或消失，静止时竖立在体背面。腹末1对长尾丝，有些还有中尾丝。翅脉极多，多纵脉和横脉，呈网状。足细弱；跗节1～5节，端爪1对。腹部11节。雄性第Ⅹ节后缘1对抱器，其由3～4节构成，少数1节。稚虫水生。

世界已知4亚目19总科22科2500多种，主要分布在热带至温带的广大地区，是水质监测的指示性昆虫；成虫寿命很短，不取食，趋光性较强。幼虫营浮游生活，是经济鱼、虾类的天然饵料。中国记录250种以上。本书记述河北地区7科12属19种。

科检索表

1. 中胸小盾片达到后胸背板，后胸背板大部分外露（裂盾亚目 Schistonota） 2
   中胸小盾片向后盖住后胸背板大部分（合盾亚目 Pannota） 5
2. 雄性复眼分为上下两部分 3
   复眼性二型，即雌性的复眼完整，部分为上下两部分，雄性的完整；前翅的 1A 脉不分叉，但由此发出 2 条或更多条短横脉并达到翅后缘 .... 蜉蝣科 Ephemeridae
3. 无后翅；尾丝 2 根；翅的纵脉间有基部分开的 1 条或 2 条短边缘闰脉；MA$_2$ 脉和 MP$_2$ 脉从各自的基部分开；复眼上半部陀螺状 .... 四节蜉科 Baetidae
   有后翅 4
4. 有 3 条发达的尾丝；尾铗第 1 节显长于其他节，端部各节很小；前翅 1A 脉直接连接翅的后缘；雄性复眼大，半陀螺状；雌性产卵器发育良好 .... 细裳蜉科 Leptophlebiidae
   有 2 条发达的尾丝；后足跗节 5 节；前翅具平行的 2 条肘闰脉 .... 扁蜉科 Heptageniidae
5. 两性均有 3 条发达的尾丝；无后翅；前翅 1A 脉不分叉，前缘脉基部到前翅翅痣区的横脉弱或萎缩 .... 新蜉科 Neoephemeridae
   两性无尾丝；雄性具尾铗且仅为 1 节 6
6. 有后翅且宽大，具分支脉；沿翅外缘脉间有短而基部分开的边缘闰脉；雄性尾铗具 1 短的末节 .... 小蜉科 Ephemerellidae
   无后翅；前翅纵脉无小脉连接外缘；雄性复眼通常简单，相距很宽；胸部通常棕褐色；雄性尾须 2～3 节 .... 细蜉科 Caenidae

19. 四节蜉科 Baetidae Leach, 1815

稚虫头"Y"形缝伸至侧单眼下前方，腿节端部具向下弯曲的叶状突起。触角相对较长，腹部各节背板的侧后角明显突出。成虫的后翅极小或缺失，前翅横脉极少，具缘闰脉 1 或 2 根，复眼上半部分突出呈锥状。

世界已知 2 亚科 100 属 900 余种。本书记述河北地区 1 属 2 种。

（59）中国四节蜉 *Baetis chinensis* Ulmer, 1935（图 42）

识别特征：体长约 5.0 mm。复眼黄褐色，呈倒圆锥形，左、右复眼相紧靠。头、胸部和第 I 腹节黄褐色，中胸的颜色较深。前翅长约 4.5 mm，无色透明，前缘区和亚前缘区特别是翅痣区呈乳白色，翅痣区有 6～7 条不相连接的横脉；后翅狭长，仅 2 条纵脉，前缘无突起。足白色，前足各关节略呈棕黑色，跗节明显短于胫节；后足跗节为胫节长之半，胫节与腿节等长。腹部第 II～VI 节白色透明，有深紫色斑纹，从前下侧到后上侧逐渐变宽，后端左右合并，后缘灰黑色，第 VII 节的斑纹较淡，第 VIII 节更淡；腹部第 II～VI 节下侧白色，第 I 和第 VII～IX 节下侧淡黄褐色；尾铗第 1 节白色，第 2 节、第 3 节界限不明，第 4 节较短；尾丝白色，基部淡黄褐色。

分布：河北、北京。

(60) 北京四节蜉 *Baetis pekingensis* Ulmer, 1936（图 43）

识别特征：体长约 6.0 mm。头部、胸部和第 I 腹节背板浅栗褐色。复眼黄褐色，呈扁平帽状，互不相接。翅无色，前翅长约 5.0 mm。翅痣区乳白色，最多只有 8 条直立的横脉，前面 4～5 条不明显，前缘脉和径脉略呈浅黄褐色；后翅第 2 条纵脉的分叉短而宽，2 个分叉之间具 1 短闰脉，上方的分支由 1 条斜横脉与第 1 条纵脉相连，有第 3 条纵脉。各足均为淡黄褐色，关节处色较深。腹部第 II～VI 节白色透明，第 VII 节稍透明，背面有灰褐斑纹，腹部最后 2 节淡赭色，不透明，侧线下有深色细长纹，尾铗白色，末节较短，纽扣状。

分布：河北、北京。

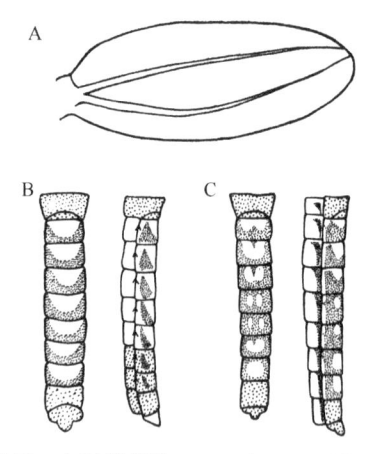

图 42 中国四节蜉 *Baetis chinensis* Ulmer, 1935（引自尤大寿和归鸿，1995）
雄性：A. 后翅；B. 腹部背面观、侧视；
雌性：C. 腹部背面观、侧视

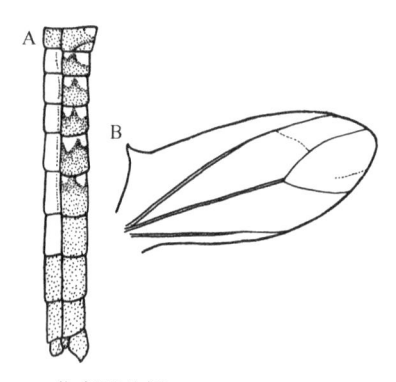

图 43 北京四节蜉 *Baetis pekingensis* Ulmer, 1936（引自尤大寿和归鸿，1995）
雄性：A. 腹部侧视；B. 后翅放大

20. 细蜉科 Caenidae Newman, 1853

体长一般小于 8.0 mm。复眼黑色，位于头的侧面，左右分离较远。前翅后缘具缨毛，横脉极少；后翅缺如。尾铗 1 节，阳茎合并；尾丝 3 根。

世界已知 2 亚科 14 属约 200 种，世界广布，大多生活于静水水体（如水库、池塘、浅潭、水洼等）的表层，以及泥质、泥沙与枯枝落叶混合的底质中，少数生活于急流底部。滤食性和刮食性。本书记述河北地区 1 属 2 种。

(61) 黑点细蜉 *Caenis nigropunctata* Klapalek, 1905（图 44）

识别特征：雄性体长约 2.5 mm，尾丝长约 8.0 mm。头顶棕褐色。触角白色，由基部向端部渐变细。复眼黑色，单眼基部黑色，顶部白色。前胸背板褐色，中胸、后胸背板棕黄色至棕褐色。中后胸背板中间具 1 浅白色椭圆形骨化洞。前足腿节棕褐色，前足胫节、跗节及中后足白色。前足具爪 2 枚，圆钝。前翅后缘具细小的缨毛，亚前缘脉粗壮，呈棕黄色，其他各翅脉浅色。腹部灰色。外生殖器尾铗基部比端部稍粗，细棒状，表面密生黄色细毛。尾铗顶端具 1 簇细刺，其中 2 根略粗。下生殖板浅白色，具不明显的色斑。尾丝 3 根，无色丝状。

分布：河北、北京、江苏、安徽、浙江、江西、四川、贵州、云南；印度尼西亚（爪哇岛）。

（62）中华细蜉 *Caenis sinensis* Gui, Zhou & Su, 1999（图 45）

识别特征：雄性体长约 2.8 mm，尾丝长约 8.0 mm。头顶浅白色。复眼及单眼基部黑色，单眼顶部浅白色。触角白色，鞭节基部强烈膨大，其外侧具陷窝状结构。前胸背板具少许不明显的褐斑纹，中后胸浅黄色，中胸背板中间具 1 浅白色椭圆形骨化洞。前足浅灰色，中后足浅白色。前足具爪 2 枚，圆钝。前翅后缘具细缨毛，翅脉色淡。腹部浅白色。外生殖器尾铗细棒状，表面光滑，顶端强烈几丁质化，形成 1 几丁质的尖锐帽状结构，在其以下内侧稍隆起。下生殖板浅白色，具不明显的色斑。尾丝 3 根，无色丝状，第 3 节之后各节表面及节间具粗短的刚毛。

分布：河北、北京、陕西、江苏、安徽、福建、海南、贵州。

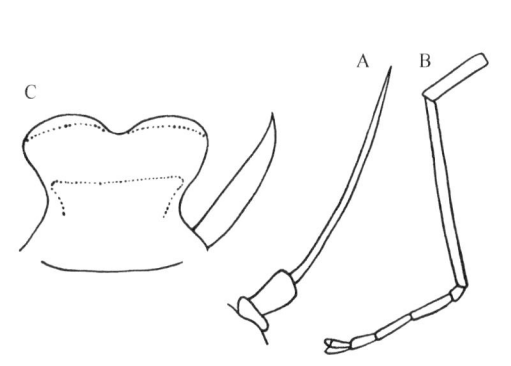

图 44 黑点细蜉 *Caenis nigropunctata* Klapalek, 1905（引自尤大寿和归鸿，1995）
雄性：A. 触角；B. 前足；C. 生殖器腹视

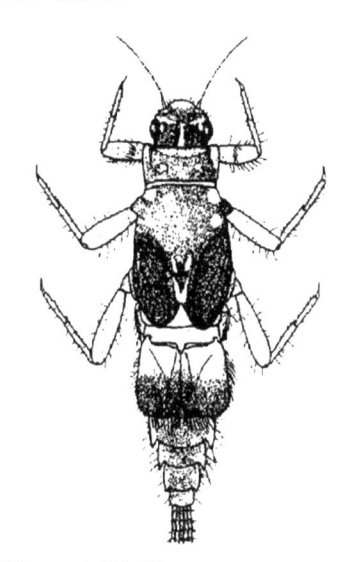

图 45 中华细蜉 *Caenis sinensis* Gui, Zhou & Su, 1999 稚虫（引自周长发，2002）

21. 小蜉科 Ephemerellidae Walsh, 1862

体长 5.0～15.0 mm，体壁坚硬，红色至褐色，复眼上半部红色，下半部黑色。前翅翅脉较弱，MP_1 脉与 MP_2 脉之间具 2 或 3 根长闰脉；MP_2 脉与 CuA 脉之间具闰脉，CuA 脉与 CuP 脉之间具 3 根或 3 根以上的闰脉，CuP 脉与 A_1 脉向翅后缘强烈弯曲；翅缘纵脉间具单根缘闰脉；尾铗第 1 节长不足宽的 2.0 倍，第 2 节长是第 1 节的 4.0 倍以上，第 3 节较第 2 节短或极短。尾丝 3 根，一般具刺和稀疏的细毛。

世界已知16属200余种，广布于全北区和东洋区，生活于流水中的枯枝落叶、青苔、石块或腐殖质中，撕食性和刮食性种类居多。本书记述河北地区1属1种。

（63）红天角蜉 *Uracanthella punctisetae* (Matsumura, 1931)（图46）

识别特征：体长5.0~10.0 mm。体色红褐色，复眼上半部红色，下半部黑色，前翅翅脉较弱。前足跗节第2节比第3节稍长。尾铗直，第1节粗短，第3节短小，长不及宽的2.0倍。阳茎背部具1较大的突起，腹视可见突起的顶端。尾丝3根，略长于身体的长度，其上具棕色环纹。

分布：华北、东北、华中、西北、西南。

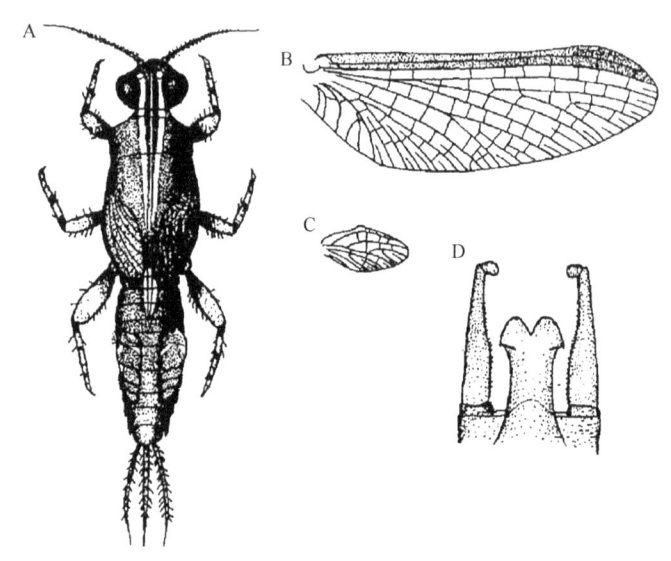

图46 红天角蜉 *Uracanthella punctisetae* (Matsumura, 1931)（引自周长发，2002）
A. 稚虫；B. 前翅；C. 后翅；D. 雄性外生殖器

22. 蜉蝣科 Ephemeridae Latreille, 1810

体长一般在15.0 mm以上，体圆柱形，常为淡黄色或黄色。复眼黑色，大而明显。翅面常具棕褐斑纹；前翅MP_2脉和CuA脉在基部极度向后弯曲，远离MP_1脉，1A脉不分叉，由许多短脉将其与翅后缘相连；尾丝3根。

世界已知2亚科7属150余种，主要分布于古北区、东洋区、非洲区及新西兰。中国记录2属30余种，主要穴居于泥沙质的静水水体底质中，滤食性。本书记述河北地区1属5种。

（64）吉林蜉 *Ephemera kirinensis* Shum, 1931（图47）

识别特征：体长雄性16.0 mm，雌性18.0 mm。头赭黄色；前翅长雄性13.5 mm，雌性16.0 mm；尾须长雄性29.0 mm，雌性34.0 mm。复眼淡灰黑色，分开。胸部赭褐色，前胸背板前缘有2黑褐斑，并有2黑褐色纵纹延伸至后缘。翅淡绿褐色，翅脉呈绿褐色至黑褐色。前足腿节褐色，胫节黑褐色，跗节淡灰色，中、后足白色。腹背淡黄褐色，下侧淡黄色。背下侧均有纵纹。尾铗4节，第2节最长，肘形，其长度为2个末节之和的2.0倍。尾须黄褐色，节间有黑褐色环纹。雌性体色偏青色；前足白色，胫节基端和顶端及腿节均有黑褐斑纹。

分布：河北、吉林、北京。

(65) 直线蜉 *Ephemera lineata* Eaton, 1939（图48）

识别特征：雄性体长 15.0～20.0 mm，前翅长约 16.0 mm，尾须长 35.0～36.0 mm。复眼黑褐色，胸部背面青褐色。翅透明，前翅长，前缘区和亚前缘区呈灰黑色。前足腿节沥青色，胫跗节黑色；中、后足灰绿色，腿节端部两侧有黑斑点，跗节两端黑色，腹部灰绿色，第Ⅰ～Ⅸ节背面均有斑纹，第Ⅰ节和第Ⅱ节两侧各有1对黑褐色大斑点，第Ⅲ～Ⅴ节各有1倒"L"形斑纹，第Ⅵ～Ⅸ节各有3对纵纹，第Ⅲ～Ⅸ节下侧花纹似东方蜉 *Ephemera orientalis*，每侧各有1对纵纹，且其后几节纵纹较前几节长。尾铗土黄色。前足黑褐色，腿节端部、胫节两端及跗节端部均为黑色。

分布：河北、北京、江苏、江西、湖南。

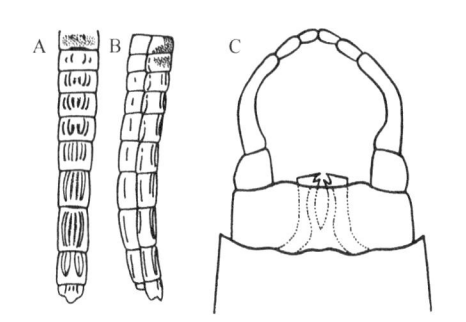

图47 吉林蜉 *Ephemera kirinensis* Shum, 1931（引自尤大寿和归鸿，1995）
雄性：A. 腹背视；B. 腹部侧视；C. 生殖器腹视

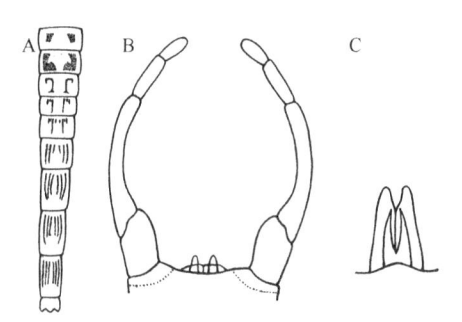

图48 直线蜉 *Ephemera lineata* Eaton, 1939（引自尤大寿和归鸿，1995）
雄性：A. 腹背视；B. 生殖器腹视；C. 阳茎放大

(66) 间蜉 *Ephemera media* Ulmer, 1936（图49）

识别特征：体长 13.0～18.0 mm。体淡黄色，半透明。足淡黄色，前足跗节和胫节两端黑色，胸部红黄色，前翅前缘中部有黑斑，腹部粉白色，腹部除第Ⅰ、第Ⅱ腹节外，其他各节均有短纵斑纹。尾丝黄色，具黑色环纹。

分布：河北、北京、广东。

(67) 华丽蜉 *Ephemera pulcherrima* Eaton, 1892（图50）

识别特征：体长 11.0～15.0 mm。头赭黄色，复眼黑色。胸部淡红褐色，前胸背板有黑色长斑点；中胸背板两侧有黑纵纹。翅透明，前翅有多个小斑点，后翅无斑

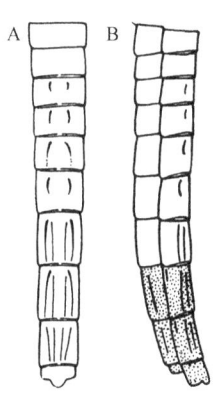

图49 间蜉 *Ephemera media* Ulmer, 1936（引自尤大寿和归鸿，1995）
雄性：A. 腹背视；B. 腹部侧视

点。足淡黄色，前足胫节两端色稍深。腹部淡黄色，除第 I 节外有深色斑纹，第 II 节两侧具黑斑，其余节背面和侧面有深色条纹。尾丝淡褐色，间有稀疏黑斑。雌性身体和翅上斑点较雄性少。

分布：河北、北京、福建、广东。

（68）梧州蜉 *Ephemera wuchowensis* Hsu, 1937（图 51）

识别特征：体长 13.0～15.0 mm。体淡黄色。头触角窝边缘具黑斑，复眼上半部灰色，下半部棕色。胸部具棕色斑点或条纹。足黄色，前足腿节端部、胫节和跗节基部及端部褐色。各腹节背板具黑色纵纹；尾丝 3 根，黄色，具黑色环纹。

分布：河北、辽宁、北京、河南、陕西、甘肃、安徽、浙江、湖北、湖南、四川、贵州。

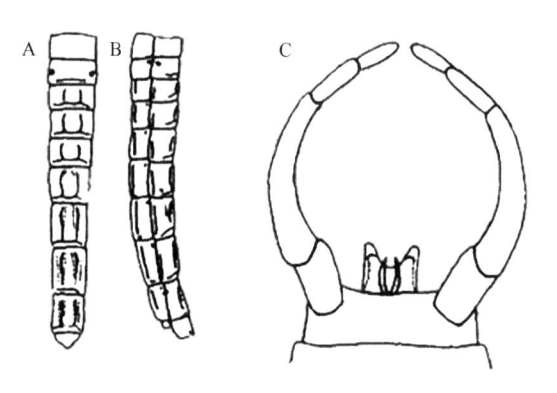

图 50 华丽蜉 *Ephemera pulcherrima* Eaton, 1892（引自尤大寿和归鸿，1995）
雄性：A. 腹背视；B. 腹部侧视；C. 生殖器腹视

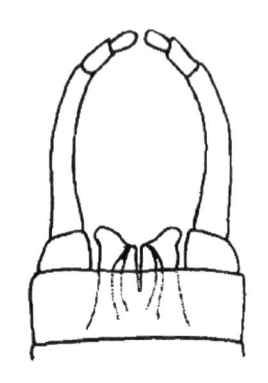

图 51 梧州蜉 *Ephemera wuchowensis* Hsu, 1937 雄性外生殖器（引自尤大寿和归鸿，1995）

23. 扁蜉科 Heptageniidae Needham & Betten, 1901

体扁平，一般具黑色、棕色至红色斑纹；背腹的厚度明显小于体宽；前翅的 CuA 脉与 CuP 脉之间具典型的排列成 2 对的闰脉；后翅明显，MA 脉与 MP 脉分叉；2 根尾须。

世界已知 3 亚科 12 族 40 属 500 余种，除大洋洲无分布和中南美洲只有少数种分布外，其他地区均有分布。主要生活于流水环境中，以及各种石块、枯枝落叶下；主要食物为颗粒状藻类和腐殖质。本书记述河北地区 3 属 3 种。

（69）亚拉亚非蜉 *Afronurus abracadabrus* (Kluge, 1983)（图 52）

别名：阿拉伯扁蚴蜉。

识别特征：雄性体长 9.0～11.0 mm，前翅长 10.0 mm，后翅长 3.0 mm，尾丝长 20.0～23.0 mm。体色淡黄色。复眼圆锥形，于头部背面几乎接触。中胸背板黄色，前缘具横纹，侧缘缝隙近乎笔直；中胸腹板具 1 对平行垫片。前翅透明，C 脉、Sc 脉和 R_1 脉之间的横脉较弱，翅痣区具若干横脉，横脉在近中部分叉并相互连接；MA 脉近中部分叉，Rs 脉和

MP 脉分叉点与翅基近于等长。后翅透明，横脉弱，MA 脉在中部分叉。腹部背板淡黄色，第Ⅰ～Ⅷ节近中部具 1 对棕褐色纵纹；第Ⅰ～Ⅸ节后缘棕褐色。尾丝白色，每间隔 2 节具 1 棕褐色环纹。外生殖器呈长方形。

标本记录： 丰宁满族自治县：1♂，邓栅子，2000-Ⅶ-25，周长发采。

分布： 河北、黑龙江、吉林、内蒙古、新疆；蒙古国，俄罗斯（远东、外贝加尔地区），韩国。

（70）中国假蜉 *Epeorus* (*Siniron*) *sinensis* (Ulmer, 1925)（图 53）

识别特征： 雄性体长 12.5～14.0 mm，前翅长 12.5～14.0 mm。两性体色均为棕色，有深褐色斑疹。前足深棕色，中足和后足腿节及胫节淡褐色，所有跗节深棕色。所有腿节中间具 1 不清楚的棕色斑点。胸部具褐斑。前翅前缘翅脉褐色。腹部各节背面具较粗黑褐色条纹，尾丝锈褐色，顶端较淡。腹部第Ⅲ～Ⅸ节具条纹，背面中间有棕色条纹。

图 52 亚拉亚非蜉 *Afronurus Abracadabrus* (Kluge, 1983) 腹部背板（引自张伟，2021）

分布： 河北、河南、安徽、浙江、江西、湖南、福建、广东、四川。

图 53 中国假蜉 *Epeorus* (*Siniron*) *sinensis* (Ulmer, 1925)（引自 Ma and Zhou，2022）
雄性：A. 前翅；B. 后翅

（71）中国扁蜉 *Heptagenia chinensis* Ulmer, 1920（图 54）

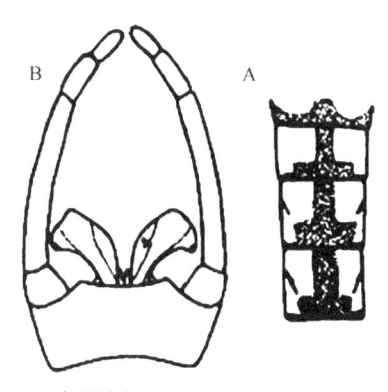

图 54 中国扁蜉 *Heptagenia chinensis* Ulmer, 1920（引自尤大寿和归鸿，1995）
雄性：A. 腹背视；B. 生殖器腹视

识别特征： 体长雄性 9.0～12.0 mm，雌性 10.0 mm；前翅长雄性 10.0 mm，雌性 10.0 mm；雄性后翅长 3.0 mm，前足长 9.3 mm，尾须长 17.0 mm。体色棕黄色，背面具棕红色斑纹。复眼黑色，于头背面相互接触。前后翅的翅脉为棕黄色。前足腿节和胫节棕褐色或红褐色，跗节色浅。后足与中足相似，腿节长于胫节，胫节长于跗节，其中胫节长度约为跗节长度的 2.0 倍；各足腿节背面中央具 1 黑色斑块。腹部各节背板基本呈棕红色，在背中线处具 1 对黑色纵纹，两侧又具 1 对棕黑色斜纹。雌性第Ⅶ腹节的腹板后缘向后扩展，中部变厚，与扩展部分一起形成 1 盖状结构。肛下板的后缘完整，基本呈方形。

分布：河北、黑龙江、吉林、辽宁、北京、河南、甘肃、重庆、四川；俄罗斯、日本。

24. 细裳蜉科 Leptophlebiidae Leach, 1815

体柔软，大多扁平，体长在 7.0～15.0 mm。雄性复眼分为上、下两部分，上半部分为棕红色，下半部分为黑色；前翅 C 脉及 Sc 脉粗大，MA_1 脉与 MA_2 脉之间具 1 根闰脉；MP_1 脉与 MP_2 脉之间具 1 根闰脉，MP_2 脉与 CuA 脉之间无闰脉，CuA 脉与 CuP 脉之间具 2～8 根闰脉，2～3 根臀脉，向翅后缘强烈弯曲。前足跗节 5 节，中后足跗节 4 节；雌性各足跗节均 4 节；尾铗 2～3 节，一般 3 节，第 3 节远短于第 2 节；阳茎常具各种附着物；尾丝 3 根。

世界已知 80 属 600 余种，一般生活于急流的底质中或石块表面，也活动于静水中。以滤食性为主，少数刮食性。本书记述河北地区 4 属 4 种。

(72) 安徽宽基蜉 *Choroterpes* (*Cryptopenella*) *anhuiensis* **Wu & You, 1992**（图 55）

识别特征：体长 5.0～6.0 mm。体灰褐色。复眼大，彼此在头顶背面相接触，上复眼橘红色，下复眼黑色。胸部黄褐色，前翅长 5.5～6.5 mm，C 脉区和 Sc 脉区不透明，Rs 脉从翅基部到翅端不到 1/4 处分叉，肘脉区有闰脉 5 条。后翅小，前缘脉在距离基部近 1/2 处具 1 圆形突起，Sc 脉区有横脉 3 条。足淡黄褐色，各腿节上有 2 块黑褐斑纹，所有的爪均为 1 钝 1 尖。腹背灰褐色，第 Ⅱ～Ⅹ 节背板中间有黑褐色纵条纹，第 Ⅲ～Ⅸ 节背板各 1 近似"W"形的灰褐斑纹，以第 Ⅴ～Ⅷ 节较明显。尾铗 3 节，淡黄褐色，第 1 节最长，基部宽，且内弯，第 2 节、第 3 节短，第 2 节长度约为第 3 节的 2.0 倍。尾须 3 根，具棕色环纹，中尾丝比侧尾须略长。

分布：河北、辽宁、北京、河南、安徽、福建。

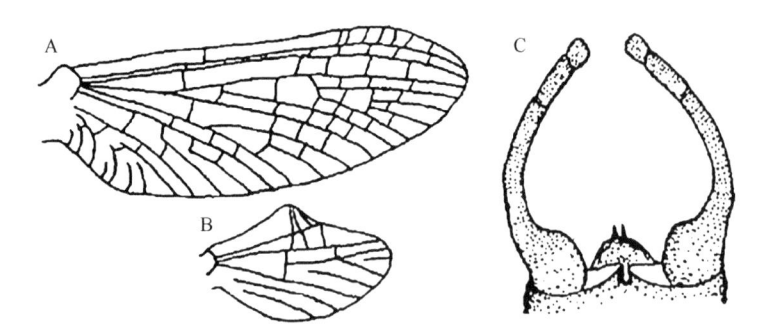

图 55 安徽宽基蜉 *Choroterpes* (*Cryptopenella*) *anhuiensis* Wu & You, 1992（引自周长发，2002）
雄性：A. 前翅；B. 后翅；C. 外生殖器

(73) 紫金柔裳蜉 *Habrophleboides zijinensis* **Gui, Zhang & Wu, 1996**（图 56）

识别特征：体长 6.5～7.0 mm，前翅长 6.5～7.0 mm。复眼灰黑色，在头中间近于接触。前翅 MP_2 脉与 MP_1 脉以横脉相连，CuA 脉与 CuP 脉之间具 2 闰脉；后翅长约 1.0 mm，前缘突尖，位于前缘中间部位，横脉较少。腹部背板的前缘及中部色淡，两侧色深，与稚虫腹部背板的色斑一致。前足腿节具大面积黑斑，胫节前端 2 枚黑斑爪，1 钝 1 尖。雄性外生殖器尾铗 3 节，第 2 节、第 3 节短，下生殖板中间强凹。雌性腹部第Ⅷ节背板向后明显延长，第Ⅸ节背板后缘中间深裂。

分布：河北、北京、河南、陕西、江苏、浙江、湖北、江西、湖南、福建、广西、贵州、海南。

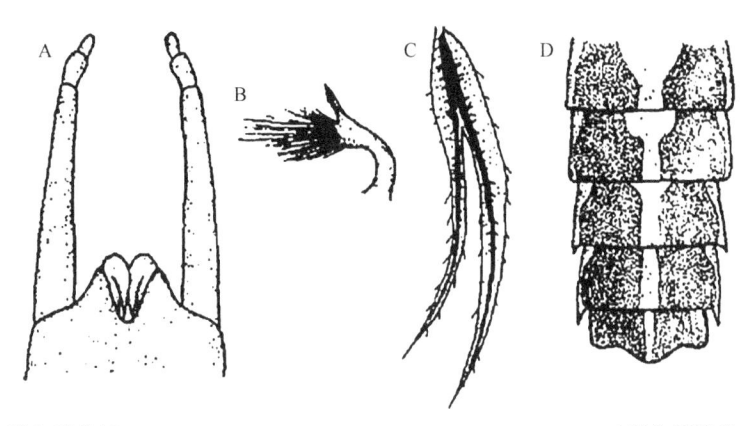

图 56　紫金柔蜉 *Habrophleboides zijinensis* Gui, Zhang & Wu, 1996（引自周长发，2002）
A. 雄性外生殖器；B. 稚虫上颚臼齿；C. 鳃；D. 稚虫腹部

（74）胡氏细裳蜉 *Leptophlebia wui* Ulmer, 1936（图 57）

识别特征：头黄色，背面有黑色似毛刷状结构。复眼上部淡灰色并具紫色光泽。胸部暗赭色。前翅无色，半透明，翅痣区呈淡黄灰色，翅脉近于褐黄色，横脉柔软，仅在翅痣区比较坚硬，翅痣区具 12～15 根横脉，部分有分支彼此相连。前足淡褐色，腿节和胫节的顶端部稍深，跗节较淡，后足比前足的颜色淡，前足跗节的长度约为胫节的 1.3 倍，胫节长于腿节。腹部无色或淡黄色，半透明，仅第Ⅱ、第Ⅲ节背板为不透明的紫色，各节背板均有清晰的黑斑纹。尾铗 3 节，基节长，微弯，第 2 节最宽，第 3 节最小，近卵圆形。

分布：河北、北京。

（75）弯拟细裳蜉 *Paraleptophlebia cincta* (Retziu, 1783)（图 58）

识别特征：体长 6.0～6.5 mm，前足长约 6.0 mm，前翅长约 7.5 mm，后翅长约 1.0 mm，尾丝长约 8.0 mm。黑褐色（雄）或红褐色（雌）。复眼上半部分灰白色，下半部黑色，复眼在头顶中部彼此呈点状接触；单眼端部白色，下半部黑色。胸部黑褐色。翅无色透明，横脉模糊（雄）或清晰（雌），PM 脉的分叉点距翅基的距离较 Rs 脉距翅基的距离近，CuA 脉与 CuP 脉之间 3 闰脉及 2 横脉，后 2 闰脉较长，翅痣区的横脉不同程度地分叉；后翅前缘略凹，横脉多。前足腿节与胫节、胫节与跗节的接合处红褐色，其他部分黄色；各足具爪 2 枚，1 钝 1 尖。腹部第Ⅱ～Ⅵ节无色透明，而其他部分黑褐色，雄性第Ⅸ腹板的后缘中间强凹。尾丝 3 根，白色。

分布：河北、台湾；俄罗斯，欧洲。

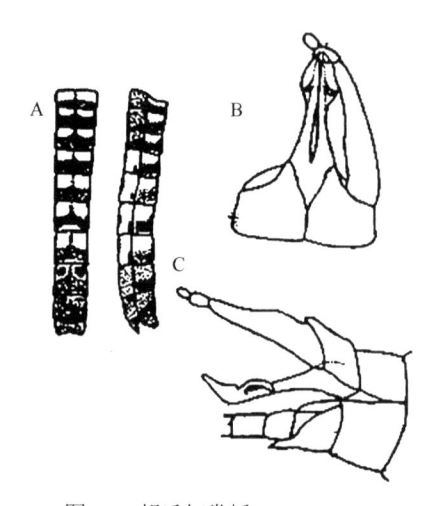

图 57 胡氏细赏蜉 Leptophlebia wui Ulmer, 1936
（引自尤大寿和归鸿，1995）
雄性：A. 腹背视和侧视；
B. 生殖器腹视；C. 生殖器侧视

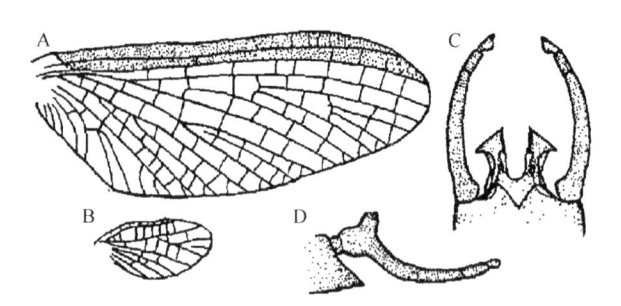

图 58 弯拟细裳蜉 Paraleptophlebia cincta (Retziu, 1783)
（引自周长发，2002）
雄性：A. 前翅；B. 后翅；
C. 外生殖器腹视；D. 尾铗侧视

25. 新蜉科 Neoephemeridae Lestage, 1931

体长 10.0 mm 以上；复眼黑色，大而明显；翅面常具大面积的红褐斑纹；前翅的 MP_2 脉和 CuA 脉在基部极度向后弯曲，远离 MP_1 脉，1A 脉不分叉；尾丝 3 根，中尾丝可能较短。

世界已知 3 属 12 种以上，分布于全北区和东洋区，主要生活于静水中的石块、枯枝落叶或泥沙中。本书记述河北地区 1 属 2 种。

（76）可爱小河蜉 *Potamanthellus amabilis* (Eaton, 1892)

识别特征：体长小于 10.0 mm。翅具明显的色斑，A_1 脉具 2 小脉，小脉与 A_1 脉之间的夹角小于 90°，在 70°～80°；外生殖器与中国小河蜉 *Potamanthellus chinensis* 类似；尾铗 3 节，短小。

分布：河北、北京、广东；越南，泰国，缅甸。

（77）埃氏小河蜉 *Potamanthellus edmundsi* Bae & McCafferty, 1998（图 59）

识别特征：雄性体长 8.5～10.0 mm，前翅长 8.5～10.0 mm，后翅长 3.5～5.0 mm，尾须长 23.0～29.0 mm，中尾丝长约 10.0 mm。头棕红色，复眼黑色，位于头背，其间距约与中单眼宽度相当；3 个单眼突出，端部灰色，基部黑色。胸部棕红色；各足爪 2 枚；前足腿节棕红色，胫节基部大部浅白色，端部棕红色；跗节各节基半部浅白色，端半部棕红色，爪棕红色；中后足浅白色；前足两爪相似，圆钝，中、后足的爪 1 钝 1 尖。前翅大部分区域都具红棕色色斑；后翅中间具小块色斑；腹部背板中间浅色，大块白色与红棕色相间排列，几成 3 纵列红棕色条纹。尾铗 3，末 2 节小，其长度之和仅为基节长度的 1/3，基节基部红棕色。尾须 3 根，红白相间，每 2 节中有 1 节端部为红色，基部为白色，而另 1 节仅端部很小一部分为红色，其他处为白色。

分布：华北、华中、华东、华南、西南；越南，泰国，马来西亚。

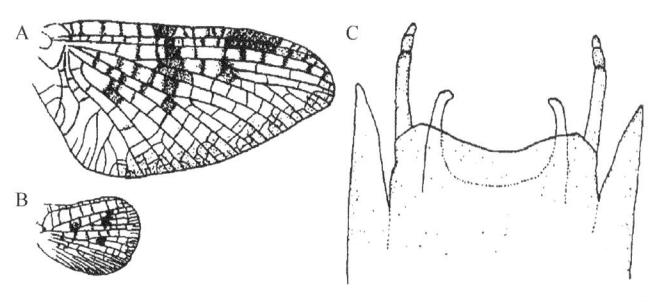

图 59　埃氏小河蜉 *Potamanthellus edmundsi* Bae & McCafferty, 1998（引自谢会，2009）
雄性：A. 前翅；B. 后翅；C. 外生殖器

XI. 蜻蜓目 Odonata Fabricius, 1793

体型修长，大多数体长 30.0~90.0 mm，少数达 150.0 mm，有些体长不及 20.0 mm，富有艳丽色彩。口器咀嚼式，上颚强大，端部有齿；复眼大，位于头两侧，接眼式或离眼式；单眼 3 个，生于头顶。触角刚毛状，最多由 7 节组成。中胸与后胸合并，即彼此紧密相接，不能活动，是体最粗壮的部分；翅 2 对，膜质透明，或具斑纹。足细长，着生位置靠前，跗节 3 节。腹部第 II 节、第 III 节下方具次生生殖器。

世界已知 3 亚目 23 科约 6500 种，生活于淡水环境，是水域环境重要的指示性昆虫；成虫和稚虫均为捕食性，可猎食一些小型昆虫，有些体型较大者可捕食体型较小的蜻蜓和豆娘，稚虫也攻击小鱼和鱼苗。中国记录 20 科 155 属 900 余种。本书记述河北地区 9 科 37 属 68 种。

亚目、科检索表

1. 静止时，2 对翅左右平覆；前、后翅的形状与脉序不同；翅基部非柄状；中室的 1 斜脉分为 1 三角室和 1 上三角室；前翅结脉位于翅中点或中点之后；体粗壮（差翅亚目 Anisoptera） ··· 2
   静止时，2 对翅多束立于胸部上方；前、后翅的形状与脉序相似，中室的形状相同；翅基部柄状或非柄状，前、后翅的结脉位于翅中点的前方；复眼在头两侧强烈突出，两眼的距离大于眼的宽度；中胸长大于宽；腹部细长，圆筒状（束翅亚目 Zygoptera） ·· 7
2. 除 2 条粗的结前横脉外，前缘室与亚前缘室内的横脉上下不连成直线，前后翅的三角室形状相似，且与弓脉距离相等（蜓总科 Aeshnoidea） ··· 3
   无 2 条粗的结前横脉，前缘室与亚前缘室内的横脉上下相连成直线；前后翅的三角室形状和位置明显不同，前翅三角室距弓脉远，尖端朝向翅的后缘，后翅三角室距弓脉近，尖端朝向翅端部（蜻总科 Libelluloidea） ··· 4
3. 两眼在上方相互接触很长一段 ·· 蜓科 Aeshnidae
   两眼在上方分离或相互仅具 1 点接触 ··· 5

4. 下唇中叶端部完整；两眼相距很远 ·· 春蜓科 Gomphidae
   下唇中叶端部具 1 深凹；两眼彼此接近或具 1 点接触·························· 大蜓科 Cordulegastridae
5. 后翅三角室比前翅三角室略近弓脉；臀套很少长大于宽，无中肋··············· 大蜻科 Macromiidae
   后翅的三角室比前翅的三角室更接近弓脉，或三角室的后边与弓脉连成直线；臀套长足形，具中肋
   ·· 6
6. 雄性后翅的臀角呈明显的角度；胫节具长而薄的龙骨状脊；臀套足形，其趾不发达；腹部第 Ⅱ 节两侧
   各 1 耳状突·· 伪蜻科 Corduliidae
   两性的后翅臀角均呈圆形；胫节无脊突；臀套足形，其趾发达；腹部第 Ⅱ 节两侧无耳状突
   ·· 蜻科 Libellulidae
7. 翅有 5 条或 5 条以上的结前横脉；弓脉距翅基比距翅结近；中室常有横脉；翅柄不显著（色蟌总科
   Agrioidea）··· 8
   翅有 2 条或 3 条结前横脉；脉距翅结至少与其距离脉基相等，中室完全；翅柄明显（蟌总科
   Coenagrionoidea）··· 9
8. 弓分脉由其下部的 1/3 处分出；方室前缘突出，与基室等长 ························· 色蟌科 Calopterygidae
   弓分脉起自弓脉中间或上部；方室直，比基室短 ·· 10
9. 翅室多数四边形；中室的前边短于下边的 1/5，外角钝；胫节刺较长············ 扇蟌科 Platycnemididae
   翅室多数五边形；中室前边比下边短得多，外角尖锐；胫节刺较短 ···················· 蟌科 Coenagrionidae

26. 蜓科 Aeshnidae Leach, 1815

体中型至大型，黑色或褐色，具丰富的条纹和斑点。复眼发达，在头顶交会处呈直线，多数面部窄而长。胸部粗壮，绝大多数种类翅透明，少数有色斑。腹部较长；雄性肛附器、阳茎构造及雌性的产卵器和尾毛长度是重要的辨识特征。

世界已知 54 属近 500 种，世界性分布。中国记录 12 属约 100 种，栖息环境包括各种静水水域如池塘、湖泊和沼泽地，以及清澈的山区小溪。本书记述河北地区 3 属 4 种。

（78）长痣绿蜓 *Aeschnophlebia longistigma* (Selys, 1883)

识别特征：腹长 53.0～55.0 mm，后翅长 43.0～48.0 mm。体色以草绿色为主，腹部雄性蓝色，雌性白色；合胸背前方具较粗黑纹；各腹节侧面的黑纹连成带状；足雄性全黑色，雌性则由红褐色和黑色组成。复眼绿色具蓝斑。

分布：河北、黑龙江、吉林、辽宁、北京、天津、山东；俄罗斯（远东），朝鲜半岛，日本。

（79）黑纹伟蜓 *Anax nigrofasciatus* Oguma, 1915（图版 Ⅰ-7）

识别特征：体长 75.0～80.0 mm，腹长 55.0～58.0 mm，后翅长 50.0～52.0 mm。额绿色，上额 1 "T" 形黑斑纹；头顶和后头黑色。触角基部具白环。合胸背前方绿色；合胸脊黄色；侧面黄绿色，具黑条纹。翅透明，翅痣黄褐色，结前横脉 18 条。腹部黑色，具蓝斑；第 Ⅰ 节、第 Ⅱ 节膨大；第 Ⅰ 节绿色，基部背面具大黑斑；第 Ⅱ 节基部绿色，第 Ⅹ 节侧方具 1 蓝斑。前足基节、转节、腿节及中足基节具黄斑。

标本记录：邢台市：1头，宋家庄乡不老青山风景区，2015-Ⅶ-13，郭欣乐采；1头，宋家庄乡不老青山风景区牛头沟，2015-Ⅷ-15，郭欣乐采；灵寿县：1头，五岳寨国家森林公园七女峰，2016-Ⅵ-18，张嘉采。

分布：河北、北京、山西、宁夏、甘肃、江苏、湖北、福建、广东、四川、贵州；朝鲜半岛，日本，越南，老挝，泰国，印度，尼泊尔，不丹。

(80) 碧伟蜓东亚亚种 *Anax parthenope Julius* (Brauer, 1865)（图版Ⅰ-8）

识别特征：体长 68.0～76.0 mm，腹长 49.0～55.0 mm，后翅长 50.0～52.0 mm。额黄色，具1宽黑横纹和1淡蓝横纹。头顶具黑条纹，头顶中间1突起。后头黄色。合胸黄绿色；肩条纹和第3条纹褐色，第2条纹2黑斑。翅透明，略黄色，翅痣黄褐色。腹部第Ⅰ～Ⅱ节膨大；第Ⅰ节绿色，背面2褐色横纹；第Ⅱ节基部绿色，后部褐色；第Ⅲ节褐色，两侧具淡色纵带；第Ⅳ～Ⅷ节背面黑色，侧面褐色；第Ⅸ节、第Ⅹ节背面褐色，侧面1淡色斑。

标本记录：兴隆县：2头，雾灵山刘寨子，2015-Ⅷ-10，潘昭采；赤城县：1头，黑龙山黑河源头，2016-Ⅵ-30，闫艳采。

分布：河北、北京、江苏、福建、台湾、广东、海南、广西、云南；朝鲜半岛，日本，越南，缅甸。

(81) 山西黑额蜓 *Planaeschna shanxiensis* Zhu & Zhang, 2001（图版Ⅰ-9）

识别特征：体长 68.0～70.0 mm，腹长 52.0～54.0 mm，后翅长 46.0～50.0 mm。体色以黄黑为主，合胸黑色，具肩前条纹和肩前下点，侧面有2条宽阔的黄绿色条纹，后胸前侧片有2个大小不一的黄色斑点。足黑褐色。翅透明。腹部黑色，各腹节侧缘具黄绿色斑点。雌性翅略褐色，基部有橙黄色，尾毛甚短，约与第Ⅹ节等长。

标本记录：灵寿县：1头，五岳寨花溪谷，2016-Ⅸ-01，张嘉采；1头，五岳寨西木佛，2015-Ⅶ-25，袁志采；兴隆县：1头，雾灵山肥猪圈，2016-Ⅷ-2；2头，雾灵山五岔沟，2015-Ⅷ-4；1头，雾灵山鱼鳞沟，2016-Ⅷ-24；1头，雾灵山塔西沟，2016-Ⅷ-1，采集人均不详；赤城县：2头，黑龙山林场林区检查站，2015-Ⅸ-2，闫艳采。

分布：河北、北京、山西、湖北。

27. 色蟌科 Calopterygidae Sélys, 1850

体中型至大型，常具绿色或紫色金属光泽。腹部细长，翅宽大，常具颜色，翅痣常不发达或缺失或具伪翅痣，翅脉稠密；盘室长，通常具较多横脉。第1触角节很长，常比其他各节之和还长，尾鳃叶片状。

世界已知21属180余种，广布于除大洋洲和太平洋岛屿外的世界其他地区，主要栖息于山区溪流和低海拔河流。中国记录12属40余种。本书记述河北地区3属5种。

(82) 黑色蟌 *Atrocalopteryx atrata* (Selys, 1853)（图版Ⅰ-10）

识别特征：体长 47.0～58.0 mm，腹长 38.0～48.0 mm，后翅长 31.0～38.0 mm。雄性

头黑褐色；胸部和腹部深绿色并具金属光泽，翅深褐色，略透明。雌性全体黑褐色；触角基部黄色；胸部黑色，斑纹具金属光泽；腹部除第Ⅷ～Ⅹ腹节外其余各节端部均具暗黄色斑。足细长，黑色，具黑色长毛。

分布：河北、黑龙江、吉林、辽宁、北京、天津、山东、陕西、江苏、浙江、湖南、福建、广东、广西、贵州；俄罗斯（远东），朝鲜半岛，日本，越南。

（83）透顶单脉色蟌 *Matrona basilaris* Selys, 1853（图版Ⅰ-11）

识别特征：体长 56.0～62.0 mm，腹长 46.0～51.0 mm，后翅长 34.0～43.0 mm。雄性颜面金属绿色，胸部深绿色具金属光泽，后胸具黄条纹；翅黑色，翅脉基部 1/2 蓝色；腹部第Ⅷ～Ⅹ节下侧黄褐色。雌性胸部青铜色，翅深褐色，具白色的伪翅痣；腹部褐色。北方雄性翅的正面几乎完全深蓝色。

标本记录：邢台市：3 头，宋家庄乡不老青山风景区牛头沟，2015-Ⅶ-20，郭欣乐采；55 头，宋家庄乡，2015-Ⅷ-15，郭欣乐采；蔚县：35 头，小五台山金河口，2009-Ⅵ-25，王新谱、郜振华采；灵寿县：9 头，五岳寨，2015-Ⅶ-26，周晓莲、邢立捷、袁志采；2 头，五岳寨，2015-Ⅶ-21，袁志、周晓莲采；1 头，五岳寨花溪谷，2016-Ⅷ-27，张嘉采；1 头，五岳寨风景区游客中心，2016-Ⅶ-5，张嘉采；1 头，五岳寨南营乡桑桑湾村，2016-Ⅵ-21，张嘉采。

分布：河北、北京、天津、山东、河南、陕西、江苏、安徽、浙江、江西、福建、广东、广西、四川、贵州、云南；越南，老挝。

（84）安氏绿色蟌 *Mnais andersoni* McLachlan, 1873（图版Ⅰ-12）

识别特征：体长 48.0～50.0 mm，腹长 39.0～40.0 mm，后翅长 30.0～31.0 mm。雄性多型，透翅型雄性翅略带褐色，橙翅型雄性翅橙色；胸部和腹部青铜色具金属光泽，后胸具黄条纹。腹部第Ⅷ～Ⅹ节覆盖白色粉霜，橙翅型胸部背面随活动时间变长而逐渐覆盖白色粉霜。雌性翅透明，身体色彩与透翅型雄性相似。

标本记录：灵寿县：7 头，五岳寨花溪谷，2016-Ⅶ-02，牛亚燕、张嘉采；5 头，五岳寨水泉溪，2016-Ⅵ-09，闫艳、张嘉、牛亚燕采；3 头，五岳寨景区售票处，2016-Ⅵ-08，闫艳、张嘉采。

分布：河北、北京、河南、浙江、广东、四川、云南；越南，老挝，泰国，缅甸。

（85）烟翅绿色蟌 *Mnais mneme* Ris, 1916（图版Ⅱ-1）

识别特征：体长 48.0～57.0 mm，腹长 41.0～46.0 mm，后翅长 28.0～35.0 mm。额和头顶暗绿色具金属光泽。前胸暗绿色；合胸大部分暗绿色，背面前方被白粉；合胸脊黑色；第 3 侧缝后方的绿条纹略呈三角形，下方的黄色区域较狭小；后胸后侧片黄色。翅透明或烟褐色，橙翅型胸部覆盖白色粉霜，翅橙色，翅痣褐色。足黑色细长，有长刺。腹部前、后部背面稍有绿色光泽，其余部分黑色；腹背被白粉。

分布：河北、北京、福建、广东、海南、香港、广西、云南；越南，老挝。

（86）黄翅绿色蟌 *Mnais tenuis* Oguma, 1913（图版Ⅱ-2）

识别特征：体长 42.0～50.0 mm，腹长 33.0～42.0 mm，后翅长 27.0～31.0 mm。雄性多型，透翅型的胸部和腹部青铜色具金属光泽，后胸后侧板黄色，翅透明，腹部第Ⅷ～Ⅹ节覆白粉霜；橙翅型的胸部覆盖白粉霜，后胸后侧板黄色区域无粉霜，腹部第Ⅰ～Ⅲ节、第Ⅸ～Ⅹ节覆白粉霜。雌性体为铜褐色，翅略带褐色。

标本记录：蔚县：11头，小五台山金河口，2009-Ⅵ-25，王新谱、郜振华采；灵寿县：1头，五岳寨花溪谷，2016-Ⅵ-08，牛亚燕采；2头，五岳寨花溪谷，2016-Ⅶ-02，牛亚燕、张嘉采。

分布：河北、北京、山西、河南、陕西、甘肃、安徽、浙江、江西、福建、台湾、广东、海南、香港、广西、云南；越南，老挝，柬埔寨。

28. 蟌科 Coenagrionidae Kirby, 1890

体小型，细长，体色艳丽，极富多样化变化，有红色、黄色、青色等，无金属光泽，或仅局部有金属光泽。翅透明，基部翅柄较长，盘室的前边通常短于后边，翅端无插脉，结前横脉2条，翅痣形状变化较大，多为菱形。

世界已知114属1250种以上，世界性分布，中国记录13属70余种，主要栖息于水草茂盛的静水环境和流速缓慢具丰富水生植物的溪流。本书记述河北地区5属11种。

（87）蓝尾狭翅蟌 *Aciagrion olympicum* Laidlaw, 1919（图60）

识别特征：体长 34.0～36.0 mm，腹长 25.0～30.0 mm，后翅长 15.0～20.0 mm。额绿黄色，头顶黑绿色，后头黄绿色。眼后斑蓝色。前胸背黑绿色，两侧具黄色小斑。合胸前方黑色，1对浅蓝色的肩前条纹。合胸侧面淡黄绿色，仅中胸后侧片上端具1黑色线状点。腹背黑褐色，基部4节具绿色闪光，侧面黄色。第Ⅷ节、第Ⅸ节均蓝色，第Ⅹ节背面黑色，两侧蓝色。翅透明，翅脉和翅痣褐色。足背面黑色，下侧黄色，具黑刺。

分布：河北、浙江、湖南、福建、广东、云南、西藏；印度，尼泊尔，不丹。

（88）盃纹蟌 *Coenagrion ecornutum* (Sely, 1872)（图61）

识别特征：腹长雄性 25.0 mm，雌性 26.0 mm；后翅长雄性 18.0 mm，雌性 19.5 mm。下唇淡黄色；上唇、上颚基部、颊、前唇基和额蓝色；后唇基、头顶、后头黑色，后头缘具蓝色纹。触角柄节黑色；单眼后色斑蓝色，整个面部被稀疏淡色细毛。前胸前叶蓝色，中叶背面黑色，侧面蓝色，具不规则黑斑，后叶黑色，后缘两侧角蓝色；合胸背前方黑色，肩前条纹蓝色，合胸侧面蓝色，第2条纹仅见上半段，第3条纹上端具1黑斑。翅透明，

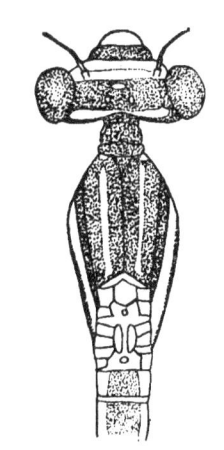

图60 蓝尾狭翅蟌
Aciagrion olympicum
Laidlaw, 1919 头、胸斑纹
（引自隋敬之和孙洪国，1986）

翅痣近菱形，褐色。足黄色，腿节外侧黑色。腹部第Ⅰ节背面黑色，侧面蓝色；第Ⅱ节背面具杯形大黑斑，侧面蓝色；第Ⅲ～Ⅵ节背面基半部蓝色，端半部黑色，侧面蓝色；第Ⅶ节背面黑色，具蓝色基环，侧面蓝色；第Ⅷ节背面近端部1对小圆黑斑点，端环黑色；第Ⅸ节背面端半部钟形大黑斑，侧面蓝色，第Ⅹ节背面黑色，侧面蓝色；肛附器端部均分叉，尾须外枝黑色，内枝白色，肛侧板长度约为第Ⅹ腹节之半，长于尾须。雌性体色偏黄，第Ⅷ腹节背板黑色。

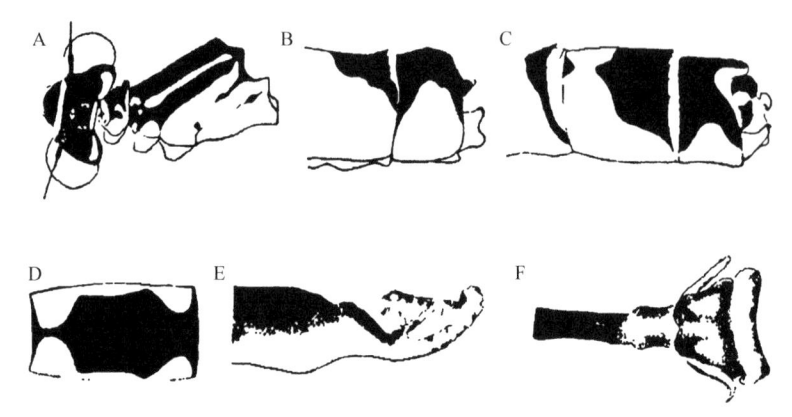

标本记录： 围场县：1♂1♀，塞罕坝国家森林公园，1500 m，1985-Ⅶ-23，孙彩虹采。

分布： 河北、黑龙江、新疆；俄罗斯（远东、西伯利亚），朝鲜半岛，日本。

图61 盃纹蟌 *Coenagrion ecornutum* (Sely, 1872)（引自于昕，2017）
A. 头、胸部侧视；B. 肛附器侧视；C. 肛附器背侧视；D. 第Ⅱ腹节背视；E. 阳茎侧视；F. 阳茎腹视

（89）心斑绿蟌 *Enallagma cyathigerum* (Charpentier, 1840)（图版Ⅱ-3）

识别特征： 体长 29.0～36.0 mm，腹长 22.0～28.0 mm，后翅长 15.0～21.0 mm。下唇黄色，上唇基部3小黑斑。胸部黄色或绿色；前胸背板中间具方形黑斑；合胸背前方黑色，肩前条纹绿色较宽，肩缝黑色。翅透明；翅痣黄色；弓脉在第2结前横脉之下；翅柄止于臀横脉内方。腹部绿色或黄色；第Ⅰ节背面基部具方形黑斑；第Ⅱ节黑斑位于背面端半部，呈心形；第Ⅲ～Ⅴ节黑斑在端半部；第Ⅰ～Ⅶ节端部具1环纹；第Ⅹ节背面黑色。足黄绿色，胫节内侧具黑条纹。

标本记录： 邢台市：5头，宋家庄乡不老青山风景区，2015-Ⅶ-13，郭欣乐采；3头，宋家庄乡不老青山风景区牛头沟，2015-Ⅶ-18，郭欣乐采；5头，宋家庄乡不老青山马岭关，2015-Ⅶ-19，郭欣乐采；7头，宋家庄乡，2015-Ⅷ-15，郭欣乐采；灵寿县：2头，五岳寨南营乡庙台，2015-Ⅶ-26，袁志、周晓莲采；1头，五岳寨西木佛，2015-Ⅷ-05，袁志采；5头，五岳寨牛城乡牛庄，2015-Ⅷ-11，周晓莲、牛亚燕采；兴隆县：雾灵山塔西沟，6头，2016-Ⅷ-1；雾灵山鱼鳞沟，3头，2016-Ⅷ-24；雾灵山马蹄沟，4头，2016-Ⅷ-29；雾灵山窟窿山，2头，2015-Ⅵ-27；雾灵山主峰，3头，2015-Ⅶ-11；均为潘昭、唐慎言采；赤城县：7头，黑龙山黑龙潭，2015-Ⅶ-31，闫艳、刘恋采；5头，黑龙山望火楼，2015-Ⅷ-13，闫艳、刘恋采；10头，黑龙山黑河源头，2016-Ⅶ-5，闫艳、刘恋采；14头，黑龙山林场林区检查站，2016-Ⅶ-7，闫艳采。

分布：河北、黑龙江、吉林、内蒙古、宁夏、新疆、西藏；俄罗斯（远东），欧洲大部分温带地区。

（90）东亚异痣蟌 *Ischnura asiatica* (Brauer, 1865)（图版Ⅱ-4）

识别特征：体长 27.0~29.0 mm，腹长 22.0~23.0 mm，后翅长 10.0~11.0 mm。整个身体金黄色，仅翅痣红色并随时间有变化。雌性未成熟时红色，成熟后黄绿色或褐色具黑条纹。雄性颜面黑色具蓝色斑点。胸部背面黑色，具黄绿色的肩前条纹，侧面黄绿色。腹部黑色，侧面具黄条纹，第Ⅷ~Ⅹ节具蓝斑。

分布：河北、黑龙江、吉林、辽宁、内蒙古、北京、天津、山西、河南、陕西、湖北、湖南、重庆、四川、贵州、云南、西藏；俄罗斯（远东），朝鲜半岛，日本。

（91）长叶异痣蟌 *Ischnura elegans* (Vanderl, 1820)（图版Ⅱ-5）

识别特征：体长 30.0~35.0 mm，腹长 22.0~30.0 mm，后翅长 14.0~23.0 mm。额顶、头顶和后头黑绿色。前胸前叶前、后缘黑色，中间有黄色横带，背板黑色，侧角黄绿色，后叶黑色；合胸背前方黑色，1 对蓝绿色背条纹；侧方淡蓝绿色，中胸后侧片前半部黑色。翅透明；前翅翅痣基半部黑色，端半部蓝白色；后翅翅痣白色，中间褐色。腹背黑色，有闪光；侧面蓝至蓝绿色。雌性各部分蓝色较少，为黄绿色。

分布：河北、黑龙江、吉林、辽宁、内蒙古、北京、天津、山西；朝鲜半岛，日本，欧洲西部至东部。

（92）褐斑异痣蟌 *Ischnura senegalensis* (Rambur, 1842)（图 62）

识别特征：体长 28.0~30.0 mm，腹长 21.0~24.0 mm，后翅长 13.0~16.0 mm。头顶和后头黑色，有 2 个圆形小蓝斑。前胸背面黑色，两侧蓝色；合胸背面黑色，有 2 条蓝条纹；侧面蓝色，有黑色小斑纹。翅透明，前翅翅痣黄褐色，后翅翅痣黄色。足淡蓝色，腿节外侧和胫节内侧具黑条纹。腹部第Ⅰ~Ⅶ节背面黑色，两侧淡黄绿色；第Ⅷ节蓝色；第Ⅸ节、第Ⅹ节背面黑色，两侧蓝色；第Ⅹ节背面端部中间 1 对小结节。

分布：华北、华中、华东、华南（广东、广西）、西南；日本，南亚，东南亚，巴布亚新几内亚，非洲。

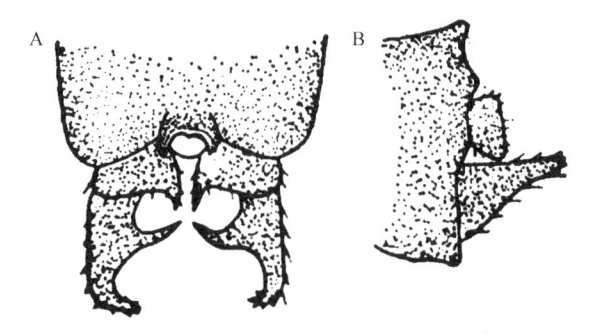

图 62 褐斑异痣蟌 *Ischnura senegalensis* (Rambur, 1842)（隋敬之和孙洪国，1986）
A. 雄性肛附器背视；B. 雄性肛附器侧视

（93）蓝纹尾蟌 *Paracercion calamorum* (Ris, 1916)（图版Ⅱ-6）

识别特征：体长 26.0～32.0 mm，腹长 22.0～25.0 mm，后翅长 15.0～17.0 mm。雄性面部黑色具蓝色斑点，复眼绿色，眼后方具蓝色细斑点。胸部背面黑色，侧面蓝色；胸部和腹部的前 7 节背面亮黑色，胸部侧面暗蓝色。腹部主要为黑色，第Ⅷ～Ⅹ节黑色具蓝斑。雌性身体主要为黄绿色具黑色条纹。

分布：河北、辽宁、天津、江苏、上海、湖北、台湾、香港、广西；俄罗斯（远东南部），朝鲜半岛，日本，东南亚，巽他群岛，印度次大陆，非洲南部。

（94）隼尾蟌 *Paracercion hieroglyphicum* (Brauer, 1865)（图版Ⅱ-7）

识别特征：腹长 22.0～24.0 mm。复眼天蓝色，顶部具蓝荧亮斑。合胸顶部黑色，密布细毛；合胸侧面天蓝色或蓝色，具 3 条黑斑纹，其中第 1 条粗长，第 2 条约为合胸长度之半，其下端终点处形成黑色终结斑点，第 3 条约为合胸长度的 1/3，其下端无终结斑点。腹部第Ⅰ节、第Ⅷ节、第Ⅸ节蓝色，其余各节下部蓝色，顶部具黑斑。翅透明，翅痣灰蓝色。足的背面黑色，下侧蓝色。

分布：河北、内蒙古、北京、天津、河南、江苏、上海、安徽、浙江、江西、福建；俄罗斯（远东），朝鲜半岛，日本。

（95）黑背尾蟌 *Paracercion melanotum* (Selys, 1876)（图版Ⅱ-8）

识别特征：体长 28.0～30.0 mm，腹长 21.0～25.0 mm，后翅长 14.0～17.0 mm。雄性身体主体蓝色，具黑条纹；复眼上黑下蓝；腹部背面黑色，侧面蓝色，第Ⅷ～Ⅸ腹节全蓝色，第Ⅲ～Ⅶ节背面的黑条纹较长。雌性身体主体褐黄色，具黑条纹；复眼上褐下绿；腹部黄绿色，第Ⅲ～Ⅶ节背面的黑条纹很长，腹部端部非蓝色。

分布：河北、天津、黑龙江、吉林、辽宁、河南、江苏、浙江、湖北、湖南、台湾、广东、香港、广西；朝鲜半岛，日本，东洋区。

（96）七条尾蟌 *Paracercion plagiosum* (Needham, 1930)（图版Ⅱ-9）

识别特征：体长 39.0～49.0 mm，腹长 28.0～37.0 mm，后翅长 20.0～26.0 mm。雄性天蓝色，其合胸草绿色，腹部淡蓝绿色；合胸背前方 7 条清晰粗黑纹，腹背具黑纹。

分布：河北、内蒙古、北京、天津、山西；俄罗斯（远东），朝鲜半岛，日本。

（97）捷尾蟌 *Paracercion v-nigrum* (Needham, 1930)

识别特征：体长 34.0～38.0 mm，腹长 27.0～30.0 mm，后翅长 20.0～23.0 mm。雄性体蓝色，有黑条纹。头顶黑色，眼内侧有 2 个蓝斑。胸部背面中间具 1 黑纵纹，两侧上方各 1 纵纹；合胸侧面中下部有 2 黑色细纹，上侧的仅后部明显。翅透明，翅痣灰色；弓脉位于第 2 条结前横脉下方；结后横脉 10～12 条。腹部第Ⅲ～Ⅷ节各节基部之后的背面近全黑，并向两侧扩展，侧面和下侧黑色。雌性体黄色或淡蓝色，条纹黑色。

分布：华北、华中、华南、西南；俄罗斯（远东），朝鲜半岛，越南。

29. 大蜓科 Cordulegastridae Tillyard, 1917

体大型至巨型，有些种类的雌性体长超过 100.0 mm。复眼在头顶几乎相接触，眼后缘中间常具 1 小型波状突起，额隆起较高；上颚发达。翅狭长而透明。雌性产卵管突出并超出腹末。臀圈明显，四边形或六边形；足较长。

世界已知 3 属 50 余种，广布于全北区。中国记录约 10 种，栖息于茂盛森林中的溪流和沟渠，偏爱狭窄而浅的泥沙。本书记述河北地区 2 属 3 种。

(98) 双斑圆臀大蜓 *Anotogaster kuchenbeiseri* (Föerster, 1899)（图版 II-10）

识别特征：体长 90.0~95.0 mm，腹长 60.0~73.0 mm，后翅长 46.0~50.0 mm。额黑，具 1 黄色横斑纹。头顶和触角黑色；后头黑色；雄性复眼翠绿色，上唇 1 对大黄斑，上颚外侧黄色，后唇基黄色；额上横纹很宽。前胸黑，具黄斑纹；合胸黑，背前方 1 对黄条纹，合胸侧面黑色，黄色部条纹状。翅透明，翅痣及翅脉黑色。腹部黑：第 I 节黑色；第 II~VIII 节各节前半部环以黄条纹；第 II 节端两侧各 1 黄色小横斑，其下方 1 半月形小黄斑；第 IX 节背面两侧各 1 细长黄横斑。足黑色，基节外侧具黄斑。

标本记录：灵寿县：1 头，五岳寨，2015-VII-24，周晓莲采；兴隆县：1 头，雾灵山八道河，2015-VIII-4，潘昭采；1 头，雾灵山莲花池，2015-VII-1，潘昭采。

分布：河北、北京、山西、陕西、河南、湖北、四川。

(99) 晋角臀大蜓 *Neallogaster jinensis* (Zhu & Han, 1992)

识别特征：体长 75.0~78.0 mm，腹部长 57.0~60.0 mm，后翅长 43.0~48.0 mm。头黄色具黑纹；颜面被黑色细毛，前额边缘及上额的毛稠且长；上颚的外露部分及下唇黄色；上唇黄绿色，具黑色细边；前唇基棕褐色；后唇基黄绿色，下缘具黑边；后头黄色，中线纵列黑色竖毛，后缘上的竖毛长而密，后头被黄色毛。前胸黑色，后叶背面 1 对倒"八"字形楔状纹；合胸被灰黑相间的细长毛。翅透明稍具烟色；前缘脉具黄边，基部似黄斑；翅脉黑色，翅痣黑色。腹部黑色，具黄绿至黄色斑；第 I 节侧斑 1 对，第 II 节背斑、端斑及基侧斑各 1 对；第 III~VIII 节均具背斑、基侧斑及端斑各 1 对。足黑色。

标本记录：蔚县：5 头，小五台山金河口，2009-VI-25，王新谱、郜振华采。

分布：河北、山西。

(100) 北京角臀大蜓 *Neallogaster pekinensis* (Selys, 1886)

识别特征：体长 71.0~80.0 mm，腹长 54.0~62.0 mm，体黑色。颜面有黄斑；上唇中间具 1 大黄斑，后唇基和前额的下半部黄色；额上 1 "T" 形黄斑。前胸有 2 黄绿色宽条纹。合胸背面 3 排呈三角形的黄斑，侧面 2 黄绿色宽条纹。腹部各节前缘背面两侧各 1 近三角形黄斑，后缘背面两侧各 1 小黄斑；各节前缘下侧两侧各 1 黄斑，部分个体不明显。翅透明。

标本记录：蔚县：5 头，小五台山金河口，2009-VI-25，王新谱、郜振华采。

分布：河北、北京、山西、四川。

30. 伪蜻科 Corduliidae Kirby, 1890

体中型至大型（长 45.0~65.0 mm），通常黑色或深棕色，常具金属蓝色或绿色；复眼亮绿色并在头顶相交，其周围有金属绿色或黄色区域，眼后缘中间常具 1 小型波状突起。前额具中沟。触角皱褶上具深凹。翅大面积透明，基室无横脉，前翅的三角室有 2 室，基臀区具 1 条横脉；后翅的基臀区具 1~2 条横脉，臀圈靴状。尾须长为肛侧板之半。第Ⅸ腹节的外侧棘通常长于背部中间，背中长钩通常镰刀状。足较长。

世界已知约 50 属 400 种以上，世界性分布。中国记录 5 属 10 余种，全国性广布。多数种类栖息于池塘、湖泊和水潭等静水环境，少数种类生活在流速缓慢的溪流。本书记述河北地区 2 属 4 种。

（101）缘斑毛伪蜻 *Epitheca marginata* (Selys, 1883)（图版Ⅱ-11）

识别特征：成虫腹长 35.0~38.0 mm。前额黄色，上额黑色与头顶黑色横条纹连成一片；头顶中间突起有小黄斑；后头黑色。合胸黄、褐两色，背面 1 三角形大黑斑；侧面黄色，有黑条纹。翅透明，翅痣褐色；前缘脉黄色。腹部黑色为主，有黄斑；第Ⅱ~Ⅷ节侧下方各 1 大黄斑；第Ⅸ节、第Ⅹ节黑色。雌性翅基部具褐斑，个别褐斑延伸成纵带。

分布：河北、吉林、北京、天津、山东、河南、江苏、安徽、浙江、江西、福建、四川；朝鲜半岛，日本。

（102）绿金光伪蜻 *Somatochlora dido* Needham, 1930（图版Ⅱ-12）

识别特征：腹长 26.0~40.0 mm，后翅长 30.0~38.0 mm。额绿色有金属光泽，两侧各 1 黄斑点。头顶 1 大突起，绿色发光；后头黑色，缘具白毛。前胸黑色，具黄斑；合胸绿色，具金属光泽。翅透明，翅痣及翅脉褐色。腹部黑色，具黄斑；第Ⅱ节膨大，绿色具金属光泽，两侧具耳形突，下方 1 黄斑；第Ⅲ节细，侧下方具黄斑。足黑色，前足基节背面 1 黄斑。

标本记录：灵寿县：1 头，五岳寨花溪谷，2016-Ⅸ-01，张嘉采；赤城县：1 头，黑龙山东沟，2015-Ⅵ-27，闫艳、于广采；1 头，黑龙山林场林区检查站，2016-Ⅶ-7，闫艳采。

分布：河北、黑龙江、台湾、广西、四川。

（103）日本金光伪蜻 *Somatochlora exuberata* Bartenev, 1910（图版Ⅱ-13）

识别特征：体长 51.0~55.0 mm，腹长 37.0~41.0 mm，后翅长 36.0~38.0 mm。雄性前唇基黄色，额黄色具 1 大黑斑。胸部墨绿色具金属光泽。腹部黑色，第Ⅰ节侧面具 1 黄斑，第Ⅱ节侧面后缘具黄细纹，第Ⅲ节侧面具黄斑。雌性与雄性相似，下生殖板甚长，伸向体下方。

捕食对象：小型水生动物、小型鱼类。

分布：河北、黑龙江、吉林、辽宁、北京；俄罗斯（远东、西伯利亚），朝鲜半岛，日本。

（104）格氏金光伪蜻 *Somatochlora graeseri* Selys, 1887（图版Ⅱ-14）

识别特征：体长 51.0~56.0 mm。深蓝绿色，以胸部尤为明显；翅无色透明，翅面 3 块明显黄斑，最下边的 1 块不太明显，翅痣黑色，前、后翅基部具大面积橙黄色斑。腿黑色。腹部第Ⅴ～Ⅸ节宽扁棒槌状，基部3节两侧具小黄斑，尾节两侧也具小黄斑。

分布：河北、北京、东北；俄罗斯（远东、东西伯利亚、西西伯利亚），朝鲜半岛，日本。

31. 春蜓科 Gomphidae Handlirsch, 1906

复眼较小，绿色，在头顶分离较远。体大型至甚大型，黑色或褐色，具黄绿色条纹和斑点。下唇中叶完整，无中裂。绝大多数种类的翅透明，臀圈缺失或不明显，前后翅三角室相似。腹部较长。雄性的肛附器、阳茎及其钩片的构造及雌性头、下生殖板的形态是重要的辨识特征。

世界已知超过100属近1000种，世界性分布。中国记录37属200余种，主要栖息于流水环境，包括河流和清澈的山区溪流；少数栖息于静水环境，如池塘、湖泊和沼泽地。本书记述河北地区8属8种。

（105）马奇异春蜓 *Anisogomphus maacki* (Selys, 1872)（图版Ⅲ-1）

识别特征：体长49.0～54.0 mm，腹长32.0～39.0 mm，后翅长30.0～34.0 mm。头黑色，侧单眼间略呈"W"形突起；后头后方1大黄斑。雄性上唇以黄色为主，具黑边；后唇基两侧各1黄斑。前胸黑，具黄斑；前叶底色黄，背板中间1对黄斑；合胸脊黑色，背条纹与领条纹相连，形成1对倒置的"7"字形纹。合胸侧方黑色，第2条纹中间间断甚远。翅透明，基部略黄，翅痣红黄色。第Ⅶ～Ⅹ节相邻节间的节间膜黄色；第Ⅶ～Ⅸ节向两侧膨大。足黑色，前足腿节下侧1黄纵纹。

标本记录：蔚县：2头，小五台山金河口，2009-Ⅵ-25，王新谱、邰振华采。

分布：河北、黑龙江、吉林、辽宁、北京、山西、河南、陕西、湖北、湖南、重庆、四川、云南、贵州、西藏；俄罗斯（远东），朝鲜半岛，日本，越南。

（106）领纹缅春蜓 *Burmagomphus collaris* (Needham, 1930)（图63）

识别特征：体长42.0～46.0 mm，腹长32.0～35.0 mm，后翅长22.0～29.0 mm。雄性上唇1对大黄斑，后唇基下缘中间和侧面具黄斑，额横纹甚阔，后头黄色；胸部黑色，背条纹与领条纹不相连，肩前条纹甚阔，合胸侧面第2条纹上方间断，第3条纹完整，甚细；腹部黑色，各节具黄斑，第Ⅸ节具1三角形大型黄斑。雌性与雄性相似，但后头具刺突。

分布：河北、北京、江苏、浙江；韩国。

（107）双角戴春蜓 *Davidius bicornutus* Selys, 1878

识别特征：体长40.0～62.0 mm，腹长40.0～46.0 mm，后翅长37.0～38.0 mm。体黑色，条纹和斑黄绿色。面部大部分黄绿色。胸部黑色；前胸条纹完整或中断。背条纹和领条纹不相连接；合胸侧面有3条纹，中、后2条大面积合并。翅透明，翅脉有支持脉。腹部黑色，第Ⅰ节背中条纹后端更阔，第Ⅱ节呈长三角形，第Ⅰ～Ⅸ节具侧斑，侧斑在后方各节渐小，在第Ⅸ节呈小新月形。

分布：河北、北京、陕西、四川；韩国。

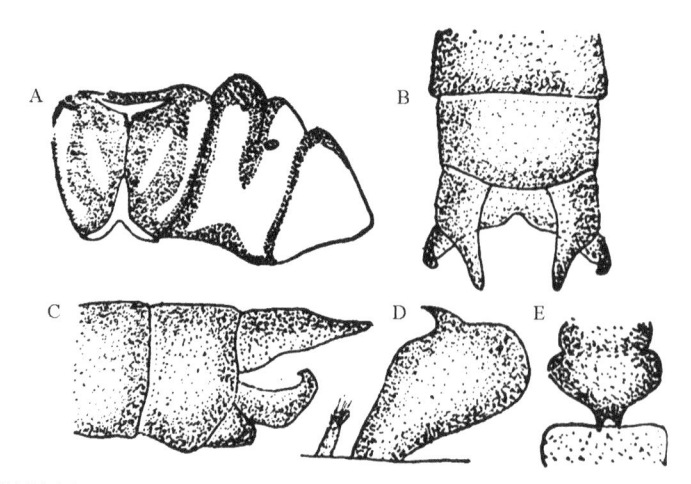

图 63　领纹缅春蜓 *Burmagomphus collaris* (Needham, 1930)（引自隋敬之和孙洪国，1986）
A. 合胸条纹；B. 雄性肛附器（背视）；C. 雄性肛附器（侧视）；D. 前后钩片；E. 雌性下生殖板（D、E 仿赵修复，1990）

（108）长腹春蜓 *Gastrogomphus abdomomnalis* (McLachlan, 1884)

识别特征：雄性腹长约 50.0 mm，后翅长 34.0～36.0 mm。雌性腹长约 47.0 mm，后翅长约 35.0 mm。雄性大部分绿色，具黑斑纹。头顶和上额黑色。单眼上方具横隆脊，中央凹陷，侧单眼外方具弧形脊。前胸背板中央具黑横纹。合胸背条纹宽，黑褐色，肩前条纹不达顶部。侧面第 1 条纹宽，第 2 条纹仅在气门以下呈 1 细黑线，第 3 条纹完整，甚细。翅透明，白色，前缘脉和结前横脉黄色，翅痣黄绿色。足黄绿色，背面黑褐色，具短黑刺。腹部粗长，长过后翅 1/3。第 I 节黄色，第 II 节耳突上方具纵条纹；第 III～VIII 节纵纹端部粗，第 IX、第 X 节侧条纹两端等宽，多数个体第 IX 节近端部背中央有横纹相连。肛附器黑色，上肛附器下侧基部和下肛附器背面基半部均黄色。上肛附器与下肛附器等长，向两侧分开。雌性黑斑纹较雄性发达。

捕食对象：蜉蝣稚虫、蚊类幼虫、同类个体、蝌蚪、小鱼等。

分布：河北、吉林、北京、天津、山东、河南、江苏、浙江、湖北、湖南、福建；俄罗斯（远东）。

（109）联纹小叶春蜓 *Gomphidia confluens* Selys, 1878（图版 III-2）

识别特征：体长 73.0～75.0 mm，腹长 53.0～54.0 mm，后翅长 46.0～48.0 mm。雄性颜面大部分黄色，侧单眼后方 1 对锥形凸起，后头黑色，后头缘稍微隆起。胸部的黑褐色条纹与领条纹相连，具甚为细小的肩前条纹和肩前斑，合胸侧面大面积黄色，后胸侧缝线黑色；腹部黑色，各节布不同形状的小黄斑。雌性与雄性相似，但体更粗壮。

分布：河北、黑龙江、吉林、辽宁、北京、天津、山西、河南、江苏、安徽、浙江、湖北、福建、台湾、广东、广西；俄罗斯（远东），朝鲜半岛，越南。

（110）环钩尾春蜓 *Lamelligomphus ringens* (Needham, 1930)（图版 III-3）

别名：环纹环尾春蜓。

识别特征：体长 61.0～63.0 mm，腹长 45.0～47.0 mm，后翅长 35.0～39.0 mm。头黑色，后头中间 1 低纵隆脊，后方中间 1 大黄斑；单眼上方 1 横扁突起；额横纹波状。前胸黑，具黄斑。合胸背前方黑，具黄条纹；侧方底色黄，具黑条纹，第 2 条纹、第 3 条纹大部合并，其间具 1 "V" 形黄纹，上方 1 "7" 字形黄斑。翅透明，基部略带黄色，翅痣黑色。腹部黑色，具黄斑纹，第 X 节背面中间 1 黄色宽横带；第 VII～X 节两侧膨大。足黑色，前足、后足腿节外侧 1 黄纵纹。

捕食对象：蜉蝣稚虫、蚊类幼虫或同类个体、蝌蚪、小鱼等。

标本记录：邢台市：1 头，宋家庄乡，2015-VIII-15，郭欣乐采。

分布：河北、黑龙江、吉林、辽宁、北京、山西、山东、河南、陕西、新疆、安徽、浙江、湖北、福建、台湾、香港、重庆、四川、贵州；朝鲜半岛。

（111）棘角蛇纹春蜓 *Ophiogomphus spinicornis* Selys, 1878（图 64）

别名：宽纹北箭蜓。

识别特征：体长 57.0～63.0 mm，腹长 40.0～47.0 mm，后翅长 32.0～40.0 mm。鲜绿色，雄体色略淡。雄性颜面大面积黄绿色，头顶黑色，雄性头顶后方 1 对相距较远的角状小突起。胸部黄绿色，背条纹甚阔，与肩前条纹在上方相连，合胸侧面第 2 条纹大面积缺失，第 3 条纹完整，很细。腹部黑色，各节具丰富的黄绿色斑纹，上肛附器黄色，下肛附器黑色。

标本记录：蔚县：1 头，小五台山金河口，2009-VI-25，郜振华采。

分布：河北、内蒙古、北京、天津、山西、甘肃、青海、新疆；蒙古国，俄罗斯（西伯利亚）。

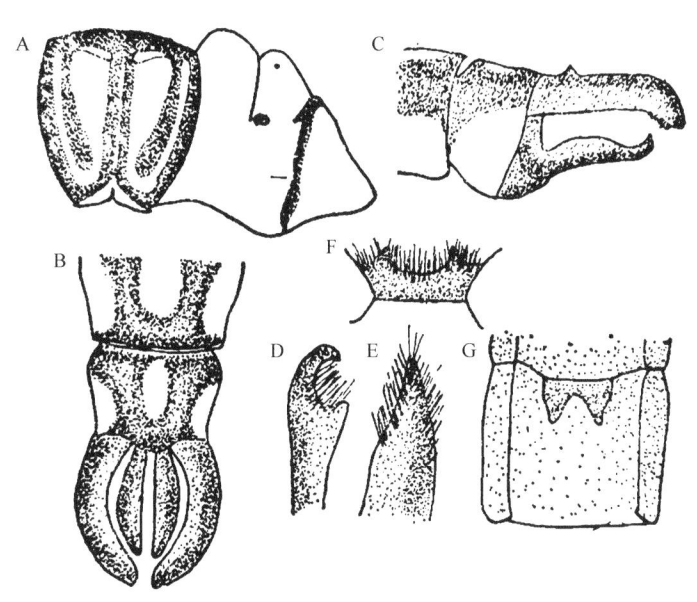

图 64　棘角蛇纹春蜓 *Ophiogomphus spinicornis* Selys, 1878（引自隋敬之和孙洪国，1986）
A. 合胸条纹；B. 雄性肛附器（背视）；C. 雄性肛附器（侧视）；D. 前钩片；E. 后钩片；
F. 雌后头；G. 雌性下生殖板（D～G 仿赵修复，1990）

(112) 大团扇春蜓 *Sinictinogomphus clavatus* (Fabricius, 1775)（图版Ⅲ-4）

识别特征：体长 69.0～71.0 mm，腹长 51.0～55.0 mm，后翅长 41.0～47.0 mm。额黑色，有绿色宽横纹；头顶黑色，有 2 大圆形突起；后头及其后方淡绿色，周围具黑边。前胸黑色，背板两侧各 1 黄斑；合胸大部黑色，具绿条纹；合胸脊黑色。足黄色，有黑条纹。翅白色透明，翅痣黑色。腹部黑色具黄斑。第Ⅷ腹节侧缘都扩大如圆扇状，扇区中间呈黄色，边缘黑色，扇区的黄斑较小（雌性）或较大（雄性）。

分布：河北、黑龙江、吉林、辽宁、北京、天津、山东、陕西、江苏、浙江、湖北、湖南、福建、台湾、四川、云南；俄罗斯（远东），朝鲜半岛，日本，越南，老挝，柬埔寨，泰国，缅甸。

32. 蜻科 Libellulidae Rambur, 1842

体小型至中型，体色艳丽，色彩丰富。前缘室与亚缘室的横脉常连成直线，翅痣无支持脉，前翅三角室朝向与翅的长轴垂直，距离弓脉甚远，后翅三角室朝向与翅的长轴平行，通常其基边与弓脉连成直线，臀圈足形具趾状突出和中肋。多数种类通过体色识别，少数较相似的种类可以通过肛附器、钩片及下生殖板构造来区分。

世界已知 142 属 1000 余种，世界性分布。中国记录 42 属 140 余种，主要栖息于各种静水水域，在水草茂盛的湿地种类繁多；少数种类生活在溪流、河流等流水环境。本书记述河北地区 10 属 26 种。

(113) 红蜻古北亚种 *Crocothemis servilia marianna* Kiauta, 1983（图版Ⅲ-5）

识别特征：体长 44.0～47.0 mm，腹长 28.0～31.0 mm，后翅长 34.0～35.0 mm，翅痣长约 5.0 mm。雄性通体红色。翅透明，前、后翅基部均有橙色斑；雌性多型，分为黄色型和红色型；翅痣黄色。下唇褐色，前唇基红黄色。头顶后方褐色，顶端 2 小突起。前胸褐色。合胸背前缘具褐色长毛，背面具稀疏短毛；气孔向后伸出 1 褐色纹。雌性头背和下唇黄色，后头黄色；合胸背面褐色，侧面黄褐色。腹部黄色。足褐色，具黑刺。

标本记录：灵寿县：1 头，五岳寨牛城乡牛庄，2016-Ⅵ-15，牛亚燕采。

分布：河北、黑龙江、吉林、辽宁、内蒙古、北京、天津、山西；朝鲜半岛，日本。

(114) 异色多纹蜻 *Deielia phaon* (Selys, 1883)（图版Ⅲ-6）

识别特征：体长 40.0～42.0 mm，腹长 28.0～30.0 mm，后翅长 32.0～36.0 mm；胸、腹部覆盖蓝白色粉霜；翅透明。雌性多型，蓝色型近似于雄性；橙色型身体为黄色，翅橙色，近端部常具褐色条纹。额大部黑蓝色，两侧和前缘黄色；头顶黑色，中间具 1 黄斑。前胸黑色；合胸脊黑色，两侧具黄条纹；侧面黄色，黑条纹完整。雄性翅透明，翅痣黑褐色。腹部第Ⅱ节背脊每侧 2 黄斑，第Ⅲ～Ⅶ节背脊每侧 1 纵黄斑，第Ⅱ～Ⅳ节每侧各 1 横脊。翅痣黄色（雌）或黑褐色（雄）；翅基部黄色；腹部第Ⅱ～Ⅶ节每侧的黑斑形成 1 长纵条纹。

标本记录：赤城县：1 头，黑龙山望火楼，2015-Ⅸ-8，闫艳采；灵寿县：1 头，五岳寨牛城乡牛庄，2015-Ⅷ-11，周晓莲采。

分布：华北、东北、华中、华东、华南、西南；俄罗斯（远东），朝鲜半岛，日本。

（115）低斑蜻 *Libellula angelina* Selys, 1883

识别特征：体长 26.0～28.0 mm，后翅长约 30.0 mm，翅展约 60.0 mm。蓝黑色，偶见浅色者，翅斑褐色；下唇和上唇黄褐色，前、后唇基及额淡黄色；后头黄褐色，边缘具长毛。头顶 1 黑色宽条纹，覆盖单眼区，两端向下方弯曲，沿额两侧伸达额基部。头顶中央具 1 黄色突起，面颊布黑软毛。前胸褐色，前叶黄色，合胸黄褐色，脊黑色，背面密生淡褐色长毛；侧面第 1 缝线完整，黑褐色；缺第 2 缝线，气门周围黑色；第 3 缝线不明显，仅上方一段残存。足的基节、转节和腿节黄褐色；腿节端部、胫节和跗节深褐色，胫节具褐色长刺。翅透明，前缘脉宽，白色；翅痣和翅脉黄色；前、后翅的基部和翅结及翅痣处各 1 褐斑，翅结处的褐斑前缘不超过 R 脉；前翅 2 深褐基斑，两纹之间色淡，上三角室上方深褐色。后翅基斑扩大，沿臀区基部到达翅内缘均为褐斑，斑内翅脉白色。腹部黄褐色，被细长毛，第Ⅳ～Ⅸ节的背中隆脊及两侧，连接成 1 条前狭后宽的黑条纹。

分布：河北、北京、山东、江苏、浙江；朝鲜半岛，日本。

（116）小斑蜻 *Libellula quadrimaculata* Linnaeus, 1758（图版Ⅲ-7）

识别特征：体长 42.0～47.0 mm，腹长 27.0～30.0 mm，后翅长 34.0～36.0 mm。体褐色，复眼褐色，面部黄色，胸部黄褐色；腹部基部 6 节褐色，后面 4 节主要为黑色，第Ⅱ～Ⅸ节侧面具黄斑点。头颜面色淡，头顶具宽黑条纹。前胸黑色，前叶上缘黄色，背板中间 1 对"逗点"形小黄斑；合胸黄褐色；侧面具黑条纹；翅透明，前缘略具金黄色，翅结前缘脉有 2 行小黑齿；翅痣黑色；翅基和翅结处各 1 褐斑。第Ⅰ腹节背面黑色，侧下方具黄斑；第Ⅱ～Ⅴ节黄色，第Ⅳ～Ⅵ节端部背脊两侧各 1 黑斑；第Ⅶ～Ⅹ节背面黑色；第Ⅱ～Ⅹ节侧下缘具白纵条纹。

分布：河北、黑龙江、吉林、辽宁、内蒙古、北京；朝鲜半岛，日本，俄罗斯（西伯利亚），欧洲，北美洲。

（117）网脉蜻 *Neurothemis fulvia* (Drury, 1773)（图版Ⅲ-8）

别名：褐顶赤蜻。

识别特征：体长 35.0～40.0 mm，腹长 20.0～26.0 mm，后翅长 26.0～32.0 mm。雄性体色通红，翅大面积红色，仅端部透明；雌性通体黄褐色。额颜面赤黄色，具 2 褐色小圆斑；头顶前面黑色，后面褐色。后头褐色，具 2 黄斑。前胸黑色，具黄斑点；合胸背前方赤褐色，脊上缘褐色，领黑色；侧面黄褐色，具 3 条黑纹；翅透明，翅痣褐色，翅端具褐斑。腹部红褐色，第Ⅰ节背面褐色；第Ⅱ节背面基部具褐横斑，后部有 3 褐斑；第Ⅲ～Ⅸ节侧面有黑纵条纹，第Ⅷ节、第Ⅸ节近全黑。

分布：河北、黑龙江、浙江、江西、福建、台湾、广东、海南、香港、广西；南亚，东南亚。

(118) 白尾灰蜻 *Orthetrum albistylum* (Selys, 1848)（图版Ⅲ-9）

识别特征：体长 50.0～56.0 mm，腹长 35.0～38.0 mm，后翅长 42.0～47.0 mm。体淡黄带绿色；雌性复眼深绿色，面部白色，具黑短毛；头顶 1 大突起，其前方 1 黑色宽条纹；后头褐色。前胸浓褐色，背板中间具接连的黄斑；合胸背前方褐色；脊淡色，上端具小褐斑；领淡色，两端各 1 褐横斑；合胸侧面淡蓝色，具黑条纹。翅透明；翅痣黑褐色；前缘脉及邻近横脉黄色，M_2 脉强烈波弯。腹部第Ⅰ～Ⅵ节淡黄色，具黑斑，第Ⅶ～Ⅹ节黑色。足黑色，胫节具黑长刺。

标本记录：灵寿县：1 头，五岳寨牛城乡牛庄，2016-Ⅵ-15，牛亚燕采。

分布：中国；朝鲜半岛，日本，中亚，俄罗斯（西伯利亚），欧洲。

(119) 线痣灰蜻 *Orthetrum lineostigma* (Selys, 1886)（图版Ⅲ-10）

识别特征：体长 41.0～45.0 mm，腹长 27.0～30.0 mm，后翅长 32.0～35.0 mm。体灰色。雄性复眼蓝灰色，面部蓝白色；额灰黑色，两侧及前缘暗黄色。头顶黑色，后头深褐色，具黄斑。翅透明，端部具淡褐斑，翅痣上部黑褐色，下部黄色。腹部背中脊和第Ⅱ、第Ⅲ节的横脊、各节后缘、下侧缘均黑色，足黑色，具刺。雌性面部黄色；前胸黑褐色，背板中间 2 黄斑；合胸背前方黄褐色，脊黑色，侧面黄色。腹部淡黄至黄色，第Ⅰ～Ⅷ节两侧具黑斑，第Ⅸ节黑色，第Ⅹ节黄褐色。

标本记录：蔚县：2 头，小五台山金河口，2006-Ⅶ-7，采集人不详；灵寿县：1 头，五岳寨燕泉峡，2015-Ⅷ-04，周晓莲采；赤城县：3 头，黑龙山林场林区检查站，2015-Ⅸ-2，闫艳采。

分布：河北、吉林、辽宁、北京、山西、山东、河南、陕西、江苏；朝鲜半岛。

(120) 异色灰蜻 *Orthetrum melania* (Selys, 1883)（图版Ⅲ-11）

识别特征：体长 51.0～55.0 mm，腹长 33.0～35.0 mm，后翅长 40.0～43.0 mm。雄性全身覆盖蓝色粉霜；头黑褐色；翅透明，翅端稍染褐色，后翅基具黑褐斑；腹末黑色。雌性黄色具大量黑条纹；腹部第Ⅷ节侧面具片状突起。

分布：华北、华南、西南；俄罗斯，朝鲜半岛，日本。

(121) 狭腹灰蜻 *Orthetrum sabina* (Drury, 1770)（图版Ⅲ-12）

识别特征：体长 47.0～51.0 mm，腹长 33.0～37.0 mm，后翅长 33.0～35.0 mm。体色黄绿、绿色相间，合胸绿色至黄绿色，具黑斑纹，腹部第Ⅰ节、第Ⅱ节膨大，色彩类似胸部，其余各节较细，显黑色并具白斑。雄性复眼绿色，面部黄色，胸部黄色具黑色细纹，翅透明；腹部黑色具黄色和白色条纹，第Ⅰ～Ⅲ节显著膨大，第Ⅶ～Ⅸ节略膨大。雌性的腹部较雄性粗大。

分布：华北、华中、华东、华南、西南；日本，亚洲南部，地中海东部，欧洲东南部，非洲北部，澳大利亚，密克罗尼西亚。

（122）鼎脉灰蜻 *Orthetrum triangulare* (Selys, 1878)（图版Ⅳ-1）

识别特征：体长 45.0～50.0 mm，腹长 29.0～33.0 mm，后翅长 39.0～41.0 mm。雄性复眼深绿色，面部黑色；胸部黑褐色，翅透明，后翅基方具黑褐斑；腹部黑色，通常第Ⅰ～Ⅶ节具蓝白色粉霜。雌性大面积黄色具褐色条纹，年老以后腹部覆盖蓝灰色粉霜，腹部第Ⅷ节侧面具片状突起。

标本记录：兴隆县：雾灵山鱼鳞沟，1 头，2016-Ⅷ-24，采集人不详。

分布：华北（河北、北京）、华中、华东、华南、西南；亚洲热带及亚热带地区。

（123）黄蜻 *Pantala flavescens* (Fabricius, 1798)（图版Ⅳ-2）

识别特征：体长 49.0～50.0 mm，腹长 32.0～33.0 mm，后翅长 39.0～40.0 mm。雄性复眼上方红褐色，下方蓝灰色，颜面黄色；胸部黄褐色，翅透明，翅痣赤黄色，后翅臀域淡褐色；腹背赤黄色，第Ⅰ节、第Ⅳ～Ⅹ节背面具黑褐斑，以第Ⅷ～Ⅹ节中间斑较大。雌性黄褐色，后翅略为褐色；腹部土黄色，下侧随活动时间延长逐渐覆盖白色粉霜。头顶具黑条纹；后头褐色。前胸黑褐色；合胸背前方赤褐具细毛；脊上具黑褐线纹；领黑褐色；侧面黄褐具稀疏的细毛。足腿节及前、中足胫节具黄线纹。

捕食对象：蚊、蝇等小型昆虫。

标本记录：蔚县：11 头，小五台山金河口，2006-Ⅶ-7，采集人不详；涿鹿县：5 头，小五台山山涧口，2009-Ⅵ-22，王新谱、冉红凡采；灵寿县：1 头，五岳寨牛城乡牛庄，2016-Ⅵ-15，牛亚燕采。

分布：中国；世界（除南极洲外）。

（124）玉带蜻 *Pseudothemis zonata* (Burmeister, 1839)（图版Ⅳ-3）

识别特征：体长 44.0～46.0 mm，腹长 29.0～31.0 mm，后翅长 39.0～42.0 mm。雄性复眼褐色，面部黑色，额白色；胸部黑褐色，侧面具黄色细条纹，翅透明，后翅基方具甚大的黑褐斑；腹部主要黑色，第Ⅱ～Ⅳ节白色。雌性与雄性相似，腹部第Ⅱ～Ⅳ节黄色，第Ⅴ～Ⅶ节侧面具黄斑。

标本记录：兴隆县：1 头，雾灵山马蹄沟，2016-Ⅷ-29，采集人不详。

分布：中国；朝鲜半岛，日本，越南，老挝。

（125）黑丽翅蜻 *Rhyothemis fuliginosa* Selys, 1883（图版Ⅳ-4）

别名：黑棠蜻。

识别特征：体长 31.0～36.0 mm，腹长 21.0～25.0 mm，后翅长 31.0～36.0 mm。体黑色具蓝黑色金属光泽；翅蓝黑色具蓝紫色或蓝绿色金属光泽，前翅前端 1/3 与后翅前端小部分半透明，其余部分黑色；腹部较粗短，后翅宽大。

分布：河北、北京、天津、山东、河南、江苏、安徽、浙江、湖北、江西、湖南、福建、台湾、广东、香港、四川；朝鲜半岛，日本。

(126) 半黄赤蜻 *Sympetrum croceolum* (Selys, 1883)（图版Ⅳ-5）

识别特征：体长 37.0～48.0 mm，腹长 24.0～32.0 mm，后翅长 28.0～36.0 mm。雄性头部、胸部和翅金褐色，腹部红色。雌性腹部黄褐色，下生殖板较突出。额前面红黄色，后部淡褐色，具黑色毛。头顶前部具 1 黑色窄条纹，头顶中间为 1 黄褐色突起。后头褐色。前胸褐色。合胸背前方赤黄色，无斑纹；合胸侧面赤黄夹杂橄榄色。前、后翅基半部金黄色，端半部透明；翅痣赤褐色。腹部黄色或赤褐色，具界限不清晰的黑褐斑纹，足赤褐色，具黑刺。

分布：华北、东北、华中、华东、华南、西南；朝鲜半岛，日本。

(127) 夏赤蜻 *Sympetrum darwinianum* (Selys, 1883)

识别特征：雄性腹长 25.0～27.0 mm，后翅长 30.0～32.0 mm。雄性未成熟时上下唇及其唇基和额鲜黄色；额无眉斑；头顶褐色，黑色基线"M"形；复眼黄褐色；翅胸鲜黄色，侧板 3 清晰条纹，第 2 条纹粗短；翅透明，翅痣褐色，前、后翅肩片橙黄色。足基节、转节黄色，余地黑褐色。腹黄色。成熟雄性上下唇及其下唇基黄褐色，额赤红色；复眼红褐色；翅胸红褐色；翅透明无色，足基节、转节黄褐色，余地黑色；腹部及肛附器棕红色。雌性体型、体色和斑纹与雄性基本相似。

分布：河北、吉林、天津、山西、山东、河南、浙江、江西、湖南、福建、台湾、广西、四川、贵州；朝鲜半岛，日本。

(128) 扁腹赤蜻 *Sympetrum depressiusculum* (Selys, 1841)（图版Ⅳ-6）

别名：秋赤蜻、大陆秋赤蜻。

异名：*Sympetrum frequens* Selys, 1883

识别特征：体长 27.0～40.0 mm，腹长 17.0～27.0 mm，后翅长 22.0～31.0 mm。雄性体红色，面部黄色；侧面具黑条纹；胸部黄褐色，侧面有不完整的黑条纹。翅透明，前缘翅脉稍带黄色，翅痣较长，黄色；弓脉位于第 1、第 2 结前横脉之间；端部结前横脉不完整；前翅三角室具 1 横脉；腹部红色。雌性多型，腹部橙红或土黄色，两侧有褐色小斑；足黑色，基节和腿节基部黄色。

分布：河北、黑龙江、吉林、辽宁、内蒙古、北京、天津、山西、河南、福建、台湾；俄罗斯（西伯利亚、远东），朝鲜半岛，日本，欧洲。

(129) 竖眉赤蜻 *Sympetrum eroticum ardens* (McLachlan, 1894)（图版Ⅳ-7）

别名：焰红蜻蜓。

识别特征：腹长 24.0～28.0 mm。前额有 2 有时相连的眉状黑斑。头顶中间突起前具 1 黑色宽条纹；后头褐色。前胸深褐色，有黄斑。合胸背前方黄褐色，合胸脊和领黑色，与脊两侧条纹形成三角黑斑，该斑左右各 1 条黑纹；侧面黄色，有黑条纹。翅透明，翅痣赤黄色。腹部深红色，第Ⅳ～Ⅷ节端部下侧各 1 黑斑；第Ⅸ节下侧缘黑色。雌性腹部深黄色。

分布：河北、辽宁、北京、天津、河南、江苏、浙江、湖北、江西、湖南、福建、台湾、广东、四川、贵州、云南。

（130）方氏赤蜻 *Sympetrum fonscolombii* (Selys, 1840)（图版Ⅳ-8）

别名：黄脉蜻蜓。

识别特征：体长 35.0～40.0 mm，腹长 24.0～39.0 mm，后翅长 26.0～32.0 mm。雄性面部红色；胸部红褐色，侧面具 2 条黄条纹，翅透明，后翅基方具橙黄色斑；腹部红色，端部具黑斑点。雌性黄色具黑条纹。

分布：中国（除西北地区外）；亚洲，欧洲，非洲广布。

（131）褐顶赤蜻 *Sympetrum infuscatum* (Selys, 1883)（图版Ⅳ-9）

识别特征：雄性腹长 27.0～33.0 mm，后翅长 28.0～35.0 mm。额前面红黄色，具 2 褐色小圆斑，两侧暗黄色，后缘黑色。头顶为 1 大突起，前面黑色，后面褐色。后头褐色，具 2 黄斑。前胸黑色，具黄色斑。合胸背前方赤褐色，脊上缘褐色；侧面黄褐色，具 3 条黑纹。翅透明，翅痣褐色，翅端具褐斑。腹部红褐色，第Ⅰ节背面褐色；第Ⅱ节背面基部具褐横斑，后部中间和两侧各 1 褐斑；第Ⅲ～Ⅸ节体下侧具黑纵纹，第Ⅷ节、第Ⅸ节近全黑，第Ⅹ节基部褐色，端部赤褐色。雌性特征未知。

标本记录：灵寿县：4 头，五岳寨南营乡庙台，2015-Ⅶ-26，袁志、周晓莲、邢立捷采。

分布：除西北地区、海南和台湾外全国其他省份均有分布；俄罗斯（远东），朝鲜半岛，日本。

（132）小黄赤蜻 *Sympetrum kunckeli* (Selys, 1884)（图版Ⅳ-10）

识别特征：腹长 22.0～23.0 mm，后翅长 24.0～27.0 mm。雄性头顶中间大突起前具 1 黑色宽条纹，两端向前延伸到额前缘；突起之后黄色。前胸黑色，中间和两侧有黄斑。合胸黄色至黄褐色，背前方有三角形黑斑，左右各 1 条黑纹；侧面大部分黄色，具不规则的黑碎纹。翅透明，翅痣黄褐色。足黑色，基节、转节和前足腿节下方黄色。腹部淡黄色至黄色，第Ⅰ节、第Ⅱ节背面黑色，第Ⅲ～Ⅸ节侧面有黑斑。雌性与雄性的显著区别：腹部偏黄色，侧面斑纹明显。

分布：河北、辽宁、内蒙古、北京、天津、山西、山东、河南、陕西、江苏、安徽、浙江、湖北、江西、湖南、福建、台湾、四川；俄罗斯（远东），朝鲜半岛，日本。

（133）褐带赤蜻 *Sympetrum pedemontanum* (Müller, 1766)（图版Ⅴ-1）

识别特征：腹长约 23.0 mm，后翅长约 26.0 mm。雄性额部前面红色，四周红褐色，具黑色短毛。头顶为 1 红褐突起，突起之前具黑条纹；后头褐色。前胸黑色，具黄斑；合胸背前方红褐色，具淡褐色细毛；合胸脊后部黑色，脊两侧各 1 不明显褐色条纹；领黑色；合胸侧面红褐色，具黑条纹。翅透明；翅痣红色，从翅前缘到后缘，具 1 褐色横带。腹部红褐色。肛附器黄褐色。雌性额面色黄，翅痣白。足基节、转节及前足腿节下面黄色，余黑色，具黑刺。

标本记录：赤城县：2 头，黑龙山南沟，2015-Ⅷ-8，闫艳、刘恋采；4 头，黑龙山林场林区检查站，2016-Ⅶ-7，闫艳采。

分布：河北、黑龙江、吉林、辽宁、内蒙古、北京、新疆；欧洲至日本的欧亚大陆温带区域。

（134）黄基赤蜻 *Sympetrum speciosum* Oguma, 1915（图版Ⅴ-2）

识别特征：腹长 24.0～27.0 mm，翅长约 32.0 mm。雄性体深红色。前胸黑色，前叶上缘及背板上面有赤褐斑，后叶直立褐色；合胸侧面红褐色，具 2 条宽黑纹，翅基部有较大的红至橙红色斑。雌性黄色至橙色，翅基部的色斑为金黄色，腹部侧面具斑纹。雌雄区别为：雄性胸部棕红色，具不明显黑褐色条纹，腹部红色；雌性腹部橙红色，其余特征与雄性略同。

分布：河北、黑龙江、吉林、辽宁、北京、山东、江苏、上海、安徽、浙江、江西、福建；俄罗斯（远东），朝鲜半岛，日本，中东。

（135）条斑翅蜻 *Sympetrum striolatum* (Charpentier, 1840)（图版Ⅴ-3）

识别特征：腹长 22.0～31.0 mm，前翅长 27.0～30.0 mm。体红色（雄）或腹部红色或黄色（雌）；颜面红色。头有黑条纹，均延伸到复眼。胸部红褐色，侧面下部具 1 小褐斑，雄性自中线向两侧变红，胸部 2 条浅色侧纹；雌性胸部颜色淡；翅透明，翅脉金黄色；翅痣长，红褐色；弓脉位于第 1、第 2 结前横脉之间，端部结前横脉不完整；前翅三角室内具 1 横脉；足黄褐色至黑色，上面红色或黄色；腿节、胫节内外侧均黑色。腹部红色，两侧有不连续黑纵纹；腹末具黑斑。

标本记录：邢台市：1 头，宋家庄乡不老青山风景区，2015-Ⅶ-13，郭欣乐采；2 头，宋家庄乡不老青山牛头沟，2015-Ⅷ-15，郭欣乐采；2 头，宋家庄乡不老青山风景区，2015-Ⅶ-13，郭欣乐采；1 头，宋家庄乡不老青山牛头沟，2015-Ⅷ-20，郭欣乐采；灵寿县：1 头，五岳寨花溪谷，2016-Ⅷ-27，张嘉采；1 头，五岳寨国家森林公园七女峰，2016-Ⅷ-28，张嘉采；1 头，五岳寨风景区游客中心，2016-Ⅷ-29，张嘉采；1 头，五岳寨南营乡庙台，2015-Ⅶ-26，袁志采。

捕食对象：小型昆虫。

分布：河北、黑龙江、吉林、辽宁、内蒙古、北京、天津、山西、山东、河南、陕西、新疆、四川；朝鲜半岛，欧亚大陆温带区，非洲北部。

（136）大黄赤蜻 *Sympetrum uniforme* (Selys, 1883)（图版Ⅴ-4）

识别特征：雌雄体长 42.0～47.0 mm，腹长 27.0～35.0 mm，后翅长 36.0～39.0 mm，翅痣黄色，长约 5.0 mm。全体金黄色，仅翅痣红色（随虫龄增长逐渐变暗）；头部上、下唇黄色略带褐色；前、后唇基淡黄色略带橄榄色；前额暗黄色，四周淡黄色；后头褐色。足淡黄色，具黑刺；腹部红色。头顶有 1 褐色突起，其前方具 1 黑色条纹。前胸黄褐色，后叶直立，2 裂，缘具淡褐色长毛；合胸背前方黄褐色，侧面黄色带橄榄色，背面和侧面均具淡褐色细毛，无斑纹。全翅金黄色，唯前缘及基部色较深；翅脉黄色或淡色。

捕食对象：小型昆虫。

分布：河北、黑龙江、吉林、辽宁、内蒙古、北京、天津、山西、山东、河南、陕西；俄罗斯（远东），朝鲜半岛，日本。

（137）黄腿赤蜻 *Sympetrum vulgatum* (Linnaeus, 1758)

异名：*Diplax imitans* (Selys, 1886)。

别名：普通赤蜻。

识别特征：腹部长 25.0～29.0 mm（雄）或 30.0～31.0 mm（雌）；后翅长 30.0～31.0 mm（雄雌）。雄性头部下唇黄褐色，中叶中间具 1 黑条纹；上唇红色，基缘褐色。前、后唇基褐色；前额赤黄色，两侧及上方褐色，整个面部被黄毛；头顶突起前具 1 黑色宽条纹，顶端有 1 对黄色小突起；后头黑色，边缘具褐色长毛。前胸前叶及背板黑色，具黄斑；后叶褐色，直立，2 裂，边缘具褐色长毛；合胸背前方具褐色斑，侧面赤褐色，有 3 条黑色纹。翅透明，翅黄褐色，前缘脉黄色。足有黄黑 2 种颜色：基节、转节黄色，具黑斑；腿节和胫节上侧黄色，下侧黑色，具黑刺。腹部红色，具褐色斑及条纹。肛附器黄褐色。雌性特征未知。

捕食对象：小型昆虫。

分布：河北、黑龙江、吉林、辽宁、内蒙古、北京、天津、山西、河南、宁夏；俄罗斯，朝鲜半岛，日本，印度，亚洲中部至西部，地中海，欧洲，非洲北部。

（138）晓褐蜻 *Trithemis aurora* (Burmeister, 1839)（图版 V-5）

识别特征：腹长雄性 21.0～29.0 mm，雌性 19.0～27.0 mm，后翅长雄性 24.0～34.0 mm，雌性约 24.0 mm。体紫红色。头顶黑褐色突起有金属光泽，突起之前具 1 黑条纹；后头褐色。前胸黑褐色。合胸靠近领附近具 1 淡褐色三角斑；侧面 4 条黑条纹。翅透明，翅基部有黄褐斑，前翅斑小，后翅斑大；翅痣黄色；结前横脉 10 条以上。足黑色，基节、转节、前足腿节下侧和胫节上侧黄色。腹部一半节的背面基部具黑横斑；腹部端部褐色。雄性区别于雌性之处为：雄性颊红褐色，复眼深红色，两侧棕色，胸部红色，具紫色细疹，腹部下侧肿大，深红色，略带紫色，翅透明，脉深红色，下侧具 1 琥珀色宽斑，翅上斑点深红褐色；雌性颊黄色，翅痣白色。

分布：河北、湖北、湖南、福建、台湾、广东、海南、广西、重庆、四川、贵州、云南；日本，阿拉伯半岛，非洲西部，东洋区。

33. 大蜻科 Macromiidae Needham, 1903

体中型至大型，黑色或墨绿色，具黄条纹，许多种类具金属光泽。复眼较大，彼此在头顶交会有 1 长段，具蓝色和绿色光泽。腹部细长，具明显的黄斑或黄环。翅狭长且透明，一些种类的雌性为琥珀色；翅脉的特征包括基室无横脉，臀圈较发达，呈多边形，臀三角室 2 室；前翅基臀区具 4～5 条横脉。

世界已知 4 属 125 种以上，广布于欧亚大陆、北美洲，非洲，澳新界。中国记录 2 属 30 余种，全国性广布，栖息于山区溪流和静水环境，包括水库、湖泊和大型池塘。本书记述河北地区 2 属 3 种。

（139）闪蓝丽大蜻 *Epophthalmia elegans* (Brauer, 1865)（图版 V-6）

识别特征：雄性复眼绿色，具金属光泽，头正面黄白色，额及唇基具白色横带，肩前条纹黑色，前额、上额和头顶具深蓝色金属光泽；前额和上额的正中纵向下陷，故呈双峰状；合胸黑色常具蓝绿色光泽，条纹黄色，肩前条纹宽大；第 2 侧缝之后具 1 宽大条纹通过气门，后胸后侧叶黄色，伸向下侧几乎左右连接。足黑色，长而粗壮。翅透明，前缘具 1 黄纹，翅端稍呈烟色。腹部黑色，条纹黄色，第Ⅱ节、第Ⅲ节具环绕腹部的黄斑，第Ⅳ+Ⅴ节背面 1 对黄斑，第Ⅶ节具大黄斑，第Ⅷ节上的黄斑最小；雄性第Ⅹ节背面黄色，前缘中间具 1 锥状小突。雄性的上下肛附器等长而粗钝，上肛附器的侧缘具 1 钝突，其后具 1 列细齿，终于钝端之前。雌性黄斑较发达；肛附器短小，缺突起。

分布：河北、辽宁、北京、山西、湖北、湖南、福建、广东、四川。

（140）北京大蜻 *Macromia beijingensis* Zhu & Chen, 2005（图 65）

别名：北京弓蜻。

识别特征：腹部长雄性 52.0 mm，雌性 51.0 mm；后翅长雄性 44.0 mm，雌性 50.0 mm；翅痣长雄性 2.3 mm，雌性 2.9 mm。下唇黄褐色，中缝深色，侧叶端缘及侧角偏黄色，中叶端半部黄白色。上唇黑色，基部正中具 1 鲜黄色圆斑。前唇基两侧黑褐色，中部暗绿色；后唇基鲜黄色；额金蓝，1 对黄侧斑，额中凹，呈双峰状；头顶金蓝色，呈双峰状。后

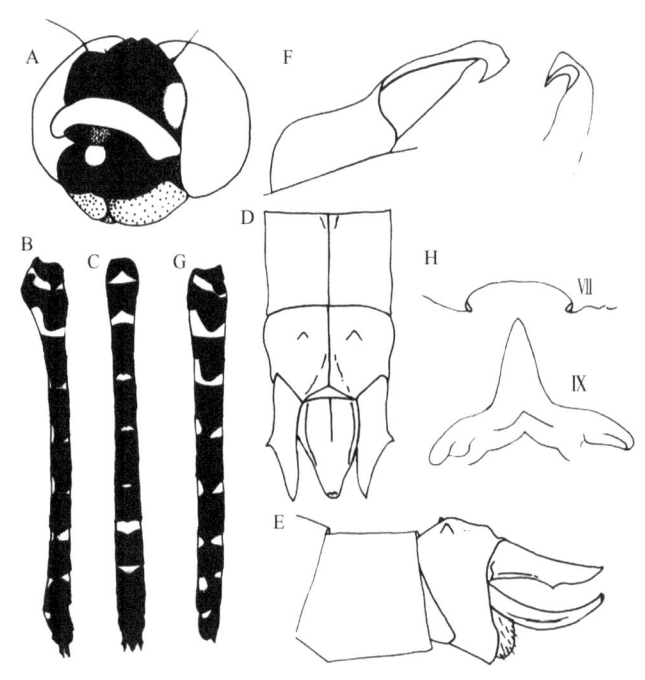

图 65 北京大蜻 *Macromia beijingensis* Zhu & Chen, 2005（引自朱慧倩和陈思，2005）
A. 头部；B. 腹部右侧视；C. 腹部背视；D. 第Ⅸ、第Ⅹ腹节及肛附器背视；E. 第Ⅸ、第Ⅹ腹节及肛附器右侧视；F. 后钩片（外视，内视）；G. 腹部左侧视；H. 第Ⅷ腹板后缘及下生殖板.

头及触角黑色。前胸黑色，1对黄侧斑；合胸金蓝绿色，肩前条纹黄色，上端尖削达背面体长的3/5，后胸前侧片具黄带纹，覆盖气门，后侧片的下缘黄色，翅前窦黄色。翅透明，略烟色，尖端偏褐色；翅痣黑色。足黑色；前足胫节外侧端半部下缘具黑色纵脊；后足胫节腹缘具黄色薄龙骨片。腹部黑色具光泽，斑纹黄色；第Ⅱ腹节侧斑宽及体长之半；第Ⅲ腹节具黄色环状斑；第Ⅳ～Ⅵ节各1黄色小背斑，第Ⅳ节、第Ⅴ节体下侧基半部各1模糊的棕红色细条纹，并在第Ⅵ～Ⅸ节显扩；第Ⅶ节、第Ⅷ节的黄色背斑宽大，约为体长的1/3，不与侧斑连接；各节背斑左右并连；第Ⅹ节黑色，背面1对棘突。雌性腹部斑纹较宽，第Ⅳ节背斑与侧斑并接，翅基琥珀色。

分布：河北、北京、山西、四川。

（141）东北大蜻 *Macromia manchurica* Asahina, 1964（图66）

别名：东北弓蜻。

识别特征：体长约72.0 mm；腹长雄性约53.0 mm，雌性约52.0 mm；后翅长雄性约45.0 mm，雌性约47.0 mm；翅痣长约3.5 mm。头部黑色具黄斑，下唇中叶及侧叶的外侧淡色，上颚黄褐色，端部黑褐色，其中段具1黄斑或无（雌），上唇亮黑，基部1对黄斑；后唇基黄色；额部及头顶金属蓝色，前额侧边与复眼交界处1黄斑，上额呈双峰状隆起，具1对黄斑；后头黑色。前胸黑色；翅胸黑色染铜蓝色，侧条纹完整。足黑色，基节后侧黄色。翅透明，略烟黄色；翅痣黑褐色。腹部黑色，第Ⅱ～Ⅶ节的亚基部各1黄横带，除第Ⅶ节外，背中部均具1黑纹纵隔；第Ⅷ节之后均黑色，第Ⅷ～Ⅸ节背板的黄斑位于体下

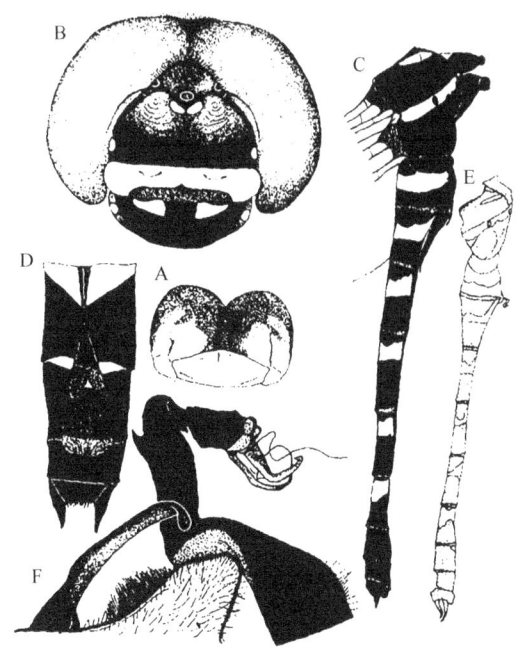

图66 东北大蜻 *Macromia manchurica* Asahina, 1964 雌性（引自朱慧倩和欧阳玖，1998）
A～D 雌性：A. 下唇；B. 头部；C. 翅胸、腹部右侧视；D. 第Ⅷ腹节至肛附器腹视；
E、F 雄性：E. 翅胸及腹部右侧视；F. 阳茎及钩片右侧视

侧，第Ⅸ腹板的亚基部具 1 小黄斑。雌性第Ⅸ腹板大部分骨化，布稠密横皱纹，端部约 1/5 膜质，淡色；第Ⅸ节的黄斑在侧面不明显（雄）或无（雌）；钩片端部圆钝（雄）或尖削（雌）。

分布：河北、北京、黑龙江；俄罗斯（远东），朝鲜半岛。

34. 扇螅科 Platycnemididae Tillyard & Fraser, 1938

体小型至中型，腹部细长，体色艳丽。翅通常透明并具长的翅柄，翅痣很短，呈平行四边形，四边室长矩形。足上具长刺。部分种类雄性中足及后足胫节甚为扩大，呈叶片状。翅具 2 条结前横脉，足具浓密长刚毛，盘室前边比后边短 1/5，外角钝；雄性上肛附器通常比下肛附器短。稚虫尾鳃 3 片，叶片状，较腹部长。

世界已知 43 属超过 428 种，世界性分布，栖息于湿地、溪流和具渗流的石壁等多种生境，很多种类栖息于较阴暗的环境。中国记录 2 亚科 7 属 40 余种。本书记述河北地区 2 属 4 种。

(142) 白狭扇螅 *Copera annulatai* (Selys, 1863)（图 67）

识别特征：体长 43.0～45.0 mm；腹长雄性 37.0～42.0 mm，雌性 37.0～40.0 mm；后翅长雄性 22.0～26.0 mm，雌性 24.0～26.0 mm。雄性颜面黑色具淡蓝条纹。触角黑色，第 2 节、第 3 节连接处淡蓝色；侧单眼与触角基部之间各 1 淡黄斑。胸部黑色具蓝白色的肩前条纹，侧面具 2 条蓝白条纹，足主要白色，腿节端部 1/2 黑色，胫节略膨大。翅透明，翅痣棕褐色，平行四边形，前、后翅翅痣相同。腹部第Ⅰ～Ⅱ节蓝色，背斑黑色，斑纹端部扩大；第Ⅲ～Ⅷ节背面黑色，侧面淡蓝色，末节背面黑色向侧下方略扩展，第Ⅲ～Ⅵ节具蓝色基环，前Ⅲ节基环宽度大于等于半径。腹部黑色，第Ⅸ～Ⅹ节和肛附器大面积蓝白色。雌性黑褐色具黄色或蓝白条纹。

分布：河北、北京、陕西、浙江、湖北、江西、湖南、福建、台湾、广东、广西、重庆、四川、贵州、云南；朝鲜半岛，日本。

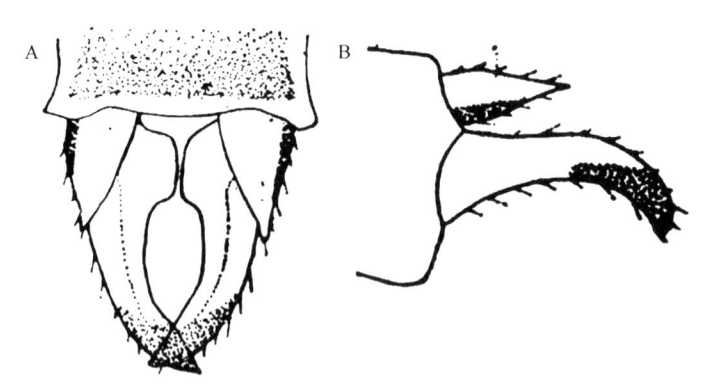

图 67 白狭扇螅 *Copera annulatai* (Selys, 1863)（引自隋敬之和孙洪国，1986）
A. 雄性肛附器背视；B. 雄性肛附器侧视

(143) 黑狭扇螅 *Copera rubripes* (Navas, 1934)（图版 V-7）

识别特征：腹长雄性 38.0～40.0 mm，雌性约 35.0 mm；后翅长雄性 22.0～23.0 mm，

雌性约 25.0 mm。雄性后唇基黑色，上唇、下唇、前唇基、颊、上颚基部白色，上唇基部中央具黑短纵纹，颊的白色向上扩展至复眼边缘，复眼后缘的白色向后扩展至后头；额中部、头顶、后头黑色。触角黑色；侧单眼与触角基部间各具 1 未达触角基部的淡黄色斑。前胸黑色；合胸背前方及侧面中缝以上黑色，无肩前条纹；合胸侧面中缝以下白色，沿后胸侧缝具 1 细黑条纹。翅透明，略带琥珀色，翅痣淡褐色，菱形，前、后翅翅痣相同。足白色，腿节背面、腿节和胫节关节处、前足胫节和中后足胫节端部及跗节黑色。腹部背面和侧面白色；第Ⅲ～Ⅵ节具白色基环，第Ⅱ～Ⅷ节的黑色向末端渐扩；第Ⅸ～Ⅹ节背面黑色，侧面白色且向后扩大。

分布：河北、北京、天津、江苏、上海、安徽、湖北；俄罗斯（远东），朝鲜半岛，日本。

（144）白扇螅 *Platycnemis foliacea* **(Selys, 1886)**（图版Ⅴ-8）

识别特征：体长 33.0～35.0 mm，腹长 26.0～28.0 mm，后翅长 18.0～20.5 mm。头黑色，额前缘两侧或前面黄色，后头缘两侧各 1 黄条纹，颊黄色。前胸两侧具黄色带；合胸背前方黑色，肩前条纹窄，黄色；脊黄色；中胸后侧片前缘 1 黄条纹，后胸侧片黄色，侧缝上方 1 黑斑。翅透明，翅痣黄褐色，内具 1 翅室，前、后翅结后横脉分别为 12 条和 9 条。腹背黑色，侧面黄色，第Ⅰ节端部中间 1 小黄点；第Ⅲ～Ⅶ节基部具黄环；第Ⅹ节下侧黄白色。足白色，腿节背面黑色。雌性面部、触角第Ⅰ节、第Ⅱ节和足红黄色。

标本记录：蔚县：4 头，小五台山金河口，2009-Ⅵ-25，王新谱、邰振华采；邢台市：2 头，宋家庄乡不老青山风景区牛头沟，2015-Ⅶ-18，郭欣乐采；灵寿县：30 头，宋家庄乡，2015-Ⅷ-15，郭欣乐采；1 头，五岳寨，2015-Ⅶ-24，周晓莲采；3 头，五岳寨南营乡庙台，2015-Ⅶ-26，袁志、周晓莲、邢立捷采；兴隆县：1 头，雾灵山鱼鳞沟，2016-Ⅷ-24；2 头，雾灵山流水沟，2015-Ⅶ-7；2 头，雾灵山窟窿山，2015-Ⅵ-27，采集人均不详。

分布：河北、北京、天津、山西、河南、陕西、江苏、上海、安徽、浙江、江西、广西、四川、贵州；日本。

（145）叶足扇螅 *Platycnemis phyllopoda* **Djakonov, 1926**（图版Ⅴ-9）

识别特征：体长 33.0～34.0 mm；腹长雄性 26.0～29.0 mm，雌性 26.0～28.0 mm；后翅长雄性 17.0～18.0 mm，雌性 19.0～21.0 mm。下唇淡黄色；上唇、前后唇基、上颚基部白色，上唇基部中央具短黑纵纹；颊的一半白色，另一半褐色；额两侧白色；额中部、头顶、后头黑色。前胸黑色，侧面具淡黄条纹连接合胸肩前条纹；合胸中缝以上黑色，中缝以下淡黄色，沿后胸侧缝具 1 黑条纹。翅透明，翅痣红褐色，平行四边形。足白色为主，胫节明显横向扩展呈桨状。腹背黑色，侧面淡黄色；第Ⅲ～Ⅶ节具淡黄色基环。雌性翅痣深褐色。足淡红褐色为主。

分布：河北、北京、天津、山东、河南、江苏、上海、浙江、湖北、江西、湖南、重庆、云南；俄罗斯（远东），朝鲜半岛。

XII. 蜚蠊目 Blattaria Latreille, 1810

体宽扁，长椭圆形，长 2.0～100.0 mm，黄褐色至黑色，体壁坚韧和光滑。复眼通常发达，单眼退化。口器咀嚼式。触角长丝状，多节。前胸背板盾形，盖及头。各足基节宽大，跗节 5 节。前翅为覆翅，狭长，后翅膜质，臀区大，翅脉具分支的纵脉和大量横脉，稀见前翅角质化或退化，或后翅发达或短翅型者，具翅种类的前后翅均不达腹末，或两性完全无翅，或雄性具翅，雌性无翅。腹部 10 节，尾须多节；雄性可见腹板 8 节，第Ⅸ腹板具 1 对尾刺，雌性则为 6 节。渐变态类型。

世界已知 2 总科 6 科 22 亚科 515 属约 5000 种，大多分布在热带和亚热带地区，少数分布于温带地区；少数种类普遍发生在人类居住环境，并且室内种类易随货物、家具或书籍等人为扩散，分布至世界各地；野生种类喜潮湿，见于土中及石头、垃圾堆、枯枝落叶与树皮下，或蛀入木材内或居于各种洞穴、社会性昆虫及鸟的巢穴内。中国记录 6 科 60 属 260 余种。本书记述河北地区 3 科 4 属 5 种。

科检索表

1. 中、后足腿节下侧无刺，具端刺；前足胫节较粗短，多毛；体多毛；唇部高隆，与颜面形成明显的界限 ··地鳖蠊科 Corydiidae
   中、后足腿节下侧有刺；若无刺则前足胫节较细长和多刺···2
2. 雄性下生殖板对称，1 对腹突；雌性下生殖板具瓣 ···蜚蠊科 Blattidae
   雄性下生殖板不对称，无腹突；雌性下生殖板无瓣；有翅种类翅脉发达 ················姬蠊科 Blattellidae

35. 姬蠊科 Blattellidae Karny, 1908

体小型至中型，黄褐色至黑色。前胸背板横椭圆形，宽大于长，盖住头或头稍露。后翅臀域折扇状，翅顶三角区或小或大或无，有时翅端缘具附属区。所有腿节下侧具刺，跗爪对称或不对称，爪内侧具齿突或无；雄性尾刺 1～2 枚，对称或不对称或尾刺消失。尾须圆锥形，分节，明显长过肛上板。雌性下生殖板非瓣状。

世界已知 209 属 1740 余种。中国记录 26 属约 120 种，本书记述河北地区 1 属 1 种。

（146）德国小蠊 *Blattella germanica* (Linnaeus, 1767)（图版 V-10）

识别特征：体长 10.0～13.5 mm，背腹均扁平，椭圆形，油亮。棕褐色，复眼黑色，单眼区黄白色，两眼间头顶具棕色斑，部分个体额及唇基红棕色。触角基节浅褐色，其余黑褐色；前胸背板中域具黑褐色纵斑；翅色一致。前胸背板略梯形，宽阔扁平；前缘近平直，后缘中部略突出；背面 2 条上窄下宽的黑褐色纵线。中后胸较小，区分不明显。前翅革质；后翅狭长，膜质，长达肛上板中部（雄性）或超过腹末（雌性），顶角显突。前足腿节腹缘刺式型，前跗节具爪垫，爪对称，不特化，具中垫。腹部 10 节，扁阔；雄性第 Ⅰ 腹节背板不特化，第Ⅶ节、第Ⅷ节特化，第Ⅶ节背板中域两凹槽半遮，第Ⅷ节背板近前缘两腺体近圆形。雄性腹部末节后缘两侧 1 对不相等的短圆尾刺，雌性无尾刺。

食性：喜食淀粉及糖类食物、润滑油、肉类等。

分布：世界广布。

36. 蜚蠊科 Blattidae Handlisch, 1925

两性同型，体中型至大型，具光泽和浓厚色彩。头顶常露出前胸背板之前，单眼明显。前、后翅均发达，极少退化，翅脉显著，多分支。足较为细长，多刺；中、后足腿节下侧具刺，跗节各分节具跗垫，爪对称，爪间有中垫。雄性腹节第 I 背板中间具分泌腺，极少具毛簇。两性的肛上板均对称。雄性下生殖板横宽，左右对称，1 对长腹突。雌性下生殖板具 1 分裂成两瓣的纵沟。

世界已知 44 属 525 种以上，广布于北温带，食性很杂。中国记录 10 属 40 种，本书记述河北地区 1 属 2 种。

（147）黑胸大蠊 *Periplaneta fuliginosa* Serville, 1839（图 68）

识别特征：体大型（长 30.0～40.0 mm）。黑色至黑褐色，具光泽，前翅红褐色，若虫体亮棕红色，头黑褐色，光亮，仅单眼黄色，唇基赤褐色；尾须黑褐色。前胸背板梯形，前缘近于平直，后缘弧形。雄性腹部背板第 I 节特化，前缘中间的绒毛圆形。尾须端部尖锐。前翅长过腹端。腿节下侧的刺发达。

食性：喜食香甜食品，如面包、饼干，以及垃圾、泔水等其他有机物。

分布：河北、辽宁、北京、江苏、上海、安徽、湖南、福建、广西、四川、贵州、云南。

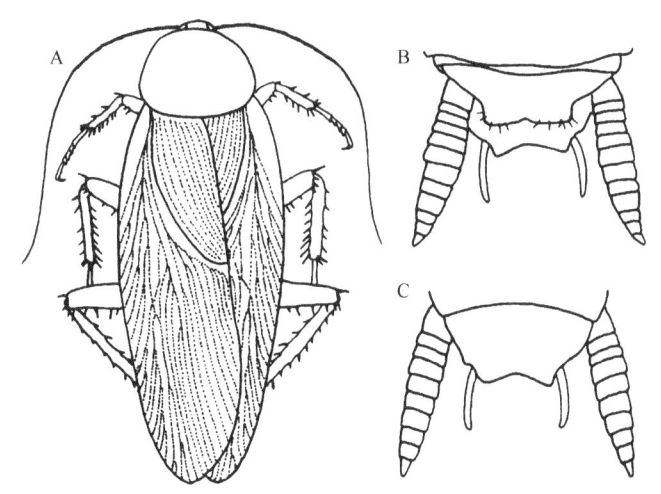

图 68 黑胸大蠊 *Periplaneta fuliginosa* Serville, 1839（引自王治国和张秀江，2007）
A. 雄性整体背视；B. 雄性腹端背视；C. 雌性腹端背视

（148）日本大蠊 *Periplaneta japonica* (Karny, 1908)（图 69）

识别特征：体长 20.0～25.0 mm。体型狭长（雄）或前窄后宽（雌）。深褐至黑褐色，略具光泽。雄性的前胸背板前窄后宽，略呈三角形，背面具不规则凹陷，雌性的则宽大呈

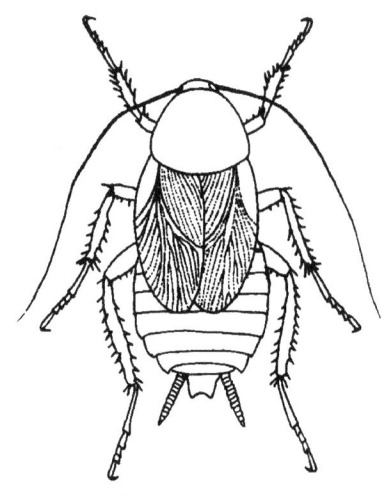

图 69 日本大蠊 *Periplaneta japonica* (Karny, 1908) 雌性背视
（引自王治国和张秀江，2007）

扇面形，表面有浅的凹凸，中间具锚状纹。雄性翅长，超过腹端；雌性的翅长仅达到第Ⅳ腹节背面中间。尾须粗壮，纺锤状，端部尖，黑褐色，长约等于其基部之间的距离。尾刺淡褐色，略内弯，约等于肛上板之长。

食性：喜食腐烂木材、淀粉及糖类食物、润滑油、肉类等。

分布：河北、吉林、辽宁、北京、天津、甘肃、江苏、上海、湖北、湖南、台湾、广西、贵州。

37. 地鳖蠊科 Corydiidae Saussure, 1864

体近球形。头顶通常隐藏于前胸背板之下。若具前胸背板和前翅，则体表有稠密的微毛。唇部高隆，与颜面形成明显的界限；无翅类型通常具 1 变厚的后唇基片，该基片有时占据颜面的大部分。前、后翅均发达，前翅 Sc 脉具分支，后翅臀域非扇状折叠，有时雌性完全无翅；静止时后翅臀域通常平放，并且简单叠放于前翅之下。中足和后足腿节下侧无刺；跗节具跗垫，爪对称，具中垫或缺如。

世界已知 40 属约 200 种，广布于北温带，有些种类是荒漠半荒漠地区的穴居者，食性通常很杂。中国记录 10 属 40 种，本书记述河北地区 2 属 2 种。

（149）中华真地鳖 *Eupolyphaga sinensis* (Walker, 1868)（图版Ⅵ-1）

识别特征：体长 30.0～35.0 mm。雌性无翅，雄性有翅。雌体近黑色，扁椭圆形，背部稍隆起似锅盖；背面赤褐色至黑褐色，稍有灰蓝色光泽。头小，隐于前胸下；口器咀嚼式；复眼大，呈肾形。触角丝状，黑褐色。雄性前翅具褐色网纹斑。所有跗节 5 节；前足胫节具端刺 8 根，中刺 1 根，中刺位于胫节内缘。腹部 9 节，第Ⅰ腹板被后胸背板掩盖。

食性：蔬菜叶、根、茎、花；豆类、瓜类等嫩芽、果实；杂草中的嫩叶和种子；米、面、麸皮、谷糠等干鲜品，家畜、家禽碎骨肉的残渣，以及昆虫残体等。

分布：河北、内蒙古、北京、天津、山西、山东、陕西、宁夏、新疆、湖北、湖南、四川、贵州。

（150）冀地鳖 *Phlyphaga plancyi* Bolivar, 1882（图版Ⅵ-2）

识别特征：体长雄性 20.5～23.6 mm，雌性 31.0～36.4 mm，两性体宽 22.2～25.0 mm。雄性具翅 2 对，前翅革质，后翅膜质；雄性体宽，体背面和下侧均扁平，黑巧克力色，无光泽，被短柔毛；头深棕色至黑色，头隐藏；前胸背板横卵形，深棕色，前缘黄白色；表面有棕黄色短刚毛，侧面略成角，前后缘渐成拱形；翅暗黑色，翅脉深色。雌性无翅，深棕色具棕黄色斑纹，无短柔毛；头圆，深褐色，隐藏；前胸具波状纹，有缺刻，翅背部黑棕色，通常边缘有淡黄褐斑块及黑色小点。触角长丝状，多节。复眼发达，肾形，环绕触角；单眼2个。前胸宽盾状，前狭后阔，将其头掩于其下；腹部第Ⅰ腹节极短，其腹板不发达，第Ⅷ、第Ⅸ腹节背板缩短，尾须1对。足3对，几相等，具细毛，刺颇多，基部扩大，盖及胸下侧及腹基部分。

取食对象：多种蔬菜叶片、根、茎及花朵；豆类、瓜类等的嫩芽、果实，杂草嫩叶和种子；米、面、麸皮、谷糠等干鲜品；家畜、家禽碎骨肉的残渣及昆虫残体等。

标本记录：邢台市：6头，宋家庄乡不老青山风景区，2015-Ⅵ-5，郭欣乐采；5头，宋家庄乡不老青山风景区后山，2015-Ⅷ-7，常凌小采；21头，宋家庄乡不老青山风景区，2015-Ⅷ-9，郭欣乐、常凌小采；灵寿县：4头，五岳寨西木佛，2015-Ⅷ-05；3头，五岳寨，2015-Ⅶ-27，采集人不详；3头，五岳寨，2015-Ⅷ-12；袁志、周晓莲、邢立捷采。

分布：河北、黑龙江、吉林、辽宁、内蒙古、北京、天津、山西、山东、河南、陕西、甘肃、青海、江苏、浙江、湖南；俄罗斯（贝加尔湖以南）。

XIII. 螳螂目 Mantodea Latreille, 1802

体中型至大型（长 10.0～140.0 mm），体色随环境而变化，但以绿色、褐色为主，或具花斑。头三角形，可灵活转动。咀嚼式口器，上颚强劲。复眼突出，大而明亮，单眼3个。触角以长丝状为主，在雄性多有变化。前胸背板发达，形状多变。前足的腿节和胫节具利刺，胫节镰刀状，可向腿节折叠，形成大刀状捕捉足，中足、后足为步行足。前翅为覆翅，缺前缘域；后翅膜质，臀域发达，扇状，静止时叠于背上。腹部肥大。渐变态。

世界已知3总科20科434属2500余种，世界性分布，以热带地区最富多样性。该目昆虫全部为捕食性，可捕食许多生态环境中的昆虫、蜘蛛、蜥蜴或蛙类等小型动物。中国记录8科47属112种。本书记述河北地区1科4属6种。

38. 螳科 Mantidae Burmeister, 1838

体中型至大型。前足腿节增大，具长短交互排列的利刺，其间形成1条沟槽，供胫节外缘直立或倾斜的刺压入。有的雄性触角具纤毛，少数变粗，但绝不呈双栉齿状。头宽大于长，复眼发达，仅雄性的单眼发达。雌性的翅常退化或消失；前翅无宽带或椭圆形斑。中后足一般无瓣。雌性下生殖板常具1对腹刺。

世界已知21亚科263属1261种以上，分布于世界热带和亚热带的热带雨林与沙漠地区。本书记述河北地区4属6种。

（151）广斧螳 *Hierodula patellifera* **(Audinet-Serville, 1839)**（图版Ⅵ-3）

别名：广腹螳、宽腹螳螂。

识别特征：体长 42.0～71.0 mm。绿色或紫褐色；前胸腹板基部具红褐色带斑；前翅淡绿色或淡褐色，翅斑黄白色，后翅端部绿色。额盾片宽大，略呈五角形，中间2条不明显纵隆线。前胸背板宽，长菱形，侧缘有细钝齿，前端1/3中间1条纵沟，后端2/3部分中间1条细隆线。前翅宽，超过腹端，半透明；雄性前翅翅痣之后纵脉之间1小室，中域翅室排列较稀疏，翅斑长圆形，后翅与前翅等长，透明。前足基节具3～5个三角形小疣突，第 1、第 2 疣突相距较远；前足腿节粗短，稍短于前胸背板，侧扁，内缘具较长的褐色刺，胫节粗，短于腿节。腹部肥大，雄性肛上板较短，其中间深凹陷。雌性肛上板较雄性长，中部 1 细纵沟。

分布：河北、北京、山东、河南、陕西、江苏、上海、安徽、浙江、湖北、江西、福建、台湾、广东、海南、香港、广西、四川、贵州、西藏；朝鲜，日本，越南，印度，菲律宾，爪哇岛，巴布亚新几内亚，美国（夏威夷群岛），中美洲。

（152）薄翅螳中国亚种 *Mantis religiosa sinica* Bazyluk, 1960

识别特征：体长 43.0～88.0 mm。通常呈绿色或淡褐色。额小盾片略呈方形，上缘角状突出；触角粗而长（雄）或细而短（雌）。前胸背板较短，略与前足腿节等长，沟后区与前足基节等长；雌性外缘齿列均不明显。前、后翅均发达，长过腹末，前翅略短于后翅，较薄，膜质透明，仅前缘区有较狭革质，且有不规则细的分支横脉；后翅膜质透明。腹部细长，肛上板短宽，中间具隆脊，端部中间稍凹陷。前足基节内侧 1 深色斑或 1 具深色边框的白斑；前足腿节具 4 枚中列刺和 4 枚外列刺，中、后足腿节膝部内侧片缺刺。

标本记录：赤城县：2 头，黑龙山东沟，2015-Ⅶ-27，闫艳采；邢台市：4 头，宋家庄乡不老青山风景区，2015-Ⅸ-12，常凌小、郭欣乐采。

分布：中国；朝鲜半岛，日本，越南。

（153）棕静螳 *Statilia maculate* (Thunberg, 1784)（图版Ⅵ-4）

识别特征：体长 31.0～58.0 mm，灰褐色或棕褐色，部分个体黄色或绿色；散布黑褐色小斑点；前胸腹板具黑带，后翅臀域烟色至无色，体色深褐色至浅褐色至绿色。额盾片横形，其上缘圆弧形，中部略呈角状。前胸背板长菱形，沟后区几与前足基节等长，沟前区外缘齿列明显，沟后区外缘齿列不明显。前胸腹板在前足基部后方具 1 黑横带。前翅棕褐色，略短于后翅；后翅透明或烟褐色。前足腿节的内、外列刺各 4 枚，刺基部黑线不连续；前足胫节 7 外列刺；中、后足腿节无端刺。肛上板三角形，尾须细长。

分布：河北、北京、山东、江苏、浙江、福建、广东；日本，越南，老挝，泰国，印度，缅甸，尼泊尔，巴基斯坦，斯里兰卡，菲律宾，马来西亚，印度尼西亚，巴布亚新几内亚。

（154）亮翅刀螳 *Tenodera angustipennis* Saussure, 1869（图版Ⅵ-5）

别名：狭翅大刀螳。

识别特征：体长雄性 75.0～95.0 mm，雌性 85.0～110.0 mm。体绿色或褐色。该种与中华大刀螳 *T. sinensis* 和枯叶大刀螳 *T. aridifolia aridifolia* 形态十分近似，其与后两者的主要区别在于：前胸背板侧缘较平直；前胸腹板前足基节间具 1 鲜黄斑；前翅狭长，端部尖，革片窄；后翅透明，后翅基部无深色大斑，仅臀前域的横脉呈黑褐色并略带淡烟色。

分布：河北、山东、宁夏、江苏、安徽、浙江、湖北、福建、广西、四川；朝鲜，日本，印度，印度尼西亚，俄罗斯（西伯利亚），美国。

（155）枯叶大刀螳 *Tenodera aridifolia aridifolia* (Stoll, 1813)

识别特征：体长 70.0～95.0 mm。绿色或褐色。前胸背板相对窄长，沟后区与前足基节的长度差在雄性是前胸背板宽的 1.5 倍，而雌性为 1.0 倍；雌性前胸背板侧缘具细齿，雄性缺或仅在沟前区两侧有少量细齿。前翅翅端较尖，后翅基部明显有大黑斑。前胸背板侧缘较中华大刀螳 *T. sinensis* 平直。

标本记录：邢台市：2 头，宋家庄乡不老青山风景区，2015-Ⅸ-5，常凌小、郭欣乐采；灵寿县：1 头，五岳寨车轱辘坨，2017-Ⅷ-25，张嘉采。

分布：华北、华东；日本，泰国，印度，缅甸，菲律宾，马来西亚，印度尼西亚，美国。

（156）中华大刀螳 *Tenodera sinensis* (Saussure, 1871)（图版Ⅵ-6）

识别特征：体长 74.0～102.0 mm。绿色或褐色；前翅前缘区绿色或褐色。额盾片横行，上缘呈弧形。前胸背板狭长，两侧扩展明显较宽，沟区周围扩展圆润；沟前区中纵沟两侧有小颗粒，沟后区的小颗粒不明显；前胸背板沟后区与前足基节长度之差约为前胸背板最大宽度的 30%（雌性）至 100%（雄性）；雌性前胸背板侧缘具较密的细齿，雄性沟前区两侧具少量细齿或缺如。前、后翅均发达，超过腹端；前翅翅端较钝；后翅臀域烟色斑浑浊，边界不明显。前足腿节内、外各有中列刺 4 枚。肛上板三角形，中间具纵隆脊。

标本记录：邢台市：4 头，宋家庄乡不老青山风景区，2015-Ⅸ-12，郭欣乐采；灵寿县：2 头，五岳寨花溪谷，2016-Ⅸ-01，张嘉、牛亚燕采。

分布：河北及中国东部地区；朝鲜，日本，泰国，密克罗尼西亚，美国，加拿大。

XIV. 等翅目 Isoptera Comstock, 1895

等翅目昆虫通称白蚁，体小型至中型，柔软，白色、淡黄色、赤褐色至黑色。头前口式或下口式，能自由活动。咀嚼式口器，亚颏与外咽片愈合形成咽颏。触角念珠状。前胸背板形状多变。具翅或无翅，具翅者有长、短翅之分，2 对翅狭长，膜质，大小、形状及脉序相同，由此得名"等翅目"。白蚁的翅在翅基和肩缝处易脱落，残存部分成为翅鳞。跗节 4 节或 5 节，有 2 爪。腹部 10 节，第 I 腹板退化，尾须短，1～8 节。

世界已知 7 科 281 属 3100 种以上，主要分布在热带和亚热带地区，许多种类危害农林植物、房屋、水库堤坝等，但也有不少种类取食枯腐的植物材料、地衣、泥土和自身培育的菌圃等，是生态系统中重要的有机质分解者。中国记录 4 科 41 属 473 种，本书记述河北地区 1 科 1 属 3 种。

近年学术界有人将该目并入蜚蠊目 Blattodea 的蜚蠊总科 Blattoidea。

39. 鼻白蚁科 Rhinotermitidae Light, 1921

头具额腺和天窗。触角 13～23 节，跗节 3～4 节，尾须 2 节。兵蚁及工蚁的前胸背板扁平，前部不隆起，窄于头宽。各品级完全。有翅成虫一般有单眼，无后翅臀域。前翅鳞一般大于并伸达后翅鳞。径脉极小，径分脉少分支或不分支。

世界已知 6 亚科 15 属（包括 1 化石属）305 种，分布于热带、亚热带及温带地区，尤以中温带的种类丰富。中国记录 7 属 222 种，其中不少种类严重危害城市建筑物、水利工程、地下电缆、农林作物等。本书记述河北地区 1 属 3 种。

（157）黑胸散白蚁 *Reticulitermes chinensis* Snyde, 1923（图 70）

别名：黑胸网蠹。

识别特征：兵蚁头长 1.7～1.9 mm，宽约 1.1 mm。头、触角黄色或褐黄色，上颚暗红褐色；腹部淡黄白色。头上毛稀疏，胸及腹部的毛较密，头长圆筒形，后缘中部直，侧缘近平行。额峰突起，峰间凹陷。上唇不长过上颚之半。上颚长约为头长之半。触角 15～17 节，第 3 节最短，第 4 节短于或等于第 2 节。前胸背板前宽后窄，前缘中间显凹，后缘较直。有翅成虫头、胸部黑色，腹部色稍淡。触角、腿节及翅黑褐色。腿节以下暗黄色。全身被密毛。头长圆形，后缘圆，两侧缘略呈平行状；后唇基较头顶色稍淡，长度仅为宽度的 1/4；复眼小而平，不圆。触角 18 节：第 3～5 节较短，盘状；第 4+5 节常分裂不完全；或触角 17 节，第 3 节最短。前胸背板前宽后狭，前缘近直，前缘中间缺刻无或不明显，后缘中间有缺刻。前翅鳞显大于后翅鳞。

取食对象：老树桩、地板、门框、枕木、柱基、楼梯板等的木质部分和木结构等。

分布：河北、吉林、辽宁、北京、天津、山西、山东、河南、陕西、甘肃、江苏、上海、安徽、浙江、湖北、江西、湖南、福建、广西、四川、云南；印度。

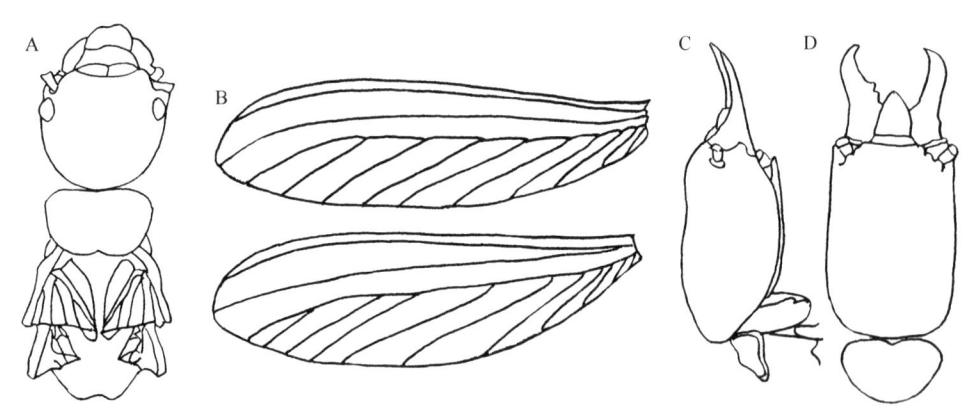

图 70 黑胸散白蚁 *Reticulitermes chinensis* Snyde, 1923（引自蔡邦华和陈宁生，1964）
有翅成虫：A. 头、胸背视；B. 前、后翅；兵蚁：C. 头、前胸侧视；D. 头、前胸背视

（158）圆唇散白蚁 *Reticulitermes labralis* Hsia & Fan, 1965（图 71）

别名：圆唇网蠹。

识别特征：兵蚁头淡黄色，上颚赤褐色。头壳长方形，头阔指数 0.6，两侧近平行，后缘宽圆。额区微隆，额间浅凹。上唇矛状，唇端狭圆，具端毛和侧端毛，上颚细而直，颚端尖细而稍直，上颚长为头长的 3/5，触角 15 节。后颏宽区位于前 1/5～1/4 段，腰区宽短，两侧略呈宽弧状。腰指数 0.4。前胸背板宽约为长的 1.6 倍。前后缘凹入均较浅，两侧宽弧

形。有翅成虫：体黑褐色，唇部、触角、触须较浅；胫节、跗节为淡黄色；翅呈浅灰褐色。头、胸部被稀短毛；腹部短毛较密。

取食对象： 房屋木构件、木器家具；野外可在树干基部 1.0 m 以下的树桩、伐根上筑巢。

分布： 河北、北京、山西、山东、河南、江苏、上海、安徽、浙江。

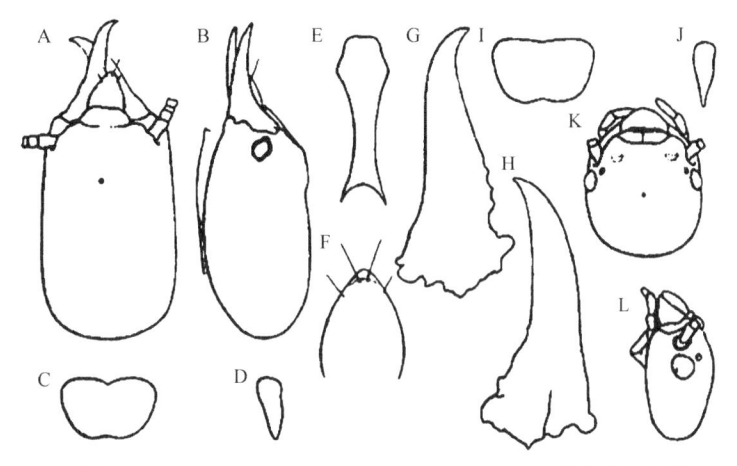

图 71　圆唇散白蚁 *Reticulitermes labralis* Hsia & Fan, 1965（引自黄复生等，2000）
兵蚁：A. 头背视；B. 头侧视；C. 前胸背板背视；D. 前胸背板侧视；E. 后颏；F. 上唇；G. 左上颚；H. 右上颚；
成虫：I. 前胸背板背视；J. 前胸背板侧视；K. 头背视；L. 头侧视

（159）栖北散白蚁 *Reticulitermes* (*Frontotermes*) *speratus* (Kolbe, 1885)（图 72）

识别特征： 体长 5.5～5.6 mm。头长连同上颚长 2.5～2.9 mm。头至颚基长 1.7～2.0 mm。头宽 1.0～1.1 mm。前胸背板长约 0.5 mm。前胸背板宽约 0.8 mm。后足胫节长 0.8～0.9 mm。头长卵形，长约 6.0 mm，宽约 0.5 mm，近似球形，深黄色，两侧缘平行，后缘中间部分稍向后凸圆，背面中间隆起，前端的颜色较深，偏淡褐色。上颚黑色，镰刀状，两侧边缘不平行且在端部处内弯。触角 14 节，深黄色。前胸背板前缘宽约为长的 2.0 倍，背视似元宝状。腹部黄色，毛密，形状近似长椭圆形。Cu 脉分支 13 条。腿节黄色带较多黑色；胫节、跗节淡黄色稍带黑色，呈淡褐色；腹端部长达翅长的 2/3。

取食对象： 房屋门、窗、檩、梁和桌、椅、凳、铺板、橱、书架、书籍、电线杆、衣服、草褥子及被害屋附近的玉米、小麦、无花果、桃树、葡萄等。

分布： 河北（近海地区）、辽宁、北京、天津。

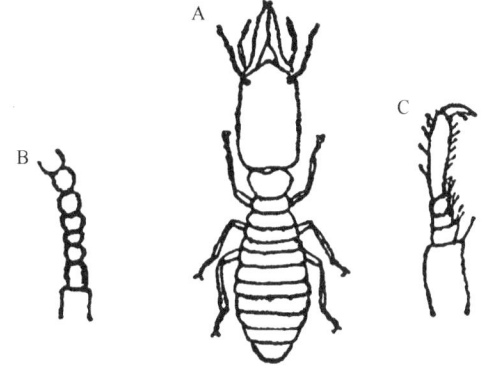

图 72　栖北散白蚁 *Reticulitermes* (*Frontotermes*) *speratus* (Kolbe, 1885)
（引自黄复生等，2000）
兵蚁：A. 整体背视；B. 触角；C. 跗节

XV. 䗛目 Phasmatodea Jacobson & Bianchi, 1902

（河北新纪录）

体长 3.0～30.0 mm。形似竹节或树枝或竹叶。绿色或褐色。体表无毛。口器咀嚼式；头小，触角长丝状，多节或短如刚毛状；下口式。复眼小，单眼 2 或 3 个或缺如。前胸短小，中、后胸极度延长。后胸与第 I 腹节常愈合。有翅种类的前翅为覆翅，前、后翅均发达，但前翅多为短鳞片状，后翅膜质，宽大，臀域呈扇状折叠；有的仅有前翅而后翅退化。腹部长，可见 9～10 节，第 I 节常与后胸愈合，环节基本相似。足基节左右相远离，跗节 3～5 节。渐变态。

世界已知 2 亚目 6 科约 3600 种（亚种），分布以热带、亚热带地区为主。中国记录 5 科 7 亚科 50 属 240 种以上。本书记述河北地区 1 科 2 属 3 种。

40. 异䗛科 Heteronemiidae Rehn, 1904

中、后足胫节端部下侧无三角形凹陷。触角分节明显，常短于前足腿节。雌性腿节基部背面锯齿状，或触角长于前足腿节，但不超过体长，中、后足腿节腹脊呈均匀锯齿状。腹部简单圆柱形或一部分横向扩展。

世界已知 9 亚科 18 族 108 属约 3000 种，多为草食性，有些种危害农林作物、构树、栎树、玉米、大豆、南瓜等。中国记录 5 科 7 亚科 50 属 241 种以上。本书记述河北地区 2 属 3 种。

（160）亮短足异䗛 *Phraortes glabrus* (Günther, 1940)

异名：*Phasgania glabra* Günther, 1940

识别特征：雄性体长约 135.0 mm。光滑具光泽。头隆起，其后部较平坦，头 1 对小瘤突，并具浅的半月形凹陷。前胸背板具"十"字形沟纹；中、后胸前后端较膨大，中胸背板纵脊不明显，其长约与中胸背板相等。足粗壮，后足腿节长于中足腿节，中、后腿节腹脊端部具小齿。腹部背板前后端较膨大，腹末数节向下后方倾斜，臀节向后变窄，分裂成两瓣，侧端叶短，纵脊较扩展，但不达中部，臀节略短于第Ⅷ节，稍长于第Ⅸ节；下生殖板兜状，中间具脊，后缘较尖；尾须较直，后部略弯曲，不超过臀节。

标本记录：邢台市：1 头，宋家庄乡不老青山风景区，2016-Ⅸ-3，郭欣乐采；涉县：12 头，偏城镇南艾铺，2020-Ⅷ-16，史贺采。

分布：河北、北京。

（161）辽宁皮䗛 *Phraortes liaoningensis* Chen & He, 1991 （图 73）

识别特征：雄性体长约 58.0 mm，黄褐色。全体布稀疏颗粒，中胸至腹末具 1 纵脊。头稍长于前胸，两触角间凹入，头顶具 1 纵沟，无角突；眼褐色，球形外突。第 1 触角节基部扁，端部变粗。前胸背板长方形，中纵沟与横沟明显，横沟后有"八"字形侧纵沟，中胸背板长为前胸的 6.5 倍，前、后方变宽。足长；后足腿节端内侧 1 对具 2 或 3 齿的叶突，腿节约与前胸+中胸之和等长，并长于中足腿节，中足胫节长于腿节；后足腿节与胫节约等长，各足第1节长于其余4节之和。腹部长于头+胸部之和，以第Ⅳ节、第Ⅴ节最长，第Ⅸ节最短；前Ⅶ节约等宽，第Ⅷ节、第Ⅸ节宽；第Ⅹ节屋顶形，分裂为2叶，且长于前2节，端叶向后渐窄，其内缘有许多细齿；下生殖板超过第Ⅸ节，端缘浅凹，背面中脊明显；尾须圆柱形，端半部内弯。

分布：河北、辽宁、内蒙古、山西、山东、河南、江苏、浙江、江西。

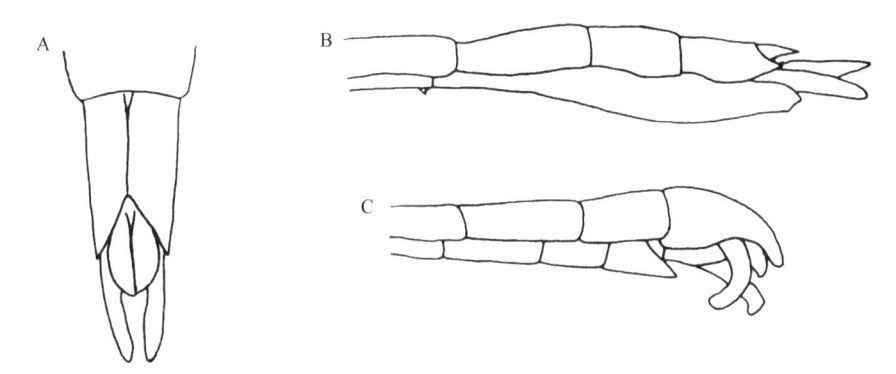

图 73　辽宁皮䗛 *Phraortes liaoningensis* Chen & He, 1991（引自陈树椿和何允恒，2008）
A. 雌性腹端背视；B. 雌性腹端侧视；C. 雄性腹端侧视

（162）乌苏里短角棒䗛 *Ramulus ussurianus* (Bey-Bienko, 1960)（图74）

异名：*Baculum minutidentatum* Chen & He, 1994（小齿短肛䗛）
　　　Baculum koreanus Kwon, Ha & Lee, 1992（朝鲜短肛䗛）

识别特征：体长81.0～98.0 mm，触角长28.0～36.0 mm。体细长，黄绿色，无翅。头宽，头背中间纵沟直伸至后头。触角丝状，中间有凹陷。前胸背板长大于宽，中纵沟不达后缘，横沟近中间。背中间具纵沟，肛上板三角形，后缘略呈圆弧形。腹部长于头、胸之和，自基部到端部具明显背中脊，腹部前端较为粗大，后部渐窄，呈屋脊状。尾须圆柱形，端窄。3对步行足，各足棱脊上有整齐细毛；前足腿节最长，中足腿节最短，基下侧具小齿，中后足腿节下侧也具数枚小齿。

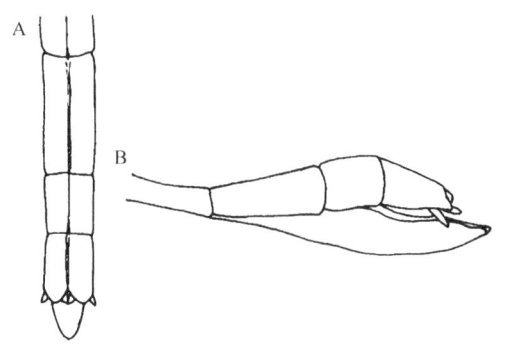

图 74　乌苏里短角棒䗛 *Ramulus Ussurianus* (Bey-Bienko, 1960)
雌性（引自陈树椿和何允恒，2008）
A. 腹端背视；B. 腹端侧视

分布：河北（太行山）、吉林、辽宁；俄罗斯（远东），朝鲜。

XVI. 直翅目 Orthoptera Latreille, 1810

体长 4.0～115.0 mm。咀嚼式口器，下口式或前口式。上颚坚硬和发达。触角线状或丝状、剑状或锤状，短于或长于身体。复眼大而突出，单眼 2～3 个或无。前胸背板发达，背面隆起呈马鞍形，中、后胸愈合。前翅发达或退化至消失，具翅种类的前翅革质、狭长，后翅膜质、宽大，翅脉多平直。前足和中足为步行足，或部分种类前足特化成开掘足，多数种类后足为跳跃足。跗节 3～4 节，少数 1 节。腹部 11 节，少见 8～9 节者，末节较退化，分成肛上板和肛侧板。具尾须 1 对，短而不分节或长丝状。雌性产卵器发达（除蝼蛄外）。多数种类的雄性具发音器，位于肘-臀脉区，通过前翅相互摩擦发音，或以后足腿节内侧的音齿与前翅相互摩擦发音。

世界已知 64 科 3500 属 18 000 余种，广布世界各动物地理区，以热带地区种类较多，多数为植食性，少数为肉食性。中国记录 28 科 800 余种。本书记述河北地区 13 科 67 属 111 种。

分亚目、科检索表

1. 触角细长，常长于体长；若短于体长，则多在 30 节以上；若具听器，则位于前足胫节基部；若具发音器，则位于前翅基部（螽亚目 Ensifera） ··· 2
   触角丝状、剑状或棒状，常短于体长，常少于 30 节；若具听器，则位于腹部的基部两侧；若具发音器，则由后足腿节内侧与前翅摩擦或与腹部摩擦发音（蝗亚目 Caelifera） ······················· 7
2. 跗节 4 节 ··· 3
   跗节 3 节 ··· 4
3. 如有前翅则为覆翅；雄性覆翅上有发达或原始的发音区；体粗壮，足正常，头下口式；前足胫节有听器 ··· 螽斯科 Tettigoniidae
   如有前翅则较柔软；雄性覆翅上无发音区分化，缺镜膜；前足胫节无听器；跗节极为侧扁，无中垫 ··· 驼螽科 Rhaphidophoridae
4. 产卵瓣发达，呈剑状或弯刀状；前足和中足为步行足，后足为跳跃足 ····························· 5
   产卵瓣不发达，形状不如上述 ··· 6
5. 体细长；头长而平伸，前口式；后足胫节背面每侧有 4 枚大刺及许多小刺 ············· 树蟋科 Oecanthidae
   体粗短；头短圆而垂直，下口式；后足胫节背面不如上述 ····························· 蟋蟀科 Gryllidae
6. 前足特化为挖掘足，胫节有 4 个片状趾突；产卵瓣退化 ····························· 蝼蛄科 Gryllotalpidae
   前足与中足相同，为步行足，后足为跳跃足；产卵瓣弯刀状 ····················· 蛉蟋科 Trigonidiidae
7. 3 对足的跗节最多 2 节 ··· 8
   3 对足的跗节均为 3 节 ··· 9
8. 前胸背板后缘凸圆，很少向后延伸；雌性无产卵器，尾须 2 节 ····················· 蚤蝼科 Tridactylidae
   前胸背板向后延伸超过腹部数节。触角短，少于 16 节；前足腿节上侧有脊无沟；后足跗节 3 节 ··· 蚱科 Tetrigidae
9. 头顶具细纵沟；后足腿节外侧有排列不规则的颗粒或棒状隆线，上基片短于下基片，若上基片长于下基片则阳茎基背片呈花瓶状，非桥状 ··· 10
   头顶缺细纵沟；后足腿节外侧有排列整齐的羽状隆线，上基片长于下基片，阳茎基背片大体呈桥状 ··· 11

10. 腹部第Ⅱ节背板有摩擦板；阳茎基背片缺侧板；阳具复合体非球状或葫芦状·· 癞蝗科 Pamphagidae
    腹部第Ⅱ节背板无摩擦板·· 锥头蝗科 Pyrgomorphidae
11. 触角剑状或鼓槌状·· 12
    触角丝状·· 13
12. 触角剑状·· 剑角蝗科 Acrididae
    触角鼓槌状·· 槌角蝗科 Gomphoceridae
13. 前胸腹板具圆锥形、柱形、三角形或横片状的突起；阳茎基背片的锚状突较短·· 斑腿蝗科 Catantopidae
    前胸腹板无突起；阳茎基背片的锚状突较长·· 14
14. 前翅中脉区的中间脉上有音齿，如中闰脉弱或缺如，则不具音齿，且后足腿节外侧上隆线的端半部具音齿，同后翅纵脉的膨大部分摩擦发音·· 斑翅蝗科 Oedipodidae
    前翅中脉区缺中闰脉，若有很弱的中闰脉，则不具音齿，且后足腿节外侧上隆线的端半部不具音齿，音齿多着生在后足腿节内侧的下隆线上·· 网翅蝗科 Arcypteridae

XVI-1. 螽亚目 Ensifera Ander, 1939

触角细丝状，超过 30 节，一般长过身体，有些种的触角可超过体长数倍。上颚左右较对称，具尖齿。跗节多数 4 节。听器位于前足胫节基部。前翅较宽大，雄性前翅基部的肘脉域具音齿。雌性具典型的细长刀状产卵器，产卵瓣镰刀状、剑状或针状，在有些类群中则退化。雄性的下生殖板有腹突（除蟋蟀外）。

螽亚目以前被称为剑尾亚目，其现生种类已知多达 15 总科 15 000 余种，以植食性为主，兼肉食性。本书记述河北地区 7 科 32 属 55 种。

41. 蟋蟀科 Gryllidae Laicharting, 1781

体小型至中型，少数大型，多为圆桶状。黄褐色至黑褐色。头圆，上颚发达。触角长于身体。胸部宽阔；雄性前翅具发音器，其由翅脉上的刮片、摩擦脉和发音镜组成。前足和中足相似并等长；后足发达且粗壮，善跳跃；各足跗节 3 节。听器位于前足胫节上，且外侧的大于内侧的。腹末具长尾丝 2 根。产卵器外露，针状或矛状，长于尾丝，由 2 对管瓣组成。

世界已知约 2500 种，世界性分布。中国记录 6 科 16 亚科 83 属 331 种，通常穴居于地表、砖石下、土穴中、草丛间，食性杂，取食多种作物、树苗、菜和果等。本书记述河北地区 4 属 7 种。

（163）中华蟋 *Eumodicogryllus chinensis* (Weber, 1801)

识别特征：体长雄性 28.0～35.0 mm，雌性 29.0～37.0 mm。黑褐色或赤褐色，具光泽，头顶红褐色，短圆略向前突出。复眼黑褐色，椭圆形，眼内侧有黄白色斜纹。单眼淡黄色。触角丝状，淡褐色。前胸背板宽大于长，两侧缘黄白色，背中线具黑褐色浅纵沟，沟侧具

2 黄褐色蒜形斑。雄性前翅发达，棕褐色，翅长达腹末，有复杂的网纹。近翅基有圆形透明的发音镜，镜中 1 条曲横脉。雌性前翅短于腹端，翅纹简单，无发音器。后翅甚长，腹末产卵管扁长。

分布：河北、山东、浙江、湖南、福建、台湾、广东、广西、四川、云南。

（164）多伊棺头蟋 *Loxoblemmus doenitzi* Stein, 1881（图版Ⅵ-7）

识别特征：体长 15.5～21.0 mm。黑褐色。整个头部前部形似棺材状。雄性头大，头顶向前呈半圆形突出，复眼下方两侧向外延伸，呈三角形突起，颜面扁平，向唇基部倾斜。雌性颜面亦扁平，但复眼下方两侧不呈三角形突起，仅在头顶呈圆形突起。后头 6 条基部融合的宽纵带；单眼黄色，下颚须和下唇须白色。前胸背板黄褐色，具杂乱褐斑点，侧片前下角黄色；侧突发达，向外显超出复眼。两性前翅褐色，雄性前翅镜膜近菱形，具斜脉 2 条，后翅缺失或尾状；雌性前翅 10～11 条纵脉，横脉较规则。足浅灰色；前足胫节外侧听器较大，内侧小，圆形；后足胫节背侧各 5 枚长刺。尾须长约等于后足腿节。

分布：河北、辽宁、北京、山西、山东、河南、陕西、江苏、上海、安徽、浙江、江西、湖南、广西、四川、贵州；韩国，日本。

（165）纹腹珀蟋 *Plebeiogryllus guttiventris guttiventris* (Walker, 1871)（图版Ⅵ-8）

识别特征：头黑褐色，口须褐色，端色深；单眼黄色，复眼黄褐色；复眼后侧角有 2 条黄褐色短带；前胸背板红褐色，背片后端侧角黄褐色，具褐斑，前端中间具黄褐斑；前翅黄褐色，侧区基部及上半部褐色；足褐色，后足腿节外侧具黑色中线。头光亮，后缘具微绒毛；侧视后头宽平，头顶高，与后头成平面，颜面较长，额唇基沟平直。触角柄节圆盾形，其宽约为额突之半。前胸背板被中等稠密的柔毛，前后缘具刚毛；背片中部平坦，两侧倾斜；前后缘平直，前缘脊状，后缘向后延伸；侧片下角向后叶状延伸。前翅长过腹末；镜膜横卵形，外缘略方正，底边外侧环带在翅内侧具 1 翅室。前足和中足密被柔毛，具刚毛；前足胫节的听器内小外大，内侧的圆卵形，外侧的长卵形。后足胫节的背刺数为内 6 外 7；端距 6 枚，其外侧的中端距最短，内侧的下端距最短；后足腿节粗短。尾须具半直立细长毛。下生殖板端缘平。

标本记录：兴隆县：3 头，雾灵山八道河，2016-Ⅷ-3；4 头，雾灵山刘寨子，2015-Ⅷ-10；2 头，雾灵山刘寨子，2015-Ⅸ-8；采集人均不详。

分布：河北、福建、广东、广西、云南；印度次大陆，斯里兰卡。

（166）黄脸油葫芦 *Teleogryllus* (*Brachyteleogryllus*) *emma* (Ohmachi & Matsumura, 1951)（图版Ⅵ-9）

识别特征：体长 16.5～26.5 mm；头胸红褐色，复眼上缘至头顶具窄的黄条纹。复眼卵圆形；单眼 3 枚，半月形，宽扁。前胸背板前缘较直，后缘波浪状，中部向后突出；背片宽平，1 对三角形大斑。雄性前翅基域深褐色，余褐色；基部宽，逐渐向后收缩；斜脉 3～4 条。后翅似尾状突出，长于前翅。足黄褐色；前足胫节外侧听器大，近似长椭圆形，内侧听器小，近圆形；后足胫节端部深褐色，背面两侧各 6 枚长刺。尾须黄褐色。雌性前翅横脉较规则。

标本记录：邢台市：2头，宋家庄乡不老青山风景区后山，2015-Ⅷ-12，郭欣乐采；灵寿县：1头，五岳寨西木佛，2015-Ⅷ-05，袁志采。

分布：河北、北京、山西、山东、河南、陕西、江苏、上海、安徽、浙江、湖北、湖南、福建、广东、海南、香港、广西、四川、贵州、云南；朝鲜半岛，日本。

(167) 银川油葫芦 *Teleogryllus (Brachyteleogryllus) infernalis* (Saussuren, 1877)
（图版Ⅵ-10）

识别特征：体长雄性 12.5～25.0 mm，雌性 14.5～25.0 mm；两性前胸背板长 2.4～4.2 mm；前翅长雄性 9.8～15.5 mm，雌性 9.5～16.5 mm；后足腿节长雄性 8.0～13.0 mm，雌性 14.0～22.5 mm。体黑褐色至黑色。触角、翅、尾须及后足胫节距刺等深褐色，额突内侧角（复眼周缘）淡黄色。体中型。中单眼横卵形，宽扁；侧单眼斜卵形。上唇端缘宽凹。前胸背板前缘微凹，后缘明显宽凸。前翅斜脉 4 条，对角脉近于直；索脉与镜膜间具横脉；镜膜较方，顶边宽弧形。前翅短，稍长于镜膜；亚前缘脉 4 分支。后足胫节内侧背距 5 枚，外侧背距 5～6 枚。

取食对象：豆类、瓜类、沙枣、果树等。

分布：河北、黑龙江、吉林、辽宁、内蒙古、北京、天津、山西、山东、河南、宁夏、甘肃、青海、四川；蒙古国，俄罗斯（远东），朝鲜半岛，日本。

(168) 黑脸油葫芦 *Teleogryllus (Brachyteleogryllus) occipitalis* (Serville, 1838)
（图版Ⅵ-11）

识别特征：体长 16.5～26.5 mm。头胸红褐色，复眼上缘沿额突具狭窄黄条纹。颜面圆形，复眼卵圆形；单眼 3 枚，呈半月形，宽扁。前胸背板前缘较直，后缘波浪状，中部向后突；背片宽平，1 对大的三角形斑。雄性前翅基域深褐色，余褐色；基部宽，逐渐向后收缩；斜脉 3 或 4 条；后翅显长于前翅，尾状。足黄褐色；前足胫节外侧听器大，长椭圆形，内侧听器小，近圆形；后足胫节端部深褐色，背面两侧各具 6 枚长刺。雌性前翅具 10～11 条平行纵斜脉，横脉较规则。

标本记录：赤城县：11头，黑龙山东沟，2015-Ⅶ-27，闫艳采；5头，黑龙山南地车沟，2015-Ⅶ-28，闫艳采；9头，黑龙山马蜂沟，2015-Ⅶ-29，闫艳采；1头，黑龙山黑龙潭，2015-Ⅷ-2，闫艳采；3头，黑龙山南沟，2015-Ⅷ-9，闫艳采；5头，黑龙山望火楼，2015-Ⅷ-14，闫艳采。

取食对象：黑麦草等禾本科牧草种子。

分布：河北、浙江、湖北、江西、湖南、福建、广东、海南、广西、重庆、四川、云南、贵州、西藏；朝鲜半岛，日本，印度，巴基斯坦，澳大利亚，新西兰，东洋区。

(169) 污褐油葫芦 *Teleogryllus (Macroteleogryllus) mitratus* (Burmeister, 1838)
（图版Ⅵ-12）

异名：*Teleogryllus testaceus* (Walker, 1869)。

他名：北京油葫芦。

识别特征：体长 18.0～25.0 mm。暗红褐色，油光发亮；头顶黑色，两颊黄褐色。复眼内上方具黄色短纹。触角丝状，长于身体。前胸背板黑褐色，具 2 个明显的月牙纹。中胸腹板的后缘有三角形中凹，黑褐色。前翅褐色有光。后翅黄褐色，翅端纵折露出形似尾毛的腹端。腿粗壮；胫节外缘具刺。雌性产卵管长，褐色，微弯。

取食对象：刺槐、泡桐、杨、沙枣等树苗，以及豆类、瓜、玉米和蔬菜及杂草等。

分布：河北、山西、山东、河南、陕西、宁夏、青海、新疆、江苏、安徽、浙江、湖北、江西、湖南、福建、台湾、广东、海南、广西、四川、云南；朝鲜，日本，菲律宾，印度，印度尼西亚，马来西亚。

42. 蝼蛄科 Gryllotalpidae Leach, 1815

体长圆形，体长雌性 45.0～50.0 mm，雄性 39.0～50.0 mm。黄褐色至暗褐色。前胸背板中间具 1 心形红斑点。头小，圆锥形。复眼小而突出，单眼 2 个。前胸背板椭圆形，背面隆起如盾，两侧向下伸展，几乎包围前足基节。前足特化为开掘足，基节短宽，腿节弯片状；胫节短三角形，端刺粗壮，内侧具 1 缝状听器。前翅短于后翅。雄性具鸣声，发音镜不完善，仅以对角脉和斜脉为界，形成长三角形室；端网区小。腹部近圆筒形，背面黑褐色，下侧黄褐色，尾须长约为体长之半，雌性产卵器退化。

世界已知 2 亚科 6 属 110 种，营地下生活，取食作物种子，咬食其根部，对幼苗伤害较大。中国记录 1 亚科 1 属 11 种，本书记述河北地区 1 属 2 种。

（170）东方蝼蛄 *Gryllotalpa orientalis* Burmeister, 1838（图版Ⅵ-13）

识别特征：体长 25.0～34.5 mm。体背面红褐色，下侧黄褐色；前翅褐色，翅脉黑褐色；足浅褐色；腹部各节下侧 2 小暗斑。前胸背板隆起，具短毛。雄性前翅可达腹部中部，具发声器；雌性横脉较多。前足胫节具 4 趾突，片状，前足腿节外侧腹缘较直；后足腿节较短；后足胫节长；胫节外侧具刺 1 枚，内侧具刺 4 枚。腹末背面两侧各 1 列毛刷。尾须细长，约为体长之半。

标本记录：邢台市：1 头，宋家庄乡不老青山风景区，2015-Ⅸ-4，郭欣乐采；1 头，宋家庄乡不老青山风景区牛头沟，2015-Ⅸ-5，常凌小采；蔚县：1 头，小五台山金河口，2001-Ⅶ-5，采集人不详。

分布：华北、华东、华南、华中、西北、西南；俄罗斯，日本，印度，菲律宾，印度尼西亚，澳大利亚，美国。

（171）单刺蝼蛄 *Gryllotalpa unispina* Saussure, 1874（图版Ⅵ-14）

别名：华北蝼蛄。

识别特征：体长 39.0～50.0 mm。体褐色。头狭于前胸背板，额凸起，复眼和单眼突出，有 2 个侧单眼。触角较短。前胸背板具短绒毛，中间具光滑的 2 条纹。前翅淡褐色，具绒毛。后翅超过腹端。胫节具 4 片状趾突。跗节第 1 节、第 2 节的趾突片状；后足较短，胫节背面内缘有 0～2 距，外缘近端部具 1 刺，3 内端距。

取食对象：禾谷类、烟草、甘薯、瓜类、蔬菜等植物的地下根茎部，以及播撒的种子和幼苗。

分布：河北、吉林、辽宁、内蒙古、北京、天津、山西、宁夏、甘肃、新疆、江苏、安徽、湖北、江西、西藏；俄罗斯，土耳其。

43. 树蟋科 Oecanthidae Blanchard, 1845

体细长。口器为前口式。前胸背板较长。前翅透明，无色；雄性前翅镜膜较大，斜脉2~5条。足细长，前足胫节内外两侧均具大的膜质听器；后足胫节背面两侧缘具刺，胫节外侧的上端距较长。产卵瓣较长，矛状。

世界已知4亚科约60属，分布于全北区、澳新区、非洲中东部。本书记述河北地区1属2种。

（172）长瓣树蟋 *Oecanthus longicauda* Matsumura, 1904（图75）

识别特征：体长11.5~14.0 mm。体细长而纤弱，灰白色、淡绿色或淡黄色。前胸背板长，向后略扩宽。雄性后胸背板具1圆形大腺窝，内具瘤突。前翅宽平（雄）或狭窄（雌）；雄性前翅透明，镜膜甚大，内具1分脉，斜脉3支。足细长；前足胫节内、外侧具长椭圆形膜质大听器；后足胫节上侧具刺，刺间具背距，胫节外侧上端距较长，爪基部1齿突。产卵瓣矛状，端部较圆，具齿。

取食对象：苹果、南瓜、碎熟大豆，甚至米饭等，食谱颇广。

标本记录：兴隆县：2头，雾灵山冰冷沟，2015-Ⅷ-2；3头，雾灵山塔西沟，2016-Ⅷ-13；3头，雾灵山八道河，2016-Ⅷ-3；6头，雾灵山小扁担沟，2016-Ⅷ-8；4头，雾灵山仙人塔，2015-Ⅷ-14；1头，雾灵山五岔沟，2015-Ⅷ-1，采集人均不详。

分布：河北、黑龙江、吉林、山西、河南、陕西、浙江、江西、湖南、福建、广西、四川、贵州、云南；俄罗斯（远东），朝鲜，日本。

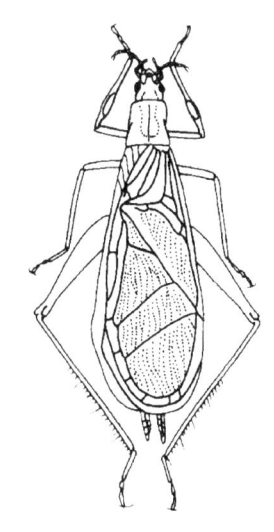

图75 长瓣树蟋 *Oecanthus longicauda* Matsumura, 1904（引自王治国，2007）

（173）黄树蟋 *Oecanthus rufescens* Serville, 1838（图版Ⅶ-1）

识别特征：体长雄性13.0~15.0 mm，雌性10.0~12.0 mm；前翅长雄性12.0~14.0 mm，雌性约12.0 mm。体细长而纤弱柔软，体色一般呈灰白色、淡绿色或淡黄色。口器前口式。前胸背板狭长，向后稍扩宽；雄性后胸背板具1大的圆形腺窝，内具扁片状突起。雄性前翅透明，镜膜甚大，内具分脉1条，斜脉3条。足细长，前足胫节内、外两侧均具大的长椭圆形膜质听器，后足胫节背面具刺，刺间具背距。胫节外侧的上端距较长，爪基部具1齿突。雌性产卵瓣矛状，端部较圆，具齿。

分布：河北、河南、江苏、上海、安徽、浙江、湖北、湖南、福建、广东、海南、广西、四川、贵州、云南；越南，印度，马来西亚，斯里兰卡，澳大利亚。

44. 驼螽科 Rhaphidophoridae Walker, 1869

驼螽科昆虫俗称灶马，驼背的身体、极长的后足和触角是该科显著特征。体光滑，背凸。无翅；通过摩擦后腿内侧与腹部相应的一侧，腹部有节奏地敲击地面并发出响声。足细长；后足第 1 跗节背面缺端距或仅 1 枚端距。产卵器侧扁，边缘有明显的锯齿。

世界已知 10 亚科 86 属 814 种以上，主要分布于印度至澳大利亚及太平洋的波利尼西亚群岛。中国记录 2 亚科 14 属 126 种（亚种），栖息于洞穴落叶层或黑暗的缝隙中，或入侵房屋的地窖和地下室；以各种各样的有机物为食，一些种类以真菌、鸟粪、蝙蝠尸体和初孵的雏鸟为食。本书记述河北地区 2 属 2 种。

（174）河北副疾灶螽 *Paratachycines* (*Paratachycines*) *hebeiensis* Zhang, Liu & Bi, 2009（图 76）

识别特征：体长 11.0～12.0 mm。前胸背板长约 4.0 mm。前足腿节长 6.0～8.0 mm。后足腿节长 12.0～14.0 mm，胫节长 13.0～15.5 mm。产卵瓣长 6.0～8.0 mm。黄褐色或深褐色。身体及各足无明显花纹。雄性头顶钝圆，分裂成短圆瘤突 2 个，颜面无纵条纹。足细长；前足腿节长于前胸背板 2.0 倍，下侧无刺，内膝叶无刺，外膝叶具 1 可动长刺，胫节下侧内外各具 1 刺。中足腿节内外膝叶各 1 可动长刺，胫节内外各具 1 刺。后足腿节下侧无刺，胫节背面两侧 64～65 枚小刺均匀排列，胫节内侧长端刺短于后足基跗节下侧端部，后者背面具 1 端刺，内侧具刚毛。雄性外生殖器背骨片近梯形，中叶显长于侧叶。雌性下生殖板近三角形，基部两侧钝圆。后足胫节背面两侧 51～56 小刺。产卵瓣镰刀状，短于体长，端部具齿。

分布：河北。

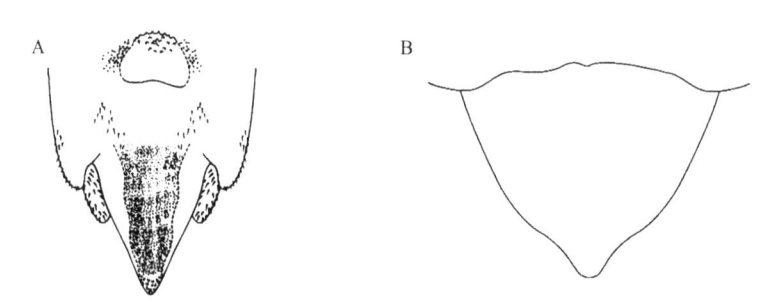

图 76 河北副疾灶螽 *Paratachycines* (*Paratachycines*) *hebeiensis* Zhang, Liu & Bi, 2009
A. 雄性外生殖器背视；B. 雌性下生殖板腹视

（175）中华疾灶螽 *Tachycines* (*Tachycines*) *chinensis* (Storozhenko, 1990)（图 77）

识别特征：体长 11.0～21.0 mm。前胸背板长 5.5～7.5 mm。前足腿节长 8.0～11.5 mm，后足腿节长 16.5～19.0 mm，后足胫节长 16.0～20.0 mm，后足跗节长 3.4～4.8 mm。产卵瓣长 13.5～15.5 mm。淡棕色或黄褐色，杂黑条纹。头顶端部 2 锥形瘤；复眼肾形，位于触角窝外缘，黑色；侧单眼 1 对，近圆形，淡色；颜面淡色，具 4 条深色纵纹。前胸背板前缘直，后缘向后突出，深色花纹明显，侧叶背缘具深色的弧形花纹；中胸背板后缘向后显突；后胸背板向后略突。前足和中足腿节具深色环纹，胫节淡色，无明显花纹；后足腿节端半部具深色环纹，外侧有不规则花纹；后足胫节下侧淡色，无花纹，背面具深色斑纹。前足腿节下缘内刺0～4枚，胫节下缘内刺2～3枚，外刺2枚；中足胫节下侧内外刺各2枚；后足腿节下侧内刺5～7枚，胫节内刺长达第1跗节端部。产卵瓣显长于后足腿节之半，基部较宽，至端部渐狭，端部上翘，腹瓣端缘多齿。

标本记录：赤城县：5头，黑龙山南地车沟，2015-Ⅶ-28，闫艳、尹悦鹏采；9头，黑龙山马蜂沟，2015-Ⅶ-29，闫艳、尹悦鹏采；邢台市：2头，宋家庄乡不老青山风景区，2016-Ⅸ-5，郭欣乐采；灵寿县：1头，五岳寨花溪谷，2017-Ⅷ-07，张嘉采；2头，五岳寨风景区游客中心，2017-Ⅶ-23，张嘉、魏小英采；3头，五岳寨风景区游客中心，2017-Ⅷ-16，张嘉、尹文斌采。

分布：河北、北京、河南。

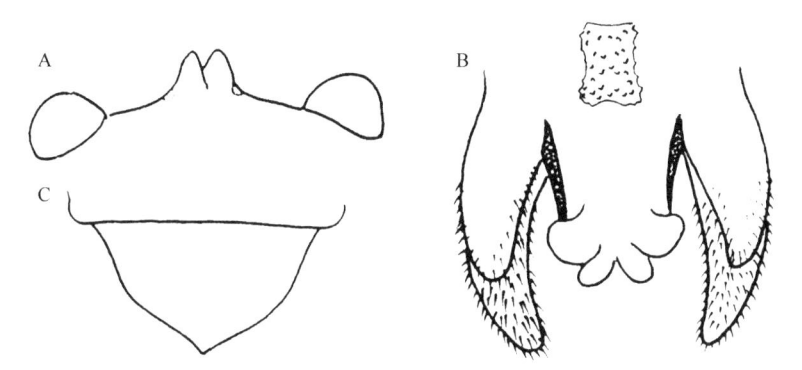

图77 中华疾灶螽 *Tachycines* (*Tachycines*) *chinensis* (Storozhenko, 1990)
（引自王治国和张秀江，2007）
A. 雄性头背视；B. 雄性生殖器背视；C. 雌性下生殖板腹视

45. 螽斯科 Tettigoniidae Krauss, 1902

体长35.0～40.0 mm。后足强壮善跳跃，咀嚼式口器发达，跗节长且分为4节，触角长丝状且30节以上，并长过体长，雄性能发音是螽斯科最为突出的特征。体小型至大型（10.0～60.0 mm），纵扁或近圆柱状，绿色或褐色，有些有暗色斑。翅发达、缩短或退化。雄性的前翅臀域有发音区，其周围围以发达的弯脉作为音锉，右前翅基部为光滑而透明的鼓膜，通过前翅相互摩擦发音。前足胫节基部两侧有听器。后足腿节发达，跗节4节。产卵器剑状或镰刀状。

世界已知19个亚科约1000属7500种以上，分布在除南极洲以外的其他大陆，多数种类分布在热带和亚热带地区。中国记录9亚科200属570多种。本书记述河北地区20属35种。

（176）东陵寰螽 *Atlanticus donglingi* Liu, 2013

识别特征：前足腿节下侧内缘1刺，中足腿节下侧缺刺；中胸腹板裂叶长不大于宽；

后足跗节基节的垫叶较小，不能活动；雄性尾须内齿位于近端部；前胸腹板具刺突。触角较体长，触角窝腹缘不低于复眼腹缘；前足和中足胫节背面具距；第1~2跗节具侧沟；产卵瓣剑形，边缘光滑无齿。

分布：河北（阜平、唐山、遵化）。

（177）中华寰螽 *Atlanticus sinensis* Uvarov, 1924（图版Ⅶ-2）

识别特征：体长雄性23.0~29.0 mm，雌性约28.0 mm；前胸背板长雄性8.0~9.0 mm，雌性9.0 mm；前翅长雄性7.0~8.0 mm；后足腿节长雄性21.0~27.0 mm，雌性22.5~25.0 mm；产卵瓣长20.0~21.0 mm。褐色至暗褐色。头顶狭窄，两侧呈黑色，每个复眼后方各1条黑色纵纹。前胸背板侧片上部和侧区黑褐色；雄性前翅长达第Ⅲ~Ⅳ腹节，不露出前胸背板后缘。前足、中足和后足腿节下侧内缘分别有2、2和3~5枚刺，各腿节的外缘通常无刺；后足腿节外侧具黑褐色宽纵带。

标本记录：赤城县：2头，黑龙山北沟，2015-Ⅶ-20，闫艳、尹悦鹏采；5头，黑龙山南地车沟，2015-Ⅶ-28，闫艳、于广采；5头，黑龙山马蜂沟，2015-Ⅶ-29，闫艳、尹悦鹏采；2头，黑龙山骆驼梁，2015-Ⅷ-20，闫艳、尹悦鹏采；邢台市：1头，宋家庄乡不老青山风景区后山，2015-Ⅷ-12，郭欣乐采；3头，宋家庄乡不老青山风景区牛头沟，2015-Ⅷ-20，郭欣乐采；4头，宋家庄乡不老青山风景区，2015-Ⅷ-26，郭欣乐采；4头，宋家庄乡不老青山风景区；2015-Ⅸ-10，郭欣乐采；涿鹿县：7头，小五台山杨家坪林场，2002-Ⅶ-13，石爱民等采；蔚县：1头，小五台山金河口，1998-Ⅶ-29，刘世瑜采；灵寿县：2头，五岳寨风景区游客中心，2017-Ⅶ-28，李雪、魏小英采；1头，五岳寨主峰，2017-Ⅷ-06，李雪采。

分布：河北、黑龙江、吉林、辽宁、内蒙古、北京、天津、山西、河南、陕西、宁夏、甘肃、湖北、四川；朝鲜半岛。

（178）双色螽 *Bicolorana bicolor bicolor* (Philippi, 1830)（图版Ⅶ-3）

别名：双色远螽。

识别特征：体长约27.0 mm。头顶侧扁，背面具沟。复眼卵圆形，突出。前胸背板长约6.0 mm，缺侧隆线。雄性体暗褐色；头背褐色，触角具稀疏的白色环纹；前胸背板赤褐色，背面具黑色侧条纹，侧片下部暗色；前翅暗褐色，前缘脉域黄色；足暗黑色，基节赤褐色，后足胫节刺淡褐色。雌性体黄褐色至暗褐色；前翅褐绿色或墨绿色，前缘脉域黄绿色；足暗褐色。

分布：河北、四川；欧洲。

（179）邦氏初姬螽 *Chizuella bonneti* (Bolivar, 1890)（图78）

别名：邦内特姬螽 *Metrioptera bonneti* (Bolivar, 1890)。

识别特征：体长16.0~22.0 mm，前胸背板长5.0~6.0 mm。体色有绿色和褐色之分；复眼后方有白条纹；前胸背板侧叶黑褐色，上深下浅，腿为红褐色，各腿节上方及胫节基部黑色。头顶宽圆。前胸背板平坦，沟后区中隆线虚弱；侧片下缘微斜，后缘缺肩凹。前翅缩短，长达第Ⅲ腹节背板后缘或略超过腹端，翅面散布黑斑点；后翅不长于前翅。前足胫节外侧 3 端距，各足腿节下侧无刺。雄性腹部末节背板后端 2 尖裂叶；尾须较细长，内齿位于基部；下生殖板宽大，后缘中凹较深，腹突细长。

标本记录：灵寿县：1 头，五岳寨主峰，2017-Ⅷ-06，张嘉采；1 头，五岳寨风景区游客中心，2017-Ⅶ-17，张嘉采；涿鹿县：2 头，小五台山杨家坪林场，2002-Ⅶ-11，石爱民等采；蔚县：4 头，小五台山，2006-Ⅶ-10，毛本勇、石福明采。

分布：河北、北京、黑龙江、吉林、内蒙古、河南、陕西、宁夏、甘肃、江苏、安徽、湖北、四川；俄罗斯，朝鲜，日本。

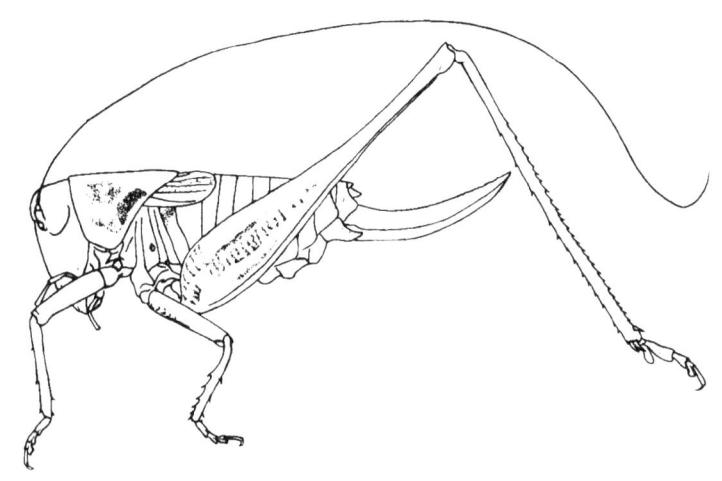

图 78　邦氏初姬螽 *Chizuella bonneti* (Bolivar, 1890) 体侧视（引自王治国和张秀江，2007）

（180）无斑草螽 *Conocephalus* (*Anisoptera*) *exemptus* (Walker, 1869)

别名：豁免草螽。

识别特征：体长 16.0～22.5 mm，长翅型，雌性产卵器明显长。体黄绿色，头顶背面具较宽褐色纵带，其向后延伸到前胸背板后缘并渐变宽，侧缘镶黄白色边。产卵瓣长而直，长于后足腿节，端部尖。

分布：河北、辽宁、北京、山西、河南、陕西、江苏、上海、安徽、浙江、湖北、江西、湖南、福建、广西、重庆、四川、云南、贵州、西藏；朝鲜半岛，日本，泰国，尼泊尔。

（181）长瓣草螽 *Conocephalus* (*Anisoptera*) *gladiatus* (Redtenbacher, 1891)（图版Ⅶ-4）

识别特征：体长 18.0～24.0 mm。淡绿色。头和前胸背板背面褐色纵带向后渐扩宽，两侧具黄边。头顶微侧扁，顶端较钝；侧缘向端部稍分开。前胸背板背面稍平；侧片长、高近相等，下缘向后较倾斜，后缘具弱肩凹；前胸腹板具 2 刺突。前翅长达后足腿节顶端，较狭窄；Sc 脉基半部明显变粗。后翅稍长于前翅。前、中足胫节缺背距，前足胫节内、外侧听器均为封闭型；各足腿节下侧缺刺，后足腿节膝叶具 2 刺。雄性第Ⅹ腹节背板端部裂开成两叶，裂叶几乎相连且下弯。

分布：河北、北京、河南、上海、浙江、湖北、湖南、福建、台湾、广西、四川、贵州；朝鲜，日本，泰国，尼泊尔。

(182) 长翅草螽 Conocephalus (Anisoptera) longipennis (Haan, 1843)（图版Ⅶ-5）

识别特征：体长 15.0～17.0 mm。绿色。头顶较狭，顶端钝；侧缘近平行；复眼后方具 1 较宽的深褐色纵带，向后延伸至后翅顶端。前胸背板侧片长、高近相等，下缘向后倾斜，后缘具较弱肩凹；前胸腹板具 2 刺突。前翅长 9.5～18.0 mm，长过后足腿节顶端，较狭窄；后翅显长于前翅。后足腿节端部和跗节暗黑色，腿节下侧外缘具 4～6 刺，膝叶具 2 刺。雄性第 X 腹节背板 1 对钝的裂叶；雄性尾须内刺具球状的端部。产卵瓣长不超过后翅端部。

分布：河北、河南、上海、安徽、浙江、湖南、福建、台湾、广东、海南、香港、广西、四川、云南、西藏；日本，柬埔寨，印度，缅甸，斯里兰卡，菲律宾，印度尼西亚。

(183) 斑翅草螽 Conocephalus (Anisoptera) maculatus (Le Guillou, 1841)（图版Ⅶ-6）

识别特征：体长雄性 12.8～15.9 mm，雌性 14.1～15.1 mm。绿色或淡绿色。头顶从正面观侧缘强烈呈扇形扩展。头顶背面的黑褐色纵带延伸至前翅端部，两侧具黄边；颜面、前胸背板和足上有稠密小红褐斑点。头顶狭窄，背面有细纵沟。前胸背板后缘圆，侧缘长与高几乎相等，下缘向后较强烈倾斜。前翅长达或超过后足腿节端部，较狭窄。前足基节具 1 长刺，前、中足胫节无背距，后足腿节膝叶有 2 刺。

分布：河北、黑龙江、辽宁、北京、山西、河南、陕西、江苏、上海、安徽、浙江、湖北、江西、湖南、福建、台湾、广东、香港、广西、重庆、四川、贵州、云南、西藏；朝鲜半岛，日本，东洋区，澳新区，非洲区。

(184) 悦鸣草螽 Conocephalus (Anisoptera) melaenus (De Haan, 1842)（图版Ⅶ-7）

识别特征：体长雄性 15.0～17.0 mm，雌性 14.0～17.5 mm；前翅长雄性 14.0～19.0 mm，雌性 15.0～20.0 mm。体绿色。头在复眼后方具 1 较宽的黑褐色纵带，向后延伸至头的后端。触角基部 2 节、后足腿节端部、跗节均为暗黑色。头顶狭，稍侧扁。前胸背板侧片长与高几乎相等，下缘向后较强地倾斜，后缘具弱的肩凹。前翅长达后足腿节顶端，后翅稍长于前翅。后足腿节下侧外缘具 3～4 刺。前胸腹板 1 对刺突。

分布：河北、黑龙江、辽宁、北京、山西、河南、陕西、江苏、上海、安徽、浙江、湖北、江西、湖南、福建、台湾、广东、香港、广西、西南；朝鲜半岛，日本，东洋区。

(185) 长尾草螽 Conocephalus (Anisoptera) percaudatus Bey-Bienko, 1955（图 79）

识别特征：体长 15.0～17.7 mm，前翅长 9.5～18.0 mm。头顶侧缘从正面观近乎平行，背面具细纵沟。复眼卵圆形。前胸背板前、后缘截形；侧片近三角形，下缘强向后倾斜。前胸腹板 1 对短刺，后胸腹板裂叶近卵圆形。前翅缩短，长达腹部长度之半，长于后翅，雄性前翅端部狭圆，无暗斑。各足腿节下侧光滑。前足基节具 1 长刺；前足腿节内侧膝叶端部具 1 钝刺，外侧膝叶端部钝圆形；前足胫节下侧具 6 对距。中、后足腿节内侧膝叶端部各 1 刺，中足胫节下侧具 6 对距，后足腿节外侧膝叶端部具 2 刺；后足胫节腹端 2 对长距。雄性尾须内刺端部球形。产卵瓣长约为后足腿节长的 1.8～2.1 倍。

标本记录：围场县：4 头，木兰围场，1998-Ⅷ-7，李哲采。

分布：河北、黑龙江、内蒙古、河南、宁夏、安徽、福建、台湾、海南、广西、四川、云南、西藏；俄罗斯（远东），泰国，印度，缅甸，尼泊尔，斯里兰卡，菲律宾，新加坡，印度尼西亚。

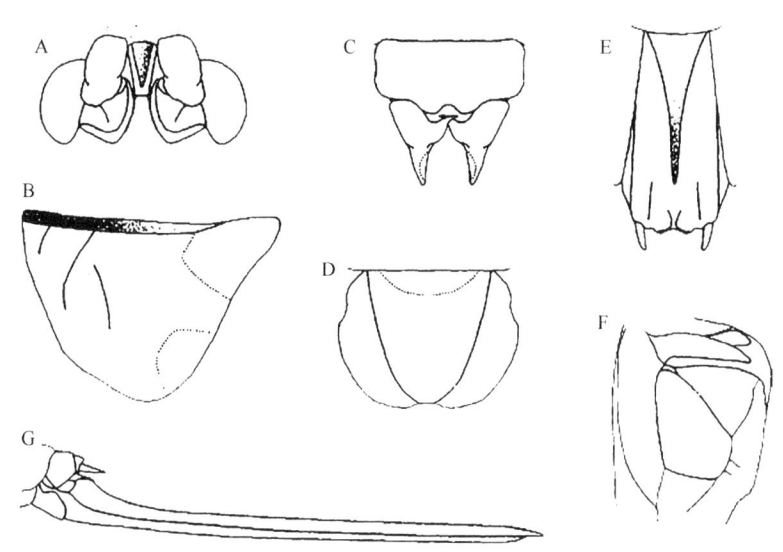

图 79 长尾草螽 Conocephalus (Anisoptera) percaudatus Bey-Bienko, 1955（引自王剑峰，2005）
A. 雄性头部背视；B. 雄性前胸背板侧片侧视；C. 雄性腹末背视；D. 雌性下生殖板腹视；
E. 雄性下生殖板腹视；F. 雄性左前翅发声区；G. 雌性产卵瓣侧视

（186）笨棘硕螽 *Deracantha onos* (Pallas, 1772)（图版Ⅶ-8）

识别特征：体型壮硕，长 25.0～43.0 mm。褐色或棕色；腹部有橘色条纹。头较腹部窄；复眼深褐色。触角黑色，较粗短。前胸背板深褐色，背面后部黄色。翅短小、透明，隐藏于前胸背板下。足尤其是腿节粗短，各腿节端部背面深褐色。雌性产卵器镰刀状。

食性：植食性兼肉食性，捕食小型昆虫，取食多种植物。

分布：河北、黑龙江、吉林、辽宁、内蒙古、北京、天津、山西、山东、河南、陕西、甘肃；蒙古国，俄罗斯，朝鲜。

（187）宽肩硕螽 *Deracantha transversa* Uvarov, 1930（图 80）

识别特征：体长雄性 44.0 mm，雌性 40.0 mm。体污褐色。头背黑色，触角暗黑色，第 1 节、第 2 节下侧污黄色，上唇基部暗黑色。前胸背板侧缘暗黑色，侧片后上方栗褐色，下部淡色。前胸背板相对宽阔；前缘内凹，沟前区中部具明显横凹，后侧角较钝；基部 1 小凹窝，沟后区长稍大于宽，侧隆线平行，具小结节，表面具弱皱褶和刻点，中部之前 1 深横凹，中后部稍隆起，后部两侧微凹。前胸背板侧片长明显大于高，前缘微凹，下缘正对沟后区前侧角处微凸，前半部具皱纹。腹部具黑点和较稀疏刻点。雄性第Ⅹ腹节背板后缘 2 锥状突，其端部外弯；雄性尾须粗短，稍扁平，端部 2 刺。雌性尾须短圆锥形；雌性下生殖板后缘中凹较深；产卵瓣几为前胸背板长的 2.0 倍，略上弯。

分布：河北、北京、河南；蒙古。

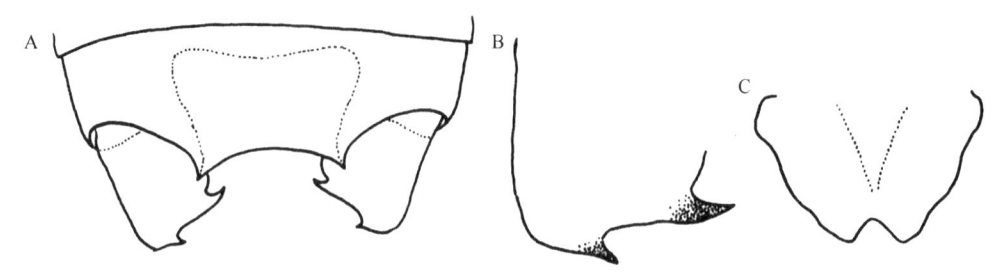

图 80 宽肩硕螽 *Deracantha transversa* Uvarov, 1930（引自王治国和张秀江，2007）
A. 雄性腹端背视；B. 雄性尾须背视；C. 雌性下生殖板腹视

(188) 日本条螽 *Ducetia japonica* (Thunberg, 1815)（图版Ⅶ-9）

识别特征：体长 16.0～23.0 mm。体绿色，前翅后缘带褐色。头顶尖角形、侧扁。复眼卵圆形、突出。前胸背板侧片长大于宽，肩凹不明显。前翅狭长，向端部渐狭；后翅长于前翅。前足基节具短刺，胫节背面具沟、距；腿节下侧具刺。雄性第 X 腹节背板后缘截形，肛上板三角形；尾须微内弯，腹缘具隆脊。雌性尾须较短，圆锥形。

标本记录：灵寿县：12 头，五岳寨车轱辘坨，2017-Ⅷ～Ⅸ，张嘉、尹文斌采。

分布：河北、吉林、辽宁、内蒙古、北京、山东、河南、陕西、江苏、上海、安徽、浙江、湖北、江西、湖南、福建、台湾、广东、海南、广西、西南；朝鲜半岛，所罗门群岛，澳大利亚，东洋区。

(189) 秋掩耳螽 *Elimaea* (*Elimaea*) *fallax* Bey-Bienko, 1951（图版Ⅶ-10）

识别特征：体长 17.0～18.0 mm。绿色，具红褐点，腹背粉红色。触角基部 2 节淡色，余节背侧淡色，体下侧暗色。头顶尖角形，端半部侧扁，背面具沟。前翅较狭，长度远超过后足腿节，具黑点；Rs 脉从 R 脉中部之前分出，具 2～3 个分支；横脉排列较规则。后翅长于前翅。

标本记录：邢台市：1 头，宋家庄乡不老青山马岭关，2015-Ⅶ-19，郭欣乐采；2 头，宋家庄乡不老青山风景区；2015-Ⅸ-10，郭欣乐采；灵寿县：3 头，五岳寨风景区游客中心，2017-Ⅶ-31，李雪、魏小英采；7 头，五岳寨车轱辘坨，2017-Ⅷ-24，张嘉、尹文斌采；2 头，五岳寨主峰，2017-Ⅷ-06，张嘉、李雪采。

分布：中国；俄罗斯，朝鲜半岛。

(190) 伯格螽 *Gampsocleis buergeri* (Haan, 1842)（图版Ⅶ-11）

识别特征：体长雄性 30.0～38.0 mm，雌性 30.0～34.0 mm；前胸背板长雄性 9.5～11.0 mm，雌性 9.0～11.0 mm。黄绿色或褐绿色。前胸背板侧缘具暗褐色条纹，或完全褐色。前翅绿色，径脉域和中脉域具明显暗斑。后足腿节外侧具褐色纵条纹。头大，复眼近圆形。前胸背板前缘略凹，后缘圆形；背面较平坦，沟后区具弱的侧隆线，横沟3条，中横沟"V"形，位于沟前区中部之后。前翅长过或不长过后足腿节端部；Rs脉从R脉中部之前分出；后翅不长于前翅。前足腿节下侧4～7刺。

分布：河北、黑龙江、吉林、内蒙古、河南；日本。

（191）优雅蝈螽 *Gampsocleis gratiosa* Brunner von Wattenwyl, 1862（图81）

识别特征：体长31.0～43.0 mm。黄绿色或褐绿色。头大，具稀疏刻点；复眼近圆形，稍突出。前胸背板前缘平直，后缘宽圆形，背面具较密刻点，沟后区侧隆线不明显，横沟3条，中横沟"V"形，位于沟前区中部之后。前翅绿色，径脉域和中脉域具暗斑；前翅长达第Ⅵ～Ⅶ腹节（雄）或仅达第Ⅱ腹节基部（雌）；后翅退化。前足腿节下侧内、外缘各8～10刺，中足腿节下侧内、外缘各11～15刺，后足腿节下侧内、外缘各17～21刺，外侧具褐色纵条纹。

食性：植食性兼肉食性，以植物的花、果、茎、叶或嫩芽为食，也捕食小型昆虫。

标本记录：邢台市：1头，宋家庄乡不老青山马岭关，2015-Ⅶ-19，郭欣乐采；蔚县：1头，小五台山，2007-Ⅷ-27，李亚林采；灵寿县：1头，五岳寨车轱辘坨，2017-Ⅷ-25，张嘉采。

分布：河北、黑龙江、吉林、辽宁、内蒙古、北京、天津、山西、山东、河南、陕西、甘肃、江苏、福建、重庆；蒙古国，俄罗斯，朝鲜半岛。

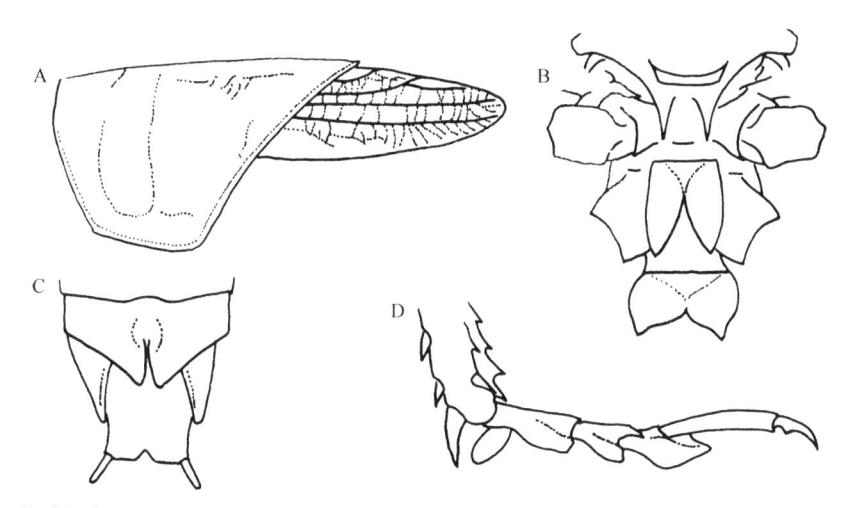

图81 优雅蝈螽 *Gampsocleis gratiosa* Brunner von Wattenwyl, 1862（引自王治国和张秀江，2007）
A. 雌性前胸背板和前翅侧视；B. 胸部腹视；C. 雄性腹端背视；D. 后足跗节侧视

（192）暗褐蝈螽 *Gampsocleis sedakovii* (Fischer von Waldheim, 1846)（图版Ⅶ-12）

识别特征：体中等偏大，长35.0～40.0 mm。粗壮，与优雅蝈螽 *G. gratiosa* 相似，但个体较小。草绿色或褐绿色。头大，前胸背板宽大，马鞍形，侧板下缘和后缘无白色边。前翅长过腹末，翅端狭圆，翅面有草绿色条纹，并布满褐斑点，呈花翅状；边缘具褐绿相间的斑纹；雌性颜色偏绿。

取食对象：植食性兼肉食性，以植物的花、果、茎、叶或嫩芽为食，也捕食小型昆虫。

标本记录：赤城县：7头，黑龙山东猴顶，2015-Ⅷ-5，闫艳、刘恋采；5头，黑龙山南沟，2015-Ⅷ-16，闫艳、于广采；5头，黑龙山黑河源头，2015-Ⅶ-31，闫艳采；2头，黑龙山马蜂沟，2015-Ⅷ-21，闫艳采；5头，黑龙山望火楼，2015-Ⅸ-8，闫艳、牛一平采；8头，黑龙山林场林区检查站，2016-Ⅶ-7，闫艳、尹悦鹏采；10头，黑龙山东沟，2016-Ⅷ-2，闫艳、于广采；蔚县：13头，小五台山，2002-Ⅶ-11-19，采集人不详；6头，小五台山金河口，2005-Ⅶ-12，杜志刚采；灵寿县：1头，五岳寨花溪谷，2016-Ⅸ-01，张嘉采；1头，五岳寨花溪谷，2016-Ⅷ-27，张嘉采。

分布：河北、黑龙江、吉林、辽宁、内蒙古、北京、天津、山西、山东、河南、江苏、湖北；蒙古国，俄罗斯，朝鲜，日本。

（193）乌苏里蝈螽 *Gampsocleis ussuriensis* Adelung, 1910（图版Ⅷ-1）

识别特征：体长雄性38.4～39.2 mm，雌性38.4～40.0 mm；前翅长雄性27.0～35.0 mm，雌性32.0～36.0 mm；雌雄后翅长约38.0 mm。体黄绿色或黄褐色。前翅边缘深黄褐色，中间黄绿色；后翅淡黄褐色。头顶宽圆，宽为两复眼间距之半。触角着生于两复眼之间，近后头而远离唇基缝线。前胸背板平坦，具不明显前横沟；前胸腹板具2小刺。前足基节明显具刺，胫节鼓膜器位于内、外缘呈狭缝状，背面具1外端刺；各足第1、第2跗节侧面具纵沟，后足第1跗节下侧具垫片。肛上板端部圆弧状（雄）或具三角状凹口（雌）；尾须基部较宽，近中部内侧具1粗齿；雌性产卵瓣较长，略下弯。

取食对象：蝉、小车蝗、尖头蚱蜢、负蝗、赤翅蝗、菜粉蝶、苹掌舟蛾、粘虫、朽木夜蛾、葎草流夜蛾等，以及黑绒鳃金龟、灰粉鳃金龟、黄粉甲等甲虫，兼食狗尾草、灰绿藜、黄瓜、西瓜、白菜、甘蓝、桃、梨、苹果等植物叶片，也有危害苹果果实的报道（索世虎等，2000）。

分布：河北（秦皇岛）、黑龙江、吉林、辽宁、内蒙古、北京、天津、山东、陕西；俄罗斯（远东），朝鲜半岛，日本。

（194）中华半掩耳螽 *Hemielimaea (Hemielimaea) chinensis* Brunner von Wattenwyl, 1878（图版Ⅷ-2）

识别特征：头顶尖角形，侧扁，狭于触角第1节，背面具沟。前胸背板背面圆凸，沟后区较平，缺侧隆线；侧片肩凹不甚明显。前翅稍宽，端缘圆形；R脉具3分支，Rs脉从R脉中部稍偏前处分出，分叉；后翅长于前翅。

分布：河北、安徽、浙江、湖北、湖南、福建、广东、海南、广西、重庆、四川、贵州、云南、西藏。

（195）日本似织螽 *Hexacentrus japonicus* Karny, 1907

识别特征：体中等，绿色。触角具黑环；头背淡褐色；前胸背板背面具褐色纵带，其在沟后区变宽，纵带边缘镶黑边，雄性前翅发声区大部分黑褐色，跗节第2～4节黑褐色。头顶明显短而窄，侧视近于平，微波状；复眼圆突。前胸背板前缘和后缘微凹，自中部向后扩展，无侧隆线，侧片下缘向后强烈倾斜，无肩凹。前胸腹板 1 对刺。雄性前翅发达，柳叶形，长过后足腿节端部；左前翅发声区较小，卵圆形，后翅与前翅近等长；雌性前翅略长于后足腿节端部，前、后缘近于直。前足基节具 1 大刺；腿节内侧膝叶端部尖锐，外侧膝叶端部钝圆，下缘内侧 4~6 刺，外侧具少许微刺；胫节内外两侧有裂缝状听器，内侧 6 对长距。中足腿节下侧内缘有少许微刺，外侧 4 或 5 刺，刺间具微刺；中足胫节下侧 6 对长距，由基部向端部渐短。后足腿节下侧内缘 5~11 刺，外缘 7~13 刺，内、外侧膝叶端部各 2 刺。后足胫节背面内外侧各 25~34 刺，端部 1 对长距，下侧内缘 9~12 距，外缘 12~14 距，下侧端 2 对距。雄性尾须基部粗，端部细而弯，下生殖板长，后缘内凹，1 对长腹突；雌性尾须圆锥形，产卵瓣较长，近于直稍弯。

取食对象：瓜类、桑。

分布：河北、吉林、辽宁、山东、河南、陕西、江苏、上海、安徽、浙江、湖北、湖南、福建、海南、广西、重庆、四川、贵州、云南；韩国、日本。

（196）**黑角平背螽** *Isopsera nigronatennata* Hsia & Liu, 1993（图版Ⅷ-3）

识别特征：体长雄性约 24.0 mm，雌性 24.0~28.0 mm。体型中等。头顶狭于第 1 触角节之宽，长达触角窝内隆缘顶端，与颜顶几乎相接触，背面具沟。复眼圆形、突出。前胸背板背面较平坦，前缘稍内凹，后缘呈宽圆形，侧隆浅或多或少明显。前横沟不明显，中横沟较明显，"V"形位于中部稍偏前。前胸背板侧片长与高几乎相等，下缘圆形，后缘肩凹处较浅。前足基节具刺；前足腿节下侧内缘具 3 或 4 小刺；前足胫节外侧具沟，除外端距外，在听器端部具 1 小背距；中足腿节下侧外缘具 1~3 小刺；后足腿节下侧内、外缘各具 7 或 8 小刺，后足胫节背面内缘及外缘各具 28~32 小刺。前翅较长，颇远地超过后足腿节端部，Rs 脉从 R 脉中部之前分出，中部分为 2 支；后翅长于前翅。第Ⅹ腹节背板后缘平截，肛上板三角形。尾须圆柱形，向端部略细，顶端具 1 小刺。下生殖板狭长，后缘在腹刺之间具深的"V"形凹口；腹刺细长，约为裂叶的 3.5 倍。

标本记录：兴隆县：2 头，雾灵山刘寨子，2015-Ⅶ-31；2 头，雾灵山刘寨子，2016-Ⅷ-30；3 头，雾灵山风景区北门，2016-Ⅶ-18；均为唐慎言采。

分布：河北、安徽、浙江、湖南、四川。

（197）**刺平背螽** *Isopsera spinosa* Ingrisch, 1990（图版Ⅷ-4）

识别特征：体亮绿色；前胸背板侧缘赤褐色，各腹节背板基部中间黑色。头顶宽约为第 1 触角节宽的 2/3，与颜面顶角以 1 狭缝相隔，背面具浅沟。前胸背板前缘凹入，后缘圆凸，侧隆线较直，向后稍微岔开；背面平坦，横沟稍明显；侧片高约大于长 1.1~1.2 倍，下缘圆，肩凹较明显。前翅长过后足腿节端部，光亮且半透明；Rs 脉从 R 脉中部之前分出，分叉；横脉排列较规则。后翅长于前翅。前足腿节下侧内缘 2 或 3 刺，外缘 0 或 1 刺；中足腿节下侧内缘无刺，外缘 2~4 刺，后足腿节下侧内外缘各 5~8 刺；前足胫节外侧具沟，内、外听器均为开放型，外侧听器处 1 刺和 1 端距。雄性第Ⅹ腹节背板后缘端部平截或微凸，中间略凹；尾须略内弯，顶钝，具 1 细齿；雄性下生殖板狭长，具中隆线，端部开裂，腹突长约为下生殖板长之半。雌性下生殖板近三角形，端部钝圆；产卵瓣镰形，背缘和腹缘具端钝齿。

分布：河北、陕西、湖北、福建、海南、四川、云南、西藏；印度，尼泊尔，巴基斯坦。

（198）显沟平背螽 *Isopsera sulcata* Bey-Bienko, 1955（图版Ⅷ-5）

识别特征：体小型，绿色；触角绿色，各节端部稍暗；腿节刺及尾须端部黑色。头顶狭于第1触角节，背面具沟。前胸背板前缘略凹，后缘圆凸，背面平坦，中横沟明显；侧片高稍大于长，下缘圆，肩凹明显。前翅长过后足腿节端部，光亮且半透明；Rs 脉从 R 脉中部之前分出，分叉；横脉排列较规则。后翅长于前翅。前足腿节下侧内缘 3~5 刺，中足腿节下侧外缘 2~3 刺，后足腿节下侧内缘 3 刺，外缘各 5 或 6 刺；前足胫节外侧具沟。雄性第Ⅹ腹节背板后缘圆凸，中间略凹；肛上板舌形；尾须圆柱形，端部 2 刺，下生殖板端半部具中隆线，后缘凹方形，裂叶圆柱形；腹突长于下生殖板裂叶长约 3.0 倍。雌性尾须圆锥形；下生殖板端部突出，后缘凹；产卵瓣较短，端部稍圆，边缘细齿钝。

分布：河北、山西、河南、陕西、甘肃、江苏、安徽、浙江、湖北、江西、湖南、福建、海南、四川。

（199）短翅桑螽 *Kuwayamaea brachyptera* Gorochov & Kang, 2002（图版Ⅷ-6）

识别特征：雄性前翅长 21.0~23.0 mm；后足腿节长 23.0~24.0 mm。后翅较前翅短很多，右翅镜膜后缘近直，右翅中缘在镜膜附近显凸；右前翅镜膜中缘较短，镜膜与中缘之间的区域较宽；前翅 R 脉 2 或 3 分支；右前翅中缘在镜膜端几乎不变厚。下生殖板端部无明显的腹（中）突，侧叶之间的凹不深，近圆形或方形；下生殖板下侧中间狭长的半膜质化区域端部稍变宽或明显变宽。尾须内弯；前翅 Rs 脉和 Ma 脉均不分支，在前翅背部摩擦发音区主要结构的端部区域较窄；右前翅刮器端部具骨质小突起，镜膜中脉与沿右前翅中缘的脉之间的区域显宽。

分布：河北、陕西、河南。

（200）中华桑螽 *Kuwayamaea chinensis* (Brunnerv von Wattenwyl, 1878)（图 82）

识别特征：体长雄性 20.0~24.0 mm，雌性 22.0~28.0 mm；带后翅体长雄性 30.0~36.0 mm，雌性 30.0~37.0 mm；前胸背板长雄性 4.5~5.0 mm，雌性 4.8~5.2 mm；前翅长雄性 21.5~25.0 mm，雌性 22.0~26.0 mm；后足腿节长雄性 23.0~26.0 mm，雌性 24.0~27.0 mm；产卵器长 7.2~8.2 mm。体绿色；前胸背板纵中线略为黄色。头顶尖角形；复眼卵形，突出。前胸背板缺侧隆线。前翅宽，向端部逐渐变窄，Sc 脉和 R 脉从基部分开，R 脉有 2~3 个近平行的分支，Rs 脉从 R 脉中部或之后分出。后翅短于前翅。雌性产卵瓣侧扁且上弯。

分布：河北、山西、河南、陕西、甘肃、江苏、上海、安徽、浙江、江西、湖南、福建、海南、广西、四川、贵州；俄罗斯。

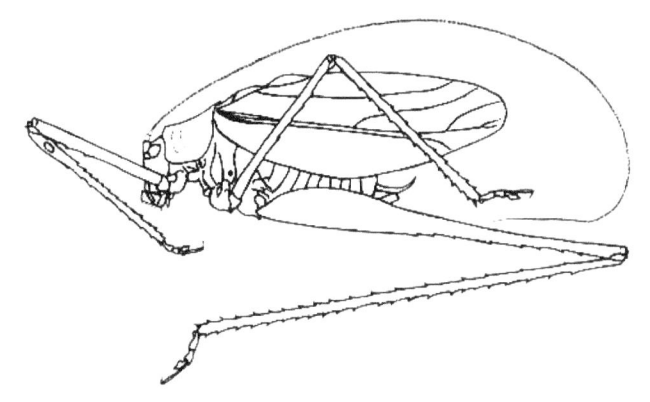

图82　中华桑螽 *Kuwayamaea chinensis* (Brunnerv von Wattenwyl, 1878)
雄性整体侧视（引自王治国和张秀江，2007）

（201）铃木库螽 *Kuzicus* (*Kuzicus*) *suzukii* (Matsumura & Shiraki, 1908)

识别特征：体长 11.0～13.5 mm。前胸背板长 3.5～3.6 mm。前翅长 15.0～16.5 mm。后足腿节长 10.5～12.0 mm。产卵瓣长 8.0～10.0 mm。体淡黄绿色。触角窝内缘黑色，前胸背板中线淡色，前翅具暗点。头顶短圆锥形，背面具纵沟；复眼球形凸出；前胸背板沟后区略阔，侧片较高，肩凹不明显；前翅长过后足腿节端部，后翅长于前翅。前足胫节内外刺排列式为 4, 5 (1, 1) 型，后足胫节背面内外缘各 27～30 齿和 1 端距，下侧 4 端距。雄性第Ⅸ腹节背板下部与特化的下臀板融合，第Ⅹ腹节背板后缘 1 对向下渐弯的突起，其背面近端部 1 齿状分支。尾须侧扁，强内弯，中部具叶状突起，端部尖，尾须端部较细而尖；下生殖板较短，后缘微凹，具腹突。

分布：河北、北京、山东、陕西、甘肃、江苏、上海、安徽、浙江、湖北、江西、湖南、福建、台湾、广东、海南、香港、重庆、四川、贵州；韩国，日本。

（202）日本纺织娘 *Mecopoda niponensis* (Haan, 1843)（图版Ⅷ-7）

识别特征：体长 50.0～70.0 mm，单翅长 39.0～44.0 mm。体淡绿色、深绿色、枯黄色、紫红色等，头顶、前胸背板两侧及前翅的折叠处黄褐色。头短而圆阔，颜面垂直；复眼卵形。触角窝前具 1 弧形隆脊。触角长丝状，黄褐色，长过翅端。前胸背板褐色，前狭后宽，前缘直，后缘弧弯，具粗凹刻和小白毛，背面 3 条横沟，中部 1 三角形凹；侧片基部黑褐色，向下渐淡，有 2 条浅黄色长棘突。前翅宽阔，略短于后翅，长为腹部长的 2.0 倍，甚至超过后足腿节端部；侧缘具数条深褐色圆斑；雄性翅脉近网状，有 2 片透明的发声器。后足发达；腿节棒状并有凹缺；下缘 1 列刺，其端部两侧各 1 刺；胫节细长，棱上 1 列刺，端部有数根强刺。后足跗节下侧 1 棕黑色垫，第 1～2 跗节两侧各具 1 纵沟。雌性产卵器弯刀状，略短于体长。

取食对象：南瓜花、丝瓜花、菜花、桑、柿、胡桃树、杨。

标本记录：兴隆县：1 头，雾灵山风景区北门，2016-Ⅶ-18；2 头，雾灵山流水沟，2015-Ⅷ-16，采集人均不详。

分布：河北、山东、河南、陕西、甘肃、江苏、浙江、湖北、江西、湖南、福建、广东、海南、广西、四川；朝鲜半岛，日本。

（203）短翅姬螽 *Metrioptera brachyptera* (Linnaeus, 1761)

识别特征：体长雄性 35.0～41.0 mm，雌性 40.0～50.0 mm。全体鲜绿色或黄绿色。头大，颜面近平直。触角褐色，丝状，长度超过身体；复眼椭圆形。前胸背板发达，呈盾形盖住中、后胸。前翅各脉褐色。雄性翅短，具发音器；雌性仅有翅芽，腹末有马刀形产卵管，长约为前胸背板的 2.5 倍。前足胫节基部具听器，3 对足的腿节下缘具黑色短刺并呈锯齿状。后足发达，善跳跃，腿节上常有褐色纵晕纹。雌性形态特征不详。

标本记录：兴隆县：1 头，雾灵山主峰，2015-Ⅶ-29，采集人不详。

分布：河北、黑龙江、吉林、辽宁。

（204）棒尾小蛩螽 *Microconema clavata* (Uvarov, 1933)

识别特征：体长 10.0～12.5 mm，前胸背板长 3.2～3.8 mm，前翅长 13.5～16.0 mm，后足腿节长 8.0～9.5 mm，产卵瓣长 8.5～9.0 mm。体淡绿色。头复眼之后具黄色侧条纹，延伸至前胸背板后缘，雄性前翅发音部具暗斑。头顶钝圆锥形，背面具沟；复眼圆形，突出；下颚须末节不短于亚末节。前胸背板侧片长大于高，后缘肩凹较明显；前翅超过腹端，后翅短于前翅；前足胫节刺为 4～5，5（1，1）型，后足胫节 3 对端距，背面内外缘各具 20～22 齿。雄性第 X 腹节背板后缘中间具成对的小突起；尾须较简单，基半部较粗，背缘具隆脊，端部棒状；下生殖板后缘圆形，1 对较长的腹突，外生殖器完全膜质。雌性下生殖板较大，端部圆三角形，中间具纵沟；产卵瓣几乎等长于后足腿节，较直，腹瓣具 1 较宽的亚端齿和端钩。

分布：河北、河南、陕西、甘肃、江苏、上海、安徽、浙江、湖北、江西、福建、广西、四川；日本。

（205）镰尾露螽 *Phaneroptera* (*Phaneroptera*) *falcate* (Poda, 1761) （图版Ⅷ-8）

识别特征：体长 12.0～18.0 mm。绿色，具赤褐色散点。前胸背板背面圆凸。前、后翅的少部分淡绿色，翅室内具小黑点。前翅不透明，雄性左前翅发音部 2 暗斑。第 X 腹节背板后缘截形，肛上板横宽，后缘截形，背面中间具凹陷。尾须较长，端半部角形弯曲，上翘，端部尖。

标本记录：邢台市：1 头，宋家庄乡不老青山马岭关，2015-Ⅶ-19，郭欣乐采；涿鹿县：1 头，小五台山杨家坪岔道林场，1999-Ⅷ-18，李新江采；灵寿县：2 头，五岳寨，2015-Ⅷ-12，袁志、周晓莲采；1 头，五岳寨风景区游客中心，2016-Ⅷ-08，张嘉采。

分布：河北、黑龙江、吉林、辽宁、北京、河南、陕西、甘肃、新疆、江苏、上海、安徽、浙江、湖北、湖南、福建、台湾、四川；朝鲜，日本，欧洲，非洲。

（206）纤细露螽 *Phaneroptera* (*Phaneroptera*) *gracilis* Burmeister, 1838

识别特征：体长 15.0～21.0 mm。黄绿色，散布赤色和褐点，以前胸背板尤为明显。头顶狭于第 1 触角节，额上具沟。前胸背板无侧隆线，侧叶长和高近于相等。前翅长达后足腿节端部，无光泽且不透明；后翅远长于前翅，部分淡绿色，翅室内布小黑点，雄性左前翅发音部暗色。各足腿节下侧具刺；前足基节具刺，胫节外侧具沟，无背距，内、外两侧具开放型的听器。雄性肛上板方形。尾须角状弯曲，端部指向上方。

分布：河北、河南、陕西、甘肃、江苏、湖北、湖南、福建、广东、海南、广西、重庆、四川、贵州、云南、西藏；越南，印度，缅甸，尼泊尔，斯里兰卡，马来西亚，印度尼西亚，澳大利亚，非洲。

（207）疑钩额螽 *Ruspolia dubia* (Redtenbacher, 1891)（图版Ⅷ-9）

异名：*Ruspolia jezoensis* (Matsumura & Shiraki, 1908)

别名：姬钩额螽、杰钩顶螽。

识别特征：体长 26.5～60.0 mm，体型中等。绿色或灰褐色。后足跗节浅褐色。灰褐色种类前胸背板侧片具暗褐色纵带。头顶缩短，长宽几相等，顶端钝圆。颜面较光滑，具零星细刻点。复眼球形。前胸背板密被皱纹状粗刻点。后侧角圆形。前胸腹板 1 对刺；中、后胸腹板裂叶三角形。前足基节 1 刺，腿节下侧光滑，内侧膝叶端部钝三角形，前足胫节下侧内、外侧各具 6 距。前翅窄长，超过后足腿节端部，端部狭圆形，下侧发声锉窄，端部较尖锐。后翅略短于前翅。

标本记录：灵寿县：6 头，五岳寨车轱辘坨，2017-Ⅸ-02，张嘉、尹文斌采。

分布：河北（唐县、顺平、安新、廊坊、大城、沧州）、黑龙江、吉林、辽宁、内蒙古、河南、陕西、甘肃、安徽、浙江、湖北、江西、湖南、福建、台湾、广西、重庆、四川、贵州、云南；俄罗斯（远东），朝鲜半岛，日本。

（208）尖头草螽 *Ruspolia lineosa* (Walker, 1869)（图版Ⅷ-10）

别名：尖头绿蚱蜢、黑胫钩额螽。

识别特征：体长雄性 35.0～40.0 mm，雌性 38.0～45.0 mm；前翅长雄性约 38.0 mm，雌性 40.0～42.0 mm。体绿色或黄绿色。头顶突出，端部宽圆，膨大呈球形，下部两侧呈三角形，无横沟切断。前胸背板平坦，侧片前窄后宽，前下缘钝圆形，后下缘略呈圆角状。前翅超过后足腿节端部，后足腿节基部明显变粗。各足腿节下侧均有刺。雄性尾须粗壮，内弯，端内侧 2 个细长刺。雌性尾部产卵管长针状，长约 20.0 mm，纵扁，棕褐色。

食性：黄瓜花、果肉、米粥粒、菜叶、小型昆虫。

分布：河北、山东、河南、陕西、江苏、上海、安徽、浙江、湖北、江西、湖南、福建、台湾、广东、广西、重庆、四川、贵州、云南；日本，东南亚，澳新区。

（209）中华尤螽 *Uvarovina chinensis* Ramme, 1939（图 83）

识别特征：体长 16.0～22.0 mm，前胸背板长 4.5～5.5 mm。褐灰色。头顶略宽于第 1 触角节。前胸背板较短，后缘具黑斑；侧片长、高近于相等，后缘和下缘具淡色边。前翅淡褐色，雄性前翅长达第Ⅱ腹节，端部圆截，雌性前翅长过第Ⅰ腹节。各足腿节褐色，下侧无刺；后足腿节基部除内侧外均具褐色横条纹。腹背具灰褐斑点和淡色条纹，下侧具黑纹。

标本记录：灵寿县：1头，五岳寨，2015-Ⅶ-27，袁志采。

分布：河北、吉林、内蒙古、北京、山东、河南。

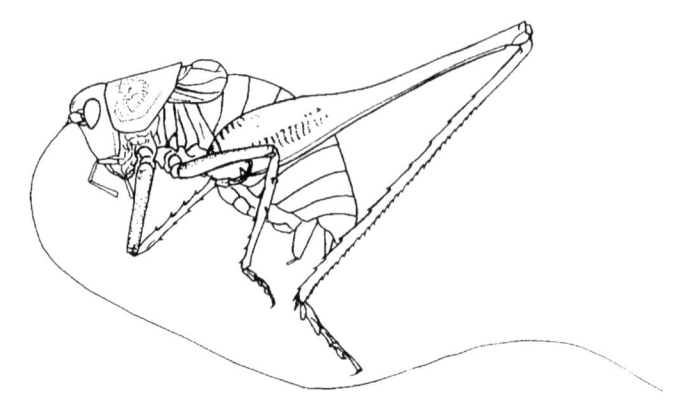

图83　中华尤螽 *Uvarovina chinensis* Ramme, 1939 体侧视（引自王治国和张秀江，2007）

（210）棒尾剑螽 *Xiphidiopsis clavata* Uvarov, 1933（图版Ⅷ-11）

识别特征：体长 10.0～11.0 mm。绿色。复眼后具黄色纵条纹，此条纹向后延伸至前胸背板。雄性前翅发音部具暗斑，腹部末节背板后缘平，中间具 2 较弱隆丘；尾须基半部较粗，沿内背侧具隆脊，端部棒状。前足胫节下侧内外侧具距。

标本记录：灵寿县：3 头，五岳寨风景区游客中心，2017-Ⅶ-17，张嘉、尹文斌采；3 头，五岳寨风景区游客中心，2017-Ⅶ-28，李雪、魏小英采；2 头，五岳寨风景区游客中心，2017-Ⅷ-16，张嘉、尹文斌采。

分布：河北、河南、陕西、甘肃、湖北、重庆、四川。

46. 蚤蝼科 Tridactylidae Brullé, 1835

体小型，体长 4.0～20.0 mm。形态介于蟋蟀和蚱蜢之间。深色或黑色，有时杂色或沙色，通常具光泽。口器咀嚼式。前胸背板发达。前翅为覆翅，革质，有亚缘脉，长短不一，有时无翅。前足为开掘足，后足发达，适于跳跃，其胫节端部有 2 个能活动的长片，用以起跳；跗式 2-2-3。腹部尾须短，分节不明显。雌性产卵器发达。渐变态发育。

世界已知 3 亚科 20 属约 162 种（亚种），通常生活于湖、池塘、沟渠、小溪等水域边缘的沙质底质中。中国记录 2 属 7 种。本书记述河北地区 1 属 1 种。

（211）日本蚤蝼 *Xya japonica* (De Haan, 1844)（图版Ⅷ-12）

识别特征：体长 5.0～5.6 mm。黑褐色至黑色。头短于前胸背板，复眼内缘有黄白斑。触角 10 节，念珠状。前胸背板拱起，背面有黄斑；侧缘黄白色，部分个体仅后下角黄白色。前翅短。中足胫节宽扁，各足胫节大部分黄褐色，有黑条纹；后足腿节膨大，背面有小黄白斑。尾须 2 节，多毛。

取食对象：小麦、玉米、蔬菜、稻及多种禾本科植物。

分布：河北、北京、天津、山东、江苏、浙江、江西、福建、台湾；日本。

47. 蛉蟋科 Trigonidiidae Saussur, 1874

体型较小，体长 4.0～9.0 mm，黑色或黄色。头圆凸，额突宽于第 1 触角节，复眼突出。触角细长，第 1 节长、宽约相等。前胸背板横宽，具毛；雄性前翅具发音器，如缺发音器，则前翅强角质化。足较长，后足胫节背距 3～5 枚；跗节第 2 节扁平；后足第 1 跗节上侧缺缘刺。产卵瓣侧扁，弯刀状，端尖，背缘具细齿。

世界已知有 7 族 103 属 965 种以上（包括 2 个化石属和 9 个化石种）。中国记录 3 亚科 18 属 83 种，大多生活在茅草或灌木丛中。本书记述河北地区 3 属 6 种。

(212) 基白双针蟋 *Dianemobius albobasalis* (Shiraki, 1936)（图 84）

识别特征：体长雄性 5.0～7.5 mm，雌性 6.5～8.5 mm；前胸背板雄性长 1.0～1.4 mm，雌性长 1.4～1.6 mm；前翅雄性长 3.8～4.3 mm，雌性长 2.6～4.0 mm；后足腿节雄性长 4.0～5.0 mm，雌性长 5.0～5.7 mm；产卵瓣长 4.0～5.4 mm。该种与白须双针蟋 *D. furumagiensis* 非常相像，与后者的主要不同点是：头部背面的斑纹不同，下颚须第 5 节全白色。

标本记录：涿鹿县：1 头，小五台山，2005-Ⅷ-23，刘宪伟采。

分布：河北、山东、浙江、台湾。

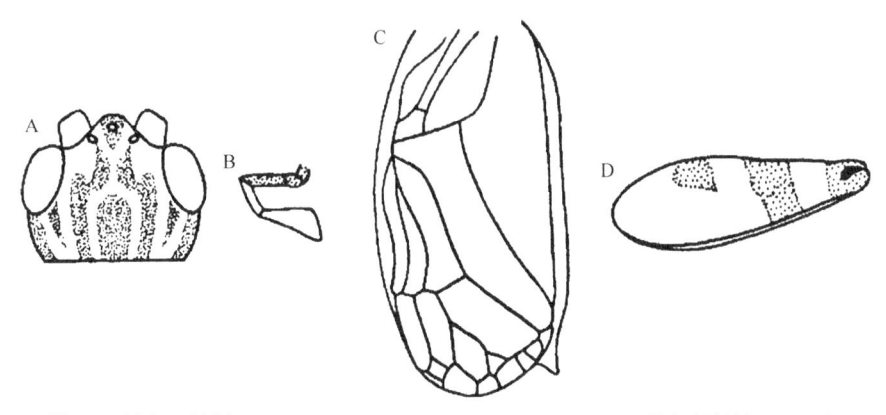

图 84 基白双针蟋 *Dianemobius albobasalis* (Shiraki, 1936)（引自何祝清，2010）
A. 头部背视；B. 下颚须；C. 雄性前翅背面；D. 后足腿节

(213) 滨双针蟋 *Dianemobius csikii* (Bolívar, 1901)（图 85）

识别特征：体长雄性 5.0～7.5 mm，雌性 6.5～7.5 mm。淡黄褐色。头部及前胸背板杂以褐斑纹。前翅略带黄色。足黄色，前、中足具暗黑斑纹，后足腿节外侧 3 条暗黑色横带。体被绒毛和刚毛。头部约等宽于前胸背板，额突略凸出，等宽于触角基节。复眼卵圆形，略突出 单眼 3 枚，呈倒三角形排列。前胸背板横宽，后缘略微宽于前缘。前足胫节仅外侧具听器；后足胫节背距外侧 3 枚，内侧 4 枚，端距 3 对，内侧中端距最长。前翅长达腹端（雄）或接近腹端（雌），两性斜脉仅 1 条，后翅均发达。雄性外生殖器长条状，端突中部具 1 不规则突起，中叶长度超过端突。雌性产卵瓣剑状，端瓣较细长，背缘具齿。

分布：河北、内蒙古、北京、山东、河南、甘肃、台湾、海南、云南、四川；俄罗斯，朝鲜，日本，印度，尼泊尔，斯里兰卡。

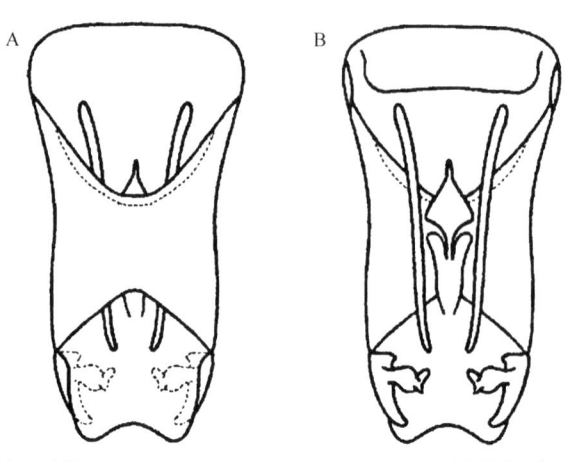

图 85　滨双针蟋 *Dianemobius csikii* (Bolívar, 1901)（引自何祝清，2010）
A. 雄性外生殖器背视；B. 雄性外生殖器腹视

（214）斑腿双针蟋 *Dianemobius fascipes* (Walker, 1869)（图版Ⅸ-1）

识别特征：体长雄性 5.0~5.5 mm，雌性 5.0~7.0 mm。黑褐色。头背颜色淡，后头有 5 条暗色纵纹，颜面黑色，下颚须基部 3 节暗黑色，端部 2 节白色。前胸背板背面淡色，侧片暗黑色。前翅褐色。足颜色较淡，前、中足腿节端半部暗黑色，后足腿节有 3 条黑色横带，各胫节具暗黑色环纹。体密被短绒毛并杂以较长刚毛。头部约等宽于前胸背板，额突略凸出，约等宽于触角基节。复眼椭圆形，微突出，单眼 3 枚，呈倒三角形排列；下颚须末节长约为端部宽的 2.0 倍。前胸背板横宽，后缘略宽于前缘，侧片下缘略凹。前足胫节仅外侧具开放型听器；后足胫节背距内外两侧均为 3 枚。端距 3 对，内侧上端距最长。前翅伸达腹端，端域退化。无后翅。雄性外生殖器端突短而内弯，其长不超过中叶。雌性前翅不达腹端，背区具 3 条纵脉；后翅退化，少数个体发达；产卵瓣剑状，端瓣较细长，背缘具齿。

分布：河北、吉林、内蒙古、北京、山东、河南、甘肃、江苏、上海、安徽、浙江、湖北、江西、福建、台湾、广东、海南、广西、四川、贵州、云南、西藏；日本，东南亚，巴基斯坦。

（215）白须双针蟋 *Dianemobius furumagiensis* (Ohmachi & Furukawa, 1929)（图 86）

识别特征：体长雄性 6.5~7.3 mm，雌性 6.5~7.5 mm。头背面暗色，后头 6 条淡色纵纹，下颚须基部 3 节暗黑色，端部 2 节全白色。前胸背板暗色略杂淡色，侧片完全暗黑色。前翅褐色，雌性前翅基部白色。足黄色，前、中足腿节端半部暗黑色，后足腿节具 3 条暗黑色横带。

分布：河北、内蒙古、山西、山东、浙江、台湾、广西、四川；俄罗斯，朝鲜，日本，越南，阿富汗。

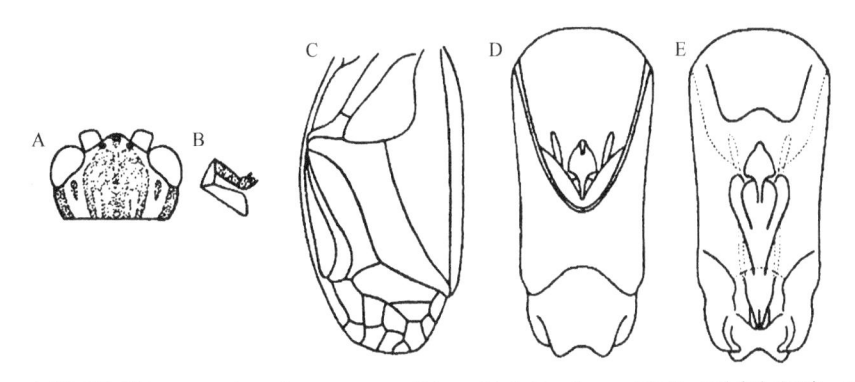

图 86 白须双针蟋 *Dianemobius furumagiensis* (Ohmachi & Furukawa, 1929)（引自何祝清，2010）
A. 头部背视；B. 下颚须；C. 雄性前翅；D. 雄性外生殖器背视；E. 雄性外生殖器腹视

（216）斑翅灰针蟋 *Polionemobius taprobanensis* **(Walker, 1869)**（图 87）

识别特征：体长雄性 4.5～5.0 mm，雌性 5.0～5.2 mm。黄褐色。后头具 6 条褐纵纹，颜面黑色；下颚须除第 5 节黑色外，其余淡黄色。前胸背板杂褐色横条纹，侧片上部具黑色宽纵带或完全暗黑色。足淡黄褐色，前翅 Sc 脉带白色，背区具黑斑，侧域暗黑色，边缘半透明。雄性密被短绒毛并杂有较长的刚毛。头与前胸背板等宽，复眼卵圆形，略突出，单眼 3 枚，呈倒三角形排列；额突略宽于触角基节。前胸背板横宽，后缘略宽于前缘；侧片下缘微凹。前足胫节仅外侧具开放型听器；后足胫节背距外侧 3 枚，内侧 4 枚，端距 3 对，内侧上端距最长。前翅伸达腹端，斜脉 1 条，端域退化。后翅退化，少数个体长后翅。外生殖器较长，1 对短端突。雌性前翅略长过腹部中央，背区 4 条纵脉，端部较圆，后翅退化，少数个体为长翅型。后足胫节内外两侧均有 3 枚背距。产卵瓣剑状，端瓣较细长，不宽于主干，顶端略上弯，背缘无齿。

分布：华北、东北、华中、华东、华南、西南；日本，东洋区。

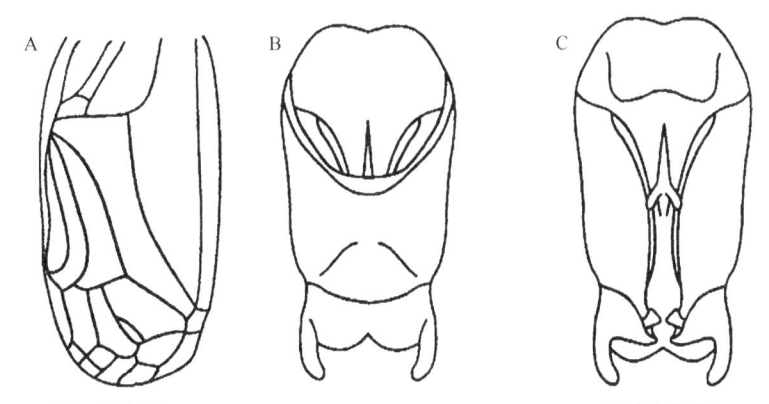

图 87 斑翅灰针蟋 *Polionemobius taprobanensis* (Walker, 1869)（引自何祝清，2010）
A. 雄性前翅；B. 雄性外生殖器背视；C. 雄性外生殖器腹视

（217）亮褐异针蟋 *Pteronemobius nitidus* **(Bolivar, 1901)**

识别特征：体长 6.0～7.0 mm。体黄褐色至黑褐色，具光泽。头部淡褐黄色，后头具 5

条模糊的褐色纵纹；前胸背板背面具暗色斑，侧片带暗褐色，前翅侧区带褐色。下颚须基部3节暗黑色，端2节白色，末节的端部常有较明显的暗黑色边。前胸背板背面颜色淡。前翅褐色。足淡色，前、中足腿节端半部暗黑色，后足腿节3条黑横带，各胫节具暗黑色环纹。头圆形，额突约与触角第1节等宽。前胸背板与头部等宽，横宽，侧缘平行。雄性前翅具斜脉1条，镜膜后部被分隔成4室，端域较退化，后翅常退化。前足胫节仅外侧具长椭圆形听器，后足腿节内外侧各具4背距内侧第1枚较粗短，第4枚基部膨大且弯曲。雌性前翅背区具4条斜纵脉。

标本记录：涿鹿县：4头，小五台山杨家坪林场，2005-Ⅶ-10，李静、滑会然采；1头，小五台山杨家坪林场，2004-Ⅶ-4，采集人不详。

分布：河北、北京、山东、宁夏、江苏、上海、浙江、江西、湖南、福建、海南、广西、四川、云南；俄罗斯，日本。

XVI-2. 蝗亚目 Caelifera Ander, 1939

体中型至大型，下口式，咀嚼式口器，单眼2或3个。触角丝状、剑状或锤状，30节以下，短于身体。前胸背板发达，马鞍形，中后胸愈合。前翅覆翅，后翅膜翅，翅或长或短或无翅型，后翅色常鲜艳。听器位于第Ⅰ腹节两侧。后足跳跃式；跗节3节。产卵器短凿状或瓣状。

世界已知2亚目8总科22科2400属11 000余种，其中仅蝗总科Acridoidea被描述的物种种数就超过1600属7200种。中国记录283属1200余种。该类昆虫危害藻类、苔藓植物、蕨类植物、裸子植物和被子植物的叶片与生殖器官，甚至被子植物的根部，有些物种是重要的经济害虫。本书记述河北地区6科35属56种。

48. 剑角蝗科 Acrididae MacLeay, 1821

体型粗短至细长，变异较大，大多侧扁。头钝锥形或长锥形。头侧窝发达、不明显或缺。颜面向后倾斜。复眼较大，位于近顶端而远离基部。触角剑状，基部各节较宽，其宽大于长，自基部逐渐向端部趋狭。前胸背板中隆线较弱，侧隆线完整或缺。前胸具腹突或无。前、后翅均发达，大多较狭长，端部尖，有时短缩或呈鳞片状，侧置。后足腿节上基片长于下基片，外侧中区具羽状纹，内侧下隆线具音齿或缺。鼓膜器发达。阳具基背片具锚状突，侧片不呈独立的分支。

世界已知超过10 000种（亚种），广布于中国南北方、蒙古高原、中亚、西亚的干旱草原。中国记录27属70种以上。本书记述河北地区16属28种。

(218) 中华剑角蝗 *Acrida cinerea* Thunberg, 1815（图版Ⅸ-2）

识别特征：体长雄性30.0～47.0 mm，雌性58.0～81.0 mm。绿色或褐色；绿色个体在复眼后、前胸背板侧上部、前翅肘脉域具淡红色纵纹，褐色个体前翅中脉域具黑纵纹，中闰脉1列淡色短条纹；后翅淡绿色；后足腿节和胫节绿色或褐色。头圆锥形；颜面极倾斜，体长具纵沟；头顶自复眼前缘到头顶顶端的长度等于或略短于复眼的纵径。前胸背板具细小颗粒，侧隆线近直，后横沟位于背板中部的稍后处。前翅超过后足腿节的顶端，顶尖锐。后足腿节上膝侧片顶端内侧刺长于外侧刺；跗节爪间中垫长于爪。雌性头顶自复眼前缘到头顶顶端的长度等于或大于复眼的纵径；下生殖板后缘3突起，中突与侧突几乎等长。

取食对象： 稻、小麦、高粱、玉米、稷、花生、棉花、甘蔗、大豆、红薯、烟草、桑、茶、蔬菜、多种牧草。

标本记录： 邢台市：2头，宋家庄乡不老青山风景区，2016-IX-5，郭欣乐采；蔚县：1头，小五台山，2008-VII-3，采集人不详；灵寿县：2头，五岳寨牛城乡牛庄，2015-VIII-11，周晓莲、袁志采。

分布： 河北、北京、山西、山东、陕西、宁夏、甘肃、江苏、安徽、浙江、湖北、江西、湖南、福建、广东、广西、四川、贵州、云南。

(219) 隆额网翅蝗 *Arcyptera coreana* (Shiraki, 1930)（图版IX-3）

识别特征： 体长 27.0～30.0 mm。褐色或暗褐色。头顶和后头中间具中隆线。前胸背板具黑斑；中隆线明显，前、中、后横沟明显，后横沟切断中、侧隆线。翅长超过后足腿节端部；前翅中脉域和肘脉域具黑斑；后翅黑褐色或暗黑色。后足腿节内侧具3个黑横斑，内侧下隆线和下侧中隆线间淡红色。后足胫节基部黑色，近基部具黄色环，余部淡红色或红色。尾须锥形。

取食对象： 红薯、马铃薯、玉米等禾本科植物。

标本记录： 围场县：1头，塞罕坝大唤起德胜沟，2015-VII-14，塞罕坝普查组采；1头，木兰围场五道沟，2016-VII-11，赵大勇采；蔚县：5头，小五台山王喜洞，2009-VI-21，李新江、姜鸿达采；3头，小五台山金河口，2009-VI-19，李新江、姜鸿达采；涿鹿县：13头，小五台山杨家坪林场，2009-VI-27，李新江、姜鸿达采。

分布： 河北、黑龙江、吉林、辽宁、内蒙古、山东、河南、陕西、宁夏、甘肃、江苏、江西、四川；朝鲜。

(220) 网翅蝗 *Arcyptera fusca fusca* (Pallas, 1773)（图版IX-4）

识别特征： 体长雄性 24.0～28.0 mm，雌性 30.0～39.0 mm。暗黄褐色。前胸背板侧隆线处具淡色纵纹；后翅近乎黑褐色；后足腿节内下侧红色，内侧具3黑色横斑，外侧具明显淡色膝前环，膝部黑色；胫节红色，基部黑色，近基部具淡色环。头顶宽短，顶钝，具粗大刻点；头侧窝明显，宽平；颜面侧视后倾，隆起较宽平。复眼小，卵形。前胸背板宽平；沟前区长于沟后区。前翅超过后足腿节顶端，翅顶宽圆；肘脉域宽。后足腿节下膝侧片顶端圆形。雌性触角不达前胸背板后缘；前胸背板后横沟较直，中部略向前突出；前翅略超过后足腿节的中部，翅顶狭圆；亚前缘脉域中部较宽，肘脉域宽，约为中脉域宽2.0倍。

取食对象： 红薯、马铃薯、玉米等禾本科植物。

标本记录： 赤城县：7头，黑龙山东沟，2015-VII-27，闫艳采；2头，黑龙山马蜂沟，2015-VII-29，闫艳采；3头，黑龙山南沟，2015-VIII-9，闫艳、尹悦鹏采；2头，黑龙山骆驼梁，2015-VIII-20，闫艳采；2头，黑龙山二道沟，2015-VIII-25，闫艳采；围场县：1头，木兰围场五道沟，2016-Ⅶ-11，赵大勇采；邢台市：1头，宋家庄乡不老青山马岭关，2015-Ⅶ-19，郭欣乐采；1头，宋家庄乡不老青山牛头沟，2015-Ⅸ-3，常凌小采；1头，宋家庄乡不老青山风景区，2015-Ⅸ-10，郭欣乐采。

分布：河北、河南、新疆；蒙古国，俄罗斯。

（221）短星翅蝗 *Calliptamus abbreviatus* Ikonnikov, 1913（图版Ⅸ-5）

识别特征：体长雄性12.9~21.1 mm，雌性23.5~32.5 mm。体褐色或黑褐色；前翅具许多黑色小斑点；后足腿节内侧红色具2不完整的黑纹带，基部有不明显的黑斑点，后足胫节红色。头短于前胸背板，头顶向前突出，低凹；颜面侧视微后倾，缺纵沟。触角丝状，超过前胸背板的后缘。前胸背板中隆线低，侧隆线明显；后横沟近位于中部，沟前区和沟后区近等长；前胸腹突圆柱状，顶端钝圆。前翅较短，通常不长达后足腿节的端部。后足腿节粗短，长为宽的2.9~3.3倍，上侧中隆线具细齿；后足胫节缺外端刺，内缘9枚刺，外缘8或9枚刺。尾须狭长，上、下两齿几乎等长，下齿顶端的下小齿较尖或略圆。雌性触角不达或刚达前胸背板后缘。

取食对象：棉花、大豆、绿豆、蚕豆、玉米、瓜类、马铃薯、红薯、芝麻、蔬菜。

标本记录：赤城县：1头，黑龙山望火楼，2015-Ⅷ-13；2头，黑龙山望火楼，2015-Ⅷ-19；2头，黑龙山二道沟，2015-Ⅷ-25，闫艳采；围场县：1头，木兰围场北沟分场，2015-Ⅷ-28，李迪采；1头，木兰围场五道沟，2015-IX-06，马莉采；邢台市：1头，宋家庄乡不老青山风景区后山，2015-Ⅷ-12，郭欣乐采；2头，宋家庄乡不老青山风景区，2015-IX-5，常凌小采；蔚县：71头，小五台山金河口，1998-Ⅶ-29，刘世瑜采；10头，小五台山，1999-Ⅶ-25，崔文明采；1头，小五台山金河口，1999-Ⅶ-21，李新江采；涿鹿县：2头，小五台山杨家坪，1998-Ⅶ-30，石爱民采；灵寿县：3头，五岳寨车辋辘坨，2017-IX-02；2头，五岳寨风景区游客中心，2017-Ⅶ-17；张嘉、尹文斌采。

分布：华北、东北、西北（陕西、宁夏、甘肃）、华东、华中、华南、西南（四川、贵州）；蒙古国（东北部），俄罗斯，朝鲜。

（222）红褐斑腿蝗 *Catantops pinguis* (Stal, 1860)（图版Ⅸ-6）

识别特征：体长 25.0~35.0 mm。黄褐色或褐色。前胸背板侧片无黑斑纹，或有时具黑色小斑点。后胸前侧片具1条黄色斜纹。后足腿节外侧黄色或黄褐色，具1或2个长达或不长达中部的黑褐斑纹；内侧红色、黄色或橙红色，具3个分开的黑斑纹（也有基部和中部斑纹连成纵纹的个体），内下侧红色。后足胫节红色、黄色或橙红色。

取食对象：小麦、玉米、高粱、稻、棉花、桑、红薯。

标本记录：灵寿县：1头，五岳寨风景区游客中心，2017-Ⅶ-13，尹文斌采。

分布：河北、河南、陕西、江苏、湖北、江西、福建、台湾、广东、广西、重庆、四川、贵州、云南、西藏；日本，印度，缅甸，斯里兰卡。

（223）棉蝗 *Chondracris rosea* (De Geer, 1773)（图版Ⅸ-7）

识别特征：体长 44.0~81.0 mm。体型粗大，绿色或黄绿色，体表被较密长绒毛和粗大刻点。头大且短，头顶宽短，顶端钝圆，无中隆线。前胸背板中隆线明显隆起，腹突呈长圆锥形，向后倾斜，顶端达中胸。后翅基部玫瑰红色，顶端青绿色或黄绿色。后足腿节内侧黄色，胫节红色，胫节刺基部黄色，顶端黑色。

取食对象：刺槐、棉花、稻、豆类等农作物及杂草。

分布：华北、东北、华东、华中、华南；朝鲜，日本，越南，老挝，泰国，印度，菲律宾，马来西亚，巴基斯坦。

（224）黑翅雏蝗 *Chorthippus aethalinus* **(Zubovsky, 1899)**（图88）

识别特征：体长 17.0～19.0 mm。暗褐色，前胸背板沿侧隆线有黑色宽纵带。前翅褐色，后翅黑色；后足腿节外侧及上侧 2 暗黑横斑，内侧基部具黑斜纹，下侧橙黄，膝部黑；后足胫节橙黄，基部黑褐。头顶直角形或钝角形，顶圆。头侧窝四角形。颜面倾斜，侧缘在中眼以上近平行，向下渐宽，具中纵沟或自中眼以下具纵沟。触角丝状，长过前胸背板后缘。复眼长卵形。前胸背板前缘平直，后缘钝角形突出；中隆线明显，侧隆线在沟前区角形弯曲，在沟后区较宽地分开；后横沟位于背板中部，并切断中侧隆线，沟前区长度与沟后区近相等；前胸背板侧片高略大于长，前下角钝角形，后下角宽圆形。后足腿节膝侧片顶圆。后足胫节刺外 11～13 个，内 11～13 个。跗节爪等长，爪间中垫长过爪长之半。

取食对象：禾本科植物。
标本记录：涿鹿县：1 头，小五台山杨家坪，1998-Ⅶ-30，石爱民采。
分布：河北、黑龙江、吉林、内蒙古、山西、河南、陕西、宁夏、甘肃；俄罗斯（西伯利亚）。

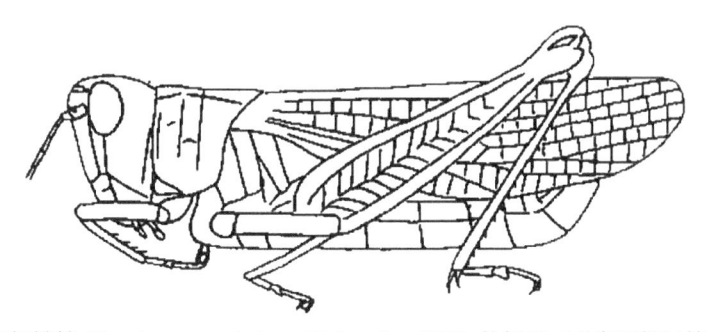

图88 黑翅雏蝗 *Chorthippus aethalinus* (Zubovsky, 1899) 体侧视（引自郑哲民等，1998）

（225）白纹雏蝗 *Chorthippus albonemus* **Cheng & Tu, 1964**（图版Ⅸ-8）

识别特征：体长雄性 11.0～13.5 mm，雌性 17.5～24.0 mm；前翅长雄性 6.4～10.0 mm，雌性 9.5～13.0 mm。雌性体型较雄性粗大。复眼较小，其纵径为眼下沟长的 1.2～1.4 倍。前翅较短，不长达腹末；缘前域及中脉域具闰脉，前缘脉域和中脉域有时亦具闰脉；中脉域最宽处为肘脉域宽的 1.2～1.8 倍。产卵瓣端部钩状。

取食对象：禾本科牧草。
分布：河北、河南、陕西、宁夏、甘肃、青海。

（226）华北雏蝗 *Chorthippus brunneus huabeiensis* Xia & Jin, 1982（图版Ⅸ-9）

识别特征：体长 14.0~25.0 mm。中小型，体褐色。前胸背板侧隆线处具黑色纵纹，前翅褐色，在翅顶 1/3 处具 1 淡色纹。后翅透明。后足腿节内侧基部具黑斜纹，膝部淡色，后足胫节黄褐色。雄性腹端有时橙黄色或橙红色。头顶前缘明显呈钝角形。头侧窝明显低凹，狭长四角形。颜面倾斜，颜面隆起较狭，两侧缘明显，中间低凹，形成纵沟。触角丝状。前胸背板侧隆线在沟前区明显呈角形弯曲；后横沟位于背板中部之前，沟前区明显短于沟后区。前翅狭长，超过后足腿节顶端，前缘脉域有时具较弱的闰脉，宽大于中脉域的宽度，中脉域宽略大于肘脉域的宽度。后翅与前翅等长。后足腿节内侧下隆线具音齿约 133 个，音齿列长约 4.5 mm，音齿为钝圆形。跗节爪间中垫宽大，其长超过爪之半。

取食对象：禾本科植物。

标本记录：涿鹿县：11 头，小五台山唐家林场，2009-Ⅵ-26，李新江、姜鸿达采。

分布：河北、内蒙古、北京、天津、山西、陕西、宁夏、甘肃、青海、新疆、西藏。

（227）中华雏蝗 *Chorthippus chinensis* Tarbinsky, 1927（图版Ⅸ-10）

识别特征：体长雄性 17.5~23.0 mm，雌性 21.0~27.0 mm。体暗褐色，触角褐色，复眼红褐色，前胸背板沿侧隆线具黑色纵带纹；前翅褐色，后翅黑褐色；后足腿节外、上侧 2 黑横斑，内侧基部具黑斜纹，下侧橙黄色，膝部黑色；后足胫节橙黄色，基部黑褐色；腹末橙黄色。头顶锐角形；头侧窝狭长四边形；颜面倾斜，隆起狭，触角基部具浅纵沟。触角向后长达后足腿节基部。前胸背板前缘平，后缘圆角形突出；中隆线明显，侧隆线角形内凹；沟的前、后区近等长。前后翅近等长，超过后足腿节顶端，前缘脉及亚前缘脉"S"形弯曲，径脉域较宽（雄性），或刚达后足腿节顶端（雌性）。后足腿节内侧下隆线具音齿；膝侧片顶圆形。鼓膜孔宽缝状。

取食对象：豆类、禾本科牧草、稻、玉米、红薯、马铃薯等。

标本记录：涿鹿县：28 头，小五台山杨家坪林场，2009-Ⅵ-27，李新江、姜鸿达采；蔚县：3 头，小五台山金河口，1998-Ⅶ-29，刘世瑜采；灵寿县：5 头，五岳寨风景区游客中心，2017-Ⅷ-16，张嘉、尹文斌采；7 头，五岳寨风景区游客中心，2017-Ⅶ-13，尹文斌、魏小英采；2 头，五岳寨瀑布景区，2017-Ⅶ-14，张嘉、李雪采；3 头，五岳寨风景区游客中心，2017-Ⅶ-28，李雪、魏小英采；2 头，五岳寨主峰，2017-Ⅷ-06，张嘉、李雪采；3 头，五岳寨车轱辘坨，2017-Ⅷ-25，张嘉、尹文斌采；2 头，五岳寨花溪谷，2016-Ⅵ-08，牛亚燕、闫艳采。

分布：河北、陕西、甘肃、四川、贵州。

（228）小翅雏蝗 *Chorthippus fallax* (Zubovsky, 1899)（图版Ⅸ-11）

识别特征：体长 9.0~22.0 mm。褐色或褐绿色。复眼后具黑褐色眼后带。前翅黄褐色、褐色或淡褐色。后足腿节黄褐色，上侧绿色，内侧基部无黑斜纹，膝部淡色，上膝侧片黑褐色；后足胫节黄色；腹部黄绿色。头短于前胸背板。头顶前缘近直角形。头侧窝狭长方形，长为宽的 3.0 倍；颜面倾斜，隆起上具纵沟。触角细长，向后可达后足腿节基部。复眼卵形。前胸背板前缘平直，后缘钝角形突出；中、侧隆线均明显，侧隆线中部略内弯；后横沟位于背板近中部，沟前区几与沟后区等长。前翅发达，长达后足腿节 2/3 处，翅宽，翅顶宽圆，前缘脉域较宽；亚前缘脉域与肘脉域几等宽。后翅退化，鳞片状，不达前翅之半。后足腿节内侧下隆线具音齿，膝侧片顶圆。跗节爪间中垫较大，长过爪长之半。

取食对象：禾本科植物。

标本记录：蔚县：1 头，小五台山金河口，1998-Ⅶ-29，刘世瑜采。

分布：河北、内蒙古、山西、陕西、宁夏、甘肃、青海、新疆；蒙古国，俄罗斯，哈萨克斯坦。

(229) 北方雏蝗 Chorthippus hammarstroemi (Miram, 1906)（图版Ⅸ-12）

识别特征：体长 15.0~21.0 mm。黄褐色、褐色或黄绿色。前胸背板侧隆线无明显的暗纵纹。后足腿节橙黄色或黄褐色，内侧基部无黑斜纹，膝部黑色。后足胫节橙黄色或橙红色，基部黑色。颜面倾斜。头侧窝四角形。触角细长，超过前胸背板后缘。前胸背板前缘平直，后缘钝角形突出；中隆线明显，侧隆线在沟前区微弯；后横沟在背板中部偏后处；仅后横沟切断中、侧隆线。前翅发达，雄性长达后足腿节膝部，翅顶向顶端明显变狭，顶圆；雌性长达后足腿节中部并在背部毗连；缘前脉域长不达翅中部（雄性），或超过翅中部（雌性）。后足腿节匀称，内侧下隆线具音齿，膝侧片顶圆。

取食对象：禾本科植物。

标本记录：蔚县：1 头，小五台山，1999-Ⅶ-25，崔文明采。

分布：河北、黑龙江、北京、山西、山东、陕西、宁夏、甘肃。

(230) 呼城雏蝗 Chorthippus huchengensis Xia & Jin, 1982（图 89）

识别特征：体长 15.8~19.0 mm。中小型，黄褐色。后翅透明。后足腿节上膝侧片为暗色。头部前缘近直角形，头侧窝明显低凹，长方形。颜面隆起较狭，两侧缘明显，中间低凹，形成纵沟。触角丝状，中段 1 节的长度为宽度的 2.0 倍。前胸背板前缘略弧形，后缘钝角形；中隆线明显，侧隆线在沟前区略呈弧形弯曲，在沟后区明显扩大；后横沟位于背板中部，沟前区的长度与沟后区几相等。中胸腹板侧叶间中隔近乎方形，其长短于侧叶之宽。前、后翅均发达，超过后足腿节端部，几乎长达后足胫节的中部；前翅缘前脉域较宽，具明显的闰脉。后足腿节匀称，腿节内侧具音齿 96（±7）个，音齿列在基段排列整齐，音齿为长锥形，端部较狭。跗节爪间中垫宽大，超过爪之中部。鼓膜孔为宽卵形。

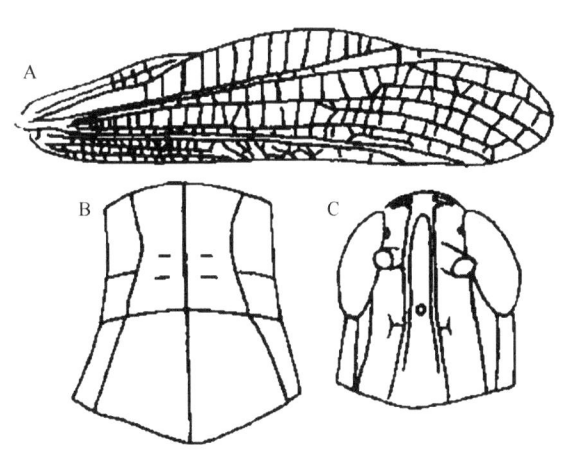

图 89 呼城雏蝗 Chorthippus huchengensis Xia & Jin, 1982（引自郑哲民等，1998）
A. 前翅；B. 前胸背板；C. 头正面观

取食对象：禾本科植物。

标本记录：涿鹿县：1 头，小五台山杨家坪林场，1998-Ⅶ-30，石爱民采。

分布：河北、内蒙古、陕西、甘肃。

（231）东方雏蝗 *Chorthippus intermedius* (Bey-Bienko, 1926)（图版Ⅹ-1）

识别特征：雄性体长 15.0～18.0 mm。体黄褐色、褐色或暗黄绿色；前胸背板侧隆线处具黑纵条纹；后足腿节呈黄褐色，内侧基部具黑斜纹；后足胫节黄色，基部黑色。头短于前胸背板，头顶前缘几呈锐角形；颜面略倾斜。触角可达后足腿节中部。前胸背板中隆线明显，侧隆线长；前、中横沟不甚明显，后横沟明显，切断中、侧隆线，沟前区与沟后区等长。前翅长达或略超过腹末，缘前脉域具闰脉；后翅略短于前翅。后足腿节内侧下隆线处具音齿 107～131 个。尾须短锥形，粗壮。雌性体较雄性略大而粗壮；颜面近乎垂直。触角刚达前胸背板后缘；前翅较短，缘前脉域、中脉域及肘脉域均具弱闰脉。

标本记录：赤城县：1 头，黑龙山东沟，2015-Ⅶ-27，闫艳采；1 头，黑龙山大南沟，2016-Ⅷ-13，于广采；围场县：2 头，木兰围场五道沟，2015-Ⅷ-06，宋烨龙采；1 头，木兰围场北沟分场，2015-Ⅷ-28，蔡胜国采；1 头，木兰围场四合永头道川，2015-Ⅷ-21，宋烨龙采；1 头，木兰围场燕格柏林场，2016-Ⅷ-17，马晶晶采；1 头，木兰围场种苗场查字，2016-Ⅶ-12，董艳新采；1 头，木兰围场查字营林区，2016-Ⅷ-01，王祥瑞采；1 头，木兰围场龙潭沟，2016-Ⅶ-18，张润杨采；4 头，木兰围场车道沟，2016-Ⅶ-26，高雪燕采；1 头，木兰围场桃山林场乌拉哈，2015-Ⅵ-30，马晶晶采；蔚县：3 头，小五台山上寺沟，2009-Ⅵ-18，李新江、姜鸿达、刘世瑜采；92 头，小五台山王喜洞，2009-Ⅵ-21，李新江、姜鸿达、刘世瑜采；7 头，小五台山金河口，2009-Ⅵ-19，李新江、姜鸿达、刘世瑜采；涿鹿县：12 头，小五台山山涧口，2009-Ⅵ-22，李新江、姜鸿达采；151 头，小五台山东灵山，2009-Ⅵ-28，李新江、姜鸿达采；23 头，小五台山唐家场，2009-Ⅵ-26，李新江、姜鸿达采；1 头，小五台山杨家坪，1998-Ⅶ-30，石爱民采；灵寿县：2 头，五岳寨西木佛，2015-Ⅶ-25，袁志、邢立捷采；4 头，五岳寨国家森林公园七女峰，2016-Ⅴ-22，牛一平、牛亚燕采。

取食对象：牧草。

分布：河北、黑龙江、吉林、辽宁、内蒙古、山西、河南、陕西、宁夏、甘肃、青海、四川、西藏；蒙古国，俄罗斯。

（232）青藏雏蝗 *Chorthippus qingzangensis* Yin, 1984（图版Ⅹ-2）

识别特征：体长雄性 13.4～16.9 mm，雌性 19.6～24.5 mm。黄绿色、绿色；头背、前胸背板、前翅有时棕褐色；前翅前缘脉域常具白条纹。头较前胸背板短，颜面倾斜。前胸背板中、侧隆线明显，侧隆线近平行；后横沟前、后区约等长。前翅长达或超过后足腿节端部，翅痣明显。后足腿节、胫节黄褐色，腿节端部色较暗。尾须圆柱形。产卵瓣较长，下产卵瓣近端部具凹陷。

取食对象：牧草。

标本记录：赤城县：1 头，黑龙山黑河源头，2016-Ⅶ-17，闫艳采；围场县：9 头，塞罕坝大唤起小梨树沟，2015-Ⅷ-20，塞罕坝普查组采；7 头，塞罕坝北曼甸高台阶，2015-Ⅷ-14，塞罕坝普查组采；5头，塞罕坝大唤起德胜沟，2015-Ⅶ-14，塞罕坝普查组采；3头，木兰围场五道沟，2015-Ⅷ-06，赵大勇采；5头，木兰围场四合永头道川，2015-Ⅷ-21，宋烨龙采；1头，木兰围场北沟分场，2015-Ⅷ-28，赵大勇采；1头，木兰四道沟，2016-Ⅶ-26，高雪燕采；1头，木兰围场北沟分场，2015-Ⅷ-28，蔡胜国采；蔚县：1头，小五台山王喜洞，2009-Ⅵ-21；涿鹿县：44头，小五台山唐家场，2009-Ⅵ-26；均由李新江、姜鸿达采；灵寿县：2头，五岳寨风景区游客中心，2017-Ⅶ-28；2头，五岳寨风景区游客中心，2017-Ⅷ-16；均由张嘉、尹文斌采；4头，五岳寨国家森林公园七女峰，2017-Ⅶ-18，张嘉、魏小英采。

分布：河北、黑龙江、内蒙古、山西、宁夏、甘肃、青海、新疆、西藏。

（233）山东雏蝗 *Chorthippus shantungensis* Chang, 1939

识别特征：体长雄性 15.3～16.0 mm，雌性 20.0～22.0 mm。体褐色。前胸背板沿侧隆线具黑纵纹。前翅褐色，中脉域具暗斑。后翅透明。后足腿节褐色，上侧 2 暗横斑，膝部黑褐色，下侧红色（雄）或黄色（雌）。头顶顶端直角形，头侧窝狭长四角形，长约为宽的 2.5 倍。颜面倾斜，颜面隆起，自触角以下具纵沟，侧缘明显。触角细长，其长度为头和前胸背板之和的 1.5 倍，中段 1 节长为宽的 2.0 倍。前胸背板前缘平截或略突出，后缘钝角形突出，中隆线明显，侧隆线在沟前区弯曲，在沟后区扩大；后横沟位于背板中部；前胸背板侧片高大。前翅发达，长达后足腿节顶端但不超过，雄性不超过后腿节膝部，顶狭圆形。后翅与前翅等长。后足腿节较细。雄性肛上板三角形，具中纵沟，中部具横脊。尾须粗。下生殖板短锥形，顶钝。雌性产卵瓣粗短。

取食对象：禾本科杂草。

分布：河北、山东、河南、江苏。

（234）长翅燕蝗 *Eirenephilus longipennis* (Shiraki, 1910)（图版Ⅹ-3）

识别特征：体长雄性 21.0～24.0 mm，雌性 27.2～31.5 mm；前翅长雄性 19.0～25.0 mm，雌性 24.0～28.5 mm。暗绿色，被白色毛。头顶短，中间略凹，侧缘明显。自复眼后方沿前胸背板侧隆线处具黑色纵条纹。颜面略向后倾斜，颜面隆起明显，具明显的纵沟，两侧缘近平行。触角丝状，超过前胸背板的后缘，复眼卵形。前胸背板中隆线低细，仅在沟后区可见，被 3 横沟割断；后横沟位于前胸背板的中部，沟前区和沟后区的长度近相等。前胸背板的前缘平直，后缘宽圆形。前胸腹突圆锥状，顶端尖。前、后翅到达或略长过后足胫节的中部。胫节无外端刺。

取食对象：榆、榛、草木樨、野豌豆、香茶菜属、艾蒿、山楂、悬钩子、牛蒡、白屈菜、委陵菜、狗尾草等。

标本记录：兴隆县：1头，雾灵山五岔沟，2015-Ⅶ-10；3头，雾灵山冰冷沟，2016-Ⅷ-5；3头，雾灵山小扁担沟，2016-Ⅶ-14；采集人均不详。

分布：河北、黑龙江、吉林、内蒙古、山西、新疆。

（235）素色异爪蝗 *Euchorthippus unicolor* (Ikonnikov, 1913)（图 90）

识别特征：体长 13.1～23.0 mm。黄绿色或褐绿色。前胸背板侧隆线外侧暗纵纹不明显。前翅黄绿色或黄褐色。后足腿节及胫节黄绿色或黄褐色，上膝侧片暗色。头较前胸背板短；顶宽短，呈钝角形，头顶及后头中隆线不明显。头侧窝四角形，长是宽的2.0倍以上。颜面向后倾斜，明显隆起，具纵沟，侧缘近平行。触角长丝状，超过前胸背板后缘。复眼卵形。前胸背板前缘较直，后缘圆弧形；中隆线低而明显，侧隆线在沟前区近平行，在沟后区略扩大，后横沟位于中部之后，沟前区长于沟后区。前翅狭长，顶尖，长达肛上板基部；缘前脉域近基部显扩，顶端不超过前翅中部。后足腿节膝侧片顶端圆；后足胫节刺内11或12个，外10或11个，缺外端刺。爪间中垫大，长达爪的顶端。

标本记录：灵寿县：1头，五岳寨车轱辘坨，2017-Ⅸ-02，张嘉采。

分布：河北、黑龙江、吉林、辽宁、山西、陕西、宁夏、青海。

图90 素色异爪蝗 *Euchorthippus unicolor* (Ikonnikov, 1913)（引自郑哲民等，1998）
A. 头、前胸背板侧视；B. 前胸背板背视；C. 雄性腹端侧视

(236) 北极黑蝗 *Melanoplus frigidus* (Boheman, 1846)（图版Ⅹ-4）

识别特征：体长15.3～32.3 mm，灰褐色、褐色或黑褐色。复眼的后方、前胸背板沟前区两侧具暗色纵条纹。后足腿节顶端暗色，内外侧的底侧有2个黑色横斑纹；腿节的底侧和后足胫节红色，胫节刺黑色或顶端黑色。

取食对象：牧草。

标本记录：涿鹿县：6头，小五台山东灵山，2009-Ⅵ-28，李新江、姜鸿达采。

分布：河北、黑龙江、山西、新疆；蒙古国，欧洲，北美洲。

(237) 条纹鸣蝗 *Mongolotettix vittatus* (Uvarov, 1914)（图版Ⅹ-5）

识别特征：体长雄性16.5～18.5 mm，雌性27.0～28.0 mm。前翅长雌性3.0～3.5 mm，雄性7.0～8.0 mm。体较细长。头大，略短于前胸背板。颜面向后倾斜，隆起明显，具纵沟，中眼之下较宽，向下端展开。触角剑状，基部数节宽阔，向端部渐变细。前胸背板宽平，中隆线较低。前翅雄性发达，雌性不发达，长卵形，具1条较狭的黑褐色纵条纹，在背部彼此不相毗连。后足腿节外侧下膝侧片顶端较尖锐。

取食对象：禾本科杂草。

标本记录：围场县：3头，塞罕坝四道河口，2016-Ⅶ-20，方程采；5头，塞罕坝马蹄坑，2016-Ⅷ-15，周建波、袁中伟采；2头，塞罕坝长腿泡子，2016-Ⅷ-08，周建波采；2头，塞罕坝阴河前曼甸，2015-Ⅶ-01，塞罕坝考察组采；蔚县：39头，小五台山上寺沟，2009-Ⅵ-18，李新江、姜鸿达采；77头，小五台山金河口，2009-Ⅵ-19，李新江、姜鸿达采；16头，小五台山赤崖堡，2009-Ⅵ-23，李新江、姜鸿达采；1头，小五台山金河口，1998-

Ⅶ-29，刘世瑜采；49 头，小五台山王喜洞，2009-Ⅵ-21，李新江、姜鸿达采；涿鹿县：12 头，小五台山山涧口，2009-Ⅵ-22，李新江采；8 头，小五台山东灵山，2009-Ⅵ-28，李新江采；26 头，小五台山唐家场，2009-Ⅵ-26，李新江采；1 头，小五台山杨家坪林场，2009-Ⅵ-27，李新江采。

分布：河北、黑龙江、吉林、内蒙古、北京、陕西、甘肃；蒙古国，俄罗斯（南西伯利亚南部）。

（238）长翅幽蝗 *Ognevia longipennis* (Shiraki, 1910)（图版 X-6）

识别特征：体长 20.2～26.1 mm（雄）或 24.5～34.3 mm（雌），前胸背板长 4.2～5.7 mm（雄）或 5.3～6.9 mm（雌），前翅长 17.1～27.1 mm（雄）或 26.0～31.3 mm（雌），后足腿节长 10.5～12.9 mm（雄）或 13.2～16.8 mm（雌）。褐绿色，或背面褐色，侧面绿色。头在复眼之后，沿前胸背板侧片的上缘具明的深褐色纵条纹。前翅褐色；后翅透明淡暗色，翅脉为深色。后足腿节绿色或褐色，膝部为暗褐色。后足胫节青绿色，基部和端部暗色，胫节刺顶端为黑色。

取食对象：禾本科牧草。

标本记录：兴隆县：1 头，雾灵山五岔沟，2015-Ⅶ-10，采集人不详；3 头，冰冷沟，2016-Ⅷ-5，采集人不详；3 头，雾灵山小扁担沟，2016-Ⅶ-14，潘昭采；蔚县：2 头，小五台山金河口，1998-Ⅶ-29，刘世瑜采；灵寿县：1 头，五岳寨风景区游客中心，2017-Ⅷ-16，张嘉采。

分布：河北（丰宁、平泉、兴隆、涿鹿、张北、蔚县、平山）、黑龙江、吉林、内蒙古、山西、新疆；蒙古国，俄罗斯（西伯利亚、远东），朝鲜，日本，哈萨克斯坦。

（239）红腹牧草蝗 *Omocestus* (*Omocestus*) *haemorrhoidalis* (Charpentier, 1825)（图版 X-7）

识别特征：体长 11.7～14.1 mm。体小型。颜面倾斜，颜面隆起全长略凹陷。触角端部超过前胸背板的后缘。头侧窝长方形，长约为宽的 2.5 倍。前胸背板后横沟位于中部，侧隆线在沟前区弯曲。前翅较长，长达或超过后足腿节的端部，径脉域的宽度同亚前缘脉域的宽度约相等，中脉域较宽，其宽度约为肘脉域宽的 2.0 倍。鼓膜孔呈宽缝状。体绿色或黑褐色。前胸背板侧隆线前半段外侧及后半段内侧具黑色带纹。后足腿节内侧、底侧黄褐色，端部褐色；后足胫节黑褐色。腹背和底面红色。

标本记录：涿鹿县：11 头，小五台山唐家场，2009-Ⅵ-26，李新江、姜鸿达采；8 头，小五台山东灵山，2009-Ⅵ-28，李新江、姜鸿达采；1 头，小五台山山涧口，2009-Ⅵ-22，李新江、姜鸿达采；蔚县：7 头，小五台山金河口，2009-Ⅵ-19，李新江采；1 头，小五台山王喜洞，2009-Ⅵ-21，李新江采；1 头，小五台山，1999-Ⅶ-25，崔文明采；灵寿县：1 头，五岳寨风景区游客中心，2017-Ⅶ-28，李雪采；1 头，五岳寨主峰，2017-Ⅷ-06，张嘉采。

取食对象：牧草。

分布：河北、吉林、内蒙古、山西、河南、陕西、宁夏、甘肃、青海、新疆、西藏；俄罗斯，朝鲜半岛，亚洲中部至西部，欧洲。

(240) 红胫牧草蝗 *Omocestus (Omocestus) rufipes* (Zetterstedt, 1821)（图版Ⅹ-8）

识别特征：体长雄性 11.7～17.2 mm，雌性 12.7～20.0 mm。体中小型。颜面倾斜。复眼较大，其纵径在雄性为眼下沟长度的 1.8～2.0 倍，雌性为 1.3～1.5 倍。触角丝状。头侧窝长方形，长为宽的 2.5～3.0 倍。前胸背板在沟前区具弧形弯曲的侧隆线。前翅发达，超过后足腿节的端部。雄性前翅径脉域较狭，顶端部分的宽度等于或略小于亚前缘脉域的最宽处；中脉域较狭，最宽处为肘脉域最宽处的 1.3～1.5 倍。下颚须和下唇须末节淡色，其余各节黑色，但具淡色的端环。

取食对象：牧草。

分布：河北、新疆；俄罗斯，欧洲。

(241) 无齿稻蝗 *Oxya adentata* Willemse, 1925（图 91）

识别特征：体长雄性 15.5～23.0 mm，雌性 23.0～34.0 mm；前翅长雄性 16.5～18.0 mm，雌性 19.0～27.0 mm。浅黄绿色或浅绿色，有细小刻点。头顶前端向前突出，颜面倾斜度较大，具明显的纵沟，两侧缘近于平行。复眼卵形，在复眼之后具 1 黑色带。触角丝状。前胸背板宽平，前缘平直，后缘弧形；中隆线低，3 条横沟明显，仅后横沟割断中隆线；前胸背板两侧各具 1 条黑色带，与复眼后的黑色带相连。前翅黄绿色，长超过后足腿节的顶端。后翅略短于前翅，膜质透明。后足腿节黄绿色，上隆线无细齿，膝部褐色。后足胫节黄绿色，胫节刺端部黑色，胫节近端部的两侧缘呈片状扩大。

取食对象：稻、玉米、高粱、芦苇、燕麦、马铃薯、豆类及亚麻等。

分布：河北、黑龙江、吉林、辽宁、内蒙古、北京、天津、山西、陕西、宁夏、甘肃、青海、云南、西藏。

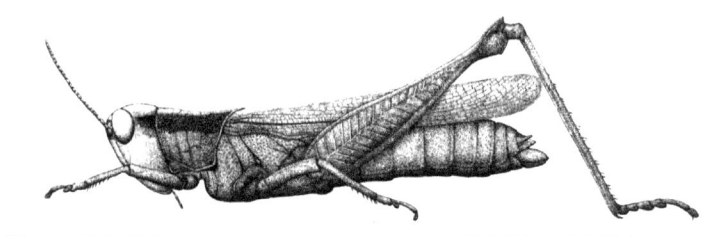

图 91 无齿稻蝗 *Oxya adentata* Willemse, 1925 体侧视（引自周尧，2001）

(242) 中华稻蝗 *Oxya chinensis* (Thunberg, 1825)（图版Ⅹ-9）

识别特征：体长 15.1～40.5 mm。绿色或褐绿色，或背面黄褐色，侧面绿色，常有变异。头在复眼之后，沿前胸背板侧片的上缘具明显的褐色纵条纹。前翅绿色，或前缘绿色、后部为褐色；后翅无色。后足腿节绿色，膝部之上膝侧片褐色或暗褐色。后足胫节绿色或青绿色，基部暗色。胫节刺的顶端为黑色。

取食对象：稻、小麦、玉米、高粱、棉花、桑、薯类、蓖麻、豆类、蔬菜。

标本记录：灵寿县：1 头，五岳寨牛城乡牛庄，2015-Ⅷ-11，周晓莲采。

分布：河北、黑龙江、吉林、辽宁、北京、天津、山东、河南、陕西、江苏、上海、安徽、浙江、湖北、江西、湖南、福建、台湾、广东、广西、四川；朝鲜，日本，越南，泰国。

（243）宽翅曲背蝗 *Pararcyptera microptera meridionalis* **(Ikonnikov, 1911)**（图版X-10）

识别特征：体长雄性 23.0~28.0 mm，雌性 35.0~39.0 mm；前翅长雄性 16.0~21.0 mm，雌性 17.0~22.0 mm。体褐色或黄褐色。触角丝状。前胸背板暗黑色；侧隆线淡黄色，在沟前区略弯曲，其间最宽处为最狭处的 1.5~2.0 倍。前翅前缘脉域较宽，最宽处约为亚前缘脉域最宽处的 2.5~3.0 倍；雌性肘脉域较狭，肘脉域最宽处与中脉域最宽处近等宽。后足胫节顶端无端刺，沿外缘具刺 12~13 个。

取食对象：小麦、玉米、高粱、稷、棉花、薯类、花生、蔬菜、禾本科杂草。

标本记录：围场县：1头，塞罕坝80号，2016-Ⅵ-30，方程采；蔚县：3头，小五台山上寺沟，2009-Ⅵ-18，李新江、姜鸿达采；2头，小五台山王喜洞，2009-Ⅵ-21，李新江、姜鸿达采；8头，小五台山金河口，2009-Ⅵ-19，李新江、姜鸿达采；23头，小五台山赤崖堡，2009-Ⅵ-23，李新江、姜鸿达采；19头，小五台山金河口，1998-Ⅶ-29，刘世瑜采；2头，小五台山，1999-Ⅶ-25，崔文明采；涿鹿县：22头，小五台山山涧口，2009-Ⅵ-22，李新江、姜鸿达采；1头，小五台山杨家坪，1998-Ⅶ-30，石爱民采；1头，小五台山东灵山，2009-Ⅵ-28，李新江采；5头，小五台山杨家坪林场，2009-Ⅵ-27，李新江、姜鸿达采。

分布：河北、黑龙江、吉林、辽宁、内蒙古、山西、山东、陕西、宁夏、甘肃、青海、新疆。

（244）乌苏里跃度蝗 *Podismopsis ussuriensis* **Ikonnikov, 1911**（图92）

识别特征：体长雄性 16.5~20.0 mm，雌性 25.0~30.0 mm。雄性体褐黄绿色。头背暗褐色，头顶三角形，中隆线明显；颜面倾斜，侧缘平行；颜面及颊部黄绿色，具黑色眼后带。前胸背板背面暗褐色，侧片上部黑褐色；后缘中间具浅凹口。前翅长达肛上板顶端，肘脉黑色。后足腿节膝部和后足胫节基部黑色。

雌性区别于雄性的主要特征是：体暗褐色或黄褐色，前翅鳞片状，后足腿节下侧及胫节橙红色。

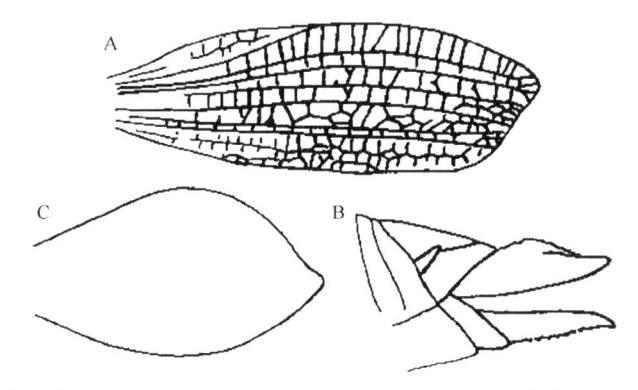

图92 乌苏里跃度蝗 *Podismopsis ussuriensis* Ikonnikov, 1911（引自郑哲民等，1998）
A. 雄性前翅；B. 雌性腹端侧视；C. 雌性前翅

分布：河北、黑龙江、吉林。

（245）短角外斑腿蝗 *Xenocatantops brachycerus* **(Willemse, 1932)**（图版X-11）

识别特征：体长雄性 17.5~21.0 mm，雌性 22.0~28.0 mm。体褐色，复眼后方、沿前胸背板侧片的上部和后胸背板侧片具黄色纵纹。前翅微烟色，后翅基部淡黄色；后足腿节外侧黄色，2 黑褐色或黑色横斑纹；腿节内侧红色，具黑斑纹；后足胫节红色。头短于前胸背板，头顶略向前突出。缺头侧窝。颜面侧视略向后倾斜，颜面隆起具纵沟，颜面侧隆线明显，较直。复眼卵形。触角较短粗，向后略超出前胸背板后缘。前胸背板沟前区较紧缩，背面和侧片具粗刻点；中隆线低、细，被 3 条横沟割断，后横沟近位于中部，缺侧隆线。前胸腹突钝锥形，顶端宽圆，向后微倾斜。中胸腹板侧叶间之中隔在中部缩狭。中隔的长度约为其最狭处的 2.0~3.0 倍；后胸腹板侧叶全长毗连。前翅较短，达到或略超过后足腿节端部，其超出部分不及前胸背板长度之半。后足腿节的长度约为其宽度的 3.7 倍。后足胫节无外端刺，外缘 8 或 9 刺，内缘 10 或 11 刺。尾须锥形，顶端略宽。

取食对象：小麦、玉米、稻、高粱、棉花、花生等。

分布：河北、陕西、甘肃、江苏、浙江、湖北、福建、台湾、广东、重庆、四川、云南、贵州、西藏；印度北部，尼泊尔，不丹。

49. 锥角蝗科 Gomphoceridae Fieber, 1853

体小型。触角棒状，触角端部数节明显膨大或棒状或槌状，有时雌性膨大不明显，但触角端部末节的宽度与中部节宽度相等。头顶中间缺纵沟。后足腿节的上基片长于下基片，外侧上、下基片之间具羽状纹。

世界已知 87 属约 300 种（亚种），分布于中国、蒙古国、中亚、西亚的干旱草原。中国记录 11 属 40 种以上，分布于北方地区。本书记述河北地区 3 属 5 种。

（246）李氏大足蝗 *Aeropus licenti* **Chang, 1939**（图版X-12）

识别特征：体长 14.9~25.0 mm。体黄褐色、褐色或暗色，尚有混杂绿色者。触角黄褐色，端部暗褐色。前胸背板侧隆线黑褐色；侧片的下缘和后绿色较淡。前翅黄褐色或褐色。后足胫节呈橙红色，基部黑色。后足腿节膝部黑色，腿节上侧有 2 不明显暗横斑，内侧基部具 1 黑斜纹；而雄性腿节下侧呈橙黄色。

标本记录：蔚县：20 头，小五台山王喜洞，2009-VI-21；1 头，小五台山西台，2009-VI-20；16 头，小五台山金河口，采集日期和采集人均不详；1 头，小五台山上寺沟，2009-VI-18，李新江采；涿鹿县：6 头，小五台山东灵山，2009-VI-28，李新江、姜鸿达采。

分布：河北、内蒙古、山西、陕西、宁夏、甘肃、青海、西藏。

（247）毛足棒角蝗 *Dasyhippus barbipes* **(Fischer von Waldheim, 1846)**（图版XI-1）

识别特征：体长 13.4~21.0 mm。黄褐色。触角顶端膨大部分暗褐色。复眼前方向下至上唇基具白条纹，复眼后方向后沿前胸背板侧隆线下缘具宽黑带纹。前胸背板侧片后下角 1 黄白斑。前翅前缘脉域基部具白条纹。后足腿节黄褐色，基部内侧具暗斜纹。后足胫节黄褐色。雄性肛上板具黑边缘。

标本记录：蔚县：1头，小五台山赤崖堡，2009-VI-23，李新江采；3头，小五台山金河口，2009-VI-19，李新江、姜鸿达采；涿鹿县：20头，小五台山山涧口，2009-VI-22，李新江、姜鸿达采。

分布：河北、黑龙江、吉林、内蒙古、宁夏、甘肃、青海；蒙古国，俄罗斯。

（248）北京棒角蝗 *Dasyhippus peipingensis* Chang, 1939 （图版 XI-2）

识别特征：体长 16.0～22.5 mm。触角顶端暗色。复眼后和前胸背板侧隆线外缘具暗褐色纵带。前胸背板侧片后下角具白斑。前翅前缘脉域基半部具白纵纹。后足膝部黑色或暗褐色。后足胫节黄褐色，基部黑色。雄性肛上板无黑边。

标本记录：蔚县：13头，小五台山王喜洞，2009-VI-21；2头，小五台山上寺沟，2009-VI-18；7头，小五台山赤崖堡，2009-VI-23；1头，小五台山西台，2009-VI-20，均由李新江采；18头，小五台山金河口，1998-VII-29，刘世瑜采；1头，小五台山金河口林场，1998-VII-30，石爱民采；1头，小五台山金河口，1999-VII-21，李新江采；涿鹿县：1头，小五台山东灵山，2009-VI-28，李新江采；2头，小五台山唐家场，2009-VI-26；1头，小五台山杨家坪林场，2009-VI-27，姜鸿达采。

分布：河北、内蒙古、北京、天津、山西、山东、宁夏、甘肃。

（249）长翅蚁蝗 *Myrmeleotettix longipennis* Zhang, 1984

识别特征：体长 11.6～15.1 mm。黑褐色，下侧黄白色。前胸背板侧隆线下缘具黑色纵带纹。中脉域5黑褐斑。后足腿节上部褐色，外侧上隆线和下隆线间为黄褐色，底侧黄白色；端部和胫节基部黑色。雄性腹部端部数节橘黄或橘红色。

标本记录：蔚县：1头，小五台山赤崖堡，2009-VI-23，李新江采；涿鹿县：2头，小五台山山涧口，2009-VI-22；1头，小五台山杨家坪林场，2009-VI-27，均由姜鸿达采。

分布：河北、吉林。

（250）宽须蚁蝗 *Myrmeleotettix palpalis* (Zubowsky, 1900) （图版 XI-3）

识别特征：体长 9.2～16.0 mm。黄绿色、黄褐色或黑褐色。前胸背板沟前区侧隆线外侧、沟后区侧隆线内侧具黑褐色纵纹。前翅暗褐色；中脉域4或5黑斑。后足腿节黄褐色，内侧基部具黑斜纹；膝部黑色。后足胫节黄褐色，基部黑色。

标本记录：蔚县：1头，小五台山，2010-VII-10，采集人不详。

分布：河北、内蒙古、甘肃、青海、新疆；蒙古国，俄罗斯。

50. 斑翅蝗科 Oedipodidae Walker, 1871

体粗壮。头近卵形，头顶较短宽，背面略凹或平坦，向前倾斜或平直。颜面侧视较直，有时向后明显倾斜。触角丝状。头顶前缘中间无细纵沟。前胸背板背面屋脊形或鞍形，有时较平。前、后翅均发达，少数种类较缩短，具斑纹，网脉较密，中脉域具中闰脉，少数不明显或消失，至少在雄性的中闰脉具细齿或粗糙，形成发音器的一部分。后足胫节较粗短，上侧中隆线平滑或具细齿，膝侧片顶端圆形或角形，内侧无音齿列，但具狭锐隆线，发音类型为前翅-后足腿节型或后翅-前翅型。鼓膜器发达。

也有学者将该科降为剑角蝗科 Acrididae 1 亚科。世界已知 15 族 123 属 1000 余种。中国记录 4 族 38 属 140 余种，本书记述河北地区 12 属 15 种。

(251) 花胫绿纹蝗 *Aiolopus tamulus* (Fabricius, 1798)（图 93）

识别特征：体长 18.0~29.0 mm。体褐色，前胸背板背面中间具黄褐色纵条纹，两侧具 2 条狭的褐色纵条纹。侧片沟后区常绿色。前翅亚前缘脉域近基部，具 1 条鲜绿色纵条纹或黄褐色，无白色斑纹。后足腿节内侧 2 黑斑纹，顶端黑色。后足胫节端部 1/3 鲜红色，基部 1/3 为淡黄色，中部蓝黑色。后翅基部黄绿色，其余部分烟色。

取食对象：小麦、玉米、高粱、稻、稷、棉花、禾本科杂草。

标本记录：灵寿县：1 头，五岳寨车轱辘坨，2017-Ⅷ-24，张嘉采；1 头，五岳寨主峰，2017-Ⅷ-06，张嘉采。

分布：河北、辽宁、北京、陕西、宁夏、甘肃、台湾、海南、四川、贵州、云南、西藏；印度，缅甸，斯里兰卡，大洋洲。

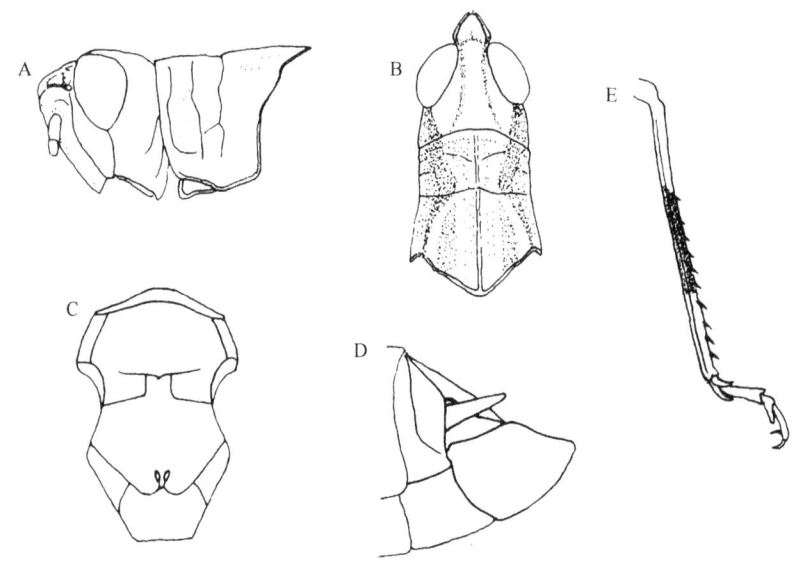

图 93 花胫绿纹蝗 *Aiolopus tamulus* (Fabricius, 1798)（引自王治国和张秀江，2007）
A. 雄性头和前胸背板侧视；B. 雄性头和前胸背板背视；C. 雄性中、后胸背视；D. 雄性腹端侧视；E. 雄性后足胫节

(252) 鼓翅皱膝蝗 *Angaracris barabensis* (Pallas, 1773)（图版 XI-4）

识别特征：体长 21.0~35.0 mm。灰绿色、棕绿色或灰棕色，黑斑明显。前胸背板下缘白或黄白；后翅基部黄或黄绿，主纵脉黄绿或仅基部黄色而端部暗色。后足胫节黄或稍呈红色，胫节刺端部黑色。颜面垂直，头顶宽短。头侧窝三角形。触角丝状，超过前胸背板后缘。复眼卵圆形。前胸背板中隆线明显，后横沟深切，侧隆线于沟后区明显，其后缘直角形。前、后翅均发达，超过后足胫节中部；后翅前缘"S"形弯曲。后足腿节粗短，

上侧中隆线平滑，膝侧片顶圆。后足胫节基部膨大部分具横细皱纹；后足胫节刺内侧 10~12 个，外侧 8~9 个。

标本记录：蔚县：3 头，小五台山，1999-Ⅶ-25，崔文明采。

分布：河北、黑龙江、内蒙古、山西、宁夏、甘肃、青海；蒙古国，俄罗斯，哈萨克斯坦。

（253）红翅皱膝蝗 *Angaracris rhodopa* **(Fischer von Walheim, 1846)**（图版Ⅺ-5）

识别特征：体长 23.0~32.0 mm。体浅绿色或黄褐色，具细碎褐斑点。颜面垂直，隆起宽，具宽浅纵沟；侧缘隆线呈弧形；头侧窝三角形；头顶宽平，倾斜；复眼卵圆形。前胸背板前端较狭，后部较宽；中隆线被 2 条横沟切断；侧隆线在沟后区明显，沟前区呈断续粒状；上侧面具粗糙粒状突起和不规则的短隆线；前缘较平，中部较宽，后缘直角形；侧片高大于长，下缘前、后角圆形。前翅常伸达后足胫节顶端，中闰脉粗隆并近于中脉。后翅略短于前翅，基部玫瑰红色。后足腿节粗短，外侧黄绿色，具 3 个暗色横斑，上侧中隆线平滑，膝侧片顶端圆形；胫节橙红色或黄色，基部膨大部分背侧具平行细横隆线，胫节外侧 9 刺、内侧 11~13 刺。雌性前翅仅达或略超过后足胫节中部；上产卵瓣的上外缘具不规则钝齿。

标本记录：蔚县：7 头，小五台山，1998-Ⅶ-30，石爱民采。

分布：河北、黑龙江、内蒙古、山西、宁夏、甘肃、青海；蒙古国，俄罗斯。

（254）轮纹异痂蝗 *Bryodemella tuberculatum dilutum* **(Stoll, 1813)**（图版Ⅺ-6）

识别特征：体长 24.8~38.0 mm。暗褐色。前翅散布暗色斑点。后翅基部玫瑰红色，第 1 臀叶基半部烟色，后翅中部具烟色横纹，端部透明。后足腿节上侧 3 黑斑，基部 1 较弱，后足腿节内侧及底侧黑色，近端部具黄斑纹。后足胫节污黄色，顶端暗色。头顶短宽，侧缘隆线略明显。侧视颜面垂直，略沟状隆起；头侧窝明显，近圆形；复眼卵形。触角丝状，向后长达前胸背板后缘。前胸背板中隆线明显，后横沟明显切断中隆线，沟后区长约是沟前区长的 2.0 倍。前、后翅发达，向后长达后足胫节顶端。后翅主纵脉粗。后足腿节略粗，长约为最大宽度的 3.6 倍，上基片长于下基片，上侧中隆线光滑，外侧上隆线端半部具齿；后足腿节下膝侧片底缘近于直线状。后足胫节刺内侧 11，外侧 9，缺外端刺。跗节爪间中垫不长达爪之中部。

标本记录：蔚县：6 头，小五台山金河口，2009-Ⅵ-19，刘世瑜采；6 头，小五台山赤崖堡，2009-Ⅵ-23，刘世瑜采；7 头，小五台山王喜洞，2009-Ⅵ-21，刘世瑜采；10 头，小五台山上寺沟，2009-Ⅵ-18，刘世瑜采；34 头，小五台山金河口，1998-Ⅶ-29，刘世瑜采；10 头，小五台山，1999-Ⅶ-25，崔文明采；涿鹿县：1 头，小五台山山涧口，2009-Ⅵ-22，姜鸿达采；1 头，小五台山东灵山，2009-Ⅵ-28，李新江采；3 头，小五台山唐家林场，2009-Ⅵ-26，李新江、姜鸿达采；17 头，小五台山杨家坪林场，2009-Ⅵ-27，李新江、姜鸿达采。

分布：河北、黑龙江、吉林、辽宁、内蒙古、山西、山东、陕西、宁夏、青海、新疆；蒙古国，俄罗斯。

(255) 大赤翅蝗 *Celes akitanus* (Shiraki, 1910)（图 94）

识别特征：体长 25.9～43.6 mm。体中等偏大，暗褐色或黄褐色。颜面具不规则黑褐斑点。复眼下具暗色斑纹向后延伸至前胸背板侧缘后横沟前。复眼后暗褐色纵条止于前胸背板前横沟处。前翅暗褐色或黄褐色，散布不规则的黑斑点或斑纹。后翅基部玫瑰色，前缘和顶端暗色。后足腿节上侧和内侧由基部到端部均匀分布 3 个黑斑纹，底侧淡色，外侧上、下隆线上均具小黑点。后足胫节蓝黑色，近基部具 1 淡色环纹。后足跗节黄色。

取食对象：禾本科作物。

标本记录：涿鹿县：6 头，小五台山杨家坪林场，张嘉采，2009-Ⅵ-27；灵寿县：1 头，五岳寨花溪谷，2017-Ⅷ-07，张嘉采。

分布：河北、吉林、内蒙古、山西、山东、青海；朝鲜，日本。

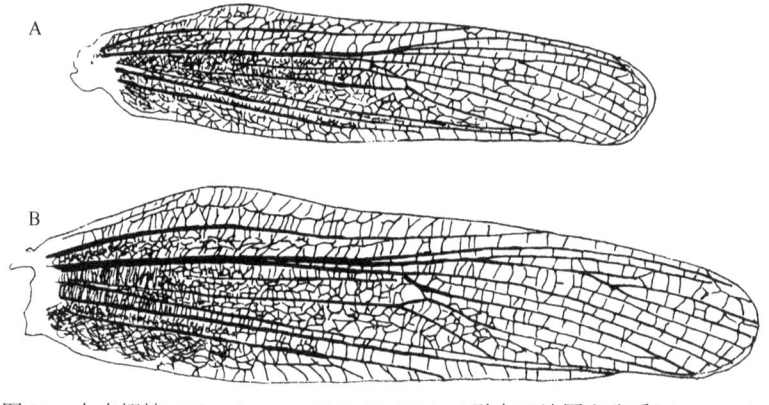

图 94 大赤翅蝗 *Celes akitanus* (Shiraki, 1910)（引自王治国和张秀江，2007）
A. 雄性前翅；B. 雌性前翅

(256) 大垫尖翅蝗 *Epacromius coerulipes* (Ivanov, 1887)（图版Ⅺ-7）

识别特征：体长雄性 14.5～18.5 mm，雌性 23.0～29.0 mm。黄绿色、褐色、黄褐色。头顶圆形略向前倾斜。触角丝状，长度超过前胸背板的后缘。前胸背板中部常有红色或暗色条纹；中隆线低细，侧隆线无；前翅狭长，有暗色小斑点，翅长超过后足腿节的顶端，中脉域的中闰脉基部较接近前肘脉。后翅透明。后足腿节上侧的上隆线无细齿，腿节内侧 3 黑横斑，腿节底侧暗红色。后足胫节浅黄白色，具 3 不完整的浅黑灰色环，胫节刺顶端黑色。跗节爪间的中垫较长，长三角形，长度超过爪的中部，爪顶端黑色。

取食对象：小麦、莜麦、玉米、稷、高粱、芦苇、豆类、苜蓿、藜科植物等。

分布：河北、黑龙江、吉林、辽宁、内蒙古、北京、天津、山西、山东、河南、陕西、宁夏、甘肃、青海、新疆、江苏、安徽、江西；蒙古国，俄罗斯，朝鲜，日本，印度，巴基斯坦。

(257) 甘蒙尖翅蝗 *Epacromius tergestinus extimus* Bei-Bienko, 1951（图 95）

识别特征：体长 16.5～27.0 mm，前翅长 15.5～25.0 mm。体绿色、褐色或暗褐色。头短小。颜面略向后倾斜，复眼卵形。触角丝状，前胸背板前窄后宽；中隆线低细，前翅狭长，后足腿节内侧黄褐色，具 3 黑色横斑纹，顶端黑色；上侧的上隆线无细齿。胫节淡黄色，具 1 暗色斑纹。雄性后足跗节爪间中垫短小，不长达爪的中部。

取食对象：牧草、莜麦、玉米、高粱、稷等。

分布：河北、内蒙古、北京、甘肃。

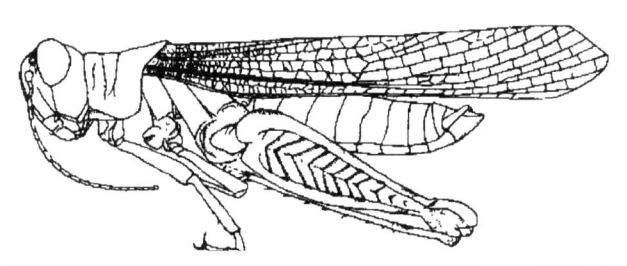

图 95　甘蒙尖翅蝗 *Epacromius tergestinus extimus* Bei-Bienko, 1951 体侧视（引自郑哲民等，1998）

（258）云斑车蝗 *Gastrimargus marmoratus* (Thunberg, 1815)（图 96）

识别特征：体长 28.0～30.0 mm。体色变异较大，绿色、枯草色、黄褐色或暗褐色，具大理石状斑纹；前胸背板侧片具较大的黄褐斑块，并混有黑斑；前翅密布暗色云状斑纹；后翅基部鲜黄色，中部具暗褐色轮状宽横纹；后足腿节沿内、外侧上、下隆线具黑色小点；后足胫节鲜红色。头短于前胸背板；雄性颜面微向后倾斜，近垂直。触角超过前胸背板后缘。前胸背板中隆线片状隆起，沟后区长约为沟前区 1.3 倍；侧隆线在沟后区略可见。前翅超过后足腿节顶端甚长，几达后足胫节中部；后翅略短于前翅。后足腿节上侧中隆线具细齿；后足胫节内侧 13 刺，外侧 11～13 刺，缺外端刺。尾须长柱状，顶尖圆，长度超过肛上板顶端。雌性颜面垂直；产卵瓣粗短，上外缘无细齿，但不光滑。

取食对象：稻、小麦、豆类作物、狗牙根、水蔗草、狗尾草、细柄草及风车草等。

分布：河北、山东、江苏、浙江、福建、广东、海南、香港、广西、重庆、四川；朝鲜，日本，越南，印度，缅甸，泰国，菲律宾，马来西亚，印度尼西亚。

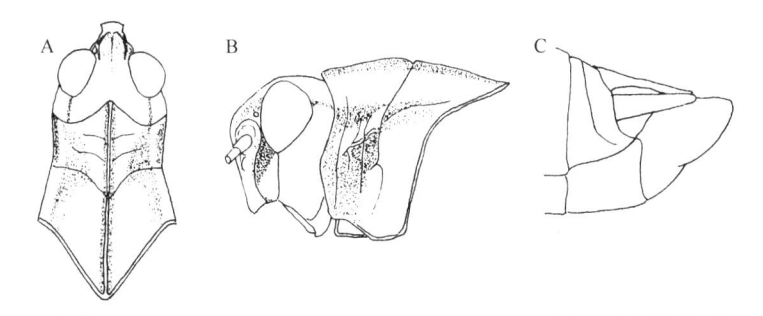

图 96　云斑车蝗 *Gastrimargus marmoratus* (Thunberg, 1815)（引自王治国和张秀江，2007）
A. 雄性头和前胸背板背视；B. 雄性头和前胸背板侧视；C. 雄性腹端侧视

（259）亚洲飞蝗 *Locusta migratoria migratoria* (Linnaeus, 1758)（图版 XI-8）

识别特征：体长 32.4～48.1 mm。体绿色，前胸背板中隆线两侧无黑色纵条纹（散居型），或体褐色，前胸背板中隆线两侧具黑色纵纹（群居型）；前翅具许多黑褐斑点，后翅基部略具淡黄色；后足腿节上侧2暗色横斑，内侧基半部黑色，内侧上隆线与下隆线之间一半非全黑；后足胫节橘红色。头短于前胸背板；颜面垂直或微倾斜。触角刚超过前胸背板后缘。前胸背板中隆线侧视呈弧形（散居型）或近平直（群居型）；后横沟切断中隆线，沟前区略短于沟后区。前、后翅均发达，前翅明显长过后足胫节中部；后翅略短于前翅。后足腿节长超过宽的4倍；后足胫节具刺，内侧11或12枚，外侧11枚，缺外端刺。雌性体较雄性粗壮；颜面垂直；产卵瓣粗短，顶端略呈钩状，边缘光滑无细齿。

取食对象：禾本科和莎草科牧草，以及玉米、大麦、小麦等作物。

分布：华北、西北、华东、华中、华南、西南。

（260）沼泽蝗 *Mecostethus grossus* (Linnaeus, 1758)（图版XI-9）

识别特征：体长雄性20.1~26.3 mm，雌性29.0~38.0 mm。体常黄褐色；复眼后及前胸背板上缘具黑纵纹。头背中间暗褐色，两侧具淡黄色纵条纹。前胸背板中隆线黑色，侧隆线淡黄褐色。后翅烟色。后足腿节外侧上缘和内侧暗褐色，端1/3处具黑色环，近顶端黄色，膝部黑色；下侧橙红色。后足胫节基部和端部黑色，近基部1/3处具黑色环。头短于前胸背板；头侧窝小三角形；颜面后倾，与头顶呈锐角。前胸背板宽平，前缘平直，后缘圆弧形；中隆线较粗；侧隆线较弱，在沟前区近平行；后横沟明显，割断中隆线和侧隆线，位于前胸背板中部之前。前胸腹板在前足基部间略隆起。前翅顶端明显超过后足腿节端部；后翅主纵脉正常，不明显变粗。后足腿节上膝侧片端部圆形。雌性上产卵瓣长约为宽的3.0倍。

标本记录：围场县：7头，塞罕坝阴河白水，2015-Ⅷ-05，塞罕坝普查组采；3头，塞罕坝北曼甸十间房，2015-Ⅷ-12，塞罕坝普查组采；1头，塞罕坝马蹄坑，2016-Ⅷ-15，周建波采。

分布：河北、黑龙江、内蒙古、青海、新疆、四川；欧洲，俄罗斯。

（261）亚洲小车蝗 *Oedaleus decorus asiaticus* Bey-Bienko, 1941（图版XI-10）

识别特征：体长雄性18.5~22.5 mm，雌性28.1~37.0 mm。黄绿色、暗褐色或在颜面、颊、前胸背板、前翅基部及后足腿节处带绿斑。前胸背板"X"形淡色纹明显，在沟前区几等宽于沟后区，前端的条纹侧视微向下倾斜。前翅基半具大黑斑2或3个，端半具细碎不明显的褐斑。后翅基部淡黄绿色，中部具较狭的暗色横带，其在第1臀脉处窄裂，横带距翅外缘较远，远不长达后缘；端部有数块较不明显的淡褐斑块。后足腿节顶端黑色，上侧和内侧3黑斑。后足胫节红色，基部淡黄褐色环不明显，在背侧常混杂红色。

标本记录：蔚县：6头，小五台山赤崖堡，2009-Ⅵ-23；1头，小五台山王喜洞，2009-Ⅵ-21，均由李新江采；201头，小五台山金河口，1998-Ⅶ-29，刘世瑜采；6头，小五台山，1999-Ⅶ-25，崔文明采；4头，小五台山林场，1998-Ⅶ-30，石爱民采；涿鹿县：3头，小五台山山涧口，2009-Ⅵ-22；2头，小五台山杨家坪林场，2009-Ⅵ-27；1头，小五台山东灵山，2009-Ⅵ-28，均由李新江采。

分布：河北、内蒙古、山东、陕西、宁夏、甘肃、青海；蒙古国，俄罗斯。

（262）黄胫小车蝗 *Oedaleus infernalis* Saussure, 1884（图版XI-11）

识别特征：体长 20.5～35.5 mm，暗褐色或绿褐色，少数草绿色。前胸背板背面"X"纹在沟后区较宽于沟前区。前翅端部之半较透明，散布暗色斑纹，在基部斑纹大而密。后翅基部淡黄色，中部暗色横带较狭，长达或略不到达后缘，顶端色暗，和中部暗色横带明显分开。后足腿节膝部黑色，从上侧到内侧具 3 个黑斑，下侧内缘红色（雄）或黄褐色（雌）；后足胫节红色（雄）或黄褐色至淡红黄色（雌），基部黑色，近基部内外侧及下侧有 1 淡色斑纹，在上侧常混杂红色，无明显分界。

标本记录：蔚县：3 头，小五台山金河口，1998-Ⅶ-29，刘世瑜采；灵寿县：1 头，庙台，2015-Ⅶ-26，袁志采；1 头，燕泉峡，2015-Ⅷ-04，周晓莲采；1 头，五岳寨花溪谷，2016-Ⅸ-01，张嘉采。

分布：河北、黑龙江、吉林、内蒙古、北京、天津、山西、山东、陕西、宁夏、甘肃、青海、江苏；蒙古国，俄罗斯，韩国，日本。

（263）中华绿肋蝗 *Parapleurodes chinensis* Ramme, 1941（图 97）

识别特征：体长 21.4～33.8 mm。淡褐色，前胸背板侧叶污黄色。前翅前缘至径脉淡柠檬黄色，其后淡污绿色，膝暗褐色。触角间颜面平滑隆起或略凹；其边缘到上唇基部略微分开。雄性触角稍长于头和前胸背板之和。两性前胸背板后横沟位于中隆线中部之后较远。雄性肛上板舌状，后端宽钝；尾须圆锥形，其长达到肛上板端部；下生殖板后缘锐角形突出，表面略具毛。

取食对象：禾本科植物。

标本记录：邢台市：2 头，宋家庄乡不老青山风景区，2016-Ⅸ-5，郭欣乐采。

分布：中国。

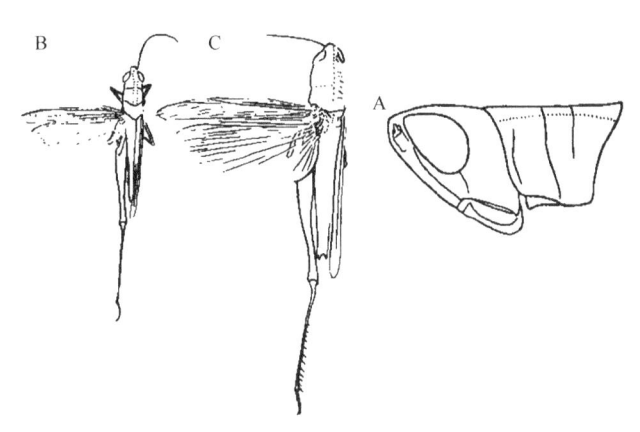

图 97 中华绿肋蝗 *Parapleurodes chinensis* Ramme, 1941（引自郑哲民等，1998）
A. 头、前胸背板侧视；B. 雄性整体背视；C. 雌性整体背视

（264）蒙古束颈蝗 *Sphingonotus mongolicus* Saussure, 1888（图版XI-12）

识别特征：体长约 27.0 mm，翅长约 25.0 mm。体匀称，褐色，有暗横斑。前胸背板

沟前区较狭,近圆柱形,沟后区较宽平、明显,中隆线甚低,线状,在横沟之间消失。前胸背板侧片的前下角直角形,后下角圆形。前翅 3 暗横纹,近顶端 1 不明显,有时仅为小斑点。前、中足均具暗横斑。后足腿节的外侧 3 暗横斑,基部 1 很小,不明显,中部 1 常不完整,后 1 完整;腿节内侧蓝黑色,近端部具 1 淡色环。

取食对象:禾本科植物。

标本记录:围场县:1 头,塞罕坝千层板神龙潭,2015-Ⅷ-15,塞罕坝普查组采;邢台市:1 头,宋家庄乡不老青山风景区,2015-Ⅸ-4,郭欣乐采;蔚县:7 头,小五台山,2007-Ⅶ-14,采集人不详;灵寿县:2 头,五岳寨国家森林公园七女峰,2017-Ⅶ-18,张嘉、魏小英采;2 头,五岳寨瀑布景区,2017-Ⅶ-14,张嘉、李雪采;1 头,五岳寨车轱辘坨,2017-Ⅸ-02,张嘉采;2 头,燕泉峡,2015-Ⅶ-27,周晓莲、邢立捷采。

分布:河北、黑龙江、吉林、辽宁、内蒙古、山东、甘肃。

(265)疣蝗 *Trilophidia annulata* (Thunberg, 1815)(图版Ⅻ-1)

识别特征:体长 11.7~16.9 mm。体暗褐色;头、胸部具较密的暗色小斑点。头短,复眼间 2 粒突。触角基部黄褐色。前胸背板前狭后宽,中隆线被中、后横沟深切断;侧隆线在前缘和沟后区明显。翅长超过后足腿节中部;前翅散布黑斑点;后翅基部黄色,余部烟色。后足腿节上侧 3 黑横纹,内侧和下侧黑色,近顶端 2 淡色纹;后足胫节中部之前 2 淡色纹。

标本记录:赤城县:1 头,黑龙山北沟,2015-Ⅶ-10,闫艳采;2 头,黑龙山马蜂沟,2015-Ⅶ-29,闫艳、尹悦鹏采;围场县:1 头,塞罕坝下河边,2016-Ⅶ-01,刘智采;4 头,木兰四合永苗圃,2015-Ⅷ-21,张恩生采;2 头,木兰围场四合永庙宫,2015-Ⅷ-21,蔡胜国采;1 头,木兰围场四合永庙宫,2015-Ⅷ-12,宋烨龙采;1 头,木兰围场四合永苗圃,2015-Ⅷ-21,赵大勇采;邢台市:2 头,宋家庄乡不老青山风景区,2015-Ⅸ-5,常凌小、郭欣乐采;灵寿县:1 头,燕泉峡,2015-Ⅷ-04,周晓莲采;1 头,五岳寨西木佛,2015-Ⅷ-05,袁志采;2 头,五岳寨牛城乡牛庄,2015-Ⅷ-11,袁志采。

分布:河北、黑龙江、吉林、辽宁、内蒙古、北京、天津、山西、山东、陕西、宁夏、甘肃、江苏、浙江、福建、广东、广西、西南;朝鲜,日本,印度。

51. 癞蝗科 Pamphagidae Burmeister, 1840

体小型至大型,密布颗粒状突起,两性异形。颜面隆起明显,常具沟。触角丝状。具前胸腹突。后足腿节上基片短于下基片,外侧中区具不规则的短隆线和颗粒;翅短小至发达或鳞片状或消失。后足腿节具短隆线和颗粒。阳茎基背片不呈桥状,缺侧片;阳茎复合体不呈球状或蒴果状;第Ⅱ腹节背板具摩擦板(位于听器后方)。

世界已知 2 亚科 93 属约 600 种(亚种),多分布于非洲、欧洲、亚洲的山地和半荒漠地区。中国记录 2 亚科 13 属 48 种,均分布于中国北方。本书记述河北地区 1 属 1 种。

(266)笨蝗 *Haplotropis brunneriana* Saussure, 1888(图版Ⅻ-2)

识别特征:体长 29.0~33.0 mm。体黄褐至暗褐;体表布粗颗粒和短隆线。前胸背板侧片常具不规则淡色斑纹；后足腿节背侧常具暗横斑；后足胫节背侧青蓝色，体下侧黄褐或淡黄。头短于前胸背板，三角形，中隆线和侧缘隆线均明显，后头具不规则网状纹；颜面侧视稍向后倾斜，颜面隆起明显；复眼纵径为短径的1.3~1.5倍。前胸背板中隆线呈片状隆起，侧视其上缘呈弧形，前、中横沟不明显，后横沟较明显。前胸腹突的前缘隆起，近弧形。前翅短小，鳞片状；后翅甚小，刚可看见。后足腿节粗短，背侧中隆线平滑，外侧具不规则短隆线；后足胫节端部具内、外端刺。腹背具脊齿，第Ⅱ腹节背板侧面具摩擦板。雌性体型较雄性大，前翅较宽圆；产卵瓣较短，上产卵瓣之上外缘平滑。

取食对象：树苗、豆类、高粱、玉米、棉花、南瓜。

标本记录：邢台市：1头，宋家庄乡不老青山马岭关，2015-Ⅶ-19，郭欣乐采；4头，宋家庄乡不老青山风景区，2015-Ⅸ-4，郭欣乐、常凌小采；2头，宋家庄乡不老青山风景区，2015-Ⅸ-13，郭欣乐采；蔚县：8头，小五台山上寺沟，2009-Ⅵ-18，刘世瑜采；2头，小五台山王喜洞，2009-Ⅵ-21，刘世瑜采；8头，小五台山金河口，2009-Ⅵ-19，刘世瑜采；23头，小五台山赤崖堡，2009-Ⅵ-23，刘世瑜采；1头，小五台山金河口，1998-Ⅶ-29，刘世瑜采；涿鹿县：23头，小五台山山涧口，2009-Ⅵ-22，李新江采；1头，北京门头沟景区东灵山，2009-Ⅵ-28，李新江采；5头，小五台山杨家坪林场，2009-Ⅵ-27，李新江、姜鸿达采。

分布：河北、黑龙江、辽宁、内蒙古、山西、山东、河南、陕西、宁夏、甘肃、江苏、安徽；俄罗斯。

52. 锥头蝗科 Pyrgomorphidae Brunner von Wattenwyl, 1874

体小型至中型，较细长，纺锤形。头锥形，其颜面侧视向后极度倾斜或近于波状。颜面隆起具细纵沟；头顶向前突出较长，顶端中间有细纵沟，其头侧窝不明显或缺。触角着生于侧单眼的前方或下方，剑状，基部数节宽扁，其余各节较细。前胸背板具颗粒状突起，腹突明显。前、后翅均发达且狭长，端尖或狭圆。后足腿节外侧中区具不规则的短棒状隆线或颗粒状突起，其基部外侧上基片短于下基片或长于下基片；后足胫节外端刺有或无。鼓膜器发达，缺摩擦板。

世界已知2亚科32族127属500余种，世界广布。中国记录40余种。本书记述河北地区1属1种。

（267）短额负蝗 *Atractomorpha sinensis* Bolivar, 1905（图版Ⅻ-3）

识别特征：体长19.0~35.0 mm。草绿色或褐黄色，后翅红色。头顶较短，向顶端变窄；侧视颜面较倾斜；复眼长卵形。触角剑状，较短，基部靠近复眼；眼后1列颗粒状小突起；前胸背板背面略平，后缘钝圆形，中隆线较细；中、后横沟较明显，后横沟略偏后；前胸背板侧片后缘域近后缘具环形膜区，其下缘1列整齐的颗粒状突起。前、后翅均较长，远离后足腿节顶端部，后翅略短于前翅。后足腿节中等长，外侧下隆线向外不特别突出。

取食对象：禾本科植物、一串红、鸡冠花、菊花、海棠、木槿等。

标本记录：灵寿县：1头，五岳寨，2017-Ⅷ-16，张嘉采；1头，五岳寨车轱辘坨，2017-Ⅷ-25，张嘉采；6头，五岳寨车轱辘坨，201-Ⅷ-18，张嘉采。

分布：华北（河北、北京、山西）、西北（陕西、甘肃、青海）、华东、华中、华南、西南；朝鲜半岛，日本，越南，太平洋岛屿。

53. 蚱科 Tetrigidae Rambur, 1838

体中小型。颜面隆起呈沟状，触角丝状，一般着生于复眼下缘内侧。前胸背板一般较平坦，其侧叶后缘多数2凹陷，少数仅具1凹陷，侧叶后角向下，端圆形。前、后翅均发达，少数缺如。后足跗节基节显长于末节。

世界已知270属1400多种（邓维安等，2007），广布于各大洲，主要以菌类、地衣、苔藓植物等为食。中国记录7科57属约760种。本书记述河北地区2属6种。

（268）长翅长背蚱 *Paratettix uvarovi* Semenov, 1915（图98）

识别特征：体长雄性7.4~8.4 mm，雌性9.0~11.1 mm。体褐色到黑褐色，有小颗粒，部分个体前胸背板背面中部有黑斑1~2对，或沿中隆线具1淡黄色纵带。头顶稍宽或等于1复眼宽；中隆线伸到后头区。前胸背板长达后足胫节中部，背面在肩角间稍隆起，中隆线全长明显；前翅长卵形，后翅超出前胸背板端部。后足腿节、胫节边缘具刺；后足跗节第1节长于第3节。

分布：河北、黑龙江、吉林、辽宁、内蒙古、山西、山东、河南、陕西、宁夏、青海、新疆、江苏、安徽、浙江、江西、福建、台湾、广东、广西、贵州、西藏；俄罗斯，日本，中亚，西亚，欧洲西南部。

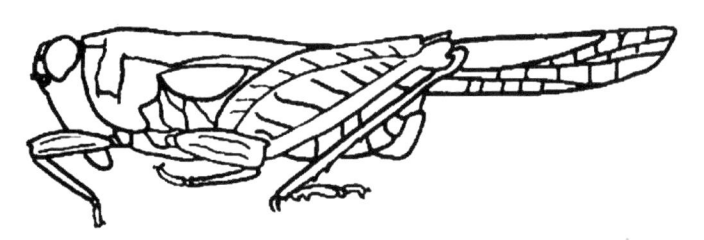

图98 长翅长背蚱 *Paratettix uvarovi* Semenov, 1915 体侧视（引自梁铬球和郑哲民，1998）

（269）波氏蚱 *Tetrix bolivari* Saulcy, 1901（图版XII-4）

识别特征：体长雄性7.4~8.4 mm，雌性9.2~11.7 mm；前胸背板长雄性10.4~12.4 mm，雌性11.8~15.3 mm；后足腿节长雄性5.2~5.7 mm，雌性5.7~6.9 mm。中小型，褐色至暗褐色。具细颗粒，前胸背板肩角后侧1对黑斑。头顶前缘近平截，中隆线明显，两侧微凹陷。颜面隆起，在触角间拱形突出；纵沟深。侧单眼位于复眼中部内侧。触角丝状，14节，着生于复眼下缘内侧。前胸背板前缘平截，后突长锥形；中隆线低且全长明显，侧隆线在沟前区平行，沟前区呈方形。肩角弧形。前胸背板侧叶后缘2凹陷。前翅卵形，端部圆。前足腿节上缘稍弯曲，下缘近直；中足腿节下缘波曲状。后足腿节上、下缘均具细锯齿，胫节边缘具刺，跗节第1节显长于第3节。

标本记录：灵寿县：2头，五岳寨风景区游客中心，2016-VII-5，张嘉采；1头，五岳寨车轱辘坨，2017-VIII-24，张嘉采。

分布：河北、黑龙江、吉林、辽宁、内蒙古、北京、天津、山西、山东、河南、陕西、宁夏、青海、新疆、江苏、安徽、浙江、江西、福建、台湾、广东、广西、贵州、西藏；俄罗斯（欧洲部分），日本，土库曼斯坦，乌兹别克斯坦，叙利亚，土耳其，伊朗，欧洲南部。

(270) 日本蚱 *Tetrix japonica* (Bolivar, 1887)（图版Ⅻ-5）

异名：*Tetrix xianensis* Zheng, 1996（西安蚱）

识别特征：体长雄性 6.0~10.0 mm，雌性 9.0~12.0 mm；前胸背板长雄性 6.0~11.0 mm，雌性 7.5~13.0 mm；后足腿节长雄性 5.0~6.0 mm，雌性 5.0~8.1 mm。体黄褐色至深褐色，散布小颗粒。头顶稍突出于复眼前缘。前胸背板长达后足腿节端部；前缘平直，中隆线完整，在横沟间略呈屋脊状；背面中部有 2 对深褐色到黑色的近方形斑。后翅稍短于前胸背板后突。后足腿节粗短，上侧和外侧上部常有 2 黑色横斑，背隆线具浅黄和褐色相间的条带，上膝片色深；后足跗节第 1 节显长于第 3 节。

取食对象：地衣、苔藓植物、菌类、苦菜、车前草、多种蔬菜等。

标本记录：蔚县：10 头，小五台山金河口，2009-Ⅵ-19，李新江、姜鸿达采；4 头，小五台山王喜洞，2009-Ⅵ-21，李新江、姜鸿达采；8 头，小五台山上寺沟，2009-Ⅵ-18，李新江、姜鸿达采；涿鹿县：7 头，小五台山山涧口，2009-Ⅵ-22，李新江、姜鸿达采；8 头，小五台山唐家场，2009-Ⅵ-26，李新江、姜鸿达采；1 头，小五台山杨家坪林场，2009-Ⅵ-27，李新江采；灵寿县：3 头，五岳寨风景区游客中心，2017-Ⅶ-23，张嘉、魏小英采；9 头，五岳寨风景区游客中心，2017-Ⅷ-16，张嘉、尹文斌采；1 头，五岳寨风景区游客中心，2017-Ⅶ-13，尹文斌采；2 头，五岳寨瀑布景区，2017-Ⅶ-14，张嘉、李雪采；2 头，五岳寨主峰，2017-Ⅷ-06，张嘉、李雪采。

分布：河北、黑龙江、吉林、辽宁、内蒙古、山西、山东、河南、陕西、宁夏、甘肃、青海、新疆、江苏、安徽、浙江、湖北、湖南、福建、台湾、广东、广西、重庆、贵州、云南、西藏；俄罗斯，朝鲜半岛，日本。

日本蚱 *Tetrix japonica* (Bolivar, 1887) 的同物异名多达 23 个（Long et al., 2023），此处仅列出河北省有记录的西安蚱 *T. xianensis* Zheng, 1996。

(271) 假仿蚱 *Tetrix pseudosimulans* Zheng & Shi, 2010（图 99）

识别特征：雌性体长约 11.0 mm，前胸背板长约 8.0 mm，后足腿节长约 6.0 mm。体粗壮，暗褐色，背板两侧中部具长方形黑斑 1 对；后足胫节黑色。头部不突出，头顶宽约为 1 眼宽的 1.7 倍，前缘宽圆弧形，较复眼明显突出，中隆线明显；侧视头顶与颜面呈钝圆形隆起。触角丝状，15 节，着生于复眼下缘之间，其中段 1 节长是宽的 6.0 倍左右。复眼圆球形、突出，侧单眼位于复眼前缘中部。前胸背板呈屋脊状，中隆线片状隆起；背板呈弧形弯曲；前缘钝角形突出，后突楔状，顶端几达后足腿节膝部，顶尖圆形；肩角钝圆角形；前胸背板侧片后缘具 2 凹陷，后角顶宽圆形。前翅长卵圆形；后翅长达后足腿节 3/4 处。前、中足腿节较宽扁；后足腿节粗短，长约为宽的 3.5 倍，上、下侧中隆线均具细齿，膝前齿及膝齿直角形；后足胫节外缘 8 刺，内缘 7 刺。产卵瓣粗短，上瓣长是宽的 3.0 倍以上，上、下瓣均具细齿。下生殖板近方形，后缘中央三角形突出，下生殖板腹面具中隆脊。

标本记录：蔚县：1♀，小五台山，2006-Ⅶ-7，石福明采。

分布：河北（蔚县）。

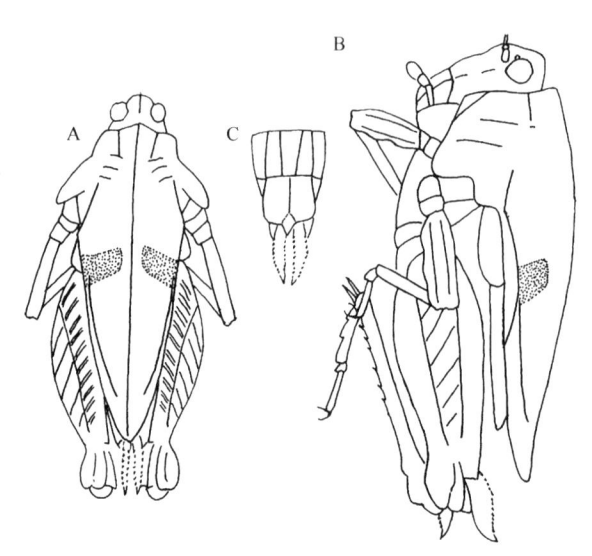

图 99 假仿蚱 *Tetrix pseudosimulans* Zheng & Shi, 2010 雌性（引自郑哲民和石福明，2010）
A. 背视；B. 侧视；C. 腹端腹面

（272）隆背蚱 *Tetrix tartara* (Saussure, 1887)（图版Ⅻ-6）

识别特征：雌雄体长 10.2～10.4 mm，前胸背板长 7.7～8.5 mm，后足腿节长约 5.8 mm。体褐色，前胸背板背面中部具 1 对黑斑；体表具小颗粒。头不突起；头顶宽约为 1 复眼宽的 2.0 倍，中隆线明显；侧视颜面隆起与头顶垂直；复眼近球形。触角丝状，14 节，着生于复眼下缘内侧，长约为前足腿节长的 2.0 倍。前胸背板前缘钝角形突出，覆盖后头，其前缘到达复眼近中部；背面屋脊状隆起，后突楔形，末端几乎达到后足腿节的膝前部；中隆线明显片状隆起，尤以雌性的剧烈抬高，侧视呈极度弯曲的弧形；肩角弧形；前胸背板侧叶后缘具 2 凹陷，侧叶后角向下，末端圆形。前翅长卵形，端部稍窄；后翅长不达到前胸背板末端。后足腿节粗壮，长约为宽的 2.5 倍；后足胫节边缘具刺。产卵瓣外缘具小刺，上瓣长约为宽的 3.1 倍。

分布：河北（小五台山）、陕西、宁夏、甘肃、新疆；俄罗斯，塔吉克斯坦，乌兹别克斯坦，吉尔吉斯斯坦。

（273）小五台山蚱 *Tetrix xiaowutaishanensis* Zheng & Shi, 2010（图 100）

识别特征：雌性体长 12.0～13.0 mm，前胸背板长 7.0～8.0 mm，后足腿节长 6.0～6.5 mm。体粗壮，暗褐色，个体也有背板中部两侧具黑色斑者；后足胫节暗褐色，中部具 2 不明显淡色斑。头顶较宽，其宽度约为 1 眼宽的 2.0 倍，中隆线明显，直伸至后头；侧视头顶与颜面隆起呈圆角形，颜面在触角之间弧形突出。复眼圆球形突出；侧单眼位于复眼前缘的中部。触角丝状，16 节，触角着生于复眼下缘之间。前胸背板呈屋脊形，前缘钝角形突出，中隆线片状隆起；肩角钝角形；后突楔状，端部到达后足腿节 3/4 处或肛上板基部；背板侧片后缘具 2 凹陷，后角向后向下，顶宽圆。前翅长卵形，后翅短缩，仅达背板 3/4 处或后足腿节中部前。前足腿节上缘略爪形。后足腿节粗壮，长约为宽的 3.0 倍，上侧中部具细齿；后足胫节外侧 9～10 刺，内侧 8 刺。产卵瓣粗短，上瓣长约是宽的 2.25 倍，上、下瓣均具细齿。下生殖板长宽近相等，后缘中央三角形突出。雄性未知。

标本记录： 蔚县：3 头，小五台山，2006-Ⅶ-7，石福明采。

分布： 河北（小五台山）。

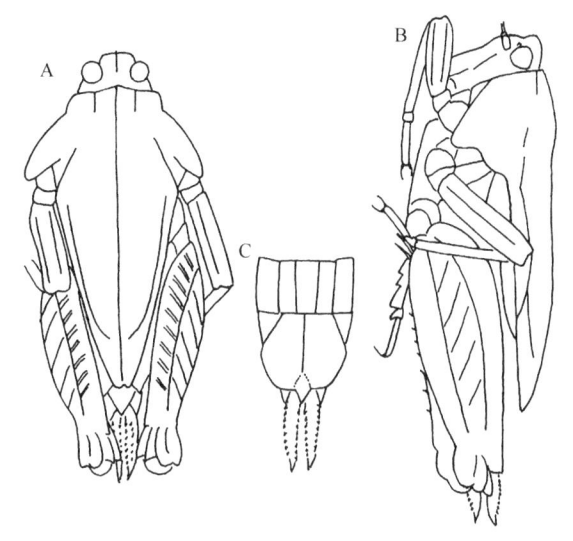

图 100　小五台山蚱 *Tetrix xiaowutaishanensis* Zheng & Shi, 2010 雌性（引自郑哲民和石福明，2010）
A. 背视；B. 侧视；C. 腹端腹面

XVII. 革翅目 Dermaptera De Geer, 1773

革翅目昆虫统称"蠼螋"。体长 4.0～35.0 mm，长而扁平。口器咀嚼式；上颚发达，前端具细齿。触角丝状，由 10～30 节组成，稀见节数更多者。前胸较大，近方形。前翅短小且革质；后翅膜质，宽扇形，基脉粗，形成 2～3 个翅室；静止时折叠于前翅之下。足较短，跗节 3 节，具爪。腹部 11 节，第Ⅷ～Ⅹ节常露于翅外，第Ⅰ腹节背板与后胸背板愈合；腹末尾须 1 对，坚硬而呈铗状。不完全变态。

世界已知 3 亚目 15 科 72 属 2200 余种，主要分布于热带、亚热带及温带地区。中国记录 8 科 19 亚科 58 属 229 种以上，多为杂食性，有些能捕食叶蝉、蚜虫、叶甲和鳞翅目的幼虫，也有寄生于其他动物者。本书记述河北地区 5 科 10 属 19 种。

科检索表

1. 前颈片和后颈片分离，后颈片后缘与前胸腹板前缘愈合或分离；腿节侧扁，背面具隆线；触角 25 节以上 ·· 大尾螋科 Pygidicranidae
   前颈片和后颈片愈合，其后缘与前胸腹板前缘分离 ··· 2

2. 体型非常扁平；腿节侧扁，但背面具隆线；跗节第 2 节短小·· 3

   体型非常扁平；腿节侧扁，但背面无隆线；跗节第 2 节短小·· 4

3. 大部分种类无翅，极少具翅；第 2 跗节正常，不延长至第 3 节下侧·············· 肥螋科 Anisolabididae

   大部分种类有翅，极少无翅；第 2 跗节延长至第 3 节下侧····················· 蠼螋科 Labiduridae

4. 第 2 跗节正常，或多或少侧扁，不延长至第 3 节基部下侧···················· 苔螋科 Spongiphoridae

   第 2 跗节扩宽和扁平，呈心形，或延长至第 3 节基部下侧························· 球螋科 Forficulidae

54. 肥螋科 Anisolabididae Verhoeff, 1902

体型肥厚，小型至中型。头稍圆隆，长大于宽，复眼较小。触角 15～30 节，第 4～6 节均短于第 3 节。前胸背板近矩形，中胸背板短宽，后胸背板后缘弧凹。前、后翅大多不发育，个别种类保留之。腹部较扁阔，两侧弧形，中部偏后最宽，第Ⅲ～Ⅳ节背板两侧具瘤凸，雄性第Ⅵ～Ⅶ节后侧角锐角形；末腹节背板雄性较宽大，长短于宽，接近四边形，两侧向后收缩；雄性亚末腹板后缘圆弧形、近梯形或三角形。雄性尾铗均短粗，2 支不对称，基部分开较远，端部较钝，内弯；雌性 2 尾铗较长，内缘接近，顶端细尖。中胸腹板后缘圆弧形，有的种类的后胸腹板在后足基节之间延伸为叶形，后缘截形。足发达，腿节较粗，跗节短小，顶端 2 爪较小，稍呈弧弯形。

世界已知 13 亚科 38 属 400 多种，分布于世界大部分地区，以热带、亚热带分布最为丰富。中国记录 3 亚科 8 属 30 种以上。本书记述河北地区 3 属 5 种。

（274）丽肥螋 *Anisolabis formosae* (Borelli, 1927)

识别特征：体长 23.0～24.0 mm。尾铗长雄性 3.0～4.2 mm，雌性 4.5～5.4 mm。褐色或浅褐红色，泛黄色；触角第 16～18 节浅色、唇基的部分和足均浅褐黄色或黄色。头长大于宽，后角稍圆，前缝和中缝明显；复眼较小，短于面颊长。触角 15～22 节，基节长大，棒状，第 3 节短于第 4+5 节长度之和。前胸背板近方形，侧缘向后稍扩展，边缘直，后缘弱弧形，前部圆隆，具中纵沟。前、后翅均退化。腹部狭长，遍布刻点和皱纹，两侧刻点和皱纹较粗糙，第Ⅵ～Ⅸ节侧后角向后延伸；末腹节背板短宽，两侧向后收缩，后缘弧形，表面光滑，两侧具刻点，中纵沟较深，接近后缘两侧各 1 突起；亚末腹板接近三角形，后缘弧凹；臀板小，后缘圆，中间凹入；尾铗短粗，基部宽，三棱形，向后渐细，顶尖，内缘具小齿，雄性的两支不对称，后缘内部弧弯，顶尖，内弯。足短粗，腿节较宽，后足腿节显长于前足和中足。

标本记录：安新县：2 头，白洋淀大田庄，2012-Ⅶ-16，乔佳伦采。

分布：河北、内蒙古、江苏、福建、台湾、广西。

（275）肥螋 *Anisolabis maritime* (Borelli, 1832)（图版Ⅻ-7）

识别特征：体长 14.5～23.0 mm；尾铗长 3.0～4.2 mm。体粗壮，黑色或暗褐色，体发亮，触角和足多褐黄色。头宽三角形，光滑，头缝明显，散布小刻点 3。触角 15～22 节，基节长棒状，第 3 节长约为第 4+5 节长度之和。前胸背板长略大于宽，前缘直，两侧向后稍宽，侧缘直，后角稍圆，后缘弧形，背面前部圆隆，较光滑，散布小刻点，中沟明显，后部平，密布刻点和皱纹。前、后翅均退化；中胸宽于前胸，两侧向后扩展，后缘弧形，密布刻点和皱纹；后胸短，两侧向后扩展，后外角向后突出为锐角形，后缘弧凹形，密布刻点和皱纹。腹部狭长，两侧向后弧形扩展，遍布较密刻点和皱纹，两侧的刻点和皱纹较粗糙，第Ⅳ~Ⅸ节的后外角较尖；臀板小，由背面不可见；尾铗粗短，雄性两支不对称，基部较宽，向后变细，弧弯，顶尖；雌性的尾铗向后直伸，两支内缘接近，顶端尖，内弯。足的胫节和跗节密被黄色短绒毛。

标本记录：魏县：1 头，牙里镇，2014-Ⅷ-01，刘少番采。

分布：河北、江苏、上海、湖北、湖南、福建、广西、贵州、四川、西藏；俄罗斯（远东），朝鲜半岛，日本，印度，东南亚，欧洲，北美洲，中南美洲，非洲，澳大利亚。

(276) 环纹小肥螋 *Euborellia annulipes* (Lucas, 1847)（图 101）

识别特征：体长（含尾铗）11.0~16.0 mm。体型狭长，暗褐色，具光泽，触角基部 3 节和端部 2~3 节、前胸背板两侧和足的大部分均黄褐色。头三角形，头缝细。触角 18~19 节，念珠状，遍布黄绒毛。前胸背板两侧向后稍宽，背面中沟明显，无前、后翅。腹部第Ⅵ~Ⅸ节具侧纵脊，侧后角较尖；末腹节背板矩形，亚末腹板后缘宽圆形，中间微弧凹。尾铗短粗，基部三棱形；雄性尾狭不对称。足短壮。

标本记录：保定市：1 头，莲池区，2014-Ⅵ-20，宋烨龙采。

分布：河北、江苏、浙江、华中、福建、海南、广西、四川、贵州、云南；世界。

(277) 卡殖肥螋 *Gonolabis cavaleriei* (Borelli, 1921)（图 102）

识别特征：体长 13.5~18.5 mm。尾铗长雄性约 3.0 mm，雌性约 2.9 mm。暗褐色或浅褐红色，偶足为褐黄色，具光泽。头长三角形，后角略圆，后缘直弯，背圆隆，前缝和中缝明显；复眼较小，明显短于两触角的基间距。触角 15~21 节，念珠形，端部 2~3 节浅灰色，柄节粗棒状，第 4 节、第 5 节几等长。前胸背板长宽近于相等，近方形，侧缘微凹，前角和后角均稍圆，后缘弧形，表面前部稍圆隆，中纵沟可见，后部较平，散布小刻点。无前、后翅。中胸背板和后胸背板正常。腹部狭长，黑褐色或泛红褐色，两侧向后扩展，遍布细刻点和皱纹，以两侧较为粗密，第Ⅲ~Ⅳ节背面两侧的瘤突明显。末腹节背板长小于宽，近矩形，具中纵沟，后缘两侧和尾铗对应处各 1 瘤突；亚末腹板三角形。尾铗褐红色，基部较宽呈三棱形，雄性两支均不对称，内侧向外渐弯，后部圆柱形，顶尖，内弯；雌性尾铗两支接近，顶尖。

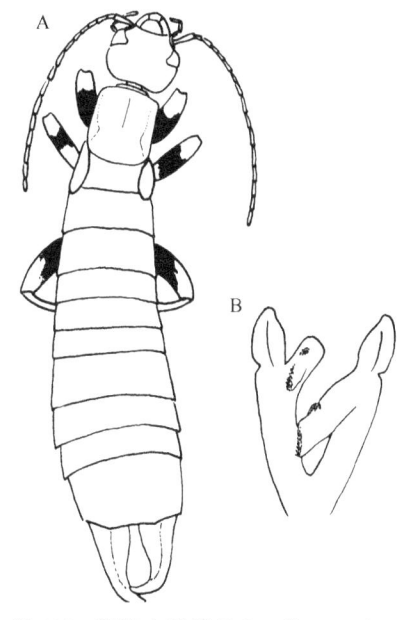

图 101 环纹小肥螋 *Euborellia annulipes* (Lucas, 1847)（引自王治国和张秀江，2007）
A. 雄性整体背视；B. 雄性外生殖器

标本记录：安新县：1头，白洋淀大田庄，2012-Ⅶ-16，乔佳伦采。

分布：河北、山东、甘肃、江苏、安徽、浙江、湖南、福建、台湾、海南、广西、四川、贵州、云南。

（278）缘殖肥螋 *Gonolabis marginalis* (Dohrn, 1864)（图103）

识别特征：体长 18.0～30.0 mm。暗褐色，具光泽，触角端部 4 节和足的大部分呈浅黄色或黄褐色。头三角形，前缝明显；复眼小而突出。触角 15～17 节。前胸背板近正方形，背面纵沟明显。无前、后翅。腹部狭长，遍布细小刻点，第Ⅵ～Ⅸ节侧后角尖，具纵脊；末腹节背板短宽；亚末腹板后缘中间浅凹；尾铗短粗，铗基部三棱形，雄性的尾铗不对称。足细长，腿节和胫节具深色环斑。

标本记录：保定市：1头，保定市莲池区，2002-Ⅷ-17，任国栋采。

分布：河北、江苏、福建、台湾、香港、广西、四川、云南；朝鲜，日本，印度尼西亚。

图102　卡殖肥螋 *Gonolabis cavaleriei* (Borelli, 1921) 雄性外生殖器
（引自陈一心和马文珍，2004）

图103　缘殖肥螋 *Gonolabis marginalis* (Dohrn, 1864) 雄性外生殖器
（引自陈一心和马文珍，2004）

55. 球螋科 Forficulidae Tillyard, 1926

头部较扁，口器咀嚼式；触角节细长，10～50 节。前胸背板发达，方形或长方形。翅发达，极少完全无翅；有翅者前翅革质，缺翅脉；后翅膜质，翅脉放射状。足缺刺，具爪，爪间突通常缺中垫。雄性尾须发达，不分节，呈铗状。

世界记载 11 亚科 460 多种，植食性种类以植物的花粉、嫩叶及腐败物为食；肉食性种类捕食小型昆虫等。中国记录 4 亚科 23 属 123 种以上。本书记述河北地区 4 属 11 种。

（279）异螋 *Allodahlia scabriuscula* (Audinet-Serville, 1838)（图104）

识别特征：体长雄性 11.0～14.0 mm，雌性 11.0～13.0 mm。粗壮，污黑色，无光泽。

胫节端半部和跗节具金黄色毛。头背隆起，冠缝明显。触角12~13节，第1节棒形，短于触角窝之间的间距；第4节短于第3节。前胸背板横宽，前缘内凹，前侧角尖锐突出，后缘宽圆形；沟前区隆起，表面具明显的颗粒和刻点。前翅宽广，肩部圆形，端缘平截，沿外缘具侧隆线，表面粗糙，具颗粒；后翅长于前翅。足细长，腿节具刻点，胫节端半部和跗节具毛。腹部稍扁平，中部扩宽，表面具细刻点，第Ⅲ节、第Ⅳ节背板具腺褶。雄性第Ⅹ腹节背板横宽，侧缘向后扩展；肛上板横宽，后缘平截，后侧角微突出；尾铗基部远离，端部略内弯，内缘近基部具细齿，中部之后具1较长锐齿。

标本记录：兴隆县：2头，雾灵山八道河，2015-Ⅶ-4；2头，雾灵山眼石，2016-Ⅵ-23；1头，雾灵山眼石，2016-Ⅶ-30；2头，雾灵山小扁担沟，2016-Ⅶ-16，采集人均不详。

分布：河北、河南、甘肃、湖北、湖南、台湾、广东、广西、西南；越南，印度，缅甸，不丹，斯里兰卡，印度尼西亚。

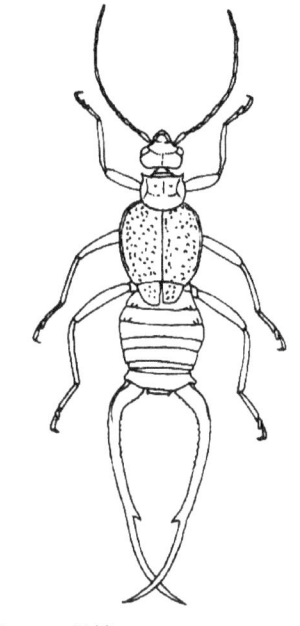

图104 异螋 *Allodahlia scabriuscula* (Audinet-Serville, 1838) 雄性背视（引自王治国和张秀江，2007）

(280) 日本张球螋 *Anechura japonica* **(Bormans, 1880)**（图版Ⅻ-8）

识别特征：体长12.0~14.0 mm。尾铗长雄性5.0~7.0 mm，雌性2.8~3.0 mm。体较扁，褐红色，头淡红色，前胸背板和后翅侧缘浅黄色或褐黄色。头光滑，额圆隆，头缝不明显，后缘横直；复眼小。触角12节，基节大。前胸背板横宽，前缘横直，两侧平行，后缘弧形；前部稍圆隆，中间纵沟明显。鞘翅狭长，密布小刻点，肩部圆，两侧平行，后缘后内倾或截形；后翅1大黄斑。腹部中、后部较宽，遍布小刻点，第Ⅲ~Ⅳ节背面两侧各1瘤突；雄性末腹背板短宽，两侧平行，后缘稍弧形，中间微凹，背面近后缘两侧各1隆起；亚末腹板密布横皱纹，后缘弧形。臀板后缘圆弧形。两尾铗基部宽分，向后平伸，稍外弯，内缘中部稍前具1宽齿突；端部尖，内弯。雌性末腹背板梯形，尾铗较直；内缘接近，无齿突。

标本记录：邢台市：5头，宋家庄乡不老青山风景区，2015-Ⅷ-11，郭欣乐采；2头，宋家庄乡不老青山牛头沟，2015-Ⅷ-20，常凌小、郭欣乐采；7头，宋家庄乡不老青山风景区，2015-Ⅷ-26，郭欣乐采；兴隆县：1头，雾灵山风景区北门，2016-Ⅶ-18，采集人不详；1头，雾灵山流水沟，2016-Ⅶ-18，采集人不详。

分布：河北、吉林、山西、山东、宁夏、甘肃、浙江、湖北、江西、湖南、福建、广西、四川、西藏；俄罗斯，朝鲜，日本。

(281) 基白球螋 *Forficula albida* Liu, 2007（图105）

识别特征：尾铗基部扩展超过全长的1/3，尾铗基部圆柱形或向内缘扩展；臀板长大于宽；后翅翅柄较短，不及前翅长度之半；第2跗节两侧扩展为叶状；前、后颈骨片于前胸腹板前愈合；末腹背板长短于宽，后部两侧各1小瘤突或无瘤突。

标本记录：蔚县：1头，小五台山郑家沟，2015-Ⅸ-02，李志月采。

分布：河北、陕西、宁夏、河南。

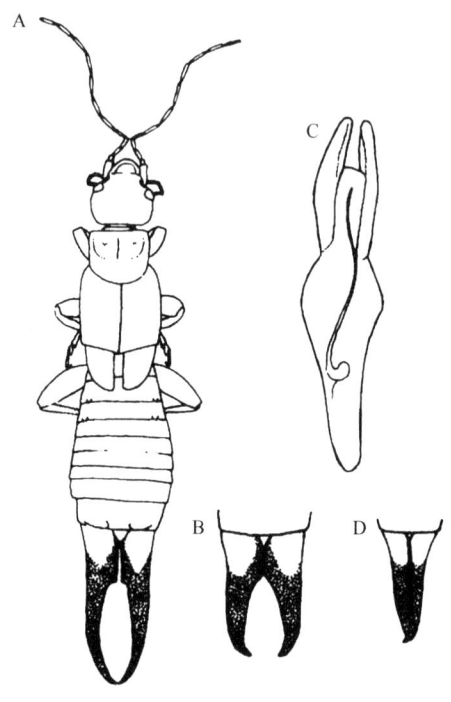

图105 基白球螋 *Forficula albida* Liu, 2007（引自王治国和张秀江，2007）
A. 雄性整体背视；B. 雄性尾铗（短铗型）背视；C. 雄性外生殖器；D. 雌性尾铗背视

（282）达球螋 *Forficula davidi* Burr, 1905（图106）

识别特征：体长9.0～15.5 mm。尾铗长3.5～18.0 mm。体狭长，褐红色或褐色，头深红色，鞘翅和尾铗暗褐红色或浅褐色。头较大，额稍圆隆，头缝明显；复眼小，圆突形。触角细长，基节长大，棍棒形，第2节短小，余节细长。前胸背板近方形，两侧具微翘的宽黄边。鞘翅长大，长约为前胸背板长2.0倍，肩角稍圆，两侧平行，后缘向后方稍倾斜；后翅翅柄较短，外缘直弧形，顶端稍圆。腹部狭长，两侧弧形，遍布较细密刻点，第Ⅲ节、第Ⅳ节背面两侧各1瘤突；末腹背板短宽，两侧近平行，散布小刻点，接近后缘两侧各1较大瘤突；亚末腹板后缘圆弧形，散布刻点和皱纹。臀板长大，后缘截形或弧凹形。尾铗长短不一，基部内缘扁阔，其后圆柱形，直或稍外弯。雌性尾铗两支，内缘接近，基部较宽，顶端尖，内弯。

标本记录：兴隆县：2头，雾灵山眼石，2016-Ⅵ-23；2头，雾灵山小扁担沟，2016-Ⅶ-16；1头，雾灵山流水沟，2016-Ⅶ-18；2头，雾灵山五岔沟，2015-Ⅷ-9；1头，雾灵山四顷地，2015-Ⅴ-17，采集人均不详。

分布：河北、山西、山东、陕西、宁夏、甘肃、湖北、湖南、四川、云南、西藏。

（283）大基铗球蠼 *Forficula macrobasis* Bey-Bienko, 1934（图107）

识别特征： 雄性尾铗基部内缘扩展的后角呈突圆形；尾铗基部圆柱形或向内缘扩展；无后翅；第2跗节两侧扩展为叶状；前、后颈骨片于前胸腹板前愈合；末腹背板长短于宽，后部两侧各1小瘤突或无瘤突；雄性外生殖器具1阳茎叶。

标本记录： 蔚县：1头，小五台山柏树乡，2012-Ⅶ-04，陈星宏采；涿鹿县：21头，小五台山杨家坪林场，2004-Ⅶ-04，采集人不详。

分布： 河北、北京、山西、四川、西藏。

图106 达球蠼 *Forficula davidi* Burr, 1905
（引自王治国和张秀江，2007）
A. 雄性腹端背视；B. 雄性外生殖器；C. 雌性尾铗背视

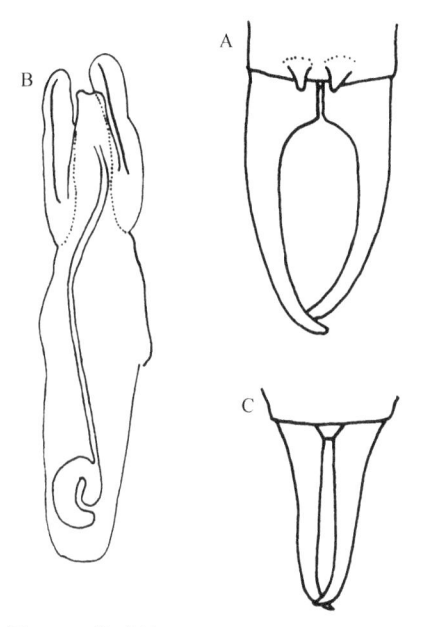

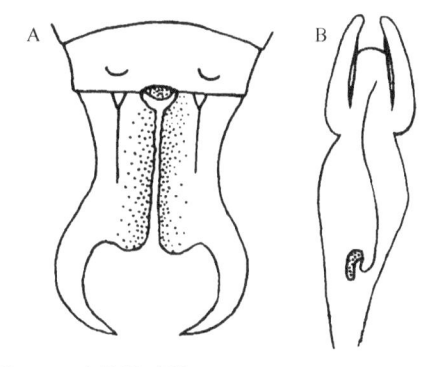

图107 大基铗球蠼 *Forficula macrobasis* Bey-Bienko, 1934（引自陈一心和马文珍，2004）
A. 末腹背板和尾铗（雄性）；B. 雄性外生殖器

（284）齿球蠼 *Forficula mikado* Burr, 1904（图版Ⅻ-9）

识别特征： 体长8.0～11.0 mm；雄性短铗型尾铗长3.0～4.5 mm，长铗型尾铗长6.5～7.0 mm，雌性尾铗长2.7～3.0 mm。体细长，红褐色或黑褐色，前胸背板侧边浅灰色，鞘翅和后翅翅柄红褐色或浅褐色，触角、口须、胫节和跗节黄褐色，腿节和尾铗浅红褐色。雄性尾铗基部具齿突状，不及其长度的1/3，尾铗基部圆柱形或向内缘扩展；臀板长大于宽。后翅翅柄较短，不及前翅长度之半。第2跗节两侧叶状扩展。雄性外生殖器具1阳茎叶。前、后颈骨片于前胸腹板前愈合。末腹背板长小于宽，后部两侧各有1隆起；亚末腹板后缘弧形，表面散布刻点和皱纹。

标本记录： 兴隆县：2头，雾灵山小好地，2012-Ⅶ-26，刘浩宇、宋烨龙采；1头，雾灵山西门，2012-Ⅶ-15，宋烨龙采。

分布： 河北、黑龙江、吉林、辽宁、陕西、甘肃、湖北、四川；朝鲜，日本。

(285) 华球螋 *Forficula sinica* (Bey-Bienko, 1934)（图 108）

识别特征：雄性体长（含尾铗）11.0～14.0 mm。体暗褐色至褐红色，头浅红色，触角和尾铗浅褐色，前胸背板侧边和足黄色至褐黄色。头缝不明显；复眼较突出。触角 12 节，第 2 节长宽近于相等，第 3 节略长于第 4 节，其余各节逐节稍变长。前胸背板近方形，背中沟略明显。鞘翅较为发达；后翅翅柄较短。尾铗基部内缘扁阔，其后部略呈向外弧弯，多少呈圆柱形，顶尖。雄性外生殖器不及前翅长度之半；腹部相对狭长，遍布小刻点。各跗节第 2 节叶状。前颈和后颈骨片在前胸腹板前愈合。雌性较粗壮，末腹背板两侧向后强烈收缩，1 对尾铗简单，相互靠近，向后直伸，顶尖且向内弯曲。

标本记录：蔚县：1 头，小五台山金河口，2005-Ⅷ-23，石爱民采；1 头，小五台山金河口，2006-Ⅷ-07，石爱民采；1 头，小五台山赤崖堡，2012-Ⅷ-20，陈星宏采；涿鹿县：2 头，小五台山杨家坪林场，2004-Ⅷ-04，采集人不详。

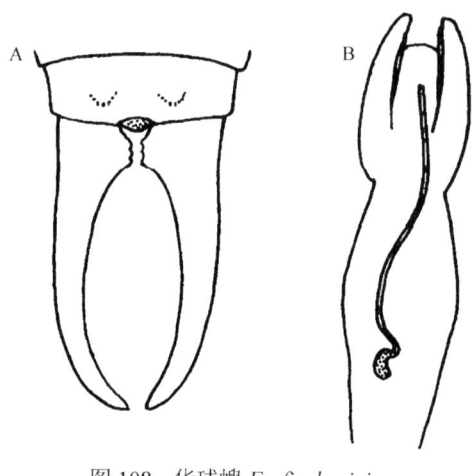

图 108　华球螋 *Forficula sinica* (Bey-Bienko, 1934)
（引自陈一心和马文珍，2004）
A. 末腹背板和尾铗（雄性）；B. 雄性外生殖器

分布：河北、陕西、江苏、安徽、湖北、湖南、广西、四川、贵州、云南。

(286) 辉球螋 *Forficula plendida* Bey-Bienko, 1933

识别特征：体长 10.7～11.9 mm。尾铗长雄性 3.3～4.3 mm，雌性 1.8～3.0 mm。暗褐色，头和触角浅红褐色，前胸背板暗黑色，侧缘浅灰色，足淡褐色至褐黄色，腹部颜色较深，中部褐红色，尾铗暗褐色，下侧浅褐红色。头扁平，散布小刻点；复眼较小。触角 12 节，基节长约为第 2+3 节长度之和。前胸背板长宽近于相等，两侧平行，后缘圆弧形，背前面圆隆，中沟细，后部平，具小刻点。鞘翅发达，两侧平行，后缘微凹，散布小刻点；后翅翅柄长短不一，顶端稍尖。腹部狭长，两侧近平行，遍布小刻点；末腹节背板横宽，两侧近后缘各 1 扁突；臀板两侧平行，后缘截形或稍圆；尾铗略内弯，基部内缘扁阔部分超过全长的 1/3，具细齿突，顶尖，内弯。雌性似雄性，但头缝明显，尾铗直伸，基部三棱形，后部略内弯，顶尖，有时内缘具小齿。

标本记录：平山县：3 头，驼梁风景区，2012-Ⅷ-16，巴义彬等采；阜平县：3 头，天生桥，2013-Ⅷ-09，刘浩宇等采；灵寿县：1 头，漫山，2013-Ⅷ-10，刘浩宇采。

分布：河北、陕西、甘肃、湖北、四川、云南。

(287) 托球螋 *Forficula tomis scudderi* Bormans, 1880（图版Ⅻ-10）

识别特征：体长雄性 14.0～21.5 mm，雌性 15.0～19.0 mm。体稍扁平。头与前胸背板约等宽，背面稍隆起，冠缝明显；复眼较小，短于后颊。触角12节。前胸背板长宽约相等，侧缘平行，后缘宽圆形，沟前区隆起，中沟明显。前翅稍长于前胸背板，端缘截形，表面具极弱的刻点；后翅退化，不长于前翅。足较粗壮。腹部延长，中部稍扩宽，表面具较密的细刻点，第Ⅲ节、第Ⅳ节两侧具腺褶。雄性第Ⅹ腹节背板横宽，侧缘微向后趋狭，背面两侧在尾铗基部上方具弱的隆丘；肛上板较短，端部圆形；尾铗较狭长，微内弯，基部扩宽部分约占全长之半或更长，内缘具细齿。雌性尾铗仅端部内弯，内缘缺细齿。

标本记录：赤城县：23头，黑龙山东沟，2015-Ⅶ-21，闫艳、刘恋采；49头，黑龙山东沟，2015-Ⅶ-24，闫艳、尹悦鹏采；45头，黑龙山东沟，2015-Ⅶ-27，闫艳、李跃采；兴隆县：1头，雾灵山流水沟，2016-Ⅶ-18，采集人不详；1头，雾灵山刘寨子，2015-Ⅷ-10，采集人不详；1头，雾灵山眼石，2016-Ⅵ-23，采集人不详。

分布：河北、黑龙江、辽宁、山西、河南、陕西、宁夏、新疆；俄罗斯（远东），朝鲜，日本。

（288）迭球蠼 *Forficula vicaria* Semenov, 1902（图版Ⅻ-11）

识别特征：体长9.0~12.0 mm。尾铗雄性长4.0~4.5 mm，雌性长3.0~3.5 mm。足和尾铗灰黄色。头略圆隆，冠缝明显；复眼小而突出。触角12节，密被绒毛，基节长大，棍棒状，第2节长稍大于宽。前胸背板近方形，后缘圆弧形；背面前面稍圆隆，中沟明显，后部平，散布小刻点和皱纹。鞘翅宽于前胸背板，密布细刻点；两侧平行，后缘近横直；后翅翅柄稍突出。腹部长扁，两侧弧形，第Ⅲ节、第Ⅳ节背面两侧各1突起；末腹背板短宽、光滑，散布小刻点，基部稍宽，后缘中间略凹，近后缘两侧各1小突起；亚末腹板短宽，后缘圆弧形。臀板小，端部圆弧形。尾铗基内缘扁阔，后内缘稍弯，顶尖。雌性末腹背板后部较窄，尾铗直，顶尖，两支内缘接近。

标本记录：灵寿县：1头，五岳寨南营乡庙台，2015-Ⅶ-26，袁志采；8头，五岳寨风景区游客中心，2016-Ⅷ-14，任国栋、张嘉采；1头，五岳寨，2015-Ⅷ-15，周晓莲采；9头，五岳寨，2015-Ⅷ-12，袁志、邢立捷采。

分布：河北、黑龙江、吉林、辽宁、内蒙古、山东、江苏、湖北、四川、云南、西藏；蒙古国，俄罗斯，朝鲜，日本。

（289）净乔球蠼 *Timomenus inermis* Borelli, 1915
（图109）

识别特征：触角第3节和第4节近于等长。前胸背板前角不延伸。鞘翅无侧隆脊。后翅翅柄无黄色斑。尾铗基部圆柱形或向内缘扩展。第2跗节两侧扩展为叶状。雄性外生殖器具1阳茎叶，前、后颈骨片在前胸腹板前面愈合，末腹背板长小于宽。

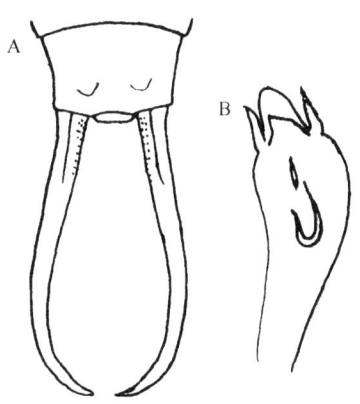

图109 净乔球蠼 *Timomenus inermis* Borelli, 1915（引自陈一心和马文珍，2004）
A. 末腹背板和尾铗（雄性）；B. 雄性外生殖器

标本记录：兴隆县：7 头，雾灵山小好地，2012-Ⅶ-23，刘浩宇、宋烨龙采。

分布：河北、山西、陕西、湖北、福建、台湾、广东、云南。

56. 蠼螋科 Labiduridae Verhoeff, 1902

大部分种类有翅，较少数无翅。前翅有远离边缘的黑条纹，当其折叠时，在背部中间形成 1 较浅条纹。多数种类的翅后边缘有黑色区域，故背部中间有 1 黑色条纹，也可通过扩展的第 1 跗节来区分。触角 5 节以上；第 2 跗节延长至第 3 跗节的基部下方。雄性生殖器阳基具成双的阳基中叶，其端针基部膨大并具内弯管。

世界已知约 3 亚科 7 属 70 种以上。中国记录 2 亚科 20 属 94 种。本书记述河北地区 1 属 1 种。

（290）蠼螋 *Labidura riparia* Pallas, 1773（图版Ⅻ-12）

识别特征：体长 12.0～24.0 mm。尾铗长雄性 7.0～10.0 mm、雌性 5.0～6.0 mm。体褐黄色，触角浅黄色，鞘翅褐色，下侧浅色带褐红色。头宽大，冠缝明显；复眼小。触角细长，28 节。前胸背板宽窄于长，前缘横直，两侧平行，后缘圆弧形；背面前部略圆隆，中间纵沟可见。鞘翅长于前胸背板，两侧纵侧脊完全，后缘略向内后方斜，背面较平，遍布颗粒状皱纹。腹部长大，由第Ⅰ节向后逐渐变宽，第Ⅳ～Ⅷ背片后缘排列小瘤凸，末腹背板短宽，两侧平行，后缘中部平截，背面两侧各有瘤凸，亚末腹板近梯形，后缘中间微凹。尾铗短于腹部，基部分开较宽，向后平伸，基部较粗，三棱形，向后变细，端部向内侧略弯，内缘中部各 1～2 小瘤突。雌性尾铗相对尖直。

分布：河北、黑龙江、吉林、辽宁、山西、山东、河南、陕西、宁夏、甘肃、江苏、湖北、江西、湖南、四川；欧洲，亚洲，非洲北部，美国。

57. 大尾螋科 Pygidicranidae Verhoeff, 1902

体型长大。头部三角形，扁平，后缘不凹入；两颊弧形，后缘直或略弧弯，额圆隆；复眼小。触角细长，15～30 节，第 4～6 节长不大于宽。前翅臀角圆形，胸盾片外露。腿节侧扁，背面具隆线；腹部长大或较宽扁，两侧向后扩展或多少呈弧形，末腹背板发达；尾铗发达，基部明显三棱形。雄性生殖器具成双的阳基中叶。

世界已知 12 亚科 34 属 103 种以上，分布于东洋区、新热带区、非洲区和澳新区等。中国记录 4 亚科 4 属 13 种以上。本书记述河北地区 1 属 1 种。

（291）瘤螋 *Challia fletcheri* Burr, 1904（图 110）

识别特征：体长（含尾铗）19.5～21.5 mm。体狭长，褐色，略亮。触角和足褐黄色，腿节具暗斑，布颗粒状刻点和黄绒毛。头扁长，缝深。触角 16 节。前胸背板长稍大于宽，前角略圆，两侧平行，中沟较深，前部两侧各 1 小沟；中胸背板较前胸宽，两侧具纵脊，后缘截形；后胸背板宽短，后部宽于中胸背板，基部两侧向后扩展，后角窄圆形，后缘弧凹。腹部细长，略扁，后面 3 节稍宽，布粗糙刻点；末腹节背板长宽近相等，前部中间具小纵沟，后部中间布小圆瘤，两侧各 2 圆瘤；亚末腹板近梯形，两侧刻点较粗糙；尾铗扁长，基部平伸，2 支内缘接近，其后上缘各具 1 对齿，后面 1/4 各 1 小齿突，基内缘有数枚小刺突，其中 3 个较大。足较长，跗节第 4 节具纵肋。

取食对象：多种鳞翅目幼虫及蚜虫。

标本记录：蔚县：1 头，小五台山金河口，2005-Ⅷ-20，张锋采。

分布：河北（小五台山）、吉林、山东、浙江、江西、湖南、西藏；朝鲜。

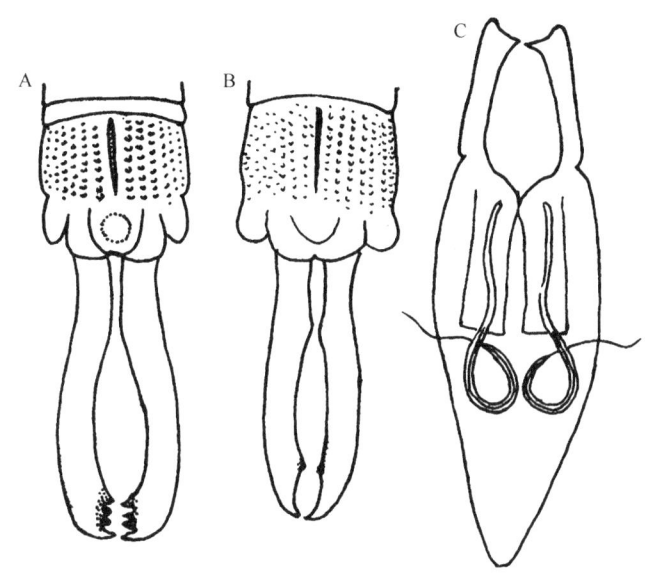

图 110 瘤螋 *Challia fletcheri* Burr, 1904（引自陈一心和马文珍，2004）
A、B. 末腹背板和尾铗的不同形态（雄性）；C. 雄性外生殖器

58. 苔螋科 Spongiphoridae Verhoeff, 1902

前、后颈骨片于前胸腹板前愈合；第 2 跗节略侧扁，不延伸至第 3 跗节的基部下方。肛上板突出，能活动；尾铗对称。雄性生殖器有单一的阳基中叶，阳茎端刺缺肾状囊。

该科也称绵螋科，世界已知 13 亚科 42 属 504 种以上。中国记录 3 亚科 8 属 15 种。本书记述河北地区 1 属 1 种。

（292）小姬螋 *Labia minor* (Linnaeus, 1758)（图版 XIII-1）

识别特征：体长 4.0～7.0 mm。头和躯体扁平，褐色至黑褐色，头深色，触角浅褐色，有时有浅色区域，足浅黄褐色。头被稀疏细黄毛，其他部分被密细毛。头狭长，复眼大，等于或长于后颊。前胸背板宽大于长，窄于头，后缘浅凹。前翅除侧缘外均被毛，缺侧隆线。后足第 1 跗节长是宽的 3.0～4.0 倍，爪上无中垫。雄性尾铗细长，内侧具细锯齿；雌性尾铗短，向端部收缩，被毛。末腹背板长短于宽，后部两侧各 1 小瘤或无瘤；第 2 跗节不扩展。尾铗基部圆柱形或内缘扩展。

取食对象：喜食腐败植物或有机物碎屑。

标本记录：兴隆县：1 头，雾灵山西门，2012-Ⅶ-15，宋烨龙采。

分布：河北、北京、上海、浙江；全球温带地区。

XVIII. 襀翅目 Plecoptera Burmeister, 1839

襀翅目昆虫统称石蝇。体细长，5.0~90.0 mm，柔软且扁平，多为黄褐色。头宽。触角丝状，多节，长达体长一半以上。咀嚼式口器。前胸方阔，可活动。复眼发达，单眼2或3个。翅2对或无，膜质，后翅常大于前翅。腹部10节，尾须1对，丝状且多节。雌性无产卵器。跗节3节。半变态。稚虫水生，似成虫，有气管鳃。

世界已知16科约4000种，分布在除南极以外的世界各大陆。捕食蜉蝣稚虫和双翅目幼虫等，或取食藻类及其他植物碎片，部分植食性，主要取食藻类；成虫常栖息于流水附近的树干、岩石上或堤坡缝隙间。中国已记载10科66属657种。本书记述河北地区4科6属10种。

分科检索表

1. 中唇舌和侧唇舌约等长，下颚须丝状，第1跗节长；前后翅的 Sc_1 脉、Sc_2 脉、R_{4+5} 脉及 r-m 脉共同组成1明显的"X"形 ·················· 叉襀科 Nemouridae
   中唇舌不明显或短于侧唇舌，下颚须鬃状，第1跗节短 ··· 2
2. 中唇舌短于侧唇舌，上颚较发达；体小型至中型；前后翅的小范围内有少数横脉；腹部无气管鳃残余；颚唇舌沟不明显；雄性第IX腹板有圆形小叶突或锤突，无刷毛丛；翅的径脉区少有横脉 ··· 扁襀科 Peltoperlidae
   中唇舌不明显，上颚退化 ·· 3
3. 后翅臀区发达，在 1A 脉后达到翅缘的臀脉有5条以上，2A 脉具1~3条分支 ········· 网襀科 Perlodidae
   后翅臀区很小，在 1A 脉后达到翅缘的臀脉不超过3条，2A 脉无分支 ············· 绿襀科 Chloroperlidae

59. 叉襀科 Nemouridae Newman, 1853

体小型，长不超过15.0 mm，褐色或黑褐色。复眼1对，单眼3个；触角长丝状，发达；头略宽于前胸；前胸背板发达，中后胸较为相似；前胸腹板两侧有颈鳃，部分属的颈鳃高度分支或退化；前、后翅各1对，Sc_1 脉、Sc_2 脉、R_{4+5} 脉、r-m 脉交织呈"X"形，前翅的 Cu_1 脉和 Cu_2M 脉之间形成多条横脉。足的第2跗节短，第1跗节、第3跗节长约相等。腹部10节，具肛侧叶1对，通常分为2或3叶；肛上突结构复杂多变；尾须1节，多为膜质，部分种类呈骨化状态。

世界已知2亚科21属约700种，主要生活于较冷的溶氧量高的溪流、泉水、岩缝渗流等流水环境，多取食水中的植物碎片、动物腐殖质、藻类、苔藓植物、地衣和叶子等有机物。中国记录2亚科8属219种。本书记述河北地区3属7种。

（293）斧状倍叉襀 *Amphinemura cestroidea* Li & Yang, 2005（图111）

主要特征：雄性体长约3.7 mm，前翅长约6.3 mm，后翅长约54.0 mm。头部深褐色。触角黑褐色，口器黑色。胸部褐色，翅透明，足黄褐色。腹部褐色；肛下突及尾须黄褐色，腹部毛大部分淡黄色。第10背板轻微骨化，后缘明显骨化，中间有1凹缺，其侧缘有数根黑刺。尾须膜质细长，近柱形。肛上突分为 1 对高度骨化的侧刺突和 1 个骨化的中突，中突长约是侧刺突长的 2.0 倍，侧刺突内缘中后部有几根小黑刺，中突端部尖，略向上弯，龙骨突不明显，腹面着生小刺；背骨片基半部细长，端半部宽大呈斧状，其侧面有 1 排小刺，顶端有凹缺，形成 2 齿突。肛侧突分 3 叶；外叶窄细，中叶明显向上弯曲，内叶三角形，末端尖锐，较中叶短小。雌性特征未知。

检视标本：涿鹿县：1 头，小五台山山涧口，1300 m，2005-Ⅷ-21，时敏采；7 头，小五台山山涧口，1300 m，2005-Ⅷ-22，刘经贤、肖春霞采。

分布：河北、四川。

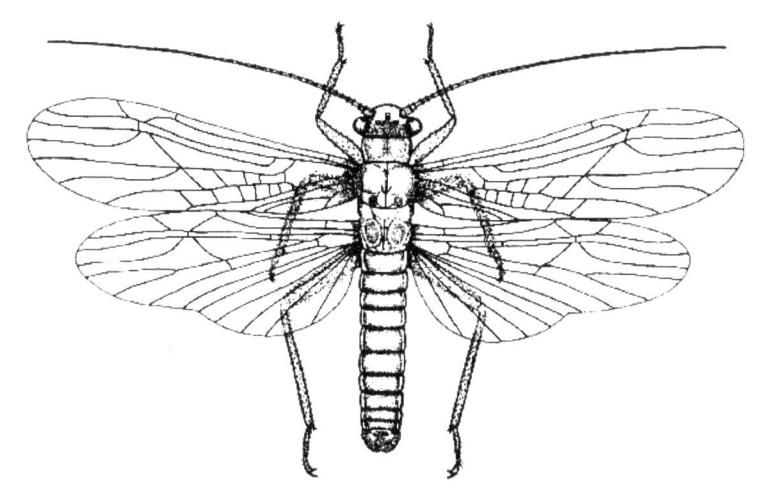

图 111　斧状倍叉䗛 *Amphinemura cestroidea* Li & Yang, 2005 雄性（引自杨定等，2015）

（294）中华倍叉䗛 *Amphinemura sinisis* (Wu, 1926)（图 112）

识别特征：体长 59.0～74.0 mm，前翅长 68.0～79.0 mm，后翅长 59.0～67.0 mm。头褐色，较前胸略宽；触角褐色，前胸背板浅褐色；足浅褐色。腹部深褐色，尾须黄褐色。雄性外生殖器肛下突长约为宽的 2.0 倍，基部宽大，从中部向端部变窄，顶端伸至肛上突基部，并向背面显弯；囊状突长于肛下突之半，粗大，顶端细圆。肛侧突分 3 叶；内叶粗短且膜质；中叶约 3.0 倍长于内叶长，基部略宽，膜质面积大，顶部较强骨化，端部细钩状；外叶细小，骨化强，端部细指状，膜质。肛上突骨化强，形状各异；背骨片顶端呈倒三角形，前缘锯齿状，前缘后方指状突上弯，侧臂除基部外大部与背骨片分离，基粗端尖，外侧缘锯齿状；腹板形成龙骨突，其上具有较大锯齿状凸起。雌性第Ⅶ腹板前生殖板不明显；第Ⅷ腹板形成后生殖板，大而骨化强，在生殖孔处对称地分成 2 刀状阴道瓣。

分布：河北、北京、河南、陕西、江苏、浙江。

（295）北京叉䗛 *Nemoura geei* Wu, 1929（图 113）

识别特征：前翅长雄性 6.0～8.5 mm，雌性 9.2～9.4 mm；后翅长雄性 5.5～6.2 mm，

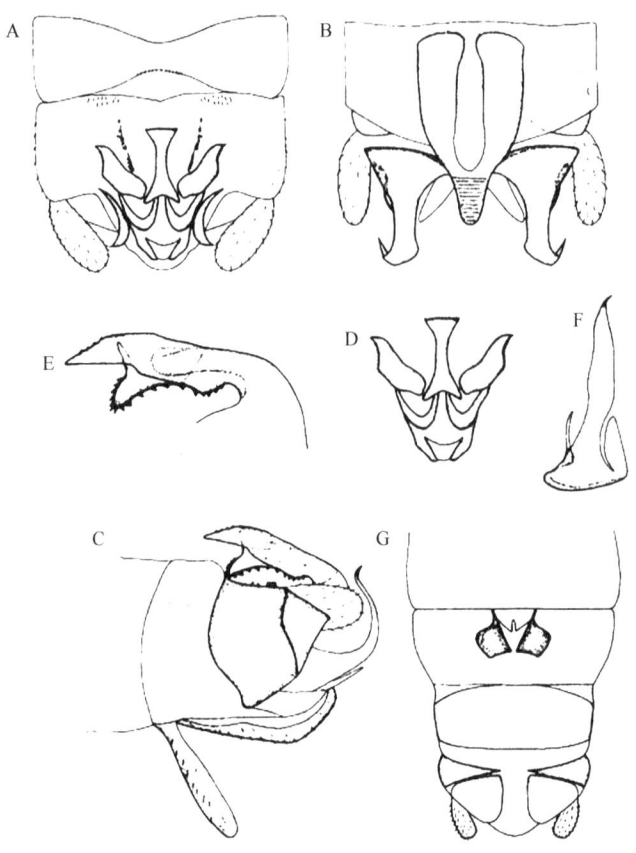

图 112 中华倍叉䗛 *Amphinemura sinisis* (Wu, 1926)（引自杨定等，2015）
雄性：A. 外生殖器背视；B. 外生殖器腹视；C. 外生殖器侧视；D. 肛上突背视；
E. 肛上突侧视；F. 肛上突尾视；雌性：G. 外生殖器腹视

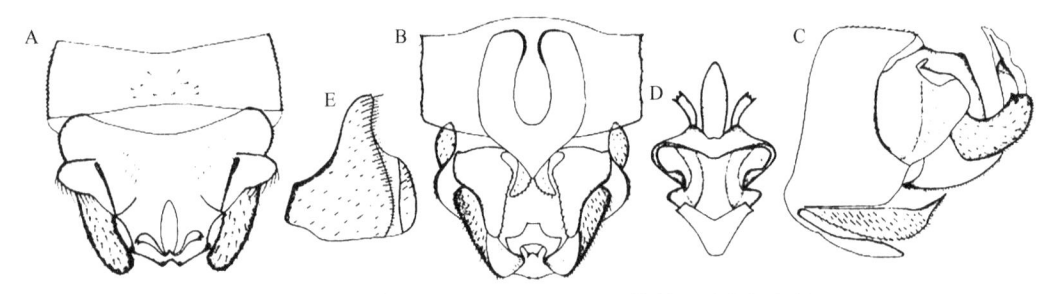

图 113 北京叉䗛 *Nemoura geei* Wu, 1929 雄性（引自杨定等，2015）
A. 外生殖器背视；B. 外生殖器腹视；C. 外生殖器侧视；D. 肛上突背视；E. 肛侧突尾视

雌性 8.0～8.1 mm。头深褐色，较前胸略宽；触角棕色；前胸背板棕色；足黄色；腹部褐色，尾须浅褐色。雄性外生殖器第Ⅸ背板中央有 1 撮刚毛。第Ⅹ背板前缘凹入。肛下突粗短，长约等于宽，基部宽，顶尖并伸至肛上突基部，背弯；囊状突长于肛下突之半，基部略细，顶端圆。肛侧突分 2 叶，内叶小，膜质；外叶大，近三角形，大部分膜质，外缘 1 骨化条。尾须外侧骨化，内部膜质，端部向内侧延伸；肛上突背面 1 大基垫，背骨片奇形；侧瘤突小；腹板在肛上突顶端向两侧延伸为 2 顶端游离的骨化条，端部 3 齿突。第Ⅶ腹板后缘中部向后延伸形成三角形的前生殖板，抵达第Ⅷ腹板中部；第Ⅹ腹板前缘两侧尖锐。

分布：河北、辽宁、北京、山东；韩国，日本。

（296）妙峰山叉䗂 *Nemoura miaofengshanensis* Zhu & Yang, 2003（图114）

识别特征：雄性体长约7.1 mm，前翅长约7.3 mm，后翅长约6.3 mm。头深褐色，较前胸宽，触角褐色；前胸背板深褐色；足褐色；腹部深褐色，尾须褐色。生殖节肛下突粗短，长和宽约相等，顶端伸至肛上突的基部并向背面略弯；囊状突粗，长和宽均为肛下突之半，其基部略细，顶端平截；肛侧突分2叶，内叶膜质，细长，外叶大部分膜质，宽大，顶圆，外侧1骨化瘤状区。尾须外侧1骨化条，顶尖；内侧为很大的膜质区。肛上突很短，端部膨大；背骨片基部宽，第Ⅸ背板后缘中部凹；第Ⅹ背板前缘显凹，肛上突下方背板宽，在侧瘤突附近先窄后宽，边缘各1排刚毛，侧瘤突小；背视侧臂为2对骨化斜条；腹板顶端超过背骨片向前方延伸，形成3突起，中突顶端分叉，两边具乳状突，端部骨化强。

分布：河北、北京。

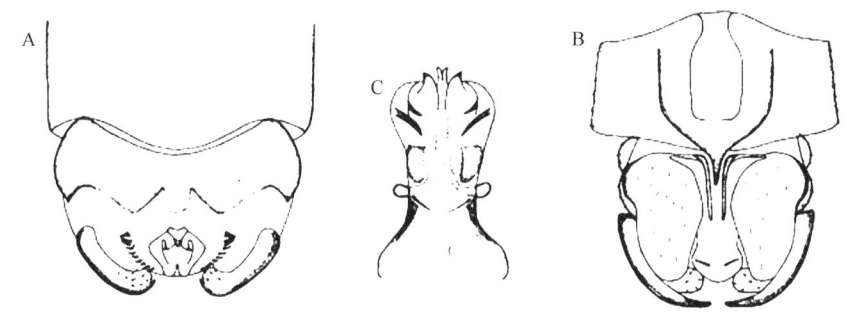

图114 妙峰山叉䗂 *Nemoura miaofengshanensis* Zhu & Yang, 2003（引自杨定等，2015）
A. 雄性外生殖器背视；B. 雄性外生殖器腹视；C. 肛上突背视

（297）岐尾叉䗂 *Nemoura needhamia* Wu, 1927（图115）

识别特征：雄性体长约8.5 mm。体深褐色。头深褐色，较前胸宽。触角和下颚须棕色，前胸背板棕色，足灰褐色。翅半透明，翅脉棕色。腹部褐色，尾须浅褐色。雄性外生殖器第Ⅸ背板前缘凸出，后缘凹入。肛下突粗短，长略大于宽，基部宽，端部尖，顶端伸至肛上突基部，背面上弯；囊状突长于肛下突之半，基部略细，顶端粗圆。肛侧突分2叶，内叶小，膜质；外叶大，基部宽，端部窄，腹面部分骨化。尾须显著骨化并向背面弯曲，基部膨大，并分成2部分，端部向内侧延伸。肛上突背面1大基垫，隆背；侧瘤突不明显；腹板顶端向前延伸，超过背骨片。

分布：河北、北京。

（298）太行山叉䗂 *Nemoura taihangshana* Wang, Li & Yang, 2013

识别特征：雄性前翅长5.0～5.4 mm，后翅长4.2～4.5 mm。第Ⅷ背板中部狭窄，大部

图 115　岐尾叉䗛 *Nemoura needhamia* Wu, 1927（引自杨定等，2015）
A. 雄性外生殖器背视；B. 雄性外生殖器腹视；C. 肛上突侧视

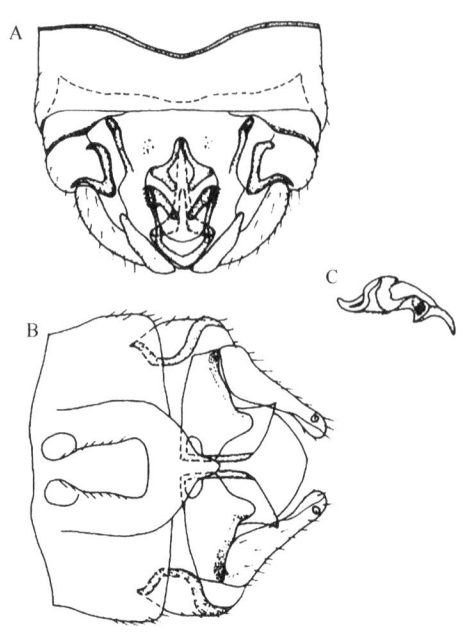

骨化，中后部膜质。第Ⅸ背板宽，前缘有凹痕，中部膜质，紧靠前缘骨化。沿后缘具 2~4 排长刺。第Ⅹ背板骨化，肛上板基部前方具 1 窄纵凹。尾须大部分骨化，中部下侧增大且顶端具 1 下弯大刺，背视呈大钩状。肛上突短，基部近似长方形，顶端三角形；背骨片 1 对黑色骨化区，中骨片沿外缘向顶端延长，端部大且顶端具小刺。腹板强烈骨化，中部周围 1 排小刺；第Ⅸ腹板囊状突棒状，近顶端微窄；肛下突宽且基部圆形，中间渐窄，顶端三角形。肛侧板外叶骨化且基部近方形，顶端具管状突且附近具 1 大钩；内叶特殊，略短于外叶。雌性前生殖板第Ⅶ腹板上略骨化，呈正方形；第Ⅸ腹板前缘重叠，其后外缘略隆起，尾须膜质。

分布：河北（境内太行山南段）、河南（境内太行山）。

(299) 松山球尾叉䗛 *Sphaeronemoura songshana* Li & Yang, 2009（图 116）

识别特征：前翅长 6.4~6.7 mm，后翅长 5.5~5.7 mm。头褐色，较前胸背板宽。单眼 3，复眼黑色。前胸背板横长方形，各角钝圆但形状有变化。翅浅褐色。雄性外生殖器第Ⅷ、第Ⅹ背板轻微骨化，第Ⅷ背板前缘凹，后缘具长方形大凸起；第Ⅸ背板前缘略凹，第Ⅹ背板前缘凸出。第Ⅸ腹板囊状突细长，端部圆钝膨大。肛下突中基部宽大，向端部渐细。第Ⅹ背板在肛上突基部下方形成 1 纵凹膜质区，其侧缘具钝刺突。尾须柱状，端部渐细并内弯。肛上突端部有长鞭状凸出物，其端部弯曲，顶端线状；背骨片端部膜质部分具微弱鳞；腹板宽，近方形，前端窄。雌性第Ⅶ腹板后缘中部向后延伸成马鞍状前生殖板，到达第Ⅷ腹板中部，其中部下生殖板方形，后侧有 2 骨化斑。

标本记录：蔚县：1♂，小五台山，1300 m，2005-Ⅷ-22，刘经贤采。

分布：河北（小五台山、黑龙山）、北京。

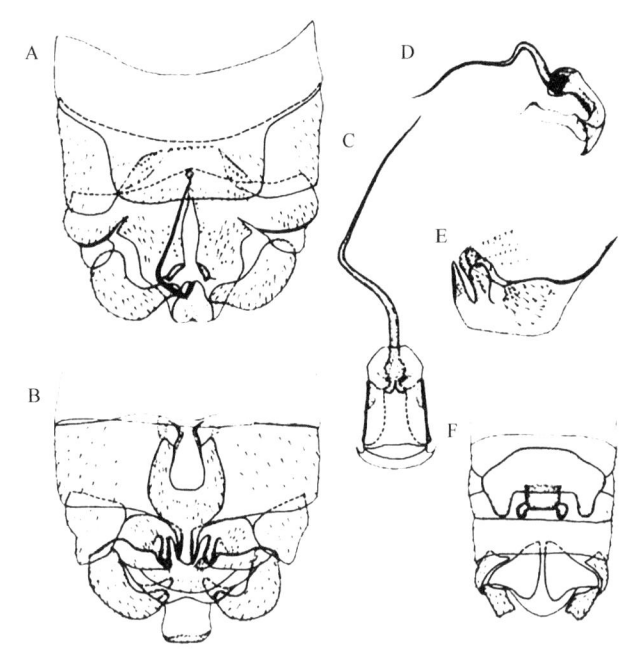

图 116 松山球尾叉襀 *Sphaeronemoura songshana* Li & Yang, 2009（引自杨定等，2015）
雄性：A. 外生殖器背视；B. 外生殖器腹视；C. 肛上突背视；D. 肛侧突侧视；E. 肛侧突尾视；雌性：F. 外生殖器腹视

60. 绿襀科 Chloroperlidae Okamoto, 1802

小型体软，黄绿色或绿色。单眼3个，触角细长。前胸背板多为横长方形，四角均钝圆，中央深色纵条有或无，少数类群延伸到头部或腹部。足的第1跗节、第2跗节短，第3跗节长。翅透明，翅脉减少而简单；尾须细长多节，极少数类群尾须较短。雄性腹部第Ⅰ～Ⅷ背板无特殊变化，第Ⅸ背板后缘有时突起，第Ⅹ背板中部纵凹或分裂；肛上突较发达，肛侧突无变化。雌性第Ⅷ腹板常延伸形成下生殖板。

世界已知约22属200种以上，分布于全北区。中国记录5属30余种。本书记述河北地区1属1种。

（300）长突长绿襀 *Sweltsa longistyla* (Wu, 1938)

识别特征：前翅长雄性9.2～9.4 mm，雌性11.8～12.2 mm。第Ⅸ背板具大的竖直横脊线，锚基部杯状且半背片突凹陷膜质。肛上突向顶端渐窄且顶端1/4尖，长约510 μm，端部光滑，顶端不向上翘起，肛上突大部分具条纹。雌性下生殖板顶端圆形，中间具划痕。

标本记录：涿鹿县：1♂，小五台山山涧口，2009-Ⅵ-22，王俊超采。

分布：河北（小五台山）、河南、陕西、宁夏、甘肃、湖北。

61. 扁襀科 Peltoperlidae Claassen, 1931

头部短小，后半部分常缩入前胸背板下。各胸节背板十分宽大；前胸背板盖住整个头部，外观呈蜚蠊状。

世界已知10属约70种。中国记录4属16种。本书记述河北地区1属1种。

(301) 翘叶小扁䗛 *Microperla retroloba* (Wu, 1937)

识别特征：体长 8.0～9.5 mm。头部深褐色，单眼区至额唇基区深褐色。单眼 3 个，前单眼小，后单眼间距与到复眼的距离相等。触角褐色，基节外端部具 1 骨化斑；下唇须褐色。前胸背板长方形，长约是宽的 2.0 倍；侧缘浅褐色，中部深褐色，表面粗糙。翅透明，表面被细毛；翅脉浅褐色。分长翅型和短翅型 2 种类型，前者翅收拢时，不达到或略超过尾须端部；后者翅的端部仅达到腹部第Ⅶ节附近。雄性第Ⅷ腹节后缘中间具 1 圆球形突起，向后延至第Ⅸ腹节前端；第Ⅸ腹节后端延长呈三角形；第Ⅹ腹节后端向上翘起成叶突。肛下叶小。阳茎膜质，近顶端有多个小瘤突；中部两侧延伸出 1 对向内弯曲的羊角状大侧臂。

分布：河北、山西、河南、陕西、甘肃、湖北。

62. 网䗛科 Perlodidae Klapálek, 1909

体小型至大型，绿色、黄绿色或褐色至黑褐色。口器退化，下颚须尖锥状，末节极小；复眼后的后颊明显；单眼 3 个，似等边三角形排列，后单眼距离复眼近，且后单眼之间具黄褐斑块。前胸背板梯形或横长方形，后缘较扩大，边缘不平行，中央 1 延伸至头部的黄色或黄褐色纵条。足的第 1、第 2 跗节极短，第 3 跗节很长。尾须发达、细长多节。雄性第Ⅹ腹部背面分裂或不分裂，有的特化为隆突；肛上突大多退化，少数发达，与发达的肛侧突一起特化为外生殖器；雌性第Ⅷ腹板向后延伸形成明显的下生殖板，第Ⅹ背板略延长。第Ⅹ背板后缘中部 1 近三角形突起，其中部具刚毛，不达顶部；尾须褐色，细长多节。

世界已知 2 亚科 53 属 300 种，若虫捕食小型水生无脊椎动物。中国记录 18 属 60 余种。本书记述河北地区 1 属 1 种。

(302) 深褐罗䗛 *Perlodinella fuliginosa* Wu, 1973（图 117）

识别特征：体长 18.0～19.0 mm。体深褐色。头褐色，头盖缝明显；触角褐色；3 个单眼极小，2 个后单眼相互靠近，三角单眼区内具 1 小块褐斑，前后位置各 1 块较大色斑。胸部深褐色，前胸背板长方形，中间纵条褐色，前缘角钝尖，后缘角较圆，整体较平滑；胸部深褐色；翅透明，足浅黄色。雄性腹部深褐色，第Ⅶ背板、第Ⅸ背板中间各 1 小块

图 117　深褐罗䗛 *Perlodinella fuliginosa* Wu, 1973（引自时文举，2022）
A. 雄外生殖器，背视；B. 雄外生殖器，尾视；C. 雄外生殖器，侧视；D. 雌外生殖器，腹视

毛丛。雌性腹部背面深褐色，腹面浅褐色；第Ⅱ～Ⅶ腹板各 1 对"V"形黑斑和 1 对黑圆斑；第Ⅷ腹板中部 1 宽三角形下生殖板，前端圆，其前 1 对大黑斑，后缘向后略延伸，中部凹入成 2 耳状，近后缘中部 1 对大黑斑；第Ⅸ腹板近侧缘 1 对大黑斑；尾须褐色，细长多节。

分布：河北（赤城、崇礼）、黑龙江。

XIX. 啮目 Psocoptera Shipley, 1904

体长 1.0～10.0 mm，柔弱，分为长翅型、短翅型、小翅型或无翅型。头大，可自由活动，下口式，咀嚼式口器；后唇基发达，呈球形突出。复眼发达，有翅型单眼 3 个，无翅型单眼缺如。触角长丝状，多数种类胸部隆起，前胸颈状，中胸与后胸通常分离。翅膜质，前翅大于后翅，多有斑纹和翅痣，静止时呈屋脊状盖于体背上，部分种类无翅。胫节长，跗节 2～3 节。腹部 10 节，外生殖器一般不明显。无尾须。渐变态。

啮目昆虫通称啮或书虱。世界已知 3 亚目 37 科 440 余属 5000 种以上，分布于世界各动物地理区，尤以热带、亚热带及温带的林区为多，主要以真菌、藻类、地衣和自然界的有机碎屑为食，但也以淀粉类物质如谷物、墙纸胶和书籍胶为食。啮虫的多数种类生活在树干或枯木上，有的生活在室内或动物巢穴中，取食书籍、谷物、皮毛及动植物标本等，能用下颚刮取食物的碎屑，少数种类捕食蚧虫及蚜虫等。中国记录 3 亚目 14 总科 27 科 170 属 1505 种。本书记述河北地区 2 亚目 12 科 24 属 42 种。

亚目、科检索表（成虫）

1. 跗节 2 节；头部明显延长；上唇有骨化纵脊 ·· 上啮科 Epipsocidae
   跗节 2 节或 2～3 节；头部不明显延长；上唇无骨化纵脊 ··· 2
2. 触角 15～17 节，鞭节具次生环；下唇须 2 节，末节圆钝；跗节 3 节；翅退化或无；翅痣薄且透明
   （粉啮亚目 Troctomorpha） ··· 3
   触角 13 节以下，鞭节无次生环，但表面具刻纹；下唇须 1 节，末节圆或三角形；跗节 2～3 节；通常
   具翅，翅痣厚，不透明或半透明（啮亚目 Psocomorpha） ··· 4
3. 体扁平；胸部腹板宽，足的 2 个基节彼此远离；无翅或雌性具翅，但脉十分退化；后足短，长不超过
   腹部端部；后足腿节膨大 ··· 虱啮科 Liposcelididae
   体不扁平；长翅或无翅或后翅为小翅；身体和翅面通常覆盖鳞片（稀无此特征者）；翅狭长，端部尖或
   圆钝 ··· 重啮科 Amphientomidae
4. 头通常长，上唇两侧具骨化的脊 ·· 5
   头正常，上唇两侧无骨化的脊 ··· 6
5. 前翅缘及脉多毛；外瓣发达，多刚毛 ··· 外啮科 Ectopsocidae
   前翅无毛；外瓣退化，通常仅具 1 刚毛 ··· 亚啮科 Asiopsocidae
6. 前翅缘及脉具毛；无翅种类外瓣退化或存在，若外瓣退化则仅具 1 毛，若外瓣不退化则多毛 ········· 10
   前翅缘及脉通常光滑无毛；无翅种类外瓣发达，跗节 3 节，如若为 2 节，则外瓣具后叶 ···················· 7

7. 前翅至少在端部的脉具单列毛 ··· 8
   前翅脉具双列毛 ·· 9
8. 前翅翅痣自由 ··· 单啮科 Caeciliusidae
   前翅翅痣与 Rs 脉以横脉相连 ·· 狭啮科 Stenopsocidae
9. 外瓣退化或与背瓣合并，通常仅具 1~3 刚毛；后翅缘除前缘 2/3 基部外具毛 ·············
   ··· 双啮科 Amphipsocidae
   外瓣发达，多刚毛；前翅 Cu_1 脉单一不分支；长翅，少数短翅 ··········· 外啮科 Ectopsocidae
10. 长翅；前翅 Cu_1 脉单一不分支 ·· 围啮科 Peripsocidae
    长翅、短翅或无翅；前翅 Cu_1 脉分 2 支 ·· 11
11. 跗节 3 节；长翅，少数无翅；前翅 Cu 脉自由，不与 M 脉连接；翅透明 ···························
    ··· 羚啮科 Mesopsocidae
    跗节 2 节 ·· 12
12. 前翅有 SC 脉；翅型为单一为的长翅型；体型大小在 2.0~12.0 mm 之间；下生殖板变化较为简单 ······
    ··· 啮科 Psocidae
    前翅无 SC 脉；翅型分长翅、短翅和小翅 3 种类型；体长在 2.4~4.0 mm 之间；下生殖板特化为各种
    突起 ··· 分啮科 Lachesillidae

63. 重啮科 Amphientomidae Enderlein, 1903

长翅、短翅或无翅，体翅通常被鳞片。触角 14~17 节，第 3 节、第 5 节后具次生环；少数 13 节。单眼 3 个或 2 个，有些无翅者缺单眼；下颚须第 2 节上具感器；内颚叶端分叉，下唇须 1 节或 2 节。足跗节 3 节，爪具 1 个或 2 个亚端齿；前足腿节、胫节内侧具梳状齿。前翅 Sc_a 脉和翅痣有或无；Rs 脉与 M 脉以横脉相连；Cu_{1a} 脉通常长；A 脉 2 条。后翅无封闭的翅室；M 脉单一不分叉。亚生殖板宽圆，通常近端具骨化的"T"形骨片；生殖突完全、发达，背、腹瓣具尖，外瓣宽大，无刚毛，常分成 2 叶或更多叶；有些无翅成虫生殖突退化，仅存外瓣。下生殖板简单，阳茎环呈叉状，端部开放；阳茎球呈膜质，少数具骨化的构造。

世界已知 137 种。中国记录 67 种。本书记述河北地区 1 属 1 种。

（303）北京色重啮 *Seopsis beijingensis* Li, 2002（图 118）

识别特征：雄性头褐色，额、颊和后唇基、前唇基及上唇黑褐色，复眼黑色；下颚须和触角褐色。胸部褐色；足黄褐色；前翅深褐色，脉黑褐色；后翅褐色，脉深褐色。腹部黄色，具褐色碎斑。体长达翅端约 3.8 mm。触节 14 节，长约 2.3 mm，鞭节 1~3 节长分别约为 0.1 mm、0.25 mm 及 0.3 mm。下颚须末节长约为宽的 4.3 倍；单眼 3 个，中单眼小；复眼半球形；爪具 1 亚端齿及 1 列小齿；基跗节毛 24 个。第Ⅸ腹节背板后缘具 2 块大褐斑。

栖息场所：石上。

分布：河北、北京。

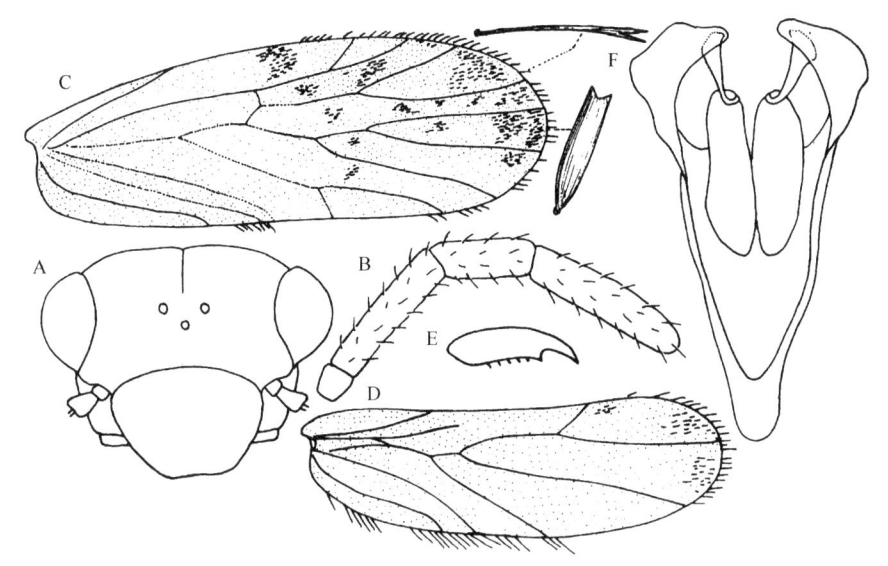

图 118　北京色重蛄 *Seopsis beijingensis* Li, 2002（引自李法圣，2002）
A. 头；B. 下颚须；C. 前翅；D. 后翅；E. 爪；F. 阳茎环

64. 双蛄科 Amphipsocidae Pearman, 1936

体长 4.0～6.0 mm，体大、多毛和扁平；长翅型或短翅型。触角 13 节。足跗节分 2 节，爪无亚端齿，爪垫宽。前翅宽阔，前缘脉粗，从翅痣到翅端密生直立长刚毛，其排列多于 1 行；翅痣后缘常具矩脉；Rs 脉和 M 脉合并 1 段，脉具双刚毛，Cu_2 脉具毛，单列；Cu_{1a} 脉室大。后翅膜质部在端部有时具毛，端部脉具 2 列毛。下生殖板简单，阳茎环具各种骨化的阳茎球。亚生殖板简单，具"八"字形骨化纹；生殖突退化，腹瓣细尖，背瓣、外瓣合并，基部膨大，无刚毛。

世界已知 21 属 300 多种，世界性分布，菌食性。中国记录 7 属 140 余种。本书记述河北地区 1 属 1 种。

（304）足形华双蛄 *Siniamphipsocus pedatus* Li, 2002（图 119）

识别特征：体长约 3.5 mm，达翅端时长约 5.3 mm。头黄色，头顶黄褐色，额区褐色，有斑纹；头盖缝干、单眼区及复眼黑色；后唇基黄褐色，具深色带，前唇基及上唇黄色；下颚须黄色，末节端半黄褐色。触角黄色，向端部变为黄褐色。胸部黄色，背面黄褐色；足黄色，端跗节黄褐色；翅浅污黄色，脉褐色，翅痣深污黄色。腹部黄色。头、胸部被长毛。触角长约 3.7 mm。下颚须末节长约为宽的 3.3 倍；复眼肾形。爪无亚端齿，爪垫宽；前足腿节内侧具钉状刺 6 个；后足跗节具毛栉。前翅长约 4.7 mm，宽约 1.7 mm，长约为宽的 2.7 倍；后角不明显；后翅长约 3.2 mm，宽约 1.1 mm，长约为宽的 2.9 倍；肛侧板毛点 19 个。生殖突背瓣、腹瓣细长而尖；背瓣基部扩大；外瓣退化，无肛毛。

栖息场所：树上。

分布：河北（平泉）。

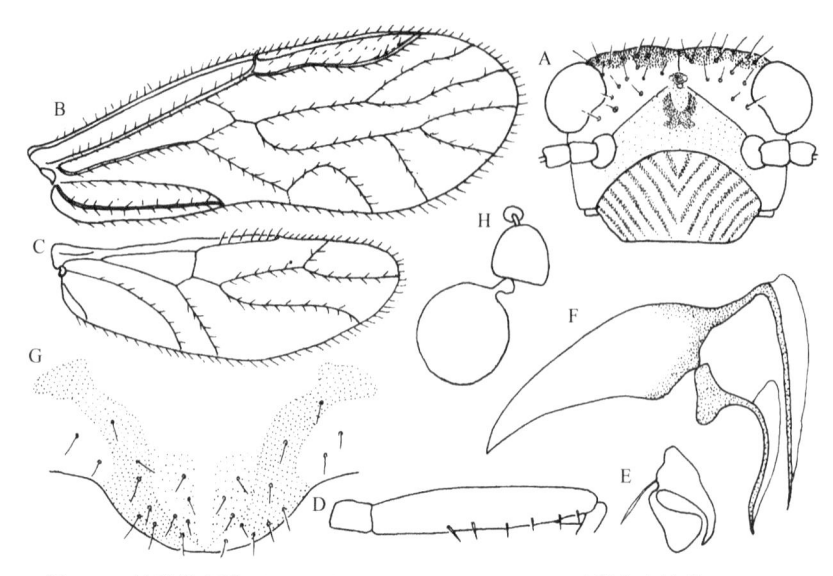

图 119　足形华双蛄 *Siniamphipsocus pedatus* Li, 2002（引自李法圣，2002）
A. 头；B. 前翅；C. 后翅；D. 前足腿节内侧；E. 爪；F. 生殖突；G. 生殖板；H. 受精囊

65. 亚蛄科 Asiopsocidae Mockford & Garcia Aldrete, 1976

无翅或具翅。触角13节，单眼3个或无；内颚叶端宽，具小齿；上颚短；上唇两侧具弱的骨化纵脊。足跗节2节，爪垫短宽或长尖或无；基节器发达或以镜膜代表或无。具翅种类后翅Rs脉和M脉合并。亚生殖板后缘弧圆；无腹囊。腹瓣退化，端钝；背瓣宽阔，端圆；外瓣端与背瓣分离或合并一起，具单一刚毛。

世界已知3属16种。中国记录1种。本书记述河北地区1属1种。

（305）雾灵山亚蛄 *Asiopsocus wulingshanensis* Li, 2002（图120）

识别特征：体长约2.2 mm。头黄色，具明显的棕褐色斑；后唇基深棕色，具深褐色条纹，前唇基褐色；上唇黑褐色，具细弱的褐色骨化纵带；复眼黑色，无单眼。前翅褐色，背板具黄斑，中后胸黄色，具褐斑；足黄褐色，胫节、跗节稍深。腹部黄色，各节背板具褐纹。无翅。触角13节，细长，长近头宽的2.0倍；上唇感器7根，刚毛状；内颚叶端膨大，端内侧突鼓，外侧突出，具7~8小齿；复眼半球形。足跗节2节，爪无亚端齿，无爪垫，但基部具长刺；后足跗节无毛栉。肛上板半圆形，肛侧板无毛点区，内侧缘2粗长毛。

栖息场所：树上。

分布：河北。

66. 单蛄科 Caeciliusidae Rafinesque, 1814

长翅型、短翅型或无翅型。触角13节，线状或第1节、第2节膨大；单眼3个，少数无单眼。跗节2节；爪无端齿，爪垫宽而发达。前翅边具毛，翅脉具单列毛，Cu_2脉上无毛，翅痣明显。

世界已知32属670种。中国记录11属337种。本书记述河北地区3属6种。

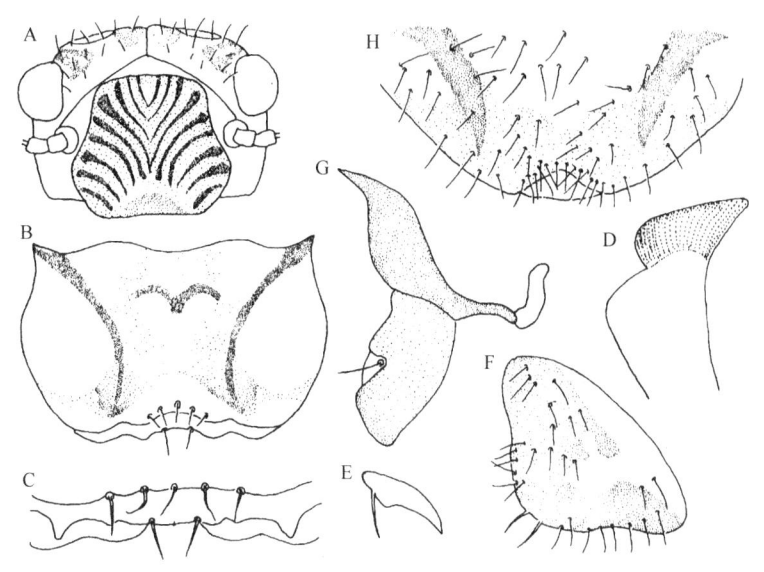

图 120 雾灵山亚蛄 *Asiopsocus wulingshanensis* Li, 2002（引自李法圣，2002）
A. 头；B. 上唇；C. 上唇感器；D. 内颚叶；E. 爪；F. 肛侧板；G. 生殖突；H. 亚生殖板

（306）北方单蛄 *Caecilius borealis* Li, 2002（图 121）

识别特征：雌性体长 2.0～2.2 mm，达翅端时长 4.1～4.4 mm。触角 13 节，黄色至黄

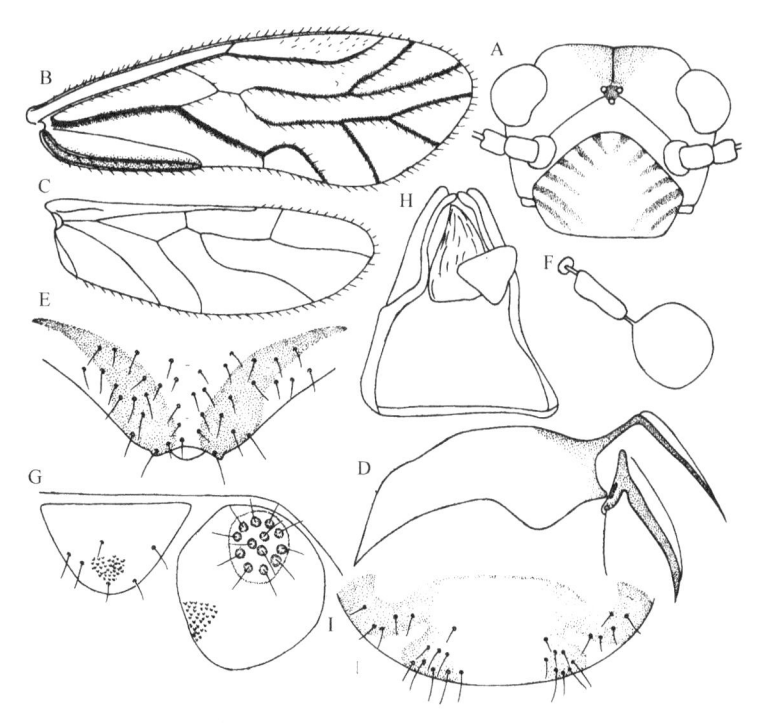

图 121 北方单蛄 *Caecilius borealis* Li, 2002（引自李法圣，2002）
A～F 雌：A. 头；B. 前翅；C. 后翅；D. 生殖突；E. 亚生殖板；F. 受精囊；
G～I 雄：G. 肛上板及肛侧板；H. 阳茎环；I. 下生殖板

褐色，第3节、第4节端部及第5节至第8节呈深褐色，自第9节后渐变为淡黄色。下颚须末节长约为宽的4.0倍；复眼肾形。后足基跗节具18毛栉。前翅长约3.7 mm，宽约1.3 mm；翅痣后角不明显，弧圆；后翅长约2.8 mm，宽约0.9 mm。两性头黄色，头盖缝两侧具褐斑；单眼区黑色，后唇基褐色，条纹略深，前唇基及上唇褐色；下颚须淡黄色，末节端褐色。胸淡黄色，中胸前盾片2块，盾片2块，后胸2块深褐斑；足淡黄色或白色；翅污黄色，前缘稍淡，脉褐色。腹部黄色。

栖息场所：树上。

分布：河北、黑龙江、吉林、内蒙古、北京、天津、山西、甘肃。

（307）宽纵带单蜡 *Caecilius latissimus* (Li, 2002)（图122）

识别特征：体长约2.3 mm，达翅端时长约4.5 mm。触角13节，黄褐色，自第5节后渐变为深棕色。下颚须末节长约为宽的4.3倍；复眼椭圆形。前翅长约3.0 mm，宽约1.1 mm；两性头深褐色，单眼区黑色，后、前唇基褐色，周缘黑色，上唇褐色，端部具深褐斑2块；下颚须黄色，末节褐色。胸部褐色，背面深褐色；足黄色，前足胫节、跗节褐色。翅褐色，前翅端半前后缘污白色，中间具纵带，后翅仅顶角到翅中部污白色。腹部黄色。翅痣宽阔，后角明显圆钝形。

栖息场所：树上。

分布：河北（雾灵山、平泉）、山西、甘肃。

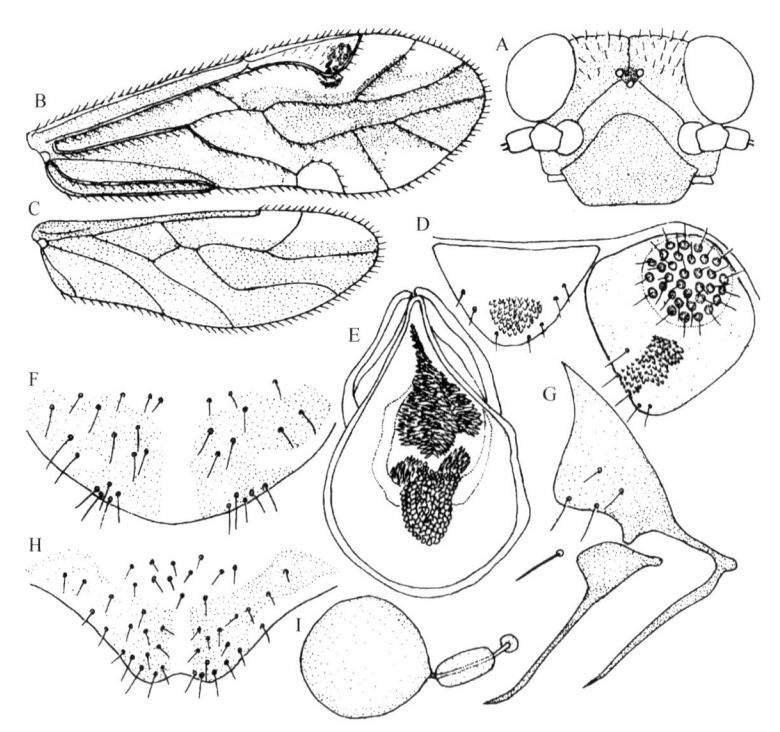

图122 宽纵带单蜡 *Caecilius latissimus* (Li, 2002)（引自李法圣，2002）
A～F雄：A. 头；B. 前翅；C. 后翅；D. 肛上板和肛侧板；E. 阳茎环；
F. 下生殖板；G～I雌：G. 生殖突；H. 亚生殖板；I. 受精囊

(308) 方室单蛞 *Caecilius quadraticellus* (Li, 2002)（图 123）

识别特征：体长 2.5~2.6 mm，达翅端时长 4.6~4.8 mm。触角 13 节，长于前翅。下颚须末节长约为宽的 3.8 倍；复眼肾形。后足基跗节具 24 毛栉。前翅长约为宽的 2.8 倍，后翅则为 3.1 倍。雄性头黄色，具褐斑，单眼区黑色，后唇基深褐色，前唇基及上唇黄色；下颚须黄色，末节端半褐色。触角基部 2 节黄色，第 3~6 节深褐色，第 7~13 节黄褐色至黄色。胸部褐色至深褐色；足黄褐色，胫节和端跗节黄褐色；翅污褐色，脉略深。腹部第Ⅲ节、第Ⅳ节背面具褐横带；后翅翅痣宽阔，后角弧圆。肛上板及肛侧板具粗糙区，肛侧板具毛点 31，内侧缘 1 齿突。

栖息场所：树上。

分布：河北。

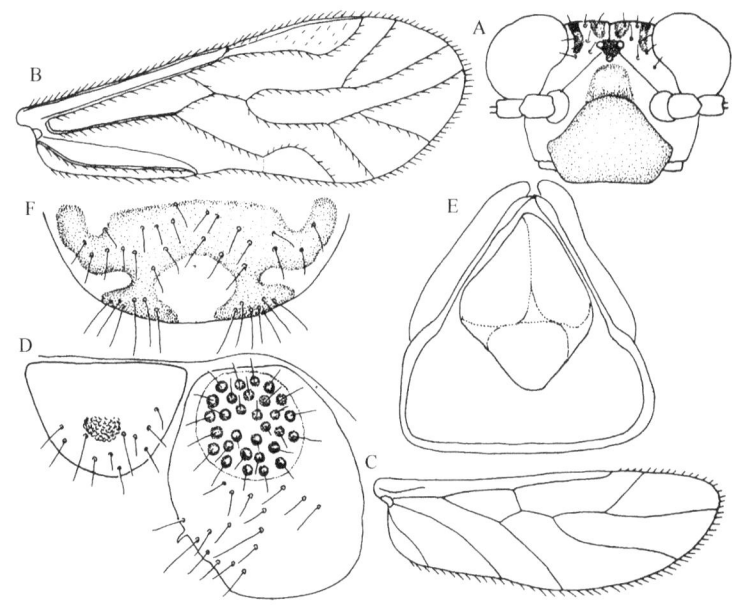

图 123　方室单蛞 *Caecilius quadraticellus* (Li, 2002)（引自李法圣，2002）
A. 头；B. 前翅；C. 后翅；D. 肛上板及肛侧板；E. 阳茎环；F. 下生殖板

(309) 雾灵山单蛞 *Caecilius wulingshanicus* (Li, 2002)（图 124）

识别特征：体长约 2.0 mm，达翅端时长约 4.3 mm。触角 13 节，长于前翅。下颚须末节长约为宽的 4.3 倍；复眼肾形。雄性头黄色，由头顶中间向后延伸至额具 1 褐色宽带斑，其在额区分叉；单眼区黑色；后唇基周缘具短褐带，前唇基及上唇黄色；下颚须淡黄色，末节黄色。触角褐色，基部 2 节黄褐色。胸部黄色，中后胸背面褐色；足黄色，基节、胫节黄褐色；翅污黄色，翅痣污白色，脉黄褐色。腹部淡黄色，第Ⅰ~Ⅳ节背板具黄斑。后足基跗节具 21 毛栉。前翅长约 3.5 mm，宽约 1.2 mm，长约为宽的 2.8 倍。肛侧板具粗糙区，具毛点约 23 个，缺肛上板。

栖息场所：树上。

分布：河北（承德）。

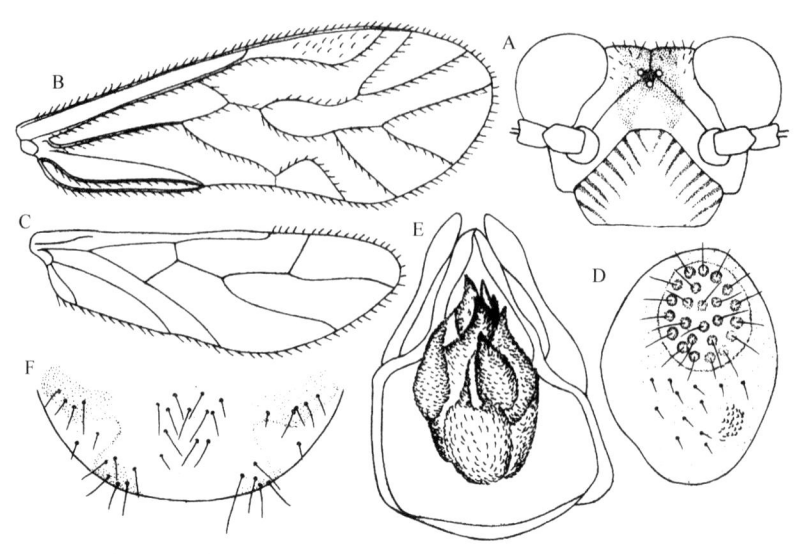

图124 雾灵山单蜡 Caecilius wulingshanicus (Li, 2002)（引自李法圣，2002）
A. 头；B. 前翅；C. 后翅；D. 肛侧板；E. 阳茎环；F. 下生殖板

（310）北京准单蜡 *Paracaecilius beijingicus* Li, 2002（图125）

识别特征：体长约2.2 mm，达翅端时长约3.2 mm。头黄色，两眼间具1双弧突褐纹，额区具褐斑，后唇基具淡褐色条纹，前唇基及上唇黄色，雄性两眼间无斑，仅额区具斑，

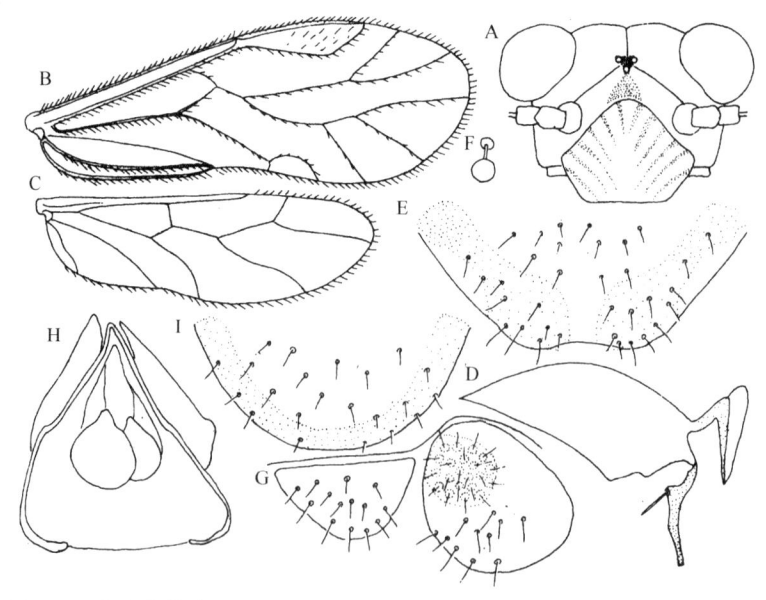

图125 北京准单蜡 *Paracaecilius beijingicus* Li, 2002（引自李法圣，2002）
A～F 雌：A. 头；B. 前翅；C. 后翅；D. 生殖突；E. 亚生殖板；F. 受精囊；
G～I 雄：G. 肛上板和肛侧板；H. 阳茎环；I. 下生殖板

后唇基亦无条纹；下颚须及触角黄色。胸、足及腹部黄色；翅污褐色，脉淡黄色；前翅前缘区及端部脉稍深，翅痣污白色。触角 13 节，长约 2.3 mm。下颚须末节长约为宽的 3.7 倍；复眼肾形。后足基跗节毛栉 21。前翅长约 2.6 mm，宽约 0.9 mm，长约为宽的 2.8 倍；翅后缘弧圆；Rs 脉分叉与 Rs$_a$ 脉长度相等，仅 M$_1$ 脉和 M$_2$ 脉分叉较大，M$_1$ 脉长约为 M$_{1+2}$ 脉的 3.3 倍。后翅长约 1.9 mm，宽约 0.6 mm，长约为宽的 3.2 倍。肛侧板毛点 17 个。生殖突腹瓣细小，以锐角折回；背瓣、外瓣合并，细长，外瓣具 1 长刚毛，亚生殖板后缘平凹，骨化端略膨大。

分布：河北、北京。

(311) 河北小翅单蛄 *Parvialacaecilia hebeiensis* **Li, 2002**（图 126）

识别特征：体长约 3.1 mm，达翅端时长约 2.8 mm。雌性头黄褐色，具褐斑；后唇基、上唇褐色，前唇基黄色；下颚须黄色。触角线状，13 节，长于体长，深褐色，第 1 节、第 2 节黄色，第 7~13 节由黄褐色变为黄色；内颚叶端不分叉。胸部褐色，中后胸背面深褐色；足黄褐色，前中足腿节、后足胫节及跗节稍淡；前后翅淡色，鳞状。腹部黄色，第Ⅲ节、第Ⅳ节背板具红褐色横带，第Ⅴ~Ⅷ节具淡褐色横带，第Ⅸ节黄褐色。爪无亚端齿，爪垫宽，基跗节毛栉 15 个。肛上板半圆形，毛粗壮；肛侧板毛点约 15 个。

栖息场所：树皮下。

分布：河北。

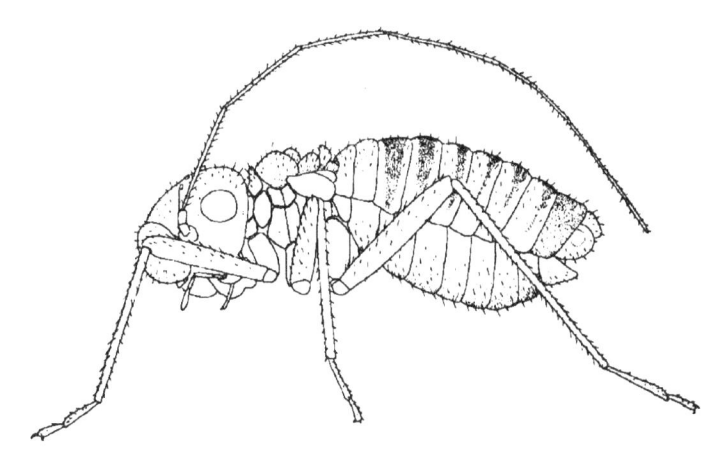

图 126 河北小翅单蛄 *Parvialacaecilia hebeiensis* Li, 2002 体侧视（引自李法圣，2002）

67. 外蛄科 Ectopsocidae Roesler, 1944

体小型，长 1.5~2.5 mm。体暗褐色；翅透明或具斑纹。通常为长翅型，少数为短翅型或小翅型。触角 13 节；内颚叶端分叉；上唇感器 5 个；具头盖缝，单眼 3 个或无。前翅缘及脉具稀疏小毛，Cu$_2$ 脉无毛；后翅缘无毛或仅径叉缘具毛。前翅翅痣近矩形，Rs 脉与 M 脉常以一点相接，或合并 1 段或以横脉相连，Rs 脉分 2 支，M 脉分 3 支，Cu$_1$ 脉单一。后翅 Rs 脉与 M 脉以横脉连接。足跗节 2 节，爪无亚端齿，爪垫宽。第Ⅸ腹节背板常具齿突或其他构造。

世界已知 6 属 266 种，分布以亚洲为主。中国记录 60 种以上。本书记述河北地区 1 属 2 种。

(312) 北京邻外蜡 *Ectopsocopsis beijingensis* Li, 2002（图 127）

识别特征：体长约 1.8 mm，达翅端时长约 2.1 mm；前翅长约 1.6 mm，宽约 0.6 mm；后翅长约 1.3 mm，宽约 0.4 mm。两性头黄色，头顶具褐斑，后唇基具淡褐色条纹；下颚须黄色，末节端黄褐色，长约为宽的 3.2 倍。触角 13 节，黄色至黄褐色。胸部黄褐色；翅污褐色，脉褐色，翅痣黄色。腹部黄色，具褐斑。雌性翅痣矩形，后缘略弧鼓；脉序同雄性。腹部第IX节背板具交合器。足黄色；两性后足基跗节毛栉 14 个（雄）或 16 个（雌）。肛侧板内侧 1 角突，毛点 8 个。

栖息场所：树上。

分布：河北、北京。

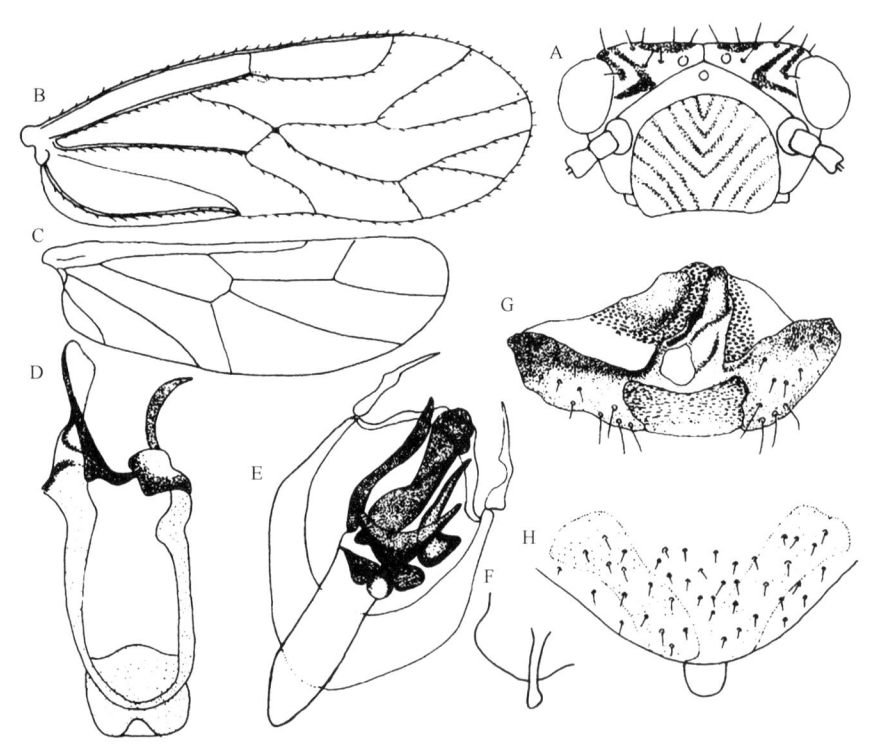

图 127 北京邻外蜡 *Ectopsocopsis beijingensis* Li, 2002（引自李法圣，2002）
A~F 雄：A. 头；B. 前翅；C. 后翅；D. 交合器；E. 阳茎环；F. 下生殖板后突；G、H 雌：G. 生殖突；H. 亚生殖板

(313) 细柄邻外蜡 *Ectopsocopsis tenuimanubrius* Li, 2002（图 128）

识别特征：雄性体长约 1.8 mm，达翅端时长约 2.1 mm。下颚须末节长约为宽的 3.0 倍。两性（乙醇浸存）头黄色具褐斑，后唇基具淡褐色条纹；下颚须黄褐色，末节褐色，末节顶端淡。触角 13 节，黄褐色。胸部黄色，背面黄褐色；足黄色；翅污黄色，前翅长约 1.6 mm，宽约 0.6 mm，翅痣矩形；后翅长约 1.3 mm，宽约 0.4 mm；翅脉褐色。腹部黄色，

具褐斑。后足基跗节具毛栉 13 个。

栖息场所：树上。

分布：河北。

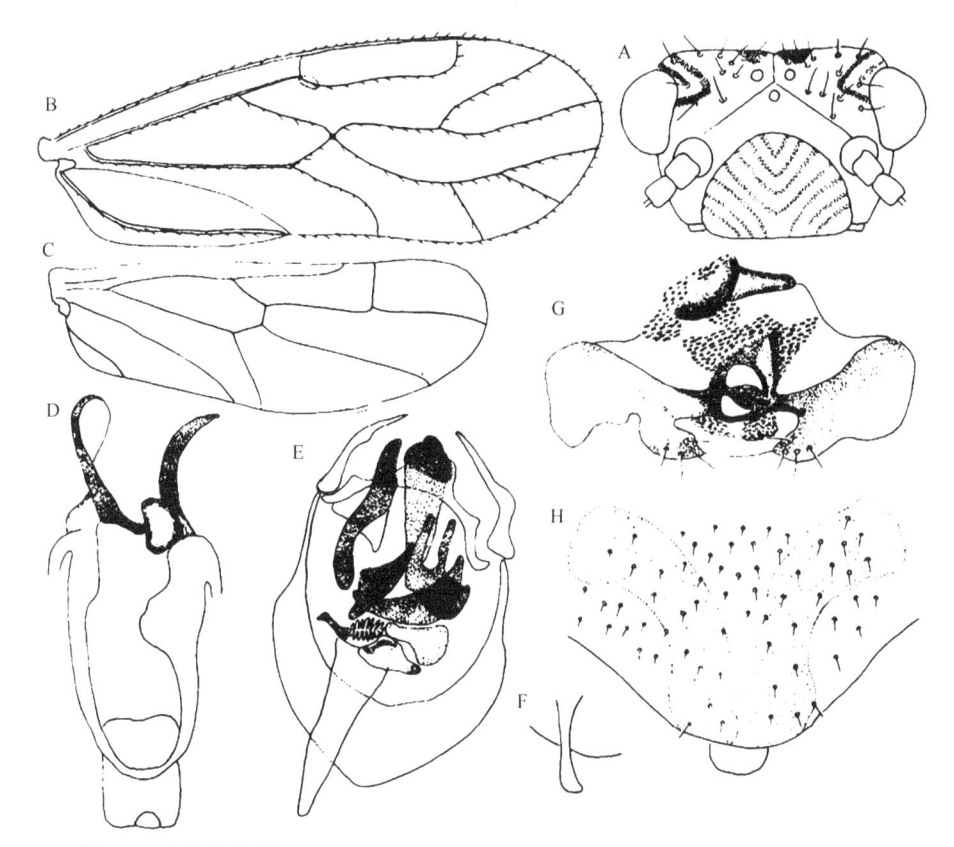

图 128　细柄邻外啮 *Ectopsocopsis tenuimanubrius* Li, 2002（引自李法圣，2002）
A～F 雄：A. 头；B. 前翅；C. 后翅；D. 交配器；E. 阳茎环；F. 下生殖板后突；G、H 雌：G. 生殖突；H. 亚生殖板

68. 上啮科 Epipsocidae Pearman, 1936

长翅型、短翅型或无翅型。头长，上唇两侧具骨化的脊；短翅型和无翅型无单眼；内颚叶端分叉或不分叉。触角 13 节。爪具或无亚端齿，爪垫细或无。翅缘具毛，脉具单列毛，Cu_2 脉具毛或光滑；前翅脉与 M 脉以横脉相连；后翅脉与 M 脉以横脉相连或合并 1 段或以一点相连。生殖腹瓣退化或发达，背瓣、外瓣合并，外瓣具长毛；亚生殖板简单或具后叶。雄性阳茎环简单；基部封闭或开放；外阳基侧突发达或无；下生殖板简单。

世界已知 31 属约 230 种，主要分布于中南美洲、非洲和南亚。中国记录 25 种。本书记述河北地区 1 属 1 种。

（314）北京间上啮 *Metepipsocus beijingicus* Li, 2002（图 129）

识别特征：体长约 1.7 mm，无翅。雌性头黄色，具黄褐斑，复眼黑色；后唇基、前唇基及上唇黄色，后唇基具黄褐色条纹，上唇两侧脊褐色；下颚须和触角黄色。胸部黄色中间及两侧褐色，前胸后缘具黑色宽边；足黄色。腹部背板褐色，后缘黑色，腹板黄色。头长，头盖缝完全。触角13节，长约2.0 mm。下颚须末节长约为宽的5.8倍，末节细长；内颚叶端分叉，内支小，外支宽而斜伸，端有小齿突；上唇两侧具骨化脊，内唇感器5个，3个板状和2个毛状的相间；无单眼；复眼正视肾形。足跗节2节，无毛栉。肛上板半圆形，肛侧板无毛点区。

栖息场所：石下。

分布：河北、北京。

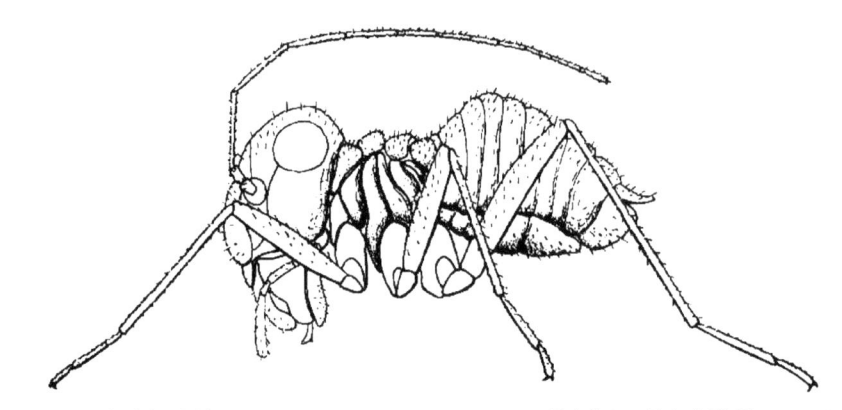

图129　北京间上蛄 *Metepipsocus beijingicus* Li, 2002 体侧视（引自李法圣，2002）

69. 分蛄科 Lachesillidae Pearman, 1936

长翅型、短翅型或小翅型；体长（达翅端）2.0～4.0 mm。触角13节，单眼3个或无单眼，内颚叶端分叉或不分叉。足跗节2或3节，爪具亚端齿和细爪垫，或无这些特征。前翅前缘和脉通常光滑无毛，少数具微毛，后翅光滑。前翅Rs脉和M脉合并1段，少数以横脉相连或以一点相接，M脉分3支，Cu_{1a}室自由（个别属前翅的Cu_{1a}脉与M脉和后翅的Rs脉与M脉均合并1段）。雄性第Ⅸ腹节背板后缘和肛上板常具各种突起；下生殖板骨化强，特化为各种突出。

世界已知3亚科26属650种。中国记录32种。本书记述河北地区3属5种。

(315) 五角角分蛄 *Ceratolachesillus quinquecornus* Li, 2002（图130）

识别特征：体长雄性约1.8 mm，达翅端时长2.6～2.8 mm。雌雄头黄褐色，具浅褐斑；单眼区黄色，复眼黑色；后唇基褐条纹隐约可见，前唇基、上唇黄色；下颚须褐色，末节深褐色。触角褐色，第3节黄色。胸部黄色具褐斑；足黄色；翅浅污黄色，脉褐色。腹部黄色，各节具褐横带。触角长约为前翅长的80%。足跗节2节，爪具亚端齿，爪垫细，端钝；后足基跗节毛栉12个。前翅长约2.4 mm，宽约1.0 mm；后翅长约1.8 mm，宽约0.7 mm。腹部第Ⅸ节背板后长角状突出；肛上板长五边形，端两侧各1长毛；肛侧板无角突，具毛点11。

栖息场所：树上。

分布：河北、北京、甘肃。

图 130 五角角分蚜 *Ceratolachesillus quinquecornus* Li, 2002（引自李法圣，2002）
A～F 雄：A. 头；B. 前翅；C. 后翅；D. 肛上板；E. 第Ⅸ腹节背板侧突；
F. 阳茎环和下生殖板；G、H 雌：G. 生殖突和受精囊孔板；H. 亚生殖板

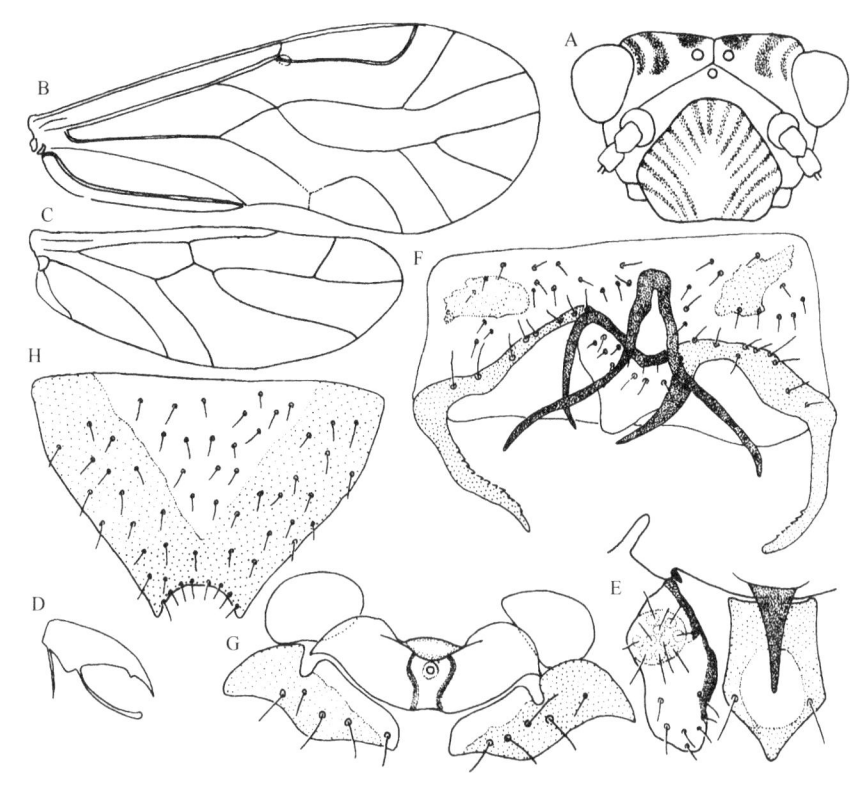

（316）丽叉分蚜 *Dicrolachesillus dichodolichnus* Li, 2002（图131）

识别特征：体长约 1.6 mm，达翅端时长约 2.3 mm。雄性淡黄色，无斑，单眼内侧深褐色，复眼黑色；前唇基、后唇基及上唇淡黄色；下颚须及触角淡黄色。胸部、足黄色；翅污白色，脉色较淡。腹部黄色，第Ⅱ～Ⅶ节背板具褐横带，中间及两侧明显，具 3 条纵带。触角长约为前翅长的 60%。复眼椭圆形。跗节 2 节，爪具亚端齿，爪垫细，端略膨大；后足基跗节具毛栉 9 个。前翅近矩形，长约 2.6 mm，宽约 0.9 mm，长约为宽的 2.9 倍；后翅长约 1.6 mm，宽约 0.6 mm，长约为宽的 2.7 倍。肛上板半圆形，肛侧板具毛点 14 个，端角突粗壮；下生殖板后缘中部突出，两侧具细长角突，骨化区为五边形。

栖息场所：树上。

分布：河北、北京。

（317）九斑叉分蚜 *Dicrolachesillus novemimaculatus* (Li, 1993)（图132）

识别特征：雄性体长约 1.8 mm，达翅端时长约 2.8 mm。两性头黄色，具褐斑；单眼区黄色，内侧褐色，复眼黑色；后唇基、前唇基及上唇黄色，后唇基具褐条纹；下颚须黄褐色至褐色。触角褐色，第 1～2 节及第 3 节大部分黄色。胸部黄色，背板褐色；足黄色，胫节端及跗节淡褐色；翅透明，污黄色，脉褐色。腹部黄色，各节具褐横带。触角长约为

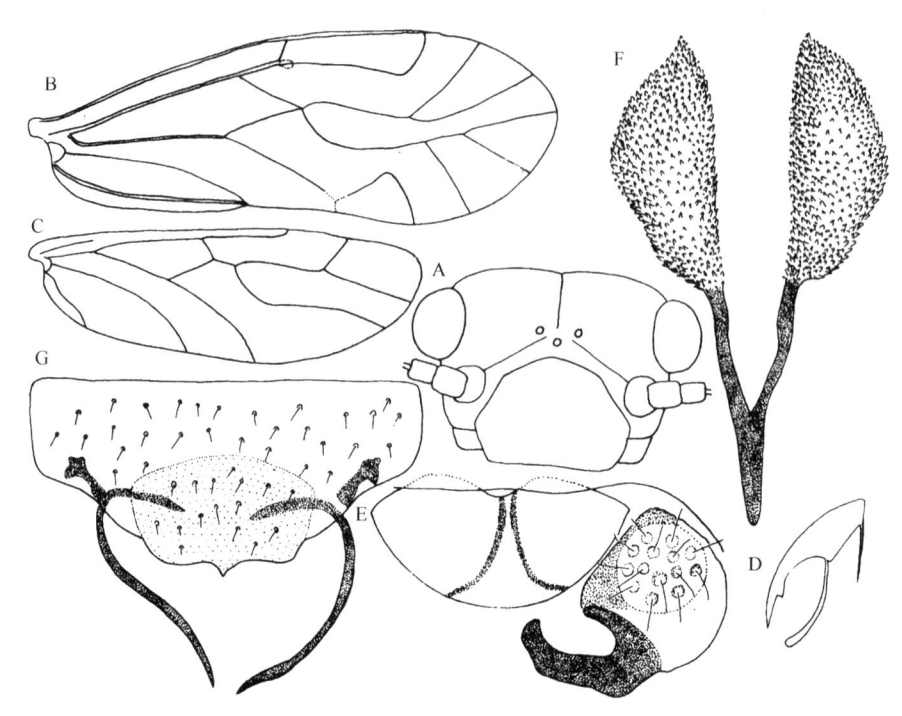

图 131　丽叉分螱 *Dicrolachesillus dichodolichnus* Li, 2002（引自李法圣，2002）
A. 头；B. 前翅；C. 后翅；D. 爪；E. 肛上板及肛侧板；F. 阳茎环；G. 下生殖板

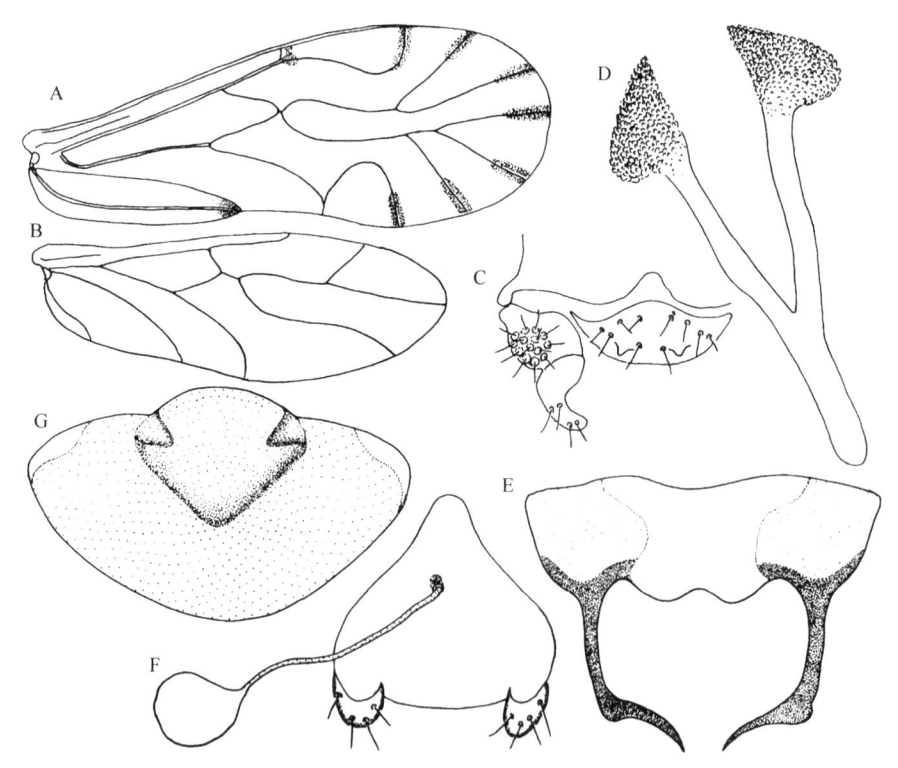

图 132　九斑叉分螱 *Dicrolachesillus novemimaculatus* (Li, 1993)（引自李法圣，2002）
A～E 雄：A. 前翅；B. 后翅；C. 肛上板和肛侧板；D. 阳茎环；E. 下生殖板；F、G 雌：F. 生殖突；G. 亚生殖板

前翅长的70%；复眼较小，肾形。足跗节2节，爪具亚端齿，爪垫细，端钝；后足基跗节具毛栉12个。前翅长约2.4 mm，宽约0.9 mm。后翅长约1.8 mm，宽约0.6 mm。腹部第Ⅸ节背缘弯曲，肛上板弧圆，肛侧板具指状突出，中间弯曲。

栖息场所：树上。

分布：河北、北京、山西、山东、宁夏、甘肃。

(318) 单角分蜡 *Lachesilla monocera* Li, 2002（图133）

识别特征：雄性体长约1.4 mm，达翅端时长约2.1 mm。两性头黄褐色，色斑较深；下颚须黄色，末节褐色。触角黄褐色。胸部黄色，背板褐色；足黄色；翅透明，稍污黄色，翅痣深污黄色，脉褐色。腹部黄色，具褐斑纹。触角长约为前翅长的90%；复眼半圆形。后足跗节2节，基跗节具毛栉15个。前翅长约1.6 mm，宽约0.6 mm；后翅长约1.3 mm，宽约0.4 mm。腹部第Ⅸ节背板后缘具1角突和2骨化纹；肛上板半圆形，具1"V"形骨化纹；肛侧板无角突，具毛点9个。

栖息场所：室内。

分布：河北、北京。

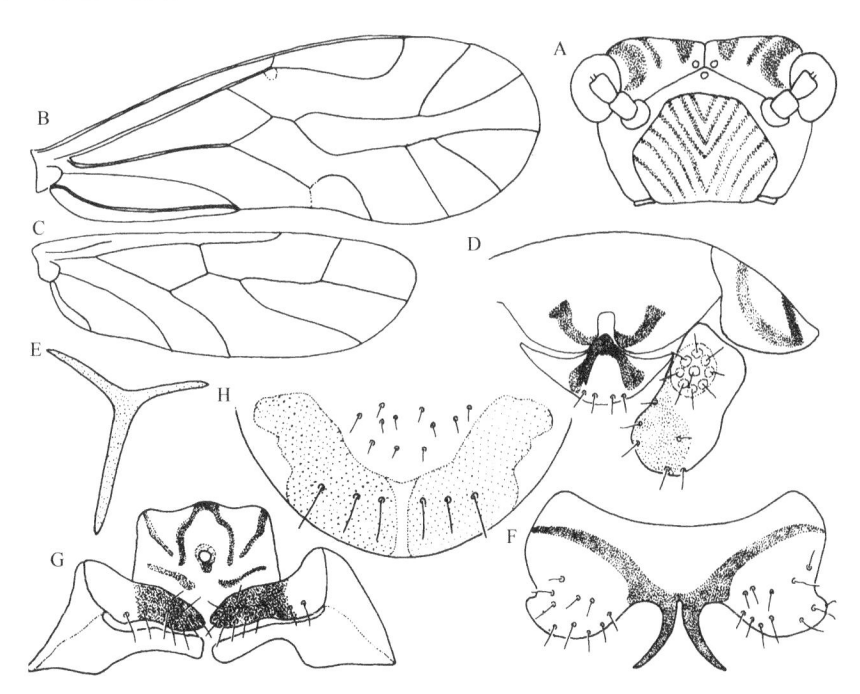

图133 单角分蜡 *Lachesilla monocera* Li, 2002（引自李法圣，2002）
A～F 雄：A. 头；B. 前翅；C. 后翅；D. 第Ⅸ腹节背板及肛上板和肛侧突；E. 阳茎环；F. 下生殖板；G、H 雌：G. 生殖突和受精囊孔板；H. 亚生殖板

(319) 六斑分蜡 *Lachesilla pedicularia* (Linnaeus, 1758)（图134）

识别特征：雄性体长1.3～1.5 mm，达翅端时长1.9～2.2 mm。两性头黄色至黄褐色，无斑，单眼区黄色，复眼黑色，扁平；后唇基、前唇基及上唇黄色；下颚须黄色，末节

色。触角黄褐色。胸部黄色，背板褐色；足黄色；翅浅污黄色。腹部黄色，背板具褐横带。触角长约为前翅长的 1.0 倍。跗节 2 节，爪具亚端齿，爪垫细、端钝；后足基跗节毛栉 30 个。前翅长约 1.6 mm，宽约 0.6 mm；翅痣后角圆；后翅长约 1.2 mm，宽约 0.4 mm。腹部第Ⅸ节背板后缘三角形突出并具 2 骨化纹；肛上板半圆形，具 1 "八"字形骨化纹；肛侧板毛点 9～10 个。

栖息场所：树上。

分布：河北、北京。

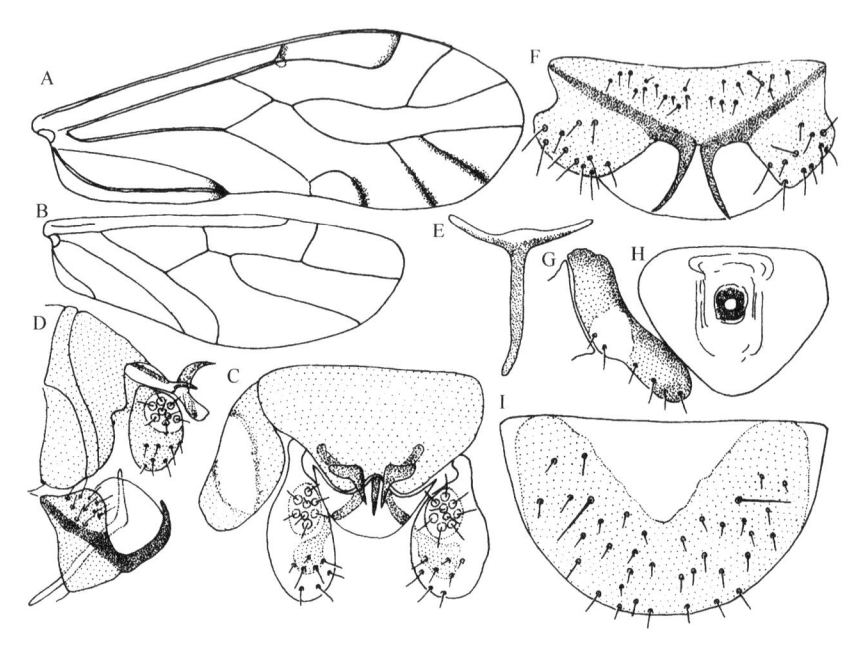

图 134 六斑分蛄 *Lachesilla pedicularia* (Linnaeus, 1758)（引自李法圣，2002）
A～F 雄：A. 前翅；B. 后翅；C. 第Ⅸ腹节背板及肛上板和肛侧突；D. 腹端侧视；
E. 阳茎环；F. 下生殖板；G～I 雌：G. 生殖突；H. 受精囊孔板；I. 亚生殖板

70. 虱蛄科 Liposcelididae Broadhead, 1950

长翅型或无翅型，体扁平。触角短，具次生环；头壳缝无或很细；复眼由 3～8 个小眼组成；下唇须 3 感器。前胸背板分 3 叶，中叶具纵线，长翅型的中、后胸背板分开，无翅型者则愈合为合胸；腹板宽。前翅 R 脉与 M 脉不分支，不达翅缘；后翅 R 脉长，不达翅缘。翅细长，端圆，翅脉退化。跗节 3 节，后足腿节膨大。

世界已知 183 种。中国记录 27 种。本书记述河北地区 1 属 7 种。

（320）嗜卷虱蛄 *Liposcelis bostrychophila* Babonnel, 1931

识别特征：体长 1.0～1.1 mm。体半透明，背面褐色，无光泽。腹部褐色，头部稍带红色，头、胸部背腹面散生红粒。头、胸、腹的背面密布微小突起，头和腹部的腹面无突起，有不明显的隆脊。头部均匀散布细小刚毛 5 根，无额缝及冠缝、复眼由 7 个黑色小单眼组成。前胸每侧具肩刚毛 1 根，长与两侧边缘的刚毛相等。前胸腹节前端有 3～5 根刚毛，后端 2 根，中后胸腹节近前缘有 6~9 根刚毛，排成 1 列。后足腿节长约为最大宽度的 2.0 倍。爪具细齿 5 个，跗节散生短毛。第 I 腹节背面有骨片 7 个，第 II 腹节背面具 2 骨片。

取食对象：图书、档案、纸张、动植物标本、生药材、谷物及其加工品、食品、油料及籽饼、仓储茶叶、衣服、尘芥等生物质原料及其加工品的碎料。

分布：中国；世界。

（321）鲍氏虱蝎 *Liposcelis bouilloni* **Badonnel, 1974**（图 135）

识别特征：体长约 1.1 mm。雌性黄褐色，头前部稍暗。触角、下颚须浅黄白色，足浅黄色，复眼和触角黑色。触角基部 2 节，下颚须端部 1 节，头边缘具稀疏紫黑颗粒。头顶具由脊线分界的鳞状副室，内具小瘤。小眼 4 个；下颚须末节的感器 r、s 细长；内颚叶纤弱，外齿比内齿长；第 III~IV 腹节具由凹沟分界的多角形副室，内有小瘤；后边的体节多角，副室横向渐长。生殖突主干端部分叉；亚生殖板"T"形骨片基部略宽；腹部紧凑型，第 I 节、第 II 节再分不明确。

分布：河北；刚果（金）。

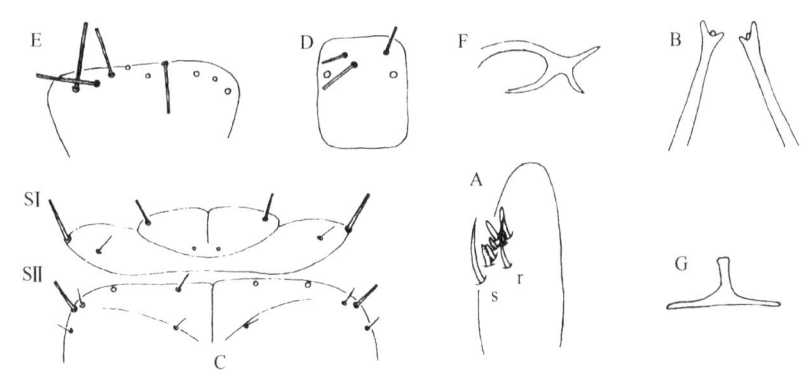

图 135 鲍氏虱蝎 *Liposcelis bouilloni* Badonnel, 1974（引自李法圣，2002）
A. 下颚须末节感器；B. 内颚叶；C. 前中胸腹板毛序；D. 前胸腹板毛序；
E. 合胸腹板毛序；F. 生殖突主干；G. 亚生殖板"T"形骨片
SI：前胸背板刚毛；SII：合胸背板肩刚毛；r、s：感器

（322）暗褐虱蝎 *Liposcelis brunnea* **Motschulsky, 1852**

识别特征：体长约 1.2 mm。头顶具由脊分界的鳞状副室，内有小瘤突。小眼 7 个；下颚须末节感器均细长，其中感器 s 明显长于感器 r；内颚叶外齿较内齿稍长或近于等长；胸部背板有与头相近的刻纹。腹部背板具多角形副室，内有小瘤突。生殖突主干端部分叉；"T"形骨片基部窄；腹部紧凑型，第 I 节、第 II 节的再分节不明显。

栖息场所：室内外均可生活，在住房、粮仓、植物及昆虫标本室内等处多见。

分布：河北、北京；欧洲，南非，北美洲。

（323）无色虱蝎 *Liposcelis decolor* **(Pearman, 1936)**（图 136）

识别特征：体长雌性 1.2~1.3 mm，雄性 0.7~0.8 mm。雌性浅棕黄色，雄性浅白色。

头前部稍暗，腹部稍浅。触角棕色，复眼黑色。头顶具由脊分界的副室，外边的副室为大丘形，里边副室小鳞状；副室内具清晰的小瘤突。小眼 7 个，下颚须末节感器 s 与感器 r 较长，近等长。触角环形脊明显。内颚叶外齿较内齿长。雌性小眼 5 个。后足腿节突具刻纹。腹部紧凑型，第 I 节、第 II 节的区分较模糊；第 III～IV 节具中型瘤分界的模糊多角形副室，第 V～VII 节副室逐渐明显。

栖息场所：室内外。

分布：河北、北京、山东、河南、湖北；世界。

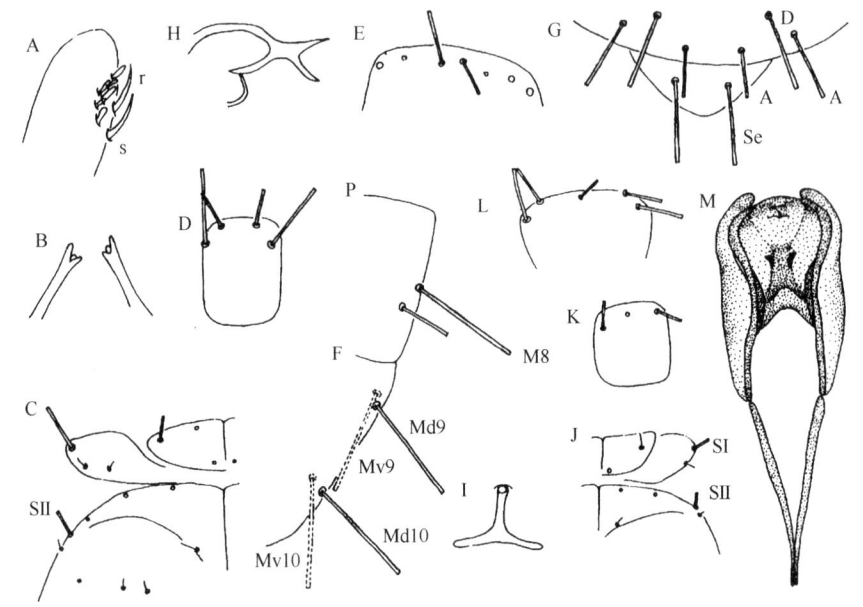

图 136 无色虱蛄 *Liposcelis decolor* (Pearman, 1936)（引自李法圣, 2002）
A～I 雌：A. 下颚须末节感器；B. 内颚叶；C. 前中胸背板毛序；D. 前胸腹板毛序；E. 合胸腹板毛序；
F. 体下侧缘刚毛；G. 腹端刚毛；H. 生殖突主干；I. 亚生殖板 "T" 形骨片；J～M 雄：J. 前中胸背板毛序；
K. 前胸腹板毛序；L. 合胸腹板毛序；M. 阳茎环
M8：第VIII节侧缘毛；P：M8 后方的刚毛；G 图中 A、D、Se 均为腹端刚毛；Mv9、Md9：第IX节相对的背侧缘毛和体下侧缘毛；Mv10、Md10：第X节相对的前、后侧缘毛；SI：前胸背板刚毛；SII：合胸背板肩刚毛；r、s：感器

(324) 喜虫虱蛄 *Liposcelis entomophila* (Enderlein, 1907)（图 137）

识别特征：体长雌性 1.3～1.4 mm，雄性 0.8～0.9 mm。浅棕黄色，雄性体色较雌性略浅；触角鞭节棕色，下颚须白色，足浅棕白色，复眼黑红色。下唇须末节分布大量紫红色颗粒，这样的颗粒在头、胸部分布稀少。腹部棕色斑纹明显；第 III～IV 节常连成横带，其在第 VI～IX 节中部断开。头顶宽，具由脊分界的鳞或山丘形副室，其较光滑，近边缘者内有明显的中型突。小眼 8 个。内颚叶外齿显长于内齿。后足腿节突刻纹明显。雄性腹部第 III～IV 节具由瘤突排分界的不明显副室，内有中型瘤突，后面体节上的鳞状副室明显。腹部第 I 节及第 II 节的再分不明显。雌性头顶带室略小，腹部第 III～IV 节明显由瘤突排分界成鳞状副室。

分布：河北、北京、山东、河南、湖北、江西、广东；世界。

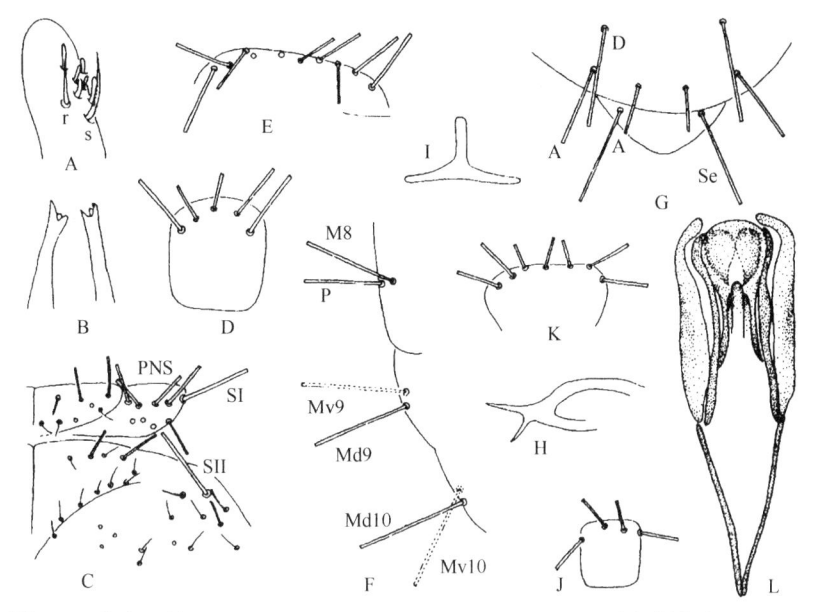

图 137 喜虫虱啮 *Liposcelis entomophila* (Enderlein, 1907)（引自李法圣，2002）
A～I 雌：A. 下颚须末节感器；B. 内颚叶；C. 前中胸背板毛序；D. 前胸腹板毛序；E. 合胸腹板毛序；F. 体下侧缘刚毛；G. 腹端刚毛；H. 生殖突主干；I. 亚生殖板"T"形骨片；J～L 雄：J. 前胸腹板毛序；K. 合胸腹板毛序；L. 阳茎环；M8：第Ⅷ节侧缘毛；P：M8 后方的刚毛；G 图中 A、D、Se 均为腹端刚毛；Mv9、Md9：第Ⅸ节相对的背侧缘毛和腹侧缘毛；Mv10、Md10：第Ⅹ节相对的背侧、腹侧缘毛；SI：前胸背板刚毛；SII：合胸背板肩刚毛；r、s：感器；PNS：前胸背板侧突上的刚毛

（325）白虱啮 *Liposcelis pallens* Badonnel, 1968（图 138）

识别特征：体长约 1.3 mm。雌性浅黄白色，头前部稍暗。触角鞭节棕色，下颚须白色。头顶、胸部边缘、触角柄节、梗节及下颚须端部 3 节具紫红色颗粒；头顶具由脊线分界的鳞状副室，内侧光滑。小眼 8 个。腹部具小瘤，几乎不形成副室。生殖突主干端部分叉；"T"形骨片被污物覆盖而模糊；腹部紧凑型，第Ⅰ节再分不明确，第Ⅱ节不再分。

栖息场所：树皮上、麻雀巢中。

分布：河北、北京；美国。

（326）皮氏虱啮 *Liposcelis pearmani* Lienhard, 1990（图 139）

识别特征：体长雌性 1.0～1.1 mm，雄性约 0.8 mm。棕色，头前部、合胸、腹末较暗。触角、下颚须、足浅棕白色。头顶具由脊分界的鳞状副室，内具小瘤突。雌性小眼 4～5 个；雄性小眼 4 个，体色、刻纹与雌性相近；刚毛前胸腹板 4，合胸腹板 7；腹部第Ⅲ～Ⅳ节具由凹沟分界的四角形或五角形副室，其内小瘤突清晰。后边体节的副室横长，节间膜上具由凹沟分界的特长横向副室，其内具小粒突。生殖突主干末端分叉；"T"形骨片有纵沟；腹部紧凑型；骨片在第Ⅰ节为 4 块，前、后各 2 块，横列；第Ⅱ节 3 块（前方 2 块，后方 1 块）；腹部第Ⅲ～Ⅴ节的骨化部分几成 1 整块，使腹部显出图案。

栖息场所：动物标本、室外鸟巢中及树皮上。

分布：河北、吉林、北京、广西；日本，欧洲，美国。

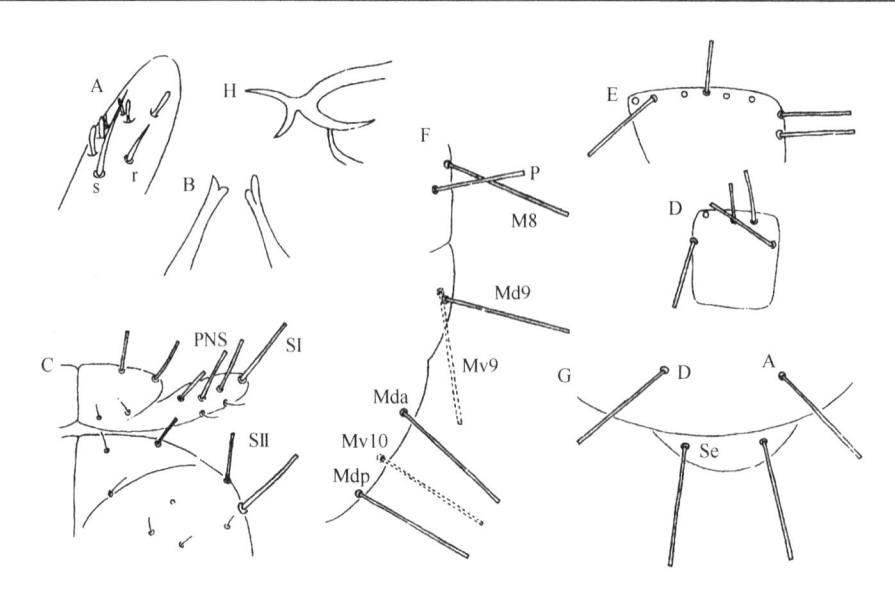

图 138 白虱啮 *Liposcelis pallens* Badonnel, 1968（引自李法圣，2002）
A. 下颚须末节感器；B. 内颚叶；C. 前中胸侧板毛序；D. 前胸腹板毛序；E. 合胸腹板毛序；
F. 体下侧缘刚毛；G. 腹端刚毛；H. 生殖突主干
M8：第Ⅷ节侧缘毛；P：M8 后方的刚毛；G 图中 A、D、Se 均为腹端刚毛；Mv9、Md9：第Ⅸ节相对的背侧缘毛和腹侧缘毛；Mv10：第Ⅹ节相对的腹侧缘毛；SI：前胸背板刚毛；SⅡ：合胸背板肩刚毛；
r、s：感器；PNS：前胸背板侧突上的刚毛；Mdp、Mda：腹侧缘刚毛

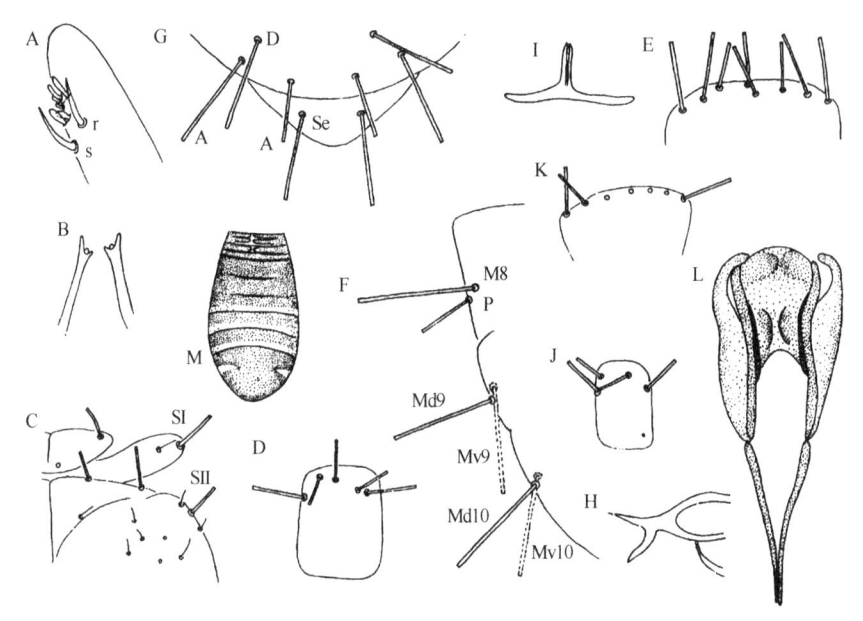

图 139 皮氏虱啮 *Liposcelis pearmani* Lienhard, 1990（引自李法圣，2002）
A～I 雌：A. 下颚须末节感器；B. 内颚叶；C. 前中胸背板毛序；D. 前胸腹板毛序；E. 合胸腹板毛序；
F. 体下侧缘刚毛；G. 腹端刚毛；H. 生殖突主干；I. 亚生殖板"T"形骨片；J～M 雄：J. 前胸腹板毛序；
K. 合胸腹板毛序；L. 阳茎环；M. 腹部，示紧凑型腹部
M8：第Ⅷ节侧缘毛；P：M8 后方的刚毛；G 图中 A、D、Se 均为腹端刚毛；Mv9、Md9：第Ⅸ节相对的背侧缘毛和腹侧缘毛；Mv10、Md10：第Ⅹ节相对的背侧缘毛和腹侧缘毛；SI：前胸背板刚毛；SⅡ：合胸背板肩刚毛；
r、s：感器

71. 羚蛄科 Mesopsocidae Pearman, 1936

长翅型或无翅型。体长 4.5~6.8 mm。触角 13 节，单眼 3 个；无翅型者无单眼；前翅 Rs 脉与 M 脉合并 1 段，少数以 1 点相连；M 脉分 3 支；后翅 Rs 脉和 M 脉具 1 段合并。跗节 3 节，爪具亚端齿，爪垫细、钝或尖。

世界已知 12 属 84 种，主要分布于非洲和欧亚大陆。中国记录 19 种。本书记述河北地区 1 属 1 种。

(327) 冀羚蛄 *Mesopsocus jiensis* Li, 2002（图 140）

识别特征：体长约 3.3 mm，达翅端时长约 5.6 mm。光裸。雌性头黄色，头顶具深褐斑，复眼和单眼内侧黑色，后唇基黄色，具 9 对褐纹，上唇及前唇基黄褐色；下颚须黄色，末节深黄色。触角黄色；胸部黄色，中后胸背面具褐斑；足黄色；翅透明，稍污褐色，脉黄褐色，翅痣淡黄色。腹部黄色，具少量碎褐斑。复眼球形，突出于两侧；下颚须末节长约为宽的 2.9 倍。触角长约 4.7 mm，第 1 节、第 4 节和第 10 节端部具感器。前翅长约 4.5 mm，宽约 1.6 mm，长约为宽的 2.8 倍，翅痣后角圆；后翅长约 3.4 mm，宽约 1.1 mm，长约为宽的 3.0 倍，径叉缘具 5 毛。爪具亚端齿，弧弯，端钝；后足基跗节具毛栉 20 个。肛上板短半圆形，肛侧板菱形，毛点 40 个。

栖息场所：树上。

分布：河北。

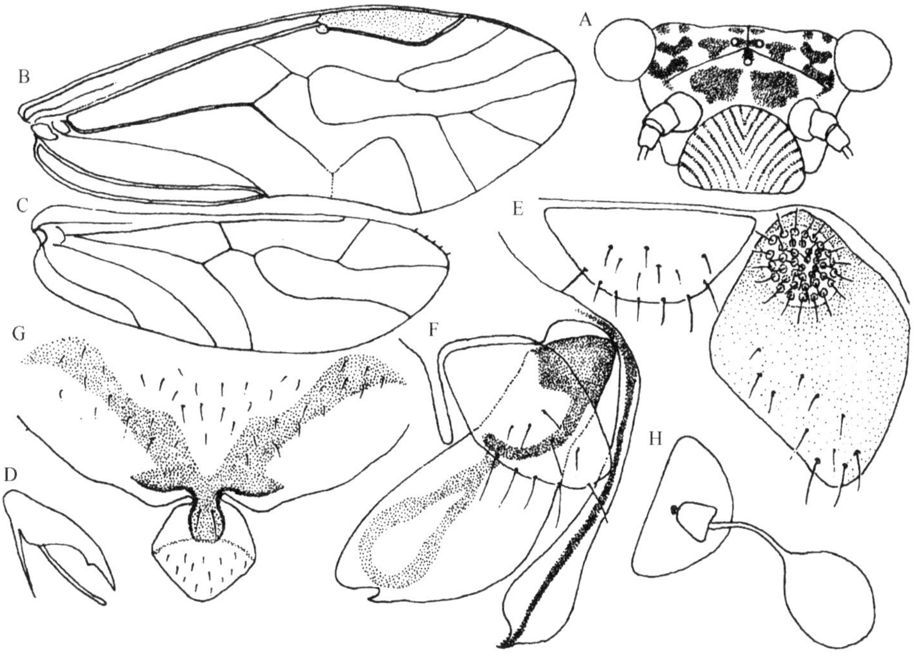

图 140 冀羚蛄 *Mesopsocus jiensis* Li, 2002（引自李法圣，2002）
A. 头；B. 前翅；C. 后翅；D. 爪；E. 肛上板和肛侧板；F. 生殖突；G. 亚生殖板；H. 受精囊

72. 围䗈科 Peripsocidae Roesler, 1944

中等大小，体长 2.0~4.0 mm。体通常暗褐色。翅多暗褐色，稍透明，通常具斑、带。成虫常为长翅型，稀有短翅型或小翅型。下颚内颚叶细，分叉；头光滑或具微毛，头盖缝臂缺。前后翅无毛。前翅 Cu_1 脉单一；后翅 Rs 脉和 M 脉具 1 段合并。跗节 2 节，仅基跗节具毛栉；爪具亚端齿，爪垫细，端部钝。

世界已知 12 属 279 种。中国记录 183 种。本书记述河北地区 2 属 3 种。

（328）长颈铃围䗈 *Campanulata lagenarius* Li, 2002（图 141）

识别特征：体长约 2.0 mm，达翅端时长约 2.5 mm。雄性头黄色，头顶具深褐斑；单眼区、复眼黑色；后唇基黄色，周缘具深褐色细边；前唇基及上唇黄色；下颚须黄色。触角淡黄色，基部 2 节深黄色。胸部黄色，具褐斑纹；足淡黄色，胫节棕褐色。前翅长约 1.9 mm，宽约 0.8 mm，翅痣后角圆凸，污黄色，脉淡黄色，翅痣污白色；后翅长约 1.5 mm，宽约 0.6 mm，污白色，脉淡。腹部乳白色。后足基跗节具毛栉 12 个。第Ⅸ腹节背板后缘宽平突出，具 16 齿。肛上板半圆形，端呈角状，具粗齿区。

栖息场所：树上。

分布：河北、北京。

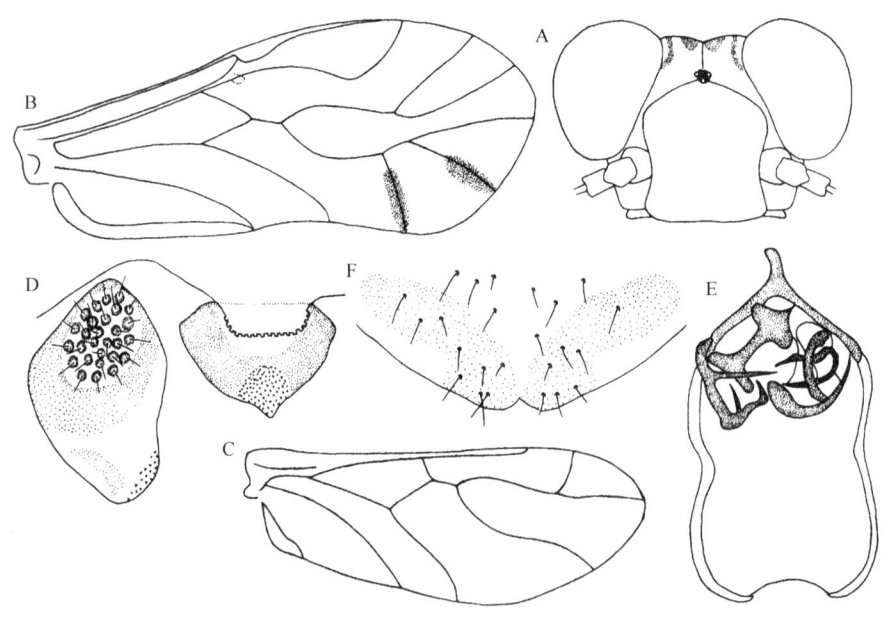

图 141 长颈铃围䗈 *Campanulata lagenarius* Li, 2002（引自李法圣，2002）
A. 头；B. 前翅；C. 后翅；D. 第Ⅸ腹节背板后缘及肛上板和肛侧板；E. 阳茎环；F. 下生殖板

（329）北京围䗈 *Peripsocus beijingensis* Li, 2002（图 142）

识别特征：雄性体长约 1.9 mm，达翅端时长约 2.6 mm。两性头淡黄色，仅单眼区、复眼黑色；雌性头、后唇基具淡褐色带；下颚须淡黄色，末节黄褐色。触角长约 2.1 mm。

下颚须末节长约为宽的 3.8 倍；复眼倒卵形。触角黄色至黄褐色；胸部黄色，背面黄褐色，侧面具褐色纵带；足黄色。前翅长约 2.1 mm，宽约 0.9 mm；后翅长约 1.6 mm，宽约 0.6 mm；浅污黄色，脉黄色，痣脉淡色。腹部黄色，背板具褐色细横带。后足基跗节具毛栉 20 个。腹部第Ⅸ节背板后突长，齿 10 个；肛上板三角形，肛侧板毛点 29 个。

栖息场所：树上。

分布：河北、北京。

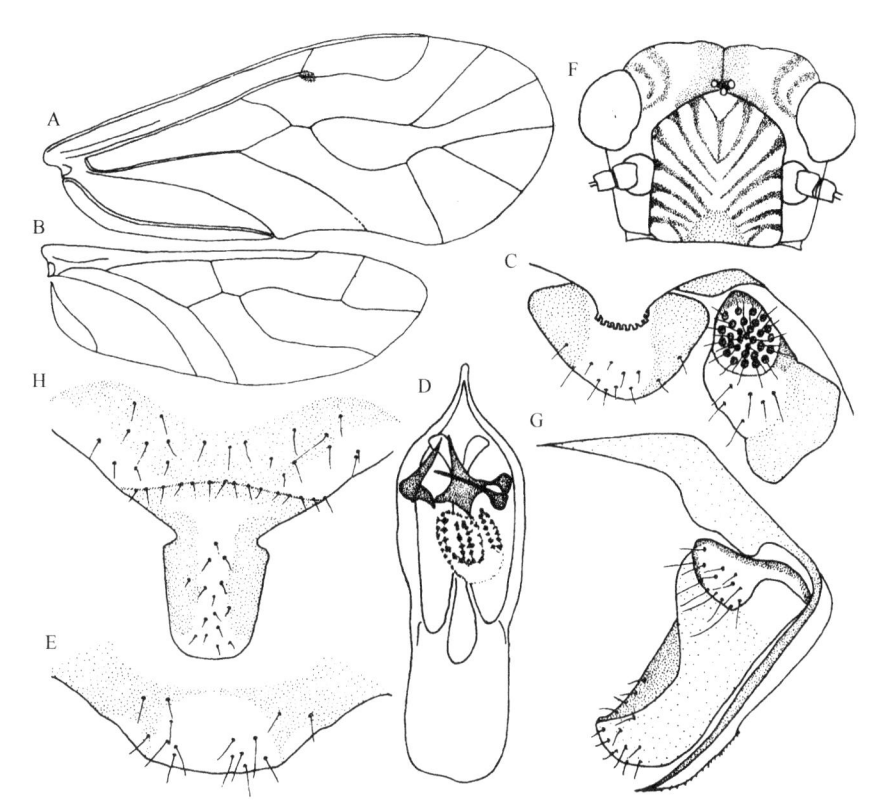

图 142　北京围啮 *Peripsocus beijingensis* Li, 2002（引自李法圣，2002）
A～E 雄：A. 前翅；B. 后翅；C. 第Ⅸ腹节背板后缘及肛上板和肛侧板；
D. 阳茎环；E. 下生殖板；F～H 雌：F. 头；G. 生殖突；H. 亚生殖板

（330）三角围啮 *Peripsocus trigonoispineus* Li, 2002（图 143）

识别特征：体长约 1.5 mm，达翅端时长约 2.6 mm。雄性头黄色，具褐斑；单眼区、复眼黑色；后唇基、前唇基及上唇褐色；下颚须淡黄色，末节褐色。触角褐色。胸部褐色，背板各骨片边黄色。足黄褐色。前翅污黄色，翅痣稍深，脉褐色，中间横带不明显；后翅淡污黄色。腹部黄色。触角长约 1.6 mm。下颚须末节长约为宽的 3.7 倍；复眼肾形。前翅长约 2.3 mm，宽约 0.9 mm；翅痣后角稍突出；后翅长约 1.8 mm，宽约 0.7 mm。后足跗节基跗节毛栉 14 个。腹部第Ⅸ节背板后缘圆锥状突出，具 6 齿；肛侧板毛点 38 个。

栖息场所：树上。

分布：河北、北京。

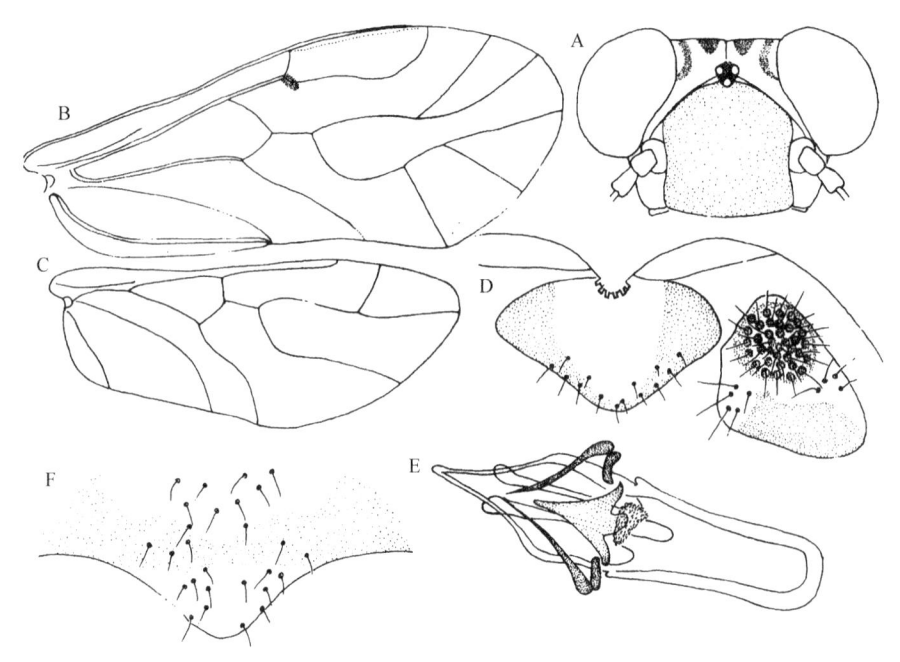

图 143　三角围啮 *Peripsocus trigonoispineus* Li, 2002（引自李法圣, 2002）
A. 头；B. 前翅；C. 后翅；D. 第Ⅸ腹节背板后缘及肛上板和肛侧板；E. 阳茎环；F. 下生殖板

73. 啮科 Psocidae Hagen, 1865

体长 2.0~12.0 mm。触角 13 节，下颚须 4 节，内颚叶端分叉。翅光滑无毛；Sc 脉存在，Rs 脉与 M 脉合并 1 段或以一点相连；Rs 脉分 2 支，M 脉分 3 支。后翅除部分在径叉缘具一些刚毛外均光滑。跗节 2 节，爪具亚端齿，爪垫细，端部钝。

世界已知 4 亚科 95 属 1150 种。中国记录 306 种。本书记述河北地区 7 属 11 种。

(331) 锚形暮啮 Amphigerontia anchorage Li, 1989（图 144）

识别特征：雄性体长约 3.4 mm，达翅端时长约 4.6 mm。复眼肾形。下颚须末节长约为宽的 4.0 倍。触角长约 3.1 mm，短于前翅。两性头黄褐色，具黑褐斑，后唇基部具近平行的褐色纹，前唇基和上唇深褐色，单眼区及复眼黑色；下颚须黄色，末节深褐色。触角褐色。胸部黑褐色，布少量黄斑；足黄褐色，基节、跗节深褐色；翅透明，翅痣斑及翅脉褐色，前翅中部具褐斑。腹部黄色，具深褐斑。足跗节 2 节，分别有毛栉 20 个和 3 个。前翅长约 3.5 mm，宽约 1.0 mm；翅痣后角圆；Sc 脉终止于 R 脉，Rs 脉与 M 脉以横脉相连。后翅长约 2.7 mm，宽约 1.0 mm；径叉缘具毛，Rs 脉和 M 脉合并 1 段。肛上板锥状，肛侧板端具长角形突出，具毛点约 40 个。

栖息场所：松树等。

分布：河北、陕西、宁夏。

(332) 盔头啮 Cephalopsocus cassideus Li, 2002（图 145）

识别特征：体长约 3.5 mm，达翅端时长约 4.5 mm。雄性头黄色，具棕褐斑，后唇基

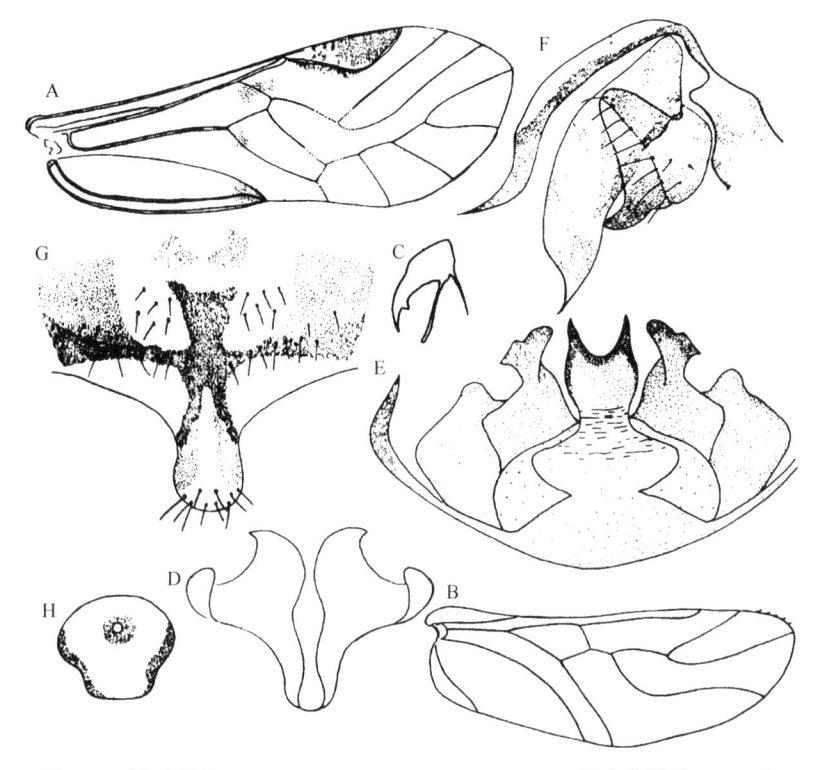

图 144 锚形暮啮 *Amphigerontia anchorage* Li, 1989（引自李法圣，2002）
A～E 雄；A. 前翅；B. 后翅；C. 爪；D. 阳基侧突；E. 下生殖板；F～H 雌；F. 生殖突；G. 亚生殖板；H. 受精囊孔板

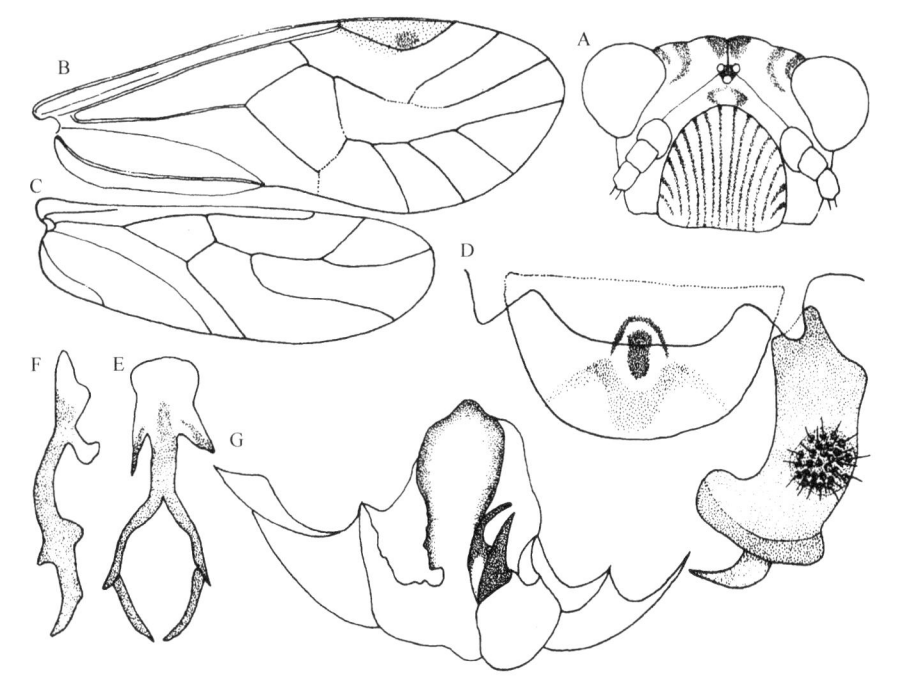

图 145 盔头啮 *Cephalopsocus cassideus* Li, 2002（引自李法圣，2002）
A. 头；B. 前翅；C. 后翅；D. 肛上板和肛侧板；E. 阳茎环；F. 阳茎环侧视；G. 下生殖板

具模糊棕褐纹，上唇、前唇基深棕褐色；下颚须黄色，末节褐色；单眼区、复眼黑色。触角黄褐色。胸部黄色，具黑褐斑，侧下侧黄色，具黄斑；足黄褐色，中后足基节褐色；翅透明，浅污黄色，脉褐色，翅痣褐色，后角具 1 椭圆形深褐斑。腹部黄色，背板端部具黑斑。触角长约 2.3 mm。后足跗节 2 节，分别具毛栉 18 个和 4 个。前翅长约 3.7 mm，宽约 1.3 mm，长约为宽的 2.8 倍，翅痣后角弧圆；后翅长约 2.5 mm，宽约 0.9 mm，长约为宽的 2.8 倍，径叉缘无毛。腹部第Ⅸ节背板后缘突出，两侧圆角，中间舌状；肛上板半圆形；肛侧板长条形，全部骨化，端弧平，向内侧突出，端具骨化的长角突，具小毛点约 26 个。

栖息场所：树上。

分布：河北、北京。

（333）北京点麻蜡 *Loensia beijingensis* Li, 2002（图 146）

识别特征：体长约 2.3 mm，达翅端时长约 3.4 mm。雌性头黄色，具褐斑，后唇基具褐条，上唇和前唇基深褐色；单眼区和复眼黑色；下颚须和触角褐色。胸部、足、腹部褐色；前翅污白色，密具褐斑点，脉褐色；后翅污褐色。下颚须末节长约为宽的 2.8 倍；复眼肾形。后足跗节 2 节，分别具毛栉 21 个和 2 个。前翅长约 2.8 mm，宽约 1.2 mm；翅痣宽阔，后角圆、明显。后翅长约 2.2 mm，宽约 0.9 mm。肛上板舌状，肛侧板三角形，具毛点约 22 个。

栖息场所：树上。

分布：河北、北京。

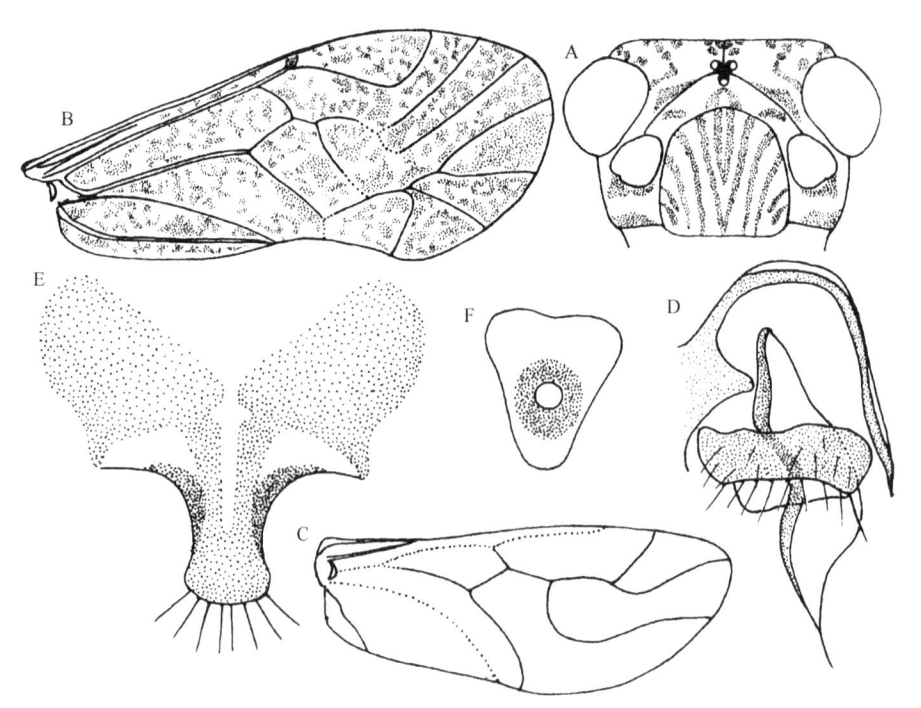

图 146 北京点麻蜡 *Loensia beijingensis* Li, 2002（引自李法圣，2002）
A. 头；B. 前翅；C. 后翅；D. 生殖突；E. 亚生殖板；F. 受精囊孔板

（334）弯钩新蓓蜡 *Neoblaste ancistroides* **Li, 2002**（图 147）

识别特征：雄性体长约 2.5 mm，达翅端时长约 3.7 mm。两性头具黄斑，后唇基的褐条近平行，上唇、前唇基褐色，单眼区和复眼黑色；下颚须黄色，末节端黄褐色。触角黄褐色。胸部褐色，背面深褐色；足黄色，基节褐色；翅透明，浅污黄色，翅痣浅黄褐色，脉黄褐色。腹部黄色，具褐斑。下颚须末节长约为宽的 3.2 倍。触角长约 2.5 mm，较前翅短。后足跗节 2 节，各有毛栉 18 个和 2 个。前翅长约 2.9 mm，宽约 1.1 mm，翅痣后缘圆弧状；后翅长约 2.2 mm，宽约 0.8 mm，径叉缘无毛。雄性肛上板近半圆形；肛侧板具毛点约 40 个，端角突粗壮。

栖息场所：树上。

分布：河北。

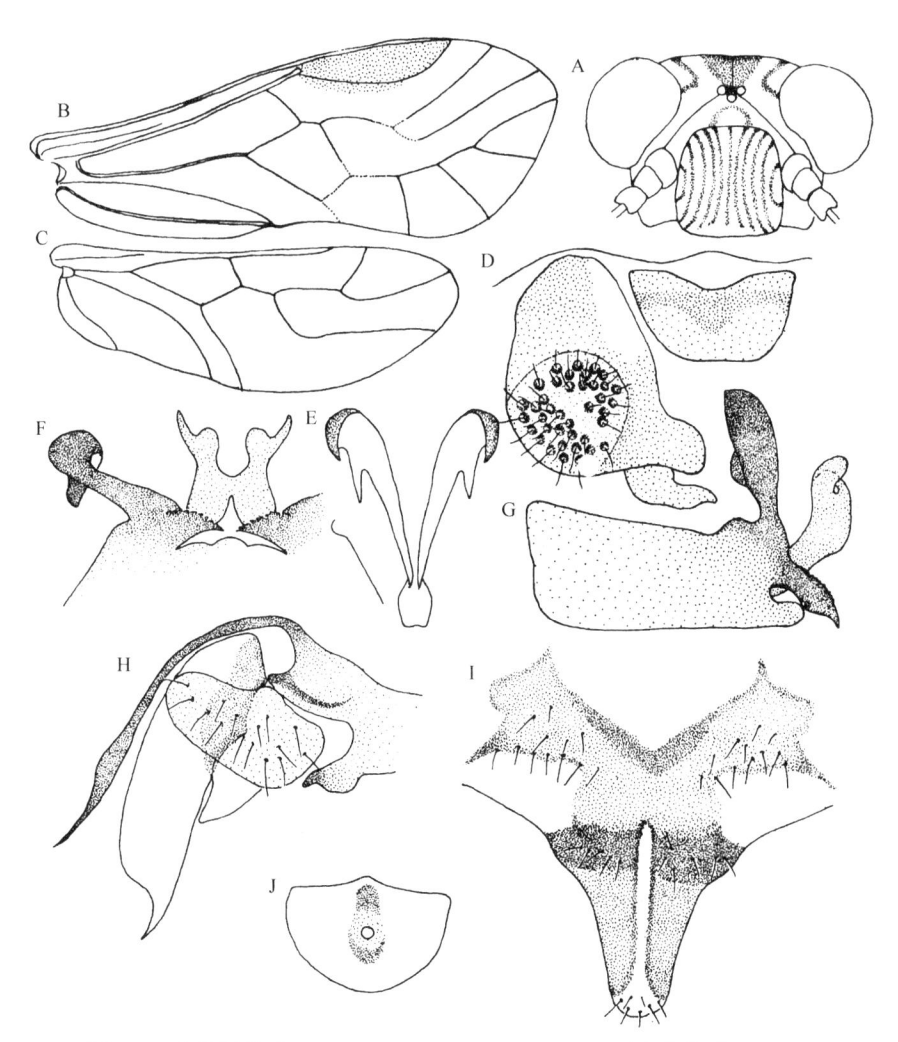

图 147　弯钩新蓓蜡 *Neoblaste ancistroides* Li, 2002（引自李法圣，2002）
A～G 雄：A. 头；B. 前翅；C. 后翅；D. 肛上板和肛侧板；E. 阳基侧突；F. 下生殖板；
G. 下生殖板侧视；H～J 雌：H. 生殖突；I. 亚生殖板；J. 受精囊孔板

(335) 裂突新蓓蜢 *Neoblaste partibilis* Li, 2002（图 148）

识别特征：雄性体长约 2.3 mm，达翅端时长约 4.1 mm。两性头黄色，具褐斑，后唇基褐色，深褐条纹模糊，前唇基、上唇褐色，单眼区及头盖缝干两侧黑色；下颚须黄色，背面及末节褐色。触角黄色。胸部褐色，背面具深褐斑；足黄色，基节褐色。翅透明，浅污黄色，翅痣黄色，脉黄褐色。腹部黄色，具褐斑。复眼大，肾形。下颚须末节长约为宽的 4.2 倍。触角短于前翅长。后足跗节 2 节，各有毛栉 28 个和 2 个。前翅长约 3.4 mm，宽约 1.4 mm，翅痣后角圆，Sc 脉终止于 R 脉，Rs 脉和 M 脉合并 1 段，中室近长方形；后翅长约 0.9 mm，宽约 0.3 mm。雄性腹部第Ⅸ背板后缘中凹，接纳肛上板后突；肛侧板粗壮，端角粗，具毛点 39 个。

栖息场所：马尾松、杨树、李树、槐树及室内。

分布：河北、北京、河南、广西。

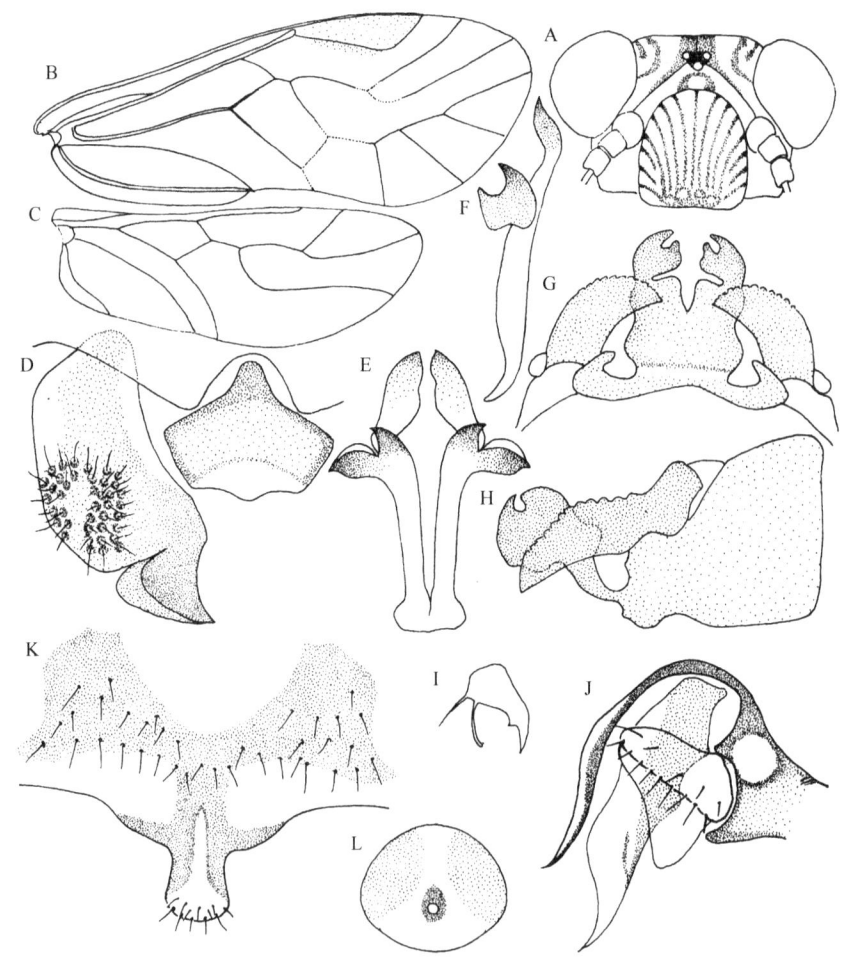

图 148 裂突新蓓蜢 *Neoblaste partibilis* Li, 2002（引自李法圣，2002）
A～H 雄：A. 头；B. 前翅；C. 后翅；D. 肛上板和肛侧板；E. 阳基侧突；F. 阳基侧突侧视；G. 下生殖板；H. 下生殖板侧视；I～L 雌：I. 爪；J. 生殖突；K. 亚生殖板；L. 受精囊孔板

（336）粗角拟新蛄 *Neopsocopsis hirticornis* (Reuter, 1893)（图149）

异名： *Pentablaste clavata* Li, 2002（棒五蓓蛄）

Pentablaste obconica Li, 2002（钳五蓓蛄）

识别特征： 头黄褐色，具小斑点构成的深褐斑；复眼大，黑色；后唇基具深褐色条带，前唇基、上唇深褐色。触角褐色；下颚须黄褐色。胸部黄褐色，中胸背板具深褐斑，中、后胸背板及侧板边缘褐色。前翅浅褐色，透明无斑；翅脉褐色，翅端部脉颜色略淡；翅痣褐色，沿后缘具窄褐条斑，翅痣后角圆。后翅浅褐色，透明。腹部黄褐色，各节背板两侧和腹板中间具褐斑，端部黑褐色。足基节褐色；转节淡褐色；腿节淡褐色至褐色；胫节褐色至深褐色，端部略深；跗节深褐色，爪具亚端齿。

栖息场所： 树上。

分布： 河北、吉林、北京、山西、宁夏、甘肃、浙江、湖北、湖南；蒙古国，俄罗斯，欧洲。

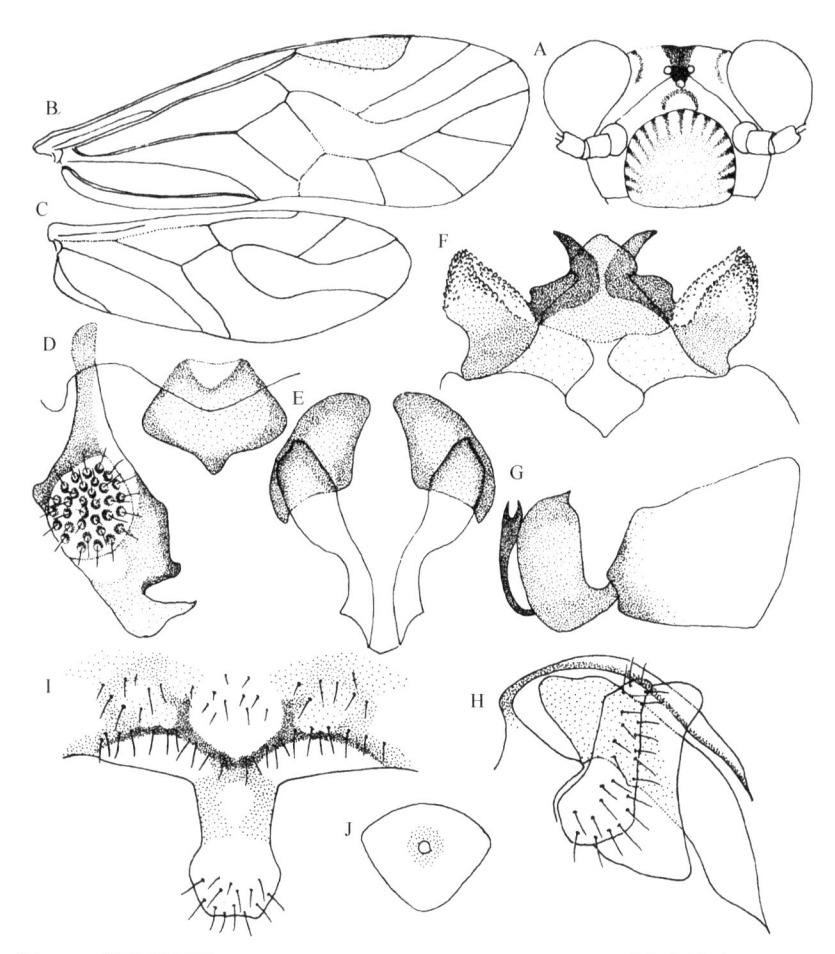

图149 粗角拟新蛄 *Neopsocopsis hirticornis* (Reuter, 1893)（引自李法圣，2002）
A～G 雄：A. 头；B. 前翅；C. 后翅；D. 肛上板和肛侧板；E. 阳基侧突；F. 下生殖板；G. 下生殖板侧视；H～J 雌：H. 生殖突；I. 亚生殖板；J. 受精囊孔板

(337) 长尾五蓓蜡 *Neopsocopsis longicaudata* (Li, 2002)（图 150）

识别特征：体长约 3.9 mm。雄性头淡黄色，具淡黄褐斑；后唇具淡黄褐条纹，前唇基和上唇褐色；单眼区黑色，复眼黑色，短肾形；下颚须黄色，末节黄褐色。触角黄褐色，基部 2 节黄色。胸部黄色，中后胸背面具淡褐色斑。足黄色；翅透明，浅污黄色，翅痣和脉褐色。腹部黄色。后足跗节 2 节，各有毛栉刺 23 个和 2 个。前翅长约 5.3 mm，宽约 2.1 mm，长约为宽的 2.5 倍，翅痣后角圆；后翅长约 3.8 mm，宽约 1.4 mm，长约为宽的 2.7 倍。肛上板长舌状，肛侧板具毛点约 42 个。

栖息场所：树上。

分布：河北（雾灵山、辽河源）。

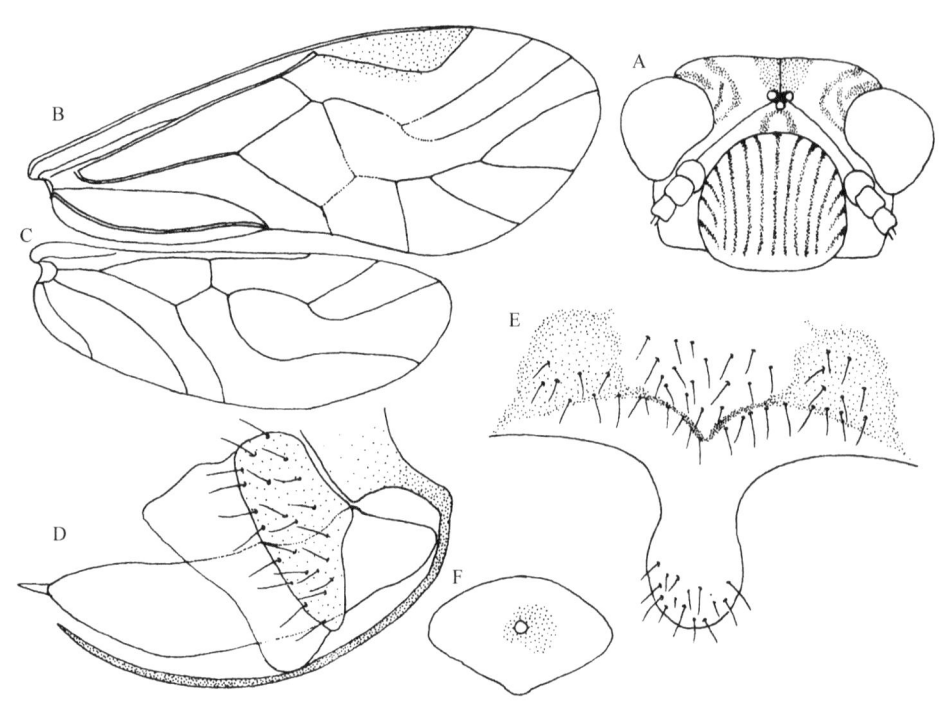

图 150 长尾五蓓蜡 *Neopsocopsis longicaudata* (Li, 2002)（引自李法圣，2002）
A. 头；B. 前翅；C. 后翅；D. 生殖突；E. 亚生殖板；F. 生殖孔板

(338) 长翅拟新蜡 *Neopsocopsis longiptera* Vishnyakova, 1986（图 151）

异名：*Pentablaste tetraedrica* Li, 2002

别名：梯五蓓蜡。

识别特征：头黄褐色，具小斑点组成的褐色至深褐色斑；复眼大，黑色；后唇基褐色，具深褐色条带。触角褐色，下颚须黄褐色。胸部黄褐色，中胸背板具深褐斑，中胸和后胸背板及侧板边缘褐色。前翅浅褐色，透明无斑；翅脉褐色，端脉颜色略淡；翅痣褐色，沿后缘为窄褐条斑，翅痣后角圆。后翅浅褐色，透明无斑，基部颜色略深；翅脉褐色，翅基脉颜色略淡；径叉缘无毛。腹部黄褐色，各节背板两侧和腹板中间具褐斑，端部黑褐色。

足基节褐色；转节淡褐色；腿节淡褐色，端部颜色略深；胫节深褐色，端部略深；跗节褐色，爪具亚端齿。

栖息场所：树上。

分布：河北。

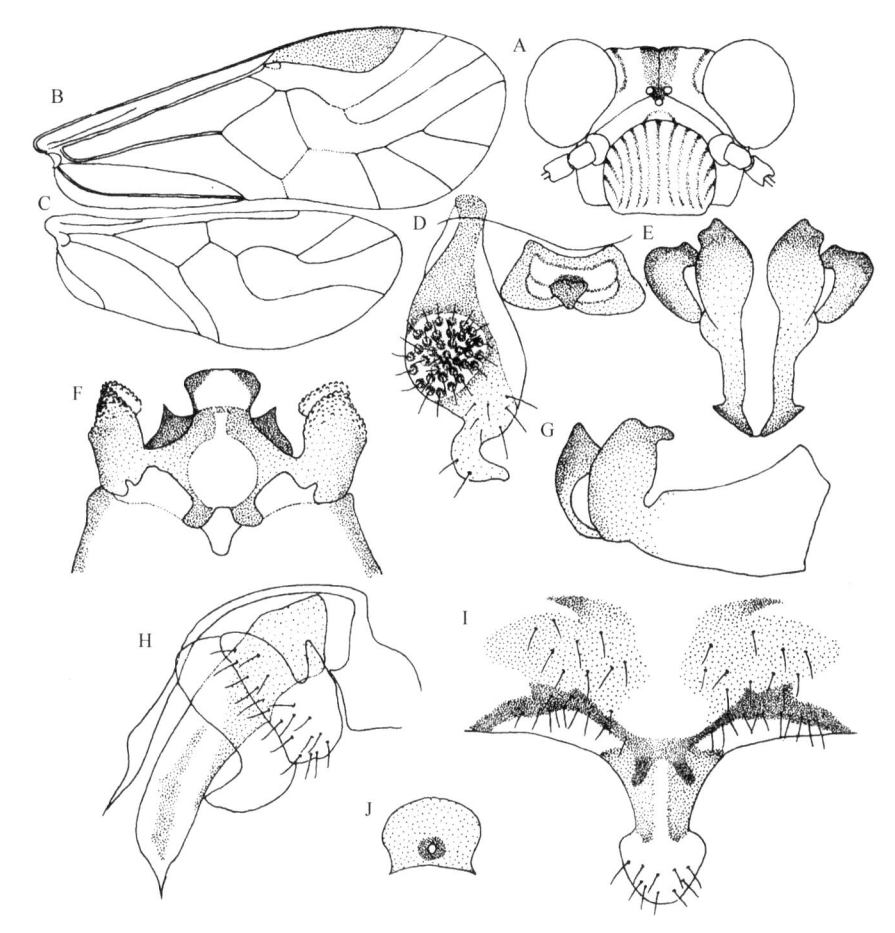

图 151 长翅拟新啮 *Neopsocopsis longiptera* Vishnyakova, 1986（引自李法圣，2002）
A～G 雄：A. 头；B. 前翅；C. 后翅；D. 肛上板和肛侧板；E. 阳基侧突；F. 下生殖板；
G. 下生殖板侧视；H～J 雌：H. 生殖突；I. 亚生殖板；J. 受精囊孔板

（339）百花山触啮 *Psococerastis baihuashanensis* Li, 2002（图 152）

识别特征：体长约 5.1 mm，达翅端时长约 10.0 mm。雌性头黄色，斑深褐色；后唇基部黄色具深褐色条纹，上唇及前唇基部褐色；单眼区、复眼及头盖缝黑色；下颚须末节长约为宽的 2.5 倍。触角黄色，第 3 节端及以后各节黑色。胸背黑色，具黄斑，侧下侧黄褐色，具褐斑；足黄色至黄褐色，胫节端、跗节及中后足基节褐色。前翅透明，端半略污褐色，亚基斑及痣斑褐色，脉深褐色；后翅浅污褐色。腹部黄色，有不规则褐斑。复眼小、肾形。后足第 3 跗节。各具毛栉 27 个和 9 个。前翅长约 8.0 mm，宽约 2.9 mm，翅痣三角形；后翅长约 5.8 mm，宽约 2.0 mm。肛上板圆锥状；肛侧板三角形，具毛点约 44 个。

栖息场所：树上。

分布：河北、北京。

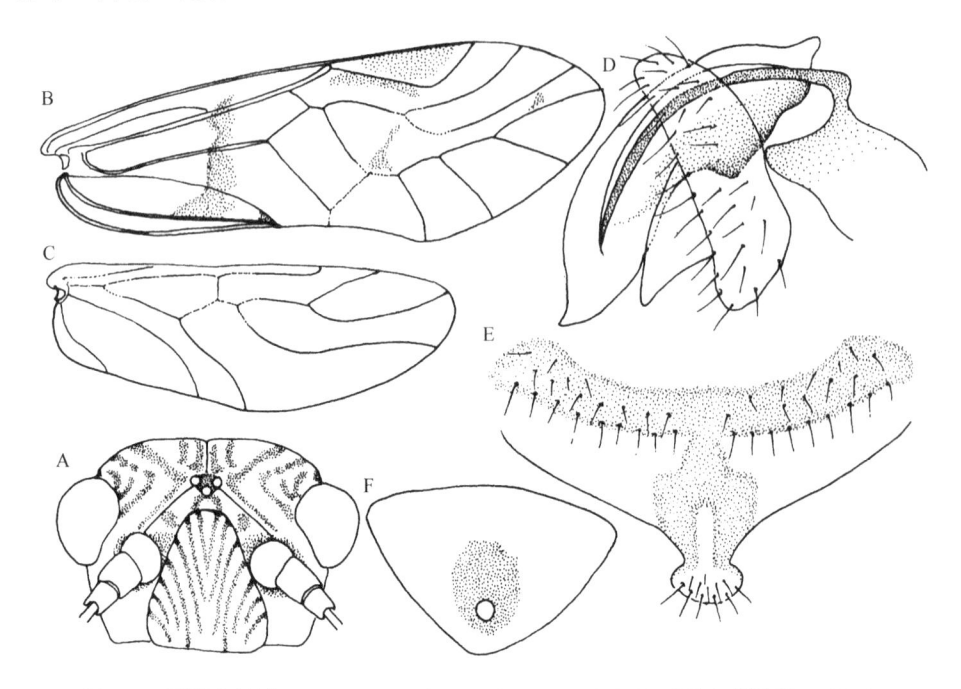

图 152 百花山触蜢 *Psococerastis baihuashanensis* Li, 2002（引自李法圣，2002）
A. 头；B. 前翅；C. 后翅；D. 生殖突；E. 亚生殖板；F. 受精囊孔板

（340）驼背触蜢 *Psococerastis gibbosa* (Sulzer, 1776)（图 153）

识别特征：体长约 3.3 mm，达翅端时长约 6.1 mm。雄性头黄色，具褐斑，后唇基褐条不完全，上唇及前唇基部黄色；单眼内侧及复眼黑色；下颚须黄色。触角黄色，第 3 节端及以后各节黑色。前胸背板黑褐色，侧板具褐纹；中后胸背板黄色，具褐斑；足黄色，具褐纹，胫节两端及跗节褐色。前翅透明，脉深褐色，斑褐色；后翅浅污褐色。腹部黄白色，背面具黑褐斑及横带。后足跗节 2 节，各具毛栉 21 个和 7 个。前翅长约 5.7 mm，宽约 2.0 mm；翅痣宽阔，后角圆。后翅长约 4.1 mm，宽约 1.4 mm。腹部第 IX 节后缘略突出；肛上板圆锥状；肛侧板近椭圆形，具毛点约 55 个。

栖息场所：树上。

分布：河北、内蒙古、北京、天津、山西、广东；亚洲，欧洲。

（341）钩突斑麻结蜢 *Trichadenopsocus aduncatus* Li, 2002（图 154）

识别特征：体长 2.5～2.7 mm，达翅端时长约 3.6 mm。雌雄两性头黄色具黄褐斑；后唇基斑基半叉状，端半呈辐射状，雌性全为条状，上唇和前唇基褐色；单眼区和复眼黑色；下颚须黄色，末节黄褐色；触角黄色。胸部黄色，背面具褐带。足黄色。前翅污白色，具黄褐斑，亚缘 6 斑明显，中部由翅痣基向后缘几成斑带；后翅浅污褐色。腹部黄色，具褐横带。下颚须末节长约为宽的 2.5 倍。复眼肾形。后足跗节 2 节，分别具毛栉 18 个和 2 个。

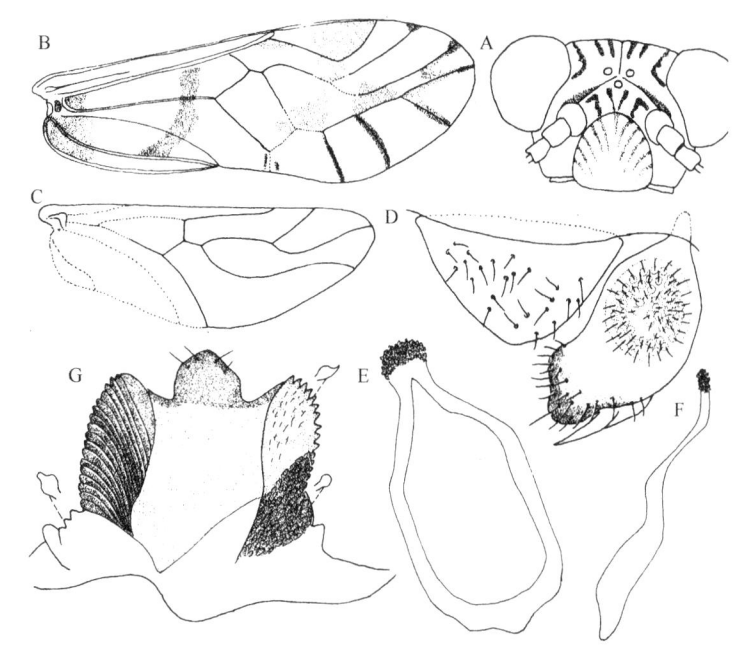

图 153　驼背触啮 *Psococerastis gibbosa* (Sulzer, 1776)（引自李法圣，2002）
A. 头；B. 前翅；C. 后翅；D. 肛上板和肛侧板；E. 阳茎环；F. 阳茎环侧视；G. 下生殖板

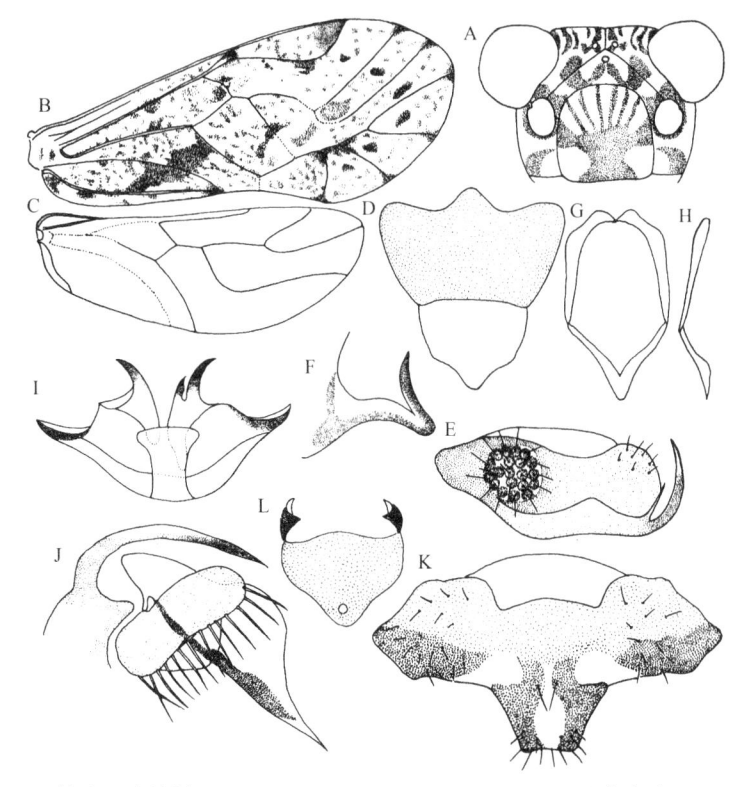

图 154　钩突斑麻结啮 *Trichadenopsocus aduncatus* Li, 2002（引自李法圣，2002）
A～I 雄：A. 头；B. 前翅；C. 后翅；D. 肛上板；E. 肛侧板；F. 第Ⅸ腹节背板侧突；G. 阳茎环；
H. 阳茎环侧视；I. 下生殖板；J～L 雌：J. 生殖突；K. 亚生殖板；L. 受精囊孔板

前翅长约 3.0 mm，宽约 1.3 mm；后翅长约 2.3 mm，宽约 0.8 mm。腹部第Ⅸ节背板侧突短钩状；肛上板长舌状，端三角形；肛侧板长，端具长角突出。

栖息场所：树上。

分布：河北、北京、山东。

74. 狭䗛科 Stenopsocidae Pearman, 1936

长翅型，中等大小。触角 13 节，内颚叶向端部渐细，不分叉；足的跗节 2 节，爪无亚端齿，爪垫宽；后足仅基跗节具毛栉。前翅翅痣狭长，Rs 脉和 M 脉有 1 段合并，M 脉分 3 支；后翅 Rs 脉和 M 脉具 1 段合并。前翅缘具毛，脉具单列毛或基部脉具双列毛，Cu_2 脉具毛或无毛，膜质部基半部无毛或有毛；后翅径叉脉具毛或无毛。

世界已知 4 属 188 种，分布以亚洲为主。中国记录 3 属 160 种。本书记述河北地区 2 属 3 种。

（342）北京肘狭䗛 *Cubipilis beijingensis* Li, 2002（图 155）

识别特征：体长约 3.3 mm，达翅端时长 6.4~6.5 mm。雄性头顶黄褐色至黄色，沿头盖缝臂及额区具深色斑；前唇基、上唇黄色；下颚须淡黄色。触角黄褐色，下颚须末节长约为宽的 5.0 倍，复眼肾形。前胸淡黄色，中后胸黄色，背面深褐色；足淡黄色，腿节端、胫节、末节黄色；前翅长约 4.7 mm，宽约 1.8 mm，翅痣长约为宽的 4.3 倍；后翅长约 3.4 mm，宽约 1.2 mm，径叉缘具 8 毛。肛侧板毛点约 30 个。翅浅污黄色，脉黄色，沿脉具窄褐斑；翅痣后缘具黄褐斑。腹部黄色。后足基跗节具毛栉 27 个。

栖息场所：树上。

分布：河北。

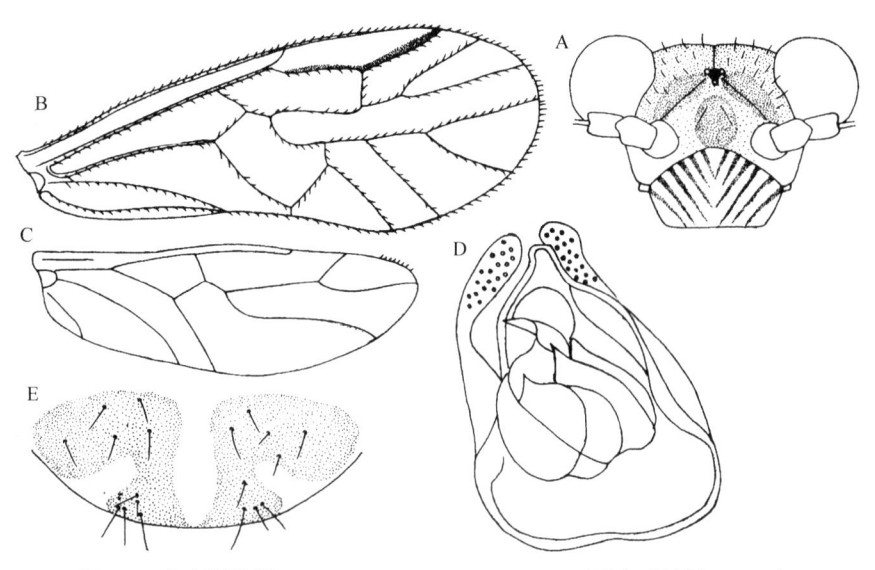

图 155 北京肘狭䗛 *Cubipilis beijingensis* Li, 2002（引自李法圣，2002）
A. 头；B. 前翅；C. 后翅；D. 阳茎环；E. 下生殖板

(343) 广狭蛄 *Stenopsocus exterus* Banks, 1937（图 156）

识别特征：雄性体长约 2.4 mm，达翅端时长约 4.2 mm。雌雄性体黄色，具黑褐斑；雄性较雌性体狭长并被短毛。头黑，头顶黄，后唇基深褐色，隐见条纹；下颚须黄色。第 1 触角节黄色，其余深褐色。胸部黑色；足黄色，胫节黄褐色。前翅污黄色，翅痣深黄色，后缘端半具黑斑；脉黄色。腹部黄色无斑。头后缘圆弧形突出。下颚须端长约为宽的 3.1 倍。触角长约 4.9 mm。后唇基五边形。后足基跗节毛栉 21。前翅长约 3.3 mm，宽约 1.1 mm，翅痣宽，后角明显突出，以横脉与 Rs 脉相连；Rs 脉分叉先于 M_1 脉和 M_2 脉的分叉。后翅长约 2.5 mm，宽约 0.7 mm；Rs 脉与 M 脉合并较长。肛侧板方圆形，具毛点约 30 个。

栖息场所：竹上、树上。

分布：河北、甘肃、湖南、福建、台湾、广西、四川、贵州。

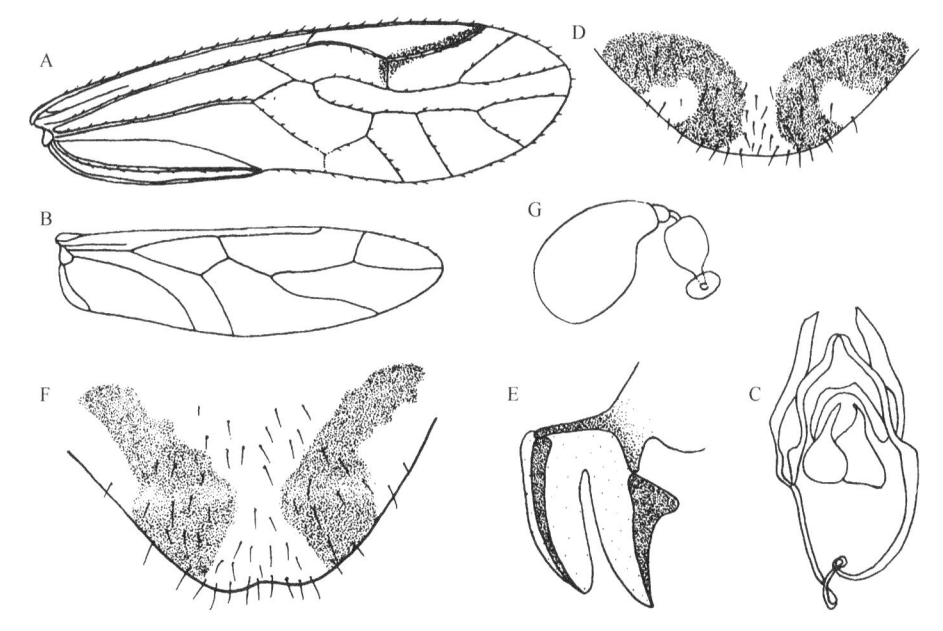

图 156 广狭蛄 *Stenopsocus exterus* Banks, 1937（引自李法圣，2002）
A~D 雄：A. 前翅；B. 后翅；C. 阳茎环；D. 下生殖板；E~G 雌：E. 生殖突；F. 亚生殖板；G. 受精囊

(344) 刘氏狭蛄 *Stenopsocus liuae* Li, 2002（图 157）

识别特征：体长约 1.8 mm，达翅端时长约 3.8 mm。雌性头黑色，头顶鲜黄色，额区褐色，后唇深褐色，具黑条纹；前唇基、上唇鲜黄色。复眼肾形。触角基部 2 节黄色。前胸两侧深褐色，背面具黄斑，中后胸黑色；足淡黄色。前翅长约 3.7 mm，宽约 1.2 mm，长约为宽的 3.1 倍；浅污黄色，脉黄褐色，痣鲜黄色且后角明显，后缘端半褐带絮状。腹部黄色，背面红褐色，生殖节褐色。后足基跗节毛栉 18 个。肛侧板毛点约 26 个。

栖息场所：树上。

分布：河北。

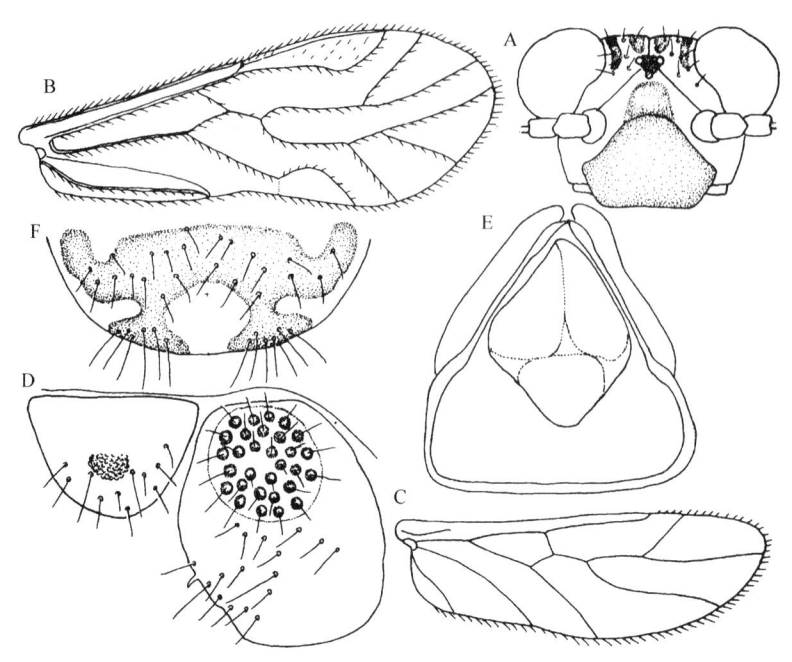

图 157　刘氏狭蛄 *Stenopsocus liuae* Li, 2002（引自李法圣，2002）
A. 头；B. 前翅；C. 后翅；D. 肛上板和肛侧板；E. 生殖突；F. 亚生殖板

XX. 缨翅目 Thysanoptera Haliday, 1836

小型昆虫，体长 0.5~2.0 mm，稀见 7.0 mm 者。黑色、褐色或黄色；眼发达；口器锉吸式。触角 6~9 节，线状，略呈念珠状，一些节上具感器。翅狭长，边缘有长而整齐的缘毛，脉纹最多 2 条；也有无翅及仅存遗迹的种类。足的端部有泡状的中垫，爪退化。雌性腹部端部圆锥形，腹面有锯齿状产卵器，或呈圆柱形，无产卵器。缺尾须。渐变态。

缨翅目昆虫统称蓟马。世界已知 2 亚目 14 科（含灭绝科 5 个）596 属 7400 余种（含灭绝种类 57 属 153 种），广布世界各动物地理区；食性相当广泛，包括动物、植物与花粉、蕈类等，其中植食性占一半以上，有不少种类是重要的农业害虫，也有猎食小型昆虫或者螨类者。中国记录约 600 种，其中菌食性种类 2 科 61 属 229 种。本书记述河北地区 3 科 9 属 15 种。

科检索表

1. 雌性腹部端部（第 X 节）管状，产卵器非锯齿状；具翅或无翅，具翅时翅脉消失，翅面无微毛···········
·· 管蓟马科 Phlaeothripidae
   雌性腹部端部圆锥状，产卵器锯齿状；通常具翅，翅上具脉，翅面有微毛或无 ···························· 2
2. 产卵器背向弯曲；翅宽且端圆，常具围脉和横脉；触角 9 节，第 3 节、第 4 节感器呈带状 ···············
·· 纹蓟马科 Aeolothripidae
   产卵器腹向弯曲；翅狭长且端尖，无横脉；触角 6~8 节，第 4 节感器呈锥状；前胸背板两侧无纵缝
·· 蓟马科 Thripidae

75. 纹蓟马科 Aeolothripidae Uzel, 1895

体长 1.0～2.0 mm，体型粗壮，呈黄褐色或暗色。触角 9 节，第 3 节、第 4 节较长，常有带状或长卵形感器。下颚须 3 节，下唇须 2～5 节。长翅型个体前翅较阔，可平行折叠，端部圆形，有缘脉，有明显的纵脉及横脉，翅面常有暗色斑纹；前翅缨毛无或极为短小。雌性产卵器发达，锯状，侧视其尖端向上弯曲。躯体的横切面为圆形。

世界已知 29 属 206 种。中国记录 3 属 15 种。本书记述河北地区 1 属 2 种。

（345）横纹蓟马 *Aeolothrips fasciatus* (Linnaeus, 1758)（图 158）

识别特征：体长 1.5～1.7 mm。体及足淡色至暗棕色。头长和宽近相等。触角 9 节，各节端部较暗，均具 1 暗环。下颚须 3 节，下唇须 4 节。前翅较窄，白色，2 暗色带分离，中间白色带显短于近翅端的暗色带，纵脉 2 条，横脉 4 条。中、后胸叉骨均具刺。前足跗节有钩齿。腹部第Ⅷ背片无梳毛；产卵器锯齿状，背弯；第Ⅸ～Ⅹ节背面具长鬃。

捕食对象：在苜蓿、花生、牡丹、小麦、向日葵、胡枝子、薄荷、苏子、韭、葱、蒜、白菜、玉米、豌豆、大豆、蒲公英、海棠、黄瓜、玫瑰、菖蒲、芹菜、萝卜、茴香、菠菜、辣椒、月季花等植物上捕食棉花蚜、叶螨等小型节肢动物。

分布：河北、辽宁、内蒙古、北京、河南、陕西、宁夏、甘肃、江苏、湖北、福建、四川、云南、西藏；蒙古国，朝鲜，日本，欧洲部分地区，北美洲等。

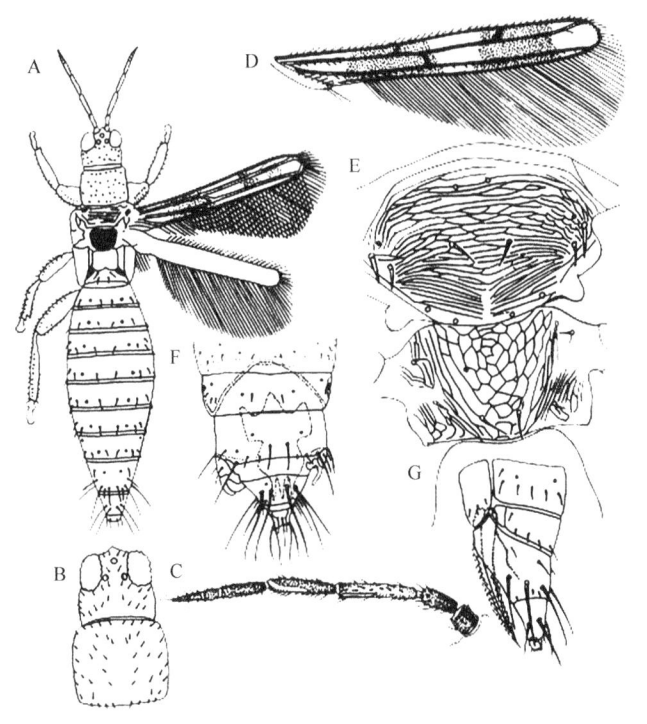

图 158 横纹蓟马 *Aeolothrips fasciatus* (Linnaeus, 1758)（引自韩运发，1997）
A. 全体；B. 头和前胸；C. 触角；D. 前翅；E. 中胸和后胸盾片；
F. 雄虫腹节第Ⅶ～Ⅺ节背片；G. 雌性第Ⅶ～Ⅺ节背片侧视

(346) 黑白纹蓟马 *Aeolothrips melaleucus* (Haliday, 1852)（图版 XIII-2）

识别特征：体长 1.7~1.8 mm。体黑色，带暗红色，尤在节间明显；头长宽相近，头、前胸背板无长刚毛。触角 9 节，基部 2 节黑色，第 3 节、第 4 节淡黄白色，有时第 4 节端部有或长或短的暗色区域，第 5 节后暗色，或具浅色小区。前翅黑色，翅基和翅端白色，前缘中部具白斑，宽度稍长于翅宽之半。

取食对象：油菜、辣椒、胡枝子、小麦、油菜、白菜、辣椒、野菊、桑、刺槐、野玫瑰、玫瑰、接骨木、红丁香、毛叶丁香、紫丁香、狭叶荨麻、波叶大黄、土大黄、白花碎米荠、珍珠梅、柔毛绣线菊、棉花、铁线莲及杂草等。

分布：河北、北京、山东、河南；蒙古国，朝鲜，欧洲，北美洲。

76. 管蓟马科 Phlaeothripidae Uzel, 1895

管蓟马科昆虫多为暗褐色或黑色，常有白色或暗色斑点。头前部圆形。触角通常 8 节，第 7~8 节有时愈合，有锥状感觉锥，第 3 节最大；下颚须和下唇须 2 节；前翅表面无微毛，无明显缘脉。腹部第 IX 节宽略大于长，末节向后略变窄，管状，但不延长，无产卵器。

世界已知 2 亚科 456 属 3500 余种，分布于温带和热带地区，多生活在菊科和禾本科植物花内，少数种类捕食其他小型节肢动物，有些生活于树皮下的枯枝落叶或叶屑中，取食真菌孢子、菌丝体或真菌的代谢产物。中国记录 31 属 167 种。本书记述河北地区 2 属 3 种。

(347) 宽盾肚管蓟马 *Gastrothrips eurypelta* Cao, Guo & Feng, 2009（图 159）

识别特征：体长雄性 1.7 mm，雌性 2.5 mm。体有深棕色与黄色 2 种颜色；口锥较短，端部宽圆。触角 8 节，第 3~7 节的梗明显，各节感觉锥细长；第 3 节黄色。前足胫节棕黄色，翅基部灰色，主体棕黄色。头基部收缩，复眼后有横纹线，单眼区及颊中间光滑。前胸宽大于长，后部宽；背片光滑，仅基部具横线纹；后侧缝完全；前下胸片细长条形，中胸盾片有横纹线，后部缺；中后鬃和后缘鬃细小。第 I 腹节的盾板三角形，两侧叶向两侧延伸较长，盾板有纵条纹。基部 1 对微孔。雄性前足跗节有三角形齿。

取食对象：葡萄、禾本科杂草。

分布：河北（雾灵山、小五台山、赤城）、山西、陕西。

(348) 稻管蓟马 *Haplothrips* (*Haplothrips*) *aculeatus* (Fabricius, 1803)（图版 XIII-3）

识别特征：体长 1.5 mm。体黑色略带光泽。头长于前胸。触角 8 节，第 3~4 节黄色；复眼后鬃、前胸鬃（后角长鬃 2 对）及翅基 3 鬃长且尖锐。前翅无色，但基部稍暗棕；中部收缩，端圆，后缘有间插缨 5~8 根。腹部第 X 节管状，长约为头的 3/5；端部轮鬃由 6 根管状鬃及长鬃间的短弯鬃构成。前足腿节略膨大，跗节有小齿。足暗棕，前足胫节略黄，各跗节黄色。

取食对象：稻、小麦、玉米、高粱、三叶草及多种禾本科草、莎草科植物。

标本记录：涿鹿县：2♀，小五台山杨家坪林场，1000 m，2005-VII-20，郭付振采。

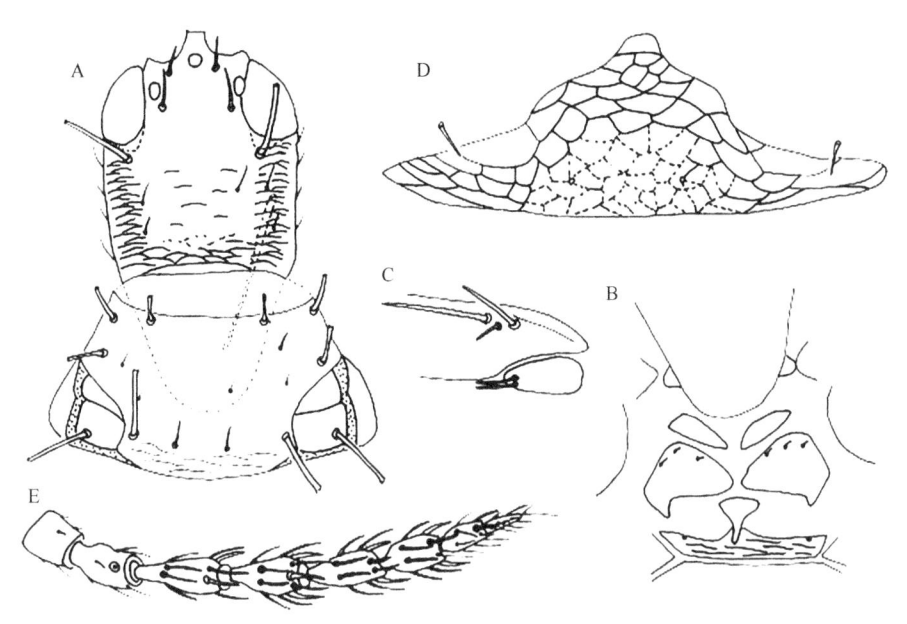

图 159　宽盾肚管蓟马 *Gastrothrips eurypelta* Cao, Guo & Feng, 2009 雌性（引自曹少杰等，2009）
A. 头和前胸；B. 前、中、后胸腹板；C. 翅基鬃；D. 腹部第Ⅰ节盾板；E. 触角

分布：河北、黑龙江、吉林、辽宁、内蒙古、山西、河南、陕西、宁夏、甘肃、新疆、江苏、安徽、湖北、湖南、福建、台湾、广东、海南、广西、西南；蒙古国，朝鲜，日本，外高加索，欧洲。

（349）华简管蓟马 *Haplothrips* (*Haplothrips*) *chinensis* Priesner, 1933（图版 XIII-4）

识别特征：雌性体长 1.7 mm。暗棕色至黑色，触角第 3～6 节黄色；前足胫节和跗节黄色；翅无色；体鬃较暗。头背横纹轻微。复眼后鬃端部扁钝。触角 8 节。口锥短宽，端部较窄。前胸背片光滑，后侧缝完全；边缘鬃较长，端部扁钝，唯后缘鬃短尖。前翅间缨毛 9 根。前足跗齿缺。腹部第Ⅰ背片的盾板三角形，内部除两侧纵线外，有几个网纹；第Ⅴ背片后缘侧鬃内Ⅰ端部扁钝，内Ⅱ端部钝而不扁，第Ⅸ节后缘鬃略短于管长。

取食对象：麦类、玉米、扁豆、红花草、大蓟、白花蒿、野菊、李、桃、绿梅、猕猴桃、胡萝卜、百合、柏、马铃薯、月季花、马刺草、三叶草、蓖麻、井冈柳、荞麦、头花蓼、蒲公英、一枝黄花、小旋花、枸杞、茶、鸭茅、半边莲、麦冬、洋葱、柳、白菜、菠菜、棉花等。

分布：河北、吉林、北京、山西、河南、陕西、宁夏、新疆、江苏、安徽、浙江、湖北、湖南、福建、台湾、广东、海南、广西、贵州、云南、西藏；朝鲜，日本。

77. 蓟马科 Thripidae Stephens, 1829

体长 0.7～3.0 mm。体略扁，黄色、棕色或褐色。头部常有交错的线纹、网纹或皱纹。触角通常 7～8 节，少数 6～9 节，有端刺 1 个或 2 个，第 3 节、第 4 节具锥形感器。下颚须 2～3 节；翅有或无，如有则常狭长，端尖；前翅常具纵脉 1～2 条，无横脉。雌性腹末圆锥形，一些种类为短筒状，产卵器正常，发达，向下弯曲。

世界已知4亚科306属2110种以上，世界性分布，取食对象植物广泛，多食叶或在植物花上栖息，植食性种类居多，少数为捕食性。中国记录106属355种。本书记述河北地区6属10种。

（350）玉米黄呆蓟马 *Anaphothrips obscurus* (Müller, 1776)（图版XIII-5）

识别特征：体长1.0～1.2 mm，暗黄色，胸、腹背有暗黑区域。触角第1节淡黄色，第2～4节黄色并逐渐变为黑色，第5～8节灰黑色，第8、第3节和第4节具叉状感觉锥，第6节的斜缝淡色。前翅淡黄，前脉鬃间断，有2端鬃，脉鬃弱小，缘缨长，具翅胸节显宽于前胸。腹部第Ⅷ节背板后缘梳完整，端鬃较长。半长翅型的前翅长达腹部第Ⅴ节。短翅型的前翅短小，退化成三角形芽状，具翅胸节几乎不宽于前胸。

取食对象：玉米、蚕豆、苦荬菜、稻、小麦、稷、淡竹叶、牛筋草、狗尾草、棉花。

分布：华北、西北、华东，华中（河南）、华南（广东、海南）、西南（四川、贵州、西藏）；蒙古国，俄罗斯（远东），朝鲜半岛，日本，欧洲，北美洲，东洋区，澳新区。

（351）美洲棘蓟马 *Echinothrips americanus* Morgan, 1913（图版XIII-6）

识别特征：雌性体长1.3～1.4 mm，褐色至黑褐色，体节间红色，足胫节端大部（或端部）及跗节黄色，触角基部2节黑色，第3节、第4节黄色，第5节（有时第6节）基部黄色，端部褐色，第6～8节褐色；翅灰褐色至黑褐色，基部白色，有时翅中域较浅。雄性体型稍小，体色略深。

取食对象：杂草、马兜铃、菜豆、大豆、胡萝卜、茴香、茄、辣椒、番茄、黄瓜、南瓜、油菜、小白菜、甘蓝、紫苜蓿等。

分布：河北、北京、内蒙古、山西、河南、陕西、宁夏、甘肃、新疆、江苏、浙江、福建、广东、台湾、海南、四川、贵州、西藏；朝鲜半岛，日本，泰国，马来西亚，俄罗斯（西伯利亚），欧洲，北美洲，新西兰，澳大利亚，非洲。

（352）花蓟马 *Frankliniella intonsa* (Trybom, 1895)（图160）

识别特征：体长约1.4 mm。体褐色；头、胸部稍浅，前腿节端部和胫节浅褐色。头背复眼后具横纹；单眼间鬃较粗长，位于后单眼前方。触角8节，较粗；第1节、第2节和第6～8节褐色，第3～5节黄色，第5节端半部褐色；第3节、第4节具叉状感觉锥。前胸背面前缘鬃4对，亚中对和前角鬃长；后缘鬃5对，后角外鬃较长。前翅微黄色；具前缘鬃27根，前脉鬃21根，均匀排列；后脉鬃18根。腹部第Ⅰ～Ⅶ背板前缘线暗褐色，第Ⅰ背板布满横纹，第Ⅱ～Ⅷ背板仅两侧具横纹，第Ⅴ～Ⅷ背板两侧具微弯梳；第Ⅷ背板后缘梳完整，梳毛稀疏而小。雄性体型较雌性小，黄色；腹板第Ⅲ～Ⅶ节有近似哑铃形的腺域。

取食对象：棉花、稻、豆类、非洲菊、金盏菊、大丽花、唐菖蒲、月季花、多种蔬菜。

分布：中国；俄罗斯，朝鲜半岛，日本，欧洲，非洲，北美洲。

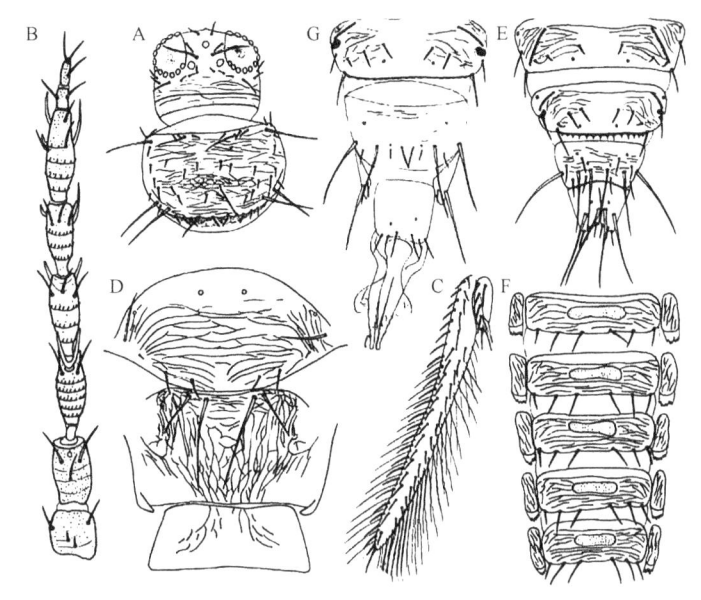

图 160　花蓟马 *Frankliniella intonsa* (Trybom, 1895)（引自党利红，2010）
雌性：A. 头和前胸；B. 触角；C. 前翅和翅瓣；D. 中后胸背板；E. 腹部第Ⅶ～Ⅹ节；
雄性：F. 腹部第Ⅲ～Ⅶ节；G. 腹部第Ⅷ～Ⅹ节

（353）西花蓟马 *Frankliniella occidentalis* (Pergande, 1895)（图 161）

别名：苜蓿蓟马。

识别特征：体长 0.9～1.4 mm，淡黄白色至棕褐色。触角 8 节，第 2 节端部和第 3 节基部简单，基部中间无变粗的环纹；复眼后鬃与单眼间鬃的长度近相等；前胸背板的前缘鬃和前角鬃发达，近于等长。

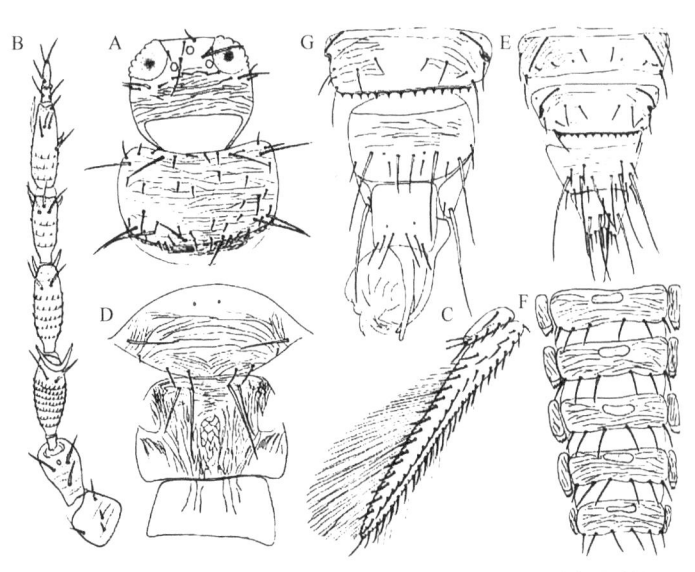

图 161　西花蓟马 *Frankliniella occidentalis* (Pergande, 1895)（引自党利红，2010）
雌性：A. 头和前胸；B. 触角；C. 前翅和翅瓣；D. 中后胸背板；E. 腹部第Ⅶ～Ⅹ节；
雄性：F. 腹部第Ⅲ～Ⅶ节；G. 腹部第Ⅷ～Ⅹ节

取食对象：大蓟、小蓟、李、桃、苹果、葡萄、草莓、茄、辣椒、生菜、番茄、豆、兰花、菊花等。

分布：河北、北京、天津、山东、河南、江苏、浙江、云南；美洲，亚洲，欧洲，大洋洲。

(354) 禾蓟马 *Frankliniella tenuicornis* (Uzel, 1895)（图 162）

识别特征：体长 1.3～1.4 mm，灰褐色至黑褐色。触角 8 节，较细；第 3 节、第 4 节黄色，其余灰褐色；第 3 节、第 4 节具叉状感觉锥。头长于前胸，两颊平行；单眼间鬃长，三角形列于单眼外缘。前胸前角 1 对长鬃，长于其他前缘鬃；前缘近中线 1 对鬃较长；后角有 2 对长鬃。前翅灰白，脉鬃连续，前脉鬃约 19～22 根，后脉鬃 14～17 根。腹部背片第Ⅷ节后缘梳不完整。

取食对象：茅草、葱、美人蕉、稻、小麦、玉米、稷、大麦、苜蓿、西红柿、枸杞。

分布：河北、吉林、辽宁、内蒙古、北京、山西、山东、陕西、宁夏、甘肃、青海、新疆、江苏、湖北、江西、湖南、福建、台湾、广东、广西、重庆、四川、贵州、云南、西藏；俄罗斯，朝鲜，日本。

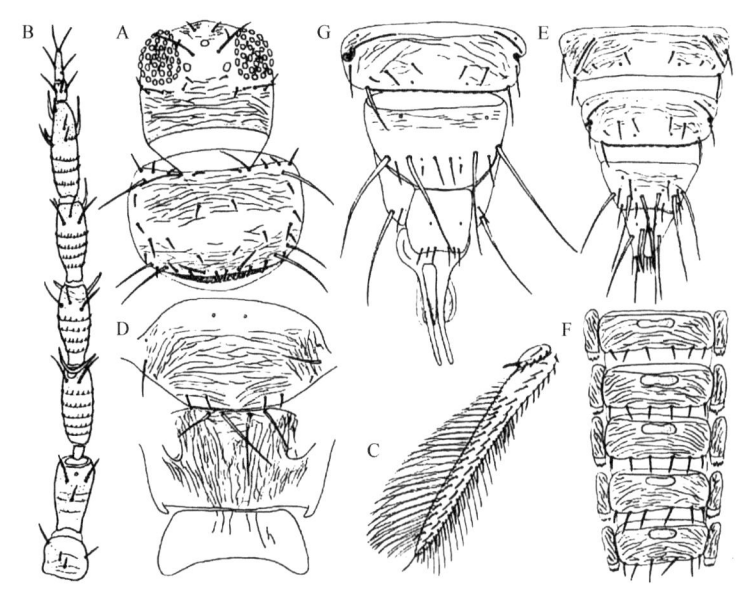

图 162 禾蓟马 *Frankliniella tenuicornis* (Uzel, 1895)（引自党利红，2010）
雌性：A. 头和前胸；B. 触角；C. 前翅和翅瓣；D. 中后胸背板；E. 腹部第Ⅶ～Ⅹ节；
雄性：F. 腹部第Ⅲ～Ⅶ节；G. 腹部第Ⅷ～Ⅹ节

(355) 牛角花齿蓟马 *Odontothrips loti* (Haliday, 1852)（图 163）

识别特征：体长 1.3～1.8 mm，暗黑色，触角第 3 节、前足胫节和全部跗节土黄色。前翅棕色，基部以下有白带。头宽大于长，单眼间刚毛发育良好且长。触角第 6 节基部宽，几乎无小梗，第 6 节的感觉锥基部扩大。口锥尖长。前胫节端部 1 粗爪。腹部第Ⅱ节至第Ⅶ节外侧弱条纹状。

取食对象：黄花苜蓿、紫花苜蓿、黄花草木樨、车轴草属。

分布：河北、内蒙古、山西、山东、河南、陕西、宁夏、甘肃；俄罗斯，日本，欧洲，美国。

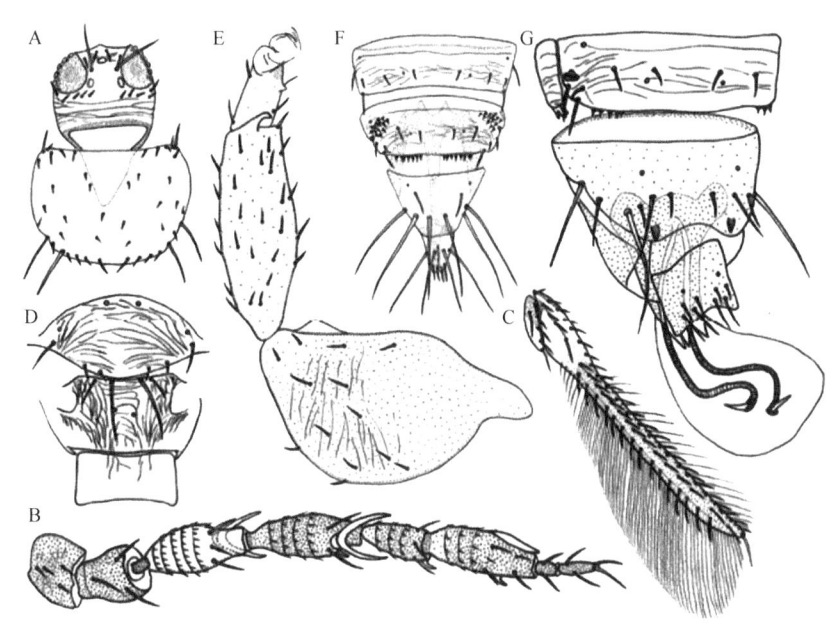

图 163　牛角花齿蓟马 *Odontothrips loti* (Haliday, 1852)（引自党利红，2010）
雌性：A. 头和前胸；B. 触角；C. 前翅和翅瓣；D. 中后胸背板；E. 前足；F. 腹部第Ⅶ～Ⅹ节；
雄性：G. 腹部第Ⅷ～Ⅹ节

（356）塔六点蓟马 *Scolothrips takahashii* Priesner, 1950（图版ⅩⅢ-7）

识别特征：体长 0.9～1.2 mm，淡黄色至橙色，触角灰白色。前翅 3 黑褐斑，分别位于翅基、1/3 和 2/3 处。头上单眼 3 个，两侧单眼前各 1 长鬃。触角 8 节，第 6 节最长，端部 2 节细小；前胸与头约等长，前缘 6 对长鬃，近前缘和后缘中部各 1 对，两侧缘 3 对，后两侧缘 1 对；前、后缘长鬃之间还有几对小鬃。翅狭长，稍弯曲，前缘鬃 20，后缘缨毛长而密。翅有 3 块黑褐斑，翅脉 2 条，上脉具黑褐色长鬃 11 根，分布于基部 5 根，中部 5 根（翅上两黑斑之间），先端 1 根；下脉有长鬃，比上脉鬃粗大。腹部第Ⅸ节的鬃较第Ⅹ节长。

捕食对象：红蜘蛛。

分布：河北、北京、山东、河南、陕西、江苏、浙江、湖北、湖南、福建、台湾、广东、海南、广西、四川、云南。

（357）葱韭蓟马 *Thrips alliorum* (Priesner, 1935)（图版ⅩⅢ-8）

别名：韭菜蓟马、葱带蓟马。

识别特征：雌性体长约 1.5 mm，深褐色。触角第 3 节深黄色，前翅略黄，腹部第Ⅱ～Ⅷ节背板前缘线黑褐色。头略长于前胸，单眼间鬃长于头其他鬃，位于三角线的外缘。

复眼后鬃排列成1横列。触角8节，第3节、第4节上的叉状感觉锥伸达前节基部。前胸背板后角各1对长鬃，内鬃长于外鬃，后缘3对鬃，中对鬃长于其余2对鬃；中胸背板布满横线纹。前翅前缘鬃49，上脉鬃不连续，基部鬃7，端鬃3，下脉鬃12~14。腹部第Ⅴ~Ⅷ背板两侧栉齿梳模糊，第Ⅷ背板后缘梳退化，第Ⅲ~Ⅶ背侧片常具3鬃，第Ⅲ~Ⅶ腹板各9~14鬃。雄性短翅型。

取食对象：韭菜、葱类。

分布：中国；朝鲜，日本，美国（夏威夷群岛）。

（358）黄蓟马 *Thrips flavus* Schrank, 1776（图版XIII-9）

识别特征：体长1.1 mm，黄色。触角第3~5节端半部较暗，第6~7节暗褐色。头宽大于长，短于前胸；单眼间鬃间距小，位于前、后单眼的内缘连线上。触角7节，第3节、第4节上具叉状感觉锥，锥伸达前节基部。前胸背板中部约有30根鬃，前外侧1对鬃较粗，后外侧1对鬃粗且长；后角2对鬃较其他鬃长得多。后胸背板1对钟形感觉孔，位于背板后部，且间距小。中胸腹板内叉骨具长刺，后胸腹板内叉骨无刺。鬃毛分布为前翅前缘28；前脉基鬃7，端鬃3；后脉鬃14。腹部第Ⅴ~Ⅷ背板两侧具微弯梳，第Ⅷ背板后缘梳完整，梳毛细而排列均匀；第Ⅱ背板侧缘各有4鬃排成纵列；第Ⅲ~Ⅳ背板鬃2比鬃3细短。

取食对象：棉花、甘薯、玉米、大豆、茄、冬瓜及黄瓜等瓜类作物、葱、油菜、百合、紫云英。

分布：河北、山西、山东、河南、新疆、安徽。

（359）烟蓟马 *Thrips tabaci* Lindeman, 1889（图版XIII-10）

别名：棉花蓟马、瓜蓟马。

识别特征：体长1.0~1.3 mm。暗黄色至淡棕色。头宽大于长，触角7节，灰色；第1节色浅，第3~5节淡黄色，第4~5节端部色深。前胸背板无明显长鬃；后缘鬃3对，后侧角各1对长鬃，其远较其他鬃长。前翅淡黄色，内缘端2/3深色。各足胫节端部和跗节淡色。腹部第Ⅱ~Ⅷ节背面较暗，前缘浅栗棕色；端部深棕色。

取食对象：棉花、葱、蒜、瓜类、苹果、李、梅、葡萄、草莓、烟草等。

分布：中国；世界。

XXI. 半翅目 Hemiptera Linnaeus, 1758

体壁坚硬和扁平，体小型至大型，多为六角形或椭圆形。口器为刺吸式，从头的前端伸出，休息时沿身体腹面向后伸，一般分为4节；触角较长，一般分为4~5节；前胸背板大，中胸小盾片发达；前翅基半部骨化，端半部膜质；陆生种类胸部腹面两侧和腹部背面等处具臭腺，水栖种类一般无臭腺。

世界已知5亚目23总科302科11.0万种。植食性或捕食性，陆生或水生。中国记录5亚目52科5000种以上。本书记述河北地区4亚目70科309属516种。

亚目检索表

1. 前翅为半鞘翅··异翅亚目 Heteroptera
   前翅质地均一，膜质或革质···2
2. 喙着生于前足基节之间或更后···胸喙亚目 Sternorrhyncha
   喙着生在前足基节以前···3
3. 前翅基部有肩板；触角着生在复眼之间··蜡蝉亚目 Fulgoromorpha
   前翅基部无肩板；触角着生在复眼下方···蝉亚目 Cicadomorpha

XXI-1. 蝉亚目 Cicadomorpha Batsch, 1789

前翅质地均一，膜质或革质；喙着生在前足基节以前；前翅基部无肩板；触角短，着生在复眼下方，刚毛状或鬃状，自头前方伸出。

世界已知 3 总科 15 科 42 000 余种，包括蝉、叶蝉、角蝉和沫蝉大类，全部为植食性。

总科检索表

1. 头部的 3 个单眼呈三角形排列··蝉总科 Cicadoidea
   头有 2 个单眼，着生位置不定或缺之···2
2. 后足基节圆锥形；胫节圆柱形，通常有 1 个或多个大的端毛，但从无成排的粗刚毛；身体和翅面覆盖细刚毛··沫蝉总科 Cercopoidea
   后足基节非圆锥形；胫节、身体和翅面被毛也不同于上述···3
3. 前胸背板发达，向前延伸盖及头部，向后延伸达小盾片缝，盖及中胸小盾片甚至腹部···角蝉总科 Membracoidea
   前胸背板正常，不盖及头胸腹各部分；后足胫节具棱脊，脊上具刺毛列···········叶蝉总科 Cicadelloidea

1) 蝉总科 Cicadoidea Batsch, 1789

体大中型，有些种类体长可达 50.0 mm。触角短，着生在复眼下方，刚毛状或鬃状，自头前方伸出；单眼 3 枚，呈三角形排列；喙着生在前足基节以前。前后翅均为膜质或革质，常透明；前翅基部无肩板；后翅小，合拢时呈屋脊状放置，翅脉发达。前足腿节发达，常具齿或刺；跗节 3 节。

世界已知 2 科 460 属 3116 种，分布于温带及热带地区。中国记录 1 科。

78. 蝉科 Cicadidae Batsch, 1789

体大中型，是半翅目中个体最大的一类，有些种类体长超过 50.0 mm。触角短，刚毛状或鬃状，自头前方伸出；具 3 个单眼，呈三角形排列；前后翅均为膜质，常透明，后翅小，翅合拢时呈屋脊状放置，翅脉发达；前足腿节发达，常具齿或刺；跗节 3 节，雄蝉一般在腹下侧基部有发达的发音器官；在腹末有发达的生殖器，大多数种类的阳茎本身退化，多被阳茎鞘所代替，少数种类的阳茎仍很发达；雌蝉产卵器发达。

世界已知 4 亚科 41 族约 180 属 2100 种。中国记录 10 族 57 属 257 种（王旭，2018）。本书记述河北地区 5 属 5 种。

(360) 蚱蝉 *Cryptotympana atrata* (Fabricius, 1775)（图版 XIII-11）

识别特征：体长 40.0～45.0 mm，头顶到翅端长 67.0～72.0 mm。黑色，密被金黄色细短毛，但前胸和中胸背板中间部分毛少，光滑。雄性第 I 腹节有发音器。中胸背面后部有"X"形突起，突起部分黄褐色，翅脉基半部黄褐色，往翅端逐渐变为黑褐色，翅基部约 1/4 部分的脉间黑色。足黄褐色，有黑斑，前足腿节内侧的 2 刺黑色。

取食对象：杨树、桐树、榆及多种阔叶果树。

标本记录：蔚县：1 头，小五台山，2001-VII-8，采集人不详。

分布：河北、全国其他大部分省份；朝鲜半岛，日本，越南，老挝，印度，不丹，缅甸，尼泊尔，孟加拉国，斯里兰卡。

(361) 斑透翅蝉 *Hyalessa maculaticollis* (Motschulsky, 1866)（图版 XIV-1）

别名：鸣鸣蝉。

识别特征：体长雄性 30.0～36.0 mm，雌性 30.8～35.7 mm；前胸背板宽雄性 13.5～14.8 mm，雌性 13.5～13.6 mm。体大而粗壮，头绿色，稍窄于中胸背板基部。单眼红色、复眼褐色，明显突出，单眼区斑纹、头顶侧缘及复眼内缘大斑均黑色；前唇基中央绿色，两侧黑色；喙绿色，中央具黑纵纹，端部黑色，长达后足基节。前胸背板内片杂色，中央 1 对宽纵纹，内片侧缘及后缘均黑色，中沟和侧沟边缘及中间区域大面积具棕色斑纹；外片绿黄色，后缘黑色、波浪状，后角 2 对黑纹。中胸背板黑色，有 6 对绿斑点，中央 1 对"八"字形短斑，两侧围绕着 3 对斑点；中胸背板侧缘 1 对斑纹；"X"形隆起赭黄色。足绿色，具不规则黑斑纹；前足腿节具 3 黑刺，副刺直立三角形。翅透明，前翅第 2、第 3、第 5、第 7 端室基横脉处及各纵脉端部布烟褐色斑点；基半部翅脉褐色或暗褐色，端半部黑褐色或褐色；后翅无斑纹。

取食对象：梨、山楂、苹果、桃、李、杏等。

标本记录：邢台市：47 头，宋家庄乡不老青山风景区，2015-VII，郭欣乐、崔文霞采；涿鹿县：27 头，小五台山杨家坪林场，2004-VII-4；石爱民等采；灵寿县：8 头，五岳寨花溪谷，2017-VIII-07，张嘉、尹文斌采；1 头，五岳寨瀑布景区，2017-VII-14，张嘉采；3 头，五岳寨风景区游客中心，2017-VIII-17，张嘉、尹文斌采。

分布：河北、辽宁、北京、山东、河南、陕西、甘肃、新疆、江苏、安徽、浙江、湖北、江西、湖南、台湾、四川、贵州；俄罗斯（远东），朝鲜半岛，日本。

(362) 东北山蝉 *Kosemia admirabilis* (Kato, 1927)（图版 XIV-2）

识别特征：体长雄性 19.7～20.7 mm，雌性约 22.0 mm。黑色，被银色短柔毛。头大约与中胸背板基部等宽。单、复眼均暗红色。喙黑色，基部偶黄棕色。前胸背板前、后缘红棕色；中纵带淡黄色，后方变宽，中间 2 小黑点。前胸背板颈部外侧略直或略圆；侧角外扩。中胸背板黑色，中间有三角点 2 个，侧缘淡黄色，"十"字形隆起浅棕色。翅透明；前翅脉浅棕色，臀脉和顶端边缘暗黑色；基膜血红色。足棕色或黄绿色，被银色短柔毛；前足基节具饰带，腿节端部2纵带，胫节具端带和黑色至黑褐色纵带；前腿节下侧3强刺。腹部背片近黑色，被浓密银色短柔毛；第Ⅰ~Ⅱ节近黑色；第Ⅲ~Ⅶ节后缘及第Ⅷ节侧缘黄褐色或深褐色；腹板黄褐色，被银色密毛，中部条纹具一系列黑斑点；第Ⅷ腹节短于第Ⅶ腹节2/3。雌性前胸背板与中纵带仅1小黑点；腹节黑色，被浓密的银色短柔毛；第Ⅸ节背面黑色，侧面淡黄色；第Ⅸ节2黑斑。

标本记录：蔚县：4头，小五台山，2002-Ⅶ-11，采集人不详；15头，小五台山金河口，1998-Ⅶ-29，刘世瑜采；涿鹿县：7头，小五台山杨家坪林场，2004-Ⅶ-4，采集人不详；灵寿县：2头，五岳寨风景区游客中心，2017-Ⅷ-16，张嘉、李雪采。

分布：河北、辽宁、北京、陕西、宁夏、甘肃、青海；朝鲜。

（363）蒙古寒蝉 *Meimuna mongolica* **(Distant, 1881)**（图版ⅩⅣ-3）

识别特征：体长雄性28.6~31.9 mm，雌性28.0~30.7 mm；前胸背板宽雄性9.5~10.6 mm，雌性9.6~11.0 mm。头绿色，较中胸背板略宽。单、复眼均红褐色，头顶前侧缘1对黑色宽斜斑，与后缘2斑纹愈合。喙绿色，端部黑色，长达后足基节。前胸背板内片绿色，后缘黑色，中央1对纵带、中沟、侧沟及中沟下方均有黑纵纹；外片绿色，侧后缘2对黑斑纹，前侧缘具齿突。中胸背板5条黑斑纹；中央1条细长、矛状，后端膨大；盾侧缝处1对斑，内缘波浪状，外缘较直，端部与中央斑纹愈合；外侧1对粗大，伸达"X"形隆起前臂外侧，在基部1/3处间断。"X"形隆起黄绿色，前盾片凹槽处1对黑斑。足绿色，稀被白色长毛和白色蜡粉。翅透明，前翅第2、第3端室基横脉处具暗褐斑；基半部翅脉红褐色，端半部黑褐色。雄性腹部长于头胸部，密被白色蜡粉；背板黄绿色，有不规则褐色或黑褐色斑纹，每节后缘绿色；腹板褐色，蜡粉较厚。

分布：河北、辽宁、内蒙古、北京、河南、陕西、江苏、安徽、浙江、江西、湖南、福建、广东、广西；蒙古国，朝鲜半岛，越南。

（364）蟪蛄 *Platypleura kaempferi* **(Fabricius, 1794)**（图版ⅩⅣ-4）

识别特征：体长20.0~36.0 mm；翅展60.0~80.0 mm。背面黑色，被银灰色鳞毛；胸部背面斑纹绿色至黄褐色。前胸背板两侧向外呈钝角形扩展。前翅透明，布褐黑色云状斑，近内缘处有透空的大黑斑，近于翅端的黑斑彼此相连，斑纹形状和多少在不同个体间有一定差异，纵脉端有锚状纹；后翅黑色，外缘无色透明，黑色部分的翅脉黄褐色。腹部各节两侧具绿色至黄褐色边。

标本记录：邢台市：1头，宋家庄乡不老青山风景区，2015-Ⅶ-13，张润杨采；2头，宋家庄乡不老青山风景区牛头沟，2015-Ⅶ-18，郭欣乐采；灵寿县：3头，五岳寨桑桑沟，2016-Ⅵ-21，张嘉、杜永刚采。

分布：华北（河北）、东北（辽宁）、华中、华东、华南、西南（四川、云南）；俄罗斯（远东），朝鲜半岛，日本，马来西亚，北美洲。

2）沫蝉总科 Cercopoidea Leach, 1815

体小型至中型，体长在13.0 mm以下。体大致卵形，背面显著隆起。触角刚毛状，位于复眼前方；单眼 2 枚，位于头冠。前胸背板发达，平或明显隆起，不遮盖中胸小盾片。小盾片长于或等于前胸背板。前翅长于体长，革质，常盖住腹部；爪片上 2 脉纹通常分离；后翅径脉近端部分叉。后足胫节背面有 2 侧刺，端部有 2 列端刺；第 1、第 2 跗节上具端刺。幼虫腹部能分泌黏液，形成泡沫，盖住身体保护自己。故称沫蝉，或吹泡虫。

世界已知 5 科 330 属 3000 种以上。中国记录 100 多种。本书记述河北地区 2 科 5 属 5 种。

科检索表

1. 前胸背板前缘直或略前凸；复眼近圆形，长宽略等 ·················· 沫蝉科 Cercopidae
   前胸背板前缘向前突出或呈角状；复眼长卵圆形，长大于宽 ········· 尖胸沫蝉科 Aphrophoridae

79. 尖胸沫蝉科 Aphrophoridae Amyot & Serville, 1843

体小型至中型，褐色或灰色；单眼 2 枚；前胸背板前缘向前突出，小盾片短于前胸背板；前翅有亚前缘脉；后足胫节有 2 粗刺。

世界已知 160 属约 1000 种，分布于欧亚大陆和北美洲地区。中国记录 100 多种。本书记述河北地区 2 属 2 种。

(365) 白带尖胸沫蝉 *Aphrophora intermedia* Uhler, 1896（图 164）

识别特征：体长 11.0～12.0 mm，翅展 34.0～35.0 mm。体灰褐色。颜面较平，中脊明显，横沟暗褐色；复眼长卵形，单眼红色；喙长，末节黑色，伸达后足基节。前胸背板长宽略相等，有中脊；前缘尖出，前侧缘短于后侧缘，后缘弧形凹入。前翅褐色，基部 1/3 处有明显的白色斜带，白带两侧黑褐色，端部 1 处灰白色。后翅灰褐色，透明。足黄褐色，腿节有褐色纵条纹，前、中足胫节具褐斑，爪黑色。腹下侧黑褐色。

取食对象：桑、桃、梨、樱桃、枣、苹果、葡萄、杨树、蒙古栎。

分布：河北、黑龙江、内蒙古、北京、陕西、宁夏、青海、浙江、湖北、江西、湖南、福建、四川、贵州、云南；朝鲜半岛、日本。

(366) 柳尖胸沫蝉 *Omalophora pectoralis* (Matsumura, 1903)（图版 XIV-5）

识别特征：体长雌性 8.9～10.1 mm，雄性 7.6～9.2 mm；体宽雌性 2.7～3.2 mm，雌性 2.7～3.0 mm。全体黄褐色，密布黑色小刻点及灰白色短细毛。头顶呈倒 "V" 形，靠近其后缘之复眼与单眼间各 1 黄斑；

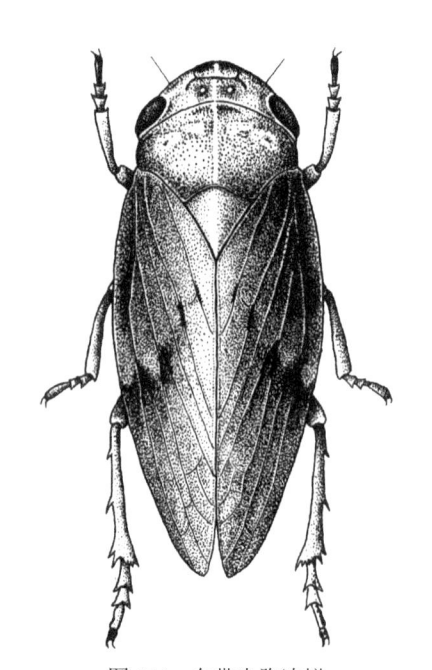

图 164 白带尖胸沫蝉 *Aphrophora intermedia* Uhler, 1896（引自周尧，2001）

中隆脊突出，前端具1弧形短横沟，后端和胸背中脊相连。复眼椭圆形，黑褐色；单眼2个，淡红色。额长圆、隆起，中间具1纵脊，两侧各10余条横斜脊线。喙端黑褐色，伸达后足基节处。前胸背板近七边形，后缘略凹呈弧形；前端凹陷内有不规则的黄斑4个，近中脊两侧各1黄色小圆斑。小盾片近三角形。前翅革质，褐黄色，中部具1黑褐色斜向横带。后足胫节外侧2黑刺，端部具10余个黑刺，排成2列；第1、第2跗节端部各1列黑刺。

分布：河北、黑龙江、吉林、内蒙古、陕西、甘肃、青海、新疆；俄罗斯（远东、东西伯利亚、西西伯利亚），朝鲜，日本，欧洲。

80. 沫蝉科 Cercopidae Leach, 1815

体小型至中型。体略呈卵形，背面相当隆起。单眼2个；前胸背板大，但不盖住中胸小盾片。前翅革质，常盖住腹部。爪片上2脉纹通常分离。后翅径脉近端部分叉。后足胫节具1或2个侧刺，端部具1~2圈端刺。沫蝉科昆虫因若虫包埋于泡沫中而得名，俗称吹泡虫，泡沫由若虫腹部第Ⅶ节、第Ⅷ节表皮腺分泌的黏液从肛门排出时混合空气形成。

世界已知178属1560种以上，世界性分布。中国记录100多种。本书记述河北地区3属3种。

（367）二点铲头沫蝉 *Clovia bipunctata* (Kirby, 1891)（图版XIV-6）

识别特征：成虫体长8.0~9.0 mm。体淡褐色，具灰色绒毛。头冠平坦，前缘有深褐色边，中间有4条茶褐色纵带，此带延伸至前胸背板，中间2条延伸至小盾片；颜面隆起光滑，淡黄白色，两侧有深褐色纵带，此带终止于舌侧板的端部。前胸背板具7条茶褐纵带，两侧纵带不甚明显，前端弧圆，后端深凹；小盾片三角形，端部尖；前翅淡黄褐色，翅基部有茶褐斑，中部具1大三角形茶褐斑，二翅合拢时该斑呈菱形，翅端有褐色斜纹，爪片端部具1黑斑点；胸部腹板淡黄白色，具黑色带状斑；足的侧刺和端刺黑色。腹部黄褐色具黑褐斑块。

取食对象：花生、芝麻、稻。

分布：河北、甘肃、湖南、台湾、广西、云南；印度，泰国，马来西亚。

（368）中脊沫蝉 *Mesoptyelus decorates* (Melichar, 1902)（图版XIV-7）

识别特征：体长雄性6.4~18.0 mm，雌性17.5~20.2 mm。头顶浅黑色。复眼灰黑色或黑色，单眼水红色。触角基节黄褐色。颜面黄褐色；喙黄褐色，其末节的端半部黑褐色。前胸背板前半部黄褐色，其背表的刻点暗褐色；后半部铁锈色。小盾片暗褐色。前翅暗褐色。胸节下侧黄色，前胸和中胸侧板杂有黑色，中胸腹板内侧黑色。足黄褐色。翅黑色，基部、中部有白带，端部附近具白斑。头胸黄褐色，有黄、褐相间的条纹。前翅脉纹凸出明显。

标本记录：灵寿县：1头，五岳寨国家森林公园七女峰，2016-Ⅶ-06，巴义彬采。

分布：河北、山西、陕西、甘肃、福建、台湾、广西、四川、云南。

(369）疣胸沫华蝉 *Sinophora (Sinophora) submacula* Metcalf & Horton, 1934（图版XIV-8）

识别特征：体长椭圆形，背面刻点密布。头冠较前胸背板短且狭，中隆脊明显；单眼至复眼之间的距离是 2 个单眼间距的 2.0 倍；唇基端缘不明显或浅凹，唇基端沟短。触角檐较厚，无檐沟；触角前上方的颜侧区内陷。前胸背板肩角前的 4 个胝呈弧线状排列成 2 排。小盾片中间凹陷，具横皱纹。前翅膜质，透明，翅脉不明显。前、中足腿节和胫节各有 2 环带，后足胫节具刺 3～6 枚。生殖板短小，指形；阳茎上半部底边中度骨化，生殖刺突端缘横宽，略平截。

分布：河北、北京、山西、陕西、甘肃、湖北、四川、云南；俄罗斯（远东），朝鲜半岛，日本。

3）角蝉总科 Membracoidea Rafinesque, 1815

体小型至中大型（2.0～30.0 mm）。体暗淡至鲜艳，形状奇异。头顶发达，占据颜面大部；单眼 2 枚，位于复眼间；触角小，多为刚毛状，个别种的触角端部呈棍棒状，着生在复眼下方。前胸背板发达，盖住头部并向后延伸达到小盾片缝，盖住中胸小盾片和腹部，形成后突，其上方常有背突、侧突、前突，形状多样而奇特；中胸前侧片具 1 或 2 钩状突；部分或全部被前胸背板所覆盖。前翅为复翅，基部革质，向外渐变薄，多透明或半透明，翅脉网状、半网状；径室 2 个，端室 1 个、3 个、4 个或 5 个。后翅膜质。跗节 3 节。

世界已知 4 科 412 属 3200 种，广泛分布于世界各动物地理区。中国记录 3 科 53 属约 350 种。本书记述河北地区 1 科 4 属 5 种。

81. 角蝉科 Membracidae Rafinesque, 1815

体长 2.0～20.0 mm，形状奇异，黑色或褐色，少数光泽艳丽。额和唇基融合，额唇基平或圆凸，头顶突起有或无；复眼大而突出，单眼 2 枚，位于复眼间。触角短鬃状。前胸背板甚发达，向后延伸盖住小盾片、腹部一部分或全部，常具背突、前突或侧突；中胸背板无盾侧沟，小盾片通常被遮盖或退化，如露出则顶圆、尖或凹缺，背脊有或无。前翅 M 脉基部与 Cu 脉愈合，具横脉 r，爪片渐狭，顶端尖或斜截。前足转节和腿节不愈合，后足胫节有 3 列（偶 1～2 列）小毛，胫节端部 1 横列端距。雄性尾节的侧板分开，无后突。

世界已知 424 属约 3260 余种。中国记录 41 属近 300 种，多为害木本植物。本书记述河北地区 4 属 5 种。

(370）黑圆角蝉 *Gargara genistae* (Fabricius, 1775)（图版XIV-9）

识别特征：体长约 7.0 mm，翅展约 21.0 mm。黄绿色。头顶短，略前突，侧缘脊褐色。额长大于宽，具中脊，侧缘脊状带褐色。喙粗短，伸至中足基节。唇基色略深。复眼黑褐色，单眼黄色。前胸背板短，前缘中部弧突达复眼前沿，后缘弧凹，背板 2 褐纵带；中胸背板长，上有 3 条平行纵脊及 2 条淡褐色纵带。腹部浅黄褐色，覆白粉。前翅宽阔，外缘平直，脉黄色，脉纹密布似网纹，红色细纹绕过顶角经外缘伸至后缘爪片端部。后翅灰白色，翅脉淡黄褐色。足胫节和跗节色较深。

取食对象：槐树、酸枣、枸杞、桑、柿、柑橘、苜蓿、大豆、锦鸡儿属、直立黄芪（沙打旺）、大麻、黄蒿、胡颓子、烟草，棉花。

分布：中国；东洋区，非洲区。

（371）延安红脊角蝉 *Machaerotypus yananensis* Chou & Yuan, 1981（图165）

识别特征：体中型，黑色，复眼、上肩角和后突起橘红色，略具光泽。头宽大于高，黑色，被黄色细毛。复眼半球状；单眼浅黄色，具光泽。头下缘倾斜，略弯，额唇基顶端圆，被细毛。前胸背板黑色具光泽，布粗刻点，两侧被细毛。小盾片露出部分窄狭，黑色。前翅基部革质，布粗黑刻点，其他部分棕褐色，半透明，布皱纹；翅脉黑色，臀角色浅。后翅灰白色，翅脉暗褐色。胸部侧面与下侧、腹部及足均黑色，腹部各节背板后缘浅色。

标本记录：围场县：1头，木兰围场八英庄光顶山，2015-Ⅵ-15，李迪采。

分布：河北、陕西。

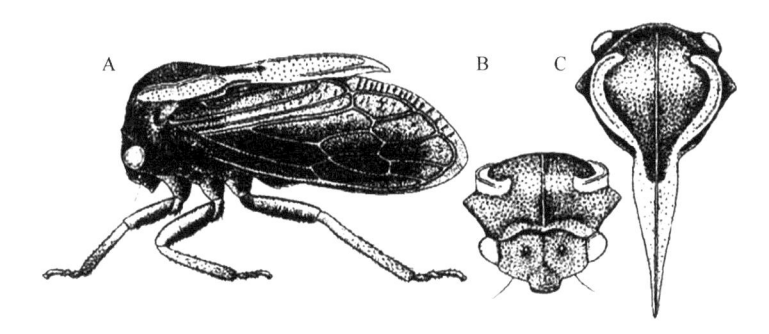

图165　延安红脊角蝉 *Machaerotypus yananensis* Chou & Yuan, 1981（引自袁锋和周尧，2002）
A. 雌性体侧视；B. 头、胸前视；C. 头、胸背视

（372）北京锯角蝉 *Pantaleon beijingensis* Chou & Yuan, 1983（图版XIV-10）

识别特征：体长雄性6.7～6.9 mm，雌性约7.7 mm；体宽雄性2.9～3.0 mm，雌性约3.4 mm。棕褐色（雌）或黑褐色（雄），头黑色被黄毛。小盾片红棕色（雌）或黑色（雄）。雌性前翅基部红棕色，其外侧依次有1透明细纵带、较宽褐色带、宽透明带、宽黑褐色带、黄褐色区域，臀角处具圆形透明斑，第3～5室端部具黄褐色圆斑，顶角、第5端室外端膜具黑褐色斑纹；雄性前翅基部黑褐色，其外侧依次有1透明细纵带、黑褐色宽带、透明纵带、黑褐色区域，臀角处具圆形斑，第3～5端室端部具近圆形黄褐斑，第3端室外端膜黄褐色。雌性胸部红棕色，足除胫节红棕色、跗节黄棕色外，其余黑褐色；雄性胸部黑色，足除跗节黄棕色外，其余黑褐色。腹部黑褐色被黄色柔毛，背板和腹板末端具暗黄白色细条带。头顶上缘弓形，下缘倾斜，边缘卷翘。前翅基部1/4革质，布粗刻点和毛，具2盘室3端室。后足胫节具3列刚毛。

分布：河北、北京、贵州。

（373）背峰锯角蝉 *Pantaleon dorsalis* (Matsumura, 1912)（图166）

识别特征：体长6.0～7.0 mm，雄体粗壮。头长和宽相等，布粗皱纹，暗褐色，布细刻点，密被细毛。复眼椭圆形，亮褐色。单眼小，亮褐色，位于复眼中心线上。头顶下缘倾斜且波状。额唇基长宽相等，褐色，具刻点和细毛。前胸背板褐色，布细刻点和较密细毛。小盾片两侧狭窄露出。前翅褐色，不透明，内缘和端绿色稍淡；内部褐色、革质，具刻点和稀疏细毛；顶尖。足和体下侧均褐色。雄性个体较小。

取食对象：苹果、茅莓。

分布：河北、北京、山东、陕西、江苏、安徽、浙江、湖北、江西、福建、台湾、广东、广西、四川、贵州；日本。

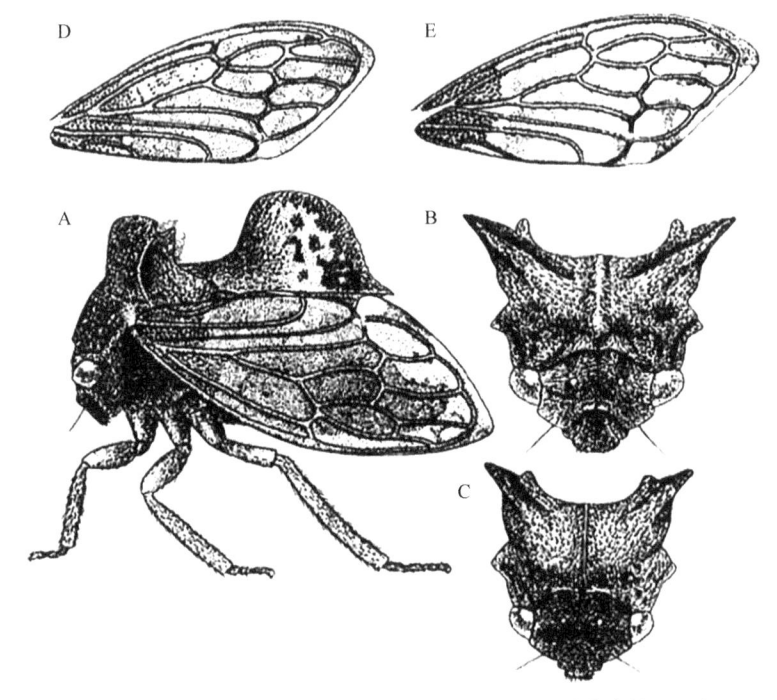

图 166 背峰锯角蝉 *Pantaleon dorsalis* (Matsumura, 1912)（引自袁锋和周尧，2002）
A. 雌性体侧视；B. 雌性头胸前视；C. 雄性头胸前视；D. 雄性前翅；E. 雌性前翅

（374）隆背三刺角蝉 *Tricentrus elevotidorsalis* Yuan & Fan, 2002（图 167）

识别特征：雌性体长 5.6 mm；肩宽 2.6 mm；上肩角间宽 3.8 mm。黑色。头长大于宽，具刻点和金色粗长毛；头顶上缘弧形，下缘倾斜，微波状。复眼橙黄色，半球形。单眼黄色，透亮。额唇基长宽相等；侧瓣大，微露出头顶下缘，中瓣 1/3 伸出头顶下缘，端部宽，半圆形，边缘上翘，具细毛。前胸背板黑色，具刻点和金色长毛；前胸斜面宽大于高，中间凸圆；胝被疏毛。肩角小三角形；上肩角伸向侧上方，顶向下尖弯，背腹扁平，长而宽，后突起基部扁平，中间弧形高隆，顶尖直，伸过前翅臀角；强脊 3 条，侧脊直。小盾片两侧外露。前翅基部褐色，革质，具刻点和毛，不透明，端部 1/4 黄褐色，半透明，中间白色，透明；翅脉粗，黄褐色，刺毛 2 列。腹基部具白毛斑。胸、腹部黑色。头下面及胸两侧具白毛斑。腿节、胫节和跗节褐色；后足转节内侧具齿。

分布：河北、北京、山东。

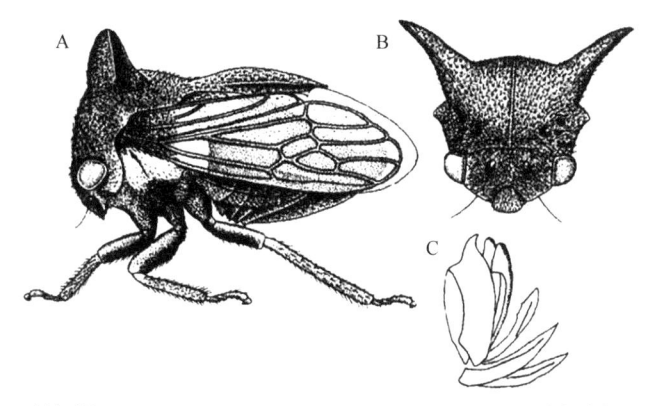

图 167　隆背三刺角蝉 *Tricentrus elevotidorsalis* Yuan & Fan, 2002（引自袁锋和周尧，2002）
A. 雌性体侧视；B. 雌性头胸前视；C. 外生殖器

4）叶蝉总科 Cicadelloidea Latreille, 1802

体长 3.0~30.0 mm，形态变化很大，头颊宽大，单眼 2 枚，少数种类无单眼。触角刚毛状；前翅革质，后翅膜质，翅脉不同程度退化；后足胫节有棱脊，棱脊有 3~4 列刺状毛。

世界已知 1 科，世界性分布。

82. 叶蝉科 Cicadellidae Latreille, 1802

触角变厚的部分很短，末端具刚毛。单眼 2 个，着生在头顶部或前部。跗节 3 节；腿节前面多具弱棘；后足胫节有 1 个或多个明显的龙骨，每个龙骨上有 1 排可活动刺，有时在基部扩大。中足在胸下彼此靠近。前翅不特别变厚。

世界已知 1 科 25 亚科 60 族 300 属约 22 000 种，危害禾谷类作物、蔬菜、果树和林木，有些种类传播病毒。中国记录近 1000 种。本书记述河北地区 26 属 26 种。

（375）葡萄二星叶蝉 *Arboridia apicalis* (Nawa, 1913)

别名：葡萄阿小叶蝉。

识别特征：体长 2.0~2.6 mm。体淡黄白色。头顶 2 黑色圆斑；前胸背板无斑，有时具数个淡褐斑纹、黑褐斑；小盾片基部 2 三角形黑斑；前翅有时褐色纹不明显，而具鲜黄色斑。若虫为红褐色时，尾部上举；为黄白色时，尾部不上举。

取食对象：葡萄、樱桃、山楂、梨、苹果、桃等。

分布：河北、辽宁、北京、山西、山东、河南、陕西、新疆、江苏、安徽、浙江、湖北、湖南、福建、台湾、广西；俄罗斯，朝鲜，日本。

（376）新县长突叶蝉 *Batracomorphus xinxianensis* Cai & Shen, 1999（图版XIV-11）

识别特征：体长 4.6~5.4 mm。体淡黄绿色，复眼灰褐色，单眼红褐色。爪片端部黑褐色或很浅。头近四边形，前缘弧突，中长与复眼处头长相等。前胸背板前域具不规则对称污斑，中后域散生细小褐点；中胸小盾片黄，无斑点，两基角棕色，横刻痕"八"字形,未伸达两侧缘。前翅密被大小不一的褐点,爪片末端具黑斑。尾节侧瓣前端窄,中部宽,末端角状突出,尾部着生数根长刚毛;腹缘内突纤细,均匀延长至先端。

分布:河北、北京、河南、贵州、云南。

(377) 黑尾凹大叶蝉 *Bothrogonia ferruginea* (Fabricius, 1787)(图版XIV-12)

识别特征:体长 12.0~15.5 mm。体橙黄色,头冠及颜面棕黄色,头冠基部中间两单眼间具 1 黑色圆斑,头冠顶端具 1 黑斑;额唇基两端侧域各 1 黑色大斑。复眼和单眼均黑色,前胸背板前缘正中具 1 黑斑,后缘具 2 枚黑斑。小盾片中央 1 黑斑,胸部下侧黑色,足黄褐色,但基节全部、腿节和胫节的两端及前足末跗节黑色。腹部背、腹面全为黑色,各腹节腹板后缘黄白色;下生殖板黑色。

取食对象:玉米、大豆、苹果、茶、盐麸木、箬竹、毛竹、广竹。

分布:中国;韩国,日本,越南,老挝,柬埔寨,泰国,印度,缅甸,南非。

(378) 大青叶蝉 *Cicadella viridis* (Linnaeus, 1758)(图版XV-1)

识别特征:体长(含翅)7.2~10.1 mm。体青绿色,下侧橙黄色。头颜面淡褐色;冠部淡黄绿色,前部两侧各 1 组淡褐色弯曲横纹,与前下方颜面(后唇基)横纹相接,在近后缘处 1 对不规则的多边形黑斑;后唇基侧缘和中间的纵条、两侧弯曲的横纹均为黄色,颊区在近唇基缝处 1 小型黑斑,触角窝上方 1 块黑斑。前胸背板淡黄绿色,基半部深青绿色;小盾板淡黄绿色,中间横刻痕较短,不伸达边缘。前翅绿色具青蓝色光泽,前缘淡白,端部透明,翅脉为青黄色,具狭窄的淡黑色边缘;后翅烟黑色,半透明。足橙黄色,跗爪和后足胫节内侧具黑色细小条纹,后足胫节刺列的刺基部黑色。腹背蓝黑色,其两侧及末节颜色为橙黄带烟黑色。

标本记录:赤城县:23 头,黑龙山北沟,2015-VII-10,闫艳采;11 头,黑龙山东沟,2015-VII-27,闫艳采;15 头,黑龙山南地车沟,2015-VII-28,闫艳采;49 头,黑龙山马蜂沟,2015-VII-29,闫艳采;4 头,黑龙山勺子沟,2015-VII-30,闫艳采;11 头,黑龙山黑龙潭,2015-VIII-2,闫艳采;24 头,黑龙山南沟,2015-VIII-9,闫艳采;25 头,黑龙山望火楼,2015-VIII-14,闫艳采;29 头,黑龙山骆驼梁,2015-VIII-20,闫艳采;12 头,黑龙山二道沟,2015-VIII-25,闫艳采;围场县:1 头,塞罕坝大唤起八十号,2015-VII-10,采集人不详;1 头,木兰围场新丰挂牌树,2015-VIII-3,李迪采;邢台市:15 头,宋家庄乡不老青山风景区,2015-VII-9,郭欣乐、张润杨采;6 头,不老青山马岭关,2015-VII-19,郭欣乐采;5 头,宋家庄乡不老青山风景区牛头沟,2015-VII-30,郭欣乐采;涿鹿县:90 头,小五台山杨家坪林场,850 m,2009-VI-25,张新民;灵寿县:4 头,五岳寨花溪谷,2017-VIII-07,张嘉采;4 头,五岳寨车轱辘坨,2017-VIII-28,张嘉、尹文斌采;2 头,五岳寨西王角,2016-VI-16,张嘉、牛亚燕采;3 头,五岳寨国家森林公园七女峰,2016-VI-18,张嘉、牛亚燕采;5 头,五岳寨主峰,2017-VIII-06,张嘉、李雪采;3 头,五岳寨风景区游客中心,2017-VIII-16,张嘉、尹文斌采。

取食对象:杨、柳、刺槐、苹果、桃、梨、梧桐、稷、玉米、稻、大豆、马铃薯等 160 多种植物。

分布：中国；世界。

（379）假眼小绿叶蝉 *Empoasca vitis* (Göthe, 1875)

识别特征：体长 3.5～4.0 mm。体黄色至黄绿色，头顶具"小"字形淡白色斑，无单眼（此处各 1 斑），头冠中域 2 绿色小斑点，前胸背板和小盾片具淡白色斑纹（有时可减退或消失），翅端透明或稍带烟色。前翅微带黄色，近透明，端部略具烟黄色。体下侧黄绿色，唯颜面带褐色，尾节及足大部分绿色至青绿色。

取食对象：海棠、棉花、臭椿等。

分布：河北、北京、安徽、浙江、福建、台湾、广东、海南、广西、贵州、云南；俄罗斯，朝鲜，日本，印度，东南亚，中亚至欧洲，非洲北部。

（380）凹缘菱纹叶蝉 *Hishimonus sellatus* (Uhler, 1896)（图版XV-2）

识别特征：体长（含翅）3.9～4.6 mm。体黄绿色，有浅黄褐色斑纹。头向前突出，具黄光泽，头顶具多对不明显淡黄褐斑纹，中后部有 1 褐色中纵线，复眼暗绿色，单眼黄色，前胸背有黄绿光泽，小盾板黄色，有 2 对淡褐斑及 1 中纵线，且在中间有细黑色横沟。前翅后缘中部具三角形斑，两翅合拢时呈菱状纹，斑纹周缘深色，菱状纹中间 3 淡色斑；翅端部暗褐色，内有 4 个灰白色小圆点，翅面黄色或淡黄绿色；足淡黄色；腹背中间黑褐色，少数个体下侧有淡黄褐色网状纹。

取食对象：枣、桑、柑橘、大豆等豆类、草莓、稻、大叶黄杨、构树、芝麻、榆、茄等。

分布：河北、辽宁、北京、山西、山东、河南、陕西、甘肃、江苏、安徽、浙江、湖北、江西、福建、台湾、广东、广西、重庆、四川、贵州；俄罗斯，朝鲜，日本，阿富汗，格鲁吉亚。

（381）锥头叶蝉 *Japananus hyalinus* (Osborn, 1900)（图版XV-3）

识别特征：体长 4.3～5.5 mm。体淡黄绿色或黄绿色，前翅透明，具 3 条黄褐色横带，并具黑褐斑；头冠长，超过复眼间宽，向前呈角状突出；前翅爪片上两翅脉在中部愈合；雌性头冠较尖，翅脉红色；雄蝉头冠稍不尖（头顶短），翅脉无色或不明显。

取食对象：元宝槭等槭树。

分布：河北、辽宁、北京、江苏、安徽、浙江（杭州）、贵州；朝鲜，日本，印度，北美洲，澳大利亚，欧洲。

（382）白边大叶蝉 *Kolla atramentaria* (Motschulsky, 1859)（图版XV-4）

识别特征：体长约 6.5 mm。体黄绿色，部分黑色。头深黄色；头冠的 4 个大黑斑分布于顶端中间 1、基部中间 1 及前缘两侧 2，以基部中间的斑最大；复眼黑色；颜面深黄色，无斑纹。前胸背板端半部深黄色，基半部黑色，交界处前突；小盾片黄色，基部两侧各 1 倒三角形黑斑。前翅黑色，端部色淡，前缘淡黄白色；后翅淡黑色。足淡黄色，向端部绿色渐深；爪黑色。

取食对象：稻、茶、小麦、棉花、桑、葡萄等植物。

分布：河北、黑龙江、吉林、辽宁、北京、江苏、浙江、福建、台湾、广东、四川；俄罗斯，朝鲜半岛，日本，马来西亚，澳大利亚。

（383）赛绿叶蝉 *Kyboasca sexevidens* Dlabola, 1967（图 168）

识别特征：体长 3.7～4.2 mm。体绿色；翅端透明，带烟色，近翅端有 2 个黑褐色圆斑，仅可见 1 黑斑；前胸多 1 对圆形小黑斑，有时消失。

分布：河北、内蒙古、北京、陕西、新疆；蒙古国，俄罗斯。

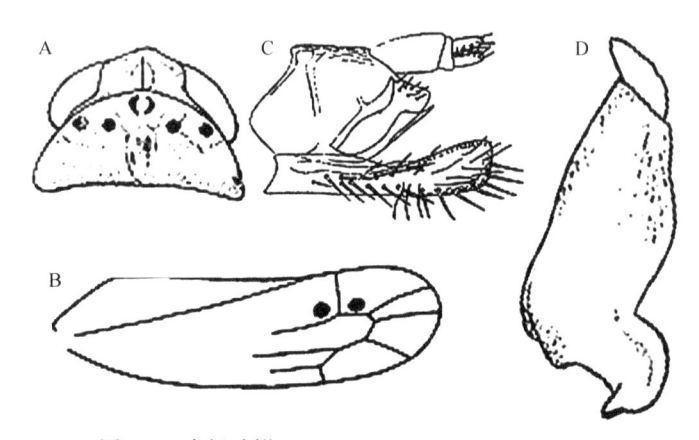

图 168　赛绿叶蝉 *Kyboasca sexevidens* Dlabola, 1967
A. 头部背视；B. 左前翅；C. 尾节；D. 肛管端突
（A、D 仿 Dlabola, 1967；B 仿 Dworakowska, 1982；C 仿 Anufriev and Emeljanov, 1988）

（384）窗冠耳叶蝉 *Ledra auditura* (Walker, 1858)（图版XV-5）

识别特征：体长雄性 14.0 mm，雌性 18.0 mm。体暗褐色，常有赤色光泽；体下侧及足色较淡，黄褐色。头向前钝圆突出，头冠中间及两侧区具"山"字形隆起，致两侧各 1 大 1 小 2 个低凹区，此凹区半透明似"天窗"；头冠具刻点，前部具散生的颗粒状突起；颜面端部中间 1 条黑带；复眼黑褐色，单眼暗红色。前胸背板后部两侧突起呈片状，相当大，在雄性中向上直立，雌性更大且向上前方略倾斜，端部色深暗；前胸背板亦具刻点；小盾板的中前部平伏，后端突起；前翅半透明，带黄褐色，散布刻点及褐色小点；各足胫节具稀疏深暗色小颗粒突起。腹背色深，呈红褐色。

标本记录：赤城县：1 头，黑龙山东沟，2016-Ⅶ-29，闫艳采；邢台市：2 头，宋家庄乡不老青山小西沟上岗，2015-Ⅶ-20，常凌小、郭欣乐采；1 头，宋家庄乡不老青山风景区，2015-Ⅶ-29，郭欣乐采。

取食对象：梨、苹果、杠果、葡萄、栎等阔叶树。

分布：中国；俄罗斯，朝鲜半岛，日本。

（385）窗翅叶蝉 *Mileewa margheritae* Distant, 1908（图版XV-6）

识别特征：体长（含翅）5.0～6.0 mm。体黑色或黄色。头冠、前胸背板、前翅及腹背褐黑色，小盾板黄白色，前翅斑纹近白色；颜面、胸、腹下侧及足均为黄色。头冠部中间纵隆线的前端，与近侧缘2条隆线的前端部分叶黄色，中间纵隆线的其余部分黑色；复眼灰黑色，单眼褐色。头冠部密布小刻点；颜面唇基区强突，在后唇基上于两侧区各有数条较强的印痕。前胸背板刻点细小而稠密；小盾板光滑，中间具1短横刻痕；前翅在近爪片末端及爪片端部具1半椭圆形近白色半透明斑纹，斑纹伸向中域变大，在翅端部还有1小型白色横点，前翅端淡绿色。

取食对象：艾。

分布：河北、陕西、甘肃、江苏、浙江、湖北、江西、湖南、福建、台湾、广东、海南、广西、重庆、四川、贵州、云南；朝鲜，日本，印度，缅甸，印度尼西亚。

（386）锯纹莫小叶蝉 *Motschulskyia serratus* (Matsumura, 1931)（图版XV-7）

别名：锯纹带小叶蝉。

识别特征：体长（含翅）2.5～3.2 mm。体淡黄褐色，从头顶至翅末具1褐色至黑褐色纵纹，纹的两侧不整齐，前翅前缘近端部具1短细横纹。触角长于头顶，与头长（至复眼处）相近。

取食对象：刺梨、杜果、茅莓、禾本科杂草等。

分布：河北、北京、陕西、江西、湖南、台湾、贵州；朝鲜，日本，泰国，南亚，澳大利亚。

（387）黑尾叶蝉 *Nephotettix cincticeps* (Uhler, 1896)（图版XV-8）

识别特征：体长4.5～6.0 mm；黄绿色，光滑。头部黄绿色，复眼间具1黑色横带，其后方的正中线黑而细；复眼黑褐色；单眼黄绿色；雄性额唇基区黑色，内有小黄点，前唇基及颊区淡黄绿色，其基部中央及颊区有黑纹；雌性颜面淡黄褐色，额唇基基部两侧有数条淡褐色横纹，两颊淡黄绿色。前胸背板前半部黄绿色，后半部淡蓝绿色。小盾板黄绿色。前翅淡蓝绿色，前缘淡黄绿色；翅端1/3黑色（雄）或淡褐色（雌）。胸、腹部的下侧及腹背黑色，边缘淡黄绿色（雄）或腹面淡黄色、腹背黑色（雌）。足黄色，爪黑色；雄性除爪黑色外，各足具黑斑，腿节具黑条纹。

取食对象：稻、白菜、芥菜、萝卜、茭白、甘蔗。

分布：华北、东北、华东、华中、西南；朝鲜，日本。

（388）白头小板叶蝉 *Oniella honesta* Melichar, 1902（图版XV-9）

识别特征：体长（含翅）5.5～7.0 mm。淡黄色，具黑斑纹。头冠及颜面均淡黄色，无斑点；复眼淡褐色，单眼淡黄色。前胸背板黑色，侧缘淡黄；小盾板除端部外全黑色，中间横刻痕平直；前翅淡黄色，中间具黑宽带，其在两翅接合缝处、爪片后缘及小盾板端部具缺刻，形成2淡黄色大型斑纹。黑带端部分出3条伸向翅的前缘纹，翅的端缘全黑色。胸部及腹下侧与足均淡黄色，腹背黑褐色，但背板边缘淡黄色；各跗节端部及后足胫节端部黑色。两性区别为：雌性体型较大；雄性背面黑色部分常为暗橙色，前胸背板色更淡，后头部暗色，前翅橙色带的周缘具暗褐色细线，仅翅缘黑色，翅端部部分具小黑点。

取食对象：榆、赤杨。

分布：河北、浙江、四川；日本。

（389）柽柳叶蝉 *Opsius stactogalus* (Fieber, 1866)（图版 XV-10）

识别特征：体长（含翅）4.0～4.2 mm。豆绿色，小盾片黄绿色。头中间被毛长于复眼周围的被毛，额均匀地弯曲。前翅具浅色斑，翅端褐色，具黑褐斑或无，有时翅面散生黑点。阳茎和阳茎基有 2 对突起。

取食对象：柽柳。

分布：河北、北京；韩国，日本，欧洲，非洲，美洲，澳大利亚，新西兰。

（390）一点木叶蝉 *Phlogotettix (Mavromoustaca) Cyclops* (Mulsant & Rey, 1855)（图169）

识别特征：体长（含翅）4.5～5.5 mm。全体淡黄褐色。头淡黄褐色，头冠后缘中间具 1 黑色大圆纹，其占据头冠后部大半，斑纹有时近似五边形，十分明显；颜面两侧的颊区各 1 大黑斑，该斑与触角、复眼、舌侧板的距离相等；复眼黑褐色。前胸背板淡黄褐色，前缘色较黄，中后部污暗；小盾板淡黄褐色，中间具 1 细小的弧形横刻痕；前翅淡黄褐色，半透明，具光泽，翅脉无色或微褐色，2 爪脉端部各具 1 污褐色小点。胸、腹下侧均淡黄褐色，腹背色淡褐。雄性下生殖板的背缘浓褐色；各足淡黄褐色，后足胫刺的基部具褐点。

取食对象：稻、其他禾本科植物。

分布：河北、浙江、福建；俄罗斯，朝鲜，日本。

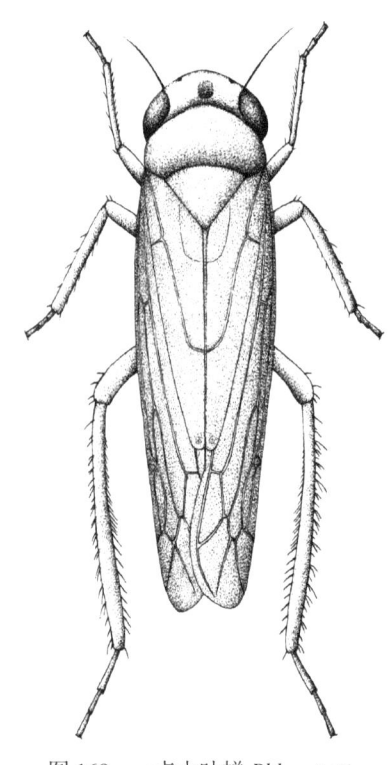

图 169 一点木叶蝉 *Phlogotettix (Mavromoustaca) cyclops* (Mulsant & Rey, 1855)
（引自周尧，2001）

（391）黑点片角叶蝉 *Podulmorinus (Podulmorinus) Vitticollis* (Matsumura, 1905)

识别特征：体长 5.8～6.4 mm。浅灰褐色；头冠 2 对黑斑，接近复眼；颜面橙黄色，无斑纹。前胸背板前缘域散生不规则黑斑，中后部暗褐色。小盾片基角处具三角形黑斑，中间前段具分 2 叉的钉耙形黑纹，两侧各 1 黑点。

分布：河北、黑龙江、北京、贵州；朝鲜半岛，日本。

（392）条沙叶蝉 *Psammotettix striatus* (Linnaeus, 1758)

识别特征：体长 3.3～4.3 mm。颜面两侧有黑褐色横纹；前胸背板具 5 条淡黄色纵条纹，间隔成 4 条褐色宽带；小盾片基部两侧色较深，有时具黑褐斑点，中线两侧 1 对小褐点（或黑斑）。

取食对象：小麦、玉米等禾本科植物。

分布：河北、北京、山西、陕西、甘肃、新疆、安徽、台湾；古北区。

（393）花冠纹叶蝉 *Recilia coronifera* (Marshall, 1866)（图170）

识别特征：体长（含翅）3.6～4.0 mm。体黄褐色至褐色，头冠前缘6个黑褐斑点（有时黑褐斑点不明显），斑点常相连成弧形或环形斑；前胸背板褐色，具5黄白色纵条；腿节具黑褐色环纹，胫刺基部具褐色小点；前翅黄褐色，翅室边缘深褐色，端前中室近基部一角具1深褐色圆斑。

分布：河北、北京、辽宁、山东、河南、陕西、甘肃、湖南；俄罗斯，朝鲜，日本，欧洲。

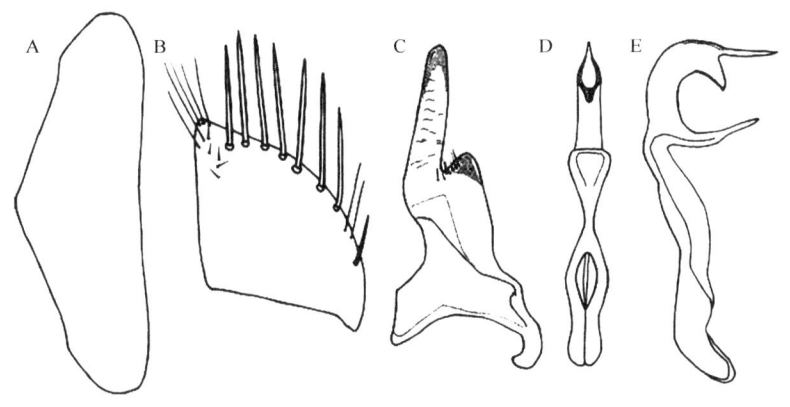

图170 花冠纹叶蝉 *Recilia coronifera* (Marshall, 1866)（引自沈雪林，2009）
A. 生殖瓣；B. 下生殖板；C. 阳基侧突；D. 阳茎及连索背视；E. 阳茎及连索侧视

（394）杨皱背叶蝉 *Rhytidodus poplara* Li & Yan, 2008（图171）

识别特征：体长6.2～7.0 mm。体淡黄白色至褐色，颜面基域1条黑褐色宽横带，额唇基两侧具褐色小纹；小盾片淡黄白色，基角及中间纵纹淡褐色；头冠、前胸背板、颜面基部具横皱纹；小盾片横刻痕接近"人"字形凹陷；前翅翅脉明显具端前室2个，端室4个。

取食对象：杨树等植物。

分布：河北、北京、山东。

（395）桃一点叶蝉 *Singapora shinshana* (Matsumura, 1932)（图版XV-11）

别名：桃一点斑叶蝉。

识别特征：体长3.0～3.3 mm。体嫩绿色、淡黄色、黄绿色或暗绿色。头部向前成钝角突出，端角圆；头冠及颜面均为淡黄色或微绿色，额中间接近头顶外具1圆形大黑斑并围以白晕圈；复眼黑色。小盾片基部偶有2黑斑。爪黑褐色。前胸背板前半部黄色，后半部暗黄带绿色。前翅淡白色，半透明，翅脉黄绿色，前缘区有显著的长圆形白色蜡质区；

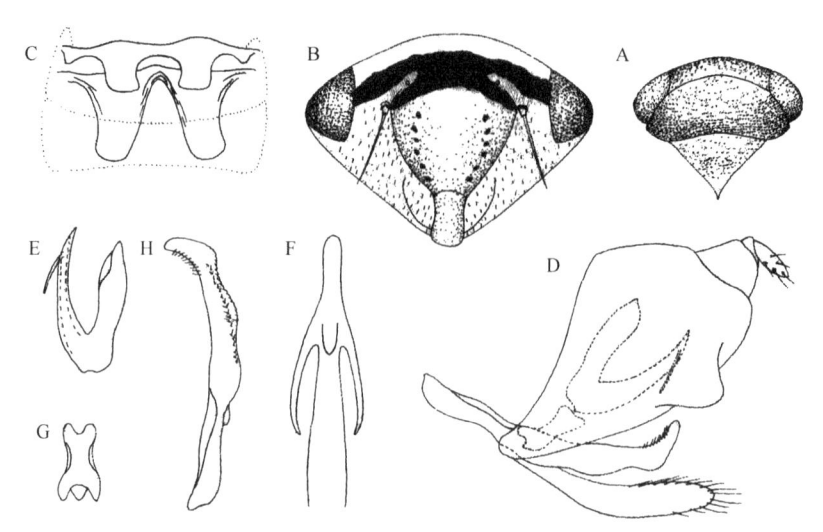

图 171　杨皱背叶蝉 *Rhytidodus poplara* Li & Yan, 2008（引自李子忠等，2008）
A. 头、胸部背视；B. 雌性颜面；C. 腹突；D. 雄性尾节侧视；E. 阳茎侧视；
F. 阳茎端部腹视；G. 连索背视；H. 阳基侧突侧视

后翅无色透明，翅脉暗色；足暗绿色，爪黑褐色。腹部背面具黑色宽带（雄）或仅具 1 黑斑（雌）。

取食对象：桃、榆叶梅、杏、李、海棠、樱花、月季花、山楂、桂花树、梅花、蔷薇、苹果、山茶、山杏。

分布：华北（河北）、东北、西北（陕西、甘肃）、华东、华中、华南、西南（重庆、四川、贵州）；印度。

（396）桑斑叶蝉 *Tautoneura mori* (Matsumura, 1910)

识别特征：体长 2.0～2.9 mm。体浅黄色。头、胸各有 2 条淡黄绿色和黑褐色斑纹，斑纹可变化，如颜色变深，即淡黄绿色斑纹变成血红色，或斑纹减少；头冠向前成钝角前突。前翅半透明，翅上有血红色斑纹；后翅略带黄色，透明无斑纹。

取食对象：桑、枣、葡萄、桃、李、梅、柑橘、葡萄等。

分布：河北、北京、山东、陕西、江苏、安徽、浙江、四川；日本。

（397）隐纹大叶蝉 *Tettigella thalia* (Distant, 1918)（图版 XV-12）

识别特征：体长 8.5 mm。体色姜黄。头冠、前胸背板及小盾板均为姜黄色，在头冠中间有 2 黑点，其一位于头冠顶端，另一位于后缘中间；单眼为棕红色，复眼黑色，有时在复眼上有大块姜黄色斑；其颜面姜黄色，在后唇基中间具 1 纵带状平坦区，此区光滑，有时中间具 1 长形黑斑，纵带的两侧则有相当明显的横脊纹。前胸背板有时隐现出淡黑斑纹，本身无任何斑点；在小盾板的两基角处各 1 大而明显的黑斑点，但在有些个体中，该斑点稍淡且模糊；前翅姜黄褐色，光泽较鲜明，向端区呈现暗的淡白色。虫体下侧的胸部腹板及足皆姜黄色，仅足爪略深暗；腹下侧黑色，各节边缘淡姜黄色，有些个体均姜黄色，近端部具 1 黑斑。

分布：河北、甘肃、四川；印度。

(398) 斑翅角胸叶蝉 *Tituria maculata* Kuoh, 1992（图版 XVI-1）

识别特征：雌性体长 13.0 mm，棕黄色。头向前盾形突出，扁如薄片；头冠中脊呈屋脊状突起，两侧区向侧下方渐斜，平坦；前胸背板端半两侧中间各 1 圆凹，两侧向侧方呈角状突出，该角近于直角而略尖，中脊明显；头冠前缘 1 血红色线纹。小盾片宽三角形。前胸背板基半部中域刻点间暗褐色，突角的前侧缘黑褐色；翅基部 2/5 处的前半区具 1 三角形浅绿色大斑。

标本记录：灵寿县：1 头，五岳寨风景区游客中心，2017-VIII-16，张嘉采；2 头，五岳寨车轱辘坨，2017-VIII-18，张嘉、尹文斌采；2 头，五岳寨车轱辘坨，2017-IX-01，张嘉、尹文斌采。

分布：河北、四川、云南。

(399) 弯茎拟狭额叶蝉 *Vartalapa curvata* Viraktamath, 2004（图版 XVI-2）

识别特征：体长约 5.0 mm。头冠淡黄白色，端部前缘两侧各 1 小黑斑点，其后 2 对橙红色纵纹，前短后长；复眼红褐色。前胸背板淡绿色，具 4 红色纵纹，侧缘白色；小盾片淡橘黄色，具 2 橙红色纵纹。前翅淡绿色，端区淡褐色，端区前缘具褐斑；爪片 1 红条纹，革片的 5 个红条纹排成 3 排。足淡橙黄色，杂黑斑。

分布：河北、湖北、福建。

(400) 交字小斑叶蝉 *Zygina (Zygina) yamashiroensis* Matsumura, 1916（图版 XVI-3）

识别特征：体长（含翅）3.0 mm。体淡黄绿色，背面具血红色斑纹，头、前胸背板具中纵带，小盾片具 1 对弯状钩，前翅基 1/3 呈 "11" 形，而后呈 "X" 形，外侧常具细条纹。

分布：河北、北京、台湾；朝鲜半岛，日本。

XXI-2. 蜡蝉亚目 Fulgoromorpha Latreille, 1807

前翅质地均一，膜质或革质。喙着生在前足基节以前。前翅基部有肩板。触角着生在复眼之前。

全世界仅 1 总科，分为 18～21 科。

科检索表

1. 后翅臀区多横脉，脉纹呈网状；唇基有侧脊；有些种类的头部显著前伸 ················· 蜡蝉科 Fulgoridae
   后翅臀区的脉纹不呈网状 ··· 2
2. 后足第 1 跗节略小，顶端平截或凹入，并具 1 列小刺 ·· 3
   后足第 2 跗节极小，顶端无刺或每侧仅 1 刺 ·· 6

3. 长翅型，前翅显长于腹部甚至长出数倍；下唇末节长宽略相等 ·················· 袖蜡蝉科 Derbidae
   前翅匀称，通常不显著长过腹部；下唇末节长远大于宽 ·· 4
4. 后足胫节端部下方有 1 大型可活动距 ·· 飞虱科 Delphacidae
   后足胫节端部下方无大型可活动距 ··· 5
5. 爪脉长达爪片端部；腹基部无侧突；前翅翅膜互相重叠 ·· 颖蜡蝉科 Achilidae
   爪脉长不达爪片端部；头呈锥状或圆柱状，前伸很长，否则额上有脊 2 条或 3 条，或无翅基片；无中单眼 ··· 象蜡蝉科 Dictyopharidae
6. 体形圆隆像瓢虫；前翅小，一般不斜盖于体两侧；后足胫节侧面具刺 1 至多枚 ··········· 瓢蜡蝉科 Issidae
   体形不如上述；前翅端缘宽广，斜盖于体两侧，前缘区有横脉，爪片长；头和胸部等宽；后足基跗节短或甚短 ··· 广翅蜡蝉科 Ricaniidae

1）蜡蝉总科 Fulgoroidea Latreille, 1807

体小型至大型且变化较大，长 2.0～30.0 mm。触角着生在头两侧复眼下方，彼此远离，梗节膨大成球形或卵形；单眼通常 2 个，着生于复眼和触角之间颊的凹陷处；后唇基不延伸到复眼之间，常以 1 横脊与额分开。多为 2 对翅，也有短翅或无翅者。前翅前缘基部有肩板，翅膜质或革质，爪区 2 条脉端部常愈合成"Y"形。中足基节长，着生在体两侧，基部彼此远离，后足基节短阔，固定在体上不能活动，胫节有侧刺 2～7 枚及 1 列端刺。

世界已知 18～21 科约 1500 属 12 500 种以上。中国记录 16 科。本书记述河北地区 1 总科 7 科 22 属 24 种。

83. 颖蜡蝉科 Achilidae Stål, 1866

体型中等，扁平。静止时前翅后半部左右重叠；头较小，狭短，一般不及胸部宽度之半；复眼较大。触角小；侧单眼成对位于头侧区复眼前方；中胸背板显大，菱形，脊线 3 条，前缘向前强度突出；前翅宽大，基部 2/3 明显变厚，与端部 1/3 显著不同。

世界已知 162 属 529 种，分布于除南极以外的世界各动物地理区。中国记录 4 族 21 属约 70 种。本书记述河北地区 1 属 1 种。

（401）条背卡颖蜡蝉 *Caristianus ulysses* Fennah, 1949（图 172）

识别特征：体长 3.0 mm，翅展 11.0 mm。头乳黄色；顶前缘平截，后缘略凹入呈波状，侧缘呈脊片状，其外方具褐色细横纹，中脊细，端部中脊两侧各 1 褐纵纹，中域极凹陷；额略呈狭三角形，端部紫黑色，略尖，基部宽，脊 3 条，侧脊端部具黄

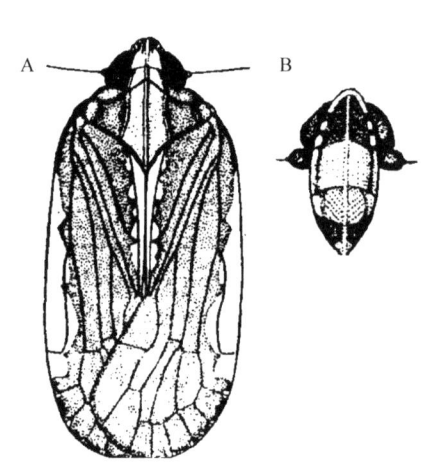

图 172　条背卡颖蜡蝉
Caristianus ulysses Fennah, 1949
（引自周尧，2001）
A. 成虫背视；B. 头部背视

色横纹；唇基三角形，乳黄色，中段紫黑色；喙黄色，端部尖，呈褐色，伸达中足基节处。复眼肾形，栗褐色。触角紫黑色，梗节球形膨大。单眼紫红色。前、中胸背板紫黑色，脊3条，中域乳黄色。腹部紫黑色，扁阔。前翅烟褐色，狭长；爪片后缘扩大，乳黄色；外缘弧形，前缘中部1乳黄色波形纵带，其后方沿顶角外缘具6小黄斑，近端部具5翅室，翅脉红褐色，端域横脉黄色。后翅与前翅同色，较前翅宽，翅脉褐色。足乳黄色，后足基跗节细长，约为其余2节长度的2.0倍。

分布：河北、四川、贵州、云南。

84. 袖蜡蝉科 Derbidae Spinola, 1839

体小型至中型，柔软。头细窄，窄于前胸背板；头突起不明显；复眼发达，占据头的很大部分，但也有退化者。侧单眼突出，位于头侧区、复眼前方。触角小，柄节圆柱形。胸部窄；前胸背板短；中胸盾片较大，无明显脊线。足细长。前翅多为长翅型，有的前翅超过腹部，甚至长过腹部数倍；后翅或与前翅等大，或退化且脉纹简单。腹部较小。

世界已知163属约1700种，广布于世界各大动物地理区。中国记录40属157种。本书记述河北地区1属1种。

（402）黑带寡室袖蜡蝉 *Vekunta nigrolineata* **Muir, 1914**（图版 XVI-4）

识别特征：体长3.7 mm。体黄色至浅橘色，体背及翅均被白色蜡粉，头、胸部淡橙黄色，颊及唇基脊起略深褐色，小盾片两侧具褐色纵纹，喙端部黑色，胸侧面1黑点。头顶基宽约为中间长的1.8倍，端宽与基宽之比约为1.0：1.3，前额长约为最宽处的1.8倍，单眼间距与前额最宽处之比约为1.0：1.4。前翅透明，翅脉白色，其长约为最宽处的3.4倍；前翅前缘、后缘及翅端黑褐色，后翅白色不透明且翅脉白色。腹部深褐色；最后1节宽且端部圆，尾节圆且长稍大于宽。

取食对象：榆树、朴树、核桃、桑、连翘、白蜡树、美国白蜡、刺槐、玉米。

分布：河北、北京、河南、台湾；朝鲜。

85. 象蜡蝉科 Dictyopharidae Spinola, 1839

体型中等大小。头明显呈锥状或圆柱状延长；复眼圆球形。触角小；单眼2个，位于复眼前方或下方，无中单眼。中胸盾片三角形，少菱形。前翅狭长，翅痣明显，端部脉纹网状；后翅大或小，短翅型种类无后翅。足细长，有些种类前足腿节和胫节宽扁，呈叶状。

世界已知2亚科19族160属760种。中国记录2亚科10属34种。成虫、若虫喜在潮湿草地和灌丛生活，植食性，多吸食草本植物汁液。本书记述河北地区4属6种。

（403）朝鲜象蜡蝉 *Dictyophara koreana* **Matsumuram, 1915**（图173）

识别特征：雄性体长9.9～10.8 mm，头长约1.8 mm，头宽约1.5 mm，前翅长7.2～8.2 mm；雌性体长11.2～11.4 mm，头长1.7～1.8 mm，头宽约1.6 mm，前翅长8.2～8.8 mm。角间突稍上翘，近楔形，比前胸背板和中胸背板之和短许多（约0.8：1.0）。头顶较宽阔，两眼长宽之比约为2.3：1.0；侧缘龙骨状突起强，近基部平行，向前收缩并渐尖；中纵脊清晰完整，侧斜凹陷明显。额的侧隆脊接近额唇基缝，长宽比约为 2.5∶1.0。前胸背板中脊明显，侧脊仅基部 1/3 至中间明显。后足胫节侧缘有 5～6 个黑尖刺。

分布：河北、黑龙江、辽宁、内蒙古、山西；朝鲜。

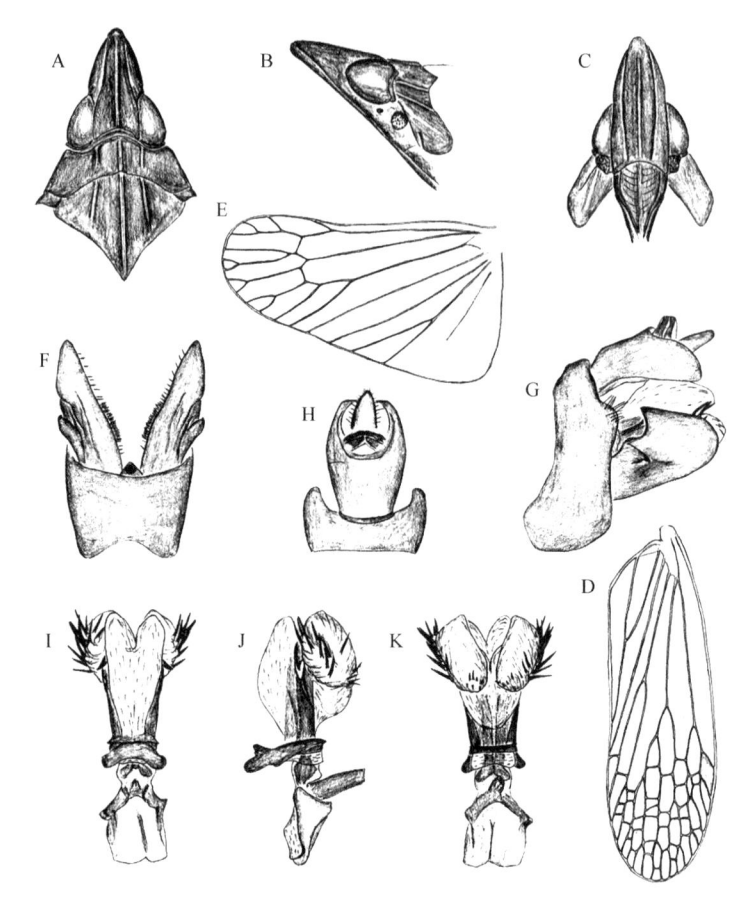

图 173　朝鲜象蜡蝉 *Dictyophara koreana* Matsumuram, 1915（引自 Song 和 Liang，2008）
A. 头部、前胸背板和中胸背板背视；B. 头部和前胸背板侧视；C. 头部腹视；D. 前翅；E. 后翅；F. 尾节和阳基侧突腹视；
G. 雄性外生殖器侧视；H. 雄性尾节和肛管背视；I. 阳茎背视；J. 阳茎侧视；K. 阳茎腹视

（404）东北象蜡蝉 *Dictyophara nakanonis* Matsumura, 1910（图 174）

别名：中野象蜡蝉。

识别特征：体长 13.0 mm，展翅 24.0 mm。头冠极度延长呈象鼻状，带有蓝绿色荧光条纹。体常红绿色，翅面常透明，端部带有褐斑纹；前胸背板有中脊，两侧各具 4 纵条纹，中胸背板有 3 条脊，两侧各 2 纵条纹；足细长，有黑褐色细纵纹，后足胫节外侧具 5 小刺。

取食对象：稻等禾本科植物。

标本记录：邢台市：2 头，宋家庄乡不老青山风景区，2015-Ⅶ-7，郭欣乐、张润杨采；1 头，宋家庄乡不老青山风景区，2015-Ⅶ-9，郭欣乐采；3 头，宋家庄乡不老青山风景区，2015-Ⅶ-21，郭欣乐、张润杨采；遵化市：1♀1♂，清东陵，1995-Ⅶ-5，崔文明采。

分布：河北、黑龙江、吉林、辽宁、内蒙古、北京、天津、山西、山东、陕西、甘肃、青海、广东、云南；俄罗斯，韩国，日本。

（405）月纹象蜡蝉 *Orthopagus lunulifer* **Uhler, 1897**（图版XVI-5）

识别特征：体长 7.0～9.0 mm，连翅长 11.0～15.0 mm。体黄褐色，具黑褐斑点，有时浅色，仅头具黑褐斑，中胸背板具3条纵脊，小盾片端部白色；翅透明，翅痣处具三角形黑斑，翅外缘大部至臀角黑色；翅脉褐色，端半部具不少白色脉纹；前足、中足胫节具黑褐色环斑，后足胫节在刺的着生处具黑斑。

取食对象：桑、火炬树、柳、丁香、榆等。

分布：河北、北京、江苏、台湾；朝鲜，日本。

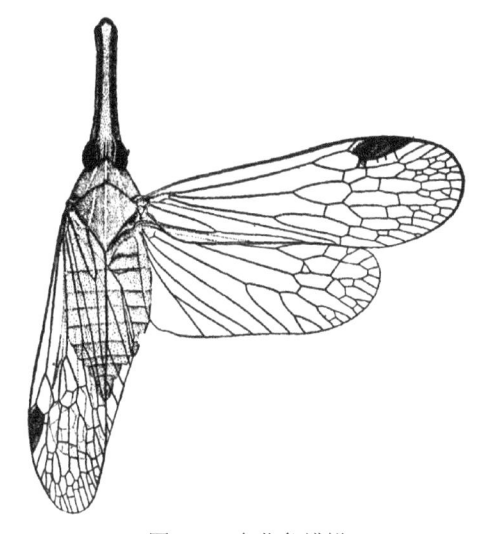

图 174　东北象蜡蝉
Dictyophara nakanonis Matsumura, 1910
（引自周尧等，1985）

（406）丽象蜡蝉 *Orthopagus splendens* **(Germar, 1830)**（图版XVI-6）

识别特征：体长约10.0 mm，翅展约26.0 mm。黄褐色，有黑褐斑点，头略向前突出，前缘近圆形。前胸背板前缘尖，后缘有角度地凹入；中脊锐利；中胸背板中脊不清晰，侧脊明显。腹部散布黑褐斑点，端部黑褐色。前翅狭长透明，略带褐色，翅痣褐色；后翅较前翅短，但宽大透明，外缘近顶角处具1褐色条纹；前、后翅翅脉均褐色。

取食对象：稻、甘蔗及其他多种禾本科植物，以及柑橘、桑等。

标本记录：灵寿县：1 头，五岳寨车轱辘坨，2017-IX-2，张嘉采。

分布：河北、黑龙江、吉林、辽宁、内蒙古、江苏、浙江、湖北、江西、湖南、福建、台湾、广东、海南、香港、广西、贵州；朝鲜半岛，日本，印度，缅甸，斯里兰卡，菲律宾，马来西亚，印度尼西亚。

（407）伯瑞象蜡蝉 *Raivuna patruelis* **(Stål, 1859)**（图 175）

识别特征：体长8.0～11.0 mm，翅展18.0～22.0 mm。绿色。头明显向前突出，略呈长圆柱形，前端稍狭；前胸背板和中胸背板各有5条绿色脊

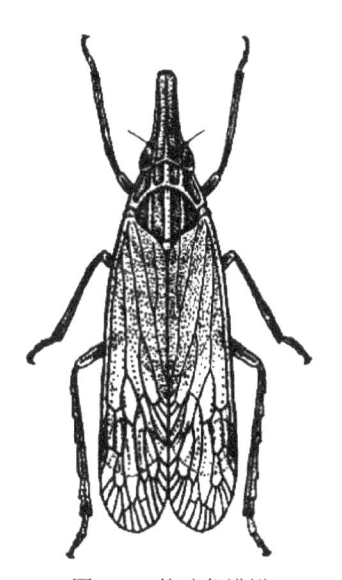

图 175　伯瑞象蜡蝉
Raivuna patruelis (Stål, 1859)
（引自周尧等，1985）

线和 4 条橙色条纹。腹背有很多间断的暗色带纹及白色小点，侧区绿色。翅透明，翅脉淡黄色或浓绿色，前翅端部翅脉及翅痣多为褐色，后翅端部翅脉多深褐色。胸部下侧黄绿色，腹下侧淡绿色，各节中间黑色。

取食对象：桑、苹果树、稻、红薯。

标本记录：灵寿县：1 头，五岳寨花溪谷，2017 -Ⅷ-7，张嘉采。

分布：河北、黑龙江、吉林、辽宁、山西、山东、陕西、甘肃、新疆、江苏、浙江、湖北、江西、湖南、福建、台湾、广东、海南、香港、广西、四川、贵州、云南；韩国，日本，斯里兰卡，马来西亚。

（408）乌苏里鼻象蜡蝉 *Saigona ussuriensis* (Lethierry, 1878)（图版 XVI-7）

识别特征：雄性体长 11.9～14.2 mm，前翅长 9.2～10.6 mm；雌性体长 13.4～14.1 mm，前翅长 9.8～10.8 mm。头冠极度延长呈象鼻状，具蓝绿色荧光条纹。体红绿色。翅透明，赭色，具暗褐色和棕色标记。头顶黄褐色，中间具淡黄色纵条纹。多数黄褐色，眼下眼孔和触角周围区域淡黄色或淡黄棕色。额和后唇基淡黄色或淡黄棕色，前唇基和唇瓣具褐毛。喙基部浅赭色，顶部棕色，末节黑色。前胸背板赭色；中隆突淡黄色；侧面、体下侧弯曲，具黄色宽斜带。中胸背板赭色，中间具淡黄色纵条纹，斑点浅棕色。胸部体下侧深棕色，具淡黄色或黄褐色标记。足赭色或褐色，有浅棕色标记；基节黑棕色；腿节深棕色或具褐毛，具许多浅棕色斑点；胫节浅棕色，基部和中间各有 2 暗褐色宽环；跗节褐色至浅褐色，后足胫节和跗节上的尖刺顶端黑色。腹部有背片和胸骨，深褐色，布满黄褐斑点。雌性头短于前胸背板和中胸背板之和。中胸背板具 3 隆线，中隆突明显，不达到尖端。

分布：河北、黑龙江、吉林、辽宁、宁夏；俄罗斯（远东），韩国，日本。

86. 蜡蝉科 Fulgoridae Latreille, 1807

体中型至大型，形态美丽和奇特。头圆形，有些具大型直或弯的头突；胸大，前胸背板横形，前缘极为突出，达到或超过复眼后缘；中胸盾片三角形，有中脊线和亚中脊线；肩板大。前后翅发达，膜质，翅脉至端部多分叉和多横脉，呈网状；前翅爪片明显，后翅臀区发达。后足胫节多刺。腹部大而宽扁。

世界已知 11 亚科 143 属 766 种以上，主要分布在热带及亚热带地区，部分种类是重要的农林害虫。中国记录 20 多种。本书记述河北地区 2 属 2 种。

（409）东北丽蜡蝉 *Limois kikuchi* Kato, 1932（图版 XVI-8）

识别特征：体长雄性 9.4～10.0 mm，雌性 9.5～10.5 mm；翅展雄性 32.5～34.4 mm，雌性 37.6～40.5 mm。头、胸青灰褐色，散布黑斑点。头细小；额黑褐色，具光泽，两侧具脊线；唇基隆起并具 1 明显中脊，侧缘及中脊黑褐色，余地灰白色并散布褐点粒及短黄毛；喙伸达腹末。前胸背板肩部 1 近圆形黑斑；中胸背板中脊线附近具不规则黑点。腹背浅黄色，各节前缘 1 黑褐色横带。前翅近基部米黄色，散布许多褐斑。后翅透明。腿节和胫节布土黄色斑点和环带，后足胫节外侧 5 刺。

标本记录：邢台市：1 头，宋家庄乡不老青山风景区，2015-Ⅶ-11，郭欣乐采；灵寿县：

4头，五岳寨车轱辘坨，2017-Ⅷ，尹文斌采。

分布：河北、黑龙江、吉林、辽宁、北京、陕西、台湾；朝鲜半岛。

（410）斑衣蜡蝉 *Lycorma delicatula* **(White, 1845)**（图版ⅩⅥ-9）

识别特征：体长雄性20.5～22.0 mm，雌性24.0～26.5 mm；两性翅展39.0～53.0 mm。头部、胸部背面赭色。头明显狭于前胸；顶平坦，周围具细脊线；唇基微隆起和光滑；复眼黑褐色。触角朱红色。腹部背面黑褐色，覆白色绒毛，节间膜多呈橙黄色。体下侧和足黑褐色，尾器血红色。前翅长卵形，淡褐色，近基部散布10多个至20多个黑斑。后翅似不等边三角形，基部1/2红色，具6～9个黑褐斑，翅的中域有倒三角形的半透明区，该区之外为黑色，翅脉黑褐色。

取食对象：臭椿、香椿、大豆、刺槐、苦楝、榆、悬铃木、栎、女贞、合欢、杨、化香树、珍珠梅、杏、李、桃、海棠、樱花、葡萄、黄杨、大麻等。

标本记录：邢台市：1头，宋家庄乡不老青山风景区，2015-Ⅶ-30，郭欣乐采；灵寿县：13头，五岳寨车轱辘坨，2017-Ⅷ-24，张嘉、尹文斌采。

分布：河北、山西、山东、河南、陕西、江苏、安徽、浙江、湖北、台湾、广东、云南；朝鲜半岛，日本，越南，印度，北美洲。

87. 瓢蜡蝉科 Issidae Spinola, 1839

体小型至中型；近圆形，前翅隆起，有的外形似瓢虫。头、前胸背板等宽或前者略窄于后者，触角小，不明显，鞭节不分节。前胸背板短，前缘圆形突出；中胸盾片短，通常不及前胸长度的2.0倍。前足正常，极少数呈叶状扩展；后足胫节具2～5侧刺。前翅不长，偶极短，较厚，革质或角质，通常隆起，有的具蜡质光泽；前翅前缘基部强弯。

世界已知3亚科189属1070余种。中国记录2亚科37属114种。本书记述河北地区2属2种。

（411）单席瓢蜡蝉 *Dentatissus damnosus* **(Chou & Lu, 1985)**

识别特征：体长（含翅）4.6～5.3 mm。黄褐色至褐色，胸部下侧色更浅，体背及前翅覆有褐色蜡粉；前、中足腿节基部、基转节淡黄色，前翅暗褐色；前翅平坦，斜盖在体两侧；前胸背板中线两侧各1小凹陷；后足胫节2侧刺。

取食对象：榆、悬铃木、合欢、白皮松、槐、刺槐、桑、杨、枣、苹果、梨、小叶女贞等。

分布：河北、北京、辽宁、山西、山东、陕西、江苏、湖北、四川、贵州、云南。

（412）异色圆瓢蜡蝉 *Gnezdilovius satsumensis* **(Matsumura, 1916)**

识别特征：雄性体长（含翅）4.9 mm；前翅长4.5 mm。头顶栗色，后缘浅黄色。额土黄色，额唇基缝黄色，唇基栗色。复眼黑褐色，喙黄褐色。前胸背板和中胸背板为褐色。翅黄色，翅缝后部黑色，具角形黑褐色斑，近后缘具黑褐色条带。头顶横向，宽约为长的3.7倍，后缘微凹。额长和宽等长，唇基中部隆起。前胸背板近似梯形，前缘平截；其中长约为头顶中长的 2 倍，其中部具 2 个小凹陷。中胸背板长约为前胸背板的 2 倍。前翅长约为宽的 1.8 倍。后足刺式为 6-9-2。

检视标本：秦皇岛市：1♂，抚宁区，1965-Ⅵ-29，采集者不详。

分布：河北；日本。

88. 广翅蜡蝉科 Ricaniidae Amyot & Serville, 1843

前翅褐色至烟褐色；翅外缘 2 较大透明斑，其中前面 1 形状不规则，后面 1 长圆形，内具 1 小褐斑；翅面上散布白蜡粉。后翅黑褐色，半透明，基部色略深，脉色深，中室端部具 1 小透明斑。后足胫节外侧刺 2 根。

世界已知 69 属 442 种，主要分布于东洋区、欧洲南部、非洲。中国记录 8 属 46 种。本书记述河北地区 3 属 3 种。

(413) 透翅疏广蜡蝉 *Euricania clara* Kato, 1932（图版 XVI-10）

别名：透明疏广蜡蝉。

识别特征：体长 5.0~6.0 mm，翅展 19.0~23.0 mm。头、胸、腹除唇基、喙、后胸及腹基部黄褐色外，余均栗褐色，中胸盾片近黑褐色。前翅无色透明，略带黄褐色；翅脉均褐色；前缘具褐色宽带，有的个体此带端部色较浅；外缘和后缘仅有褐色细线，有的个体在近外缘端部具 1 小褐色狭带；前缘宽褐带上于近中部具 1 较明显的黄褐斑，外方 1/4 处具 1 不甚明显的黄褐斑将褐带割断；翅近基部中间具 1 隐约可见小褐斑；中横线和外横线均细，由横脉组成。后翅无色透明；翅脉褐色，翅边缘围有褐色细线。后足胫节外侧 2 刺。

取食对象：刺槐、枸杞。

分布：河北、陕西；朝鲜，日本。

(414) 八点广翅蜡蝉 *Ricania speculum* (Walker, 1851)（图版 XVI-11）

识别特征：体长 6.0~7.5 mm，翅展 16.0~18.0 mm。头、胸部黑褐色至烟褐色，足和腹部褐色，也有后胸、腹基节和足黄褐色者。额中脊和侧脊极不清晰，唇基具中脊。前胸背板具中脊，两侧刻点明显；中胸背板 3 纵脊，中脊长直，侧脊自中部向前分叉。前翅褐色至烟褐色；前缘近端部 2/5 具 1 近半圆形透明斑，斑外下方 1 不规则形透明大斑，内下方 1 长圆形透明小斑，近前缘顶角处 1 狭长透明小斑；翅外缘 1 透明大斑；翅面上散布白色蜡粉。后翅黑褐色，半透明，基部色略深，脉色深，中室端部具 1 小透明斑。少数个体在近前缘处还具 1 狭长透明小斑，外缘端半部具 1 列小透明斑。后足胫节外侧 2 刺。

取食对象：苹果、桃、李、梅、杏、樱桃、枣、桑、茶、栗、油桐、苦楝、棉花、柿、苎麻、黄麻、大豆、玫瑰、迎春花、蜡梅、杨、柳、桂花树、咖啡树、可可树、刺槐。

分布：河北、河南、陕西、江苏、浙江、湖北、湖南、福建、台湾、广东、广西、云南；印度，尼泊尔，斯里兰卡，菲律宾，印度尼西亚。

(415) 白痣广翅蜡蝉 *Ricanula sublimate* (Jacobi, 1916)（图版 XVI-12）

别名：柿广翅蜡蝉。

识别特征：体长 8.5~10.0 mm，翅展 24.0~36.0 mm。头、胸背面黑褐色，下侧深褐色；腹部基部黄褐色，其余各节深褐色，尾器黑色，头、胸及前翅表面多被绿色蜡粉。额中脊长而明显，无侧脊，唇基具中脊；前胸背板具中脊，两侧具刻点；中胸背板纵脊3条，中脊直而长，侧脊斜向内，端部互相靠近，在中部向前外方伸出1短小的外叉。前翅前缘外缘深褐色，向中域和后缘绿色渐变淡；前缘外方 1/3 稍凹入，此处具1三角形到半圆形淡黄褐斑。后翅暗黑褐色，半透明，脉纹黑色，脉纹边缘有灰白蜡粉，翅前缘基部色浅，后缘域2淡色纵纹。前足胫节外侧2刺。

取食对象：柿、山楂、咖啡树。

分布：河北、黑龙江、山东、福建、台湾、广东；朝鲜半岛。

89. 飞虱科 Delphacidae Leach, 1815

体长 1.5~8.0 mm。触角生于复眼下方的凹陷内，第2节粗大并具有感觉孔。中胸有翅基片。前翅2条臀脉在基部合并成"丫"形。最典型的识别特征是：后足胫节端部具1可动的大距。

世界已知约 400 属 2200 余种，全部为植食性。中国记录 50 余属约 200 种。全部植食性，很多种危害禾本科植物。本书记述河北地区 9 属 9 种。

(416) 大褐飞虱 *Changeondelphax velitchkovskyi* (Melichar, 1913)（图 176）

识别特征：体长 2.5~4.3 mm，大体褐色。第1触角节端缘和第2节基部，前、中胸腹板，前、中足基节及前胸背板侧缘区均为黑褐色。前翅淡褐色，透明，无翅斑。腹部和雄性尾节大部分黑褐色，臀节黄褐色。雌性胸部下侧和腹部黄褐色。雄性短翅型，前翅褐色。头顶中长大于基宽，基隔室后缘宽，为"Y"形；后唇基基部与额的端部等宽；喙伸达后足基节。触角长，圆筒形，几达后唇基端部。前胸背板稍短于头顶，侧脊不伸达后缘。

取食对象：芦苇。

分布：河北、黑龙江、吉林、辽宁、内蒙古、河南、陕西、宁夏、甘肃、江苏、安徽；俄罗斯，韩国，日本。

(417) 黑希普飞虱 *Criomorphus niger* Ding & Zhang, 1994

识别特征：体长约 2.7 mm。头顶端半部、额和唇基黑色，脊黄褐色；颊和触角黄褐色。前、中胸背板黄褐色；胸足黑色，跗节大部分黄褐色。前翅黑褐色，脉纹黑色，但端部缘约 1/5 的区域为黄褐色。腹部黑色。头顶中侧脊、额和唇基的脊明显变粗。头顶四方形，中长与基宽相等，基宽稍大于端宽，侧缘近于直，端缘圆弧形，中侧脊从侧缘中偏下方发出，与"Y"

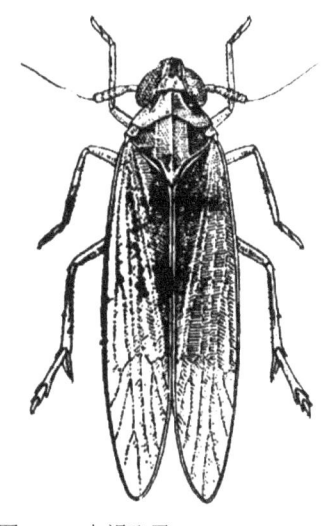

图 176 大褐飞虱 *Changeondelphax Velitchkovskyi* (Melichar, 1913)
（引自葛钟麟等，1984）

形脊相遇后几平行延伸至头顶端缘；额以复眼中部稍下方最宽。触角圆筒形，不达额唇基缝。前胸背板宽于头（包括复眼），短于头顶长度，侧脊沿复眼后缘弯曲，不伸达后缘；前胸背板中脊和中胸背板上的脊不甚明显。后足刺式5-7-4，距后缘15齿。

标本记录：涿鹿县：1头（短翅型），小五台山杨家坪林场，2009-Ⅵ-24，秦道正采；2头（长翅型），小五台山杨家坪林场，2009-Ⅵ-23，秦道正采。

分布：河北、吉林、内蒙古。

(418) 阿拉飞虱 *Delphax alachanicus* Anufriev, 1970

识别特征：长翅型雄性体长4.9～6.1 mm，雌性6.1～7.0 mm；短翅型雄性体长3.0～3.8 mm，雌性4.3～5.0 mm。体粗壮，具强烈油状光泽。头顶及整个面部褐色。触角褐色，伸达后唇基端部，第1节长而稍扁，具纵脊；第2节圆柱形。前胸背板黄褐色或黄白色，稍长于头；中胸背板两侧脊间褐色，侧脊外侧黑褐色，长约为头顶和前胸背板之和的1.5倍。各胸足暗褐或褐色，腹部和生殖节黑褐色。短翅型雌性黄褐色，前胸和中胸背板侧区有1黑褐色斑，前翅中部有1黑褐色或暗褐色窄纵纹，翅斑暗褐色。

取食对象：芦苇。

分布：河北、山西、甘肃、新疆。

(419) 短头飞虱 *Epeurysa nawaii* Matsumura, 1900（图版XⅦ-1）

识别特征：体长雄性3.5～4.1 mm，雌性3.5～4.5 mm。灰黄褐色。复眼和单眼棕红色；前翅及其翅脉与体同色，无翅斑，翅脉列生黄褐色颗粒状突起。头顶（含复眼）窄于前胸背板；头顶中部长度短于基宽，端宽稍窄于基宽，端缘圆拱，脊明显；额中长约为最宽处宽度的1.2倍，以复眼中部为最宽，基宽稍宽于端宽，侧脊中部拱弯，中脊基部分岔，分岔部分不明显。触角第1节短于第2节。前胸背板中长长于头顶，侧脊略弯，不抵达后缘；中胸背板中长长于头顶和前胸背板之和，侧脊不抵达后缘，中脊抵达小盾片末端。雄性生殖节黑褐色，阳基侧突黑色。

取食对象：竹类。

分布：河北、黑龙江、内蒙古、山西、河南、陕西、甘肃、江苏、安徽、浙江、湖北、江西、湖南、福建、台湾、广东、海南、广西、重庆、四川、贵州、云南；俄罗斯，日本，斯里兰卡。

(420) 日本小盾飞虱 *Hirozuunka japonica* Matsumura & Ishihara, 1945

识别特征：体长2.8～4.7 mm。黄褐色至黑色。头顶端半两侧脊间和胸部侧板黑色；头顶基部、前胸背板、中胸翅基片、触角及足黄色。雄性中胸背板黑色，仅小盾片端部和后侧缘黄褐色；雌性中胸背板中域淡黄色，两侧具黑褐色宽纵带。触角柱形，长过额的端部，第2节长于第1节约2.0倍。前胸背板与头顶等长；中胸背板长约为头顶和前胸背板之和的1.8倍。前翅淡黄褐色，透明，翅斑大，黑褐色。

取食对象：芦苇。

分布：河北、江苏、上海；日本。

(421）疑古北飞虱 *Javesella dubia* **(Kirschbaum, 1868)**（图版 XVII-2）

识别特征： 体长 2.0～2.6 mm，色多变化，有深浅色型，分长翅型和短翅型 2 种类型。长翅型雄性头顶褐色，或头顶端半两侧脊间黑色，脊和基隔室褐色；额、颊和唇基褐色、暗褐色至黑色，各脊色较浅。触角褐色；前胸背板黄褐色至褐色，复眼后方有黑斑；中胸背板黑色，小盾片端部和后侧缘黄褐色；胸部腹板、各足基节黑色，其余各节大体褐色。前翅淡黄褐色，透明，脉和翅缘淡褐色，无翅斑。腹部黑色。雄性尾节黑色，臀节褐色，臀突黑色。短翅型雄性体黄褐色或褐色，仅腹部和生殖节黑色，但也有个体头顶为褐色者，额、唇基和颊黑色，前胸背板在复眼后方有少许黑褐斑，中胸背板大部分褐色至黑色，前翅淡褐色，色均一。雌性体、翅淡褐色，产卵器暗栗色。

标本记录： 蔚县：1 头（短翅型），小五台山，2009-VI-20，秦道正采；涿鹿县：4 头，小五台山杨家坪林场，2009-VI-23，张新民采；10 头，小五台山杨家坪林场，2009-VI-24，秦道正采。

分布： 河北、黑龙江、吉林、内蒙古、甘肃、新疆；俄罗斯，欧洲。

(422）灰飞虱 *Laodelphax striatellus* **(Fallén, 1826)**（图 177）

识别特征： 长翅型体长雌性 3.3～3.8 mm，雄性 2.4～2.6 mm；短翅型体长雄性约 2.3 mm，雌性约 2.5 mm。体黄褐色至黑色。头顶端半两侧脊间，额、颊、唇基和胸部侧板黑色；前胸背板、中胸翅基片、额和唇基脊、触角及足黄褐色。雄性中胸背板黑色，仅小盾片端部和后侧缘黄褐色；雌性中胸背板中域淡黄色，两侧具黑褐色宽纵带。腹部黑色至暗褐色且下侧淡黄褐色。前翅淡黄褐色，透明，脉与翅面同色，翅斑大，黑褐色。头顶基宽大致与中长相等，基宽等于端宽，端缘平截；侧缘直，中侧脊起自侧缘基部上方，相遇于头顶端缘。额以近复眼下缘处为最宽，侧脊浅拱，中脊在基端分叉。触角圆筒形，伸过额的端部；喙伸出中足转节，但不达后足基节。前胸背板与头顶等长，侧脊后部弯曲相背，明显不伸达后缘。后足胫距后缘 16～20 齿。

取食对象： 稻、小麦、稷、高粱、稗、早熟禾、马唐、鹅冠草、看麦娘、狼尾草、千金子等。

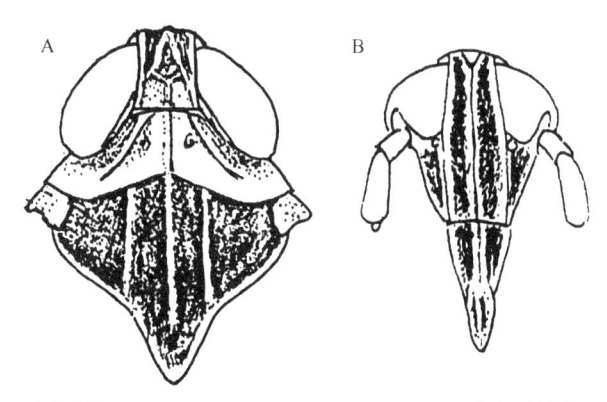

图 177 灰飞虱 *Laodelphax striatellus* (Fallén, 1826)（引自丁锦华，2006）
A. 头胸部背观；B. 额和唇基

分布：中国；东亚至菲律宾北部和印度尼西亚（苏门答腊岛），中亚地区，欧洲，非洲北部。

(423) 白背飞虱 *Sogatella furcifera* (Horváth, 1899)（图版 XVII-3）

识别特征：长翅型体长雄性 2.0～2.4 mm，雌性 2.7～3.0 mm；短翅型体长雄性约 2.5 mm，雌性约 3.5 mm。头顶、前胸背板、中胸背板中域黄白色，仅头顶端部中侧脊与侧脊间黑褐色，前胸背板侧脊外侧区于复眼后方具 1 暗褐色新月形斑，中胸背板侧区黑褐色；前翅微黄褐色，几透明，翅脉浅黄褐色，端部略深暗，有的端部后半具烟褐晕，翅斑黑褐色。面部额、颊与唇基均黑色，脊黄白色；复眼黑色，单眼暗褐色。触角淡褐色，基节下侧深暗。胸部下侧与足基节黑褐色，足其余各节污黄白色。整个腹部黑色，仅各节后缘与侧缘黄白色。雌性体色与雄性不同处在于，中胸背板侧区为浅黑褐色或黄褐色，头顶端半与整个面部及胸、腹下侧黄褐色。

取食对象：稻、稗、早熟禾。

分布：河北、黑龙江、吉林、辽宁、山西、山东、河南、陕西、宁夏、甘肃、江苏、安徽、浙江、湖北、江西、湖南、福建、台湾、广东、广西、重庆、四川、贵州、云南、西藏；俄罗斯，朝鲜，日本，印度，斯里兰卡，菲律宾，马来西亚，印度尼西亚，大洋洲。

(424) 白条飞虱 *Terthron albovittatum* (Matsumura, 1900)（图 178）

识别特征：长翅型体长雄性 1.9 mm，雌性 2.4 mm。体大部分黑褐色，但体背从头顶至中胸小盾片末端贯穿 1 黄白色背中带，头顶基半部和前、中胸背板的带纹两侧缘色较深暗；额颊和唇基各脊黄色，胸足除基节外为污褐色或污黄褐色，但腿节色稍深暗；前翅灰黄褐色，爪片后缘黄白色，端脉褐色。雌性不同于雄性之处是：体色较浅，腹背有 5 条淡色纵线，产卵器大，伸达臀节后缘。

取食对象：稗、双穗雀稗、稷等。

分布：河北、江苏、安徽、浙江、湖北、江西、湖南、福建、台湾、广东、广西、四川、贵州、云南；朝鲜，日本，印度，马来西亚。

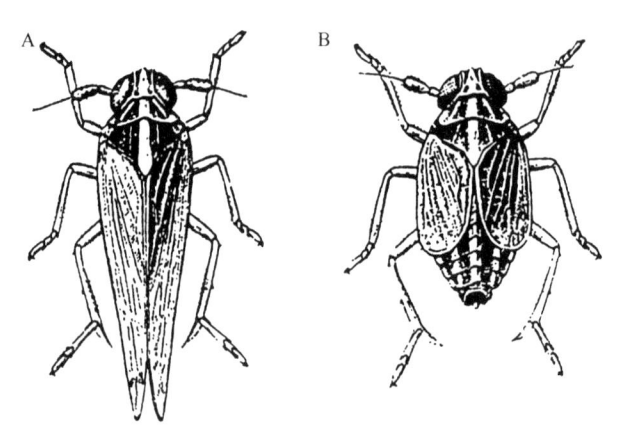

图 178 白条飞虱 *Terthron albovittatum* (Matsumura, 1900)（引自丁锦华，2006）
A. 长翅型；B. 短翅型

XXI-3. 胸喙亚目 Sternorrhyncha Amyot & Audinet-Serville, 1843

喙着生在前足基节之间或更后，前胸侧板形成喙基部的鞘；静止时，前翅平覆于腹部背面；无飞行功能。前胸具侧背板；触角5～10节，丝状，通常较长，无顶毛。消化道缺滤室。翅透明，前翅基部有1条明显纵脉，后翅较小。

世界已知6总科17科2150属19 000多种，包括蚜虫、木虱、蚧壳虫和粉虱四大类群。世界性分布。本书记述河北地区5总科22科91属194种。

总科检索表

1. 跗节2节，均发达；雌雄两性均有翅 ·· 2
   跗节1节，若2节，则第1节很小；雌性无翅，或有无翅世代 ··· 3
2. 前翅翅脉先分3支，每支再分2支；触角10节；复眼不分群 ················· 木虱总科 Psylloidea
   前翅仅3条脉，合生于短的主干上；复眼的小眼分上下2群 ············· 粉虱总科 Aleyrodoidea
3. 触角3～6节，感觉孔明显；爪2个，第1节短小；如有翅则为2对；腹部常具腹管 ········· 4
   触角节数不定，无明显感觉孔；爪1个；雄性具1对翅，后翅特化为平衡棒；腹部无腹管；雌性腹部无气门，通常有管状腺，无复眼 ··· 蚧总科 Coccoidea
4. 孤雌蚜伪胎生，性蚜卵生；前翅4条斜脉；无翅蚜复眼多小眼面或有3小眼面；触角4～6节，若为3节，则尾片烧瓶状；头部与胸部之和不大于腹部；尾片形状各异，腹管有或无；气门位于腹部第Ⅰ～Ⅷ节或第Ⅱ～Ⅴ节上；产卵器缩小为被毛的隆起 ································· 蚜总科 Aphidoidea
   孤雌蚜与性蚜均为卵生；前翅仅3斜脉；无翅蚜及幼蚜复眼只有3小眼面；触角3节或退化；头部与胸部之和大于腹部；尾片半月形，无腹管；气门位于腹部第Ⅰ～Ⅳ节、第Ⅰ～Ⅴ节或仅第Ⅰ节上；产卵器有或无 ··· 球蚜总科 Adelgoidea

1) 粉虱总科 Aleyrodoidea Westwood, 1840

体小型，长1.0～3.0 mm。有翅，身体及翅上覆有白色蜡粉。复眼的小眼群上、下两部分分开或联合。单眼2个，着生在复眼群的上缘。雌雄均具翅2对，翅脉简单，前翅径脉、中脉与第1肘脉合并在1个短的共同主干上，常先分出肘脉，再径脉，中脉分开；有的中脉几乎消失或仅存痕迹；肘脉存在或消失，或径脉也消失；后翅仅有1脉纹。腹部第Ⅰ节柄状，第Ⅷ节背板狭，膜质；第Ⅸ节背面有管状孔，中间为第Ⅹ节的背板。雄性有2片抱握器和稍上弯的阳茎。雌性有背生殖突和2侧生殖突。

世界已知1科，世界性分布，危害植物范围包括果树、蔬菜、花卉、粮食和经济作物及观赏植物等。

90. 粉虱科 Aleyrodidae Westwood, 1840

粉虱科形态分类一般均以第4龄蛹壳特征为依据。体长1.0～3.0 mm，翅展约3.0 mm。体椭圆形、圆形不等，柔弱，粉白色；蛹壳黑色、褐色、棕色、淡黄色、白色等。喙3节，复眼的小眼群常分为上、下两部分，有的种类常不规则联合或合并。单眼2个。具翅2对，脉序十分简单；前翅径脉、中脉与第 1 肘脉合并在短的共同主干上，常先分出肘脉，再径脉；中脉分开，有的几乎消失或仅存痕迹；具肘脉或肘脉消失，甚至径脉也消失。后翅仅 1 脉纹。腹部第 I 节呈柄状，第Ⅷ节背板狭，膜质，第Ⅸ节背面具管状孔，中间是第 X 节背板。

世界已知 3 亚科 13 族 166 属 1631 种以上，广泛分布于世界各动物地理区。中国记录 2 亚科 49 属 248 种。本书记述河北地区 4 属 4 种。

（425）黑刺粉虱 *Aleurocanthus spiniferus* (Quaintance, 1903)（图版 XⅦ-4）

别名：白翅粉虱。

识别特征：体长 1.0～1.4 mm，橙黄色，翅面覆盖薄层白色蜡质粉状物。复眼肾形，红色。前翅紫褐色，有白斑 7 个；后翅小，淡紫褐色，无斑。足为黄色。围蛹椭圆形，漆黑具光泽，长约 1.2 mm，宽约 0.9 mm；背盘凸起，黑刺明显。体缘锯齿状，齿端圆形。蜡管分泌物细而短，绵状，由体缘分泌而出，背盘无分泌物；中区隆起，位于 1 瘤突上；亚缘区排列 20 根刺毛，有些长出体缘；亚背区有 1 排短刺毛，其分布胸部 5 对，腹部 6 对；中区短刺毛分布为胸部区域 3 对，腹部前端 3 对，管状孔区域 1 对；尾端体缘处有 1 对毛序状刚毛和 1 对刺位于管状孔头部边缘。

取食对象：山楂、柳、枫树、栗、米兰、丁香、苹果、海棠、杏、梨、杜梨、桃、柿、葡萄、花椒、樟树、金银木、玫瑰等。

分布：华北、华东、华中、华南、西南；日本，南亚，西欧，非洲，北美洲。

（426）烟粉虱 *Bemisia tabaci* (Gennadius, 1889)（图版 XⅦ-5）

识别特征：体长约 0.9 mm，翅展 1.8～2.1 mm。体淡黄色至白色，被蜡粉，无斑点；复眼红色，肾形，单眼 2 个。触角发达，7 节。翅白色无斑点，被蜡粉。前翅 2 条翅脉，第 1 条不分叉，停息时左右翅合拢呈屋脊状，在脊背呈 1 明显的缝。足 3 对，跗节 2 节，爪 2 个。蛹壳淡黄色，亚缘区不明显，缘齿呈不规则小圆锯齿状。管状孔呈三角形，盖瓣圆形但不充满整个孔，管状孔接近末端处无横脊纹，舌状突长，端部外露，并有 1 对长刚毛着生其上。尾沟延伸至体缘。椭圆形背盘区无乳突，舌状突匙状。

取食对象：烟草、黄瓜、番茄、茄、甜瓜、南瓜、冬瓜、西瓜、花生、西葫芦、马铃薯、红薯、菊花、花椰菜、蕹菜、芹菜、苋菜、木薯、棉花、连翘、桑、马缨丹、栾树、黄栌等。

分布：中国；亚洲，欧洲，非洲，大洋洲，美洲，非洲。

（427）橘绿粉虱 *Dialeurodes citri* (Ashmead, 1885)（图版 XⅦ-6）

别名：橘黄粉虱、柑橘粉虱、白粉虱。

识别特征：体长雌性约 1.2 mm，雄性约 1.0 mm。淡黄色，全体被白色蜡粉。翅白色，半透明，覆有白色蜡粉。复眼红褐色，分上、下两部分，中间以 1 小眼相连。触角第 3 节长于第 4+5 节之和，第 3～7 节上部有多个膜状感器。阳茎具长度相似的性刺，端部向上弯曲。蛹壳淡黄色，椭圆形，后端略尖，前胸稍凹陷。体缘小齿状，单层分布，体缘内有

21 小齿，前缘刚毛和后缘刚毛存在。亚缘区不太清晰，有很多横线状纹分布。横、纵蜕裂缝均达体缘。头胸分节明显。腹部腹节分节明显，腹节Ⅰ～Ⅴ各具 1 圆形大突起；胸节及部分腹节两侧具 4～5 对瘤突。尾沟明显，两侧增厚。

取食对象：黄杨、柿、女贞、扶桑、鹅掌柴、茄冬、香樟、月季花、茶、柑橘、丁香、常春藤等绿化树种和蔬菜。

分布：河北、北京、河南、陕西、江苏、上海、浙江、湖北、江西、湖南、台湾、广东、海南、香港、广西、四川；印度，美国。

（428）温室白粉虱 *Trialeurodes vaporariorum* **(Westwood, 1856)**（图版ⅩⅦ-7）

识别特征：体长 1.0～1.5 mm。淡黄色。翅面覆盖白色蜡粉，停息时双翅在体背合成屋脊状，翅端半圆形，遮盖整个腹部，翅脉简单，沿翅外缘具 1 排小颗粒。蛹壳白色或黄色，背盘区有 3 对或 4 对乳突，舌状突三叶草状；亚缘区与背盘区分开，边缘无多条线向内延伸。

取食对象：南瓜、冬瓜、黄瓜、西瓜、西葫芦、番茄、茄、菜豆、芹菜、青椒、甘蓝、花椰菜、白菜、油菜、萝卜、莴苣、魔芋、绣球、月季花、菊花、石榴、报春花、三色堇、一串红、非洲菊、一品红、倒挂金钟、马缨丹、天竺葵、紫穗槐、木槿、黑枣、秋子梨、金银木等。

分布：中国；世界。

2）木虱总科 Psylloidea Latreille, 1807

体小型，善跳。触角 10 节。复眼发达，单眼 3 个。两性均具翅，前翅革质或膜质，R 脉、M 脉和 Cu 脉的基部愈合，形成主干，在近中部分成 3 支，至近端部每支再分为 2 支；后翅膜质，翅脉简单。跗节 2 节；后足基节有疣突，胫节端部具刺。雌性有产卵瓣 3 对，包在背腹两生殖板内。背生殖板上有肛门及肛环。雄性第Ⅸ腹板大，形成下生殖板，第Ⅹ节形成载肛突，末端有肛门口，载肛突后有膝状的阳茎和 1 对阳基侧突。

世界已知仅 10 科 330 属 4000 种以上，主要分布于热带和亚热带地区，全部为植食性，主要为害杨柳科、桑科、榆科、豆科、茼蒿属植物等，可对经济作物造成更重大的损失。中国记录 10 科 102 属 640 种。本书记述河北地区 8 科 22 属 69 种。

科检索表

1. 前翅前缘无断痕 ·· 2
   前翅前缘有断痕 ·· 3
2. 前翅无翅痣；后足基跗节无爪状距 ·· 个木虱科 Triozidae
   前翅有翅痣；头前缘触角窝粗大外翘，前缘深裂 ·································· 裂木虱科 Carsidaridae
3. 额可见，无颊锥或仅为丘突 ·· 4
   额被颊遮盖，有颊锥 ·· 5

4. 前翅多斑纹；前胸侧板纵向分开 ·· 斑木虱科 Aphalaridae
   前翅无或少斑纹；前胸侧板不纵向分开 ··· 叶木虱科 Euphylluridae
5. 后足胫节无基齿 ·· 幽木虱科 Euphaleridae
   后足胫节有基齿 ·· 6
6. 颊锥与头顶几乎处在 1 个平面上；雌性背瓣大而短宽，端半裂为 2 半，密生长毛，腹瓣窄小 ··········
   ·· 盾木虱科 Spondyliaspididae
   颊锥多低于头顶；雌性背瓣及腹瓣多为三角形，背瓣端不分裂，被稀疏毛 ································· 7
7. 触角短于头宽，基部 2 节十分扩大，端刚毛长；后足基跗节无爪状距 ·················· 丽木虱科 Calophyidae
   触角长于头宽，基部正常；后足基跗节 1 或 2 个爪状距 ······································· 木虱科 Psyllidae

91. 斑木虱科 Aphalaridae Löw, 1879

头短、横宽，额可见，无颊锥；单眼 3 个，无眼前瘤。触角多样，但第 1 节、第 2 节不特别粗大。前胸侧板呈纵向分开；前翅前缘有断痕，翅痣有或无，多斑；Rs 脉不分支，M 脉、Cu$_1$ 脉分 2 支，后足基节无基齿，有胫端距，基跗节无爪状距。

世界已知 5 亚科 65 属 600 种，广布世界各陆地动物地理区。中国记录 27 属 74 种。本书记述河北地区 3 属 9 种。

（429）萹蓄斑木虱 *Aphalara avicularis* Ossiannilsson, 1981（图版 XVII-8）

识别特征：体翅长雄性 2.3～2.4 mm，雌性 2.4～2.6 mm。体整体浅褐色。头顶底色米黄色，具浅褐色或橙色的色块；盘状凹黑色，次凹陷褐色。颊中部黑色至褐色，两侧黄色。复眼黑褐色，单眼深红色。后头区和眼后片黑色。触角底色黄色，第 1 节褐色，第 9 节、第 10 节黑色。胸部背面底色米黄色，具褐色纵条纹。后胸后盾片黑色。胸部侧面底色米黄色，各骨缝沿线黑色，中胸腹面黑色。各足基节黑色至褐色，其余各节底色黄色，端跗节端部褐色。前翅透明，略带黄色；Cub 脉端部周围和 A$_1$ 室端部 2/3 处各具 1 褐斑。腹部各节全黑，或背板黑色，腹板黄色带有杂乱褐斑或完全黄色。雄性生殖节底色黄色，载肛突前表面黑色，阳基侧突褐色。

取食对象：萹蓄、水蓼等蓼属植物。

分布：河北、黑龙江、吉林、辽宁、内蒙古、北京、天津、山西、山东、陕西、宁夏、甘肃、青海、江苏、四川、西藏；俄罗斯（远东），韩国，古北区。

（430）带斑木虱 *Aphalara fasciata* Kuwayama, 1908（图 179）

识别特征：体翅长雄性 2.2～2.5 mm，雌性 2.6～2.7 mm；前翅长雄性 1.7～1.9 mm，雌性 2.1～2.2 mm。体褐色。头顶白色，具橙色斑块，盘状凹和副凹陷黑色。颊中部黑褐色，两侧黄色。复眼黑褐色，单眼深红色。触角黄色，第 1 节、第 2 节褐色，第 9 节、第 10 节黑色。胸部背面白色，具褐色纵条纹。后胸后盾片黑色。胸部侧面白色，各骨缝沿线黑色，中胸腹面黑色。各足基节黑色，其余各节黄褐色，腿节背面不均匀变深。前翅透明，无色，具深浅不均匀的带状褐斑纹。后翅臀区浅褐色。腹部黑色。

取食对象：水蓼、蚕茧草、酸模叶蓼、长鬃蓼、丛枝蓼等蓼科植物。

分布：河北（小五台山）、黑龙江、辽宁、河南、安徽、浙江、湖北、福建、台湾、广东、广西、贵州；俄罗斯（远东），韩国，日本。

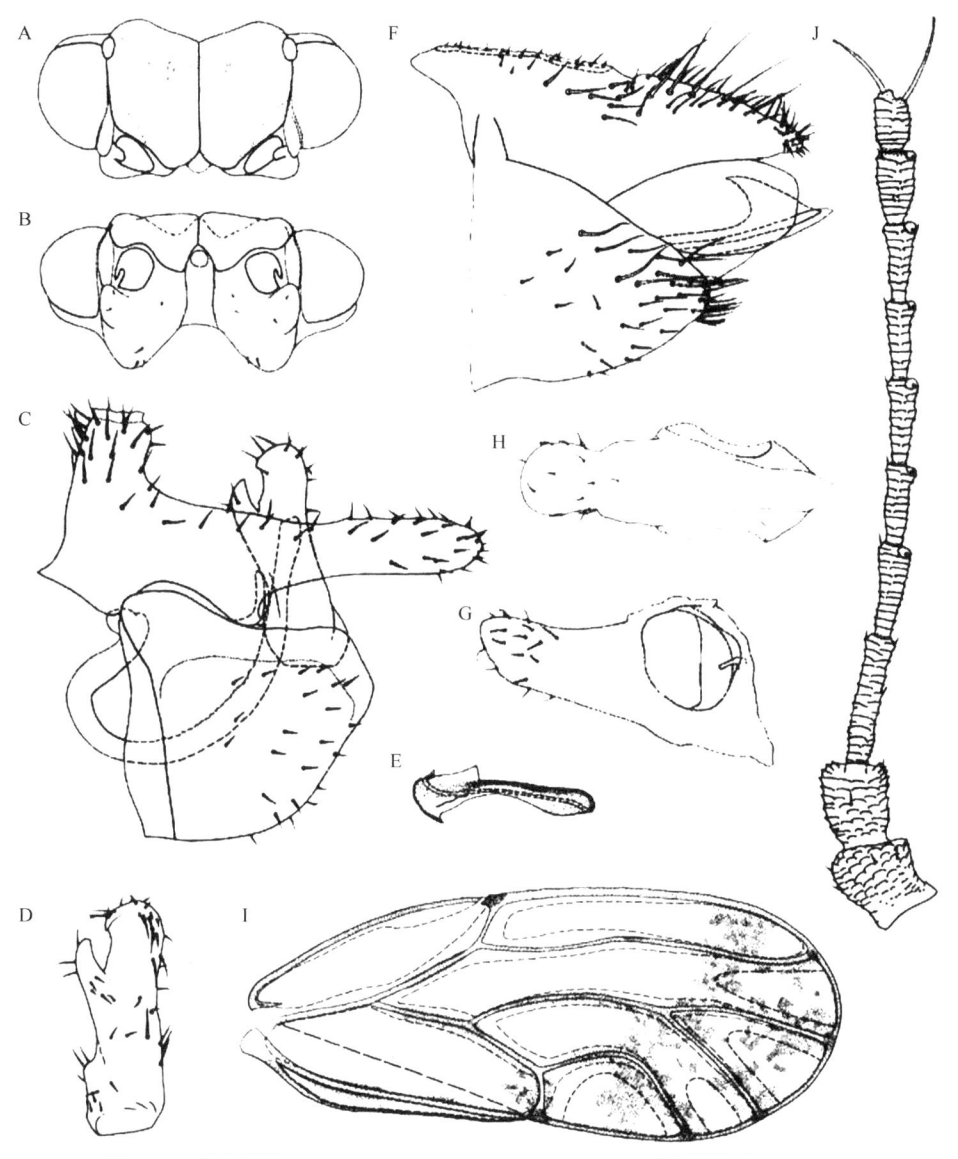

图 179　带斑木虱 *Aphalara fasciata* Kuwayama, 1908（引自罗心宇，2016）
A. 头正视；B. 头腹视；C. 雄性生殖节侧视；D. 阳基侧突内表面；E. 阳茎末节；F. 雌性生殖节侧视；G. 唇基侧视；H. 唇基腹视；I. 前翅；J. 触角

（431）蓼斑木虱 *Aphalara polygoni* Föerster, 1848（图 180）

识别特征：体翅长雄性 2.3~2.4 mm，雌性 2.7~2.8 mm；前翅长雄性 1.9~2.0 mm，雌性 2.1~2.2 mm。该种与萹蓄斑木虱 *Aphalara avicularis* 的形态十分接近，其与后者的主要区别特征为胸部各节侧板后侧片黑色，而非黄色；前翅翅刺较粗大，排列较密，覆满整个翅面。

取食对象：酸模、小酸模、钝叶酸模等酸模属植物。

分布：河北、黑龙江、吉林、辽宁、内蒙古、北京、天津、山西、山东、陕西、宁夏、甘肃、青海、四川、西藏；古北区广布。

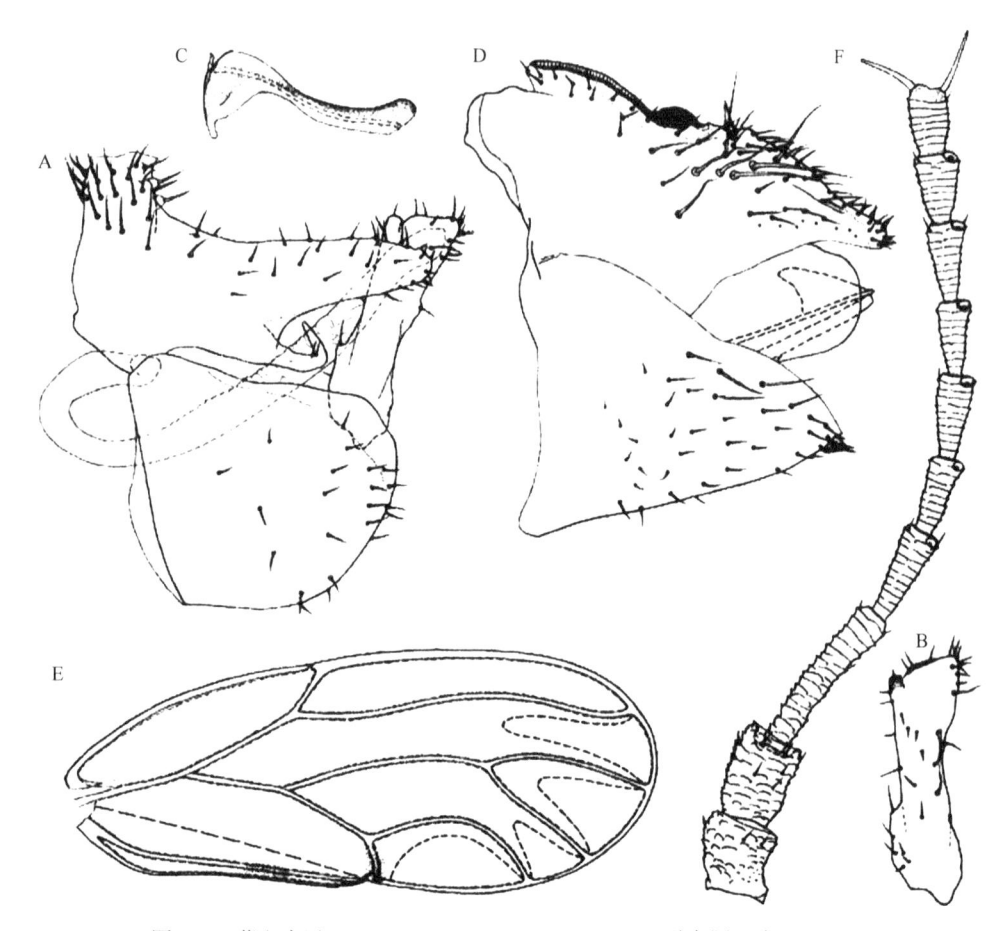

图 180　蓼斑木虱 *Aphalara polygoni* Föerster, 1848（引自罗心宇，2016）
A. 雄性生殖节侧视；B. 阳基侧突内表面；C. 阳茎末节；D. 雌性生殖节侧视；E. 前翅；F. 触角

（432）雾灵山斑木虱 *Aphalara wulingica* Li, 2011（图181）

识别特征：雄性体翅长约 2.8 mm，前翅长约 2.2 mm。头顶前内角强烈突出，较圆；前侧角突出，呈扁瘤状。头顶鳞片状，均布微刚毛。眼前区及颊侧瘤显著突出。触角高位端毛约为低位端毛的 3/5 长。唇基细长。前翅膜质；翅刺圆丘状，粗大，布满全翅面，在基部均匀分布，端部的排列近蜂窝状；缘纹范围较大。后足胫节端距 10～11 枚。

分布：河北（承德、兴隆、雾灵山）。

图 181　雾灵山斑木虱 *Aphalara wulingica* Li, 2011（引自李法圣，2011）
A. 头部正视；B. 前翅；C. 触角；D. 后翅

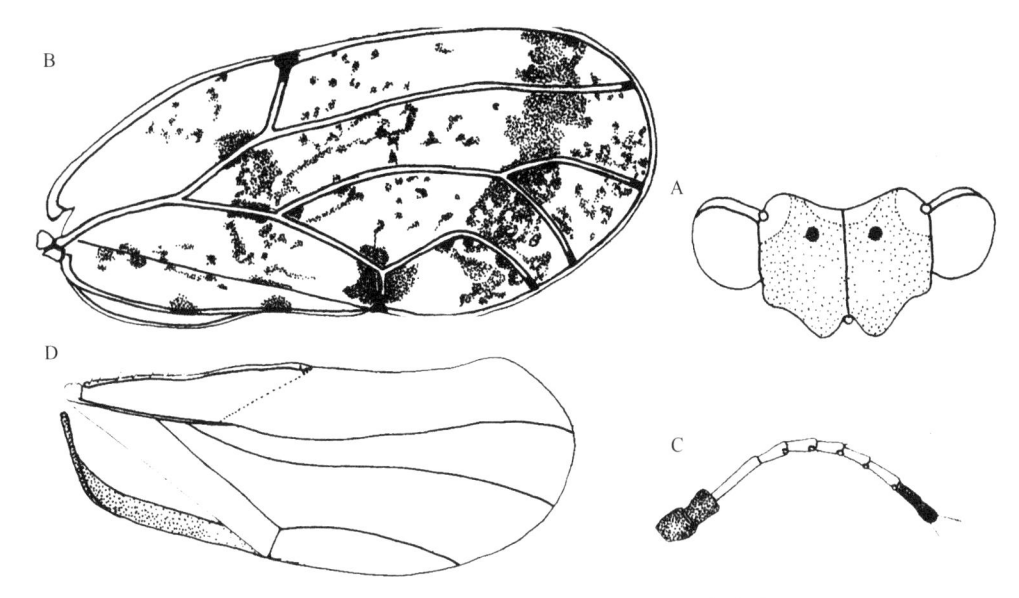

(433) 柽柳柽木虱 *Colposcenia aliena* (Löw, 1881)（图版 XVII-9）

识别特征：体翅长雄性 1.9～2.0 mm，雌性 2.2～2.3 mm；前翅长雄性约 1.5 mm，雌性 1.7～1.8 mm。绿色。触角第 1～2 节下侧浅褐色，第 3～9 节端部浅褐色，第 10 节全褐色。胸部背面具纵条纹。前翅透明无色，具黄褐相交的云雾状斑。头相较体纵轴下倾。头前叶短圆。头顶表面具鳞片状细微结构，均布微刚毛。颊侧瘤较突出。前翅长椭圆形，端部最宽；翅刺圆颗粒状，由基部向端部渐密；缘纹至基部渐小直至消失。后足胫节具 6 端距。

取食对象：柽柳、密花柽柳、刚毛怪柳、多枝柽柳等柽柳科植物。

分布：河北、内蒙古、北京、天津、山西、宁夏、甘肃、新疆；蒙古国，中亚，西亚，欧洲，非洲东北部。

(434) 异形边木虱 *Craspedolepta aberrantis* Loginova, 1962（图版 XVII-10）

识别特征：体翅长 2.5～3.2 mm。绿色。唇基黑色。触角黄色；胸部背面具黄褐色纵条纹。前翅透明，端部边缘具黄色雾状色带；后翅臀区具较密褐斑点。头顶前内角向前强烈突伸，与颊的分界清晰；头顶侧缘模糊，表面鳞片状，并生有带状的蜡粒长毛。眼前区向两侧弯曲。前翅长卵圆形，前后缘近似平行；翅刺圆丘状，间距均匀；缘纹微小，刺状。后足胫节端距 7～8 枚。

取食对象：艾等菊科植物。

分布：河北、北京、山西、宁夏；俄罗斯，中亚，西亚，欧洲。

(435) 网斑边木虱 *Craspedolepta arcyosticta* Li, 2011（图 182）

识别特征：体翅长雄性约 3.3 mm，雌性约 4.1 mm；前翅长雄性约 2.7 mm，雌性约

4.1 mm。黄褐色。颊中间大部黑色。后头区黑色。触角黄色，第 9 节、第 10 节黄褐色。胸部背面纵条纹黄褐色。后胸后盾片黑色。胸部侧面黄色，中胸下侧黑色。前翅透明，具褐斑纹，似雾状，翅脉具褐斑。后翅具 1 褐斑。头较体纵轴下倾。头顶前缘表面鳞片状，着生有均匀的微小刚毛。眼前区狭窄。复眼巨大。颊侧瘤较为突出。前翅卵圆形，透明，底色无色，端部 1/3 处宽，布碎云雾状褐斑纹，翅脉亦具褐斑；后翅 A_2 脉具褐斑点。

取食对象：艾蒿等菊科植物。

分布：河北、北京。

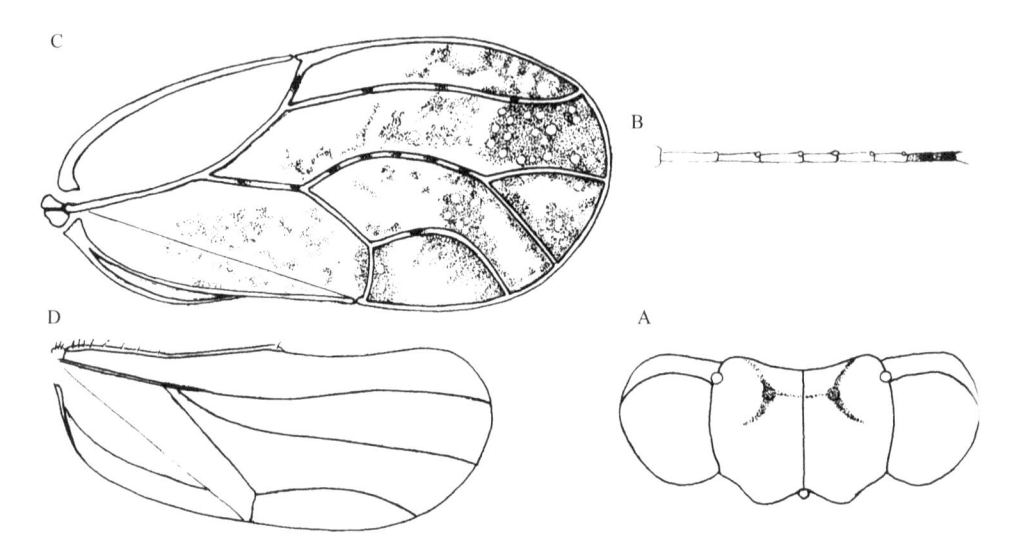

图 182　网斑边木虱 *Craspedolepta arcyosticta* Li, 2011（引自李法圣，2011）
A. 头；B. 触角；C. 前翅；D. 后翅

（436）脉斑边木虱 *Craspedolepta lineolata* Loginova, 1962（图版 XVII-11）

识别特征：体翅长 2.4～3.4 mm。浅绿色。触角黄色，第 8 节端部，第 9 节、第 10 节黑色。胸部背面具黄条纹。前翅透明，具断续的褐斑。头相较体纵轴约下倾 30°。头顶前缘清晰，中间表面平滑，边缘表面具不规则的鳞片状结构，生有均匀微小刚毛。眼前区宽厚。前翅卵圆形，端部 1/3 最宽；翅刺颗粒状，分布均匀稀疏，不覆满整个翅面；缘纹细长，刺状。后足胫节端距 9 枚。

取食对象：蒿属植物。

分布：河北、黑龙江、吉林、内蒙古、北京、天津、山西、山东、河南、陕西、宁夏、甘肃、新疆、江苏、四川；蒙古国，俄罗斯，中亚，阿塞拜疆，格鲁吉亚，亚美尼亚，德国，丹麦，瑞典。

（437）顶斑边木虱 *Craspedolepta terminata* Loginova, 1962（图 183）

识别特征：体翅长雄性 2.8～3.1 mm，雌性 3.3～3.4 mm；前翅长雄性 2.2～2.5 mm，

雌性 2.7~2.8 mm。绿色。触角第 4~8 节颜色略深，第 9 节浅褐色，第 10 节深褐色。胸部背面具模糊纵条纹。前翅透明，浅灰褐色，无斑。头较体纵轴下倾。头顶前缘清晰，中间大部表面平滑，边缘表面具不规则的鳞片结构，整体被均匀的微小刚毛。眼前区宽厚，圆形隆起。前翅卵圆形，中部最宽；翅刺小圆颗粒状，稀疏均匀分布，不达整个翅面；缘纹细长刺状。后足胫节端距 8~9 枚。

取食对象：蒿属植物。

分布：河北、山西、河南、陕西、宁夏、甘肃；蒙古国，俄罗斯（远东、西伯利亚），中亚，阿塞拜疆，格鲁吉亚，亚美尼亚。

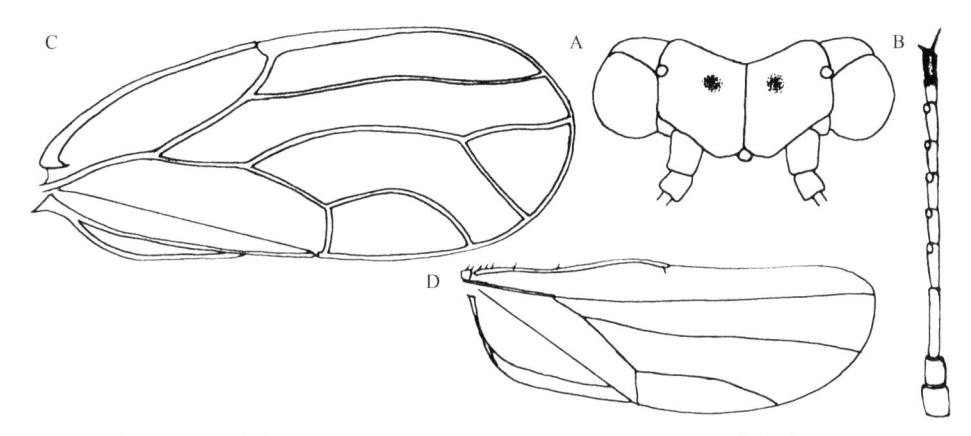

图 183 顶斑边木虱 *Craspedolepta terminata* Loginova, 1962（引自李法圣，2011）
A. 头；B. 触角；C. 前翅；D. 后翅

92. 丽木虱科 Calophyidae Vondracek, 1957

前翅前缘有断痕，脉呈二叉分支；M+Cu$_1$ 十分短；后足胫节无基齿，基跗节无爪状距。颊锥明显或呈丘突；额被颊所覆盖。

世界已知 12 属 90 种以上；中国记录 4 属 20 种。本书记述河北地区 1 属 1 种。

(438) 黄柏丽木虱 *Calophya nigra* **Kuwayama, 1907**（图 184）

识别特征：雄性前翅长 2.8 mm，雌性前翅长 2.3 mm；雌性前翅近披针，长约为宽的 2.3 倍，翅痣狭长；后翅长 1.8 mm，宽 0.7 mm，长约为宽的 2.6 倍。两性均亮黑色。头黑褐色，头顶两侧前角、颊锥背面绿色至黄绿色；单眼橘黄色，复眼黑色。触角黄色，第 4~6 节褐色，第 7~10 节黑色，端刚毛黑褐色，第 9 节端长刚毛黄色。中胸前盾片两侧后缘黄绿色，背面 4 条黄色或绿色纵带，盾片侧后缘黄色，小盾片两侧黄绿色；后胸背面具黄色至黄绿色斑。足黄绿色，中、后足腿节背面、胫节端部和端跗节黑色，基节黑褐色；翅透明，稍污黄色，脉黄色，缘纹 3 个。腹部黄绿色。雄性腹端侧视肛节筒状，基部宽，背缘直，端平截。

分布：河北、黑龙江、吉林、辽宁、北京；韩国，日本。

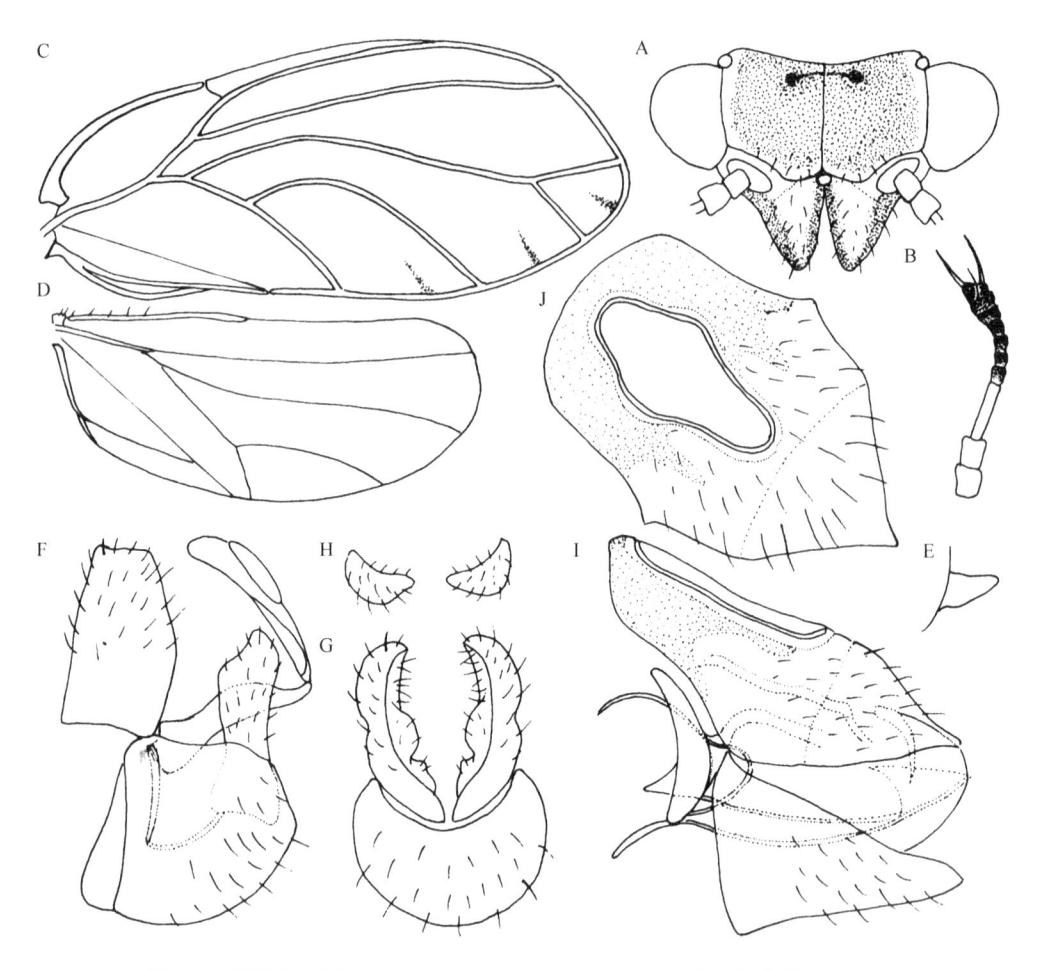

图 184 黄柏丽木虱 *Calophya nigra* Kuwayama, 1907（引自李法圣，2011）
A~H 雄性：A. 头；B. 触角；C. 前翅；D. 后翅；E. 后基突；F. 雄性腹端侧视；G. 阳基侧突后视；H. 阳基侧突顶视；
I~J 雌性：I. 腹端侧视；J. 肛节顶视

93. 裂木虱科 Carsidaridae Crawford, 1911

体中等大小。头前缘触角窝粗大外翘，前缘深裂；无颊锥或仅为丘形膨突。触角长于头宽。后足胫节具基齿，端距 4 个或 5 个，基跗节外侧具 1 爪状距。前翅前缘无断痕；M_{1+2} 伸至顶角之下；横脉 1 条或 2 条。雄性肛节 1 或 2 节。

世界已知 11 属 52 种，中国记录 4 属 10 种。本书记述河北地区 1 属 1 种。

（439）梧桐裂木虱 *Carsidara limbata* (Enderklein, 1926)（图版 XVII-12）

识别特征：体长约 3.6 mm，翅长 5.6~6.7 mm。触角窝粗大外伸，前缘深裂；第 1 节、第 2 节粗大。体黄色至黄褐色，具黑色或黑褐色斑纹；头顶黄绿色，中缝黑褐色；单眼棕色，眼后叶黑色；触角黄色，第 1 节、第 4~8 节端、第 9~10 节黑色，端刚毛黄色。前胸背板中央、后缘及两侧凹陷黑色；中胸前盾片前端具色斑，盾片两侧具黑色宽纵带，中央

1 褐色带；后盾片黑色。足黄褐色，背面黑褐色；后基突黄色。前翅叶状，端尖，透明，淡黄色；唯翅痣不透明；臀脉有 2 黑色斑点和 1 缘纹。胸部隆突。后足胫节基部具齿，端距 5 个。

取食对象：泡桐、梧桐。

标本记录：保定市：15♂12♀，2005-Ⅷ-4，杨再华采。

分布：河北、辽宁、北京、山西、河南、山东、陕西、江苏、安徽、浙江、湖北、江西、湖南、福建、重庆、四川、贵州；朝鲜半岛。

94. 幽木虱科 Euphaleridae Becker-Migdisova, 1973

额被颊锥覆盖；前胸侧缝居中；前翅前缘具断痕，脉呈 2 叉分支；后足胫节无基齿，基跗节具爪状距。雄性肛节 1 节。

世界已知 19 属 228 种，中国记录 11 属 65 种。本书记述河北地区 2 属 4 种。

(440) 黄带云实木虱 *Colophorina flavivittata* (Li, 1992)（图版 XVIII-1）

识别特征：雄性体长 1.6 mm，翅长 2.4 mm，粗壮。两性均杏黄色，两侧具褐斑。头顶、颊锥黄色；单眼黄褐色，复眼棕褐色。触角黄色至黄褐色，第 4~9 节褐色至黑褐色，第 10 节黑色。胸部黄色，前胸背板两侧各 1 对褐斑，中胸前盾片黄褐色，盾片和小盾片黑色至黑褐色，两侧黄色，后胸黄色，具褐斑。足黄色至黄褐色。翅透明或前翅近半透明，无褐色小斑点，由痣前缘至 M 脉具 1 斜斑带，外后缘具黄褐色斜带。腹部黄色，背板大部分黑褐色。足粗壮，后足胫节无基齿，端距 4 个，基节 1 对爪状距，后基突钝锥状。雌性前翅长 1.8 mm，宽 0.8 mm；宽阔，近菱形；翅痣宽短；后翅长 1.6 mm，宽 0.6 mm。

取食对象：日本皂荚、皂荚。

分布：河北、辽宁、山东。

(441) 多点云实木虱 *Colophorina polysticti* (Li & Yang, 1989)（图 185）

识别特征：雄性体长 1.4~2.1 mm，体翅长 2.3~2.6 mm，粗壮。两性均黄色至黄褐色。头顶黄色，两侧褐色，中缝顶端黑色；颊锥黄色；单眼黄褐色，复眼灰褐色。触角黄色，第 1~3 节端黄褐色，第 4~9 节端及第 10 节黑色。胸部褐色至黑褐色，前胸背板两侧、中胸小盾片两侧角黄色。足黄色，后基突黑褐色。前翅半透明，污黄褐色，布小褐斑点，外缘和中部由痣下到后缘有 2 条由碎斑组成的横带。腹部褐色至黑褐色。后足胫节无基齿，端距 4 个，基跗节 2 爪状距，后基突锥状。前翅近菱形，长 2.2 mm，宽 1.0 mm；翅痣宽短三角形；Rs 脉弯曲并伸达顶角。后翅长 1.8 mm，宽 0.7 mm，长约为宽的 2.6 倍。

取食对象：皂荚、丝棉木。

分布：河北、北京、陕西、湖北。

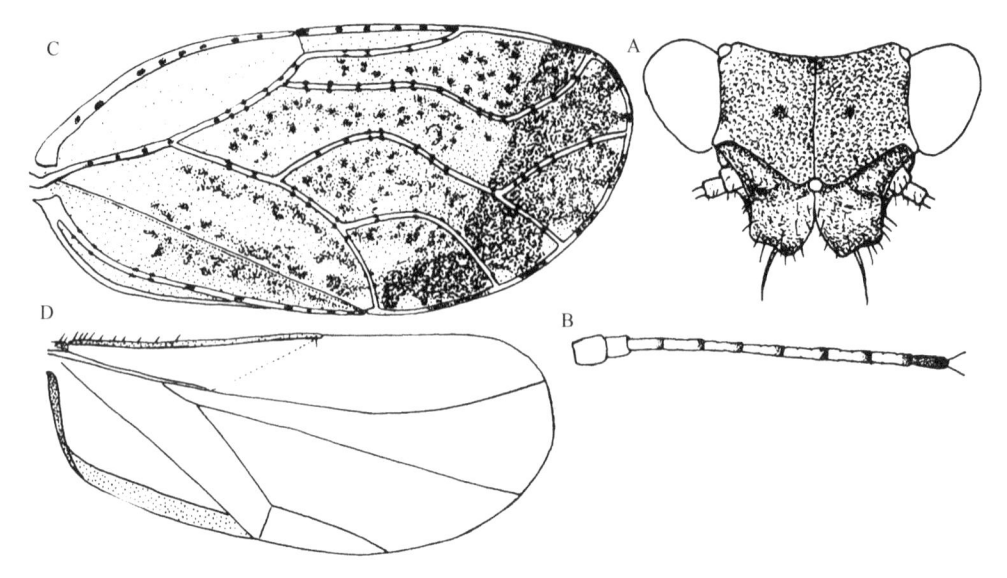

图 185　多点云实木虱 *Colophorina polysticti* (Li & Yang, 1989)（引自李法圣，2011）
A. 头；B. 触角；C. 前翅；D. 后翅

（442）皂荚云实木虱 *Colophorina robinae* (Shinji, 1938)（图版XVIII-2）

识别特征：雄性体长 1.3～1.4 mm，体翅长 2.2～2.4 mm。体粗壮。两性均黑色。头顶黑色；颊锥黄色至黄褐色，两侧黄绿色；单眼黄色，复眼棕褐色。触角黄色，第1节、第2节褐色，第3～9节端及第10节黑褐色至黑色。胸部黑色，中胸小盾片两侧、后胸盾片、后胸小盾片背面黄色。足黑色至黑褐色，腿节端、胫节黄色至黄褐色。翅透明；前翅布满褐色小斑点，外缘、中部有翅痣，中部向后到 M 及 A 端具黑色带斑，M_{1+2} 和 Cu_{1b} 室各具1淡黄色斑或仅 M_{1+2} 室具淡黄斑；脉斑黑褐色。腹部黑色至黑褐色，各节后缘具细黄边。足粗壮，后足胫节无基齿。前翅长 1.7 mm，宽 0.9 mm，宽阔，近菱形，翅痣宽短；后翅长 1.6 mm，宽 0.6 mm。雄性腹端侧视肛节简单，筒状。

取食对象：皂荚。

分布：河北、北京、辽宁、山东、陕西、贵州、云南；韩国，日本。

（443）光头山邻幽木虱 *Euphaleropsis guangtoushanica* Li, 2011（图 186）

识别特征：体翅长 3.2～3.3 mm。雄性头顶黄褐色，两侧凹陷褐色，中缝顶端黑色；颊锥黄褐色；单眼黄褐色，复眼灰褐色。触角黄色至黄褐色，第3～8节端及第9节、第10节黑色。胸部黄褐色，具黑斑；前胸两侧凹陷褐色；中胸盾片隐见褐条纹，小盾片及后小盾片黄色。足黄色，腿节背面、末节黑褐色。前翅长 2.8 mm，宽 1.1 mm，长约为宽的2.5倍，翅痣狭长；后翅长 2.3 mm，宽 0.8 mm，长约为宽的2.9倍，翅透明，污褐色，具亮光；脉黄色，前翅脉具短毛。腹部深棕褐色，各节后缘棕黄色。头向下垂伸。后足胫节无基齿，端距4个，基跗节1对爪状距。

取食对象：梨。

分布：河北（承德、平泉）。

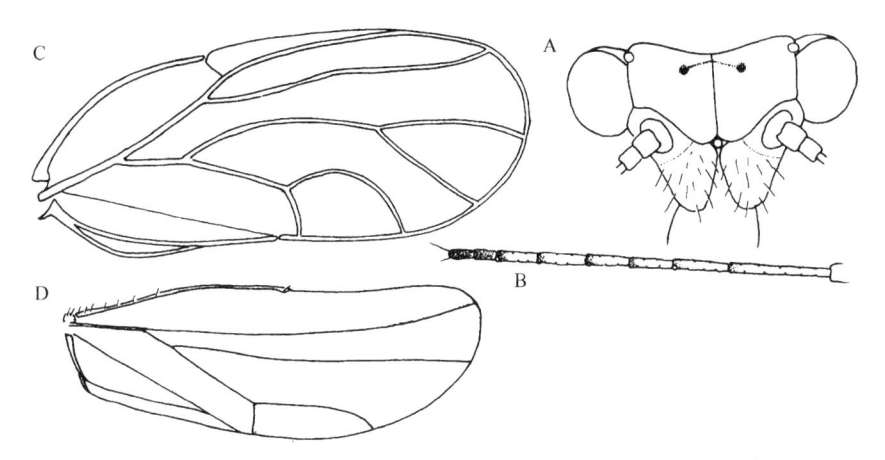

图 186　光头山邻幽木虱 *Euphaleropsis guangtoushanica* Li, 2011（引自李法圣，2011）
A. 头；B. 触角；C. 前翅；D. 后翅

95. 叶木虱科 Euphylluridae Crawford, 1914

雄性肛节后缘无后叶，也不分为 2 叶。无颊锥；额可见；无眼前瘤。后足胫节无基齿，端距通常 7~12 枚，少数 5 枚或 16 枚；基跗节具或无爪状距。

世界已知 54 属 298 种，中国记录 18 属 32 种。本书记述河北地区 2 属 3 种。

(444) 比氏拱木虱 *Camarotoscena bianchii* Loginova, 1975（图 187）

异名：*Camarotoscena wulingshanica* Li, 2011（雾灵山拱木虱）
　　　　Camarotoscena wutaishanica Li, 2011（五台山拱木虱）
　　　　Camarotoscena xinjiangica Li, 2011（新疆拱木虱）

识别特征：体翅长雌性 2.8~3.0 mm，前翅长 2.3~2.4 mm。体深褐色。头顶黄色，近前缘附近具少量褐斑点。颊黄色，具少量褐斑点。复眼黑色，单眼黄色。触角黄色，

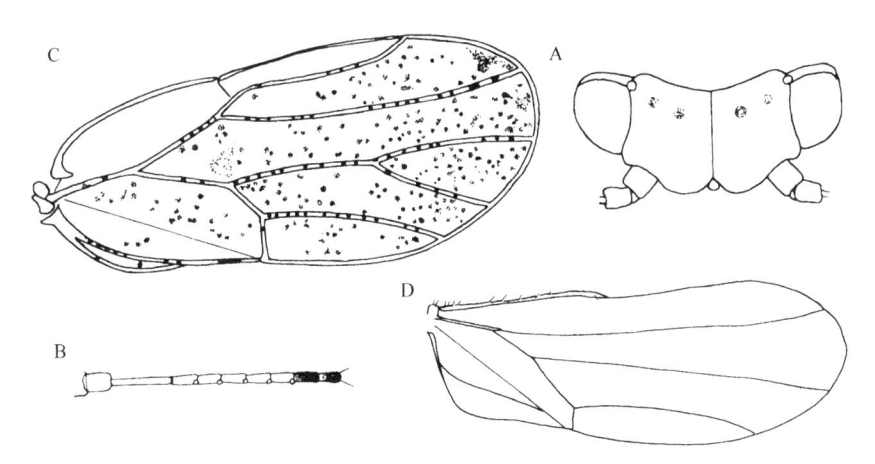

图 187　比氏拱木虱 *Camarotoscena bianchii* Loginova, 1975（引自罗心宇，2016）
A. 头部正视；B. 触角；C. 前翅；D. 后翅

第5节、第6节、第8节端部及第9～10节深褐色。唇基黑色。胸部背面黄色，无明显斑点，具深褐色纵条纹，后胸后盾片全黑色。胸部各节侧板深褐色，中胸后侧片黄色。足黄色，前、中足基节黑色，后足基节外壁浅褐色。前翅半透明，底色无色，具大量褐斑点。后翅臀区具少量褐斑点。腹部深褐色。雌性生殖节黄色。

分布：河北（雾灵山、兴隆县）、山西、新疆；蒙古国，俄罗斯（西伯利亚），塔吉克斯坦，乌兹别克斯坦，吉尔吉斯斯坦。

（445）华山拱木虱 *Camarotoscena huashan* Li & Yang, 1989（图188）

识别特征：雄性体长2.2 mm，体翅长2.4 mm，前翅长1.7 mm，宽0.8 mm，后翅长1.7 mm，宽0.6 mm；雌性前翅长约为宽的2.1倍。前缘具断痕，翅痣宽长。两性均黄褐色，具黑褐斑。头顶黄色，多不规则褐斑点，中缝及两侧凹陷褐色，后唇基黑褐色。触角褐色，第8节端及第9节、第10节黑色，端刚毛2根，黄色。胸部黄褐色，具黑色至黑褐色斑；黑褐色斑或带纹分布前胸6，中胸前盾片前部2、盾片4、小盾片2；后胸小盾片黑色，两侧黄褐色。足黄褐色，腿节背面黑褐色。前翅污白色，半透明，翅面及脉上多黑褐色小斑点。腹部褐色至深褐色，生殖节黄褐色。头向前下方斜伸，横宽，后缘略凹。前胸宽于头宽。后足胫节无基齿，端距11枚，基跗节无爪状距；后基突长指状。

分布：河北、北京、陕西。

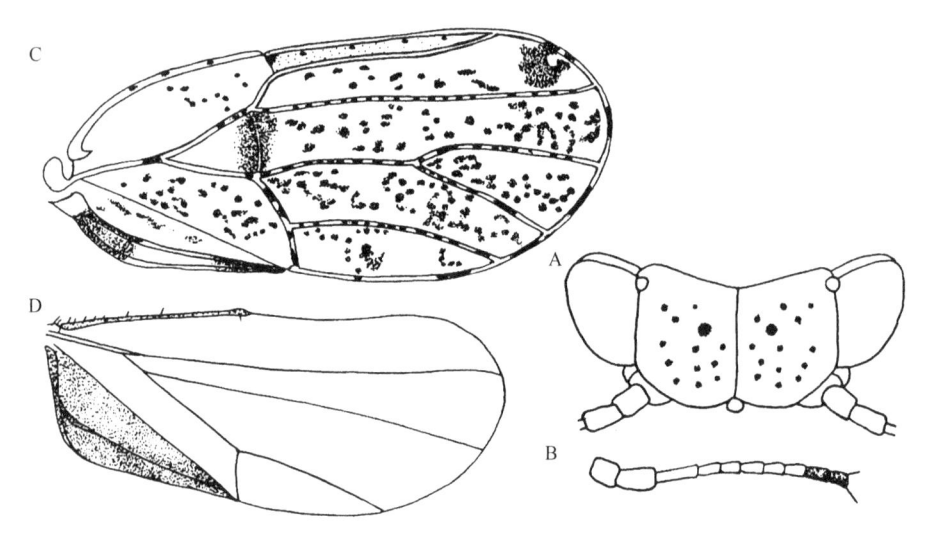

图188 华山拱木虱 *Camarotoscena huashan* Li & Yang, 1989（引自李法圣，2011）
A. 头；B. 触角；C. 前翅；D. 后翅

（446）黄荆管叶木虱 *Syringilla viteicia* Li, 2011（图189）

识别特征：体长2.3 mm，体翅长3.0 mm；前翅长约为宽的1.7倍；后翅长约为宽的2.1倍。两性均黄色，具黑褐斑，头、胸背面布黑褐小斑点；腹部黄色。触角黄色，第1节、第2节，第4节、第6节、第8节、第9节端及第10节褐色至黑褐色。足黄褐色，具黑褐色小斑点。前翅宽大，菱形不透明，前缘具断痕；翅痣短三角形；翅面布满深褐色小圆斑，有些斑点连成斑或带，外缘带明显，脉褐色。后翅透明，臀区褐色，雄性体粗壮，头向前下斜伸，后缘平直；前缘突出，头顶两侧前角具凹缺；头前叶小，角状；中单眼被头前叶围绕，顶视可见；复眼呈半球形向两侧突出。触角的长度短于头宽。前胸宽，侧缝伸至背板两侧中间；中胸与头宽约等。后足胫节无基齿，端距9或10枚，基跗节有2爪状距；后基突锥状，端钝尖。

取食对象：黄荆。

分布：河北、北京。

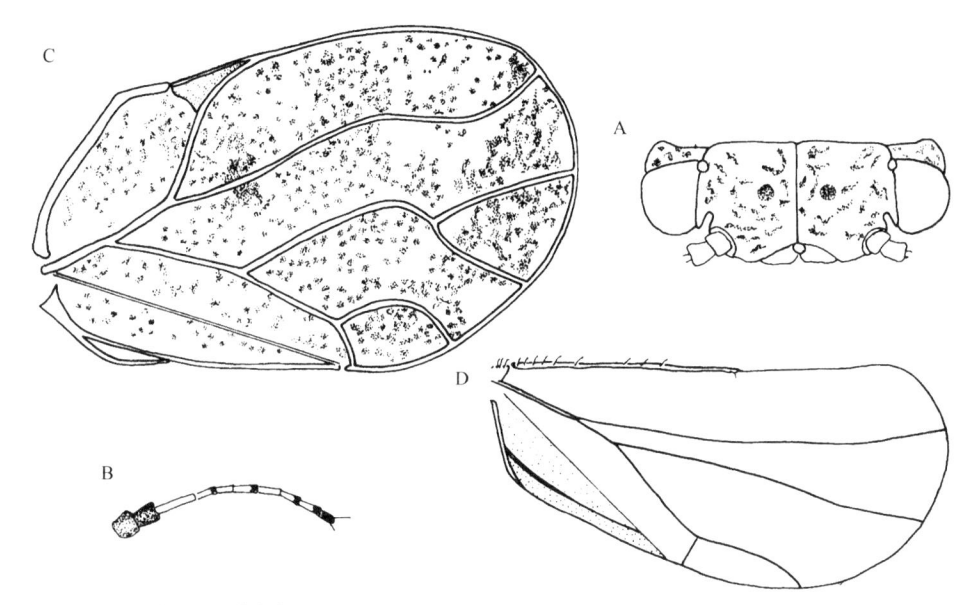

图189 黄荆管叶木虱 *Syringilla viteicia* Li, 2011（引自李法圣，2011）
A. 头；B. 触角；C. 前翅；D. 后翅

96. 木虱科 Psyllidae Löw, 1878

颊锥状，额被颊覆盖，由背面看不到。前翅前缘有断痕，有翅痣；脉呈2叉分支；后足胫节通常具基齿，通常端距5个以上，基跗节具爪状距。雄肛节1节。

世界已知53属1196种，中国记录14属435种。本书记述河北地区5属31种。

（447）桑异脉木虱 *Anomoneura mori* Schwarz, 1896（图版XVIII-3）

别名：桑木虱。

识别特征：雄性体翅长4.3 mm，前翅长约为宽的2.3倍；后翅长约为宽的3.1倍。两性均绿色至绿褐色。头顶褐色，两侧凹陷橘黄色；颊锥绿色；单眼橘黄色，复眼褐色。触角褐色，第1~8节端及第9节、第10节黑色，端刚毛黄色。胸部黄色，侧下侧黑色，具黄斑；前胸背板两侧凹陷绿褐色；中胸前盾片绿色，前端2褐斑，盾片4条褐色纵带，小盾片、后小盾片绿色。足褐色，后基突黄褐色。翅透明，布满褐色小斑点，中部由翅基向后到Cu_{1a}室具1斜伸褐带，翅顶角处具1褐斑；脉褐色，缘纹4个，沿外后缘各脉端具黑斑。腹部黄褐色至绿褐色。头向前下斜伸，后缘弧凹。后足胫节具基齿，端距6个，基跗节 1 对爪状距；后基突长锥状。

取食对象：桑、柏树、构树等。

分布：河北、辽宁、内蒙古、北京、天津、山西、山东、河南、陕西、湖北、湖南、四川；朝鲜半岛，日本。

（448）弧突柳喀木虱 *Cacopsylla arcuata* (Loginova, 1965)（图 190）

识别特征：雄性体长 1.8 mm，体翅长 3.4 mm。两性头顶橘黄色，两侧及中缝两侧黄色；颊锥黄色，端淡褐色；单眼橘黄色，复眼灰褐色。触角黄色至黄褐色，第 5 节端褐色，第 4 节、第 6 节、第 8 节端及第 9 节、第 10 节黑色。胸部黄色，前胸背板中部具 3 橘黄色斑，两侧凹陷黑色；中胸前盾片后缘绿色，盾片具 4 条黑褐色纵带，小盾片两侧前角黄色，翅前片端半黑褐色；胸部侧下侧黑色。足黄色至黄褐色，端基跗节及前中足基节黑色，后基突黄色。前翅透明，浅污黄色，缘纹 4 个，A 端具黑斑；脉金黄色；后翅浅污黄色。腹部黑色，背板两侧黄色。后足胫节具基齿，端距 5 个，后基突锥状。前翅长 2.9 mm，宽 1.2 mm；后翅长 2.3 mm，宽 0.8 mm。

取食对象：沙柳。

分布：河北、吉林、内蒙古、山西、宁夏；蒙古国，俄罗斯，哈萨克斯坦。

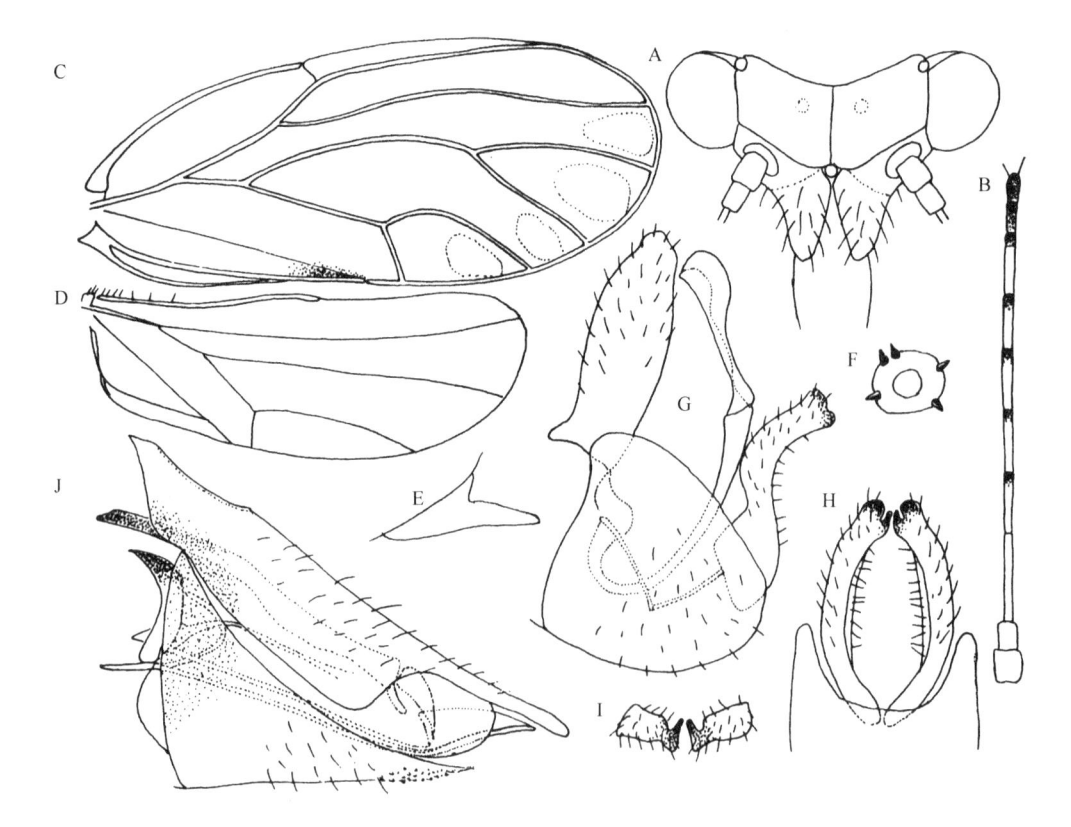

图 190 弧突柳喀木虱 *Cacopsylla arcuata* (Loginova, 1965)（引自李法圣，2011）
A. 头；B. 触角；C. 前翅；D. 后翅；E. 后基突；F. 后足胫节端部，示端距；G. 雄性腹端侧视；H. 阳基侧突后视；I. 阳基侧突顶视；J. 雌性腹端侧视

（449）垂柳喀木虱 *Cacopsylla babylonica* **Yang & Li, 1991**（图版 XVIII-4）

识别特征：雄性体长 1.5～1.6 mm，体翅长 3.0～3.2 mm。两性头、胸黄色或棕黄色，具黑褐斑；腹部黑色至黑褐色，背板第Ⅲ节、第Ⅳ节后缘具黄边，腹板两侧及后缘黄色。头顶黄褐色，前缘中间、凹陷及其周围黑色；颊锥黄色，端黑褐色；单眼橘黄色，复眼黑褐色。触角黄褐色，第 4～6 节端及第 7～10 节黑色。前胸背板黑色，后缘黄色；中胸黄褐色，前盾片侧后缘黄色，盾片 5 条黑褐色纵带，小盾片、后小盾片鲜黄色；后胸后背片黑色；胸侧下侧黄色具黑褐斑。足黄色，腿节背面及端跗节黑褐色。翅透明，前翅脉基部黄色，向端渐变黑褐色，具淡色缘纹 4 个。后足胫节具基齿，端距 5 个，后基突尖锥状。前翅长约为宽的 2.4 倍；后翅长约为宽的 2.9 倍。

取食对象：垂柳。

分布：河北、山西、陕西、宁夏、甘肃、广西、四川、贵州、云南。

（450）北京喀木虱 *Cacopsylla beijingica* **Li, 2011**（图 191）

识别特征：雄性体长 2.0 mm，体翅长 3.0 mm。两性均粉绿色，具黄斑。

图 191　北京喀木虱 *Cacopsylla beijingica* Li, 2011（引自李法圣，2011）
A～I 雄：A. 头；B. 触角；C. 前翅；D. 后翅；E. 后基突；F. 后足胫节端部，示端距；G. 雄性腹端侧视；H. 阳基侧突后视；
I. 阳基侧突顶视；J～L 雌：J. 腹端侧视；K. 肛节顶视；L. 背中突顶视

头顶粉绿色，凹陷褐色；颊锥粉绿色；单眼黄褐色，复眼褐色。触角黄色，第4～8节端及第9节、第10节褐色至黑色。胸部粉绿色，前胸两侧凹陷褐色；中胸前盾片前端黄色，盾片4条黄纵带；侧下侧具黄斑。足黄绿色，基节黑褐色。前翅透明，污黄色，脉黄色，翅痣深污黄色。后足胫节具基齿，端距5个，后基突尖锥状；前翅长约为宽的2.3倍；后翅长约为宽的2.8倍。

取食对象：柳属植物。

分布：河北、北京。

(451) 杜梨喀木虱 *Cacopsylla betulaefoliae* (Yang & Li, 1981)（图192）

识别特征：雄性体长1.8 mm，体翅长2.7 mm。雄性体黄色，具黑褐斑。头顶黄色，中缝两侧淡黄色，中缝及凹陷黑色；颊锥黄褐色；单眼黄色，复眼褐色。触角黄色至黄褐色，第3～7节端褐色，第8节端及第9节、第10节黑色。胸部黄色，中胸前盾片、盾片具褐斑或带。足黄色。前翅透明，污黄白色，端半具翅刺，A端无斑；脉黄色。腹部黄绿色。后足胫节具基齿，端距5个；后基突尖锥状。前翅长约为宽的2.3倍；后翅长约为宽的2.7倍。

取食对象：杜梨。

分布：河北、北京、山东。

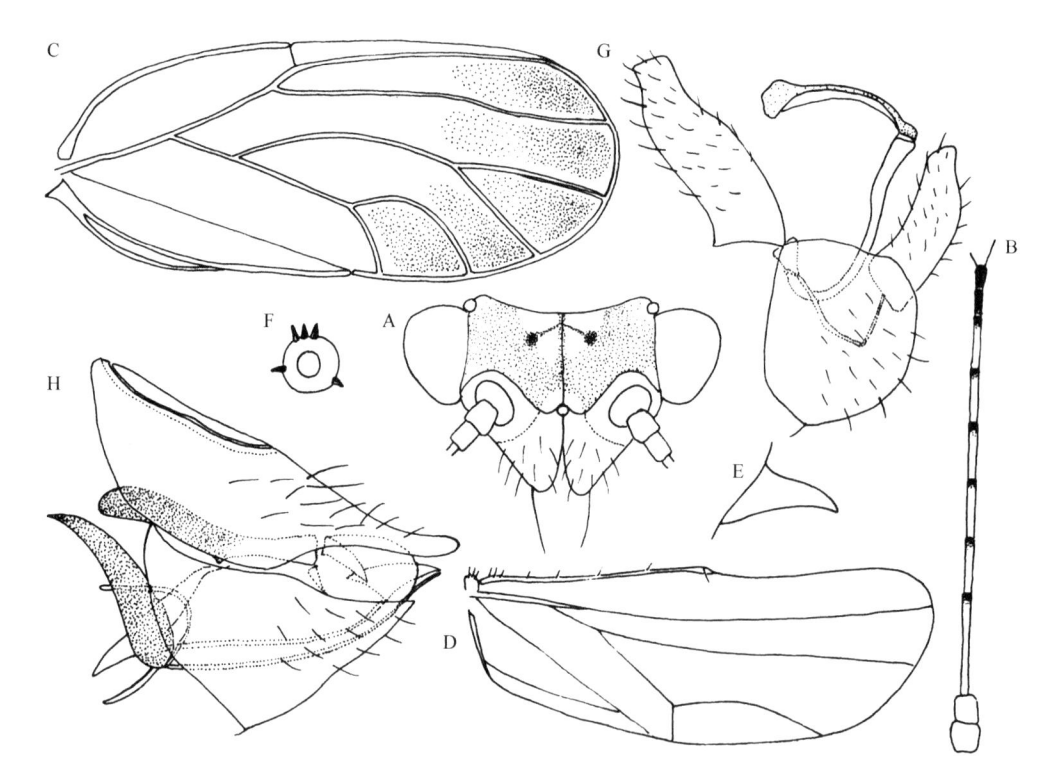

图192 杜梨喀木虱 *Cacopsylla betulaefoliae* (Yang & Li, 1981)（引自李法圣，2011）
A. 头；B. 触角；C. 前翅；D. 后翅；E. 后基突；F. 后足胫节端部，示端距；G. 雄性腹端侧视；H. 雌性腹端侧视

(452) 中国梨喀木虱 *Cacopsylla chinensis* (Yang & Li, 1981)（图版XVIII-5）

识别特征：雄性体长约 2.0 mm，体翅长 2.8~3.2 mm。两性的冬型体褐色、棕褐色或暗褐色，具深褐色斑纹；头顶中缝、前缘下黑色，颊锥黄色或黄绿色；单眼黄色，复眼褐色或黑色。触角黄褐色，第 3~8 节端及第 9 节、第 10 节褐色至黑色。胸部背面具淡黄色或橘黄色斑。足褐色或黑褐色。翅透明，前翅污褐色，脉深褐色，A 端斑黑褐色。夏型体淡绿色、黄色或淡橘黄色，胸背有时具大块黄斑；前翅脉绿色至黄绿色，A 端无斑，触角同冬型。后足胫节具基齿，端距 5（1+3+1）个，后基突锥状；前翅长为宽的 2.3~2.8 倍；后翅长为宽的 2.6~3.3 倍。

取食对象：各种栽培梨。

分布：河北、吉林、辽宁、内蒙古、北京、天津、山西、山东、陕西、宁夏、甘肃、新疆、安徽、湖北、台湾、广东、贵州。

(453) 松多波喀木虱 *Cacopsylla fulctosalaricis* Li, 2011（图 193）

识别特征：雄性体长 1.5 mm，体翅长 2.6 mm。两性均黄色至黄绿色，具黑褐斑；雌性斑不明显。头顶褐色，后缘中部及前角黄色，凹陷黑色；颊锥黄褐色；单眼褐色，复眼灰褐色。触角褐色，第 4~7 节端及第 8~10 节黑色。胸部黄色至黄褐色；前胸两侧凹陷黑褐色，中部 2 黑褐斑；中胸盾片 4 条深褐纵带；侧下侧黑色，具黄褐斑。足黄色，腿节、端跗节及前中足基节黑褐色。前翅透明，脉黄褐色到深褐色，A 端斑黑色；前后翅具翅刺。腹部黑色，背板两侧黄色。后足胫节具基齿，端距 5 个；后基突尖锥状。前翅长约为宽的 2.3 倍；后翅长约为宽的 2.6 倍。

取食对象：落叶松。

分布：河北。

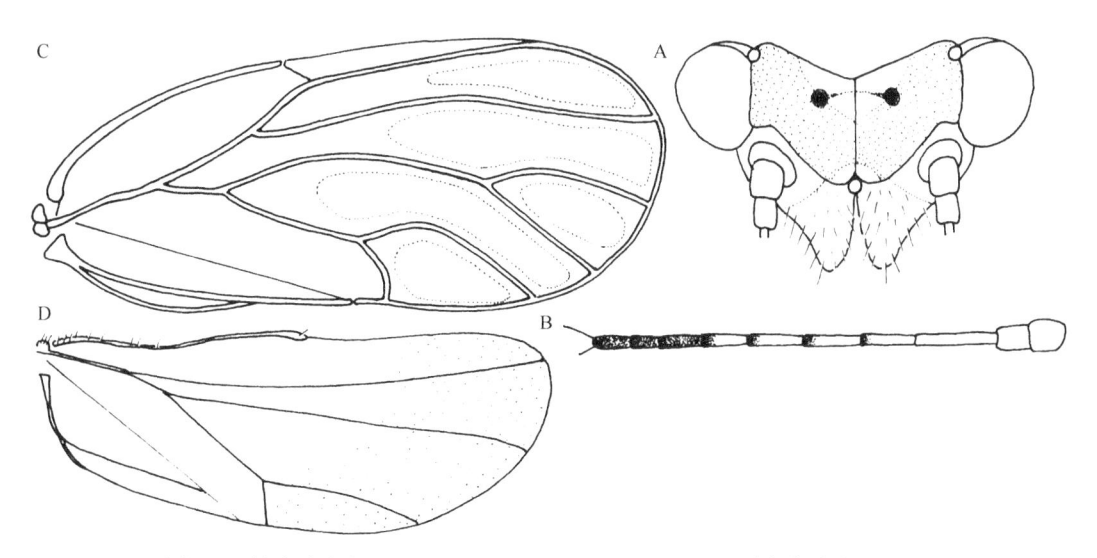

图 193 松多波喀木虱 *Cacopsylla fulctosalaricis* Li, 2011（引自李法圣，2011）
A. 头；B. 触角；C. 前翅；D. 后翅

（454）絮斑喀木虱 *Cacopsylla gossypinmaculosa* Li, 2011（图194）

识别特征：雄性体长2.0 mm，体翅长3.2 mm。两性头、胸均黄白色，具黄褐斑，腹部黑色，各节后缘具黄边。头顶黄色；颊锥黄色；单眼橘黄色，复眼灰褐色。触角黄色，第4～7节端淡褐色，第8节端及第9～10节黑色。胸部黄色至黄白色；前胸黄色，中部淡黑色；中胸黄白色，前盾片黄褐纵带或斑分布前端2块、盾片5条；后小盾片黑色。足黄色，腿节背面具黑褐斑纹，后基突黄白色。前翅透明，浅污黄色，翅端由Rs脉后至Cu_{1a}室具絮状褐斑，外缘弯曲，Cu_2端斑褐色，脉黄褐色；A端斑黑色，明显，沿Cu_2斑淡褐色。后足胫节具基齿，端距5（1+3+1）个，基跗节1对爪状距；后基突长锥状，顶尖。前翅长约为宽的2.3倍，前缘具断痕，翅痣长三角形；后翅长约为宽的2.8倍。

取食对象：胡颓子。

分布：河北、北京、山西、陕西。

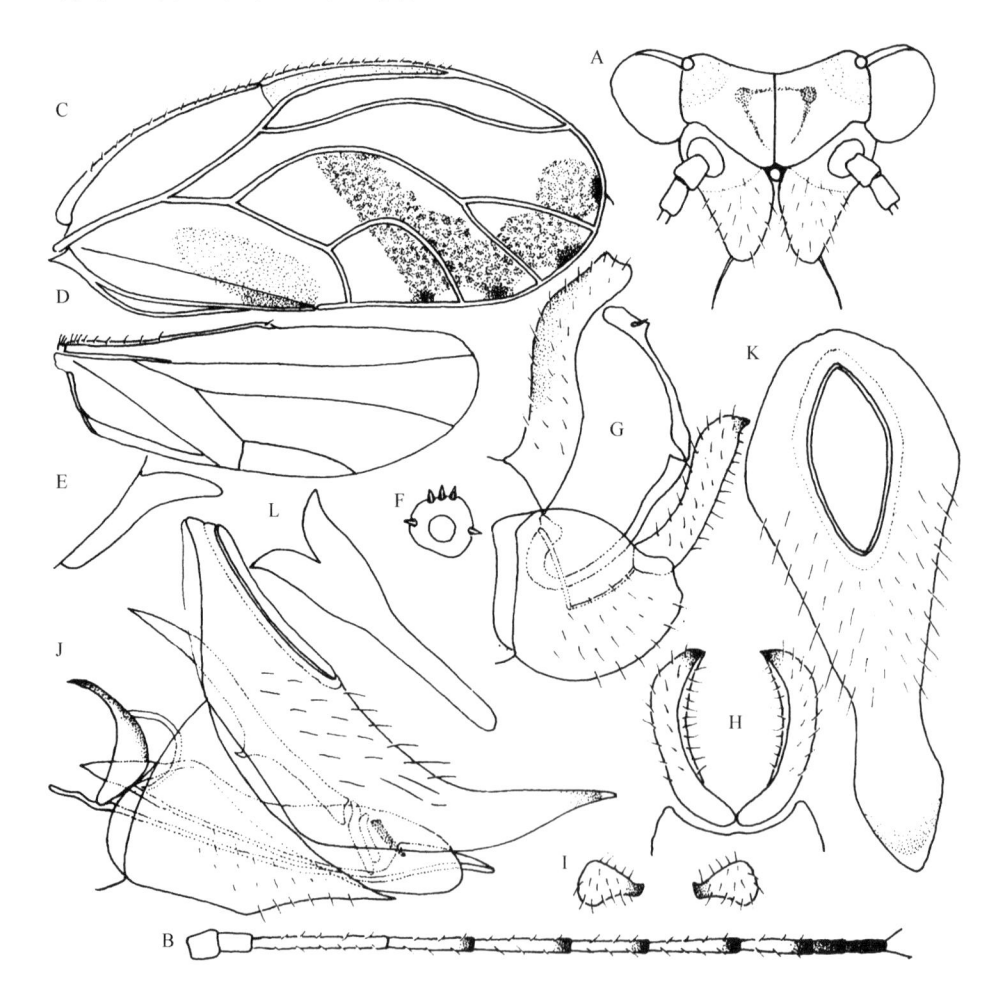

图194 絮斑喀木虱 *Cacopsylla gossypinmaculosa* Li, 2011（引自李法圣，2011）
A～I 雄：A. 头；B. 触角；C. 前翅；D. 后翅；E. 后基突；F. 后足胫节端部，示端距；G. 腹端侧视；H. 阳基侧突后视；I. 阳基侧突顶视；J～L 雌：J. 腹端侧视；K. 肛节顶视；L. 背中突顶视

（455）光头山喀木虱 *Cacopsylla guangtoushansalicis* Li, 2011（图 195）

识别特征：雄性体长 1.5 mm，体翅长 3.1 mm。两性头顶深黄色，两侧中前角黄色，中缝两侧凹陷黑褐色；颊锥淡黄色；单眼橘黄色，复眼黑色。触角褐色，第 1~2 节黑褐色，第 3~6 节及第 7~10 节黑色。胸背黄色，前胸背板中间和两侧凹陷黑褐色；中胸盾片 4 条深褐纵带，小盾片中间橘黄色；胸侧下侧黑色，具黄斑。足黄色，端跗节黑褐色，中后足基节黑色，后基突黄色。前翅透明，污白色，脉黄色至黄褐色，缘纹 4 个，A 端斑淡褐色；后翅刺明显。腹部黄色，腹板棕褐色。后足胫节具基齿，端距 5 个，后基突尖锥状；前翅长约为宽的 2.3 倍；后翅长约为宽的 2.9 倍。

取食对象：小叶山毛柳。

分布：河北。

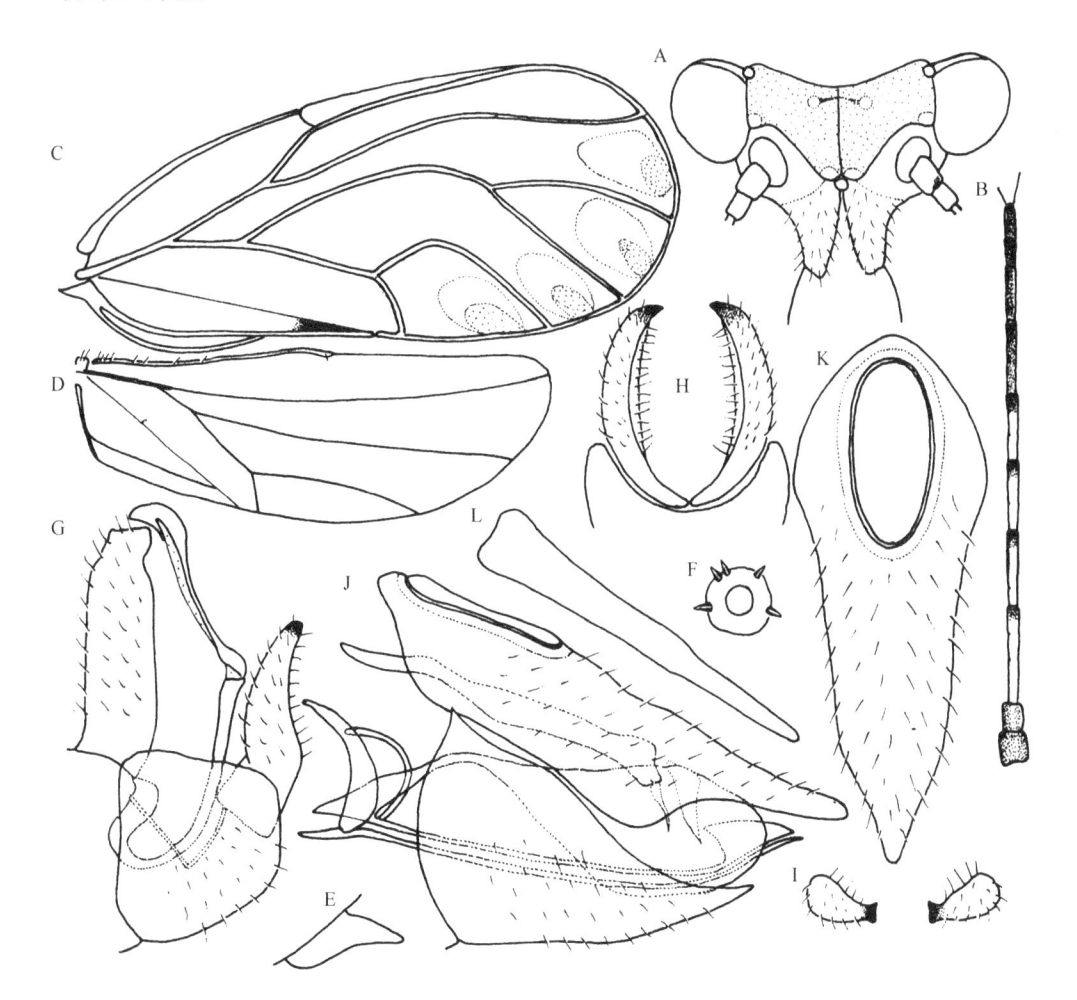

图 195 光头山喀木虱 *Cacopsylla guangtoushansalicis* Li, 2011（引自李法圣，2011）
A~I 雄：A. 头；B. 触角；C. 前翅；D. 后翅；E. 后基突；F. 后足胫节端部，示端距；G. 腹端侧视；H. 阳基侧突后视；I. 阳基侧突顶视；J~L 雌：J. 腹端侧视；K. 肛节顶视；L. 背中突顶视

（456）异杜梨喀木虱 *Cacopsylla heterobetulaefoliae* (Yang & Li, 1981)（图196）

识别特征：雄性体长1.9 mm，体翅长3.0 mm。雄性体黄色，具黑褐斑。头顶黄色，具褐斑，中缝黑褐色，两侧凹陷黑色，颊锥黄褐色；单眼黄色，复眼褐色。触角黄褐色，第3~5节端、第6~7节大部分及第9~10节黑褐色。胸部黄色，中胸前盾片、盾片具褐色至黑褐色斑或带。足黄色。前翅污白色，近半透明，布满翅刺，A端具黑斑；脉褐色。腹部黄绿色。后足胫节具基齿，端距5个；后基突尖锥状。前翅长约为宽的2.4倍；后翅长约为宽的2.9倍。

取食对象：杜梨。

分布：河北、北京。

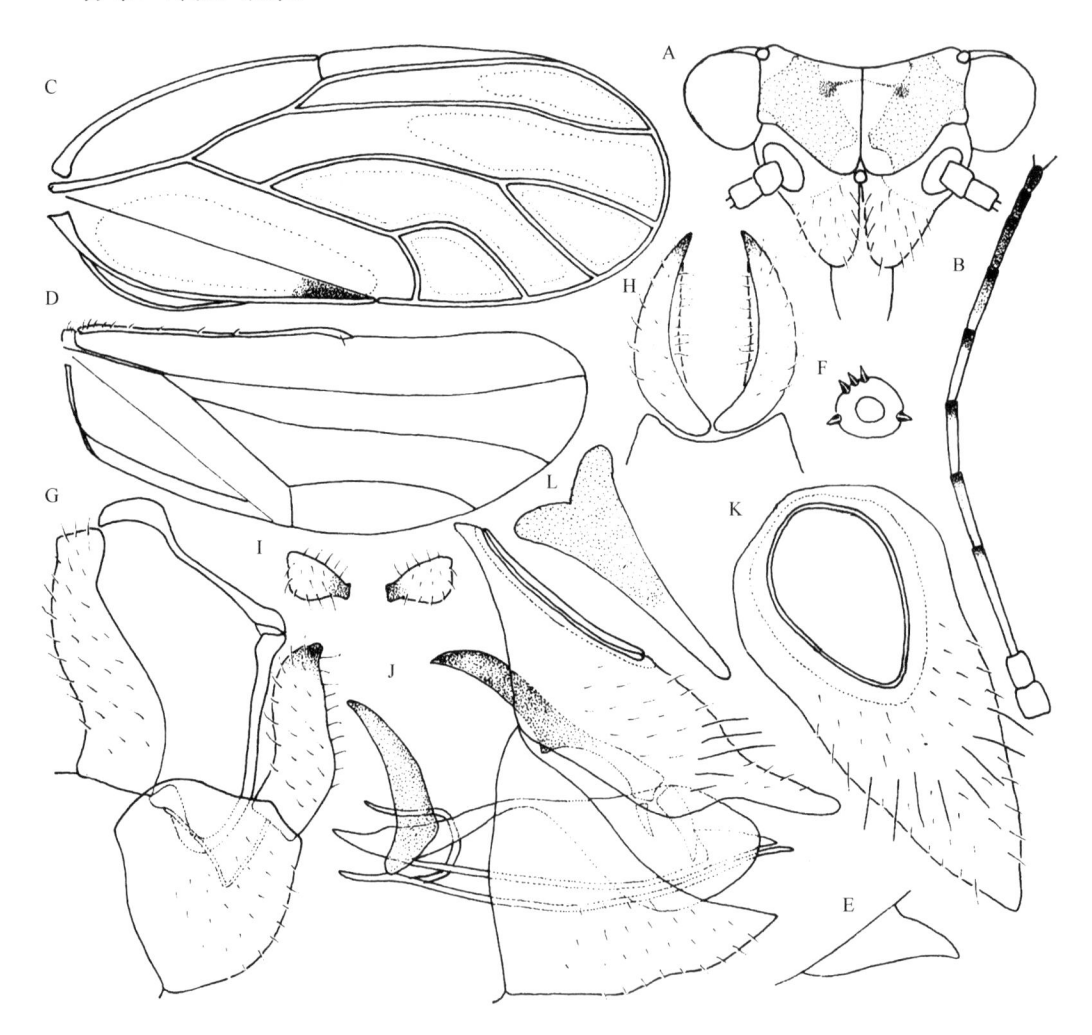

图196 异杜梨喀木虱 *Cacopsylla heterobetulaefoliae* (Yang & Li, 1981)（引自李法圣，2011）
A~I 雄：A. 头；B. 触角；C. 前翅；D. 后翅；E. 后基突；F. 后足胫节端部，示端距；G. 腹端侧视；H. 阳基侧突后视；
I. 阳基侧突顶视；J~L. 雌：J. 腹端侧视；K. 肛节顶视；L. 背中突顶视

（457）山楂喀木虱 *Cacopsylla idiocrataegi* Li, 1992（图197）

识别特征：雄性体长 1.2～1.6 mm，体翅长 2.6～2.8 mm。两性的冬型体深褐色，具深褐色斑纹；头顶深褐色，沿中缝两侧黄色，凹陷黑褐色；颊锥黑褐色；单眼黄色，复眼棕色。触角黄褐色，第1～2节基、第4节端及第6～10节黑色（夏型同冬型，但第6节仅基部黑色）。胸部背板黄色，前胸背板3褐斑，两侧凹陷深褐色；中胸前盾片褐色，两后缘黄色，盾片5黑褐色纵带，小盾片黑色，两侧前角黄色；后小盾片及胸侧下侧黑色至黑褐色。足黄褐色，腿节黑褐色。前翅透明，缘纹4个，脉深褐色，A端无斑。夏型体黄色至黄绿色。后足胫节具基齿，端距5（1+3+1）个；后基突锥状。前翅长为宽的2.1～2.4倍；后翅长为宽的2.4～3.0倍。

取食对象：山楂。

分布：河北、吉林、辽宁、山西。

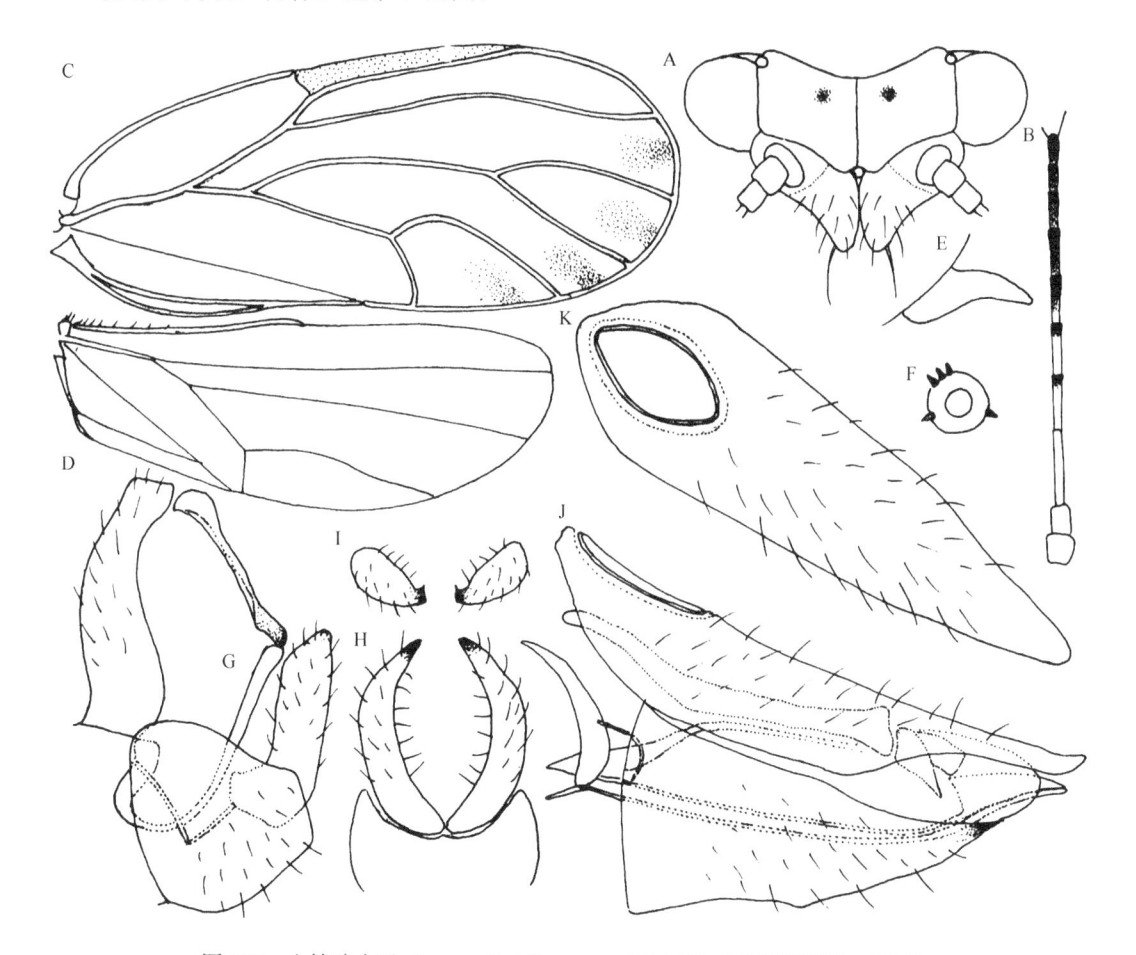

图197 山楂喀木虱 *Cacopsylla idiocrataegi* Li, 1992（引自李法圣，2011）
A～I 雄：A. 头；B. 触角；C. 前翅；D. 后翅；E. 后基突；F. 后足胫节端部，示端距；G. 腹端侧视；H. 阳基侧突后视；I. 阳基侧突顶视；J、K 雌：J. 腹端侧视；K. 肛节顶视

（458）辽梨喀木虱 *Cacopsylla liaoli* (Yang & Li, 1981)（图版 XVIII-6）

识别特征：雄性体长 1.6 mm，体翅长 2.8 mm。两性均黑褐色；头顶黑色，头顶中间、后缘黑褐色；颊锥黑色；单眼黄色，复眼棕褐色。触角黄色，第 4 节端褐色，第 7～10 节黑色。胸部黑褐色；前胸背板、中胸前盾片、盾片中间褐色，小盾片褐色。足黄褐色，前中足跗节、后足腿节背面黑褐色。前翅污白色，后半部黑褐色，近半透明，脉黄色；后翅污黄褐色，后半淡褐色。腹部黑褐色，各节后缘黑褐色。后足胫节具基齿，端距 5 个；后基突锥状。前翅长约为宽的 2.3 倍；后翅长约为宽的 2.9 倍。

取食对象：秋子梨、山梨、洋梨、白梨等梨属植物。

分布：河北、北京、辽宁、山西、甘肃、湖北。

（459）脊头喀木虱 *Cacopsylla liricapita* Li, 2011（图 198）

识别特征：雄性体长 2.0～2.5 mm，体翅长 3.4～3.8 mm。两性头胸均橘黄色，具棕褐斑，

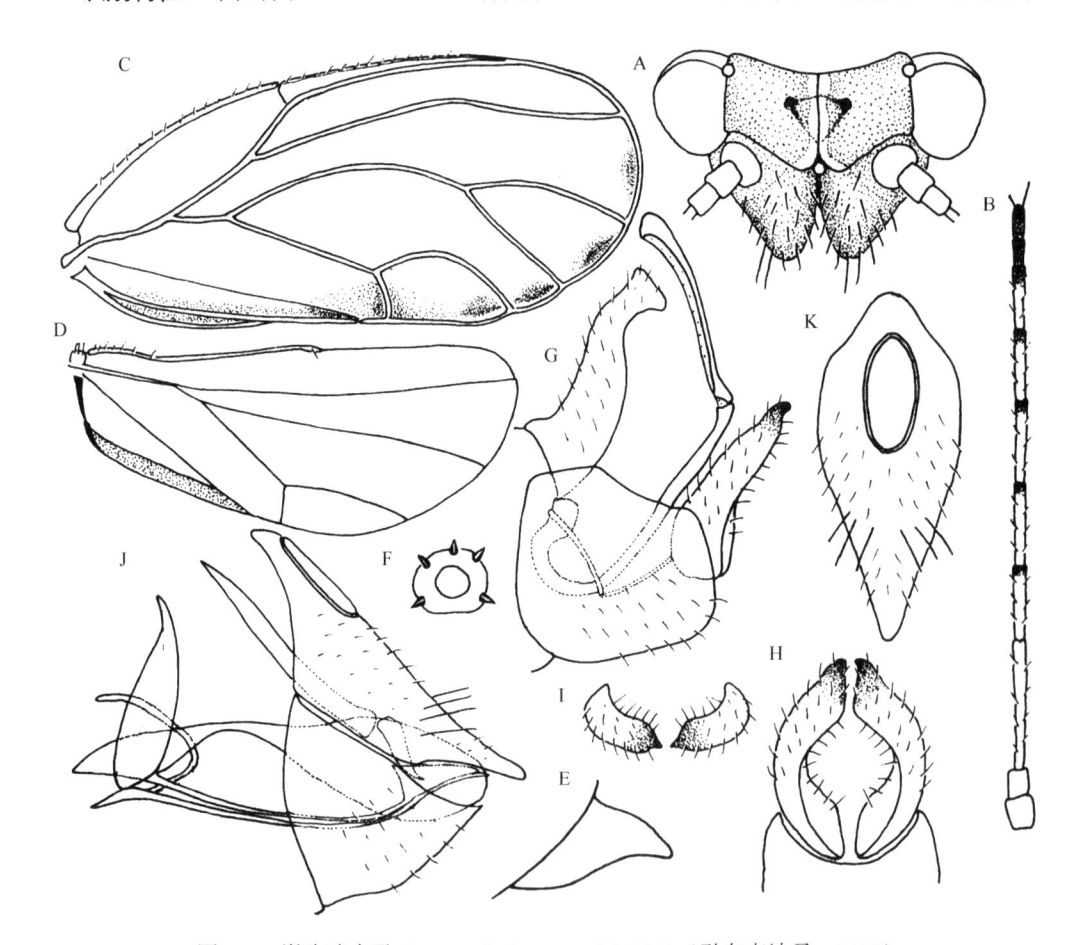

图 198 脊头喀木虱 *Cacopsylla liricapita* Li, 2011（引自李法圣，2011）

A～I 雄：A. 头；B. 触角；C. 前翅；D. 后翅；E. 后基突；F. 后足胫节端部, 示端距；G. 腹端侧视；H. 阳基侧突后视；I. 阳基侧突顶视；J、K 雌：J. 腹端侧视；K. 肛节顶视

腹部绿色。头顶中部红褐色，两侧黄色；颊锥红褐色；单眼黄色，复眼棕褐色。触角黄褐色，第4～8节端褐色，第9～10节黑色。胸部橘黄色，棕褐带前胸背板4、中胸前盾片2、盾片4。足黄褐色，下侧及后基突黄绿色。前翅深污黄色，透明，脉黄色，由R$_5$室沿翅缘向后至Cu$_{1b}$各翅室具1黑褐斑，臀区褐色，A端具黑斑；后翅透明，臀区黑褐色。腹部绿色。后足胫节具基齿，端距5个，基跗节1对爪状距；后基突锥状，顶尖。前翅长为宽的2.0～5.0倍；后翅长为宽的2.2～2.8倍。

取食对象：茶条槭。

分布：河北、黑龙江、吉林、辽宁、北京、山西、陕西。

（460）苹果喀木虱 *Cacopsylla mali* (Schmidberger, 1836)（图199）

识别特征：雄性体长1.9～2.1 mm，体翅长3.4～3.5 mm。两性全体黄绿色。头顶黄色，颊锥黄绿色，单眼橘黄色，复眼灰褐色。触角黄褐色，第8节端及第9～10节黑褐色。前翅透明，脉黄绿色至黄色，具淡色缘纹4个。后足胫节具基齿，端距5个；后基突锥状。

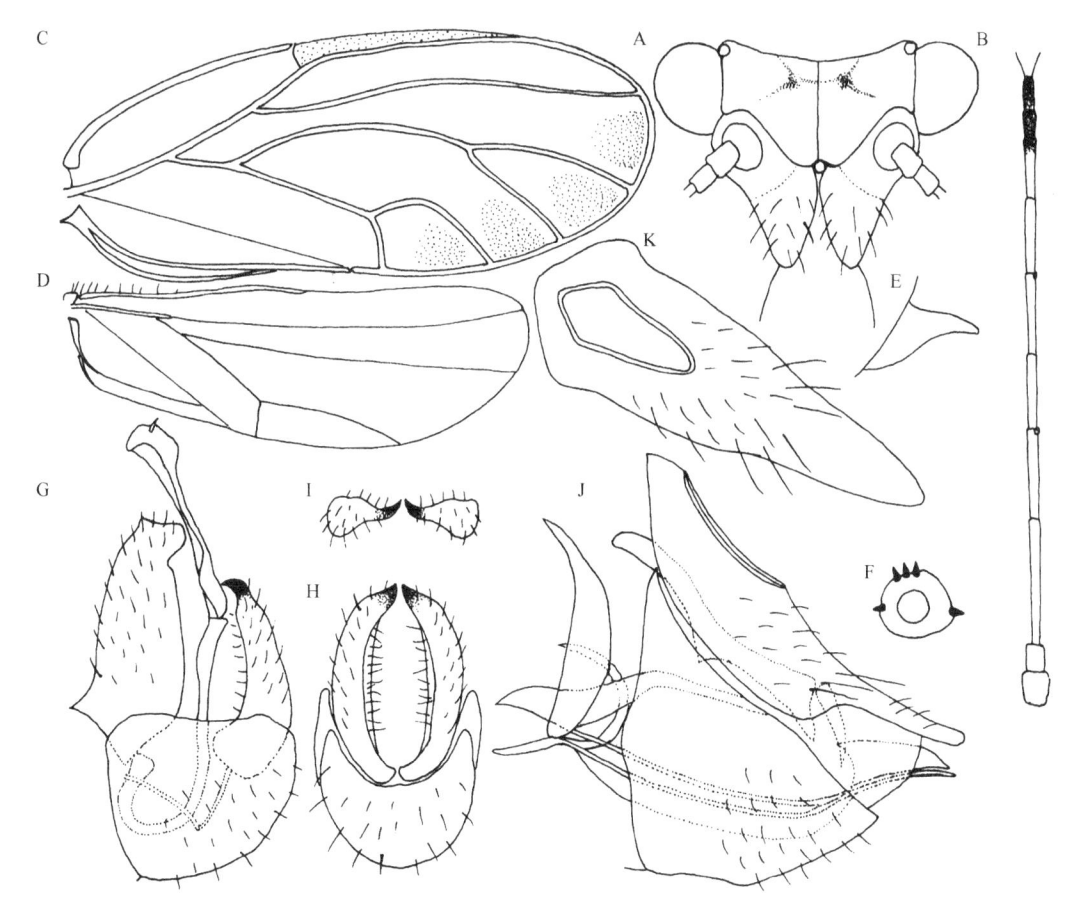

图199 苹果喀木虱 *Cacopsylla mali* (Schmidberger, 1836)（引自李法圣，2011）
A～I 雄：A. 头；B. 触角；C. 前翅；D. 后翅；E. 后基突；F. 后足胫节端部，示端距；G. 腹端侧视；H. 阳基侧突后视；I. 阳基侧突顶视；J、K 雌：J. 腹端侧视；K. 肛节顶视

前翅长为宽的 2.4~2.5 倍；Rs 脉明显弓弯，伸达翅端；M+Cu$_1$ 约为 R 长的 70%；M 分叉长，约为 M$_{1+2}$ 长的 1.7 倍；Cu$_{1a}$ 室短小，Cu$_{1a}$ 约为 Cu$_1$ 长的 1.1 倍。后翅长为宽的 2.8~2.9 倍；Cu$_{1a}$ 室长约为高的 4.3 倍。

取食对象：山荆子。

分布：河北、内蒙古、北京、四川；蒙古国，俄罗斯，哈萨克斯坦，土耳其，欧洲。

（461）苹栖喀木虱 *Cacopsylla malicola* Li, 1992（图 200）

识别特征：雄性体长 1.5 mm，体翅长 2.6 mm。两性均黄色，具黄斑，胸侧下侧具黑褐斑，被 1 层白粉；腹部黑褐色，各节后缘黄色。头顶淡黄色；颊锥黑褐色，雌性粉绿色；单眼黄褐色，复眼棕黑褐色。触角黄褐色，第 1 节基部、第 4~7 节端褐色，第 8 节端大部分及第 9~10 节黑色。前胸背板中部黑褐色，两侧具凹窝；中胸前盾片中部 2 黄斑，盾片 5 黄纵带，小盾片和后小盾片黄白色；后胸后背片黑褐色。足黄色至黄褐色，

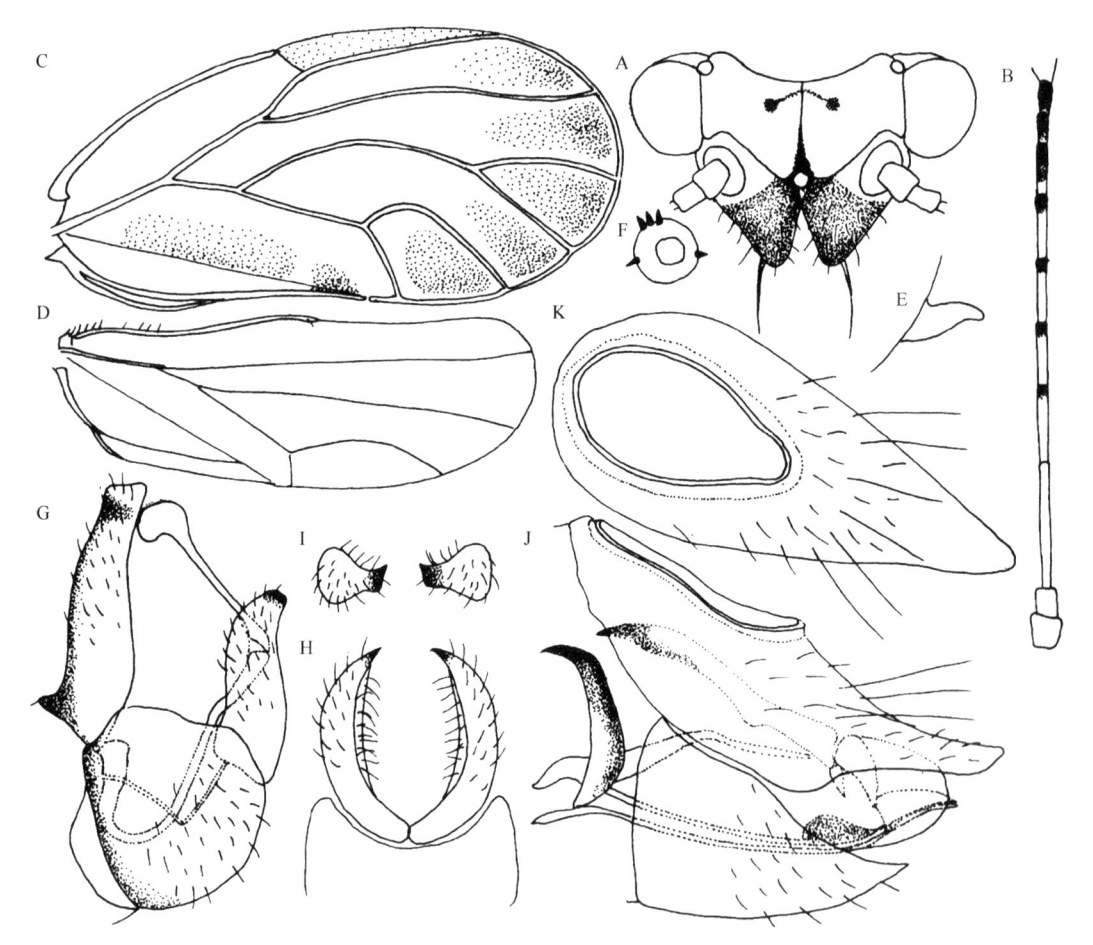

图 200 苹栖喀木虱 *Cacopsylla malicola* Li, 1992（引自李法圣，2011）
A~I 雄：A. 头；B. 触角；C. 前翅；D. 后翅；E. 后基突；F. 后足胫节端部，示端距；G. 腹端侧视；H. 阳基侧突后视；I. 阳基侧突顶视；J、K 雌：J. 腹端侧视；K. 肛节顶视

腿节、端跗节黑褐色。前翅污白色，透明，脉间斑明显，A 端具黑斑；脉淡黄色或污白色。后足胫节具基齿，端距 5 个；后基突尖锥状。前翅长约为宽的 2.4 倍；后翅长约为宽的 2.7 倍。

取食对象：苹果。

分布：河北、北京。

（462）乳锥喀木虱 *Cacopsylla mamillata* Li & Yang, 1989（图 201）

识别特征：雄性体长 2.0～2.8 mm，体翅长 3.6～4.1 mm。两性均棕褐色至黑色，具黄斑；头顶棕褐色，中缝两侧，两侧前、下角黄色，中缝黑色；颊锥黄褐色，端黑褐色；单眼黄褐色，复眼黑褐色。触角黑褐色，第 1 节、第 3～8 节端及第 9～10 节黑色。胸部黑色，具黄色或棕褐色斑；前胸黄色，两侧凹陷黑褐色，中部具 3 黑褐斑；中胸前盾片两侧角之后及后缘黄色，盾片 6 棕褐色纵带，小盾片两侧黄色。足黄褐色，后基突黄色。翅透明，前翅污黄色，脉黄褐色，脉间斑明显，缘纹 4 个，A 端具黑褐斑。腹部黑色，各节后缘及两侧棕褐色。后足胫节具基齿，端距 5 个；后基突锥状。前翅长约为宽的 2.3 倍；后翅长约为宽的 2.7 倍。

取食对象：落叶松。

分布：河北、吉林、辽宁、内蒙古、山西、陕西、宁夏、甘肃。

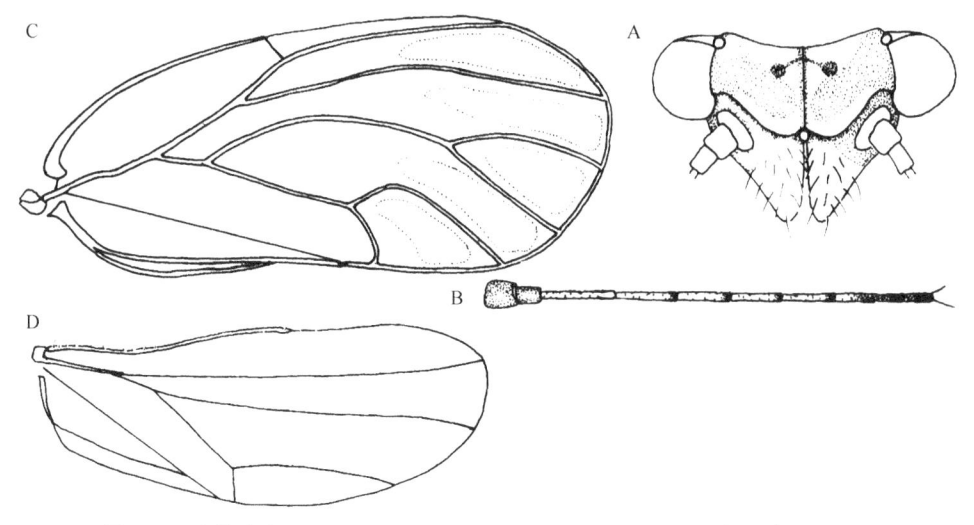

图 201　乳锥喀木虱 *Cacopsylla mamillata* Li & Yang, 1989（引自李法圣，2011）
A. 头；B. 触角；C. 前翅；D. 后翅

（463）异喀木虱 *Cacopsylla peregrina* (Föerster, 1848)（图 202）

识别特征：雄性体长 1.9～2.3 mm，体翅长 2.5～4.4 mm。两性全体绿色或黄色，具黄斑。单眼淡黄色，复眼褐色。触角黄色，第 4～8 节端及第 9～10 节褐色至黑色。前胸背板绿色至粉绿色；中胸前盾片、盾片黄色。足黄绿色，跗节黄褐色。前翅透明，脉黄色，脉间多翅刺,缘纹淡。后足胫节具基齿,端距 5 个;后基突锥状。前翅长约为宽的 2.4 倍;后翅长约为宽的 2.8 倍。

取食对象:山荆子、山楂、花叶海棠、秋子梨、木梨、麻梨、栒子。

分布:河北、吉林、辽宁、山西、宁夏、甘肃、青海、西藏;蒙古国,俄罗斯,哈萨克斯坦,土耳其,欧洲。

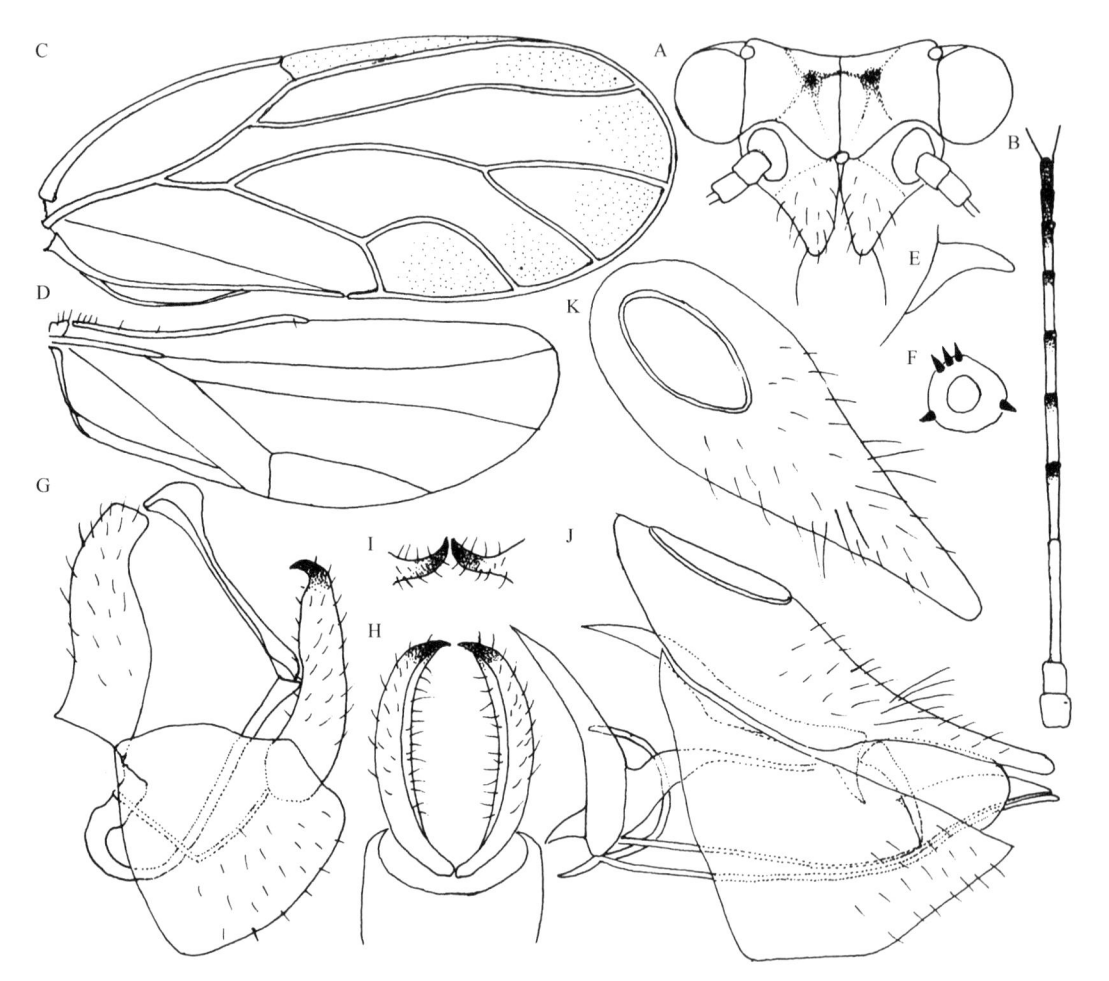

图 202　异喀木虱 Cacopsylla peregrina (Föerster, 1848)(引自李法圣,2011)
A~I 雄:A. 头;B. 触角;C. 前翅;D. 后翅;E. 后基突;F. 后足胫节端部,示端距;G. 腹端侧视;H. 阳基侧突后视;
I. 阳基侧突顶视;J、K 雌:J. 腹端侧视;K. 肛节顶视

(464)褐梨喀木虱 *Cacopsylla phaeocarpae* (Yang & Li, 1981) (图 203)

识别特征:雄性体长 1.8 mm,体翅长 2.9~3.0 mm。雄性黄色至黄绿色,具黑褐色斑;雌性黄色,斑不明显。头顶黄色,雄性具黑褐色斑;雌性颊锥黑褐色,基部黄色,雄性黄色;单眼黄色,复眼棕褐色。触角黄色,雄性第 5 节端或雌性第 6~8 节端及第 9~10 节黑色。胸部黄色,中胸盾片具大黑斑。足黄色。前翅透明,污黄白色,皮革状,端

斑污白色，脉黄色。腹部黄绿色，雄性阳基侧突黑色。前翅长约为宽的2.3倍；后翅长约为宽的2.6倍。

取食对象：褐梨。

分布：河北、北京、山东、陕西、甘肃。

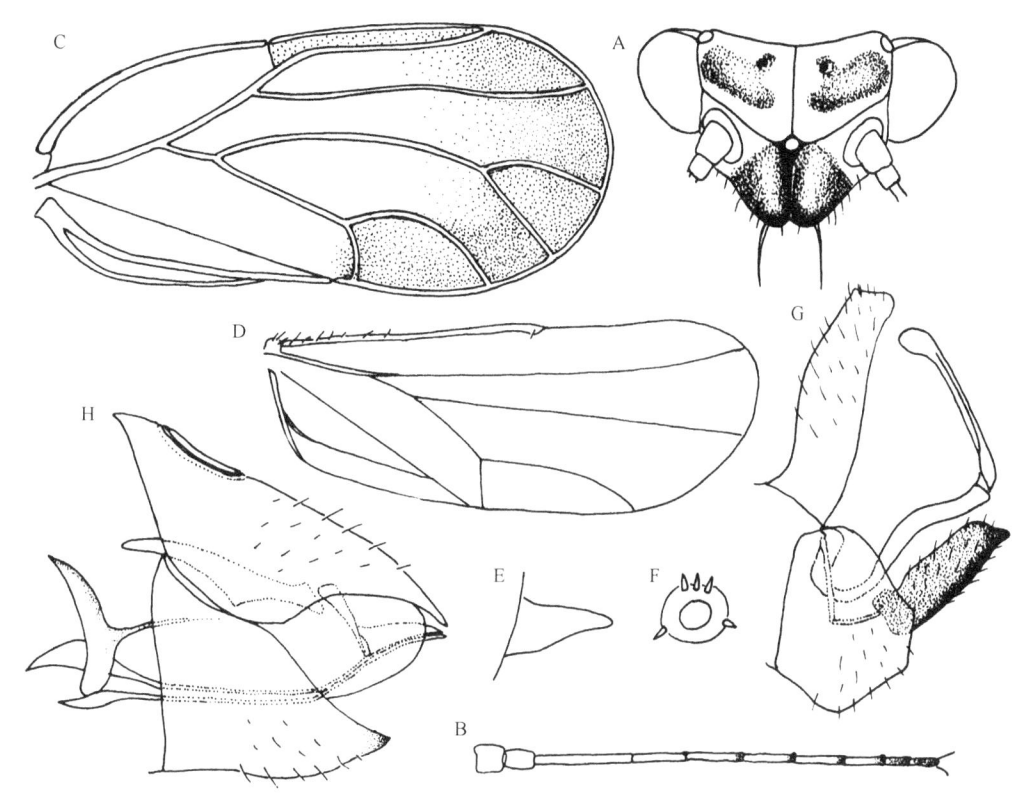

图203 褐梨喀木虱 *Cacopsylla phaeocarpae* (Yang & Li, 1981)（引自李圣法，2011）
A. 头；B. 触角；C. 前翅；D. 后翅；E. 后基突；F. 后足胫节端部，示端距；G. 雄性腹端侧视；H. 雌性腹端侧视

（465）四节喀木虱 *Cacopsylla quattuorimegma* Li, 2011（图204）

识别特征：体长2.0 mm，体翅长3.3 mm。雌性头顶橘黄色，两侧及中缝两侧端黄色，凹陷黑色；颊锥黄色，端黑褐色；单眼黄色，复眼棕褐色。触角黄褐色，第1～2节基部、第4～6节端及第7～10节黑色。胸部黄色，前胸背板中部具褐斑，两侧凹陷黑色；中胸前盾片中间1条鲜黄色细纵线纹，盾片4黄纵线纹，小盾片两侧前角黄色，翅前片前端黑色；侧下侧黑色，中胸侧板上端黄色。足黑色，转节、前中足腿节端、胫节、跗节及后基突黄色。前翅透明，污黄褐色，具翅刺，A端具黑斑；脉黄色。腹部黑色，背板两侧具少量黄斑。前翅长约为宽的2.4倍，后翅长约为宽的2.8倍。

分布：河北、北京。

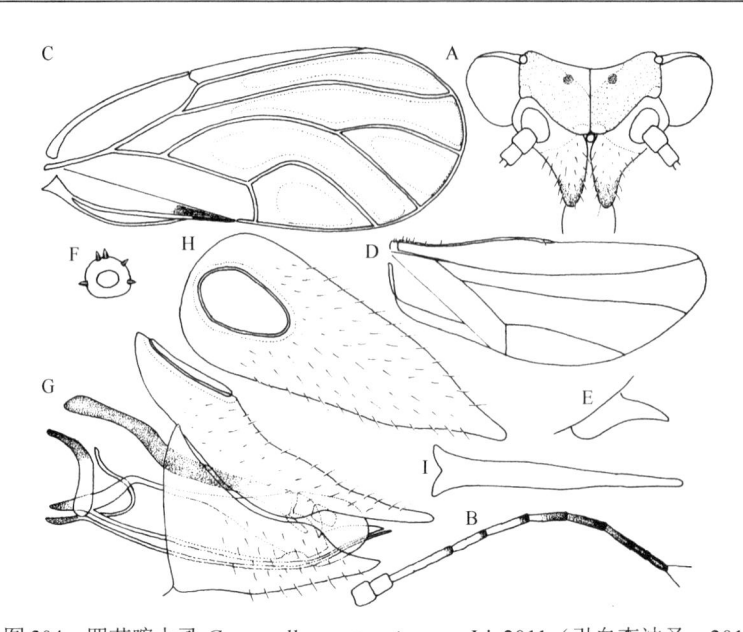

图 204 四节喀木虱 Cacopsylla quattuorimegma Li, 2011（引自李法圣，2011）
A. 头；B. 触角；C. 前翅；D. 后翅；E. 后基突；F. 后足胫节端部，示端距；G. 生殖节侧视；H. 肛节顶视；I. 背中突顶视

（466）普通柳喀木虱 *Cacopsylla vulgaisalicis* Li, 2011（图 205）

识别特征：雄性体长 1.7 mm，体翅长 2.7 mm。两性均橘黄色。头顶褐色，后缘及中

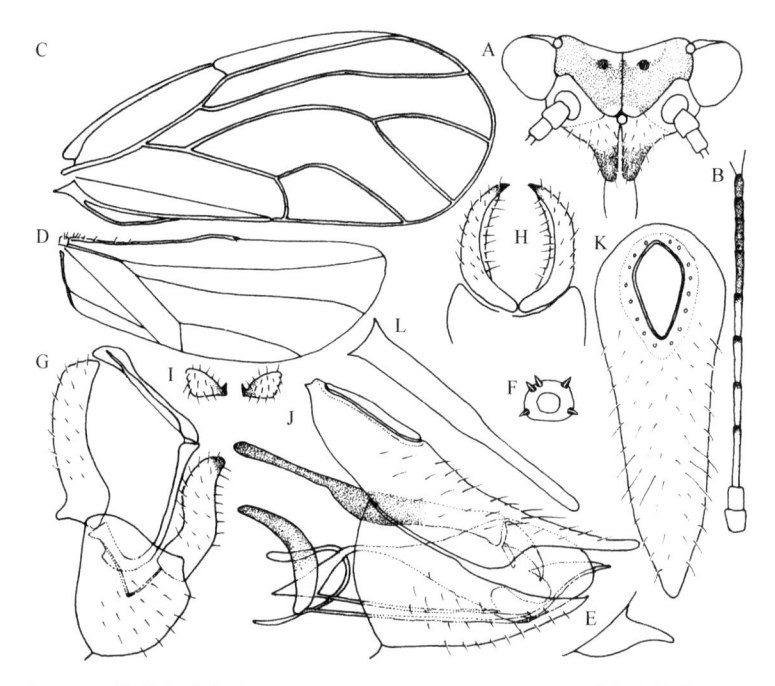

图 205 普通柳喀木虱 *Cacopsylla vulgaisalicis* Li, 2011（引自李法圣，2011）
A～I 雄：A. 头；B. 触角；C. 前翅；D. 后翅；E. 后基突；F. 后足胫节端部，示端距；G. 腹端侧视；H. 阳基侧突后视；I. 阳基侧突顶视；J～L 雌：J. 腹端侧视；K. 肛节顶视；L. 背中突顶视

间前角黄色；颊锥黄色，端黑褐色；单眼黄色，复眼褐色。触角黄褐色，第1~2节、第3~6节端及第7~10节黑色，端刚毛黄色。胸部黄色，侧下侧黑色，具黄斑；前胸背板前缘及两侧凹陷黑色；中胸前盾片前端中间褐色，盾片具5黑褐纵带，小盾片前缘中间褐色。足黄色，基节黑色，腿节及端跗节黑褐色。翅透明，皮纸状；脉褐色，具不明显缘纹。腹部黑褐色，生殖节雄性黄色。前翅长约为宽的2.1倍；后翅长约为宽的2.6倍。

取食对象：柳。

分布：河北（平泉）、陕西、甘肃、湖北。

（467）香山喀木虱 *Cacopsylla xiangshanica* Li, 2011（图206）

识别特征：体长2.0 mm，体翅长3.4 mm。雌性头顶橘黄色，前、后缘中间、两侧下角黄色，中缝、凹陷及前缘黑色；颊锥橘黄色，端黑褐色；单眼黄色，复眼黄褐色。触角黄褐色，第3~8节端及第9~10节黑色。前胸背板黄色，两侧凹陷黑色，中部3褐斑；中胸黄色至深黄褐色，前盾片后缘黄色，盾片5条深褐纵带；侧下侧黑色，具橘黄色斑。足黄色，基节、腿节、前中足端跗节黑色至黑褐色。翅透明，脉间布满翅刺；前翅脉黑褐色，A端斑黑色。腹部黑色，背板两侧绿色，腹板后缘黄色。前翅长约为宽的2.2倍；后翅长约为宽的2.7倍。

分布：河北、北京。

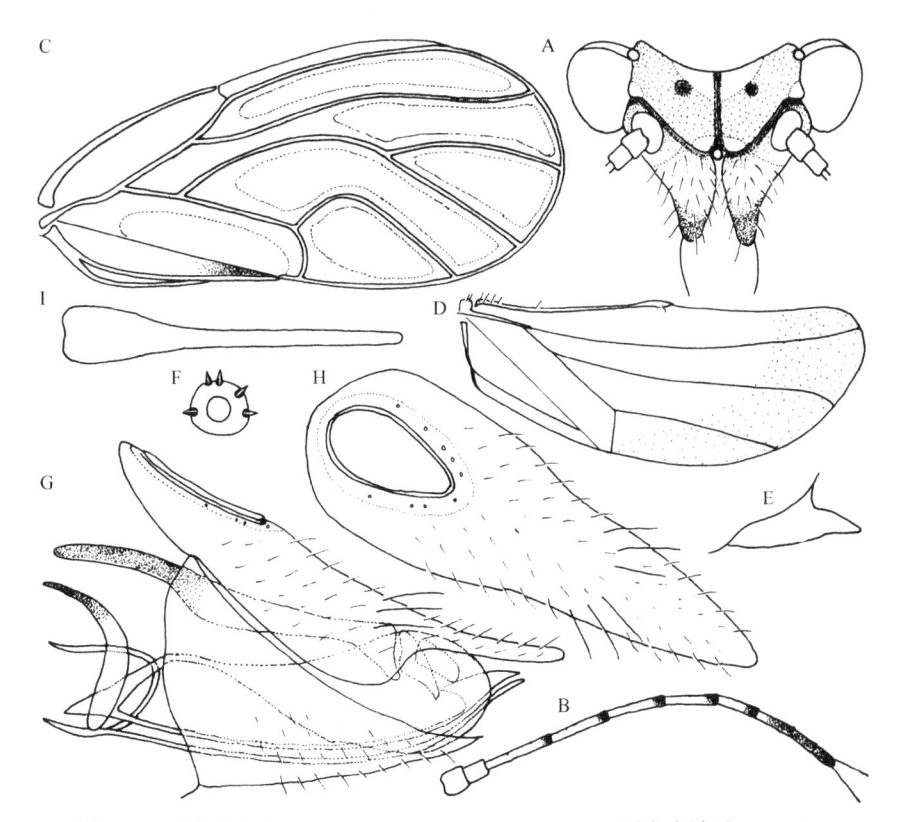

图206 香山喀木虱 *Cacopsylla xiangshanica* Li, 2011（引自李法圣，2011）
A. 头；B. 触角；C. 前翅；D. 后翅；E. 后基突；F. 后足胫节端部，示端距；G. 雌性生殖节侧视；H. 肛节顶视；I. 背中突顶视

(468) 云斑豆木虱 *Cyamophila nebulosimacula* Li, 2011（图 207）

识别特征：体长 2.2 mm，体翅长 3.1 mm。雌性体褐色，具深褐色斑。头顶黄褐色，具深褐色斑；单眼黄褐色，复眼褐色。触角褐色，基部 2 节、第 3～5 节端深褐色，第 7～10 节黑色至黑褐色。胸部褐色，前胸背板两侧凹陷深褐色；中胸前盾片侧后缘黄色，盾片 4 深褐纵带，小盾片黄色，基端黑褐色。足黄褐色，腿节背面、胫节端及跗节黑褐色。前翅透明，具黑褐斑；脉黄色，具斑处脉黑褐色；后翅前缘区透明，余淡黑褐色。腹部黑色至黑褐色，各节后缘黄白色。前翅长约为宽的 2.2 倍；后翅长约为宽的 3.0 倍。

分布：河北。

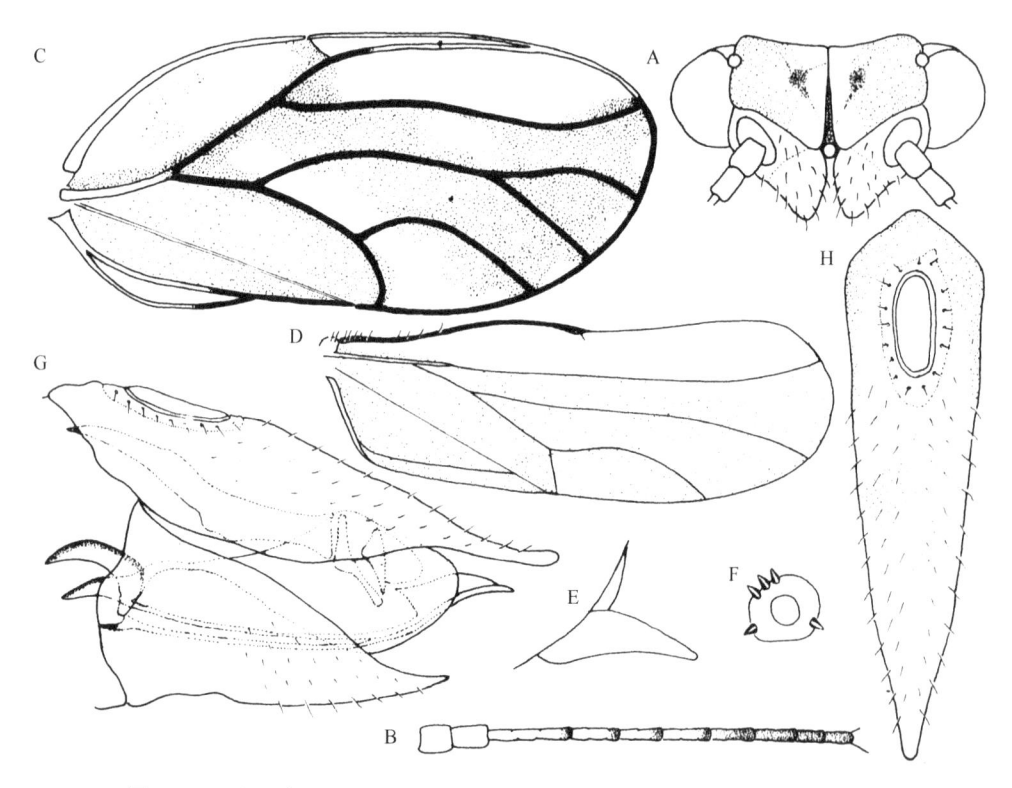

图 207　云斑豆木虱 *Cyamophila nebulosimacula* Li, 2011（引自李法圣，2011）
A. 头；B. 触角；C. 前翅；D. 后翅；E. 后基突；F. 后足胫节端部，示端距；G. 雌性生殖节侧视；H. 肛节顶视

(469) 平泉豆木虱 *Cyamophila pingquanana* Li, 2011（图 208）

识别特征：雄性体长 2.5 mm，体翅长 3.9 mm，粗壮。两性均粉绿色，胸背具黄斑。单眼黄色，复眼褐色。触角绿色，第 4～5 节端、第 6～7 节大部分及第 8～10 节黑色。足黄绿色。前翅透明，具黑色缘纹 4 个，A 端具黑斑；脉黄绿色。腹部粉绿色。前翅长 2.9 mm，宽 1.3 mm，长约为宽的 2.2 倍，翅痣长三角形；后翅长约为宽的 2.7 倍。

取食对象：锦鸡儿。

分布：河北（承德）。

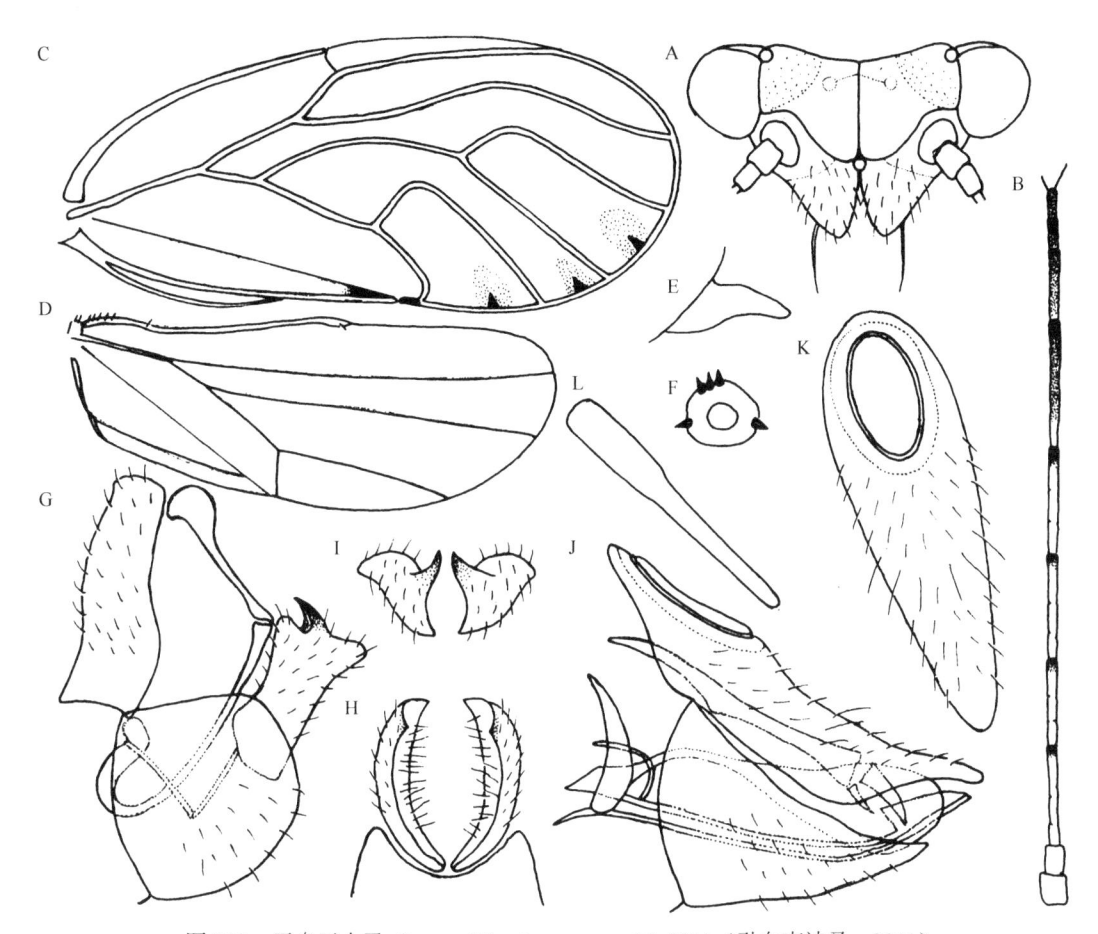

图 208　平泉豆木虱 *Cyamophila pingquanana* Li, 2011（引自李法圣, 2011）
A~I 雄：A. 头；B. 触角；C. 前翅；D. 后翅；E. 后基突；F. 后足胫节端部, 示端距；G. 生殖节侧视；H. 阳基侧突后视；
I. 阳基侧突顶视；J~L 雌：J. 生殖节侧视；K. 肛节顶视；L. 背中突顶视

（470）马蹄针豆木虱 *Cyamophila viccifoliae* **(Yang & Li, 1984)**（图 209）

识别特征：雄性体长 1.8~2.0 mm，体翅长 3.0~3.2 mm。两性全绿色至黄绿色。单眼黄色，复眼赭色。触角黄绿色，第 4~7 节端及第 8~10 节黑色。前翅透明，污黄色，缘纹 3 个；脉黄绿色至黄褐色。头前缘膨突；颊锥圆锥状，中间分开，端圆钝，1 对长刚毛。前翅长约为宽的 2.3 倍，翅痣长三角形；后翅长约为宽的 2.5 倍。

取食对象：马蹄针。

分布：河北、北京、山西、陕西、甘肃、贵州、云南。

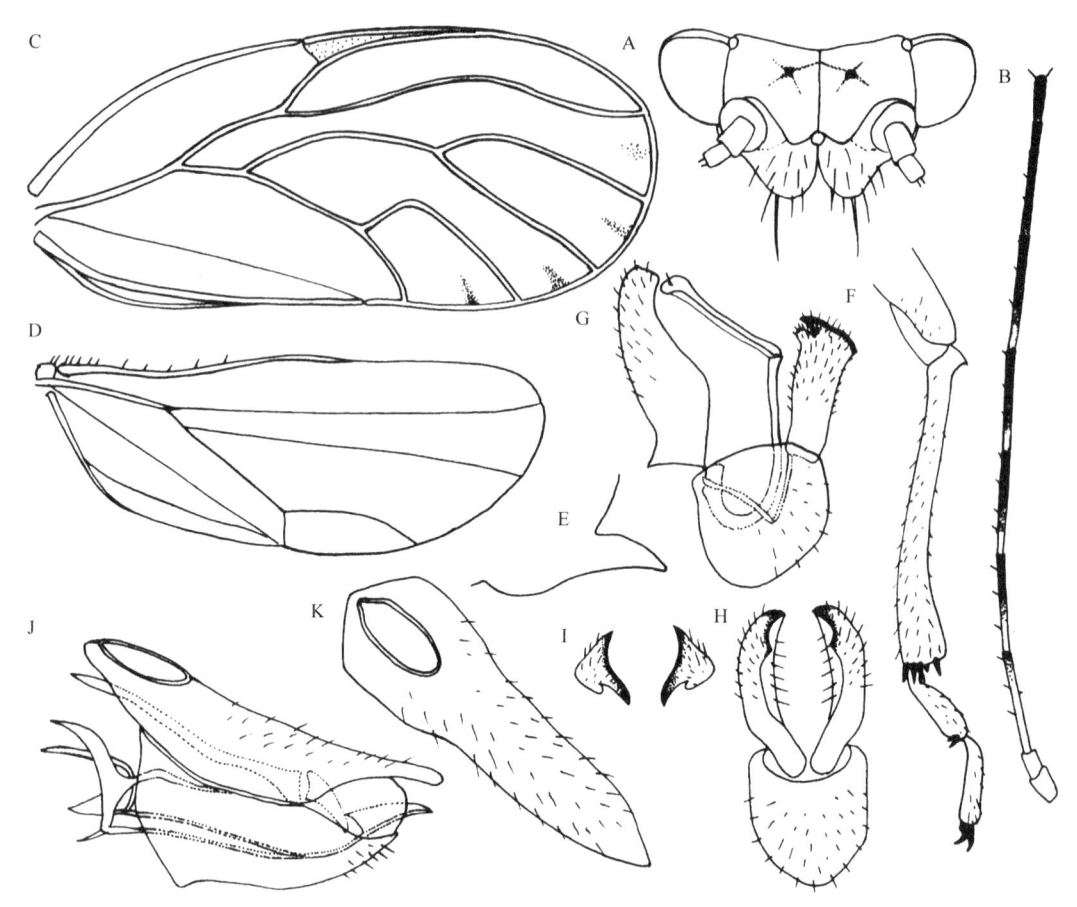

图 209 马蹄针豆木虱 *Cyamophila viccifoliae* (Yang & Li, 1984)（引自李法圣，2011）
A～I 雄；A. 头；B. 触角；C. 前翅；D. 后翅；E. 后基突；F. 后足；G. 生殖节侧视；H. 阳基侧突后视；I. 阳基侧突顶视；J、K 雌；J. 生殖节侧视；K. 肛节顶视

（471）槐豆木虱 *Cyamophila willieti* (Wu, 1932)（图版 XVIII-7）

识别特征：雄性体长约 3.0 mm，体翅长 3.9～4.0 mm，粗壮。两性均绿色至黄绿色，胸背具黄斑。单眼橘黄色，复眼褐色。触角绿色，第 3 节褐色，第 4～8 节端及第 9～10 节黑色。足黄绿色，跗节绿褐色。前翅透明，黑色缘纹 4 个，A 端具黑斑；脉黄褐色。腹部粉绿色。冬型体翅深褐色，头胸具黄褐斑。后足胫节具基齿，端距 5（1+3+1）个，后基突钝锥状。前翅长约为宽的 2.3 倍，翅痣长三角形；后翅长约为宽的 2.4 倍。

取食对象：槐。

分布：河北、吉林、内蒙古、北京、天津、山西、山东、陕西、宁夏、甘肃、江苏、安徽、湖北、湖南、广东、贵州、云南。

（472）合欢新羞木虱 *Neoacizzia jamatonica* (Kuwayama, 1908)（图 210）

识别特征：雄性体长 1.4～2.1 mm，体翅长 2.1～2.6 mm。两性黄色至黄绿色。夏型单眼黄褐色，复眼褐色。触角黄色至黄褐色，第 3～7 节端褐色，第 8 节端及第 9～10 节黑色，端刚毛黄色。足黄色至黄绿色，端跗节黑褐色。前翅污金黄色，端部色深，透明，不清晰缘纹 3 个；脉黄色。腹部绿色至黄绿色。冬型头顶黄色，具云状褐斑；单眼黄褐色，复眼黑色。触角第 3～8 节端及第 9～10 节黑色。中胸盾片 4 条深褐色纵带；胸侧下侧褐色至黑褐色。足褐色，后基突黄褐色。前翅半透明，污褐色，沿脉两侧较深，3 个缘纹明显；脉黄褐色至深褐色。腹部黑色至黑褐色。前翅长约为宽的 23；后翅长约为宽的 3.0 倍。

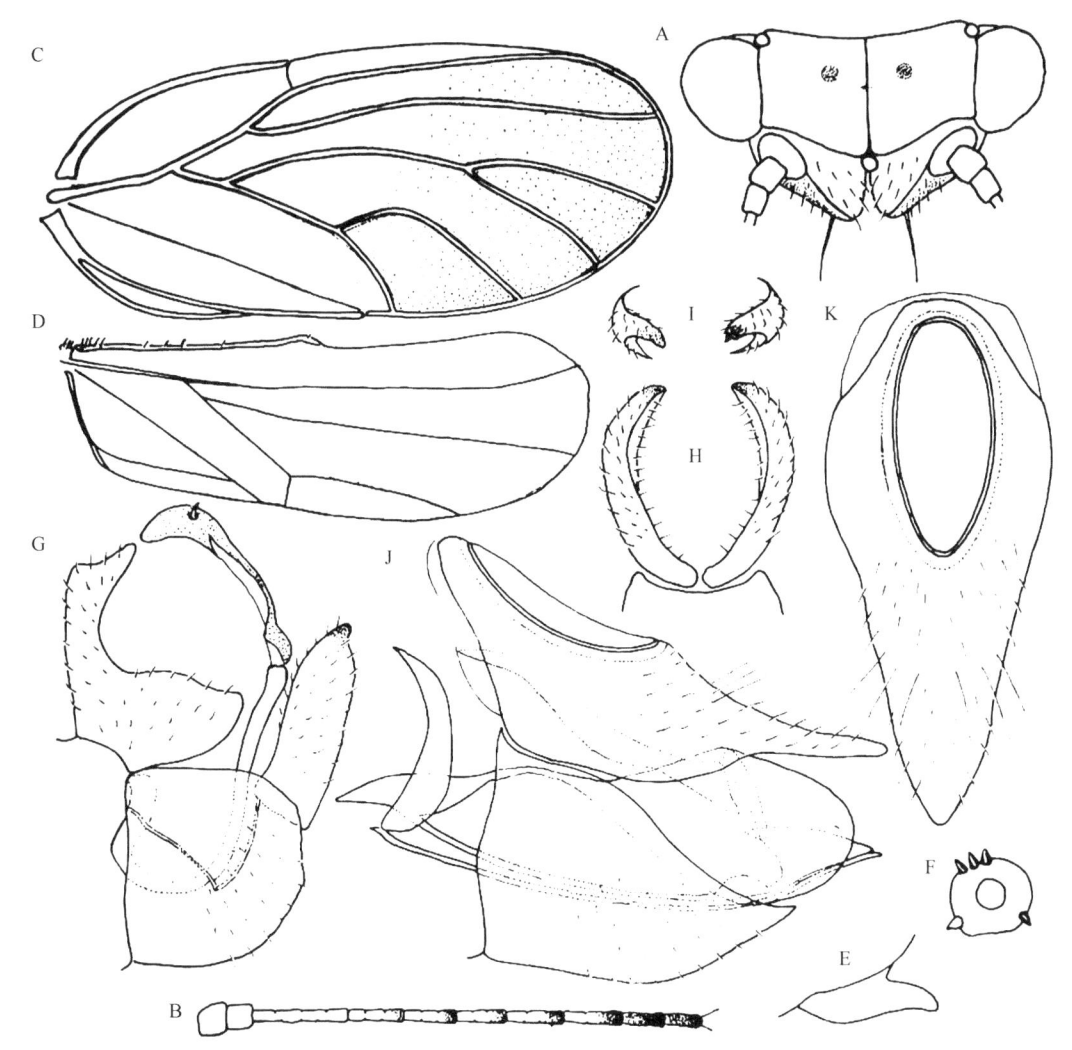

图 210 合欢新羞木虱 *Neoacizzia jamatonica* (Kuwayama, 1908)，2011（引自李法圣，2011）
A～I 雄：A. 头；B. 触角；C. 前翅；D. 后翅；E. 后基突；F. 后足胫节端部，示端距；G. 腹端侧视；H. 阳基侧突后视；I. 阳基侧突顶视；J、K 雌：J. 腹端侧视；K. 肛节顶视

取食对象：合欢属植物。

分布：河北、北京、山西、山东、河南、陕西、甘肃、江苏、安徽、浙江、湖北、湖南、台湾、广西、四川、贵州、云南；日本。

（473）东方新羞木虱 *Neoacizzia sasakii* (Miyatake, 1936)（图 211）

识别特征：雄性体长 1.8～1.9 mm，体翅长约 2.8 mm。两性均绿色。头顶两侧凹陷墨绿色；单眼黄褐色，复眼褐色。触角黄褐色，第 3～5 节端及第 6～10 节黑色，端刚毛黄色。前胸背板中部、两侧凹陷黄绿色；中胸盾片黄绿色。足黄色至黄绿色，后基突绿色。前翅浅污黄色，向端部变深，透明，4 个缘纹不清晰；脉黄色。腹部绿色至黄绿色。前翅长约为宽的 2.2 倍；后翅长约为宽的 2.6 倍。

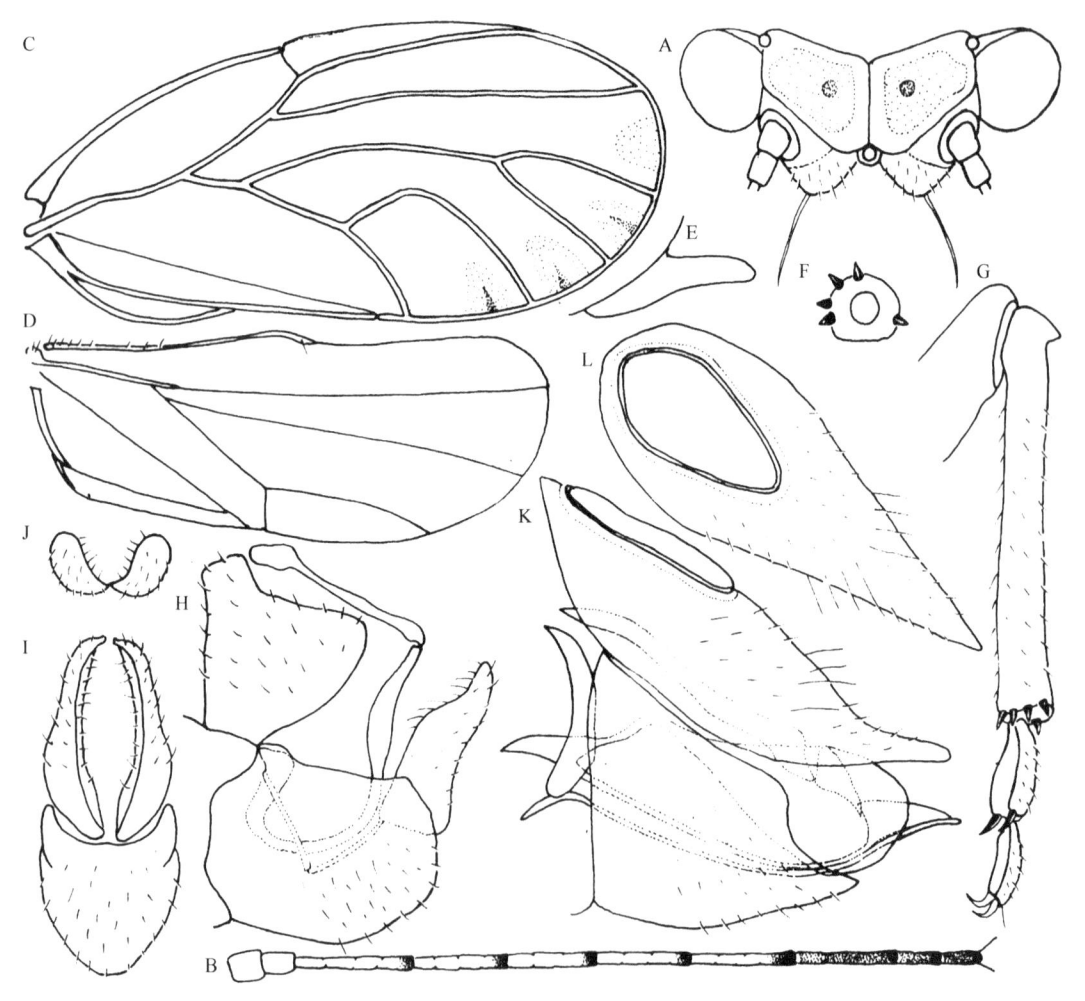

图 211 东方新羞木虱 *Neoacizzia sasakii* (Miyatake, 1936)（引自李法圣，2011）
A～J 雄：A. 头；B. 触角；C. 前翅；D. 后翅；E. 后基突；F. 后足胫节端部，示端距；G. 后足，长锥状；H. 腹端侧视；I. 阳基侧突后视；J. 阳基侧突顶视；K、L 雌：K. 腹端侧视；L. 肛节顶视

取食对象：合欢。

分布：河北、北京、山西、山东、河南、陕西、甘肃、江苏、湖北、广西、四川、贵州；韩国，日本。

(474) 白桦木虱 *Psylla aurea* Li, 2011（图 212）

识别特征：雄性体长 2.1 mm，体翅长 3.8 mm。两性均金黄色。单眼黄色，复眼红褐色。触角金黄色，第 8 节端及第 9～10 节黑色。后足胫节具基齿，端距 6 (1+1+3+1) 个；后基突尖锥状。前翅长 3.1 mm，宽 1.4 mm；Rs 脉略弯，伸至翅端；M+Cu$_1$ 长约为 R 长的 60%，M 长约为 M$_{1+2}$ 长的 1.8 倍；Cu$_{1a}$ 长约为 Cu$_1$ 长的 1.0 倍；后翅长约为宽的 2.7 倍，Cu$_{1a}$ 室长三角形，长约为高的 4.1 倍。

分布：河北、河南。

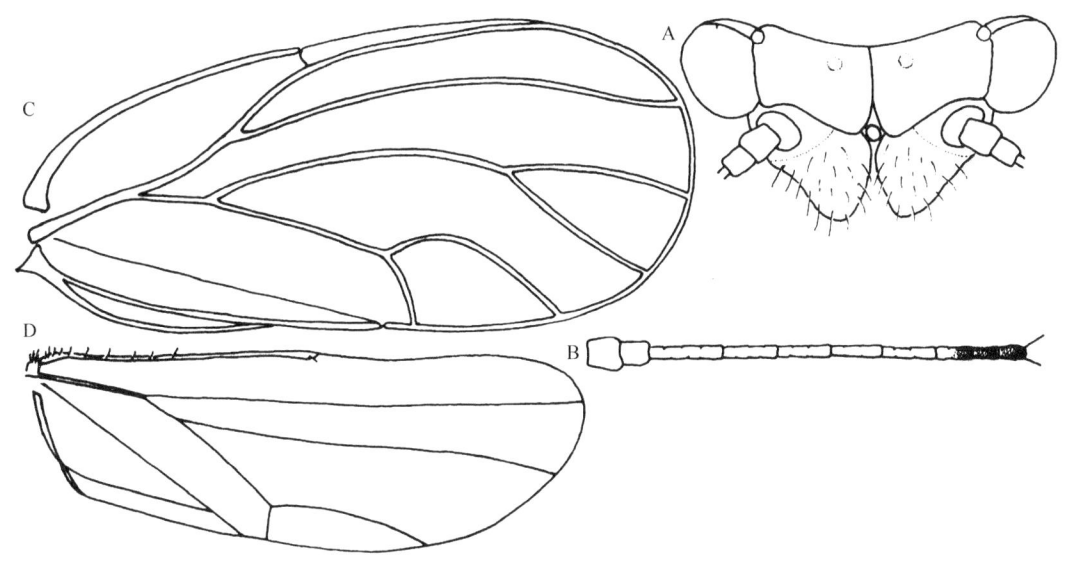

图 212　白桦木虱 *Psylla aurea* Li, 2011（引自李法圣，2011）
A. 头；B. 触角；C. 前翅；D. 后翅

(475) 短头木虱 *Psylla curticapita* Li, 2011（图 213）

识别特征：雄性体长 2.1 mm，体翅长 3.8 mm。两性头胸均黄色，具绿色或单眼橘黄色，复眼灰褐色。触角黄色至黄褐色，第 6～8 节端及第 9～10 节黑色至黑黄绿色；腹部绿色或黄色。头顶黄色至黄绿色，中缝两侧凹下及周围黄色；颊锥黄绿色。前胸背板黄绿色，两侧凹陷黄色；中胸绿色，前盾片端部黄色，盾片两侧黄色，小盾片、后小盾片绿色。足黄色或绿色。前翅深污黄色，近半透明，脉黄色。前翅长约为宽的 2.5 倍；后翅长约为宽的 2.5 倍。

取食对象：茶条槭。

分布：河北（平泉）、甘肃。

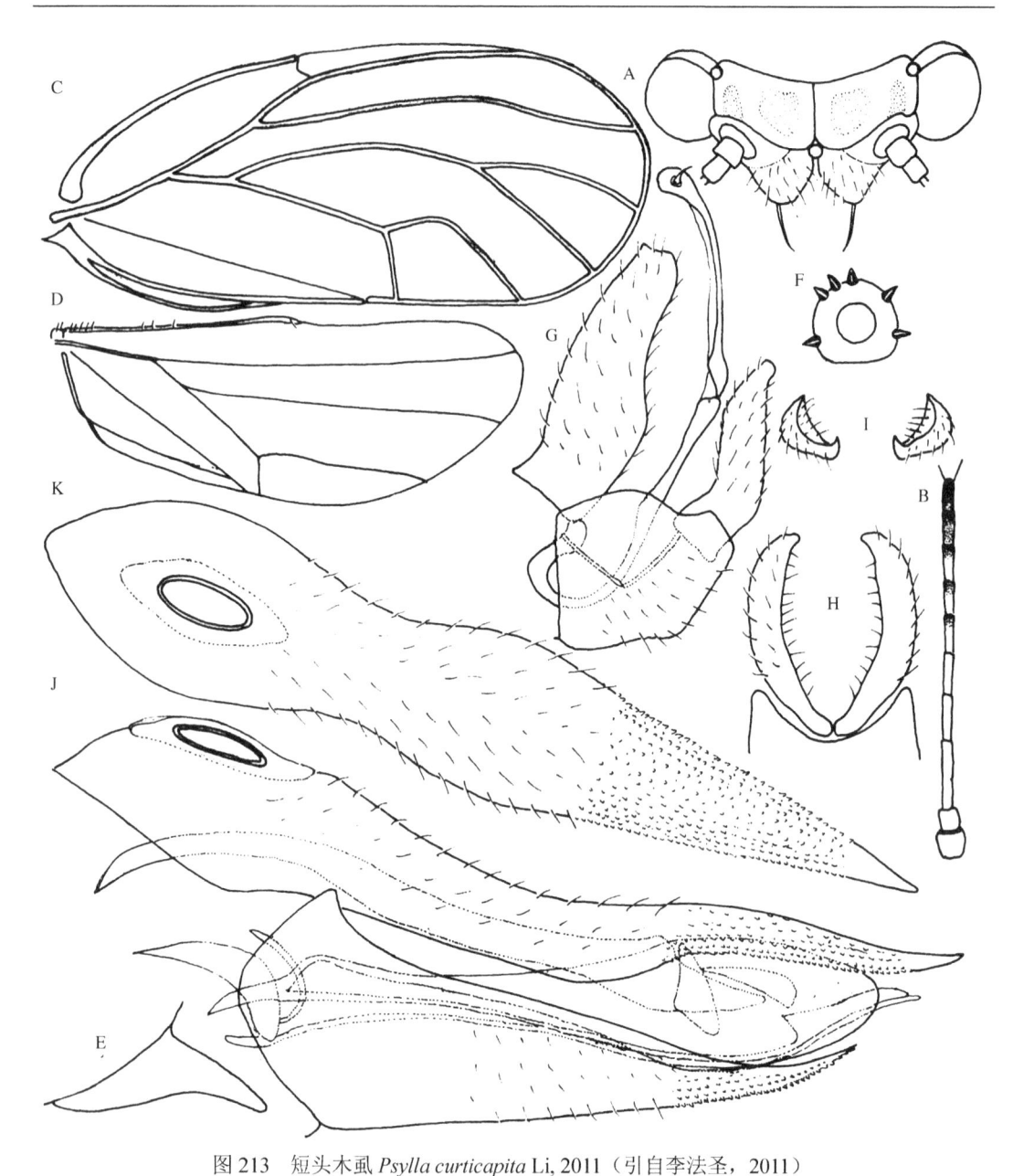

图 213 短头木虱 *Psylla curticapita* Li, 2011（引自李法圣，2011）
A～I 雄：A. 头；B. 触角；C. 前翅；D. 后翅；E. 后基突；F. 后足胫节端部，示端距；G. 腹端侧视；H. 阳基侧突后视；
I. 阳基侧突顶视；J、K 雌：J. 腹端侧视；K. 肛节顶视

(476) 华北桦木虱 *Psylla huabeialnia* Li, 2011（图版XVIII-8）

识别特征：体翅长 4.3 mm。两性均杏黄色，腹部绿色。单眼红色，复眼灰褐色。触角黄褐色，第 4～5 节端第 6 节大部分及第 9～10 节黑色。前翅略污黄色，透明；脉黄色。头向前下垂伸，后缘弧凹；颊锥粗锥状。前翅长约为宽的 2.1；后翅长约为宽的 2.7 倍。

雌性的头、胸、足和脉序同雄性。腹端生殖节侧视长锥状；肛节腹缘基 2/3 膨突、宽厚，端指状；亚生殖板长三角形，背缘略弯曲，腹缘略弯，基缘弧鼓。

取食对象：白桦。

分布：河北、山西、吉林。

（477）长尾木虱 *Psylla mecoura* Li, 2011（图 214）

识别特征：体长 3.9~4.2 mm，体翅长 4.3~4.7 mm。雌性黄褐色。颊锥黄色，被黄色刚毛；单眼黄褐色，复眼褐色。触角黄色，第 6~8 节端褐色，第 9~10 节黑色。中胸盾片 4 褐纵带。足黄褐色。前翅半透明，深污褐色，脉黄褐色。腹部黄色，生殖节黄褐色。前翅长约为宽的 2.3 倍；后翅长约为宽的 2.6 倍。腹端生殖节侧视长锥状；肛节腹缘基 2/3 膨突、宽厚，端尖锥状；亚生殖板三角形，背缘波曲，基、腹缘突鼓，端尖角状。

分布：河北、北京、陕西、甘肃。

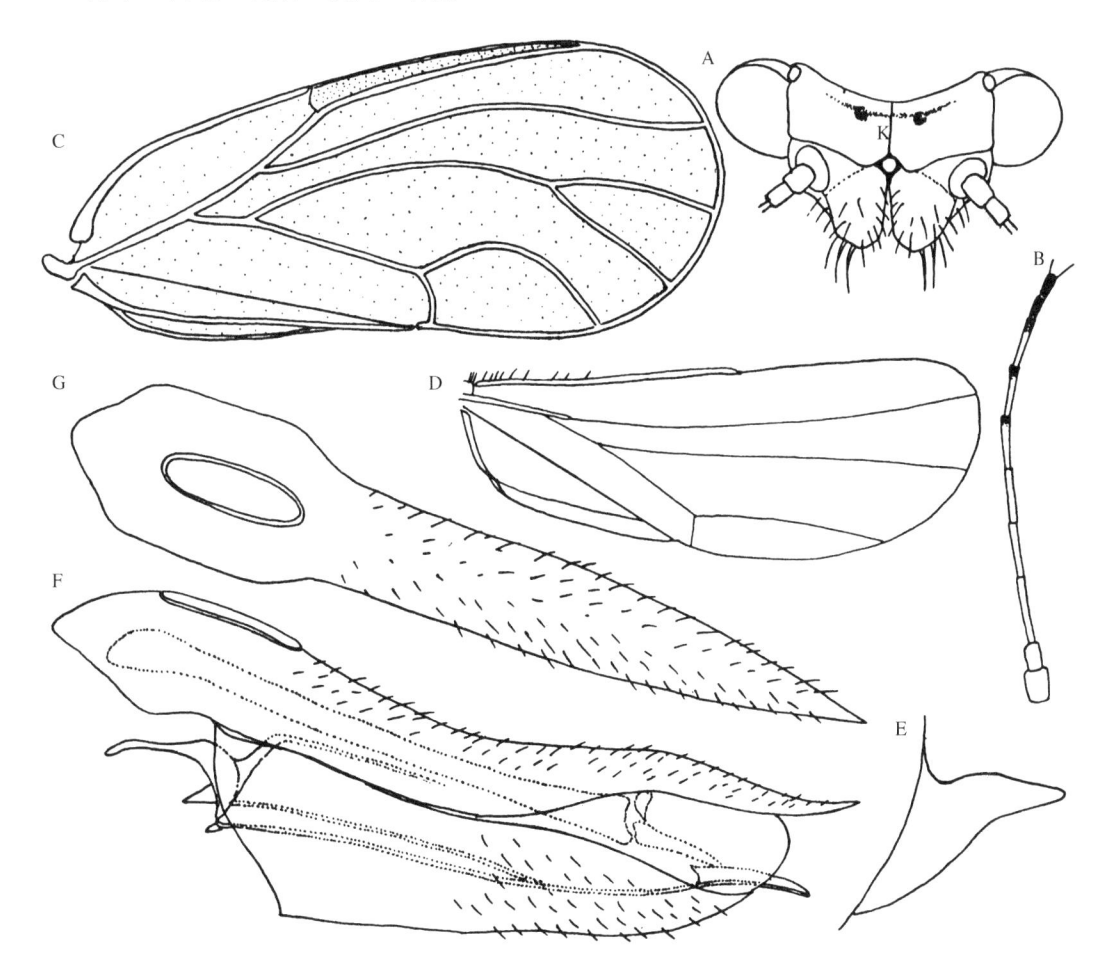

图 214　长尾木虱 *Psylla mecoura* Li, 2011（引自李法圣，2011）
A. 头；B. 触角；C. 前翅；D. 后翅；E. 后基突；F. 雌性腹端侧视；G. 肛节顶视

97. 盾木虱科 Spondyliaspididae Schwarz, 1898

头颊锥发达，遮盖额而使其看不见。前翅前缘有断痕，翅痣有或无；脉呈二叉分支；后足胫节具基齿，端距 4~10 个，基跗节具爪状距。雄性肛节分 2 节。若虫致瘿。

世界已知 30 属 299 种。中国记录 4 属 7 种。本书记述河北地区 1 属 1 种。

（478）北京朴盾木虱 *Celtisaspis beijingana* Yang & Li, 1982（图版 XVIII-9）

识别特征：雄性体翅长 3.5~3.9 mm。两性均黑褐色，具黄斑；头、胸背面及腹部下侧被短刚毛。头顶黄色至黄绿色，1 对尖端相近的黑色钩纹，其间中缝黑色，中缝两侧凹陷黑褐色；颊锥黄绿色；单眼橘黄色，复眼褐色。触角黄色至黄褐色，仅末节端褐色。前胸绿色，前缘、两侧凹陷及后部黑色；中胸黄色，前盾片前半部黑褐色，盾片黑色，后缘黄色；小盾片前半黄色或黄绿色，后缘黑色；后胸黑色，但盾片中部及小盾片黄绿色。足黄色至黄褐色，腿节背面黑褐色。前翅透明，基、中、端具 3 条褐色横带，臀区 1 褐斑；后翅透明，具 2 条淡褐色横带。腹部黑色，腹板黄色。

取食对象：朴树。

分布：河北、北京、辽宁、山西、山东、陕西。

98. 个木虱科 Triozidae Löw, 1879

体长 1.0~3.8 mm，体翅长 1.5~7.2 mm。活泼，能跳。头短阔。有复眼，单眼 3 个。触角细长，10 节。喙 3 节。前胸小，中胸背板大。前翅无断痕，翅脉 1 条 3 分支，无翅痣。后足基节无或具基齿，端距 3 个或 4 个，基跗节无爪状距。

世界已知 70 属 1200 余种，有些种类为双子叶植物的主要害虫。中国记录 30 属 326 种。本书记述河北地区 7 属 19 种。

（479）二星黑线角木虱 *Bactericera bimaculata* (Li, 1989)

识别特征：雄性体长 1.5 mm，体翅长 3.0 mm。两性均黑色，具光泽。头顶黑色，中缝两侧基部 2 块黄斑；颊锥黑色，端尖白色；单眼黄色，复眼褐色，眼后叶黄色。触角黑色，第 2 节、第 3 节黄色。前胸背板中间具黄斑，前侧片黄色；中胸前盾片后缘、小盾片前角黄色。足褐色，胫节、基跗节及后基突黄色。翅透明，前翅略污黄色，淡色缘纹 3 个；脉黄色；腹部黑色。后足胫节具基齿，端距 3 个；后基突尖锥状。前翅长约为宽的 2.3 倍，披针形，端角圆；后翅长约为宽的 2.6 倍。

分布：河北、陕西。

（480）茵陈蒿棒角木虱 *Bactericera (Bactericera) capillariclvata* Li, 2011（图 215）

识别特征：雄性体长 1.3 mm，体翅长 2.5 mm。雄性头顶黑色，两侧凹陷及其周围黑褐色，后缘中间黄色至黄褐色；雌性头顶黄褐色，颊锥黄色；单眼黄色，复眼黑色。触角黑色，雄性基部 2 节褐色。雄性胸背棕黑褐色，前胸背板中部、中胸前盾片两侧角、盾片中部、小盾片及后胸黄色；雌性胸部橘黄色。足黄色至黄褐色，前足、中足及后足端跗节黑褐色。翅透明，褐色缘纹 3 个；前翅脉黄褐色。腹部黑色，但雌性下侧黄绿色。前翅长约为宽的 2.3 倍；后翅长约为宽的 2.8 倍。

取食对象：茵陈蒿（菊科）。

分布：河北、北京。

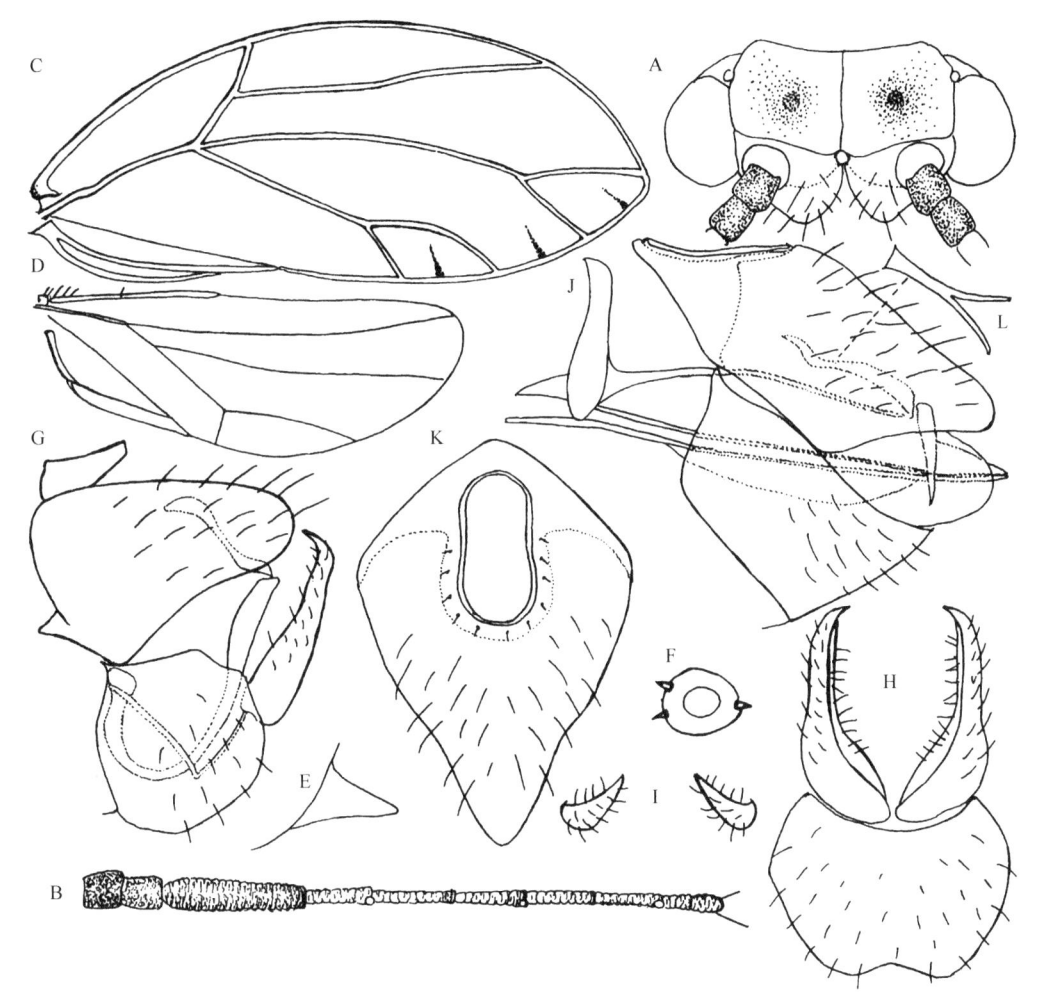

图 215 茵陈蒿棒角木虱 *Bactericera* (*Bactericera*) *capillariclvata* Li, 2011（引自李法圣，2011）
A~I 雄：A. 头；B. 触角；C. 前翅；D. 后翅；E. 后基突；F. 后足胫节端部，示端距；G. 生殖节侧视；H. 阳基侧突后视；I. 阳基侧突顶视；J~L 雌：J. 生殖节侧视；K. 肛节顶视；L. 背中突顶视

（481）黄斑线角木虱 *Bactericera* (*Kimacrnstilai*) *flavipunctata* **(Li, 1995)**（图 216）

识别特征：体长 1.8 mm，体翅长 3.3 mm。雌性黑褐色，具黄斑。头顶棕褐色，前侧缘具黄边，中缝两侧黄色；单眼黄色，复眼褐色。触角黑色，第 2 节端及第 3 节黄色。前胸背板黄色；中胸前盾片黑褐色，中间 1 条黄纵纹，盾片黄色，具 4 条黑纵带，小盾片及后小盾片黄色，侧下侧黑褐色。足黄色，前中足腿节背面、跗节及后足跗节褐色。翅透明，前翅略

污黄色，具淡色缘纹 3 个；脉黄色；腹部黑褐色，腹半黄绿色，生殖节肛节两侧、亚生殖板上缘具褐斑。前翅长约为宽的 2.4 倍，披针形，端角圆；后翅长约为宽的 2.6 倍。

取食对象：柳。

分布：河北、北京。

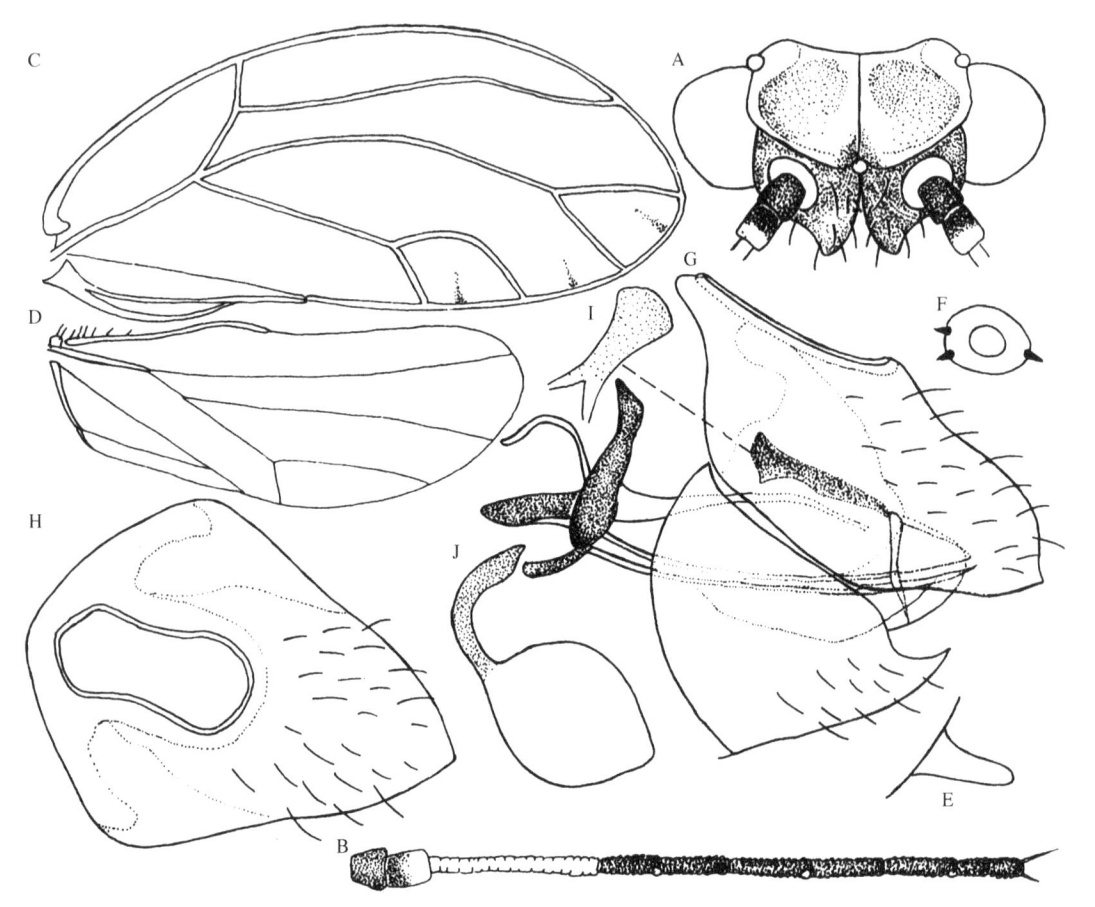

图 216 黄斑线角木虱 *Bactericera* (*Kimacrnstilai*) *flavipunctata* (Li, 1995)（引自李法圣，2011）
A. 头；B. 触角；C. 前翅；D. 后翅；E. 后基突；F. 后足胫节端部，示端距；G. 雌性生殖节侧视；H. 肛节顶视；I. 背中突顶视；J. 卵

（482）洋葱线角木虱 *Bactericera* (*Klimaszewskiella*) *allivora* (Li, 1994)（图 217）

识别特征：雄性体长 1.3 mm，体翅长 3.0 mm。两性均亮黑色。眼后叶黄色；单眼黄色，复眼褐色。触角棕黑色，第 3 节黄色。雌性的 4 条黄纵带分别分布于前胸背板中间、侧板上端、中胸前盾片中间及后缘、盾片中间及身体两侧。足黑色，胫节端、基跗节及后基突黄色。翅透明，前翅稍污黄色，具淡色缘纹 3 个；脉黄色至黄褐色；前后翅具翅刺。腹部黑色，各节后缘黄色。前翅长约为宽的 2.3 倍，长卵圆形，端宽圆；后翅长约为宽的 2.7 倍。

取食对象：洋葱。

分布：河北。

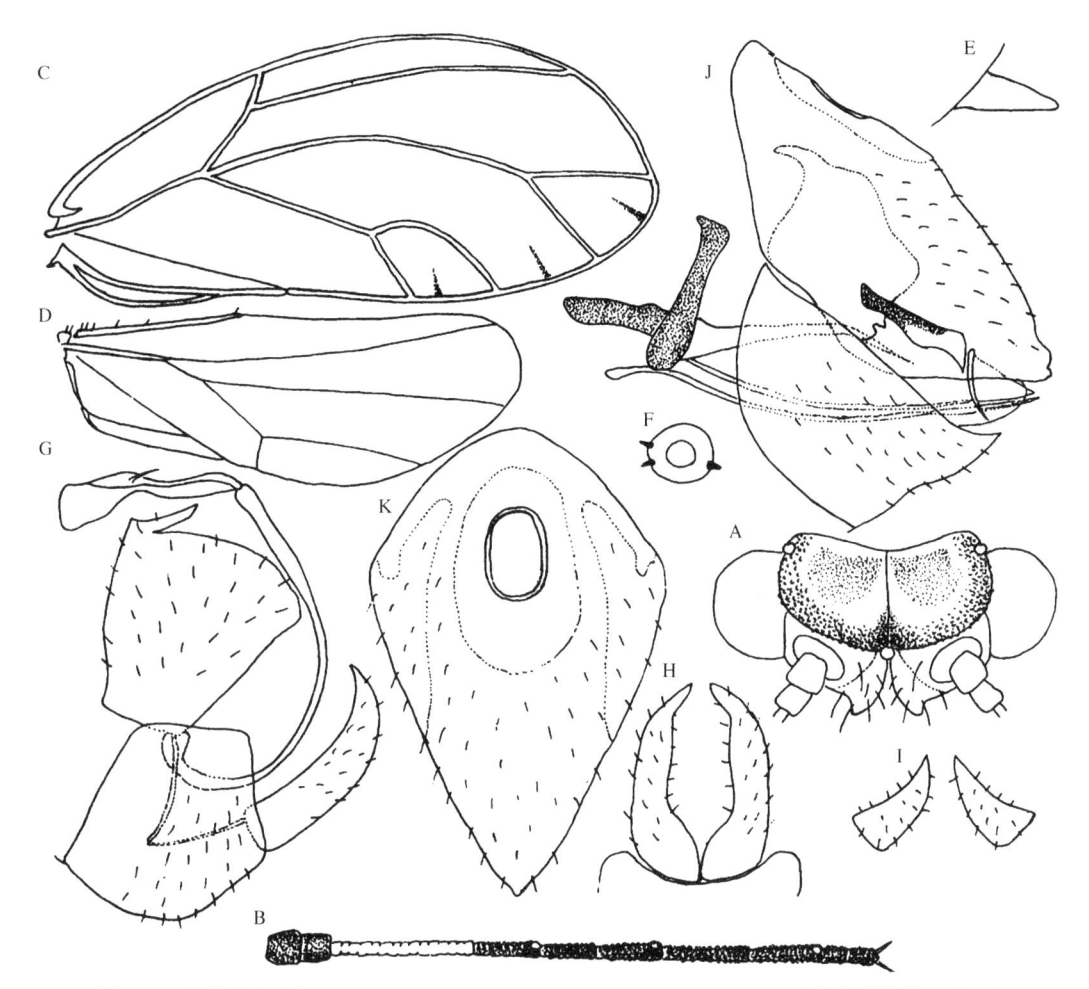

图 217　洋葱线角木虱 *Bactericera (Klimaszewskiella) allivora* (Li, 1994)（引自李法圣，2011）
A~I 雄：A. 头；B. 触角；C. 前翅；D. 后翅；E. 后基突；F. 后足胫节端部，示端距；G. 生殖节侧视；H. 阳基侧突后视；I. 阳基侧突顶视；J、K 雌：J. 生殖节侧视；K. 肛节顶视

（483）黄花蒿线角木虱 *Bactericera (Klimaszewskiella) artemisicola* (Li, 1995)（图 218）

识别特征：雄性体长 1.4~1.5 mm，体翅长 2.6~2.8 mm。两性头顶黄褐色，中缝及两侧凹陷黑色，其周缘黑褐色；颊锥深褐色，端尖淡黄色；单眼黄色，复眼黑色。触角黑色，第 1~3 节黄色。胸黄色，前胸两侧具褐斑；中、后胸背面具淡褐斑。足黄色，中后足腿节、胫节背面、跗节和后足端跗节黑褐色。前翅透明，具淡色缘纹 3 个；脉黄色至黄褐色；前、后翅无翅刺。腹部黄色，背板黑色，各节后缘具黄斑。除上述色型外，雄性头顶具黑褐斑，胸腹部全为橘黄色；有的雌性全体橘黄色，无斑纹。前翅长约为宽的 2.3 倍；后翅长约为宽的 2.8 倍。

取食对象：黄花蒿。

分布：河北、黑龙江、吉林、北京、山西、陕西、宁夏、甘肃、湖北。

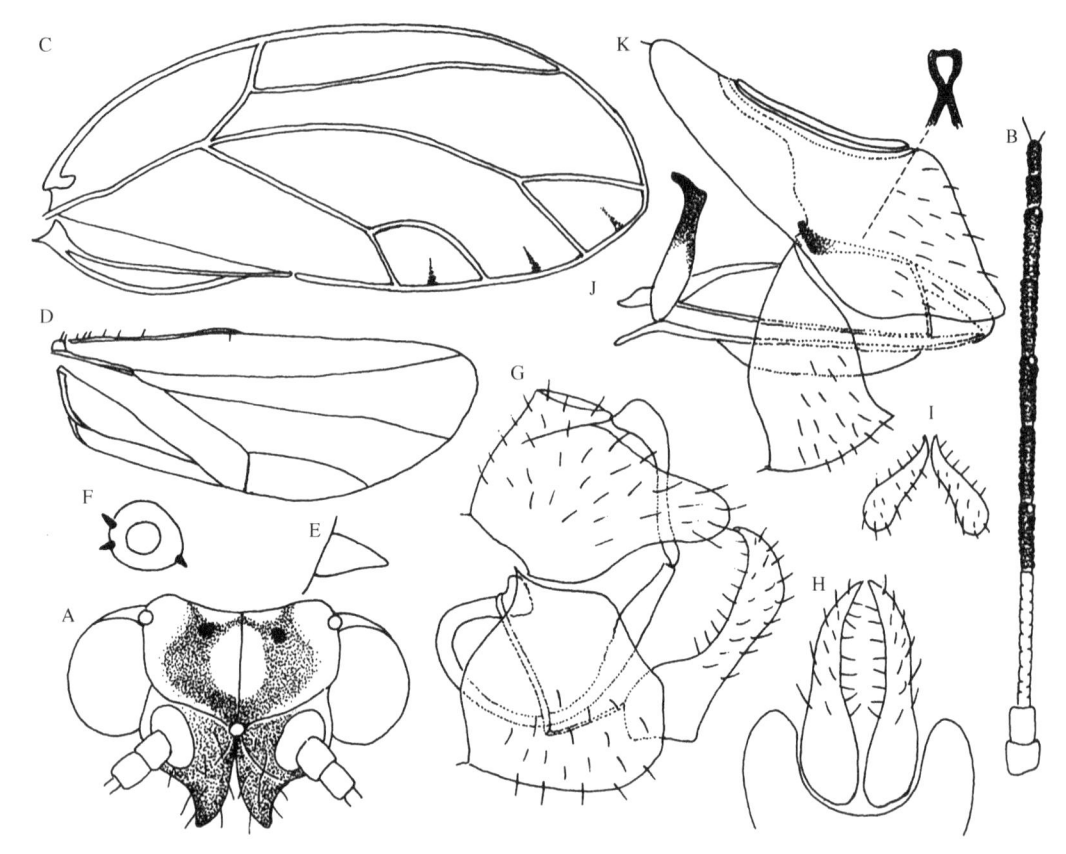

图 218 黄花蒿线角木虱 *Bactericera* (*Klimaszewskiella*) *artemisicola* (Li, 1995)（引自李法圣，2011）
A. 头；B. 触角；C. 前翅；D. 后翅；E. 后基突；F. 后足胫节端部，示端距；G. 雄性生殖节侧视；H. 阳基侧突后视；I. 阳基侧突顶视；J. 雌性生殖节侧视；K. 背中突顶视

（484）枸杞线角木虱 *Bactericera* (*Klimaszewskiella*) *gobica* (Loginova, 1972)
（图版 XVIII-10）

识别特征：雄性体翅长 3.7 mm。两性头顶褐色至黑褐色，单眼黄色，复眼赭色。触角黄色至黄褐色，第 1 节及第 9～10 节黑色，第 4 节、第 6 节、第 8 节端黑褐色。胸部黄褐色至黑褐色。足黄色，腿节褐色至黑褐色。前翅透明，浅污黄色，具淡色缘纹 3 个；脉黄色，1A 中部具黑褐斑；后翅臀区具褐斑。腹部褐色至黑褐色，背板第Ⅲ节前半部被白粉，形似腰带。前翅宽阔，端角圆，长约为宽的 2.6 倍；后翅长约为宽的 3.0 倍。

取食对象：枸杞属植物。

分布：河北、北京、山西、陕西、宁夏、甘肃、新疆；蒙古国，塔吉克斯坦。

（485）柳条线角木虱 *Bactericera* (*Klimaszewskiella*) *grammica* (Li, 1995)（图 219）

识别特征：雄性体长 2.2 mm，体翅长 3.8 mm。两性头顶黄色，中缝及两侧凹陷黑色，其周缘褐色；颊锥黑褐色，端黑色；单眼黄色，复眼棕褐色。触角黄色，第 3 节端及第 4～10 节黑色。胸黄色，中胸前盾片 2 块、盾片 4 条黑褐色斑带，中间橘红色，小盾片、背片和侧下侧均黑褐色。足黄褐色，腿节背面、跗节黑褐色。前翅透明，淡色缘纹3个；脉黄色至黄褐色；前、后翅具翅刺。腹部黄色，背板黑色，各节后缘具黄斑。前翅长约为宽的2.6倍；后翅长约为宽的2.8倍。

取食对象：柳属植物。

分布：河北（小五台山）、北京、江苏。

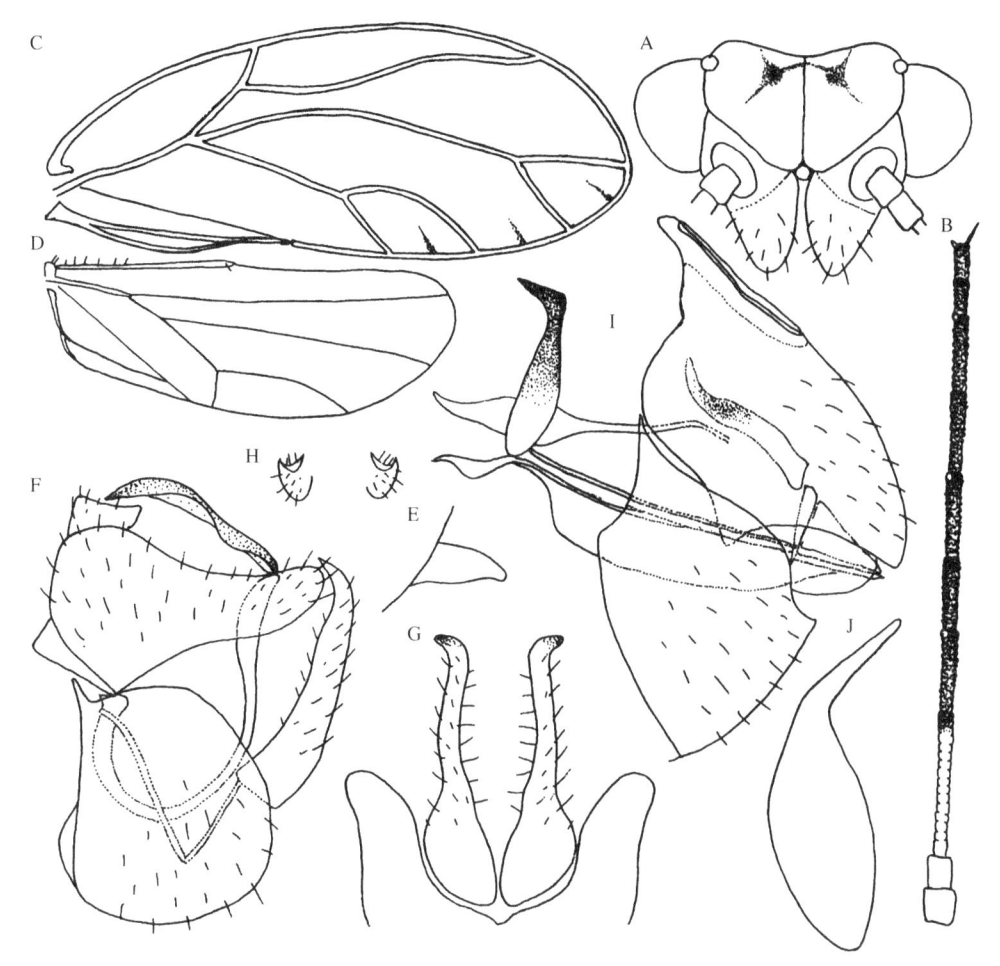

图219 柳条线角木虱 *Bactericera (Klimaszewskiella) grammica* (Li, 1995)（引自李法圣，2011）
A. 头；B. 触角；C. 前翅；D. 后翅；E. 后基突；F. 雄性生殖节侧视；G. 阳基侧突后视；H. 阳基侧突顶视；
I. 雌性生殖节侧视；J. 卵

（486）垂柳线角木虱 *Bactericera (Klimaszewskiella) myohyangi* (Klimaszewski, 1968)
（图版XVIII-11）

识别特征：雄性体长2.1 mm，体翅长3.7 mm。两性头顶中部黑色，侧前缘橘黄色；颊锥黄色；单眼橘黄色，复眼灰褐色。触角黄色，第4节或其大部分至第10节黑色。胸部橘黄色，中胸前盾片后半部黑褐色，有时分成2块，盾片中间和两侧3褐斑；后胸黑褐色；侧下侧橘黄色或黄绿色。足黄色，前中足腿节端背面、胫节、跗节和后足跗节黑色至黑褐色。翅透明，具褐色缘纹 3 个；前翅脉黄色。腹部绿色。前翅长约为宽的 2.6 倍；后翅长约为宽的 3.0 倍。

取食对象：垂柳（杨柳科）。

分布：河北、吉林、辽宁、内蒙古、北京、天津、山西、山东、河南、宁夏、甘肃、江苏、广西、贵州；朝鲜半岛，日本。

（487）荆条线角木虱 *Bactericera* (*Klimaszewskiella*) *vitiis* (Li, 1994)（图 220）

识别特征：雄性体长 1.8 mm，体翅长 3.5 mm。两性均杏黄色。头顶中部黑色；单眼橘黄色，复眼栗色。触角黑色，第 1～3 节黄色。中胸前盾片、盾片具黑褐斑，后胸背面黑褐色。足黄色，前中足腿节端背面、胫节、跗节黑褐色。前翅透明，浅污黄色，淡色缘纹 3 个，脉黄色；前、后翅均具翅刺。腹部绿色或黄色。前翅长约为宽的 2.8 倍；后翅长约为宽的 2.7 倍。

取食对象：荆条。

分布：河北、北京。

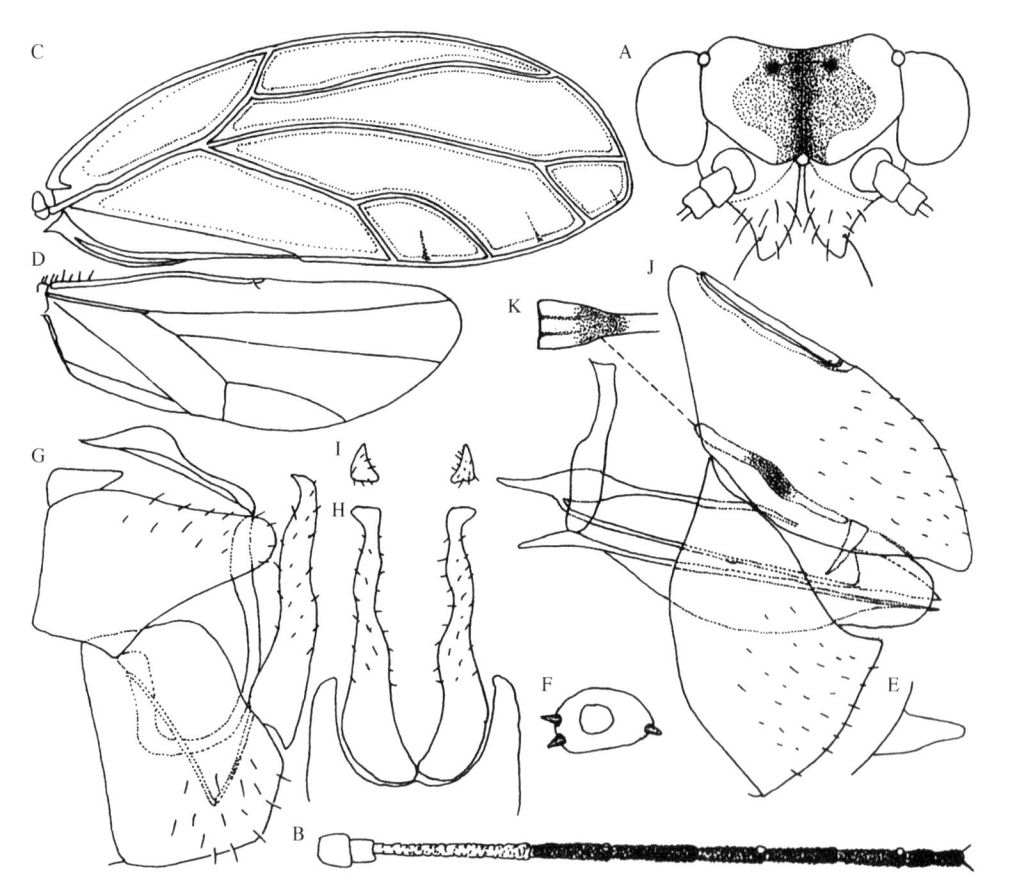

图 220 荆条线角木虱 *Bactericera* (*Klimaszewskiella*) *vitiis* (Li, 1994)（引自李法圣，2011）
A～I 雄：A. 头；B. 触角；C. 前翅；D. 后翅；E. 后基突；F. 后足胫节端部，示端距；G. 生殖节侧视；H. 阳基侧突后视；
I. 阳基侧突顶视；J、K 雌：J. 生殖节侧视；K. 背中突顶视

(488) 藜异个木虱 *Heterotrioza chenopodii* (Reuter, 1876)（图 221）

识别特征：雄性体长 1.3～1.4 mm，体翅长 2.6～2.7 mm，体小而细长。雄性头、胸背面黑亮，胸侧下侧绿色，足黄绿色至绿色，端跗节黑褐色；雌性全体绿色或黄绿色，前胸背板、中胸盾片两侧角、前中足端跗节黑色，颊锥端尖黑色。腹部绿色。触角淡黄色，第 4～7 节褐色，第 8～10 节黑色。前翅透明，脉具褐色缘纹 3 个，前缘弧圆，端角圆；前翅长约为宽的 2.4 倍；后翅长约为宽的 3.0 倍；Cu_1 出自 M 和 Rs 脉分叉之前。

取食对象：灰绿藜。

分布：河北、北京、吉林、辽宁、山西、山东、陕西、宁夏、甘肃、浙江、湖北、重庆、四川、贵州；俄罗斯，韩国，日本，印度，巴基斯坦，土库曼斯坦，吉尔吉斯斯坦，亚洲西北部，欧洲。

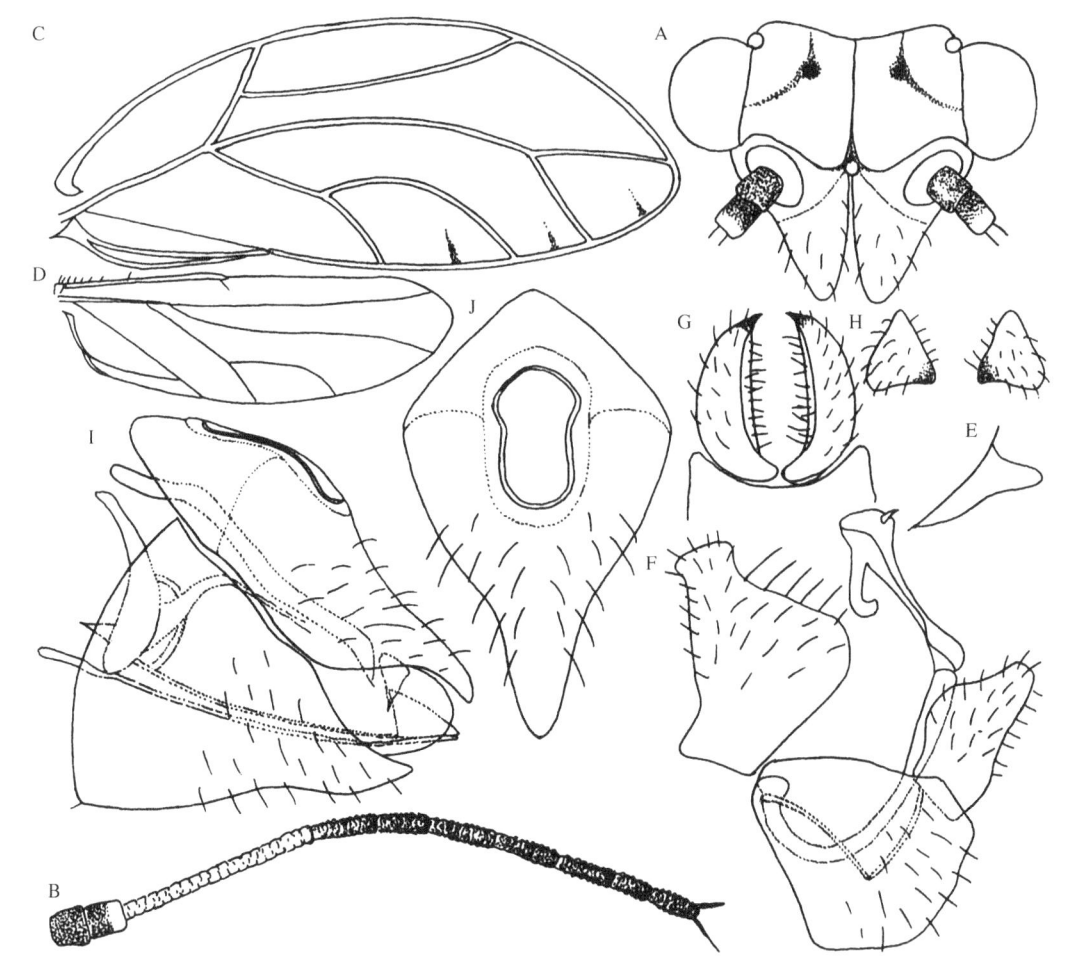

图 221　藜异个木虱 *Heterotrioza chenopodii* (Reuter, 1876)（引自李法圣，2011）
A～H 雄：A. 头；B. 触角；C. 前翅；D. 后翅；E. 后基突；F. 生殖节侧视；G. 阳基侧突后视；H. 阳基侧突顶视；I、J 雌：I. 生殖节侧视；J. 肛节顶视

(489) 地肤异个木虱 *Heterotrioza kochiicola* Li, 1994（图 222）

识别特征：雄性体长 1.3 mm，体翅长 2.4 mm，细长小型种。绿色或黄绿色，头、胸部背面及前、中胸侧板黑色。触角黄色，第 1~2 节及第 7~10 节黑色。足黄色，前、中足基节、端跗节及后足跗节黑色；前翅透明，具缘纹 3 个；脉黄褐色。腹部黄绿色。后足胫节具基齿，端距 3（1+2）个；后基突锥状。前翅前缘弧圆，顶尖，长约为宽的 2.5 倍；R 长于 R_1，Rs 脉短，略弯，伸达前缘近 3/4 处；M 分叉短，M 脉长约为 M_{1+2} 的 2.5 倍；后翅长约为宽的 3.3 倍；Cu_1 出自 M 和 Rs 脉分叉之前。

取食对象：地肤。

分布：河北、北京、吉林、山西、陕西、宁夏、甘肃、湖北、湖南、广东。

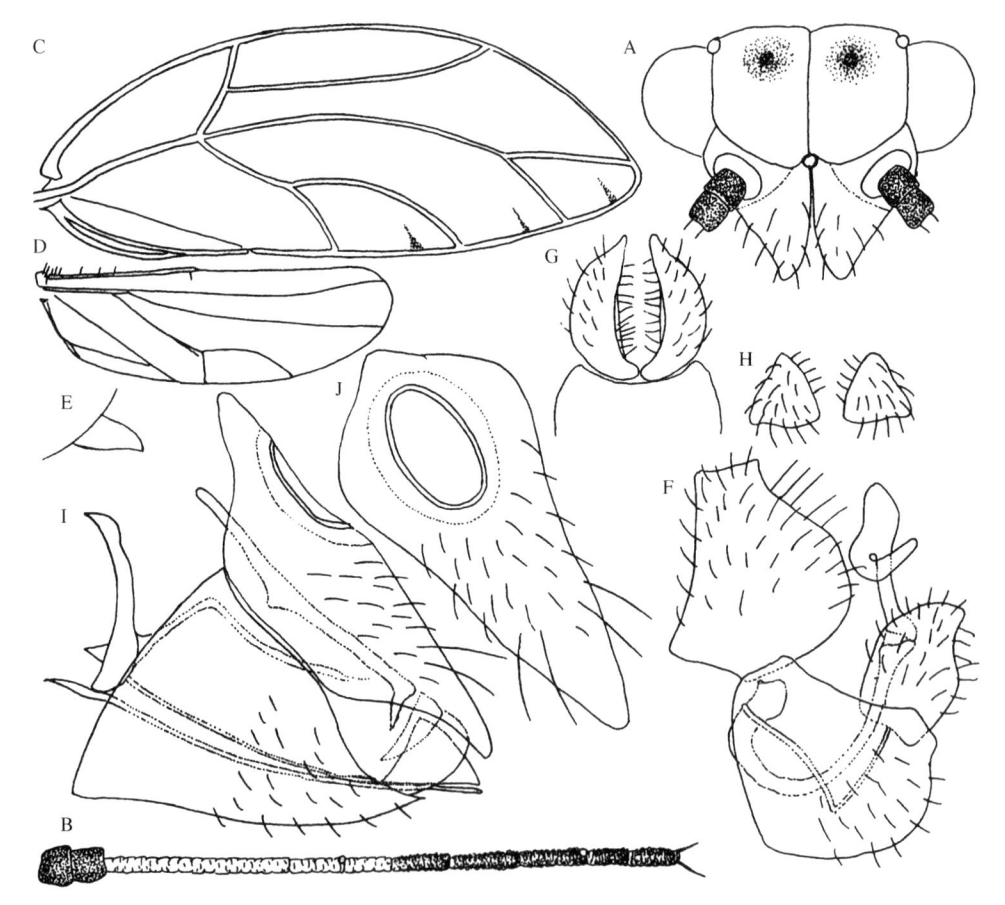

图 222 地肤异个木虱 *Heterotrioza kochiicola* Li, 1994（引自李法圣，2011）
A~H 雄: A. 头; B. 触角; C. 前翅; D. 后翅; E. 后基突; F. 生殖节侧视; G. 阳基侧突后视; H. 阳基侧突顶视; I, J 雌: I. 生殖节侧视; J. 肛节顶视

(490) 二带朴后个木虱 *Metatriozidus bifasciaticeltis* (Li & Yang, 1991)（图版 XVIII-12）

识别特征：雄性体长 1.3~1.8 mm，体翅长 2.4~2.5 mm。两性均橘黄色，眼后叶至胸

部两侧 2 条黑褐色纵带。单眼黄褐色，复眼黑色。触角黄褐色，基部 2 节、第 8 节端及第 9~10 节黑色。足橘黄色，胫节、跗节黄褐色；后基突黄色。前翅透明，浅污黄色，具淡色缘纹 3 个；脉黄色，1A 中部、2A 基具黑斑；后翅臀区黑褐色。腹部背板黑色。前翅长约为宽的 3.0 倍，狭长，顶尖；后翅长约为宽的 3.5 倍。

取食对象：朴树。

分布：河北、辽宁、北京、山东、广东、广西、贵州。

（491）叉突后个木虱 *Metatriozidus furcellatus* Li, 2011（图 223）

识别特征：雄性体长约 1.8 mm，体翅长约 3.5 mm。两性均黑褐色。头顶黑色，两侧及后缘黄色至黄褐色；颊锥黄色；单眼黄色，复眼棕黑色。触角黑色，第 2 节端和第 3 节大部分黄色。前胸背板黄褐色，侧板黄色；中胸黑色，小盾片黄褐色；后胸小盾片黑色或黄褐色；中胸侧板上端、各附片均黄色。足黄色，前、中足黑色。前翅透明，污黄色，具缘纹 3 个；脉黄色，A 端半黑色；后翅臀区黑褐色。腹部黑色，腹部两侧、下生殖板、肛节腹缘、阳基侧突黄色；雌性稍淡，盾片隐见黑褐色条纹。前翅长约为宽的 2.6 倍，顶尖；后翅长约为宽的 2.9 倍。

分布：河北、北京、四川。

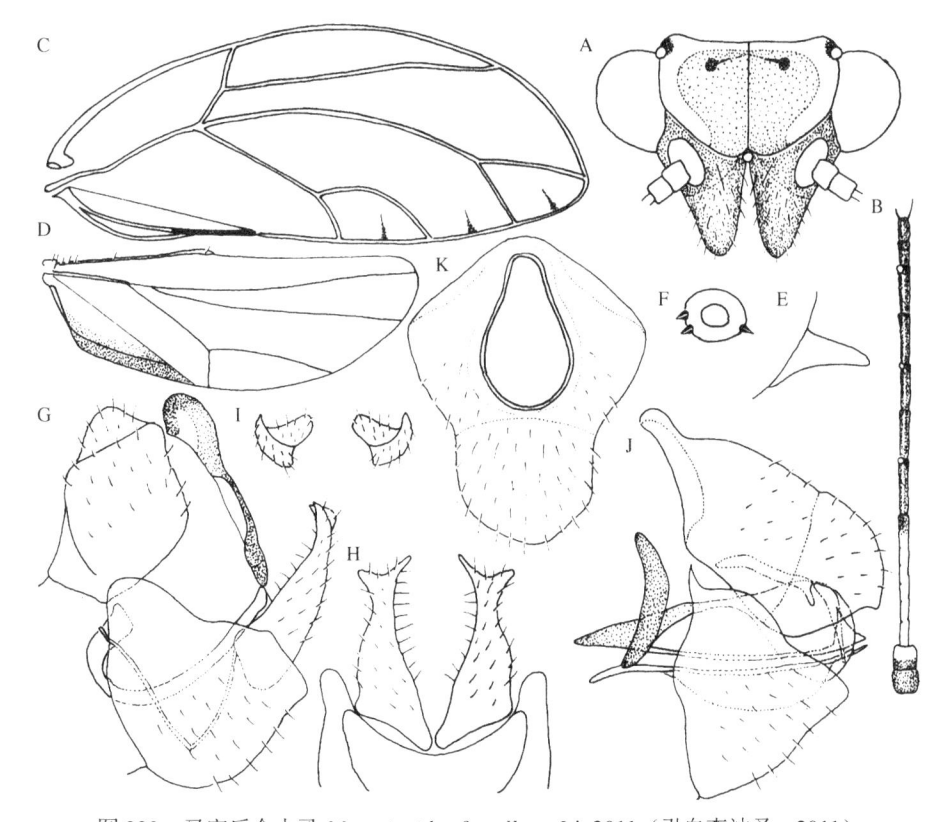

图 223 叉突后个木虱 *Metatriozidus furcellatus* Li, 2011（引自李法圣，2011）
A~I 雄；A. 头；B. 触角；C. 前翅；D. 后翅；E. 后基突；F. 后足胫节端部，示端距；G. 生殖节侧视；H. 阳基侧突后视；
I. 阳基侧突顶视；J、K 雌；J. 生殖节侧视；K. 肛节顶视

（492）沙枣后个木虱 *Metatriozidus magnisetosus* (Loginova, 1964)（图版XIX-1）

识别特征：雄性体翅长 4.6~4.8 mm。两性均黄绿色，具褐斑。头顶凹下部分褐色，中缝黑色；颊锥黄绿色；单眼橘黄色，复眼褐色。触角黄褐色，基部 2 节黄色，第 9~10 节黑色。褐纹或斑在中胸前盾片前端和两侧各 2 块，盾片具 5 褐纵带，小盾片中间具黑褐纹；中胸侧下侧具黑斑。足黄色至黄绿色，腿节具褐斑纹。前翅透明，污黄绿色，具淡色缘纹 3 个；脉黄绿色。腹部翠绿色，雄性肛节绿黄色。腹部黄色，背板具褐斑。头宽向下斜伸，后缘弧凹，侧前缘膨突，其间嵌中单眼；颊锥粗锥状，顶尖。前翅长约为宽的 2.4 倍，顶尖；后翅长约为宽的 2.5 倍。

取食对象：沙枣。

分布：河北、内蒙古、北京、天津、山西、陕西、宁夏、甘肃、青海、新疆；蒙古国，俄罗斯，中亚，西亚，欧洲。

（493）北京象个木虱 *Neorhinopsylla beijingana* Li, 2011（图224）

识别特征：体长 2.4 mm，体翅长 3.9 mm。雌性亮黑色；腹部黑褐色，生殖节黄褐色，肛节端大部分褐色。头顶黑褐色；单眼黄褐色，复眼黑色。触角黄色，第 4~8 节端及第 9~10 节褐色。足黄色，仅端跗节褐色。前翅透明，具缘纹 3 条；脉黄色。头顶宽中后部低凹，

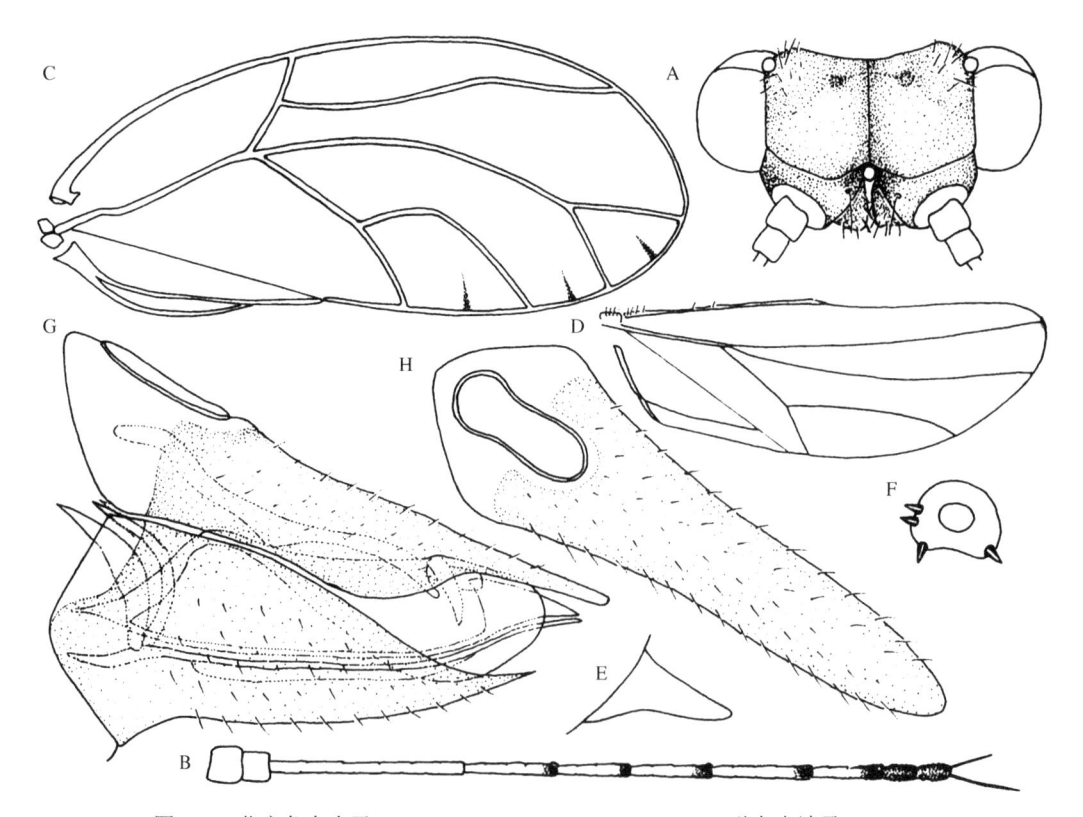

图224 北京象个木虱 *Neorhinopsylla beijingana* Li, 2011（引自李法圣，2011）
A. 头；B. 触角；C. 前翅；D. 后翅；E. 后基突；F. 后足胫节端部，示端距；G. 雌性腹端侧视；H. 肛节顶视

侧前缘隆突，后缘略弧凹；颊锥状，中间分开。触角长 2.0 mm，约为头宽的 2.2 倍。前翅宽卵形，端部圆。肛节腹缘基 2/3 膨突，背缘平直，端指状；亚生殖板长三角形，基缘突鼓，背、腹缘略弯曲，端锥状。

分布：河北、北京。

（494）北京粗角个木虱 *Trachotrioza beijingensis* **Li, 2011**（图版 XIX-2）

识别特征：雄性体长 3.1 mm，体翅长 4.3 mm。两性均褐色，具黑斑。头顶褐色，中缝两侧凹陷黑色；颊锥黄褐色；单眼褐色，复眼黑色。触角黄褐色，第 1~2 节褐色，第 4 节、第 6 节、第 8 节端及第 9~10 节黑色。胸部褐色，中胸盾片具 4 褐纵带。足黄褐色，腿节及胫节端黑褐色，后基突黄色。前翅透明，污黄色，缘纹 3 条；脉黄色，C+Sc 脉分叉处、R_1 端及 A 端斑黑色。后翅透明，脉 C+Sc、基脉及 A 基黑色，臀区具黑斑。触角粗壮，第 3 节特别粗大。前翅近半圆形，端圆角状，长约为宽的 3.0 倍；后翅长约为宽的 2.8 倍。

分布：河北、北京。

（495）华北毛个木虱 *Trichochermes huabeianus* **Yang & Li, 1985**（图版 XIX-3）

识别特征：雄性体长 3.0 mm，体翅长 5.3 mm。两性体均黄褐色，密生绒毛；头、胸具黄宽带。头顶淡黄色，具橘黄色至黄褐色凹陷；颊锥黄色，背白色；单眼黄色，复眼黑色。触角黄色，第 1~2 节黄褐色，第 9 节端及第 10 节黑色。胸部黄褐色，胸背具黄色宽纵带和 4 条淡黄色纵线纹；中胸侧板上、下端均黄色，与前胸侧板和头后缘的黄色部分组成黄纵带。足黄褐色，胫节淡黄色，端跗节黄绿色。前翅斑纹分 2 种类型，一种是大斑型，翅上密布褐色小斑块，其中 4 块分别位于前缘（2）、顶角（1）和肘室（1）；另一种是全褐型，全部褐色，半透明，仅深褐色部分具稀疏的圆形小斑点或无斑点。腹部黄色或绿色。头前缘中间角凹深裂，头顶平，具深凹沟。前翅披针形，顶尖，长约为宽的 2.6 倍；后翅长约为宽的 2.8 倍。

取食对象：鼠李。

分布：河北、北京、山西。

（496）中华毛个木虱 *Trichochermes sinicus* **Yang & Li, 1985**（图版 XIX-4）

识别特征：体长雄性 2.7~2.9 mm，雌性 3.4~3.5 mm；体翅长雄性 4.6~5.8 mm，雌性 5.8~6.0 mm。体黄色至黄褐色，头胸具黄色宽带，刚毛黄色。头顶黄褐色，凹沟黄褐色，凸起部分淡黄色并被蜡粉；中缝橘黄色，基端黑色；颊锥橘黄色，背面淡黄色；单眼黄色，复眼黑色，眼后叶黄褐色。触角黄色，第 1~2 节褐色，第 4 节、第 6 节、第 8 节端及第 9~10 节黑色。前胸淡黄色，具 3 块橘黄斑；中胸前盾片中间及两侧具淡黄斑，盾片具 6 条黄纵纹，胸部有黄色被蜡粉的纵带与头后缘的带相连。足黄色，腿节黄褐色，后基突黄色。前翅斑纹有点褐型、大斑型、花斑型和纵带型 4 种类型，其中，以花斑型最多。腹部黄色或绿色。头顶平，具深凹沟，后缘角凹，前缘双喙状突出。

取食对象：鼠李属植物、绣线菊、西北枸子、华北落叶松。

分布：河北（小五台山）、吉林、辽宁、北京、山西、河南、陕西、宁夏、甘肃、青海、湖北。

（497）短肛邻个木虱 *Triozopsis brevianus* Li, 2011（图 225）

识别特征：雄性体长 1.4 mm，体翅长 2.3 mm。两性均亮黑色。头顶、颊锥亮黑色；单眼黄色，复眼棕褐色。触角黑色，第 2 节端部和第 3 节黄色。前胸背板黑褐色；中后胸背面黑色，下侧全黄色。足黄色，前、中足基节黑褐色。前翅透明，具略污黄色缘纹 3 个；脉黄色。腹部黑色。头后缘平直，两侧及前部膨突，具粗颗粒，前缘中间深凹；前胸压低，中胸前盾片前伸。前翅长约为宽的 2.4 倍，披针形，端尖；后翅长约为宽的 2.6 倍。

分布：河北、北京、宁夏。

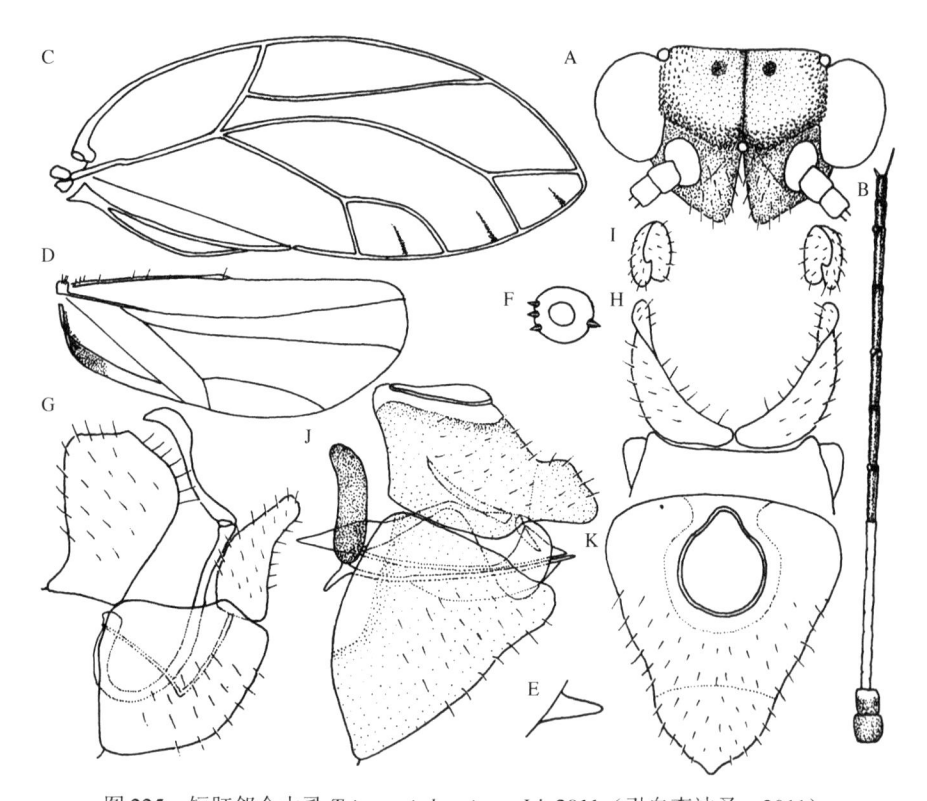

图 225　短肛邻个木虱 *Triozopsis brevianus* Li, 2011（引自李法圣，2011）
A~I 雄：A. 头；B. 触角；C. 前翅；D. 后翅；E. 后基突；F. 后足胫节端部，示端距；G. 腹端侧视；H. 阳基侧突后视；I. 阳基侧突顶视；J、K 雌：J. 腹端侧视；K. 肛节顶视

3）球蚜总科 Adelgoidea Schouteden, 1909

孤雌蚜和性蚜均为卵生，前翅仅有 3 条斜脉；无翅蚜及若蚜仅有 3 个小眼面；触角 3 节或退化。头部与胸部之和大于腹部。尾片半月形，无腹管。雌性无或有产卵器。

世界已知 2 科 8 属约 51 种，主要分布于全北区、东洋区、大洋洲及中南美洲。中国记录 2 科 11 种，主要分布于东北、华北、西北及西南高海拔地区。

99. 球蚜科 Adelgidae Schouteden, 1909

体长 1.0～3.0 mm。背面蜡片发达，分泌蜡粉和蜡丝将虫体覆盖。无翅蚜及幼蚜触角 5 节，具感觉圈 2 个，位于第 4～5 节的端部。冬型触角甚退化。头、胸部之和大于腹部。缺腹管，尾片半月形。有翅蚜触角 5 节，通常有 3 个宽带状感觉圈。前翅 3 条斜脉：1 条中脉和 2 条互相分离的肘脉，后翅 1 斜脉。静止时翅呈屋脊状。中胸盾片分为左右 2 片。性蚜具喙，雌蚜触角 4 节。孤雌蚜与雌蚜均具产卵器，卵生。气门位于中胸、后胸、腹部第 I～VI 或第 I～V 节，但第 I 节的常不明显。

世界已知 2 族 8 属 51 种以上，全北区分布，东洋区、大洋洲及中南美洲也有分布。中国记录 6 属 21 种以上，主要分布于东北、华北、西北及西南的高海拔地区。本书记述河北地区 1 属 1 种。

（498）落叶松球蚜 *Adelges* (*Adelges*) *laricis* Vallot, 1836（图 226）

识别特征：干母 1 龄若虫卵圆形，体长 0.5 mm，黑色，被稀疏的玻璃丝状长丝。玻片标本头背有 2 个大的三角形腺板，每个腺板沿缘 6 个腺孔群；前胸有 2 大块方形腺板，每个腺板四角上各 1 腺孔群；从中胸到腹部第 V 节，各有 6 个圆形腺板，除中、后胸缘腺板有 2 个腺孔群外，每个腹板各 1 腺孔群。

取食对象：云杉、落叶松。

分布：河北、黑龙江、吉林、辽宁、内蒙古、北京、天津、山西、山东、陕西、宁夏、甘肃、青海、新疆；俄罗斯（远东），欧洲西部，北美洲。

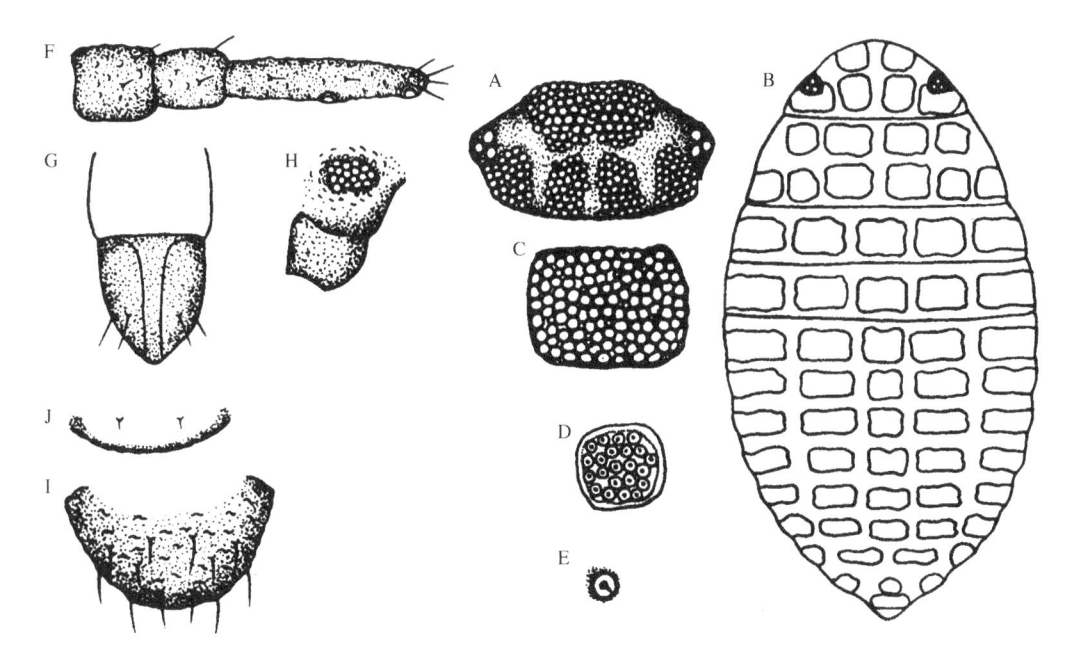

图 226 落叶松球蚜 *Adelges* (*Adelges*) *laricis* Vallot, 1836（引自乔格侠等，2009）
无翅孤雌蚜：A. 头背蜡片；B. 体被蜡片；C. 蜡片；D. 蜡孔；E. 毛孔；F. 触角；G. 喙第 4+5 节；H. 足基节窝蜡片；I. 尾板；J. 尾片

100. 根瘤蚜科 Phylloxeridae Herrich-Schaeffer, 1854

体长 1.0 mm 左右。体表无或有时有蜡粉。无翅蚜及幼蚜，触角 3 节，只有 1 感觉圈。眼只有 3 小眼面。头部和胸部之和大于腹部。尾片半月形。缺腹管，罕见有产卵器。有翅蚜触角 3 节，只有 2 个纵长感觉圈。前翅具 3 斜脉，1 根中脉和 2 根共柄或基部接近的肘脉，后翅缺斜脉。静止时翅平叠于背面。中胸盾片不分为两片。性蚜无喙，不活泼。孤雌蚜和雌蚜均卵生。

世界已知 2 亚科 11 属 75 种，主要分布于全北区，其他地区也有分布。中国记录 4 属 4 种，主要分布于华北、东北、西北、西南及华东的局部地区。本书记述河北地区 1 属 1 种。

(499) 梨黄粉蚜 *Aphanostigma jakusuiensis* (Kishida, 1924)

识别特征：体长约 0.8 mm。卵圆形，鲜黄色，具光泽。腹部无腹管及尾片，无翅。孤雌卵生，包括干母、普通型。性母均为雌性。喙均发达。有性型体型略小，体长雌性 0.5 mm 左右，雄性无翅孤雌蚜体小，黄色。体椭圆形。头胸部之和长于腹部。活体草黄色。玻片标本体全淡色，触角、喙、足灰黑色，尾片、尾板灰色，无斑纹。气门片淡色。胸部背板及缘片粗糙有小刺突组成曲纹，腹部背片光滑，微显曲纹。体背有短粗毛。中额不明显，呈弧形。触角短粗，光滑，第 3 节有瓦纹，无基部与鞭部之分，原生感觉圈位于顶端；触角第 1、2 节各有长毛，第 3 节有长、短毛。喙长大，端部达后足基节，有时超过后足基节，第 4 节和第 5 节长圆锥形；有短刚毛。足短粗，有短刚毛，爪间有长毛，顶端球状。无腹管。尾片末端平圆形。尾板末端圆形。生殖板淡色。

取食对象：梨属植物。

分布：河北、辽宁、北京、山东、河南、陕西、江苏、安徽、四川等地；朝鲜，日本。

4) 蚜总科 Aphidoidea Latreille, 1802

孤雌蚜伪胎生，性蚜卵生。前翅 4 条斜脉；触角 4~6 节，若为 3 节，则尾片烧瓶状。头部与胸部之和不大于腹部。尾片形状多变，腹管有或无。产卵器分布具毛隆起。雌性无或有产卵器。

世界已知 13 科 510 属约 4400 种，世界性分布，全部以植物为食，不少种类是农林生产上的害虫。中国记录 13 科 256 属 1000 种以上。本书记述河北地区 3 科 13 属 18 种。

科检索表

1. 无翅蚜复眼有小眼面 3 个；腹部具蜡腺；腹管环状或缺如；如复眼为多个小眼面，则有翅蚜前翅翅痣不达翅顶，径分脉也不着生于翅痣基部；性蚜喙退化；尾片半月形；静止时翅呈屋脊状；触角感觉圈条状环绕触角或片状 ··· 瘿绵蚜科 Pemphigidae
   无翅蚜复眼有多个小眼面；腹部蜡腺无或有；腹管环状到长管状 ································· 2
2. 腹管环状，位于具毛的圆锥体上，如缺腹管，则后足跗节延长为前足或中足跗节的 2 倍以上；体与附肢多毛；尾片与尾板半月形；喙末节明显再分节；跗节第 1 节发达或后足第 2 跗节延长；无缘瘤；翅痣长为宽的 4~20 倍 ··· 大蚜科 Lachnidae
   腹管不在具毛的圆锥体上，如缺之，则后足跗节不延长；尾片多种形状；腹管通常长管形；尾片常为圆锥形或半月形；尾板非 2 叶状；爪间突毛状 ·· 蚜科 Aphididae

101. 蚜科 Aphididae Latreille, 1802

体上偶被蜡粉，缺蜡片。触角6节，有时5节甚至4节，感觉圈圆形，罕见椭圆形。复眼多小眼面。翅脉正常，前翅中脉1或2分叉。爪间突毛状。前胸及腹部常有缘瘤。腹管通常长管形，有时膨大，少见环状或缺。尾片圆锥形、指形、剑形、三角形、盔形、半月形，少数宽半月形。尾板端部圆形。

世界已知2亚科256属2483种，分布于世界各地，寄生于乔木、灌木、草本等显花植物，少数取食蕨类植物和苔藓植物。中国记录109属469种以上。本书记述河北地区4属4种。

(500) 豆蚜 *Aphis craccivora* Koch, 1854（图227）

识别特征：无翅胎生雌蚜体长1.8~2.4 mm；体肥，黑色、浓紫色，也有个体墨绿色，具光泽，体被蜡粉。中额瘤和额瘤微隆。触角6节，较体短，第1节、第2节、第5节端部和第6节黑色，余黄白色。腹部I~VI节背面隆板灰色，腹管黑色具瓦纹，长圆形。尾片黑色具瓦纹，圆锥形，两侧各具3根长毛。有翅胎生雌蚜体长1.5~1.8 mm，体黑绿色至黑褐色，具光泽。触角6节，第1节、第2节黑褐色，第3~6节黄白色，节间褐色，第3节有排列成行的感觉圈4~7个。

取食对象：蚕豆、紫苜蓿等多种豆科植物。

分布：中国；世界。

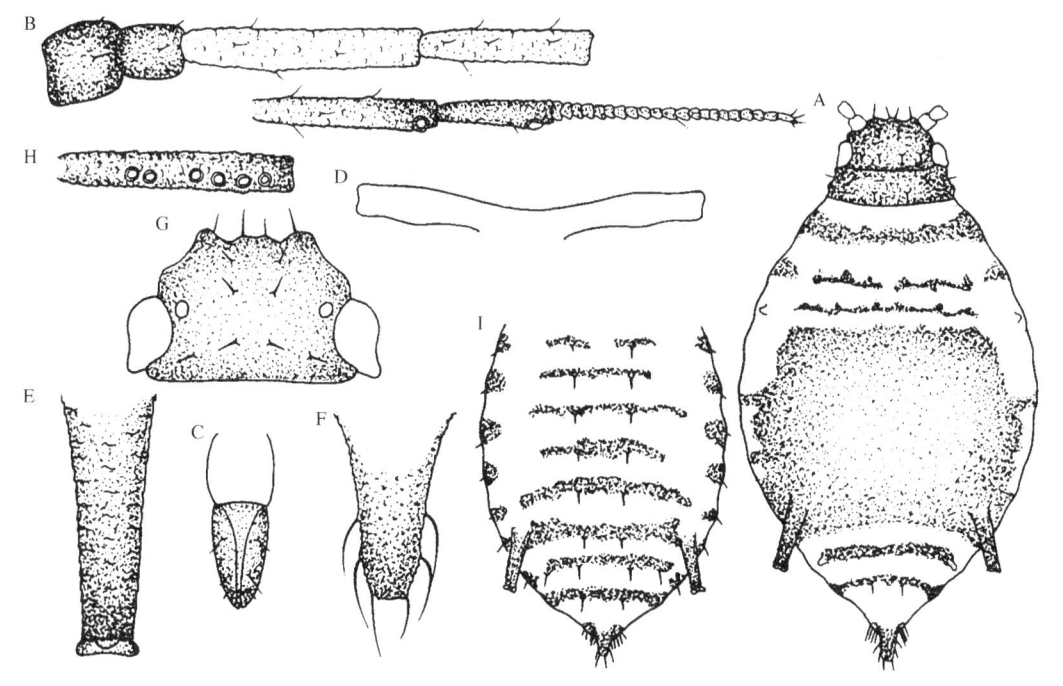

图227 豆蚜 *Aphis craccivora* Koch, 1854（引自乔格侠等，2009）
无翅孤雌蚜：A. 整体背视（示斑纹）；B. 触角；C. 喙第4+5节；D. 中胸腹岔；E. 腹管；F. 尾片；有翅孤雌蚜：G. 头背视；H. 触角第3节；I. 腹背视

(501) 河北蓟钉毛蚜 *Coloradoa viridis* (Nevsky, 1929)

别名：黄蒿五节卡蚜 *Coloradoa nodulosa* Zhang & Zhong, 1980

识别特征：无翅孤雌蚜纺锤状，活体蜡白色。玻片标本体淡色，无斑纹。触角各节间、喙、足胫节端部稍骨化；喙顶端、腹管端部、跗节灰黑色，其他部分淡色。体表光滑，体缘稍显曲纹。气门圆形关闭，气门片淡色。节间斑不明显。中胸腹岔两臂分离。体背刚毛顶端球形，长短不等，腹面毛尖锐。中额隆起，额瘤显著隆起，外倾。触角细长，布瓦纹，第1节外缘隆起圆形。喙端达到中足基节，第4节和第5节细长，两缘平直；有原生刚毛和次生短刚毛。腹管细长筒形，具瓦纹、缘突和切迹。尾片圆锥形，有微刺突细瓦纹，有长曲毛。尾板端部尖圆形。生殖板淡色，具长短毛。

取食对象：黄蒿。

分布：河北、北京、辽宁；蒙古国，印度，巴基斯坦，中亚，阿塞拜疆。

(502) 萝卜蚜 *Lipaphis erysimi* (Kaltenbach, 1843)（图 228）

别名：菜缢管蚜。

识别特征：有翅胎生雌蚜头、胸黑色；腹部绿色，第Ⅰ～Ⅵ腹节各有独立斑，腹管前后斑愈合，第Ⅰ节具背中窄横带，第Ⅴ节具小型中斑，第Ⅵ～Ⅷ节均具横带，第Ⅵ节横带不规则；触角第3～5节依次具次生感觉圈。无翅胎生雌蚜体长约2.3 mm，宽约1.3 mm，绿色至黑绿色，被薄粉；表皮粗糙，具菱形网纹；腹管长筒形，顶端收缩；尾片具4～6根长毛。

取食对象：萝卜、白菜等。

分布：河北、辽宁、内蒙古、北京、天津、山东、河南、陕西、宁夏、甘肃、江苏、上海、浙江、湖南、福建、台湾、广东、四川、云南；朝鲜，日本，印度，印度尼西亚，伊拉克，以色列，埃及，东非，美国。

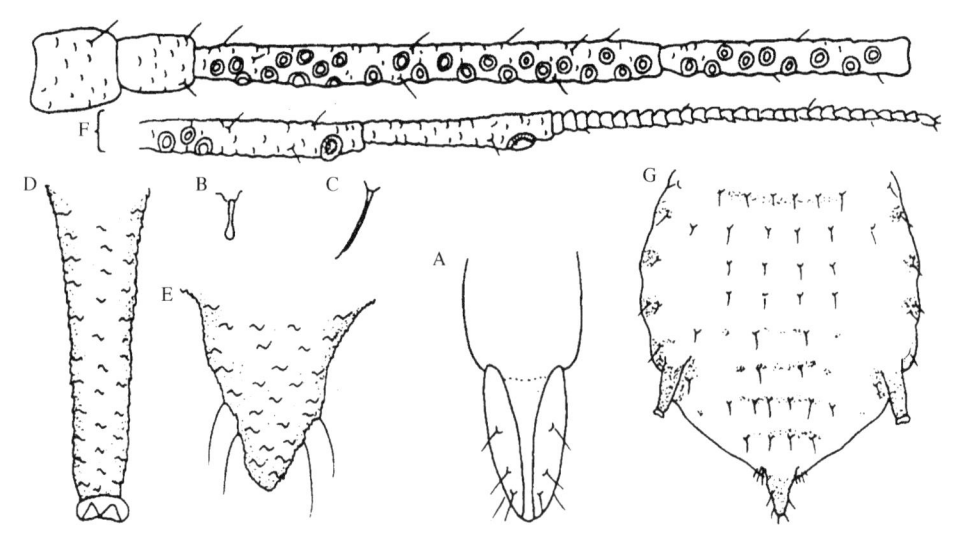

图 228 萝卜蚜 *Lipaphis erysimi* (Kaltenbach, 1843)（引自乔格侠等，2009）
无翅孤雌蚜：A. 喙第4+5节；B. 体背刚毛；C. 腹部背毛；D. 腹管；E. 尾片；有翅孤雌蚜：F. 触角；G. 腹背视

（503）玉米蚜 *Rhopalosiphum maidis* (Fitch, 1861)（图229）

识别特征：无翅孤雌蚜体长 1.8～2.2 mm；长卵形；活虫深绿色，被白粉，附肢黑色，复眼红褐色；腹部第Ⅶ节具黑色毛片，第Ⅷ节具背中横带，体表具网纹；触角、喙、足、腹管、尾片黑色；触角6节，长较体短；喙粗短；腹管长圆筒形，端部收缩，具覆瓦状纹；尾片圆锥状，具毛4～5根。有翅孤雌蚜体长 1.6～1.8 mm；长卵形；头、胸黑色，光亮，腹部黄红色至深绿色，腹管前具暗斑；触角6节，较体短；触角、喙、足、腹节间、腹管及尾片黑色；腹部第Ⅱ～Ⅳ节各1对大型缘斑，第Ⅵ节、Ⅶ节背中具横带。

取食对象：玉蜀黍、高粱、稷、普通小麦、大麦等。

分布：中国；世界。

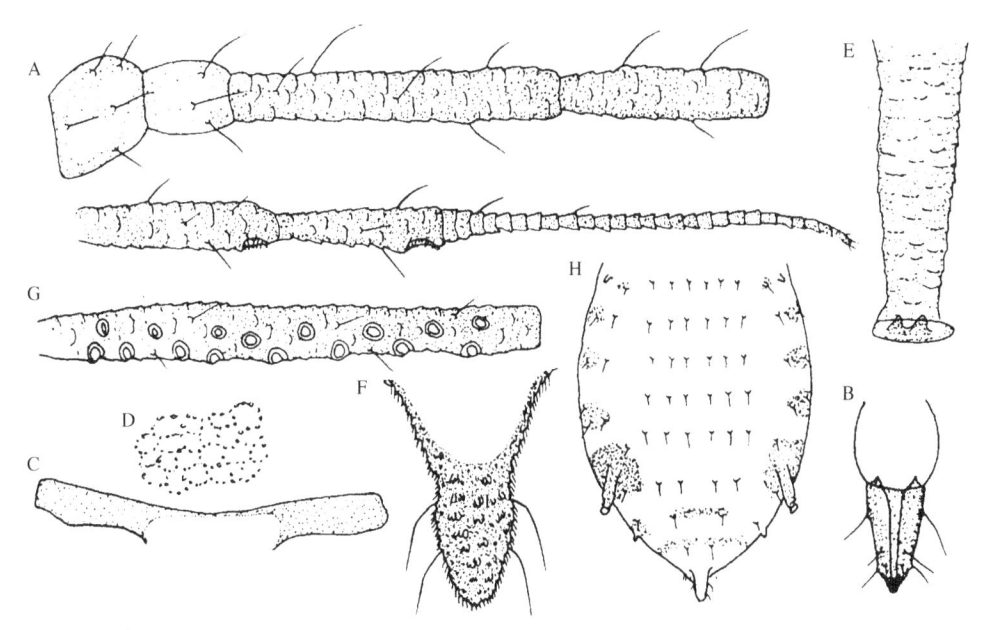

图229 玉米蚜 *Rhopalosiphum maidis* (Fitch, 1861)（引自乔格侠等，2009）
无翅孤雌蚜：A. 触角；B. 喙第4+5节；C. 中胸腹岔；D. 腹部背纹；E. 腹管；F. 尾片；有翅孤雌蚜：G. 触角第3节；H. 腹背视

102. 大蚜科 Lachnidae Herrich-Schaeffer, 1854

体长 2.0～8.0 mm。头有背中线，头与前胸分离。喙的第4节、第5节明显分为2节。触角6节，末节鞭部甚短；次生感觉圈圆形至卵圆形。体与附肢多毛。第1跗节发达，有时后足第2跗节延长。翅脉正常，翅痣长，长为宽的4～20倍，前翅中脉1或2分叉，很少不分叉。径分脉从翅痣后部或中部伸出。后翅2斜脉。腹管位于多毛圆锥体上，有时缺。尾片、尾板宽半圆形。无蜡片，但体表常有蜡粉分布。

世界已知3亚科约21属340余种，主要分布于全北区，寄生于松科等木本植物和一些草本植物，多数生活在幼枝、树皮缝，少数生活在树干、叶片和草本植物的根部等。中国记录13属85种以上。本书记述河北地区2属4种。

(504) 黑云杉蚜 *Cinara piceae* (Panzer, 1801)

识别特征：有翅孤雌蚜体长 4.0~6.4 mm，宽 2.5~5.0 mm，前翅长 6.0~7.4 mm，前缘黑色。无翅孤雌蚜体长 5.2~6.4 mm，宽 2.0~6.0 mm。体型较大。黑色。触角丝状，5节；复眼黑色；分有翅蚜和无翅蚜 2 种。第 5 代雌蚜腹管分泌蜡质形成白色"C"形环。雄性体小于雌性，大小与 3 龄、4 龄若蚜近等。

取食对象：鳞皮云杉、粗枝云杉。

分布：河北、四川。

(505) 华山松大蚜 *Cinara piniarmandicola* Zhang & Zhang, 1993（图 230）

识别特征：体长 2.6~3.1 mm。赤黑色至黑褐色。复眼黑色。触角刚毛状，共 6 节，第 3 节最长。无翅型雌性体粗壮，腹部圆，表面散布黑色粒状突瘤，偶被白色蜡粉；有翅型身体短棒状，全体黑褐色，布许多黑色刚毛，足上尤多。腹部稍尖，翅膜质透明。

取食对象：华山松。

分布：河北、辽宁、内蒙古、山西、山东、河南、陕西；朝鲜，日本，欧洲。

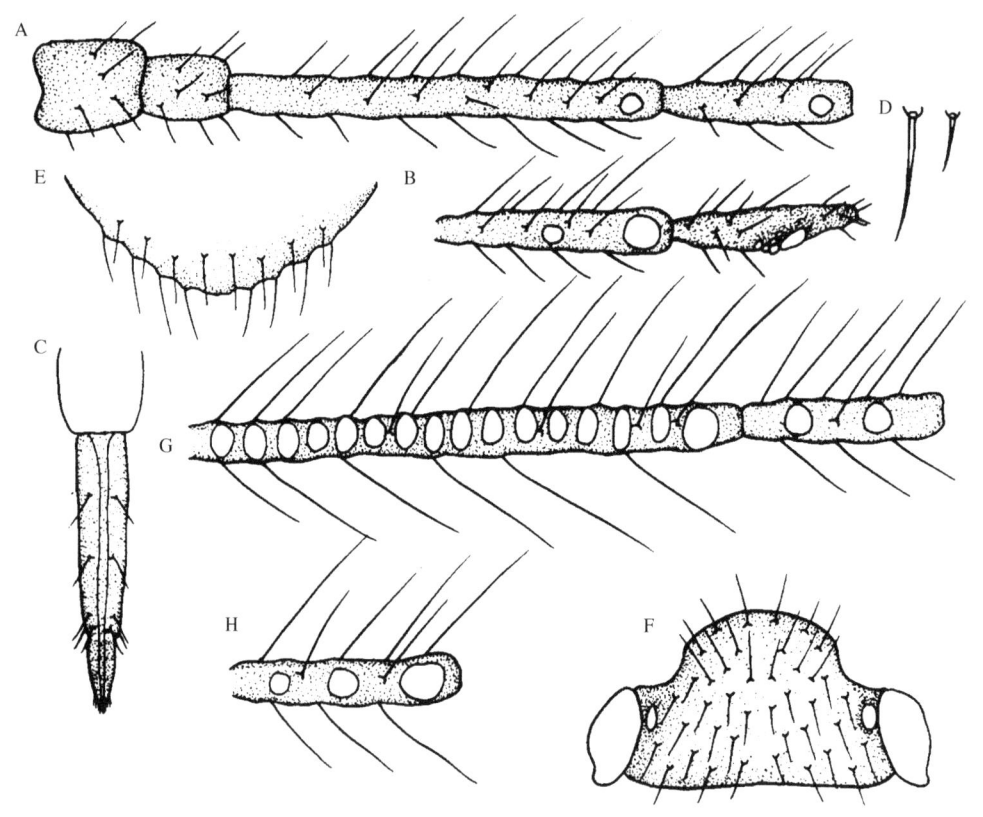

图 230 华山松大蚜 *Cinara piniarmandicola* Zhang & Zhang, 1993（引自乔格侠等，2009）
无翅孤雌蚜：A. 触角第 1~4 节；B. 触角第 5~6 节；C. 喙第 4+5 节；D. 体背毛；E. 尾片；有翅孤雌蚜：F. 头背视；G. 触角第 3~4 节；H. 触角第 5 节

（506）油松长大蚜 *Cinara pinitabulaeformis* Zhang & Zhang, 1939（图231）

别名：松大蚜。

识别特征：体长2.6～3.1 mm。赤黑色至黑褐色，复眼黑色。触角刚毛状，6节，第3节最长。无翅型雌性体粗壮；腹部圆，表面散布黑色粒状突瘤，偶被白色蜡粉。有翅型身体短棒状，全体黑褐色，布许多黑色刚毛，足上尤多，腹部稍尖，翅膜质透明。

取食对象：白皮松、油松、樟子松、赤松、马尾松等松科植物。

分布：河北、辽宁、内蒙古、北京、天津、山西、山东、河南、陕西、福建、广东、海南、广西。

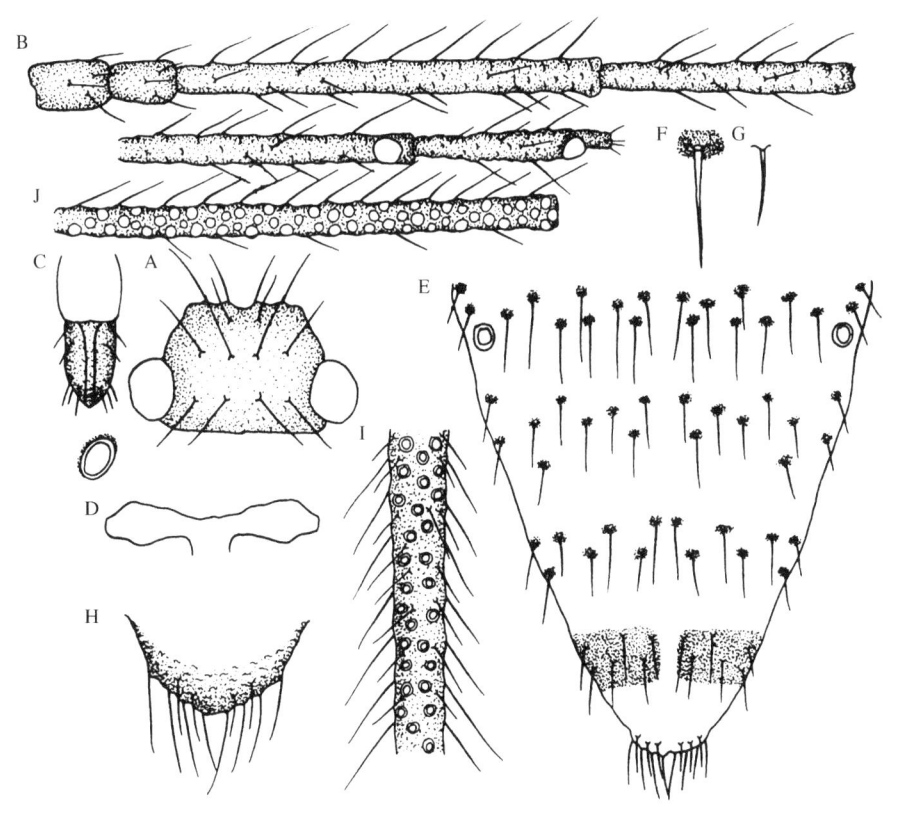

图231 油松长大蚜 *Cinara pinitabulaeformis* Zhang & Zhang, 1939（引自乔格侠等，2009）
无翅孤雌蚜：A. 头背视；B. 触角；C. 喙第4+5节；D. 中胸腹岔；E. 腹部第Ⅴ～Ⅷ背片；F. 腹部背刚毛；G. 腹下侧毛；H. 尾片。无翅雌性蚜：I. 后足胫节局部（示伪感觉圈）。有翅雄性蚜：J. 触角第3节

（507）柳长喙大蚜 *Stomaphis sinisalicis* Zhang & Zhong, 1982

识别特征：无翅孤雌蚜体长约6.0 mm，宽约2.9 mm。体卵圆形。活体乳白色。玻片标本淡色，头部背面及前胸缘片骨化深色，腹部背片有褐色斑，第Ⅵ背片围绕腹管有1大背斑，第Ⅶ背片有2块背斑，第Ⅷ背片有1完整宽横带；第Ⅰ～Ⅳ背片中央各有1纵长斑；触角、腹管、足、尾片、尾板、生殖板黑褐色；喙第3节端半部及第4+5节黑褐色。体表

光滑，头背中央有 1 头盖缝。节间斑黑褐色，明显位于各节间。体背各节及附肢多刚毛，第Ⅷ背片有长毛 150 余根。触角短粗，全长约 2.2 mm，各节多毛；第 4 节有次生感觉圈 1～4 个。足光滑，多刚毛。腹管短截，长为尾片之半。尾片半圆形。

取食对象：柳树、杨树。

分布：河北（青龙、涉县、沽源、万全）、辽宁、北京、山东、宁夏。

103. 瘿绵蚜科 Pemphigidae Herrich-Schaeffer, 1854

体长 1.5～4.0 mm。体表大多有蜡粉或蜡丝，有发达的蜡片。无翅孤雌蚜和若蚜复眼由 3 个小眼面组成。头与前胸分离。喙末节分节不明显。触角 5 或 6 节，末节鞭部甚短，次生感觉圈条形、环形或片形。翅脉正常，前翅中脉 1 分叉或不分叉。后翅斜脉 1～2 条。腹管孔状、圆锥状或缺。尾片、尾板宽半圆形。性蚜体小，无翅，喙退化是该科的主要区分特征。

世界已知 3 亚科 39 属 266 种，主要分布于全北区和东洋区，第一寄主大多为阔叶灌木或乔木，大都在虫瘿内或变形的叶内；第二寄主多为草本植物，少数为木本植物；大都寄生于植物根部。中国记录 33 属 144 种以上。本书记述河北地区 7 属 10 种。

也有学者将该科降级为瘿绵蚜族 Pemphigini，隶属蚜科 Aphididae Latreille, 1802 的绵蚜亚科 Eriosomatinae。

（508）尼三堡瘿绵蚜 *Epipemphigus niisimae* (Matsumura, 1971)（图 232）

识别特征：有翅孤雌蚜体长约 2.3 mm，宽约 0.9 mm。椭圆形。灰黑色，被白粉。

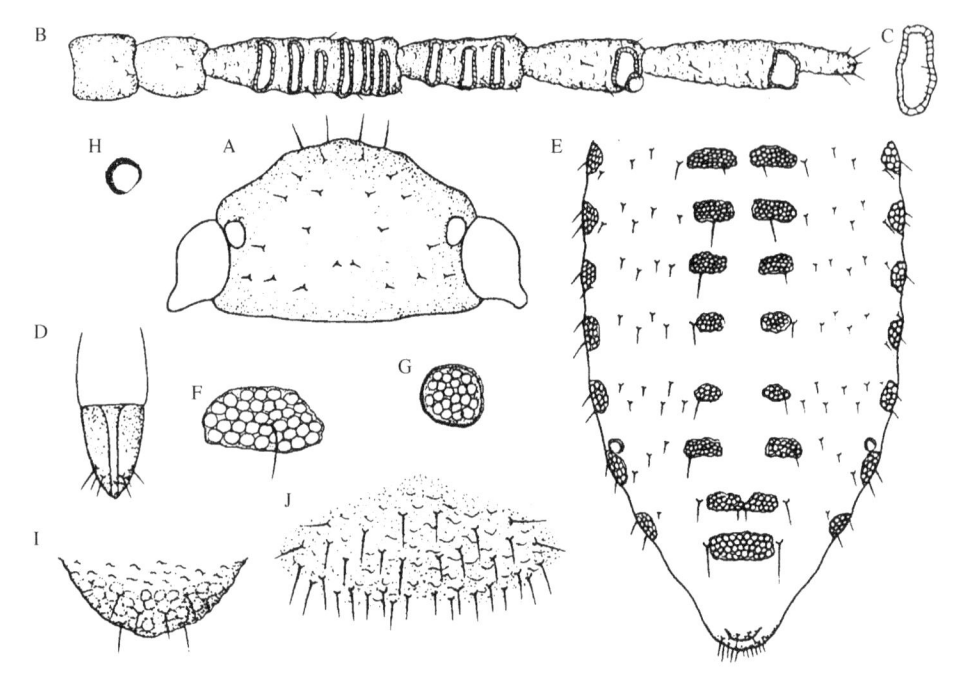

图 232 尼三堡瘿绵蚜 *Epipemphigus niisimae* (Matsumura, 1971)（引自乔格侠等，2009）
有翅孤雌蚜：A. 头背视；B. 触角；C. 次生感觉圈；D. 喙第 4+5 节；E. 腹背视；F. 腹背蜡片；G. 蜡孔；H. 腹管；I. 尾片；J. 生殖板

玻片标本头、胸部黑色，头下侧有"∧"形黑斑，腹部淡色，无斑纹。触角、喙、足各节黑色，腹管、尾片、尾板及生殖板黑褐色。体背光滑，蜡片明显，环边黑色，不甚规则，各含8～30个蜡胞。体背毛尖锐，腹下侧多毛短小，约为背长毛的1/3，头顶毛2对，头背短毛9～13对。中额及额瘤不隆，呈弧形。触角粗，有微刺突瓦纹；次生感觉圈橘瓣状，有睫毛；原生感觉圈圆形，有长睫毛。翅脉正常，前翅脉4支。腹管呈半环。

取食对象：青杨、辽杨、西伯利亚银白杨、欧洲山杨。

分布：河北；俄罗斯。

（509）苹果绵蚜 *Eriosoma lanigerum* (Hausmann, 1802)（图233）

识别特征：无翅孤雌蚜体卵圆形，长1.7～2.2 mm，头上无额瘤，腹膨大，黄褐色至赤褐色；复眼暗红色；喙端部黑色，其余赤褐色，有若干短毛，其长达后胸足基节窝；触角6节，第3节最长；腹部体侧有侧瘤，具短毛；腹背4条泌蜡孔；腹管仅留半圆形裂口痕迹；尾片圆锥形，黑色。

有翅孤雌蚜体椭圆形，长1.7～2.0 mm，暗色，较瘦；头胸黑色，腹部橄榄绿色，全身被白粉；复眼红黑色，有眼瘤，单眼3个，色较深。口喙黑色；触角6节，第3节最长，有环形感器24～28个，第4节有环形感器3或4个，第5节有环形感器1～5个，第6节基部约有感器2个；翅透明，翅脉和翅痣黑色；腹管退化为黑色环状孔。

有性雌蚜长0.6～1.0 mm，淡黄褐色；触角5节，口器退化；头、触角及足为淡黄绿色，腹部赤褐色。

有性雄蚜长约0.7 mm，体淡绿色；触角5节，端部透明，无喙；腹部各节中间隆起，有明显沟痕。

取食对象：苹果、海棠、沙果、花红、山荆子、洋梨、山楂、花楸、美国榆等。

分布：河北、北京、天津、辽宁、河南、陕西、江苏、云南。

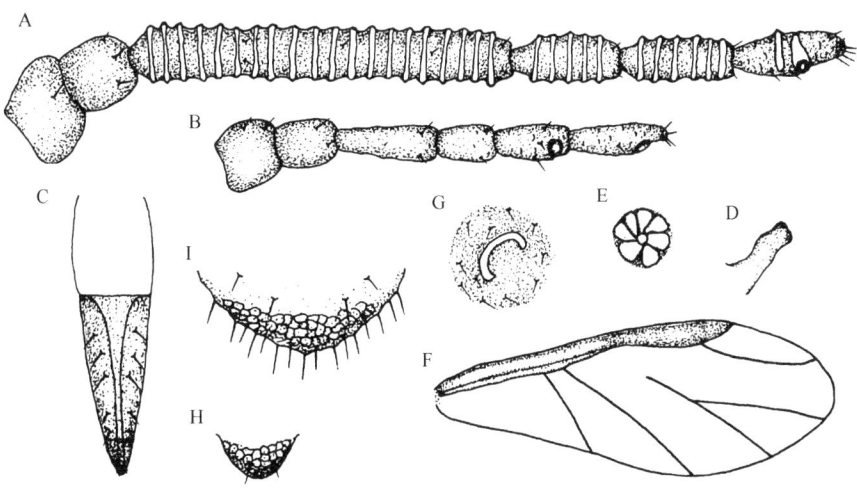

图233 苹果绵蚜 *Eriosoma lanigerum* (Hausmann, 1802)（引自张广学等，1999）
无翅孤雌蚜：B. 触角；C. 喙端部；D. 中胸腹岔；E. 蜡片；G. 腹管；H. 尾片；I. 尾板。有翅孤雌蚜：A. 触角；F. 前翅

(510) 钝毛根蚜 *Geoica setulosa* (Passerini, 1860)

识别特征：无翅孤雌蚜体卵圆形。活体白色，敷白粉。玻片标本头深色，胸、腹部淡色，腹部第Ⅷ背片具宽横带，淡褐色。触角和喙淡褐色，第Ⅳ～Ⅴ节褐色，顶黑色，足、尾片和尾板淡褐色。体表光滑。腹部第Ⅷ背片布横瓦纹。气门大型，圆形半开放，淡褐色。节间斑不明显。体背密被漏斗形或扇形毛；腹部缘毛呈笤帚状，下侧毛粗，顶尖或钝。中额不隆，额瘤不明显。触角粗短具皱纹，鞭部指状，第1～2节毛端弯呈镰刀状，其他毛尖锐，原生感觉圈有睫毛。喙端部达中足基节。足粗短，光滑。无腹管。尾片扁馒头状；尾板长方形，有2纵行长毛。生殖突被短毛。

分布：河北（雾灵山）、西藏；俄罗斯，伊朗，土耳其，欧洲。

(511) 杨枝瘿绵蚜 *Pemphigus (Pemphigus) immunis* Buckton, 1896（图234）

识别特征：有翅孤雌蚜体长约2.3 mm，宽约0.9 mm，长卵形。活体灰绿色，被白粉。玻片标本头、胸部黑色，触角和足黑色，腹部淡色，无斑纹；尾片、尾板、生殖板灰黑色。表皮光滑。气门圆形关闭。腹管及气门片骨化，灰黑色。腹部节间斑不明显。腹部背片中蜡片圆形至椭圆形。体毛短、尖锐，头背毛10根；前胸狭窄，缘毛8根，中胸宽大具毛30根，缘毛4根。中额隆起，额瘤不明显，头顶呈馒头形。触角短粗，第5节原生感觉圈长方形，直径可达该节长度2/5。足粗短。前翅4斜脉，中脉不分岔，后翅脉正常。腹管环状，与后足胫节中宽等长。

取食对象：青杨、小叶杨、黑杨、胡杨、钻天杨、牛膝菊。

分布：河北（承德、张家口、小五台山、涉县）、黑龙江、吉林、辽宁、内蒙古、北京、河南、宁夏、云南；俄罗斯，西亚，非洲北部，欧洲，北美洲。

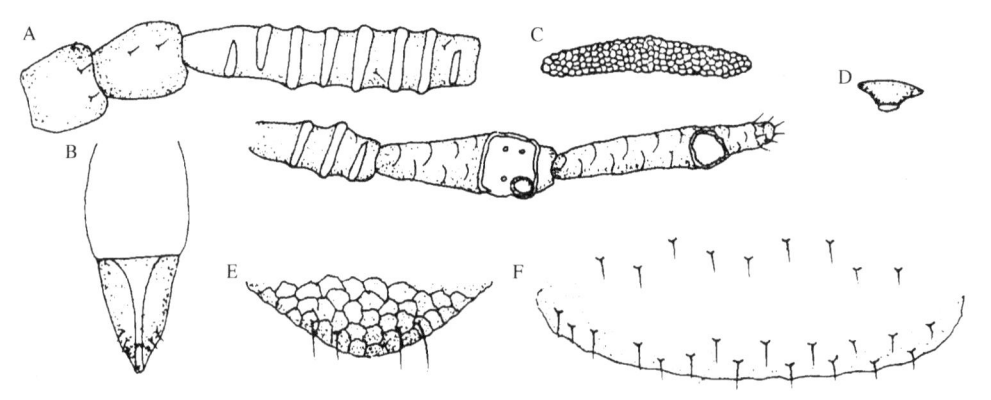

图234 杨枝瘿绵蚜 *Pemphigus (Pemphigus) immunis* Buckton, 1896（引自乔格侠等，2009）
有翅孤雌蚜：A. 触角；B. 喙第4+5节；C. 腹部第Ⅷ背片蜡片；D. 腹管；E. 尾片；F. 生殖板

(512) 杨柄叶瘿绵蚜 *Pemphigus (Pemphigus) matsumurai* Monzen, 1927（图235）

识别特征：有翅孤雌蚜体长2.4～2.6 mm，宽1.0～1.2 mm，椭圆形。头部、胸部、触角和足黑色，腹部淡色，尾片、尾板和生殖板灰褐色。体表光滑，头背除中间外有褶纹。

气门椭圆形关闭，气门片突起骨化，黑色。蜡片淡色。体毛尖锐，头顶2对，腹部各背片缘毛有3~4对。头顶弧形。触角粗短，环形感觉圈分布为第3节10~12个，第4节3~5个，第5节除1环形原生感觉圈外还有2~4个次生环形感觉圈，第6节有环形原生感觉圈，具睫毛。喙短粗，达前中足基节之间。翅脉镶淡褐色边，前翅4斜脉不分岔，2肘脉基部愈合，后翅2肘脉基部分离。

取食对象：青杨、小叶杨、滇杨等。

分布：河北（小五台山）、黑龙江、辽宁、内蒙古、北京、宁夏、贵州、云南、西藏；日本。

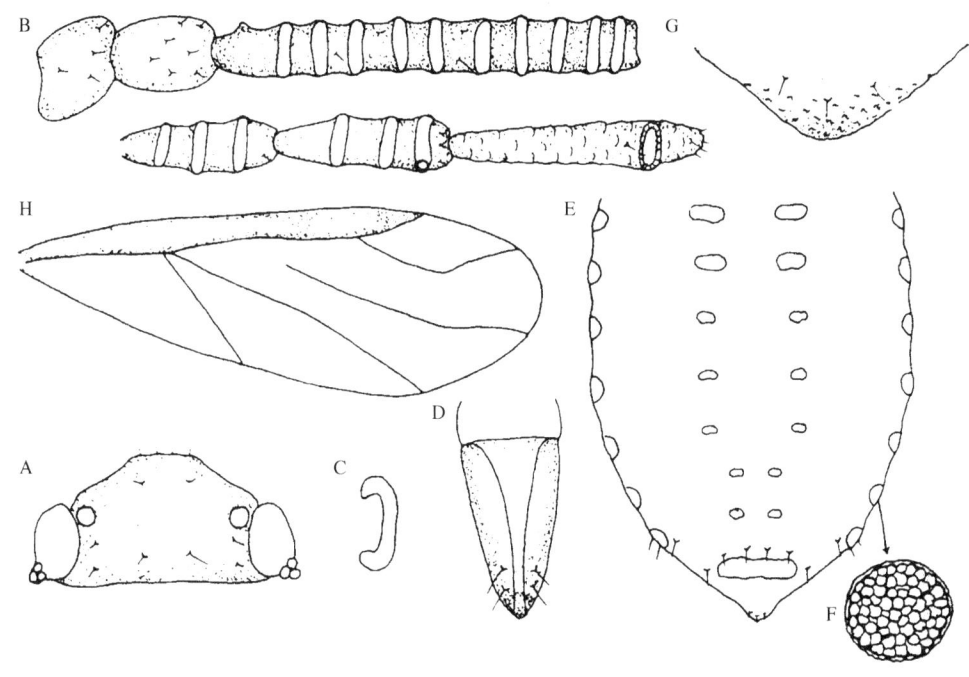

图235　杨柄叶瘿绵蚜 *Pemphigus (Pemphigus) matsumurai* Monzen, 1927（引自乔格侠等，2009）
有翅孤雌蚜：A. 头背视；B. 触角；C. 次生感觉圈；D. 喙第4+5节；E. 腹背视（示背蜡片）；F. 腹背缘蜡片；G. 尾片；H. 前翅

(513) 丁香卷叶绵蚜 *Prociphilus (Prociphilus) gambosae* Zhang & Zhang, 1993（图236）

识别特征：无翅干母体卵圆形，长约2.4 mm，宽约1.6 mm。灰绿色，被长蜡丝。玻片标本头背黑色部分呈"北"字形，其淡色部分为蜡片。胸、腹部淡色，前胸背中1断续圆形带，缘斑独立，中、后胸具各独立缘斑，背中各1对小斑；腹节Ⅰ~Ⅴ有时有背中小斑，Ⅵ~Ⅷ节各1窄横带，腹下侧后3节有暗色腹中斑。触角、喙、足、尾片黑色。蜡片大圆形，淡色。前胸及第Ⅳ腹节背面均布断续的圆形黑色蜡片带。体表光滑。气门圆形有盖，半开放，气门片黑色。节间斑不明显。中胸腹岔淡色。体背毛尖锐，位于蜡片域内，毛孔甚小，腹下侧被较多长毛。头顶毛短，2对，头背长毛6对。足光滑，粗短。无腹管。尾片馒头状，有毛8根。尾板端部圆，有毛30~36根。

取食对象：紫丁香。

分布：河北（雾灵山、小五台山）、北京、山西。

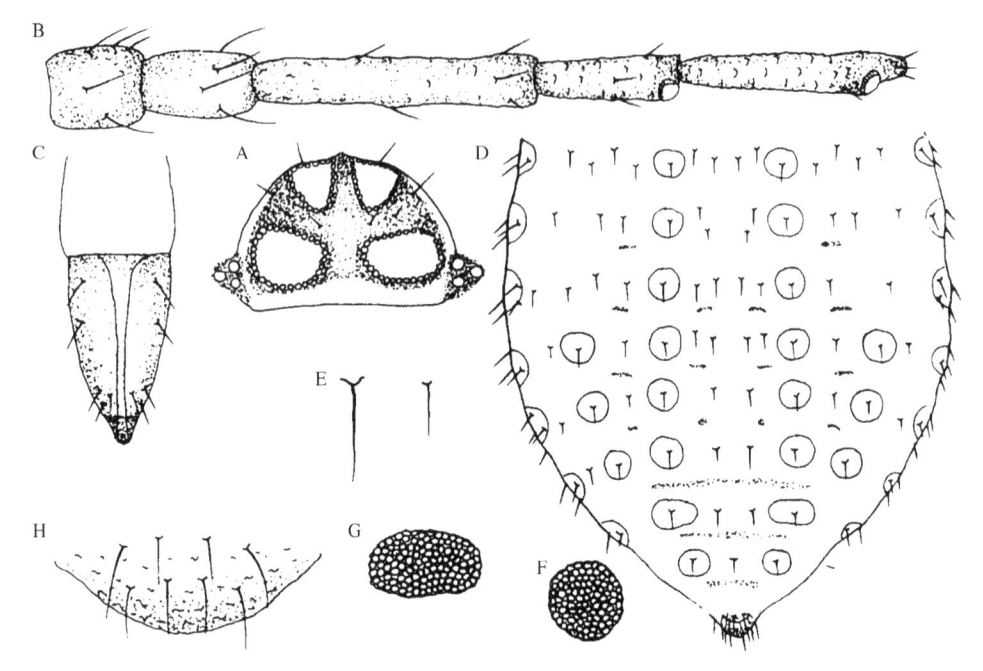

图 236 丁香卷叶绵蚜 *Prociphilus* (*Prociphilus*) *gambosae* Zhang & Zhang, 1993（引自乔格侠等，2009）
无翅干母蚜：A. 头背视；B. 触角；C. 喙第 4+5 节；D. 腹背视；E. 体背毛；F. 腹背蜡片；G. 腹部第Ⅶ背片的蜡片；H. 尾片

(514) 暗色四脉绵蚜 *Tetraneura caerulescens* (Passerini, 1856)

识别特征：体长约 1.9 mm，宽约 1.4 mm，卵圆形。活体灰褐色。玻片标本头黑褐色，胸、腹部淡色，无斑纹，触角、喙、足黑褐色，尾片、尾板、生殖板淡色。体表光滑，腹部上下及第Ⅷ背片布微细瓦纹。头背 1 对斑。体背毛长粗尖，腹部下侧毛长为背毛之半，头顶 1 对长毛，头背长毛 5 对，腹背第Ⅰ～Ⅴ节具数量不等的长毛。复眼小眼面 3 个。触角 4 节，第 3～4 节具原生感觉圈。喙达中足基节。足的各节粗大光滑，跗节不分节。无腹管。尾片端部圆，具短毛 1 对。尾板端部平，有粗长毛 7～8 根。

取食对象：第一寄主为裂叶榆、英国榆；第二寄主为大画眉草、早熟禾、羊茅。

分布：河北、北京、辽宁；俄罗斯，伊朗，欧洲。

(515) 秋四脉绵蚜 *Tetraneura* (*Tetraneurella*) *akinire* Sasaki, 1904（图 237）

别名：榆四脉绵蚜、谷榆蚜、高粱根蚜、榆瘿蚜。

识别特征：无翅孤雌蚜体长约 2.3 mm，宽约 1.0 mm，有翅孤雌蚜体长约 2.0 mm，宽约 0.9 mm。卵圆形。淡黄色，体被薄蜡粉。体表光滑，头部有皱纹，腹管后几节有微瓦纹。背毛尖，胸部 16 根，气门外侧具长缘毛 24～26 根；腹部第Ⅷ背片 2 长背毛，其他背片各有中侧短毛 4～8 根；头部有毛 16～20 根。触角 5 节，粗短和光滑，原生感觉圈有睫毛。

喙较粗短，其端部长过中足基节。足短粗，腿节与胫节约等长，跗节1节。有翅孤雌蚜长卵形。活体头部、胸部黑色，腹部绿色。头部和胸部背侧片的曲纹不规则；腹背光滑，第Ⅷ背片有瓦纹。头部背毛14根；腹部第Ⅰ～Ⅱ背片各有中侧毛10～14根，第Ⅲ～Ⅷ背片各有中侧毛6～10根，第Ⅰ～Ⅶ背片各有缘毛1～2对，第Ⅷ背片8～10根毛。触角短粗，第1节、第2节光滑，其他各节有瓦纹；第3节有环形次生感觉圈；第4节无次生感觉圈；第5节、第6节边缘有小刺突构成的横纹。喙长过前足基节。前翅4条脉，中脉不分叉；后翅1斜脉。无腹管。尾片半圆形，有2～4根刚毛。

取食对象：榆、野燕麦、虎尾草、狗牙根、马唐、稗、牛筋草、画眉草、羊茅、狗尾草，易在稷、高粱等禾本科杂草及榆上形成虫瘿。

分布：河北、黑龙江、吉林、辽宁、内蒙古、北京、天津、山西、河南、江苏、上海、安徽、浙江、湖北、江西、湖南、福建；俄罗斯（远东），朝鲜半岛，日本，南亚，欧洲，非洲，澳大利亚。

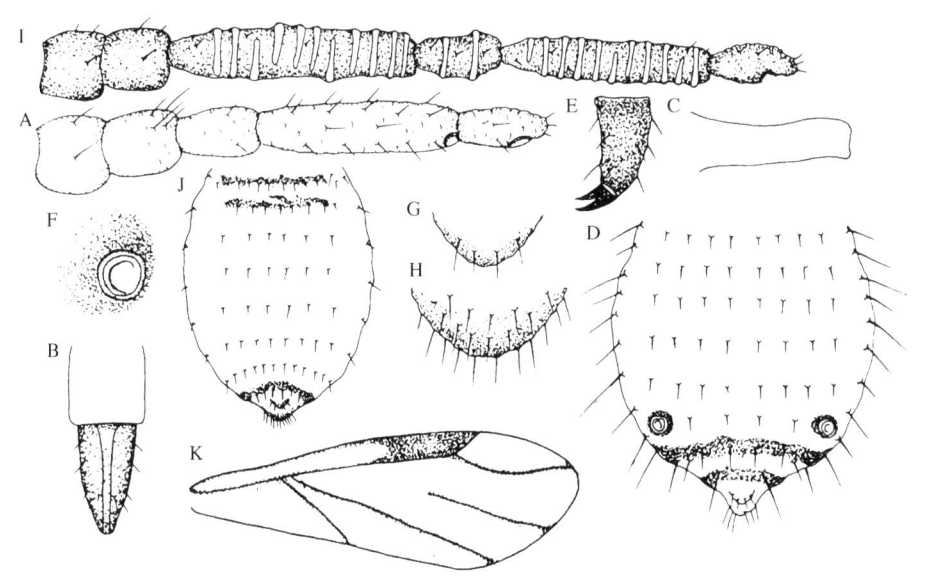

图237 秋四脉绵蚜 *Tetraneura* (*Tetraneurella*) *akinire* Sasaki, 1904（引自乔格侠等, 2009）
无翅孤雌蚜：A. 触角；B. 喙第4+5节；C. 中胸腹岔；D. 腹背视；E. 后足跗节；F. 腹管；G. 尾片；H. 尾板；有翅孤雌蚜：I. 触角；J. 腹背视；K. 前翅

（516）钉毛四脉绵蚜 *Tetraneura* (*Tetraneura*) *capitata* Zhang & Zhang, 1991

识别特征：无翅孤雌蚜体长约2.1 mm，宽约1.8 mm，卵圆形。活体浅红褐色。玻片标本头褐色；腹部淡色，第Ⅵ背片具中斑，第Ⅶ、第Ⅷ背片具横带；各附肢褐色。体表光滑，头部布弯皱纹；蜡片明显，各由1～14个大椭圆形蜡胞组成，其分布于前胸背板2对，腹部第Ⅰ～Ⅶ背片各1对，侧蜡片1对，第Ⅶ背片有中蜡片1对，其余处分散小蜡片。节间褐斑明显。体背毛2对，头顶及体缘毛粗长，顶端头状，呈花蕊形，背毛极短钝顶，各毛有基斑。腹部下侧毛较背毛尖长；头顶长粗毛1对；头背短毛6对，下侧毛6对；胸、腹部每侧长缘毛20～22根；中侧毛分布为腹部第Ⅰ背片7对，第Ⅵ背片30对，第Ⅶ背片1对，第Ⅷ背片具长粗毛1对。头顶呈圆头状，复眼黑色，小眼面3枚。触角5节，弯纹粗皱。喙粗大，端部不达后足基节。足粗大，两缘布弯皱纹，跗节1、2节愈合。腹管位于黑色圆锥体上，有缘突，无毛。尾片小半圆形，具粗糙瓦纹，有粗长弯毛2根。尾板端部圆，具粗长弯毛4根。

取食对象：高粱。

分布：河北（雾灵山）、辽宁、内蒙古、河南、陕西、宁夏、甘肃；欧洲西南部。

（517）杨伪卷叶绵蚜 *Thecabius* (*Oothecabius*) *populi* (Tao, 1970)

识别特征：有翅孤雌蚜体长约2.4 mm，宽约0.9 mm，椭圆形。玻片标本头、胸黑色，腹淡色，无斑纹。触角、喙、足、腹管、尾片、尾板、生殖板均黑色。体背光滑，蜡片显深，中胸1小中蜡片，由10余个蜡胞组成，后胸及腹部第Ⅰ～Ⅳ背片各1对中蜡片，第Ⅴ～Ⅷ背片各1蜡片，各由5～30个蜡胞组成，第Ⅰ～Ⅶ背片各1对缘蜡片，各蜡片由3～20个蜡胞组成。体背毛尖，腹部下侧多毛。头顶毛1对，头背毛9～10对，腹部第Ⅰ～Ⅵ节各具背中毛3～6对，各节侧毛4～6对，各节缘毛3～6对，第Ⅶ节背中毛2～3对，偶3根，缘毛4～5对，第Ⅷ节有长短毛3～4根。触角毛短小。喙不达中足基节。足光滑。前翅脉粗黑，中脉不分岔。腹管小半环状。尾片馒头状，端部具网纹，具长短毛5～7根。尾板端部圆，具毛13～20根。生殖板大型，有毛29～48根。

取食对象：木犀科、槭树科、忍冬科、杨属、苹果类植物。

分布：河北（雾灵山、小五台山）、北京、山西、甘肃、四川、云南。

5）蚧总科 Coccoidea Fallen, 1814

雌雄异型显著，体形变化较大，头、胸、腹愈合或区分不明显，体表通常覆盖蜡质分泌物或体背高度硬化而裸露。雌成虫很少活动或终生固定生活，无翅，触角退化，足退化或消失。雄性柔弱，生殖器发达，足和翅不甚发达，故飞翔和爬行能力极弱。雌性为不完全变态，雄性为完全变态。繁殖类型分有性生殖和孤雌生殖两种。

世界已知约7300种，分为2总科28科，世界性分布，与寄主植物的关系十分复杂，单食性或杂食性。中国记录2总科18科约1000种，其中有重要经济意义者100余种。本书记述河北地区8科。

科检索表（成虫）

1. 雌性具腹气门，通常无管状腺；雄性具复眼 ·· 2
   雌性无腹气门，通常具管状腺；雄成虫无复眼 ·· 3
2. 雌性具腹疤而无背疤；幼期不经过无足的珠体阶段 ·································· 绵蚧科 Monophlebidae
   雌性具背疤而无腹疤；幼期经过无足的珠体阶段 ·· 珠蚧科 Margarodidae
3. 雌性腹有尾裂及肛板，无对腺 ·· 4
   雌性腹末无尾裂及肛板，否则有对腺 ·· 5
4. 尾裂发达；肛板2块 ·· 蚧科 Coccidae
   尾裂不太发达；肛板1块 ·· 仁蚧科 Aclerdidae
5. 腹末数节愈合成臀板；肛门简单；虫体被盾形介壳所遮盖 ····················· 盾蚧科 Diaspididae
   腹末数节不愈合成臀板；肛门通常具毛；虫体不被盾形介壳所遮盖 ·· 6

6. 雌成虫体背有对腺分布 ··· 红蚧科 Kermesidae
   雌成虫体背无对腺 ··· 7
7. 虫体通常有背孔、刺孔群和三孔腺；管状腺口不内陷 ························· 粉蚧科 Pseudococcidae
   虫体无背孔、刺孔群和三孔腺；管状腺口内陷 ···································· 毡蚧科 Eriococcidae

104. 仁蚧科 Aclerdidae Cockerell, 1905

雌性体长 2.0～15.0 mm，长形或长椭圆形，或头端和尾端窄突，或两侧边近平行，常紧贴寄主植物表面而呈各种弯曲状，扁平形或少数虫体背拱。体壁大部分柔软膜质，但尾端和体缘常有不同程度的硬化。虫体分节不明显，腹部下侧可见分节痕迹。触角退化，大部分呈小瘤状或小丘状，其上有若干刺毛；有的触角伸长，常 2～4 节，分节或有分节痕迹。眼和足退化。口器较发达，喙 1 节。胸气门发达，气门口周围常伴有稠密的盘状腺体群。腹气门缺。臀裂很短，其基部 1 肛板。肛环小，无孔纹。肛环刺 10 根。虫体裸露或覆盖有毛茸状或絮状或白蜡质分泌物。

世界已知 3 属 46 种。中国记录 2 属 9 种。本书记述河北地区 1 属 1 种。

(518) 芦苇日仁蚧 *Nipponaclerda biwakoensis* (Kuwana, 1907)（图 238）

别名：宫苍仁蚧。

识别特征：雌性体长约 4.5 mm，宽约 2.3 mm。长椭圆形、长卵圆形、长条形或宽卵形，或纺锤形，头端较尾端稍窄。虫体扁平，触角略呈瘤状突，其上生有数根细毛。胸足完全退化。胸气门较发达，气门开口内窝呈半圆形。内窝外附近分布 1 小群五孔腺，通常 8 个左右，或呈列或呈不规则群分布。臀裂在肛板下方呈小裂口状。肛板小，在其下缘左右各生 1 对小刺。肛环小，具 6 短肛环刺。体缘刺短尖圆锥形。体缘刺大小不一，不规则混合分布，在整个体缘形成宽带，并主要分布于虫体下侧近尾端处。大管状腺在背和腹两面形成亚缘带；小管状腺主要分布在大管状腺带的内侧，沿虫体边缘呈宽带状分布；小管状腺在口器下方常有 6～16 个成群分布。小管状腺在胸气门附近断开，在背面不见有其分布。

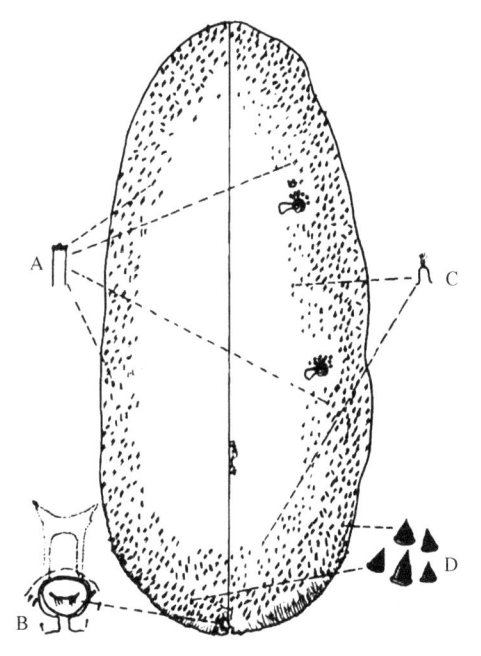

图 238 芦苇日仁蚧 *Nipponaclerda biwakoensis* (Kuwana, 1907)（引自王子清，2001）
A. 大管状腺；B. 肛环；C. 小管状腺；D. 体缘刺

雄性无翅，长形，近于平行。前胸和中胸及头分节不明显，而后胸和腹部成为一体，分节较明显，腹部前 5 节的分节明显。触角近似短圆柱形，其上具 1 丛刺毛。前足退化呈瘤状；中足和后足大小与形态相同，明显分为 4 节。

取食对象：芦苇、芒草。

分布：河北、西藏；日本。

105. 蚧科 Coccidae Fallen, 1814

雌性长卵形、卵形、扁平或隆起呈半球形或圆球形；体壁有弹性或坚硬，光滑，裸露或被有蜡质或虫胶等分泌物；体分节不明显。触角通常 6~8 节；足短小；腹末有臀裂，肛门有肛环及肛环刺毛，肛门上 1 对三角形肛板。雄性触角 10 节；单眼 4~10 个，一般 6 个；交配器短；腹末有 2 长蜡丝。

世界已知 171 属 1100 余种，广布世界各动物地理区，寄生于乔木、灌木和草本植物。中国记录 31 属 75 种。本书记述河北地区 10 属 22 种。

(519) 角蜡蚧 *Ceroplastes ceriferus* (Anderson, 1790)（图 239）

别名：角蜡虫。

识别特征：雌性体长 7.0~9.0 mm，宽约 8.7 mm，高约 5.5 mm，宽椭圆形，橙黄色至赤褐色。腹部扁平，背部隆起呈半球形，体表被灰白色蜡壳，周缘有角状蜡块，后端 1 块较大，呈圆锥形。触角 6 节，第 3 节最长。足短粗。气门略宽，体缘处尤宽，气门刺粗短呈锥形。雄性体长约 1.0 mm，赤褐色，前翅发达半透明，后翅退化为平衡棒，腹末有针状交尾器。

取食对象：法国梧桐、木槿、栀子、山茶、月季花、贴梗海棠、南天竹、石榴等。

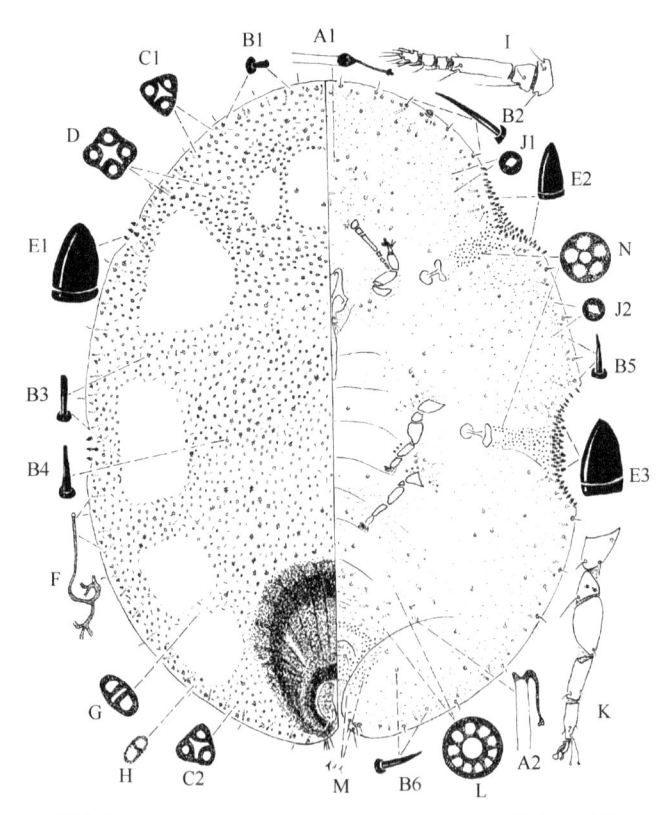

图 239 角蜡蚧 *Ceroplastes ceriferus* (Anderson, 1790)（引自王子清，2001）
A1、A2. 管状腺；B1~B6. 体刺；C1、C2. 三角形三孔腺；D. 四孔腺；E1~E3. 气门刺；F. 背纹；G. 椭圆形三孔腺；H. 二孔腺；I. 触角；J1、J2. 圆盘状腺；K. 后足；L. 多孔腺；M. 腹毛；N. 五孔腺

分布：河北、山西、山东、河南、安徽、浙江、湖北、广东、广西、四川；朝鲜半岛，日本，欧洲西部，北美洲南部，中美洲。

（520）龟蜡蚧 *Ceroplastes floridensis* Comstock, 1881（图240）

识别特征：雌性蜡壳多为灰色至红色，背呈馒头状隆起，其边缘向侧方伸展，使整个蜡壳似圆顶草帽。体长约3.0 mm，宽约2.0 mm，高约1.5 mm。玻片标本体长约2.0 mm，宽约1.5 mm。触角6节，以第3节最长。胸足3对均具正常节数；跗冠毛纤细，爪冠毛粗，其顶端球形膨大。胸气门较发达，气门开口宽。气门腺路发达，面较宽，主要由五孔腺组成，也有六孔腺分布群者，其中间有3大气门刺。肛板较小，多为长条形，其周围体壁强烈硬化。多孔腺主要分布在虫体下侧之腹端部中部；管状腺分布在虫体下侧的亚体缘，但头端无管状腺分布。体背分布稀疏的、顶端平直的小体刺。虫体背面分布较多大小不规则的椭圆形三孔腺和四孔腺。

取食对象：石榴、番石榴、茶树、樱桃等。

分布：河北、山东、江苏、安徽、浙江、湖北、江西、湖南、福建、台湾、广东、广西、四川、云南；东亚，印度，斯里兰卡，马来西亚，中东，欧洲西南部，非洲北部，美洲，澳大利亚，美国（夏威夷）。

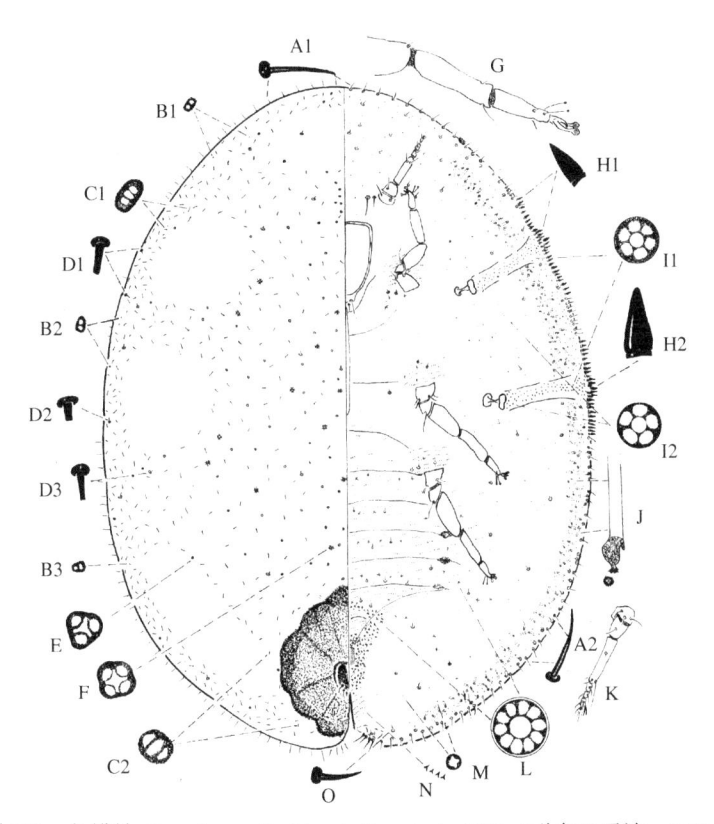

图240 龟蜡蚧 *Ceroplastes floridensis* Comstock, 1881（引自王子清，2001）
A1、A2. 体缘刺；B1~B3. 二孔腺；C1、C2. 椭圆形三孔腺；D1~D3. 体刺；E. 三角形三孔腺；F. 四孔腺；G. 触角；H1、H2. 气门刺；I1、I2. 气门腺（I1为六孔腺，I2为五孔腺）；J. 腹管状腺；K. 后足；L. 多孔腺；M. 十字腺；N. 腹毛；O. 臀瓣刺

（521）日本龟蜡蚧 *Ceroplastes japonicus* Green, 1921（图241）

识别特征： 雌性体长 1.5～4.0 mm，宽 1.3～3.5 mm，高 1.0～2.0 mm。蜡壳前期近矩形，后期近馒头形，高隆；初期灰白色或灰色，后期略带浅红色。中间具 1、2 龄干蜡帽，边缘向侧方伸展，缘褶卷起明显。前、后气门带明显，蜡壳分成的斑块不明显。触角 6 节；爪冠毛 2，等粗，端球形；气门刺锥状成群，每群 22～34 根，前、后气门的气门刺群不连，其间有钝缘毛 8～14 根，气门刺在气门洼中呈不规则 3 列，靠背 1 列有 3 枚粗刺；缘毛排成 1 列，多孔腺在前足基节附近有 2～3 枚。雄性椭圆形，长 1.0～3.5 mm，宽 0.8～2.0 mm，红褐色。

取食对象： 白玉兰、菊花、杜鹃、月季花、冬青、夹竹桃、海棠、含笑、雪松、悬铃木、月桂树、无花果、柿等。

分布： 河北、北京、山东、江苏、安徽、浙江、湖北、江西、湖南、福建、台湾、广东、广西、四川、云南；东亚，中亚，欧洲西南部，非洲北部，美洲，澳大利亚，美国（夏威夷群岛）。

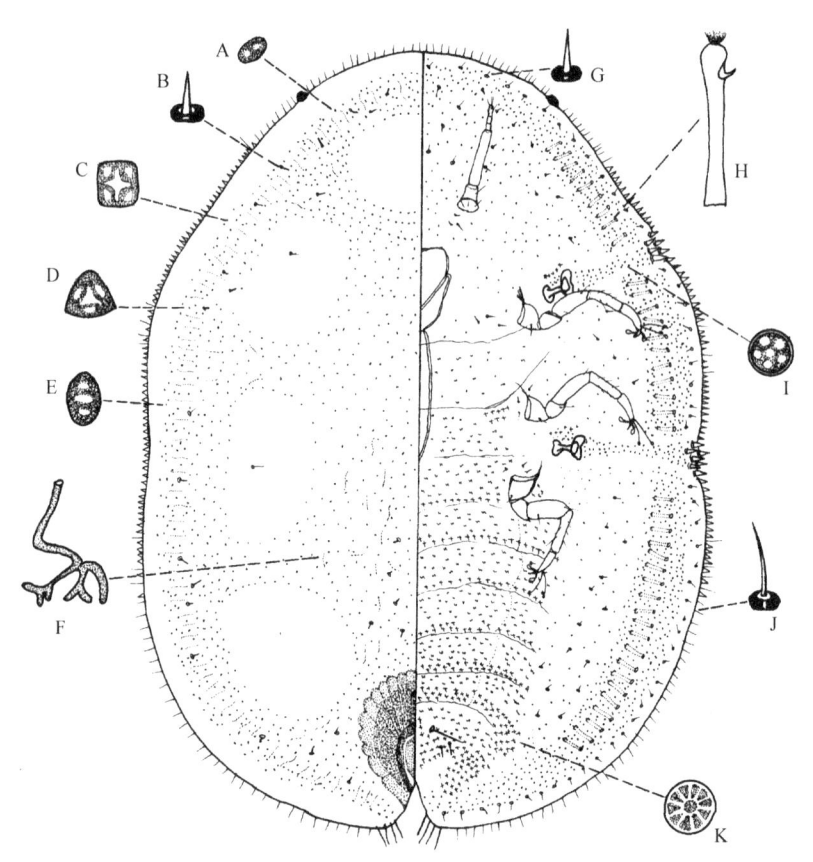

图241 日本龟蜡蚧 *Ceroplastes japonicus* Green, 1921（引自王子清，2001）
A. 二孔腺；B. 背刺；C. 四孔腺；D. 三角形三孔腺；E. 椭圆形三孔腺；F. 背纹；G. 亚缘刺；H. 管状腺；I. 气门腺；J. 体缘刺；K. 多孔腺

(522) 红蜡蚧 *Ceroplastes rubens* Maskell, 1893（图242）

识别特征：雌性体长 2.0～3.5 mm，宽约 1.5 mm，椭圆形，被紫色的前窄后圆蜡壳。触角 6 节，基部粗，端部细，第 3 节最长。胸足粗短，胫节和跗节愈合；爪粗短，跗冠毛纤细，爪冠毛较粗，2 种毛的顶端均膨大。胸气门发达，具喇叭状开口。胸气门腺主要由五孔腺组成，少见四孔腺和三孔腺者。体缘凹显深，凹处具 1 群气门刺。肛板近似三角形，其周围的体壁高度硬化。雌性的蜡质覆盖物外形似小红豆状，初为深玫瑰红色，后渐变为红色或紫红色，体背中部高隆呈扁球形或半球形，头端略窄。腹部钝圆，胸气门有 4 条白蜡带向上卷起，前 2 条向前伸至头部。介壳中间具 1 脐状白点。

雄性体暗红色，头较圆。口器黑色。单眼 6 个，颜色较深。触角 10 节，多为淡黄色。前胸宽盾形，深红色，翅白色半透明，沿脉有淡紫色带纹。后胸棕色。胸足较长，每节均具细毛，胫节长，跗节短，爪略弯。

取食对象：松、杉、木莲、木兰、鹅掌楸、茶树、冬青、粗叶木等。

分布：河北、陕西、青海、江苏、安徽、浙江、湖北、江西、湖南、福建、台湾、广东、广西、四川、贵州、云南；日本，印度，缅甸，斯里兰卡，菲律宾，印度尼西亚，美国，大洋洲。

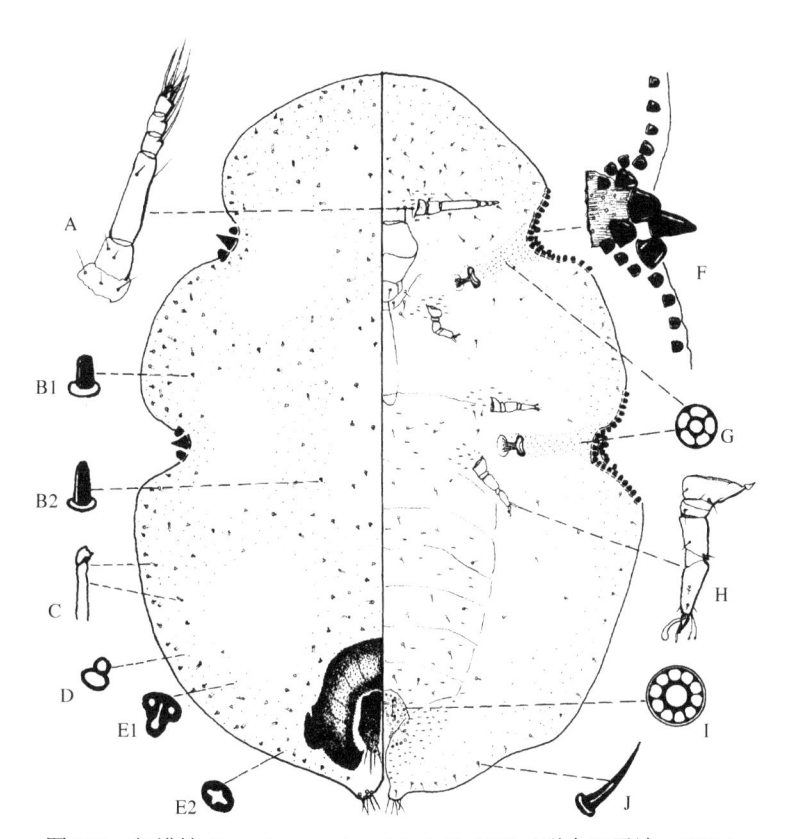

图 242 红蜡蚧 *Ceroplastes rubens* Maskell, 1893（引自王子清，2001）
A. 触角；B1、B2. 背刺；C. 管状腺；D. 亚缘瘤；E1、E2. 复式孔（E1 为三孔腺，E2 为十字腺）；F. 气门凹和气门刺；G. 气门腺；H. 后足；I. 多孔腺；J. 亚缘刺

（523）褐软蜡蚧 *Coccus hesperidum* Linnaeus, 1758（图 243）

别名：龙眼黄蚧壳虫、广食褐软蚧。

识别特征：雌性体长 2.0~4.5 mm，宽 1.0~3.0 mm。扁或稍隆起，卵形或长卵形。虫体前端较窄，尾端稍宽，有的左右不对称。背面颜色多为浅黄褐色或绿色或黄绿色，也有棕褐色者，背面 2 条网状横褐带或构成不同图案。触角 7~9 节，多为 7 节，第 4 节和末节较长。足纤细；跗冠毛细，顶端膨大；爪冠毛粗，顶端十分膨大；爪略弯，爪下无齿。缘毛排成 1 列。臀裂长约为体长的 1/4。肛筒较长，肛环刺 8 根，有 6 根发达；肛环孔发达，肛板 4 端毛。多孔腺稀疏分布在阴门附近；胸足之间稀布管状腺。老熟成虫体背较硬化并有椭圆形小斑。亚缘瘤 6~12 个，分布于头部 1~2 对，胸部气门腺路间 1 对，腹部 1~3 对。下侧体毛长短不一，分布于触角间 4 对，第 V~VII 腹板基缘各 1 对。

取食对象：无花果、月季花、月桂、金线兰、夹竹桃、木兰、龙舌兰、橡皮树、紫杉、竹、樟、天竺、桂花树、山茶、樱桃、橄榄、苹果、梅、杏、李、桃、枸杞、枫树、杨、柳、枣等。

分布：河北、辽宁、山西、山东、河南、陕西、江苏、浙江、湖北、江西、湖南、福建、台湾、广东、广西、四川、贵州、云南；亚洲东南部，欧洲西部，美洲，非洲，大洋洲。

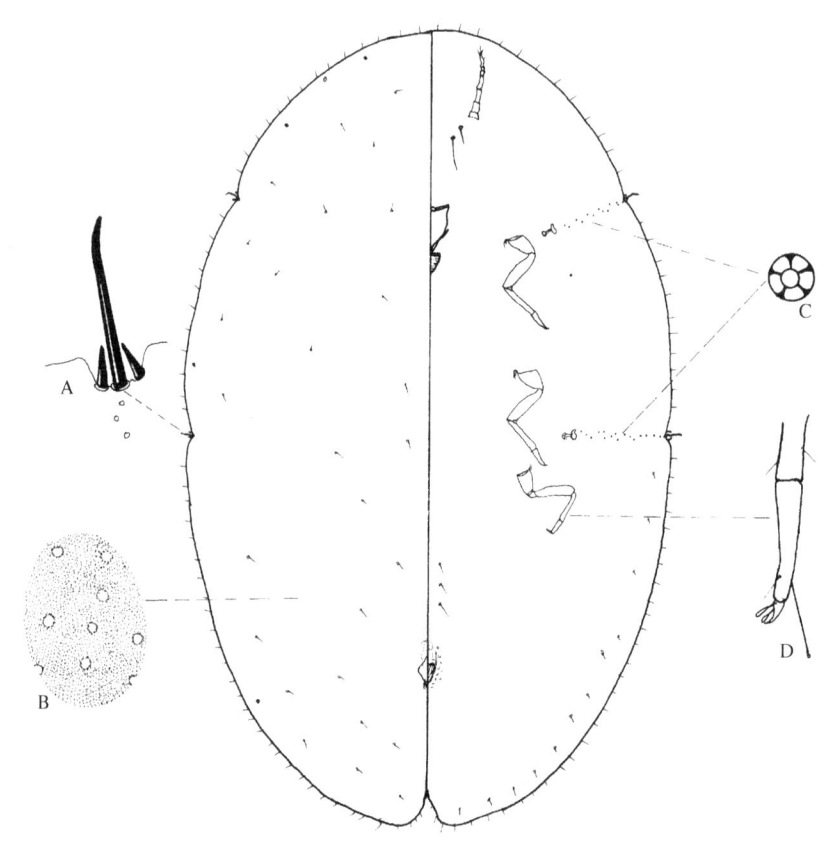

图 243 褐软蜡蚧 *Coccus hesperidum* Linnaeus, 1758（引自王子清，2001）
A. 气门凹和气门刺；B. 体斑；C. 气门腺；D. 后足胫跗节

(524) 朝鲜毛球蚧 *Didesmococcus koreanus* Borchsenius, 1955（图 244）

别名：朝鲜球坚蚧。

识别特征：雌性体长约 4.5 mm，宽约 4.0 mm，高约 3.5 mm。近球形。黑褐色，背面高隆，后面垂直，前、侧面的下亚缘区凹入，产卵后死体高度硬化，体表常覆盖透明薄蜡片，背面体壁 2 列较大凹点。触角 6 节；肛环宽阔；气门腺路宽，由大小不等的多孔腺组成，其在后胸和腹下侧中区按体节分布成横带（列）；腹缘刺锥状；第Ⅳ～Ⅵ腹节下侧有成对长毛，无杯状腺。肛板小，每板近三角形。

雄性体长约 1.5 mm，翅展约 2.5 mm。头、胸部红褐色，腹部淡黄褐色。触角丝状，10 节，交尾器两侧各 1 白色长蜡丝。

取食对象：李、杏、桃、樱桃、刺梅。

分布：河北、黑龙江、吉林、辽宁、内蒙古、北京、天津、山西、山东、河南、陕西、宁夏、甘肃、青海、安徽、浙江、湖北；朝鲜。

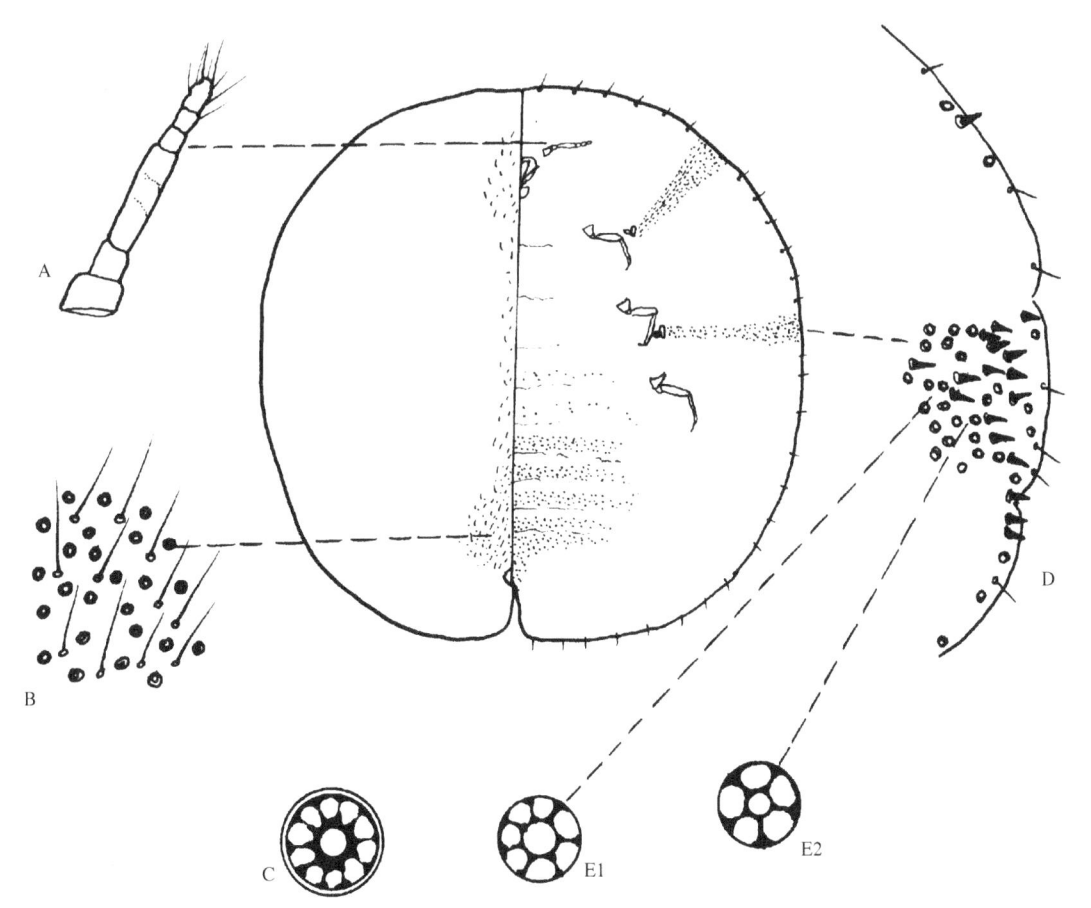

图 244 朝鲜毛球蚧 *Didesmococcus koreanus* Borchsenius, 1955（引自王子清，2001）
A. 触角；B. 肛前孔群；C. 多孔腺；D. 气门刺孔群；E1、E2. 气门腺（E1 为七孔腺，E2 为五孔腺）

（525）白蜡蚧 *Ericerus pela* (Chavannes, 1848)（图 245）

识别特征：体半球形。产卵后的虫体背面变为褐色或棕褐色，下侧为膜质，柔软。触角 6 节，第 3 节最长。胸足细，节数正常，其跗节与胫节近于等长；爪略弯，其下可见细齿；跗冠毛细，爪冠毛较跗冠毛粗，且顶端明显变粗。胸气门十分发达，其开口宽阔。气门腺路由 5 孔腺组成；每组气门刺约 11 根，其大小、粗细有异，以第 3～4 根最长；多孔腺分布在前足基节附近或前胸气门柄基部附近，以及中胸和腹下侧；管状腺分布于背、腹两面，在后者的体缘呈宽带状分布，在前者呈星状分布；缘刺尖圆锥形，单列排列。

取食对象：女贞属和白蜡属植物。

分布：河北、北京、山西、山东、河南、陕西、江苏、安徽、浙江、湖北、江西、湖南、福建、广东、广西、四川、贵州、云南。

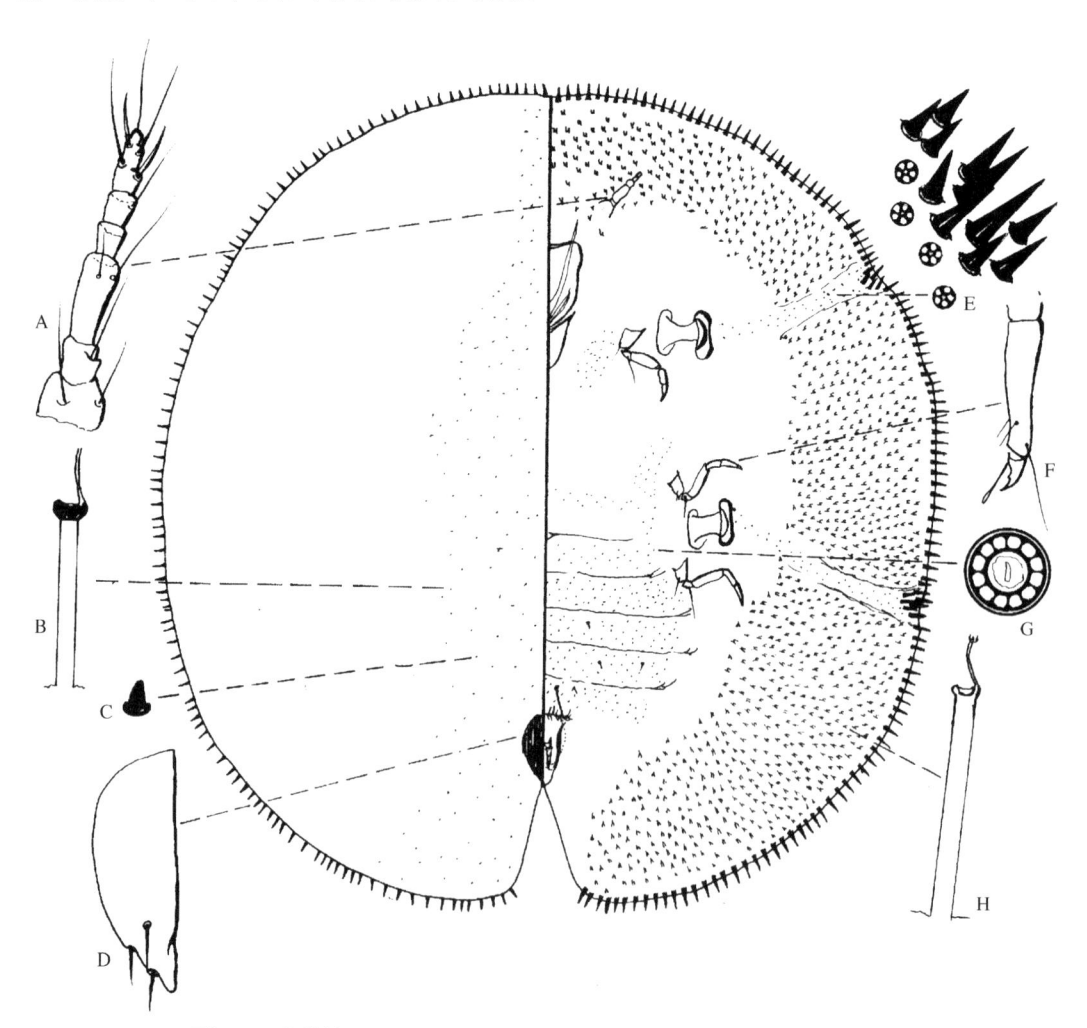

图 245 白蜡蚧 *Ericerus pela* (Chavannes, 1848)（引自王子清，2001）
A. 触角；B. 背管状腺；C. 背刺；D. 肛板；E. 气门刺孔群；F. 中足跗节；G. 多孔腺；H. 腹管状腺

(526) 樱球蜡蚧 *Eulecanium cerasorum* (Cockerell, 1900)

识别特征：雌性体长 6.0～9.0 mm，半圆形。触角 7 节，第 3 节最长。足小，腿节短于气门盘直径，胫节长于跗节，爪下无齿，爪冠毛和跗冠毛细长，端部膨大。五孔腺在气门路形成不规则列分布，其在体下侧尾裂侧成群分布。缘毛呈刺状。气门刺和缘刺同形。缘刺呈粗圆锥形；体背面分布有背刺，背中分布筛状圆盘孔；体缘分布杯状管状腺。触角间分布 3 对长毛，阴门前分布 3 对毛。多孔腺分布在体下侧，在胸部成群分布，在腹部腹板上形成横带。大杯状管状腺在体下侧分布于中部，并在亚缘区形成亚缘带，在其带内有椭圆形暗框孔带。肛环发达，具 6 根肛环毛，肛板近三角形，前侧缘略短于后侧缘，其上有 7 长端毛，肛板周围体壁硬化。

取食对象：苹果属、李属、胡桃属、枫树及枫香树属植物。

分布：河北、山西、山东；日本，东南亚，美国。

(527) 扁球蜡蚧 *Eulecanium ciliatam* (Douglas, 1891)

识别特征：雌性体长约 6.5 mm，高约 3.5 mm。体为不规则圆形或方圆形。背面不强烈隆起，故较扁平地附着在寄主植物上。死亡老熟虫体多为褐色，体背面从头端至尾端常有不规则的纵行脊纹，有些个体此脊纹明显或不太明显。体壁上布满数量很多的小刻点。初成熟虫体侧缘有数量较多的细短白丝状分泌物。触角多为 7 节，有些个体的第 3 节偶尔分为 2 节，故呈 8 节。体缘刺长圆锥形。有时气门刺稍小于体缘刺。

取食对象：栎、桤木、鼠李、野山楂、杨。

分布：河北、内蒙古；欧洲。

(528) 津球蜡蚧 *Eulecanium circumfluum* Borchsenius, 1955

识别特征：雌性体长约 6.0 mm，宽约 7.0 mm，高约 5.5 mm。虫体背面强烈隆起呈球形。触角 7 节，其中第 3 节最长。胸足正常发育，爪具小齿。胸气门较发达。气门刺与体缘刺无明显差别，体缘刺较发达强劲，长圆锥形，其顶端较尖，且体缘刺间的彼此距离较大。无体缘毛。在肛孔周围体壁无硬化。肛环具不规则 2 列肛环孔和 8 肛环刺。管状腺在虫体下侧亚缘区形成带状分布。多孔腺分布在虫体下侧，主要在腹部分布。

取食对象：刺槐。

分布：河北。

(529) 瘤大球蜡蚧 *Eulecanium gigantean* (Shinji, 1935)（图 246）

别名：枣球蜡蚧。

识别特征：雌性体长和宽均为 18.0～19.0 mm，高约 14.0 mm。产卵前体呈半球形，背面棕褐色或红褐色，前半部高隆，后半部斜狭，灰黑斑形成较为明显的花斑图案，即 1 条宽中纵带和 2 条锯齿状缘带，在中纵带和缘带之间有 8 个不规则斑点排成亚中列或亚缘列，

图 246 瘤大球蜡蚧 *Eulecanium gigantean* (Shinji, 1935)（引自王建义等, 2009）

斑点在前中部较大，尾部较小；背面有毛绒状蜡质分泌物，下侧常为不规则圆形。产卵后死体半球形或近球形，深褐色，红褐色花斑及绒毛蜡被消失，背面高隆，硬化和薄壁，表面光滑洁亮，有少量大小不同的凹点。触角 7 节，第 3 节最长，第 4 节骤细。肛板合成正方形，前、后缘相等。

雄性体长约 2.0 mm，翅展约 5.0 mm，头黑褐色，前胸及腹部黄褐色，中、后胸红棕色。触角丝状，10 节。腹末针状，两侧各 1 白色长蜡丝，其长约为体长的 1.6 倍。

取食对象：枣、刺槐、核桃、紫穗槐、紫薇、月季花、玫瑰等。

分布：河北、北京、山西、山东、河南、宁夏、江苏、安徽。

(530) 日本球蚧 *Eulecanium kunoensis* Kuwana, 1907

识别特征：雌性体球形，直径 4.0～6.0 mm，体背及两侧有浅凹刻，体表被一层白色蜡粉。幼期体壁软，浅黄褐色；中后期体壁硬化，为枣红色、棕褐色至暗褐色，具光泽。雌性触角 6 节或 7 节，第 3 节最长。足发达，胫节、跗节等长，爪有齿。气门刺 2 根，粗锥状，端钝。体缘毛在前、后端，缘刺在体侧。肛周体壁有网纹。体背亚缘有许多圆或椭圆壳斑。背刺和筛孔散布于背面。多孔腺在前、中足内侧各 1 群，在后足间及腹部中区腹板上成横带。

雄性茧长椭圆形，长约 2.0 mm，有蜡质 7 小块，透明；触角 10 节，中胸盾片黑色。

取食对象：苹果、梨、杏、海棠、桃、山楂等。

分布：河北、山西、山东、河南、陕西、江苏等地。

(531) 桃球蜡蚧 *Eulecanium kuwanai* Kanda, 1934（图 247）

识别特征：雌性体长 3.0～6.7 mm，宽 3.5～6.5 mm，高 3.0～4.8 mm。半球形或馒头形，初成熟时底色黄或黄白色，具黑色体缘。两侧的黄斑中有 5～6 个形状不规则的黑色小斑点，其大小也不等。产卵后的虫体则逐渐变成皱缩之硬化球体，体色灰黄色或暗。触角 7 节，第 3 节最长。3 对胸足细小，大小和粗细略相似。爪发达。体缘较硬化，有缘刺 1 列，气门洼和气门刺均不明显，气门刺与体缘刺很难区分。气门腺路均由五孔腺组成，其紧靠胸气门，数量很少。臀裂短。肛板小。管状腺以宽带分布于体下侧边缘，中部分布多孔腺，尤以腹部较丰富。背面有小体刺和小管状腺状的小盘状孔腺。体毛仅下侧可见。

取食对象：桃、槐、槟子、杨、榆、柳、槭树、荚蒾、常春藤。

分布：河北、北京、辽宁、山西、山东；日本。

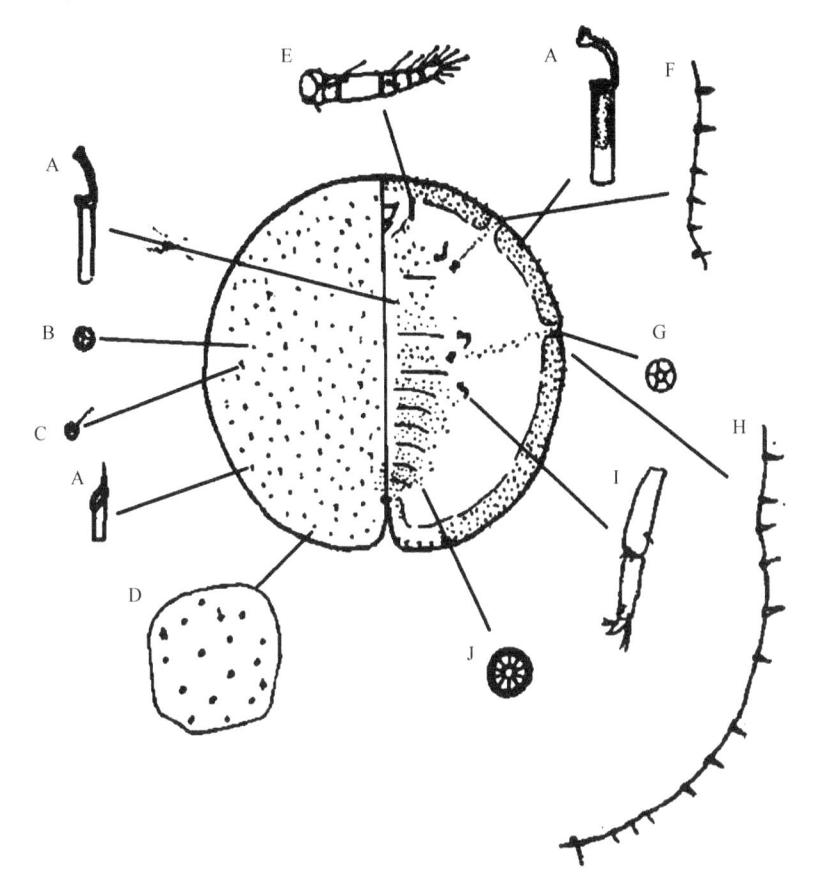

图 247 桃球蜡蚧 *Eulecanium kuwanai* Kanda, 1934（引自王建义等, 2009）
A. 管状腺; B. 三孔腺; C. 体刺; D. 体毛; E. 触角; F. 气门刺; G. 五孔腺; H. 体缘刺; I. 后足; J. 多孔腺

（532）水木坚蚧 *Parthenolecanium corni* Bouché, 1844（图 248）

识别特征：雌性体长 3.0～6.5 mm，宽 2.0～4.0 mm。近椭圆形，幼期黄棕色；产卵后死体黄褐色、棕褐色、红褐色或褐色。隆背，硬化，前、后均斜坡状，背中有 1 光亮宽纵脊，其两侧有成列大凹坑，其旁边还有许多凹刻并渐向边缘变小，呈放射状；肛裂和缘褶明显；下侧软。触角 6～8 节，多为 7 节。气门 3 刺，中刺粗钝，略弯，长于侧刺约 2.0 倍，侧刺较尖；缘刺 2 列，细长，端钝，显小于气门刺；背有杯状腺，垂柱腺 3～8 对集成亚缘列；肛周无射线和网纹。

雄性体长 1.2～1.5 mm，翅展 3.0～3.5 mm。红褐色，翅土黄色。交尾器两侧各 1 白色蜡毛。

取食对象：桃、山楂、刺槐、葡萄、复叶槭、大豆、木兰科、毛茛科、悬铃木科、蔷薇科、豆科、椴树科、锦葵科、槭树科、卫矛科、忍冬科、桦木科、木犀科、夹竹桃科、十字花科、榆科、菊科、禾本科、杨柳科等。

分布：河北、吉林、辽宁、内蒙古、北京、山东、河南、陕西、甘肃、江苏；欧洲，澳大利亚，美洲。

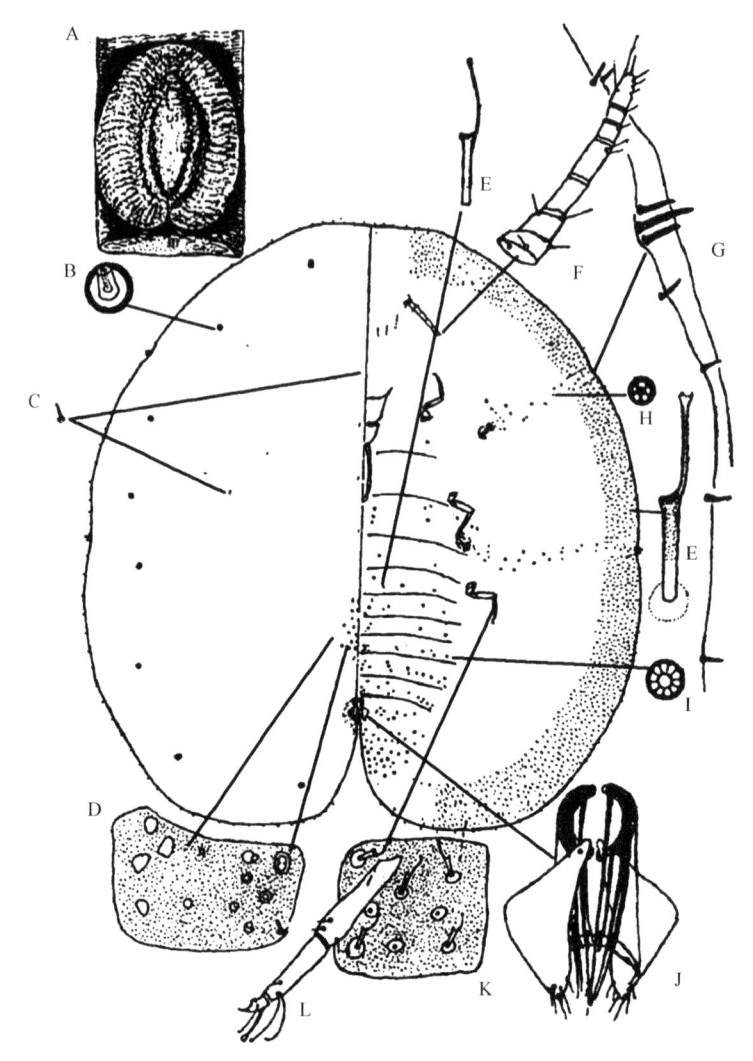

图 248　水木坚蚧 *Parthenolecanium corni* Bouché, 1844 雌成虫（引自王建义等，2009）
A. 雌成虫；B. 亚缘瘤；C. 背毛；D. 肛前孔群；E. 管状腺；F. 触角；G. 气门刺；H. 五孔腺；I. 多孔腺；J. 肛板；K. 缘刺；L. 后足

（533）桃坚蚧 *Parthenolecanium persicae* (Fabricius, 1776)（图 249）

别名：桃盔蜡蚧、桃球蚧。

识别特征：雌性体长约 9.6 mm，宽约 7.0 mm。扁椭圆形，背面有明显纵脊；幼体黄褐色，老熟时红褐色或黑褐色。触角 8 节，第 3～5 节较长。胸气门很小，具气门刺 3 根。缘毛细，顶端尖，稍弯曲。肛环刺毛 6 根，并具 1 或 2 细短毛。多孔腺在前、中足基部集成群，在后足基节间及腹部腹板上形成横带。暗框孔在胸、腹下侧，并在体侧集成宽带。管状腺、盘孔在肛板前的体背排成短带。体背有小刺。

取食对象：桃、杏、苹果及李等。

分布：河北、山西、山东、浙江、湖北、广东、云南等地。

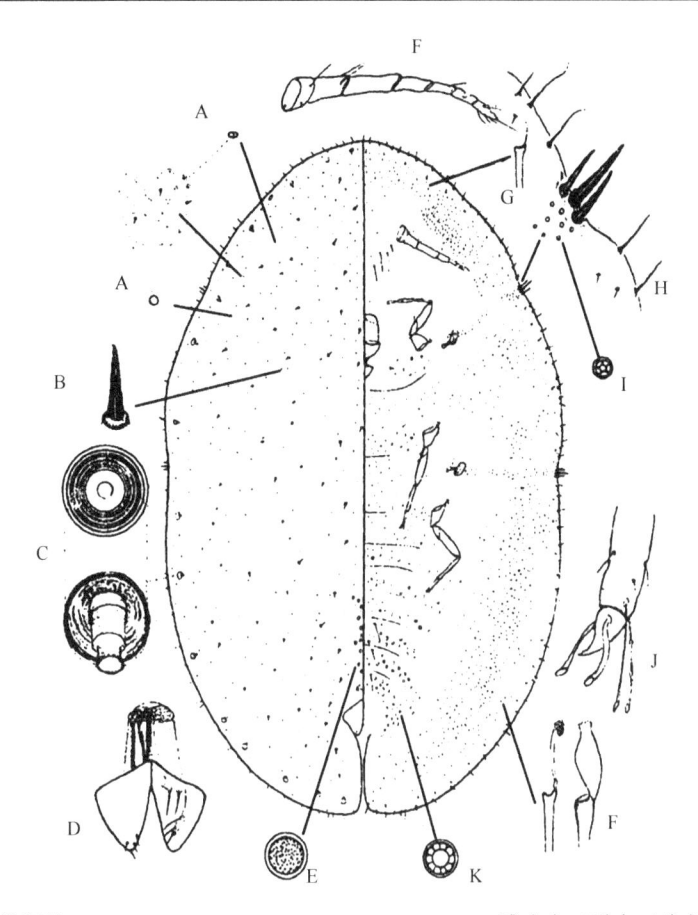

图 249 桃坚蚧 *Parthenolecanium persicae* (Fabricius, 1776) 雌成虫（引自王建义等，2009）
A. 背孔； B. 体刺； C. 亚缘瘤； D. 肛板； E. 肛前孔； F. 触角； G. 管状腺； H. 气门刺； I. 五孔腺；
J. 后足末端； K. 多孔腺

（534）黄绿绵蜡蚧 *Pulvinaria aurantii* (Cockerell, 1896)

识别特征：雌性体长 4.0～4.7 mm，宽 2.0～2.6 mm，近椭圆形，较扁平，黄绿色或褐色，体背边缘由许多深褐色小点组成色框，背中线有暗褐色纵纹。眼圆形，黑色。触角 8 节，第 3 节最长。足细长，腿节、胫节几乎等长。全体周缘有成列缘毛，毛间距大于毛长，毛端较钝。胸气门发达，呈喇叭形，腺孔明显。气门刺 3 根，中间 1 根约 3.0 倍于侧刺长，端弯。卵囊白色棉花絮状，较紧密，背面有明显纵脊，后期体背和足被白色软蜡绒所覆盖。

雄性体长约 1.4 mm，橙黄色，单眼 2 对，近圆形，黑色，触角 10 节，第 4 节最长，头顶具 1 凹坑，胸部发达，背面具褐斑纹，腹末 2 根细长白色蜡丝，与体长几相等。雄壳长椭圆形，长约 2.2 mm，宽约 1.0 mm，蜡质，无色透明，脆而薄，稍隆起，壳面具龟裂状蜡块。

取食对象：山茶、柿、夹竹桃、海桐、九里香。

分布：河北、北京、山西、江苏、上海、浙江、湖北、湖南、广东、广西、四川、贵州、云南。

(535) 柑橘绿蜡蚧 *Pulvinaria citricola* (Kuwana, 1909)（图 250）

识别特征：体长 2.9～4.0 mm，宽 2.9～4.0 mm。雌成虫体椭圆形或近圆形，背部凸起，产卵前，体后端浅红棕色，前端深棕色，至老熟虫体呈棕色或深棕色。卵囊位于体下，背部无蜡。产卵后，雌性成虫硬化，不皱缩。长 5.0～6.0 mm，宽 5.0～5.7 mm。尾裂为 1.0～1.1 mm，为体长的 1/5～1/6。体缘毛细长，端尖，尾裂处体毛较长。前气门刺之间体缘毛 42～55 根，前气门刺到后气门刺之间体缘毛 14～22 根，后气门刺至尾裂有体缘毛 43～50 根。气门刺 3 根。背面膜质，有许多不规则亮斑。背刺细锥状，任意分布；背管状腺无；微管状腺分布于亮斑中；肛板三角形，前缘凹后缘凸；肛板端毛 3 根，背毛 1 根，腹脊毛 2 根，肛筒缨毛 1～2 对。触角 8 节。足正常，胫跗节关节处硬化斑显著，跗冠毛细，爪冠毛粗，顶端均膨大，爪上无小齿。

取食对象：花椒、荚蒾属、冬青属、柿属、月桂属、山胡椒属、木兰属、枔木属、蔷薇属、梨属、柑橘属、七叶树属、八角属、山茶属植物等。

分布：河北、贵州、云南；日本。

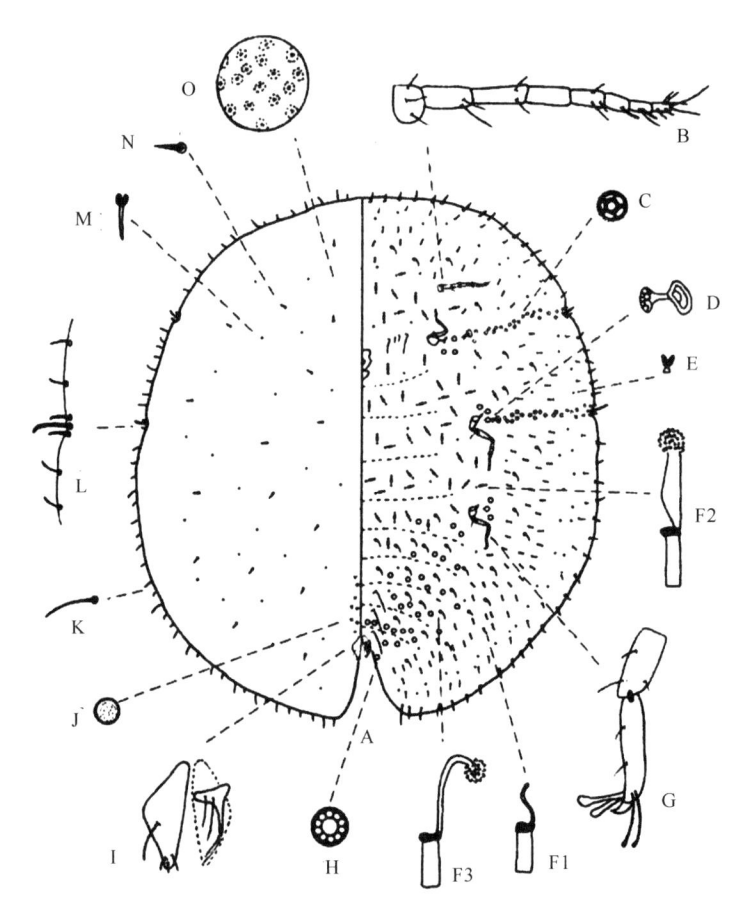

图 250 柑橘绿蜡蚧 *Pulvinaria citricola* (Kuwana, 1909) 雌成虫（引自何晓英，2019）
A. 虫体；B. 触角；C. 气门腺；D. 气门；E. 腹微管状腺；F1～F3. 腹管状腺；G. 足；H. 多孔腺；I. 肛板；J. 肛前孔；K. 体缘毛；L. 气门刺；M. 背微管状腺；N. 背刺；O. 背面亮斑

(536) 夹竹桃绿绵蚧 *Pulvinaria polygonata* Cockerell, 1905

别名：多角棉花蚧。

识别特征：雌性体长 2.9~3.0 mm，椭圆形，橄榄褐色，上面中度突起，产卵后多皱褶，背面盖有丝绵状分泌物。卵囊白色，比虫体略长。触角 8 节，第 1 节很宽，第 3 节最长。眼近圆形，远于触角而较近于体缘。前气门位于前足基节之外侧，后气门较前气门略长，在中足基节之后。足较发达，前足略长于后足。气门洼很浅，气门中刺长而粗，略弯，两侧刺短而粗。体缘不呈齿状，缘毛 1 列，毛间距比毛短。

取食对象：夹竹桃、九里香、君子兰、珊瑚树、山茶属植物等。

分布：河北、内蒙古、北京、天津、山西、河南、宁夏、湖北、重庆、四川、贵州等地。

(537) 垫囊绿绵蜡蚧 *Pulvinaria psidii* Maskell, 1892（图 251）

别名：柿绵蚧、刷毛绿绵蚧、棉花垫蚧、白垫蚧壳虫。

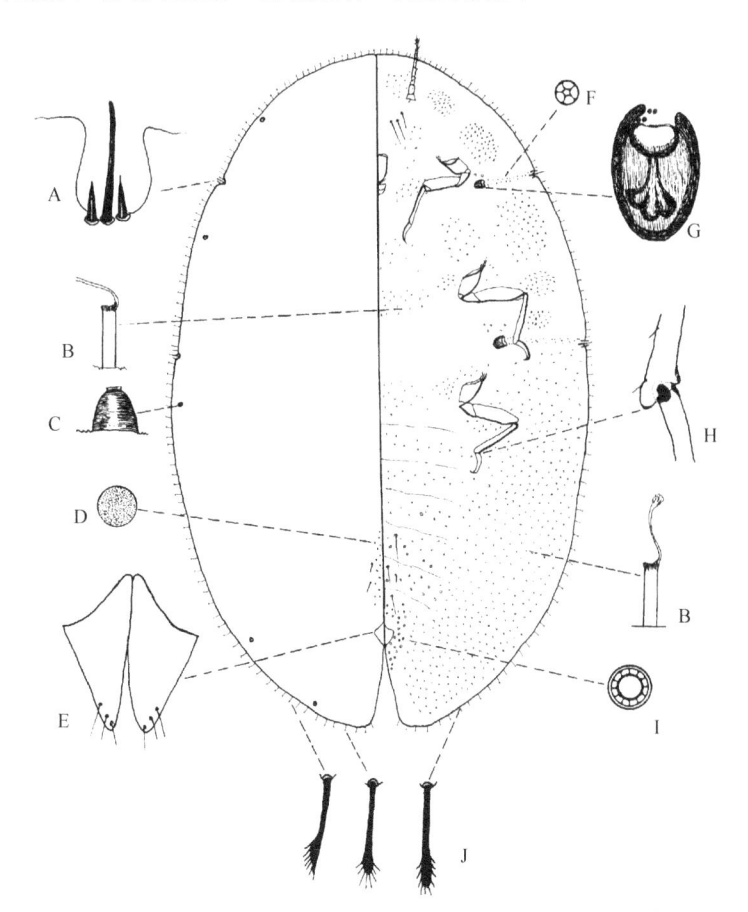

图 251 垫囊绿绵蜡蚧 *Pulvinaria psidii* Maskell, 1892（引自王子清，2001）
A. 气门凹和气门刺；B. 管状腺；C. 亚缘瘤；D. 肛前孔；E. 肛板；F. 气门腺；G. 气门；H. 胫跗节关节硬化斑；I. 多孔腺；J. 体缘毛

识别特征：雌性体长约 3.5 mm，长椭圆形，淡绿色和黄绿色，背中部有褐带纹。有的个体前窄后圆，隆背，被一些白色粉状蜡质分泌物。触角、胸足细小。触角 8 节，第 3 节最长。胸足基节较宽，腿节较粗，胫节细长。跗节略弯，胫节和跗节间的关节处高度硬化。爪发达，爪冠毛粗壮，其顶端球形膨大；跗冠毛细，顶端稍膨大。肛环 8 刺，其中 2 刺明显细短；肛环具内列和外列肛环孔；肛筒边缘 2 对毛；多孔腺具 10 孔，主要成群分布在阴门附近或呈宽带状；亚缘瘤 6 对。圆盘状孔在肛板前方常聚集成群。大管状腺宽，沿体缘分布 1 列体缘毛，其顶端稍膨大并有各种锯齿状或小分叉。触角间分布长毛，第 V 腹板和第 VI 腹板各有 1 对长毛。

取食对象：梅、樱桃、杏、李、茶、山茶、樟、柿、苹果、无花果、桑、黄连木、杨桐、旋覆花、金鸡纳树等。

分布：河北、山东、河南、宁夏、甘肃、江苏、安徽、浙江、湖北、江西、湖南、福建、台湾、广东、广西、四川、云南；俄罗斯，日本，印度，斯里兰卡，菲律宾，印度尼西亚，欧洲，非洲，大洋洲，美洲等地。

（538）苹果褐球蚧 *Rhodococcus sariuoni* Borchsenius, 1955（图 252）

别名：朝鲜褐球蚧、樱桃朝球蜡蚧。

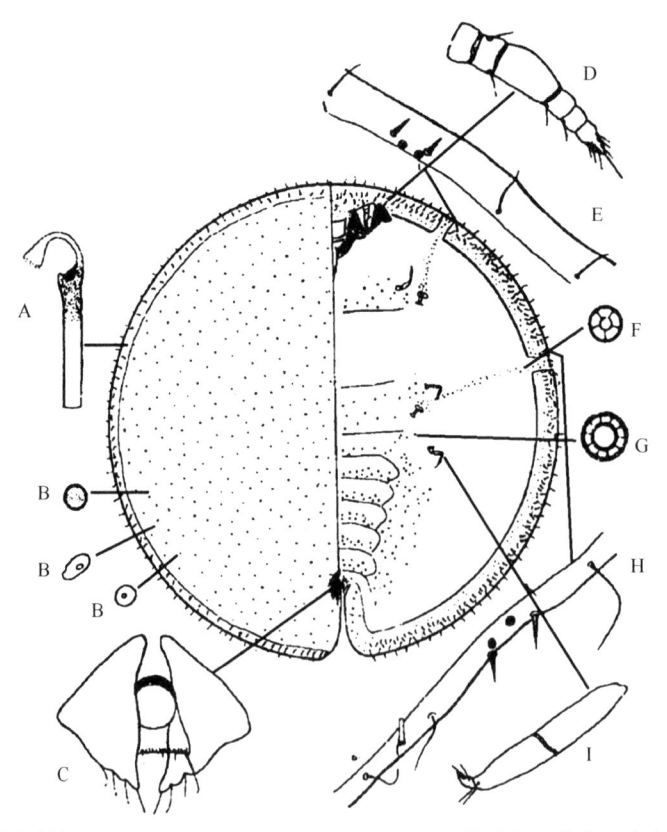

图 252 苹果褐球蚧 *Rhodococcus sariuoni* Borchsenius, 1955 雌成虫（引自王建义等，2009）
A. 管状腺；B. 背孔；C. 肛板；D. 触角；E. 气门刺；F. 五孔腺；G. 多孔腺；H. 体缘刺；I. 后足末端

识别特征：雌性体长和宽均约为 4.0 mm，高 3.0~4.0 mm。褐色或亮褐色；前期卵形，隆背并向后倾斜，下部凹入，从肛门向体背、侧有 4 列黑凹点；蚧壳硬化后呈赭红色；产卵后死体球形，向前和两侧高突，后半略平斜，其上有 4 列黑凹点。触角 6 节。气门路上五格腺 22~28 个，排成 1~2 列，气门刺 1 或 2 根，锥状；缘毛 1 列，细长，毛间距为缘毛长之半或近等长；肛环退化，仅为无孔无环毛的狭环，肛板端外侧 4 长毛，肛周体壁硬化呈网纹；多孔腺在胸部下侧成群，在腹下侧成横带，杯状腺分布于下侧亚缘区。

雄性体长约 2.0 mm，翅展约 5.5 mm。淡棕红色，中胸盾片黑色。触角丝状，10 节。交尾器两侧各 1 白色长蜡毛。

取食对象：梨属、苹果属、李属、绣线菊属。

分布：河北、吉林、辽宁、内蒙古、北京、天津、山西、河南、宁夏；朝鲜。

（539）圆球蜡蚧 *Sphaerolecanium prunastri* (Fonscolombe, 1834)

别名：杏树鬃球蚧。

识别特征：雌性体长约 3.0 mm，宽 2.7~3.2 mm。宽椭圆形或不规则圆形，背面半球形隆起，暗褐色或黑褐色。触角 8 节，偶见 6~7 节。胸足节数正常，后足胫节常短于跗节，甚至胫节和跗节彼此愈合。跗冠毛长短不一，爪冠毛 1 粗 1 细。肛环刺 10~12 根，其中 8 根粗长，2~4 根细短。气门刺 1~3 根。体缘毛长短不一，或显长于气门刺，或与气门刺等长，呈不规则 2 列分布。触角间分布 8 体毛，其中间 2 根较长。

取食对象：桃、梅等。

分布：河北、辽宁、山东；俄罗斯，日本，伊朗，土耳其，法国，意大利，北美洲。

（540）日本纽绵蚧 *Takahashia japonica* (Cockerell, 1896)（图 253）

别名：日本棉花蚧。

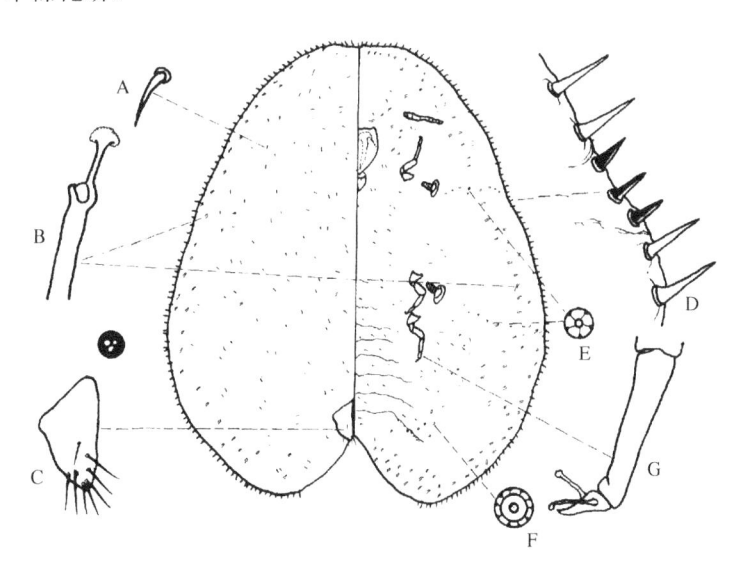

图 253　日本纽绵蚧 *Takahashia japonica* (Cockerell, 1896)（引自王子清, 2001）
A. 背刺；B. 管状腺；C. 肛板；D. 气门刺；E. 气门腺；F. 多孔腺；G. 后足跗节

识别特征：雌性体长 3.0~7.0 mm，椭圆形或卵圆形，背面隆起，淡黄色，散布暗褐色小斑点，体背有红褐色纵条，被少量白色蜡粉。触角 7 节。足小，爪无齿。肛环刺毛 6 根。气门刺 3 根。体缘刺链状，排成 1 列。卵囊极长，末端弯回与寄主相接，呈拱门状悬于枝条上。

取食对象：杨树、国槐、合欢。

分布：河北（昌黎）、山东、河南、江苏、江西等地。

106. 盾蚧科 Diaspididae Targioni - Tozzetti, 1868

若虫和雌成虫均被有蜕皮和分泌物组成的盾状介壳。雌介壳由第 1 和第 2 龄若虫的 2 层蜕皮和 1 层丝质分泌物重叠而成。雄性第 2 龄若虫和蛹具介壳，仅由 1 层蜕皮和 1 层分泌物组成。雌性形状大小变化大，圆形和长形。虫体分前、后 2 部，前部由头、前胸、中胸组成，有的由头、胸部和第 I 或第 I、第 II 腹节共同组成，其余体节分节明显，组成后部；有的种类整个身体分节不明显。腹部第 IV~VIII 节或第 V~VIII 节高度硬化愈合成臀板，第 IX~XI 节的臀板背面很小，包围肛门臀板边缘伸出呈厚叶状骨化片，臀叶 1~5 对。触角退化呈瘤状，气门 2 对。多无单眼，少数仅存遗迹。复眼退化。喙 1 节。足消失或退化或瘤状。雄性触角丝状，10 节，单眼 4~6 个；大多具翅；腹末无蜡质丝；交配器狭长。

世界已知 4 族 448 属 2500 种以上，广布于陆地各动物地理区，以热带地区更为丰富。寄生于各种乔木、灌木和草本植物的茎、枝、梢、叶和果实上。中国记录 2 族 83 属 320 种以上。本书记述河北地区 19 属 46 种。

（541）红肾圆盾蚧 *Aonidiella aurantii* (Maskell, 1879)

别名：红圆蹄盾蚧、橘红肾盾蚧、橘红片圆蚧、红圆蚧。

识别特征：雌性体长约 1.1 mm，宽约 1.7 mm，橘红色，老熟时虫体前部明显呈肾形，极硬化，侧面向后突出围在臀板两侧。雌介壳圆形，扁薄，中间稍隆起，土黄色，半透明，可见到壳下红色虫体，直径 1.6~2.0 mm，壳点在介壳中间或近中间，橙黄色或橘红色。臀前腹节膜质，橙黄色。气门无盘状腺孔。有 3 对发达的臀叶，中臀叶最大，两侧有凹刻，长与宽相等。阴门前侧斑呈蕈状或逗点状。背腺管长圆柱形，排成 3 条比较定形的列，其中第 1 列稍短。围阴腺孔无。

雄性体长约 1.0 mm，较粗壮，橙黄色，眼暗紫色，附肢无色。介壳长椭圆形，黄灰色，边缘较薄，壳点偏于前端一侧。

取食对象：罗汉松、万年青、君子兰、茉莉、佛手、柑橘、山茶、含笑、南天竹等植物。

分布：河北、辽宁、内蒙古、北京、天津、山西、山东、陕西、新疆、江苏、浙江、湖北、湖南、福建、台湾、广东、广西、四川、贵州、云南。

（542）黄肾圆盾蚧 *Aonidiella citrina* (Coguillett, 1891)

别名：黄圆蹄盾蚧、橘黄圆肾盾蚧、橘黄片圆蚧、黄圆蚧。

识别特征：雌性体长约 1.1 mm，宽约 1.4 mm，黄色，老熟时呈肾状，前体部硬化，侧面向后突出围住臀板的两侧。介壳圆形，淡灰色或黄色，扁平而薄，其下面的黄色虫体半透明，介壳中间或近中间壳点黄色或褐色。臀前腹节膜质，黄色。臀叶 3 对，发达，较细长，几乎同大。背腺管特别长。阴门前侧 1 对极度硬化的燕尾状斑纹。无围阴腺孔。雄介壳灰黄色，长椭圆形，壳点近前端。

取食对象：柑橘、兰花、桂花树、佛手、枸骨、苏铁、迎春花、一串红、仙客来、罗汉松等植物。

分布：河北、内蒙古、山西、山东、陕西、青海、江苏、安徽、浙江、湖北、江西、湖南、福建、广东、广西、四川、云南等地。

（543）杂食肾圆盾蚧 *Aonidiella inornata* McKenzie, 1983

别名：苏铁片圆蚧。

识别特征：雌性体长约 1.1 mm，宽约 1.3 mm，肾形，全体硬化，后气门后方的膜质部分为一系列方形窗状。雌介壳黄褐色，直径约 2.0 mm，半透明，可透见壳下红色虫体，介壳边缘很薄，从虫体边缘骤然塌平。触角瘤上 1 毛。气门无盘状腺孔，臀前腹节无腺管分布。有 3 对发达的臀叶，中臀叶大，外侧角缺刻比内侧角的缺刻明显，端圆；第 2 对臀叶小，只有中臀叶宽度之半，仅外侧角有缺刻；第 3 对臀叶似第 2 对；第 4 对臀叶呈三角形尖齿状。臀板基部无明显表皮结。无围阴腺孔。

取食对象：夹竹桃、文竹、吊兰、万年青、广玉兰、兰花、鸡蛋花、蜘蛛抱蛋、丁香、鹤望兰、紫玉兰、含笑、绣球、蔷薇、山茶、仙人掌、石榴、杜鹃花、茉莉、枸骨、一串红、柑橘、椰子、杧果、番木瓜等。

分布：河北、内蒙古、北京、天津、河南、甘肃、台湾、广东、海南、香港、四川、云南；日本，印度尼西亚，澳大利亚，太平洋地区诸岛国，美国（夏威夷群岛），中美洲。

（544）透明圆盾蚧 *Aspidiotus destructor* Signoret, 1869（图 254）

别名：椰圆盾蚧、茶圆蚧、椰凹圆蚧。

识别特征：雌介壳圆形，直径约 1.7 mm，无色或稍带白色，扁平，中间微凸，薄而透明，壳点黄白色，位于壳中间。雌性黄色，梨形，头端阔圆，末端较尖。前、后气门盘状腺均无。臀板后端平齐。臀叶 3 对，中臀叶突出于臀板之外，较第 2 对臀叶稍短。第 2 对臀叶内、外边缘常有凹刻。无厚皮棍和厚皮槌。背管较长而大，但数少。围阴腺 4 群。雄介壳略小，椭圆形，光泽和质地同雌介壳。雄性橙黄色，头圆球形，生有 6 个眼，触角 10 节，翅 1 对，半透明。

取食对象：万年青、木瓜、茶、麦冬、白兰花、山茶、桂花树、棕榈、苏铁、散尾葵、珠兰、柑橘、椰子、香蕉等植物。

分布：河北、辽宁、北京、天津、山西、山东、河南、陕西、江苏、上海、浙江、湖北、江西、湖南、福建、台湾、广东、广西、四川、贵州、云南。

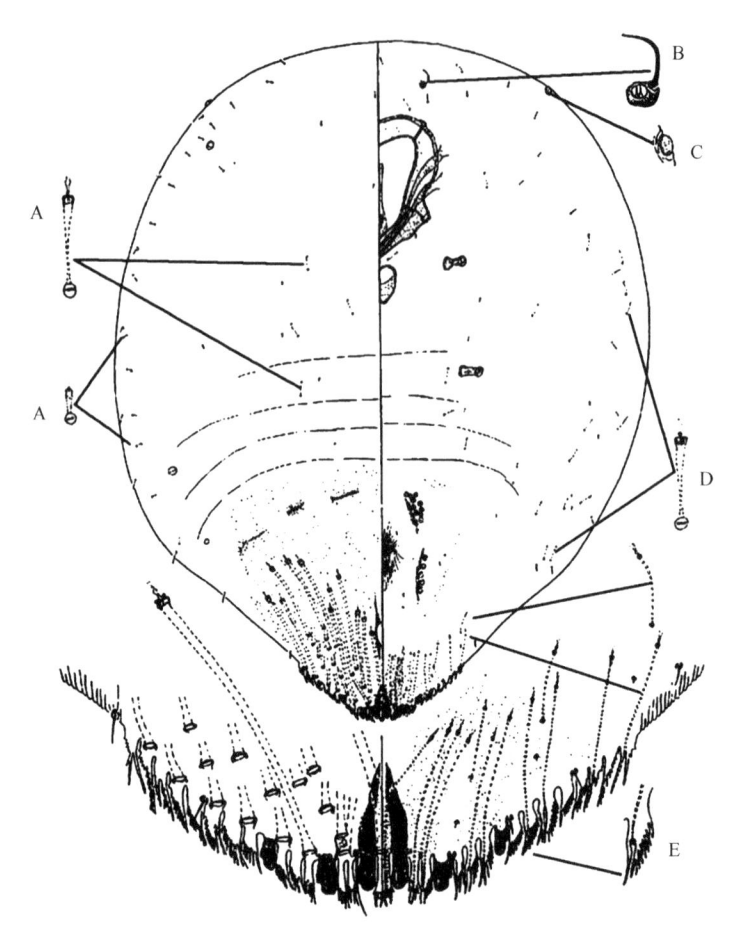

图 254　透明圆盾蚧 *Aspidiotus destructor* Signoret, 1869 雌成虫（引自王建义等，2009）
A. 背腺管；B. 触角；C. 眼瘤；D. 腹管状腺；E. 臀栉

（545）圆盾蚧 *Aspidiotus nerii* (Bouché, 1833)（图 255）

别名：常春藤圆盾蚧、夹竹桃圆盾蚧、蓝图盾蚧。

识别特征：雌介壳圆形、较薄，扁平或微隆起，白色或淡灰色，直径约 2.0 mm，壳点淡黄色，位于介壳中间或近中间。雌性卵圆形，长约 0.9 mm，黄色。触角呈小突起，上生刚毛 1 根。前、后气门附近无盘状腺。臀叶 3 对，中臀叶发达，左右两片分开，第 2 对、第 3 对臀叶较小，形状相似。背腺管短而多。肛门开口于臀板后端附近。围阴腺 4～5 群。

雄介壳光泽、质地与雌介壳相同，但略小，稍狭。雄性体黄褐色，眼黑色。触角长，约等于体长。

取食对象：苏铁、棕榈、刺葵、含笑、桂花树、文竹、夹竹桃、常春藤、广玉兰、山茶、女贞、桃叶珊瑚、万年青、紫叶李、假叶树等多种花木。

分布：河北、内蒙古、北京、天津、陕西等地；欧洲，非洲，澳大利亚，北美洲，中南美洲。

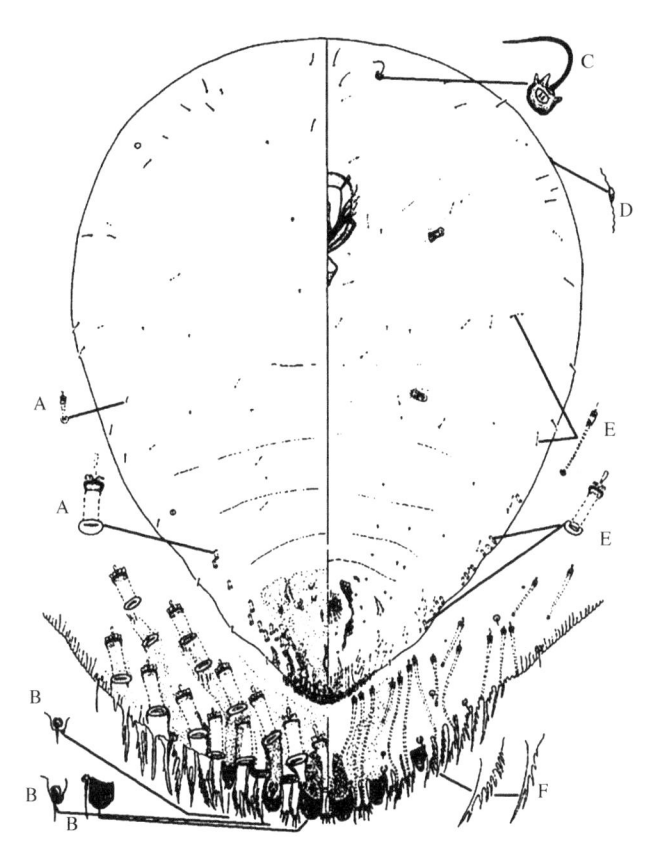

图 255　圆盾蚧 *Aspidiotus nerii* (Bouché, 1833) 雌成虫（引自王建义等，2009）
A. 背腺管；B. 臀叶；C. 触角；D. 眼瘤；E. 腹管状腺；F. 臀栉

（546）米兰白轮蚧 *Aulacaspis crawii* (Cockerell, 1898)（图 256）

别名：牛奶子白轮蚧、橘柑白轮盾蚧、茶花白轮蚧、珠兰轮盾蚧。

识别特征：雌介壳近圆形，直径约 2.5 mm，略隆起，白色。壳点淡黄色，较大，略重叠，偏向壳缘。雌性体长约 1.4 mm，两侧略平行，前体部宽圆，后胸及腹部显著变小呈狭长形，侧瓣不太突出，体较硬化，头缘突明显。臀叶 3 对均发达，中臀叶粗短而叉开，基部轭连，内缘弧形向外倾斜有锯齿；第 2 对、第 3 对臀叶的形状、大小相似，均双分，各分叶长而突出。围阴腺 5 大群。背腺管在第 Ⅰ～Ⅵ 腹节排成横列。雄介壳长约 1.2 mm，白色、蜡质，较狭长，两侧近平行，背面有 3 条纵脊线。壳点淡黄色，位于壳前端。雄性体长形，砖红色，触角丝状，10 节，褐色，单眼 4 个，前翅大，呈淡蓝色，体末具白色长蜡丝 2 根。

取食对象：柑橘、米兰、山茶、牛奶子、悬钩子、九里香、木槿等植物。

分布：河北、内蒙古、北京、天津、山西、江苏、上海、浙江、湖北、湖南、福建、台湾、广东、海南、香港、广西、四川、贵州、云南、西藏；韩国，日本，埃及等 15 个国家和地区。

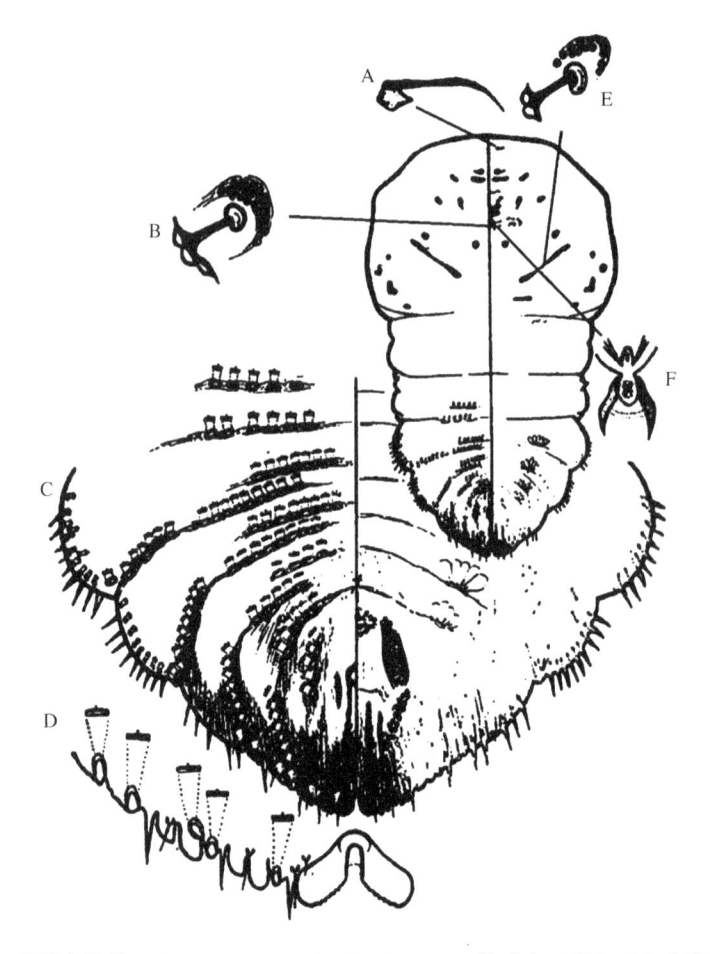

图 256 米兰白轮蚧 *Aulacaspis crawii* (Cockerell, 1898) 雌成虫（引自王建义等，2009）
A. 触角；B. 前气门；C. 臀板；D. 臀板末端；E. 后气门；F. 喙

（547）新刺轮蚧 *Aulacaspis neospinosa* Tang, 1986

识别特征：雌介壳近圆形，白色，直径约 1.8 mm，壳点暗褐色，2 个壳点常相重叠，第 2 壳点位于介壳中间或边缘。雌性体长 1.4～1.5 mm，紫红色，前体部膨大，头缘突明显，臀前各腹节侧突略显，尤以第 II 腹节为甚。触角瘤上生 1 长毛。臀叶 3 对，很发达，中臀叶较细长，内陷深，内缘基半部平行，端半部叉开向外倾斜并有细齿；第 2 对、第 3 对臀叶均双分。腺刺在臀板每侧集成 5 群，腺刺式为 1，1，1，1-2，5-7。围阴腺 5 群。雄介壳长约 1.0 mm，长卵形，白色。蜡质，背面有 3 条纵脊线，壳点 1，位于壳端，呈褐色。雄性体长约 0.5 mm，触角黄色，丝状，10 节，单眼 2 对，黑色，胸腹部橘黄色。

取食对象：月季花、兰花。

分布：河北、北京、广东。

（548）拟刺白轮蚧 *Aulacaspis pseudospinosa* Chen & Su, 1980

识别特征：雌介壳近圆形，直径 1.6～2.0 mm，白色，相当厚，微突起，壳点多位于介壳边缘，灰黄色或淡黄色。雌性体较宽短，头、胸部宽大于长，无前侧角，如有则呈钝圆形，后胸宽度剧减，与第Ⅰ腹节相似，第Ⅱ腹节较宽，第Ⅲ腹节又急剧缩小，尾端呈三角形。触角间距宽。前胸气门处有盘腺孔1大群，后气门处具1小群。臀板尾缺，窄而明显，中臀叶陷其中，不很大，基部连结处较窄小，折向两侧分开部分比较宽大，顶端圆，内缘齿痕不明显。第2对臀叶发达，分2叶，顶圆。第3对臀叶与第2对臀叶相似，但很不发达。背管状腺与缘管状腺同等大小，较短，数量多，分布在第Ⅱ～Ⅵ腹节上。围阴腺5群。雄介壳扁长条形，白色，3条纵脊显著。

取食对象：棕榈、菝葜、兰花、桢楠、刺叶苏铁。

分布：河北、北京、江苏、上海、广东、四川。

（549）蔷薇白轮蚧 *Aulacaspis rosae* (Bouché, 1833)（图257）

别名：玫瑰白轮蚧、蔷薇白轮盾蚧。

识别特征：雌介壳近圆形，直径约2.5 mm，微隆，白色，壳点在介壳边缘，第1壳点淡黄色，第2壳点橙黄色或黄褐色。雌性体长约1.3 mm，前体部宽约0.8 mm。胭脂红色。

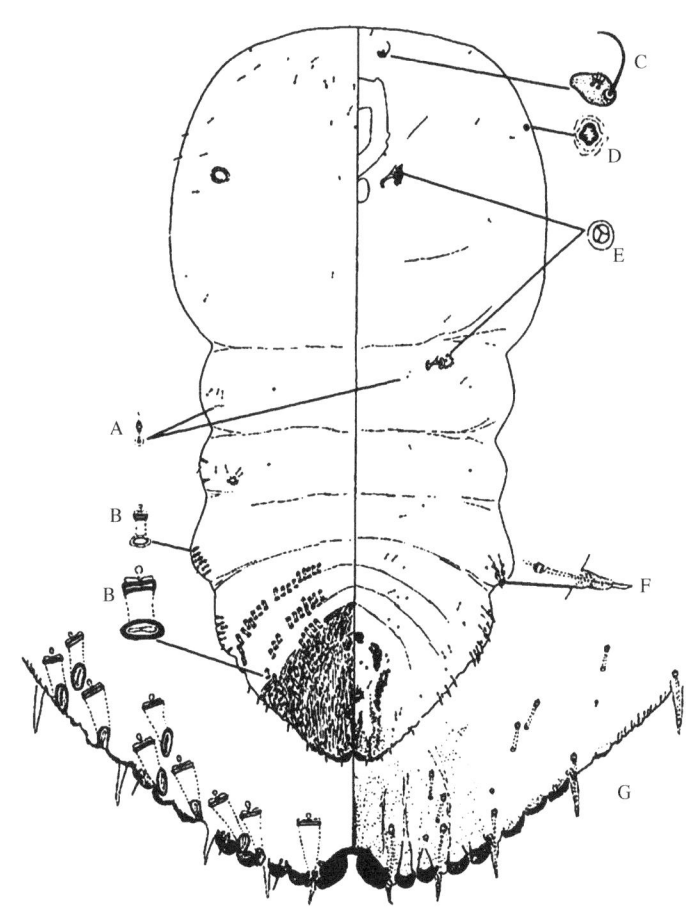

图257 蔷薇白轮蚧 *Aulacaspis rosae* (Bouché, 1833) 雌成虫（引自王建义等，2009）
A. 体刺；B. 背腺管；C. 触角；D. 眼瘤；E. 三孔腺；F. 缘腺；G. 臀板

头、胸部膨大，前端近圆，两侧略平行；后胸和腹部变狭，两侧缘呈瓣状突出。分节明显。臀板橙黄色。中臀叶发达，内缘基部直略平行，端半部向外倾斜，内缘有细锯齿。第 2、第 3 对臀叶发达，均双分，形状相似。背腺管依腹节排成 4 列，第Ⅵ腹节仅有亚中群 2～3 排，围阴腺 5 群。雄介壳长形，白色、蜡质，两侧近平行，背面 3 纵脊线，中脊线最明显，壳点在前端，黄色或黄褐色。雄性体长约 0.8 mm，长卵形，橙黄色或胭脂红色，腹下侧淡紫色，眼黑色，翅透明。

取食对象：月季花、玫瑰、蔷薇、黄刺玫、悬钩子、杧果、月树等。

分布：河北、辽宁、内蒙古、北京、天津、山西、河南、陕西、甘肃、江苏、浙江、江西、湖南、福建、台湾、广东、四川、西藏；印度，美国，澳大利亚等 75 个国家和地区。

（550）月季白轮蚧 *Aulacaspis rosarum* Borchsenius, 1958（图 258）

别名：黑蜕白轮蚧、拟蔷薇轮蚧。

识别特征：雌介壳近圆形，直径 2.0～2.4 mm，白色。第 1 壳点淡褐色，近介壳边缘，叠于第 2 壳点之上；第 2 壳点黑褐色，近介壳中心。雌性体长约 1.2 mm，宽约 1.0 mm，

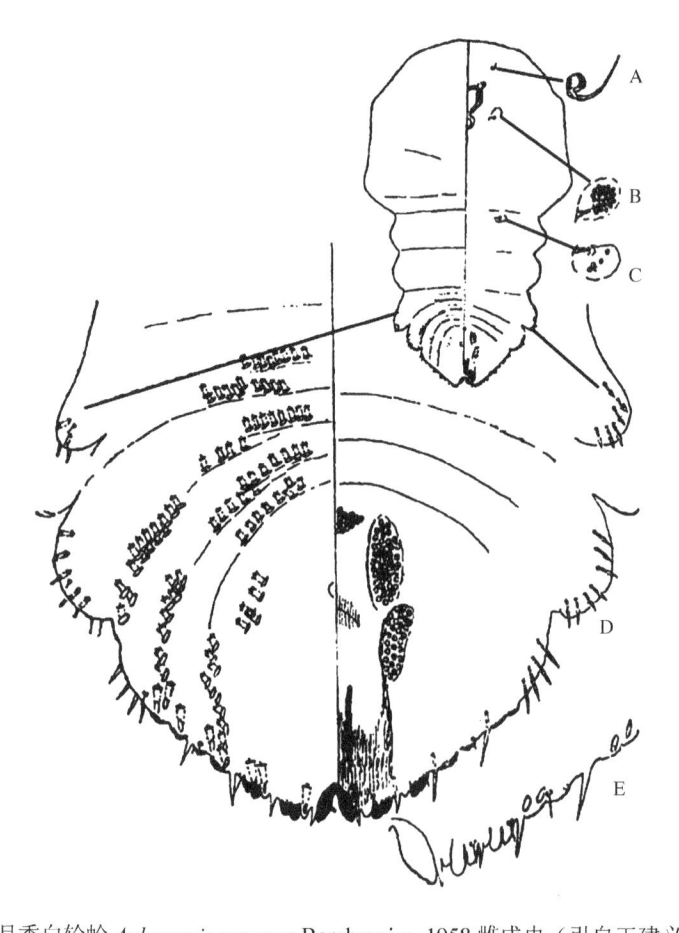

图 258　月季白轮蚧 *Aulacaspis rosarum* Borchsenius, 1958 雌成虫（引自王建义等，2009）
A. 触角；B. 前气门；C. 后气门；D. 臀板；E. 臀板末端

头、胸部膨大，中胸处最宽，头缘突明显。后胸和臀前腹节侧缘呈瓣状突出。初期橙黄色，后期紫红色。臀叶 3 对，中叶位于臀板凹缺内，基部轭连，内缘基部直，端半部向外倾斜；第 2、第 3 叶均双分，端部圆。背腺管 5 列，第 Ⅱ、第 Ⅳ 腹节亚中群均分成前后 2 排。围阴腺 5 群。雄介壳长约 0.8 mm，宽约 0.3 mm，白色、蜡质，两侧近平行，背面 3 条纵脊线，壳点位于前端。

取食对象：蔷薇、月季花、玫瑰、无花果、七里香、黄刺玫、悬钩子、兰花等植物。

分布：河北、辽宁、内蒙古、北京、山东、陕西、甘肃、江苏、浙江、江西、湖南、福建、广东、广西、四川、云南；韩国，印度，汤加等 10 个国家和地区。

（551）柳雪盾蚧 *Chionaspis salicis* (Linnaeus, 1758)（图 259）

别名：细腺雪盾蚧 *Chionaspis micropori* Marlatt, 1908、黑柳雪盾蚧 *Chionaspis salicisnigrae* (Walsh, 1868)。

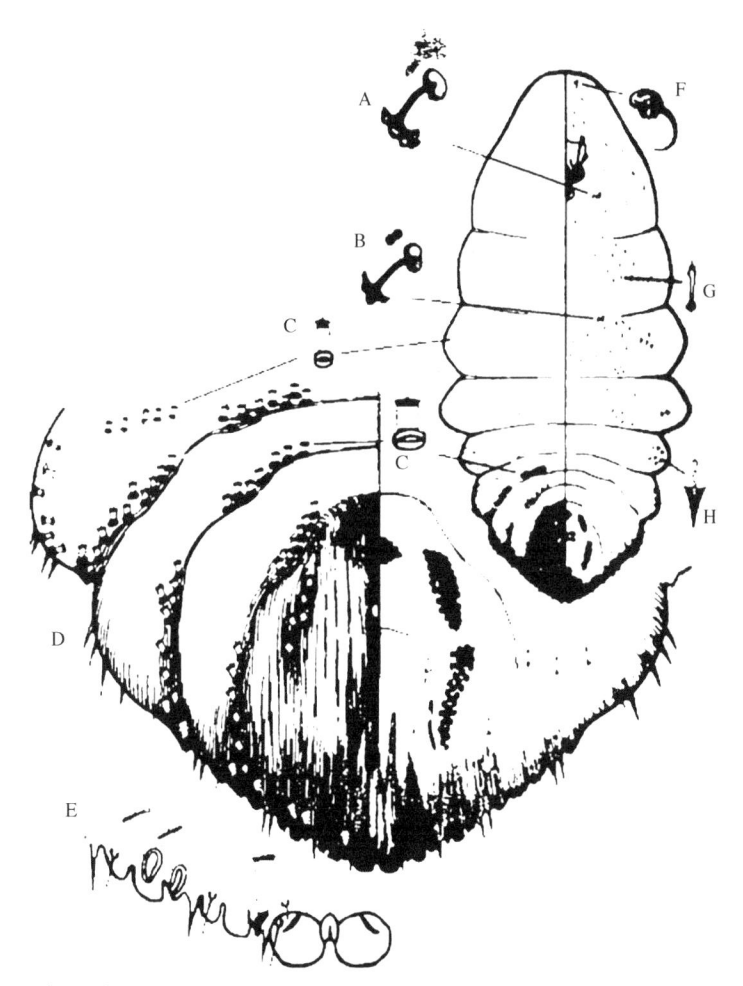

图 259　柳雪盾蚧 *Chionaspis salicis* (Linnaeus, 1758) 雌成虫（引自王建义等，2009）
A. 前气门；B. 后气门；C. 背腺管；D. 臀板；E. 臀板末端；F. 触角；G. 腹管状腺；H. 腺锥

识别特征：雌介壳长 3.2～4.3 mm，微弯，牡蛎状或梨形，前端狭后端宽大，直或稍弯曲，表面敷一层灰白色粉状物。雌成虫体长 1.3～2.0 mm，黄白色，长纺锤形，前狭蜕黄褐色。腹部各节侧突明显；前气门 4～9 盘状腺，后气门 1 或 2 盘状腺；臀板短宽，臀叶 3 对，中臀叶大而突出，基部桥联，叶端浑圆，第 2、第 3 对臀叶均双分，外瓣比内瓣小，端圆。背腺管全部微小，分布于第Ⅰ～Ⅵ腹节，分为亚中、亚缘群，但第Ⅵ腹节常无亚缘群。围阴腺 5 群。雄介壳长形，白色，背有 3 条纵脊，壳点淡黄色。

取食对象：山杨、桦树、旱柳、黄花柳、青杨、榆、核桃楸、鼠李。

分布：河北、黑龙江、吉林、辽宁、内蒙古、北京、天津、山西、山东、宁夏、甘肃、青海、新疆、云南、西藏；日本，全北区。

（552）拟褐圆金顶盾蚧 *Chrysomphalus bifasciatus* Ferris, 1938

别名：酱褐圆盾蚧、拟褐叶圆蚧、褐圆蚧。

识别特征：雌介壳酱褐色，圆形而扁，直径约 1.5 mm，壳点色淡，位于介壳中间。雌性体圆形，臀板突出，体长约 1.0 mm，前、后气门无盘状腺孔。后胸侧缘各 1 小瘤状刺。臀前腹节侧缘呈瓣状突出。在第Ⅱ和第Ⅲ腹节侧边各 10 个左右管状腺集成短带。有 3 对发达的臀叶，外侧常具 1 缺刻。围阴腺孔 4 小群。雄介壳椭圆形，质地、光泽同雌介壳，壳点近前端。

取食对象：苏铁、桂花树、冬青、蜘蛛抱蛋、夹竹桃、柑橘、女贞、桃叶珊瑚、鹤望兰、万年青、兰花等。

分布：河北、辽宁、内蒙古、北京、山东、江苏、浙江、湖北、江西、湖南、福建、广东、广西等地。

（553）橙圆金顶盾蚧 *Chrysomphalus dictyospermi* (Morgan, 1889)

别名：红褐圆盾蚧、橙褐圆盾蚧、网籽草叶圆蚧、橙褐叶圆蚧。

识别特征：雌介壳圆形，直径 1.5～1.8 mm，薄而扁平，中部隆起，淡红褐色，壳点 2 个，重叠于壳中间。第 1 壳点为 1 白色乳头状小突起，第 2 壳点淡褐色。雌性橙黄色，倒梨形，臀板突出，体长约 1.3 mm，宽约 1.1 mm。前胸后侧角的距小，未骨化。前、后气门盘状腺无。臀叶 3 对，形状相似，端圆，向外倾斜，外侧角有深缺刻。但中臀叶最大，第 3 对臀叶最小。背腺管少。臀前每腹节侧缘偶见 1 或 2 个小腺管。肛门小，位于臀板近端部。围阴腺 4 群，每群 2～4 个。

雄介壳略长，光泽、质地同雌介壳，壳点 1，位于近中间。

取食对象：柑橘、苏铁、天竺葵、夹竹桃、龟背竹、橡皮树、蜘蛛抱蛋、蔷薇、一串红、罗汉松等。

分布：河北、北京、山西、山东、陕西、浙江、湖北、江西、湖南、福建、广东、四川、贵州、云南等地。

（554）梨夸圆蚧 *Diaspidiotus perniciosus* Comstock, 1884

识别特征：雌介壳直径 1.2～1.6 mm，圆形，活体蟹青色，死体灰白色、灰褐色（夏型）或黑色（冬型），背隆起，从内向外形成灰白色、黑色、灰黄色 3 个同心圆，具暗色轮状纹；

壳点 2，黄色或淡橙色。臀叶 2 对，端圆，长宽略等，外侧 1 凹，叶间 1 对小腺刺及硬化槌；第 2 叶靠近中叶，小而硬化，其间 1 对大硬化槌和小臀栉；第 3 叶不明显，其与第 2 叶间 1 对大硬化槌和 3 小臀栉，3 宽而浅的齿状臀栉。背腺细长，每侧 4 列，自内向外每列约 5 腺、12 腺、9 腺、6 腺，中叶间 1~2 腺；肛后沟发达，阴门侧之条状硬化斑甚粗；无围阴腺。

雄介壳椭圆形（夏型）或圆形（冬型），长 0.6~1.0 mm，光泽和质地同雌介壳；壳点 1 位于前部中心。

取食对象：杨、柳、榆、苹果、梨、桃、葡萄、山楂、女贞、杏、醋栗、刺槐、樟、茶、胡桃、枣等。

分布：河北、辽宁、北京、山东、陕西、四川。

（555）仙人掌盾蚧 *Diaspis echinocacti* (Bouché, 1833)（图 260）

别名：仙人掌白盾蚧。

识别特征：雌介壳近圆形，直径 2.0~2.5 mm，略突起，白色，不透明。2 壳点相重叠，位于中部，呈暗褐色。雌性体长近 1.2 mm，宽约 1.0 mm，黄色，梨形，前端阔圆，后端略尖。触角瘤上侧具 1 弯毛。臀叶 4 对，中臀叶较小，左右分离，顶端钝圆，边缘完整；第 2~4 对臀叶各分 2 叶，第 4 对臀叶最小。围阴腺 5 群。

雄介壳长约 1.0 mm，长形，白色，蜡质，背面 3 条纵脊线仅中间 1 条较明显；壳点黄色，突于前端。

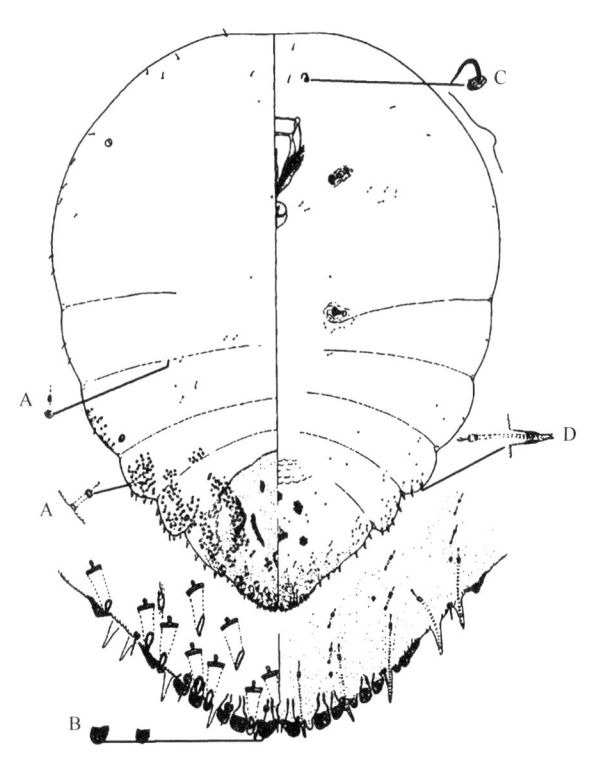

图 260 仙人掌盾蚧 *Diaspis echinocacti* (Bouché, 1833) 雌成虫（引自王建义等，2009）
A. 背管腺；B. 臀叶；C. 触角；D. 缘腺

取食对象：仙人掌、仙人棒、蟹爪兰、昙花、令箭荷花、仙人球、霸王、散尾葵、白毛掌等。

分布：河北、辽宁、内蒙古、北京、天津、山东、陕西、江苏、湖北、江西、湖南、福建、台湾、广东、广西、四川、贵州、云南、西藏；日本，意大利等73个国家和地区。

(556) 日本单蜕盾蚧 *Fiorinia japonica* Kuwana, 1902（图261）

别名：日本围盾蚧。

识别特征：雌介壳狭长卵形，长约1.2 mm，黄褐色或深褐色，两侧近平行，主要由第2壳点形成；背面被白色粉状蜡质分泌物，中间具1不明显纵线，壳周围具1圈白蜡缘；壳点2，第1壳点椭圆形，黄色，有3/4伸出于第2壳点之外。体长卵形，长约0.8 mm，淡橙黄色，前端圆整，两侧略平行，后端尖削，分节不甚明显，第Ⅲ、第Ⅳ腹节侧缘略呈瓣状突出。触角靠近头缘，具1针状突，节间无囊状突；中臀叶狭小，拱门状，陷入板内，基部以轭相连，侧叶小而发达，双分，内叶大而突出，外叶小而尖细；臀板缘腺有大小2种，大者4对，第3对偶尔不见，第4对上有3或4小缘腺，臀板前侧角及前1腹节缘各1小管状腺群，后胸及第Ⅰ腹节下侧缘区各1列腺瘤。

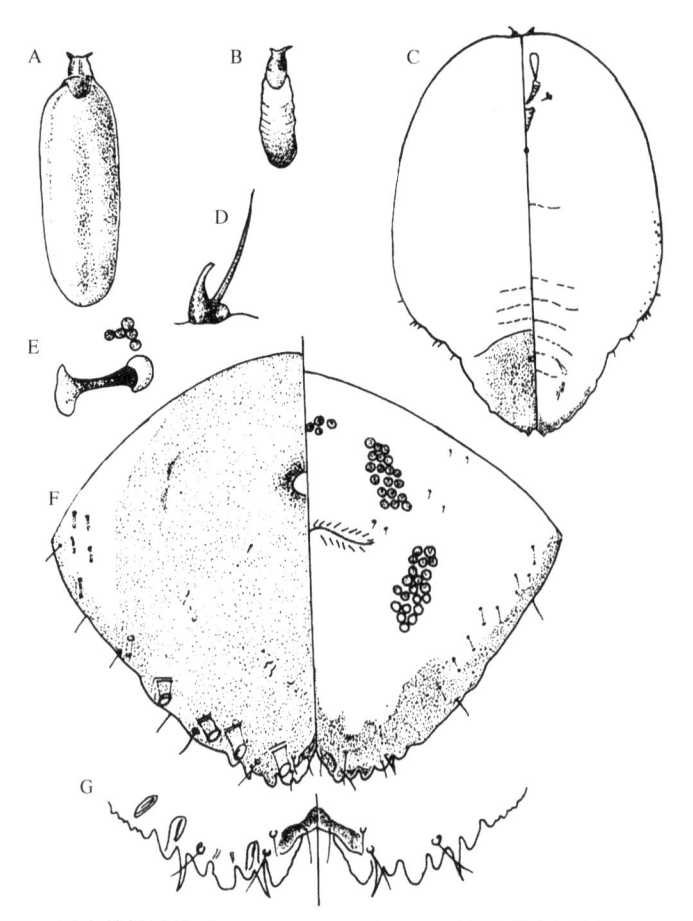

图261　日本单蜕盾蚧 *Fiorinia japonica* Kuwana, 1902（引自周尧，2001）
A. 雌介壳；B. 雄介壳；C. 雌性虫体；D. 触角；E. 前气门；F. 臀板；G. 臀板端部

雄介壳长条形，长约 1.0 mm。白色背纵脊不明显；壳点 1 黄色，位于前端。

取食对象：油松、白皮松、雪松、黑松、赤松、罗汉松、桧柏、冷杉、云杉等。

分布：河北、北京、山东、河南、陕西、江苏、浙江、江西、福建、台湾、香港；日本，美国，澳大利亚等 10 个国家和地区。

（557）象鼻单蜕盾蚧 *Fiorinia proboscidaria* Green, 1900

别名：鼻蜕盾蚧、象鼻围盾蚧。

识别特征：雌介壳长约 1.5 mm，宽约 0.5 mm，狭长，褐色，两端较狭，中部稍宽，直或略弯，背面中间具 1 纵隆脊。全部由第 2 蜕皮骨化形成，表面被 1 薄而透明的蜡层直至壳缘外。第 1 壳点椭圆形，淡黄色，1/2 伸出壳前，腹膜薄，白色，与壳相连。雌性体长约 1.0 mm，黄色，长纺锤形，头圆锥形突出，其顶端扩大呈菇头状，触角着生于基部两侧，彼此靠近。臀前腹节侧缘无瓣状突出。中臀叶较小，基部轭连，内缘向外倾斜，有小齿 4 个；第 2 对臀叶分 2 叶，端部齿状。

雄介壳长约 1.2 mm，宽约 0.4 mm，两侧略平行，白色，蜡质，背面 3 条不明显纵脊线。

取食对象：柑橘、茶、胡椒、罗汉松等植物。

分布：河北、河南、浙江、湖北、江西、福建、台湾、广东、广西、四川、云南；日本，法国，美国等 19 个国家和地区。

（558）棕榈盾蚧 *Hemiberlesia lataniae* (Signoret, 1869)

识别特征：雌介壳圆形或椭圆形，隆起，表面粗糙，灰褐色；蜕褐黄色，可残留在植物上。雌性体梨形，腹节侧缘突出明显，表皮膜质，黄色。气门附近无盘状腺。臀板阔三角形，仅 1 对发达中臀叶，端部宽圆，内外侧各 1 明显缺刻，第 2、第 3 臀叶处为极小的尖突。臀栉短于中臀叶，中臀叶间 2 个，狭而尖，其余端部缨状。厚皮槌每侧 2 对。背腺管细长，中臀叶间 1，其余排成 3 列。下侧第 V 节、第 Ⅵ 节有成组的亚缘小腺管。肛孔大，圆形，位于臀板近端部。围阴腺数目少，分为 4 群。

雄介壳椭圆形，蜕皮偏向前方。

取食对象：苹果、梨、核桃、合欢等多种树木。

分布：河北、北京、江苏、浙江、湖北、福建、贵州等地。

（559）紫牡蛎蚧 *Lepidosaphes beckii* (Newman, 1869)（图 262）

别名：紫疤蛎盾蚧、紫突眼蛎蚧。

识别特征：雌介壳长 2.0～3.0 mm，紫色，边缘色淡，壳点突于前端；牡蛎形，头端尖，后端阔，略弯，隆起，具横皱纹。体淡黄色，纺锤形，前部狭，后部阔，最宽处在第 Ⅰ、第 Ⅱ 腹节。头、胸部超过体长之半。臀前腹节侧缘突极明显，并向后弯，端具很多腺刺。瘤状触角上生有 2 毛。小腺管丰富，在胸部各节背面和下侧边缘纵列，在中胸下侧前缘和后胸气门后方排成横列。第 Ⅰ、第 Ⅱ、第 Ⅳ 腹节的前侧角各有 1 背侧疤。臀叶 2 对，中臀叶短，宽大于长，端部钝尖，侧缘具钝齿；第 2 对臀叶发达，分 2 叶。围阴腺 5 群，排成弧形。

雄介壳长约 1.5 mm，光泽、形状、质地同雌介壳。体淡紫色，眼黑色，足、中胸盾片及生殖刺黄褐色。

取食对象：梨、葡萄、玫瑰、冬青、九里香、无花果、柑橘、紫杉、栎、柠檬等植物。

分布：河北、江苏、安徽、浙江、湖北、江西、湖南、福建、台湾、广东、海南、香港、澳门、广西、四川、云南；日本，巴西，美国等 118 个国家与地区。

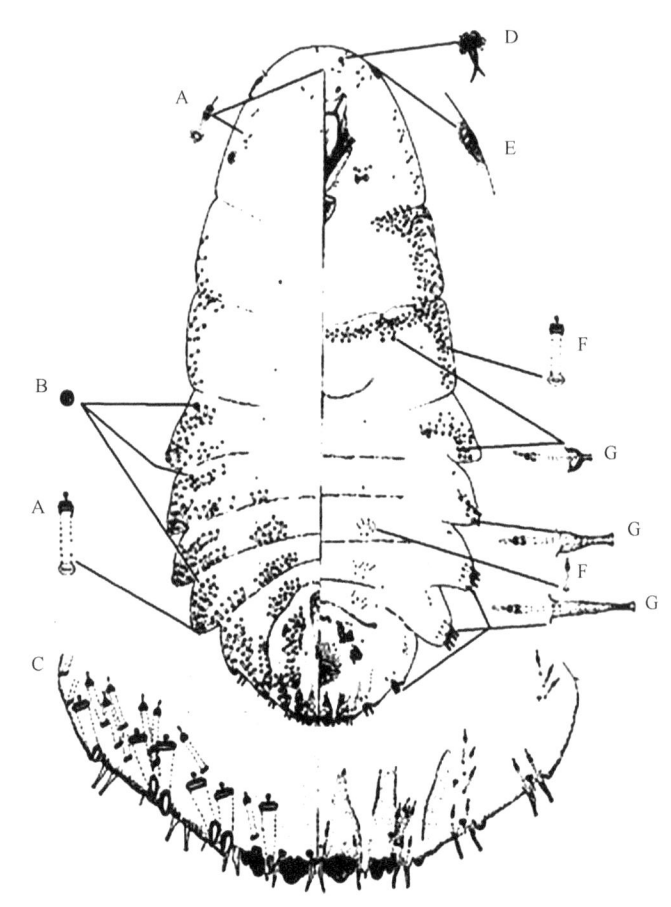

图 262 紫牡蛎蚧 *Lepidosaphes beckii* (Newman, 1869) 雌成虫（引自王建义等，2009）
A. 背管腺；B. 亚缘疤；C. 臀板；D. 触角；E. 眼瘤；F. 腹管状腺；G. 缘腺

（560）梨牡蛎蚧 *Lepidosaphes conchiformis* (Gmelin, 1790)（图 263）

识别特征：雌介壳直或略弯，后端渐宽，隆起，深褐色或红褐色，第 1 蜕灰白色，第 2 蜕褐色。体纺锤形，白色或淡黄色，臀板橙黄色。前气门有 3～5 个盘状腺，后气门无盘状腺。臀板端部尖，有 2 对发达的臀叶，中臀叶很阔，阔约为长的 2.0 倍，端部尖圆，内侧角具 1 缺刻，外侧角有 2 个或 3 个缺刻，两臀叶靠近；第 2 臀叶小，分为 2 瓣，每瓣呈三角形夹齿，外瓣小于内瓣。腺刺在每 2 个臀叶或齿突间各 1 对，共 9 对。背腺管中等大小，在第 V 腹节上排成亚缘组和亚中组，每组 4～6 个；在第 VI 节上只有亚中组，每组 6 个，无亚缘组。下侧有少数小腺管在亚缘处分列为 3 组。肛门小，位于臀板基部。

围阴腺 5 群。

取食对象：梨、枣、苹果、榆、核桃树、桑树、无花果。

分布：河北、辽宁、山东、湖北、台湾等地；韩国，伊朗，乌克兰，德国，法国，美国。

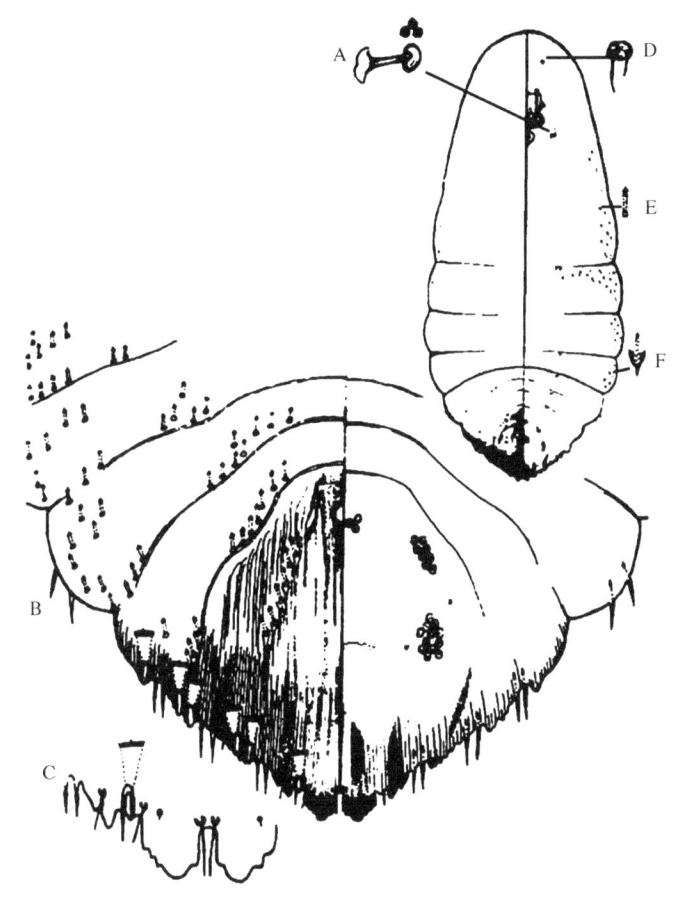

图 263 梨牡蛎蚧 Lepidosaphes conchiformis (Gmelin, 1790) 雌成虫（引自王建义等，2009）
A. 前气门；B. 臀板；C. 臀板末端；D. 触角；E. 腹管状腺；F. 腺锥

（561）苏铁牡蛎蚧 Lepidosaphes cycadicola (Kuwana, 1931)（图 264）

别名：苏铁蛎盾蚧。

识别特征：雌介壳长约 3.0 mm，宽约 0.7 mm，略弯，前狭后宽。褐色。壳点突于前端。雌性体呈黄白色，纺锤形，长约为宽的 2.0 倍。臀前腹节侧缘突明显。前胸背面近侧缘有 2 个疤连成"8"字形，腹部第 I、第 II、第 IV 腹节的边缘也各 1 侧疤。第 III、第 IV 腹节间侧缘具 1 骨化距。头下侧有小腺管。前气门腺分内、外 2 小群，内群 1~3 个，外群 2~4 个。有 2 对发达的臀叶，中臀叶短阔，略对称，端部平圆，两侧有浅缺刻；第 2 臀叶远小于中臀叶，分 2 叶，外分叶很小。肛门小，圆形，位于臀板基部。围阴腺 5 群。雄介壳较小而直，光泽、形状、质地同雌介壳。

取食对象：苏铁、散尾葵、黄荆、秋枫树、金桂花树等。

分布：河北、辽宁、宁夏、浙江、福建、台湾、广东、海南、香港。

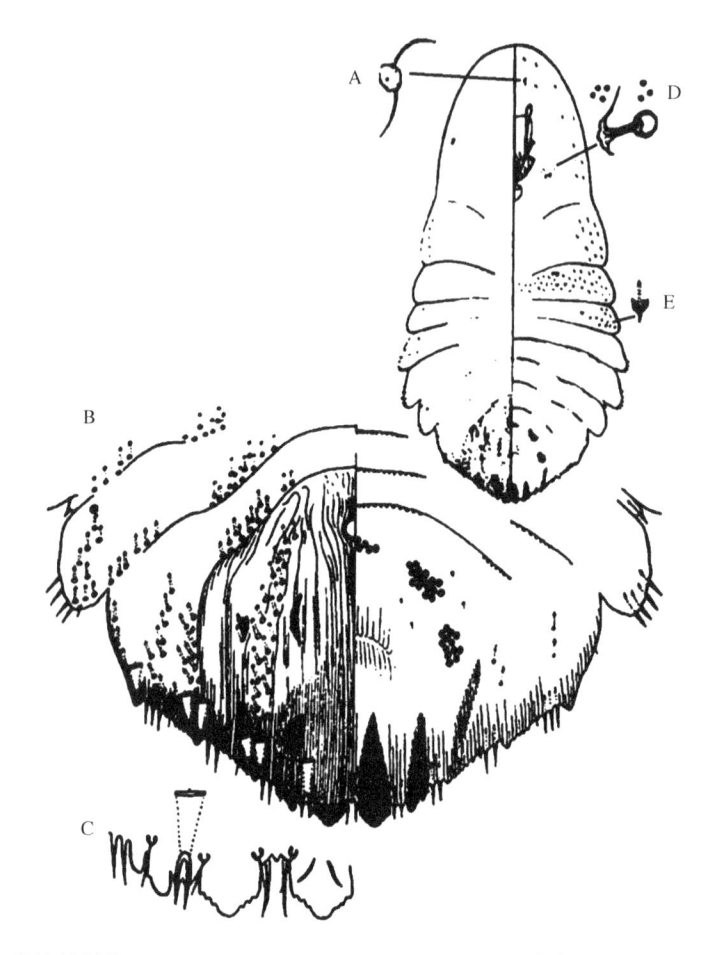

图 264　苏铁牡蛎蚧 *Lepidosaphes cycadicola* (Kuwana, 1931) 雌成虫（引自王建义等，2009）
A. 触角；B. 臀板；C. 臀板末端；D. 前气门；E. 腺锥

(562) 松牡蛎蚧 *Lepidosaphes pini* (Maskell, 1897)（图 265）

识别特征：雌介壳长 2.0～3.0 mm，狭长，直或弯曲，褐色至深褐色，边缘灰白色；第 1 蜕橙黄色，第 2 蜕黄褐色。雌性淡黄或淡紫色，臀板橙黄色；无侧距和背侧疤。前气门有 3～5 个盘状腺，后气门无盘状腺。臀板很小，半圆形。腺刺 9 对，背腺管中等大小，在第 V 腹节上排成亚缘和亚中群，各 2～4 个，第 VI 腹节上只有亚中群 4 个。边缘斜腺管较粗大，每侧 6 个。围阴腺 8 群。

取食对象：黑松、油松、赤松、杉木、苏铁等。

分布：河北、辽宁、北京、山东、江苏、上海、浙江、台湾；韩国，日本，美国等 6 个国家和地区。

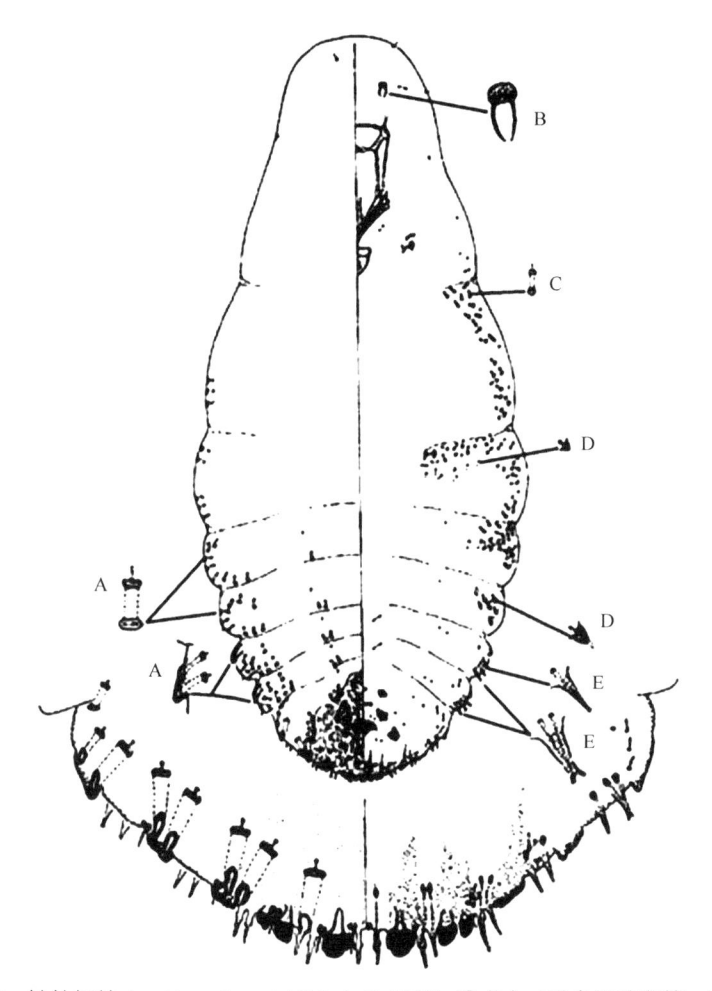

图 265　松牡蛎蚧 *Lepidosaphes pini* (Maskell, 1897) 雌成虫（引自王建义等，2009）
A. 背腺管；B. 触角；C. 腹管状腺；D. 腺瘤；E. 缘腺

(563) 柳牡蛎蚧 *Lepidosaphes salicina* Borchsenius, 1958（图 266）

别名：柳蛎盾蚧。

识别特征：雌介壳长 3.2～4.3 mm，前端尖后端宽，呈牡蛎形，深褐色。表面布横轮纹，下侧近端部分裂成三角形缺口。雌性体纺锤形，臀前腹节略向两侧突出，盘状腺前气门 12～17 个，后气门无；第 Ⅰ、第 Ⅳ～Ⅵ腹节亚缘有背侧疤，有时第 Ⅱ、第 Ⅲ 节上也有；背腺管细沿节间缝排成亚缘列及亚中列，第 Ⅵ 节每侧有 25～36 个排成狭的纵带，第 Ⅶ 节有 8～22 个。围阴腺 5 群。

雄介壳较雌介壳小，淡褐色。虫体黄白色，触角 10 节，中胸黄褐色。

取食对象：杨、柳、核桃、白蜡、榆、桦、丁香等。

分布：河北、黑龙江、吉林、辽宁、内蒙古、北京、天津、山西、陕西、宁夏、甘肃、青海、新疆；俄罗斯（远东），朝鲜半岛，日本。

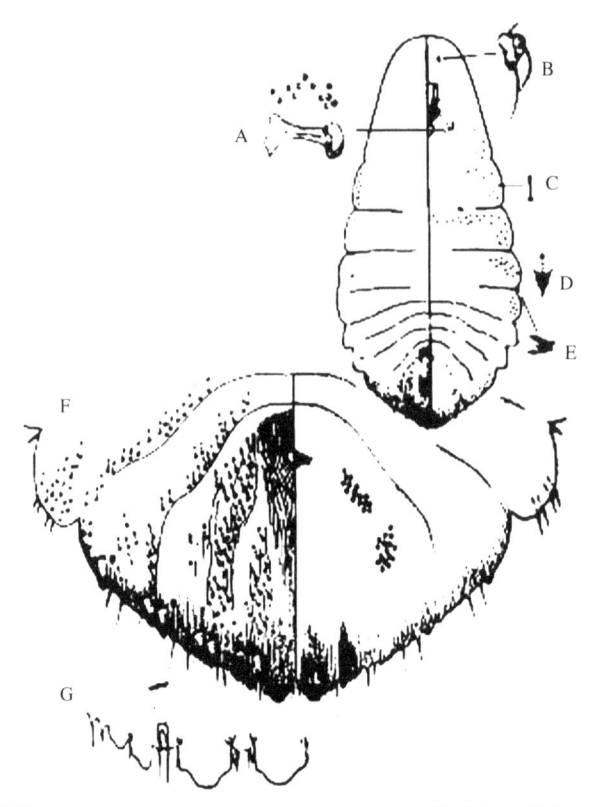

图 266　柳牡蛎蚧 Lepidosaphes salicina Borchsenius, 1958 雌成虫（引自王建义等，2009）
A. 前气门；B. 触角；C. 腹管状腺；D. 腺锥；E. 腺瘤；F. 臀板；G. 臀板末端

（564）三管牡蛎蚧 Lepidosaphes tritubulata (Borchsenius, 1958)

识别特征：雌介壳长 2.2～2.5 mm，宽约 0.8 mm，长形，前狭后阔，褐色。壳点位于介壳前端。雌性虫体长约 1.0 mm，长约为宽的 2.0 倍，后胸和臀前腹节侧缘圆形，不很突出，无侧距和背侧疤。口器两侧各 1 刺状腺瘤，后胸、第 I、第 II 腹节两侧各有 3 个、7 个、6 个腺瘤。臀叶 2 对，中臀叶长宽相等，两侧角有缺刻；第 2 臀叶分 2 叶，内分叶端圆且外侧角有缺刻，外分叶较小而尖。腺刺每 2 个排成 1 组，共 9 组。围阴腺 5 群。

取食对象：大叶黄杨、卫矛。

分布：河北、四川、贵州。

（565）榆牡蛎蚧 Lepidosaphes ulmi (Linnaeus, 1758)（图 267）

识别特征：雌介壳长 3.0～4.0 mm，长牡蛎形。暗灰色、暗褐色、茶褐色或紫色，形态和光泽多变，前方尖狭，后方渐宽，端部圆形；隆背，具明显横纹，或弯或直；壳点 2，位于前端，橙色或红褐色。虫体长纺锤形，长 2.0～2.5 mm，第 I～II 腺节处最宽，黄白色，各节侧缘圆瓣状突出；臀叶发达，中叶大而突出，端圆，内外各 1 凹，中叶间距为半叶之宽，第 2 叶双分；腺刺在臀板上排列成双，后胸至第 III 腹节下侧均各有腺锥，第 I～IV 腹节有节间刺；背腺小，第 I～VI 腹节排成系列，略显亚中群、亚缘群；亚缘背疤见于第 III～

Ⅵ腹节或仅见于第Ⅴ～Ⅵ腹节。

雄介壳两侧由前向后渐宽，长约 1.6 mm，质地、光泽和形状同雌介壳；壳点 1，位于前端。

取食对象：榆、苹果、黄栌、柑橘、胡颓子等 68 科 153 属植物。

分布：河北、黑龙江、吉林、辽宁、山西、山东、河南、陕西、宁夏、甘肃、新疆、江苏、安徽、浙江、福建、湖北、江西、湖南、台湾、广东、澳门、广西、四川、云南、西藏；日本，澳大利亚，美国等 62 个国家和地区。

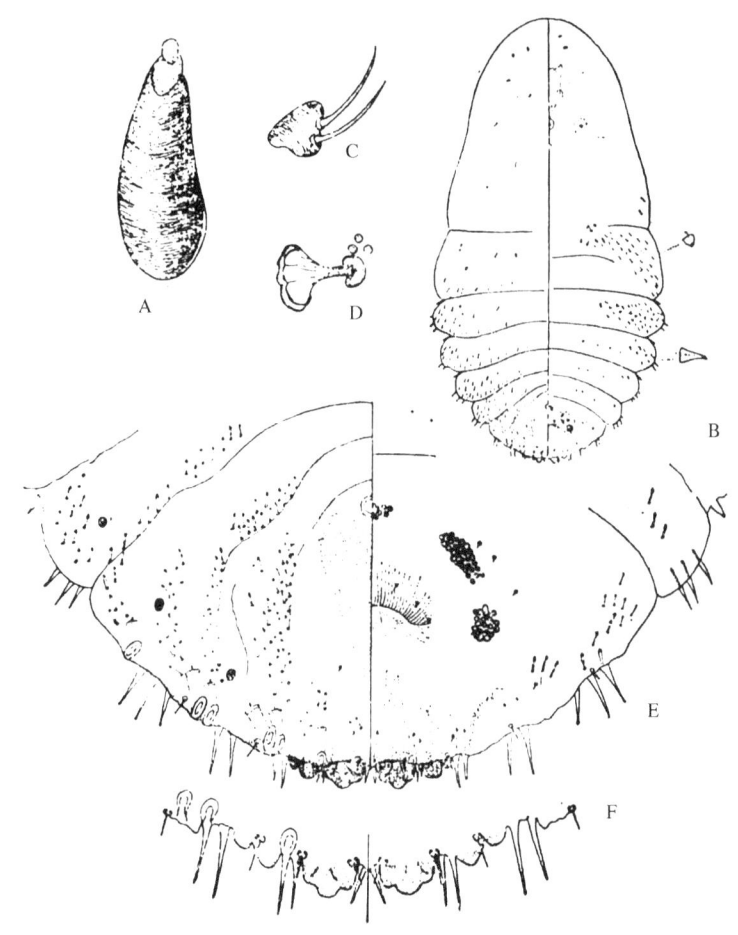

图 267　榆牡蛎蚧 *Lepidosaphes ulmi* (Linnaeus, 1758)（引自周尧，2001）
A. 雌介壳；B. 雄性虫体；C. 触角；D. 前气门；E. 臀板；F. 臀板端部

（566）杨牡蛎蚧 *Lepidosaphes yanagicola* Kuwana, 1925（图 268）

识别特征：雌介壳逗点形，褐色至暗褐色，边缘灰白色，脱皮橙黄色。雌性体长梨形，臀前腹节每侧只微微突出。前气门有 4～10 个盘状腺，后气门无盘状腺；腹节亚缘无背侧疤；臀板边缘圆形，中臀叶突出；背腺管中型，亚中组分布于第Ⅱ～Ⅵ腹节上，且第Ⅵ节只有亚中组，每组 2～4 个腺管。围阴腺 5 群。

取食对象：国槐、杨、柳、榆、桤木、卫矛、金合欢、美国香槐、桑属植物等。

分布：河北、山西、山东、河南、陕西、宁夏、新疆、香港、四川、云南；俄罗斯（远东），韩国，日本，美国。

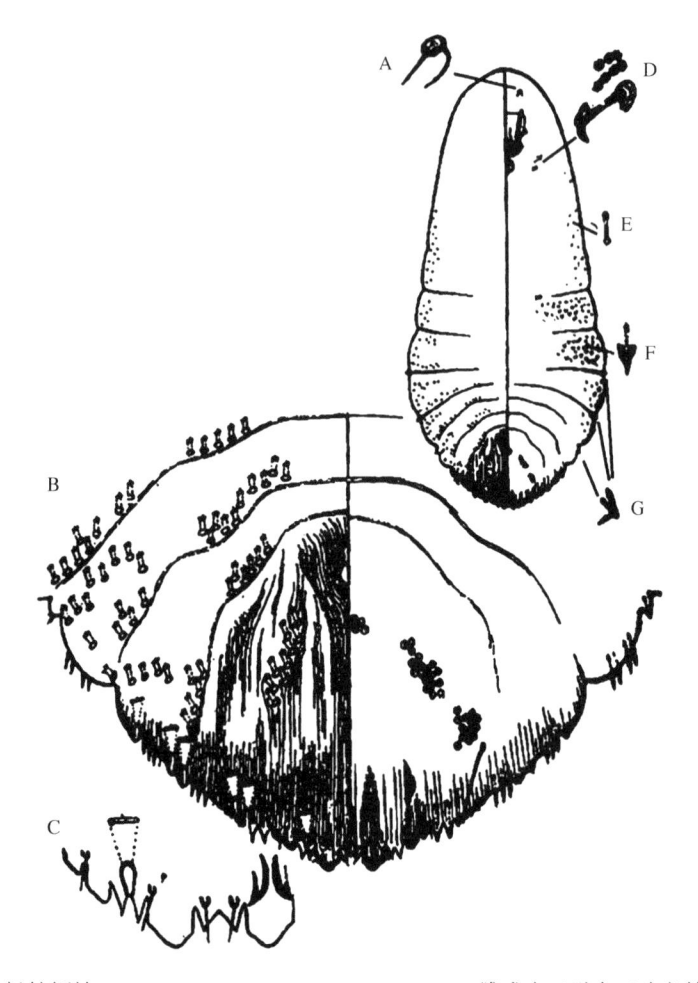

图 268 杨牡蛎蚧 *Lepidosaphes yanagicola* Kuwana, 1925 雌成虫（引自王建义等，2009）
A. 触角；B. 臀板；C. 臀板末端；D. 前气门；E. 腹管状腺；F. 腺锥；G. 腺瘤

（567）日本长白盾蚧 *Lophoeucaspis japonica* (Cockerell, 1897)（图269）

别名：杨白片盾蚧、梨白片盾蚧、日本白片盾蚧。

识别特征：雌雄介壳均呈白色。雌介壳长 1.7～1.8 mm，长纺锤形，背面隆起，具壳点1个，头端突出，暗褐色，表面具1层不透明的白色蜡质分泌物。雌成虫体长 0.6～1.4 mm，梨形，浅黄色，无翅；前气门有盘状腺 6～11 个；臀板宽圆，臀叶2对均发达，其两侧缘中部具1深缺刻；臀栉细长，呈刷状；背腺管小，每侧 25～35 个；围阴腺5群；臀板背面有8对圆形硬化斑。雄成虫体长 0.5～0.7 mm，浅紫色，头部色较深，具翅1对，白色半透明，腹末具1针状交尾器。

取食对象：冬青卫矛、杨、苹果、梨、樱花、樱桃、李、柿、花椒、黄刺玫、山楂、皂荚、榆、槐等树木。

分布：中国。

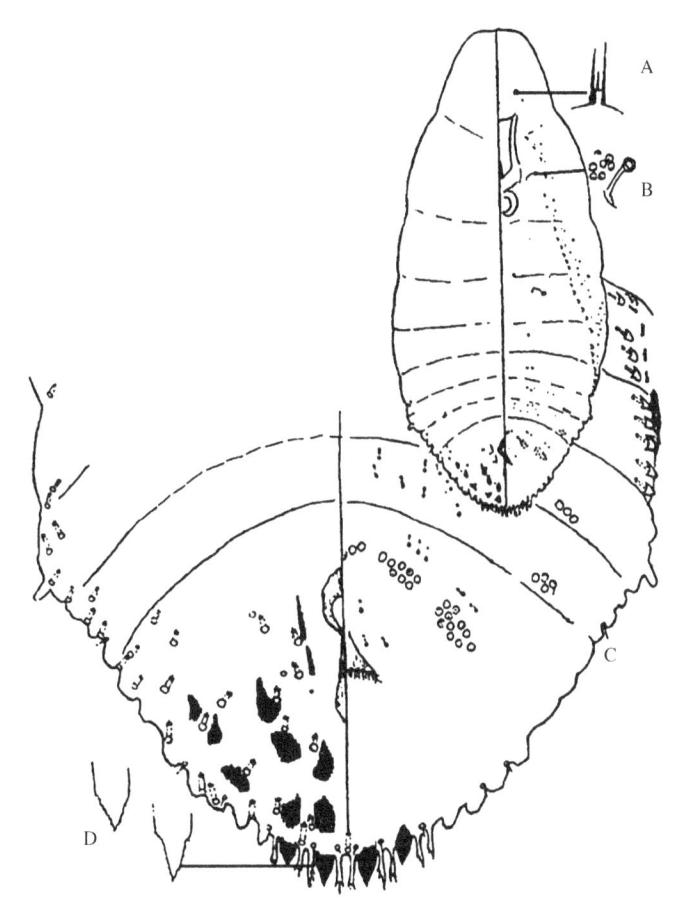

图 269　日本长白盾蚧 *Lophoeucaspis japonica* (Cockerell, 1897) 雌成虫（引自王建义等，2009）
A. 触角；B. 前气门；C. 臀板；D. 臀叶

（568）黄杨粕片盾蚧 *Parlagena buxi* (Takahashi, 1936)（图 270）

别名：黄杨芝糠蚧。

识别特征：雌介壳长约 1.0 mm，宽约 0.6 mm，长梨形，多为灰白色，呈锥状突出于后端；壳点 2 个，黑色；第 1 壳点呈椭圆形，在头端边缘；第 2 壳点很大，占介壳的大部分。雌性体卵圆形，体长约 0.7 mm，宽约 0.6 mm，淡紫色，臀板黄色。前气门附近有盘腺。肛孔在臀板中间。无围阴腺。背腺粗短，管口横向，分布在臀板背面及臀前腹节的边缘一带。臀叶 4 对，中臀叶最大，向前各臀叶依次变小，各叶外缘有 2 或 3 个缺刻，内缘仅 1。

雄介壳长卵形，白色，壳点黑色，在头端边缘之内。

取食对象：小叶黄杨、卫矛、榆、枣、瓜子黄杨、雀舌黄杨等植物。

分布：河北、辽宁、内蒙古、北京、天津、山西、江苏、浙江等地。

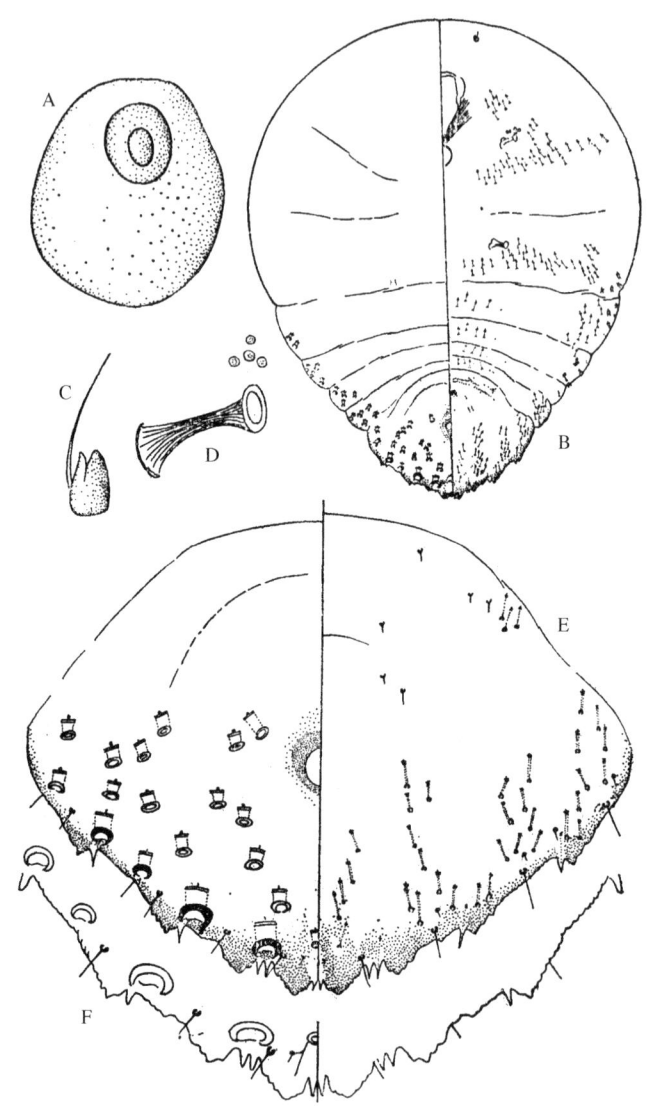

图 270　黄杨粕片盾蚧 *Parlagena buxi* (Takahashi, 1936) 雌性（仿周尧，1985）
A. 雌介壳；B. 雌虫体；C. 触角；D. 前气门；E. 臀板；F. 臀板末端

（569）华盾蚧 *Parlatoreopsis chinensis* (Marlatt, 1908)（图 271）

别名：中国星片盾蚧。

识别特征：雌介壳略呈圆形，薄而扁平，灰色，壳点黄绿色。雌性体椭圆形，膜质，臀板稍硬化。前气门具 1~3 个盘状腺孔，腺瘤分布于体下侧亚缘区，前气门前 1~5 个，前气门侧 1~4 个，气门间 1~3 个，后气门侧 1~3 个，第 I 腹节间 1~3 个，第 II 腹节 1。臀叶 2 对，中臀叶发达，互相靠近，基部不愈合，两侧直，端缘向外斜，斜面细齿状。背腺管细小，每侧 2~5 个。肛门大，位于臀板中间之后。围阴腺 4 群。雄介壳狭长，两侧略平行，壳点在头端突出，颜色、质地似雌介壳。

取食对象：苹果、梨、杏、李、山楂、核桃、槐等。

分布：河北、辽宁、内蒙古、北京、天津、山西、山东等地。

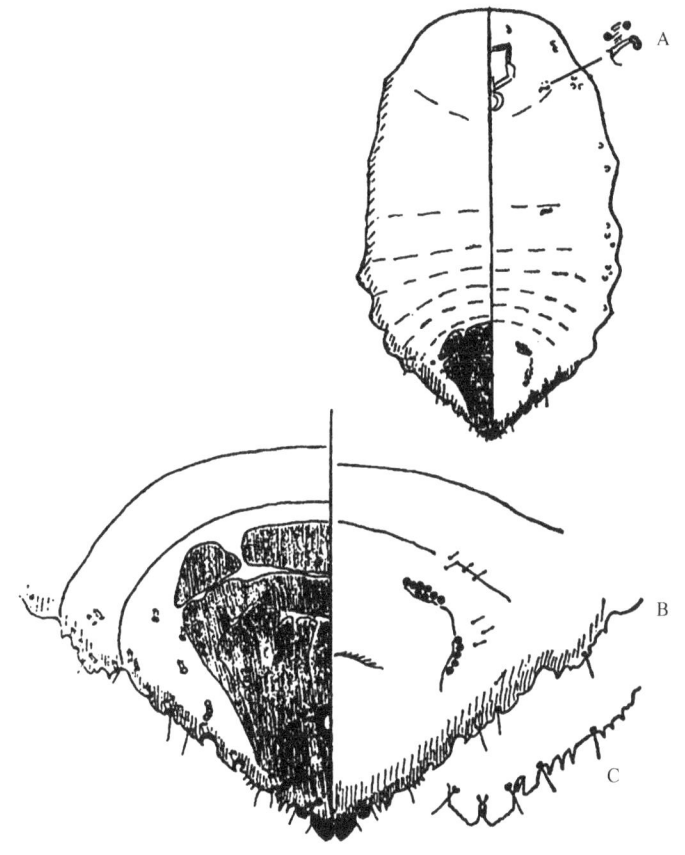

图 271　华盾蚧 *Parlatoreopsis chinensis* (Marlatt, 1908)　雌成虫（引自王建义等，2009）
A. 前气门；B. 臀板；C. 臀板末端

（570）梨华盾蚧 *Parlatoreopsis pyri* (Marlatt, 1908)（图 272）

别名：星片盾蚧。

识别特征：雌介壳卵形，灰白色或黄褐色，前端宽，后端收缩成锥状，大部分为第 2 蜕，壳点黄色。雌性体椭圆形，淡红色或紫色。前气门具 1 或 2 个盘状腺孔，后气门无。腺瘤在前气门前具 1 或 2 个，附近 3 个，中胸体下侧 1 个，后胸体下侧 1 或 2 个，第 I 腹节侧 1 或 2 个。臀叶 3 对，中臀叶很阔，两侧有浅缺刻，第 2 臀叶小，仅外侧有缺刻，第 3 臀叶很小。臀栉在中臀叶间 2 个，中臀叶与第 2 臀叶间各 2 个，第 2、第 3 臀叶间 3 个。背腺管较短小，每侧 3 个。肛门小，位于臀板中间之前。围阴腺 5 群。

取食对象：梨、苹果、李、沙果、核桃、皂荚等。

分布：河北、黑龙江、吉林、辽宁、内蒙古、山西、山东、江苏、福建。

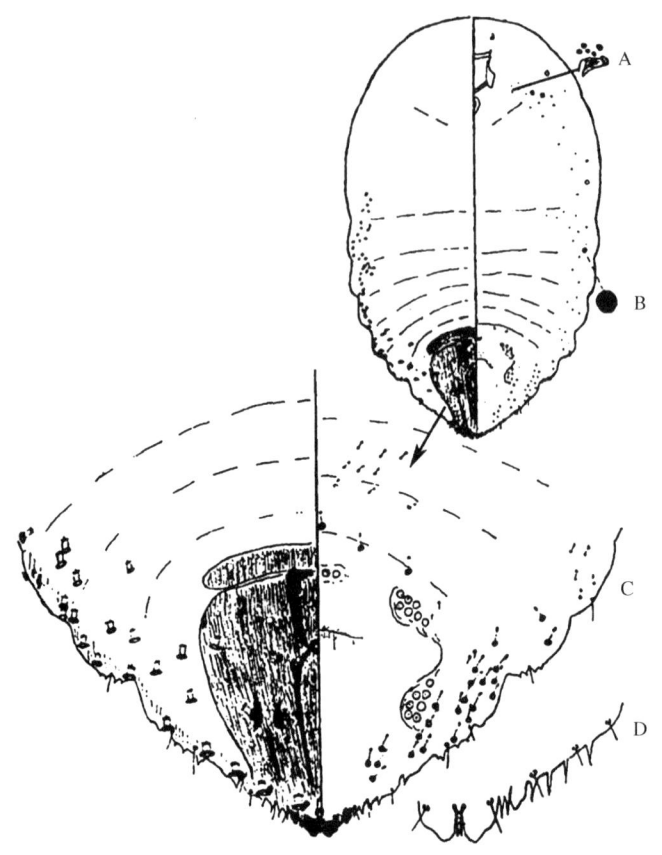

图 272　梨华盾蚧 *Parlatoreopsis pyri* (Marlatt, 1908) 雌成虫（引自王建义等，2009）
A. 前气门；B. 亚缘疤；C. 臀板；D. 臀板末端

（571）山茶片盾蚧 *Parlatoria camelliae* Comstock, 1883（图 273）

别名：茶片盾蚧、山茶糠蚧。

识别特征：雌介壳长约 2.0 mm，长椭圆形，质薄，扁平略突，白色或灰褐色。壳点 2 个，黄绿色，位于介壳前端，第 1 壳点后端叠在第 2 壳点上，前端伸出壳外；第 2 壳点圆形，约占全壳的 1/3。雌性体多呈梨形，紫色，分节明显，眼点存在，为 1 硬化而顶端钝圆的突起。前气门腺 2~4 个，后气门腺无。在后气门与体缘间具 1 内陷的皮囊。胸节体下侧有腺瘤。臀叶 3 对发达，形状相似，基部较狭，末端两侧有明显凹刻。但大小则由中臀叶到第 3 臀叶依次减小，第 4 臀叶很小，略似三角形，而边缘有锯齿。臀栉短阔，端部 5~8 齿，多呈刷状，从中叶间一直分布至后胸后角。围阴腺 4 群。

雄介壳长约 1.0 mm，长形，两侧略平行，灰色。壳点黄绿色，居前端。

取食对象：山茶、杜鹃、小檗、卫矛、茉莉、柑橘、冬青、黄杨等多种植物。

分布：河北、辽宁、内蒙古、陕西、江苏、浙江、湖北、江西、湖南、福建、广东、广西、四川、云南。

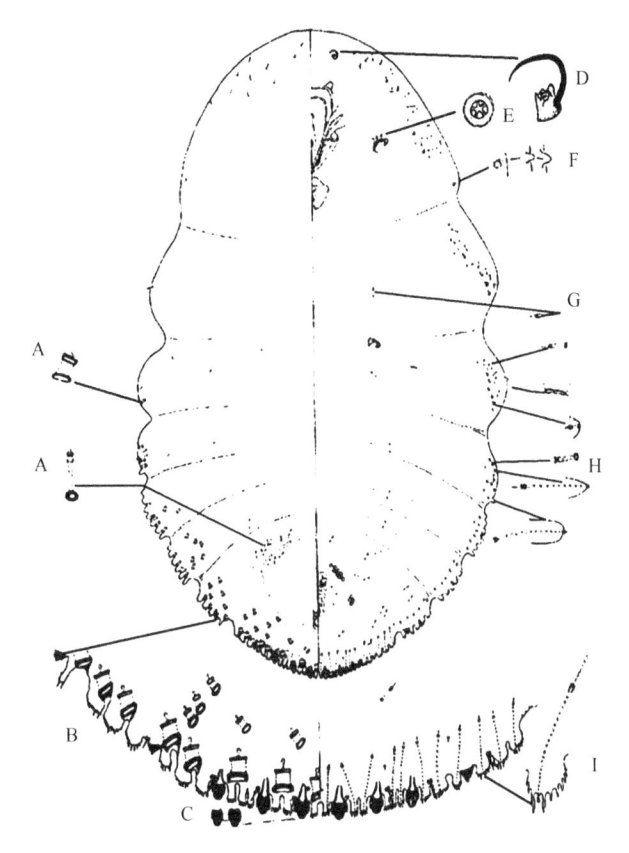

图 273 山茶片盾蚧 *Parlatoria camelliae* Comstock, 1883（引自王建义等，2009）
A. 背腺管；B. 臀板；C. 臀叶；D. 触角；E. 盘状腺孔；F. 眼瘤；G. 腺瘤；H. 缘腺；I. 臀栉

（572）糠片盾蚧 *Parlatoria pergandii* Comstock, 1881

别名：橘紫介壳虫、橘黑介壳虫。

识别特征：雌介壳长 1.5～2.0 mm，宽约 0.8 mm，椭圆形或不规则圆形，灰白色或淡褐色，周缘色略淡。壳点在头端，第 1 壳点小，暗绿褐色；第 2 壳点较大，近黑色。虫体雌性宽卵圆形，体长 0.8～1.0 mm，紫红色，臀板微黄。前气门盘状腺 3～5 个，后气门盘状腺无。腺瘤在下侧侧缘。臀叶 4 对，前 3 对发达，形态相似，每侧具 1 凹刻，从中臀叶起依次缩小；第 4 对臀叶很小，常呈三角形尖突。背腺在臀板亚缘部及臀前腹节亚缘部大量存在，中部无背腺管。围阴腺通常 4 群，每群 5～8 个，偶尔中群具 1 腺孔。

雄介壳较小，长卵形，两侧边略平行，灰白色，壳点 1 突出在头端。雄性体长约 0.7 mm，淡紫色至紫红色，腹末针状交尾器发达。

取食对象：阔叶果树、行道树、观赏植物和林地树木。

分布：华北、华南、华中、华东、西南等地。

（573）北京松片盾蚧 *Parlatoria pini* Tang, 1984

识别特征：雌介壳长形，较薄，灰白色；壳点黄色，突出于前端。雌性虫体长椭圆形，前体部膜质，臀板略硬化。前气门有 2~3 个盘状腺，后气门附近具明显囊。臀叶 3 对，第 2、第 3 臀叶形状、大小似中臀叶，中臀叶稍大，臀叶内外侧各 1 缺刻，下侧硬化棒明显。臀栉呈刷状。亚缘背腺管每侧 18~21。肛门位于臀板中部，围阴腺 5 群。

取食对象：油松、白皮松等针叶树。

分布：河北、北京。

（574）黄片盾蚧 *Parlatoria proteus* (Curtis, 1843)（图 274）

别名：黄糠蚧。

识别特征：雌介壳长约 1.5 mm，宽约 0.5 mm，长椭圆形，黄褐色，微隆起，薄而脆弱，边缘白色略透明。2 个壳点位于介壳头端。第 2 壳点近圆形，其长为介壳之半，多为深褐色；第 1 壳点椭圆形，色较暗，前端 1/3 伸出第 2 壳点外。雌性虫体长约 0.8 mm，宽约 0.6 mm，紫色，椭圆形或卵形。瘤状触角上具 1 弯毛。眼呈刺状。前气门腺 2~5 个，后气门腺无。腺瘤在体下侧边缘。第 II 腹节以后各节侧缘有臀栉。后气门侧缘具 1 凹陷的皮囊。臀叶 3 对，发达，大小、形状相似，基部狭，顶端钝圆，两侧边具凹刻；第 3 对臀叶呈膜质片，状似臀栉。围阴腺 4 群。

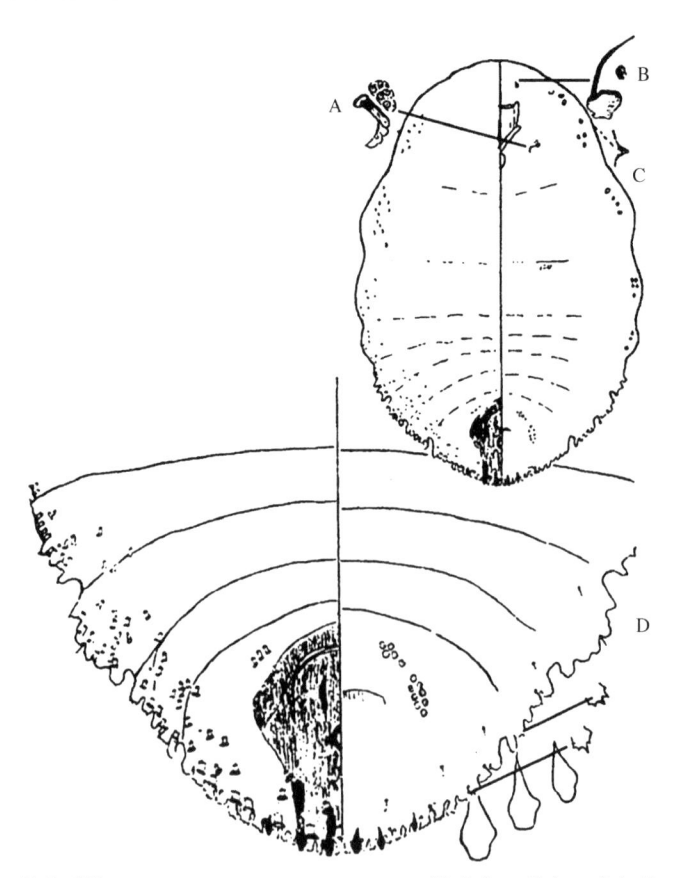

图 274 黄片盾蚧 *Parlatoria proteus* (Curtis, 1843) 雌成虫（引自王建义等，2009）
A. 前气门；B. 触角；C. 眼瘤；D. 臀板

雄介壳长约 0.8 mm，宽约 0.3 mm，淡褐色，壳点位于前端，墨绿色或黑色。雄性虫体长约 0.6 mm，紫红色。

取食对象：柑橘、苏铁、花叶万年青、凤尾兰、虎尾兰、金橘、桃叶珊瑚、无花果、山茶、松、朱顶红、罗汉松、假叶树、米兰、散尾葵等多种植物。

分布：河北、山西、山东、河南、陕西、江苏、浙江、湖北、江西、湖南、福建、台湾、广东、广西、四川、云南等地。

（575）茶片盾蚧 *Parlatoria theae* Cockerell, 1896（图 275）

别名：茶糠蚧。

识别特征：雌介壳长 1.0~2.0 mm，宽 0.8~1.2 mm，卵形，稍隆起，淡黄色，略透明，壳点墨绿色或黑色，位于介壳前端。雌性虫体长约 0.8 mm，宽约 0.5 mm，近椭圆形，后胸最宽，两端圆形，分节明显，各节侧缘明显呈瓣状突出。眼瘤很小，位于头的侧缘。前气门腺 2~6 个，后气门腺无。后气门与体缘之间具 1 内陷的皮囊。前体部下侧两侧有腺瘤。臀叶 3 对，内外侧各 1 凹刻，中臀叶最发达，第 4、第 5 臀叶退化，略硬化而小，但端部锯齿状。臀栉刷状，从中臀叶间至后胸后角处都有分布，围阴腺 4 群，中群处具 1 或 2 盘腺孔。

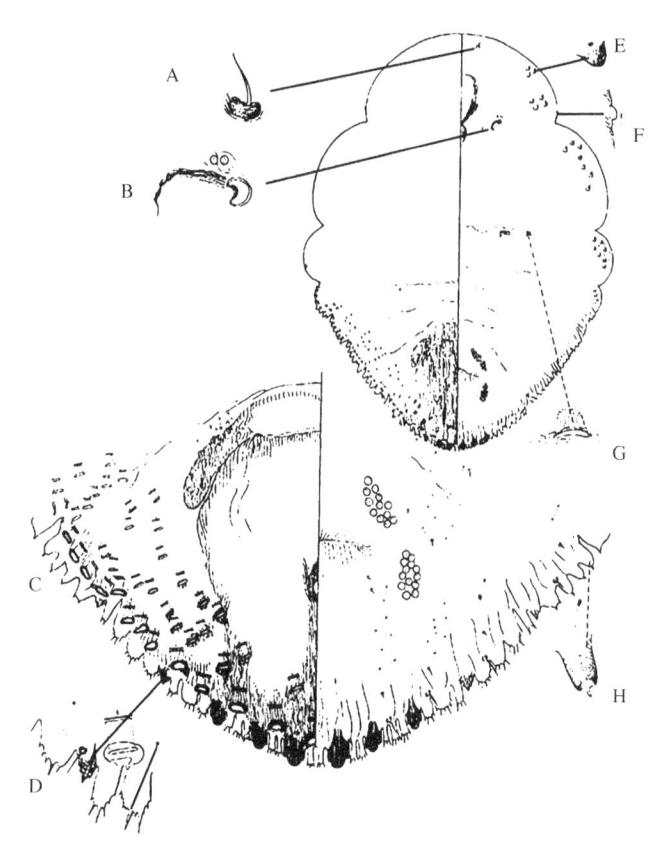

图 275 茶片盾蚧 *Parlatoria theae* Cockerell, 1896 雌成虫（引自王建义等，2009）
A. 触角；B. 前气门；C. 臀板；D. 臀板末端；E. 腺瘤；F. 眼瘤；G. 皮囊；H. 缘小管

雄介壳长约 1.0 mm，宽 0.3~0.4 mm，狭长，两侧近平行，灰色。壳点黑色，位于介壳前端。

取食对象：山茶、大叶黄杨、女贞、朱顶红、木槿、棕竹、红枫树、桃叶珊瑚、罗汉松等多种植物。

分布：河北、辽宁、内蒙古、山东、河南、陕西、宁夏、江苏、浙江、江西、湖南、福建、广东、云南等地。

（576）柑橘并盾蚧 *Pinnaspis aspidistrae* (Signoret, 1869)（图 276）

别名：蜘蛛抱蛋并盾蚧、苏铁褐点盾蚧、百合并盾蚧。

识别特征：雌介壳长 2.0~2.5 mm，褐色，长梨形，壳点淡黄色，位于前端，第 1 壳点的 1/2 伸出第 2 壳点之外。雌性体淡黄色，狭长，长度超过宽度的 2.0 倍以上，前、后端圆，头、胸部边缘光滑完整，后胸及第 I~III 腹节侧突显著。触角瘤具 1 长毛。臀叶 3 对，中臀叶较小，内缘直，外缘有 3 凹刻；第 2 对臀叶分为 2 叶；第 3 对臀叶很小，内叶为 1 低突，外叶呈齿状。围阴腺 5 群。

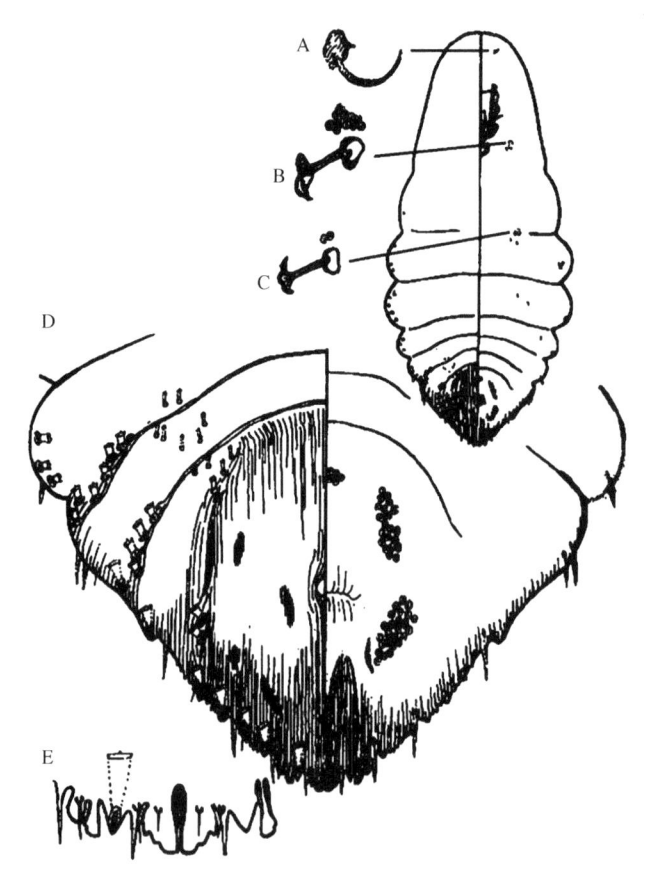

图 276 柑橘并盾蚧 *Pinnaspis aspidistrae* (Signoret, 1869) 雌成虫（引自王建义等，2009）
A. 触角；B. 前气门；C. 后气门；D. 臀板；E. 臀板末端

雄介壳狭长，两侧近平行，白色蜡质，背面3条纵脊线，壳点突于前端。

取食对象：蜘蛛抱蛋、冬青、麦冬、文殊兰、鹤望兰、棕竹、沿阶草等多种植物。

分布：河北、内蒙古、北京、天津、山西、山东、河南、江苏、上海、安徽、浙江、湖北、江西、湖南、福建、台湾、广东、香港、广西、四川、云南、西藏；日本，意大利，美国等87个国家与地区。

（577）黄杨并盾蚧 *Pinnaspis buxi* (Bouché, 1851)（图277）

识别特征：雌介壳长约1.5 mm，梨形，前窄后阔，白色或黄白色，薄而平，壳点淡黄色突于头端。雌性体黄色，长卵形，长为宽的2.0倍以上。分节明显，后胸至第Ⅲ腹节侧缘突呈锥状。头缘眼瘤明显。第Ⅰ、第Ⅱ腹节下侧侧缘有腺瘤。臀叶2对，中臀叶较小，内缘直互相靠近，端部略分开，端圆，侧缘有缺刻；第2臀叶发达，分2叶，内叶端部膨大呈匙状，外叶较小。一般无背腺管，偶或在第Ⅳ节上具1~2个亚缘背腺管。缘腺发达，每侧7个。第Ⅳ腹节间皮囊常发达，第Ⅴ腹节间硬化明显。围阴腺5群。

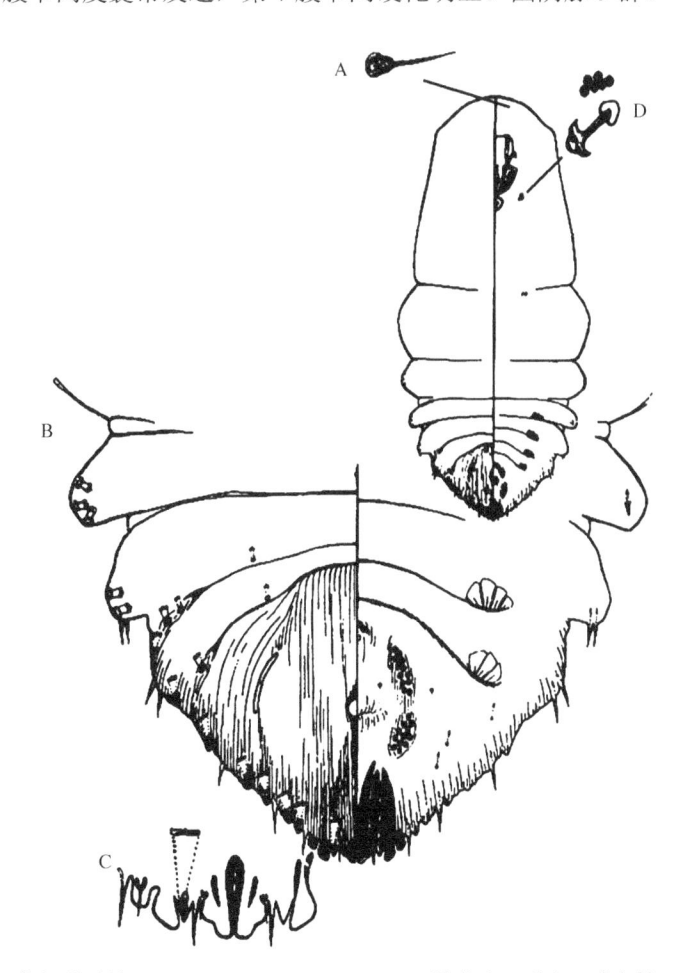

图277 黄杨并盾蚧 *Pinnaspis buxi* (Bouché, 1851) 雌成虫（引自王建义等，2009）
A. 触角；B. 臀板；C. 臀板末端；D. 前气门

雄介壳白色溶蜡状，有 3 条纵脊。

取食对象：无花果、石榴、茶、黄杨、木槿、臭椿、含笑、夹竹桃等。

分布：河北、辽宁、北京、山西、山东、河南、陕西、宁夏、江苏、浙江、湖北、湖南、福建、台湾、广东、香港、广西、贵州、云南；日本，法国，美国等 75 个国家与地区。

（578）樟网盾蚧 *Pseudaonidia duplex* Cockerell, 1891（图 278）

识别特征：雌介壳直径 2.0~2.5 mm，圆形，半球形，暗褐色或深褐色；壳点 2，位于亚中心，金黄色或红褐色；腹壳白色，残留于植物上。虫体宽卵形，长约 1.2 mm，淡紫色，前胸与中胸之间显缩，前圆后尖；腹节侧缘微瓣状突出，骨化，头胸区 6 淡色椭圆形大斑，后气门无盘腺；臀叶 4 对，中叶大，端部 2 凹，第 3~4 叶小，等大同形，细长刀状，端部 1 凹，叶间有弱的小硬化棒；背腺丰富，细长，在臀板每侧的亚缘区排成 4 列，每列自内向外依次为 4~6 腺、15 腺、25 腺和 30 腺，其他亚缘区也有之。

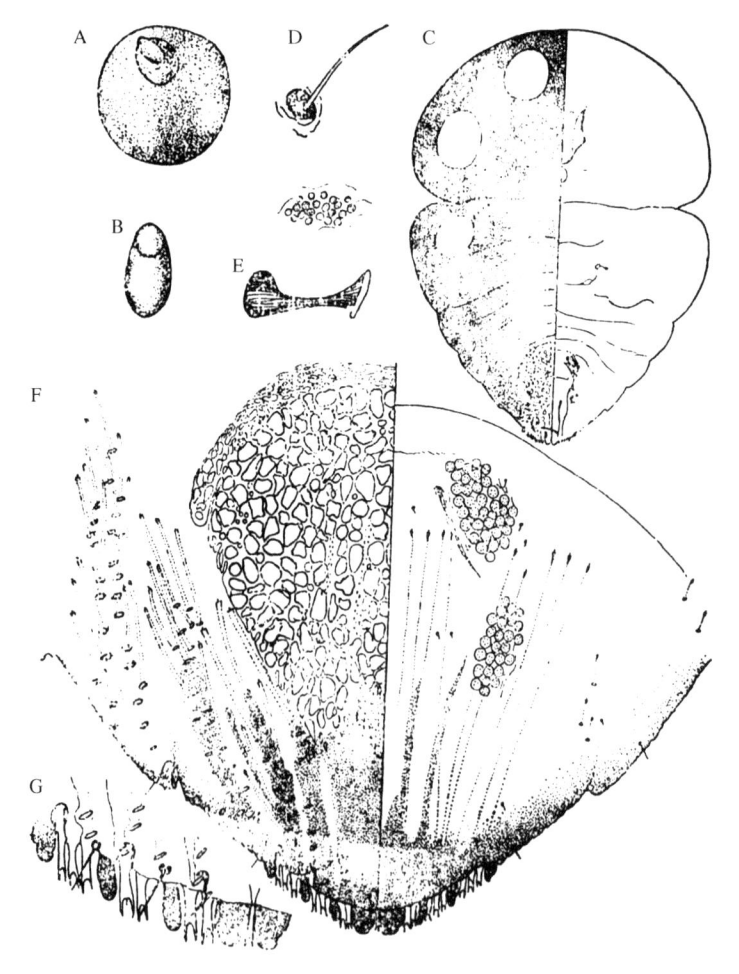

图 278 樟网盾蚧 *Pseudaonidia duplex* Cockerell, 1891（引自周尧，2001）
A. 雌介壳；B. 雄介壳；C. 雌性虫体；D. 触角；E. 前气门；F. 臀板；G. 臀板端部

雄介壳长约 1.5 mm；长椭圆形。壳点 1 个，位于一端之中部。

取食对象：梨、苹果、桃、李、葡萄、杨梅、柿、栗、女贞、杜鹃、牡丹、海棠、枫树、栎、小檗等。

分布：中国。

（579）考氏白盾蚧 *Pseudaulacaspis cockerelli* (Cooley, 1897)（图 279）

别名：椰子拟轮蚧、椰白盾蚧、白桑盾蚧、全瓣臀凹盾蚧、广菲盾蚧。

识别特征：雌介壳长约 2.0 mm，卵形或梨形，雪白色，壳点偏于前端，第 1 壳点淡黄色，1 半伸出壳外，第 2 壳点黄褐色。雌性淡黄色，纺锤形，后胸最宽。触角间距很近。前气门腺 1 群，后气门腺无。臀前腹节侧缘突出成瓣状。臀板凹较显著，臀叶 2 对，发达，中臀叶大"人"字形，凹陷或半突出，第 2 臀叶分 2 叶，其外分叶小或退化呈锥状。胸部和腹部各节具腺刺。围阴腺五大群。

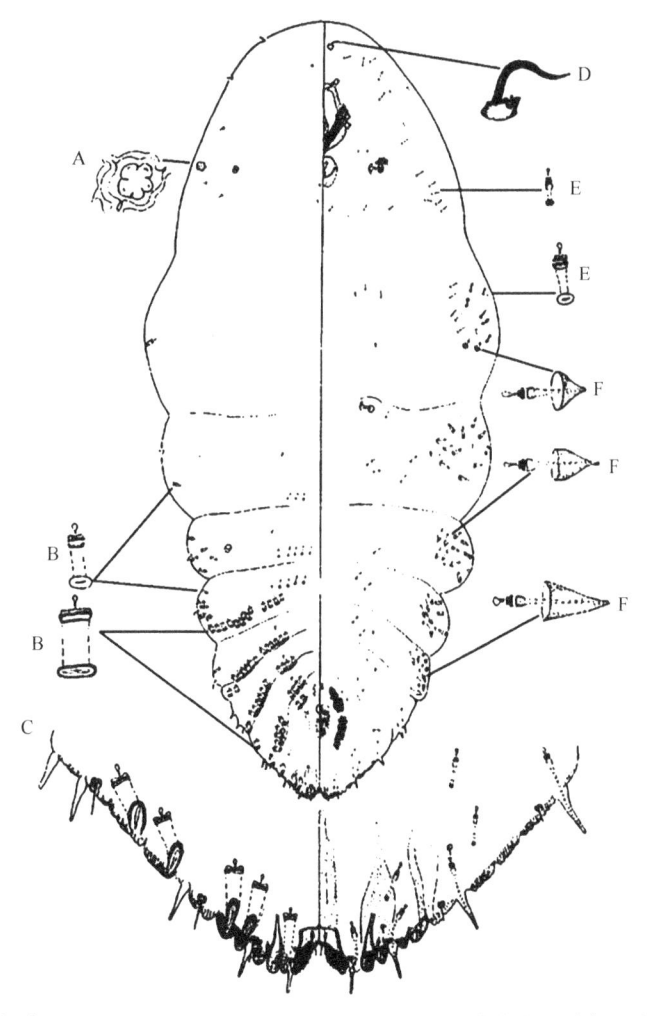

图 279 考氏白盾蚧 *Pseudaulacaspis cockerelli* (Cooley, 1897) 雌成虫（引自王建义等，2009）
A. 亚缘疤；B. 背腺管；C. 臀板；D. 触角；E. 腹管状腺；F. 腺瘤

雄介壳长形、白色、蜡质，背面1纵脊略显，壳点突于前端。

取食对象：山茶、枸骨、含笑、夜来香、天门冬、白兰花、夹竹桃等植物。

分布：河北、内蒙古、北京、山东、陕西、江苏、安徽、浙江、湖北、江西、湖南、台湾、广东、香港、广西、四川、云南；日本，法国，美国等51个国家和地区。

（580）桑白盾蚧 *Pseudaulacaspis pentagona* (Targioni-Tozzetti, 1886)（图280）

识别特征：雌介壳直径 2.0～2.5 mm，圆形或椭圆形，白色、黄白色或灰白色，隆起，常混有植物表皮组织；壳点2，靠边分布；腹壳薄，白色，常残留在植物上。雌性体长约 1.0 mm，陀螺形，淡黄色至橘红色。触角彼此靠近，各具1毛。臀叶5对，中叶和第2叶的内叶发达，外叶退化，第3～5叶均为锥状突，中叶突出，近三角形，内外缘各有2或3个不明显凹，基部轭连；第Ⅵ腹节无或偶有亚中列。腺刺分布自中叶外侧直至后胸或中胸；后胸及臀前腹节侧叶明显，其上有较多短背腺分布；体下侧小管状腺丰富，分布以头、胸部最多；第Ⅰ腹节每侧各1亚缘背疤；肛门靠近臀板中间，其背基部每侧各1细长肛前疤。

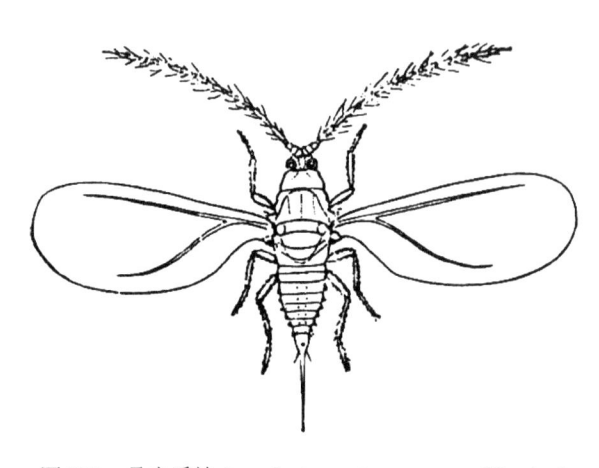

图280 桑白盾蚧 *Pseudaulacaspis pentagona* (Targioni-Tozzetti, 1886) 雄成虫（引自周尧，2001）

雄介壳长约1.0 mm，长形，白色，溶蜡状，两侧平行；背中有3条不明显纵脊；壳点黄白色，位于前端。

取食对象：花椒、桑、桃、李、杏、油桐、樱花、悬铃木、丁香、枫树、槭、榉、合欢、梅、葡萄、柿、核桃、无花果、栗、银杏、樟、杨、柳、白蜡、榆、黄杨、朴树、槐、女贞、木槿、玫瑰、芍药、小檗、胡颓子、夹竹桃等。

分布：中国；日本，法国，美国等109个国家和地区。

（581）杨笠圆盾蚧 *Quadraspidiotus gigas* (Thiem & Gerneck, 1934)（图281）

别名：杨圆蚧。

识别特征：雌介壳圆形，较扁平，灰白色，近中部深灰色；壳点位于中间或稍偏，褐色。雌性倒梨形，前体段阔圆，浅黄色，臀板黄褐色。触角瘤上仅1毛，气门附近无盘状腺。臀叶3对，各1外凹切，臀栉细小，外侧有小齿。背腺管多，每侧70个以上。围阴腺5群。

雄介壳椭圆形，色较深，从内向外为淡褐色、黑灰色、灰白色；壳点偏心，褐色。雄性体橙黄色，触角9节。

取食对象：小叶杨、北京杨、青杨、箭杆杨、中东杨、银白杨、钻天杨、旱柳等。

分布：河北、黑龙江、吉林、辽宁、内蒙古、山西、甘肃、新疆。

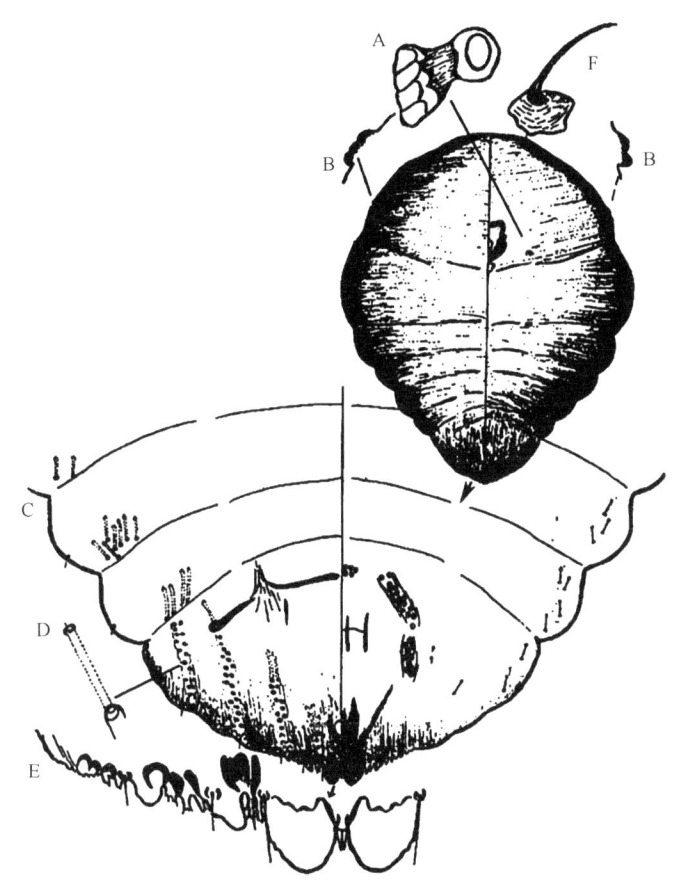

图 281 杨笠圆盾蚧 *Quadraspidiotus gigas* (Thiem & Gerneck, 1934) 雌成虫（引自王建义等，2009）
A. 后气门；B. 眼瘤；C. 臀板；D. 背腺管；E. 臀板末端；F. 触角

（582）蛎形笠盾蚧 *Quadraspidiotus ostreaeformis* (Curtis, 1834)（图 282）

别名：桦笠圆盾蚧、笠齿盾蚧。

识别特征：雌介壳圆形，略突起，灰白色或深灰色；壳点位于中间，黄褐色或橙黄色。腹衣薄，可遗留在植物上。雌性体近圆形或倒梨形，黄色或赭黄色，老熟时全体硬化。气门附近无盘状腺。臀叶 2 对，中臀叶极发达，端部截形而略圆，内外侧各 1 凹缺；第 2 对臀叶略小；第 3 对臀叶退化，仅存遗迹。臀栉小，端部多呈刷状。背腺管细小，排成 5 组，每侧 40 个以下。围阴腺 4~5 群。

雄介壳较雌介壳小，长椭圆形，壳点近一端，此端隆起，另一端扁平。雄性体赭色至橙色，足褐色。

取食对象：杨树、桦树、油松、苹果、梨、桃等。

分布：河北、黑龙江、吉林、辽宁、内蒙古、新疆。

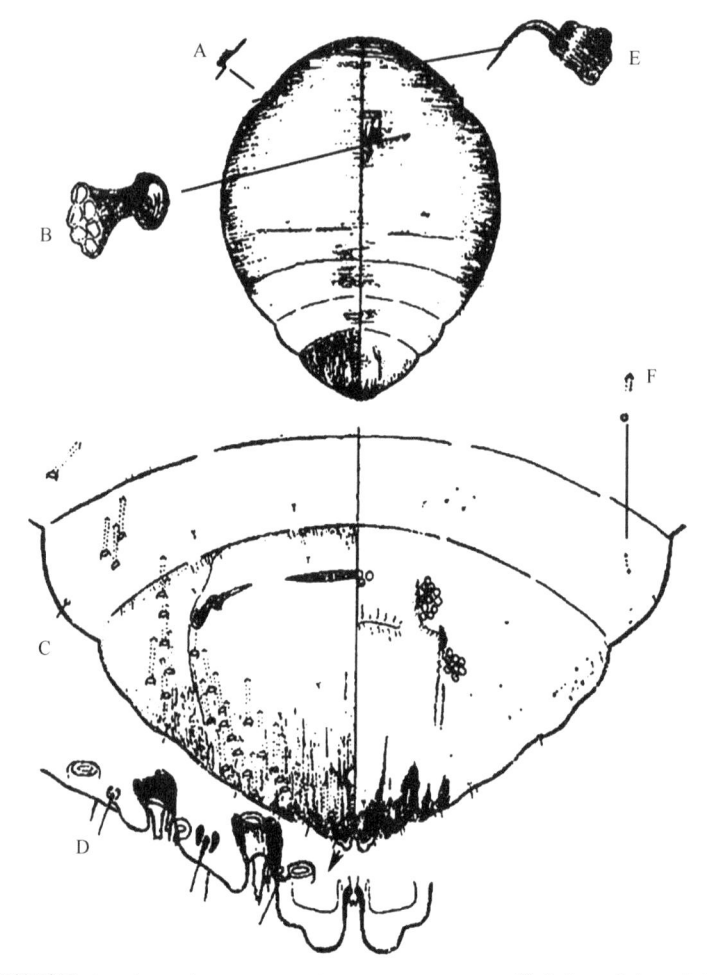

图 282 蛎形笠盾蚧 *Quadraspidiotus ostreaeformis* (Curtis, 1834) 雌成虫（引自王建义等，2009）
A. 眼瘤；B. 前气门；C. 臀板；D. 臀板末端；E. 触角；F. 腹管腺

（583）梨笠圆盾蚧 *Quadraspidiotus perniciosus* (Comstock, 1881)（图 283）

别名：梨圆蚧、梨齿盾蚧。

识别特征：雌介壳圆形，直径约 1.2～1.6 mm，中间隆起，表面有轮纹，灰白色或暗褐色；壳点位于中心。雌成虫体阔梨形，虫体橙黄色，刺吸口器似丝状，位于腹面中央，足退化；气门附近无盘状腺；臀板有 2 对发达的臀叶，第 1 对长阔略相等，端圆而外侧有 1 明显缺刻，两臀叶很接近；第 2 对臀叶较小，宽仅为第 1 对之半，端圆而外侧有缺刻。

雄介壳卵圆形，灰白色，长约 1.2 mm，前半部隆起，后半部扁平；蜕褐色或黄褐色，常有 3 条轮纹。雄性体长约 0.6 mm，具 1 对膜质翅，翅展约 1.2 mm。触角念珠状，10 节。交配器剑状。

取食对象：杨、榆、柳、刺槐、枣、栗、苹果、梨、山楂、李、樱桃、核桃、柿、枣、樱花、红瑞木等。

分布：河北、黑龙江、吉林、辽宁、内蒙古、北京、天津、山西、山东、河南、陕西、宁夏、甘肃、青海、新疆、江西、福建、广东、四川、云南。

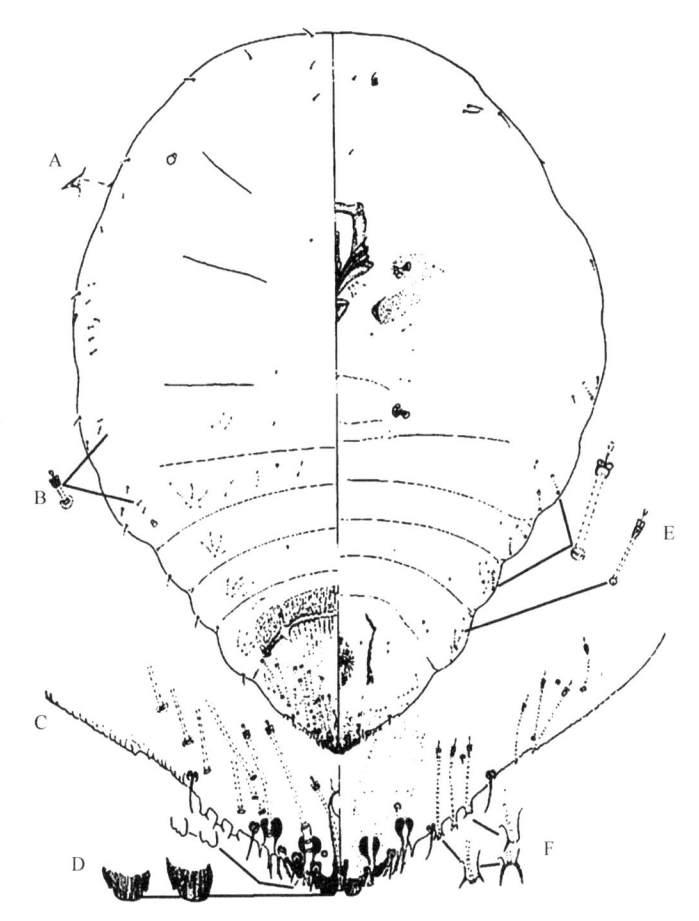

图 283 梨笠圆盾蚧 *Quadraspidiotus perniciosus* (Comstock, 1881)（引自王建义等，2009）
A. 眼瘤；B. 背腺管；C. 臀板；D. 臀叶；E. 腹管状腺；F. 臀栉

（584）突笠圆盾蚧 *Quadraspidiotus slavonicus* (Green, 1934)（图 284）

识别特征：雌介壳圆形，高突，灰白色至灰褐色；壳点黄褐色或橘红色。雌性体近圆形或倒卵形，体壁硬化。臀叶 3 对，中臀叶大而长，端部斜切，内外侧均具凹刻；第 2 对较小，外侧有明显凹刻；第 3 对最小，呈硬化齿状突出。厚皮褶显著。无臀栉。围阴腺无或 2~4 群，每群仅 1~4 个。

雄介壳椭圆形，较小，颜色与雌介壳相似。

取食对象：杨柳科植物。

分布：河北、黑龙江、吉林、辽宁、内蒙古、山东、河南、陕西、宁夏、甘肃、青海、新疆、江苏、安徽、浙江、湖北。

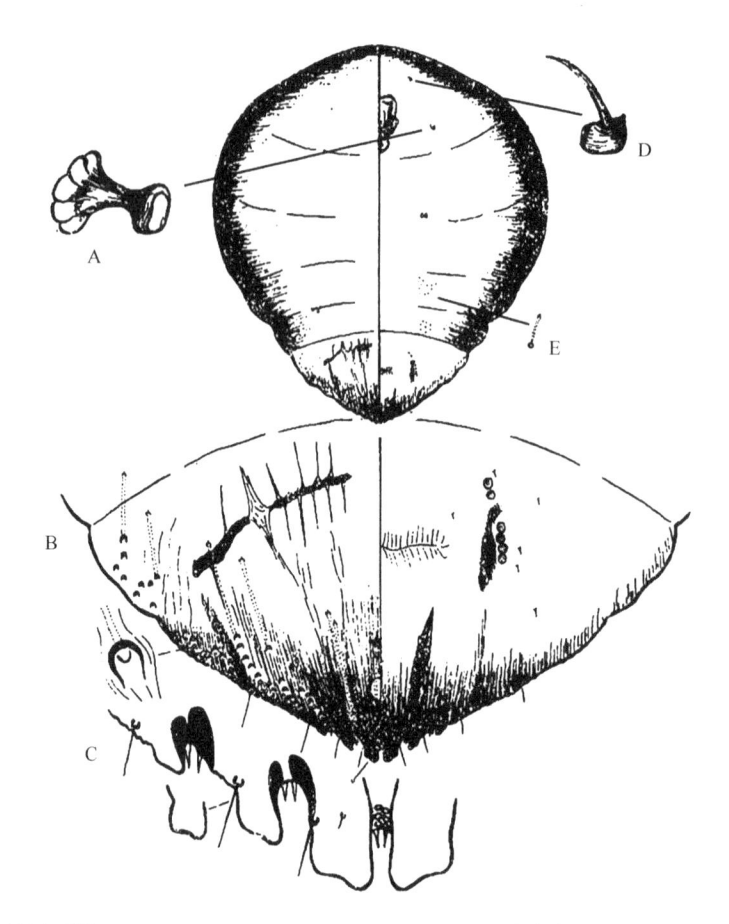

图 284　突笠圆盾蚧 *Quadraspidiotus slavonicus* (Green, 1934) 雌成虫（引自王建义等，2009）
A. 前气门；B. 臀板；C. 臀板末端；D. 触角；E. 腹管状腺

（585）柑橘矢尖蚧 *Unaspis citri* (Comstock, 1883)

别名：柑橘尖盾蚧。

识别特征：雌介壳长约 2.5 mm，紫褐色，前端尖狭，后端阔圆，略呈"S"形弯曲，背面隆起，中间具 1 纵脊线。壳点黄褐色，位于前端。雌性虫体长约 2.0 mm，宽约 0.7 mm，呈长纺锤形，橙黄色。头、胸部之长占全体长之半，分节不明显；腹部分节明显，侧缘突出。老熟时体壁全部骨化。触角瘤着生在头的前缘。前、后气门均有盘腺孔。臀叶 3 对，中臀叶大，略缩入臀板端部的凹刻内，左右 2 叶基部靠近而不接触，端圆，内侧缘有锯齿；第 2、第 3 对臀叶均双分。阴门位置和肛门相重叠。围阴腺孔无。

雄介壳长约 1.0 mm，白色，蜡质状，长形，两侧边近平行，背面 3 条纵脊线，壳点突于前端。

取食对象：柑橘、柚子、橙子、佛手、柠檬、枸骨等。

分布：河北、北京、陕西、浙江、湖北、台湾、广东、海南、香港、广西、四川；日本，新西兰，美国等 94 个国家和地区。

（586）卫矛矢尖蚧 *Unaspis euonymi* (Comstock, 1881)（图285）

识别特征：雌介壳长 1.4～2.0 mm，长梨形，褐色至紫褐色，前尖后宽，常弯曲，背平并具1浅中脊；壳点2，位于前端，黄褐色。虫体长约1.4 mm，宽纺锤形，橙黄色，体前部膜质。臀叶3对，中叶大而突出，端部略分叉，内缘略长于外缘，具细锯齿，第2、第3对臀叶相仿，均双分，球状突出；背腺略小于缘腺，每侧60余个，按节排成不太整齐的亚缘组、亚中组；第Ⅰ～Ⅱ腹节下侧有腺瘤，中胸至第Ⅰ腹节下侧侧缘各有小管状腺1群；缘腺7对；臀板缘刺2列。

雄介壳长约1.0 mm，长条形，白色，溶蜡状，背脊3列；壳点1，黄褐色，位于前端。

取食对象：冬青、女贞、卫矛、李、木槿、忍冬、丁香、瑞香、南蛇藤、山梅花、大叶黄杨等。

分布：河北、辽宁、内蒙古、北京、天津、山西、山东、河南、陕西、江苏、浙江、湖北、湖南、广东、香港、澳门、广西、四川、西藏；日本，阿根廷，英国等40个国家和地区。

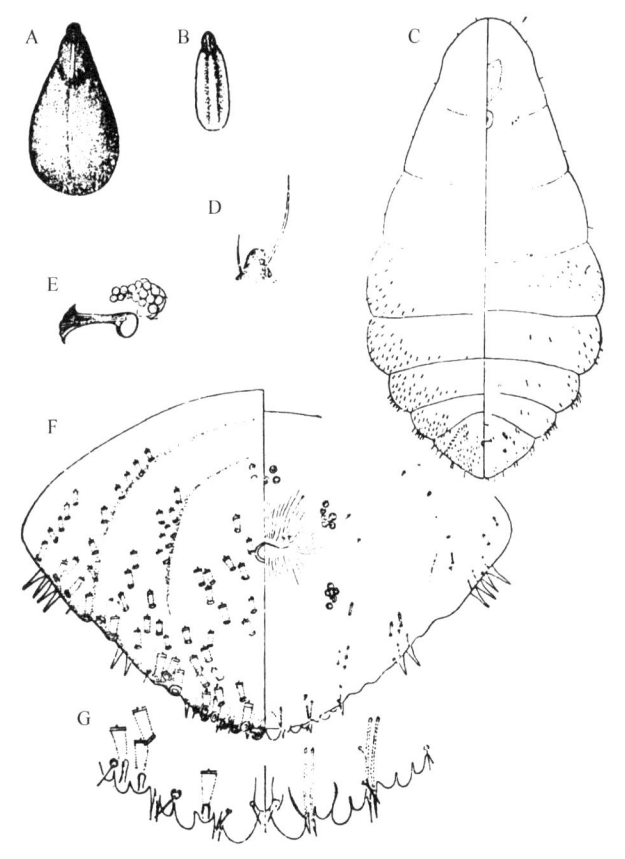

图285 卫矛矢尖蚧 *Unaspis euonymi* (Comstock, 1881)（引自周尧，2001）
A. 雌介壳；B. 雄介壳；C. 雌性体；D. 触角；E. 前气门；F. 臀板；G. 臀板端部

107. 毡蚧科 Eriococcidae Cockerell, 1899

毡蚧科又称绒蚧科、绒粉蚧科。雌性通常椭圆形，体红色或黄褐色，外包一致密的毡状卵囊，虫体躲在里面取食和产卵，仅肛门处裸露，用以排泄蜜露和初孵若虫爬出。体表皮柔软，分节明显。触角通常 5~8 节，末节常狭且小于其他节。足发达，跗节 1 节。腹末 1 对长锥形尾瓣。肛环位于尾瓣之间，常发达，有成列环孔和 6~8 刚毛。盘腺为五格腺和多孔腺。管状腺为瓶形管状腺和微管状腺。体背面有许多粗锥状刺，或在背面排成横带，或沿背缘分布。

雄性具翅。触角 10 节，节较粗短。腹末 1 对蜡丝，交配器短。初龄若虫触角 5~7 节。足发达。尾瓣发达，尾瓣毛长。锥状刺在体缘和体背成纵列分布。

世界已知 97 属 650 余种，分布于各大动物地理区。中国记录 13 属 63 种。本书记述河北地区 3 属 10 种。

（587）柿白毡蚧 *Asiacornococcus kaki* Kuwana, 1931（图 286）

别名：柿绒蚧。

识别特征：雌性体长约 2.0 mm。宽卵形。体节分明。触角短，3 节，第 1 节和第 2 节

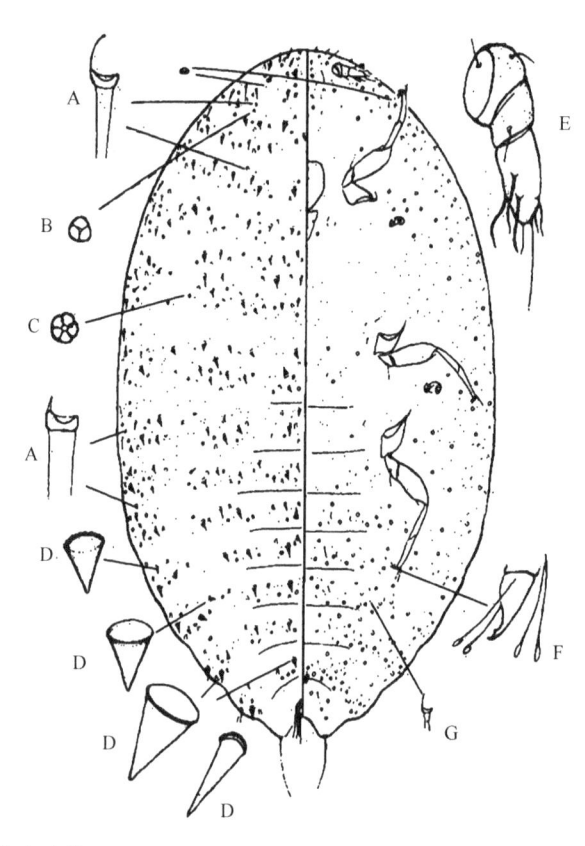

图 286　柿白毡蚧 *Asiacornococcus kaki* Kuwana, 1931（引自王建义等，2009）
A. 背管状腺；B. 三孔腺；C. 五孔腺；D. 背刺；E. 触角；F. 后足末端；G. 腹管状腺

短扁,第3节最长,其上约具10根粗细和长短不同的刺毛。口器发达,喙2节。气门柄粗而硬化。3对足的大小近相同,胫节和跗节近等长;跗冠毛细长,爪冠毛较粗,两者顶端均膨大。臀瓣发达,粗圆锥形,突出于腹末;臀瓣顶端具1发达的臀瓣刺,其背面1圆锥形刺,下侧2毛;肛环上肛环刺8根。整个虫体背面有顶端稍钝的圆锥形短刺。虫体下侧平滑,体毛长短不等;杯形管状腺分布于背面的较大,下侧的较小。无孔腺数量较少,分布在虫体下侧,尤以腹端丰富,在背面与大杯形管状腺混杂分布。

取食对象:柿、杏、无花果。

分布:河北、北京、黑龙江、吉林、辽宁、山西、山东、河南、陕西、安徽、浙江、福建、广东、广西、四川、贵州、云南。

(588) 黄杨绒毡蚧 *Eriococcus abeliceae* Kuwana, 1927

别名:榆树枝毡蚧。

识别特征:雌性体长2.2~3.0 mm,宽1.0~2.0 mm。椭圆形,暗紫色。触角6~7节。多数节上有毛,第Ⅶ节毛多且长。口器小,硬化,胸足3对,后足最长,后足基节无透明孔,胫节短于跗节,爪细长而弯曲,爪下具1小齿,爪冠毛细长。臀瓣硬化,臀瓣内缘光滑,臀瓣端毛长约157.0 μm,臀瓣背面生有3根刺,下侧有2根毛。肛环具孔列和8根肛环毛,肛环毛长约105.0 μm,肛环前3~4圆锥刺。体刺圆锥形,顶圆钝,分布于体背面。卵囊灰白色或白色,椭圆形,中间可见1条纵沟及横向的分节。

取食对象:黄杨、榆。

分布:河北、北京;日本。

(589) 榆绒蚧 *Eriococcus costatus* (Danzig, 1975)

别名:榆绒粉蚧。

识别特征:雌性体长约1.9 mm,宽约1.0 mm,长椭圆形,尾端渐尖。活体紫红色。老熟成虫体外被1白色毡状蜡囊所包围,囊背面常有5对突棱。喙2节,口针圈短,仅伸至前、中足之间。触角6节,第3节最长。足3对,胫节略短于跗节;爪冠毛和跗冠毛各1对,均长过爪端。肛环发达,具肛环孔列和8肛环刺。臀瓣突出于肛环两侧,长圆锥状或不规则棒状,臀瓣端毛甚长,亚端毛1,基部毛2,臀瓣背有3大刺。体刺细长锥状,顶圆钝。体背、头和前胸具1刺区,中、后胸2条横带状刺区,腹背8条横带状刺区。管状腺3种,大瓶形管状腺主要分布于虫体背面刺区及下侧亚缘区;小瓶形管状腺稀疏分布于腹下侧;微管状腺常见于体背面。五孔腺分布于胸、腹下侧亚缘区,形成群落。

取食对象:榆。

分布:河北、辽宁、山西、山东。

(590) 柿绒蚧 *Eriococcus kaki* (Kuwana, 1931) (图287)

别名:柿绒粉蚧、柿白毡蚧。

识别特征:雌性体长约1.6 mm,宽卵圆形。体节较明显。触角短,3节,其中第1节和第2节短而扁,第3节最长,其上约有长短不同的刺毛10根。口器发达,喙2节。气门柄粗硬。3 对足之大小几乎相同，胫节和跗节近等长。跗冠毛细长，爪冠毛较粗，两者顶端均膨大。臀瓣发达且突出于腹末，呈粗圆锥形。臀瓣顶端 1 臀瓣刺，臀瓣背面具 1 圆锥形刺；臀瓣下侧 2 毛。肛环 8 肛环刺。体背分布圆锥形刺。刺顶稍钝；下侧平滑，体毛长短不一。杯形管状腺 3 种，分布于体背的较大，下侧的较小。五孔腺分布于体下侧。

取食对象：柿、杏、无花果。

分布：河北、黑龙江、吉林、辽宁、山西、山东、河南、陕西、安徽、浙江、福建、广东、广西、四川、贵州、云南。

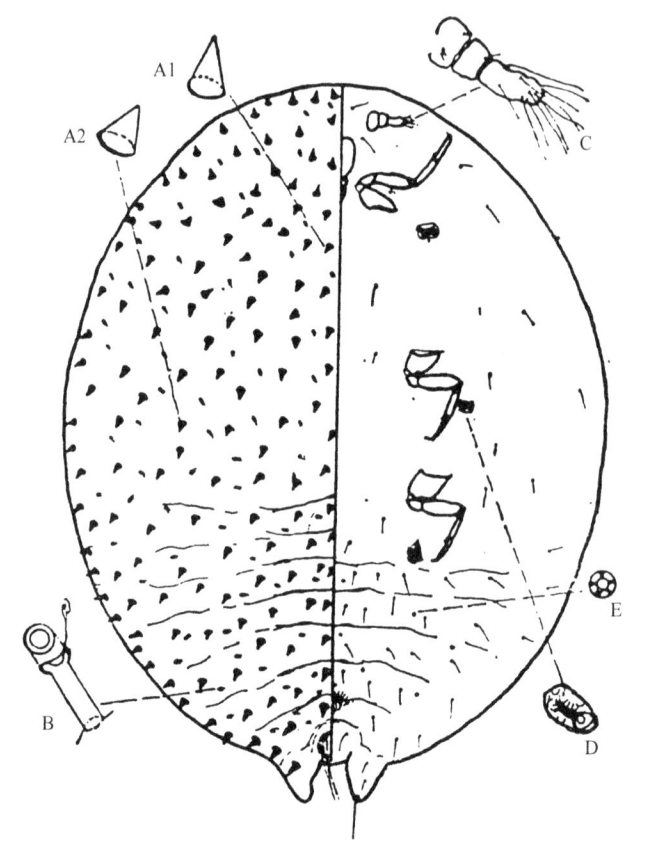

图 287 柿绒蚧 *Eriococcus kaki* (Kuwana, 1931)（引自王子清，2001）
A1、A2. 背刺；B. 背管状腺；C. 触角；D. 气门；E. 多孔腺

（591）榴绒蚧 *Eriococcus lagerostroemiae* Kuwana, 1907（图 288）

别名：榴绒粉蚧、石榴囊毡蚧、紫薇绒蚧。

识别特征：雌性体长 2.7～3.0 mm。椭圆形或长卵圆形，活体暗紫色或紫红色；体被白色蜡粉，体表有少量白蜡丝，外观略呈灰色。体端部比头端稍尖，遍布微细短刚毛。触角 7 节，第 3 节最长。肛环毛 8 根；尾瓣圆锥形，背上 3 刺；尾片三角形，后角具齿列；背刺圆锥状，端钝，分大、中、小多种，其在每节的体背排成横带，第Ⅶ腹节约 13 根，第Ⅷ腹节背中 2 根。

雄性体长约 1.0 mm，紫红色；翅展约 2.0 mm，翅脉 2 根，呈"人"字形。触角 10 节。腹末具 1 对长毛。

取食对象：紫薇、石榴、女贞、无花果、黄檀、榆绿木、扁担杆、叶底珠等。

分布：河北、辽宁、山西、山东、浙江；朝鲜，日本，印度。

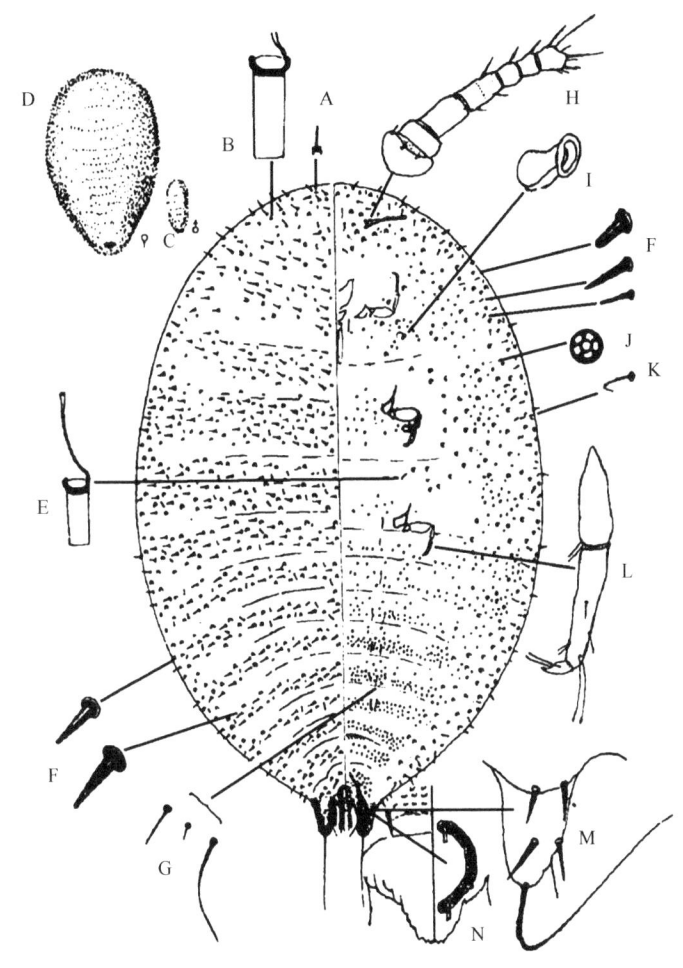

图 288　榴绒蚧 *Eriococcus lagerostroemiae* Kuwana, 1907 雌成虫（引自王建义等，2009）
A. 背毛；B. 大管状腺；C. 雄介壳；D. 雌介壳；E. 小管状腺；F. 体刺；G. 背毛；H. 触角；I. 前气门；J. 五孔腺；K. 腹毛；L. 后足末端；M. 腹面尾瓣；N. 肛环

（592）柳绒蚧 *Eriococcus salicis* Borchs, 1938（图 289）

识别特征：雌性体长 2.3~2.8 mm，卵圆形。触角 7 节，暗红色。跗节稍长于胫节。肛环发达，肛环刺毛 8 根，臀长链形。体布锥状刺，胸部排列 4 横带，腹部 8 列横带。瓶状管状腺 3 种，大管状腺、小管状腺分布于背面，中管状腺分布于下侧。五孔腺在第 Ⅰ~Ⅵ 节下侧排列为 6 横带。体背密布瘤突，交尾后分泌丝质卵囊将虫体包被，卵囊先白色后灰白色。

雄性长翅型个体长约 1.4 mm，红褐色，触角 10 节，前翅发达，翅展约 2.8 mm。短翅型个体长约 1.0 mm，前翅退化呈舌状。

取食对象：柳属植物。

分布：河北、黑龙江、吉林、辽宁、内蒙古。

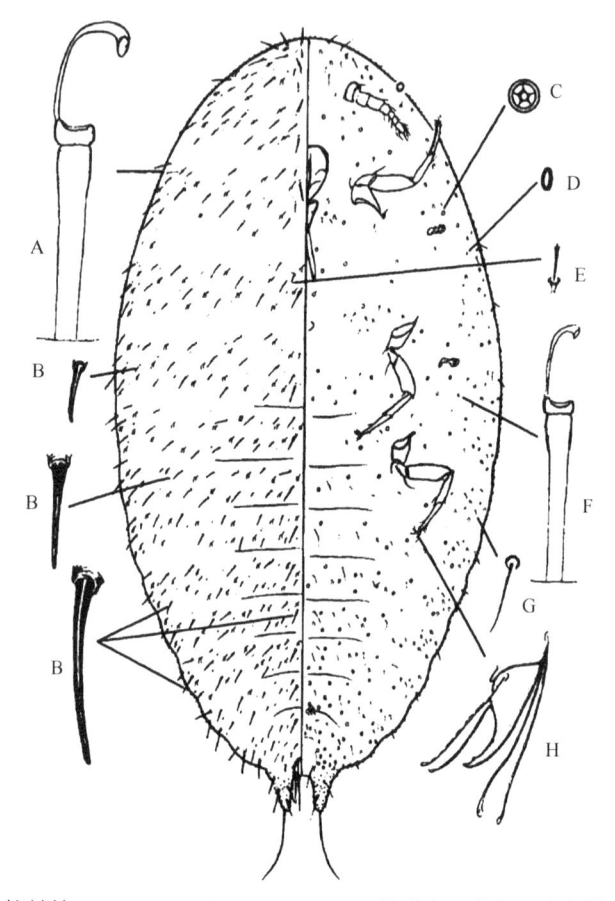

图 289　柳绒蚧 Eriococcus salicis Borchs, 1938 雌成虫（引自王建义等，2009）
A. 背管状腺；B. 背刺；C. 五孔腺；D. 腹孔；E. 背腺管；F. 腹管状腺；G. 腹毛；H. 后足末端

（593）梨绒蚧 *Eriococcus tokaedae* Kuwana, 1932（图 290）

别名：梨绒粉蚧。

识别特征：雌性体长约 3.5 mm，长卵形或纺锤形，分节稍明显。背面均布锐刺，其在背板常形成横带，边缘刺稍大。刺间分布不规则大管状腺。触角 7 节，第 1 节宽扁，第 2 节、第 3 节和第 4 节较长。眼位于触角外侧，靠近体缘处。3 对胸足大小近相同。跗节显长于胫节。爪稍弯，其下具小齿。爪冠毛和跗冠毛顶端均膨大。臀瓣发达而硬化，臀瓣刺发达；臀瓣下侧 2 细毛，背面 3 粗刺；臀瓣表面具小丘或钝突；肛环具孔和 8 肛环刺；五孔腺分布在虫体下侧，在气门附近和腹部均有分布；虫体背面和下侧边缘及腹部各节下侧分布大、小 2 种杯形管状腺；虫体下侧分布长短不等的体毛。

取食对象：梨、槭树、松。

分布：河北、四川；日本。

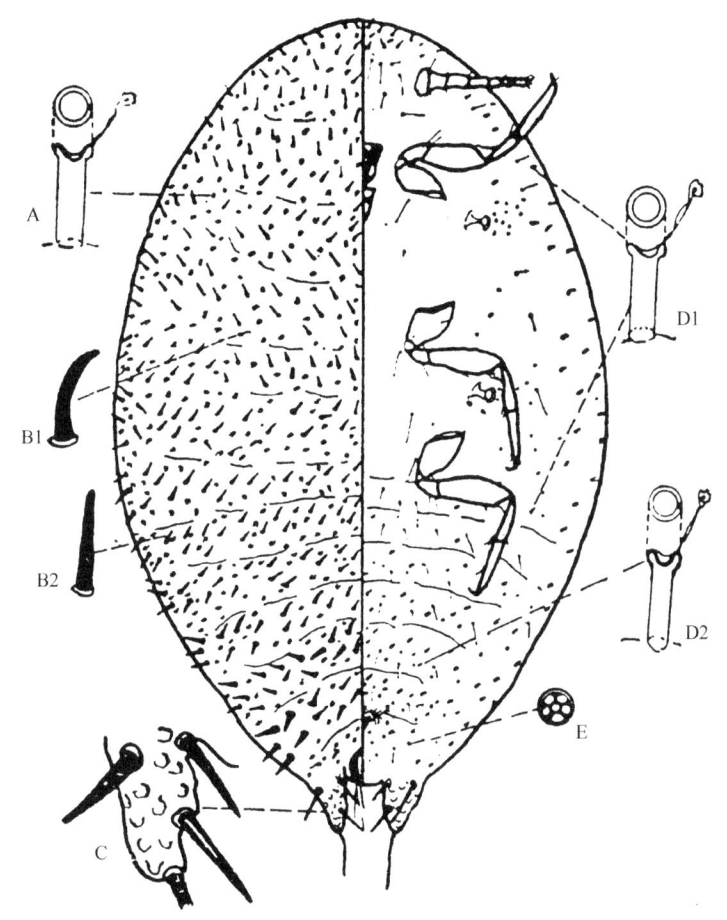

图 290 梨绒蚧 *Eriococcus tokaedae* Kuwana, 1932（引自王子清，1982）
A. 背管状腺；B1、B2. 背刺；C. 臀瓣；D1、D2. 腹管状腺；E. 多孔腺

（594）竹绒蚧 *Eriococcus transversus* Green, 1922（图 291）

别名：竹鞘绒粉蚧。

识别特征：雌性体长约 2.0 mm，弯曲，头、尾彼此靠近，略呈马蹄形，多为褐色。体背面比下侧稍狭，其上布满排列不规则的体刺。体缘刺稍长，排列较紧密。触角 7 节，第 2 节、第 3 节近等长。跗节显长于胫节。臀瓣发达，强烈硬化，呈不规则圆柱形，其顶端渐细。臀瓣顶端 1 臀瓣刺，背面 3 刺，腹面具毛；肛环 8 根肛环刺；五孔腺稀布于虫体腹面；虫体背部体刺之间有杯形管状腺分布，以腹面分布数量较多。

取食对象：刚竹、毛竹、青皮竹、龙头竹。

分布：河北、浙江、湖北、福建、台湾、广东、广西、四川、贵州；印度，斯里兰卡。

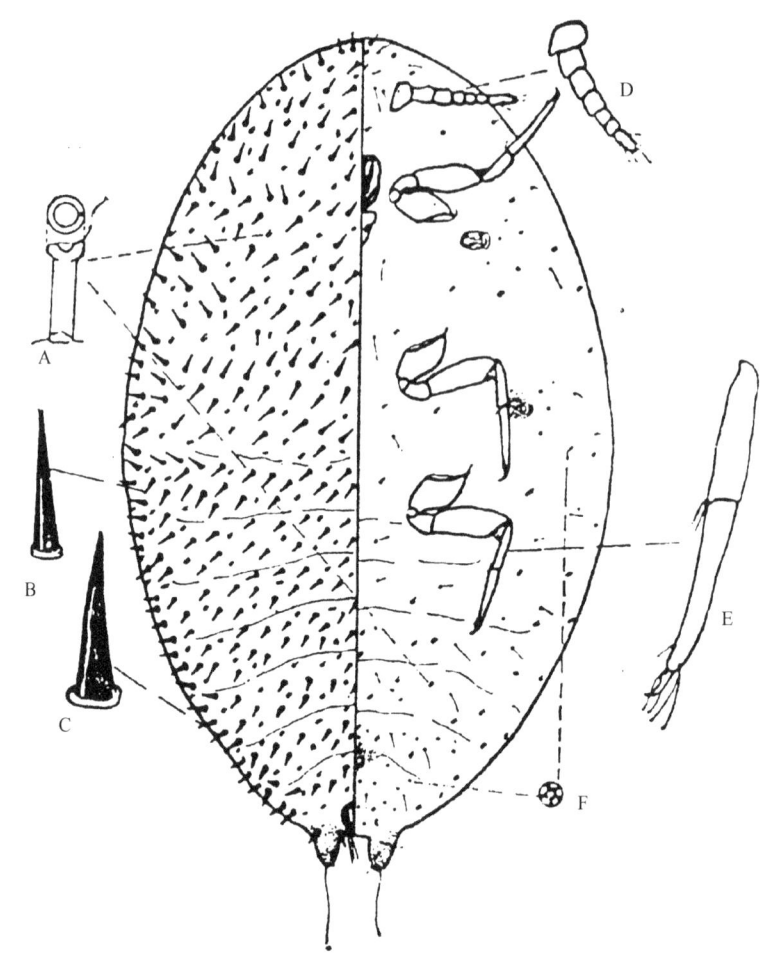

图 291　竹绒蚧 *Eriococcus transversus* Green, 1922（引自王子清，1982）
A. 背管状腺；B. 背刺；C. 体缘刺；D. 触角；E. 后足胫跗节；F. 多孔腺

(595) 三刺根绒蚧 *Rhizococcus trispinatus* (Wang, 1974)（图 292）

别名：三刺根毡蚧。

识别特征：雌性体长 1.7~2.3 mm，卵形。触角 7 节。体刺细长，顶钝圆，沿虫体边缘排列，刺大小近相等。头、前胸部体缘有小刺成不规则双列。头顶触角间有 6~10 小刺与边刺一起聚集成 3~4 横列。腹部第 I~VII 节边缘 3 刺。体背面微刺数量不多，圆锥形，有的稍弯，呈星状分布。头、胸部下侧边缘偶有 4~6 小刺。体下侧具长短不等的细毛。头顶下侧 12~15 粗毛集聚成丛。足正常发育，胫节和跗节近等长；爪具小齿，爪冠毛和跗冠毛顶端稍膨大。肛环的一部分具 2 列圆形孔和 8 肛环刺。臀瓣发达，内缘光滑，背面 3 刺，下侧 3 毛。背面管状腺杯状，不规则分布。下侧管状腺狭长，数量较少。五孔腺只分布在虫体下侧，分布于第 V、第 VI、第 VII 腹节者较多。

取食对象：芦苇。

分布：河北、北京。

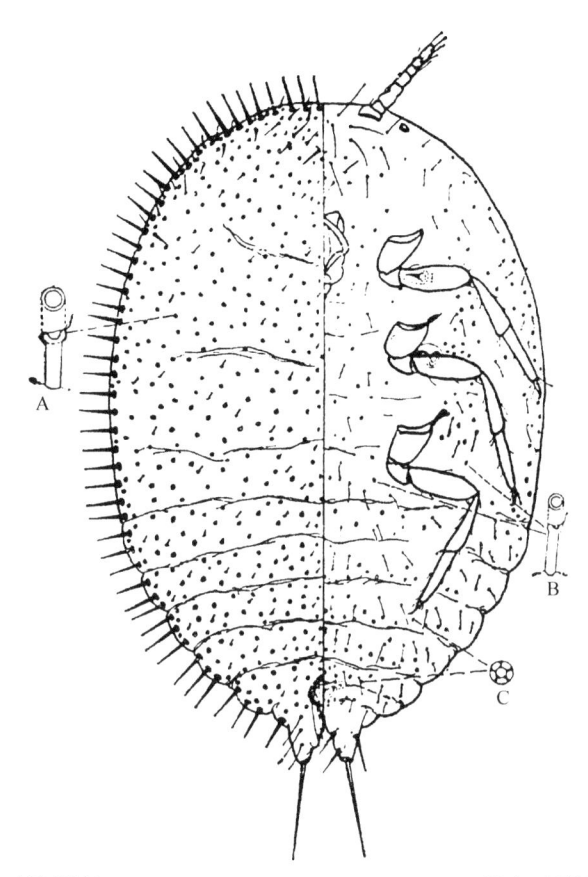

图 292 三刺根绒蚧 *Rhizococcus trispinatus* (Wang, 1974)（引自王子清，2001）
A. 背管状腺；B. 腹管状腺；C. 多孔腺

（596）艾根绒蚧 *Rhizococcus terrestris* Matesova, 1957

别名：艾绒粉蚧。

识别特征：雌性体长约 2.2 mm，宽约 1.0 mm，椭圆形。活体多为黑红色或略紫色。触角 7 节。口器发达。胸足较发达且粗壮。后足基节有成群透明孔；跗冠毛和爪冠毛顶端均膨大；肛环具 2 列孔和 8 肛环刺；臀瓣较硬化，其背面中间 1 粗刺，侧边 2 细长刺。体刺长圆锥形，顶圆钝，仅分布于体缘或亚体缘；背面中部无体刺分布；大体刺沿体缘成列，小体刺沿体缘和亚体缘在背面和下侧形成列；在头、胸部的体缘刺多为不规则 2 行式或 3 行式；沿下侧体缘的亚缘区分布 1 列小刺；背面和下侧均布大型瓶状或杯状管状腺；五孔腺分布以腹部下侧丰富；背面和下侧均分布长短不一的体毛。

取食对象：艾、茜草、铁线莲根部。

分布：河北；哈萨克斯坦，乌克兰，外高加索。

108. 红蚧科 Kermesidae Signoret, 1875

红蚧科也称绛蚧科。雌性圆球形或心形，体背高隆并变厚变硬，梨形或具背中纵沟而呈肾形，也有的同时还有几条横沟。有的背上覆有若虫蜕或白色蜡质物，下侧膜质，向体背隆起形成腹腔，头缘和腹缘凸出形成 3～5 个囊状的假下侧。体色淡褐色至褐色、乳白色、灰绿色、枣红色或黑色不等，具黑横纹、黑点斑或红横纹。

雄性单眼 6 对。触角 10 节并多毛，第 10 节有 3～5 根亚端毛；前翅 1 对，白色透明，翅脉 1～2 条，平衡棒有或无，有则端部具 1 根钩毛；足细长多毛，跗节 1 或 2 节；腹部倒数第 2 节背板两侧 1 对凹腺囊，囊内有 1 对腺囊毛；生殖节圆锥状或长刺状。

世界已知 2 亚科 9 属 80 种以上，分布于全北区和东洋区。中国记录 5 属 20 种以上，主要寄生壳斗科植物。本书记述河北地区 2 属 3 种。

(597) 光点红蚧 *Kermes miyasakii* Kuwana, 1907（图 293）

识别特征：雌介壳直径 3.0～5.5 mm。球形，黄褐色至黑褐色。浅色个体可见黑色横纹或黑点组成的横纹，体背附有末龄若虫的蜕。触角、足退化。体未硬化时，各体节有横排的凹疤，背中具 10 多根棒状刺。

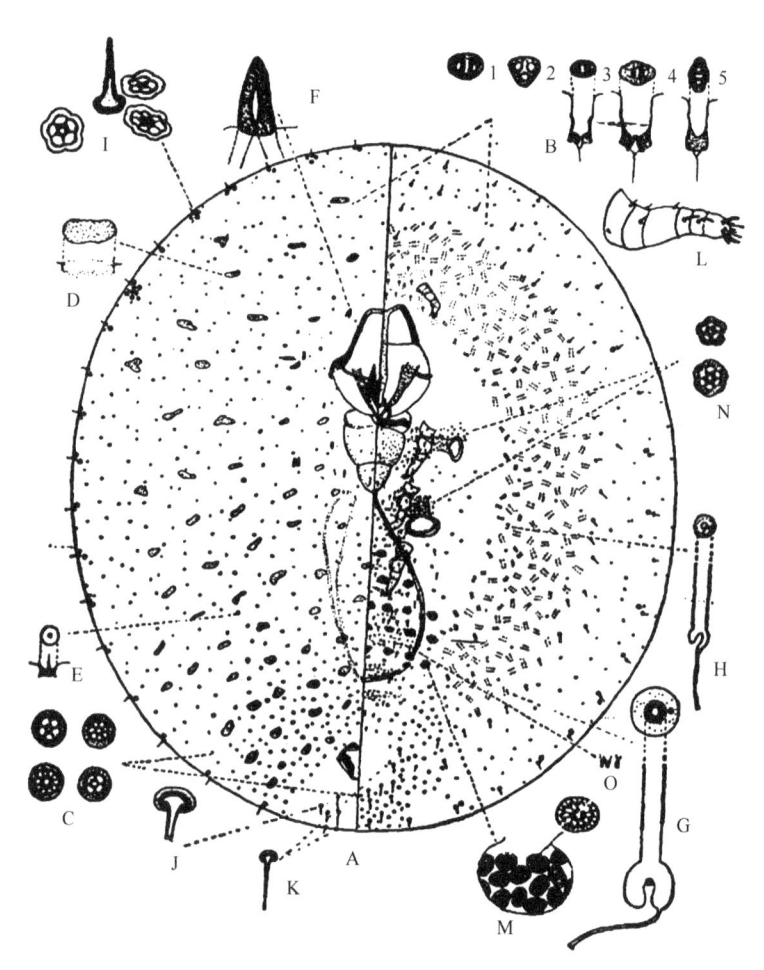

图 293　光点红蚧 *Kermes miyasakii* Kuwana, 1907 雌成虫（引自胡兴平，1986）
A. 背腹视；B. (1、2、3、4、5) 微管腺；C、I、M、N. 多孔腺；D. 凹疤；E. "T"形刺；F. 棒状刺；G、H. 管腺；J. 肛环后长毛；K. 腹毛；L. 触角；O. 表皮微刺

雄性体长 1.6～1.9 mm，翅展 2.8～3.2 mm；红褐色。头部具单眼 5 对，均为黑褐色；触角 10 节。中胸背板黑褐色，中部有 2 块白色膜质区。足发达，密生刚毛和感觉毛；前翅白色透明，具纵脉 2 条，纺锤形平衡棍上有瑞钩毛 1 根。腹部每节有背毛 1 对、背侧毛 2 对。

取食对象：麻栎、栓皮栎。

分布：河北、辽宁、北京、山东、河南、陕西、江苏、贵州；朝鲜半岛，日本。

（598）黑斑红蚧 *Kermes nigronotatus* Hu, 1986（图 294）

识别特征：雌性初期体圆形，淡黄色，体表有 8～9 条黄褐色间断横带，背中线有数个黑圆点，臀部有白色蜡质分泌物。老熟后体呈球形，长、高 8.0～10.0 mm，宽 9.0～11.0 mm，前窄后宽，有的个体后部有纵沟，或有不明显横沟。体褐色，具 3～4 条黑色宽横带，有的个体无明显横带，仅散布不规则黑斑。触角 4～6 节，以第 3 节最长。

雄性体长约 2.5 mm，宽约 0.7 mm，翅展约 4.0 mm。体红褐色，单眼和次后头脊黑色；触角及足淡橘红色，眼黑色；臀瓣不明显，臀瓣刺毛白色。胸背有 2 块乳白色膜质区，中胸背板黑褐色。腹末有 2 条白色蜡丝。

取食对象：麻栎、栓皮栎。

分布：河北（秦皇岛）、山东等沿海地区。

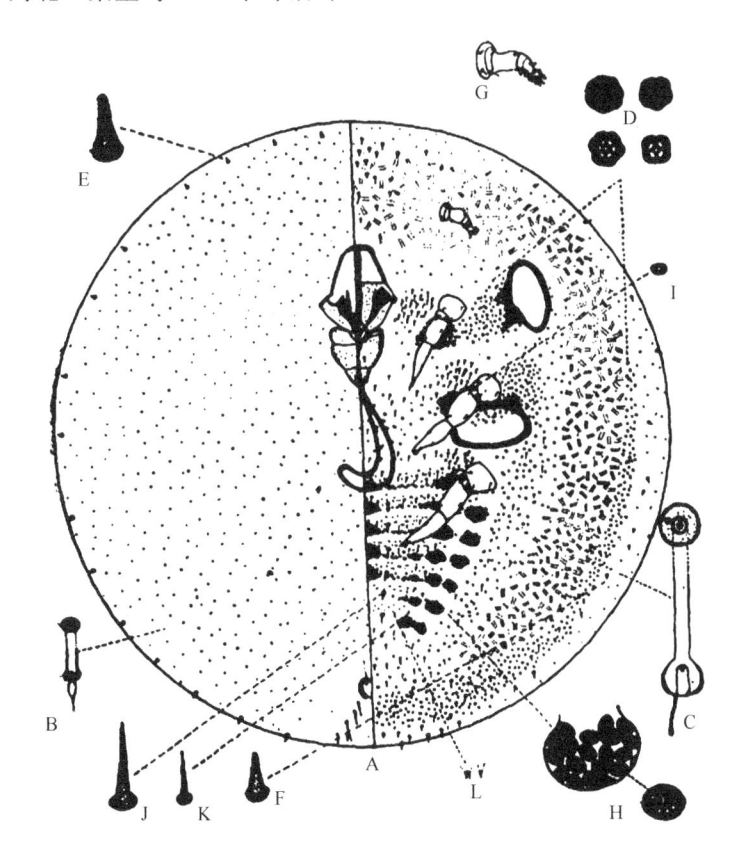

图 294　黑斑红蚧 *Kermes nigronotatus* Hu, 1986 雌成虫（引自胡兴平，1986）
A. 背腹视；B. 微管腺；C. 管腺；D、H. 多孔腺；E、F. 背缘刺；G. 触角；I. 感觉孔；J、K. 腹毛；L. 表皮微刺

(599) 日本巢红蚧 *Nidularia japonica* Kuwana, 1918

识别特征：雌性体长 3.0～4.0 mm，宽 2.7～3.5 mm。体卵圆形，坚硬，背面隆起，腹末尖细。灰褐色至黑褐色。各体节有瘤突 4～5 个，呈龟甲状，其上有断碎的蜡层。触角短小，足退化，气门壁上密生五孔腺。腹面侧管腺簇的管腺呈放射状排列，每侧有 12～13 簇。肛环有孔纹，肛环毛 6 根。

雄性灰褐色，体长 0.6～0.8 mm。单眼黑色，背有黑斑，触角丝状，10 节，前翅白色半透明，后翅退化消失，交尾器锥状，腹末有 2 条白色长蜡丝。

取食对象：蒙古栎、槲树、短柄枹栎、白栎等。

分布：河北、辽宁、北京、山东、江苏、浙江、湖南、四川、贵州；朝鲜，日本。

109. 绵蚧科 Monophlebidae Morrison, 1927

雌性多数体型大，皮肤柔软，胸、腹部分节明显。触角节数可多达 11 节。口器和足发达。腹气门 2～8 对，如缺时，常缺前面数对。腹下侧常有腹疤，其数量可达几百个。腹末肛管长，内端硬化并具成圈蜡孔，无肛环。有的种类在生殖期形成蜡质的卵囊。雄性具复眼。触角丝状，10 节，第 3 节以上每节常呈双瘤式或三瘤式。翅黑色或烟煤色；腹末常有成对向后突出的肉质尾瘤。

世界已知约 47 属 262 种，世界性分布，仅生活在植物的枝叶表面。中国记录 5 属 25 种。本书记述河北地区 2 属 2 种。

(600) 日本履绵蚧 *Drosicha corpulenta* (Kuwana, 1902)（图 295）

别名：草履蚧。

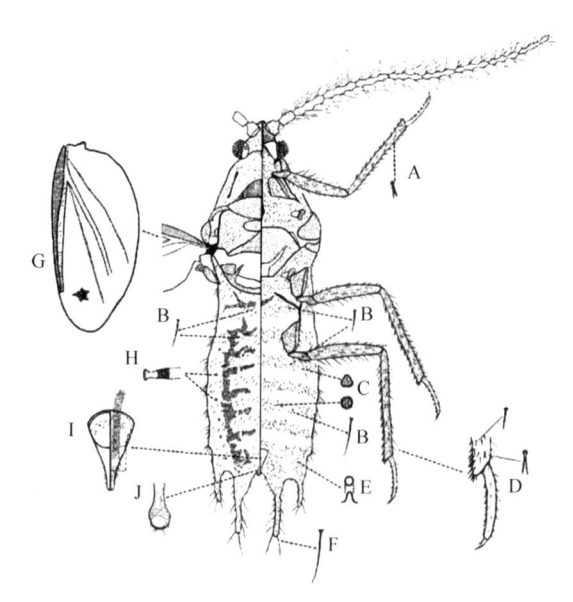

图 295 日本履绵蚧 *Drosicha corpulenta* (Kuwana, 1902) 雄成虫（引自邬博稳，2019）
A. 双叉刺；B. 体毛；C. 多孔腺；D. 后足（跗节＋爪）；E. 孔状凸起；F. 体端毛；G. 翅；H. 腹气门；I. 生殖鞘；J. 肛门

识别特征：雌介壳长 7.8～10.0 mm，宽 4.0～5.5 mm。椭圆形，形似草鞋，背略突，腹扁平，暗褐色，边缘橘黄色，背中线淡褐色，触角和足亮黑色；身体分节明显，胸背可见 3 节，腹背 8 节，多横皱褶和纵沟；体被细长的白色蜡粉。

雄性体长 5.0～6.0 mm，紫红色；翅 1 对，翅展约 10.0 mm，淡黑色至紫蓝色，前缘脉红色。触角 10 节，除基部 2 节外，其他各节具长毛，呈三轮形排列；头和前胸红紫色，足黑色；尾瘤 2 对，较长。

取食对象：玫瑰、刺梅、月季花、扶桑、樱花、广玉兰、蜡梅、海桐、大丽花、栎、栗、柿、胡颓子、苹果、梨、法国梧桐、泡桐、核桃、大樱桃、花椒、柳等。

分布：河北、辽宁、内蒙古、北京、天津、山西、山东、陕西、甘肃、新疆、江苏、安徽、湖北、江西、湖南、福建、四川、云南、西藏；俄罗斯（远东），朝鲜半岛，日本。

（601）澳洲吹绵蚧 *Icerya purchasi* (Maskell, 1879)（图 296）

识别特征：雌性体长 5.0～7.0 mm，宽 4.0～6.0 mm。体近似椭圆形，后端宽圆。背面薄被白蜡，体后有卵袋 11 个，背面条脊状。触角 11 节，口器和足均发达；体表具黑短毛；背面隆起并具白蜡，腹面平坦。雄性胸部红紫色，有黑骨片，腹部橘红色。触角丝状，10 节，翅黑色或烟灰色。前翅狭长，暗褐色，基角具 1 囊突；后翅退化成匙形的拟平衡棒。足 3 对，腿节外缘略突，呈弧形，转节第 4 节具钟形感器，腿节、胫节、跗节毛尖细，爪粗而弯，爪冠毛细尖。腹疤 3 个，近似圆形，中间较大，位于阴门下。肛管硬化，周围密布毛，形成 1 环形长毛丛。腹部密布不同长度毛。

取食对象：黄杨、木麻黄、鬼针草、叶下珠、山扁豆、山蚂蝗、灰叶、百花丹、黄皮、合欢、梅花、牡丹、广玉兰、芍药、含笑、玉兰、夹竹桃、扶桑、月季花、蔷薇、玫瑰、米兰、石榴、南天竹、鸡冠花、金橘、常春藤、蒲葵、月桂花树等。

分布：河北、山西、山东、江苏、上海、安徽、浙江、湖北、江西、湖南、福建、广东、广西、四川、贵州、云南、西藏；亚洲，非洲，欧洲，美洲，大洋洲。

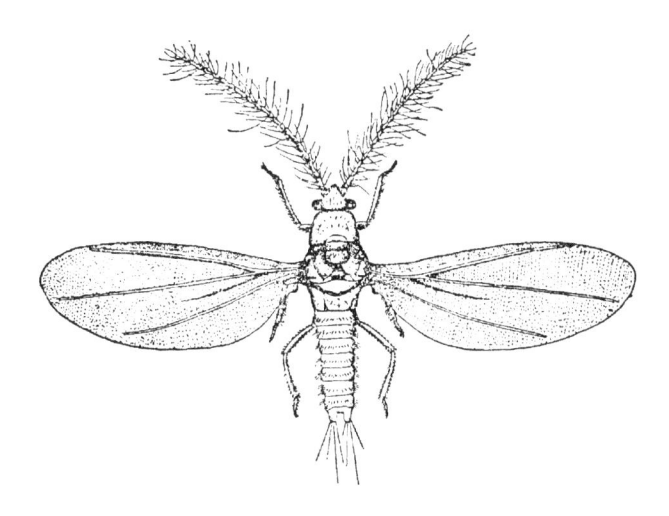

图 296　澳洲吹绵蚧 *Icerya purchasi* (Maskell, 1879) 雌成虫（引自邬博稳，2019）

110. 珠蚧科 Margarodidae Morrison, 1927

多数大型。雄性复眼桑葚状。触角 7~8 节；成虫无口器；翅黑色或烟煤色，能纵褶；第Ⅸ腹节背板有 2 生殖突，第Ⅸ腹节有时每侧向后突出；前足较中后足发达，开掘式；第 2 龄若虫无足，触角只存遗迹，身体近似圆球形。雌性体壁柔软，胸、腹部分节明显；第Ⅸ腹节瘦小，短而近方形，生殖突因亚科或属而不同；腹背有气门；腹末肛管骨化，无肛环。

世界已知约 76 属 307 种，分布于全世界各大动物地理区。中国记录约 14 属 26 种。本书记述河北地区 2 属 2 种。

(602) 日本松干蚧 *Matsucoccus matsumurae* (Kuwana, 1905)（图 297）

识别特征：雌性无翅，体长 2.5~3.3 mm，卵圆形；雄性体长 1.3~1.5 mm，翅展 3.5~3.9 mm。橙褐色。体壁柔韧。体节不明显。头端较窄，后部肥大。触角 9 节，基部 2 节粗大，其余各节为念珠状，其上生有鳞纹。口器退化，单眼 1 对，黑色。胸足转节三角形，具 1 长刚毛；腿节粗；胫节略弯，有鳞纹；跗节 2 节，端部有爪，爪基部有冠球毛 1 对。胸气门 2 对，较大，腹气门 7 对，较小。第Ⅱ~Ⅶ腹节背面有横列圆形疤；第Ⅷ腹节下侧有多孔腺 40~78 个；体背腹两面都有双孔管状腺分布。头、胸部黑褐色，腹部淡褐色。

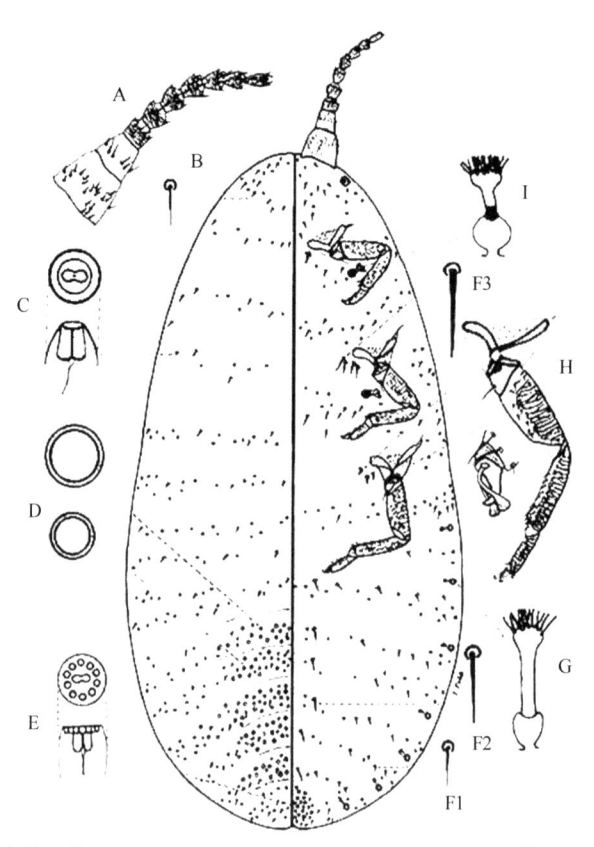

图 297 日本松干蚧 *Matsucoccus matsumurae* (Kuwana, 1905)（引自 Foldi，2004）
A. 触角；B. 背刚毛；C. 二孔腺；D. 疤痕；E. 多室盘孔；F1~F3. 体下侧刚毛；G. 腹气门孔；H. 足；I. 第一胸气门

雄性触角丝状，10节，基部2节粗短，其余各节细长，着生许多刚毛。复眼大而突出，紫褐色。口器退化。胸部膨大。足细长。前翅发达，膜质半透明；翅面有明显的羽状纹。后翅退化为平衡棍，端部有丝状钩刺3~7根，腹部9节，第Ⅶ节背面具1马蹄形硬片，其上生有柱状管状腺10~18根，分泌白色长蜡丝。腹末具1钩状交尾器，向下侧弯曲。

取食对象：赤松、油松、黑松、马尾松、白皮松等。

分布：河北、辽宁、山东、江苏、上海、安徽、浙江。

(603) 槐树长珠蚧 *Neogreenia sophorica* Wu & Cheng, 2006

识别特征：雌性体长3.8~6.1 mm，宽1.7~2.8 mm。壳坚硬，外形倒梨形至长形，橘黄色至黄褐色，中胸或中后胸最宽。触角1对，10节，着生于腹前端中间，且彼此靠近；基部3节正锥状，端部7节倒锥形。口器发达，喙1节。胸足3对，均发达。胸气门2对，管壁上布成群的多孔腺；腹气门6对，较胸气门小，管壁上有少量多孔腺，位于第Ⅰ~Ⅴ腹节两侧。肛门孔圆形，肛门环半圆形，位于末节背面前端。阴门直裂式，位于第Ⅸ腹节的下侧中间，仅为单一的盘状腺。多孔腺中间以2~4孔的数量最多，其在体缘排成稀疏带，在各腹节的背面成列或带；头下侧在触角前约10个，成1稀散群，胸部有零星；腹部第Ⅱ~Ⅴ节成1稀散横列，第Ⅵ节成2横列，第Ⅶ~Ⅹ节成带。体上有小刺毛，多在腺体上相间分布，在各节成列或带。

取食对象：国槐。

分布：河北、北京。

111. 粉蚧科 Pseudococcidae Cockerell, 1905

雌性身体通常卵圆形，少数长形或圆形，体壁通常柔软，有明显的分节；腹末有臀瓣及臀瓣刺毛；肛门周围有骨化的肛环，其上常有肛环刺毛4~8根，通常6根。触角5~9节；喙2节，很少1节；足发达。自由生活，体表被白色蜡粉，有时体侧面的蜡突出呈刺状，产卵期身体端部常附有蜡质卵袋。雄性通常有翅；单眼4~6个；腹末1对长蜡丝；交配器短，基部粗壮。第1龄若虫触角通常6节；腹末构造同雌性。

世界已知2亚科280属约2200种，分布于全世界各大动物地理区。中国记录约45属107种以上。本书记述河北地区10属16种。

(604) 竹白尾粉蚧 *Antonina crawii* Cockerell, 1900（图298）

别名：白尾安粉蚧、鞘竹粉蚧。

识别特征：雌性体长约2.0 mm，长椭圆形，暗紫色，包于1白色椭圆形卵囊里，其顶端伸出1条白色蜡丝。老熟时体呈膜质，但腹末数节硬化，触角2节，基节短而扁，末节长，顶端生具1群细毛约8根。足全缺。前、后气门口附近各1群圆盘状腺。前背裂缺如，后背裂发达。体腹末生有强壮的长刺。

取食对象：竹。

分布：河北、北京、山西、山东、河南、浙江、福建、台湾、广东、广西、四川、云南等地。

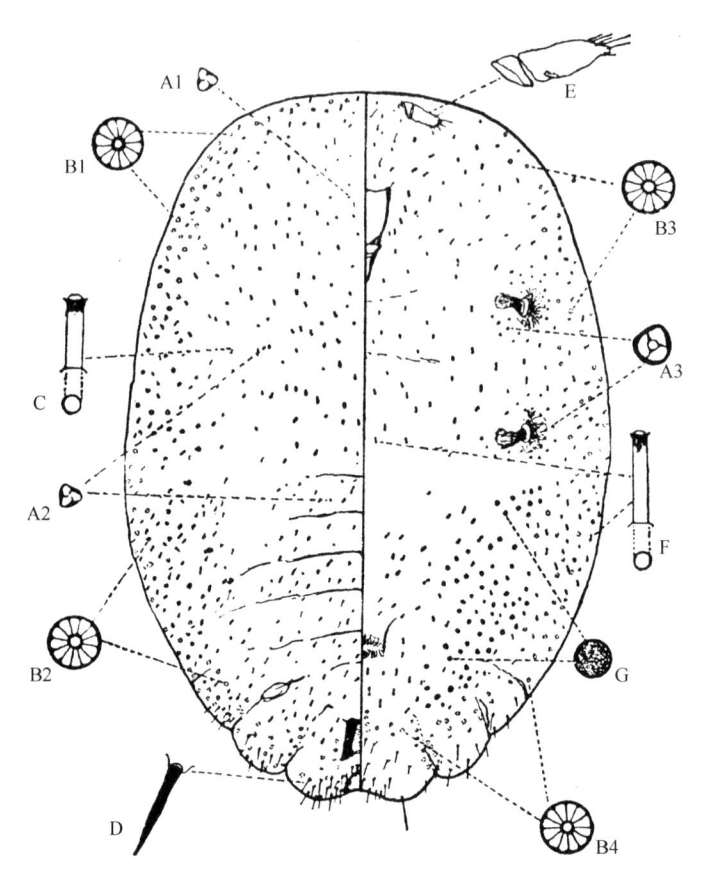

图298　竹白尾粉蚧 *Antonina crawii* Cockerell, 1900（引自王子清，2001）
A1~A3. 三孔腺；B1~B4. 多孔腺；C. 背管状腺；D. 臀瓣刺；E. 触角；F. 腹管状腺；G. 筛状孔

（605）黑龙江粒粉蚧 *Coccura suwakoensis* (Kuwana & Toyoda, 1915)（图299）

异名：*Coccura ussuriensis* (Borchs, 1949)

别名：乌苏里垫粉蚧、日本盘粉蚧。

识别特征：雌性体长约6.0 mm，宽约4.7 mm。圆形或长椭圆形。红色，体被白蜡粉，背硬化，下侧凹入用以藏卵。卵囊平坦，盘形，白毛毡状。触角9节。后足腿节长约0.2 mm，跗节长约0.2 mm，爪长约0.1 mm。爪冠毛短于爪，顶端略膨大。腹裂3个，较大，多呈椭圆形。在腹裂上方常有不规则卵形体壁硬化斑点群。三孔腺和五孔腺很少，管状腺沿体缘常形成宽带，不规则地分布在头、胸部的下侧。雄性各体节不规则地分布微刺，体毛的长度和粗细均不相同。

取食对象：水曲柳、丁香属、忍冬属、蔷薇科等植物。

分布：河北、黑龙江、吉林、辽宁、北京、山西、山东、河南；日本。

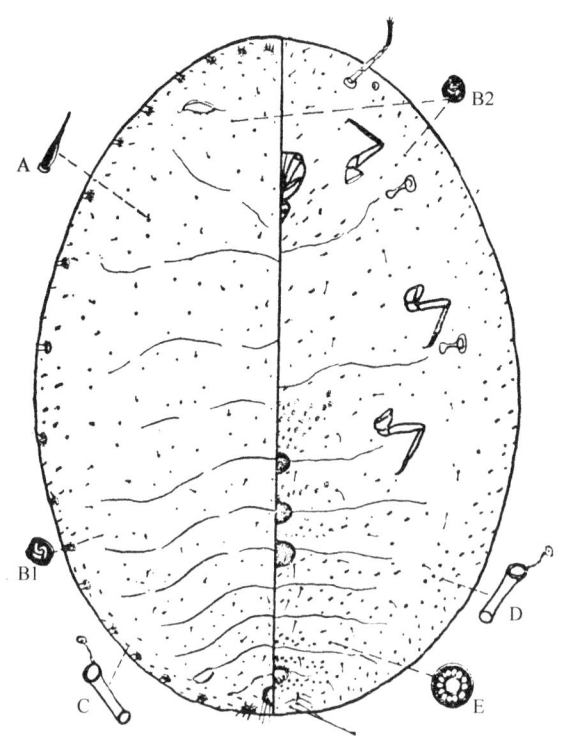

图 299 黑龙江粒粉蚧 *Coccura suwakoensis* (Kuwana & Toyoda, 1915)（引自王子清，2001）
A. 背刺；B1、B2. 三孔腺；C. 背管状腺；D. 腹管状腺；E. 多孔腺

（606）松树皑粉蚧 *Crisicoccus pini* (Kuwana, 1902)（图 300）

识别特征：雌性体长 2.6～3.5 mm，宽 1.7～1.8 mm。长椭圆形，体红褐色，被白蜡粉，体端部有 6～7 对蜡丝。触角 8 节，其中基节短宽，第 2 节、第 3 节和第 8 节较长。肛环具成列孔和 6 根肛环刺毛，其长约为肛环直径之 2.0 倍。臀瓣突出，臀瓣刺粗壮，其上方具 1 较长的刺毛，臀瓣下侧在臀瓣刺附近具 1 硬化条纹。背和下侧均有三孔腺分布，但数量很少，主要分布在阴门附近，并有管状腺分布在多孔腺之中。体背面无管状腺分布，仅腹部下侧有少量分布。雄性体背不规则分布长短不一的刺毛和细毛，下侧有粗细及长短均不同的细体毛，体毛通常长于刺毛。

取食对象：松属、冷杉属、落叶松属、油杉属等松科植物。

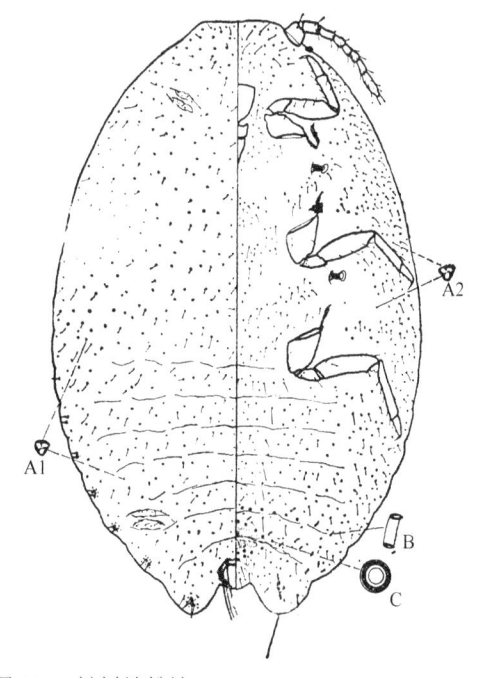

图 300 松树皑粉蚧 *Crisicoccus pini* (Kuwana, 1902)（引自王子清，2001）
A1、A2. 三孔腺；B. 管状腺；C. 多孔腺

分布：河北、黑龙江、吉林、辽宁、北京、山东、浙江、湖北、江西、湖南、云南；韩国，日本，意大利，北美洲。

（607）洁粉蚧 *Dysmicoccus brevipes* (Cockerell, 1893)（图 301）

识别特征：体长 2.0～3.0 mm，宽 1.8～2.0 mm。卵圆形。虫体紫色，外被白色蜡粉和长蜡丝。虫体的背面和下侧具体毛，下侧的毛较背面的毛短小。触角 8 节或 7 节，少有 6 节。头、胸部第 3 对刺孔群通常具 3 根刺和几根刺毛及三孔腺。前、后背裂发达，裂瓣上具许多短刚毛和三孔腺。后足腿节和胫节具许多透明孔，爪下表面具小齿或无。腹裂 1，位于第Ⅳ和第Ⅴ腹板褶之间。

分布：河北、浙江、湖北、江西、湖南、福建、台湾、广东、广西、四川、贵州、云南；印度，东南亚，欧洲，非洲南部，大洋洲，中美洲，澳大利亚。

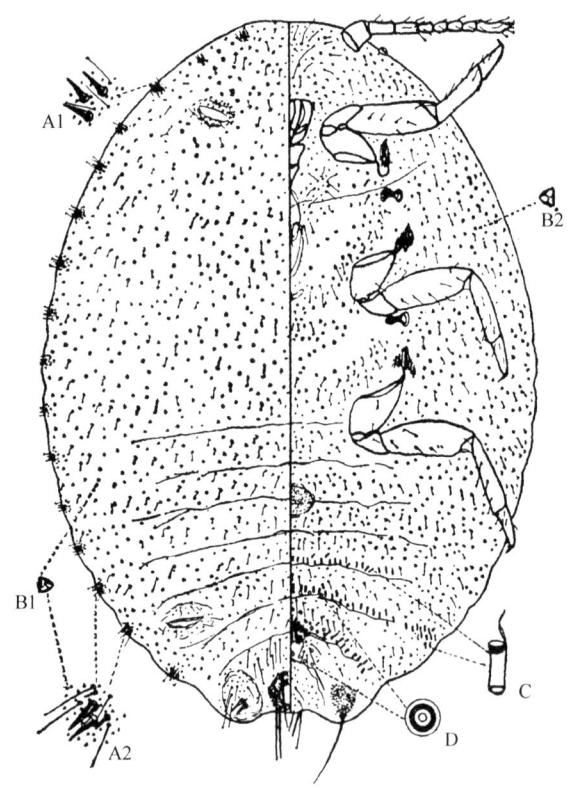

图 301　洁粉蚧 *Dysmicoccus brevipes* (Cockerell, 1893)（引自王子清，2001）
A1、A2. 刺孔群；B1、B2. 三孔腺；C. 管状腺；D. 多孔腺

（608）枣星粉蚧 *Heliococcus zizyphi* Borchsenius, 1958（图 302）

别名：枣粉蚧、枣阳腺刺粉蚧。

识别特征：体长约 4.0 mm。椭圆形。触角 9 节。前后背裂大。腹裂发达。刺孔群 18 对。三孔腺数量很多，分布于虫体背面和下侧虫体边缘。管状腺在腹板形成横列。大放

射刺管状腺在体缘集成双重的亚缘列，在头、胸部有8对腺体。第Ⅰ、第Ⅳ、第Ⅴ和第Ⅷ腹节各1对腺体，在第Ⅱ、第Ⅲ和第Ⅵ腹节，各1个或2个腺体。足发达，每节细长，后足腿节具转节。跗冠毛短于跗节上的其他刺毛。爪之下表面具明显的小齿。爪冠毛长于爪。

取食对象：枣树。

分布：河北、山西、山东、河南、宁夏、甘肃、江西、广东。

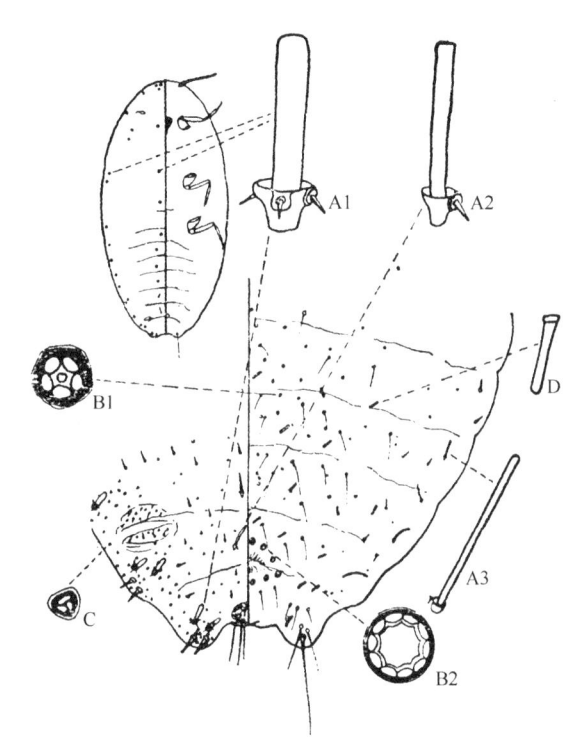

图 302　枣星粉蚧 *Heliococcus zizyphi* Borchsenius, 1958（引自王子清，2001）
A1～A3：放射刺管状腺（A1 为大放射刺管状腺，A2 为中放射刺管状腺，A3 为小放射刺管状腺）；B1、B2. 多孔腺（B1 为五孔腺，B2 为多孔腺）；C. 三孔腺；D. 腹管状腺

（609）山西品粉蚧 *Peliococcus shanxiensis* Wu, 1999（图303）

识别特征：雌性体长2.1～3.1 mm　宽1.2～1.8 mm。椭圆形。触角9节。前、后背孔均发达。刺孔群18对，位于突起上。肛环在背末近圆形　有2列环孔和6长环毛。喙3节。足细长，爪下具齿，后足基节无透明孔，胫节长约为跗节长的3.0倍。腹脐1横椭圆形，位于第Ⅲ、第Ⅳ腹板间。三孔腺分布于体背和下侧边缘，其他体面很少分布；五格腺分布于胸下侧中区，在第Ⅱ～Ⅷ腹板前缘呈稀疏横带；多孔腺在腹部第Ⅵ～Ⅸ腹板上成横带。管状腺分粗、细2种。体背有与刺孔群相同大小的刺，下侧中区具许多长毛。

雄性体长约1.3 mm　翅展约2.8 mm，细长形。单眼3对。触角10节。胸足3对，均细长，后足较长，中足较短，多细长毛，胫节端2粗刺，爪尖细，无爪齿和爪冠毛。前翅发达，膜质，翅脉 2 分叉，翅叶发达，翅毛 3 根，翅孔 5 个；后翅退化为平衡棒，端部有 1 长钩状毛。腹部膜质，后背孔显见，位于第Ⅵ腹节背板两侧。第Ⅷ腹节两侧各 1 大腺堆；第Ⅵ、第Ⅶ腹背各 1 横列大腺堆。第Ⅱ～Ⅴ腹部背面各有 2 个四孔腺；后胸和第 I 腹节合并节的两侧各有 2 个四孔腺和 1 个三孔腺并形成 1 小群。体背毛较粗，下侧毛较细。

取食对象： 金叶女贞、小叶女贞、紫丁香。

分布： 河北、陕西、湖北。

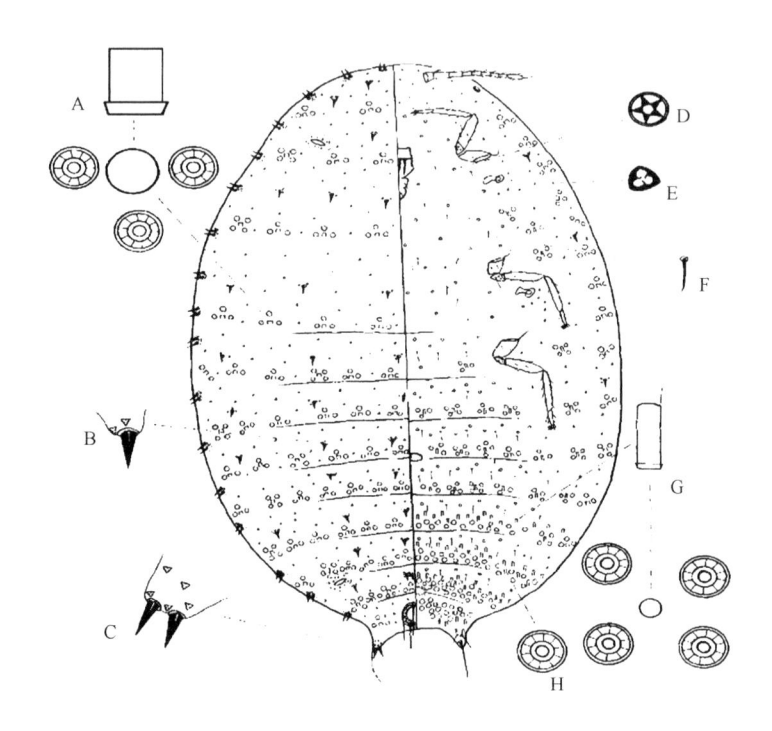

图 303　山西品粉蚧 *Peliococcus shanxiensis* Wu, 1999（引自武三安, 1999）
A. 背管状腺；B. 背刺；C. 臀瓣；D. 五孔腺；E. 三孔腺；F. 腹毛；G. 腹管状腺；H. 多孔腺

（610）槭树绵粉蚧 *Phenacoccus aceris* (Signoret, 1875)

识别特征： 雌性体长约 4.0 mm，宽约 2.5 mm，椭圆形，青黄色。触角 9 节。足 3 对，粗大，无透明孔，爪下 1 小齿。腹脐 2 或 3 个，以第Ⅲ、第Ⅳ腹节间的 1 个最大，呈纺锤形；其前 1 个小，椭圆形；其后 1 个更小，圆形或偶消失。背孔 2 对。肛环在背末，有 3～4 列环孔和 6 长环毛。尾瓣锥状，端毛长于环毛。刺孔群 18 对。

雄性体长约 2.0 mm，翅展 4.0～5.0 mm，状如蚊虫，体淡黄色。前翅发达和透明，具 2 脉，后翅退化为平衡棒。腹末常有 2 对细长白蜡丝。

取食对象： 白蜡、榆、苹果、桃、杏、李、核桃、花椒、柿、臭椿、槐、柳、冬青、桑、樱桃等。

分布： 河北、辽宁、山西、山东、河南、甘肃；俄罗斯（远东），朝鲜半岛，欧洲西部，亚洲北部，北美洲。

(611) 寒地绵粉蚧 *Phenacoccus arctophilus* (Wang, 1979)（图 304）

识别特征：体长 2.0~4.0 mm。长椭圆形。触角 8 节，较细，第 2 节和第 8 节较长。喙长。眼发达。足正常，爪下具小齿，具前、后背裂；肛环刺 6 根。多孔腺数量较多，限布于虫体的下侧，尤其是腹下侧，常沿腹节的节间褶稠密形成横的宽带。三孔腺分布于虫体的背下侧。背面的管状腺粗度近相同，约为体下侧管状腺粗的 2.0 倍。体缘分布 13 对刺孔群，刺多为尖锥形。除第 2 对刺孔群由 3 刺组成以外，其他皆由 2 刺组成。小刺数量很少，沿虫体边缘分布，背面中部偶见小刺着生。体毛长短不一，仅分布在虫体下侧。

取食对象：地黄。

分布：河北、北京、山西、浙江、四川、西藏。

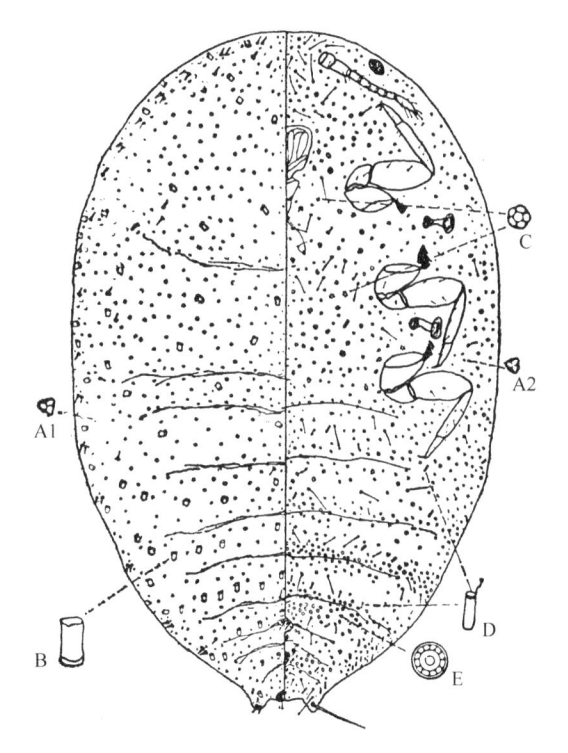

图 304 寒地绵粉蚧 *Phenacoccus arctophilus* (Wang, 1979)（引自王子清，2001）
A1、A2. 三孔腺；B. 背管状孔；C. 五孔腺；D. 腹管状孔；E. 多孔腺

(612) 花椒绵粉蚧 *Phenacoccus azaleae* Kuwana, 1914

识别特征：雌性椭圆形，肉红色，全体被厚蜡粉，虫体各节边缘和尾瓣芒变粗。体长约 3.4 mm，宽约 2.2 mm。眼突出，口器和足发达，黄褐色，半透明。体背唇裂 2 对，发达，刺孔群 18 对，第 3 对 3 大锥刺和 7 或 8 个三孔腺；腹末 1 对刺孔群锥刺 4 根和三孔腺 20 个左右，其余各对刺孔群锥刺均为 2 根，具三孔腺 3~6 个。背末具肛环，有成列环孔和 6 根肛环毛，尾瓣略突，端毛长。背面腺体有三孔腺和管状腺 2 种，数量多而密布；下侧有三

孔腺，多分布于缘区，在阴门区前后体节上分布较密。胸部下侧的管状腺在亚缘区较多，在腹部散布，较密。腹脐 3 个，位于第Ⅱ～Ⅴ腹节，中间大，呈盘状；两端小，呈椭圆形。

雄性淡红色或红褐色，长椭圆形，蚊虫状。体长约 1.1 mm，翅展约 1.3 mm，触角 10 节，丝状，单眼 3 对，位于头下侧 1 对，最大；头背 1 对，红色，中等大；头两侧 1 对，最小。口器退化，胸足 3 对，均具发达的感觉毛，胸气门 2 对。前翅膜质，半透明，翅脉简单分 2 叉，后翅退化成平衡棒，其顶端具 1 钩状毛；虫体尾部具白蜡质尾丝 4 根，中间 2 根长，外侧 2 根短。

取食对象：花椒、杜鹃类植物、山榆、李。

分布：河北、内蒙古、北京、天津、山西、河南；朝鲜，日本。

（613）白蜡绵粉蚧 *Phenacoccus fraxinus* Tang, 1977（图 305）

识别特征：雌性体长 4.0～6.0 mm，宽 2.0～5.0 mm。紫褐色，椭圆形，腹面平，背面略隆起，分节明显，全体被白色蜡粉；体边缘有白色蜡刺 18 对，其向体后渐变长；腹脐 5 个，中部 1 最大，向两侧呈盘状突出。

雄性体黑褐色，长约 2.0 mm，翅展 4.0～5.0 mm。前翅透明，1 条翅脉分叉但不达到翅缘，后翅细棒状，腹末节圆锥形，有白色长短蜡丝 2 对。

取食对象：白蜡、水蜡、柿、核桃、悬铃木、复叶槭、臭椿、重阳木、皱皮酸藤等。

分布：河北、内蒙古、北京、天津、山西、河南、甘肃、青海、江苏、上海、浙江、四川、西藏。

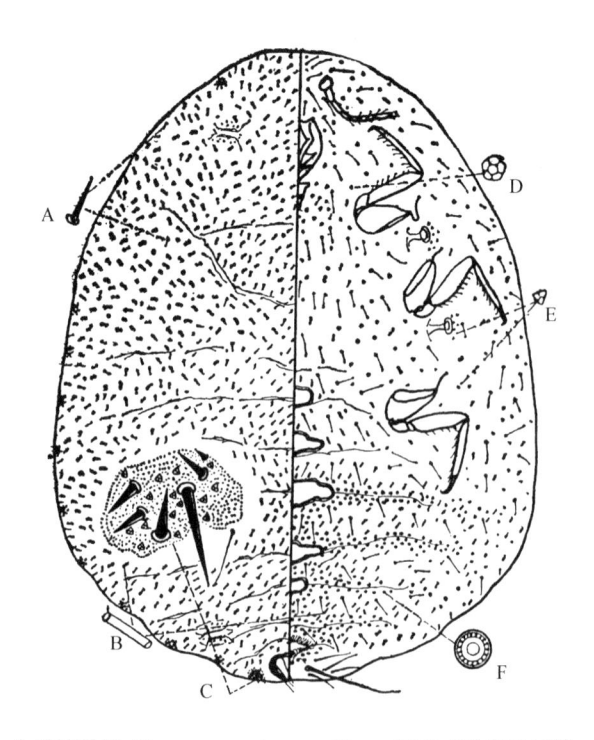

图 305　白蜡绵粉蚧 *Phenacoccus fraxinus* Tang, 1977（引自王子清，2001）
A. 背刺；B. 背管状孔；C. 刺孔群；D. 五孔腺；E. 三孔腺；F. 多孔腺

(614) 柿绵粉蚧 *Phenacoccus pergandei* Cockerell, 1896

识别特征：雌性体长 4.0～6.0 mm，宽约 1.5 mm。长椭圆形，紫褐色，体表敷白蜡粉；体背节与节间有明显凹痕，沿背中形成 1 隆脊；头钝圆，眼突起，喙长。触角 9 节，第 3 节最长或第 2 节、第 3 节几同长。足细长，3 对，爪下具齿；腹末尾瓣明显，端部具刚毛，臀叶 1 对，腹第Ⅳ节具刚毛 28 根，腹裂 1 枚，刺孔群 17～18 对，肛不位于背末，具成列环孔及 6 根长环毛。产卵前，体后部长出白色绵毛状筒形卵囊。

雄性白色，长约 2.0 mm，翅展约 4.5 mm。触角羽状，尾部 2 刚毛，其长 2.0～3.0 mm。

取食对象：柿、桑、无花果、荚蒾、常春藤、李、梨、野桐、鼠李、忍冬、白蜡、八仙花、朴树、柳、铁杉、椴、核桃等

分布：河北、山西、山东、河南、江苏等地；朝鲜，日本。

(615) 橘臀纹粉蚧 *Planococcus citri* (Risso, 1813)

别名：柑橘刺粉蚧、柑橘粉蚧。

识别特征：雌性体长约 4.0 mm，宽约 2.8 mm，椭圆形，粉红色或青黄色，外被白色蜡粉，体缘具 18 对白色蜡刺，均较短，向体后端渐长。触角 8 节，末节最长。足发达，后足基节和胫节常有若干透明孔。有前、后背裂。腹裂 1。肛环有孔纹，肛环刺 6 根。臀瓣下侧有狭长的硬化片。若虫雌性 3 龄，雄性 2 龄。若虫体椭圆形，触角与足发达。初孵若虫体扁平，淡黄色，无蜡粉。自 2 龄分泌蜡粉，体周缘出现蜡丝。第 3 龄与雌性相似。

取食对象：柑橘、橙、苹果、梨、杏、柿、番石榴、牡丹、龟背竹、茉莉、一串红、君子兰、佛手、朱顶红等多种植物。

分布：河北、黑龙江、吉林、辽宁、内蒙古、北京、天津、山西、甘肃、江苏、上海、浙江、江西、湖南、福建、台湾、广东、广西、四川、云南；朝鲜半岛，日本，东南亚，印度，欧洲西部，非洲，北美洲，中南美洲，澳大利亚。

(616) 橘小粉蚧 *Pseudococcus citriculus* Green, 1922

别名：柑橘棘粉蚧。

识别特征：雌性体长约 2.0 mm，椭圆形，淡黄色，体被白色蜡粉，虫体边缘具 17 对白色蜡刺，其长度向后端渐长，最后 1 对最长，约为体长之半。触角 8 节，其中第 3 节最长。足正常，后足基节、腿节和胫节上有透明孔。具前、后背裂。腹裂 1，近方形。刺孔群 17 对，第 1、第 3、第 4 对常有 3 刺，其余的均有 2 刺，最后 2 对刺孔群着生在硬化片上。三孔腺分布于背面和下侧。多孔腺分布在腹下侧中区，形成横带。管状腺分布在下侧。

雄性体长约 1.0 mm，紫褐色，前翅发达透明，后翅特化为平衡棒，腹末两侧各 1 白色蜡质长尾刺。

取食对象：苹果、君子兰、石榴、柿、梨、李、桃等植物。

分布：河北、辽宁、北京、山西、山东、河南、陕西、新疆、江苏、安徽、浙江、湖北、江西、湖南、福建、广东、广西、四川、云南。

（617）康氏粉蚧 *Pseudococcus comstocki* (Kuwana, 1902)（图306）

识别特征：雌性体长 3.0~5.0 mm。椭圆形，红色，全体覆盖白色薄蜡粉；体缘有细直白蜡丝 17 对，其基部粗大，端部略尖，位于体前部的蜡丝短，向后稍长，端部 1 对最长，长达体长的 1/3~2/3，末前 1 对的长度约为体宽之半，其余蜡丝长度约为体宽的 1/4。触角 8 节。足细长，后足基节有许多透明孔。腹裂 1，椭圆形，发达。肛环在背末，有内、外列环孔和 6 长环毛；臀瓣发达而突出，顶端 1 臀瓣刺；三孔腺分布于背面和下侧。多孔腺少数在头、胸部下侧和第Ⅰ、第Ⅱ腹节腹板上，在第Ⅲ腹板后缘成横列，以后在各节腹板的前、后缘各成横列。体毛短粗，远小于体节之宽。

取食对象：梓属、桑属、葡萄属、梨属、山麻黄、莔草、蓖麻等。

分布：河北、北京、山东、浙江、湖北、江西、湖南、福建、台湾、广东、广西、四川、云南；俄罗斯，日本，印度，斯里兰卡，大洋洲，美洲，欧洲。

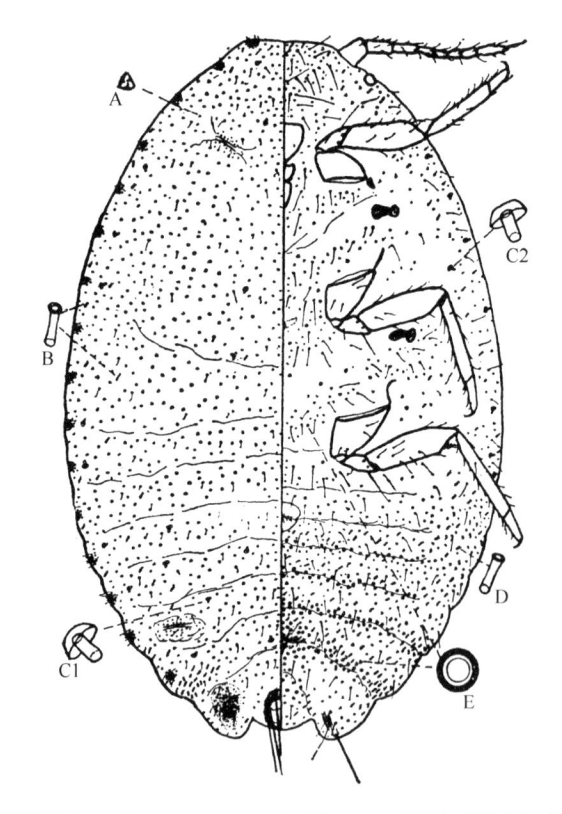

图 306 康氏粉蚧 *Pseudococcus comstocki* (Kuwana, 1902)（引自王子清，2001）
A. 三孔腺；B. 背管状腺；C1、C2. 蕈状腺；D. 腹管状腺；E. 多孔腺

（618）柑栖粉蚧 *Pseudococcus calceolariae* (Maskell, 1879)（图307）

识别特征：雌性体长椭圆形，长 1.9~4.0 mm，宽 1.2~2.6 mm，暗红色，外被白色蜡质分泌物，体缘具 17 对较粗白蜡刺，其中腹部末端的 1 对最长，约为体长之半。触角 8

节，第 1 节短而宽，第 2 节、第 3 节及末节较长。足发达，后足腿节、胫节有透明孔。腹裂 1，较大，有节间褶通过。前、后背裂发达。肛环在背末，有成列环孔及 6 肛环刺毛。臀瓣略突，下侧有不规则三角形硬化片，端毛长于环刺毛。刺孔群 17 对，刺孔群 C_{17} 具 2 大锥刺，着生在 1 块椭圆形的大硬化片上。所有刺孔群都有若干附助刺毛。体毛较多，长短不一，沿背中线者较长。

取食对象：苹果、梨、葡萄、柚、柑、橙、菠萝、文竹、万年青、扶桑、夹竹桃、桂花等。

分布：河北、黑龙江、辽宁、河南、浙江、湖北、江西、湖南、福建、广东、广西、四川、贵州、云南。

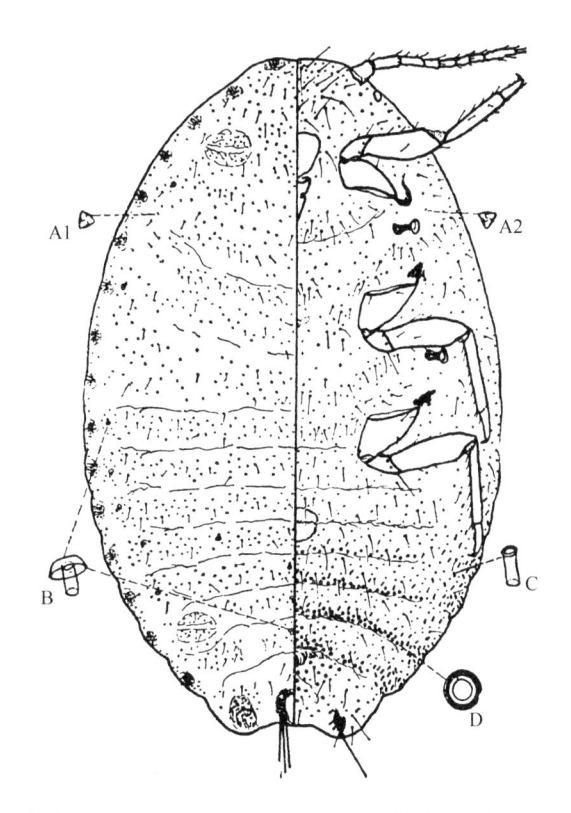

图 307 柑栖粉蚧 *Pseudococcus calceolariae* (Maskell, 1879)（引自王子清，2001）
A1、A2. 三孔腺；B. 蕈状腺；C. 腹管状腺；D. 多孔腺

（619）耕葵粉蚧 *Trionymus agrestis* Wang & Zhang, 1990（图 308）

识别特征：体长 3.8～4.2 mm。椭圆形，其两侧缘几乎平行。触角 8 节，其第 1 节短粗，末节最长，第 7 节具 1 粗毛，第 8 节具 2 粗长毛。眼发达，椭圆形。喙较短，可见分 2 节，其顶端生具 1 丛细毛。3 对胸足正常发育，跗冠毛细长，爪冠毛纤细，其顶端稍有膨大。后胸气门常比前胸气门发达。具腹裂 1。臀瓣不明显，臀瓣刺发达，并且在其附近生具 1 根长毛。腹部可见 7 对刺孔群。臀瓣刺孔群是由 2 根较大的圆锥形刺和 1 群三孔腺组

成的，其周围生有 6~8 根长短与粗细均不相同的毛。

分布：河北、山西、山东、河南等地。

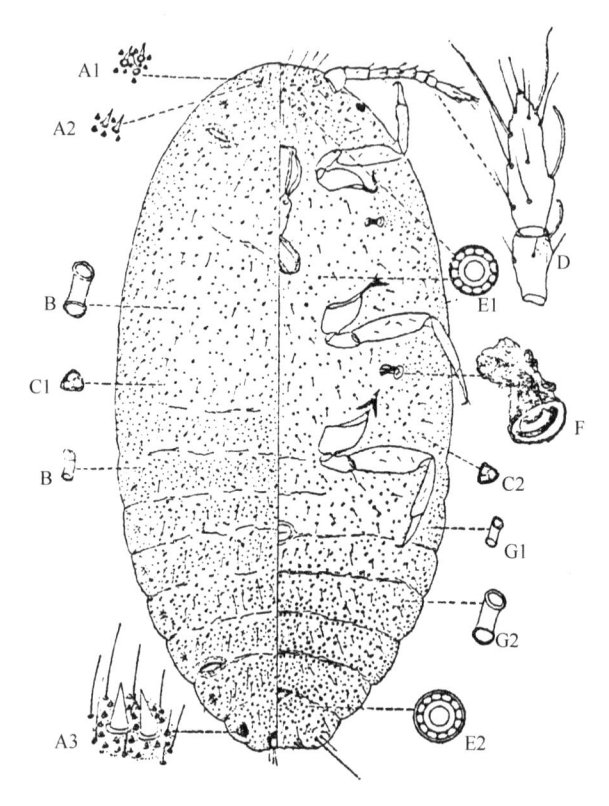

图 308　耕葵粉蚧 *Trionymus agrestis* Wang & Zhang, 1990（引自王子清，2001）
A1~A3. 刺孔群；B. 背管状腺；C1、C2. 三孔腺；D. 触角；E1、E2. 多孔腺；F. 气门；G1、G2. 腹管状腺

XXI-4. 异翅亚目 Heteroptera Latreille, 1810

体扁平，微小到大型。口器长喙状。前翅基半部革质，端半部膜质；后翅全部膜质或退化。后足基节附近有臭腺开口。不完全变态。

世界已知 3 次目 70 余科 343 属 40 000 多种，世界性广布，植食性和捕食性。中国记录 52 科 3100 多种。本书记述河北地区 36 科 156 属 256 种。

次目、科检索表

1. 前翅缺爪片缝，半鞘翅与膜质部的分界线不明显；体至少部分着生成层的拒水毛；可在水面爬动或划行（黾蝽次目 Gerromorpha） ·· 黾蝽科 Gerridae
   前翅具爪片缝，半鞘翅与膜质部的分界线明显；陆生或水生，部分种类体被 1 层拒水毛，但不在陆地活动 ·· 2
2. 触角短于头部，略折叠隐于眼下 1 凹陷或凹沟中，一般由背面看不到或仅看到最端部；大部为水生，部分生活于岸边陆地上（蝎蝽次目 Nepomorpha） ··· 3
　　触角一般长于头部，不隐于眼下的沟中；陆生 ··· 10
3. 下唇短，仅 1 节，宽三角形；前足跗节 1 节状，有时与胫节愈合，匙状，具长缘毛；头部后缘遮盖前胸；前胸和翅面有明显的虎皮状黑横纹 ··· 划蝽科 Corixidae
　　下唇较狭长，分节；前足跗节 1 至数节，无长缘毛；头部后缘不遮盖前胸 ····························· 4
4. 腹部端部有成对的呼吸突 ··· 5
　　腹部端部无呼吸突 ·· 6
5. 呼吸突长短不一，常极长，呈细管状，不能伸缩；跗节 1 节；后足胫节不成游泳足，后足基节可自由活动 ··· 蝎蝽科 Nepidae
　　呼吸突短，可伸缩，仅端部外露；跗节 2~3 节；前足跗节偶为 1 节；后足胫节扁，具游泳毛；后足基节与后胸侧板接合紧密，不能活动 ··· 负蝽科 Belostomatidae
6. 有单眼，如缺或不发达，则头横宽，复眼多少呈柄状；足为步行式，河岸边陆地生活 ················· 7
　　无单眼，复眼非柄状；中、后足扁，具游泳毛；水生 ··· 8
7. 触角较长，丝状，背视部分可见；足步行式，小盾片平 ·· 蜍蝽科 Ochteridae
　　触角粗短，藏于眼及前胸下方；前足腿节极为粗大 ·· 蟾蝽科 Gelastocoridae
8. 体背面平坦或略隆起；头与前胸不愈合；前足明显为捕捉足，触角短，长过头侧外缘；喙粗短，不伸过前胸腹板；头横生，其末端略超过眼前缘的水平位置；前足跗节 2 节或 1 节，爪 0~2 枚，小型
　　·· 潜蝽科 Naucoridae
　　体背面强烈隆起，呈船形或屋脊状，如平坦，则头与前胸背板愈合，二者之间的缝线不完全；前足非捕捉足 ·· 9
9. 体较狭长，多在 4.0 mm 以上；复眼大，头顶窄；前足长大，明显长于中、后足，桨状；后足爪退化，不明显；头与前胸不愈合 ·· 仰蝽科 Notonectidae
　　体较宽短，卵圆形，体长不足 4.0 mm；复眼小型至中型，头顶宽；后足非桨状，具 2 爪；头与前胸紧密愈合，相互不能活动 ·· 固蝽科 Pleidae
10. 腹部第Ⅲ~Ⅶ腹板各侧常具 2~3 个毛点；各爪下方有 1 长形肉质爪垫，着生于爪的基部（蝽次目 Pentatomorpha）；爪下爪垫较长，仅基部附着于爪，大部分游离；跗节 2 节；侧接缘外露；体极为扁平 ·· 扁蝽科 Aradidae
　　腹节腹板具毛点或仅中线两侧有 1 类似毛点毛的刚毛；爪下有爪垫或无 ······························· 11
11. 触角第 1 节和第 2 节均短，长度近相等；第 3 节和第 4 节极为细长，有直立长毛，毛的长度远大于该触角节的直径；体长不足 2.5 mm（鞭蝽次目 Dipsocoromorpha） ························· 鞭蝽科 Dipsocoridae
　　触角第 2 节长于第 1 节，部分类群中第 1 节、第 2 节短且长度近等，但第 3 节、第 4 节无长过触角直径很多的直立毛 ·· 12
12. 前翅膜片有 3~5 个封闭的翅室；复眼向后达到前胸背板领的水平位置或略后；体长超过 2.2 mm ······
　　·· 跳蝽科 Saldidae
　　前翅膜片多数具 1~2 个翅室，如多于 2 个，则其翅脉由翅室后缘伸出（臭蝽次目 Cimicomorpha） ··· 13
13. 喙通常粗短、弯曲且刚劲有力 ··· 14
　　喙不如上述 ··· 15
14. 眼后的头部变成细颈状；前足正常，细长；前胸腹板具纵沟，沟面常有稠密横棱；前翅膜片 2 个大室

··· 猎蝽科 Reduviidae
眼后的头部非细颈状；前足扩展为扁阔的捕捉足；腹部后半部显著宽展，较翅宽很多 ···· 瘤蝽科 Phymatidae
15. 前胸背板及前翅表面全部密布小网格状脊纹；前翅质地均一，不具膜质部分；雄性生殖节左右不对称
 ··· 网蝽科 Tingidae
 前胸背板及前翅表面无小网格状脊纹 ··· 16
16. 前翅无楔片；触角 5 节 ··· 姬蝽科 Nabidae
 前翅有楔片；触角 4 节 ··· 17
17. 臭腺沟缘向前延伸成 1 脊 ··· 18
 臭腺沟缘不延伸成脊 ·· 19
18. 雌性腹部第Ⅶ腹板前缘中部具 1 内突；臭腺沟缘向前呈折角状弯曲，延伸成 1 脊，伸达后胸侧板前缘
 ··· 细角花蝽科 Lyctocoridae
 雌性腹部第Ⅶ腹板前缘中部无内突；臭腺沟向前弯或直，或向后弯，向前延伸成 1 脊
 ··· 花蝽科 Anthocoridae
19. 触角 5 节 ··· 20
 触角 4 节 ··· 26
20. 前翅在革片与膜片交界处折弯，几完全隐于发达的小盾片下；腹部各节腹板每侧具 1 黑色横凹
 ·· 龟蝽科 Plataspidae
 前翅不折弯；腹部各节腹板侧方无黑色横凹 ··· 21
21. 中胸腹板常具显著的侧扁中脊；雄性第Ⅷ腹节大，外露 ······················· 同蝽科 Acanthosomatidae
 中胸腹板无上述特征 ·· 22
22. 胫节具粗棘刺形成的刺列 ··· 土蝽科 Cydnidae
 胫节刺一般不成粗棘状 ·· 23
23. 小盾片极宽大，长几达腹部端部 ··· 盾蝽科 Scutelleridae
 小盾片多为三角形，远不达腹部端部 ··· 24
24. 腹部第Ⅱ节腹板（等于第Ⅰ可见腹板）上的气门全部或部分暴露于外，未被后胸侧板所全部遮盖；体
 较狭长；第Ⅲ～Ⅶ腹板气门后有 3 毛点 ······································· 荔蝽科 Tessaratomidae
 腹部第Ⅰ可见腹节腹板上的气门被后胸侧板完全遮盖 ·· 25
25. 单眼相互靠近，常相接触；触角着生于头的侧缘上；爪片端向渐细，呈三角形，左右 2 爪片端部相遇
 处极短小，不成 1 条明显的爪片接合缝 ··· 异蝽科 Urostylididae
 单眼相互远离；触角着生于头的腹方；爪片四边形；爪片接合缝明显 ··············· 蝽科 Pentatomidae
26. 跗节 2 节；前翅具深大刻点，致使近似网格状 ································· 皮蝽科 Piesmatidae
 跗节 3 节；前翅不如上述 ··· 27
27. 无单眼；前胸背板侧缘薄边状，略向上反卷；雌性第Ⅶ腹板完整 ··················· 红蝽科 Pyrrhocoridae
 有单眼 ··· 28
28. 前翅膜片具纵脉 6 条以上，并有一些分支 ··· 29
 前翅膜片最多具 4～5 条纵脉 ·· 32
29. 后胸侧板臭腺沟缘强烈退化或全缺 ··· 姬缘蝽科 Rhopalidae
 后胸侧板臭腺沟缘明显 ··· 30

30. 小颊较长，后端伸过触角着生处。体形各异，但狭长者较少·················缘蝽科 Coreidae
    小颊短小，后端不伸过触角着生处；体狭长···31
31. 前翅膜片脉序网状···兜蝽科 Dinidoridae
    前翅膜片脉序不呈明显的网状；眼间距宽于小盾片前缘；雌性产卵器片状··········蛛缘蝽科 Alydidae
32. 足明显细长，腿节端部明显变粗；触角膝状；后胸侧板上的臭腺沟缘明显伸长，并游离于侧板之外；
    体形狭长···跷蝽科 Berytidae
    足不太长，腿节端部不变粗···33
33. 头横宽，复眼十分突出；前胸背板四方形···································大眼长蝽科 Geocoridae
    头不横宽，复眼不突出··34
34. 腹部气门全部位于背面；后翅具钩脉；触角不成膝状；后胸侧板上的臭腺沟缘不特别伸长，亦不游离
    于侧板之外；体形多样···长蝽科 Lygaeidae
    腹部气门不位于背面；后翅缺钩脉··35
35. 头较尖长；前足正常，后足基节彼此远离；臭腺孔缘非常大，呈耳状··········尖长蝽科 Oxycarenidae
    头不尖长；前足膨大，下方具刺；腹部下侧第Ⅳ节、第Ⅴ节的间缝两侧向前方斜伸··················
    ···地长蝽科 Rhyparochromidae

A. 蝎蝽次目 Nepomorpha Latreille, 1802

1）蝎蝽总科 Nepoidea Latreille, 1802

112. 蝎蝽科 Nepidae Latreille, 1802

体长通常在 25.0~52.0 mm，深棕色或黑色。体形多变，一般较细，扁平和偏长。头小，隐于前胸中。触角 3 节，喙 3 节。前胸长，呈颈状。前足长而弯曲，钳状，适于捕捉，跗节仅 1 节，这在水生半翅目中尤为独特。腹末呼吸管细长。

世界已知 2 亚科 14 属 150 种，分布于除南极洲以外的淡水中，捕食小鱼、蝌蚪、水虿、孑孓、水蚤、椎实螺、扁卷螺、蜻蜓及豆娘若虫等。中国记录 2 亚科 5 属 23 种。本书记述河地区 2 属 2 种。

（620）日壮蝎蝽 *Laccotrephes (Laccotrephes) japonensis* (Scott, 1874)（图版XIX-5）

别名：日本红娘华。

识别特征：体长 28.0~38.0 mm，宽 8.0~10.0 mm。扁平瘦长，褐色带黑，前胸背板前后端均显著突起。喙第 3 节略带淡红色；后翅大部无色，翅脉浅褐色，腹部各节背板两侧橙红色，中部褐红色。头小，体壁粗糙，向前平伸；小颊粗大，位于头部侧叶前方并前伸；复眼大而突出。触角 3 节，第 2 节具指状突起，第 3 节朝向突起一侧略弯。喙 3 节，粗短，渐细。前胸背板梯形，体壁粗糙，前缘深凹，其上 2 显著突起，位于复眼后方；侧缘内凹；后缘中部内凹；前角圆钝，前伸，后角圆钝，后伸；盘区 2/3 处具横缢，前叶中央 2 纵脊，后叶侧角具 1 纵脊；前胸腹板具纵脊，脊上前后各 1 隆突；小盾片上

具"U"形脊；革片较平整；爪片平整，宽大；膜片不达腹部末端，脉纹网状。腿节粗壮，纵扁，腹面具凹槽；跗节1节，无爪；中后足长，胫节体下侧具1排游泳长毛，跗节1节，具2爪。腹部扁平，各节腹板中央具纵脊，呈龙骨状；第Ⅶ腹板雄性铲状，雌性矛状；呼吸管与体长相近。

捕食对象：蝌蚪、小鱼等水生小型动物。

分布：河北、北京、天津、山西、河南、江苏、浙江、湖北、江西、台湾、贵州、云南；朝鲜半岛，日本。

(621) 一色螳蝎蝽 *Ranatra (Ranatra) unicolor* Scott, 1874（图版XIX-6）

识别特征：体长24.0~29.0 mm，宽2.6~3.0 mm。淡黄色至黄褐色，通体背面、腹面灰褐色。头小；复眼球形，前缘内侧有条形蜡质鳞片斑块，复眼宽略小于两复眼内缘间距。触角3节，第1节粗短，第2节向侧后方呈1指突状伸出，第3节短棒状，侧弯。头腹面中部具纵隆起。前胸背板前、后叶明显，后叶后缘向前强烈凹入；前叶细长，背面细圆桶状，中部侧域具纵凹沟，向后略靠近后叶，向后渐宽，无中纵脊。前足捕捉式，基节明显延长；腿节长而弯曲，胫节略弯，无爪；中、后足细小、狭长，胫节均被许多长毛和短刺，中、后足胫节布直立白毛。前胸腹面中央有1纵脊。

捕食对象：库蚊、按蚊幼虫、蜻蜓幼虫、蜉蝣稚虫、小型鱼类等水生动物。

标本记录：沙河市：1头，老爷山和尚沟，2015-Ⅶ-04，刘琳采。

分布：河北、黑龙江、辽宁、北京、天津、山西、河南、宁夏、江苏、上海、安徽、浙江、湖北、江西、湖南、福建、广东、四川、云南；俄罗斯，朝鲜半岛，日本，哈萨克斯坦，塔吉克斯坦，亚美尼亚，乌兹别克斯坦，伊朗，伊拉克，沙特阿拉伯，阿塞拜疆。

113. 负蝽科 Belostomatidae Leach, 1815

体卵圆形，较扁平，黄褐色到棕褐色。体长变异幅度较大，从9.0 mm到11.0 mm不等。头近三角形，复眼大而突出，黄褐色到黑褐色。触角4节，第2节、第3节一侧具1鳃叶状突起，其上被许多绒毛。喙4节，粗短。前胸背板宽大，缢缩明显。中胸小盾片较大，具光泽。前翅具不规则网状纹，膜片脉序网状，有些种类膜片部分退化，无明显翅脉。前足捕捉式，腿节明显膨大。中、后足微扁，具缘毛和许多长短不一的粗刺。各足跗节2~3节，少数仅为1节，多具2爪。腹部下侧中间纵隆，两侧缘具绒毛带。第Ⅷ腹节背板特化形成1对相互靠近的短叶状结构，称呼吸突，其内侧具毛。

世界已知3亚科15属156种。中国记录2亚科3属5种。本书记述河北地区2属2种。

(622) 日本拟负蝽 *Appasus japonicus* Vuillefroy, 1864（图版XIX-7）

识别特征：体长18.0~21.0 mm，宽11.0~11.8 mm。扁椭圆形，黄色至褐色。头三角形，头顶光滑。复眼显大，灰褐色到褐色。唇基被稀疏短毛。触角4节，第2节、第3节具横指状突起，被稀疏刚毛。喙粗壮，长约3.2 mm。前胸背板布许多小刻点，具光泽；前缘凹入，侧角圆滑；胝明显，前叶中线两侧各1圆黑点；后叶后缘平直，前叶中纵线长约

3.0倍于后叶中纵线长。中胸小盾片三角形，具光泽，布小刻点，宽稍大于长。前翅多小刻点，膜片翅脉明显，革片上翅脉退化不明显。前足腿节膨大，下侧布浓密短刺，背面多小刺和稀疏长毛；胫节略弯，下侧短刺稠密；跗节2节，下侧具短刺，端部2爪；中、后足两基节相互靠近；腿节较粗壮，背面多小刺；胫节上侧具1列整齐长刺；后足腿节下侧近端部具1列长毛和多列长刺；跗节3节，下侧密布小刺和1列长毛，背侧面具1列长毛，端部具2爪。腹部下侧中脊隆起，侧缘有绒毛带。

分布：河北、天津、江苏、湖北、江西、四川、贵州、云南；韩国，日本。

(623) 大鳖负蝽 *Lethocerus deyrolli* (Vuillefroy, 1864)（图版XIX-8）

识别特征：体长48.0～57.0 mm，宽19.0～22.0 mm。赭黄色。头宽短，三角形，头顶粗糙，中间1条矮纵脊。唇基被稀疏长毛，复眼后缘1列长毛。复眼黑色，三角形。头宽约2.5倍于长。前胸背板明显缢缩。前叶中间稍隆起，中间两侧各1浅色圆斑，前侧角圆滑。后叶后缘略凹入，并具1列短毛。前叶中纵线长约2.5倍于后叶中纵线。中胸小盾片三角形，长显短于宽，近顶端凹陷。前翅膜片发达，翅脉明显，膜片与革片交界处呈波浪状弯曲。前足腿节膨大，宽扁状，长约3.0倍于宽，下侧中间1沟槽，两侧短刺稠密。中、后足侧扁。腿节、胫节略弯，跗节3节，端部1长爪，下侧密被绒毛。中足第3跗节最长，后足第2跗节最长。腹下侧中间纵脊状隆起，两侧缘各1绒毛带从第I腹板延伸至第V腹板。

分布：河北、辽宁、北京、天津、山西、山东、陕西、江苏、上海、安徽、浙江、湖北、湖南、台湾、广西、四川、云南；俄罗斯（远东），韩国，日本。

2）蜍蝽总科 Ochteroidea Kirkaldy, 1906

114. 蜍蝽科 Ochteridae Kirkaldy, 1906

体长4.5～9.0 mm，卵圆形，黑色，通常在较深的底色上有漂亮的蓝色、淡紫色、绿色、橙色或黄色斑点。头横宽，眼大，略突出；具单眼。额和唇基具横皱纹；下唇长，第3节较其他节长许多。触角4节，细长，基部2节较粗短。前胸背板极为宽大；小盾片亦发达。前翅膜片有几个闭合小室，但翅脉不融合。腹部短而宽圆。腿细长，前部增大，背面具深色纹理，具分散的光点和蓝色区域，布金色微毛。跗式2-2-3。

世界已知3属103种以上，物种多样性以热带地区最为丰富，大多数生活在池塘和其他静水域的边缘，捕食蝇蛆、线虫、蚜虫等小型无脊椎动物。中国记录1属3种。本书记述河北地区1属1种。

(624) 黄边蜍蝽 *Ochterus marginatus marginatus* (Latreille, 1804)（图版XIX-9）

识别特征：体长4.4～5.5 mm。黑褐色；触角第1节球状，黄色，第3节、第4节细长；喙伸达前足基节之间。前胸背板表面具灰白色至蓝紫色碎斑，侧缘弧形外拱，形成1个黄褐色片状扩展，侧角圆钝，后方具黄褐色斑纹，后缘中部具1黄褐色横斑；小盾片黑褐色，基角、基部中央和顶端具灰白色至蓝紫色碎斑。足黄褐色。前翅革片和爪片具灰白色至蓝紫色碎斑，其中以革片外侧的3个最大，膜片具浅色晕斑。

分布：河北、内蒙古、北京、天津、江苏、浙江、湖北、湖南、福建、台湾、广东、海南、四川、贵州；马来西亚，西班牙。

3）潜蝽总科 Naucoroidea Leach, 1815

115. 潜蝽科 Naucoridae Leach, 1815

体长5.0～20.0 mm。卵圆形，背面扁平，流线型身体。颜色多为污灰绿色。头宽短，复眼后缘覆于前胸背板前侧角上。无单眼。触角4节，各节短小简单，大多数完全隐于头下，背面不可见。喙粗短。前翅膜片宽大，其上全无翅脉。前足为捕捉式：腿节粗大，胫节弯曲，跗节1～2节，与胫节愈合，无爪，或有1～2爪。中、后足变形不大，跗节均为2节。爪1对，对称。后足为游泳足，副爪间突1～3对。

世界已知40属400余种，世界性分布，以热带属种比较复杂；生活于静水水体中，游泳或爬行于水草间，捕食性强。中国记录3亚科4属6种。本书记述河北地区1属1种。

（625）味潜蝽 *Ilyocoris cimicoides cimicoides* (Linnaeus, 1758)（图版XIX-10）

识别特征：体长12.0～15.0 mm。体背被散乱的浅黄色短绒毛，中线处的浅黄条纹从头顶前缘延伸至后胸背板基部，胸部侧板覆盖银色毛；前额有5个或多或少明显的深色斑点。触角黑色，其长度明显短于体长，基节有浅黄条纹。眼小，近球形。前胸背板有浅横凹，中胸凸起，后胸背板的中缝不明显。足浅黄色，具黑色纵条纹；中、后足腿节末端有浅黄色区域；前足长于体长，胫节具外突，中足长约为体长的4.0倍；后足较中足略长，基节凸起；所有跗节2节，后足跗节2节合并，具跗爪1对。体下灰黄色。雄性腹部很短，雌性腹部较雄性更短或缩入胸腔。后足基节无外突，腹板第Ⅰ节外缘中央有一段凸起。

捕食对象：水中小型无脊椎动物。

分布：河北、天津、山西、甘肃、新疆、江苏；俄罗斯（远东、西伯利亚、欧洲部分），朝鲜半岛，中亚，土耳其，欧洲。

4）划蝽总科 Corixoidea Leach, 1815

116. 划蝽科 Corixidae Leach, 1815

小型至中型，体长2.5～15.0 mm。椭圆形或长椭圆形，背面褐色、光亮，具黄色花纹，腹下侧黄色或灰黄色。背视头呈新月状，雄性头下中部凹或平坦，而雌性较圆隆，无单眼，眼似三角状。触角短，3或4节，常隐藏在眼下面的凹窝内；喙三角形，端部具横纹。前足跗节特化，呈勺状或呈粗刺状，均具长刺毛。雄性勺状的前足跗节多具齿列，齿的数目因种而异；雌、雄腹背及腹末明显不同，雄性腹部第Ⅵ背板多数种类具摩擦器，其通常位于腹背右侧。腹部不对称（雄）或对称（雌）。分长翅型和短翅型两种。

世界已知33属550多种，世界性分布，生活于各式静水和缓慢流动的水体中，可捕食水面游动的蚊类幼虫。中国记录5属51种以上。本书记述河北地区5属6种。

（626）焦丽划蝽 *Callicorixa praeusta praeusta* **(Fieber, 1848)**（图版XIX-11）

识别特征：体长7.0～8.0 mm。头黄色，无褐斑。前胸背板具黄色横纹7～8条，宽度与黑褐色横纹相近。前翅爪片和革片基半部具完整的黄色和黑褐色横纹。雄性中足胫节近端部具1排长毛，被毛区不及胫节体长之半；前足跗节具2列齿。

分布：河北、黑龙江、吉林、辽宁、内蒙古、北京、天津、山东、河南、甘肃、新疆；蒙古国，俄罗斯（远东），日本，哈萨克斯坦，欧洲。

（627）扁跗夕划蝽 *Hesperocorixa mandshurica* **(Jaczewski, 1924)**（图版XIX-12）

别名：西原划蝽。

识别特征：体长约10.5 mm，宽约3.5 mm。头下侧略圆隆，腹下侧淡黄色。头下侧两眼间略凹，前胸背板前缘中间纵脊约为背板长的1/4；前胸背板的细皱纹较爪片、革片明显。前胸背板具6～7条黄横纹，常分叉；前翅爪片及革片具规则的断续黄斑纹，膜片具蠕虫状黄花纹。后胸腹突短，似等边三角形。雄性头前部两眼间向前圆突，前胸背板及腹部下侧基部黑褐色。前足跗节具1列齿，由31或32个齿组成，腹背右侧摩擦器大，呈长椭圆形，由7～8栉片组成。

分布：河北、黑龙江、吉林、辽宁、内蒙古、北京、天津、山西、山东、河南、陕西、甘肃、新疆；蒙古国，俄罗斯（远东），韩国，日本，哈萨克斯坦，欧洲。

（628）小划蝽 *Micronecta quadriseta* **Lundblad, 1933**（图309）

识别特征：体长3.2 mm，宽1.5 mm，卵形。背面淡黄褐色，腹面黄白色。复眼紫黑色。前胸背板同头部部分嵌合，小盾片三角形，褐色。前翅有数条黑纹。前足短而粗壮，用于捕食及挖泥取食腐殖质等。中足长，适于握持水中物体。后足粗扁，有缘毛，适于游泳。雄性有发音器官，由前足跗节上的1排小刺和前足腿节内侧的1粗糙板块组成，两者相碰击时，便发出1种响亮尖锐的吱吱声。

捕食对象：水螨、水中线虫和多种水蚤等。

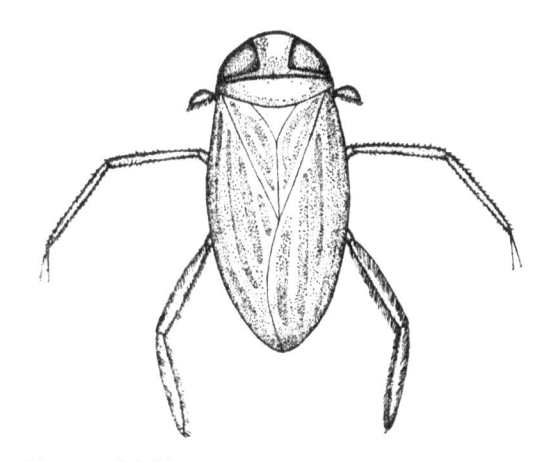

图309 小划蝽 *Micronecta quadriseta* Lundblad, 1933（引自章士美等，1985）

分布：河北、辽宁、山东、江苏、上海、浙江、江西、湖南。

（629）饰副划蝽 *Paracorixa armata* **(Lundblad, 1934)**（图版XX-1）

识别特征：体长4.5～6.0 mm。后足第2跗节褐色，有时不太明显，前足跗节粗壮圆刀形，侧面具1排粗刺；后足跗节细瘦，尖卵形。阳茎基侧突弯镰状，基部粗大，端部较细，几成直角形弯曲。

分布：河北、黑龙江、吉林、辽宁、内蒙古、山西、山东、河南、陕西、宁夏；蒙古国，俄罗斯（远东），哈萨克斯坦。

（630）纹迹烁划蝽 *Sigara* (*Vermicorixa*) *lateralis* (Leach, 1817)（图版XX-2）

识别特征：体长约 5.1 mm，宽约 1.8 mm。前胸背板皱纹较爪片明显，革片及膜片光滑；前胸背板具 7~8 条黄横纹，宽于其间的褐色纹。爪片的黄斑不规则，革片具断续黄色横纹斑，膜片黄色斑零乱。后胸腹突长三角形。后足第 1 跗节的端部及第 2 跗节黑褐色。雄性头的前缘两眼之间前突，头下侧平坦，下半部毛稀疏；前足跗节具 1 列齿，由 27~31 齿组成，其端部 6~7 长齿尖；腹背右侧摩擦器小，通常由 3~4 栉片组成；第Ⅶ腹板亚中突呈短舌状，端缘具长毛。

标本记录：赤城县：1 头，黑龙山林场林区检查站，2016-Ⅶ-7，闫艳采；灵寿县：1 头，五岳寨风景区西木佛，2015-Ⅶ-25，袁志采。

分布：河北、北京、天津、内蒙古、宁夏；欧洲。

（631）横纹划蝽 *Sigara substriata* (Uhler, 1897)（图 310）

识别特征：体长 6.0 mm，宽 2.0 mm，近于长筒形，初羽化时银白色，以后渐变深，为淡黄褐色。复眼黑色，喙宽短。前胸背板与头部分嵌合，露出部分半圆形，上有 5~6 条黑横纹。小盾片极小，三角形。前翅密布不规则的黑刻点和条纹。前足粗短，腿节粗大，胫节极短，几合为 1 节，跗节粗大，上有刚毛，内侧略凹陷，边缘有许多小刺；中足细长，有刚毛，跗节末端 2 爪；后足为游泳足。雄性具发音器官，其由前足跗节的 2 排小刺和前足腿节基部内缘的 1 粗糙板块组成，当两者碰击时，可发出 1 种响亮的吱吱声。

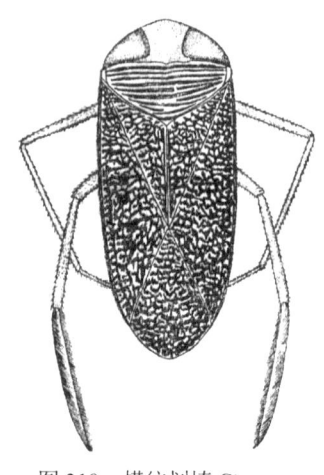

图 310 横纹划蝽 *Sigara substriata* (Uhler, 1897)（引自章士美等，1985）

捕食对象：摇蚊幼虫、水底线虫、水螨和多种水蚤。

分布：河北、吉林、辽宁、山东、河南、江苏、上海、安徽、浙江、湖北、江西、湖南、广东、云南；朝鲜，日本，俄罗斯（西伯利亚）。

117. 黾蝽科 Gerridae Leach, 1815

体小型至大型（1.6~36 mm），纺锤形，被灰白色毛；体色暗，多为黑色、黑褐色、暗褐色或棕色，花斑不明显；体下侧被细密银白色短细毛。头平伸，无单眼。触角 4 节，显伸，第 1 节最长。喙 4 节，直而粗壮，不紧贴于头下侧。前胸背板极为发达，向后延伸，尤其是无翅类型将中胸背板全部遮盖。翅有或无，如有则前翅质地均一。足细长；前足显短，用于捕捉猎物；中、后足细长，向四周伸开，用于水面上划行；跗节 2 节，末节端部分叉。腹部小，缩入胸部后端。

世界已知 8 亚科 65 属 1700 多种，世界性分布。中国记录 5 亚科 20 属 75 种，多数种类终生生活于陆地湖泊、池塘等静水水域及流动的溪流水面，捕食水面小型无脊椎动物，包括水中生活的吸血性双翅目蚊虫，也常吸取鱼和青蛙尸体的体液，也捕食水中的甲壳类和其他小型动物。本书记述河北地区 2 属 4 种。

（632）圆臀大黾蝽 *Aquarius paludum* (Fabricius, 1794)（图 311）

识别特征：体长雄性 11.0～16.0 mm，雌性 13.0～17.0 mm；体宽雄性约 2.7 mm；雌性约 3.9 mm。黑色。头宽略大于长，头顶后缘具 1 黄褐色短弯斑；喙短粗，伸达前足基节；复眼发达，肾形。触角细长，褐色，短于体长之半，第 1 节远长于第 2+3 节长度之和。前胸背板黑色，后叶有时红褐色，后叶两侧边缘黄色，前、后缘略弯曲，黑色；中纵线明显可见，前叶中纵线具 1 黄色细纵条。前翅黑褐色或黑色；短翅型个体翅端伸达第Ⅳ或第Ⅴ腹节背板。后足腿节显长于中足腿节。分长翅型和短翅型 2 种。腹部黑色，下侧脊状隆起，侧接缘黄褐色。雄性缘刺突长而明显，长过腹末。雌性侧接缘的刺突超过腹末且弯曲。

标本记录：赤城县：1 头，黑龙山黑龙潭，2015-Ⅶ-31，闫艳采；1 头，黑龙山连阴寨，2015-Ⅷ-6，尹悦鹏采；1 头，黑龙山三岔林区，2015-Ⅷ-13，闫艳采；平泉市：4 头，辽河源张营子，2015-Ⅴ-15，巴义彬、关环环采；3 头，辽河源，2015-Ⅷ-7，关环环、卢晓月采；灵寿县：1 头，五岳寨风景区游客中心，2017-Ⅶ-19，张嘉采；9 头，五岳寨国家森林公园七女峰，2017-Ⅶ-18，张嘉、魏小英采；42 头，五岳寨风景区游客中心，2017-Ⅷ-16，张嘉、尹文斌采。

分布：中国；蒙古国，俄罗斯（远东、西伯利亚、欧洲部分），朝鲜，日本，越南，泰国，印度，缅甸，中亚，中东，欧洲。

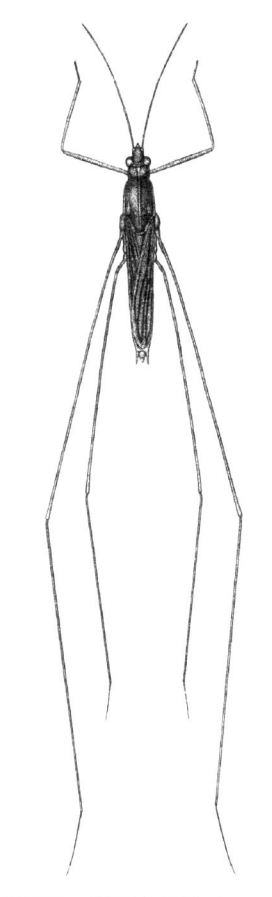

图 311　圆臀大黾蝽 *Aquarius paludum* (Fabricius, 1794) 背面观（引自彩万志等，2017）

（633）微黾蝽 *Gerris* (*Gerris*) *nepalensis* Distant, 1910

别名：蝎黾蝽。

识别特征：体长 8.2～8.9 mm，宽约 2.1 mm。黑色。头宽显大于长，头顶后缘可见 1 弯曲黄色长斑，有时被分成左右 2 小斑；唇基向前突出，复眼半球形；喙短粗，黑褐色，伸达前足基节。触角褐色，细长，第 1 节显著长于第 2 节。前胸背板较长，黑褐色，被短毛，中纵线隐约可见，仅前叶中线具 1 黄斑，侧缘黄色，前缘靠近复眼后缘。翅黑褐色。腹部细长，黑褐色，两侧缘近乎平行，侧接缘黄褐色；雌性及长翅型雄性第Ⅶ腹板端角向后呈尖刺状伸出，雄性刺突微突。雄性腹部第Ⅷ腹板近基部具2丛银灰色毛。足黄褐色，仅前足胫节大部分黑褐色。同1种有长翅型和无翅型之分。

标本记录：赤城县：2头，黑龙山林场林区检查站，2015-Ⅸ-2，闫艳、牛一平采；邢台市：1头，宋家庄乡不老青山风景区牛头沟，2015-Ⅵ-16，郭欣乐采。

分布：河北、黑龙江、内蒙古、北京、天津、陕西、江苏、上海、浙江、湖南、台湾、广东、四川；俄罗斯，朝鲜半岛，日本，越南，泰国，尼泊尔，孟加拉国。

（634）沙氏黾蝽 *Gerris* (*Gerris*) *sahlbergi* Distant, 1879（图版 XX-3）

识别特征：体狭长（长 10.9～13.0 mm，宽 2.5～3.1 mm）。暗褐色。触角4节，第1节杆状，第2节、第3节棒状，第4节长纺锤形。复眼大而突出，红褐色，椭圆形，其内侧头后缘有2三角形黄斑。喙4节，黑色，超过中胸腹板前缘。前胸背板前叶中央有1浅色纵带，侧缘浅褐色，后叶2黄褐色椭圆形斑，侧缘具浅褐条纹。足浅褐色，前足腿节粗壮，侧缘有条状黑色区，胫节与腿节等长，跗节黑褐色，中足和后足腿节等长，胫节短于腿节，各足跗节2节，前端具爪。长翅型，前翅长达腹部第Ⅶ节背板后缘，翅基部中央具1小型浅色斑，末端有1大型浅色斑，翅脉具短绒毛。胸部腹面暗褐色，被银白色绒毛，后胸臭腺孔突起明显，黑色；雄性生殖节末端向后延伸，雌性第Ⅶ腹节后角内卷，被稀疏长毛，第Ⅷ节腹板基部两侧有叶状隆起。

分布：河北、内蒙古、宁夏、甘肃、新疆、福建；俄罗斯，印度，阿富汗，塔吉克斯坦，乌兹别克斯坦，吉尔吉斯斯坦，阿尔及利亚。

（635）细角黾蝽 *Gerris* (*Macrogerris*) *gracilicornis* (Horváth, 1879)

识别特征：体长 10.0～14.8 mm，宽 3.3 mm。粗壮，酱褐色；头黑褐色，具酱褐斑；腹下侧黑色，隆起呈脊状，侧缘酱褐色。触角长约为体长之半，第1节略弯，略长于头；喙黄褐色，伸达前足基节。前胸背板具较浅横皱，中纵线显著，为完整的浅色条纹；前叶中纵线两侧各1较大黑斑；中胸两侧被直立短毛；前缘直，侧缘略弯曲。雌性第Ⅶ腹节端角尖；雄性第Ⅷ腹板下侧1对椭圆形凹陷，其上被银白色毛。雌性腹部侧接缘向后延伸而呈钝三角形刺突，其长接近第Ⅷ腹节后缘，不超过腹末。前足腿节淡黄色，外侧颜色渐深至褐色。中后足长，中足第1跗节长约是第2节的2.5倍。多为长翅型。

标本记录：邢台市：11头，宋家庄乡不老青山风景区牛头沟，2015-Ⅵ-16，郭欣乐采；35头，宋家庄乡不老青山风景区牛头沟，2015-Ⅶ-2，郭欣乐、张润扬采；22头，宋家庄乡不老青山风景区牛头沟，2015-Ⅶ-3，郭欣乐采；灵寿县：2头，五岳寨，2016-Ⅶ-07，巴义彬、张嘉采；5头，五岳寨银河峡，2016-Ⅴ-19，牛一平、牛亚燕采；12头，五岳寨银河峡，2016-Ⅴ-22，牛一平、牛亚燕采；15头，五岳寨风景区游客中心，2017-Ⅶ-14，张嘉、尹文斌采。

分布：河北、内蒙古、天津、山东、陕西、宁夏、湖北、福建、台湾、广东、广西、四川、贵州、云南；俄罗斯，朝鲜，日本，印度北部，不丹。

5）仰蝽总科 Notonectoidea Latreille, 1802

118. 仰蝽科 Notonectidae Latreille, 1802

体长 5.0～15.0 mm。白色、灰白色或具蓝色斑。以背面朝下、下侧朝上的姿势生活在水中。整个身体流线型，向后变为狭尖，背面纵隆呈船底状。腹下侧凹，具 1 纵中脊。复眼大。触角 3～4 节，部分露出于头外。喙短。前翅膜片无脉。前、中足变形不大，跗节 2 节，但第 1 节短小，爪 1 对，发达；后足发达呈扁桨状，胫节及跗节具长缘毛，跗节 2 节，发达，爪退化。前足腿节基部具 1 栉齿状摩擦发音构造，可与喙侧或基部的突起状构造摩擦发音。腹部中脊两侧凹区两侧具长毛。雄性生殖节两侧对称或略不对称。

世界已知 2 亚科 11 属 400 余种，世界性分布，在池塘中捕食小型无脊椎动物及蝌蚪和鱼苗等，也叮咬人。中国记录 4 属 31 种。本书记述河北地区 1 属 2 种。

（636）中华大仰蝽 *Notonecta chinensis* Fallou, 1887（图 312）

识别特征：体长约 13.5 mm，宽约 4.8 mm。红黄色；头、前胸背板浅褐黄色；头侧接缘呈绿色；小盾片黑色；前翅红黄色或红褐色，具 1 波浪形蓝黑带，有的分散为斑纹，从爪片接合缝延伸到前翅前缘；前翅革片黑斑面积小，呈小斑状，位于端缘内半部；膜片蓝黑色。头长约是前胸背板的 4/7。前胸背板侧缘波曲状，前角略突。小盾片稍长于前胸背板。膜片前裂片等长于后裂片。雄性前足转节中间 1 尖齿；中足转节基呈角状突起。

图 312 中华大仰蝽 *Notonecta chinensis* Fallou, 1887 背面观（引自章士美等，1985）

捕食对象：库蚊、按蚊、伊蚊等水生昆虫幼虫，蜉蝣、蜻蜓等稚虫。

标本记录：邢台市：1 头，宋家庄乡不老青山风景区牛头沟，2015-Ⅶ-2，郭欣乐采。

分布：河北（太行山）、辽宁、北京、山西、山东、江苏、安徽、湖北、江西、湖南、福建、广东、广西、四川、贵州、云南；日本。

（637）碎斑大仰蝽 *Notonecta montandoni* Kirkaldy, 1897（图 313）

识别特征：体长 15.5～16.0 mm，宽 5.2～5.7 mm。长椭圆形。褐红色或黄红色；头部橙黄色，复眼褐色；前胸背板前缘橙黄色，中部具红斑，后缘黑色，具光泽；小盾片黑色；前翅革片部分橘红色，足褐黄色，中后部常具许多黑碎斑；膜片黑色；体腹面黑褐色。头略长于前胸背板之半。前胸背板梯形，表面光滑，宽大于长；侧缘近于直，前半部略凸出，前角正常，侧缘近于直线；侧角圆钝，靠近小盾片的后缘基部直。盾片略长于前胸背板；爪片接合缝短于前胸背板之长；前翅基半部布一些碎斑。膜片前后裂片等长，雄性前足转节无钩或齿；中足转节基部几呈直角；中足腿节端部下侧 1 齿。雄性生殖囊下侧端部 1 细长指状突起，后叶尖细，尾向平截。

分布：河北、河南、江苏、安徽、浙江、福建、湖北、江西、湖南、广东、广西、四川、贵州、西藏；日本，缅甸，印度。

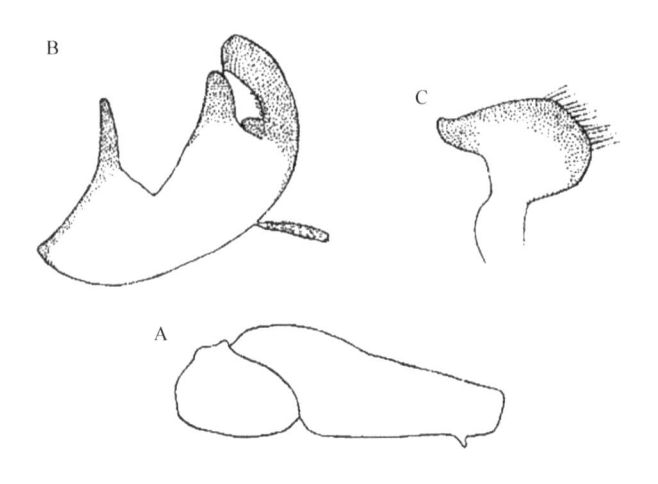

图 313　碎斑大仰蝽 *Notonecta montandoni* Kirkaldy, 1897（引自彩万志等，2017）
A. 中足转节；B. 生殖囊；C. 右抱器

B. 臭蝽次目 Cimicomorpha Leston, Pendergrast & Southwood, 1954

1）花蝽总科 Anthocoroidea Fieber, 1836

119. 花蝽科 Anthocoridae Fieber, 1836

体长 1.4～5.0 mm。触角第 3～4 节纺锤形，较第 2 节略细或呈线形。喙直，长短不等，第 1 节退化，第 3 节最长。臭腺蒸发域形状不同，臭腺具 1 囊和 1 开口。前翅具楔片缝，膜片具 4 脉。前足胫节具海绵窝，偶极度退化或缺失。腹部有背侧片，体下侧片与腹板愈合；腹部第 1 气门缺。

世界已知 9 族 67 属约 600 种，捕食蚜虫、蚧、木虱、粉虱、蓟马、螨虫、跳虫等小型无脊椎动物。中国记录 7 族 17 属 93 种。本书记述河北地区 6 属 17 种。

（638）黑头叉胸花蝽 *Amphiareus obscuriceps* (Poppius, 1909)（图版 XX-4）

识别特征：体长 2.4～2.9 mm，宽 1.0～1.1 mm。黄褐色，长椭圆形，稀布直立或半直立长毛，毛长超过复眼直径之半。头顶黑色，前端稍浅；复眼黑，其上具短毛；头顶后缘 1 横列半直立长毛，其长接近复眼直径。触角除第 2 节基部 3/4 黄色外，余节污黄褐色，第 2 节被毛略长过该节直径，第 3 节、第 4 节细，被毛长过该节直径 2.0 倍以上。前胸背板侧边黑褐色；领窄而明显，后缘 1 列刻点；侧缘微凹，略呈薄边状，近四角各 1 直长毛；胝区隆起，前半两侧各 1 小凹窝，胝后下陷较深；后叶刻点浅稀，中间浅宽凹，略横皱状。小盾片基角及侧缘发污，中部凹，基部和端部隆起。前翅黄褐色，楔片内缘深褐色，爪片基部和小盾缘、爪片接合缝两侧、内革片及楔片略污暗；爪片外侧大部及外革片具光泽；

膜片污灰褐；爪片和外革片被毛较密。喙黄褐色，长超过前足基节。足深黄色，腿节被毛长不超过该节直径。

分布：河北（北戴河、蔚县、小五台山、邯郸、昌黎）、辽宁、内蒙古、北京、天津、山东、河南、陕西、甘肃、江苏、浙江、湖南、台湾、海南、广西、四川、云南；日本。

(639) 小原花蝽 *Anthocoris chibi* Hiura, 1959（图版 XX-5）

识别特征：体长 2.3~2.7 mm，宽 0.8~1.0 mm。黑色，雄体两侧平行，腹部略宽。头顶中部光滑，具毛数根；雄性触角全黑褐色，第 2 节中段及第 3 节基部 1/4 至基半黄色至黄褐色，其余黑褐色。触角毛长不超过该节直径。喙伸达前足基节后缘。前胸背板被毛稀短，金黄色；领发达，横皱明显；侧缘略凹，前半薄边状；前角圆；胝区小而平，具浅横皱；与领等长，中部有纵毛列，将胝区分为左右两部分，胝后下陷浅宽，横皱清晰。小盾片被毛较长略弯，金黄色。前翅被毛多数平伏，少数直立或半直立，爪片和内革片上的毛银白色，显弯和稠密，外革片和楔片毛金黄色，略弯，直立和半直立毛较爪片和内革片丰富；爪片和内革片油污状，余地光滑呈黑褐色，仅革片基角和楔片缝内侧色淡；膜片污暗，端半和基角浅黑褐色，中段浅灰色。足基节和腿节黑褐色，转节、胫节和跗节黄色或黄褐色，后足胫节被毛略长过该节直径。

分布：河北、黑龙江、吉林、山东、甘肃、安徽；俄罗斯（远东），日本。

(640) 混色原花蝽 *Anthocoris confusus* Reuter, 1884（图版 XX-6）

识别特征：体长 3.1~3.8 mm，宽 1.0~1.3 mm，略狭长。头黑；头顶中部有若干毛，呈"Y"形分布，头顶后缘 1 横列长毛。触角第 2 节中段淡色，其余褐色，被毛长度等于或略长过该节直径。前胸背板侧缘稍凸；前角垂缓；毛平伏，稍短，后缘部分被毛半直立；领皱刻清晰；胝区略隆，中部具纵毛列；胝后下凹略深，后叶横皱明显，达于后缘。前翅褐色，外革片基半污黄色，楔片缝内侧 1 淡黄色小圆斑，爪片、内革片、外革片内侧及楔片内角污暗，外革片端半外侧和楔片大部具光泽；外革片侧缘近中部稍凹；膜片浅污褐色，在亚基部和楔片端角后具淡色斑。足褐色，转节黄色，有时胫节色淡，胫节毛长不超过该节直径。

分布：河北（雾灵山、小五台山、平泉、围场）、黑龙江、内蒙古、新疆、四川；蒙古国，俄罗斯（西伯利亚、库页岛），日本，哈萨克斯坦，欧洲，突尼斯。

(641) 萧氏原花蝽 *Anthocoris hsiaoi* Bu & Zheng, 1991

识别特征：体长 3.6~4.0 mm，宽 1.3~1.5 mm。体黑色，全体具光泽。头宽短，眼前部分长与眼前缘以后部分长之比为 1.0∶1.0，雄性第 1 触角节黑褐色，第 2 节黄褐色，两端黑褐色，第 3 节基半黄褐色，端半部和第 4 节黑褐色；雌性第 2 节仅基部 1/4 黑褐色，第 3 节全黄褐色；第 2 节毛不长于该节直径，第 3 节、第 4 节毛略长于该节直径。前胸背板毛长，稠密和半直立，长过复眼直径之半，前角毛长约与复眼直径等长；侧缘近于直或微凹，前半略狭边状；领上皱刻清晰，胝后缘下陷较深，后叶具稀浅刻点，中部皱刻状。前翅深栗褐色至黑褐色，外革片基半部淡黄白色，楔片缝内端色淡，膜片灰褐色，楔片后角之后有淡色斑；密布半直立长毛，长约为复眼直径之半；前翅略超过腹末。足基节、腿节两端、前足胫节两端及中后足胫节黑褐色，腿节中段及前足胫节污黄褐色，但颇多变异，胫节毛长超该节直径。

分布：河北、北京、陕西、甘肃、湖北、四川、云南。

(642) 淡边原花蝽 *Anthocoris limbatus* Fieber, 1836（图版XX-7）

识别特征：体长约 3.1 mm，宽约 1.1 mm。体色较淡。头黑，眼前部长；头顶被毛若干且极短。触角第 2 节基部 3/4 及第 3 节基半浅色，其余深褐色，被毛长不超过该节直径。前胸背板前 2/3 黑色，后 1/3 浅黄色，界限清晰；侧缘略凹，前角圆缓；被毛稀；领横皱明显；胝区光滑，中部无纵毛列，胝后浅凹宽，中部横皱明显，达于后缘。前翅被毛稀短，爪片接合缝两侧、内革片端部、楔片均褐色，革片的其他部分淡色；膜片与前翅革片相接处具 1 较宽的倒"V"形白色区域，余地灰褐色。足浅褐色，胫节毛长不超过该节直径。

分布：河北、内蒙古；蒙古国，俄罗斯（西伯利亚、阿尔泰、乌苏里斯克），欧洲。

(643) 帕氏原花蝽 *Anthocoris pericarti* Bu & Zheng, 2001

识别特征：体长 3.6~3.9 mm，宽 1.2~1.3 mm。长椭圆形。头漆黑，具光泽；头顶毛稀疏，呈"V"形分布。触角黑褐色，第 2 节基半部黄褐色，向端部渐深，被毛长不超过该节直径。前胸背板黑色，后角有时色浅；毛平伏且稀短；侧缘中部略内凹，前半略薄边状；前角垂缓；领上皱刻清晰；胝区较广，较隆起，光滑，约占前叶的 4/5，中纵线处 1~2 列具毛刻点，胝后缘浅凹；后叶刻点清晰，低平，中部皱刻状，达于后缘。前翅爪片基部、后缘、爪片接合缝两侧、外革片端部、内革片端部内侧、楔片两侧和后角均褐色，其余淡黄白色，但深浅色斑间界限模糊。前翅合拢时外侧略平行，略超过腹末；膜片灰褐色，亚基部和楔片端角后灰白色。喙黑褐色，伸达前足基节。头、胸部下侧黑褐色，腹下侧红褐色至黑褐色，第Ⅷ腹板黄褐色。足黄褐色，基节和第 3 跗节黑褐色，胫节被毛长过该节直径。

分布：河北（小五台山、蔚县）、甘肃。

(644) 西伯利亚原花蝽 *Anthocoris sibiricus* Reuter, 1875

识别特征：体长 3.6~4.0 mm，宽 1.3~1.5 mm。全体具光泽，被短毛。头黑；头顶中部仅有数毛，非"Y"形分布，头顶后缘 1 列横毛。触角全黑褐色，被毛长达或略超过该节直径。前胸背板黑色，侧缘微凹，具 1 列短毛；领上横皱清晰；胝区小，中部具纵毛列，胝后浅宽凹；后叶横皱明显，达于后缘。前翅色斑变化较大。足基节、腿节黑褐色，转节浅褐色，胫节浅褐色至深褐色，胫节被毛长不超过该节直径。

分布：河北（承德）、内蒙古、山西、宁夏、甘肃、青海；蒙古国，俄罗斯（西伯利亚），欧洲。

(645) 原花蝽 *Anthocoris ussuriensis* Lindberg, 1927

识别特征：体长 3.3~4.0 mm，宽 1.2~1.4 mm。体略狭长。头黑；头顶中部的数毛呈"Y"形分布，头顶后缘 1 半直立横列毛。触角第 2 节中段浅褐色，其余褐色，伏毛长不超过该节直径，少数毛直立，其长略超过该节直径。前胸背板黑色，后角及后缘略浅；领、胝区及胝后区域大约各占前胸背板长的 1/3；领较发达，皱刻明显；侧缘平直，前半部狭边状，前角垂缓；胝区低平，中部具纵毛列，胝后浅凹宽，后叶横皱不明显，胝后中部略凹。前翅被毛略密，爪片及内革片内侧少部分污浅褐色，外革片及内革片外侧大部褐色，具强光泽；楔片黑褐色，光泽强；楔片缝内侧 1 浅色小斑，爪片接合缝端部淡色；膜片浅褐色，在亚基部和楔片端角后具淡色斑。足浅褐色，胫节被毛不长过该节直径。

分布：河北（北戴河、张北、丰宁、康保、蔚县）、黑龙江、辽宁、陕西、湖北；蒙古国，俄罗斯（乌苏里斯克）。

（646）黑翅小花蝽 *Orius agilis* (Flor, 1860)

识别特征：体长 1.8～2.1 mm，宽 0.7～0.8 mm。体较狭长，黑褐色至黑色。头顶中部具纵毛列和刻点，呈"Y"形分布；两单眼间 1 列横毛。雄性触角较粗，被污褐色密毛，第 2 节、第 3 节基部淡色或黄褐色，雄性第 4 节偶呈黄褐色；第 3 节、第 4 节被毛略超过该节直径。前胸背板侧缘直，薄边状，雄性的较宽，短于或等于眼直径；胝区平，中纵线具刻点和毛，将胝分为 2 叶，胝后下陷明显，胝区前、后区域刻点均较深，横皱状。前翅爪片和革片黑褐色；膜片烟灰色或灰褐色。足褐色，前、中足腿节端部及前、中足胫节，后足胫节端半部淡黄色，前、中足腿节基部，后足腿节，后足胫节基半部褐色至黑褐色，胫节被毛长过该节直径。

分布：河北（廊坊）、内蒙古、甘肃；蒙古国，俄罗斯（西伯利亚），欧洲。

（647）荷氏小花蝽 *Orius horvathi* (Reuter, 1884)

识别特征：体长 1.8～2.3 mm，宽约 0.9 mm。体黑褐色至黑色，光泽强。头前端黄褐色，头顶中部近乎光滑，两单眼间具 1 横列毛，触角第 1～4 节黑褐色，第 3 节、第 4 节毛长略超过该节直径。前胸背板侧缘微凹，呈薄边状；四角无直立长毛；被毛稀；胝区隆出显著，在前角处下陷深，后缘下陷较深；后叶中间略呈凹痕状，胝区前后的刻点较深，成横皱状。前翅爪片和革片淡色，楔片大部黑褐色，有时革片后端深色或整个前翅为黑褐色。足黄色或黑褐色而前足胫节黄色，胫节毛长略超过该节直径。

分布：河北（兴隆、围场）、内蒙古、宁夏、甘肃南部、广东、四川。

（648）微小花蝽 *Orius minutus* (Linnaeus, 1758) （图版 XX-8）

识别特征：体长 1.8～2.3 mm，宽约 0.8 mm。头深褐色，头顶中部有"Y"形分布的纵毛列，两单眼间具 1 横列毛，雄性触角第 1～4 节褐色，雌性第 2 节，有时第 3 节基部大半黄色，其余褐色；第 3 节、第 4 节被毛略长于该节直径。前胸背板深褐色；四角无直立长毛；侧缘微凹，前半呈薄边状；胝区较隆出，中部有纵列刻点毛，其后缘下陷明显，胝区之前及前胸后叶刻点较深，横皱状。前翅爪片和革片淡色，楔片大部赤褐色或端部色深；被毛长而密。足淡黄色或腿节深色，后足胫节偶黑褐色，胫节被毛不长过该节直径。

分布：河北（北戴河）、黑龙江、辽宁、内蒙古、北京、天津、山东、河南、甘肃、新疆、浙江、湖北、湖南、四川；俄罗斯，朝鲜，欧洲，非洲北部。

（649）明小花蝽 *Orius nagaii* Yasunaga, 1993

识别特征：体长 1.9～2.2 mm，宽 0.8～0.9 mm。体狭长。头、前胸背板、小盾片栗褐色至黑褐色。头前端色浅，头顶中部有若干呈"V"形分布的刻点列，两单眼间具 1 列毛。触角基部 2 节黄色，端部 2 节褐色，有时雄性第 4 节基半部色浅，雌性有时第 3 节基半部或全部黄色，其上被毛长接近或略大于该节直径。前胸背板被毛短稀；领横皱状；胝区略大，完整且光滑，较隆起，中部具 1～2 列纵毛列，胝后浅凹，与后叶在同一水平；后叶刻点粗糙，中部略呈横皱状；侧缘较直，中部向内略凹，除后角外，全薄边状，向前略宽。小盾片中部凹陷，横皱状。前翅除楔片端角褐色外，其余均黄色，膜片浅灰褐色；翅合拢时两侧略平行。足黄色，基节基半部和爪褐色。体下侧深褐色至黑褐色。

分布：河北（邯郸）、天津、山东、陕西、安徽、浙江；日本。

（650）东亚小花蝽 *Orius sauteri* (Poppius, 1909)（图版 XX-9）

识别特征：体长 1.9～2.3 mm，宽 0.8～0.9 mm。头黑褐色，头顶中部具"Y"形分布的纵毛列，两单眼间具 1 横列毛。触角第 1 节、第 2 节污黄褐色，第 3 节、第 4 节黑褐色，第 3 节、第 4 节被毛等于或略长于该节直径。前胸背板黑褐色；四角无直立长毛；侧缘微凹（雄）或直（雌），全部或大部分为薄边状；胝区弱隆，中线处具刻点及毛，胝后下陷清晰，胝区前、后刻点横皱状；雄性前胸背板较小。前翅爪片和革片淡色，楔片大部黑褐色或仅端部色深，膜片灰褐色或灰白色。足淡黄褐色，腿节外侧色较深；胫节被毛长不超过该节直径。

分布：河北（廊坊、昌黎、兴隆、雾灵山）、黑龙江、吉林、辽宁、北京、天津、山西、河南、甘肃、湖北、湖南、四川；俄罗斯（远东），朝鲜，日本。

（651）长头截胸花蝽 *Temnostethus reduvinus* (Herrich-Schaeffer, 1853)（图版 XX-10）

识别特征：体长 2.4～2.8 mm，宽 0.8～0.9 mm。褐至黑褐色，被毛短稀。头细长，光亮黑褐色。头顶中部光滑无毛，后端皱刻状；触角第 1 节、第 2 节两端各 1/4、第 3 节端部 1/4 或 1/2 和第 4 节黑褐色，第 2 节中段、第 3 节基部 3/4 或 1/2 黄褐色，除第 1 节外各节被毛略长过该节直径，第 4 节被毛密。前胸背板污黑褐色，后角略淡，被毛稀短；侧缘直，呈狭薄边状；领上具横皱；胝区稍隆起，横皱浅而细密，胝后下陷不明显；后叶中部宽凹，横皱状。前翅爪片、内革片端部、外革片基部与端部大部及楔片褐色，内革片基部和中部及外革片亚基部浅黄褐色，楔片缝内侧 1 淡色小斑；外革片侧缘中部较直（短翅型亚端部凸出）；膜片基部及楔片后角后方具淡色斑，3 条脉明显。喙黑褐色。足基节和腿节黑褐色，胫节、跗节黄褐色或深褐色，胫节被毛长过该节直径。

分布：河北、北京、天津、甘肃；蒙古国，中亚，欧洲。

（652）黑色肩花蝽 *Tetraphleps aterrimus* (J. Sahlberg, 1878)（图版 XX-11）

识别特征：体长 3.4～4.2 mm，宽 1.5～1.6 mm。黑褐色。头顶中间刻点稠密，刻点列由此向前侧方延伸。触角黑褐色，各节被毛略长过该节直径。领较宽，前胸背板侧缘直，呈薄边状，前角较宽；前角垂缓；胝区较小且平坦，中纵线 2 行纵毛列；除胝区外，整个背板皱刻状，胝后浅凹，胝后皱刻横列，达于后缘；被毛平伏，短而稠密。前翅仅楔片缝内侧、膜片亚基部及楔片后角之后各 1 白斑，外革片外缘偶黄褐色，膜片深灰褐色；前翅刻点和短皱刻密布，外观较为粗糙；被毛短而密，平伏或半直立。喙黑褐色，伸达前足基节。足黑褐色，基节和腿节的端部均红色，胫节内侧黄褐色，胫节被毛不长过该节直径。

分布：河北（承德）、黑龙江、吉林、内蒙古、山西、宁夏、新疆；蒙古国，俄罗斯（西伯利亚、远东），日本，中亚，中欧。

（653）仓花蝽 *Xylocoris cursitans* (Fallen, 1807)（图版 XX-12）

识别特征：体长 1.8～2.0 mm，宽约 0.9 mm。短翅型体长椭圆形，深栗褐色。头前端色浅，头顶略皱刻状，复眼被短毛。触角黄褐色，第 2 节被毛长近于或略超过该节直径，第 3 节、第 4 节细，被毛长超过该节直径 2.0 倍以上。前胸背板深栗褐色；领明显，浅横皱状；前半光滑，略隆起，刻点极为稀疏；后叶中部宽浅凹并呈横皱刻状，侧缘略直。小盾片深栗褐色。前翅栗褐色，被毛长而密，长过腹部第 Ⅱ 腹节中部；膜片极短，浅褐色。喙黄色，超过前足基节。腿节深栗褐色，胫节黄褐色。前、后足胫节较膨大，胫节被毛密，后足胫节被毛和刺长均超过该节直径。腹背和腹板黑褐色，仅第 Ⅰ～Ⅱ 节具侧背板。

分布：河北（廊坊）、天津、黑龙江、内蒙古；全北区。

（654）日浦仓花蝽 *Xylocoris hiurai* Kerzhner & Elov, 1976（图版 XXI-1）

识别特征：体长 2.2～2.8 mm，宽 1.0～1.1 mm。长椭圆形。头深褐色，前端色浅，头顶较光滑，复眼较小，被毛短。触角第 1 节、第 2 节黄褐色；第 2 节端部色深，第 3 节、第 4 节黑褐色；第 2 节被毛长近于或略超过该节直径，第 3 节、第 4 节细，被毛长超过该节直径 2.0 倍以上。前胸背板和小盾片深栗褐色；前胸背板侧缘直；前角垂缓；领不明显；前叶略隆起；后叶中部及亚中部浅凹呈横皱刻状，被毛两侧密，中部稀。前翅灰白色，仅爪片缝两侧和楔片内侧绿色深，被毛稀长。喙黄色，长过前足基节。足的基节、腿节、后足胫节均黄褐色，前、中足胫节黄色，前、后足胫节较膨大，被毛密，后足胫节刺长过该节直径，被毛长接近该节直径。腹下侧黑褐色。翅长过腹末。

分布：河北、北京、天津、河南、福建、广东；日本。

120. 细角花蝽科 Lyctocoridae Reuter, 1884

体长 2.0～6.0 mm。头平伸。触角 4 节，第 3 节、第 4 节线状，较第 1 节、第 2 节显细。喙直，伸达腹部基部，第 1 节很短，第 2 节、第 3 节较长，第 3 节显长于第 2 节或第 4 节。有臭腺沟缘，臭腺具 1 囊。前足胫节有海绵窝。前翅具 1 明显的楔片缝；膜片具 1～4 条脉。腹部有背片，体下侧片与腹板愈合，缺第 1 腹气门。雄性生殖器呈尖针状，雌性第 Ⅶ 腹板前缘有内突。

世界已知仅 1 属约 30 种，主要分布于北半球。中国记录 1 属 4 种。本书记述河北地区 1 属 2 种。

(655) 东方细角花蝽 *Lyctocoris* (*Lyctocoris*) *benefices* (Hiura, 1957)（图版 XXI-2）

识别特征：体长 3.2～3.8 mm。长椭圆形。头深栗褐色，前端色浅，头顶中部有略呈"V"形的刻点列；复眼较突出，毛极短。触角污黄褐色，第 2 节基半色浅，第 2 节毛长不超过其直径，第 3 节、第 4 节细，被毛超过其直径的 2.0 倍以上。前胸背板和小盾片深褐色；前胸背板长；领不明显，侧缘较凹，薄边状；胝区较隆起，中部平坦，中纵线具 1 列刻点，后缘凹入较深，后叶中间浅凹，两侧深凹呈三角形，凹区呈横皱状；整个背板除胝区中部外布稠密刻点和短毛。小盾片基半光滑，布零星小刻点，端半皱刻状。前翅污黄白色，爪片基部白色覆盖物被去掉后呈透明状，楔片后沿浅黄褐色，刻点较密，毛着生于刻点前缘，膜片浅灰白色，半透明；外革片长约 1.2 mm，楔片长约 0.7 mm。喙黄色，伸达中足基节。足黄褐色，胫节刺长过其直径。

分布：河北、北京、天津、山东、河南、陕西、江苏、浙江、湖北、江西、广东、广西、四川、贵州；日本。

(656) 斑翅细角花蝽 *Lyctocoris* (*Lyctocoris*) *variegatus* **Péricart, 1969**

识别特征：体长 3.4～3.9 mm，宽 1.4～1.8 mm。长椭圆形。头深褐色，前端色浅，头顶具略呈"V"形的刻点列并被短毛。触角第 1 节和第 2 节黄褐色，第 3 节和第 4 节黑褐色。前胸背板深褐色，后缘黄色；领不明显，侧缘直，前半薄边状，前角处最宽；胝区较隆，后缘浅凹，中纵线上刻点几不成列；后叶中部及亚中部浅凹。小盾片深褐色，端角黄色，基半刻点较稀，端半皱刻状，且端半被毛指向中部。前翅布块状色斑，爪片基部、中部、爪片接合缝两侧、内革片基部、两侧和端部具黄斑，外革片全深色，楔片之前的褐斑呈 3 纵带状，楔片褐色，膜片亚基部浅色，余地褐色；革片刻点密，毛生于刻点之前，被毛短，平伏，膜片端部皱纹状；前翅向后渐窄明显。喙浅黄褐色，达于中足基节。足黄褐色，腿节中部、胫节两端有时色深，腿节刺长略超过该腿节直径。

分布：河北、北京、天津、山东、江苏；俄罗斯（高加索地区）。

2）姬蝽总科 Nabioidea A. Costa, 1853

121. 姬蝽科 Nabidae A. Costa, 1853

体小型，长椭圆形，长 5.0～14.0 mm，多为暗色，有些种类具鲜艳的红色或黄色斑纹。触角细长，4 节。喙 4 节，弯曲，一般第 1 节长过头后缘。具单眼。足细长，前足捕捉式。前翅分革片、爪片及膜片，分长翅型和短翅型，但有些种类无翅。

世界已知 3 亚科 20 属 500 多种，全部为捕食性，捕食蚜虫和毛虫。中国记录 2 亚科 14 属 77 种。本书记述河北地区 4 属 7 种。

(657) 山高姬蝽 *Gorpis brevilineatus* (Scott, 1874)（图版 XXI-3）

识别特征：体长 9.5～10.5 mm，腹部宽 2.3～3.2 mm。体污黄色，体毛黄色。触角第 2 节顶端、爪片顶角及侧接缘端部均为浅褐色，头下侧中间、中胸及后胸腹板中间、腹下侧基半部中间褐色或黑褐色，中胸侧板中域及后胸侧板后缘各1黑斑点，各足腿节端半部均2 不清晰的浅褐色环纹。各足具稀疏长毛，下侧具黑色小齿；中足腿节与胫节等长；后足腿节稍弯曲，胫节下侧具1行排列整齐的栉毛。

分布：河北、辽宁、河南、陕西、甘肃、浙江、湖北、江西、湖南、福建、海南、广西、四川、云南；俄罗斯，朝鲜，日本。

（658）日本高姬蝽 *Gorpis japonicus* Kerzhner, 1968（图版XXI-4）

识别特征：雄性体长11.5～12.8 mm，腹部宽2.1～2.2 mm。体浅黄色，被有稀疏淡色亮毛，具红色、橘黄色、淡褐色斑纹。触角第1节、第2节，各足腿节顶端及胫节基部红色，前胸背板前叶两侧及前翅膜片翅脉淡褐色。背板后叶两侧橘黄色，前翅爪片外缘、革片内缘红色，革片中部斑常由红色变暗，前足腿节外侧有2个斑，内侧中部具1斑，红色，但多数干标本前足上的斑非常不明显或无。前胸背板前叶光亮。圆隆，后叶刻点浓密而明显。前翅超过腹末。雄性腹部第Ⅶ腹板前缘中间具长突，顶端略弯。抱器中部宽阔，外叶顶端钝，内叶顶端尖锐。

分布：河北、北京、山东、河南、陕西、浙江、福建、海南、四川、贵州；俄罗斯，朝鲜，日本。

（659）泛希姬蝽 *Himacerus* (*Himacerus*) *apterus* (Fabricius, 1798)（图版XXI-5）

识别特征：雄性体长9.0～11.5 mm，宽约3.0 mm（短翅型）；雌性体长10.5～11.0 mm（短翅型）；长翅型体长11.0～11.5 mm。暗赭色，布淡色短亮毛，斑和晕斑淡黄色或暗黄色。第2触角节及各足胫节具淡色环斑。前胸背板后叶色暗，淡色斑纹隐约可见。小盾片黑色，仅两侧中部各1橘黄色小斑。前翅各部分均具浅褐点状晕斑。前足腿节背面具暗黄色晕斑，外侧斜向排列的9暗斑之间为淡黄色，前足胫节亚端部及基部各1淡黄色环斑，内侧2列黑褐色小刺；后足胫节中部褐色域具4淡色斑。雄性（短翅型）第1触角节与头等长。前胸背板前叶与后叶之间两侧各1暗黄色圆斑。前翅达第Ⅴ腹背前端。雄性生殖节端部平截。

标本记录：赤城县：1头，黑龙山东沟，2015-Ⅷ-6，闫艳采；1头，黑龙山二道沟，2015-Ⅷ-25，闫艳采；围场县：1头，木兰围场新丰挂牌树，2015-Ⅷ-07，宋烨龙采；平泉市：3头，辽河源自然保护区，2015-Ⅷ-13，巴义彬、卢晓月采；灵寿县：2头，五岳寨风景区游客中心，2017-Ⅶ-28，李雪、魏小英采。

分布：河北、黑龙江、辽宁、内蒙古、北京、天津、山西、山东、河南、陕西、宁夏、甘肃、青海、新疆、江苏、浙江、湖北、广东、海南、四川、云南、西藏；俄罗斯，朝鲜，日本，哈萨克斯坦，格鲁吉亚，欧洲，非洲，加拿大。

（660）双环希姬蝽 *Himacerus* (*Stalia*) *dauricus* (Kiritshenko, 1911)

识别特征：体长8.2～13.0 mm。黑色，具红斑。头下侧黄色；两单眼之间、前胸背板侧缘及后缘、前足及中足基节白边缘、前足基节两侧、各足腿节基端及中部的环、腹部侧接缘各节的基半部均为深橘红色。前胸背板前叶短于后叶，中间具深纵沟，后叶后角钝圆，后缘直。前翅亮褐色，长过腹末。生殖节中纵带黄色，后缘中部阔角状端半部向后伸，抱器黑色，棒状，顶端较膨大。

分布：河北、山西、甘肃、四川；蒙古国，俄罗斯（东西伯利亚、远东），朝鲜，乌兹别克斯坦，吉尔吉斯斯坦，哈萨克斯坦，土耳其，欧洲。

（661）华海姬蝽 *Nabis* (*Halonabis*) *sinicus* (Hsiao, 1964)

识别特征：体长 7.5～8.8 mm，宽 2.4～2.7 mm。灰黄色，斑纹褐色和黑色，被灰白色亮短毛。头两侧及下侧深褐色，中间略具 1 浅色或黑褐色纵条纹。前胸背板前叶中间 1 宽黑纵纹，两侧各 1 褐纹，稍后方两侧各 1 云形沟；后叶具浅褐色模糊斑。小盾片中间黑色，两侧黄色或橘黄色。前翅具暗色晕斑，膜片色浅，翅脉褐色。各足具褐斑，爪黑色。腹下侧两侧各 1 褐色宽纵纹，腹部腹面中间有断续纵条纹，侧接缘各节外侧前端黑褐色；背板深褐色。眼前部分的头两侧平行，眼后显窄，眼大、突出，侧视几占头高的全部；单眼显著，单眼之间的距离约等于各单眼与复眼之间的距离。前胸背板前叶中部稍隆起，与后叶分界横缢甚浅，前叶中间黑纵纹宽于小盾片中央黑纵纹，背板后叶后缘平直。第 1 触角节显短于头的长度。膜片超过腹末。

分布：河北、天津、山西、新疆；俄罗斯，朝鲜。

（662）北姬蝽 *Nabis* (*Milu*) *reuteri* Jakovlev, 1876（图 314）

识别特征：体长约 7.0 mm，腹宽 2.4～2.5 mm。黄褐色。头背面暗黄色，中央黑褐色，复眼前后黑色，眼的前方两侧平行，后端向后显著狭窄。触角第 1 节短于头宽。前胸背板梯形，黄褐色，中央 1 条黑褐色纵带，中央横沟明显，前端两侧具云形斑纹。小盾片中央及基部黑色，两侧褐色。前翅革片末端具褐色斑点及稀疏短毛。前足腿节粗大，长约为宽的 5.0 倍。腹部腹面黑色，侧接缘各节基角黑色，腹面具红色纵纹。

标本记录：赤城县：1 头，黑龙山西沟，2016-Ⅶ-2，闫艳采。

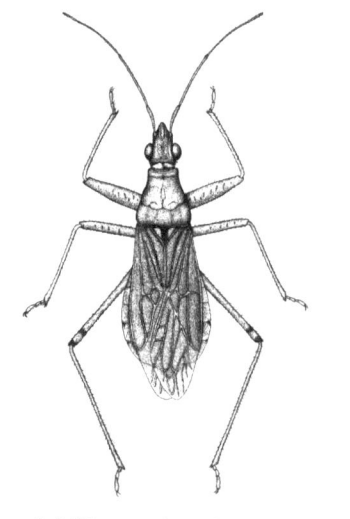

图 314 北姬蝽 *Nabis*（*Milu*）*reuteri* Jakovlev, 1876 背面观（引自彩万志等，2017）

分布：河北、北京、黑龙江、吉林、山东；俄罗斯（西伯利亚）。

（663）长胸花姬蝽 *Prostemma longicolle* (Reuter, 1909)

识别特征：体长约 9.5 mm。黑色，头、前胸背板光亮。触角黄褐色，第 2 节显细于第 1 节。前翅短，长仅约 2.0 mm，超过小盾片顶端约 0.5 mm，橘红色或红色，其后缘膜片淡黄色。各足浅红棕色，前足腿节基部、中足及后足腿节顶端色暗，中足腿节下侧无成列的小刺。腹部宽约 3.4 mm，下侧具刻点。

标本记录：赤城县：1 头，黑龙山东沟，2015-Ⅷ-12，尹悦鹏采；平泉市：1 头，辽河源柳溪杨树林，2015-V-18，关环环采。

分布：河北、陕西、江苏。

3）盲蝽总科 Mirioidea Hahn, 1833

122. 盲蝽科 Miridae Hahn, 1833

体小型至中型，多数为长椭圆形或椭圆形，部分类群长梭形。头部多倾斜或垂直，下颚叶短小，无单眼。触角4节。喙4节。前胸背板梯形，前端常以横沟划分出1狭窄领圈。小盾片明显，其前方的中胸盾片后端露出，与小盾片连成一体。前翅爪片远伸过小盾片末端，爪片接合缝甚长；有楔片缝和楔片；膜片基部有1或2个封闭而完整的翅室。各足跗节3节，转节2节。前足跗节情况多样；1对副爪尖突，刚毛状或片状；在爪的内面或下面可具爪垫；在掣爪片和爪的基部交界处或在掣爪片的侧方可生育成对的肉质伪爪垫。臭腺沟缘常为耳壳状。

世界已知4亚科1300余属约10 000种。中国记录约150属560种。本书记述河北地区30属56种。

（664）白纹苜蓿盲蝽 *Adelphocoris albonotatus* (Jakovlev, 1881)（图版XXI-6）

识别特征：体长6.5～7.9 mm，宽2.2～2.9 mm。狭长。黑色具白纹。头黑色；触角第1节淡锈褐色，毛淡色，平伏，细短较密；第2～4节污紫褐色，第3节基部2/5及第4节基部淡黄白。喙伸达中足基节端部。前胸背板黑色，光泽弱，较前倾，整体明显饱满拱隆。胝模糊。盘区刻点极稀浅，几不可辨，后部具稀浅横皱，毛稀小、平伏、黑褐色。侧缘侧视明显钝圆。领黄色，毛黑色，直立，强劲。小盾片黑色，具横皱；爪片黑色，革片及缘片黑色，爪片基半部具1黄白色宽斜带；缘片外缘狭窄，黑色；半鞘翅在此斜带处略凹弯成束腰状，最宽处在楔片缝前的区域。爪片与革片被毛二型，平伏，毛色全同底色，白斑上的两种毛全为白色，黑色背景上的两种毛全黑，闪光丝状毛与刚毛状毛颇难区分。楔片较宽短，基半部具黄白色宽斜带。膜片黑褐色。

分布：河北（雾灵山、兴隆县）、黑龙江、吉林、陕西、甘肃、江苏、安徽、江西、四川；俄罗斯（远东），朝鲜，日本，印度，伊朗，土耳其。

（665）三点苜蓿盲蝽 *Adelphocoris fasciaticollis* Reuter, 1903（图版XXI-7）

识别特征：体长6.3～8.5 mm，宽2.3～3.0 mm。长椭圆形，淡黄褐色至黄褐色。头淡褐色，具光泽，额有成对的平行斜纹与头顶"八"字形纹带共同组成"X"形暗斑，或斑纹界限模糊而呈斑驳状。第1触角节淡污黄褐色至淡锈褐色，毛黑色。前胸背板光泽强，胝区黑色，呈横列大黑斑状；盘区后半具宽黑横带，有时断续成2横带，或2横带与两侧端的2黑斑；胝前及胝间区伏毛极少。小盾片淡黄色至黄褐色，侧角区域黑褐色；具浅横皱。足淡污褐色，腿节深色点斑较细碎。腹下亚侧缘区具1断续深色纵带纹。

取食对象：蒿类、葎草、地肤、甜菜、苜蓿、棉花、芝麻、大豆、玉米、高粱、小麦、番茄、马铃薯等。

标本记录：邢台市：2头，宋家庄乡不老青山风景区，2015-Ⅶ-19，郭欣乐采；涿鹿县：1头，小五台山杨家坪林场，2002-Ⅶ-11，石爱民等采；4头，小五台山杨家坪林场，2005-Ⅶ-10，李静等采；灵寿县：2头，五岳寨庙台，2015-Ⅶ-26，袁志、周晓莲采。

分布：河北、黑龙江、辽宁、内蒙古、山西、山东、河南、陕西、江苏、安徽、湖北、江西、海南、四川。

(666) 苜蓿盲蝽 *Adelphocoris lineolatus* (Goeze, 1778)（图版 XXI-8）

识别特征：体长 6.7～9.4 mm，宽 2.5～3.4 mm。头一色或头顶中纵沟两侧各 1 黑褐色小斑；毛同底色，或为淡黑褐色，短而较平伏。前胸背板胝色淡（同底色）或黑色，盘区偏后侧方各 1 黑圆斑，如胝为黑色时，黑斑多大于黑色的胝。小盾片中线两侧多 1 对黑褐色纵带，具浅横皱，毛同前胸背板。爪片内半常色变深，呈淡黑褐色，其中爪片脉处常呈黑褐宽纵带状，内缘全长黑褐色。梳状板背面略内凹，齿面凸，长约 0.3 mm，梳柄连于基部。针突中部粗，两端细。

标本记录：围场县：2头，木兰围场五道沟场部院外，2015-Ⅶ-07，赵大勇采；邢台市：5头，宋家庄乡不老青山风景区，2015-Ⅵ-18，郭欣乐采；2头，宋家庄乡不老青山风景区，2015-Ⅶ-9，郭欣乐采；6头，宋家庄乡不老青山风景区，2015-Ⅵ-13，郭欣乐采；6头，宋家庄乡不老青山小西沟上岗，2015-Ⅶ-20，常凌小、郭欣乐采；4头，宋家庄乡不老青山风景区，2015-Ⅶ-21，郭欣乐采；涿鹿县：8头，小五台山杨家坪林场，2005-Ⅶ-10，李静等采；灵寿县：2头，五岳寨花溪谷，2016-Ⅸ-01，张嘉、牛亚燕采；1头，五岳寨风景区游客中心，2016-Ⅶ-08，巴义彬采；1头，五岳寨瀑布景区，2017-Ⅶ-14，张嘉采；1头，五岳寨主峰，2017-Ⅷ-06，张嘉采。

分布：河北、黑龙江、吉林、内蒙古、辽宁、北京、天津、山西、山东、河南、陕西、宁夏、甘肃、青海、新疆、浙江、湖北、江西、广西、四川、云南、西藏；古北界。

(667) 黑头苜蓿盲蝽 *Adelphocoris melanocephalus* Reuter, 1903（图版 XXI-9）

识别特征：体长 7.7～9.8 mm，宽 2.8～3.2 mm，污黄褐色。头锈褐色至黑色，唇基变深，有时眼内侧呈红褐色；具光泽。第 1 触角节深锈褐色，毛同色。前胸背板前半及后缘狭横带黄褐色至淡橙褐色，盘区后半或大部黑色，宽横带状，带前缘不直，中间后凹，前缘各侧的中部亦后凹，带有时中断。小盾片平，污褐色，端角处色较淡，具横皱。爪片、革片与缘片淡污褐色；爪片内半部或沿内缘为宽阔黑褐色带；革片中部的纵带或长三角形大斑黑褐色；缘片外缘黑色。腿节紫黑色；胫节淡污褐色。腹下大面积紫黑色，侧方具 1 淡橙褐纵带。

标本记录：赤城县：1头，黑龙山北沟，2015-Ⅷ-18，牛一平采；1头，黑龙山望火楼，2015-Ⅷ-19，闫艳采；2头，黑龙山林场林区检查站，2015-Ⅸ-2，闫艳、牛一平采；灵寿县：1头，五岳寨瀑布景区，2017-Ⅶ-14，张嘉采；1头，五岳寨风景区游客中心，2017-Ⅷ-16，张嘉采；1头，五岳寨风景区游客中心，2017-Ⅶ-23，张嘉采；19头，五岳寨主峰，2017-Ⅷ-06，张嘉、李雪采。

分布：河北（赤城、雾灵山、平泉、灵寿）、辽宁、内蒙古、北京、天津、山西、甘肃。

(668) 黑唇苜蓿盲蝽 *Adelphocoris nigritylus* Hsiao, 1962（图版XXI-10）

识别特征：体长7.0~8.2 mm，宽2.1~3.2 mm。长椭圆形，淡褐色，微带锈褐色。唇基及下颚片深褐色至黑色；毛淡色，细密而蓬松；上颚片基部具淡色长毛。第1触角节污黄褐色或同体色，最基部色深，伏毛短而稠密；第2节基部及端部黑色，其余淡色，毛短而稠密；第3节、第4节污黑褐色或锈褐色，两端淡色。喙伸达后足基节端部。前胸背板一色；领毛长而直立，淡色；胝前及胝间具闪光丝状毛；盘区毛细，平伏，前侧角胝外侧区域具闪光丝状毛；刻点浅，较均匀，密度中等，横皱不明显。小盾片褐色或黑褐色，中纵纹淡褐色，具浅横皱。爪片及革片一色，或爪片及革片后半隐约的三角形区域略变深，刻点甚细浅而密，毛密，二型：毛黄褐色，半伏；银色闪光丝状伏毛明显，略粗；两种毛混合排列，长度相近。缘片外缘背视色不变深，侧视极狭细地黑褐色；楔片淡黄白色，端部黑褐色，有红晕，具稀疏黑色刚毛状毛。膜片烟黑褐色。腿节常具红褐色光泽，毛淡色且细密。

分布：河北、黑龙江、吉林、辽宁、北京、天津、山西、山东、河南、陕西、宁夏、甘肃、江苏、安徽、浙江、湖北、海南、四川、贵州。

(669) 斜斑苜蓿盲蝽 *Adelphocoris obliquefasciatus* Lindberg, 1934（图版XXI-11）

识别特征：体长8.2~9.0 mm，宽2.8~2.9 mm。体狭长，黑色，具白斑。头具光泽，喙伸达中足基节端部。触角黑色，第3节、第4节基部约1/4黄白色。前胸背板整体较前倾，背面扁拱。胝及胝前、胝间区几无光亮伏毛。盘区伏毛细短；刻点粗浅较稀。小盾片黑色，具浅横皱。爪片黑色；革片黑色，前内半沿爪片缝具1向后渐尖的黄白色斜带。缘片全黑。爪片与革片毛二型，两种毛大体均与底色相同，闪光丝状毛深色；刻点浅而细密，规则；楔片淡黄色，沿基缘窄黑，端部黑色。膜片烟黑褐色。体下及足全黑，仅臭腺沟缘完全白色。

标本记录：邢台市：6头，宋家庄乡不老青山风景区牛头沟，2015-Ⅶ-2，郭欣乐、张润杨采；2头，宋家庄乡不老青山风景区牛头沟，2015-Ⅶ-3，郭欣乐、张润杨采；11头，宋家庄乡不老青山风景区牛头沟，2015-Ⅶ-18，郭欣乐采；4头，宋家庄乡不老青山风景区牛头沟，2015-Ⅶ-30，郭欣乐采。

分布：河北、黑龙江、内蒙古、湖北；俄罗斯（远东）。

(670) 四点苜蓿盲蝽 *Adelphocoris quadripunctatus* (Fabricius, 1794)（图版XXI-12）

识别特征：体长7.0~9.0 mm，宽2.7~3.3 mm。狭椭圆形（雄性），较短宽（雌性）。头淡色；上颚片基部的丛毛粗黑，明显；头顶中纵沟后端两侧1对相向斜指的半直立黑色小刚毛；头其余部分色淡而细小。领毛黑色、粗直，排成不甚整齐的1~3行。盘区具1~2对黑斑，或完全无斑。小盾片单一淡色。半鞘翅颜色几乎一致；革片后半中间有时略变深，呈黄褐色。缘片外缘及楔片外缘狭窄地黑色，楔片最端部黑褐色；半鞘翅被毛二型；银白色闪光丝状毛密，刚毛状毛黑色，平伏，较直而强劲，略稀；两种毛均易脱落；刻点浅细均匀，较密。膜片烟黑褐色。足及体下淡色。

标本记录：赤城县：2 头，黑龙山北沟，2015-Ⅶ-10，闫艳采；4 头，黑龙山南地车沟，2015-Ⅶ-28，闫艳采；3 头，黑龙山南沟，2015-Ⅷ-9，闫艳采；2 头，黑龙山林场林区检查站，2015-Ⅸ-2，闫艳、牛一平采。

分布：河北、黑龙江、辽宁、内蒙古、北京、天津、山西、陕西、宁夏、甘肃、新疆、安徽、四川；俄罗斯，欧洲，非洲。

（671）淡须苜蓿盲蝽 *Adelphocoris reicheli* (Fieber, 1836)（图版 XXⅡ-1）

识别特征：体长 7.8～9.4 mm，宽 2.5～3.4 mm。体狭长，椭圆形。头光泽强，深栗褐色至黑色；头背被毛短细稀疏。前胸背板有强光泽，除淡黄色的领及胝前区外，全部黑色，相对平直；盘区稀刚毛状毛细、半伏；胝前及胝上的毛似盘区但更稀；盘区刻点稀浅；领直立大刚毛状毛黑褐色；较短小的淡色弯曲毛较少。小盾片略隆起，黑褐色，具弱光泽及浅横皱。爪片基 1/3 外侧黄白色，余部黑褐色。革片及缘片淡黄白色，革片后半中部具 1 黑褐色纵三角形大斑；缘片外缘黑色；楔片黄白色，基缘及基内角黑褐色，端角约 1/5 黑色；膜片黑褐色。腿节橙褐色或淡褐色，深色小斑色略深，散布少许红色细碎点斑，小毛白色细密；胫节淡黄白色，端部黑褐色。体下紫褐色；臭腺沟缘黄白色。

标本记录：赤城县：1 头，黑龙山森林景区，2015-Ⅷ-17，闫艳采；平泉市：2 头，辽河源自然保护区，2015-Ⅶ-21，关环环采；2 头，辽河源自然保护区，2015-Ⅷ-10，关环环、卢晓月采；灵寿县：4 头，五岳寨主峰，2017-Ⅷ-06，张嘉、李雪采。

分布：河北、黑龙江、内蒙古、山东、宁夏；俄罗斯，欧洲。

（672）中黑苜蓿盲蝽 *Adelphocoris suturalis* (Jakovlev, 1882)（图版 XXⅡ-2）

别名：中黑盲蝽。

识别特征：体长 5.5～7.0 mm。狭椭圆形，污黄褐色至淡锈褐色。头锈褐色，头毛淡色，细，较稀，触角黄褐色，第 2 节略带红褐色，第 3 节、第 4 节红褐色。触角毛淡色（第 1 节斜伸直立黑色大刚毛除外）。喙伸达后足基节。唇基或头的前端黑色；前胸背板 1 对大黑斑，或斑纹变小、颜色变浅；小盾片褐色或黑褐色，无浅色中纵脊；后足腿节具黑褐色及一些红褐色点斑，成行排列。体下方在胸部侧板、腹板各足基节及腹部下侧有黑斑，变异较大。

取食对象：棉花、苜蓿、苕子及锦葵科、豆科、菊科、伞形科、十字花科、蓼科、唇形科、大戟科、玄参科、石竹科、苋科、桑科、旋花科、藜科、胡麻科、紫草科植物。

分布：河北、黑龙江、吉林、辽宁、北京、天津、山东、河南、陕西、甘肃、江苏、上海、安徽、浙江、湖北、江西、广西、四川、贵州；俄罗斯（西伯利亚、远东），朝鲜，日本。

（673）带纹苜蓿盲蝽 *Adelphocoris taeniophorus* Reuter, 1906

识别特征：体长 7.1～8.6 mm，宽 2.6～3.0 mm。体较狭长，两侧较平行；污黄褐色，具深色斑。头淡褐色；毛淡色，刚毛状，较短；无明显的狭鳞状闪光丝状毛。前胸背板相对略平，淡黄褐色，具光泽，亚后缘区具 1 宽黑横带，有时中间间断，胝有时色略深，呈深褐色。刻点细浅，密度中等，较均匀。胝前及胝间区具闪光丝状伏毛，直立大型刚毛状毛黑色；盘区毛多为淡黑褐色，半伏，胝毛同盘区。小盾片污黑褐色，具浅横皱，毛同半鞘翅。爪片淡污黑褐色，革片后半中部色渐变深，大致呈三角形，刻点细密均匀，爪片刻点更为深大；缘片外缘黑褐色。半鞘翅毛二型；楔片淡黄色，外缘黑色，匀弧形，刚毛状毛常淡褐色至黑色。膜片烟黑褐色。腿节淡褐色或褐色，深色小斑常不明显。

分布：河北、陕西、四川。

(674) 皂荚后丽盲蝽 *Apolygus gleditsiicola* **Lu & Zheng, 1997**（图 315）

识别特征：体长 3.6～4.2 mm。体椭圆形，黄褐色；具光泽；头垂直，黄褐色；被毛稀疏；唇基端部约 3/4 黑色；上唇黑色。第 1 触角节黄褐色，端部具 1 极窄的褐色环；第 2 节褐色，亚基部具 1 黄褐色环，环的长度约为全长的 1/5；第 3 节、第 4 节除第 3 节基部黄白色外，均为褐色。喙伸达后足基节。前翅缘片后端具黑褐斑晕，或消失；革片端及楔片内侧具黑斑，楔片端黑色；足胫节具黑褐色刺，刺基具黑褐色小斑。

分布：河北、北京、河南。

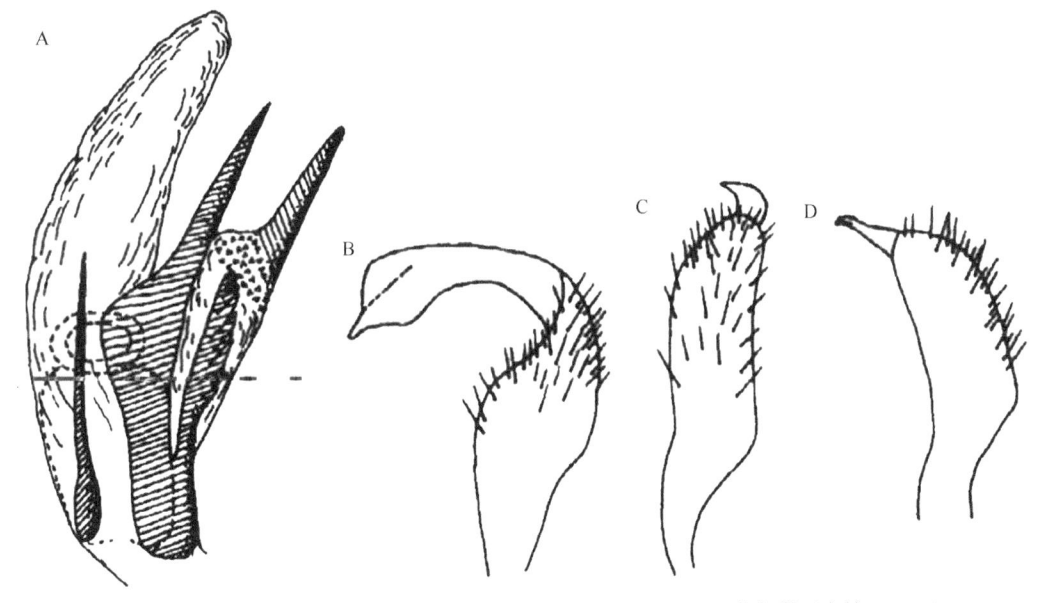

图 315 皂荚后丽盲蝽 *Apolygus gleditsiicola* Lu & Zheng, 1997（引自彩万志等，2017）
A. 阳茎端；B. 左阳基侧突；C、D. 右阳基侧突

(675) 绿盲蝽 *Apolygus lucorum* **(Meyer-Dür, 1843)**（图版 XXII-3）

别名：绿后丽盲蝽。

识别特征：体长 4.4～5.4 mm，体椭圆形。干标本淡绿色（生活时为鲜绿色），具光泽。头垂直；唇基端部 1/3～4/5 黑色。触角 4 节，第 2 节短于前胸背板宽度；前胸背板领较细，具淡色后倾的半直立毛，雄性较长。足胫节刺的基部无小黑点斑；前翅楔片全为绿色，端部无小黑褐斑。小盾片一色，少数个体端部色深；具浅横皱，毛向两侧渐长。半鞘翅缘黄

绿色或淡黄褐色；缘片侧缘微拱，侧视同色。

分布：河北、黑龙江、吉林、辽宁、北京、山西、河南、陕西、宁夏、甘肃、江苏、湖北、江西、湖南、福建、云南、贵州；俄罗斯，日本，欧洲，非洲北部，北美洲。

(676) 斯氏后丽盲蝽 *Apolygus spinolae* (Meyer-Dür, 1841) （图版 XXII-4）

识别特征：体长约 5.3 mm，宽约 2.4 mm。长椭圆形，鲜标本绿色，干标本淡黄褐色，具光泽。唇基端部 1/6～1/5 黑色，上唇淡色；额区隐约可见若干成对的平行淡色横纹；后缘嵴微前拱。头背视眼前部分长约等于眼长之半，显长于眼下缘至触角窝上端之间的距离；下颚片宽弧弯，整体斜行。触角黄绿色。喙伸达后足基节端部。前胸背板拱隆与前倾程度中等；侧缘（前端除外）直，后缘中段直。胝略隆出，二胝前半相连，并与胝前区连成一体。盘区刻点清晰，密度中等；毛短，半伏。小盾片具横皱。爪片与革片一色，刻点密，清晰；毛长度中等，密，半伏。楔片最端部深色，淡黑褐色至黑褐色。膜片透明，色浅，散布少量淡褐斑，基内角暗褐色。体下黄绿色或黄色。足黄绿色，后足腿节端部有 2 个褐色环。

分布：河北、黑龙江、北京、天津、陕西、甘肃、河南、浙江、广东、四川、云南；俄罗斯，朝鲜，日本，埃及，阿尔及利亚，欧洲。

(677) 红足树丽盲蝽 *Arbolygus rubripes* (Jakovlev, 1876) （图版 XXII-6）

识别特征：体长 8.0～8.3 mm，宽 2.7～2.8 mm。长椭圆形；背面黄褐色略带红褐色，略具光泽；被密银白色毛。头垂直，浅黄褐色，略带红色，具稀疏毛。唇基褐色；头顶深褐色，中纵沟明显，后缘嵴较弱；额区有 4～5 条深褐色短横纹。第 1 触角节红褐色至黑褐色；第 2 节基部黑色，其余黄褐色并有红色或黑色碎斑，仅基部略浅；第 3 节、第 4 节黑褐色，各节基部黄白色。喙伸达后足基节。前胸背板浅褐色，胝及胝前区黑色；前胸背板黑色，仅后缘的窄边偏黄色；刻点均匀；毛长密，银白色，半伏。领黄褐色。小盾片突出，具细横皱，黑色，基角和端角黄白色。前翅革片和爪片黑色，有时黄褐色至浅褐色；缘片色常略浅；革片 Cu 脉外侧、缘片内侧及缘片的顶角内侧变深，为红色至浅黑色；银白色毛长而密。楔片黑褐色至浅黑色，基黄白色，半透明，顶端色略浅；膜片烟褐色，大室内侧及翅室外具 1 浅色宽横带。胸下黄褐色至黑褐色，腹下黄黑色。各足基节淡黄褐色；腿节红褐色，3 对足腿节黄白色，前、中足腿节端部各具 1 褐环；后足腿节端部和中部各 1 黑褐环。胫节红褐色，胫节刺同色。

分布：河北，山西；俄罗斯（远东），日本。

(678) 榆毛翅盲蝽 *Blepharidopterus ulmicola* Kerzhner, 1977 （图版 XXII-7）

识别特征：体长 3.7～4.5 mm。体淡绿色，被淡褐色或褐色半倒伏毛。触角和足胫节淡褐色，跗节或跗节端褐色。触角第 1 节短，明显短于头宽，第 3 节短于第 2 节。膜片烟色，半透明，翅脉的端半部有时也呈绿色，在大翅室的后半部分靠外侧有 1 褐色小斑。

分布：河北、内蒙古、北京；蒙古国，俄罗斯（远东），朝鲜，日本。

(679) 黑角微刺盲蝽 *Campylomma diversicornis* Reuter, 1878（图版 XXII-8）

别名：异须盲蝽、异须微刺盲蝽。

识别特征：体长 2.7～2.8 mm。触角 4 节，第 1 节、第 2 节黑色，第 2 节最长，但短于头宽；口针浅棕色，顶部黑色，伸达中足基节间；体背面密布黑褐色微刺；足腿节端半部及胫节具黑斑点，胫节的黑色刺毛着生在黑点上。

分布：河北、内蒙古、北京、天津、山西、河南、陕西、宁夏、新疆、四川；俄罗斯，中亚，中东。

(680) 雅氏弯脊盲蝽 *Campylotropis jakovlevi* Reuter, 1904

识别特征：体长 6.9～7.3 mm。体黄褐色，头唇基黑色，头顶具 2 对黑斑，前对黑斑长三角形，后对近圆形；第 1 触角节橘红色，第 2 节黄褐色，后者约为前者长的 3.0 倍；中胸盾片外露，光滑，基部具 4 黑褐斑；前翅楔片基部黄白色，端大部红褐色至暗褐色。

分布：河北、北京；朝鲜。

(681) 粗领盲蝽 *Capsodes gothicus* (Linnaeus, 1758)（图版 XXII-9）

识别特征：体长 5.7～7.8 mm，宽 2.6～2.7 mm。雄性两侧较平行，前翅相对较长，伸过腹端较多；雌性两侧较圆拱，前翅较短，只达腹端。头黑色，光泽弱；头顶两侧眼内方具 1 黄白色斑，斜伸向内后方，毛稀，直立，黑色。触角黑色，长超过头。前胸背板淡黑褐色至黑褐色，胝色常较深，部分个体具 1 黄褐色中纵带；侧缘前端钝边状，与胝间具 1 下凹界限，黄白色，其后变宽，成 1 黄白色宽边。小盾片黄白色、橙黄色或锈黄色，侧缘基半及中胸盾片黑褐色；毛淡色及黑色，直立，短于前胸背板的毛。体下黑色，前胸侧板及前足基节大部黄白色，腹下侧区具 1 不明显黄色纵带。足及喙黑色。

标本记录：赤城县：1 头，黑龙山小西沟，2015-VII-20，闫艳采。

分布：河北、黑龙江、吉林、内蒙古、陕西、新疆；俄罗斯，哈萨克斯坦，欧洲。

(682) 法氏树丽盲蝽 *Castanopsides falkovitshi* (Kerzhner, 1979)（图版 XXII-5）

识别特征：体长 6.3～6.9 mm，宽 2.5～2.7 mm。体长椭圆形；雄性黑色，雌性浅黄褐色；具光泽；毛银白色。头垂直，雄性黑色，有时黑褐色，雌性浅黄褐色，有时略带橙红色；具稀疏短毛；头顶中纵沟浅，雄性沿沟具 1 "Y" 形斑，黄色，其两侧各 1 黄圆小斑；头顶后缘嵴窄，完整。触角第 1 节黑褐色，基部约 2/5 黄色；第 2 节基部约 3/5 黄褐色，端部近 1/2 黑色；第 3 节、第 4 节深褐色。喙伸达中足基节端部。前胸背板黑褐色或黑色，中间具 1 黄褐色纵带，几贯全长，有时该带于中部变宽；侧缘棱边下方具 1 黄色短纵带；后缘极窄地黄白色。半鞘翅浅黑色，革片 Cu 脉基部约 1/4 黄白色，爪片脉黄褐色。

取食对象：胡桃树。

分布：河北（雾灵山）、福建、四川；俄罗斯（远东），朝鲜，日本。

（683）暗乌毛盲蝽 *Cheilocapsus nigrescens* Liu & Wang, 2001（图 316）

识别特征：体长 12.5~13.0 mm，宽 3.5~4.0 mm。长椭圆形，两侧平行。头背视锈褐色，侧视唇基端半及上颚片下半以下均为淡黄色或淡黄绿色。触角第 1 节、第 2 节均为深褐色至紫黑褐色，一色或多色，毛相对粗密；第 1 节基部约 3/4 黄白色或淡黄绿色，端部约 1/4 黑色；第 4 节基部约 1/5 黄色，其余黑色。喙伸达中足基节。前胸背板黄褐色，略前倾；侧缘黑色，与眼后及领侧方的黑带相连续；胝间具 1 中间黑斑；后缘宽约为背板长的 1.8 倍；后侧角黑色。领粗，与触角第 2 节等粗，表面略具浅横皱，领和其后的胝间区中纵线为 1 连续的红褐色或黑褐色细纹。中胸侧板具 1 小黑斑。小盾片污褐色至污黑褐色，端部淡黄色。半鞘翅具横皱；爪片与革片为均一的深褐色至黑色，革片银白色丝状毛呈毛斑状；缘片黄色；楔片黄色，端角与基内侧色变深。膜片烟色，脉黑褐色。足长，腿节橙红色，具小黑斑点；胫节淡黄褐色或淡灰绿色，后足胫节基部 1/3~2/5 黑褐色。腹下淡黄色。

分布：河北、河南、陕西。

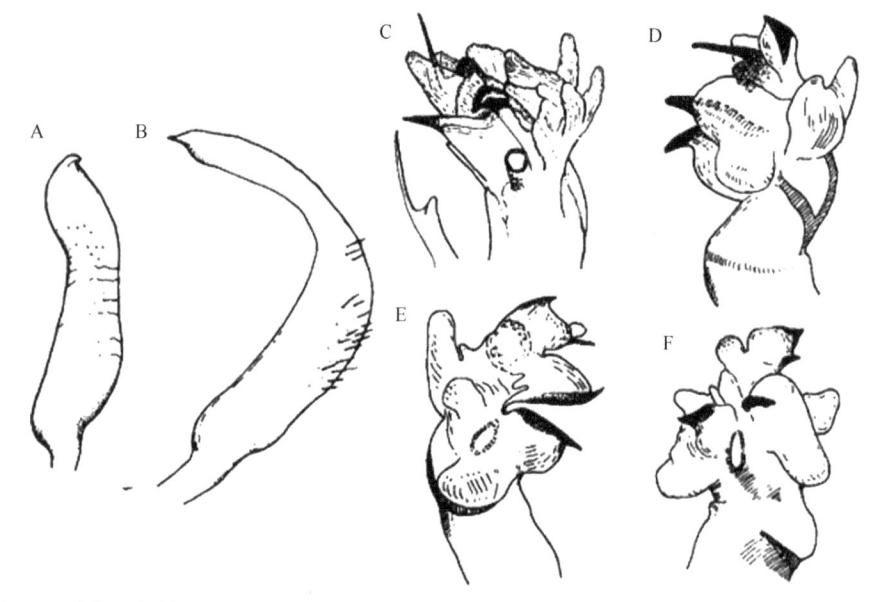

图 316 暗乌毛盲蝽 *Cheilocapsus nigrescens* Liu & Wang, 2001（引自刘国卿和卜文俊，2009）
A. 右阳基侧突；B. 左阳基侧突；C~F. 阳茎端

（684）花肢淡盲蝽 *Creontiades coloripes* Hsiao & Meng, 1963（图版 XXII-10）

识别特征：体长 6.8~7.1 mm，宽约 2.3 mm。黄褐色。头近于平伸，几乎无光泽，或唇基端半，上颚片、额区的平行横纹，头顶沿眼内侧及中纵沟常具红色光泽。触角淡黄色，第 1 节明显长于头宽，色略深或红色，散布红色小斑点，被毛淡色，稀疏且直立；第 3 节基部大，淡灰褐色，端部灰黄色。喙略伸过后足基节末端。前胸背板前缘的领片具直立毛，基部具点状黑斑。小盾片平，具横皱，深褐色或黑褐色，中央基半部有 1 对黑纵带，二带间的中纵纹淡黄色，向后渐成红褐色，至后端形成 1 黑斑；中纵纹后半部两侧淡色，散布一些小黑点斑及半直立或直立长毛。半鞘翅淡黄褐色或污黄褐色；革片在爪片端以后的内缘直至楔片内角狭窄地红色，或楔片内角成红褐色斑；前翅膜区翅脉红色；后足腿节端半部红褐色，故名"花肢"。

取食对象：棉花、苜蓿。

分布：河北、北京、山东、河南、陕西、湖北、江西、台湾、四川、贵州、云南；朝鲜半岛，日本，印度尼西亚，澳大利亚。

（685）丽胝突盲蝽 *Cyllecoris opacicollis* Kerzhner, 1988

识别特征：体长约 6.0 mm，细长，两侧近平行，体表光滑。头卵圆形，黑色，后缘靠近前胸背板前缘处 1 黄白斑；第 1 触角节红褐色，基部黄白色，第 2～4 节黑红色，近端部黑色。前胸背板黑色，后叶基部具白色横纹，中间 1 纵纹；小盾片端部淡黄色。前翅爪片基部黑色，端部黄褐色；革片色彩丰富，楔片白色，膜片黑褐色，半透明。前、中足黄色；后足红棕色，腿节基部淡黄色。

取食对象：栎属植物。

分布：河北、陕西、湖北；俄罗斯（远东），朝鲜半岛，日本。

（686）黑食蚜齿爪盲蝽 *Deraeocoris* (*Camptobrochis*) *punctulatus* (Fallér, 1807)
（图版 XXII-11）

识别特征：体长 3.6～4.8 mm，宽 1.6～2.2 mm。卵圆形，浅黄褐色，光滑，布粗刻点。头顶橘黄色，中间具大型纵黑斑，前端延伸到唇基，后端延伸到头顶后缘附近，但决不达横脊，后缘具宽黑横脊。复眼黑褐色。触角红褐色；喙红褐色，端部黑色，伸达中足基部前缘。前胸背板黄绿色至浅黄褐色，密布黑褐色粗刻点，盘区具 2 个纵向大黑胝；领污黄褐色，无光泽；小盾片红褐色至黑褐色，刻点明显。前翅革片草黄色至浅黄褐色，刻点同前胸背板；缘片外缘和楔片上布稀疏刻点；爪片顶端、缘片和革片结合处的中间、缘片端部、革片和楔片端部均具红褐斑；膜片灰黄褐色，翅脉浅红褐色。腿节基部大半红褐色，端部黄褐色，具不规则的红褐斑；胫节红褐色，亚基部具黄褐色环，密被半直立浅色短毛；跗节红褐色，密布半直立浅色短毛。腹下侧黑褐色至黑色，密布浅色半直立绒毛。

捕食对象：棉蚜等多种蚜虫。

标本记录：兴隆县：6 头，雾灵山，1973-Ⅷ-21，穆强、刘胜利采；张北县：8 头，张北镇，2005Ⅶ-21，李俊兰采。

分布：河北（雾灵山、蔚县、苍岩山、小五台山、景县）、黑龙江、内蒙古、北京、天津、山西、山东、河南、陕西、宁夏、甘肃、新疆、浙江、四川；日本，伊朗，俄罗斯（西伯利亚），土耳其，瑞典，捷克，德国，法国，意大利。

（687）斑楔齿爪盲蝽 *Deraeocoris* (*Deraeocoris*) *ater* (Jakovlev, 1889)（图版 XXII-12）

别名：黑齿爪盲蝽；食蚜齿爪盲蝽。

识别特征：体长 7.6～9.6 mm，宽 3.7～4.3 mm。体中等大小，长椭圆形；体色变化较大，以黑褐色至黑色者常见，有体呈橙黄色具黑斑者或纯橘黄色者；体表密布黑色刻点。

头顶黑褐色，光亮，后缘具黑色横脊，其前方区域黄褐色至红褐色。复眼黑褐色。触角第1节黑色，被深色半直立短毛。喙红褐色，伸达中足基节前缘。前胸背板多为黑色，少数橙色，密被较粗刻点；胝光亮、左右相连、稍突出，颜色随前胸背板颜色变化；领多为黑色，少数橙色或局部黑色，光亮。小盾片颜色多变，具较粗刻点，前翅革片光亮，有与前胸背板一样的刻点，颜色多变，从全黑色至局部橙黄色或全橙黄色，楔片中部无刻点，基部色浅，端部红褐色至黑褐色；翅室较大；翅脉黑褐色。腿节黑色，端部红褐色至褐色；胫节黄褐色至红褐色，密布浅黄褐色短毛；跗节和爪黑褐色。

分布：河北、黑龙江、内蒙古、北京、天津、山西、陕西、宁夏、甘肃、青海、江苏、湖北；俄罗斯（远东），朝鲜半岛，日本。

（688）柳齿爪盲蝽 *Deraeocoris* (*Deraeocoris*) *salicis* Josifov, 1983

识别特征：体长 6.0～6.8 mm，宽 2.8～3.0 mm。长椭圆形，浅橙黄色，体表光滑无毛；前胸背板及前翅革片上密布红褐色刻点。头顶浅黄色，光亮，后缘具横脊，其和头顶同色。唇基侧面红色。复眼黑褐色。触角浅黄褐色至红褐色，伸达中足基部后缘。前胸背板浅橙黄色，具红褐色刻点，胝后缘具细小刻点。胝橙黄色，光亮、左右相连、稍突出，两胝相连处下方 2 红褐色大凹陷。领浅黄色，光亮，其前缘和后绿色稍深。小盾片浅橙黄色，无刻点，明显低于前胸背板后缘，两侧区各 1 浅黄色斑，顶端红褐色，前翅革片上的刻点比前胸背板上的稀少；爪片、革片浅黄褐色，楔片、膜片黄白色，半透明；翅脉浅黄褐色。臭腺孔缘黄色。

标本记录：蔚县：2 头，小五台山，2000-Ⅶ-27，王鹏采；1 头，小五台山，1300 m，2000-Ⅶ-27，侯奕采；5 头，小五台山松枝口，1200 m，2000-Ⅶ-13，刘国卿、葛金城、侯奕采；2 头，小五台山，1300 m，2000-Ⅷ-3，王鹏采；2 头，小五台山，1200 m，2000-Ⅷ-3，郑爱华采。

分布：河北（小五台山）、内蒙古、北京、天津、陕西、宁夏、湖北；俄罗斯（远东），朝鲜半岛，日本。

（689）甘薯跃盲蝽 *Ectmetopterus micantulus* (Horvath, 1905)（图版 XXIII-1）

识别特征：体长 2.5～3.0 mm，宽 1.4～1.6 mm。椭圆形。黑色，体被易脱落的银白色鳞片状毛。头垂直，背视呈宽三角形，侧视向下颏伸长，眼外突，头顶宽阔。喙伸达后足基节。触角 4 节，红褐色，显长于体长，第 1 节及第 2 节基部黑色，后者端部褐色。前胸背板梯形，领狭，胝区不明显，后叶光滑。前翅革片黑色，楔片末端黄白色，膜片黑褐色，脉黑色；膜片及楔片强烈下折。腿节黑色，后足腿节变粗，端部红棕色；前中足胫节中段、后足胫节基部及亚端部、跗节（端部除外）黄褐色。后足腿节变粗，善跳。体下侧及足黑色，各足胫节前半部淡色。

标本记录：易县：125 头，清西陵，2000-Ⅷ-5，侯奕采。

取食对象：甘薯、黄瓜属植物、豇豆、菜豆、白菜、瓜类、草坪草、白三叶、稻等。

分布：河北（易县、北戴河）、北京、天津、山东、河南、陕西、甘肃、浙江、湖北、江西、湖南、福建、广东、海南、四川、贵州；朝鲜半岛，日本。

(690) 四川箬盲蝽 *Elthemidea sichuanense* Zheng, 1992（图版 XXIII-2）

识别特征：体较大，长 7.7~8.0 mm，宽约 3.0 mm。头顶两侧的黄褐色或锈褐色区域范围更大，雄性尤其如此。头后缘平坦，与颈间不成锐边。头顶相对更宽。前胸背板锈褐色或红棕色，具光泽；领无光泽，黄褐色或淡褐色；二胝不愈合，胝间区有浅皱刻。前翅革片全部深黑褐色，革片前缘及爪片接合缝处不变淡。腿节污褐色，端半部有 2 个不明显淡环；胫节污黄褐色，胫节刺基部小黑点斑较小。臭腺沟缘及蒸发域淡黄褐。腹下中间淡褐（雌性），或各侧中部淡色（雄性）；粉被覆盖区域较小，粉被较薄。

标本记录：邢台市：2 头，宋家庄乡不老青山风景区，2015-VI-18，常凌小采；3 头，宋家庄乡不老青山风景区牛头沟，2015-VII-2，郭欣乐、张润杨采；2 头，宋家庄乡不老青山风景区，2015-VII-13，郭欣乐采。

分布：河北、四川。

(691) 小欧盲蝽 *Europiella artemisiae* (Becker, 1864)（图版 XXIII-3）

识别特征：体长 2.8~3.0 mm，长椭圆形，无刻点，黑褐色，具大块灰白花斑，被半倒伏淡色长毛。头顶复眼内侧各具 1 近圆形淡色斑；触角第 1 节较粗，黄褐色，仅基部黑色；第 2 节长约是第 1 节长的 3.7 倍；第 3 节长约为第 4 节的 1.9 倍。喙伸达后足基节，第 1 节和第 2 节黄褐色，第 3 节和第 4 节黑褐色。前胸背板银灰色，梯形，前倾。表面光滑，密被较长的半倒伏黑色毛，夹杂淡色长毛；胝黄褐色，宽约是长的 2.0 倍；中胸盾片长条状，光滑；小盾片三角形，浅灰色；前翅楔片处浅黄色，膜片在近楔片端角处为浅色。前足、中足腿节污黄色，后足腿节黑色或暗褐色，各足胫节具刺，刺基具黑斑。体下侧黄褐色，光滑，密被黄色短毛。

取食对象：苦艾、北艾等菊科植物。

标本记录：蔚县：19 头，小五台山金河口林区，2000-VII，侯奕等采；围场县：2 头，围场机械林场，2000-VII-21，薛怀君采；隆化县：1 头，董存瑞烈士陵园，2000-VII-13，薛怀君采；张北县：油篓沟乡，2000-VII-14，薛怀君采。

分布：河北（蔚县、围场、隆化、张北、易县、雾灵山、平泉、兴隆）、黑龙江、吉林、辽宁、内蒙古、北京、天津、山东、河南、陕西、宁夏、新疆、安徽、湖北、江西、福建、海南、四川、云南；俄罗斯，朝鲜，日本，乌兹别克斯坦，哈萨克斯坦，阿塞拜疆，欧洲，北美洲。

(692) 眼斑厚盲蝽 *Eurystylus coelestialium* (Kirkaldy, 1902)（图版 XXIII-4）

别名：条赤须盲蝽。

识别特征：体长 4.8~6.5 mm，宽 1.3~1.6 mm。鲜绿色，干标本污黄褐色。头背具淡褐色至淡红褐色中纵细纹，又沿触角基内缘经眼内缘至头后缘具 1 淡褐色细纵纹。眼至触角窝间的距离约为第 1 触角节直径之半。触角红色，第 1 节有明显的红色纵纹 3 条，纹的边缘明确，具暗色毛，但不呈明显的硬刚毛状。喙明显伸过中胸腹板后缘，几达或略过中足基节后缘。前胸背板有时见隐约暗纵纹 4 条；前胸背板侧边区域具稀疏淡色小刚毛状毛，盘区毛几不可辨。小盾片中纵纹淡色，两侧有时亦有暗色纵纹。中胸盾片外露甚多。爪片与革片一色，毛黄褐色或淡褐色，短小，较稀，半伏。胫节端部及跗节红色、红褐色至黑褐色不等；后足胫节刺淡黄褐色。

分布：河北、黑龙江、吉林、辽宁、内蒙古、北京、天津、山西、山东、河南、陕西、宁夏、甘肃、新疆、江苏、浙江、湖北、江西、福建、广东、广西、四川、云南；俄罗斯（西伯利亚，远东），朝鲜，日本，欧洲，北美洲。

(693) 淡缘厚盲蝽 *Eurystylus costalis* Stål, 1871（图 317）

识别特征：体长 5.0～7.0 mm，厚实。触角黑色或黑褐色，第 2～4 节基部白色，第 1 节颜色有变化；复眼内侧具 1 黄褐斑，前方与触角基之间具 1 深色斑；前胸背板无明显斑纹；足胫节近中部背面具 1 白斑，后足腿节近端部具明显的白斑；后足腿节略弯。

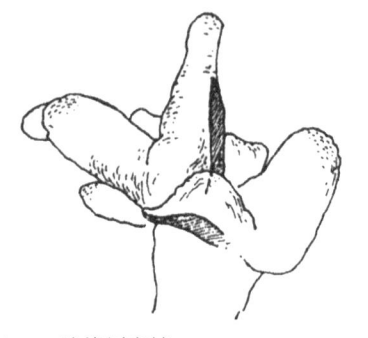

图 317 淡缘厚盲蝽 *Eurystylus costalis* Stål, 1871 阳茎端（引自彩万志等，2017）

分布：河北、北京、天津、山东、河南、陕西、甘肃、江苏、安徽、浙江、四川、云南；菲律宾，印度尼西亚（爪哇岛、苏门答腊岛）、太平洋岛屿。

(694) 完嵴丽盲蝽 *Lygocoris integricarinatus* Lu & Zheng, 2001（图版 XXIII-5）

识别特征：体略呈长形，长 5.6～6.5 mm，宽 1.9～2.2 mm。背面绿色至黄褐色，无深色斑；具黄褐色毛。头略前倾；雄性头顶宽约为头宽的 35%；头顶后缘嵴完整；唇基黄褐色，有时端部略变深为浅褐色。第 1 触角节黄褐色，有时下侧褐色；第 2 节色变深，污黄褐色至黑褐色。背板黄褐色，如为绿色，则胝区黄褐色；刻点细密，具黄褐色毛。小盾片同体色；基半部横皱明显。半鞘翅一色，楔片长约为基部宽的 2.0 倍；膜片烟褐色；紧贴大室后缘脉的膜片上具 1 褐色短横斑。足黄褐色，无斑；胫节刺黄褐色。体下侧黄色至黄褐色。

分布：河北、甘肃、四川。

(695) 皱胸丽盲蝽 *Lygocoris rugosicollis* (Reuter, 1906)（图版 XXIII-6）

识别特征：体长 7.3～9.6 mm，宽 2.4～3.2 mm。体较狭长，两侧近平行；背面绿色至黄褐色，无深色斑。头略前伸，黄褐色，略具光泽；头顶宽远窄于头宽；头顶后缘嵴完整，中纵沟较窄且深；唇基前突，与头同色。前胸背板绿色至黄褐色，胝及胝前区多为黄色；刻点细密；毛黄褐色至黑褐色，较短；具横皱；领浅黄褐色。小盾片黄褐色，微隆起，具横皱。半鞘翅黄褐色，略带绿色，刻点细密且浅；毛为黄褐色至黑褐色；楔片长约为基部宽的 2.3 倍。膜片烟褐色，大室端部外侧具 1 长黑斑，翅脉暗红色，偶黄褐色略带红色。足绿色至黄褐色，无斑。体下侧黄白色至黄褐色。

分布：河北、陕西、宁夏、甘肃、湖北、四川。

(696) 棱额草盲蝽 *Lygus discrepans* Reuter, 1906（图版 XXIII-7）

识别特征：体长 5.7~6.5 mm，宽 2.6~2.9 mm。椭圆形。淡污黄褐、黄绿色或砖红色，具黑斑纹，几无光泽或光泽弱。头多为单色，有时唇基端部黑色；头毛短；额区具若干平行横棱；头顶宽于眼。第 1 触角节背面污黄褐色，基部及下侧黑。前胸背板领毛长而密，略蓬松；胝后两侧各有 1 黑斑；后侧角具 1 黑斑；后缘区 1 对宽黑横带；盘区刻点深密，色略深于底色；毛淡黑褐色，半伏，前胸侧板有黑斑。小盾片黑斑"W"形。腿节黑斑连成纵带，端段 2~3 条褐环；胫节基部 2 黑褐斑。腹下全淡色（雌）或中区黑色（雄）。

标本记录：赤城县：11 头，黑龙山北沟，2015-VII-10，闫艳、李红霞采；12 头，黑龙山南地车沟，2015-VII-28，闫艳、尹悦鹏采；6 头，黑龙山马蜂沟，2015-VII-29，闫艳采；6 头，黑龙山连阴寨，2015-VIII-6，刘恋、尹悦鹏采；9 头，黑龙山北沟，2015-VIII-9，闫艳采；7 头，黑龙山马蜂沟，2015-VIII-21，闫艳采；邢台市：1 头，宋家庄乡不老青山风景区，2015-VI-18，郭欣乐采；平泉市：6 头，光头山，1984-IX-12，郑乐怡采。

取食对象：蒿属植物。

分布：河北（围场、雾灵山、平泉、赤城、邢台）、陕西、宁夏、甘肃、四川、云南。

(697) 雷氏草盲蝽 *Lygus renati* Schwartz & Foottit, 1998（图版 XXIII-8）

识别特征：体狭椭圆形，两侧平行，长 5.5~6.5 mm，宽 2.4~2.8 mm。淡黄褐色或淡橙褐色，常有红色成分，具光泽。头淡黄褐色，或具 3 红色至黑褐色纵带；唇基具倒"Y"形红纹，上颚片及下颚片背半红，或各缝间红色；额区无成对平行横棱，但可见隐约的深色横纹；雄性头顶狭于眼，雌性宽于眼；头背毛短小，半直立。前胸背板深色斑带较不发达，淡色个体仅胝内缘或内、外缘具 1 小黑斑；胝周边完整黑色或断续黑色。小盾片在雌性中黑斑甚小，仅基部中间 1 对三角形小黑斑或黑色短纵纹，雄性则黑斑多样，或与雌同，或 1 对侧纵带，橙黄色、橙红色或黑色。

分布：河北、内蒙古、青海、新疆、西藏；蒙古国，哈萨克斯坦。

(698) 长茅草盲蝽 *Lygus rugulipennis* Poppius, 1911（图版 XXIII-9）

识别特征：体长 5.0~6.5 mm，宽 2.5~3.1 mm。椭圆形，较狭。黄褐色、污褐色或锈褐色，常带红褐色光泽。头黄绿色至红褐色，具各式红褐色或褐色斑；额区具成对平行横棱纹或无，偶具红褐色横纹；头顶宽于眼。触角黄色、橙黄色、红褐色或深褐色不等。前胸背板具红褐色光泽，盘区常大范围具深色晕；胝淡色或周缘深色，可较粗或全部深色；前侧角具黑斑，可与胝区黑斑相连；胝后具 1~2 对黑斑或纵带，可伸达后缘黑带，纵带后半色淡或红褐色。中胸盾片外缘全黑或部分淡色。淡色个体小盾片基部中间仅 1 对相互靠近的三角形黑纵斑，伸达小盾片长之半或近末。

取食对象：菜豆、豌豆、茄属、蒲公英属、菊属、黑麦属、玄参属、车前属。

标本记录：赤城县：2 头，黑龙山北沟，2015-VII-10，闫艳采；15 头，黑龙山南地车沟，2015-VII-28，闫艳、尹悦鹏采；3 头，黑龙山马蜂沟，2015-VII-29，闫艳采；16 头，黑龙山三岔林区，2015-Ⅷ-4，闫艳、于广采；2头，黑龙山连阴寨，2015-Ⅷ-6，闫艳采；17头，黑龙山北沟，2015-Ⅷ-9，闫艳、尹悦鹏采；邢台市：1头，宋家庄乡不老青山风景区，2015-Ⅶ-1，郭欣乐采。

分布：河北（围场、丰宁、康保、赤城、邢台）、黑龙江、吉林、辽宁、内蒙古、河南、宁夏、新疆、四川、西藏；俄罗斯（远东），朝鲜半岛，日本，全北区。

（699）西伯利亚草盲蝽 *Lygus sibiricus* Aglyamzyanov, 1990（图版 XXIII-10）

识别特征：体长 5.2～6.5 mm，宽 2.5～2.8 mm。污绿色或污黄色，有时具褐色或锈褐色光泽。头可见隐约的深色横纹；额头顶区 1 对侧黑纵带纹。前胸背板由淡至较深不等，淡色个体在胝内缘处具 1 黑斑；胝外缘处具 1 黑斑，或胝边缘黑色；胝后 1～2 对黑色点状斑或伸长成黑带；侧缘前端、中部有黑斑或连成黑带，盘区刻点深而稀疏；毛短小；领毛亦短。小盾片具 3～4 条黑纵带。爪片脉两侧色深。革片后部具黑斑，中部纵脉后端区域及外端角黑斑明显；外侧具褐点斑；缘片最外缘黑色；楔片具浅刻点及淡色密短毛，基外角及端角黑，最外缘基部 1/3～1/2 黑；膜片烟色，沿翅室后缘为 1 深色带。后足腿节端段具 2 深色环，胫节具膝黑斑及膝下黑斑。腹下中间有黑斑。

标本记录：赤城县：2 头，黑龙山马蜂沟，2016-Ⅶ-6，闫艳采；1 头，黑龙山北沟，2015-Ⅶ-10，闫艳采；1 头，黑龙山东沟，2015-Ⅶ-24，闫艳采；3 头，黑龙山三岔林区，2015-Ⅷ-4，闫艳采；1 头，黑龙山连阴寨，2015-Ⅷ-6，闫艳采。

分布：河北、黑龙江、吉林、内蒙古、陕西、甘肃、四川；俄罗斯，朝鲜。

（700）烟盲蝽 *Nesidiocoris tenuis* (Reuter, 1895)（图版 XXIII-11）

识别特征：体长 3.0～3.2 mm。体纤细，密生微毛，黄绿色。头部绿色，复眼黑色。触角 4 节，褐色，较粗壮，多毛，第 1 节中部及第 2 节基部黑色，第 3 节、第 4 节褐色，但节间浅色。前胸背板绿色，中胸盾片明显，倒梯形。小盾板绿色突出，末端色浅。前翅前缘直，半透明，多毛，膜片白色透明。足细长，胫节基部黑色，有短毛和刺状毛，跗节末端黑褐色。

取食对象：烟草叶片及花蕾；捕食粉虱类、蚜虫、地中海粉螟、菜粉蝶幼虫、小菜蛾幼虫。

分布：中国；朝鲜半岛，日本，东洋区，古北区，中南美洲北部，澳大利亚，非洲。

（701）荨麻奥盲蝽 *Orthops mutans* (Stål, 1858)（图版 XXIII-12）

识别特征：体长 3.3～4.1 mm。长卵形，略具光泽。体背密布粗大刻点。头黄褐色，垂直，极宽短，有时头顶两侧及沿后缘嵴褐色；唇基黑褐色。整个头黑褐色，仅头顶有 2 条黄褐色纵纹直伸至额的端部；上颚片黄白色。第 1 触角节黄褐色。喙伸达中足基节。前胸背板黄褐色，胝前具 1 横褐斑，胝的后半部深褐色；后缘具 1 褐色宽横带；盘区黑色，仅中间具 1 黄褐色纵斑，刻点粗而深，具光泽。小盾片黄白色或灰白色，基部中间具 1 半圆形或三角形深褐斑，具粗刻点及细横皱。半鞘翅污黄褐色。体下侧黑褐色至黑色。雄性腹部下侧缘黄白色至浅黄褐色，雌性每节气门周围具 1 黄白色斑。

足黄褐色，基节和腿节基部有时浅褐色，后足亚端部有 2 模糊褐色环，有时不完整；胫节刺黄褐色。

标本记录：灵寿县：4 头，五岳寨花溪谷，2016-IX-01，张嘉、牛亚燕采。

分布：河北、内蒙古、宁夏、新疆、四川；蒙古国，哈萨克斯坦，俄罗斯（西伯利亚）。

(702) 杂毛合垫盲蝽 *Orthotylus flavosparsus* (Sahlberg, 1842)（图版XXIV-1）

识别特征：体长 3.3～4.0 mm，宽 1.3～1.4 mm。绿色，长椭圆形，被淡灰色、褐色毛及灰白色鳞片状毛，毛极易脱落，雄性体侧近平行。头黄绿色，被蓬松淡色长毛及少许黑褐色毛，头顶前缘微下倾，后缘具脊。头顶略平坦，触角黄褐色，密被淡色半伏毛；喙黄褐色，端部褐色，伸达中足基节。眼褐色。前胸背板前面 1/3 黄绿色，前缘中部微凹，后缘直，侧缘斜直，肩角和侧角钝圆。前胸背板宽几与第 2 触角节长相当或略短于其长度。中胸盾片露出，呈长条状，黄褐色。小盾片绿色，具隐约小黄斑，基部黄色。前翅革片绿色，隐约可见不规则小黄斑，毛淡灰色、褐色和白色鳞片状；革片较长；楔片绿色，被毛同前；膜片色略淡，半透明，翅脉及翅室均为绿色。足淡黄褐色，被淡色细毛，有时胫节端部及跗节深色。体下侧淡黄色，被淡色细毛。

取食对象：棉花、小藜、狼尾草、狗尾草、狗牙根、千金子、马铃薯、羊蹄、牛膝、艾蒿、豚草。

分布：河北（邯郸、秦皇岛、青龙、丰宁、围场、康保、沽源、张北、隆化）、黑龙江、内蒙古、北京、天津、山东、河南、陕西、甘肃、新疆、浙江、湖北、江西、四川；蒙古国，俄罗斯（远东），朝鲜，中亚，西亚，中东，欧洲，非洲北部。

(703) 扁植盲蝽 *Phytocoris intricatus* Flor, 1861（图版XXIV-2）

识别特征：体长 6.0～7.2 mm，宽约 2.5 mm。椭圆形。头黄白色至浅褐色，头顶两侧及基部具深色斑，额具放射状深褐色或黑褐色斜纹。触角褐色。前胸背板灰白色或深褐色，后缘浅色，其前方具黑褐色横纹；胝区色稍浅。小盾片灰白色或黄白色，近端部的两侧具深色斑。半鞘翅灰白色或黄白色，具混乱不清晰的深色斑，半直立浅色毛稀少；膜片灰白色，具灰褐色乱点，脉深色，端部浅色。前胸侧板褐色或深褐色，下缘黄白色，近上缘处常具 1 浅色纵带。足黄白色，腿节具略呈网状的深色斑，前、中足胫节各具 3 褐环，中间深色环比浅色环窄或等宽，端部浅色；后足胫节背面具褐斑。腹下侧黄白色，具浅色毛，具红褐斑或两侧褐色，腹端部达到或伸过楔片缝。

取食对象：冷杉属、云杉属、松属、红木属、柳属及一些蔷薇科植物。

标本记录：赤城县：6 头，黑龙山林场林区检查站，2015-IX-2，牛一平采。

分布：河北、黑龙江、内蒙古、宁夏、甘肃、四川；俄罗斯，韩国，欧洲。

(704) 长植盲蝽 *Phytocoris longipennis* Flor, 1861（图版XXIV-3）

识别特征：体长约 7.0 mm，宽约 2.0 mm。体狭长。头橘红色或灰褐色。头顶窄，复眼大，有时唇基中部及端部、上颚片、下颚片及小颊具深褐斑。触角线形。喙伸过后足基节。前胸背板浅褐色，被深褐色或黑褐色毛及银白色丝状毛；领浅色，具褐斑和浅色长毛；

胝区后缘具凹沟；前胸背板后缘浅色，其前方具若干稍深色斑块。半鞘翅底色黄白色，具混乱浅褐色或深褐色斑，遍布金黄色与深褐色毛及银色丝状毛。膜片黄白色，具少许灰褐色乱点，小室外缘脉褐色。前胸侧板褐色，下缘浅色。足黄白色，腿节具褐斑；前足胫节第 3 节具褐色环。腹下侧灰白色，两侧褐色；雄性生殖囊深褐色，遍布浅色毛；腹末不超过楔片缝。

取食对象：槭属、桤木属、桦木属、榛属、山楂属、苹果属、李属、杨属、柳属、椴属等落叶树。

分布：河北、黑龙江、内蒙古、山西、陕西；俄罗斯（远东），朝鲜半岛，欧洲，北美洲。

（705）蒙古植盲蝽 *Phytocoris mongolicus* Nonnaizab & Jorigtoo, 1992

识别特征：体长 5.3～6.2 mm，宽约 1.0 mm。长椭圆形。体背密布银白色丝状伏毛与半直立黑毛。头污白或黄白，密布深褐或黑褐斑，个别具红斑；额具放射状斜纹，唇基具倒"V"形斑并与额端部深色斑汇合。触角线形，第 1 节深褐色或黑褐色，具白色或黄白色斑点，具少许直立白毛，直立毛短于该节直径。喙长，伸过后足基节。前胸背板灰褐色或灰黄褐色，前缘浅色，具红褐色或褐色斑，后缘浅色，亚后缘黑褐色或深褐色，具 4 个或 6 个黑褐色或深褐色微隆起。小盾片灰黄色，具褐色或深褐色斑。半鞘翅灰白色，密布模糊的黑褐色或深褐色斑；爪片内缘及革片外缘中间常无斑或少斑，爪片端、革片外缘端部、内缘基部、中部及顶端黑色或黑褐色，具黑毛；膜片密布深灰褐色或褐色乱点，翅室几全部深色，膜片长不超过楔片端部。前胸侧板浅褐色，下缘白色，上缘附近常稍浅。足黄白色，腿节密布黑褐色或深褐色斑；前足胫节具褐色或深褐色环，端部深褐色，中足胫节具少许深褐色小斑，后足胫节具少许深褐色小斑，近基部具不完整深色环。腹下侧淡黄色，密布褐色至红褐色斑。

分布：河北、内蒙古、北京、天津、山西。

（706）横断异盲蝽 *Polymerus funestus* (Reuter, 1906)（图版XXIV-4）

识别特征：体长 7.0～8.5 mm，宽 2.6～3.1 mm。体厚实，黑色、具光泽。头垂直，眼高略大于眼下部分高；眼内侧 1 黄白斑；额区沿横纹着生刚毛列；头顶中纵沟较明显，沟的两侧臂外方具小网格状微刻区；后缘嵴明显，较粗，被银白色丝状伏毛。触角黑褐色。前胸背板拱隆，明显前下倾；后缘窄，黄白色；侧缘直，后缘中段前微宽凹；胝较平或微拱，胝前区密被银白色丝状伏毛。小盾片隆出，与中胸盾片之间的凹痕颇深。爪片及革片内侧 Cu 脉后部的刻点皱纹状；革片毛二型；爪片缝两侧、楔片端角及革片端角的后内缘有 1 小段白色；膜片灰黑，脉淡色。胫节黄白，腿节和胫节两端及体下全黑色。

标本记录：赤城县：3 头，黑龙山黑龙潭，2015-Ⅷ-2，闫艳采；围场县：4 头，木兰围场新丰苗圃，2015-Ⅵ-08，李迪采；1 头，木兰围场桃山林场，2015-Ⅵ-30，马晶晶采；7 头，木兰围场五道沟沟塘子，2015-Ⅶ-07，马莉采；3 头，木兰围场，宋烨龙采；1 头，木兰围场新丰挂牌树，2015-Ⅷ-03，马莉采；邢台市：3 头，宋家庄乡不老青山风景区，2015-Ⅵ-18，常凌小采；10 头，宋家庄乡不老青山风景区牛头沟，2015-Ⅶ-2，郭欣乐、张润杨采；5头，宋家庄乡不老青山风景区，2015-Ⅶ-9，郭欣乐采；蔚县：22头，小五台山金河口，2005-Ⅶ-10-11，李静等、王新谱采；涿鹿县：5头，小五台山山涧口，2005-Ⅶ-17-21，李静等采；29头，小五台山杨家坪林场，2004-Ⅶ-6，王新谱采；1头，小五台山西灵山，2009-Ⅵ-26，王新谱采。

分布：河北（围场）、北京、陕西、湖北、四川、西藏。

（707）北京异盲蝽 *Polymerus pekinensis* Horváth, 1901（图版 XXⅣ-5）

识别特征：体厚实，长 4.7~7.7 mm，宽 2.0~3.0 mm。黑色，具光泽。头垂直，下伸；头顶眼内侧具1白斑，斑内侧偏后方1小网格状微刻区；头顶后缘嵴细。第1触角节黄褐色，内侧黑褐色；余节黑色。前胸背板拱隆，前下倾；全黑，后缘偶具细白边；侧缘直，后缘中段近于直；胝低平。小盾片略拱，具较粗横皱；刚毛较短略稀，闪光丝状伏毛聚合成若干块状小毛斑，其散布较均匀，在被毛完整的个体中，前翅宛如雪花漫布状。楔片黑，其缝周围淡黄白色。膜片灰黑色，脉淡色。体下几全黑，中、后胸侧板后缘部分黄白色。足黑色，各足腿节亚端部具1黄白环或半环；胫节基 1/2~3/5 黑色，亚基部具1白环，余部黄白色至淡褐色，端部黑色。

标本记录：灵寿县：2头，五岳寨漫山，2017-Ⅷ-05，张嘉、魏小英采。

分布：河北、黑龙江、吉林、内蒙古、北京、天津、山西、山东、陕西、安徽、浙江、江西、福建、四川、云南；朝鲜半岛、日本。

（708）斑异盲蝽 *Polymerus unifasciatus* (Fabricius, 1794)（图版 XXⅣ-6）

识别特征：体长 5.0~6.8 mm，略具光泽。雄性体长大，侧缘直；雌性相对短宽且侧缘略圆拱。头近垂直或斜前倾。黑色，上颚片褐色至黑褐色；头顶两侧在眼内方各1黄斑，其内方可见小网格状微刻区。唇基与额之间显凹。头顶中纵沟浅，前胸背板较平直，黑色，后缘狭细，黄白色；侧缘直，后缘微拱；领粗；胝微隆，界限不明，毛稠密，二胝不相连；盘区刻点细碎，呈刻皱状，以胝间区最为深密，向后向两侧渐弱；毛二型。小盾片黑色，端角有黄白斑；向中间略拱隆，表面具不规则浅横皱。

分布：河北、内蒙古、北京、甘肃、新疆、四川；古北区、北美洲。

（709）黑始丽盲蝽 *Prolygus niger* (Poppius, 1915)（图版 XXⅣ-7）

识别特征：体长约 3.9 mm，宽约 1.5 mm。厚实，除头及附肢外，漆黑色，有强光泽；毛褐色，较密，短而半伏，均布。头垂直，淡褐色或橙褐色，无斑纹，唇基最端部黑褐色，呈横纹状；下颚片下半黑褐色；头顶后缘具嵴，向前微弧弯，具中纵沟，雄性头顶狭于眼宽约 1/4。触角黄色。前胸背板均匀拱起，前倾强烈；领细而下沉，粗约为第1触角节直径之半，具光泽，两侧端被眼遮盖；革片刻点密于前胸背板，较深；爪片刻点较粗糙、较疏。膜片黑褐色，脉向端渐淡。足黄色；后足腿节最端缘黑色；胫节刺黑褐色，刺基具1小黑点斑。臭腺沟缘淡黄色。

标本记录：灵寿县：1头，五岳寨，2015-Ⅶ-22，周晓莲采。

分布：河北、台湾；菲律宾。

(710) 紫斑突额盲蝽 *Pseudoloxops guttatus* Zou, 1987（图318）

识别特征：体长约 3.4 mm。黄白色，外观紫红色，斑点具毛。头及胸部的毛长褐色，直或半直，半鞘翅毛较短，黄褐色，具稠密的紫红色斑点；头黄白色，红斑稀少，前半具红色，头顶平，额前部稍突出，中央1淡红纵纹，后具横隆脊和1列长毛；唇基突出，圆弧形，淡红色或黄褐色；喙伸达后足基节，端半褐色。触角瘤明显，血红色；触角第1节粗，向端部渐细，血红色，具粗密的黑褐色刚毛，第2节细长，黄褐色。前胸背板淡黄色，两侧缘暗红色，红斑较密，中部红斑稀疏，中央1淡红色纵纹或无纵纹带，中央只有1椭圆形红斑；前缘弯，侧缘和后缘直，前、后角钝圆。小盾片末端红色。爪片两端暗红色，红斑稀少；革片红斑较密，缘片、革片前缘和接近端部的区域暗红色，缘片端部血红色，末端黄白色；楔片外缘、顶角和基部的弧形带血红色，中部红斑较稀。半鞘翅前缘微弯，色深。膜片半透明，端部翅脉血红色。体下淡黄色。

取食对象：枣树、桃树，也捕食柿小叶蝉 *Erythroneura mori* (Matschulsky, 1906)（郑乐怡和梁丽娟，1991）。

分布：河北（邢台）、北京、山东、河南、陕西。

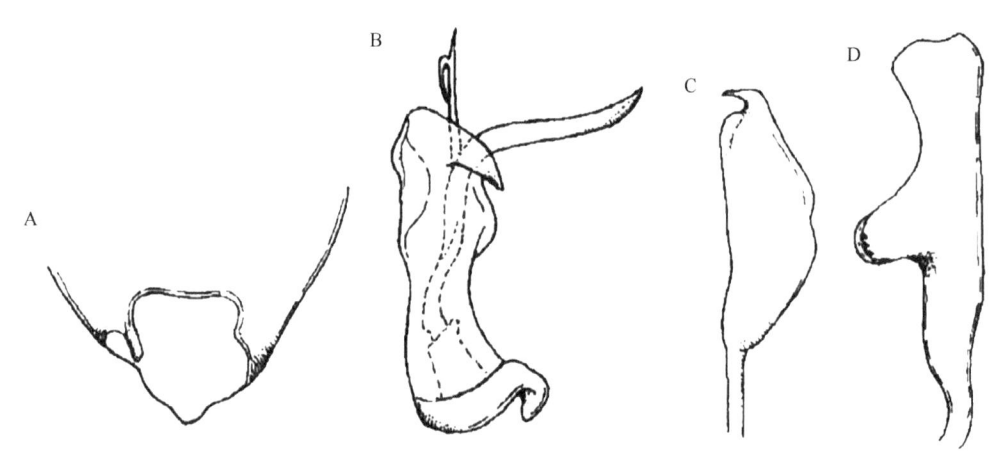

图318 紫斑突额盲蝽 *Pseudoloxops guttatus* Zou, 1987（引自彩万志等，2017）
A. 雄虫生殖节端部背面观；B. 阳茎；C. 右阳基侧突；D. 左阳基侧突

(711) 美丽杆盲蝽 *Rhabdomiris pulcherrimus* (Lindberg, 1934)（图版XXIV-8）

识别特征：体长约 8.5 mm，宽约 2.8 mm。头亮黑色，无毛；头顶中纵沟两侧前后各1对微刻区。触角窝内侧纵带黄色；额前端2~3小黄斑；第1触角节黑色或淡黄褐色至淡锈黄色；第2节黑色或大部淡色、端部黑褐色；末2节黑色。喙伸达中足基节端部。前胸背板侧缘直，后角宽圆，后缘中间微凹；盘区亮淡黄色，有大黑宽带，具稀浅刻皱，近无毛，后缘1狭黄带，中纵带及后角区淡黄色；领淡黄无毛；小盾片淡黄绿色，基角黑色；具浅横皱；中胸盾片中段淡黄色，两侧黑色。半鞘翅污黄色或污黄绿色，脉色淡，两侧为宽黑纹或带，爪片沿内缘黑纹状；楔片狭长，淡黄色，端黑色；膜片烟黑褐色，脉黄色或带橙色，楔片端角后 1 大白斑。足淡黄色，胫节污黄褐色；后足腿节端半黑色。胸下大部黑色，腹下黑色，具光泽，侧区具 1 宽黄带。

取食对象：槭属植物。

分布：河北；俄罗斯（远东），朝鲜，日本。

（712）西伯利亚狭盲蝽 *Stenodema sibirica* Bergroth, 1914（图版XXIV-9）

识别特征：体长约 8.7 mm，宽约 2.3 mm。体狭椭圆形，色彩鲜明，绿色，干标本淡色部分黄褐色。头淡褐色至褐色，眼内侧具宽黑纵带；额前伸。触角红褐色；第 1 节毛黑褐色，近半伏斜前伸；第 2 节毛半伏而略蓬松；喙伸达中足基节；前胸背板侧缘凹弯，两侧宽缘与中纵脊淡黄褐色，纵嵴两侧成褐色宽带，外侧具黑褐色宽纵带，各色带界限常不清晰；淡色毛短小弯曲，平伏，有闪光。小盾片褐色，具淡黄色中纵线，其后侧黑褐色，向外渐淡。爪片与革片内半黑褐色或锈褐色，革片深色部外缘约与爪片接合缘平行；爪片脉色较淡，脉侧区域色深；革片外半与楔片淡黄褐。半鞘翅毛细，平伏，较长，具闪光；刻点浅细。膜片淡烟黑褐色，脉红色。足淡污黄褐色，腿节黑褐色小点斑排成数行。下侧淡褐色。

标本记录：邢台市：17 头，宋家庄乡不老青山风景区，2015-VI-18，郭欣乐、张润杨采；21 头，宋家庄乡不老青山风景区牛头沟，2015-VII-2，郭欣乐、张润杨采；5 头，宋家庄乡不老青山小西沟上岗，2015-VII-20，郭欣乐、张润杨采；灵寿县：3 头，五岳寨国家森林公园七女峰，2017-VII-18，张嘉、魏小英采；2 头，五岳寨国家森林公园七女峰，2016-V-17，牛一平、闫艳采；2 头，五岳寨燕泉峡，2015-VIII-04，周晓莲、袁志采；2 头，五岳寨风景区游客中心，2016-VII-5，张嘉、牛亚燕采；2 头，五岳寨花溪谷，2016-IX-01，张嘉、牛亚燕采。

分布：河北、黑龙江、吉林、内蒙古；俄罗斯（西伯利亚、远东），蒙古国，朝鲜半岛，日本。

（713）日本军配盲蝽 *Stethoconus japonicus* Schumacher, 1917（图版XXIV-10）

识别特征：体长 3.3~3.5 mm。体污黄色，具白色和黑色等斑。触角第 2 节最长，端部 1/3 红褐色，后 2 节细，端部浅红褐色，第 4 节浅红褐色，基部具 1 黄色环；前胸背板粗大刻点红褐色，红褐色斑依中纵线对称；小盾片红褐色，两侧中部均有黄白色半圆形斑；半鞘翅半透明，具红褐色斑带，革片沿爪片缘中部有 1 明显黄白色半圆形斑。膜片透明，翅脉黄褐色。

分布：河北、北京、河南、四川；日本，美国。

（714）泛泰盲蝽 *Tailorilygus apicalis* (Fieber, 1861)（图版XXIV-11）

识别特征：体长 4.2~5.7 mm，宽 1.6~2.3 mm。体长椭圆形，浅灰绿色，干标本淡灰黄色；淡色丝状毛平伏，略弯曲，具闪光。头垂直，毛稀疏；头顶中纵沟浅，后缘嵴完整，略波曲，中部略后弯。触角第 2 节线形。喙伸过后足基节。前胸背板及领刻点粗糙，具横皱，略具光泽。小盾片有时具"八"字形褐斑；革片常具 3 较模糊的淡褐色或灰褐色纵斑，后半中间具 1 灰褐色纵带；刚毛状毛细，淡黄褐色，长密，较直，半伏，前、后毛长度 2/3

以上重叠；混生银白色闪光丝状毛，常微弯；爪片与革片密刻点浅皱状。爪片后半中间偏内或沿接合缘常变深，为褐色；楔片端角黑褐色至黑色，长约为基部宽 2.0 倍。膜片淡烟灰色至烟褐色。足腿节亚端部具 2 浅褐色环，胫节刺略深于体色。

取食对象：棉花。

标本记录：灵寿县：3 头，五岳寨庙台，2015-Ⅶ-26，袁志、周晓莲、邢立捷采；3 头，五岳寨漫山，2017-Ⅷ-05，张嘉、魏小英采；8 头，五岳寨风景区游客中心，2017-Ⅷ-16，张嘉、尹文斌采；5 头，五岳寨主峰，2017-Ⅷ-06，张嘉、李雪采；2 头，五岳寨瀑布景区，2017-Ⅶ-14，张嘉、李雪采。

分布：河北、浙江、湖北、江西、湖南、福建、台湾、广东、广西、西南；日本，太平洋岛屿，欧洲，非洲，大洋洲，美洲。

（715）蒙古条斑翅盲蝽 *Tuponia mongolica* Drapolyuk, 1980（图 319）

异名：*Tuponia tamaricicola* Hsiao & Meng, 1963

Tuponia hsiaoi Zheng & Li, 1992

识别特征：体长雄性 3.0～3.3 mm，雌性 3.2～3.5 mm。体草黄色，被毛浅色；前胸背板基部及中胸外露部分橙色，前翅浅污黄色，楔片白玉色，无色斑。头垂直，微隆，唇黄棕色，端部黑色；颊浅色具金色长毛。触角端部稍带暗色，第 2 节长度几乎等于触角前端的宽度。喙伸达中足基节间。前胸背板后缘和侧缘直，胝不明显。前翅长过腹部末端，革片端部的横纹红黄色，具稠密黑刚毛；小盾片基部及革片中部微呈橙黄色；楔片草黄色，端部颜色略淡；膜片烟黑色，翅脉浅色。足黄色，胫节刺黑色，其基部无黑斑点；胫节刺黑色，基部色不深，中足胫节具几排小黑刺，跗节和爪暗色，爪长。腹部草黄色，具金色短柔毛。

取食对象：柽柳、棉花。

分布：河北、内蒙古、北京、天津、山东、宁夏、青海；蒙古国。

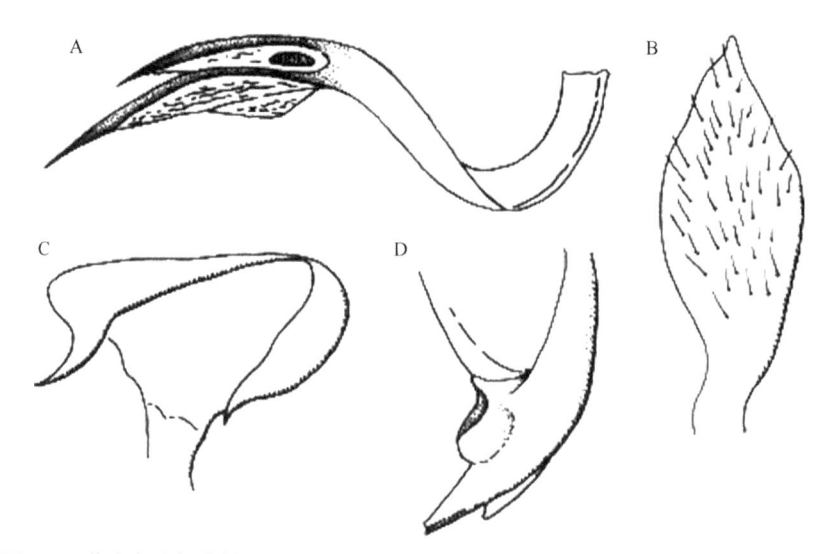

图 319 蒙古条斑翅盲蝽 *Tuponia mongolica* Drapolyuk, 1980（引自彩万志等，2017）
A. 阳茎端；B. 右阳基侧突；C. 左阳基侧突；D. 阳茎鞘

(716) 碎斑平盲蝽 *Zanchius mosaicus* Zheng & Liang, 1991

识别特征：体长约 3.0 mm，宽约 1.0 mm。椭圆形，无光泽，被黄褐色长粗毛。头淡黄褐色，背面中线及后缘一带有不规则白斑。额端圆钝，略伸出于眼前。头顶中间 1 浅纵沟或不明显。头的眼后部分长度约是眼长的 1/4。第 1 触角节红褐色，基部淡黄白色，其余乳黄色。喙较粗，伸达后足基节后缘。前胸背板短梯形，乳黄色，胝及后叶等处具不规则乳白斑，后缘有一些黄绿色小斑，侧缘近于直，胝微隆。中胸盾片外露，色同前胸背板。小盾片三角形，色亦同前胸背板，侧角具大型乳白色斑。前翅缘片窄长，淡绿色，外缘具淡色长毛；革片及爪片、楔片及膜片翅室乳白色，密布不规则绿色碎斑，沿爪片靠近小盾片边缘约成 1 绿色细纹，沿缘片及膜片外缘成 1 排较整齐的绿色小斑；膜片淡黄褐色。体下方及足乳白色，后足腿节背侧 3 大绿斑。未见雄性标本。

分布：河北（易县）。

(717) 红平盲蝽 *Zanchius rubidus* Liu & Zheng, 1994（图 320）

识别特征：体长约 3.3 mm，宽约 1.3 mm。长卵圆形，光滑，红色，被有半直立淡色长毛。背视头呈长方形，前缘直，不易看见唇基，眼较小，位于前部，向两侧突出，眼后部分满，不收缩。喙黄色，细长，伸达后足基节。前胸背板梯形，光滑，具光泽，无刻点，被半直立淡色毛。胝略肿胀。前胸背板前半叶红色，后半叶红褐色，前缘中部略凹入，侧缘直，后缘微凹。中胸盾片外露，光滑，具淡色毛。小盾片三角形，光滑，红色，其长度短于基宽，被淡色毛。前翅革片光滑，红色，被淡色毛；翅前缘中部略呈弧形突出。爪片红褐色；革片内角具红褐斑块，有时不太清晰；楔片光滑，乳白色，具较短的淡色毛，外缘和顶端红色；膜片透明，脉红色，超过腹端。

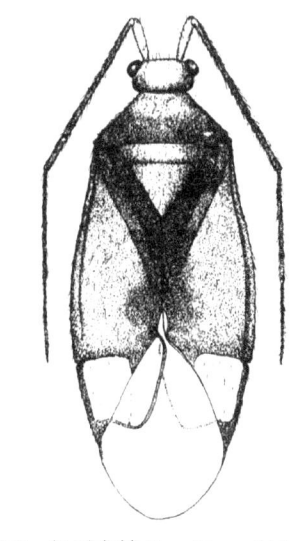

图 320 红平盲蝽 *Zanchius rubidus* Liu & Zheng, 1994（引自刘国卿和郑乐怡，1994）

分布：河北（雾灵山）。

(718) 陕平盲蝽 *Zanchius shaanxiensis* Liu & Zheng, 1999（图 321）

识别特征：体长 3.6~4.1 mm，宽 1.4~1.6 mm。长椭圆形，淡黄绿色。头基部两侧呈淡红色，后缘具横脊。触角淡黄色，第 2 节端部和第 3 节、第 4 节棕色。前胸背板近梯形，胝区黄色，其余红棕色，侧缘斜直，后缘中部略凹；小盾片红褐色，中部略浅。前翅淡黄色，后缘和爪片红色，中部 1 红色宽横纹，后缘可达革片端缘；楔片黄绿色；膜片半透明。足黄绿色。

分布：河北、陕西。

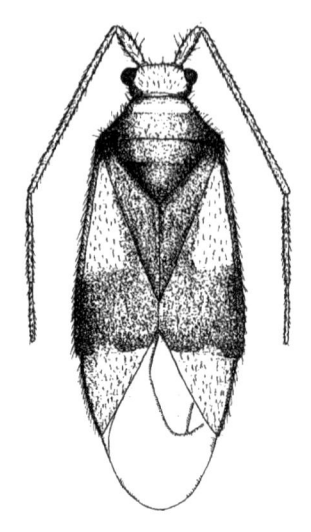

图 321　陕平盲蝽 *Zanchius shaanxiensis* Liu & Zheng, 1999（引自 Liu and Zheng, 1999）

（719）红点平盲蝽 *Zanchius tarasovi* Kerzhner, 1988（图版XXIV-12）

识别特征：体长 4.2～5.0 mm，宽 1.4～1.8 mm。长椭圆形，略具光泽，被半直立淡色长毛，淡绿色至黄绿色。头略呈长方形。眼后外缘有时具 1 红色小斑。背视，头前部略隆起，后半部较平，后缘具 1 横脊。触角细长，淡黄色，第 2 节短粗，密被半直立硬毛，体下侧面具 1 红条斑，有时该斑不明显；第 2 节细长，端半部有时略带红色，约是第 1 节长的 4.0 倍。喙粗壮，淡黄色，末节黄褐色，伸达中足基节，第 1 节达前胸腹板前缘。前胸背板梯形，淡绿色至黄绿色，表面无刻点，光滑，被淡色长毛，侧缘前端具红斑，该斑与眼后域红斑常连在一起。后叶中纵线具 1 较短红条斑，有时该斑色较淡或不易看清。前胸背板前缘直，后缘向前微凹。侧缘近侧角处微翘。小盾片三角形，光滑，具光泽，基宽略大于长，中部常具 1 红黄斑，斑缘常不伸达顶角。前翅革片淡绿色至黄绿色，密被半倒伏同色毛，前缘呈弧形向外凸出，被淡色硬毛，爪片端部各 1 红黄斑，有时该斑不明显；楔片淡绿色，基宽短于长，膜片半透明，略带淡黄色，长过腹末较长。

捕食对象：斑绿叶蝉。

分布：河北（易县）、河南、陕西、甘肃、台湾；俄罗斯（远东），韩国，日本。

123. 网蝽科 Tingidae Laporte, 1832

体长 1.6～8.0 mm，体型扁阔。触角 4 节，第 3 节最长。喙 4 节。无单眼。前胸背板遍布网状小室，中部具 1～5 条纵脊；两侧常呈叶状扩展，后端呈三角形向后伸出，将小盾片完全遮盖；前胸背板中间常向上突出成 1 罩状构造，向前延伸遮盖头部，向后延长覆盖中胸小盾片，两侧多扩展成侧背板。前翅质地均一，不分革质与膜质两部分。足正常，跗节 2 节、无中垫。

世界已知 3 亚科约 280 属 240 种以上，广布各动物地理区，主要以草本和木本植物为食。中国记录 2 亚科 51 属 183 种以上。本书记述河北地区 10 属 12 种。

(720) 悬铃木方翅网蝽 *Corythucha ciliate* (Say, 1832)（图版XXV-1）

识别特征：体长 3.2～3.7 mm。乳白色，翅基部有褐斑。头兜发达，盔状，头兜稍高于中纵脊；头兜、侧背板、中纵脊和前翅表面的网肋上密生小刺，侧背板和前翅外缘的刺列十分明显；前翅显长于腹末，静止时前翅近长方形。足细长，腿节不变粗；后胸臭腺孔远离侧板外缘。

取食对象：悬铃木、构树、杜鹃花科、山核桃、白蜡。

分布：华北、华中、华南、西南；朝鲜半岛，日本，亚洲中部，欧洲西部，南非，北美洲，南美洲，澳大利亚，新西兰。

(721) 长喙网蝽 *Derephysia (Derephysia) foliacea* (Fallén, 1807)（图版XXV-2）

识别特征：头兜短，不超过头前端，单侧具 8 个小室，前胸侧背板较窄，具 3 列小室；前翅中域、膜域最宽处具 3 列小室；喙末端伸至腹板第 I 节后缘或至第 II 节中部。

取食对象：蒿属、车前属、蓝蓟属、百里香属、藜属、栎属、薹草属。

分布：河北（小五台山）、黑龙江、内蒙古、甘肃、青海、新疆、四川；俄罗斯，日本，哈萨克斯坦，亚美尼亚，土耳其，伊拉克，以色列，阿塞拜疆，欧洲，北美洲。

(722) 古无孔网蝽 *Dictyla platyoma* (Fieber, 1861)（图版XXV-3）

识别特征：前翅前缘域具 1 列方形小室，前翅亚前缘域具 3～4 列不规则的大型小室，中域最宽处具 4～5 列小室。

取食对象：鹤虱、沙旋覆花、勿忘草属、紫草科植物。

分布：河北、内蒙古、北京、天津、山西、宁夏、甘肃、新疆；俄罗斯，匈牙利。

(723) 黑粒角网蝽 *Dictyonota dlabolai* Hoberlandt, 1974（图版XXV-4）

异名：*Dictyonota xilingola* Jing, 1981

识别特征：头部有 2 对头刺，体无毛。头兜较大，具小室 4 排（雄）或 5 排（雌），中域周缘网室等大于中间网室。触角粗壮，具粒状小瘤突，第 3 节明显粗于前足胫节和第 4 触角节。前胸侧背板前侧角明显，其前端略超过领区前缘。

取食对象：小叶锦鸡儿、国槐。

分布：河北（围场、雾灵山）、内蒙古、北京、天津、陕西、甘肃、四川；蒙古国，俄罗斯（远东）。

(724) 槐粒角网蝽 *Dictyonota mitoris* Drake & Hsiung, 1936（图版XXV-5）

识别特征：体长 7.0～8.0 mm，宽 1.4～1.5 mm。褐黄色。头、触角、喙、前胸背板亚前域黑色，侧背板及前翅半透明；腹部腹面色深。体不被毛。头长，鼓起，中部向前显著突出，具 2 对头刺；触角粗壮并具粒状小瘤突，第 3 节较第 4 节显细，第 4 节纺锤状；头兜较小，较平坦，半圆形或三角形，具 2 列小室，中域周缘小室显著大于中央小室。喙长几达腹部中部。前胸背板 3 条平行纵脊，中脊长于侧脊，背板中部圆鼓，具刻点，侧背板平展或略上翘，但不翻卷于背板之上；后缘中部向后呈三角状。翅长，超过腹末；前缘域前端具2列网室，向后为1列网室。亚前缘域几乎与前缘域等宽，具2列网室；膜质部网室大小不规则。

取食对象：槐树、小叶锦鸡儿。

分布：河北、内蒙古、北京、天津、陕西、四川；蒙古国，俄罗斯。

（725）短贝脊网蝽 *Galeatus affinis* (Herrich-Schaeffer, 1835)（图版XXV-6）

识别特征：体长2.6~3.8 mm。头部具半直立细刺5枚，后头刺长度小于头兜高的2.0倍，复眼后片十分发达；小颊左右平行，在喙前不相接；唇基垂直下倾，头短；上颚片宽大；触角细弱。头兜小，盔状，明显低于侧纵脊和中纵脊；中纵脊由3个大网室组成，前部低而后部明显变高；侧纵脊半球形，背方黑色，黑色网室内布细粒；侧背板扇形，1列大网室，斜向上翘；三角突呈囊状隆起。前翅宽大，但外露于腹部末端的部分明显短于腹部长度，中域1列共3个大网室，外侧上翘，R脉＋M脉隆起，Cu脉细弱，膜域与中域分界不清；Sc脉弯曲，前缘域宽大，1列大网室，但网室的大小差异很大。无后胸臭腺孔缘。

取食对象：苜蓿、蒿属植物、泽兰、蜡菊、山柳菊。

标本记录：井陉县：1♂，具体采集地不详，400 m，2001-Ⅶ-18，蒋嫦英采；邢台市：1♂，蝉房乡老爷山，500 m，2001-Ⅶ-14，吕昀采；邯郸市：1♂，炉烽山，2088 m，吕昀采；沧州市：1♂，旧州镇，100 m，2001-Ⅶ-10，刘丽采。

分布：河北（井陉、邢台、邯郸、沧州）、黑龙江、辽宁、北京、天津、山西、山东、河南、陕西、甘肃、安徽、浙江、湖北、湖南、广西、云南；俄罗斯，日本，中亚，欧洲，美国。

（726）长贝脊网蝽 *Galeatus spinifrons* (Fallén, 1807)（图版XXV-7）

别名：菊贝脊网蝽。

识别特征：体长雄性4.1 mm，雌性4.3 mm；体宽雄性2.6 mm，雌性2.7 mm。椭圆形，头、胸褐色或红褐色，身体其余部分均为玻璃状透明。触角细长，褐色，第4节端部深褐色，第3节、第4节有半立长毛，第3节中略外弯。喙伸达中胸腹板后缘或中足基节。前胸背板黑褐色，光亮，布小刻点；头背视梭形，向上高举，前端伸达眼的中部或中间1头刺之后，每侧各2小室；两侧脊浅褐色或褐色，光亮透明，外表被直立金色长毛，呈半球形贝壳状，直立于背板之上；三角突端角呈半直立椭圆形褐色泡囊；侧背板前端呈角状突出，具4个大的长方形小室，前端基部1三角形小室。胸部侧板褐色，布细刻点，后胸侧板后缘1列4个方形小白室；腹板纵沟侧脊向外弯成圆弧状。前翅玻璃状透明，小室脉深褐色；亚前缘域及中域的端部褐色；腹下侧褐色，宽扁，宽圆形，端部逐渐变窄。足细长，褐色，跗节端部深褐色，胫节及跗节被半直立毛。

取食对象：赖草、糙苏、莎草、中亚紫菀木、蒿属、泽兰属、菊属、苜蓿属、山柳菊属、茄属等。

标本记录：兴隆县：2♂，雾灵山，1973-Ⅷ-21，穆强采；1♂，雾灵山，1973-Ⅷ-22，刘胜利采；1♀，雾灵山，1963-Ⅶ-25，采集人不详；1♀，雾灵山，1700 m，1995-Ⅵ-22，卜

文俊采。

分布：河北（雾灵山）、黑龙江、内蒙古、甘肃、青海、四川；蒙古国，俄罗斯，朝鲜半岛，日本，中亚，欧洲，美国，加拿大。

（727）柳膜肩网蝽 *Hegesidemus habrus* Drake, 1966（图版XXV-8）

别名：娇膜肩网蝽。

识别特征：体长 2.8～3.1 mm，暗褐色。头小，触角 4 节，细长，淡黄褐色，末节色略深。头兜球状，前端稍锐，覆盖头顶。侧背板呈薄片状，强烈上翘。头兜、前胸背板末端及侧缘透明，网状缘淡黄褐色。前胸背板中隆线及侧隆线呈薄片状隆起，上具网状纹，前者隆起高，与头兜相连，顶部色暗，基处透明，后者隆起较低，透明。前翅透明，具网状纹，前缘基部略翘，后域近基处具菱形隆起，翅上有"C"形暗色斑纹。腹部黑褐色，侧区色淡，足淡黄色。

取食对象：檫树、柳属、毛白杨。

分布：河北（雾灵山）、北京、山西、山东、河南、陕西、甘肃、江西、湖北、广东、四川；东洋区。

（728）窄眼网蝽 *Leptoypha capitata* (Jakovlev, 1876)（图版XXV-9）

识别特征：前翅前缘域 1 列痕迹状小室，其宽度显著小于前缘脉的粗度，亚前缘域从基部到端部具 3 列小室，中部明显 4 列小室，中域最宽处 9 列小室，膜域最宽处 9～10 列较大小室。

取食对象：白花丁香、苹果、梨树。

分布：河北（小五台山）、内蒙古、黑龙江、辽宁、福建；俄罗斯（远东），朝鲜，日本。

（729）杨柳网蝽 *Metasalis populi* (Takeya, 1932)（图版XXV-10）

识别特征：体长雌性 3.0 mm，雄性 2.9 mm，体宽雌性 1.2 mm，雄性 1.3 mm。头红褐色，光滑，短面圆鼓；头刺黄白色，3 枚，被短毛。触角浅黄褐色，第 4 节端半部黑褐色。头兜屋脊状，末端有 2 深褐斑，喙端末伸达中胸腹板中部。前胸背板浅黄褐色至黑褐色，遍布细刻点，纵脊 3 条，灰黄色。前翅长过腹部末端，黄白色，具许多透明小室，有深褐色"X"形斑；后翅白色。腹部下侧黑褐色，足黄褐色。

取食对象：杨、柳。

分布：河北、黑龙江、北京、天津、山西、山东、河南、陕西、甘肃、江苏、安徽、湖北、江西、福建、台湾、广东、香港、重庆、四川、贵州；俄罗斯，朝鲜半岛，日本。

（730）梨冠网蝽 *Stephanitis nashi* Esaki & Takeya, 1931（图版XXV-11）

别名：军配虫。

识别特征：体长 2.9～3.5 mm，宽 1.9～2.0 mm。头兜、中纵脊、侧背板及前翅的网脉上密布细直长毛。头红褐色，5 枚头刺均浅黄色，额刺和背中刺较短，先端刚伸至头前端，后头刺细长，先端达触角基瘤。喙伸达中足基节。头兜盔状，前半部 1 褐横斑，前端稍伸过头前端；中纵脊稍高于头兜，最宽处 3 列网室，其背缘弧形，中部黑斑宽大；侧纵脊较低而短，长度约为中纵脊长的 1/3；侧背板宽大于长，最宽处 4 列网室，后部有明显褐斑。前翅"X"斑十分明显，其外侧 1 浅横斑隐约可见；前翅宽短，后半部的前缘几与后缘平行；R 脉+M 脉强烈隆起，中域长度仅达翅长之半，最宽处 3～4 列网室；前缘域中部黑斑处 3 列网室，最宽处 4 列网室；亚前缘域 2 列网室；膜域 3 列网室。

取食对象：梨、苹果、扶桑、月季花、梅花、樱花、含笑、桃、李、樱花、茶花、茉莉、四季海棠、海棠、杜鹃、蜡梅、杨树等。

分布：河北、黑龙江、吉林、北京、天津、山西、山东、河南、陕西、湖北、湖南、安徽、浙江、江西、福建、台湾、广东、海南、广西、四川、云南；俄罗斯（远东），朝鲜半岛，日本。

（731）长毛菊网蝽 *Tingis* (*Neolasiotropis*) *pilosa* Hummel, 1825（图版 XXV-12）

识别特征：体长为体宽的 2.0～2.4 倍。体浅黄色。体背面及侧缘、触角及足密被细长毛，毛端弯曲，侧缘毛列宽度明显大于复眼直径。头兜低平，为变形的屋脊状，前缘后凹或平直；唇基前端强烈下倾，唇基端几与额刺端平齐。第 3 触角节长为宽的 80%～100%，端部明显斜截。前胸侧背板窄片状且直立，背观呈脊状，背缘直，侧观可见 1～2 排网室；后胸喙沟与中胸喙沟等宽和等深，后胸喙沟侧脊低而粗，左右平行，喙沟末端开放；后胸臭腺孔缘宽大．臭腺沟较短，外侧达侧板外缘，长翅型。前翅缘域基部有 2 排网室，最宽处具 3～4 排小网室。唇基端部强烈下倾，致使其前端几乎与额刺顶端平齐。

取食对象：益母草、狭叶青蒿、水苏属、白麻、白桦。

分布：河北（小五台山、雾灵山）、黑龙江、吉林、辽宁、内蒙古、北京、天津、山西、陕西、甘肃、新疆、湖北；蒙古国，俄罗斯，中亚，欧洲。

4）猎蝽总科 Reduvioidea Latreille, 1807

124. 瘤蝽科 Phymatidae Laporte, 1832

前足特化为捕捉式，似螳螂前肢，或像螃蟹螯肢。触角 4 节，棍棒状。单眼显著。喙粗短，3 节。跗节 3 节。前胸背板发达，前翅膜片少数翅脉清晰，偶有发育不全的横脉。腹部后半部显著扩展，较翅宽很多。

世界已知 26 属 291 种以上，分布以中南美洲和亚洲的热带地区最为丰富，常常隐藏在花朵或其他植物上伏击猎物。中国记录 40 种以上。本书记述河北地区 2 属 3 种。

（732）中国螳瘤蝽 *Cnizocoris sinensis* (Kormilev, 1957)

识别特征：体长 8.5～10.6 mm，腹宽 3.4～4.9 mm。窄椭圆形，赭黄色至棕褐色。雌、雄个体差异明显，雌性腹部卵圆形，雄性则为窄椭圆形。头小，头顶赭黄色；头两侧、触角第 1 节外侧及前胸背板侧角末端、侧接缘各节后角及第 4 腹节全部常棕黑色至黑色；喙伸至中足基节间。触角褐色，第 1 节较粗短，第 3 节次之，第 2 节、第 4 节、第 5 节约等长；前胸背板六边形，前角尖，中央1深坑、中域2条纵脊显著。腹下及足浅褐色，腹下每侧具2行模糊的深色斑。前胸腹面中央有1纵隆脊。前足捕捉式，基节明显延长；腿节较长且弯曲，胫节略弯，无爪；中、后足细小，狭长，所有胫节具许多长毛和短刺。

捕食对象：蝇类与鳞翅目幼虫、卵及其他小型昆虫。

标本记录：邢台市：8头，宋家庄乡不老青山风景区，2015-Ⅶ-13，郭欣乐采；蔚县：11头，小五台山金河口，2005-Ⅶ-10，李静等采；涿鹿县：1头，小五台山山涧口，2005-Ⅶ-18，李静等采；15头，小五台山杨家坪林场，2002-Ⅶ-11，石爱民、李静、任国栋采。

分布：河北、黑龙江、吉林、内蒙古、北京、天津、山西、河南、陕西、甘肃、宁夏、江苏、浙江。

（733）中国原瘤蝽 *Phymata (Phymata) chinensis* Drake, 1947

识别特征：体长7.0～8.0 mm。卵圆形，暗土黄色，背面具小粒突。头前端不十分发达，向上翘折，触角通常隐藏在头部两侧腹面的沟槽内。前胸背板侧缘呈锯齿状，后半部略向上翘。前翅膜片色淡，翅脉近于透明。前足腿节发达，呈三角状，背缘锯齿状，胫节短，通常靠在腿节端缘。雄性触角第1节短，第4节似长纺锤状。雌性腹部侧接缘第Ⅵ节、第Ⅶ节外缘不明显弯曲。

捕食对象：小型昆虫。

分布：河北、北京、天津、内蒙古、山西、山东。

（734）原瘤蝽 *Phymata (Phymata) crassipes* (Fabricius, 1775)（图版ⅩⅩⅥ-1）

识别特征：体长7.0～9.0 mm。体色雄性深红褐色，雌性浅黄褐色。触角呈棒状，雄性触角末端有1比其他节粗长的圆柱形节，而雌性触角末端有1棒状节，其不比前几节长。腹部宽大。边缘延伸到翅的边缘之外。中、后足腿节上有小突起。体表有一些凸起物。

捕食对象：小型昆虫。

分布：河北、北京、黑龙江、吉林、内蒙古、山西、江西；俄罗斯（东西伯利亚），朝鲜，日本，地中海、欧洲中部和南部。

125. 猎蝽科 Reduviidae Latreille, 1807

体小型至大型；头顶具横沟，复眼后区变细，多数具两单眼；喙3～4节，大多弯曲。触角4节，部分种类第2～4节分若干亚节或假节，长短变化较大。前胸背板发达，具横缢，大多分为前后2叶，小盾片具刺。前翅革区和膜区的面积比例变化较大，一些种类无明显革区，大多数种类膜区2翅室。前足多为捕捉足，常具刺、齿等突起，有些种类的前足和中足胫节具海绵沟。抱器多棒状，弯曲，个别种类无抱器。

世界已知32亚科981属7500余种，世界性分布，捕食各种昆虫及其他节肢动物。中国记录400多种。本书记述河北地区15属18种。

（735）淡带荆猎蝽 *Acanthaspis cincticrus* Stål, 1859（图版ⅩⅩⅥ-2）

识别特征：体长15.5 mm，宽4.8 mm。黑色，具淡黄色花斑，被黑色稀疏长毛。前胸背板侧角及中部 2 个横长斑、前翅革片中间长纵带、各足胫节的 2 个宽环、腿节端部斑点、每节侧接缘的基部均为淡黄褐色；革片长形淡黄褐色，带斑端部内缘及膜片翅脉均黑褐色。前叶鼓起具瘤突，后缘中部近平直，侧角短刺状伸向侧后方。小盾片刺粗，近于垂直。前翅短，长过第Ⅵ腹背。前足胫节较腿节略短。

捕食对象：落叶松鞘蛾卵和幼虫、蚂蚁。

分布：河北、北京、天津、山西、山东、河南、江苏；日本，印度，缅甸。

（736）垢猎蝽 *Caunus noctulus* Hsiao, 1977（图版 XXVI-3）

识别特征：体长约 13.9 mm，宽约 3.3 mm。棕褐色，被短毛，散布小颗粒。头顶后部、下侧及侧面、触角第 2 节顶端及第 3 节、第 4 节黑色；头基部具中纵沟，其两侧各 1 大刺。前胸背板前角短刺状突出，前叶中间具不明显颗粒状突起 4 个，后部具深纵沟；后叶中纵沟较宽浅；侧角突出，刺状。小盾片隆起，基部两侧各 1 齿突。前翅膜片污黑色。各足胫节色浅，基部具深色环纹。体下侧接缘两端及中间具浅色斑。

分布：河北、山东、浙江、福建、四川、贵州、云南。

（737）中黑土猎蝽 *Coranus lativentris* Jakovlev, 1890（图版 XXVI-4）

识别特征：体长 10.5~12.5 mm。暗棕褐色，被灰白色短伏毛及棕色长毛。腹下侧中间具黑色纵带纹，侧接缘端部约 3/5 浅色。第 1 触角节短。喙粗壮，第 1 节达眼中部。前胸背板长约 2.5 mm，前叶与后叶几等长，前角间宽约 1.5 mm，后角间宽约 2.5 mm，侧角圆，后角显著，后缘中部凹入。小盾片中间脊状，上翘。短翅型翅无膜质部，翅长约 1.3 mm，仅达第Ⅱ腹背后缘。腹部宽约 4.5 mm，侧接缘上翘。雄性体较小，腹末生殖节后缘中部具叉形侧扁锐刺。

标本记录：平泉市：1 头，辽河源，2015-Ⅷ-27，关环环采；邢台市：2 头，宋家庄乡不老青山风景区，2015-Ⅷ-20，郭欣乐采；蔚县：3 头，小五台山金河口，2009-Ⅵ-18，王新谱采；涿鹿县：3 头，小五台山杨家坪林场，2005-Ⅶ-10，李静等采；2 头，东灵山，2009-Ⅵ-28，王新谱采；1 头，五岳寨风景区游客中心，2017-Ⅶ-28，李雪采。

捕食对象：橘小实蝇等。

分布：河北、北京、天津、山西、山东、河南、陕西、甘肃、江苏、江西、福建、广东、四川；朝鲜半岛。

（738）黑盾猎蝽 *Ectrychotes andreae* (Thunberg, 1784)（图版 XXVI-5）

别名：八节黑猎蝽、黑叉盾猎蝽、黑光猎蝽。

识别特征：体长 12.5~15.5 mm。亮黑色，除翅面外的黑色部分均具蓝紫色闪光，前翅基部、前足腿节内侧端半部的大长斑、前足胫节外侧的窄纵带和腹部侧接缘的外缘亮黄色。各足转节、腿节基部、后足腿节下侧基半部、腹部侧接缘内缘、腹部第Ⅲ~Ⅵ腹节中央及两侧大部红色。腹部多沿各节间缝分布黑色斑纹，一般第Ⅱ节大部及第Ⅶ节为全黑色。体表散布直立长毛。前胸背板中纵沟在前叶基半部呈 1 纵深凹，前叶基部具 1 横脊将纵沟阻断，于后叶的末端消失于最隆起处，纵沟内具小窝；横缢缩内具小纵脊；后叶两侧沟基部弯向内侧，内具小窝；后叶后缘圆弧形，凸向体后方，前胸背板较光滑。小盾片中部凹陷，两侧隆起，端突末端向内侧微弯，中突约为侧突长的1/3。前翅稍长于腹末，不透明。各足腿节下侧亚端部微隆，但不形成齿突；海绵窝在前足胫节长约为前足基跗节长之半，在中足胫节极小，约等长于中足基跗节。仅侧接缘第Ⅱ节后角略突出；腹部下侧各节间缝内具小脊和小窝。

捕食对象：三化螟、二化螟、稻纵卷叶螟、棉铃虫、烟青虫、黄地老虎、小地老虎、棉小造桥虫。

分布：华北、西北、华东、华南、华中、西南；朝鲜半岛，日本，越南。

（739）暗素猎蝽 *Epidaus nebulo* (Stål, 1863)（图版 XXVI-6）

识别特征：体长20.0～23.0 mm，宽5.6 mm。暗黄褐色，头横缢前部、触角、革片顶角淡红色。头横缢后部、前胸背板侧角突及中域后部2黑色突起。腹下侧两侧具褐带斑。第1触角节基部后方1短刺，第1节最长。喙第1节长过眼后缘。前胸背板前角短锥形，向前侧方突出，后部中间具短凹沟，两侧稍鼓起，后叶中域2条短纵脊和2短锥突。小盾片三角形，具"V"形脊，顶角钝圆。前翅略超过腹末，前缘直，膜片大，内室基部显宽于外室基部。前足腿节较粗。腹部两侧菱形扩展。

标本记录：邢台市：1头，宋家庄乡不老青山风景区，2015-Ⅶ-21，郭欣乐采；2头，蔚县，小五台山金河口，2009-Ⅵ-18，王新谱采；涿鹿县：1头，小五台山杨家坪林场，2004-Ⅶ-6，2002级生科采；2头，小五台山杨家坪林场，2009-Ⅵ-25，王新谱采。

分布：河北、黑龙江、河南、陕西、浙江、湖北、湖南、福建、广西、四川、云南。

（740）疣突素猎蝽 *Epidaus tuberosus* Yang, 1940（图版 XXVI-7）

识别特征：体长14.8～17.8 mm，宽4.8～6.9 mm。体黄褐色至红褐色，但第2触角节端部、眼后区背部与侧面大部、前胸背板侧角刺突、前胸背板中后部2瘤突、中后部腹板、中胸侧板前缘、腹部第Ⅰ腹板大部黑褐色；各足胫节端部、跗节和爪褐色，中、后足腿节基部及端部内侧、各足胫节基部黄褐色；腹部侧接缘第Ⅲ节基部1/3、第Ⅳ节基部1/5、第Ⅴ节全部、第Ⅵ节基部2/5暗红褐色。

分布：河北、黑龙江、吉林、辽宁、内蒙古、北京、天津、山西、河南、陕西、甘肃、湖北、湖南、安徽、浙江、福建、广东、广西、四川；朝鲜半岛。

（741）异赤猎蝽 *Haematoloecha limbata* Miller, 1954（图版 XXVI-8）

异名：*Haematoloecha aberrens* Hsiao, 1973

识别特征：体长10.0～11.5 mm。亮棕黑色。前胸背板、前翅前缘域及腹部侧接缘红色；头下侧两侧，单眼附近及中叶，喙第2节、第3节及小盾片顶端略红色；前胸背板横沟及后叶中间纵沟略黑色。头较长，长于触角第2节，头顶具微细皱纹；侧视眼前部分约等于眼与眼后部分之和。触角8节，被直立长毛。喙第1节与第2+3节之和等长。前胸背板光裸或后叶略具纵纹，纵沟后端具横脊，不与后叶纵沟相连接。小盾片端部较窄，2叉型，2个端突顶端略内曲，其间距小于端突长度。前翅几达腹末。腹部节间具微横纹。

分布：河北、北京、山东、河南、浙江、四川。

（742）亮钳猎蝽 *Labidocoris pectoralis* (Stål, 1863)（图版XXVI-9）

识别特征：体长 12.0～13.4 mm。体色以红色为主，触角除第 1 节最基部外，头部横缢沟内，头下面，单眼后部及颈部，部分深色个体的前胸背板中纵沟及横缢的凹陷，前胸侧板、腹板、中胸及后胸侧板、腹板，小盾片中间，前翅除前缘域及翅的最基部外，各足基节，腹部侧面各节大斑（深色个体各节大斑连成 1 纵带）及生殖节均为黑色，部分深色个体的胫节端部及跗节褐色。两性个体全体布满金色中长毛。前翅被毛稀疏。前胸背板中纵沟深长，达前叶，将横缢切断；背板后叶两侧沟明显，中纵沟、横缢、后叶侧沟内具小脊和小窝。小盾片宽阔，倒梯形。前翅末端达腹部末端，不透明，革质化的区域限制在前缘域，其余大部分为膜质。前足腿节变粗，下侧亚端部具尖齿；前、中足胫节具海绵窝。腹部长椭圆形，侧接缘弯折，第Ⅱ节后角微突，其他各节不明显。腹部腹板中央各节具浅纵沟，第Ⅷ腹板不外露。

分布：河北、北京、天津、山西、山东、甘肃、江苏、上海、浙江、江西；日本。

（743）环足健猎蝽 *Neozirta eidmanmi* (Taueber, 1930)（图 322）

识别特征：体长 20.0～30.0 mm，黑褐色。头、前胸背板、小盾片基部及中胸腹板暗黑色。前足腿节、胫节中部宽带环，中、后腿节近中部，胫节亚基部宽环及腹部侧接缘背面和下侧具浅斑，腹下侧两侧各节大斑和雄性第Ⅵ腹板节下侧向两侧的长形斑均黄色。头较平伸，不强烈下弯，头中叶脊状，眼大，雄性头显著长于第 1 触角节。喙粗壮；两单眼间距稍小于单眼直径。前胸背板前叶显著短于后叶，前角间宽甚狭于侧角间宽，前叶后部的宽纵沟延伸达后叶后部，后角突出；小盾片宽阔，端部平截，基半部各侧 1 钝突，端部的 2 个端突短。翅几达腹末。腹部侧接缘强烈上翘折。雌性为短翅型，前叶宽阔而圆鼓，前叶稍短于后叶。腹部侧接缘上翘折，并显著向两侧扩展。

标本记录：邢台市：1 头，宋家庄乡不老青山风景区，2015-Ⅷ-9，郭欣乐采。

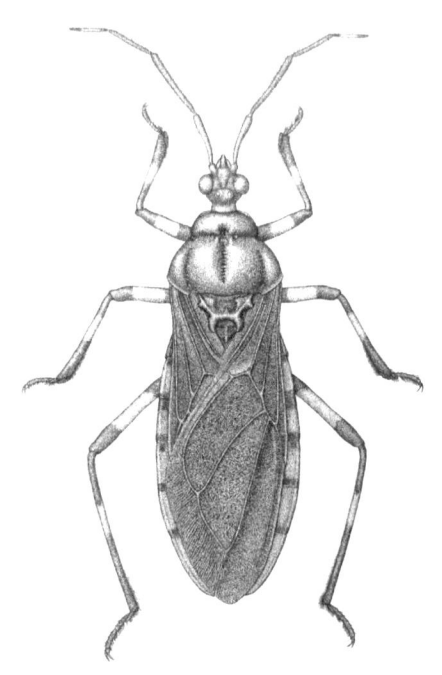

图 322　环足健猎蝽 *Neozirta eidmanmi* (Taueber, 1930)（引自彩万志等，2017）

分布：河北、北京、河南、陕西、江苏、安徽、浙江、广东、海南、广西。

（744）短斑普猎蝽 *Oncocephalus simillimus* Reuter, 1888（图 323）

异名：*Oncecephalus confusus* Hsiao, 1977.

识别特征：体长约 6.0 mm。褐黄色，头顶后方 1 斑点、头两侧眼的后方、小盾片、前翅中室内的斑点、膜片外室内斑点均显著褐色；头两侧眼后方、前胸背板的纵条纹、胸侧板及腹板、腹部侧接缘各节端部均带褐色，第1触角节端部、喙第2节与第3节、腿节条纹、胫节基部2环纹及顶端均为浅褐色；下侧被白色卷毛。头较长，眼较小；第1触角节较长，背面无毛。前胸背板后叶中间较鼓，前角短刺状外突，前叶侧缘1列顶端具毛的颗粒，侧突极显著，稍短于前角，侧角尖锐，超过前翅前缘。小盾片向上鼓起，端刺粗钝，向上弯曲。前翅不达腹部端部，膜片外室内黑斑短。前足腿节下侧12小刺，胫节与腿节等长。腹下侧纵脊达第Ⅵ腹板后缘。

标本记录：蔚县：6头，小五台山金河口，2009-Ⅵ-18-19，王新谱采；涿鹿县：3头，小五台山杨家坪林场，2005-Ⅶ-10-24，李静等采；灵寿县：1头，五岳寨桑桑沟，2016-Ⅵ-21，张嘉采。

分布：河北、黑龙江、吉林、辽宁、内蒙古、北京、天津、山西、山东、河南、陕西、江苏、上海、安徽、浙江、湖北、江西、福建、台湾、广东、海南、四川、贵州、云南；俄罗斯（远东），朝鲜半岛。

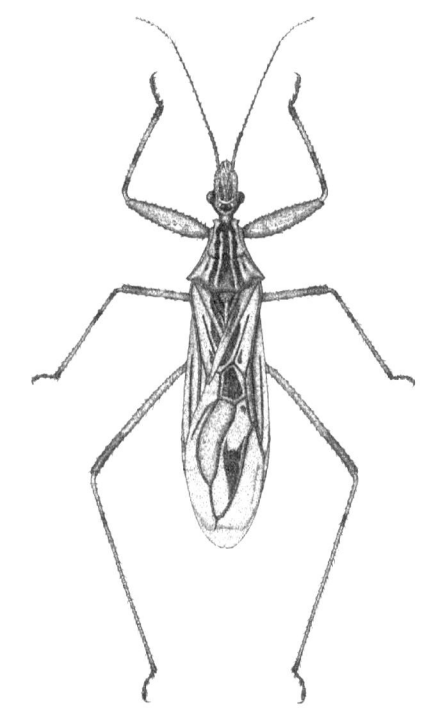

图323　短斑普猎蝽 *Oncocephalus simillimus* Reuter, 1888（引自彩万志等, 2017）

（745）黄纹盗猎蝽 *Peirates atromaculatus* (Stål, 1870)（图版ⅩⅩⅥ-10）

识别特征：体长11.5～12.5 mm，宽3.4～3.6 mm。黑色。前翅革片中部具黄纵带纹，膜片内室1小斑，外室1大斑，均深黑色。头前部渐缩，向下倾斜；喙第1节短粗，第2节长，略超过眼后缘，末节尖削。第1触角节略超过头前端，第2节与前胸背板前叶约等长。前胸背板具纵、斜条纹。雄性前翅超过腹末；雌性前翅短，不超过腹末。

标本记录：赤城县：2头，黑龙山东沟，2015-Ⅶ-27，闫艳采。

分布：河北、辽宁、北京、山东、河南、陕西、江苏、浙江、湖北、江西、福建、台湾、广东、海南、广西、四川、云南；俄罗斯，朝鲜，日本，东洋区。

（746）茶褐盗猎蝽 *Peirates fulvescens* Lindberg, 1938（图版ⅩⅩⅥ-11）

识别特征：体长14.3～16.3 mm，宽3.5～4.0 mm。黑色，具光亮的白色及黄色短细毛。喙第3节端半部、前翅革片（除基部及端角外）黄褐色，膜片内室端半部及外室（除基部外）深黑色。第1触角节略超过头的前端。喙基部2节粗，末节尖细，第2节略超过眼的后缘。前胸背板中叶中间1纵细浅凹纹，两侧具斜条纹。雄性前翅略微超过腹末。雌性一般翅短于雄性。

标本记录：赤城县：1头，黑龙山东沟，2015-Ⅶ-27，闫艳采；1头，黑龙山黑龙潭，

2015-Ⅶ-31，闫艳采；蔚县：7头，小五台山金河口，2009-Ⅵ-18，王新谱采；涿鹿县：1头，小五台山山涧口，2009-Ⅵ-22，王新谱采；5头，小五台山杨家坪林场，2005-Ⅶ-10，李静等采。

分布：河北、北京、天津、山东。

（747）双刺胸猎蝽 *Pygolampis bidentata* (Goeze, 1778)（图版XXVI-12）

识别特征：体长13.0～15.5 mm，宽2.7～2.8 mm。棕褐色，密被短浅色扁毛并形成花纹。头顶宽横缢前部长于横缢后部；具"V"形光滑条纹，前端成二叉状前突；后部具中间纵沟，后缘两侧1列刺状突起；眼前部分下方密生顶端具毛的小突起，眼后部分具分支生的棘，棘的顶端具毛；头下侧凹陷，浅色；眼圆形，稍侧突；单眼突出，位于横缢后部前缘，单眼的间距大于与其相邻复眼的间距。触角具毛，第1节粗，稍短于第2节。前胸背板前叶长于后叶，后叶中间凹沟，两侧具光滑短纹，后叶后方稍上翘，侧角向上圆形突出。前翅长达第Ⅶ腹节亚后缘，膜片具不规则的浅色斑点。前、中足胫节中部及两端具褐环纹。腹部侧接缘各节基端及顶端均具褐斑，第Ⅶ背板两侧向后突出。

标本记录：蔚县：1头，小五台山金河口，2009-Ⅵ-18，王新谱采。

分布：河北、黑龙江、北京、山西、山东、广西；欧洲广布。

（748）污刺胸猎蝽 *Pygolampis foeda* Stål, 1859（图324）

识别特征：体长16.9～17.0 mm。长梭形，褐色至暗褐色，布不规则浅色斑点，密被平伏短黄毛。触角第1节和各腿节散布小白斑；复眼、喙末节、中胸腹板两侧具光滑黑纵纹；喙第1节端部内侧、第2节大部、中足胫节两端及中部、后足胫节两端及中部黑褐色至褐黑色，小盾片、各足腿节端部、腹部下侧中部及气门黑褐色，喙第1节大部、各足转节及胫节基部、前足及中足胫节具淡黄色至黄褐色环纹，前翅膜区外室2白斑，侧接缘第Ⅳ～Ⅵ节后角灰黄色。触角第1节下侧具1列长刺毛，第2节具细长刚毛，第3节、第4节具细短毛；前足腿节及胫节下侧密被短毛，各足跗节下侧具较长细刚毛。头前叶背面具"Y"形光滑区。前胸背板两侧具对称印纹，后缘外凸；前翅长不达腹末。第Ⅶ腹板后角突出，后缘凹。

分布：河北、辽宁、北京、河南、陕西、江苏、上海、浙江、湖北、江西、湖南、广东、海南、广西、四川、贵州、云南；日本、印度、缅甸、斯里兰卡、印度尼西亚、澳大利亚。

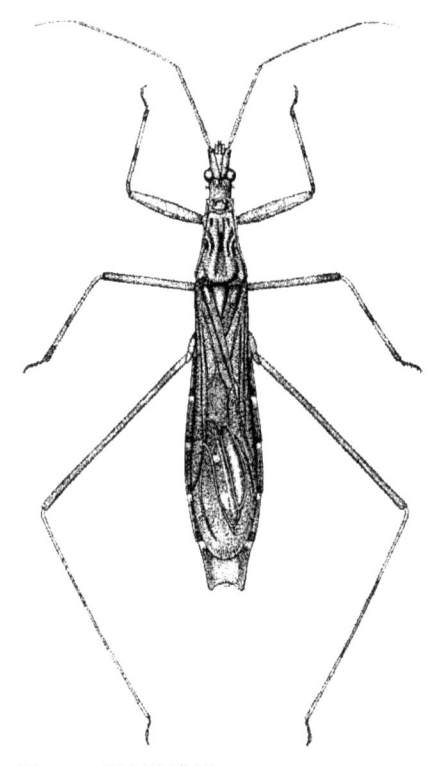

图324 污刺胸猎蝽 *Pygolampis foeda* Stål, 1859（引自韩永林，2004）

(749) 黑腹猎蝽 *Reduvius fasciatus* Reuter, 1887（图 325）

识别特征：体长 15.5~17.0 mm，长形，黑色。前胸背板后叶及前翅革片侧缘、膜片外室顶端、内室中部为橘黄色。头前端向下倾斜。第 1 触角节显著超过头的前端。前胸背板前叶鼓起，中间纵沟几达前叶后缘，前叶稍短于后叶，侧角钝圆，后缘在小盾片前方近平直。小盾片端刺短，向后上方翘起。前足胫节稍长于腿节，海绵窝长于中足胫节海绵窝。雄性前翅长过腹末；雌性短翅型，前翅仅达第Ⅶ腹节背板中部。

标本记录：邢台市：1 头，宋家庄乡不老青山风景区，2015-Ⅶ-13，郭欣乐采；蔚县：4 头，小五台山金河口，2009-Ⅵ-18，王新谱采；涿鹿县：1 头，小五台山杨家坪林场，2005-Ⅶ-10，李静等采；1 头，小五台山杨家坪林场，2009-Ⅵ-25，王新谱采。

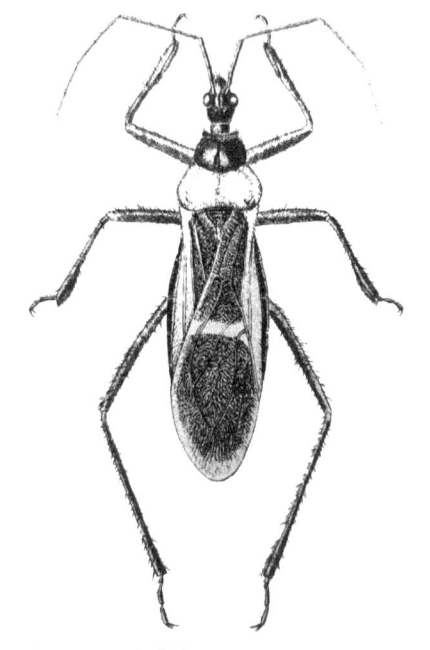

图 325 黑腹猎蝽 *Reduvius fasciatus* Reuter, 1887（引自彩万志等，2017）

分布：河北、北京、天津、山东、河南、陕西、甘肃、四川。

(750) 红缘真猎蝽 *Rhinocoris leucospilus* (Stål, 1859)（图版 XXVII-1）

识别特征：体长 12.5~13.5 mm，腹部宽 3.5~4.8 mm。雌雄身体均为黑色，被淡色短细毛。单眼与复眼之间的小斑、头下侧、各节基节臼周缘均为黄色；前胸背板侧缘及后缘、腹部侧接缘均为红色。各足全黑色。

标本记录：灵寿县：2 头，五岳寨国家森林公园七女峰，2016-Ⅴ-17，牛一平、闫艳采；1 头，五岳寨花溪谷，2016-Ⅷ-27，张嘉采。

分布：河北、黑龙江、吉林、辽宁；朝鲜，日本。

(751) 独环瑞猎蝽 *Rhynocoris altaicus* Kiritshenko, 1926（图 326）

识别特征：体长雌性 14.4 mm，雄性 13.7 mm。黑色，具光泽，体被浅色短毛。头长约为宽的 2.0 倍；单眼间具 1 红斑。两单眼间、单眼与复眼间暗黄色；头下侧、前胸背板侧缘及后缘、前足及中足基节臼周缘、腿节基部、侧接缘背腹横斑均为红色。喙第 1 节达眼的前缘。触角各节端缘橙黄色。前胸背板侧缘和后缘具红色宽环纹，后缘红纹中间三角形前突；第 1 触角节稍长于前胸背板；前胸背板前叶中间具纵沟，后叶中部纵凹沟浅。翅褐色，膜片略微超过腹末，前翅略超过或明显超过腹末。各足腿节基部具红色宽环纹。体下侧接缘黑红相间。

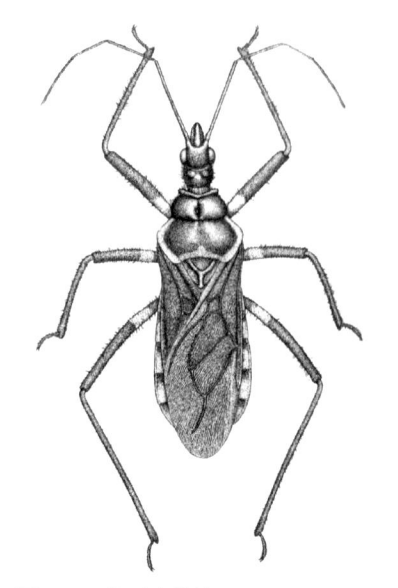

图 326 独环瑞猎蝽 Rhynocoris altaicus Kiritshenko, 1926（引自彩万志等，2017）

标本记录：赤城县：4 头，黑龙山东沟，2015-Ⅶ-7，闫艳、尹悦鹏采；1 头，黑龙山黑龙潭，2015-Ⅷ-2，闫艳采；3 头，黑龙山南沟，2015-Ⅷ-9，闫艳采；4 头，黑龙山马蜂沟，2015-Ⅷ-21，闫艳、牛一平采；邢台市：2 头，宋家庄乡不老青山风景区，2015-Ⅶ-13，郭欣乐、张润杨采；蔚县：2 头，小五台山金河口，2005-Ⅶ-10，李静等采；1 头，小五台山赤崖堡，2009-Ⅵ-23，郎俊通采；涿鹿县：1 头，小五台山山涧口，2009-Ⅵ-22，王新谱采；6 头，小五台山杨家坪林场，2009-Ⅵ-25，王新谱采；1 头，北京门头沟景区东灵山，2009-Ⅵ-28，王新谱采。

分布：河北（兴隆、平泉、宣化、赤城、涿鹿、蔚县、邢台）、北京、内蒙古、山东、陕西、宁夏；蒙古国，朝鲜半岛，俄罗斯（西伯利亚）。

（752）环斑猛猎蝽 *Sphedanolestes impressicollis* (Stål, 1861)（图 327）

识别特征：雄性体长约 16.5 mm，宽约 4.3 mm。体黑色，被短毛，光亮，具黄色斑。第 1 触角节具 2 浅色环纹，膜片褐色透明；腿节具 2 个或 3 个、胫节具 1 浅色环，腹下侧中部及侧接缘每节的端半部均为黄色或浅黄褐色。

分布：河北、辽宁、北京、天津、山东、河南、陕西、甘肃、江苏、浙江、湖北、江西、湖南、福建、台湾、广东、广西、四川、贵州、云南；朝鲜半岛，日本，印度。

图 327 环斑猛猎蝽 *Sphedanolestes impressicollis* (Stål, 1861)（引自周尧，2001）

C. 蝽次目 Pentatomorpha Leach, 1815

1）长蝽总科 Lygaeoidea Schilling, 1829

126. 大眼长蝽科 Geocoridae Dahlbom, 1851

体小型至中型，长椭圆形至卵圆形。头横宽，复眼突出，具单眼。前胸背板四方形。后翅钩脉有或无。若虫背部臭腺开口位于腹部背板第Ⅳ节与第Ⅴ节及第Ⅴ节与第Ⅵ节。

世界已知 5 亚科 35 属 300 种以上，世界性分布，生活在地表与低矮植物上。中国记录 2 亚科 5 属 32 种。本书记述河北地区 1 属 2 种。

(753) 黑大眼长蝽 Geocoris (Geocoris) itonis Horváth, 1905（图版 XXVII-2）

识别特征：体长 4.5~4.6 mm，宽 2.3~2.5 mm。体黑，向后渐宽而翅向背面圆拱；雄性明显狭小。头黑，具光泽，光滑无刻点；头顶中线具 1 细沟纵贯头，头被白色短毛；头后缘两侧常明显离开前胸背板前角。眼明显向后向外伸出。触角前 3 节黑色，第 4 节基部色深，其余黄白色，毛短。前胸背板梯形，前、后缘微前拱，侧缘中间微内凹，前角突圆；刻点黑大，不甚密，少数侵入白色部，白色区域内常见许多极小的黑点。小盾片极大，黑色，端角有明显的白斑，除该斑外遍布浅刻点。雌性前翅宽大，前缘强烈外拱；雄性较窄而色淡，翅除黄白边缘外，遍布不甚密的均匀同色刻点；雌性翅短，翅不达腹部末端；雄性翅较长，前翅微过腹部末端。雌性腿节黑褐色，腿节端部及胫节黄褐色；雄性足全部黄褐色。

标本记录：赤城县：1 头，黑龙山小南沟，2015-VIII-6，闫艳采。

分布：河北、辽宁、内蒙古、北京、天津、山西、陕西、甘肃；俄罗斯（远东），日本。

(754) 大眼长蝽 Geocoris (Geocoris) pallidipennis (Costa, 1843)（图版 XXVII-3）

识别特征：体长 3.0~3.2 mm，头三角形，黑色，具小型白斑；复眼大而突出，背视向后侧方倾斜。触角 4 节，第 1~3 节黑色，但端部灰黄色，第 4 节灰褐色；喙黄色，末节大部黑色。前胸背板大部黑色，前缘中部具 1 小黄斑，盘区布粗刻点。前翅革片内缘有 3 行排列整齐的大刻点，外缘具 1 行刻点。

分布：河北、辽宁、北京、天津、山西、山东、河南、陕西、江苏、上海、安徽、浙江、湖北、江西、湖南、重庆、四川、云南、贵州、西藏；朝鲜半岛，欧洲，非洲。

127. 尖长蝽科 Oxycarenidae Stål, 1862

体小型，头较尖长，体式复杂多样。半鞘翅刻点明显，至少在爪片部如此。小盾片中区通常不被明显的横槽与前胸背板后边缘分开。腹部至少和胸部等长。革片和膜片端部不延伸过腹部。爪片在小盾片后方正中间。小盾片大，与爪片等长。腹部腹板无条纹。后足基节间远离。臭腺孔缘非常大，向外呈耳状延伸。前胸背板的每个刻点具 1 短腺毛。

世界已知 27 属 150 种以上，多取食植物的种子。中国记录 2 属 3 种。本书记述河北地区 1 属 1 种。

(755) 巨膜长蝽 Jakowleffia setulosa (Jakovlev, 1874)（图版 XXVII-4）

识别特征：体长约 2.8 mm，体淡灰色。头具淡色纵中线，中线与前胸背面中线相连，贯体长。密被很短而端部膨大的毛，具少数较长而端部不膨大的毛，这些毛常部分脱落或粘有沙粒。头下方黑色，具白色粗毛，平伏。触角前 3 节淡黄褐色，第 4 节深褐色。前胸背板密布大而均匀的深刻点，背面被很短而端部膨大的毛。胝色略深，以 1 条深色宽带向后延伸至背板后缘。胸部下方具白色粗毛，平伏。前胸下方淡灰褐色，中胸及后胸下方黑色。小盾片被很短而端部膨大的毛，后半隆起部分淡色。前翅革片极小，呈小三角形，与爪片平行，大小与之相近；膜片长度达到腹末（长翅型）或超过腹末（短翅型），各脉均布褐色小斑，外缘呈圆弧形。足的腿节褐色；胫节淡褐色，端部 1/3 褐色。

取食对象：沙蒿、沙蓬、刺蓬等沙生植物。

分布：河北、内蒙古、北京、宁夏、甘肃、新疆；蒙古国，中亚地区。

128. 地长蝽科 Rhyparochromidae Amyot & Serville, 1843

腹部下侧第Ⅳ、第Ⅴ节的间缝两侧向前方斜伸，终止于侧缘附近的"毛点沟"处，一般不伸达侧缘，且第Ⅳ、第Ⅴ腹节多少愈合，只有少数属种此缝直而完整，伸达侧缘。头常在复眼附近具毛点毛。前腿膨大，下方具刺。

世界已知 2 亚科 15 族约 380 属 1930 种以上。中国记录 11 族 53 属 120 种以上。本书记述河北地区 2 属 4 种。

（756）东亚毛肩长蝽 *Neolethaeus dallasi* (Scott, 1874)（图版 XXVII-5）

识别特征：体长 6.5～7.8 mm，头黑色，除基部外，具密而粗糙的刻点，触角褐色至黑褐色，第 1 节长过头端一半以上，第 2 节最长，第 3 节、第 4 节等长。喙伸达后足基节。前胸背板深褐色至黑褐色，胝区色深，领、侧边及后角呈黄色，肩角处各有 1 长毛。侧缘中部略凹。小盾片黑褐色，具"V"形脊，脊上刻点稀少。翅爪片黄褐色，靠近小盾片处色较深，革片中部靠近爪片处具 1 黑斑，顶角及端部绿色，前翅前缘略弯。膜片淡烟色，脉略深。体下侧均呈黑褐或栗褐色，具光泽。足的前腿节下方除刚毛状刺外，近端部具 3～4 粗刺。雄性腿节较膨大，第Ⅶ腹节后缘 3 小齿突。

分布：河北、北京、山西、山东、江苏、浙江、湖北、江西、湖南、福建、台湾、广西、四川；日本。

（757）白斑地长蝽 *Rhyparochromus* (*Panaorus*) *albomaculatus* (Scott, 1874)（图版 XXVII-6）

识别特征：体长 7.0～7.5 mm。头黑色，密被短毛。触角第 4 节黑色，基部具 1 白环。喙伸达中足基节。前胸背板前叶黑色，其余均黄白色，或侧缘前端及后角处色略深，前叶周缘及后叶具刻点。小盾片黑色，具刻点，沿侧缘端半各 1 黄带，排成"V"形，或仅小盾片端部淡色。爪片与革片淡黄褐色，刻点褐色，爪片基部有时黑色。革片前缘域全无刻点，中部后方在内角的水平位置处具 1 黑褐色横带，向外渐狭，其后为 1 近三角形白色大斑。体下黑色，前胸侧缘下方、后缘及后侧角、基节臼及后胸后缘黄白色，基节和前腿均黑色，基部褐色，中、后足腿节基部 1/3～1/2 淡黄褐色，其余黑色，各足胫节全黑或黄褐色至淡褐色，端部常变深。

标本记录：灵寿县：3 头，五岳寨车轱辘坨，2017-Ⅸ-02，张嘉、尹文斌采；3 头，五岳寨风景区游客中心，2017-Ⅷ-10，张嘉、尹文斌采；2 头，五岳寨桑桑沟，2016-Ⅵ-21，张嘉、杜永刚采；3 头，五岳寨西王角，2016-Ⅵ-16，张嘉、牛亚燕采；3 头，五岳寨风景区游客中心，2017-Ⅷ-16，张嘉、尹文斌采；2 头，五岳寨风景区游客中心，2017-Ⅶ-13，尹文斌采；1头，五岳寨漫山，2017-Ⅷ-05，张嘉采。

分布：河北、黑龙江、吉林、内蒙古、北京、天津、山西、山东、河南、陕西、甘肃、江苏、湖北、广西、四川、贵州；朝鲜，日本，中亚。

（758）点边地长蝽 *Rhyparochromus (Panaorus) japonicus* (Stål, 1874)

识别特征：体长7.1～7.7 mm。头黑色，触角全黑，无光泽。喙黑褐色，伸达中足基节中部。前胸背板前叶黑色，无光泽，前缘狭细地褐色，前叶两侧具粉被，成宽带状，周缘具刻点处可见较清晰的短小伏毛，前胸背板其余部分淡黄白色，后叶刻点稠密，色深，侧缘外半全长散布较密的不规则黑刻点。小盾片淡色纵纹不紧靠侧缘，常较细而位置靠内。爪片和革片黑刻点稠密，刻点周围多有黑色晕，在R脉+M脉分支间区域的端部具1纵梯形斑，端角前无白色大斑。各足腿节全黑色，胫节深褐色至黑色，以后足颜色最深。

标本记录：赤城县：1头，黑龙山东沟，2015-Ⅵ-27，闫艳采；2头，黑龙山北沟，2015-Ⅶ-10，闫艳、于广采；1头，黑龙山三岔林区，2015-Ⅷ-4，闫艳采；3头，黑龙山南沟，2015-Ⅷ-9，闫艳采；2头，黑龙山二道沟，2015-Ⅷ-25，闫艳采；3头，黑龙山西沟，2016-Ⅷ-2，侯旭采；灵寿县：2头，五岳寨国家森林公园七女峰，2016-Ⅷ-28，张嘉、杜永刚采；1头，五岳寨风景区游客中心，2017-Ⅷ-16，张嘉采。

分布：河北、黑龙江、吉林、北京、天津、山西；日本，俄罗斯（西伯利亚）。

（759）松地长蝽 *Rhyparochromus (Rhyparochromus) pini* (Linnaeus, 1758)（图版XXVII-7）

识别特征：体长7.0～7.7 mm。头黑色，头顶具稀少的刻点，前半两侧被有短小的伏毛。触角全黑，较粗壮。喙伸达中足基节，第1节近于达到或略超过前胸前缘。前胸背板前叶及侧缘大部分黑色，后者的最外缘及后叶淡黄褐色，密被黑刻点，刻点周围有黑色晕，前叶周缘具刻点。小盾片黑色。爪片中间1列刻点与两侧缘的距离相等，淡黄褐色至黄白色，中间刻点列的内方至爪片的内缘漆黑。革片底色及刻点同爪片，前缘域有大约1列较整齐的黑刻点，内角处具1较大的方块状黑斑，斑后有1小白斑，端缘黑色区域窄。膜片黑色，伸达腹端。体下黑色，前胸侧板侧缘3/5处具1白斑，前胸侧板及后胸侧板后缘狭细地白色。各足基节臼白色，其余全黑。足全黑。

标本记录：灵寿县：1头，五岳寨国家森林公园七女峰，2016-Ⅷ-28，张嘉采；1头，五岳寨国家森林公园七女峰，2017-Ⅶ-18，张嘉采。

分布：河北、内蒙古、山西、新疆、四川、西藏；中亚，伊朗，俄罗斯（西伯利亚），土耳其，欧洲。

129. 长蝽科 Lygaeidae Schilling, 1829

体小型至中型。具单眼。前翅革片刻点少，后翅具钩脉。腹部气门全部位于背面。世界已知4亚科110余属1800余种，热带分布为主，延伸至温带。

中国记录24属210余种。本书记述河北地区4属5种。

（760）横带红长蝽 *Lygaeus equestris* (Linnaeus, 1758)（图版 XXVII-8）

识别特征：体长 12.5～14.0 mm，宽 4.0～4.5 mm，朱红色。头三角形，前端、后缘、下方及复眼内侧黑色；复眼半球形，褐色，单眼红褐色；喙黑色，伸过中足基节。触角 4 节，黑色，第 1 节短粗，第 2 节最长，第 4 节略短于第 3 节。前胸背板梯形，朱红色，前缘黑色，后缘常具 1 双驼峰形黑纹。小盾片三角形，黑色，两侧稍凹。前翅革片朱红色，爪片中部具 1 圆形黑斑，顶端暗色，革片近中部具 1 不规则黑横带，膜片黑褐色，一般与腹末等长，基部具不规则白色横纹，中间具 1 圆形白斑，边缘灰白色。足及胸部下方黑色。腹背朱红色，下方各节前缘有 2 黑斑，侧缘端角黑，侧接缘朱红色。

标本记录：蔚县：5 头，小五台山，2002-VII-5，石爱民采；1 头，小五台山金河口，2009-VI-18，王新谱采；1 头，小五台山赤崖堡，2009-VI-23，郎俊通等采；涿鹿县：1 头，小五台山杨家坪林场，2004-VII-4，采集人不详；5 头，小五台山山涧口，2005-VIII-21，石爱民采；8 头，小五台山山涧口，2007-VII-17，李静等采。

分布：河北、辽宁、内蒙古、天津、山东、甘肃、江苏、云南；古北区广布。

（761）角红长蝽 *Lygaeus hanseni* Jakovlev, 1883（图版 XXVII-9）

识别特征：体长 8.0～9.0 mm。头、触角、喙和胸部下侧、足黑色，喙长超过中足基节，头顶基部至中叶中部具红纵纹，眼与前胸背板相接。前胸背板黑色，后叶前侧缘和中间宽纵纹红色；胝沟后方各 1 深黑色的光裸圆斑；后部具角状黑斑，被金黄色短毛。胸部侧板每节后缘、背侧角和基节臼各 1 较底色更黑的圆斑。小盾片黑色，横脊宽，纵脊明显。前翅暗红色或红色，爪片除外缘外红色，近端部的光裸圆斑和革片中部的光裸圆斑黑色，爪片缝与革片端缘等长；革片在径脉前方红色，但后半的前缘黑褐色，圆斑外方红色；膜片黑色，外缘灰白色，其内角、中间圆斑及革片顶角处与中斑相连的横带乳白色。腹部红色，端部黑色；侧接缘红色，前部黑色；腹中线两侧各腹节的基部具黑斑。

标本记录：赤城县：3 头，黑龙山东沓晃，2015-VI-14，闫艳、刘恋采；2 头，黑龙山黑河源头，2016-VII-5，闫艳采；1 头，黑龙山东沟，2015-VII-27，闫艳采；2 头，黑龙山三岔林区，2015-VIII-4，闫艳、于广采；邢台市：11 头，宋家庄乡不老青山风景区，2015-VI-18，常凌小、郭欣乐采；8 头，宋家庄乡不老青山风景区牛头沟，2015-VII-2，郭欣乐采；2 头，宋家庄乡不老青山风景区牛头沟，2015-VII-18，郭欣乐采；蔚县：12 头，小五台山，2001-VII-8，采集人不详；1 头，小五台山杨家坪林场，2001-VII-4，采集人不详；11 头，小五台山金河口，2005-VII-10，李静等采；涿鹿县：7 头，小五台山杨家坪林场，2005-VII-10，李静、王新谱采；灵寿县：7 头，五岳寨主峰，2017-VIII-06，张嘉、李雪采；1 头，五岳寨漫山，2016-VII-09，张嘉采；1 头，五岳寨车轱辘坨，2017-VIII-28，张嘉采；2 头，五岳寨风景区游客中心，2016-VIII-29，张嘉采；4 头，五岳寨国家森林公园七女峰，2016-VIII-28，张嘉、杜永刚采；10 头，五岳寨风景区游客中心，2017-VIII-16，张嘉、尹文斌采；7 头，五岳寨主峰，2017-VIII-06，张嘉、李雪采；1 头，五岳寨漫山，2016-VII-09，张嘉采；1 头，五岳寨车轱辘坨，2017-VIII-28，张嘉采。

分布：河北、黑龙江、吉林、辽宁、内蒙古、天津、甘肃；蒙古国，俄罗斯，哈萨克斯坦。

（762）宽地长蝽 *Naphiellus irroratus* (Jakovlev, 1889)（图版 XXVII-10）

识别特征：体宽阔，长约 8.6 mm。黑刻点较稠密。头黑色；喙黑褐色，伸达中足基节。触角黑褐色，密生粗糙的半直立毛，不甚长。前胸背板除前叶黑色外，底色淡黄褐色，前缘中部在中线两侧各 1 半月形淡色斑；淡色部密被不规则黑褐色刻点，点外有黑色晕圈。小盾片前半黑色，后半黄褐色，密被黑刻点。爪片内、外刻点排列整齐，中间散布不甚成行的刻点。革片密布黑褐色刻点，点外有晕圈，在 R 脉+M 脉脉内支上具 1 小型纵黑斑。膜片淡黑褐色，脉色略深，沿脉的两侧具细白纹。体下黑色，各胸节侧板后缘，翅折缘下方及基节臼黄白色。足深褐色，前腿节下侧除端部大齿外，其余为小齿，腿节中部有 2 枚大齿，后足腿节下侧端半部具刚毛 4 根左右。

分布：河北、辽宁、北京、天津；蒙古国，俄罗斯（西伯利亚），欧洲。

（763）小长蝽 *Nysius ericae* (Schilling, 1829)（图版 XXVII-11）

识别特征：体略呈长方形，体长 3.9～4.8 mm，宽 1.4～1.7 mm。雌性体褐色，雄性黑褐色。头三角形，具黑色颗粒。触角密生灰白绒毛，第 1 节粗短，暗褐色；余 3 节几等长，黄褐色。前胸背板略呈方形，前部密布黑色粗颗粒，后部和小盾片上具黑色刻点。前翅革质，密布灰白色短绒毛，端部具 1 黑斑纹；膜质灰白色，透明，上有 5 纵脉，无翅室，端部超出腹末甚多。足黄褐色，生有灰白色绒毛，各足基部的基缘片和后基片极发达，呈白色薄片状，包住基节的大部分；腿节上具多枚紫褐色大斑点；胫节端部紫褐色，并具黄白色端刺 1 枚；跗节第 1 节端部和第 3 节暗褐色。下侧密被灰白色绒毛，发亮。雌性下侧暗褐色，雄性黑色。臭腺孔烟斗形。

标本记录：赤城县：1 头，黑龙山马蜂沟，2015-VII-29，闫艳采；1 头，黑龙山西沟，2016-VII-2，闫艳采。

分布：河北、北京、天津、河南、陕西、四川、贵州、西藏；全北区。

（764）红脊长蝽 *Tropidothorax elegans* (Distant, 1883)（图版 XXVII-12）

识别特征：体长约 10.0 mm。体红色，具大黑斑，被金黄色短毛。头黑色、光滑，无刻点，小颊长、橘红色。喙黑色，伸达后足基节。触角黑色，第 2 节与第 4 节等长。前胸背板梯形，侧缘直，仅后角处弯，侧缘及中脊隆起、前后缘均红色，其余部分黑色，有时胝沟后方黑色，其前侧具 1 黑斑。小盾片黑色，基部平，端部隆起，纵脊明显。爪片黑色，端部红色。革片红色，中部具不规则的大黑斑，该斑不达翅的前缘，膜片黑色，超过腹端，内角及外缘乳白色。体下侧红色，胸部各侧板黑色部分约占 2/3，臭腺沟缘红色，耳状。腹部各节均具黑色大型中斑和侧斑，有时两斑相互连接成 1 大型横带，腹端部呈黑色。足黑色。

分布：河北、北京、天津、河南、江苏、浙江、江西、台湾、广东、广西、四川、云南；日本。

2）红蝽总科 Pyrrhocoroidea Amyot & Serville, 1843

130. 红蝽科 Pyrrhocoridae Amyot & Serville, 1843

体中型至大型，长椭圆形，多为鲜红色而有黑斑。头平伸，无单眼；唇基多伸出于下颚片端部之前。触角4节，着生于头侧面中线上。前胸背板侧边扁薄上卷。前翅膜片具多条纵脉，可具分支，或呈不规则的网状，基部具2~3个翅室。后胸侧板无臭腺孔。腹部气门全部位于下侧。阳茎及受精囊构造与长蝽科类似；产卵器退化，产卵瓣片状。雌性第Ⅶ腹节腹板完整，不纵裂为两半。

世界已知33属340种以上，中国记录约40种。本书记述河北地区1属2种。

(765) 先地红蝽 *Pyrrhocoris sibiricus* Kuschakewitsch, 1866（图版 XXVIII-1）

识别特征：体长约8.3 mm。椭圆形，通常灰褐色，具棕黑色刻点。头中叶1纵带及头顶由4块近方形斑和其基部中间1纵短带构成的"V"形图案淡褐色。触角、前胸背板胝部，小盾片基角和近基部中间2小圆斑，腿节及体下侧棕黑色至黑色；前胸背板侧缘、革片前缘，胸下侧侧缘、侧接缘、胫节及跗节灰棕色；各足基节外侧及后胸侧板后缘灰白色。前胸背板前缘几与头等宽，胝通常光滑，几乎不具刻点；其侧缘近斜直，胸侧板近光滑或有稀少细刻点。

标本记录：赤城县：8头，黑龙山南沟，2015-Ⅴ-17，闫艳、牛一平采；邢台市：1头，宋家庄乡不老青山风景区，2015-Ⅶ-21，郭欣乐采；灵寿县：3头，五岳寨国家森林公园七女峰，2017-Ⅶ-18，张嘉、魏小英采；3头，五岳寨风景区游客中心，2017-Ⅷ-16，张嘉、尹文斌采。

分布：河北、辽宁、内蒙古、北京、天津、山东、青海、江苏、上海、浙江、四川、西藏；俄罗斯，朝鲜，日本。

(766) 曲缘红蝽 *Pyrrhocoris sinuaticollis* Reuter, 1885（图版 XXVIII-2）

识别特征：体长约7.3 mm。窄椭圆形。暗褐色，常具蓝色光泽；头背面和下侧、触角、前胸背板胝部、腹下侧及足棕黑色；中叶具1黄褐色纵带；前胸背板前缘、侧缘及其下侧，革片前缘、侧接缘及腹端通常红色或黄褐色。喙第1节较短，不达前胸腹板前缘。前胸背板侧缘中间凹入，胝部及前胸背板大部，小盾片、革片及胸侧板具粗密刻点。前翅膜片不超过腹端，其翅脉网状。

标本记录：涿鹿县：1头，小五台山杨家坪林场，2005-Ⅶ-14，任国栋采。

分布：河北、北京、江苏、浙江、湖北、湖南；俄罗斯，朝鲜，日本。

3）缘蝽总科 Coreoidea Leach, 1815

131. 姬缘蝽科 Rhopalidae Amyot & Serville, 1843

体小型至中型。细长到椭圆形。体色多灰暗，少数鲜红色。头三角形，前端伸出于触角基前方。触角较短，第1节短粗，短于头的长度，第4节粗于第2节、第3节，常呈纺锤形。单眼不贴近，着生处隆起。前翅革片端缘直，革片中间通常透明，翅脉常显著。胸部腹板中间具纵沟，侧板刻点通常显著。臭腺孔通常退化，如有则位于中、后足基节窝之间，无明显臭腺沟缘。雌性第Ⅶ腹板完整，不纵裂为两半。产卵器片状，受精囊端部具明显的球部。

世界已知 18 属约 209 种，世界性分布。中国记录 15 属约 39 种。本书记述河北地区 4 属 6 种。

(767) 短头姬缘蝽 *Brachycarenus tigrinus* (Schilling, 1829)（图版 XXVIII-3）

识别特征：体长 5.8～6.8 mm，宽 2.2～2.5 mm。长椭圆形；黄色或浅黄褐色，密被浅色细毛。头三角形，宽短，前端下倾；中叶稍长于侧叶，头在眼后方突然狭窄；喙 4 节，下方及端部黑褐色；小颊长，达眼后缘。触角基小，不明显。触角 4 节，浅黄褐色。前胸背板梯形，被细刻点及黑斑点；前端横沟两端略弯曲，但不成环，横沟前方横脊粗，不太显著。小盾片三角形，端部呈舌状。前翅除基部、前侧缘及革片翅脉外，其余透明；后胸侧板前后端分界清晰，前端刻点较粗，后端刻点细密，后角向外扩展，体背面可见。腹部背板黑色，第 Ⅴ 腹节背板中间向内弯曲，中间具 1 纵长黄斑，第 6 节和第 7 节前缘两侧各 1 黄斑点；侧接缘黄色；腹下侧一色。

标本记录：赤城县：10 头，黑龙山北沟，2015-Ⅶ-23，闫艳、于广采。

分布：河北、内蒙古、北京、新疆、四川。

(768) 亚姬缘蝽 *Corizus tetraspilus* Horváth, 1917（图版 XXVIII-4）

识别特征：体长 8.8～11.0 mm，宽 2.7～3.9 mm。长椭圆形；橙黄色、橙红色或红色，密被浅色长细毛。头三角形，宽大于长；外缘黑色，中间部分红色。触角基顶端外侧具刺突。触角 4 节。前胸背板梯形，密布刻点。前端 2 块黑斑常界线清晰，后端常具 4 块纵长黑斑。小盾片刻点浓密，端部较尖。前翅爪片黑色，内革片具不规则小黑斑，膜片长过腹末；前端刻点少而粗，后端刻点细密，后角尖。足通常黑褐色，腿节、胫节通常具清晰的淡色纵纹。腹背红色；第 Ⅴ 节背板前缘及后缘中间内弯，各节背板两侧具 1 圆形凹斑；腹下侧各节中间及两侧各 1 黑斑点，第Ⅷ腹板的 3 个黑斑通常清晰。

取食对象：小麦、苜蓿、铁杆蒿、蒲公英。

标本记录：赤城县：1 头，黑龙山东沟，2015-Ⅵ-20，闫艳采；1 头，黑龙山马蜂沟，2015-Ⅶ-11，闫艳采；平泉市：2 头，辽河源乱石窖，2015-Ⅵ-2，关环环采；4 头，辽河源自然保护区，2015-Ⅵ-5，巴义彬、关环环采；4 头，辽河源自然保护区，2015-Ⅶ-1，关环环采；邢台市：3 头，宋家庄乡不老青山风景区，2015-Ⅶ-20，郭欣乐采；蔚县：1 头，河北小五台山金河口，1999-Ⅶ-21，李新江；4 头，小五台山，1999-Ⅶ-24，石爱民采；37 头，小五台山金河口，2006-Ⅶ-7，任国栋等采；涿鹿县：7 头，小五台山山涧口，2005-Ⅶ-18，李静等采；25 头，小五台山杨家坪林场，任国栋等采；灵寿县：1 头，五岳寨风景区游客中心，2017-Ⅷ-02，张嘉采；1 头，五岳寨风景区游客中心，2017-Ⅷ-10，张嘉采。

分布：河北、黑龙江、内蒙古、山西、贵州、西藏；蒙古国，俄罗斯。

（769）点伊缘蝽 Rhopalus (Aeschyntelus) latus (Jakovlev, 1883)（图版XXVIII-5）

识别特征：体长7.0～10.7 mm，宽2.8～4.0 mm。棕褐色，具光泽，密被黄褐色直立长毛及细密刻点。头顶3条清晰的细纵沟，中纵沟向前延伸达中叶后方，两侧沟弯曲。前胸背板中纵脊明显；侧角伸出且上翘。前翅革片顶角棕红色，膜片棕黄色透明。腹部中间具1长椭圆形黄斑。体下方棕黄色，胸侧板及腹下侧布红色或红褐色斑点。

分布：河北（雾灵山）、黑龙江、内蒙古、北京、天津、山西、甘肃、湖北、四川、云南、西藏；朝鲜，日本，俄罗斯（西伯利亚）。

（770）黄伊缘蝽 Rhopalus (Aeschyntelus) maculales (Fieber, 1836)（图版XXVIII-6）

识别特征：体长6.5～8.5 mm。浅橙黄色。触角红色，基部3节色较浅。前翅透明，革片的翅脉上散布10数个褐斑点。各足腿节无黑斑纹。腹背浅色，基部及第VII节中间褐色，两侧各1列褐色圆点。

标本记录：赤城县：1头，黑龙山北沟，2015-VI-5，刘恋采；邢台市：1头，宋家庄乡不老青山风景区牛头沟，2015-VII-18，郭欣乐采；12头，宋家庄乡不老青山风景区后山，2015-VIII-7，郭欣乐采；3头，宋家庄乡不老青山风景区牛头沟，2015-VIII-20，常凌小采；灵寿县：5头，五岳寨瀑布景区，2017-VII-14，张嘉、李雪采；13头，五岳寨主峰，2017-VIII-06，张嘉、李雪采；19头，五岳寨风景区游客中心，2017-VII-13，尹文斌、魏小英采；6头，五岳寨风景区游客中心，2016-VIII-14，张嘉等采；3头，五岳寨风景区游客中心，张嘉、尹文斌采。

分布：河北、黑龙江、吉林、辽宁、内蒙古、北京、天津、河南、江苏、上海、安徽、浙江、湖北、江西、湖南、广东、四川、贵州、云南；俄罗斯，日本。

（771）褐依缘蝽 Rhopalus (Aeschyntelus) sapporensis (Matsumura, 1905)（图版XXVIII-7）

识别特征：体长6.0～8.0 mm。椭圆形，黄褐色至棕褐色，被棕黄色毛及黑褐色刻点。头三角形，眼后方突然狭窄；近后缘处具1浅横沟，横沟后方具光滑横脊；喙伸达中足基节后端；小颊不达复眼后缘。触角第1～3节棕黄色，第4节基部及端部棕红色，中间黑色。前胸背板梯形，暗褐色。小盾片宽三角形，顶端上翘。前翅透明，顶角红色，翅脉显著，近内角翅室四边形，膜片超过腹末；后胸侧板前、端端分界清晰，后角狭窄，向外扩展，体背面可见。腹背黑色，第V节前、后缘中间内凹，中间具1卵圆形黄斑；第VI节近前缘两侧具2不规则黄斑；下侧棕黄色，密布不规则红斑点，基部中间具1黑色纵带。

标本记录：赤城县：10头，黑龙山北沟，2015-VI-5，牛一平采；6头，黑龙山东沟，2015-VII-21，闫艳采；5头，黑龙山南地车沟，2015-VII-28，闫艳采；4头，黑龙山马蜂沟，2015-VII-29，闫艳采；2头，黑龙山头道沟，2016-VII-28，刘恋采；邢台市：1头，宋家庄乡不老青山风景区牛头沟，2015-VII-18，郭欣乐采。

分布：河北、黑龙江、内蒙古、北京、陕西、江苏、浙江、福建、广东、云南；俄罗斯，朝鲜，日本。

（772）开环缘蝽 *Stictopleurus minutus* Blöte, 1934（图版 XXVIII-8）

识别特征：体长 6.0～8.2 mm，腹部宽 2.0～2.7 mm。体黄绿色，有时略带赭色，除头及腹部下侧外，其他部位布浓密的黑色细刻点；触角及足具黑斑点。前胸背板前缘横沟的两端通常弯曲呈环形，其前端不封闭，故名"开环"；沟的前缘无光滑的横脊；体毛短而疏；前胸背板和小盾片着生直毛，其不长于触角第 2 节直径的 2.0 倍。前翅除基部、前缘、翅脉及革片顶角外完全透明。腹部背面黑色，第 V 背板后半中央、第 VI 背板中部 2 斑点，后缘和第 VII 节 2 黄纵带；侧接缘黄色，各节后部常具黑斑点。雄性生殖节后缘中央角状突出，抱器近基部弯曲，向端部渐变成锥状，雌性第 VII 腹板呈龙骨状。

分布：河北、黑龙江、吉林、辽宁、内蒙古、北京、天津、山东、河南、甘肃、新疆、江苏、安徽、浙江、湖北、江西、湖南、台湾、广东、四川、贵州、云南；蒙古国，朝鲜，日本。

132. 蛛缘蝽科 Alydidae Pyrrhocoridae Amyot & Serville, 1843

体中小型至中型，多狭长。头平伸，多向前渐尖。触角常较细长。小颊短，不伸过触角着生处。后胸侧板臭腺沟缘明显。雌性第 VII 腹板完整，不纵裂为两半。产卵器片状。受精囊端段不膨大成球部。

世界已知 3 亚科 60 属 300 种以上，世界性分布，主要以植物种子为食。中国记录约 14 属 34 种。本书记述河北地区 1 属 1 种。

（773）点蜂缘蝽 *Riptortus pedestris* (Fabricius, 1775)（图版 XXVIII-9）

识别特征：体长 15.0～17.0 mm，黄棕色至黑褐色。头、胸部两侧的黄色光滑斑纹呈斑状或消失；小颊较短，向后不达到触角着生处。第 1 触角节长于第 2 节，第 4 节长于第 2 节、第 3 节之和。前胸背板前缘具领，后缘具 2 弯曲，侧角呈刺状。前胸背板及胸侧板具许多不规则的黑色颗粒。臭腺沟长，向前弯曲，几达后胸侧板前缘。腹部侧接缘黑黄相间。后足腿节具刺列，胫节弯曲，短于腿节，中部色淡。

标本记录：平泉市：1 头，辽河源自然保护区，2015-VIII-4，关环环采；邢台市：5 头，宋家庄乡不老青山小西沟上岗，2015-VII-20，郭欣乐采；2 头，宋家庄乡不老青山风景区牛头沟，2015-VII-30，郭欣乐采；8 头，宋家庄乡不老青山风景区，2015-VIII-6，郭欣乐采；7 头，宋家庄乡不老青山风景区后山，2015-VIII-7，常凌小采；灵寿县：2 头，五岳寨风景区游客中心，2017-VII-13，尹文斌、魏小英采；4 头，五岳寨风景区游客中心，2017-VIII-02，张嘉采；37 头，五岳寨花溪谷，2017-VIII-07，张嘉、尹文斌采。

取食对象：豆科、禾本科植物。

分布：河北、北京、天津、山西、山东、河南、陕西、江苏、安徽、浙江、湖北、江西、福建、四川、云南、西藏。

133. 缘蝽科 Coreidae Leach, 1815

体中型至大型，体长与体型多变。头相对于身体较小，有单眼，触角 4 节。小盾片小，三角形。前翅静止时爪片形成显著的爪片接合缝。前翅膜片基部多具 1 条横脉并由此发出多条平行或分叉的纵脉，通常基部无翅室。后胸具臭腺孔。后足腿节和胫节通常膨大或扩展。腹背一般具内侧片，腹部气门均分布在下侧。腹部Ⅲ～Ⅶ节具毛点。雄性抱器简单，左右对称。

世界已知 250 属约 1800 种，世界性分布。中国记录 63 属近 200 种。本书记述河北地区 11 属 14 种。

（774）斑背安缘蝽 *Anoplocnemis binotata* Distant, 1918（图版 XXVⅢ-10）

识别特征：体长 20.0～24.0 mm，腹部最宽处约 9.1 mm。棕褐色到黑褐色，被淡色光亮平伏短毛。头方形，宽大于长。单眼前凹陷。触角第 1～3 节黑色，第 4 节中部黑色，基部和端部橘黄色。喙短，仅伸达中足基节前端。前胸背板颜色较为均匀，同体色；前胸背板梯形，前端 2/3 极度向下倾斜。侧缘平直，具细小齿；小盾片三角形，顶端黄色。前翅达腹末，膜片黑褐色，具金属光泽。臭腺明显，臭腺孔周围橘黄色。足胫节端部和跗节黑色，爪黑色。后足腿节膨大，明显弯曲；雄性腿节体下侧后半段具三角形扩展；两性胫节体下侧端部均具 1 锐刺。腹背黑色，中间 2 浅斑；侧接缘不被前翅完全覆盖。腹下侧第Ⅲ腹板中间向后延伸，雄性较雌性更为明显。

取食对象：紫穗槐、赤松。

标本记录：邢台市：1 头，宋家庄乡不老青山风景区，2015-Ⅶ-9，郭欣乐采；1 头，宋家庄乡不老青山风景区，2015-Ⅶ-21，郭欣乐采；涿鹿县：3 头，小五台山杨家坪林场，2005-Ⅶ-10，李静等采；灵寿县：2 头，五岳寨风景区游客中心，2017-Ⅷ-16，张嘉、尹文斌采。

分布：河北、天津、山东、河南、甘肃、江苏、安徽、浙江、重庆、四川、云南、贵州、西藏。

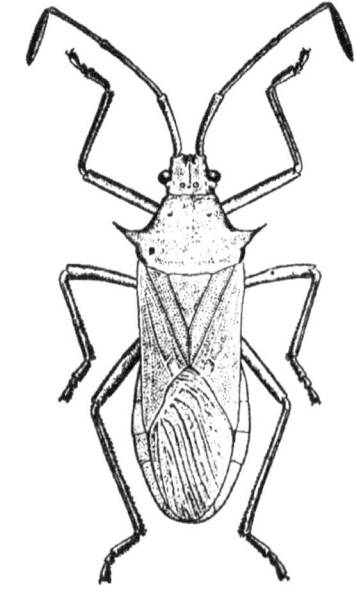

图 328 稻棘缘蝽 *Cletus punctiger* (Dallas, 1852)（引自章士美等，1985）

（775）离缘蝽 *Chorosoma brevicolle* Hsiao, 1964（图版 XXVⅢ-11）

识别特征：体长 14.0～17.0 mm，狭长，草黄色。喙顶端、后足胫节顶端下侧及跗节下侧黑色，腹背基部向后延伸 2 条纵纹。喙达于中胸腹板后缘。触角微带红色，具黑色平伏短毛，第 1 节、第 2 节、第 3 节逐渐细缩，第 4 节稍粗于第 3 节。前胸背板具刻点。前翅不达第Ⅳ腹节后缘，透明；革片上的翅脉带红色。各足腿节均稍长于胫节，后足最大，中足短于前足，跗节第 1 节长于第 2 节、第 3 节之和的 2.0 倍。

分布：河北、山西、陕西、新疆。

（776）稻棘缘蝽 *Cletus punctiger* (Dallas, 1852)（图 328）

识别特征：体长 9.5～11.0 mm，宽 2.8～3.5 mm，

体黄褐色，狭长，刻点密布。头顶中间具短纵沟，头顶及前胸背板前缘具黑色小粒点，第1触角节较粗，长于第3节，第4节纺锤形。复眼褐红色，单眼红色。前胸背板多为一色，侧角细长，稍上翘，端部黑色。

取食对象：稻、麦类、玉米、稷、棉花、大豆、柑橘、茶、高粱等。

分布：河北、北京、山东、河南、陕西、上海、江苏、浙江、安徽、湖北、江西、湖南、福建、台湾、广东、海南、香港、澳门、广西、四川、云南、西藏；朝鲜，日本，印度。

(777) 宽棘缘蝽 *Cletus rusticus* Stål, 1860（图版 XXVIII-12）

识别特征：体长 9.0～11.3 mm，宽 3.2～4.0 mm。背面暗棕色，下侧污黄色，触角暗红色。前胸背板前后截然两色，其前部与头颜色较淡；第1触角节前外侧具1列明显的黑色小颗粒状突起。腹背基部及两侧黑色。雌性腹部第IX节后缘裂缝两侧呈弧形。

标本记录：平泉市：2头，辽河源自然保护区，2015-VII-1，关环环采；涿鹿县：11头，小五台山杨家坪林场，2002-VII-11，石爱民等采。

分布：河北、陕西、安徽、浙江、江西、台湾；日本。

(778) 平肩棘缘蝽 *Cletus tenuis* Kiritshenko, 1916（图版 XXIX-1）

识别特征：体长 10.0～11.6 mm，宽 3.2～3.7 mm。体略呈长椭圆形。背面深褐色，下侧淡黄褐色。触角第1～3节深褐色，约等长，第4节黑褐色，端部红褐色。前胸背板侧叶不上翘，侧角刺较粗短，向两侧平伸，顶端黑色。前翅革片上具1灰白色斑点，有些个体不明显。腹背红色，侧缘淡黄褐色。雌性生殖节后缘两侧斜直，下侧中间纵隆起，雄性该节下侧圆鼓。

取食对象：稻等禾本科植物。

标本记录：邢台市：15头，宋家庄乡不老青山风景区，2015-V-14，郭欣乐、常凌小采；8头，宋家庄乡不老青山风景区牛头沟，2015-VI-7，郭欣乐采；3头，宋家庄乡不老青山风景区后山，2015-VIII-6，郭欣乐采。

分布：河北、北京、山东、陕西、江西、四川。

(779) 东方原缘蝽 *Coreus marginatus orientalis* (Kiritshenko, 1916)（图329）

识别特征：体长 13.0～14.5 mm，宽 6.5～7.5 mm。窄椭圆形，棕褐色，被细密小黑刻点。头小，椭圆形；喙4节，褐色，达中足基节。触角4节，生于头顶端，多为红褐色，触角基内端刺向前伸延，互相接近；第1节最粗，第2节最长，第4节为长纺锤形。前胸背板前角较锐，侧缘几平直，侧角较为突出。小盾片小，等边三角形。前翅几达腹末，膜质部深褐色，透明，有极多纵脉。足棕褐色，腿节深褐色，腿节、胫节上被细密黑刻点，爪黑褐色。腹部棕褐色，侧接缘显著，两侧突出，各节中间色浅。腹部气门深褐色。

标本记录：赤城县：3头，黑龙山小南沟，2015-V-17，牛一平采；9头，黑龙山东猴顶，2015-VI-27，闫艳、于广采；3头，黑龙山连阴寨，2015-VII-7，闫艳、于广采；14头，黑龙山北沟，2015-Ⅶ-10，闫艳、于广采；10头，黑龙山东沟，2015-Ⅶ-24，闫艳、牛一平采；7头，黑龙山黑龙潭，2015-Ⅷ-2，闫艳采；1头，黑龙山南地车沟，2015-Ⅷ-3，于广采；14头，黑龙山二道沟，2015-Ⅷ-25，闫艳采；蔚县：5头，小五台山金河口，2001-Ⅶ-6；涿鹿县：44头，小五台山杨家坪林场，2002-Ⅶ-11-19，任国栋、石爱民等采。

分布：河北、黑龙江、吉林、辽宁、北京；朝鲜，日本，俄罗斯（西伯利亚）。

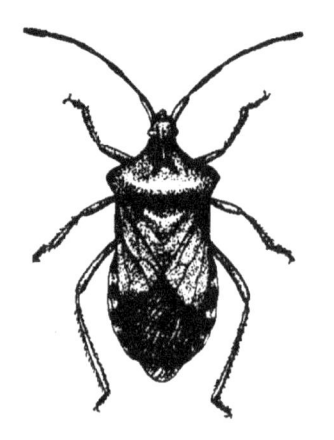

图329 东方原缘蝽 *Coreus marginatus orientalis* (Kiritshenko, 1916)（引自章士美等，1985）

（780）波原缘蝽 *Coreus potanini* (Jakovlev, 1890)（图版ⅩⅩⅨ-2）

识别特征：体长 11.5～13.5 mm，宽 7.0～7.5 mm。黄褐色至黑褐色，背腹均具细密刻点。头小，略呈方形，前端在两触角基内侧各有1棘，2棘均向前伸出；头顶中间具短纵沟；复眼暗棕褐色，单眼红色；喙达中足基节。触角基部3节三棱形，以第1节最粗大，外弯；第2节、第3节略扁，第4节纺锤形。前胸背板前部向下陡斜，侧角突出，近于（或稍大于）直角；前胸侧板在近前缘处具1新月形斑痕。前翅膜片淡棕色，透明，可达腹端部。各足腿节下侧有2列棘刺，前足更显，呈锯齿状，腿节上有黑褐斑，胫节上之黑斑几成环形，在深色个体中环形更明显，胫节背面具纵沟。腹部侧接缘扩展，显著宽于前胸侧角的宽度，并向上翘起；腹板散生黑斑，深色个体尤显。气门周围淡色。

取食对象：马铃薯。

标本记录：赤城县：1头，黑龙山小南沟，2015-Ⅴ-7，牛一平采；1头，黑龙山北沟，2015-Ⅵ-5，牛一平采；1头，黑龙山马蜂沟，2015-Ⅶ-29，闫艳采；1头，黑龙山二道沟，2015-Ⅷ-2，闫艳采；平泉市：17头，辽河源自然保护区，2015-Ⅵ-7，巴义彬、关环环采；28头，辽河源乱石窖，2015-Ⅶ-8，孙晓杰、关环环采；9头，宋家庄乡不老青山风景区，2015-Ⅴ-13，常凌小、郭欣乐采；9头，宋家庄乡不老青山风景区牛头沟，2015-Ⅶ-2，张润杨、郭欣乐采；蔚县：9头，小五台山金河口，2009-Ⅵ-18，王新谱采；2头，小五台山赤崖堡，2009-Ⅵ-23，郎俊通等采；涿鹿县：163头，小五台山杨家坪林场，2004-Ⅶ-6-14，任国栋、李静、王新谱等采；灵寿县：4头，五岳寨花溪谷，2016-Ⅵ-24，张嘉、杜永刚采；7头，五岳寨风景区游客中心，2017-Ⅷ-10，张嘉、尹文斌采；3头，五岳寨国家森林公园七女峰，2017-Ⅶ-18，张嘉、魏小英采；3头，五岳寨风景区游客中心，2017-Ⅶ-14，张嘉、尹文斌采。

分布：河北、内蒙古、北京、天津、山西、陕西、甘肃、湖北、四川、西藏。

(781) 颗缘蝽 *Coriomeris scabricornis scabricornis* (Panzer, 1805)（图版 XXIX-3）

识别特征：体长 8.0～13.0 mm，雌性较雄性略宽大。梭形，灰褐色、褐黄色至褐红色，多具红色光泽。头黑褐色，具浓密颗粒；触角第 1 节、第 4 节黑褐色，第 2 节、第 3 节红褐色，第 1～3 节具黑色斑点；腿节也具黑色斑点。前胸背板 2 条隐约暗带纹，侧缘白色，内弯，有约 10 个大小不等的白色突起，突起顶端具灰色短毛，侧角浅色，指向两侧；后缘在小盾片基角的外方具 2 刺。前翅膜片灰褐色，翅脉黑褐色具白斑点。腿节具黑斑点，后足腿节下侧端部具 1 大刺，其外侧有 3 小刺。胸腹板黑色，侧板浅褐色。

取食对象：松树。

标本记录：赤城县：1 头，黑龙山东沟，2015-Ⅶ-21，闫艳采；1 头，黑龙山西沟，2016-Ⅶ-2，闫艳采。

分布：河北、北京、天津、山西、山东、河南、陕西、新疆、江苏、湖北、四川、西藏；朝鲜半岛，日本，欧洲西部。

(782) 褐奇缘蝽 *Derepteryx fuliginosa* (Uhler, 1860)（图版 XXIX-4）

识别特征：体长 21.0～25.0 mm，宽 8.0～10.0 mm，深褐色。头部短小、圆形，触角深褐色，第 1 节最粗，第 4 节红褐色，多环节。复眼黑色，单眼深褐色。喙 4 节，棕褐色，伸达后足基节。前胸背板极度扩展，呈薄片状，前角突出，其前缘有显著锯齿，形状奇异，侧缘具小锯齿；侧角后缘凹陷不平，非齿状，侧角稍前倾，不达前胸背板前端。小盾片正三角形。翅膜质部达到或稍超过腹末，膜片暗褐色、透明，有极多纵脉。腹部侧接缘向两侧明显突出。足长大，雄性后足腿节更粗，表面有细棘突，胫节近端部内侧有 1 三角状突起；雌性后足胫节内外侧略扩展。腹部下侧暗褐色，略具油脂状光泽。

取食对象：豚草（菊科）、稻。

标本记录：邢台市：1 头，宋家庄乡不老青山风景区，2015-Ⅶ-21，常凌小、郭欣乐采；1 头，宋家庄乡不老青山风景区牛头沟，2015-Ⅶ-30，郭欣乐、张润杨采；灵寿县：1 头，五岳寨花溪谷，2016-Ⅵ-08，牛亚燕采。

分布：河北、黑龙江、甘肃、江苏、安徽、浙江、江西、福建；俄罗斯（远东），朝鲜半岛，日本。

(783) 广腹同缘蝽 *Homoeocerus (Tliponius) dilatatus* Horváth, 1879（图版 XXIX-5）

识别特征：体长 13.5～14.5 mm，宽约 10.0 mm。头方形，前端在触角着生处突然向下弯曲。黄褐色至褐色。触角第 1～3 节三棱形，第 2 节、第 3 节显著扁平，第 4 节长纺锤形。前胸背板侧角稍大于 90°；前翅不达腹末，革片上无明显黑褐色斑点。腹部较扩展，密布黑色小刻点，两侧露出翅外。

取食对象：胡枝子、葛藤、筅子梢（豆科植物）。

分布：河北、吉林、北京、河南、陕西、江苏、浙江、湖北、湖南、福建、广东、四川、贵州；俄罗斯（远东），朝鲜半岛，日本。

(784) 环胫黑缘蝽 *Hygia* (*Colpura*) *lativentris* (Motschulsky, 1866)（图版XXIX-6）

识别特征： 体长 10.0～12.0 mm，宽约 3.5 mm。黑棕色，刻点粗糙。头顶在两单眼前内方各 1 深陷点；复眼深褐色，略带褐红色光泽，单眼暗红色；喙长达第Ⅲ腹板前缘。第 1 触角节较粗，略外弯；第 4 节最短，纺锤形，两端深褐色，中间淡黄褐。前胸背板表面稍隆，中间有纵横相交的 2 浅凹沟，沿侧缘内略凹；侧角圆钝不突出。小盾片端部浅色。前翅革片端半色渐淡至棕褐色，端缘中间处具 1 浅色小斑；膜片棕色，不达腹端部，翅脉不呈网状。触角基、各足基节深黄褐色，腿节具浅色斑点，胫节有浅色环纹。腹部侧接缘外露，每节端部赭色横斑延至下侧；各节腹板两侧区在气孔之内各 1 黑斑，第Ⅲ、第Ⅳ节的较小，有时模糊，以后各节都较大而明显；第Ⅲ、第Ⅳ腹板中部各有 2 黑斑。

取食对象： 辣椒、茄科植物。

分布： 河北、天津、江西、湖南、台湾、广西、贵州、云南、西藏；朝鲜半岛，日本，印度（锡金）。

(785) 粟缘蝽 *Liorhyssus hyalinus* (Fabricius, 1794)（图版XXIX-7）

识别特征： 体长 7.0～7.8 mm，宽 2.1～2.5 mm。长椭圆形，黄棕色或黄褐色，密被浅色长细毛。头三角形，背面具显著对称的黑色纹；头顶中间具黑色短纵沟。触角第 1～3 节色较深，内侧具浅色纵纹；喙 4 节，第 4 节通常黑色，后伸几乎达后胸腹板后缘；前胸背板梯形，宽显著大于长，后缘稍外弓，侧角钝圆。前胸背板前方横沟黑色，两端不达侧缘；横沟前方横脊完整，上具 1 列细刻点；小盾片三角形，端部较尖；前翅透明，革片翅脉显著，膜片超过腹末；后胸侧板前后分界清晰，后角狭窄，向外扩展，体背面可见。第Ⅴ腹节背板中间具 1 长椭圆形大黄斑，两侧各 1 小黄斑；侧接缘黄黑相间；腹下侧通常布红色斑点；雄性生殖节后缘中间具 1 显著的三角形突起。

取食对象： 稷、高粱、小麦、麻类、向日葵、烟草。

分布： 河北、黑龙江、内蒙古、北京、天津、江苏、安徽、湖北、江西、广东、广西、重庆、四川、云南、贵州、西藏。

(786) 波赫缘蝽 *Ochrochira potanini* (Kiristshento, 1916)（图版XXIX-8）

识别特征： 体长 20.0～23.0 mm。黑褐色，被白色短毛，触角第 4 节棕黄色；第 1 节稍短于第 4 节，第 2 节、第 3 节约等长。前胸背板侧角圆形，上翘折；侧缘弧弯，锯齿甚小呈小疣状。后足胫节背面向端部逐渐扩展。

标本记录： 涿鹿县：46 头，小五台山杨家坪林场，2004-Ⅶ-4，石爱民、李静等采；32 头，小五台山杨家坪林场，2009-Ⅵ-25，王新谱采；灵寿县：2 头，五岳寨银河峡，2016-Ⅴ-19，牛一平、牛亚燕采；4 头，五岳寨国家森林公园七女峰，2016-Ⅴ-22，牛一平、牛亚燕采；2 头，五岳寨风景区游客中心，2016-Ⅶ-05，巴义彬、张嘉采。

分布： 河北、天津、河南、湖北、四川、西藏。

(787) 钝肩普缘蝽 *Plinachtus bicoloripes* Scott, 1874（图版 XXIX-9）

识别特征：体长 13.5～16.5 mm。黑褐色，被浓密细小深色刻点，下侧黄色。触角、腿节端部、胫节及跗节红褐色，有时足的基节、转节及腿节基部红褐色。前胸背板侧缘、小盾片顶端、喙的顶端、各腹板两侧的斑点、侧接缘端部均为黑色。有时第 4 腹板两侧无黑斑点。触角稍长于体长的 2/3，第 2 节最长，第 3 节最短，端部稍侧扁。喙达于后足基节。前胸背板侧缘平直，侧角不突出。前翅达于腹末，膜片浅褐色。

标本记录：灵寿县：1 头，五岳寨庙台，2015-Ⅶ-26，袁志采。

分布：河北、陕西、湖北、江西、四川、云南；俄罗斯（远东），朝鲜半岛，日本。

4）蝽总科 Pentatomoidea Leach, 1815
134. 同蝽科 Acanthosomatidae Signoret, 1863

体通常椭圆形，绿色或褐色，常有红色等鲜艳花斑。头三角形，单眼明显，触角 5 节，喙 4 节。第Ⅲ腹节具 1 腹刺，跗节 2 节，第Ⅱ腹节的气门被后胸侧板所遮盖，外视不可见。雌性具 1～2 个潘氏器。雄性生殖节特化。雌性受精囊简单。

世界已知 3 亚科 55 属约 300 种，世界性分布。中国记录 8 属约 100 种。本书记述河北地区 5 属 11 种。

(788) 细齿同蝽 *Acanthosoma denticauda* Jakovlev, 1880（图版 XXIX-10）

识别特征：体椭圆形，长约 16.0 mm，宽约 8.0 mm。体翠绿色或黄绿色。头、前胸背板前部黄褐色。触角暗黄褐色，第 3～5 节棕色。前胸背板侧角端部稍突出，常棕黑色。小盾片基部褐色，具分散粗刻点，顶端突然窄缩并明显与膜片接触，黄褐色，光滑。革片褐绿色，刻点较小，膜片浅棕色，半透明。足黄褐色。腹背浅棕色，端部红棕色，侧接缘各节具黑斑纹；下侧黄褐色或棕褐色。雄性生殖节短宽，末端略超过膜片。

标本记录：邢台市：22 头，宋家庄乡不老青山风景区，2015-Ⅵ-Ⅶ，郭欣乐、张润杨、常凌小采；涿鹿县：2 头，小五台山杨家坪林场，2005-Ⅶ-10，李静等采；灵寿县：4 头，五岳寨花溪谷，2016-Ⅵ-08，牛亚燕、闫艳、张嘉采；3 头，五岳寨风景区游客中心，2016-Ⅶ-05，巴义彬、张嘉采；2 头，五岳寨售票处，2016-Ⅵ-30，张嘉、杜永刚采；4 头，五岳寨瀑布景区，2017-Ⅶ-14，张嘉、李雪采；1 头，五岳寨风景区游客中心，2017-Ⅷ-16，张嘉采；2 头，五岳寨国家森林公园七女峰，2016-Ⅴ-17，牛一平、闫艳采。

取食对象：梨，落叶松。

分布：河北、黑龙江、吉林、辽宁、北京、山西、山东、陕西、福建；朝鲜，日本，俄罗斯（西伯利亚）。

(789) 细铗同蝽 *Acanthosoma forficula* Jakovlev, 1880（图版 XXIX-11）

识别特征：体长 17.5～20.0 mm，宽 7.5～9.5 mm。卵形，草绿色。头、前胸背板前部黄褐色，中叶几乎无刻点，侧叶具横皱纹和稀少刻点。触角暗褐色，向端部颜色渐深，第

3 节端部至第 5 节暗棕色。前胸背板侧角甚短，端部圆钝、光滑，橙红色。小盾片浅棕绿色，膜片棕色，半透明。足暗褐色，跗节棕色，腹背棕褐色，末端红色，侧接缘各节具黑斑点；下侧淡黄褐色。雄性生殖节发达，铗状，橘红色，铗后端略平行，顶尖各 1 束褐色长毛。

取食对象：桧柏。

标本记录：邢台市：2 头，宋家庄乡不老青山风景区，2015-Ⅵ-20，常凌小、郭欣乐、张润杨采；灵寿县：2 头，五岳寨，2015-Ⅶ-22，周晓莲采。

分布：河北、黑龙江、北京、陕西、浙江、湖北、台湾、四川；日本，俄罗斯（西伯利亚）。

（790）黑背同蝽 *Acanthosoma nigrodorsum* Hsiao & Liu, 1977（图版 XXIX-12）

识别特征：体长约 13.8 mm，宽约 6.3 mm。长椭圆形。头三角形、黄褐色，中叶略长于侧叶，侧叶及头顶具黑色粗刻点，眼与单眼之间光滑，喙黄褐色，端部黑色，伸达中足基节之间。第 1 触角节浅棕色，第 2 节棕色，第 3 节、第 4 节棕红色，第 5 节缺失。前胸背板侧角鲜红色，端部尖锐，强烈弯向前方。小盾片暗棕绿色，具黑色稀疏刻点，顶端光滑。革片外缘及顶角黄绿色，内缘及爪片红棕色，膜片浅棕色，半透明，中胸隆脊低平。足黄褐色，胫节黄绿色，跗节浅棕色。腹背黑色，端部鲜红色，侧接缘黄褐色。

标本记录：赤城县：1 头，黑龙山马蜂沟，2015-Ⅶ-29，闫艳采；1 头，黑龙山林场林区检查站，2015-Ⅸ-2，牛一平采；平泉市：1 头，辽河源柳溪杨树林，2015-Ⅴ-18，巴义彬采；18 头，辽河源自然保护区，2015-Ⅵ-5，孙晓杰、关环环采；灵寿县：10 头，五岳寨风景区游客中心，2017-10-25，白兴龙、张嘉采。

分布：河北、北京、山西、四川。

（791）泛刺同蝽 *Acanthosoma spinicolle* Jakovleff, 1880（图版 XXX-1）

识别特征：雄性长约 13.5 mm，宽约 6.0 mm。雌性长约 18 mm，宽约 8.5 mm。体窄椭圆形，灰黄绿色。触角通常第 1 节、第 2 节暗褐色，第 3 节、第 4 节红褐色，第 5 节端部棕色。喙黄绿色，端部黑色，伸达后足基节。前胸背板后缘、革片内域和爪片红棕色。头黄褐色具横皱纹和黑色刻点，中叶稍长于侧叶，前胸背板近前缘处具 1 条黄褐色横带，侧角延伸成短刺，棕红色，端部尖锐，有时顶角黑色，指向前侧方。小盾片具黑色粗密刻点，中间有暗棕色斑，顶端稍延伸，光滑，黄白色。革片外域刻点较稀疏，内域较细密，膜片浅棕色，半透明。中胸隆脊低平，前端不伸达前腹板前缘。腹背及端部通常浅棕红色，各腹节后缘具黑色横带纹，侧接缘全部黄褐色；下侧和足黄褐色，光滑，跗节浅棕色。

标本记录：蔚县：20 头，小五台山金河口，2006-Ⅶ-18，王新谱采；涿鹿县：1 头，小五台山杨家坪林场，2009-Ⅵ-25，王新谱采；灵寿县：2 头，五岳寨银河峡，2016-Ⅴ-19，牛一平、牛亚燕采；3 头，五岳寨国家森林公园七女峰，2016-Ⅴ-17，牛一平、闫艳采；1 头，五岳寨风景区游客中心，2017-Ⅶ-31，李雪采。

分布：河北、黑龙江、吉林、辽宁、内蒙古、北京、天津、山西、陕西、宁夏、甘肃、青海、新疆、湖北、四川、西藏；朝鲜半岛，日本，俄罗斯（西伯利亚）。

(792) 宽肩直同蝽 *Elasmostethus humeralis* Jakovlev, 1883（图版XXX-2）

识别特征：雄性长约 11.0 mm，宽约 5.5 mm。长椭圆形，雄性稍大。黄绿色或棕绿色，通常前胸背板后缘、小盾片前端中间、爪片、革片顶缘具棕红色。头三角形，前端无刻点，头顶具稀疏的棕黑色刻点，中叶前端宽，中叶长于侧叶，眼红棕色，单眼红色，第1触角节粗壮，伸过头的前端，第1节、第2节具稀疏的细毛，第3～4节的毛浓密。喙棕黄色，端部黑色，伸达中足基节之间。前胸背板前缘光滑，近前缘处具棕黑色刻点，中间稍密，靠近前角稍稀疏，前角呈小齿状，侧缘明显变厚，侧角后部黑色；小盾片三角形，具粗大刻点，膜片半透明，具浅棕色斑纹，腹背浅红色，侧接缘黄褐色，下侧黄棕色，气门黑色。雄性生殖节后缘中间具两束黄褐色长毛，无小齿。

分布：河北、吉林、北京、陕西、四川；日本，俄罗斯（西伯利亚）。

(793) 直同蝽 *Elasmostethus intertinctus* (Linnaeus, 1758)（图版XXX-3）

识别特征：体长9.3～11.8 mm；体长椭圆形。头三角形，中叶稍长于侧叶，侧叶及头顶布细刻点；喙末端黑色，长过中足基节。触角第1节长过头的前端，第3节较第2节短，黄绿色，第5节末端棕黑色。前胸背板前缘具光滑隆脊，中央向后略凹，侧缘隆脊光滑，侧角钝，略突出，侧角后部暗棕色至棕黑色；革片内缘和端缘、爪片棕红色。小盾片三角形，其基部中央、翅的爪片及革片顶缘棕红色。腹部背面暗棕色至棕黑色，末端红色，侧接缘各节的后角不突出，黄褐色。

标本记录：赤城县：9头，黑龙山北沟，2015-Ⅷ-9，闫艳采；1头，黑龙山南沟，2015-Ⅵ-27，闫艳采；围场县：1头，四合永林场院内，2015-Ⅷ-10，宋洪普采；平泉市：2头，辽河源张营子，2015-Ⅴ-15，巴义彬、关环环采；2头，辽河源二道泉子，2015-Ⅴ-16，巴义彬、关环环采；7头，辽河源马孟山庄，2015-Ⅴ-20，孙晓杰、关环环采；24头，辽河源光头山，2015-Ⅴ-22，巴义彬、孙晓杰、关环环采；15头，辽河源自然保护区，2015-Ⅵ-5，巴义彬、孙晓杰、关环环采；13头，辽河源自然保护区，2015-Ⅵ-13，孙晓杰、关环环采；9头，辽河源自然保护区，2015-Ⅷ-25，卢晓月、关环环采；蔚县：148头，小五台山金河口，2009-Ⅵ-18，李静、王新谱采；1头，小五台山赤崖堡，2009-Ⅵ-23，郎俊通采；涿鹿县：6头，小五台山山涧口，2009-Ⅵ-22，王新谱采；1头，小五台山杨家坪林场，2009-Ⅵ-25，王新谱采；灵寿县：1头，五岳寨，2015-Ⅶ-25，周晓莲采。

取食对象：梨。

分布：河北、黑龙江、吉林、陕西、湖北、广东、云南；俄罗斯，朝鲜半岛，日本，欧洲，北美洲。

(794) 背匙同蝽 *Elasmucha dorsalis* (Jakovlev, 1876)（图版XXX-4）

识别特征：体长约7.0 mm，宽约4.0 mm。卵圆形；黄绿色，掺有棕红色斑纹。头棕黄色，具黑刻点，中叶与侧叶约等长，前端平截。触角黄褐色，第5节端部黑色。前胸背板具暗棕色稀疏刻点，中域及侧缘中间具黄色纵斑纹，侧角明显突出，端部暗棕色。小盾片刻点较粗，分布较均匀。革片刻点较细小，膜片半透明。胸下侧具黑色密刻点，各足基节之间黑褐色。腹背暗棕色，侧接缘各节具黑宽带；下侧几乎无刻点，气门黑色，各气门外侧连接1光滑的暗色短带。

标本记录：赤城县：2头，黑龙山东旮旯，2015-Ⅵ-14，牛一平采；1头，黑龙山东猴顶，2015-Ⅵ-27，闫艳采；平泉市：20头，辽河源自然保护区，2015-Ⅵ-Ⅷ，关环环、董海森、孙晓杰采；邢台市：3头，宋家庄乡不老青山风景区，2015-Ⅶ-9，郭欣乐采；蔚县：1头，小五台山金河口，2006-Ⅶ-7，任国栋采；20头，小五台山金河口，2009-Ⅵ-18，王新谱采；1头，小五台山赤崖堡，2009-Ⅵ-23，郎俊通采；涿鹿县：9头，小五台山杨家坪林场，2009-Ⅵ-25，王新谱采；4头，小五台山西灵山，2009-Ⅵ26，王新谱采；灵寿县：1头，五岳寨，2015-Ⅷ-12，袁志采。

分布：河北、内蒙古、山西、陕西、甘肃、安徽、浙江、江西、湖南、福建、广西、贵州；蒙古国，俄罗斯（远东、西伯利亚），朝鲜半岛，日本，哈萨克斯坦。

（795）匙同蝽 *Elasmucha ferrugata* (Fabricius, 1787)（图版XXX-5）

识别特征：体长约9.3 mm，宽约7.2 mm。椭圆形，棕黄色，具粗糙棕黑色刻点。头三角形，侧叶边缘具光滑隆起；第1触角节较为粗壮，伸出头的前端。喙伸达腹部基节，棕黄色，端部黑色，小颊和颊区具棕黑色刻点。前胸背板黄褐色，前角隆起呈小齿状，指向侧前方，侧缘中间略凹向内，侧缘前方微皱，胝区黑色，侧角强烈延伸成较直的黑色长刺，基部红棕色，端部尖锐，伸向侧方，侧角后缘波曲状，后角红棕色。小盾片三角形，刻点稀疏，中间具1边缘不整齐的大黑斑；革片顶角棕红色，膜片有不规则的棕色斑纹。足跗节端部浅棕色，爪端半部黑色，腹背浅棕色，侧接缘各节后角黑色，延伸成小齿状，下侧具棕黑色刻点。

标本记录：赤城县：1头，黑龙山三岔林区，2015-Ⅷ-4，闫艳采；蔚县：20头，小五台山金河口，2009-Ⅵ-18，王新谱采；涿鹿县：1头，小五台山山涧口，2009-Ⅵ-22，王新谱采；21头，小五台山西灵山，2009-Ⅵ-26，王新谱采。

分布：河北、黑龙江、吉林、湖北、四川；俄罗斯，朝鲜半岛，日本，欧洲。

（796）齿匙同蝽 *Elasmucha fieberi* (Jakovlev, 1865)（图版XXX-6）

识别特征：体长约8.5 mm，宽约4.0 mm。椭圆形；灰绿色或棕绿色，具黑色粗糙刻点。头三角形，中叶稍长于侧叶，头顶有黑色粗糙稠密刻点；喙4节，伸达腹部前端。第1触角节粗壮，略超过头的前端，触角全部黑色（雄性）或浅棕色（雌性），第4节中部及第5节端部棕黑色；前胸背板前角具明显横齿，伸向侧方，侧缘呈波曲状，侧角略微凸出，端部圆钝，刻点较密，呈深棕色。小盾片基部具1轮廓不太清晰的大棕色斑，此处刻点粗大，端部略微延伸，黄白色。革片外缘刻点较密，顶角淡红棕色，膜片浅棕色，半透明，具淡棕色斑纹，腹背暗棕色，侧接缘各节后缘黑色。下侧有大小不一的黑色刻点，气门黑色。足浅棕色，跗节棕褐色，爪端部黑色。

标本记录：赤城县：5头，黑龙山东旮旯，2015-Ⅵ-14，牛一平采；4头，黑龙山北沟，2015-Ⅵ-17，闫艳、尹悦鹏采；3头，黑龙山连阴寨，2015-Ⅶ-7，闫艳、于广采；7头，黑龙山北沟，2015-Ⅶ-10，闫艳采；2头，黑龙山二道沟，2015-Ⅶ-27，闫艳采；4头，黑龙山马蜂沟，2015-Ⅶ-29，闫艳、尹悦鹏采；13头，黑龙山小南沟，2015-Ⅷ-14，闫艳、尹悦鹏采；1头，黑龙山林场林区检查站，2015-Ⅸ-2，牛一平采；平泉市：1头，辽河源光头山，2015-Ⅴ-22，关环环采；7头，辽河源自然保护区，2015-Ⅵ-Ⅷ，巴义彬、关环环采；1头，辽河源上四家，2015-Ⅵ-8，孙晓杰采；蔚县：2头，小五台山金河口，2009-Ⅵ-18，王新谱采；2头，小五台山赤崖堡，2009-Ⅵ-23，郎俊通等采；涿鹿县：2头，小五台山山涧口，2009-Ⅵ-22，王新谱采。

分布：河北、北京、山西、四川；欧洲。

(797) 绿板同蝽 *Lindbergicoris hochii* (Yang, 1933)（图版XXX-7）

识别特征：体长约11.5 mm，宽约7.8 mm。椭圆形，绿色或黄绿色，具黑色密刻点。头黄褐色，侧叶具横皱纹，刻点稀疏，边缘具隆起的窄边，第1触角节超过头的前端。喙黄棕色，端部黑色，伸达后足基节之间。前胸背板前角隆起呈小齿状，指向侧前方，侧缘光滑并显著变厚而隆起，侧角扁平，强烈延伸呈刺状，深绿色，刺前缘通常具黑斑纹，刺端部尖锐，伸向侧后方，侧角下侧具稀疏的黑色刻点。小盾片具均匀黑色刻点，端部圆钝。中胸隆脊较高而短，前端远不达前胸背板前缘，后端在中足基节前突然降低。膜片浅棕色，透明。足腿节基部黄褐色，腿节和胫节基部黄绿色，胫节端部及跗节棕色。腹背棕红色，下侧黄绿色，无刻点。

标本记录：平泉市：1头，辽河源自然保护区，2015-Ⅷ-27，关环环采；灵寿县：1头，五岳寨，2015-Ⅶ-25，周晓莲采。

分布：河北（蔚县、平泉、灵寿）、北京、山西、河南、陕西、甘肃、湖北。

(798) 副锥同蝽 *Sastragala edessoides* Distant, 1900（图330）

识别特征：体长14.8~15.9 mm。褐绿色，长椭圆形。头褐黄色，中叶光滑，侧叶具黑色刻点。触角第1节、第2节和第3节基部黄褐色或绿褐色，其余各节棕褐色。前胸背板中域暗黄绿色，后域棕色，侧角强烈延伸呈较粗的长刺，端部尖锐，伸向侧前方，刺前缘通常橘红色，刺基部中间具黑色粗大刻点。

标本记录：涿鹿县：2头，小五台山杨家坪林场，2009-Ⅵ-25，王新谱采。

分布：河北、北京、山西、四川、云南；印度。

图330　副锥同蝽 *Sastragala edessoides* Distant, 1900

135. 扁蝽科 Aradidae Brullé, 1836

体长2.2~20.0 mm，背腹扁平，土褐色或黑色，背面常具各式瘤突或皱纹。北方种类多为长翅型，南方种类无翅型较多。头平伸，无单眼。唇基常肥大。触角4节，触角基突发达。小颊发达，常向后延伸并包围喙基部。喙4节，较短，口针长，不用时发条状卷于头口前腔内。前翅膜片具翅脉，或翅脉模糊，或无翅脉。足短粗，各足跗节2节。气门多位于下侧，腹下无毛点毛。有些种类腹部有脊突，可与后足胫节构成发音结构。雄性生殖囊具成对的生殖囊侧突，交尾时起抱握作用。雌性产卵器条叶状，无第3产卵瓣。第Ⅶ腹节腹板纵裂（无脉扁蝽亚科 Aneurinae 除外）。

世界已知200余属1900多种，世界性分布，多生活于腐烂的树皮之下，以菌类为食。中国记录4亚科19属105种以上。本书记述河北地区1属4种。

（799）伯扁蝽 Aradus（Aradus）bergrothianus Kiritshenko, 1913（图版 XXX-8）

识别特征：体长雄性6.3～8.3 mm，雌性约8.3 mm；体宽雄性3.1～3.5 mm，雌性约4.7 mm。体宽扁，黑褐色；前胸背板前缘基部、革片基部、小盾片侧缘2/3处、第Ⅷ腹节侧叶内侧、足上环纹均浅黄色。头长于宽，中叶隆起，伸达触角第2节基部。触角较短，由基部向端部渐粗。头顶中央微隆，两侧浅凹，具2长卵圆形光滑区；复眼球形，突出；眼前刺端部尖削，两侧突出；眼后刺明显，向侧后方伸出；喙伸达中胸腹板后缘。前胸背板长约为宽的2.6倍；侧板侧向扩展，上翘；前侧缘基部1大型突起，侧缘具不规则齿突，后缘中央波浪状弯曲，内凹；背板中间2瘤状纵脊贯穿背板，其外侧2条较短；前叶2马蹄形光滑区。小盾片长三角形，侧缘具脊，端部钝圆并上折。腹部第Ⅱ～Ⅳ节侧接缘后角略突出，第Ⅴ～Ⅶ节侧接缘后角显突，第Ⅷ侧叶具1侧齿突；革片基部扩展且上折，窄于前胸背板，端部伸至第Ⅴ节侧接缘中央；膜片发达，翅脉清晰，表面具褶皱。雌性个体较大，腹部较宽。

标本记录：灵寿县：5头，五岳寨风景区游客中心，2017-Ⅹ-25，白兴龙、张嘉采。

分布：河北、北京、河南、陕西、四川；俄罗斯（远东），韩国。

（800）贝氏扁蝽 Aradus (Aradus) betulae (Linnaeus, 1758)（图版 XXX-9）

识别特征：体长雄性约7.0 mm，雌性8.2～9.0 mm。土黄色，密布浅褐斑点。前胸背板宽约2.8 mm。侧缘平直，具显著锯齿。小盾片较宽短，顶角短圆形。前翅不长达第Ⅶ腹节后缘，基部呈弧形扩展，宽约2.9 mm。腹部卵圆形，宽约3.9 mm，侧接缘后角突出。触角各节长度比为0.2∶1.1∶0.45∶0.5，第1节长度约为前头部分的1/3，第2节顶端及第4节黑色，第3节除最基部外均为浅黑色。

分布：河北、北京、天津；俄罗斯（西伯利亚、远东、欧洲部分），乌兹别克斯坦，吉尔吉斯斯坦，伊朗，土耳其，阿塞拜疆，格鲁吉亚，亚美尼亚。

（801）同扁蝽 Aradus (Aradus) compar Kiritshenko, 1913（图版 XXX-10）

识别特征：体长雄性约7.5 mm，雌性9.0～9.1 mm；体宽雄性约3.8 mm，雌性4.9～5.2 mm。宽卵圆形，体表密布颗粒。头长大于宽，中叶隆起，两侧近平行，伸达触角第2节基部；触角基突粗壮，端部尖削。头顶中央微隆，两侧浅凹，有2光滑区；复眼球形，两侧突出；喙伸达中胸腹板前缘。前胸背板宽约为长的3.1倍；前侧缘近前端显凹，侧缘有不规则细齿，后缘中凹，近平直，两侧于小盾片处向后圆弧状突出；背板中央隆起，中间2瘤状纵脊贯穿背板，两侧各有1长达背板中央的短纵脊，背板前叶2马蹄形光滑区。小盾片长三角形，长明显大于宽，侧缘具脊，近端部缢缩，端部钝圆并上翘。腹部第Ⅱ～Ⅶ节侧接缘各后角突出，革片基部微上折，翅脉隆起。膜片深褐色，翅脉显著，伸至第Ⅷ腹节后缘。雌性体型较大，腹部较宽。

分布：河北、北京、河南、陕西、宁夏、甘肃、湖北；俄罗斯（远东），韩国。

（802）文扁蝽 *Aradus* (*Aradus*) *hieroglyphicus* Sahlberg, 1878（图版XXX-11）

异名：贝氏扁蝽 *Aradus* (*Aradus*) *betulae* (Linnaeus, 1758)

识别特征：体长雄性6.8～7.7 mm，雌性8.2～9.4 mm；宽雄性3.2～3.4 mm，雌性3.8～4.1 mm。体狭长。黄褐色，具黑褐斑。全身布瘤突。头土褐色，方形。触角基突尖刺状。第1触角节最短；第2节最长。喙伸达中胸腹板近中间处。前胸背板中间具4列明显的瘤状脊。前翅长，黄褐色，散布黑褐色斑块。翅脉明显，上覆有颗粒状瘤突。各腹节侧缘及前、后缘内侧部有黑褐色斑块。足黄褐色。各足胫节端部具浅色环带。各足腿节、胫节上具单个浅色的瘤状突。跗节2节，无爪垫。

分布：河北、内蒙古、北京、天津、宁夏、新疆；俄罗斯（东西伯利亚），哈萨克斯坦。

136. 跷蝽科 Berytidae Fieber, 1851

体小型至中小型，暗黄色至红褐色，体、触角与足通常细长；有的种类具棘刺、粉被和瘤突状夸张结构；行动时身体常抬高。头背圆隆，唇基前突；具单眼。触角突不发达。腿节端部通常变粗；跗节3节。小盾片后突，后胸臭腺孔缘经常延长成刺。革片革质化弱。腹部气门全部位于背面。腹部第Ⅲ腹板通常具2根或3根听毛，腹部中背片愈合。产卵器不发达，雄性第Ⅶ腹板完整；受精囊端泡大，卵形或球形。

世界已知3亚科38属170种以上，世界性分布。中国记录2亚科10属16种。本书记述河北地区2属2种。

（803）圆肩跷蝽 *Metatropis longirostris* Hsiao, 1974（图版XXX-12）

识别特征：体长8.6～9.6 mm。黄褐色，光秃。第1触角节（膨大部分除外）、各足基节及腿节（膨大部分除外）色较浅，触角第4节（除顶端外）、喙第4节、各足胫节顶端及跗节、头及胸的下侧中间均带黑色，第1触角节及腿节具若干黑色小点。眼小，肾形，位于头两侧；单眼位于横缢后方，两单眼的间距等于各侧单眼至复眼的距离。触角长于身体，第1节顶端膨大。喙达于后足基节中间。前胸背板具浓密刻点，中间纵脊后端高起，侧角略呈瘤状。后缘中间向内凹陷。小盾片顶角尖锐成短刺。前翅不达腹末。

标本记录：邢台市：1头，宋家庄乡不老青山风景区，2015-Ⅷ-11，郭欣乐采。

分布：河北、北京、浙江、湖北、江西。

（804）锤胁跷蝽 *Yemma signata* (Hsiao, 1974)（图331）

识别特征：第1触角节和各足腿节膨大部分及腹下侧橙黄色，头两侧眼后部分及前胸背板前叶两侧具黑色纵纹，第1触角节最基部及第4节基部3/4、喙的顶端及各足跗节端

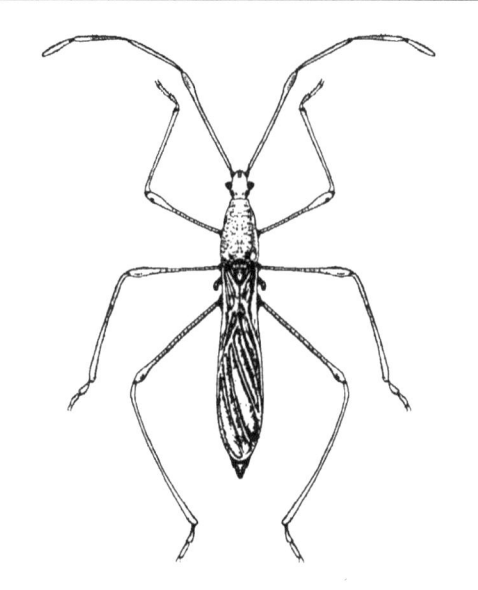

图 331　锤胁跷蝽 *Yemma signata* (Hsiao, 1974)
（引自彩万志等，2017）

部黑色，头下侧中间及胸板中间常具 1 条黑色纵纹。第 1 触角节及各足腿节具稀疏而不明显的褐色小点。触角短于体长的 1.5 倍，第 2 节显著长于第 3 节。两单眼的间距小于各单眼与复眼间的距离。喙超过后足基节基部，第 1 节达眼后缘，短于第 2 节。前胸背板较长，刻点浓密；二胝相连，无刻点，中间纵脊中部明显、后端稍膨大；后叶后部中间不具显著的椎状突起；侧角稍呈圆形鼓起，后缘稍内曲。小盾片刺较短，长约为前胸背板后缘宽的 1/3。前翅膜片基部具黑色细纹，前翅超过第 Ⅵ 背板中间臭腺孔缘延长部分的端部显著弯曲，无延长的刺。

分布：河北、北京、山东、河南、陕西、甘肃、浙江、江西、四川、西藏；朝鲜半岛，日本。

137. 土蝽科 Cydnidae Billberg, 1820

体小型至中大型。褐色、黑褐色或黑色，个别种类有白色或蓝白色花斑。身体厚实，有时隆出，体壁坚硬，并常具光泽。头平伸或前倾，常宽短，背面较平坦，前缘呈圆弧形。上颚片极阔。头前缘常有粗短栉状刚毛列。触角多为 5 节，少数 4 节，较粗短；前胸背板侧缘有刚毛列。小盾片长约为前翅之半或更长，部分种类小盾片较长而端部宽圆。爪片端部被小盾片遮盖或否。少数类群可有"爪片接合线"。后胸侧板臭腺沟长，挥发域范围大，表面结构多样。腹部各节每侧的 2 根毛点毛在气门后排成纵列。各足跗节 3 节，胫节粗扁，或变形成勺状、钩状等。

世界已知 6 亚科 89 属约 750 种，主要分布于旧大陆的温带和热带地区。中国记录 4 亚科 26 属 72 种以上。本书记述河北地区 6 属 8 种。

(805) 长点阿土蝽 *Adomerus notatus* (Jakovlev, 1882)（图版 XXXI-1）

识别特征：体长 4.4～5.4 mm，宽 2.7～3.3 mm。体长椭圆形；黑褐色，具刻点。头黑色，刻点较密；复眼黑褐色，后缘紧靠前胸背板前缘。触角黄褐色，密被半倒伏短毛；喙黄褐色，端部几伸达中足基节端部。前胸背板宽梯形，黑褐色，被同色刻点，胝区刻点稀少；侧缘呈白色狭边状，前缘向内凹入，后缘略向后突出；前胸腹板中间具 1 明显的纵沟；前角及侧角钝圆。小盾片黑色，长三角形，刻点匀称。前翅褐色至黑褐色，翅前缘圆凸，具 1 淡白色狭边，革片中部具 1 白色斜长斑，其长大于宽的 3.0 倍，膜片褐色，几达腹部端部。腹部黑褐色，下侧刻点稀少。足黑褐色，胫节背侧中部条纹及腹部侧缘白色。雄性抱器感觉叶较明显，钩状突细长，端部较锐。

标本记录：赤城县：2 头，黑龙山三岔林区，2015-Ⅴ-19，牛一平采；3 头，黑龙山东沟，2015-Ⅶ-21，闫艳采；3 头，黑龙山南沟，2015-Ⅷ-9，闫艳采；2 头，黑龙山林场林区检查站，2015-Ⅷ-28，闫艳采；灵寿县：2 头，五岳寨主峰，2017-Ⅷ-06，张嘉、李雪采；1 头，五岳寨风景区游客中心，2017-Ⅶ-19，张嘉采。

分布：河北、内蒙古、北京、青海；俄罗斯，蒙古国。

（806）圆点阿土蝽 *Adomerus rotundus* (Hsiao, 1977)（图版 XXXI-2）

识别特征：体长雄性 3.6 mm，雌性 5.9 mm；体宽雄性 2.3 mm，雌性 3.7 mm。体长椭圆形，黑褐色，密布同色刻点。头黑褐色，刻点较密，前缘呈弧形弯曲，侧叶与中叶等长，侧叶外缘中部略向内凹入；复眼黑褐色，向两侧伸出，单眼红褐色，具光泽。触角 5 节，褐色，密被短毛；喙黄褐色，端部伸达中足基节间。前胸背板梯形，深褐色，侧缘略弯，呈淡黄色狭边，前缘呈弧形向内凹入，后缘略向后突出；胝区刻点稀少；前角及侧角圆钝。小盾片三角形，褐色，略具光泽。前翅褐色，具刻点，翅前缘向外圆凸，边缘呈白色狭边，革片中部常具白色小斜斑，有时该斑较模糊，膜片黄褐色。腹部刻点细小，略具光滑，黑褐色。

取食对象：苜蓿、小麦、蔬菜、红豆草等植物的嫩根。

标本记录：邢台市：15 头，宋家庄乡不老青山风景区牛头沟，2015-Ⅵ-9，郭欣乐采；17 头，宋家庄乡不老青山风景区，2015-Ⅵ-18，郭欣乐采；6 头，宋家庄乡不老青山风景区，2015-Ⅶ-8，郭欣乐、张润杨采；7 头，宋家庄乡不老青山小西沟上岗，2015-Ⅶ-20，郭欣乐、张润杨采；灵寿县：1 头，五岳寨银河峡，2016-Ⅴ-19，牛一平采。

分布：河北（承德、丰宁、遵化、阜平、涞源、昌黎、康保）、黑龙江、吉林、辽宁、北京、天津、山西、山东、河南、陕西、江苏、海南、香港；俄罗斯，朝鲜半岛，日本。

（807）异色阿土蝽 *Adomerus variegatus* (Signoret, 1884)

识别特征：体长约 6.3 mm。体暗红褐色，头、前胸背板及小盾片黑色，其中前胸背板后缘带暗红褐色，侧缘白色，并延伸至后缘的两侧（爪片与革片的缝处），小盾片端部黄白色；头侧叶显长于中叶，前胸腹板中间具显著纵沟；体腹下侧侧缘黑白相间。

分布：河北、北京；俄罗斯（远东），朝鲜半岛，日本。

（808）大鳌土蝽 *Adrisa magna* (Uhler, 1861)（图版 XXXI-3）

识别特征：体长 14.0～18.0 mm，宽约 9.0 mm。红褐色至黑色，卵圆形。头具皱纹状刻点，前胸背板及小盾片基部刻点大而稀疏，前翅小盾片端部刻点小而浓密；下侧刻点小，腹部中间光平。头前端宽圆。触角 4 节，第 2 节最长，约为第 3 节长的 2.0 倍。喙为 4 节，达于中胸腹板后缘。前胸背板侧缘几近平直，前角前缘具 1 列很密的短刚毛。小盾片长，超过爪片顶端，但不达腹末，侧缘平直，顶角尖削，两爪片不形成爪片接合缝。前翅膜片污烟色，不形成网状脉。臭腺沟长而平直。前足稍特化，胫节扁平，背面 1 列强刺；中、后足胫节腹、背两侧具成列强刺；跗节第 2 节最短，约与其他 2 节等粗。

标本记录：邢台市：2 头，宋家庄乡不老青山风景区，2015-Ⅶ-19，郭欣乐采；易县：1 ♂，狼牙山，2008-Ⅵ-18，刘国卿采。

分布：河北、北京、天津、山西、河南、陕西、湖北、江西、湖南、台湾、广东、海南、香港、四川、云南；韩国，日本，越南，老挝，泰国，印度，缅甸。

(809) 紫蓝光土蝽 *Canthophorus niveimarginatus* Scott, 1874（图 332）

识别特征：体长 6.0～8.0 mm，宽 3.2～4.3 mm。长圆形，蓝黑色或黑色，光亮无毛，具稠密的刻点。头部前端较窄，侧叶包围中叶，略上翘。触角 5 节，第 1 节最短，第 5 节最长。前胸背板侧缘、前缘、腹部侧接缘均具 1 狭窄的乳白色边缘，盘区布浓密刻点，两胝光滑。小盾片长三角形，长大于前翅革片之半，顶角圆钝，爪片密被刻点。前翅膜片烟黑色，未达腹部末端。前胸腹板中央 2 纵脊，形成 1 纵沟。各足胫节外侧乳白色。腹部腹板具完整白边（雄）或无乳白色边缘（雌）。各足正常，腿节具稀疏细毛，胫节具粗壮刺和刚毛，跗节 3 节，第 1 节较长，第 2 节最短。

取食对象：苜蓿、十字花科蔬菜、小麦。

分布：河北、内蒙古、山西、山东、陕西、江苏、湖北、福建、云南；俄罗斯，韩国，日本，越南，印度，哈萨克斯坦。

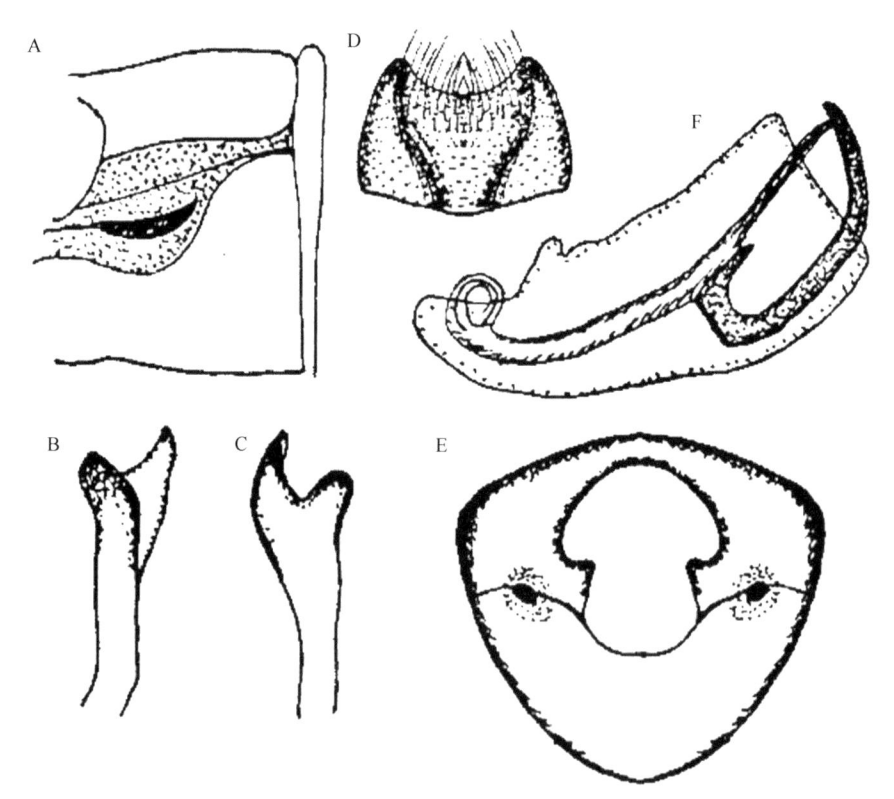

图 332　紫蓝光土蝽 *Canthophorus niveimarginatus* Scott, 1874（引自 Scott，1874）
A. 臭腺；B、C. 抱器不同侧面；D. 载肛突；E. 生殖囊开口；F. 阳茎

(810) 青革土蝽 *Macroscytus japonensis* Scott, 1874（图版 XXXI-4）

识别特征：体长 7.5～10.5 mm，宽 3.8～6.0 mm。长椭圆形，褐色至黑褐色。头前缘

宽圆形，具刚毛；背面6长刚毛。触角5节，长于前胸背板。喙伸达中足基节；复眼后缘紧靠前胸背板前缘，单眼黄色，具光泽。前胸背板呈梯形，宽大于长的2.0倍，胝区光滑，其余部分具稀疏的大刻点；侧缘5~6长刚毛，后侧缘扩展成瘤状，前、后角均圆钝。小盾片呈长三角形，超过腹部中间，基部光平，其余部分刻点明显，且较大。前翅前缘呈弧形向外突出，爪片刻点成列，其中1列贯穿体长，革片具稀疏刻点。前缘基部具数根刚毛，爪片不超过小盾片端部，膜片烟色，端部及翅脉具深色斑点。足红褐色，具光泽，腿节光滑，具毛点毛，胫节均具较强的粗刺。

取食对象：藜、禾本科植物、臭椿。
标本记录：邢台市：4头，宋家庄乡不老青山风景区，2015-Ⅵ-18，郭欣乐、张润杨采。
分布：河北、北京、山西、山东、河南、甘肃、上海、浙江、湖北、湖南、福建、台湾、广东、四川、贵州；俄罗斯（远东），朝鲜，日本，越南，缅甸。

（811）黑伊土蝽 *Microporus nigritus* (Fabricius, 1794)

识别特征：体长4.0~5.2 mm。长圆形，黑褐色，体表粗糙，具刻点。触角5节，第2节细，短于其他节。头前缘1列短刺和1列刚毛，中叶与侧叶等长，顶端具短刺2枚，侧叶边缘具短刺7枚，刚毛6根。前胸背板前部鼓起，中后部具刻点，小盾片刻点粗大。前翅革片两侧具1列刚毛，数量为7~8根，革片前缘具刚毛。足红褐色。臭腺孔暗区大，略呈三角形，其外侧中胸与后胸腹板间具1光亮横带。腹部腹面中部光滑，两侧具皱纹及刻点。后足胫节圆柱形。

取食对象：豆类。
分布：华北、山东、新疆、上海、广东、云南、西藏；蒙古国，俄罗斯（欧洲部分、西伯利亚、远东），朝鲜半岛，日本，印度，缅甸，中亚，中东，欧洲，北美洲。

（812）根土蝽 *Schiodtella japonica* Imura & Ishikawa, 2009（图版XXXI-5）

识别特征：体长约4.4~4.8 mm，宽约2.8~3.2 mm。体型近圆形，浅褐色至深褐色。头红褐色至褐色，边缘锯齿状，头后端具少数刻点，前端向下倾斜，侧叶稍长于中叶，具深刻的斜皱纹，向上翘起，两侧缘各8~11短刺，中叶边缘2短刺，前缘下方1列刚毛。复眼较大，红色，不具眼刺；单眼黄褐色。触角4节，黄褐色，第1节、第2节棒状，第3节、第4节纺锤形，依次变长。喙黄褐色，长达中足基节。前胸背板红褐色至褐色，极度上鼓，前部光滑，前缘脉基部有刚毛7~8根，前缘及后部具刻点和稀疏横皱纹，侧缘具若干排列不整齐的长毛；膜片透明，超出腹部末端。小盾片具横皱纹及少量不明显刻点，端部密布横皱；前胸侧板褐色具黑褐色斑块。腹板黄褐色，具稀疏皱纹，密被长毛。前足胫节镰刀状；中足胫节香蕉状；后足腿节极为粗壮，胫节马蹄形，多毛和刺；中、后足跗节极小。

取食对象：小麦、高粱、豆类。
分布：河北、吉林、辽宁、内蒙古、北京、天津、山西、江西；日本。

138. 兜蝽科 Dinidoridae Stål, 1868

体中型至大型，暗色。头侧叶宽，形状变化较大，有的边缘具外长突，具单眼。触角 4 节或 5 节，第 1 节略超过头端。喙 4 节，长达中足基节。小盾片不超过腹部中半，端部钝或圆盾状。前翅革片完整，膜片脉纹网状或横脉数量较多。跗节常为 3 节，偶 2 节。

世界已知 2 亚科 4 族 13 属 115 种，均为植食性，常生活在豆科植物或瓜类植物上吸食汁液。中国记录 2 亚科 3 族 4 属 17 种。本书记述河北地区 1 属 1 种。

(813) 小皱蝽 *Cyclopelta parva* Distant, 1900（图版 XXXI-6）

识别特征：体黑褐色，无光泽。体长 12.0~15.0 mm，宽 6.0~10.0 mm，卵圆形。体黑褐色，无光泽。头小，触角黑色，4 节，第 2 节、第 3 节稍扁。前胸背板后半部及小盾片上，有很多横向细皱纹，故称小皱蝽。小盾片前缘中间具 1 红黄色小点，有时端部也具 1 小黄点。小盾片三角形，盖着腹部第 Ⅳ 节。其基缘中间常有黄褐色或红褐色小斑，腹背为红褐色，两侧缘各节中间有红褐色横斑；下侧为红褐色。腿节下方有刺。雌性生殖节下侧稍凹陷，纵裂，后缘内凹深；雄性生殖节下侧完整，稍鼓起，后缘圆弧状。

取食对象：刺槐、小槐花、紫穗槐、胡枝子、葛藤、菜豆、扁豆、大豆、豇豆、西瓜、南瓜等。

分布：河北、辽宁、山东、河南、甘肃、江苏、安徽、浙江、湖北、江西、湖南、福建、台湾、广东、海南、广西、四川、贵州、云南；缅甸，不丹。

139. 鞭蝽科 Dipsocoridae Dohrn, 1859

体扁长形，黄褐色至褐色，光亮；头平伸，复眼小，具单眼。触角细长，第 1 节短，第 2 节显著长于第 1 节，第 3~4 节细长，具稀疏长毛。喙一般细长，达到或略超过后足基节。前翅前缘裂显著，深切达 M 脉。足较粗，跗式多为 3-3-3，雄性少数为 2-2-3 或 2-2-2。后胸侧板具臭腺挥发域。腹下具浓密被毛。雄性腹部及外生殖器强烈不对称。

世界已知 10 余属近 40 种，栖息在潮湿的土壤中，湖泊、溪流岸边的乱石下或朽木等隐蔽处。本书记述河北地区 1 属 2 种。

(814) 朽木栉鞭蝽 *Ceratocombus altieallus* Ren & Yang, 1991（图 333）

识别特征：体淡黄褐色，半透明，具虹彩光泽。单眼与复眼红色；前翅光泽略深于前胸背板。背视复眼后缘靠近前胸背板领的前缘。触角第 2 节长约是第 1 节的 2.0 倍，第 3 节与第 4 节几等长，均具短毛。喙长略超过后足基节，第 1 节粗短。前胸背板中部长略短于头长，但显短于头宽，侧缘直并向上翘起。小盾片基部宽大于长。前翅几达腹末，前翅端部 1/3 处具 1 短楔片缝，前翅端半部 3 个大翅室。前足腿节粗于中、后足腿节；前足胫节长于腿节，前足胫节向端部略变粗，亚端部具 13 根粗刚毛，跗节 2 节，爪具爪间突囊；后足腿节短于胫节。

分布：河北。

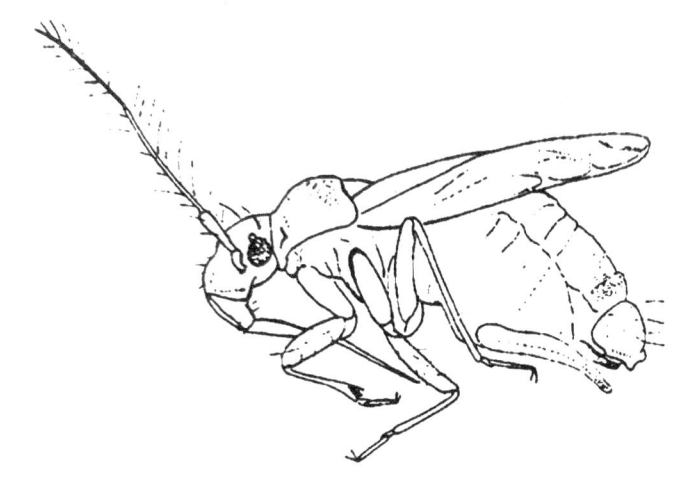

图 333 朽木栉鞭蝽 *Ceratocombus altieallus* Ren & Yang, 1991 体侧面（引自刘国卿和卜文俊，2009）

（815）体栉鞭蝽 *Ceratocombus sinicus* Ren & Yang, 1991（图334）

识别特征：体浅黄褐色，半透明；复眼深红色，单眼红色。第1触角节最短，第2节长约是第1节的2.5倍，第3节、第4节等长，具稀疏长毛。喙长，第1节短粗，第2~3节细长，端部伸达后足基节前端。前胸背板前缘宽显著小于后缘宽度，大于前胸背板长。前翅半透明，长过腹末；前足腿节略粗于胫节，胫节亚前端具长刺毛，跗节爪具爪间突囊；各足跗节2节，后足跗节细。雌性腹部基部缢缩，端半部膨大呈球形。

分布：河北、北京。

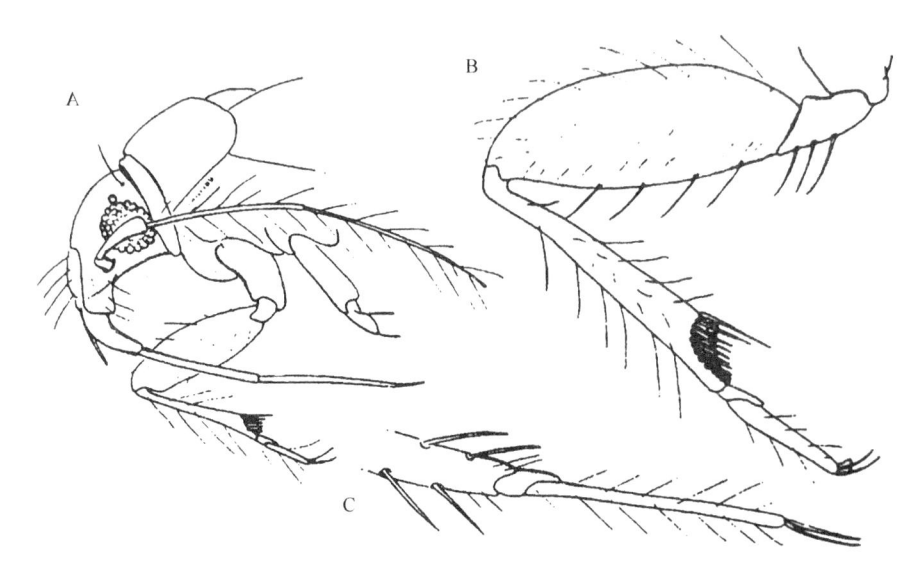

图 334 体栉鞭蝽 *Ceratocombus sinicus* Ren & Yang, 1991（引自刘国卿和卜文俊，2009）
A. 头；B. 前足；C. 后足跗节

140. 蝽科 Pentatomidae Leach, 1815

体小型至大型，多为椭圆形，背面一般较平，体色多样。触角5节，有时第2节、第3节之间不能活动；极少数4节。有单眼。前胸背板常为六角形。中胸小盾片在多数种类中为三角形，约为前翅长度之半，遮盖爪片端部，不存在爪片接合线。少数类群中胸小盾片极发达，向后延至身体端部，呈宽舌状，两侧平行而端缘宽圆。遮盖前翅革片约一半左右。爪片亦相对狭窄。膜片具多数纵脉，很少分支。各足跗节3节。腹部第Ⅱ腹节气门被后胸侧板遮盖，外观不可见。阳茎鞘常强烈骨化。

世界已知10亚科940属约5000种，陆生昆虫，大多数为植食性种类。中国记录约170余属500余种。本书记述河北地区22属32种。

(816) 华麦蝽 *Aelia fieberi* (Scott, 1874) （图版 XXXI-7）

识别特征：体近菱形，黄褐色至污黄褐色，密布刻点。头长三角形，黄褐色；复眼小，黑褐色，单眼橘红色。触角黄色，端部3节渐红；喙伸达腹部第2节；前胸背板及小盾片具纵中线，粗细前后一致；前胸背板前缘两端向前略伸出，侧缘略呈直线，黄色，后缘近小盾片基部呈直线。小盾片淡黄褐色，中纵线两侧具较宽的黑色纵条。前翅革片外缘及径脉淡黄白色，其内侧无黑色纵纹；膜片透明，具1黑色纵纹。腹下侧淡黄色，有6条不完整的黑纵纹。

取食对象：小麦、稻及禾本科杂草。

标本记录：邢台市：3头，宋家庄乡不老青山风景区，2015-Ⅶ-21，郭欣乐采；10头，宋家庄乡不老青山风景区牛头沟，2015-Ⅶ-30，张润杨、郭欣乐采；蔚县：8头，小五台山金河口，2005-Ⅶ-10，李静、王新谱采；涿鹿县：1头，小五台山山涧口，2009-Ⅵ-22，王新谱采；8头，小五台山杨家坪林场，2002-Ⅶ-12，石爱民、李静采。

分布：河北、黑龙江、吉林、辽宁、北京、天津、山西、山东、河南、陕西、甘肃、江苏、浙江、湖北、江西、湖南、福建、四川、云南。

(817) 蠋蝽 *Arma custos* (Fabricius, 1894) （图版 XXXI-8）

识别特征：体长10.0～14.5 mm，宽5.0～7.0 mm，黄褐色或黑褐色，下侧淡黄褐色，密布深色细刻点。触角5节，红褐色略带黄色，第3节、第4节为黑色或部分黑色。前胸背板前侧缘常具很狭的白边，白边内侧具黑色刻点。前翅革片侧缘刻点浓密、黑色，侧接缘淡黄白色，节缝处黑色，各节前后端常各1小黑斑。前胸背板两侧缘前半部具细齿。各足淡褐色，胫节、跗节略现浅红色，腿节具细小黑点。

标本记录：蔚县：3头，小五台山，1998-Ⅶ-29，刘世瑜采；2头，小五台山，1999-Ⅶ-21，李新江采；4头，小五台山金河口，2006-Ⅶ-7，任国栋、王凤艳、李静采；涿鹿县：1头，小五台山杨家坪林场，2002-Ⅶ-11，石爱民等采；4头，小五台山杨家坪林场，2005-Ⅶ-10，李静等采；2头，小五台山杨家坪林场，2005-Ⅶ-14，任国栋采；灵寿县：1头，五岳寨，2015-Ⅶ-25，周晓莲采。

分布：河北、黑龙江、吉林、辽宁、内蒙古、山西、山东、陕西、甘肃、新疆、江苏、浙江、湖北、江西、四川、云南、贵州；俄罗斯（远东、西伯利亚），朝鲜半岛，日本，中亚，欧洲。

(818) 辉蝽 *Carbula humerigera* (Uhler, 1860)（图版 XXXI-9）

识别特征：体近卵圆形，暗褐色至紫褐色，稍带铜色至紫铜色光泽，密布黑色刻点。头长形，色更暗。触角黄色，第4~5节端半棕黑色；喙棕黄色，末节黑色，端部伸达腹基部。前胸背板前缘内凹，前角前伸，前侧缘厚，内凹，前侧缘区及侧角区黑色。小盾片端部钝圆，基缘有3横列小白点。前翅革片基侧缘黄白色，膜片端部超出腹端。腹下黄褐色，侧区有由黑色刻点组成的纵带，雄性在腹节第Ⅴ节、第Ⅵ中部各具1黑斑。各足黄色，腿节、胫节具黑色碎斑。

标本记录：邢台市：1头，宋家庄乡不老青山风景区，2015-Ⅶ-1，郭欣乐采；涿鹿县：1头，小五台山杨家坪林场，2002-Ⅶ-12，石爱民等采。

分布：河北、山西、河南、陕西、甘肃、青海、安徽、浙江、湖北、江西、湖南、福建、广东、广西、四川、贵州、云南；日本。

(819) 北方辉蝽 *Carbula putoni* (Jakovlev, 1876)（图版 XXXI-10）

识别特征：体长10.1~11.2 mm，宽6.8~7.2 mm。近卵圆形，深紫黑褐色，有铜色或紫铜色光泽，密布黑刻点。头长形，色深暗，侧叶稍长于中叶。触角第4~5节除基部外黑色，其余各节颜色较淡。前胸背板前缘内凹，侧角端部相对较尖，小盾片端部钝圆。前翅革片基侧缘淡黄色。

标本记录：邢台市：1头，宋家庄乡不老青山小西沟上岗，2015-Ⅴ-12，常凌小采；7头，宋家庄乡不老青山风景区，2015-Ⅵ-5，郭欣乐、张润杨采；5头，宋家庄乡不老青山风景区，2015-Ⅵ-8，郭欣乐采；3头，不老青山马岭关，2015-Ⅵ-8，曹维林采；1头，宋家庄乡不老青山风景区牛头沟，2015-Ⅶ-3；1头，宋家庄乡不老青山风景区后山，2015-Ⅷ-9，郭欣乐采；涿鹿县：1头，小五台山山涧口，2009-Ⅵ-22，王新谱采；10头，小五台山杨家坪林场，2004-Ⅶ-4，石爱民等采；蔚县：10头，小五台山杨家坪林场，2004-Ⅶ-4，李静等采；1头，小五台山杨家坪林场，2005-Ⅶ-14，任国栋等采；2头，小五台山杨家坪林场，2009-Ⅵ-29，王新谱采；灵寿县：27头，五岳寨风景区游客中心，2017-Ⅷ-10，张嘉、李雪、魏小英采；3头，五岳寨风景区游客中心，2017-Ⅶ-13，尹文斌、魏小英采；21头，五岳寨风景区游客中心，2017-Ⅷ-16，张嘉、尹文斌采；20头，五岳寨主峰，2017-Ⅷ-06，张嘉、李雪采；6头，五岳寨售票处，2016-Ⅵ-18，张嘉、牛亚燕采；1头，五岳寨国家森林公园七女峰，2017-Ⅶ-18，张嘉采。

分布：河北、黑龙江、辽宁、北京、天津、山东、四川；俄罗斯（远东），朝鲜。

(820) 紫翅果蝽 *Carpocoris purpureipennis* (De Geer, 1773)（图版 XXXI-11）

识别特征：体长12.0~15.0 mm，宽7.5~9.0 mm。体宽椭圆形，黄褐色至棕紫色，密被黑色刻点。头三角形；复眼棕黑色，单眼橘红色。触角细长，黑色，仅第1节黄色；喙黄褐色，伸达后足基节。前胸背板密布刻点，长明显短于宽。小盾片长三角形，被黑色刻点。前翅革片黄褐色，刻点较密。膜片半透明，黄褐色，基内角具1大黑斑。腹部侧接缘外露，黄黑相间。足褐色微紫，密被短毛，腿节和胫节均匀布黑色小斑点。第1、第2跗节黄褐色，第3跗节黑色。体下侧黄褐色至黑褐色，具刻点。

取食对象：梨、马铃薯、萝卜、胡萝卜、小麦、沙枣。

标本记录：围场县：1头，木兰围场新丰挂牌树，2015-Ⅶ-03，蔡胜国采；赤城县：4头，黑龙山北沟，2015-Ⅵ-17，闫艳、尹悦鹏采；3头，黑龙山连阴寨，2015-Ⅶ-7，闫艳、于广采；8头，黑龙山马蜂沟，2015-Ⅶ-11，闫艳、于广采；4头，黑龙山马蜂沟，2015-Ⅶ-29，闫艳、尹悦鹏采；平泉市：2头，辽河源自然保护区，2015-Ⅴ-7，巴义彬、关环环采；2头，辽河源光头山，2015-Ⅴ-22，巴义彬、关环环采；12头，辽河源自然保护区，2015-Ⅵ-20，巴义彬、关环环采；12头，辽河源自然保护区，2015-Ⅶ-1，关环环、孙晓杰采；16头，辽河源乱石窑，2015-Ⅶ-2，关环环采；蔚县：1头，小五台山金河口，2009-Ⅵ-18，王新谱采；27头，小五台山王喜洞，2009-Ⅵ-21，王新谱采；1头，小五台山赤崖堡，2009-Ⅵ-23，郎俊通采。

分布：河北、黑龙江、吉林、辽宁、内蒙古、北京、天津、山西、山东、陕西、宁夏、甘肃、青海、新疆；俄罗斯，朝鲜半岛，日本，印度，伊朗，土耳其，欧洲。

（821）东亚果蝽 *Carpocoris seidenstueckeri* **Tamanini, 1959**（图版ⅩⅩⅩⅠ-12）

识别特征：体长12.5～13.0 mm，宽7.0～7.5 mm。宽椭圆形。翅革片及前胸背板基半常呈紫红色。头呈长三角形。复眼棕黑色，向外突出。触角5节，第1节最短。前胸背板基部黄褐色，后半部常呈紫红色，有4条清晰的黑色纵纹。小盾片三角形，密布黑色刻点，端部淡色。翅革片紫红色，密布黑色刻点，膜片淡烟褐色。喙端部黑色，向后伸至后足基节处。足黄褐色，有短的黄色细毛，腿节和胫节有稀疏的黑色小刻点，跗节3节。体下侧黄褐色，无黑色刻点。

标本记录：邢台市：1头，宋家庄乡不老青山风景区，2015-Ⅶ-6，郭欣乐采；赤城县：1头，黑龙山头道沟，2015-Ⅷ-2，闫艳采；1头，黑龙山望火楼，2015-Ⅷ-13，刘恋采；平泉市：2头，辽河源自然保护区，2015-Ⅵ-5，关环环采；蔚县：7头，小五台山金河口，1999-Ⅶ-21，李新江采；11头，小五台山金河口，2009-Ⅵ-18，王新谱、李静采；8头，小五台山王喜洞，2009-Ⅵ-21，王新谱采；1头，小五台山赤崖堡，2009-Ⅵ-23，郎俊通采；3头，小五台山杨家坪岔道林场，1999-Ⅶ-18，李新江采；涿鹿县：1头，小五台山山涧口，2005-Ⅶ-18，李静采；1头，小五台山杨家坪林场，2004-Ⅶ-4，采集人不详。

分布：河北、北京、吉林、辽宁、内蒙古、山东、陕西；俄罗斯，日本，欧洲。

（822）斑须蝽 *Dolycoris baccarum* **(Linnaeus, 1758)**（图版ⅩⅩⅩⅡ-1）

别名：细毛蝽。

识别特征：体长8.0～12.5 mm，宽5.0～6.0 mm。椭圆形，体被细茸毛及黑色刻点，体色黄褐色至黑褐色。触角黑色，第1节全部、第2～9节的基部和端部、第5节基部淡黄色。前胸背板前侧缘常具淡白色边，后部常呈暗红色，小盾片端部淡色，前翅革片淡红褐色至暗红褐色，侧接缘黄黑相间。足及腹下面淡黄色。

取食对象： 多种禾谷类、豆类、蔬菜、棉花、烟草、亚麻、桃、梨、柳等。

标本记录： 邢台市：1头，宋家庄乡不老青山风景区，2015-Ⅶ-9，郭欣乐采；赤城县：1头，黑龙山北沟，2015-Ⅵ-17，闫艳采；蔚县：2头，小五台山金河口，1999-Ⅶ-21，李新江采；8头，小五台山，2001-Ⅶ-5，采集人不详；8头，小五台山金河口，2005-Ⅶ-10，李静等采；7头，小五台山金河口，2009-Ⅵ-18，王新谱采；1头，小五台山王喜洞，2009-Ⅵ-21，王新谱采；1头，小五台山赤崖堡，2009-Ⅵ-23，郎俊通等采；涿鹿县：12头，小五台山山涧口，2009-Ⅵ-22，王新谱采；30头，小五台山杨家坪林场，2002-Ⅶ-11，石爱民等采；10头，小五台山杨家坪林场，2005-Ⅶ-14，任国栋等采；16头，小五台山杨家坪林场，2005-Ⅶ-10，李静等采。

分布： 河北、黑龙江、吉林、辽宁、内蒙古、山西、山东、河南、陕西、新疆、江苏、浙江、湖北、江西、福建、广东、广西、四川、云南、西藏；俄罗斯（远东、西伯利亚、欧洲部分），朝鲜半岛，日本，印度，古北区。

(823) 麻皮蝽 *Erthesina fullo* (Thunberg, 1783)（图版 XXXⅡ-2）

别名： 黄斑蝽。

识别特征： 体长 20.0～25.0 mm，宽 10.0～11.5 mm。体黑褐色并密布黑色刻点及不规则的细黄斑，头部前端至小盾片具1条黄色细中线。头狭长，侧叶与中叶端部约等长，侧叶端部变尖；喙4节，浅黄色，末节黑色，长达第Ⅲ腹节的后缘。触角5节，黑色，第1节粗短，第5节基部1/3浅黄色。前胸背板前缘及前侧缘具黄色窄边；胸部下侧黄白色，密布黑色刻点。腿节基部2/3浅黄色，两侧及端部黑褐色；胫节黑色，中段具淡绿色环斑。腹部各节侧缘中间有小黄斑；腹面黄白色，中央1纵沟，长达第Ⅴ腹节；节间黑色，具2列散生黑色刻点，气门黑色。

取食对象： 梨、苹果、枣、沙果、李、山楂、梅、桃、杏、石榴、柿、海棠、栗、杨、柳、榆等。

分布： 华北、东北、西北（陕西、甘肃）、华东、华中、华南（广东、海南）、西南；朝鲜半岛，日本，南亚，东南亚，北美洲，南美洲，新西兰。

(824) 菜蝽 *Eurydema dominulus* (Scopoli, 1763)（图版 XXXⅡ-3）

识别特征： 体长 6.0～9.0 mm，宽 3.2～5.0 mm。椭圆形，橙黄色或橙红色。头黑，侧缘橙黄色或橙红色；复眼棕黄色，单眼红色。触角全黑，喙基节黄褐色，其余3节黑色，长达中足基节。前胸背板有6块黑斑；小盾片基部中间具1大三角形黑斑，近端部两侧各1小黑斑；翅革片橙黄色或橙红色，爪片及革片内侧黑色，中部有宽横黑带，近端角处具1小黑斑。足黄、黑相间。侧接缘黄色或橙色与黑色相间，体下淡黄色，腹下每节两侧各1黑斑，中间靠前缘处也各有黑色横斑1块。

取食对象： 十字花科蔬菜。

标本记录： 赤城县：7头，黑龙山西沟，2015-Ⅴ-20，闫艳、牛一平采；2头，黑龙山北沟，2015-Ⅵ-5，闫艳采；5头，黑龙山马蜂沟，2015-Ⅶ-11，闫艳、于广采；1头，黑龙山二道沟，2015-Ⅶ-25，闫艳采；平泉市：1头，辽河源光头山，2015-Ⅴ-22，关环环采；13头，辽河源自然保护区，2015-Ⅵ-7，巴义彬、关环环采；3头，辽河源乱石窖，2015-Ⅶ-2，关环环采；邢台市：1头，宋家庄乡不老青山小西沟上岗，2015-Ⅴ-16，常凌小采；1头，宋家庄乡不老青山风景区牛头沟，2015-Ⅵ-9，郭欣乐采；蔚县：5头，小五台山，1998-Ⅶ-30，石爱民等采；2头，小五台山金河口，2007-Ⅴ-7，王新谱采；1头，小五台山赤崖堡，2009-Ⅵ-23，郎俊通采；涿鹿县：3头，小五台山杨家坪林场，2004-Ⅶ-4，任国栋采；3头，小五台山山涧口，2005-Ⅷ-21，石爱民采；灵寿县：1头，五岳寨主峰，2017-Ⅷ-06，张嘉采。

分布：华北、东北、西北（陕西）、华东、华中、华南、西南；俄罗斯（远东、西伯利亚、欧洲部分），朝鲜半岛，日本，南亚，东南亚，欧洲。

(825) 横纹菜蝽 *Eurydema* (*Eurydema*) *gebleri* Kolenati, 1846（图版ⅩⅩⅫ-4）

识别特征：体长6.0～9.0 mm，宽3.5～5.0 mm。椭圆形，黄色或红色，具黑斑，全体密布刻点。头蓝黑色略带闪光，复眼前方具1块红黄色斑，复眼、触角、喙均为黑色，单眼红色。前胸背板红黄色，有4个大黑斑；中间具1隆起的黄色"十"形纹。小盾片上有黄色"丫"形纹，其端部两侧各1黑斑。前翅革片端部具1横长的红黄色斑，膜质部棕黑色，有整齐的白色缘边。各足腿节端部背面、胫节两端及跗节黑色。胸、腹下侧各有4条纵列黑斑，腹末节前缘处具1横长大黑斑。

取食对象：十字花科蔬菜及油料作物。

标本记录：赤城县：1头，黑龙山北沟，2015-Ⅵ-17，闫艳采；1头，黑龙山马蜂沟，2015-Ⅶ-11，闫艳采；平泉市：1头，辽河源自然保护区，2015-Ⅷ-8，关环环采；围场县：1头，木兰围场新丰挂牌树，2015-Ⅶ-14，宋烨龙采；邢台市：3头，宋家庄乡不老青山风景区牛头沟，2015-Ⅵ-6，郭欣乐采；1头，不老青山马岭关，2015-Ⅵ-8，郭欣乐采；3头，宋家庄乡不老青山风景区牛头沟，2015-Ⅵ-13，郭欣乐采；7头，宋家庄乡不老青山风景区，2015-Ⅵ-13，郭欣乐采；6头，宋家庄乡不老青山风景区牛头沟，2015-Ⅵ-16，郭欣乐采；蔚县：36头，小五台山，采集人不详；14头，小五台山金河口，2005-Ⅶ-10，李静等采；4头，小五台山金河口，2006-Ⅶ-7-8，任国栋等采；31头，小五台山金河口，2006-Ⅶ-7，采集人不详；113头，小五台山金河口，2009-Ⅵ-18，王新谱等采；1头，小五台山赤崖堡，2009-Ⅵ-23，郎俊通等采；涿鹿县：8头，小五台山山涧口，2004-Ⅶ-7，石爱民、杜志刚采；19头，小五台山杨家坪林场，2002-Ⅶ-11，石爱民等采；13头，小五台山杨家坪林场，2004-Ⅶ-4，采集人不详；7头，小五台山杨家坪林场，2005-Ⅶ-10，李静等采；14头，小五台山杨家坪林场，2009-Ⅵ-25，王新谱采；灵寿县：16头，五岳寨风景区游客中心，2017-Ⅶ-13，尹文斌、魏小英采；12头，五岳寨瀑布景区，2017-Ⅶ-14，张嘉、李雪采；5头，五岳寨主峰，2017-Ⅷ-06，张嘉、李雪采；6头，五岳寨花溪谷，2016-Ⅸ-01，张嘉、牛亚燕采。

分布：河北、黑龙江、吉林、辽宁、内蒙古、北京、天津、山西、山东、河南、甘肃、江苏、安徽、湖北、湖南、广西、四川、云南、西藏；蒙古国，俄罗斯（欧洲部分），朝鲜，哈萨克斯坦，欧洲。

(826) 二星蝽 *Eysarcoris guttiger* (Thunberg, 1783)（图版 XXXⅡ-5）

识别特征：体长 5.0~5.6 mm，宽 3.3~3.5 mm。体卵圆形，黄褐色或黑褐色，全身密被黑色刻点。头黑色，侧叶和中叶等长。触角黄褐色，第 5 节黑褐色；复眼黑褐色而凸出；喙黄褐色，末节黑色，长达第Ⅰ腹节中部。前胸背板前倾，胝区黑色，背视前缘略直，侧缘呈略卷起的黄白色狭边，前角小而不尖锐，侧角端部圆钝，黑色，稍凸出体外。小盾片舌状，长达腹末前端，两基角处各 1 黄白色或玉白色较大光滑斑点。翅膜片透明，翅脉淡褐色，端部达于或稍长于腹端；侧接缘几乎被翅全部覆盖，外侧黑白色相间。腹背污黑色，腹下侧漆黑色，发亮，侧区淡黄色，密布黑色小刻点。其淡黄色部分面积大小不一致，变异颇大。足黄褐色，具黑色小碎斑点。

取食对象：稻、小麦、大麦、高粱、玉米、甘薯、大豆、芝麻、花生、棉花、黄麻、茄、四季豆、扁豆、无花果、桑、榕树、泡桐、胡枝子、苏叶等。

分布：河北、黑龙江、辽宁、内蒙古、山西、山东、河南、陕西、宁夏、甘肃、江苏、安徽、浙江、湖北、江西、湖南、福建、台湾、广东、海南、广西、重庆、四川、贵州、云南、西藏；朝鲜，日本，越南，印度，缅甸，斯里兰卡，菲律宾。

(827) 广二星蝽 *Eysarcoris ventralis* (Westwood, 1837)（图版 XXXⅡ-6）

识别特征：体长 6.0~7.0 mm，宽 3.5~4.0 mm，体卵形，黄褐色，密被黑色刻点。头黑色或黑褐色，有些个体有淡色纵纹；多数个体头侧缘在复眼基部上前方具 1 小黄白色点斑。触角基部 3 节淡黄褐色，端部 2 节棕褐色，喙伸达腹基部。前胸背板略前倾，前部刻点稍稀，前角小，黄白色，侧角圆钝，不突出。小盾片舌状，基角处黄白色斑很小，端缘常 3 小黑点斑。翅膜片透明，长于腹端，节间后角上具黑点。腹背污黑色，腹下区域黑色。足黄褐色，被黑色碎斑。

取食对象：稻、小麦、高粱、玉米、粟、棉花、大豆、芝麻、花生、稗、狗尾草、马兰和老鹳草等。

标本记录：赤城县：1 头，黑龙山北沟，2015-Ⅵ-5，闫艳采；平泉市：2 头，辽河源自然保护区，2015-Ⅵ-22，关环环采；围场县：1 头，木兰围场桃山林场乌拉哈，2015-Ⅴ-30，张恩生采；邢台市：4 头，宋家庄乡不老青山风景区，2015-Ⅵ-5，郭欣乐采；涿鹿县：4 头，小五台山岔道林场，1999-Ⅶ-18，李新江采；12 头，小五台山杨家坪林场，2002-Ⅶ-11，石爱民等采；3 头，小五台山杨家坪林场，2005-Ⅶ-14，任国栋等采；灵寿县：1 头，五岳寨燕泉峡，2015-Ⅷ-04，周晓莲采；1 头，五岳寨牛城，2015-Ⅷ-11，周晓莲采。

分布：河北、北京、山西、河南、陕西、浙江、湖北、江西、福建、台湾、广东、海南、广西、贵州、云南；日本，越南，印度，缅甸，菲律宾，马来西亚，印度尼西亚。

(828) 赤条蝽 *Graphosoma rubrolineatum* (Westwood, 1837)（图版 XXXⅡ-7）

识别特征：体长 9.0~12.0 mm，宽 7.0~8.5 mm。体宽阔，橙红色，具刻点，黑色纵条纹头可见 2 条，前胸背板 6 条，小盾片上 4 条。头三角形。触角棕黑色；喙黑色，伸达中足基节。前胸背板明显向前倾斜，表面粗糙，刻点明显；小盾片宽阔，舌状，几达腹部端缘，表面略皱。前翅仅露出前缘部分，呈长条状，膜片仅能见到边缘，黑褐色。腹部侧接缘外露，节与节之间具黑斑。足棕黑色，各腿节上有红黄相间的斑点。体下方橙红色，其上散生若干大的黑斑。

取食对象：栎、榆、黄菠萝；胡萝卜、白菜、萝卜、茴香、洋葱等。

标本记录：赤城县：18头，黑龙山黑龙潭，2015-Ⅶ-31，闫艳、牛一平采；2头，黑龙山望火楼，2015-Ⅷ-13，闫艳、刘恋采；邢台市：5头，宋家庄乡不老青山风景区，2015-Ⅶ-5，郭欣乐、张润杨采；93头，宋家庄乡不老青山风景区后山，2015-Ⅷ-7，常凌小、郭欣乐采；平泉市：6头，辽河源乱石窖，2015-Ⅶ-2，关环环采；8头，辽河源自然保护区，2015-Ⅶ-18，巴义彬、关环环采；蔚县：7头，小五台山，1999-Ⅶ-20，李新江采；38头，小五台山，2001Ⅶ-5，采集人不详；131头，小五台山金河口，2005-Ⅶ-10，李静等采；24头，小五台山金河口，2006-Ⅶ-7，任国栋等采；71头，小五台山金河口，2009-Ⅵ-18，王新谱采；18头，小五台山王喜洞，2009-Ⅵ-21，王新谱采；48头，小五台山赤崖堡，2009-Ⅵ-23，郎俊通等采；涿鹿县：33头，小五台山山涧口，2009-Ⅵ-22，王新谱、李静采；51头，小五台山杨家坪林场，2002-Ⅶ-11，石爱民采；33头，小五台山杨家坪林场，2005-Ⅶ-14，任国栋等采；灵寿县：1头，五岳寨，2015-Ⅶ-25，周晓莲采。

分布：河北、黑龙江、辽宁、内蒙古、山西、山东、河南、陕西、甘肃、新疆、江苏、浙江、湖北、江西、台湾、广东、广西、四川、贵州；俄罗斯（远东），朝鲜半岛，日本。

（829）茶翅蝽 *Halyomorpha halys* (Stål, 1855)（图版ⅩⅩⅩⅡ-8）

识别特征：体长12.0～16.0 mm，宽6.5～9.0 mm。椭圆形，略扁平，茶褐色、淡褐黄色或黄褐色，具黑刻点。单眼红色。喙长达第Ⅰ腹节。触角黄褐色。前胸背板前缘向后凹入；胝区明显，其后4个横列黄斑。小盾片5个淡黄色小斑点隐约可见。前翅革片密布黑刻点，膜片透明，翅脉褐色，端部超出腹端。体下侧之间布稀疏刻点，其向两侧渐密；胸侧片上刻点粗大，有金绿色光泽。足淡黄褐色；腿节具黄褐色碎斑，但基部分布较少；胫节的黑褐色碎斑较小，两端较密。

标本记录：邢台市：58头，宋家庄乡不老青山风景区，2015-Ⅴ-14，常凌小、郭欣乐采；4头，宋家庄乡不老青山风景区牛头沟，2015-Ⅴ-19，郭欣乐采；10头，宋家庄乡不老青山小西沟上岗，2015-Ⅶ-20，郭欣乐采；9头，宋家庄乡不老青山风景区后山，2015-Ⅷ-9，郭欣乐采；蔚县：1头，小五台山金河口，1998-Ⅶ-29，刘世瑜采；涿鹿县：10头，小五台山杨家坪林场，2002-Ⅶ-11，石爱民等采；16头，小五台山杨家坪林场，2009-Ⅵ-25，王新谱采；灵寿县：8头，五岳寨风景区游客中心，2017-Ⅶ-12，李雪、魏小英采；7头，五岳寨车轱辘坨，2017-Ⅷ-24，张嘉、尹文斌采；2头，五岳寨桑桑沟，2016-Ⅵ-21，张嘉、杜永刚采。

分布：华北、东北、西北（陕西、甘肃）、华东、华中、华南、西南；朝鲜，日本，越南，印度，缅甸，斯里兰卡，印度尼西亚。

（830）全蝽 *Homalogonia obtuse* (Walker, 1868)（图版 XXXⅡ-9）

别名：四横点蝽。

识别特征：体长 12.5～15.0 mm，宽约 7.5 mm。宽椭圆形，灰褐色至黑褐色，密布黑刻点。头侧叶略超过中叶。前胸背板前侧缘前半有粗锯齿，侧角圆钝，略指向前上方；胝区周缘光滑无刻点。翅膜片为极淡的烟色。触角黄褐色或红褐色，第 4～5 节端半部黑褐色。足及体下方淡黄褐色，足上布有小黑斑点。体下色淡，腹部腹板中间有 1 淡色纵脊。

取食对象：玉米、大豆、油松、漆树、栎、马尾松、刺槐、苦楝、胡枝子、苹果等。

标本记录：邢台市：9 头，宋家庄乡不老青山小西沟上岗，2015-Ⅴ-12，郭欣乐采；10 头，宋家庄乡不老青山风景区，2015-Ⅴ-15，常凌小，郭欣乐采；3 头，宋家庄乡不老青山风景区，2015-Ⅵ-13，郭欣乐、张润杨采；涿鹿县：6 头，小五台山杨家坪林场，2002-Ⅶ-11，石爱民采；19 头，小五台山杨家坪林场，2005-Ⅶ-10，李静等采。

分布：河北、黑龙江、吉林、辽宁、北京、陕西、甘肃、江苏、浙江、湖北、福建、广东、广西、四川、贵州、云南、西藏；俄罗斯（远东），朝鲜半岛，日本，印度。

（831）弯角蝽 *Lelia decempunctata* (Motschulsky, 1860)（图版 XXXⅡ-10）

识别特征：体长 14.4～22.0 mm，宽 8.4～11.4 mm。体椭圆形，黄褐色，密被黑色小刻点。头刻点较密。触角 1～3 节淡黄褐色，第 4 节除基部外与第 5 节均为黑色；复眼褐色，后缘与前胸背板前缘接触，单眼红色；喙端部伸达后足基节。前胸背板胝后横列 4 个黑色小斑。小盾片三角形，基半中间有 4 个黑色小圆斑。前翅膜片淡色，透明，端部略超出腹端。各胸节侧板各 1 小黑斑。腹中突较长，尖锐，向前伸达中足基节。足淡黄褐色，胫节端部与跗节色略深。

取食对象：糖槭、胡桃楸、榆、杨、醋栗。

标本记录：邢台市：6 头，宋家庄乡不老青山马岭关，2015-Ⅶ-11，郭欣乐、张润杨采；3 头，宋家庄乡不老青山小西沟上岗，2015-Ⅶ-20，常凌小、郭欣乐采；4 头，宋家庄乡不老青山风景区，2015-Ⅷ-4，郭欣乐采；2 头，宋家庄乡不老青山风景区后山，2015-Ⅷ-9，郭欣乐采；2 头，宋家庄乡不老青山风景区牛头沟，2015-Ⅷ-20，崔文霞采；涿鹿县：3 头，小五台山杨家坪林场，2002-Ⅶ-11，石爱民等采；10 头，小五台山杨家坪林场，2009-Ⅵ-25，王新谱采；灵寿县：5 头，五岳寨风景区游客中心，2017-Ⅶ-12，李雪、魏小英采。

分布：河北、黑龙江、吉林、辽宁、内蒙古、陕西、安徽、浙江、江西、湖南、重庆、四川、贵州、云南、西藏；俄罗斯，朝鲜，日本。

（832）北曼蝽 *Menida disjecta* (Uhler, 1860)（图版 XXXⅡ-11）

识别特征：体长 10.0～11.5 mm，宽 5.0～6.0 mm。体椭圆形，青灰色，密布黑色刻点。头明显前倾；复眼紫褐色，单眼褐红色。触角被淡色毛；喙端部伸达后足基节前缘。前胸背板略前倾，胝区黑色。小盾片基部具 1 三角形大黑斑，有时该斑被斜纹分割。前翅刻点密，革片近端部处的中间具黑色短斜纹，膜片透明，被淡色斑，端部伸出腹末。腹下侧淡黄色，略带红色，被黑色稀疏刻点。足淡黄褐色，略带红色成分，腿节近端部黑斑较密，胫节两端均黑色。

取食对象：泡桐、玉米、高粱、梨树。

标本记录：赤城县：2头，黑龙山东猴顶，2015-VI-27，闫艳采；涿鹿县：4头，小五台山杨家坪林场，2009-VI-25，王新谱采；灵寿县：1头，五岳寨，2015-VIII-12，袁志采。

分布：河北、黑龙江、吉林、辽宁、山西、陕西、甘肃、青海、湖北、江西、湖南、广西、西南；俄罗斯，朝鲜，日本。

(833) 紫蓝曼蝽 *Menida violacea* Motschulsky, 1861（图版 XXXII-12）

识别特征：体长 8.0~10.0 mm，宽 4.0~5.5 mm。体椭圆形，紫绿色，有金属光泽，密布黑色刻点。复眼褐色，与前胸背板前缘接触，单眼红色。触角黑色，被淡色毛；喙黑褐色，端部伸达后足基节。前胸背板略前倾，后半部分黄褐色。小盾片三角形，端部呈黄白色，其上刻点稀少。前翅革片紫绿色，刻点均匀。下侧黄褐色，被稀疏刻点，腹刺突尖，较长，向前伸达中足基节前缘，气门黑色。足黄褐色，略带红色成分，腿节具黑斑，近端部密，胫节两端黑色。

标本记录：涿鹿县：2头，小五台山杨家坪林场，2005-VII-10，李静采；灵寿县：2头，五岳寨风景区游客中心，2016-07-05，张嘉、牛亚燕采；6头，五岳寨瀑布景区，2017-VII-14，张嘉、李雪采；3头，五岳寨银河峡，2016-V-19，牛一平、牛亚燕采；7头，五岳寨国家森林公园七女峰，2017-VII-18，张嘉、魏小英采；7头，五岳寨车轱辘坨，2017-IX-2，张嘉、尹文斌采。

分布：河北、辽宁、内蒙古、天津、山东、陕西、江苏、浙江、湖北、江西、福建、广东、四川、贵州；俄罗斯，日本。

(834) 浩蝽 *Okeanos quelpartensis* Distant, 1911（图版 XXXIII-1）

识别特征：体长 12.0~16.5 mm，宽 7.0~9.0 mm。长椭圆形，红褐色或酱褐色，具光泽。头前缘呈弧形；复眼褐色，后缘紧靠前胸背板前缘，单眼橘红色具光泽；喙伸达后足基节。触角 5 节，细长，黄褐色。前胸背板密布刻点；前胸背板及小盾片具 1 隐约可见的中纵线。小盾片三角形。前翅革片密被褐色刻点。体下侧黄褐色，光滑无刻点，具明显的粗腹基刺，不伸达前足基节。足黄褐色，略带一些红色，腿节背面常具一些黑色小点。雄性生殖节常为鲜红色。

标本记录：围场县：1头，木兰围场新丰挂牌树，2015-VII-03，宋烨龙采；平泉市：3头，辽河源乱石窖，2015-VII-25，关环环采；4头，辽河源自然保护区，2015-VIII-8，关环环、卢晓月采；15头，辽河源自然保护区，2015-VIII-11，巴义彬、关环环采；涿鹿县：3头，小五台山杨家坪林场，2005-VII-10，李静等采；灵寿县：6头，五岳寨风景区游客中心，2016-VIII-08，张嘉、李雪采；2头，五岳寨主峰，2017-VIII-06，张嘉、李雪采。

分布：河北、吉林、陕西、甘肃、湖北、江西、湖南、四川、云南；俄罗斯，朝鲜，日本。

（835）川甘碧蝽 *Palomena chapana* (Distant, 1921)

识别特征：体长 11.0～14.5 mm，宽 6.7～8.0 mm。体宽椭圆形，深绿色，具光泽，被刻点。头近三角形，前端圆，侧缘平正，稍上翘，雄性侧叶长于中叶，并相交于其前，雌性中侧叶在中叶前不相交，形成头最先端处 1 很小的缺口。复眼和单眼均为棕黑色。触角绿色。喙黄绿色，末节黑色，伸达后足基节。前胸背板前倾，胝清晰可见，前缘中部凹入较深，侧缘略直，光滑，淡黄色，前半部略具小突起，但不呈齿状，后缘近小盾片基部处直；前角小，刺状突起，侧角圆，伸出体外。小盾片端部狭圆，偶尔稍现淡白色。翅的革片为青绿色，膜片淡棕色，半透明，端部超出腹末。侧接缘外露，一色。体下侧淡绿色至黄绿色，腹气门褐色。雄性第Ⅶ腹节及生殖节常为鲜红色。足淡绿色至黄褐色。

分布：河北、山西、甘肃、湖北、湖南、四川、云南、西藏；越南，缅甸，尼泊尔。

（836）宽碧蝽 *Palomena viridissima* (Poda, 1761)（图版 XXXIII-2）

识别特征：体长 12.0～14.0 mm，宽 7.5～9.2 mm。体宽椭圆形，体背有密而均匀的黑刻点。第 1 触角节不伸出头端部，第 2 节显著长于第 3 节。复眼周缘淡褐黄色，中间暗褐红色；单眼暗红色。喙伸达后足基节间。前胸背板前倾，胝明显可见。前翅革片前缘基部及侧接缘外缘为淡黄褐色。前翅膜片棕色，半透明，端部超出腹部。体下侧淡绿色，略具光泽；后胸臭腺沟端部有黑色小斑点。腹气门黑褐色，生殖节亦常呈鲜红色。各足腿节外侧近端处具 1 小黑点。

取食对象：麻、玉米等。

标本记录：赤城县：1 头，黑龙山三岔林区，2015-Ⅴ-19，牛一平采；1 头，黑龙山连阴寨，2015-Ⅶ-7，李红霞采；3 头，黑龙山北沟，2015-Ⅶ-10，闫艳、于广采；围场县：1 头，木兰围场种苗场查字大西沟，2015-Ⅵ-27，宋洪普采；平泉市：3 头，辽河源自然保护区，2015-Ⅵ-20，关环环采；7 头，辽河源乱石窖，2015-Ⅶ-2，关环环采；邢台市：6 头，宋家庄乡不老青山小西沟上岗，2015-Ⅴ-16，常凌小、郭欣乐采；12 头，宋家庄乡不老青山风景区牛头沟，2015-Ⅵ-13，郭欣乐采；8 头，宋家庄乡不老青山风景区，2015-Ⅶ-8，郭欣乐、张润杨采；蔚县：4 头，小五台山金河口，2009-Ⅵ-18，王新谱采；7 头，小五台山王喜洞，2009-Ⅵ-21，王新谱采；1 头，小五台山赤崖堡，2009-Ⅵ-23，郎俊通采；涿鹿县：5 头，小五台山杨家坪岔道林场，1999-Ⅶ-18，李新江等采；10 头，小五台山杨家坪林场，2002-Ⅶ-11，石爱民等采；灵寿县：4 头，五岳寨国家森林公园七女峰，2016-Ⅵ-18，张嘉、牛亚燕采；2 头，五岳寨花溪谷，2016-Ⅸ-01，张嘉、牛亚燕采。

分布：河北、黑龙江、吉林、内蒙古、山西、山东、陕西、宁夏、甘肃、青海、云南；俄罗斯（西伯利亚），欧洲。

（837）金绿真蝽 *Pentatoma metallifera* (Motshulsky, 1860)（图版 XXXIII-3）

识别特征：体长 17.0～22.0 mm，宽 11.0～13.0 mm。椭圆形，体背金绿色，密布同色刻点。头三角形，表面刻点清晰；复眼黑褐色，单眼橘红色。触角 5 节，被半倒伏短毛；喙伸达第Ⅱ腹板中间。前胸背板背面中纵线微隆起。前翅革片密布刻点，膜片烟色，半透明。腹基突仅伸达后足基节间。胸部下侧黄褐色，略带一些红色，被黑色刻点。腹下侧黄褐色至红褐色，被较小的黑色刻点。足黄褐色至黑绿色，腿节常散生许多不规则黑斑，胫节具短绒毛，跗节黑褐色具绒毛。

取食对象：杨、柳、榆、核桃楸等多种树木。

标本记录：赤城县：6头，黑龙山三岔林区，2015-V-9，闫艳、牛一平采；32头，黑龙山东沟，2015-Ⅶ-31，闫艳、于广采；蔚县：4头，小五台山金河口，2005-Ⅶ-14-16，李静、石福明采；4头，小五台山金河口，2009-Ⅵ-18，王新谱采；涿鹿县：1头，小五台山山涧口，2005-Ⅷ-21，李静等采；2头，小五台山杨家坪岔道林场，1997-Ⅶ-18，李新江采；5头，小五台山杨家坪林场，2002-Ⅶ-11，石爱民等采；19头，小五台山杨家坪林场，2005-Ⅶ-14，任国栋等采；12头，小五台山杨家坪林场，2005-Ⅶ-10，李静等采；10头，小五台山杨家坪林场，2009-Ⅵ-25，王新谱采；1头，小五台山西灵山，2009-Ⅵ-26，王新谱采。

分布：河北、黑龙江、吉林、辽宁、内蒙古、北京、天津、山西、宁夏、甘肃、青海；俄罗斯，朝鲜，日本。

(838) 青真蝽 *Pentatoma pulchra* Hsiao & Cheng, 1977（图版 XXXIII-4）

识别特征：体长约15.0 mm，宽约11.0 mm。椭圆形，橄榄黄褐色，密布黑刻点或金绿色刻点。头金绿色，具光泽，头侧叶与中叶端部平齐，或超过中叶前端；刺缘略卷起而色黑；复眼内侧及单眼外后方淡白色。喙伸过后足基节后缘。前胸背板胝区以前的刻点浅而且小，前侧缘呈明显的锯齿状，锯齿黑色；侧角伸出，端部斜平截，端角后指而较尖，侧角后缘内弯。小盾片刻点较稀，翅爪片内部大半、革片外域及端部金绿色，其余部分橄黄褐色，刻点密。侧接缘淡黄褐色，膜片烟褐色。体下淡黄褐色，略具光泽。腹基刺突长大而尖，伸过中足基节前缘。足淡黄褐色，腿节上有细碎的黑褐色小点斑。胫节有沟。

标本记录：涿鹿县：3头，小五台山杨家坪林场，2009-Ⅵ-25，王新谱采。

分布：河北、北京、陕西。

(839) 红足真蝽 *Pentatoma rufipes* (Linnaeus, 1758)（图版 XXXIII-5）

识别特征：体长15.5～17.5 mm，宽8.0～9.5 mm。体椭圆形，深紫黑色，略有金属光泽，密布黑刻点。头表面具黑褐色刻点；复眼棕黑色，单眼红色。触角第3节远长于第2节；喙伸达第Ⅱ或第Ⅲ可见腹节处。前胸背板密布刻点，仅胝区刻点稀少。小盾片三角形，密布刻点。翅革片前缘基半部具1黄色狭窄条纹；膜片烟色，半透明，超出腹末。体下侧红黄色，胸部侧面略带紫红色，被黑色刻点。足深红褐色，被半倒伏短毛，腿节及胫节具不规则黑褐色小斑，爪黑褐色。

取食对象：小叶杨、柳、榆、花楸、桦、橡树、山楂、醋栗、杏、梨、海棠。

标本记录：邢台市：1头，宋家庄乡不老青山风景区，2015-Ⅵ-26，郭欣乐采；围场县：1头，木兰围场种苗场查字，2015-Ⅶ-10，宋烨龙采；11头，黑龙山东旮旯，2015-Ⅵ-14，闫艳采；15头，黑龙山北沟，2015-Ⅵ-17，闫艳采；8头，黑龙山黑龙潭，2015-Ⅶ-31，闫艳采；14头，黑龙山北沟，2015-Ⅷ-18，刘恋采；涿鹿县：2头，小五台山山涧口，2005-Ⅷ-21，石爱民采；4头，小五台山，2007-Ⅷ-27，李亚林采；赤城县：11头，黑龙山东岔尕，2015-Ⅵ-14，闫艳采；15头，黑龙山北沟，2015-Ⅵ-17，闫艳采；8头，黑龙山黑龙潭，2015-Ⅶ-31，闫艳采；14头，黑龙山北沟，2015-Ⅷ-18，刘恋采。

分布：河北、黑龙江、吉林、辽宁、内蒙古、北京、天津、山西、四川、西藏；俄罗斯，日本，欧洲。

（840）褐真蝽 *Pentatoma semiannulata* (Motschulsky, 1860)（图版 XXXⅢ-6）

识别特征：体长17.0～20.0 mm，宽10.0～10.5 mm。宽椭圆形，红褐色至黄褐色，无金属光泽，密被棕黑色粗刻点。头近三角形。背面刻点黑色；复眼红褐色，后缘紧靠前胸背板前缘，单眼橘红色。触角细长，5节，密被半倒伏淡色毛；喙黄褐色，端部棕黑色，伸达第Ⅲ腹节腹板中间。前胸背板胝区较光滑。小盾片三角形，密被黑褐色刻点。前翅革片黄褐色，膜片淡褐色，半透明，略超过腹端。体下侧淡黄色或黄褐色，表面光滑无刻点，气门黑色，腹基突短钝，仅伸达后足基节。

取食对象：梨、桦树等林木。

标本记录：平泉市：8头，辽河源自然保护区，2015-Ⅶ-18，巴义彬、关环环采；5头，辽河源乱石窖，2015-Ⅶ-25，关环环采；赤城县：1头，黑龙山东沟，2015-Ⅷ-6，闫艳采；1头，黑龙山北沟，2015-Ⅷ-18，刘恋采；2头，黑龙山林场林区检查站，2015-Ⅸ-2，闫艳、牛一平采；1头，小五台山金河口，2005-Ⅶ-10，李静等采；蔚县：12头，小五台山杨家坪林场，2005-Ⅶ-10，李静、王新谱采；灵寿县：1头，五岳寨瀑布景区，2017-Ⅶ-14，张嘉采；1头，五岳寨风景区游客中心，2017-Ⅷ-17，张嘉采；2头，五岳寨车轱辘坨，2017-Ⅸ-01，张嘉采。

分布：河北、黑龙江、吉林、辽宁、内蒙古、山西、河南、陕西、宁夏、甘肃、青海、江苏、浙江、湖北、江西、湖南、四川、贵州；俄罗斯，朝鲜，日本。

（841）益蝽 *Picromerus lewisi* (Scott, 1874)（图版 XXXⅢ-7）

识别特征：体长11.0～16.0 mm，宽7.0～8.5 mm。体暗黄褐色。触角第3节端部，第4～5节的端半部为暗色。小盾片基角有2淡色斑。侧接缘明显黄黑相间，极少黄斑不明显。前胸背板侧角长度变异较大，由短钝至尖长不等。腹下第Ⅲ～Ⅵ节中间具1大黑斑。

标本记录：平泉市：1头，辽河源乱石窖，2015-Ⅶ-2，关环环采。

分布：河北、黑龙江、吉林、北京、陕西、江苏、浙江、江西、湖南、福建、广西、四川；日本。

（842）莽蝽 *Placosternum taurus* (Fabricius, 1781)（图版 XXXⅢ-8）

识别特征：体长约23.0 mm，宽约18.0 mm。宽椭圆形。黄褐色，密布不均匀的黑褐色带金属光泽的刻点。前胸背板侧角向前侧方伸出，端部黑褐色。侧接缘各节边缘深色，中间黄褐色。触角黑色，各节两端淡色。膜片淡褐色，翅脉及膜片上的一些小点斑深色。体下及足黄褐色，散布黑褐色点斑及浅刻点，腹下侧区较密。

标本记录：邢台市：2头，宋家庄乡不老青山风景区，2015-Ⅶ-20，郭欣乐、常凌小采；4头，宋家庄乡不老青山风景区后山，2015-Ⅷ-7，郭欣乐采。

分布：河北、云南；越南，泰国，印度，缅甸，马来西亚。

（843）珀蝽 *Plautia crossota* (Dallas, 1851)（图版 XXXIII-9）

识别特征：体长 8.0～11.5 mm，宽 5.0～6.5 mm。体卵圆形，密被黑色或与体同色的细刻点。触角基部上方常具1较短黑色细横带；复眼棕黑色，后缘与前胸背板前缘接触，单眼棕红色；喙黄褐色，端部伸达腹基部。前胸背板梯形，胝区光滑。小盾片端部刻点稀少。前翅革片、爪片棕色，略带红色，密被黑色刻点，并常组成不规则的斑，缘片绿色，膜片透明，脉淡褐色。体下侧淡绿色，近中纵线区域常为黄绿色至黄色。中胸盾片上有小脊；足腿节、胫节鲜绿色，跗节常为黄绿色至黄褐色。

取食对象：稻、大豆、菜豆、玉米、芝麻、苧麻、茶、柑橘、梨、桃、柿、李、泡桐、马尾松、杉、枫杨、盐肤木等。

标本记录：平泉市：2头，辽河源上四家，2015-Ⅵ-8，巴义彬、关环环采；2头，辽河源自然保护区，2015-Ⅵ-20，孙晓杰、关环环采；邢台市：4头，宋家庄乡不老青山小西沟上岗，2015-Ⅴ-12，常凌小、郭欣乐采；6头，宋家庄乡不老青山风景区，2015-Ⅵ-5，郭欣乐、张润杨采；2头，宋家庄乡不老青山风景区后山，2015-Ⅷ-7，郭欣乐采；灵寿县：1头，五岳寨车轱辘坨，2017-Ⅷ-18，张嘉采；1头，五岳寨车轱辘坨，2017-Ⅸ-01，张嘉采。

分布：河北、北京、山东、河南、陕西、江苏、安徽、浙江、湖北、江西、湖南、福建、广东、广西、重庆、四川、贵州、云南、西藏；日本，印度，缅甸，斯里兰卡，菲律宾，马来西亚，印度尼西亚，非洲东部和西部。

（844）珠蝽 *Rubiconia intermedia* (Wolff, 1811)（图版 XXXIII-10）

识别特征：体长 5.5～8.5 mm，宽 4.0～5.0 mm。宽卵形，被黑色刻点，具稀疏平伏短毛。头前部显著下倾，常被极短的伏毛；复眼褐色，后缘紧靠前胸背板前缘；喙伸达后足基节。前胸背板近梯形，密布刻点；胝区色深，具不规则斑。小盾片亚三角形，密布刻点。前翅革片密布均匀黑色刻点；膜片微超过腹端，翅脉暗褐色。体下侧散布黑色刻点，气门黄褐色至黑褐色，基部中间亦无刺突。足黄褐色，各腿节前缘无斑，中、后腿节端半部黑斑较大。雄性生殖节密被褐色刻点。

取食对象：稻、麦类、豆类、泡桐、毛竹、苹果、枣、狗尾草、小槐花、大青、老鹳草、柳叶菜、水芹等植物。

标本记录：赤城县：1头，黑龙山连阴寨，2015-Ⅶ-7，李红霞采；3头，黑龙山马蜂沟，2015-Ⅶ-29，闫艳、尹悦鹏采；邢台市：3头，宋家庄乡不老青山风景区，2015-Ⅶ-20，郭欣乐、张润杨采；4头，宋家庄乡不老青山风景区牛头沟，2015-Ⅶ-30，郭欣乐采；4头，宋家庄乡不老青山风景区后山，2015-Ⅷ-7，郭欣乐采。

分布：河北、黑龙江、吉林、辽宁、山西、河南、宁夏、甘肃、青海、湖北、湖南、广东、广西、四川、贵州；俄罗斯，日本，欧洲。

(845) 圆颊珠蝽 *Rubiconia peltata* Jakovlev, 1890 （图版 XXXIII-11）

识别特征：体长 7.0~7.8 mm，宽 4.4~4.8 mm。底色淡黄色，刻点密，黑色。头侧叶长于中叶，黑色，具伏毛。触角棕红色，第 1 节淡黄色，第 4~5 节端大半黑色；小颊前端钝圆。前胸背板前部色暗，刻点密，前侧缘略外拱，边缘黄白色，侧角钝圆，不伸出。小盾片端绿色淡。前翅革片前缘黄白色，膜片淡烟色，脉纹淡褐色，略长过腹末。侧接缘各节黑色，外缘黄褐色。足及腹下侧黄色，具黑刻点。

标本记录：赤城县：1 头，黑龙山马蜂沟，2016-VII-6，闫艳采；邢台市：2 头，宋家庄乡不老青山小西沟上岗，2015-VII-20，郭欣乐、张润杨采；1 头，宋家庄乡不老青山风景区，2015-VIII-6，郭欣乐采。

分布：河北、黑龙江、吉林、辽宁、内蒙古、河南、陕西、甘肃、安徽、浙江、湖北、江西、湖南、四川、西藏；俄罗斯，朝鲜，日本。

(846) 褐片蝽 *Sciocoris microphthalmus* Flor, 1860 （图版 XXXIII-12）

识别特征：体长 4.5~6.5 mm，宽 3.0~4.0 mm。椭圆形，棕褐色，密布黑色刻点。头顶前缘半圆形，顶端具 1 小缺刻；第 1 触角节较粗短，第 3 节次之，第 2 节、第 4 节、第 5 节约等长；复眼褐色；喙端部伸达中足基节间。前胸背板亦被刻点，表面略皱。小盾片三角形，端部超出革片端缘。前翅前缘向外突出，缘片几与革片等宽，膜片具淡褐色斑，端部不超出腹端。体下侧棕褐色，密被黑色刻点。腹部宽阔，下侧两侧有时可见 2 条隐约的黑色纵纹。足黄褐色，被细碎褐斑。

标本记录：赤城县：1 头，黑龙山北沟，2015-VII-10，闫艳采；3 头，黑龙山东沟，2015-VII-27，闫艳采；2 头，黑龙山林场林区检查站，2016-VII-7，闫艳、侯旭采；灵寿县：2 头，五岳寨国家森林公园七女峰，2016-VIII-28，张嘉、杜永刚采；9 头，五岳寨主峰，2017-VIII-06，张嘉、李雪采。

分布：河北、黑龙江、内蒙古、北京、天津、山西、西藏；蒙古国，俄罗斯。

(847) 蓝蝽 *Zicrona caerulea* (Linnaeus, 1758) （图版 XXXIV-1）

识别特征：体长 6.0~9.0 mm，宽 4.0~5.0 mm。体椭圆形，密布同色浅刻点。头略前倾，复眼红褐色，后缘与前胸背板前缘接触，单眼红色。触角 5 节，蓝黑色。喙 4 节，粗壮，端部伸达中足基节。前胸背板略前倾，表面略具横皱，前缘弧形向后凹入，侧缘略直，后缘近小盾片基部处直；前角小，向两侧略伸出，侧角圆钝，不伸出。小盾片三角形，端部圆。前翅前缘略向前凸出，膜片褐色，半透明，端部超出腹末。侧接缘略外露。体下侧及足呈蓝色、蓝黑色或紫蓝色，具光泽。

捕食对象：菜青虫、眉纹夜蛾、粘虫、斜纹夜蛾、稻纵卷叶螟的幼虫，亦危害稻及其他植物。

标本记录：赤城县：3 头，黑龙山林场林区检查站，2016-VII-7，闫艳采；蔚县：1 头，小五台山，2008-VII-6，王新谱采；7 头，小五台山金河口，2009-VI-18，王新谱采；涿鹿县：2 头，小五台山杨家坪林场，2005-VII-10，李静等采；1 头，小五台山杨家坪林场，2009-VI-25，王新谱采。

分布：河北、黑龙江、吉林、辽宁、内蒙古、北京、天津、山西、山东、陕西、甘肃、新疆、江苏、浙江、湖北、江西、广东、广西、四川、贵州、云南；日本，印度，缅甸，马来西亚，印度尼西亚，北美洲。

141. 皮蝽科 Piesmatidae Amyot & Serville, 1843

体小型，扁平卵圆形，体色暗淡，灰黄色或灰绿色。头横宽、平伸，具单眼。上颚片延长，强烈前突，常伸过唇基端部；小颊发达。前胸背板和前翅密布深大陷窝状刻点，致使体表呈网格。小盾片小，后胸臭腺开口不明显。前翅膜片明显、翅脉 4 根，后翅 Cu 脉具音锉，第Ⅰ可见腹节背板具音拨。跗节 2 节。腹部气门部分或全部位于背面，后数节气门常位于腹部侧缘。

世界已知 4 属 40 种以上，主要分布于全北区和非洲区，为植食性，多生活于蓼科、苋科等植物上及杂草间。中国记录 1 属 30 种以上。本书记述河北地区 1 属 1 种。

（848）宽胸皮蝽 *Parapiesma salsolae* (Becker, 1867)（图版 XXXIV-2）

别名：黑斑皮蝽。

识别特征：体长约 3.1 mm。体淡污黄色，颜色及斑纹有变化；头侧叶前伸，雄性常在头中叶前合拢；前胸背板前部中间 2 条纵脊，后半部浅色，侧缘中部向内显弯，侧背板中部之后的小室常为 1 列；小盾片颜色有变化，端角常浅色，不明显圆鼓。前翅革片侧缘有 4 个不太清晰的黑斑。

分布：河北、北京、天津、四川；古北区。

142. 龟蝽科 Plataspidae Dallas, 1851

体长 2.0~10.0 mm。圆形至卵圆形，极度鼓起。黑色具黄斑或黄色具黑斑，具光泽，有些种类密布刻点。触角 5 节，第 2 节极小。前胸背板中部稍前具横缢；侧缘前部呈叶状扩展。小盾片极度发达，将腹部完全覆盖或仅露出窄边。前翅大部膜质，长于体长 2.0 倍左右，静止时仅前缘基部露出；革片基部狭窄，爪片短狭，膜片具若干显著而简单的纵脉。后翅膜质，较短小。各足跗节 2 节，第 1 节较短。后胸腹板具臭腺开口 1 对。腹部 11 节，第Ⅰ节与胸部愈合，第Ⅱ节下侧极狭窄，第Ⅲ节到第Ⅶ节正常；雄性第Ⅷ节膜质，隐于第Ⅶ节下面，第Ⅸ节为生殖节，形成 1 碗状结构，第Ⅹ节骨化，形成 1 载肛突的盖，覆盖于生殖囊开口之上。第Ⅺ节膜质，位于第Ⅹ节下面。

世界已知 2 亚科 59 属 580 余种，主要分布于旧大陆，危害豆科植物。中国记录 11 属 92 种。本书记述河北地区 2 属 6 种。

（849）双痣圆龟蝽 *Coptosoma biguttula* Motschulsky, 1859（图版 XXXIV-3）

识别特征：体长 2.8~4.0 mm。体近圆形。黑色，光亮，具微细刻。头两性同型，侧叶与中叶等长；背面黑色，前端略呈黑褐色。下侧基部黄色或黄褐色，端部黑褐色。触角黄色或黄褐色，末 2 节色深。喙黄褐色至黑褐色，伸达第Ⅱ可见腹节。前胸背板黑色，有些个体前缘处具 2 小黄斑；中部横缢不十分明显。小盾片黑色，基胝分界清晰，两端具黄色斑点，侧胝全黑或具 2 小黄斑；小盾片侧、后缘具黄边，但有些个体黄边模糊不清，雄性小盾片后缘中间凹陷。足黄色至黄褐色，腿节常颜色深。腹板灰黑色，臭腺沟缘黑色。

取食对象：艾蒿、菊、大豆、绿豆、葛藤、刺槐、赤豆、可可豆、刀豆、胡枝子。

标本记录：赤城县：9 头，黑龙山连阴寨，2015-Ⅶ-7，闫艳、于广采；5 头，黑龙山东沟，2015-Ⅶ-27，闫艳采；4 头，黑龙山马蜂沟，2015-Ⅶ-29，闫艳、尹悦鹏采；12 头，黑龙山黑龙潭，2015-Ⅷ-2，闫艳采；2 头，黑龙山小南沟，2015-Ⅷ-14，闫艳、尹悦鹏采；2 头，黑龙山头道沟，2016-Ⅶ-28，闫艳采；邢台市：10 头，宋家庄乡不老青山小西沟上岗，2015-Ⅴ-16，常凌小、郭欣乐采；3 头，宋家庄乡不老青山风景区牛头沟，2015-Ⅴ-19，郭欣乐采；111 头，宋家庄乡不老青山风景区，2015-Ⅵ-6，郭欣乐、张润杨采；11 头，宋家庄乡不老青山风景区后山，2015-Ⅷ-7，郭欣乐采；蔚县：10 头，小五台山金河口，2005-Ⅶ-12，李静等采；2 头，小五台山金河口，2006-Ⅶ-7，任国栋等采；涿鹿县：62 头，小五台山杨家坪林场，2002-Ⅶ-11，石爱民等采；7 头，小五台山杨家坪林场，2004-Ⅶ-4，采集人不详；灵寿县：4 头，五岳寨，2015-Ⅶ-25，周晓莲、邢立捷、袁志采；2 头，五岳寨车辖辘坨，2017-Ⅷ-28，张嘉、尹文斌采；2 头，五岳寨车辖辘坨，2017-Ⅸ-02，张嘉采；5 头，五岳寨漫山，2016-Ⅶ-09，张嘉、杜永刚采。

分布：河北、黑龙江、吉林、辽宁、内蒙古、山西、山东、陕西、甘肃、青海、浙江、江西、福建、四川、贵州；朝鲜，日本，俄罗斯（西伯利亚）。

（850）中华圆龟蝽 *Coptosoma chinense* Signoret, 1881（图版 XXXIV-4）

识别特征：体长 3.26～4.05 mm。体近圆形，黑色，光亮，具微细刻点。头侧叶与中叶等长；背面黑色，前端略呈黑褐色。下侧基部黄色或黄褐色，端部黑褐色。触角黄色或黄褐色，末 2 节色深。喙黄褐色至黑褐色；伸达第 Ⅱ 可见腹节。前胸背板黑色，侧缘扩展部分较小，刻点粗糙，具 1 黄条纹；中部横缢不十分明显。小盾片黑色，基胝分界清晰，两端具黄色斑点，侧胝全黑；小盾片侧、后缘具黄边，但侧缘黄边不达到小盾片基部，雄性小盾片后缘中间凹陷且黄边中断。腹板灰黑色，臭腺沟缘黑色。足黄色至黄褐色，腿节常色深。腹下侧黑色，光亮，具刻点，侧缘具黄边缘，边缘内侧具竖长形黄斑。

标本记录：邢台市：1 头，宋家庄乡不老青山风景区，2015-Ⅶ-19，郭欣乐采。

分布：河北、黑龙江、吉林、内蒙古、北京、天津、山西、甘肃、四川；朝鲜，日本。

（851）显著圆龟蝽 *Coptosoma notabilis* Montandon, 1894（图版 XXXIV-5）

识别特征：体长 2.5～3.5 mm，前胸背板宽约 3.0 mm，小盾片宽约 3.4 mm。黑色，光亮，刻点细小。头侧叶与中叶等长，中叶中部黄色。触角第 1～3 节黄色，第 4～5 节褐色。前胸背板扩展部分有 1 条黄纹。小盾片基胝有 2 个横长方形橙黄色斑点，侧胝黑色；侧缘及端缘具黄边，两侧缘的黄边不达小盾片基部。前翅前缘基部黄色，足褐色，腿节端及胫节色较浅。腹下侧侧缘及亚侧缘逗点斑黄色。

取食对象：甘薯、胡枝子、小旋花、月光花、葛藤。

标本记录：涿鹿县：26 头，小五台山杨家坪林场，2004-Ⅶ-6，采集人不详；3 头，小五台山杨家坪林场，2005-Ⅶ-10，李静等采；50头，小五台山杨家坪林场，2009-Ⅵ-25，王新谱采。

分布：河北、北京、浙江、湖北、江西、湖南、福建、广东、四川、贵州、西藏。

(852) 赛圆龟蝽 *Coptosoma seguyi* Yang, 1934（图版XXXIV-6）

识别特征：体长约3.0 mm。近圆形。头两性同型，侧叶与中叶约等长，侧叶边缘黑色，其余部分为黄色。前胸背板黑色，前侧缘扩展部分具2条黄色纹，横缢前方具排成2列的4个黄色横长斑点。小盾片基胝显著，具2较大黄斑，侧胝黄斑狭小；小盾片侧后缘具饰边。

标本记录：邢台市：1头，宋家庄乡不老青山风景区牛头沟，2015-Ⅵ-7，郭欣乐采。

分布：河北、北京。

(853) 筛豆龟蝽 *Megacopta cribraria* (Fabricius, 1798)（图版XXXIV-7）

识别特征：体长4.3～5.3 mm，前胸背板宽3.3～3.9 mm，小盾片宽3.7～4.7 mm。体近卵圆形，草绿色或草黄色，具褐色粗糙刻点。头前端圆形，中叶前端较窄，侧叶长于中叶并在中叶前方互相接触，中叶与侧叶的边缘黑色；下侧黄色。触角黄色。喙达于第Ⅱ腹节，黄色，下侧具1黑条纹。前胸背板被1列不整齐的刻点分为前后两部分，前部较小，刻点稀少，具2条弯曲的黑色横纹，两侧扩展部分的基部刻点较密；后部较大，刻点粗糙，有时中间具1条隐约直贯小盾片顶端的浅色纵纹。小盾片刻点均匀，基胝极显著，侧胝无刻点。雄性小盾片后缘中间向内凹陷，生殖节外露。腹下侧光亮，中部黑色，两侧辐射状黄色带纹宽阔，两性异型。

取食对象：豆类、槐树、葛藤、桑、马铃薯、稻、茄。

分布：华北（河北、天津、山西）、西北（陕西、甘肃）、华东、华中、华南、西南；朝鲜半岛，日本，印度，缅甸，东南亚。

(854) 狄豆龟蝽 *Megacopta distanti* (Montandon, 1893)（图版XXXIV-8）

识别特征：体长3.8～5.0 mm。前胸背板宽3.0～3.5 mm，小盾片宽3.6～4.2 mm。体近圆形，背部中间黑色，其余部分暗黄棕色，刻点浓密。头前缘弓形突出，侧叶与中叶等长。头背端半部暗黄棕色，基半部黑色。触角及喙暗棕黄色，喙向后伸达后足基部。前胸背板具浓密刻点，中部黑色，其余部分暗黄棕色。小盾片基胝两端及侧胝暗黄棕色。小盾片两侧黄色，与基胝两端的黄斑相连；后部黄色区域较大，占小盾片的2/3以上，不呈双峰状；雄性小盾片端部向内凹陷。胸部下侧灰黑色。足腿节赭色，胫节褐色，胫节全长具纵沟。腹下侧光亮，具深褐色刻点，中间黑色，两侧辐射状横带较宽阔。气门浅色，其外侧具褐色斜纹。

取食对象：野葛、胡枝子。

标本记录：邢台市：2头，宋家庄乡不老青山风景区，2015-Ⅴ-18，常凌小、郭欣乐采。

分布：河北、北京、河南、陕西、甘肃、浙江、湖北、江西、湖南、福建、广西、四川、贵州、云南、西藏；印度。

143. 固蝽科 Pleidae Fieber, 1851

体长 1.5～3.0 mm。体宽短厚实，前端宽钝，后端渐尖。体背面中央隆起，向两侧渐降。体色较深，多为污黄褐色，常具粗大刻点。头极宽短，与前胸结合紧密，相互之间不能活动。眼较大。喙短。触角 3 节，简单，前 2 节较粗，第 3 节细。中胸小盾片相对发达。前翅全为革质，缺膜片，爪片很大。足为正常的步行足，前、中足跗节 2～3 节，后足跗节 3 节，均具 2 爪，跗节多少延长且向端渐细。

世界已知 3 属 37 种，世界性分布，以热带较多，生活于静水水体中，在水草众多的池塘中比较常见。中国已知 2 属 4 种。本书记述河北地区 1 属 2 种。

（855）额邻固蝽 *Paraplea frontalis* (Fieber, 1844)

识别特征：体长 2.3～2.5 mm。体色从浅棕色至近奶油色，一些有浅蜂窝图案，尤其在前胸背板，全体遍布刻点。小盾片金黄色；足浅棕色；胸部腹面和腹部深棕色；眼红色、金色至银色，布深色斑点，颜面和头顶布黑点。头部具深棕色斑纹，口器深棕色，头顶附近 1 对斑点，眼上缘和沿面部中线的垂直线之间有 2 斑点。触角 3 节，隐于眼下。前胸背板可见浅色垂直带，无刻点，后缘边厚而硬化。翅完整，布不规则粗刻点。鞘翅基部褐色，端角具黄褐色斑点。腿节下侧具龙骨。

分布：河北、北京、江苏、浙江、福建、台湾、广东、海南；印度，印度尼西亚，孟加拉国。

（856）毛邻固蝽 *Paraplea indistinguenda* (Matsumura, 1905)（图 335）

识别特征：体长约 1.7 mm。乳黄色。复眼红褐色。体背面整体船底状，密布粗刻点。前翅革片发达，左右在体纵轴相遇，膜片退化。头宽约为头长的 4.0 倍，背面 1 中纵脊明显；复眼硕大，外缘与头侧缘形成完整的流线型。喙粗短，伸达前足基节。前胸背板前缘平直；侧角圆钝，伸出体侧少许；后方中域明显隆起。小盾片三角形，侧缘近顶端略内缩。爪片宽大，爪片接合缝长度约为小盾片长的 2/3。革片宽大，侧视略为直角三角形，腹部侧接缘背视不可见。腹部短小，约为体长的 2/5；腹视两侧被革片包围，表面密布长刚毛，基部中央隆起，各腹节中部微隆。各足基节左右接触。

分布：河北、黑龙江、天津、河南、台湾；俄罗斯，韩国，日本，印度。

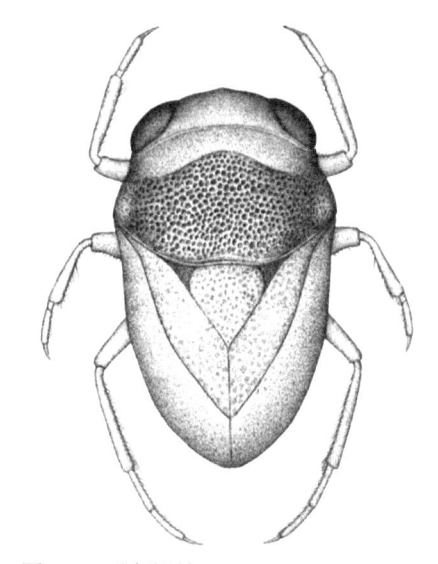

图 335 毛邻固蝽 *Paraplea indistinguenda* (Matsumura, 1905)（引自彩万志等，2017）

144. 跳蝽科 Saldidae Amyot & Serville, 1843

体长 2.3～7.4 mm。扁卵圆形。灰色、灰褐色至黑色，常具一些淡色或深色碎斑。复眼大而突出，后缘多与前胸背板相接触，内缘常凹入呈肾形。单眼 2 枚；头上 3 对毛点毛。触角细长，4 节，第 2 节显长于其他各节；喙长，伸达后足基节之间。前翅分为长翅型和短翅型，具前缘裂，常紧靠革片前缘并与之平行，延伸向内，中裂发达，可与前缘裂相遇，具浅色斑纹，膜片有翅室 4～5 个，纵向平行排列；足细长，跗节 3 节。雌性下生殖板（第Ⅶ腹节）宽大。

世界已知 29 属 380 多种，主要分布于全北区，捕食地表小型软体节肢动物。中国记录 13 属 50 种。本书记述河北地区 2 属 5 种。

(857) 侧边盐跳蝽 *Halosalda lateralis* (Fallen, 1807)（图版 XXXIV-9）

识别特征：体长 2.7～4.7 mm，光滑。触角第 2 节和体背面被平伏毛。体色变化甚大，前翅色斑变化较大，或基部内侧的 2 斑彼此连接，或翅的内侧多斑连接在一起，或前翅全部或大部分白色，很少完全黑色。前胸背板侧缘全部或大部分白色，很少完全黑色。

分布：河北、内蒙古、新疆；俄罗斯，中亚，欧洲。

(858) 暗纹跳蝽 *Saldula nobilis* (Horvath, 1884)（图 336）

别名：显赫跳蝽。

识别特征：半长翅型体长雌性约 5.7 mm，宽约 2.7 mm。短翅型体长雌性约 5.0 mm，宽约 2.5 mm；雄性体长约 4.5 mm，宽 2.0～2.2 mm。卵形，被黑色长刚毛。头黑色，头顶及额区具较长的平伏白毛和数根直立黑长毛，排列不规则。触角密被半伏长毛，第 1 节短粗，黄色，背面基部黑色；第 2 节细长，褐色，侧面有数根直立长刚毛，第 3 节、第 4 节黑色。复眼大，直径远大于眼间最短距离；单眼红褐色，眼间距小于单眼直径。唇基各骨片黑色，仅前唇基端部黄褐色；小颊黑色；喙红褐色，端部伸达后足基节。前胸背板黑色，具光泽，侧缘直或波浪形，后缘凹入；胝强烈隆起。小盾片三角形，具光泽，基半部隆起。

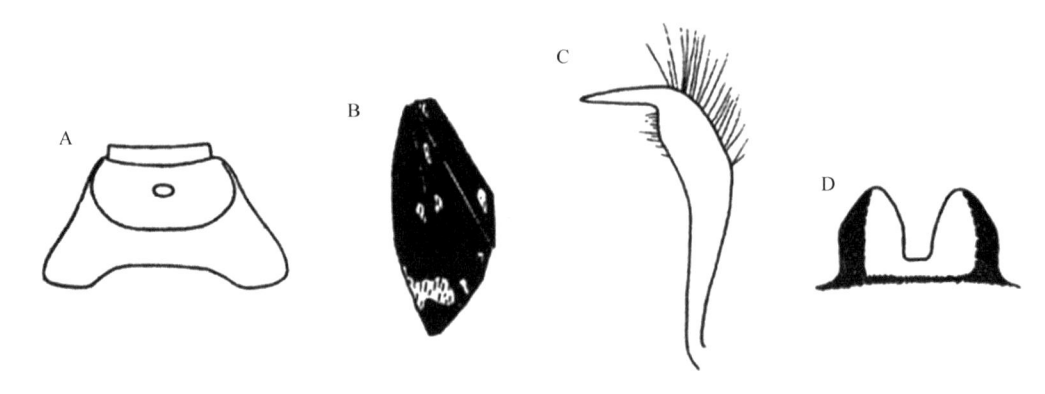

图 336 暗纹跳蝽 *Saldula nobilis* (Horvath, 1884)（仿 Cobben, 1970）
A. 前胸背板背视；B. 前翅；C. 阳茎基侧突；D. 生殖突

前翅黑色，具黄斑，前缘弧弯；爪片仅端部具黄色短条纹；半长翅型和短翅型的翅上斑纹颜色鲜亮；膜片烟色，具黄斑。足黄色，前足基节臼具黄褐边，基节黄褐色，腿节端半偶呈黄褐色。雌性下生殖板端半部黄白色，与基半部成鲜明对比；雄性生殖节突出，端部左右靠近。

分布：河北、黑龙江、内蒙古、陕西、四川、西藏；俄罗斯，日本，中亚，欧洲。

（859）广跳蝽 *Saldula pallipes* (Fabricius, 1794)（图版XXXIV-10）

识别特征：体长 3.4～4.1 mm。上颚片暗色，唇基常黄褐色。前翅花纹不明显；内革片浅色个体的眼状斑消失。前足胫节上侧有完整而不间断的纵带；中、后足胫节浅色，其顶端常呈暗色；浅色个体爪片顶端的浅斑有清晰边，而暗色个体则消失。腹部被较密长毛。阳茎基侧突短，杆部较长，感觉突突出，具长毛。

分布：河北、黑龙江、吉林、辽宁、内蒙古、山东、台湾、云南、西藏；俄罗斯，朝鲜半岛，日本，中亚，中东，西亚，欧洲，非洲东北部，北美洲，南美洲。

（860）泛跳蝽 *Saldula palustris* (Douglas & Scott, 1874)（图版XXXIV-11）

识别特征：雌性体长约 3.3 mm，宽约 5.4 mm。雄性体长 2.9～4.0 mm，宽 1.3～2.0 mm。长椭圆形，黑褐色，背面被银白色伏毛。头黑色，第 1 触角节黄褐色，第 2 节褐色，仅端部黄褐色。复眼褐色，单眼亮红色，两眼间距相当于其直径；唇基骨片黄褐色，小颊端部小部分黄褐色，其余大部黑色；喙基部黄色，其余各节红褐色，端部伸至后足基节。前胸背板梯形，侧缘略直，较宽平，后缘凹入；侧角及前角圆钝；小盾片三角形，黑褐色，顶角较锐。前翅基部黑色，爪片黑褐色，光泽暗淡，端部具 1 倒三角形黄斑；前翅革片斑纹变异较大，膜片淡色。足黄白色，基节基半部黑色，前足基节臼具浅色宽边，前胫节背面具连续的褐条纹。

分布：河北、黑龙江、吉林、辽宁、内蒙古、北京、天津、山西、河南、陕西、宁夏、甘肃、青海、新疆、四川、云南、西藏；俄罗斯，日本，阿富汗，中亚，西亚，欧洲。

（861）毛顶跳蝽 *Saldula pilosella* (Thomson, 1871)（图版XXXIV-12）

识别特征：体长 3.6～4.6 mm，宽 1.7～1.9 mm。体长卵圆形，黑褐色，头背面被直立长毛；额宽几乎等于唇基至复眼的间距。前胸背板和前翅被直立短毛。长翅型个体革片斑纹变异较大。前足胫节上侧有完整而连续的纵带；喙黑褐色（第 1 节基部除外）。前足基节臼边缘、雌性下生殖板端半部浅色。唇基各骨片黄白色。触角第 2 节仅端部及基部、前翅爪片端部黄色。前胸背板密被金黄色短刚毛。复眼较大，后缘不靠近前胸背板前缘，两眼间距与复眼直径相当；喙末端伸达中足基节。前胸背板梯形，密被短毛和直立长毛；前缘腹侧缘宽平，后缘中部凹入；前角和侧角圆钝。小盾片三角形，顶端尖锐。

分布：河北、黑龙江、吉林、辽宁、内蒙古、天津、山西、山东、陕西、甘肃、青海、新疆、江苏、四川、西藏；俄罗斯，朝鲜半岛，中亚，欧洲。

145. 盾蝽科 Scutelleridae Leach, 1815

体小型至中大型，卵圆形，背面强烈圆隆，下侧平坦，有些种类有鲜艳的色彩和花纹。头多短宽。触角4节或5节。前胸下侧的前胸侧板向前扩展呈游离的叶状。中胸小盾片极度发达，遮盖整个腹部和前翅的绝大部分。前翅只有最基部的外侧露出，革片骨化减弱。膜片具多数纵脉。各足跗节3节。后胸侧板臭腺沟缘及挥发域发达。

世界已知近84属490种。中国记录19属59种。本书记述河北地区3属3种。

（862）扁盾蝽 *Eurygaster testudinaria* (Geoffroy, 1785)（图版XXXV-1）

识别特征：体长8.0~10.9 mm，宽6.8~7.1 mm。椭圆形；体色多变，由灰黄褐色至暗褐色，密布黑色小刻点。头三角形，宽大于长；头前端明显下倾；复眼红褐色，单眼红色；喙黄褐色，端部褐色，伸达后足基节后缘。触角5节，第1节棒状；第2节、第3节较细，稍弯曲；第4节、第5节稍粗，密布白色半直立绒毛。前胸背板黄褐色，宽约为长的2.8倍，密布黑色小刻点，这些刻点常组成数条不明显的黑褐色纵带。小盾片发达，舌状，密布黑色刻点，于中间形成"Y"形黄褐色纹；小盾片近前胸背板部分侧缘各1平行四边形凹，色浅，具刻点。前翅未被小盾片遮盖部分黄褐色，其最宽处约为小盾片宽的1/4。足上有暗褐斑，胫节具黑褐色小刺。

标本记录：赤城县：4头，黑龙山马蜂沟，2015-Ⅶ-29，闫艳、尹悦鹏采；1头，黑龙山南地车沟，2015-Ⅷ-3，于广采；平泉市：6头，辽河源自然保护区，2015-Ⅶ-1，关环环采；16头，辽河源乱石窖，2015-Ⅶ-8，关环环采；2头，辽河源二道泉子，2015-Ⅸ-2，孙晓杰采；邢台市：2头，宋家庄乡不老青山风景区牛头沟，2015-Ⅵ-13，郭欣乐采；蔚县：4头，小五台山金河口，2005-Ⅶ-10，李静等采；2头，小五台山金河口，2006-Ⅶ-7，任国栋等采；2头，小五台山，2007-Ⅷ-27-30，李亚林采；7头，小五台山金河口，2009-Ⅵ-18，王新谱采；8头，小五台山王喜洞，2009-Ⅵ-21，王新谱采；涿鹿县：7头，小五台山山涧口，2009-Ⅵ-22，石爱民、王新谱、李静采；2头，小五台山杨家坪林场，2005-Ⅶ-14，任国栋等采；2头，小五台山杨家坪林场，2005-Ⅶ-10，李静采；10头，小五台山杨家坪林场，2009-Ⅵ-25，王新谱采；灵寿县：1头，五岳寨风景区游客中心，2016-Ⅸ-02，张嘉采。

取食对象：麦类、稻及其他一些禾本科作物。

分布：河北、黑龙江、吉林、辽宁、内蒙古、北京、天津、山西、山东、河南、陕西、宁夏、甘肃、青海、新疆、江苏、浙江、湖北、江西、福建、广东、四川；俄罗斯（西伯利亚、远东），朝鲜半岛，日本，印度，塔吉克斯坦，伊朗，土耳其，欧洲，南非。

（863）绒盾蝽 *Irochrotus sibiricus* Kerzhner, 1976

识别特征：体长5.0~5.5 mm，宽约3.0 mm。长椭圆形；全体灰黑色，略具光环，密被灰色及黑褐色长毛。头部宽且下倾，小颊较高。触角5节，黑色。前胸背板前、后叶间以深沟分开，两叶长度近等，侧面较平展，侧边宽，侧缘中间深切；侧前角前伸，达复眼中部，前侧缘后角后伸，似包围前、后侧缘之间的区域。

取食对象：麦类、假木贼。

标本记录：赤城县：3头，黑龙山南沟，2015-VI-23，闫艳、尹悦鹏采；1头，黑龙山马蜂沟，2015-VII-29，闫艳采；5头，黑龙山南地车沟，2015-VIII-3，闫艳、于广采；1头，黑龙山望火楼，2015-VIII-14，闫艳采。

分布：华北、东北、西北、西南；蒙古国，俄罗斯（东西伯利亚、西西伯利亚、远东），吉尔吉斯斯坦，哈萨克斯坦，阿塞拜疆。

(864) 金绿宽盾蝽 *Poecilocoris lewisi* (Distant, 1883)（图版XXXV-2）

识别特征：体长13.5～17.3 mm，宽9.0～11.0 mm。宽椭圆形。金绿色，具赭红色斑纹，全体光滑无毛，密布同色小刻点。前胸背板及小盾片具橙黄色至玫瑰红斑纹。头金绿色，宽大于长。复眼黑色，单眼红色。触角细长，5节，暗紫色，被同色半直立短毛。喙4节，黄褐色，端部黑褐色，伸达第IV腹节前缘。前胸背板金绿色，具1"日"字形横纹，玫瑰红色，斑纹边缘近蓝紫色。前角近直角，侧角钝圆，侧缘稍呈弓形，后缘内凹。小盾片宽，背面隆起，宽稍大于长，近端部舌形，密布小而深的刻点，具玫瑰红斑纹。前翅黄褐色，未被小盾片遮盖部分金绿色。膜片灰褐色，翅脉棕褐色，纵脉清晰。足密布浅色半直立短毛，腿节黄褐色，胫节外缘金绿色，跗第3节，黑褐色。

取食对象：侧柏、荆条。

标本记录：邢台市：2头，宋家庄乡，2015-VI-18，郭欣乐采；5头，宋家庄乡不老青山风景区，2015-VII-8，郭欣乐、张润杨采；6头，宋家庄乡不老青山小西沟上岗，2015-VII-20，张润杨采；1头，宋家庄乡不老青山风景区后山，2015-VIII-9，郭欣乐采；涿鹿县：2头，小五台山杨家坪林场，2009-VI-25，王新谱采；灵寿县：1头，五岳寨花溪谷，2016-VI-24，张嘉采；1头，五岳寨水泉溪，2016-VI-08，闫艳采；1头，五岳寨银河峡，2016-V-22，牛一平、牛亚燕采；1头，五岳寨风景区游客中心，2017-VII-14，张嘉采。

分布：河北、黑龙江、辽宁、北京、山东、陕西、江西、台湾、四川、贵州、云南；俄罗斯（远东），朝鲜，日本。

146. 荔蝽科 Tessaratomidae Stål, 1865

体大型。褐色、紫褐色或黄褐色，具金属光泽。头小型。上颚片伸过唇基端部并在前方会合，头侧缘薄锐。触角4或5节，第3节短小，我国种类多为4节。触角着生处位于头的下方，由背面不可见。下唇较短，不伸过前足基节。小盾片特征与膜片脉序似蝽科。第II腹节气门在多数属中外露。各足跗节2或3节。

世界已知约55属240余种，生活于乔木上，吸食果实和嫩梢，泛热带分布。中国记录2亚科10属约36种。本书记述河北地区1属1种。

(865) 硕蝽 *Eurostus validus* Dallas, 1851（图版XXXV-3）

识别特征：体长23.0～34.0 mm，宽11.5～17.0 mm。长椭圆形。酱褐色，具绿色金属光泽。头呈三角形，表面具较密横皱。单眼红褐色，复眼褐色。触角4节，第4节呈黄色或橙黄色。喙仅伸达中足基节前缘。前胸背板梯形，表面具细微横皱。前缘、侧缘内侧及胝区呈金绿色。侧角圆钝。小盾片呈三角形，表面微皱，具稀疏刻点，两侧呈金绿色，顶角半圆形，黑褐色，基宽略大于长。前翅革片表面密被细小刻点。膜片半透明。体下侧接缘外露，常呈金绿色，各腹节后角伸出，较锐。胸腹板褐色，侧板金绿色，腹下侧褐色，中间及气门处各1较宽的金绿色纵带。足黑褐色，腿节亚端部下侧2短刺，前足较弱，后足最强，第1跗节下侧具金黄色较密且宽阔的毛垫。

取食对象：栗、茅栗、白栎、苦槠、麻栎、乌桕、胡椒、梨、泡桐、油桐及梧桐。

标本记录：邢台市：8头，宋家庄乡不老青山小西沟上岗，2015-Ⅶ-8，郭欣乐、张润杨采。

分布：河北、辽宁、天津、山西、山东、河南、陕西、甘肃、江苏、安徽、浙江、湖北、江西、湖南、福建、台湾、广东、海南、香港、广西、四川、云南、贵州；东洋区。

147. 异蝽科 Urostylididae Dallas, 1851

体小型至中型；长椭圆形，背面较平，下侧多少凸出。头小，几呈三角形，前端略凹陷，中叶与侧叶等长或中叶长于侧叶。触角细长，等于或稍长于体长，4或5节，第1节较长，明显超过头的前端，第3节除华异蝽属 *Tessaromerus* Kirikaldy 与第2节等长外，一般约为第2节长之半；喙短，4节，长达中胸腹板。前胸背板梯形，不宽于腹部；小盾片呈三角形，长不超过腹部中域；端部尖锐并被爪片包围。前翅膜片大，其长达到腹末或明显超过腹末，具6~8条纵脉。后胸臭腺沟缘刺状或片状。

世界已知2亚科11属170余种，主要分布于印度至巴基斯坦、中国、日本和东南亚。本书记述河北地区2属10种。

（866）拟壮异蝽 *Urochela* (*Chlorochela*) *caudate* (Yang, 1939)（图版 XXXV-4）

识别特征：体长7.8~11.0 mm，宽3.0~4.5 mm。雌性椭圆形，雄性梭形。赭色，下侧土黄色或赭色，背面常具光泽。与无斑壮异蝽极相似，除雄性生殖节构造有区别外，前胸背板胝附近及小盾片基角上无2黑色小点斑，两性的侧接缘均被革片覆盖，其后角不突出，致使侧接缘外缘直。

标本记录：赤城县：6头，黑龙山连阴寨，2015-Ⅶ-7，闫艳、于广采；1头，黑龙山黑龙潭，2015-Ⅶ-31，闫艳采；13头，黑龙山半截沟，2015-Ⅷ-23，牛一平、李红霞采；灵寿县：2头，五岳寨风景区游客中心，2016-Ⅷ-29，张嘉、杜永刚采；1头，五岳寨风景区游客中心，2016-Ⅶ-16，任国栋采；1头，五岳寨国家森林公园七女峰，2016-Ⅶ-06，巴义彬采。

分布：河北、山西、陕西、四川。

（867）黄壮异蝽 *Urochela* (*Chlorochela*) *flavoannulata* (Stål, 1854)（图版 XXXV-5）

识别特征：体长8.5 mm，宽3.7 mm。体椭圆形；土黄色或赭色，略带暗绿色。体背面具刻点，头无刻点，前胸背板胝部、革片外域端部及内域刻点稀疏。触角、胫节及跗节上具短毛；喙端部黑色，达中足基节。触角第1节、第2节褐色，第3节黑色，第4~5节的端半部黑色、基半部土黄色。前胸背板侧缘中部略弯，前角圆。前翅略超过腹末。腹板侧接缘被革片覆盖（雄）或露出于革片外（雌）；膜片赭色，半透明。足土黄色或浅褐色、胫节端部及跗节浅褐色。体下侧土黄色，胸部略带绿色，腹部各节气门黄色。

标本记录：赤城县：2头，黑龙山三岔林区，2015-Ⅴ-19，闫艳、牛一平采；1头，黑龙山西沟，2015-Ⅵ-7，闫艳采；1头，黑龙山东旮旯，2015-Ⅵ-14，牛一平采；2头，黑龙山黑河源头，2015-Ⅷ-13，闫艳采；围场县：1头，木兰围场新丰挂牌树，2015-Ⅶ-14，李迪采；平泉市：1头，辽河源自然保护区，2015-Ⅵ-23，孙晓杰采；2头，辽河源乱石窖，2015-Ⅶ-2，关环环采；蔚县：1头，小五台山赤崖堡，2009-Ⅵ-23，郎俊通采；涿鹿县：5头，小五台山杨家坪林场，2005-Ⅶ-10，李静等采；2头，小五台山杨家坪林场，2009-Ⅵ-25，王新谱、郜振华采；灵寿县：1头，五岳寨，2015-Ⅶ-15，袁志采。

分布：河北、黑龙江、吉林、北京、山西、陕西、四川；蒙古国，俄罗斯（东西伯利亚、远东），朝鲜，日本。

（868）李氏壮异蝽 *Urochela* (*Chlorochela*) *licenti* (Yang, 1939)

异名：*Tessaromerus licenti* Yang, 1939（光华异蝽）。

识别特征：体长约7.6 mm，宽约3.9 mm。体椭圆形，赭色。触角、胫节及跗节具毛；前胸背板、小盾片及革片上布黑色小刻点，头无刻点，革片内域刻点稀疏；前胸背板胝部及侧角具褐色椭圆形斑；下侧土黄色或赭色，略带绿色，无刻点，各节气门黑色；后胸侧板后角具1褐色椭圆形斑；前胸侧板侧缘端半部具1褐条纹。触角深褐色，第2节、第3节、第4节端半部黑色。雌性侧接缘明显露出于革片之外，其各节外缘接合处黑褐色。前翅长约5.5 mm，略超过腹末。

分布：河北、北京、天津、山西、甘肃、云南。

（869）花壮异蝽 *Urochela* (*Chlorochela*) *luteovaria* Distant, 1881（图版XXXV-6）

识别特征：体长椭圆形，长11.0～13.5 mm，宽4.8～5.5 mm。背面黑褐色，下侧土黄色或橘黄色；头无刻点，革片端部刻点细而浅，余部有粗而深的黑色刻点。第1触角节褐色，第2节、第3节黑色，第4节、第5节端半部黑色，基半部赭色。前胸背板前缘及侧缘略上翘，侧缘中部凹陷呈波状；侧角、小盾片基角、革片的基角及顶角斑纹黑色；胝部横椭圆形斑、革片中部不规则形状的斑纹均为深褐色；侧缘的端半部、革片基角后方、顶角的前方有不规则淡黄色斑。前胸侧板后缘、少数个体的后胸侧板后缘有黑刻点，下侧余部无刻点；每1腹节有5种黑斑纹；前足基节基部无刻点。各足腿节有褐刻点，其端部具褐色宽带斑；各足胫节的基部、端部及各足跗节的第3节为黑色。

标本记录：赤城县：2头，黑龙山骆驼梁，2016-Ⅵ-29，闫艳采；2头，黑龙山南地车沟，2015-Ⅷ-3，闫艳采；1头，黑龙山林场林区检查站，2015-Ⅸ-2，牛一平采；涿鹿县：1头，小五台山西灵山，2009-Ⅵ-26，王新谱采。

分布：河北、陕西、湖北、江西、福建、广西、四川、贵州、云南；朝鲜，日本。

（870）无斑壮异蝽 *Urochela* (*Chlorochela*) *pollescens* (Jakovlev, 1890)（图版XXXV-7）

识别特征：体长8.5～10.5 mm，宽3.5～5.5 mm。椭圆形（雌）或梭形（雄）。体背面土黄色或浅褐色，前胸背板基部及革片端半部褐色并带有绿色；体背面有黑色刻点，头、前胸背板胝部无刻点，革片内域及外域端部刻点稀疏，革片端缘几无刻点；下侧颜色土黄色，无刻点。触角第1节、第2节及第4～5节的基半部褐色（有时第4～5节基半部土黄色），第3节及第4～5节的端半部黑色。前胸背板胝的附近常有2黑色小点斑，有时不明显。小盾片基角有时也有2黑色小点。膜片土黄色，透明。足赭色，胫节端部及跗节浅褐色。

标本记录：赤城县：1头，黑龙山南地车沟，2016-Ⅶ-23，闫艳采；1头，小五台山金河口，2009-Ⅵ-18，王新谱采；5头，小五台山金河口，2006-Ⅶ-7，2005级生科采；涿鹿县：2头，小五台山杨家坪林场，2004-Ⅶ-6，采集人不详；4头，小五台山杨家坪林场，2009-Ⅵ-25，王新谱采。

分布：河北、山西、河南、甘肃、四川、云南。

（871）短壮异蝽 *Urochela* (*Urochela*) *falloui* Reuter, 1888

识别特征：体长10.0～11.8 mm，宽4.8～5.5 mm。长椭圆形，体色变化大，多背面赭色，腹面多少带红色；前足基节基部有黑色刻点，前胸侧板前缘、后缘，后胸侧板后缘均有黑色刻点。雌性膜片短于腹部末端。雄性生殖节中突末端"Y"形分叉，向后平伸。触角5节，第1节长于头，但短于头胸之和，黑色，第4节和第5节基半部白色；前翅膜片明显短于腹末（雌）或伸达或超出腹末（雄）。

分布：河北、内蒙古、北京、山西、山东、陕西、宁夏、甘肃、青海。

（872）红足壮异蝽 *Urochela* (*Urochela*) *quadrinotata* (Reuter, 1881)（图版XXXV-8）

识别特征：体长椭圆形，长12.0～17.0 mm，宽5.0～7.0 mm。赭色略带红色，头、胸部及体下侧土黄色或浅赭色，腹部赭色。背面除头外均有黑色刻点。头及触角基后方的中间有横皱纹。前胸背板胝部有2行黑色斜线，侧缘的中部向内凹陷呈波状。小盾片基半部略隆起，其上刻点深大圆。中胸及后胸腹板黑褐色，前胸及后胸侧板后缘有细而稀疏的黑色刻点。露出于革片外的侧接缘上有长方形黑色和土黄色相间的斑。

取食对象：榆、榛等阔叶树。

分布：河北（小五台山、张家口）、黑龙江、吉林、辽宁、内蒙古、北京、山西、陕西；俄罗斯（东西伯利亚、远东），朝鲜，日本。

（873）黄脊壮异蝽 *Urochela* (*Urochela*) *tunglingensis* Yang, 1939（图版XXXV-9）

识别特征：体椭圆形，长11.5～11.8 mm，宽5.0～6.0 mm。赭色，下侧土黄色或浅赭色；前胸背板及小盾片上的中脊土黄色；体背面有黑色刻点，头刻点细小，前胸背板、小盾片及革片外域上刻点密；内域的刻点稀疏；各胸侧板、腹部及各足基节基部均有细小的黑色刻点。第1触角节具黑色刻点，其余各节不具刻点。足的腿节具褐色刻点，胫节的基端、跗节第3节黑色；胫节端半部、跗节第1节顶端褐色。腹部各节各有2个黑色小圆斑。

标本记录：涿鹿县：2头，小五台山杨家坪林场，2005-Ⅶ-10，李静等采；2头，小五台山杨家坪林场，2009-Ⅵ-25，王新谱采。

分布：河北、北京、陕西、甘肃、四川；朝鲜。

（874）侧点娇异蝽 *Urostylis lateralis* Walker, 1867（图版XXXV-10）

识别特征：体淡绿色，背面布稀疏黑刻点。头中叶突出，略长于侧叶。第1触角节的外侧具褐纵纹或该纹无或非常隐约。触角第2节端半部棕褐色。前胸背板侧缘近直，常具橘黄色光泽；前胸背板侧角的几个刻点及前翅革片外域布稀疏黑刻点；前胸腹板亚侧缘前半部具1黑纵纹。前翅革片前缘黄色；前翅外域刻点大而稀疏，膜片无色透明。雄性生殖节的腹突长而略弯，由基部向端部渐窄，顶尖锐；侧突粗短，前端钝，具毛。雌性腹部第Ⅶ腹板后端缘中部向后圆突，呈宽短舌状。

取食对象：栎等。

标本记录：赤城县：1头，黑龙山三岔林区，2015-Ⅷ-13，闫艳采；平泉市：1头，辽河源乱石窖，2015-Ⅶ-25，关环环采。

分布：河北、吉林、陕西、湖北、浙江、四川、云南；俄罗斯（远东），朝鲜，印度。

（875）黑门娇异蝽 *Urostylis westwoodii* Scott, 1874（图版XXXV-11）

识别特征：体长11.0～12.5 mm，宽4.8～5.0 mm。宽梭形，体草绿色，略带棕色，前胸背板基部略带黄色，侧缘及革片前缘黄色，侧角有褐色圆斑。体背面有棕色刻点，头无刻点；前胸背板胝部与小盾片基部刻点赭色、稀疏；膜片浅赭色，半透明，内角附近具1褐色横椭圆形斑。足土黄色或草绿色，上有长细毛，胫节基部黑色，跗节第3节端部褐色。触角第1节、第2节土黄色或草绿色，第1节基半部外侧具褐条纹；第3节及第4～5节端半部棕色。体下侧浅赭色，带绿色；气门外缘具1黑环。

取食对象：麻栎、栓皮栎。

分布：河北、山西、河南、陕西、湖北、浙江、四川；朝鲜，日本。

参 考 文 献

白润娥，李静静，刘威，等．2019．中国粉虱科昆虫分类整理及订正硕士学位论文：河南省粉虱种类（半翅目：粉虱科）记述．河南农业大学学报，53（2）：218-226.

白顺江．2006．雾灵山森林生物多样性及生态服务功能价值仿真研究．北京林业大学博士学位论文．

包立军．2007．中国横脊叶蝉亚科系统分类研究．苏州大学硕士学位论文．

宝爱萍．2007．蒙古高原盲蝽族（Mirini）昆虫分类初步研究．内蒙古师范大学硕士学位论文．

鲍荣．2004．中国棘蚁蛉族和蚁蛉族的分类学研究（脉翅目：蚁蛉科）．中国农业大学硕士学位论文．

北京林业保护站．2010．北京林业有害生物名录．哈尔滨：东北林业大学出版社：1-440.

卜文俊，刘国卿．2018．秦岭昆虫志2：半翅目异翅亚目．北京：世界图书出版公司：1-679.

卜文俊，郑乐怡．2001．中国动物志：昆虫纲（第二十四卷）．半翅目：毛唇花蝽科，细角花蝽科，花蝽科．北京：科学出版社：1-267.

卜云，高艳，栾云霞，等．2012．低等六足动物系统学研究进展．生命科学，（2）：130-138.

卜云，Palacios-Vargas J G，Arango A．2019．中国河北省奇刺蚖属一新种及支系分析（弹尾纲：疣蚖科）．昆虫分类学报，41（4）：243-257.

彩万志，崔建新，刘国卿，等．2017．河南昆虫志（半翅目：异翅亚目）．北京：科学出版社：1-820.

彩万志，庞雄飞，花保祯，等．2011．普通昆虫学．2版．北京：中国农业大学出版社：1-490.

蔡邦华．1956．昆虫分类学（上册）．北京：财政经济出版社．

蔡邦华，蔡晓明，黄复生．2017．昆虫分类学（修订版）．北京：化学工业出版社：1-1150.

蔡邦华，陈宁生．1964．中国经济昆虫志·第八册 等翅目 白蚁．北京：科学出版社：1-141.

蔡平，陆庆光．1999．柽柳叶蝉名录及中国新记录属种记述（同翅目：叶蝉科）．华东昆虫学报，8（1）：15-21.

曹少杰，郭付振，冯纪年．2009．中国肚管蓟马属的分类研究（缨翅目：管蓟马科）．动物分类学报，34（4）：894-897.

陈斌，李廷景，何正波．2010．重庆市昆虫．北京：科学出版社：1-331.

陈方圆，陈宣玲，施时迪．2011．中国新记录刺齿跳属（弹尾纲：长角跳科）．河北农业科学，15（3）：77-79，91.

陈树椿，何允恒．2008．中国蜻目昆虫．北京：中国林业出版社：1-476.

陈祥盛，杨琳，李子忠．2012．中国竹子叶蝉．北京：中国林业出版社：1-218.

陈祥盛，张争光，常志敏．2014．中国瓢蜡蝉和短翅蜡蝉（半翅目：蜡蝉总科）．贵阳：贵州科技出版社：1-242.

陈学新．1997．昆虫生物地理学．北京：中国林业出版社：1-109.

陈学新．2018．秦岭昆虫志11：膜翅目．北京：世界图书出版公司：1-1092.

陈学新，任顺祥，张帆，等．2013．天敌昆虫控害机制与可持续利用．应用昆虫学报，50（1）：9-18.

参考文献

陈一心, 马文珍. 2004. 中国动物志: 昆虫纲 (第三十五卷). 革翅目. 北京: 科学出版社: 1-424.

程亚青. 2004. 崆峒山昆虫区系特征及多样性研究. 甘肃农业大学硕士学位论文.

崔俊芝, 白明, 吴鸿, 等. 2007. 中国昆虫模式标本名录 (第1卷). 北京: 中国林业出版社: 1-792.

崔鸽. 2007. 我国北方地区叶盲蝽亚科 (Phylinae) 昆虫部分属的分类学研究. 内蒙古师范大学硕士学位论文.

崔淼, 伍祎, 曹阳, 等. 2020. 京津地区储粮虫螨种类调查分析. 粮油食品科技, (5): 102-106.

崔巍, 高宝嘉, 李俊英. 1991. 河北园林蚧虫名录. 河北林学院学报, 6 (4): 285-291.

戴仁怀. 2004. 中国殃叶蝉亚科区系分类及系统发育研究. 浙江大学博士学位论文.

戴武. 2001. 中国圆冠叶蝉族分类研究 (同翅目: 叶蝉科). 西北农林科技大学硕士学位论文.

党利红. 2010. 中国花蓟马属 Frankliniella 和齿蓟马属 Odontothrips 分类研究 (缨翅目: 锯尾亚目: 蓟马科). 陕西师范大学硕士学位论文.

邓维安. 2016. 中国蚱总科分类学研究. 华中农业大学博士学位论文.

邓维安, 郑哲民, 韦仕珍. 2007. 滇桂地区蚱总科动物志. 南宁: 广西科学技术出版社: 1-458.

邱济民, 任国栋. 2021. 河北昆虫生态图鉴 (上、下卷). 北京: 科学出版社.

丁冬荪, 曾志杰, 陈春发, 等. 2002. 江西九连山自然保护区昆虫区系分析. 华东昆虫学报, 11 (2): 10-18.

丁锦华. 2006. 中国动物志: 昆虫纲 (第四十五卷). 同翅目: 飞虱科. 北京: 科学出版社: 1-824.

董琴. 2013. 龙湾国家级自然保护区昆虫多样性初步研究. 东北师范大学硕士学位论文.

段文心, 陈祥盛. 2020. 中国5种常见宽广蜡蝉形态比较研究. 四川动物, 39 (2): 204-212.

段亚妮. 2005. 中国角顶叶蝉族分类研究 (半翅目: 叶蝉科: 角顶叶蝉亚科). 西北农林科技大学硕士学位论文.

房丽君. 2018. 秦岭昆虫志 9: 鳞翅目 蝶类. 北京: 世界图书出版公司: 1-428.

冯平章, 郭矛元, 吴福桢. 1997. 中国蟑螂种类及防治. 北京: 中国科学技术出版社: 1-206.

高翠青. 2010. 长蝽总科十个科中国种类修订及形态学和系统发育研究 (半翅目: 异翅亚目). 南开大学博士学位论文.

高新宇, 刘阳, 王辰, 等. 2004. 北京地区均翅亚目昆虫的生态分布. 昆虫知识, 41 (5): 426-430.

高艳. 2007. 弹尾纲系统分类学与土壤动物应用生态学研究. 中国科学院研究生院 (上海生命科学研究院) 博士学位论文.

葛钟麟. 1966. 中国经济昆虫志 (第十册). 同翅目: 叶蝉科. 北京: 科学出版社: 1-170.

葛钟麟, 丁锦华, 田立新, 等. 1984. 中国经济昆虫志 (第二十七册). 同翅目: 飞虱科. 北京: 科学出版社: 1-166.

顾晓玲. 2003. 中国大叶蝉亚科系统分类研究 (同翅目: 叶蝉科). 安徽农业大学硕士学位论文.

顾欣, 杨秀娟, 任国栋. 2011. 河北小五台山半翅目昆虫的多样性研究. 安徽农业科学, 39 (36): 22358-22360.

关玲, 陶万强. 2010. 北京林业有害生物名录. 哈尔滨: 东北林业大学出版社: 1-589.

郭柏寿, 杨继民, 许育彬. 2001. 传粉昆虫的研究现状及存在的问题. 西南农业学报, (4): 102-108.

郭坤. 2005. 中国扁蚜科的系统分类研究 (同翅目: 蚜总科). 陕西师范大学硕士学位论文.

韩吐雅. 2017. 蒙古高原姬缘蝽科 (Hemiptera: Heteroptera: Rhopalidae) 昆虫的分类学研究 (半翅目: 异翅亚目: 姬缘蝽科). 内蒙古师范大学硕士学位论文.

韩永林. 2004. 中国细足猎蝽亚科昆虫分类 (异翅亚目: 猎蝽科). 中国农业大学硕士学位论文.

韩运发．1997．中国经济昆虫志（第五十五册）．缨翅目．北京：科学出版社．1-513．

郝改莲，马铁山，2013．中国花蝽科昆虫多样性及分布格局．生物灾害科学，36（1）：35-38．

何晓英．2019．中国棉花蚜族昆虫的分类研究（半翅目：蚜次目：蚜科）．北京林业大学硕士学位论文．

何振，杨卫，童新旺，等．2011．南岳衡山国家级自然保护区昆虫资源调查分析．湖南林业科技学报，38（1）：1-5．

何祝清．2010．中国针蟋亚科和蛉蟋亚科系统分类研究（直翅目：蟋蟀科）．华东师范大学硕士学位论文．

河北森林昆虫图册编写组．1985．河北森林昆虫图册．石家庄：河北科学技术出版社：1-281．

贺达汉，田畔，任国栋，等．1988．荒漠草原昆虫的群落结构及其演替规律初探．中国草地，6：24-28．

侯小姣．2017．中国蒿小叶蝉属组分类研究（半翅目：叶蝉科：小叶蝉亚科：小叶蝉族）．西北农林科技大学硕士学位论文．

侯奕．河北省盲蝽科的分类研究（昆虫纲：半翅目）．南开大学硕士学位论文．

胡兴平．1986．山东省红蚧科研究与三新种记述．昆虫分类学报，8（4）：291-316．

胡兴平，李士竹，周朝华．1990．日本巢红蚧研究初报．森林病虫通讯，4：3-4．

花保祯．2017．秦岭昆虫志4：啮目 缨翅目 广翅目 蛇蛉目 脉翅目 长翅目 毛翅目．北京：世界图书出版公司：1-429．

黄复生，殷慧芬，梁越玲．1993．抱等蚍属的研究（弹尾纲：等节蚍科）．动物学集刊，10：115-116．

黄复生，朱世模，平正明，等．2000．中国动物志：昆虫纲（第十七卷）．等翅目．北京：科学出版社，1-961．

黄丽娜．2011．北京及其周边地区缨翅目（Thysanoptera）昆虫物种多样性研究．陕西师范大学硕士学位论文．

黄蓬英．2005．中国长翅目昆虫系统分类研究．西北农林科技大学博士学位论文．

黄人鑫，张卫红，邵红光，等．1995．新疆蝉科分类及药用价值的研究（同翅目：蝉总科）．新疆大学学报（自然科学版），12（3）：63-68．

黄伟坚．2017．耳叶蝉亚科分子系统发育研究及中国区系补记（半翅目：叶蝉科）．西北农林科技大学硕士学位论文．

江静文．2021．中国球瓢蜡蝉族 Hemisphaeriini 昆虫分类研究（半翅目：蜡蝉总科：瓢蜡蝉科）．北京：中国科学院大学硕士学位论文．

姜吉刚，尹文英．2010．一个中国新纪录种细齿蚖以及微小蚖的重描述（英文）．动物分类学报，2010，35（4）：930-934．

姜立云．2004．北京及其周边地区蚜虫物种多样性研究．陕西师范大学硕士学位论文．

姜洋．2004．壶瓶山昆虫物种多样性研究．中南林学院硕士学位论文．

焦猛．2017．中国眼小叶蝉族和叉脉叶蝉族系统分类研究（半翅目：叶蝉科：小叶蝉亚科）．贵州大学博士学位论文．

靳尚，王多，刘敬泽，等．2015．河北省蚧虫种类及区系研究．天津师范大学学报（自然科学版），35（3）：23-29．

康乐，刘春香，刘宪伟．2013．中国动物志：昆虫纲（第五十七卷）．直翅目：螽斯科：露螽亚科．北京：科学出版社：1-574．

亢菊侠．2014．中国眼小叶蝉族和叉脉叶蝉族系统分类研究（半翅目：叶蝉科：小叶蝉亚科）．西北农林科技大学博士学位论文.

李斌. 2016. 中国个木虱科分类研究. 贵州大学博士学位论文.

李传仁. 2001. 中国网蝽科分类修订和某些形态特征研究. 南开大学博士学位论文.

李传仁. 2006. 东亚的两种网蝽及其新异名. 昆虫分类学报, 28（1）：30-32.

李春秋, 吴跃峰, 武明录, 等. 1996. 雾灵山、小五台山自然保护区陆生脊椎动物研究. 北京：中国科学技术出版社：1-222.

李法圣. 2002. 中国蜡目志（上、下册）. 北京：科学出版社：1-1976.

李法圣. 2011. 中国木虱志（上、下册）. 北京：科学出版社：1-1986.

李凤娥. 2020. 中国西南地区角蝉科分类研究. 贵州大学硕士学位论文.

李宏伟. 2009. 内蒙古跳蝽科昆虫分类学研究. 内蒙古师范大学硕士学位论文.

李鸿昌, 夏凯龄. 2006. 中国动物志：昆虫纲（第四十三卷）. 直翅目：蝗总科：斑腿蝗科. 北京：科学出版社：1-736.

李俊洁, 刘欢欢, 吴杨雪, 等. 2021. 中国半翅目昆虫多样性和地理分布数据集. 生物多样性, 29：1154-1158.

李俊兰, 蔡国瑛, 曹静, 等. 2014. 蒙古高原地长蝽科 Rhyparochromidae 昆虫种类及分布. https://max.book118.com/html/2018/0409/160740676.shtm[2024-03-01].

李娜, 周国磊, 贺培欢, 等. 2018. 河北省储粮昆虫与螨类分布调查. 粮油食品科技, 26（6）：90-95.

李鹏. 2006. 中国大陆细蜉科初步研究（昆虫纲：蜉蝣目）. 南京师范大学硕士学位论文.

李卫海. 2007. 中国叉𧕞总科的系统分类研究（𧕞翅目）. 中国农业大学博士学位论文.

李晓明. 2008. 中国叶盲蝽族的系统学研究（半翅目：盲蝽科：叶盲蝽亚科）. 南开大学博士学位论文.

李新江. 2004. 中国癞蝗科 Pamphagidae 系统学研究（直翅目：蝗总科）. 河北大学硕士学位论文.

李新江, 姜鸿达. 2011. 河北省雏蝗属短翅亚属一新种（直翅目：蝗总科：网翅蝗科）. 动物分类学报, 36（4）：861-864.

李新正, 郑乐怡. 1993. 蛛缘蝽科系统发育初探（半翅目：缘蝽总科）. 动物分类学报, 18（3）：330-343.

李玉建. 2009. 中国耳叶蝉亚科区系分类研究（半翅目：叶蝉科）. 贵州大学硕士学位论文.

李长安. 1982. 山西省土蝽科昆虫的研究. 山西大学学报, (4)：112-116, 111.

李长安, 王瑞, 李青森, 等. 1992. 太行山区（山西境内）半翅目昆虫调查研究（1）——蝽科、缘蝽科、异蝽科、同蝽科、猎蝽科、长蝽科、盲蝽科. 山西大学学报（自然科学版）, 15（1）：87-90.

李忠. 2016. 中国园林植物蚧虫. 成都：四川科学技术出版社：1-493.

李忠诚. 1989. 中国棘跳虫属记述（弹尾目 棘跳虫科）. 绵阳农专学报, 6（4）：1-9.

李竹, 杨定, 李枢强. 2011. 北京地区常见昆虫和其他无脊椎动物. 北京：北京科学技术出版社：1-207.

李子忠, 李玉建, 魏琮, 等. 2020. 中国动物志：昆虫纲（第七十二卷）. 半翅目：叶蝉科（四）. 北京：科学出版社：1-547.

李子忠, 徐翩, 梁爱萍. 2005. 广头叶蝉属六新种记述（半翅目：叶蝉科：广头叶蝉亚科）. 动物分类学报, 30（3）：577-583.

李子忠, 杨茂发, 金道超. 2007. 雷公山景观昆虫. 贵阳：贵州科技出版社：1-759.

李子忠, 张斌, 闫家河. 2008. 中国新纪录属（半翅目, 叶蝉科, 片角叶蝉亚科）及二新种记述. 动物分类学报, 33（3）：595-599.

廉振民, 魏朝明. 2018. 秦岭昆虫志1：低等昆虫及直翅类. 西安：世界图书出版西安有限公司：1-547.

梁铭球，郑哲民．1998．中国动物志：昆虫纲（第十二卷）．直翅目：蚱总科．北京：科学出版社：1-278．

梁丽娟，栾景仁，郭素萍，等．1995．河北零叶蝉的研究．河北林学院学报，10（1）：62-67．

梁昱雯．2006．中国花蜱科与锤角叶蜂科生物地理研究．中南林业大学硕士学位论文．

林美英．2017．秦岭昆虫志6：鞘翅目（二）．北京：世界图书出版公司：1-510．

林毓鉴，龙骏，章士美，等．2002．中国益蝽亚科（Asopinae）名录（半翅目：蝽科），江西植保，23（2）：36-39．

林毓鉴，章士美．1998a．中国龟蝽科昆虫名录（上）（半翅目：蝽总科）．江西植保，21（3）：4-8．

林毓鉴，章士美，1998b．中国龟蝽科昆虫名录（下）（半翅目：蝽总科）．江西植保，21（4）：16-21．

林毓鉴，章士美，林征．2000．中国兜蝽科昆虫名录（半翅目：蝽总科）．江西植保，23（1）：17-19．

刘伯文，李成德．2006．东北地区蚤斯总科调查报告．东北林业大学学报，34（6）：114-117．

刘春红．2007．中国耳叶蝉亚科分类研究．苏州大学硕士学位论文．

刘春明，左悦，任炳忠．2011．莫莫格国家自然保护区昆虫多样性研究．东北师大学报（自然科学版），43（3）：112-116．

刘获．2017．中国金顶盾蚧族的分类研究（半翅目：蚧总科：盾蚧科）．西北农林科技大学硕士学位论文．

刘高强，魏美才．2008．昆虫资源开发与利用的新进展．西北林学院学报，23（6）：142-146．

刘国卿，卜文俊．2009．河北动物志：半翅目：异翅亚目．北京：中国农业科学技术出版社：1-535．

刘国卿，杨彩霞，郑乐怡，等．1993a．中国西北部分地区蝽类考察报告（Ⅰ）．宁夏农林科技，（1）：8-12．

刘国卿，杨彩霞，郑乐怡，等．1993b．中国西北部分地区蝽类考察报告（Ⅱ）．宁夏农林科技，（6）：10-13，45．

刘国卿，郑乐怡．2014．中国动物志：昆虫纲（第六十二卷）．半翅目：盲蝽科（二）：合垫盲蝽亚科．北京：科学出版社：1-279．

刘浩宇．2007．中国蟋蟀科系统学初步研究（直翅目：蟋蟀总科）．河北大学硕士学位论文．

刘建民，王继良，王英，等．2017．河北省蟋蟀类昆虫调查与识别．安徽农业科学，45（10）：19-21．

刘建文，刘晓英，蒋国芳．2004．六足动物分子系统学研究进展．昆虫分类学报，（3）：234-240．

刘举鹏．1982．蚁蝗属二新种（直翅目：蝗科）．动物分类学报，7（3）：321-323．

刘露希．2014．中国蚰科（蚰总目：蚰亚目）昆虫的系统分类研究．中国农业大学博士学位论文．

刘强，郑乐怡，能乃扎布．1994．中国姬缘蝽科（半翅目）昆虫分类问题及区系研究．干旱区资源与环境，8（3）：102-115．

刘瑞君．2020．我国部分区域蜻翅目分类研究．新疆农业大学硕士学位论文．

刘胜利．1990．中国叶䗛一新种（竹节虫目：叶䗛科）．昆虫学报，33（2）：227-229．

刘永琴，侯大斌，李忠诚．1998．中国弹尾目种目录．西南农业大学学报，20（2）：125-131．

刘云祥．2020．四种中国蝉科昆虫谱系地理学研究暨枯蝉适应性进化研究．西北农林科技大学博士学位论文．

刘振江．2002．中国广头叶蝉亚科分类研究（同翅目：叶蝉科）．西北农林科技大学硕士学位论文．

刘志琦．2003．中国粉蛉科的分类研究及其分类信息系统的研制．中国农业大学博士学位论文．

刘志琦，杨集昆．1998．中国北方粉蛉新种及新记录（脉翅目：粉蛉科）．昆虫学报，41（增刊）：186-193．

陆春文，杨瑞刚，陈媛，等．2012．广西猫儿山自然保护区蜻蜓目昆虫初步研究．广西师范大学学报（自然科学版），30（1）：95-104．

陆思含. 2014. 中国长柄叶蝉属群分类研究（半翅目：叶蝉科：小叶蝉亚科：小绿叶蝉族）. 西北农林科技大学硕士学位论文.

栾云霞, 卜云, 谢荣栋. 2007. 基于形态和分子数据订正黄副铗虮的一个异名（双尾纲, 副铗虮科）. 动物分类学报, 32（4）：1006-1007.

栾云霞, 谢荣栋, 尹文英. 2002. 双尾虫系统进化的初步探讨. 动物学研究,（2）：149-155.

罗强. 2017. 中国额垠叶蝉族（半翅目：叶蝉科：角顶叶蝉亚科）分类研究. 贵州大学硕士学位论文.

罗心宇. 2016. 中国斑木虱科与扁木虱科的分类学研究. 中国农业大学博士学位论文.

吕泽侃. 2015. 中国凌霄山脉昆虫区系特征及多样性初步研究. 上海师范大学硕士学位论文.

马克平. 1993. 试论生物多样性的概念. 生物多样性, 1（1）：20-22.

马克平. 1994. 生物群落多样性的测度方法Ⅰ：α多样性的测度方法（上）. 生物多样性, 2（3）：162-168.

马克平, 刘玉明. 1994. 生物群落多样性的测度方法Ⅰ：α多样性的测度方法（下）. 生物多样性, 2（4）：231-239.

马克平, 钱迎倩. 1998. 生物多样性保护及其研究进展. 应用与环境生物学报, 4（1）：95-99.

马丽滨. 2011. 中国蟋蟀科系统学研究（直翅目：蟋蟀总科）. 西北农林科技大学博士学位论文.

马丽滨, 何祝清, 张雅林. 2015. 中国油葫芦属 *Teleogryllus* Chopard 分类并记外来物种澳洲油葫芦 *Teleogryllus commodus*（Walker）（蟋蟀科, 蟋蟀亚科）. 陕西师范大学学报（自然科学版）, 42（3）：57-63.

马玲, 顾伟, 丁新华, 等. 2011. 扎龙湿地昆虫群落结构及动态. 生态学报, 31（5）：1371-1377.

马世骏. 1959. 中国昆虫生态地理概述. 北京：科学出版社：1-109.

满蒙学术调查研究团. 1936. 第一次满蒙学术调查研究报告. 东京：早稻田大学理学部.

孟涛. 2004. 大青沟自然保护区直翅目昆虫群落结构及其生态适应性的研究. 东北师范大学硕士学位论文.

孟祥普. 2001. 雾灵山植被垂直分布状况. 河北林业科技, 2：41-42.

穆怡然. 2013. 中国盲蝽科三亚科的系统学研究（半翅目：异翅亚目）. 南开大学博士学位论文.

能乃扎布. 1982. 内蒙古皮蝽属昆虫记述（异翅亚目 皮蝽科）. 内蒙古师范大学学报（自然科学汉字版）,（1）：13-18.

能乃扎布. 1987. 内蒙古姬蝽科昆虫记述. 内蒙古师范大学学报（自然科学汉字版）,（1）：38-45.

能乃扎布, 齐宝瑛, 苏亚. 1998. 中国半翅目昆虫研究论著目录. 内蒙古师范大学学报（自然科学汉文版）, 27（2）：146-164.

聂晓萌, 郑哲民. 2005. 我国缘蝽总科研究概况. 河南农业科学, 34（8）：56-59.

牛翠娟, 娄安如, 孙儒泳, 等. 2002. 基础生态学. 北京：高等教育出版社：1-372.

牛敏敏. 2020. 中国盾蚧亚科分类及系统发育研究（半翅目：蚧总科）. 西北农林科技大学博士学位论文.

彭吉栋. 2014. 白洋淀湿地昆虫多样性研究. 河北大学硕士学位论文.

彭龙慧, 杨明旭, 桂爱礼. 2004. 江西马头山自然保护区昆虫区系分析. 江西农业大学学报（自然科学版）, 26（4）：507-511.

齐宝瑛, 能乃扎布, 李淑莉, 等. 1994. 我国北方盲蝽科昆虫记述（一）.（半翅目：异翅亚目）. 内蒙古师范大学学报（自然科学汉文版）, 4：57-64.

齐宝瑛, 郑哲民. 2003. 盲蝽科昆虫的分类系统概述. 昆虫知识, 40（2）：101-107.

齐慧霞, 赵春明, 李双民, 等. 2004. 乌苏里鸣螽生物学特性研究初报. 昆虫知识, 40（1）：79-81.

琪勒莫格. 2015. 内蒙古盲蝽科叶盲蝽亚科昆虫的分类学研究（异翅亚目：盲蝽科：叶盲蝽亚科）. 内蒙

古师范大学硕士学位论文.

乔格侠, 徐晓群, 屈延华, 等. 2003. 中国斑蚜科物种多样性及地理分布格局. 动物分类学报, 28 (3): 416-427.

乔格侠, 张广学, 姜立云, 等. 2009. 河北动物志 (蚜虫类). 石家庄: 河北科学技术出版社: 1-622.

乔格侠, 张广学, 钟铁森. 2005. 中国动物志: 昆虫纲 (第四十一卷). 同翅目. 斑蚜科. 北京: 科学出版社: 1-500.

秦艳艳. 2020. 基于形态学特征和分子标记的中国驼螽科分类研究 (直翅目). 华东师范大学博士学位论文.

秦正道. 2003. 中国小绿蝉族分类研究 (同翅目: 叶蝉科). 西北农林科技大学博士学位论文.

邱宁芳, 王冠, 丁冬荪. 2007. 庐山自然保护区昆虫资源的保护与利用. 江西林业科技, 6 (3): 76-80.

邱庆丰. 2007. 内蒙古及邻近地区欧盲蝽属 (*Europiella*) 和斜唇盲蝽属 (*Plagiognathus*) 昆虫的分类研究. 内蒙古师范大学硕士学位论文.

任国栋. 2010. 六盘山无脊椎动物. 保定: 河北大学出版社: 1-683.

任国栋, 白兴龙, 白玲. 2019. 宁夏甲虫志. 北京: 电子工业出版社: 1-708.

任国栋, 郭书彬, 张锋. 2013. 小五台山昆虫. 保定: 河北大学出版社: 1-738.

任美锷. 2004. 中国自然地理纲要 (修订第三版). 北京: 商务印书馆: 1-430.

任珊珊, 乔格侠, 张广学. 2003. 甘肃省蚜虫类物种多样性研究. 动物分类学报, 28 (2): 221-227.

任树芝. 1998. 中国动物志: 昆虫纲 (第十三卷). 半翅目: 姬蝽科. 北京: 科学出版社: 1-279.

尚素琴. 2003. 亚太地区缘脊叶蝉亚科系统分类研究 (同翅目: 叶蝉科). 西北农林科技大学博士学位论文.

沈叔坦, 王建国, 刘满堂, 等. 1990. 坚蚧属蚧虫的重要天敌——北京举肢蛾理学特性的研究. 林业科学, 26 (1): 30-38.

沈雪林. 2009. 河南叶蝉分类、区系及系统发育研究. 苏州大学硕士学位论文.

石凯. 2010. 合垫盲蝽亚科系统分类学研究进展. 内蒙古民族大学学报 (自然科学版), 25 (4): 405-409, 401.

时文举. 2022. 东北地区襀翅目 (蜻) 总科分类研究. 河南科技学院硕士学位论文.

四川省农科院植保所等. 1986. 四川农业害虫及其天敌名录. 成都: 四川科学技术出版社: 1-182.

宋大祥. 2006. 节肢动物的分类和演化. 生物学通报, 41 (3): 1.

宋烨龙. 2015. 京津冀地区捕食性天敌昆虫多样性研究. 河北大学硕士学位论文.

宋月华. 2007. 中国斑叶蝉族分类研究. 贵州大学硕士学位论文.

宋月华, 李子忠. 2012. 中国塔叶蝉族昆虫种类名录 (半翅目: 叶蝉科: 小叶蝉亚科). 天津农业科学, 18 (2): 145-148.

苏兰. 2012. 杭州湾南岸湿地昆虫群落结构及其与生境的关系. 浙江农林大学硕士学位论文.

隋敬之, 孙洪国. 1986. 中国习见蜻蜓. 北京: 农业出版社: 1-328.

孙晶. 2014. 中国耳叶蝉亚科分类及系统发育研究 (半翅目: 叶蝉科). 西北农林科技大学博士学位论文.

孙强. 2004. 中国乌叶蝉亚科系统分类研究 (半翅目: 叶蝉科). 西北农林科技大学博士学位论文.

孙新. 2011. 中国弹尾纲棘跳科系统分类学研究. 南京大学博士学位论文.

索世虎, 闫克峰, 马建霞. 2000. 蠹斯为害苹果果实. 河南农业, (4): 16.

汤祊德．1960．中国粉虱科昆虫整理及二新种记述．山西农业大学学报，（1）：135-146．

汤祊德，郝静君．1987．中国盾蚧科研究的进展．山西农业大学学报，7（1）：1-9．

唐慎言，2017．雾灵山昆虫多样性与区系组成．河北大学硕士学位论文．

唐毅．2007．西南地区木虱总科区系分类研究（半翅目：胸喙亚目）．贵州大学硕士学位论文．

唐周欢，杨美霞．2018．秦岭昆虫志12：陕西昆虫名录．北京：世界图书出版公司：1-1067．

田士波，张广学，钟铁森，等．1995．河北杨、柳、榆蚜虫42种记述．河北林学院学报，10（2）：110-114．

王波，郑哲民．2007．蜻蜓目高级阶元系统发育关系研究进展．四川动物，（4）：955-957．

王朝红．2020．中国蓟马科（缨翅目：锯尾亚目）分类研究．华南农业大学博士学位论文．

王德艺，李东义，蔡万波．1997．雾灵山自然保护区的生物多样性研究．生物多样性，5（1）：49-53．

王德艺，李东义，冯学全．2003．暖温带森林生态系统．北京：中国林业出版社：1-346．

王刚．2016．保定地区螽斯科昆虫调查．安徽农业科学，44（34）：137-139，166．

王瀚强．2015．中国蛩螽亚科系统分类研究（直翅目：螽斯科）．华东师范大学博士学位论文．

王洪建．2002．中国伊缘蝽属分类研究．昆虫知识，39（3）：219-223．

王会龙．2020．平山县生物防治温室白粉虱技术．植物保护，（4）：36．

王吉锐．2015．中国粉虱科系统分类研究．扬州大学博士学位论文．

王建国，黄恢柏，杨明旭，等．1999．水生昆虫评价庐山自然保护区主要水体水质状况．江西农业大学学报，21（3）：363-366．

王建义，武三安，唐桦，等．2009．宁夏蚧虫及其天敌．北京：科学出版社：1-274．

王建赟．2016．中国及周边光猎蝽亚科分类研究（异翅亚目：猎蝽科）．中国农业大学博士学位论文．

王建赟，宋凡，师钟婷，等．2013．中国光猎蝽亚科分类简史及已知种类名录．https://www．paper.edu.cn/releasepaper/content/201203-610[2024-04-20]．

王剑峰．2005．中国草螽科Conocephalidae系统学研究（直翅目：螽斯总科）．河北大学硕士学位论文．

王满强．2010．中国袖蜡蝉科分类研究（半翅目：蜡蝉总科）．西北农林科技大学硕士学位论文．

王宁．2008．我国蒙新区网蝽科（Tingidae）昆虫的修订及分类学研究．内蒙古师范大学硕士学位论文．

王宁．2011．内蒙古荒漠草原的网蝽科昆虫．内蒙古师范大学学报（自然科学汉文版），406（6）：617-621．

王培明．2004．中国雪盾蚧族分类研究．西北农林科技大学硕士学位论文．

王士磊．2009．中国东北地区蜉蝣初探（昆虫纲蜉蝣目）．南京师范大学硕士学位论文．

王新谱，杨贵军．2010．宁夏贺兰山昆虫．银川：宁夏人民出版社：1-472．

王旭．2014．中国蝉族系统分类研究（半翅目：蝉科）．西北农林科技大学硕士学位论文．

王旭．2018．中国蝉亚科系统分类研究（半翅目：蝉科）．西北农林科技大学博士学位论文．

王旭娜．2019．中国扁蝽亚科的分类研究（半翅目：扁蝽科）．内蒙古师范大学硕士学位论文．

王音，吴福桢．1992．我国油葫芦属种类识别及一中国新记录种．植物保护，18（4）：37-39．

王颖．2014．中国棉花田半翅目昆虫生物多样性研究．中国农业大学博士学位论文．

王玉茹．2017．小绿叶蝉族分子系统发育研究（半翅目：叶蝉科：小叶蝉亚科）．西北农林科技大学硕士学位论文．

王志彬，李金龙，梁海永．2016．河北省黑龙山植物资源概况研究．河北林业科技，（4）：42-45．

王志杰．2007．中国叉蝽科的分类研究（蝽翅目：叉蝽总科）．扬州大学硕士学位论文．

王治国．2007．中国蜻蜓名录（昆虫纲：蜻蜓目）．河南科学，35（2）：219-238．

王治国. 2017. 中国蜻蜓分类名录（蜻蜓目）. 河南科学，35（1）：48-77.
王治国，张秀江. 2007. 河南直翅类昆虫志（螳螂目、蜚蠊目、等翅目、直翅目、蛹目、革翅目）. 郑州：河南科学技术出版社：1-556.
王子谦，张恺月，鄂思宇，等. 2016. 辽宁地区温室内粉虱的种类及分布. 沈阳农业大学学报，47（5）：548-552.
王子清. 1982. 中国经济昆虫志（第二十四册）. 同翅目：粉蚧科. 北京：科学出版社：1-119.
王子清. 1994. 中国经济昆虫志（第四十三册）. 同翅目：蚧总科：蜡蚧科，链蚧科，盘蚧科，壶蚧科，仁蚧科. 北京：科学出版社：1-302.
王子清. 2001. 中国动物志：昆虫纲（第二十二卷）. 同翅目：蚧总科. 北京：科学出版社：1-611.
乌恩. 2009. 蒙古高原黾蝽科（Gerridae）昆虫的分类学研究. 内蒙古师范大学硕士学位论文.
邬博稳. 2019. 中国绵蚧科昆虫的分类研究（半翅目：蚧次目）. 北京林业大学硕士学位论文.
吴福桢，高兆宁. 1978. 宁夏农业昆虫图志（修订版）. 北京：中国农业出版社.
吴跃峰，徐成立，孔昭普. 2013. 河北滦河上游国家级自然保护区脊椎动物志. 北京：科学出版社：1-448.
武三安. 1999. 山西品粉蚧属二新种和一新纪录种记述（同翅目：粉蚧科）. 动物分类学报，24（2）：60-64.
武三安. 2009. 中国大陆有害蚧虫名录及组成成分分析（半翅目：蚧总科）. 北京林业大学学报，31（4）：55-63.
武三安，贾彩娟，李惠平. 1996. 中国粉蚧科 Pseudococcidae 名录续补. 山西农业大学学报，16（4）：336-338.
夏凯龄，等. 1994. 中国动物志：昆虫纲（第四卷）. 直翅目：蝗总科：癞蝗科，瘤锥蝗科，锥头蝗科. 北京：科学出版社：1-340.
萧采瑜. 1962. 我国北部常见苜蓿盲蝽属种类初记（半翅目：盲蝽科）. 昆虫学报，11（增刊）：80-87.
萧采瑜. 1964. 中国扁蝽属初志（半翅目：扁蝽科）. 动物分类学报，1（1）：70-75.
萧采瑜. 1974. 中国跷蝽科记述（半翅目：异翅亚目）. 昆虫学报，17（1）：55-65.
萧采瑜，经希立. 1979. 中国皮蝽科 Piesmatidae 简记（半翅目：异翅亚目）. 昆虫学报，22（4）：453-459.
萧采瑜，凌作培. 1989. 碧蝽属亚洲东部种类修订（半翅目：蝽科）. 动物分类学报，14（3）：309-328.
萧采瑜，刘胜利. 1979. 中国瘤蝽科的新种和新纪录（半翅目：异翅亚目）. 昆虫学报，22（2）：169-174.
萧采瑜，任树芝，郑乐怡，等. 1977. 中国蝽类昆虫鉴定手册：第一册：半翅目：异翅亚目. 北京：科学出版社：1-330.
萧采瑜，任树芝，郑乐怡，等. 1981. 中国蝽类昆虫鉴定手册（半翅目：异翅亚目：第二册）. 北京：科学出版社：1-654.
萧刚柔. 1992. 中国森林昆虫. 2版（增订本）. 北京：中国林业出版社：1-1362.
谢会. 2009. 中国大陆细蜉科和新蜉科初步分类研究（昆虫纲：蜉蝣目）. 南京师范大学硕士学位论文.
谢荣栋. 2000. 中国双尾虫的区系和分布//尹文英. 中国土壤动物. 北京：科学出版社：287-293.
谢桐音，刘国卿. 2016a. 中国蝎蝽次目名录（半翅目：异翅亚目）（Ⅰ）. https://www.doc88.com/p-8189048468197.html[2024-05-10].
谢桐音，刘国卿. 2016b. 中国蝎蝽次目名录（半翅目：异翅亚目）（Ⅱ）. https://www.docin.com/p-772753444.html.[2024-05-10].
邢济春. 2020. 中国带叶蝉族形态分类及区系分析. 贵州大学硕士学位论文.
邢韶华，周鑫，刘云强，等. 2021. 京津冀地区物种多样性保护优先区识别研究. 生态学报，41（8）：3144-3152.

熊燕, 栾云霞. 2007. 跳虫系统进化的研究进展. 生命科学, 19 (2): 239-244.

徐公天, 杨志华. 2007. 中国园林害虫. 北京: 中国林业出版社: 1-400.

徐业. 2016. 中国长柄叶蝉属群分类及系统发育研究 (半翅目: 叶蝉科: 小叶蝉亚科). 西北农林科技大学硕士学位论文.

徐志华, 郭书彬, 彭进友. 2013. 小五台山昆虫资源 (第一、二卷). 北京: 中国林业出版社: 1-689.

薛大勇, 韩红香, 姜楠. 2017. 秦岭昆虫志 8: 鳞翅目 大蛾类. 北京: 世界图书出版公司: 1-756.

鄢麒宝. 2018. 中国裸长角蚜属系统分类研究. 南京农业大学硕士学位论文.

闫凤鸣. 1987. 中国粉虱亚科 (Aleyrodinae) 分类研究. 西北农业大学硕士学位论文.

闫凤鸣. 1991. 北京地区粉虱分类研究 (同翅目: 粉虱科). 北京农学院学报, 1 (2): 68-71.

闫凤鸣, 白润娥. 2017. 中国粉虱志. 郑州: 河南科学技术出版社: 1-257.

闫凤鸣, 李大建. 2000. 粉虱分类的基本概况和我国常见种的识别. 北京农业科学, 18 (4): 20-29.

闫艳. 2017. 河北省黑龙山国家森林公园昆虫物种多样性及资源状况. 河北大学硕士学位论文.

闫云君, 邱爽. 2020. 长江流域大别山脉地区毛翅目昆虫分类学与区系研究. 武汉: 华中科技大学出版社: 1-256.

严斌. 2019. 中国小叶蝉族分类及分子系统学研究 (半翅目: 叶蝉科: 小叶蝉亚科). 贵州大学博士学位论文.

严善春. 2009. 资源昆虫学. 哈尔滨: 东北林业大学出版社: 1-328.

杨定, 李卫海, 祝芳. 2015. 中国动物志: 昆虫纲 (第五十八卷). 襀翅目: 叉襀总科. 北京: 科学出版社: 1-518.

杨定, 王孟卿, 董慧. 2017. 秦岭昆虫志 10: 双翅目. 北京: 世界图书出版公司: 1-1262.

杨定, 张泽华, 张晓. 2013. 中国草原害虫图鉴. 北京: 中国农业科学技术出版社.

杨慧瑛. 2022. 中国叶蝉亚科分类研究. 贵州大学硕士学位论文.

杨丽坤, 任国栋, 董赛红. 2013. 河北小五台山昆虫区系分析. 河北大学学报 (自然科学版), 33 (3): 287-294.

杨丽元. 2014. 中国及周边国家广头叶蝉亚科系统分类研究 (半翅目: 叶蝉科). 西北农林科技大学硕士学位论文.

杨丽元. 2017. 亚太地区广头叶蝉亚科系统分类研究 (半翅目: 叶蝉科). 西北农林科技大学博士学位论文.

杨玲环. 2001. 中国横脊叶蝉系统分类. 西北农林科技大学博士学位论文.

杨惟义. 1962. 中国经济昆虫志 (第二册). 半翅目: 蝽科. 北京: 科学出版社: 1-138, 10.

杨星科. 1995. 叉草蛉属 *Dichochrysa* 中国种类订正 (脉翅目: 草蛉科). 昆虫分类学报, 17 (增刊): 26-34.

杨星科. 1997. 长江三峡库区昆虫 (上、下). 重庆: 重庆出版社: 1-1847.

杨星科. 2004. 广西十万大山地区昆虫. 北京: 中国林业出版社: 1-668.

杨星科. 2005. 秦岭西段及甘南地区昆虫. 北京: 科学出版社: 1-1072.

杨星科. 2018. 秦岭昆虫志 5: 鞘翅目 (一). 北京: 世界图书出版公司: 1-767.

杨星科, 杨集昆, 李文柱. 2005. 中国动物志: 昆虫纲 (第三十九卷). 脉翅目: 草蛉科. 北京: 科学出版社: 1-398.

杨星科, 张润志. 2017. 秦岭昆虫志 7: 鞘翅目 (三). 北京: 世界图书出版公司: 1-485.

尹文英. 1965. 中国原尾虫的研究: 沪宁一带的十种古蚖. 昆虫学报, 14 (1): 71-87.

尹文英. 1999. 中国动物志：无脊椎动物（第十八卷）. 原尾纲. 北京：科学出版社：1-510.

尹文英, 等. 1992. 中国亚热带土壤动物. 北京：科学出版社：1-618.

尹文英, 宋大祥, 杨星科. 2008. 六足动物（昆虫）系统发生的研究. 北京：科学出版社：1-367.

尹文英, 谢荣栋, 杨毅明, 等. 2002. 原尾纲重新分群的特征分析（六足总纲）. 动物分类学报, 27（4）：649-658.

尹文英, 周文豹, 石福明. 2014. 天目山动物志（第三卷）. 原尾纲 弹尾纲 双尾纲 昆虫纲（石蛃目 蜉蝣目 蜻蜓目 襀翅目 蜚蠊目 等翅目 螳螂目 革翅目 直翅目）. 杭州：浙江大学出版社：1-435.

印象初, 夏凯龄, 郑哲民, 等. 2003. 中国动物志：昆虫纲（第三十二卷）. 直翅目：蝗总科, 槌角蝗科, 剑角蝗科. 北京：科学出版社：1-280.

尤大寿, 归鸿. 1995. 中国经济昆虫志（第四十八册）. 蜉蝣目. 北京：科学出版社：1-152.

尤民生. 1997. 论我国昆虫多样性的保护与利用. 生物多样性, 5（2）：135-141.

于昕. 2008. 中国蜻蜓目蟌总科、丝蟌总科分类学研究（蜻蜓目：均翅亚目）. 南开大学博士学位论文.

于昕. 2017. 中国色蟌科 Calopterygidae 昆虫名录（昆虫纲：蜻蜓目）. 中国科技论文在线精品论文, 10（15）：1701-1706.

余洲. 2019. 中国胫槽叶蝉族分类研究. 贵州大学硕士学位论文.

虞国跃, 王合, 朱晓清, 等. 2014. 北京发现悬铃木方翅网蝽为害. 植物保护, 40（5）：200-202.

袁锋. 1996. 昆虫分类学. 北京：中国农业出版社.

袁锋, 袁向群. 2006. 六足总纲系统发育研究进展与新分类系统. 昆虫分类学报,（1）：1-12.

袁锋, 张雅林, 冯纪年, 等. 2006. 昆虫分类学. 北京：中国农业出版社：1-664.

袁锋, 周尧. 2002. 中国动物志：昆虫纲（第二十八卷）. 同翅目：角蝉总科, 梨胸蝉科, 角蝉科. 北京：科学出版社：1-590.

查玉平. 2005. 后河国家级自然保护区昆虫资源调查及其多样性的初步研究. 华中师范大学硕士学位论文.

詹洪平. 2017. 中国圆痕叶蝉亚科分类及 DNA 条形码研究. 贵州大学硕士学位论文.

张凤萍. 2006. 中国片盾蚧亚科分类研究（半翅目：盾蚧科）. 西北农林科技大学硕士学位论文.

张广学, 乔格侠, 钟铁森, 等. 1999. 中国动物志：昆虫纲（第十四卷）. 同翅目：纩蚜科, 瘿绵蚜科. 北京：科学出版社：1-395.

张广学, 钟铁森. 1982. 几种蚜虫生活周期型的研究. 动物学集刊, 2：7-17.

张广学, 钟铁森. 1982. 中国蚜总科新种新亚种记述. 动物学集刊, 2：19-28.

张广学, 钟铁森. 1983. 中国经济昆虫志（第二十五册）. 同翅目：蚜虫类（一）. 北京：科学出版社：1-383.

张慧. 2010. 中国圆痕叶蝉亚科系统分类研究（半翅目：叶蝉科）. 内蒙古师范大学硕士学位论文.

张嘉. 2019. 河北五岳寨国家森林公园昆虫资源初考与甲虫物种多样性分析. 河北大学硕士学位论文.

张兰. 2021. 中国圆冠叶蝉族分类修订. 贵州大学硕士学位论文.

张蕾. 2009. 河北地区森林公园蚜虫物种多样性研究. 河北农业大学硕士学位论文.

张蕾, 黄大庄, 杨晋宇, 等. 2009. 河北清西陵地区蚜虫物种多样性研究. 河北农业大学学报, 32（3）：94-99.

张宁. 2007. 我国蒙新区网蝽科（Tingidae）昆虫修订及分类学研究（半翅目；异翅亚目；网蝽科）. 内蒙古师范大学硕士学位论文.

张培毅. 2013. 雾灵山昆虫生态图鉴. 哈尔滨：东北林业大学出版社：1-418.

张荣祖. 1999. 中国动物地理. 北京：科学出版社：1-502.

张荣祖. 2011. 中国动物地理（修订版）. 北京：科学出版社：1-330.

张万良. 2003. 中国仰蝽科分类学研究（昆虫纲：半翅目）. 南开大学硕士学位论文.

张巍巍, 李元胜. 2011. 中国昆虫生态大图鉴. 重庆：重庆大学出版社：1-692.

张伟. 2021. 中国大陆扁蜉科系统分类（昆虫纲：蜉蝣目）. 南京师范大学博士学位论文.

张新民. 2008. 中国叶蝉亚科分类研究（半翅目：叶蝉科）. 西北农林科技大学硕士学位论文.

张新民. 2011. 世界横脊叶蝉亚科系统分类研究（半翅目：叶蝉科）. 西北农林科技大学博士学位论文.

张秀立. 2018. 唐山地区悬铃木方翅网蝽的发生与防治. 现代农业科技，（12）：128-129，133.

张旭. 2010. 中国叶盲蝽亚科的系统学研究（半翅目：异翅亚目：盲蝽科）. 南开大学博士学位论文.

张雅林. 1990. 中国叶蝉分类研究（同翅目：叶蝉科）. 西安：天则出版社：1-218.

张雅林. 2013. 资源昆虫学. 北京：中国农业出版社：1-473.

张雅林. 2017. 秦岭昆虫志 3：半翅目同翅亚目. 北京：世界图书出版公司：1-891.

张雅林, 魏琮, 沈琳, 等. 2022. 中国动物志：昆虫纲（第七十一卷）. 半翅目：叶蝉科（三）. 北京：科学出版社：1-309，7.

张长荣. 1991. 河北的蝗虫. 石家庄：河北科学技术出版社：1-233.

张正旺, 任曦鹏, 朱恩骄, 等. 2019. 云南省西畴县猎蝽科昆虫多样性与区系研究. 西部林业科学，48（1）：36-41.

张治良, 赵颖, 丁秀云. 2009. 沈阳昆虫原色图鉴. 沈阳：辽宁民族出版社：1-399.

章士美. 1990. 中国二十个省、自治区蝽科昆虫种数比较. 昆虫学报, 33（1）：124-125.

章士美, 等. 1985. 中国经济昆虫志（第三十一册）. 半翅目（一）. 北京：科学出版社：1-240.

章士美, 等. 1995. 中国经济昆虫志（第五十册）. 半翅目（二）. 北京：科学出版社：1-165.

赵超. 2018. 中国菌食性蓟马（昆虫纲：缨翅目）分类研究. 华南农业大学博士学位论文.

赵清. 2013. 中国益蝽亚科修订及蠋蝽属、辉蝽属和二星蝽属的 DNA 分类学研究. 南开大学博士学位论文.

赵修复. 1990. 中国春蜓分类（蜻蜓目：春蜓科）. 福州：福建科学技术出版社：1-486.

赵志模, 郭依泉. 1990. 群落生态学原理与方法. 重庆：科学技术出版社重庆分社：1-288.

郑乐怡, 归鸿. 1999. 昆虫分类（上）. 南京：南京师范大学出版社：1-524.

郑乐怡, 归鸿. 1999. 昆虫分类（下）. 南京：南京师范大学出版社：525-1070.

郑乐怡, 梁丽娟. 1991. 捕食柿小叶蝉的盲蝽新种和新纪录（半翅目：盲蝽科）. 南开大学学报（自然科学版），3：84-87.

郑乐怡, 吕楠, 刘国卿, 等. 2004. 中国动物志：昆虫纲（第三十三卷）半翅目：盲蝽科；盲蝽亚科. 北京：科学出版社：1-785.

郑晓旭, 肖能文, 赵慕华, 等. 2020. 湖北三峡库区兴山县昆虫多样性调查与评估. 昆虫学报, 63（12）：1497-1507.

郑哲民. 1993. 蝗虫分类学. 西安：陕西师范大学出版社：1-442.

郑哲民, 石福明. 2010. 河北省蚱属二新种记述（直翅目：蚱科）. 动物分类学报, 35（1）：183-186.

郑哲民, 夏凯龄, 等. 1998. 中国动物志：昆虫纲（第十卷）. 直翅目：蝗总科：斑翅蝗科, 网翅蝗科. 北京：科学出版社：1-609.

中国科学院动物研究所. 1987. 中国农业昆虫（下册）. 北京：科学出版社：1-992.

周长发. 2002. 中国大陆蜉蝣目分类研究. 南开大学博士学位论文.

周明祥, 钟启谦, 魏鸿钧. 1953. 华北农业害虫记录. 北京：中华书局：1-274.

周尧. 1982. 中国盾蚧志（第一卷）. 西安：陕西科学技术出版社：1-196.

周尧. 1985. 中国盾蚧志（第二卷）. 西安：陕西科学技术出版社：197-431.

周尧. 2001. 周尧昆虫图集. 郑州：河南科学技术出版社：1-544.

周尧. 2002. 周尧昆虫图集. 郑州：河南科学技术出版社.

周尧, 黄复生. 1986. 巨铗䖉亚科一新属新种（双尾目：铗䖉科）. 昆虫分类学报,（3）：237-241.

周尧, 雷仲仁. 1997. 中国蝉科志（同翅目：蝉总科）. 香港：香港天则出版社：1-380.

周尧, 路进生, 黄桔, 等. 1985. 中国经济昆虫志（第三十六册）. 同翅目：蜡蝉总科. 北京：科学出版社：1-148.

周志宏. 2006. 昆虫图谱. 天津：天津人民美术出版社.

周忠会. 2007. 中国色蟌总科区系分类研究（蜻蜓目：均翅亚目）. 贵州大学硕士学位论文.

朱耿平. 2011. 中国土蝽科系统学及生物地理学研究（半翅目：异翅亚目）. 南开大学博士学位论文.

朱耿平, 刘国卿. 2009. 中国鳖土蝽属记述. 昆虫分类学报, 31（2）：88-91.

朱耿平, 刘国卿. 2014. 中国根土蝽属（半翅目：土蝽科）记述. https://www.docin.com/p- 569938743.html[2023-08-15].

朱慧倩, 陈思. 2005. 中国北京地区弓蜻属一新种（蜻蜓目：伪蜻科）. 昆虫分类学报, 27（3）：161-164.

朱慧倩, 欧阳玖. 1998. 中国黑龙江省黑龙江大蜻的配模记述（蜻蜓目）. 武夷科学, 14：3-4.

朱笑愚, 吴超, 袁勤. 2012. 中国螳螂. 北京：西苑出版社：1-331.

祝芳. 2002. 中国北方叉襀科的分类学研究（襀翅目：叉襀总科）. 中国农业大学硕士学位论文.

邹环光. 1983. 中国束盲蝽族（Pilophorini）一新属三新种（半翅目：盲蝽科）. 动物分类学报, 8（3）：283-287.

Aukema B, Rieger C. 2006. Catalogue of Heteroptera of the Palaearctic Region. Volume 5. Pentatomomorpha II. The Netherlands Entomological Society. Wageningen: Ponsen & Looijen: 1-550.

Aukema B, Rieger C, Rabitsch W. 2013. Catalogue of the Heteroptera of the Palaearctic Region. Volume 6. Supplement. The Netherlands Entomological Society. Wageningen: Ponsen & Looijen: 1-629.

Bu Y, Gao Y. 2017. Two newly recorded species of *Mesaphorura* (Collembola: Tullbergiidae) from China. Entomotaxonomia, 39(3): 169-175.

Bu Y, Palacios-Vargas J G, Arango A. 2019. A new species of *Friesea* (Collembola: Neanuridae) from Hebei Province, North China and a cladistic analysis. Entomotaxonomia, 41 (4): 243-257.

Bu Y, Shrubovych J. Yin W Y. 2011. Two new species of genus *Hesperentomon* Price, 1960 (Protura, Hesperentomidae) from Northern China. Zootaxa, 2885: 55-64.

Chen J X, Christiansen K A. 1993. The genus *Sinella* with special reference to *Sinella s. s.* (Collembola: Entomobryidae) of China. Oriental Insects, 27: 1-54.

Cobben R H. 1970. Morphology and taxonomy of intertidal dwarfbugs (Heteroptera: Omaniidae fam. nov.). Tijdschrift Voor Entomologie, 113: 61-90.

Dallai R. 1985. A new species of *Temeritas* (Insecta, Collembola) from China. Entomotaxonomia, 7 (2): 157-164.

Deharveng L. 2004. Recent advances in Collembola systematics. Pedobiologia, 48: 415-433.

Dietrich C H. 2005. Keys to the families of Cicadomorpha and subfamilies and tribes of Cicadellidae (Hemiptera: Auchenorrhyncha). Florida Entomologist, 88 (4): 502-517.

Ding J H, Wang M, Wu X M, et al. 2021. Pygmy grasshoppers (Orthoptera: Tetrigidae) in Xinjiang, China: Species diversity and new synonyms. Entomotaxonomia, 43 (3): 1-10.

Dlabola J. 1967. Ergebnisse der 1. Mongolisch-tschechoslovakischen entomologisch botanischen expedition in der Mongolei. Nr. 1: Reisebericht, Lokaliteten ubersicht und Beschreibungen neuer Zikadenarten (Homoptera: Auchenorrhyncha). Acta Faunistica Entomologica Musei Nationalis Prague, 12 (115): 1-34.

Drake C J. 1950. Catalogue of genera and species of Saldidae (Hemiptera). Acta entomologica Musei Nationalis Pragae, XXVI (376): 1-12.

Durai P S S. 1987. A revision of the Dinidoridae of the world (Heteroptera: Pentatomoidea). Oriental Insects, 21 (1): 163-360.

Favret C, Blackman R, Miller G L, et al. 2016. Catalog of the phylloxerids of the world (Hemiptera, Phylloxeridae). ZooKeys. 629: 83-101.

Feng Y, Zhao M, He Z, et al. 2009. Research and utilization of medicinal insects in China. Entomological Research, 39: 313-316.

Foldi I. 2004. The Matsucoccidae in the Mediterranean basin with a world list of species (Hemiptera: Sternorrhyncha: Coccoidea). Annales de la Société Entomologique de France, 40(2): 145-168.

Folsom J W. 1899. Japenese Collembola, Part II. Proceedings of the American Academy of Arts and Sciences, 34: 261-274.

Foottit R G, Adler P H. 2017. Insect Biodiversity: Science and Society. New York: John Wiley & Sons.

Froehlich C G. 2010. Catalogue of Neotropical Plecoptera. Illiesia, 6 (12): 118-205.

Galli L, Rellini I. 2020. The geographic distribution of Protura (Arthropoda: Hexapoda): a review. Biogeographia-The Journal of Integrative Biogeography, 35: 51-69.

Gankhuyag E, Dorjsuren A, Choi E H, et al. 2023. An annotated checklist of grasshoppers (Orthoptera, Acridoidea) from Mongolia. Biodiversity Data Journal, 11: e96705.

Gao T T, Brozek J, Wu D. 2022. Fine-Structural morphology of the mouthparts of the polyphagous invasive planthopper, *Ricania speculum* (Walker) (Hemiptera: Fulgoromorpha: Ricaniidae). Insects, 13 (9): 843.

Gapon D A. 2014. Revision of the genus *Polymerus* (Heteroptera: Miridae) in the Eastern Hemisphere. Part 1: Subgenera Polymerus, Pachycentrum subgen. nov. and new genus Dichelocentrum gen.nov. Zootaxa, 3787 (1): 1-87.

Gardi C, Menta C, Alan L. 2008. Evaluation of the environmental impact of agricultural management. Fresenius Environmental Bulletin, 17 (8): 1165-1169.

Gullan P J, Cranston P S. 2009. 昆虫学概论. 3 版. 彩万志, 花保祯, 宋敦伦, 等, 译. 北京: 中国农业大学出版社: 1-398.

Han H-X, Galsworthy A C, Xue D Y. 2012. The Comibaenini of China (Geometridae: Geometrinae), with are view of the tribe. Zoological Journal, 165: 723-772.

Hennemann F, Conle O W, Zhang W. 2008. Catalogue of the stick and leaf-insects (Phasmatodea) of China, with a faunistic analysis, review of recent ecological and biological studies and bibliography (Insecta: Orthoptera: Phasmatodea). Zootaxa, 1735: 1-77.

Ho J Z, Chen Y F. 2010. A review of the family Tessaratomidae (Hemiptera: Pentatomoidea) of Taiwan with descriptions of newly recorded two genera and five species. Taiwan Journal of Biodivesity, 12 (4): 393-406.

Hodgson C J. 1997. Classification of the Coccidae and related Coccoid families. World Crop Pests, 7: 157-201.

Holt B G, Lessard J P, Borregaard M K, et al. 2013. An update of Wallace's zoogeographic regions of the world. Science, 339 (6115): 74-78.

Imadaté G. 1961. A new species of Protura, *Eosentomon asahi* n. sp., from Japan. Kontyû, Tokyo, 29: 123-131.

Imadaté G. 1974. Contributions towards a revision of Japanese Protura. Revue d'Écologie et du Biologie du Sol, 10 (for 1973): 603-628.

Jin H K, Yong J K. 2020. Insect Fauna of Korea. Volume 9, Number 9 Psylloidea. Arthropoda: Insecta: Hemiptera: Sternorrhyncha. National Institute of Biological Resources Ministry of Environment: 1-403.

Jongema Y. 2017. List of edible insects of the world. https://www.wur.nl/en/Research-Results/Chair-groups/Plant-Sciences/Laboratory-of-Entomology/Edible-insects/Worldwide-species-list.htm[2017-12-20].

Jordana R. 2012. Synopses of Palaearctic Collembola: Capbryinae & Entomobryini. Soil Organisms, 84 (1): 1-390.

Jung S, Kim J, Lee H M. 2019. Taxonomic review of Lyctocoridae (Hemiptera: Heteroptera: Cimicomorpha) from the Korean Peninsula. Korea Jounal of Agricultural Science, 46 (1): 79-83.

Kadyrbekov R Kh. 2020. To the knowledge of the genus *Coloradoa* Wilson, 1910 (Hemiptera: Aphididae). Far Eastern Entomologist, 414: 16-24.

Klein A M, Vaissiere B E, Cane J H. et al. 2007. Importance of pollinators in changing landscapes for world crops. Proceedings of the Royal Society B: Biological sciences, 274 (1608): 303-313.

Koch M, Resh V H, Cardé R T. 2009. Encyclopedia of insects. 2nd. San Diego: Academic Press: 281-283.

Lee Y J. 2008. Revised synonymic list of Cicadidae (Insecta: Hemiptera) from the Korean Peninsula, with the description of a new species and some taxonomic remarks. Proceedings of the Biological Society of Washington, 121 (4): 445-467.

Lee Y, Cho K, Park K. 2019. New record of *Folsomia quadrioculata* (Tullberg, 1871) and redescription of *Folsomia octoculata* (Handschin, 1925) from the forest of South Korea. Korean Journal of Environmental Biology, 37(1): 1-7.

Liang A P, Jiang G M, Song Z S. 2008. Uhler Types of Aphrophoridae newly found in the Natural History Museum, London (Hemiptera: Cercopoidea). Entomological News, 119: 61-66.

Liang A P, Song Z S. 2006. Revision of the Oriental and eastern Palaearctic planthopper genus *Saigona* Matsumura, 1910 (Hemiptera: Fulgoroidea: Dictyopharidae), with descriptions of five new species. Zootaxa, 1333: 25-54.

Liang H B. 2004. On Chinese species of the genus *Mastax* Fischer von Waldheim (Coleoptera, Carabidae). Acta Zootaxonomica Sinica, 29 (1): 139-141.

Liu C X. 2013. Review of *Atlanticus* Scudder, 1894 (Orthoptera: Tettigoniidae: Tettigoniinae) from China, with description of 27 new species. Zootaxa, 3647 (1): 1-42.

Liu D F, Dong Z M, Zhang G F. 2008. Molecular phylogeny of the higher category of Acrididae (Orthoptera: Acridoidea). Zoological Research, 29 (6): 585-591.

Liu G Q, Zheng L Y. 1999. New species of *Zanchius* Distant from China (Hemiptera: Miridae). Acta Zootaxonomica Sinica, 24 (4): 388-392.

Liu G Q, Zheng L Y. 1994. Genus *Zanchius* Distant of China (Hemiptera: Miridae). Entomologia Sinica, 1 (4): 307-310.

Liu L X, Kazunori Y, Li F S, et al. 2012. A review of the genus *Neopsocopsis* (Psocodea, "Psocoptera", Psocidae), with one new species from China. ZooKeys, 203: 27-46.

Long Y, Teng C L, Huang C, et al. 2023. Twenty-three new synonyms of the eastern common groundhopper, *Tetrix japonica* (Bolívar, 1887) (Orthoptera, Tetrigidae). ZooKeys, 1187: 135-167.

López H. 2002. *Folsomides parvulus* Stach, 1922. https://www.biodiversidadcanarias.es/biota/especie/A06155 [2023-7-30].

Losey J E, Vaughan M. 2006. The economic value of ecological services provided by insects. Bioscience, 56 (4): 311-323.

Lubbock J. 1873. Monograph of the Collembola and Thysanura. London: Ray Soc London: 1-276.

Ma L B, Zheng Y N, Qiao M. 2021. Revision of Chinese crickets of the tribe Modicogryllini Otte, amp;Alexander, 1983 with notes on relevant taxa (Orthoptera: Gryllidae: Gryllinae). Zootaxa, 4990 (2): 227-252.

Ma Z A, Zhou C F. 2022. A new subgenus of *Epeorus* and its five from China (Ephemeroptera: Heptageniidae). Insect Systematics & Evolution, 52: 264-303.

Meng R, Webb M D, Wang Y L. 2017. Nomenclatural changes in the planthopper tribe Hemisphaeriini (Hemiptera: Fulgoromorpha: Issidae), with the description of a new genus and a new species. European Journal of Taxonomy, 298: 1-25.

Mey E. 2019. Parasitic on bird or mammal? *Echinopon monounguiculatum* gen. nov., spec. nov., representative of a new family (Echinoponidae fam. nov.) in the Amblycera (Insecta: Psocodea: Phthiraptera). Bonn Zoological Bulletin, 68 (1): 167-181.

Nakamura O. 2010. Taxonomic revision of the family Eosentomidae (Hexapoda: Protura) from Japan. Zootaxa, 2701: 1-109.

Nonnaizab B, Kormilev N A, Oi B Y. 1989. The preliminary study of the Phymatidae in Inner Mongolia, China (Hemiptera, Phymatidae). Zoological Research, 10 (4): 341-347.

Ollerton J, Winfree R, Tarrant S. 2011. How many flowering plants are pollinated by animals? Oikos, 120 (3): 321-326.

Osborn L. 2024. Number of Species Identified on Earth. Https: //www.currentresults.com/ Environment-Facts/ Plants-Animals/number-species.php#google_vignette [2024-12-20].

Pielou E C. 1966. The measurement of diversity in different types of biological collections. Journal of Theoretical Biology, 13: 131-144.

Potapov M, Dunger W. 2000. A redescription of *Folsomia diplophthalma* (Axelson, 1902) and two new species of the genus *Folsomia* from continental Asia (Insecta: Collembola). Abhandlungen und Berichte des Naturkundemuseums Görlitz, 72 (1): 59-72.

Qiao G X, Zhang G X. 1999. A revision of *Stomaphis* Walker from China with descriptions of three new species (Homoptara: Lachinidae). Entomologia Sinica, 6 (4): 289-298.

Qiu L, Che Y L, Wang Z Q. 2018. A taxonomic study of *Eupolyphaga* Chopard, 1929 (Blattodea: Corydiidae: Corydiinae). Zootaxa, 4506 (1): 1-68.

Rammer W, Hothorn T, Seidl R, et al. 2021. The contribution of insects to global forest deadwood decomposition. Nature, 597: 77-81.

Resh V H, Cardé R T. 2009. Encyclopedia of Insects. 2nd ed. San Diego: Academic Press: 281-283.

Rider D A. 2006. Family Urostylididae //Aukema B, Rieger C. Catalogue of the Heteroptera of the Palaearctic Region. Amsterdam: The Netherlands Entomological Society, (5): 102-117.

Rider D A, Zheng L Y. 2002a. Checklist and nomenclatural notes on the Chinese Pentatomidae (Heteroptera). I. Asopinae. Entomotaxonomia, 24 (2): 107-115.

Rider D A, Zheng L Y. 2002b. Checklist and nomenclatural notes on the Chinese Pentatomidae (Heteroptera). II. Pentatominae. Zoosystematica Rossica, 11 (1): 135-153.

Ritchie H. 2022. How Many Species are There? Our World in Data. https://ourworldindata.org/how-many-species-are-there[2022-12-30].

Rusek J. 1967. Beitrag zur kenntnis der Collembolla (Apterygota) Chinas. Acta Entomologica Bohemoslovaca, 64: 184-194.

Rusek J. 1971. Zweiter Beitrag zur Kenntnis der Collembolla (Apterygota) Chinas, Acta Entomologica Bohemoslovaca, 67: 108-137.

Scott J. 1874. XXXV.—On a collection of Hemiptera Heteroptera from Japan. Descriptions of various new genera and species. Journal of Natural History Series, 14 (4): 289-304.

Song Z S, Liang A P. 2008. The Palaearctic planthopper Genus *Dictyophara* Germar, 1833 (Hemiptera: Fulgoroidea: Dictyopharidae) in China. Annales Zoologici, 58 (3): 537-549.

Stach J. 1956. The Apterygotan Fauna of Poland in Relation to the World-fauna of This Group of Insects. Tribe: Entomobryini. Kraków: Polska Akademia Nauk: 1-126.

Stach J. 1964. Materials to the knowledge of Chinese Collembolla fauna. Acta Zoologica Cracoviensia, 9 (1): 28.

Stork N E. 2018. How many species of insects and other terrestrial arthropods are there on Earth? Annual Review of Entomology, 63: 31-45.

Sun Y, Liang A, Huang F. 2006. Descriptions of two new species of the genus *Tomocerus* (Collembola, Tomoceridae) from Shanxi, China. Acta Zootaxonomica Sinica, 31 (4): 803-806.

Sun Y, Liang A P, Huang F S. 2006a. Descriptions of two new Tibetan species of *Tomocerus* (s.str.) Nicolet, 1842 (Collembola, Tomoceridae). Acta Zootaxonomica Sinica, 31 (3): 559-563.

Sun Y, Liang A P, Huang F S. 2006b. The subgenus *Tomocerus* (s.str.) Nicolet (Collembola: Tomoceridae) from Gansu, China. Oriental Insects, 40: 327-338.

Sun Y, Liang A P, Huang F S. 2006c. Descriptions of two new species of the genus *Tomocerus* (Collembola, Tomoceridae) from Shanxi, China. Acta Zootaxonomica Sinica, 31 (4): 803-806.

Sun Y, Liang A P, Huang F S. 2007. The genus *Tomocerus* Nicolet (Collembola: Tomoceridae) from Sichuan, China, with descriptions of two new species. Proceedings of the Entomological Society of Washington, 109: 572-578.

Tanaka S, Niijima K. 2019. A new species and five re-descriptions of the family Isotomidae (Hexapoda: Entognatha: Collembola), including two new records from Japan. Edaphologia, 105: 1-14.

The World Conservation Union. 2014. IUCN Red List of Threatened Species 2014.3. Summary Statistics for Globally Threatened Species. Table 1: Numbers of threatened species by major groups of organisms (1996—2014).

Vatandoost H, Jalilian A, Tashakori G, et al. 2021. Bio-ecology of aquatic and semi-aquatic insects of order. Hemiptera in the world. International Journal of Pure and Applied Zoology, 9 (8): 21-29.

Wang X, Wei C. 2015. The cicada genus *Pomponia* Stål, 1866 (Hemiptera: Cicadidae) from China. Entomotaxonomia, 37 (3): 201-206.

Wang X, Yang M S, Wei C. 2015. A review of the cicada genus *Haphsa* Distant from China (Hemiptera: Cicadidae). Zootaxa, 3957 (4): 408-424.

Weidner H. 1995. Kulturelle Entomologie. Journal of Applied Entomology, 119: 3-7.

Weisser W, Siemann E. 2008. Insects and ecosystem function. Ecological Studies, 173: 1-401.

Wieland F. 2013. The Phylogenetic System of Mantodea (Insecta: Dictyoptera). Göttingen: Universitätsverlag Göttingen.

Wilson M R, Turner J A, McKamey S H. 2009. Sharpshooter Leafhoppers of the World (Hemiptera: Cicadellidae subfamily Cicadellinae). Amgueddfa Cymru-National Museum Wales(https://cicadellinae.science/taxon/kolla-atramentaria)[2023-7-30].

Xu G L, Zhang F. 2015. Two new species of *Coecobrya* (Collembola, Entomobryidae) from China, with an updated key to the Chinese species of the genus. ZooKeys, 498: 17-28.

Yin W Y. 1996. New considerations of systematics of ProturaFirenze. Proceedings of XX international congress of entomology: 60.

Yu X, Xue J L, Hämäläinen M, et al. 2015. A revised classification of the genus *Matrona* Selys, 1853 using molecular and morphological methods (Odonata:). Zoological Joural of the Linnean Society, 174: 473-478.

Zhang F, Qu J Q, Deharveng L. 2010. Two syntopic and remarkably similar new species of *Sinella* and *Coecobrya* from South China (Collembola: Entomobryidae). Zoosystema, 32 (3): 469-477.

Zhang H M, Vogt T E, Cai Q H. 2014. *Somatochlora shennong* sp. nov. from Hubei, China (Odonata: Corduliidae). Zootaxa, 3878 (5): 479-484.

Zhao M J, Yang X K, Huang M. 2015. Taxonomic study of the subgenus *Haptoncus* (Coleoptera: Nitidulidae: Epuraeinae: epuraea) with one newly recorded species from China. Entomotaxonomia, 37 (3): 182-190.

Zou Y, Sang W G, Bai F J. et al. 2013. Relationships between plant diversity and the abundance and α-diversity of predatory ground beetles (Coleoptera: Carabidae) in a mature Asian temperate forest ecosystem. PlosOne, 8 (12): 1-7.

英文摘要 (Abstract)

FAUNA OF FOREST INSECTS FROM HEBEI PROVINCE, CHINA
(Volume 1)

Abstract. The "Fauna of Forest Insects from Hebei Province, China" is resulted from a special research project conducted collaboratively by the National Key Nurture Discipline of Zoology of Hebei University, the Key Laboratory of Zoological Systematics and Application of Hebei Province, and the Forest Pest Control Station of Hebei Province. The book is planned to be compiled and published in 4 volumes, arranged from lower to higher classes according to the classification system. This is the first volume and comprises a total of 875 species belonging to 4 classes, 21 orders, 147 families and 518 genera of Hexapoda. The four classes included are Protura (2 orders, 5 families, 7 genera, 16 species), Collembola (3 orders, 8 families, 20 genera, 35 species), Diplura (2 orders, 3 families, 3 genera, 3 species), and Insecta (Heterometabola;14 orders, 131 families, 488 genera, 821 species). Among them, the order Phasmatodea is recorded for the first time in Hebei Province. The main characteristics of classes, orders and families, identification keys for the classes, orders and families, specimen records and distribution of species, as well as the indices for the Chinese and scientific names, are listed. The photographs and characteristic illustrations are provided for most species;the host information, feeding habit or interviewing plants are also provided for some species.

This book can be used as a reference for the domestic and foreign professionals engaged in natural conservation, agriculture and forestry, plant protection and quarantine, biodiversity, terrestrial ecology, as well as other disciplines and departments of science and technology, colleges and universities.

Keywords: forest entomology; classification;Protura; Collembola; Diplura;Insecta (Heterometabola); Hebei Province, China

中文名索引

A

阿拉飞虱　240
埃氏小河蜉　68
艾根绒蚧　369
安徽宽基蜉　66
安氏绿色螅　72
暗褐蝈螽　117
暗褐虱螨　187
暗色裸长蜉　37
暗色四脉绵蚜　306
暗素猎蝽　435
暗纹跳蝽　486
暗乌毛盲蝽　414
凹缘菱纹叶蝉　225
澳洲吹绵蚧　373

B

八点广翅蜡蝉　238
白斑地长蝽　442
白背飞虱　242
白边大叶蝉　225
白带尖胸沫蝉　218
白符等蚖　40
白桦木虱　279
白蜡蚧　316
白蜡绵粉蚧　382
白扇螅　93
白虱蜉　189
白条飞虱　242
白头小板叶蝉　227
白尾灰蜻　84

白纹雏蝗　131
白纹苜蓿盲蝽　407
白狭扇螅　92
白须双针蟋　126
白痣广翅蜡蝉　238
百花山触螨　201
斑背安缘蝽　450
斑翅草螽　114
斑翅灰针蟋　127
斑翅角胸叶蝉　231
斑翅细角花蝽　404
斑透翅蝉　216
斑腿双针蟋　126
斑楔齿爪盲蝽　415
斑须蝽　470
斑衣蜡蝉　237
斑异盲蝽　423
半黄赤蜻　86
邦氏初姬螽　112
棒尾剑螽　124
棒尾小蚱螽　122
薄翅螳中国亚种　98
鲍氏虱蝽　187
盃纹螅　73
北方雏蝗　133
北方单蜉　175
北方辉蝽　469
北姬蝽　406
北极黑蝗　136
北京棒角蝗　141
北京叉蝽　165
北京长蚖　36

北京粗角个木虱　293
北京大蜻　90
北京点麻螨　196
北京间土蜉　181
北京角臀大蜓　77
北京锯角蝉　221
北京喀木虱　259
北京邻外蜉　180
北京朴盾木虱　282
北京色重蜉　172
北京四节蜉　60
北京松片盾蚧　349
北京围蜉　192
北京象个木虱　292
北京异盲蝽　423
北京肘狭蜉　204
北京准单蜉　178
北曼蝽　475
贝氏扁蝽　460
背峰锯角蝉　221
背匙同蝽　457
笨蝗　148
笨棘硕螽　115
比氏拱木虱　255
碧伟蜓东亚亚种　71
蔦蓄斑木虱　246
扁盾蝽　488
扁跗夕划蝽　393
扁腹赤蜻　86
扁球蜡蚧　317
扁植盲蝽　421
滨双针蟋　125

波氏蚱 150
波原缘蝽 452
波赭缘蝽 454
伯扁蝽 460
伯格螽 116
伯瑞象蜡蝉 235

C

菜蝽 471
仓花蝽 403
侧边盐跳蝽 486
侧点娇异蝽 493
叉突后个木虱 291
茶翅蝽 474
茶褐盗猎蝽 437
茶片盾蚧 351
长瓣草螽 113
长瓣树蟋 109
长贝脊网蝽 430
长翅草螽 114
长翅拟新蟪 200
长翅燕螳 135
长翅蚁螳 141
长翅幽螳 137
长翅长背蚱 150
长点阿土蝽 462
长腹春蜓 80
长喙网蝽 429
长颈铃围蜣 192
长毛菊网蝽 432
长茅草盲蝽 419
长头截胸花蝽 402
长突长绿蝽 169
长尾草螽 114
长尾木虱 281
长尾五倍蚜 200
长胸花姬蝽 406
长叶异痣螋 75

长植盲蝽 421
长痣绿蜓 70
朝鲜毛球蚧 315
朝鲜象蜡蝉 233
柽柳柽木虱 249
柽柳叶蝉 228
橙圆金顶盾蚧 334
齿球螋 159
齿匙同蝽 458
赤条蝽 473
川廿碧蝽 477
窗翅叶蝉 226
窗冠耳叶蝉 226
垂柳喀木虱 259
垂柳线角木虱 287
锤胁跷蝽 461
刺平背螽 119
葱韭蓟马 213
粗角拟新蟪 199
粗领盲蝽 413

D

达球螋 158
大鳖负蝽 391
大鳖土蝽 463
大赤翅蝗 144
大垫尖翅蝗 144
大褐飞虱 239
大黄赤蜻 88
大基铗球螋 159
大青叶蝉 224
大同肯蚖 19
大团扇春蜓 82
大眼长蝽 441
大眼古蚖 24
带斑木虱 246
带纹苜蓿盲蝽 410
单刺蟋蛄 108

单角分螳 185
单席瓢蜡蝉 237
淡边原花蝽 400
淡带荆猎蝽 433
淡须苜蓿盲蝽 410
淡缘厚盲蝽 418
稻管蓟马 208
稻棘缘蝽 450
德国小蠊 94
低斑蜻 83
狄豆龟蝽 484
地肤异个木虱 290
点边地长蝽 443
点蜂缘蝽 449
点伊缘蝽 448
垫囊绿绵蜡蚧 323
迭球螋 161
丁香卷叶绵蚜 305
顶斑边木虱 250
鼎脉灰蜻 85
钉毛四脉绵蚜 307
东北大蜻 91
东北丽蜡蝉 236
东北山蝉 216
东北象蜡蝉 234
东方雏蝗 134
东方古蚖 26
东方蝼蛄 108
东方细角花蝽 404
东方新羞木虱 278
东方原缘蝽 451
东陵寰螽 111
东亚果蝽 470
东亚毛肩长蝽 442
东亚小花蝽 402
东亚异痣螋 75
豆蚜 297
独环瑞猎蝽 439

中文名索引

杜梨喀木虱　260
短斑普猎蝽　436
短贝脊网蝽　430
短翅姬䗛　122
短翅桑䗛　120
短额负蝗　149
短跗新康蚖　26
短肛邻个木虱　294
短角外斑腿蝗　140
短身古蚖　23
短头飞虱　240
短头姬缘蝽　447
短头木虱　279
短星翅蝗　130
短壮异蝽　492
敦化夕蚖　20
钝肩普缘蝽　455
钝毛根蚜　304
多点云实木虱　253
多毛栉衣鱼　57
多伊棺头蟋　106

E

额邻固蝽　485
二带朴后个木虱　290
二点铲头沫蝉　219
二星蝽　473
二星黑线角木虱　282
二眼符蚖　41

F

法氏树丽盲蝽　413
泛刺同蝽　456
泛泰盲蝽　425
泛跳蝽　487
泛希姬蝽　405
方斑长蚖　35
方氏赤蜻　87

方室单蟪　177
肥螋　154
粪棘蚰　32
斧状倍叉蜻　164
副锥同蝽　459

G

甘蒙尖翅蝗　144
甘薯跃盲蝽　416
柑橘并盾蚧　352
柑橘绿蜡蚧　322
柑橘矢尖蚧　360
柑栖粉蚧　384
高绳线毛蚖　15
格氏金光伪蜻　78
根土蝽　465
耕葵粉蚧　385
钩突斑麻结蝽　202
枸杞线角木虱　286
垢猎蝽　434
古无孔网蝽　429
鼓翅皱膝蝗　142
光点红蚧　370
光头山喀木虱　263
光头山邻幽木虱　254
广二星蝽　473
广斧螳　97
广腹同缘蝽　453
广跳蝽　487
广狭蟪　205
龟蜡蚧　311

H

寒地绵粉蚧　381
蒿裸长角蚖　39
浩蝽　476
禾蓟马　212
合欢新羞木虱　277

河北副疾灶螽　110
河北蓟钉毛蚜　298
河北小翅单蟪　179
荷氏小花蝽　401
褐斑异痣螅　75
褐带赤蜻　87
褐顶赤蜻　87
褐梨喀木虱　270
褐片蝽　481
褐奇缘蝽　453
褐软蜡蚧　314
褐依缘蝽　448
褐真蝽　479
黑暗长角蚰　35
黑白纹蓟马　208
黑斑红蚧　371
黑背同蝽　456
黑背尾螅　76
黑翅雏蝗　131
黑翅小花蝽　401
黑唇苣蓿盲蝽　409
黑刺粉虱　244
黑大眼长蚰　441
黑带寡室袖蜡蝉　233
黑点片角叶蝉　228
黑点细蜉　60
黑盾猎蝽　434
黑腹猎蝽　439
黑角鳞长蚰　37
黑角平背䗛　119
黑角微刺盲蝽　413
黑丽翅蜻　85
黑粒角网蝽　429
黑脸油葫芦　107
黑龙江粒粉蚧　376
黑门娇异蝽　493
黑色螅　71
黑色肩花蝽　402

黑食蚜齿爪盲蝽　415
黑始丽盲蝽　423
黑头叉胸花蝽　398
黑头苜蓿盲蝽　408
黑尾凹大叶蝉　224
黑尾叶蝉　227
黑纹伟蜓　70
黑希普飞虱　239
黑狭扇螋　92
黑胸大蠊　95
黑胸散白蚁　100
黑伊土蝽　465
黑圆角蝉　220
黑云杉蚜　300
横带红长蝽　444
横断异盲蝽　422
横纹菜蝽　472
横纹划蝽　394
横纹蓟马　207
红翅皱膝蝗　143
红点平盲蝽　428
红腹牧草蝗　137
红褐斑腿蝗　130
红脊长蝽　445
红胫牧草蝗　138
红蜡蚧　313
红平盲蝽　427
红蜻古北亚种　82
红肾圆盾蚧　326
红天角蜉　62
红缘真猎蝽　439
红足树丽盲蝽　412
红足真蝽　478
红足壮异蝽　492
呼城雏蝗　133
弧突柳喀木虱　258
胡氏细赏蜉　67
花冠纹叶蝉　229

花蓟马　210
花椒绵粉蚧　381
花胫绿纹蝗　142
花肢淡盲蝽　414
花壮异蝽　491
华北雏蝗　132
华北桦木虱　280
华北毛个木虱　293
华盾蚧　346
华海姬蝽　406
华简管蓟马　209
华丽蜉　63
华麦蝽　468
华球蝓　160
华山拱木虱　256
华山松大蚜　300
槐豆木虱　276
槐粒角网蝽　429
槐树长珠蚧　375
环斑猛猎蝽　440
环钩尾春蜓　80
环胫黑缘蝽　454
环纹小肥蝓　155
环足健猎蝽　436
黄柏丽木虱　251
黄斑线角木虱　283
黄边蝶蝽　391
黄翅绿色螽　73
黄带云实木虱　253
黄副铗虮　46
黄花蒿线角木虱　285
黄基赤蜻　88
黄脊壮异蝽　492
黄蓟马　214
黄荆管叶木虱　256
黄胫小车蝗　147
黄脸油葫芦　106
黄绿绵蜡蚧　321

黄片盾蚧　350
黄蜻　85
黄肾圆盾蚧　326
黄树蟋　109
黄腿赤蜻　89
黄纹盗猎蝽　437
黄杨并盾蚧　353
黄杨粕片盾蚧　345
黄杨绒毡蚧　363
黄伊缘蝽　448
黄壮异蝽　490
灰飞虱　241
辉蝽　469
辉球蝓　160
蟋蛄　217
混色原花蝽　399
霍县鳞蛃　43

J

基白球蝓　157
基白双针蟋　125
吉林蜉　62
吉林鳞蛃　43
棘腹夕蚖　21
棘角蛇纹春蜓　81
脊头喀木虱　266
冀地鳖　96
冀羚螽　191
家衣鱼　58
夹竹桃绿绵蚧　323
假仿蚱　151
假眼小绿叶蝉　225
尖头草蜢　123
间蜉　63
交字小斑叶蝉　231
焦丽划蝽　393
角红长蝽　444
角蜡蚧　310

洁粉蚧　378
捷尾蟋　76
金化刺齿蚊　36
金绿宽盾蝽　489
金绿真蝽　477
津球蜡蚧　317
晋角臀大蜓　77
荆条线角木虱　288
净乔球蝽　161
九斑叉分蠖　183
九毛古蚖　25
橘绿粉虱　244
橘臀纹粉蚧　383
橘小粉蚧　383
巨膜长蝽　441
具刺棘蚊　32
锯纹莫小叶蝉　227

K

卡殖肥蝽　155
开环缘蝽　449
康氏粉蚧　384
糠片盾蚧　349
考氏白盾蚧　355
颗缘蝽　453
可爱小河蜉　68
枯叶大刀螳　99
宽碧蝽　477
宽翅曲背蝗　139
宽地长蝽　445
宽盾肚管蓟马　208
宽棘缘蝽　451
宽肩硕螽　115
宽肩直同蝽　457
宽胸皮蝽　482
宽须蚁蝗　141
宽纵带单蝽　176
盔头蝽　194

L

蓝蝽　481
蓝尾狭翅蟋　73
蓝纹尾蟋　76
雷氏草盲蝽　419
棱额草盲蝽　419
离缘蝽　450
梨冠网蝽　431
梨华盾蚧　347
梨黄粉蚜　296
梨夸圆蚧　334
梨笠圆盾蚧　358
梨牡蛎蚧　338
梨绒蚧　366
藜异个木虱　289
李氏大足蝗　140
李氏壮异蝽　491
丽叉分蠖　183
丽肥蝽　154
丽象蜡蝉　235
丽胝突盲蝽　415
蛎形笠盾蚧　357
联纹小叶春蜓　80
镰尾露螽　122
亮翅刀螳　98
亮短足异蝻　102
亮褐异针蟋　127
亮钳猎蝽　436
辽梨喀木虱　266
辽宁皮蝻　102
蓼斑木虱　247
裂突新蓓蝽　198
林栖美士蚊　34
铃木库螽　121
领纹缅春蜓　79
刘氏狭蝽　205
榴绒蚧　364

瘤大球蜡蚧　317
瘤蝽　162
柳齿爪盲蝽　416
柳尖胸沫蝉　218
柳膜肩网蝽　431
柳牡蛎蚧　341
柳绒蚧　365
柳条线角木虱　286
柳雪盾蚧　333
柳长喙大蚜　301
六斑分蠖　185
隆背三刺角蝉　222
隆背蚱　152
隆额网翅蝗　129
芦苇日仁蚧　309
轮纹异痂蝗　143
萝卜蚜　298
落叶松球蚜　295
绿板同蝽　459
绿金光伪蜻　78
绿盲蝽　411
绿圆蚊　28

M

麻皮蝽　471
马奇异春蜓　79
马蹄针豆木虱　275
麦棘蚊　33
脉斑边木虱　250
莽蝽　479
毛顶跳蝽　487
毛萼肯蚖　18
毛邻固蝽　485
毛足棒角蝗　140
锚形暮蝽　194
美丽杆盲蝽　424
美洲棘蓟马　210
蒙古寒蝉　217

蒙古束颈蝗 147	蔷薇白轮蚧 331	绒盾蚧 488
蒙古条斑翅盲蝽 426	翘叶小扁蜡 170	乳锥喀木虱 269
蒙古植盲蝽 422	青藏雏蝗 134	
迷奇刺蛾 30	青革土蝽 464	**S**
米兰白轮蚧 329	青真蝽& 478	赛绿叶蝉 226
棉蝗 130	秋四脉绵蚜 306	赛圆龟蝽 484
妙峰山叉蟌 167	秋掩耳螽 116	三刺根绒蚧 368
明小花蝽 402	曲阜裸长蛾 39	三点苜蓿盲蝽 407
莫氏康蚜 47	曲毛裸长角蛾 38	三管牡蛎蚧 342
墨鳞蛾 44	曲缘红蝽 446	三角围蟌 193
苜蓿盲蝽 408	螳螂 162	三眼裸长角蛾 39
	全蝽 475	桑白盾蚧 356
N		桑斑叶蝉 230
尼三堡瘿绵蚜 302	**R**	桑异脉木虱 257
拟刺白轮蚧 330	日本长白盾蚧 344	森川巴蚓 16
拟褐圆金顶盾蚧 334	日本巢红蚧 372	沙氏龟蝽 396
拟壮异蝽 490	日本大蠊 95	沙枣后个木虱 292
牛角花齿蓟马 212	日本单蜕盾蚧 336	筛豆龟蝽 484
	日本纺织娘 121	山茶片盾蚧 348
P	日本高姬蝽 405	山东雏蝗 135
帕氏原花蝽 400	日本龟蜡蚧 312	山高姬蝽 404
皮氏虱蝽 189	日本金光伪蜻 78	山西黑额蜓 71
平肩棘缘蝽 451	日本军配盲蝽 425	山西品粉蚧 379
平泉豆木虱 274	日本肯蚓 19	山楂喀木虱 265
苹果褐球蚧 324	日本履绵蚧 372	闪蓝丽大蜻 90
苹果喀木虱 267	日本拟负蝽 390	陕平盲蝽 427
苹果绵蚜 303	日本纽绵蚧 325	深褐罗蟌 170
苹栖喀木虱 268	日本球蚧 318	似少刺齿蛾 36
珀蝽 480	日本似织螽 118	饰副划蝽 393
葡萄二星叶蝉 223	日本松干蚧 374	柿白毡蚧 362
普通柳喀木虱 272	日本条螽 116	柿绵粉蚧 383
	日本小盾飞虱 240	柿绒蚧 363
Q	日本蚤蝼 124	嗜卷虱蝽 186
七条尾蟋 76	日本蚱 151	匙同蝽 458
栖北散白蚁 101	日本张球螋 157	树栖沃等蛾 43
岐尾叉蟌 167	日浦仓花蝽 403	竖眉赤蜻 86
槭树绵粉蚧 380	日升古蚓 23	双斑圆臀大蜓 77
	日壮蝎蝽 389	双刺胸猎蝽 438

双环希姬蝽 405
双角戴春蜓 79
双色螯 112
双痣圆龟蝽 482
水木坚蚧 319
硕蝽 489
斯氏后丽盲蝽 412
四川箐盲蝽 417
四点苜蓿盲蝽 409
四节喀木虱 271
四眼符蚖 41
松地长蝽 443
松多波喀木虱 261
松牡蛎蚧 340
松山球尾叉䗛 168
松树皑粉蚧 377
苏铁牡蛎蚧 339
素色异爪蝗 135
粟缘蝽 454
碎斑大仰蝽 397
碎斑平盲蝽 427
隼尾螉 76
索特长角蚖 36

T

塔六点蓟马 213
太行山叉䗛 167
太平洋美土䗛 34
糖衣鱼 57
桃坚蚧 320
桃球蜡蚧 318
桃一点叶蝉 229
体柠鞭蝽 467
天目山巴蛭 17
条斑翅蜻 88
条背卡颖蜡蝉 232
条沙叶蝉 228
条纹鸣蝗 136

同扁蝽 460
透翅疏广蜡蝉 238
透顶单脉色蟌 72
透明圆盾蚧 327
突笠圆盾蚧 359
托球蝽 160
驼背触螽 202

W

歪眼巴蛭 15
弯钩新蓓蝽 197
弯角蝽 475
弯茎拟狭额叶蝉 231
弯拟细裳蜉 67
完峰丽盲蝽 418
网斑边木虱 249
网翅蝗 129
网脉蜻 83
微龟蝽 395
微小花蝽 401
微小蚖 30
伟铗虮 45
卫矛矢尖蚧 361
味潜蝽 392
温室白粉虱 245
文扁蝽 461
纹腹珀蟋 106
纹迹烁划蝽 394
乌苏里鼻象蜡蝉 236
乌苏里短角棒螉 103
乌苏里蝈螽 118
乌苏里跃度蝗 139
污刺胸猎蝽 438
污褐油葫芦 107
无斑草螽 113
无斑壮异蝽 491
无齿稻蝗 138
无色虱蝽 187

梧桐裂木虱 252
梧州蜉 64
五角角分蝽 182
雾灵山斑木虱 248
雾灵山单蝽 177
雾灵山亚蝽 174

X

西伯利亚草盲蝽 420
西伯利亚狭盲蝽 425
西伯利亚原花蝽 400
西花蓟马 211
希氏跳蛃 56
喜虫虱蝽 188
细柄邻外螽 180
细齿同蝽 455
细铗同蝽 455
细角龟蝽 396
狭腹灰蜻 84
狭胸小蚖 31
夏赤蜻 86
仙人掌盾蚧 335
先地红蝽 446
纤细露螽 122
显沟平背螽 120
显著圆龟蝽 483
线痣灰蜻 84
香山喀木虱 273
象鼻单蜕盾蚧 337
萧氏原花蝽 399
小斑蜻 83
小长蝽 445
小翅雏蝗 132
小划蝽 393
小黄赤蜻 87
小姬蝽 163
小棘蚖 32
小欧盲蝽 417

小五台山蚱 152
小裔符蛱 42
小原等蜱 42
小原花蝽 399
小皱蝽 466
晓褐蜻 89
斜斑首蓿盲蝽 409
心斑绿蟌 74
新刺轮蚧 330
新县长突叶蝉 223
朽木梣鞭蝽 466
絮斑喀木虱 262
悬铃木方翅网蝽 429
荨麻奥盲蝽 420

Y

雅氏弯脊盲蝽 413
亚姬缘蝽 447
亚拉亚非蜉 64
亚洲飞蝗 145
亚洲小车蝗 146
烟翅绿色蟌 72
烟粉虱 244
烟蓟马 214
烟盲蝽 420
延安红脊角蝉 221
眼斑厚盲蝽 417
杨柄叶瘿绵蚜 304
杨笠圆盾蚧 356
杨柳网蝽 431
杨牡蛎蚧 343
杨伪卷叶绵蚜 308
杨枝瘿绵蚜 304
杨皱背叶蝉 229
洋葱线角木虱 284
叶足扇蟌 93
一点木叶蝉 228
一色螳蝎蝽 390

疑钩额螽 123
疑古北飞虱 241
异赤猎蝽 435
异杜梨喀木虱 264
异喀木虱 269
异色阿土蝽 463
异色多纹蜻 82
异色灰蜻 84
异色圆瓢蜡蝉 237
异蝼 156
异形边木虱 249
益蝽 479
茵陈蒿棒角木虱 282
银川油葫芦 107
尹氏艾等蜱 40
隐纹大叶蝉 230
樱球蜡蚧 317
优雅蝈螽 117
油松长大蚜 301
疣蝗 148
疣突素猎蝽 435
疣胸沫华蝉 220
榆毛翅盲蝽 412
榆牡蛎蚧 342
榆绒蚧 363
玉带蜻 85
玉米黄呆蓟马 210
玉米蚜 299
原花蝽 400
原瘤蝽 433
圆唇散白蚁 100
圆点阿土蝽 463
圆盾蚧 328
圆颊珠蝽 481
圆肩跷蝽 461
圆球蜡蚧 325
圆臀大黾蝽 395
缘斑毛伪蝽 78

缘殖肥螋 156
月季白轮蚧 332
月纹象蜡蝉 235
悦鸣草螽 114
云斑车蝗 145
云斑豆木虱 274

Z

杂毛合垫盲蝽 421
杂食肾圆盾蚧 327
枣星粉蚧 378
皂荚后丽盲蝽 411
皂荚云实木虱 254
蚱蝉 216
窄眼网蝽 431
樟网盾蚧 354
沼生陷等蜱 42
沼泽蝗 146
直同蝽 457
直线蜉 63
中国扁蜉 65
中国假蜉 65
中国梨喀木虱 261
中国四节蜉 59
中国螳瘤蝽 432
中国原瘤蝽 433
中国原蚖 22
中黑苜蓿盲蝽 410
中黑土猎蝽 434
中华半掩耳螽 118
中华倍叉蜻 165
中华长角圆蚋 28
中华雏蝗 132
中华大刀螳 99
中华大仰蝽 397
中华稻蝗 138
中华寰螽 112
中华疾灶螽 110

中文名索引

中华棘蛃 33
中华剑角蝗 128
中华绿肋蝗 147
中华毛个木虱 293
中华桑螽 120
中华蟋 105
中华细蜉 61
中华尤螽 123
中华圆龟蝽 483

中华真地鳖 96
中脊沫蝉 219
皱胸丽盲蝽 418
珠蝽 480
竹白尾粉蚧 375
竹绒蚧 367
蠋蝽 468
锥头叶蝉 225
紫斑突额盲蝽 424

紫翅果蝽 469
紫金柔裳蜉 66
紫蓝光土蝽 464
紫蓝曼蝽 476
紫牡蛎蚧 337
棕静螳 98
棕榈盾蚧 337
足形华双蜢 173

学 名 索 引

A

Acanthaspis cincticrus　433
Acanthosoma denticauda　455
Acanthosoma forficula　455
Acanthosoma nigrodorsum　456
Acanthosoma spinicolle　456
Aciagrion olympicum　73
Acrida cinerea　128
Adelges (*Adelges*) *laricis*　295
Adelphocoris albonotatus　407
Adelphocoris fasciaticollis　407
Adelphocoris lineolatus　408
Adelphocoris melanocephalus　408
Adelphocoris nigritylus　409
Adelphocoris obliquefasciatus　409
Adelphocoris quadripunctatus　409
Adelphocoris reicheli　410
Adelphocoris suturalis　410
Adelphocoris taeniophorus　410
Adomerus notatus　462
Adomerus rotundus　463
Adomerus variegatus　463
Adrisa magna　463
Aelia fieberi　468
Aeolothrips fasciatus　207
Aeolothrips melaleucus　208
Aeropus licenti　140
Aeschnophlebia longistigma　70
Afronurus abracadabrus　64
Aiolopus tamulus　142

Aleurocanthus spiniferus　244
Allodahlia scabriuscula　156
Allonychiurus foliates　31
Amphiareus obscuriceps　398
Amphigerontia anchorage　194
Amphinemura cestroidea　164
Amphinemura sinisis　165
Anaphothrips obscurus　210
Anax nigrofasciatus　70
Anax parthenope Julius　71
Anechura japonica　157
Angaracris barabensis　142
Angaracris rhodopa　143
Anisogomphus maacki　79
Anisolabis formosae　154
Anisolabis maritime　154
Anomoneura mori　257
Anoplocnemis binotata　450
Anotogaster kuchenbeiseri　77
Anthocoris chibi　399
Anthocoris confusus　399
Anthocoris hsiaoi　399
Anthocoris limbatus　400
Anthocoris pericarti　400
Anthocoris sibiricus　400
Anthocoris ussuriensis　400
Antonina crawii　375
Aonidiella aurantii　326
Aonidiella citrina　326
Aonidiella inornata　327
Aphalara avicularis　246

Aphalara fasciata 246
Aphalara polygoni 247
Aphalara wulingica 248
Aphanostigma jakusuiensis 296
Aphis craccivora 297
Aphrophora intermedia 218
Apolygus gleditsiicola 411
Apolygus lucorum 411
Apolygus spinolae 412
Appasus japonicus 390
Aquarius paludum 395
Aradus (*Aradus*) *betulae* 460
Aradus (*Aradus*) *compar* 460
Aradus (*Aradus*) *hieroglyphicus* 461
Aradus（*Aradus*）*bergrothianus* 460
Arbolygus rubripes 412
Arboridia apicalis 223
Arcyptera coreana 129
Arcyptera fusca fusca 129
Arma custos 468
Asiacornococcus kaki 362
Asiopsocus wulingshanensis 174
Aspidiotus destructor 327
Aspidiotus nerii 328
Atlanticus donglingi 111
Atlanticus sinensis 112
Atlatsjapyx atlas 45
Atractomorpha sinensis 149
Atrocalopteryx atrata 71
Aulacaspis crawii 329
Aulacaspis neospinosa 330
Aulacaspis pseudospinosa 330
Aulacaspis rosae 331
Aulacaspis rosarum 332
Axelsonia yinii 40

B

Bactericera (*Bactericera*) *capillariclvata* 282

Bactericera (*Kimacrnstilai*) *flavipunctata* 283
Bactericera (*Klimaszewskiella*) *allivora* 284
Bactericera (*Klimaszewskiella*) *artemisicola* 285
Bactericera (*Klimaszewskiella*) *gobica* 286
Bactericera (*Klimaszewskiella*) *grammica* 286
Bactericera (*Klimaszewskiella*) *myohyangi* 287
Bactericera (*Klimaszewskiella*) *vitiis* 288
Bactericera bimaculata 282
Baculentulus loxoglenus 15
Baculentulus morikawai 16
Baculentulus tianmushanensis 17
Baetis chinensis 59
Baetis pekingensis 60
Batracomorphus xinxianensis 223
Bemisia tabaci 244
Bicolorana bicolor bicolor 112
Blattella germanica 94
Blepharidopterus ulmicola 412
Bothrogonia ferruginea 224
Brachycarenus tigrinus 447
Bryodemella tuberculatum dilutum 143
Burmagomphus collaris 79

C

Cacopsylla arcuata 258
Cacopsylla babylonica 259
Cacopsylla beijingica 259
Cacopsylla betulaefoliae 260
Cacopsylla chinensis 261
Cacopsylla fulctosalaricis 261
Cacopsylla gossypinmaculosa 262
Cacopsylla guangtoushansalicis 263
Cacopsylla heterobetulaefoliae 264
Cacopsylla idiocrataegi 265
Cacopsylla liaoli 266
Cacopsylla liricapita 266
Cacopsylla mali 267
Cacopsylla malicola 268

Cacopsylla mamillata 269
Cacopsylla peregrina 269
Cacopsylla phaeocarpae 270
Cacopsylla quattuorimegma 271
Cacopsylla vulgaisalicis 272
Cacopsylla xiangshanica 273
Caecilius borealis 175
Caecilius latissimus 176
Caecilius quadraticellus 177
Caecilius wulingshanicus 177
Caenis nigropunctata 60
Caenis sinensis 61
Callicorixa praeusta praeusta 393
Calliptamus abbreviatus 130
Calophya nigra 251
Camarotoscena bianchii 255
Camarotoscena huashan 256
Campanulata lagenarius 192
Campylomma diversicornis 413
Campylotropis jakovlevi 413
Canthophorus niveimarginatus 464
Capsodes gothicus 413
Carbula humerigera 469
Carbula putoni 469
Caristianus ulysses 232
Carpocoris purpureipennis 469
Carpocoris seidenstueckeri 470
Carsidara limbata 252
Castanopsides falkovitshi 413
Catantops pinguis 130
Caunus noctulus 434
Celes akitanus 144
Celtisaspis beijingana 282
Cephalopsocus cassideus 194
Ceratocombus altieallus 466
Ceratocombus sinicus 467
Ceratolachesillus quinquecornus 182
Ceratophysella adexilis 30

Ceroplastes ceriferus 310
Ceroplastes floridensis 311
Ceroplastes japonicus 312
Ceroplastes rubens 313
Challia fletcheri 162
Changeondelphax velitchkovskyi 239
Cheilocapsus nigrescens 414
Chionaspis salicis 333
Chizuella bonneti 112
Chondracris rosea 130
Chorosoma brevicolle 450
Choroterpes (Cryptopenella) anhuiensis 66
Chorthippus aethalinus 131
Chorthippus albonemus 131
Chorthippus brunneus huabeiensis 132
Chorthippus chinensis 132
Chorthippus fallax 132
Chorthippus hammarstroemi 133
Chorthippus huchengensis 133
Chorthippus intermedius 134
Chorthippus qingzangensis 134
Chorthippus shantungensis 135
Chrysomphalus bifasciatus 334
Chrysomphalus dictyospermi 334
Cicadella viridis 224
Cinara piceae 300
Cinara piniarmandicola 300
Cinara pinitabulaeformis 301
Cletus punctiger 450
Cletus rusticus 451
Cletus tenuis 451
Clovia bipunctata 219
Cnizocoris sinensis 432
Coccura suwakoensis 376
Coccus hesperidum 314
Coecobrya tenebricosa 35
Coenagrion ecornutum 73
Colophorina flavivittata 253

Colophorina polysticti　253
Colophorina robinae　254
Coloradoa viridis　298
Colposcenia aliena　249
Compodea mondainii　47
Conocephalus (*Anisoptera*) *exemptus*　113
Conocephalus (*Anisoptera*) *gladiatus*　113
Conocephalus (*Anisoptera*) *longipennis*　114
Conocephalus (*Anisoptera*) *maculatus*　114
Conocephalus (*Anisoptera*) *melaenus*　114
Conocephalus (*Anisoptera*) *percaudatus*　114
Copera annulatai　92
Copera rubripes　92
Coptosoma biguttula　482
Coptosoma chinense　483
Coptosoma notabilis　483
Coptosoma seguyi　484
Coranus lativentris　434
Coreus marginatus orientalis　451
Coreus potanini　452
Coriomeris scabricornis scabricornis　453
Corizus tetraspilus　447
Corythucha ciliate　429
Craspedolepta aberrantis　249
Craspedolepta arcyosticta　249
Craspedolepta lineolata　250
Craspedolepta terminata　250
Creontiades coloripes　414
Criomorphus niger　239
Crisicoccus pini　377
Crocothemis servilia marianna　82
Cryptotympana atrata　216
Ctenolepsima villosa　57
Cubipilis beijingensis　204
Cyamophila nebulosimacula　274
Cyamophila pingquanana　274
Cyamophila viccifoliae　275

Cyamophila willieti　276
Cyclopelta parva　466
Cyllecoris opacicollis　415

D

Dasyhippus barbipes　140
Dasyhippus peipingensis　141
Davidius bicornutus　79
Deielia phaon　82
Delphax alachanicus　240
Dentatissus damnosus　237
Deracantha onos　115
Deracantha transversa　115
Deraeocoris (*Camptobrochis*) *punctulatus*　415
Deraeocoris (*Deraeocoris*) *ater*　415
Deraeocoris (*Deraeocoris*) *salicis*　416
Derephysia (*Derephysia*) *foliacea*　429
Derepteryx fuliginosa　453
Deuteraphorura inermis　32
Dialeurodes citri　244
Dianemobius albobasalis　125
Dianemobius csikii　125
Dianemobius fascipes　126
Dianemobius furumagiensis　126
Diaspidiotus perniciosus　334
Diaspis echinocacti　335
Dicrolachesillus dichodolichnus　183
Dicrolachesillus novemimaculatus　183
Dictyla platyoma　429
Dictyonota dlabolai　429
Dictyonota mitoris　429
Dictyophara koreana　233
Dictyophara nakanonis　234
Didesmococcus koreanus　315
Dolycoris baccarum　470
Drosicha corpulenta　372
Ducetia japonica　116

Dysmicoccus brevipes 378

E

Echinothrips americanus 210
Ectmetopterus micantulus 416
Ectopsocopsis beijingensis 180
Ectopsocopsis tenuimanubrius 180
Ectrychotes andreae 434
Eirenephilus longipennis 135
Elasmostethus humeralis 457
Elasmostethus intertinctus 457
Elasmucha dorsalis 457
Elasmucha ferrugata 458
Elasmucha fieberi 458
Elimaea (*Elimaea*) *fallax* 116
Elthemidea sichuanense 417
Empoasca vitis 225
Enallagma cyathigerum 74
Entomobrya imitabilis 35
Entomobrya pekinensis 36
Eosentomon asahi 23
Eosentomon brevicorpusculum 23
Eosentomon megaglenum 24
Eosentomon novemchaetum 25
Eosentomon orientalis 26
Epacromius coerulipes 144
Epacromius tergestinus extimus 144
Epeorus (*Siniron*) *sinensis* 65
Epeurysa nawaii 240
Ephemera kirinensis 62
Ephemera lineata 63
Ephemera media 63
Ephemera pulcherrima 63
Ephemera wuchowensis 64
Epidaus nebulo 435
Epidaus tuberosus 435
Epipemphigus niisimae 302
Epitheca marginata 78

Epophthalmia elegans 90
Ericerus pela 316
Eriococcus abeliceae 363
Eriococcus costatus 363
Eriococcus kaki 363
Eriococcus lagerostroemiae 364
Eriococcus salicis 365
Eriococcus tokaedae 366
Eriococcus transversus 367
Eriosoma lanigerum 303
Erthesina fullo 471
Euborellia annulipes 155
Euchorthippus unicolor 135
Eulecanium cerasorum 317
Eulecanium ciliatam 317
Eulecanium circumfluum 317
Eulecanium gigantean 317
Eulecanium kunoensis 318
Eulecanium kuwanai 318
Eumodicogryllus chinensis 105
Euphaleropsis guangtoushanica 254
Eupolyphaga sinensis 96
Euricania clara 238
Europiella artemisiae 417
Eurostus validus 489
Eurydema (*Eurydema*) *gebleri* 472
Eurydema dominulus 471
Eurygaster testudinaria 488
Eurystylus coelestialium 417
Eurystylus costalis 418
Eysarcoris guttiger 473
Eysarcoris ventralis 473

F

Filientomon takanawanum 15
Fiorinia japonica 336
Fiorinia proboscidaria 337
Folsomia candida 40

Folsomia decemoculata 41
Folsomia quadrioculata 41
Folsomides parvulus 42
Forficula albida 157
Forficula davidi 158
Forficula macrobasis 159
Forficula mikado 159
Forficula plendida 160
Forficula sinica 160
Forficula tomis scudderi 160
Forficula vicaria 161
Frankliniella intonsa 210
Frankliniella occidentalis 211
Frankliniella tenuicornis 212
Friesea incognita 30

G

Galeatus affinis 430
Galeatus spinifrons 430
Gampsocleis buergeri 116
Gampsocleis gratiosa 117
Gampsocleis sedakovii 117
Gampsocleis ussuriensis 118
Gargara genistae 220
Gastrimargus marmoratus 145
Gastrogomphus abdomomnalis 80
Gastrothrips eurypelta 208
Geocoris (*Geocoris*) *itonis* 441
Geocoris (*Geocoris*) *pallidipennis* 441
Geoica setulosa 304
Gerris (*Gerris*) *nepalensis* 395
Gerris (*Gerris*) *sahlbergi* 396
Gerris (*Macrogerris*) *gracilicornis* 396
Gnezdilovius satsumensis 237
Gomphidia confluens 80
Gonolabis cavaleriei 155
Gonolabis marginalis 156

Gorpis brevilineatus 404
Gorpis japonicus 405
Graphosoma rubrolineatum 473
Gryllotalpa orientalis 108
Gryllotalpa unispina 108

H

Habrophleboides zijinensis 66
Haematoloecha limbata 435
Halosalda lateralis 486
Halyomorpha halys 474
Haplothrips (*Haplothrips*) *aculeatus* 208
Haplothrips (*Haplothrips*) *chinensis* 209
Haplotropis brunneriana 148
Hegesidemus habrus 431
Heliococcus zizyphi 378
Hemiberlesia lataniae 337
Hemielimaea (*Hemielimaea*) *chinensis* 118
Heptagenia chinensis 65
Hesperentomon dunhuaense 20
Hesperentomon pectigastrulum 21
Hesperocorixa mandshurica 393
Heterotrioza chenopodii 289
Heterotrioza kochiicola 290
Hexacentrus japonicus 118
Hierodula patellifera 97
Himacerus (*Himacerus*) *apterus* 405
Himacerus (*Stalia*) *dauricus* 405
Hirozuunka japonica 240
Hishimonus sellatus 225
Homalogonia obtuse 475
Homidia phjongjangica 36
Homidia sauteri 36
Homidia similis 36
Homoeocerus (*Tliponius*) *dilatatus* 453
Hyalessa maculaticollis 216
Hygia (*Colpura*) *lativentris* 454

I

Icerya purchasi　373
Ilyocoris cimicoides cimicoides　392
Irochrotus sibiricus　488
Ischnura asiatica　75
Ischnura elegans　75
Ischnura senegalensis　75
Isopsera nigronatennata　119
Isopsera spinosa　119
Isopsera sulcata　120
Isotomurus palustris　42

J

Jakowleffia setulosa　441
Japananus hyalinus　225
Javesella dubia　241

K

Kenyentulus ciliciocalyci　18
Kenyentulus datonensis　19
Kenyentulus japonicas　19
Kermes miyasakii　370
Kermes nigronotatus　371
Kolla atramentaria　225
Kosemia admirabilis　216
Kuwayamaea brachyptera　120
Kuwayamaea chinensis　120
Kuzicus (*Kuzicus*) *suzukii*　121
Kyboasca sexevidens　226

L

Labia minor　163
Labidocoris pectoralis　436
Labidura riparia　162
Laccotrephes (*Laccotrephes*) *japonensis*　389
Lachesilla monocera　185
Lachesilla pedicularia　185

Lamelligomphus ringens　80
Laodelphax striatellus　241
Ledra auditura　226
Lelia decempunctata　475
Lepidocyrtus (*Lanocyrtus*) *caeruleicornis*　37
Lepidosaphes beckii　337
Lepidosaphes conchiformis　338
Lepidosaphes cycadicola　339
Lepidosaphes pini　340
Lepidosaphes salicina　341
Lepidosaphes tritubulata　342
Lepidosaphes ulmi　342
Lepidosaphes yanagicola　343
Lepismas saccharina　57
Leptophlebia wui　67
Leptoypha capitata　431
Lethocerus deyrolli　391
Libellula angelina　83
Libellula quadrimaculata　83
Limois kikuchi　236
Lindbergicoris hochii　459
Liorhyssus hyalinus　454
Lipaphis erysimi　298
Liposcelis bostrychophila　186
Liposcelis bouilloni　187
Liposcelis brunnea　187
Liposcelis decolor　187
Liposcelis entomophila　188
Liposcelis pallens　189
Liposcelis pearmani　189
Locusta migratoria migratoria　145
Loensia beijingensis　196
Lophoeucaspis japonica　344
Loxoblemmus doenitzi　106
Lycorma delicatula　237
Lyctocoris (*Lyctocoris*) *benefices*　404
Lyctocoris (*Lyctocoris*) *variegatus*　404
Lygaeus equestris　444

Lygaeus hanseni 444
Lygocoris integricarinatus 418
Lygocoris rugosicollis 418
Lygus discrepans 419
Lygus renati 419
Lygus rugulipennis 419
Lygus sibiricus 420

M

Machaerotypus yananensis 221
Macromia beijingensis 90
Macromia manchurica 91
Macroscytus japonensis 464
Mantis religiosa sinica 98
Matrona basilaris 72
Matsucoccus matsumurae 374
Mecopoda niponensis 121
Mecostethus grossus 146
Megacopta cribraria 484
Megacopta distanti 484
Meimuna mongolica 217
Melanoplus frigidus 136
Menida disjecta 475
Menida violacea 476
Mesaphorura hylophila 34
Mesaphorura pacifica 34
Mesopsocus jiensis 191
Mesoptyelus decorates 219
Metasalis populi 431
Metatriozidus bifasciaticeltis 290
Metatriozidus furcellatus 291
Metatriozidus magnisetosus 292
Metatropis longirostris 461
Metepipsocus beijingicus 181
Metrioptera brachyptera 122
Microconema clavata 122
Micronecta quadriseta 393
Microperla retroloba 170

Microporus nigritus 465
Mileewa margheritae 226
Mnais andersoni 72
Mnais mneme 72
Mnais tenuis 73
Mongolotettix vittatus 136
Motschulskyia serratus 227
Myrmeleotettix longipennis 141
Myrmeleotettix palpalis 141

N

Nabis (*Halonabis*) *sinicus* 406
Nabis (*Milu*) *reuteri* 406
Naphiellus irroratus 445
Neallogaster jinensis 77
Neallogaster pekinensis 77
Nemoura geei 165
Nemoura miaofengshanensis 167
Nemoura needhamia 167
Nemoura taihangshana 167
Neoacizzia jamatonica 277
Neoacizzia sasakii 278
Neoblaste ancistroides 197
Neoblaste partibilis 198
Neocondeellum brachytarsum 26
Neogreenia sophorica 375
Neolethaeus dallasi 442
Neopsocopsis hirticornis 199
Neopsocopsis longicaudata 200
Neopsocopsis longiptera 200
Neorhinopsylla beijingana 292
Neozirta eidmanmi 436
Nephotettix cincticeps 227
Nesidiocoris tenuis 420
Neurothemis fulvia 83
Nidularia japonica 372
Nipponaclerda biwakoensis 309
Notonecta chinensis 397

Notonecta montandoni 397

Nysius ericae 445

O

Ochrochira potanini 454
Ochterus marginatus marginatus 391
Odontothrips loti 212
Oecanthus longicauda 109
Oecanthus rufescens 109
Oedaleus decorus asiaticus 146
Oedaleus infernalis 147
Ognevia longipennis 137
Okeanos quelpartensis 476
Omalophora pectoralis 218
Omocestus (*Omocestus*) *haemorrhoidalis* 137
Omocestus (*Omocestus*) *rufipes* 138
Oncocephalus simillimus 436
Oniella honesta 227
Onychiurus (*Paotophorura*) *armatus* 32
Onychiurus (*Paotophorura*) *sibiricus* 33
Onychiurus folsomi 32
Onychiurus sinensis 33
Ophiogomphus spinicornis 81
Opsius stactogalus 228
Orius agilis 401
Orius horvathi 401
Orius minutus 401
Orius nagaii 402
Orius sauteri 402
Orthetrum albistylum 84
Orthetrum lineostigma 84
Orthetrum melania 84
Orthetrum sabina 84
Orthetrum triangulare 85
Orthopagus lunulifer 235
Orthopagus splendens 235
Orthops mutans 420
Orthotylus flavosparsus 421

Oxya adentata 138
Oxya chinensis 138

P

Palomena chapana 477
Palomena viridissima 477
Pantala flavescens 85
Pantaleon beijingensis 221
Pantaleon dorsalis 221
Paracaecilius beijingicus 178
Paracercion calamorum 76
Paracercion hieroglyphicum 76
Paracercion melanotum 76
Paracercion plagiosum 76
Paracercion v-nigrum 76
Paracorixa armata 393
Parajapyx isabellae 46
Paraleptophlebia cincta 67
Parapiesma salsolae 482
Paraplea frontalis 485
Paraplea indistinguenda 485
Parapleurodes chinensis 147
Pararcyptera microptera meridionalis 139
Paratachycines (*Paratachycines*) *hebeiensis* 110
Paratettix uvarovi 150
Parlagena buxi 345
Parlatoreopsis chinensis 346
Parlatoreopsis pyri 347
Parlatoria camelliae 348
Parlatoria pergandii 349
Parlatoria pini 349
Parlatoria proteus 350
Parlatoria theae 351
Parthenolecanium corni 319
Parthenolecanium persicae 320
Parvialacaecilia hebeiensis 179
Pedetontus silvestrii 56
Peirates atromaculatus 437

Peirates fulvescens 437
Peliococcus shanxiensis 379
Pemphigus (*Pemphigus*) *immunis* 304
Pemphigus (*Pemphigus*) *matsumurai* 304
Pentatoma metallifera 477
Pentatoma pulchra 478
Pentatoma rufipes 478
Pentatoma semiannulata 479
Periplaneta fuliginosa 95
Periplaneta japonica 95
Peripsocus beijingensis 192
Peripsocus trigonoispineus 193
Perlodinella fuliginosa 170
Phaneroptera (*Phaneroptera*) *falcate* 122
Phaneroptera (*Phaneroptera*) *gracilis* 122
Phenacoccus aceris 380
Phenacoccus arctophilus 381
Phenacoccus azaleae 381
Phenacoccus fraxinus 382
Phenacoccus pergandei 383
Phlogotettix (*Mavromoustaca*) *Cyclops* 228
Phlyphaga plancyi 96
Phraortes glabrus 102
Phraortes liaoningensis 102
Phymata (*Phymata*) *chinensis* 433
Phymata (*Phymata*) *crassipes* 433
Phytocoris intricatus 421
Phytocoris longipennis 421
Phytocoris mongolicus 422
Picromerus lewisi 479
Pinnaspis aspidistrae 352
Pinnaspis buxi 353
Placosternum taurus 479
Planaeschna shanxiensis 71
Planococcus citri 383
Platycnemis foliacea 93
Platycnemis phyllopoda 93
Platypleura kaempferi 217

Plautia crossota 480
Plebeiogryllus guttiventris guttiventris 106
Plinachtus bicoloripes 455
Podismopsis ussuriensis 139
Podulmorinus (*Podulmorinus*) *Vitticollis* 228
Poecilocoris lewisi 489
Polionemobius taprobanensis 127
Polymerus funestus 422
Polymerus pekinensis 423
Polymerus unifasciatus 423
Potamanthellus amabilis 68
Potamanthellus edmundsi 68
Prociphilus (*Prociphilus*) *gambosae* 305
Proisotoma minuta 42
Prolygus niger 423
Prostemma longicolle 406
Proturentomon chinensis 22
Psammotettix striatus 228
Pseudaonidia duplex 354
Pseudaulacaspis cockerelli 355
Pseudaulacaspis pentagona 356
Pseudococcus calceolariae 384
Pseudococcus citriculus 383
Pseudococcus comstocki 384
Pseudoloxops guttatus 424
Pseudothemis zonata 85
Psocerastis baihuashanensis 201
Psocerastis gibbosa 202
Psylla aurea 279
Psylla curticapita 279
Psylla huabeialnia 280
Psylla mecoura 281
Pteronemobius nitidus 127
Pulvinaria aurantii 321
Pulvinaria citricola 322
Pulvinaria polygonata 323
Pulvinaria psidii 323
Pygolampis bidentata 438

Pygolampis foeda 438

Pyrrhocoris sibiricus 446

Pyrrhocoris sinuaticollis 446

Q

Quadraspidiotus gigas 356

Quadraspidiotus ostreaeformis 357

Quadraspidiotus perniciosus 358

Quadraspidiotus slavonicus 359

R

Raivuna patruelis 235

Ramulus ussurianus 103

Ranatra (*Ranatra*) *unicolor* 390

Recilia coronifera 229

Reduvius fasciatus 439

Reticulitermes (*Frontotermes*) *speratus* 101

Reticulitermes chinensis 100

Reticulitermes labralis 100

Rhabdomiris pulcherrimus 424

Rhinocoris leucospilus 439

Rhizococcus terrestris 369

Rhizococcus trispinatus 368

Rhodococcus sariuoni 324

Rhopalosiphum maidis 299

Rhopalus (*Aeschyntelus*) *latus* 448

Rhopalus (*Aeschyntelus*) *maculales* 448

Rhopalus (*Aeschyntelus*) *sapporensis* 448

Rhynocoris altaicus 439

Rhyothemis fuliginosa 85

Rhyparochromus (*Panaorus*) *albomaculatus* 442

Rhyparochromus (*Panaorus*) *japonicus* 443

Rhyparochromus (*Rhyparochromus*) *pini* 443

Rhytidodus poplara 229

Ricania speculum 238

Ricanula sublimate 238

Riptortus pedestris 449

Rubiconia intermedia 480

Rubiconia peltata 481

Ruspolia dubia 123

Ruspolia lineosa 123

S

Saigona ussuriensis 236

Saldula nobilis 486

Saldula pallipes 487

Saldula palustris 487

Saldula pilosella 487

Sastragala edessoides 459

Schiodtella japonica 465

Sciocoris microphthalmus 481

Scolothrips takahashii 213

Seopsis beijingensis 172

Sigara (*Vermicorixa*) *lateralis* 394

Sigara substriata 394

Sinella coeca 37

Sinella curviseta 38

Sinella qufuensis 39

Sinella straminea 39

Sinella triocula 39

Singapora shinshana 229

Siniamphipsocus pedatus 173

Sinictinogomphus clavatus 82

Sinophora (*Sinophora*) *submacula* 220

Sminthurus viridis 28

Sogatella furcifera 242

Somatochlora dido 78

Somatochlora exuberata 78

Somatochlora graeseri 78

Sphaerolecanium prunastri 325

Sphaeronemoura songshana 168

Sphedanolestes impressicollis 440

Sphingonotus mongolicus 147

Statilia maculate 98

Stenodema sibirica 425

Stenopsocus exterus 205

Stenopsocus liuae   205
Stephanitis nashi   431
Stethoconus japonicus   425
Stictopleurus minutus   449
Stomaphis sinisalicis   301
Sweltsa longistyla   169
Sympetrum croceolum   86
Sympetrum darwinianum   86
Sympetrum depressiusculum   86
Sympetrum eroticum ardens   86
Sympetrum fonscolombii   87
Sympetrum infuscatum   87
Sympetrum kunckeli   87
Sympetrum pedemontanum   87
Sympetrum speciosum   88
Sympetrum striolatum   88
Sympetrum uniforme   88
Sympetrum vulgatum   89
Syringilla viteicia   256

T

Tachycines (*Tachycines*) *chinensis*   110
Tailorilygus apicalis   425
Takahashia japonica   325
Tautoneura mori   230
Teleogryllus (*Brachyteleogryllus*) *emma*   106
Teleogryllus (*Brachyteleogryllus*) *infernalis*   107
Teleogryllus (*Brachyteleogryllus*) *occipitalis*   107
Teleogryllus (*Macroteleogryllus*) *mitratus*   107
Temeritas sinensis   28
Temnostethus reduvinus   402
Tenodera angustipennis   98
Tenodera aridifolia aridifolia   99
Tenodera sinensis   99
Terthron albovittatum   242
Tetraneura (*Tetraneura*) *capitata*   307
Tetraneura (*Tetraneurella*) *akinire*   306
Tetraneura caerulescens   306

Tetraphleps aterrimus   402
Tetrix bolivari   150
Tetrix japonica   151
Tetrix pseudosimulans   151
Tetrix tartara   152
Tetrix xiaowutaishanensis   152
Tettigella thalia   230
Thecabius (*Oothecabius*) *populi*   308
Thermobia domestica   58
Thrips alliorum   213
Thrips flavus   214
Thrips tabaci Lindeman   214
Timomenus inermis   161
Tingis (*Neolasiotropis*) *pilosa*   432
Tituria maculata   231
Tomocerus (*Tomocerus*) *nigrus*   44
Tomocerus huoensis   43
Tomocerus jilinensis   43
Trachotrioza beijingensis   293
Trialeurodes vaporariorum   245
Tricentrus elevotidorsalis   222
Trichadenopsocus aduncatus   202
Trichochermes huabeianus   293
Trichochermes sinicus   293
Trilophidia annulata   148
Trionymus agrestis   385
Triozopsis brevianus   294
Trithemis aurora   89
Tropidothorax elegans   445
Tuponia mongolica   426

U

Unaspis citri   360
Unaspis euonymi   361
Uracanthella punctisetae   62
Urochela (*Chlorochela*) *caudate*   490
Urochela (*Chlorochela*) *flavoannulata*   490
Urochela (*Chlorochela*) *licenti*   491

Urochela (*Chlorochela*) *luteovaria*　491
Urochela (*Chlorochela*) *pollescens*　491
Urochela (*Urochela*) *falloui*　492
Urochela (*Urochela*) *quadrinotata*　492
Urochela (*Urochela*) *tunglingensis*　492
Urostylis lateralis　493
Urostylis westwoodii　493
Uvarovina chinensis　123

V

Vartalapa curvata　231
Vekunta nigrolineata　233
Vertagopus arborata　43

X

Xenocatantops brachycerus　140

Xiphidiopsis clavata　124
Xya japonica　124
Xylocoris cursitans　403
Xylocoris hiurai　403

Y

Yemma signata　461

Z

Zanchius mosaicus　427
Zanchius rubidus　427
Zanchius shaanxiensis　427
Zanchius tarasovi　428
Zicrona caerulea　481
Zygina (*Zygina*) *yamashiroensis*　231

图　　版

图版 I

1. 林栖美土虮 *Mesaphorura hylophila*；2. 太平洋美土虮 *Mesaphorura pacifica*；3. 黑暗长角虮 *Coecobrya tenebricosa*；4. 白符等虮 *Folsomia candida*；5. 树栖沃等虮 *Vertagopus arborata*；6. 糖衣鱼 *Lepismas saccharina*；7. 黑纹伟蜓 *Anax nigrofasciatus*；8. 碧伟蜓东亚亚种 *Anax parthenope julius*；9. 山西黑额蜓 *Planaeschna shanxiensis*；10. 黑色蟌 *Atrocalopteryx atrata*；11. 透顶单脉色蟌 *Matrona basilaris*；12. 安氏绿色蟌 *Mnais andersoni*（1、2 引自 Bu and Gao，2017）

图版 II

1. 烟翅绿色蟌 *Mnais mneme*；2. 黄翅绿色蟌 *Mnais tenuis*；3. 心斑绿蟌 *Enallagma cyathigerum*；4. 东亚异痣蟌 *Ischnura asiatica*；5. 长叶异痣蟌 *Ischnura elegans*；6. 蓝纹尾蟌 *Paracercion calamorum*；7. 隼尾蟌 *Paracercion hieroglyphicum*；8. 黑背尾蟌 *Paracercion melanotum*；9. 七条尾蟌 *Paracercion plagiosum*；10. 双斑圆臀大蜓 *Anotogaster kuchenbeiseri*；11. 缘斑毛伪蜻 *Epitheca marginata*；12. 绿金光伪蜻 *Somatochlora dido*；13. 日本金光伪蜻 *Somatochlora exuberata*；14. 格氏金光伪蜻 *Somatochlora graeseri*（4、7、13 引自 http://www.odonata.jp；6～8 引自 https://www.kbr.go.kr/）

图版 Ⅲ

1. 马奇异春蜓 *Anisogomphus maacki*；2. 联纹小叶春蜓 *Gomphidia confluens*；3. 环钩尾春蜓 *Lamelligomphus ringens*；4. 大团扇春蜓 *Sinictinogomphus clavatus*；5. 红蜻古北亚种 *Crocothemis servilia marianna*；6. 异色多纹蜻 *Deielia phaon*；7. 小斑蜻 *Libellula quadrimaculata*；8. 网脉蜻 *Neurothemis fulvia*；9. 白尾灰蜻 *Orthetrum albistylum*；10. 线痣灰蜻 *Orthetrum lineostigma*；11. 异色灰蜻 *Orthetrum melania*；12. 狭腹灰蜻 *Orthetrum sabina*（4 引自 http://www.odonata.jp/）

图版 IV

1. 鼎脉灰蜻 *Orthetrum triangulare*；2. 黄蜻 *Pantala flavescens*；3. 玉带蜻 *Pseudothemis zonata*；4. 黑丽翅蜻 *Rhyothemis fuliginosa*；5. 半黄赤蜻 *Sympetrum croceolum*；6. 扁腹赤蜻 *Sympetrum depressiusculum*；7. 竖眉赤蜻 *Sympetrum eroticum ardens*；8. 方氏赤蜻 *Sympetrum fonscolombii*；9. 褐顶赤蜻 *Sympetrum infuscatum*；10. 小黄赤蜻 *Sympetrum kunckeli*

图版 V

1. 褐带赤蜻 *Sympetrum pedemontanum*；2. 黄基赤蜻 *Sympetrum speciosum*；3. 条斑翅蜻 *Sympetrum striolatum*；4. 大黄赤蜻 *Sympetrum uniforme*；5. 晓褐蜻 *Trithemis aurora*；6. 闪蓝丽大蜻 *Epophthalmia elegans*；7. 黑狭扇蟌 *Copera rubripes*；8. 白扇蟌 *Platycnemis foliacea*；9. 叶足扇蟌 *Platycnemis phyllopoda*；10. 德国小蠊 *Blattella germanica*（7 引自 https://www.biodic.go.jp/；9 引自 https://species.nibr.go.kr/）

图版 VI

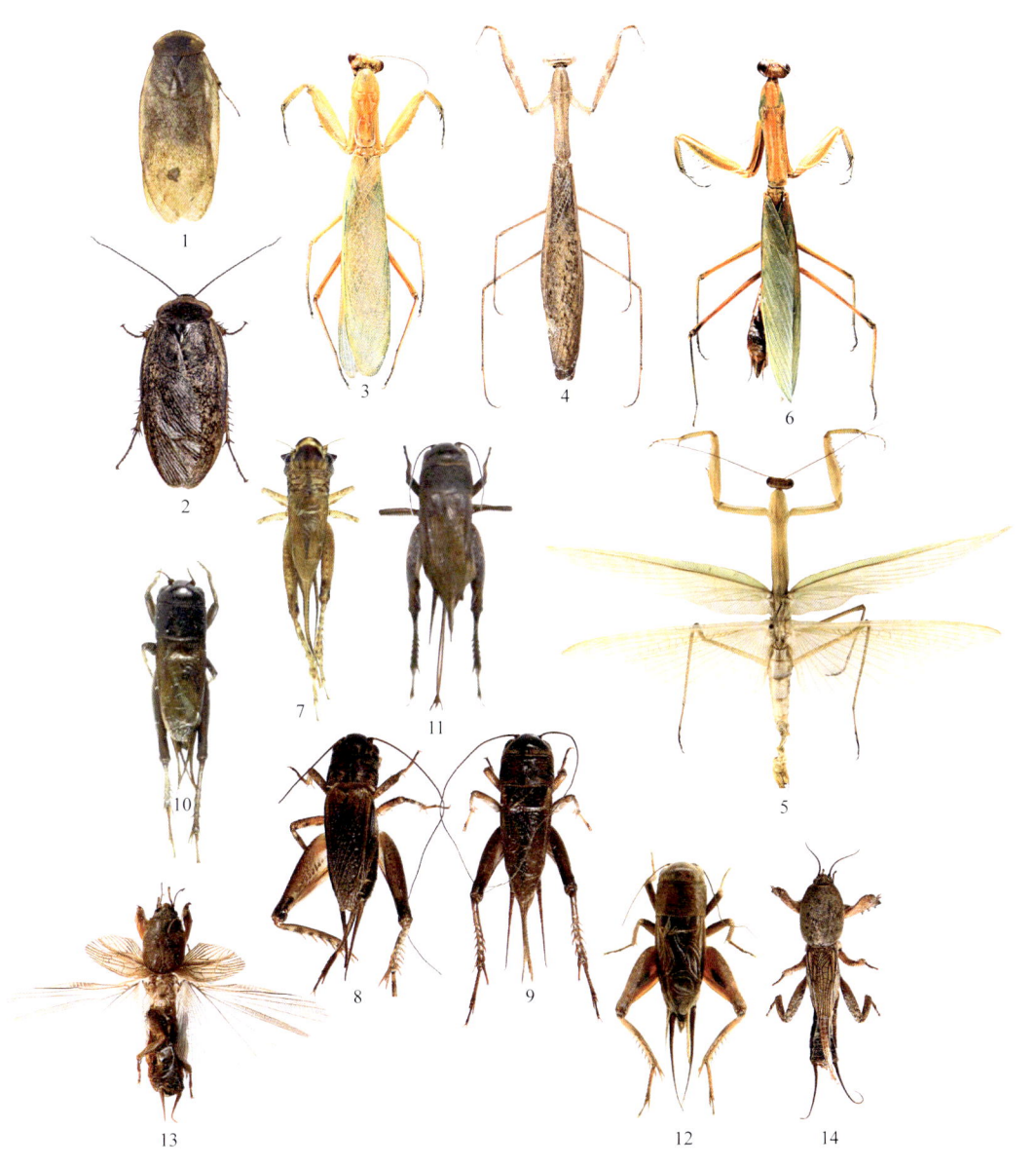

1. 中华真地鳖 *Eupolyphaga sinensis*；2. 冀地鳖 *Phlyphaga plancyi*；3. 广斧螳 *Hierodula patellifera*；4. 棕静螳 *Statilia maculata*；5. 亮翅刀螳 *Tenodera angustipennis*；6. 中华大刀螳 *Tenodera sinensis*；7. 多伊棺头蟋 *Loxoblemmus doenitzi*；8. 纹腹珀蟋 *Plebeiogryllus guttiventris guttiventris*；9. 黄脸油葫芦 *Teleogryllus (Brachyteleogryllus) emma*；10. 银川油葫芦 *Teleogryllus (Brachyteleogryllus) infernalis*；11. 黑脸油葫芦 *Teleogryllus (Brachyteleogryllus) occipitalis*；12. 污褐油葫芦 *Teleogryllus (Macroteleogryllus) mitratus*；13. 东方蝼蛄 *Gryllotalpa orientalis*；14. 单刺蝼蛄 *Gryllotalpa unispina*

图版 Ⅶ

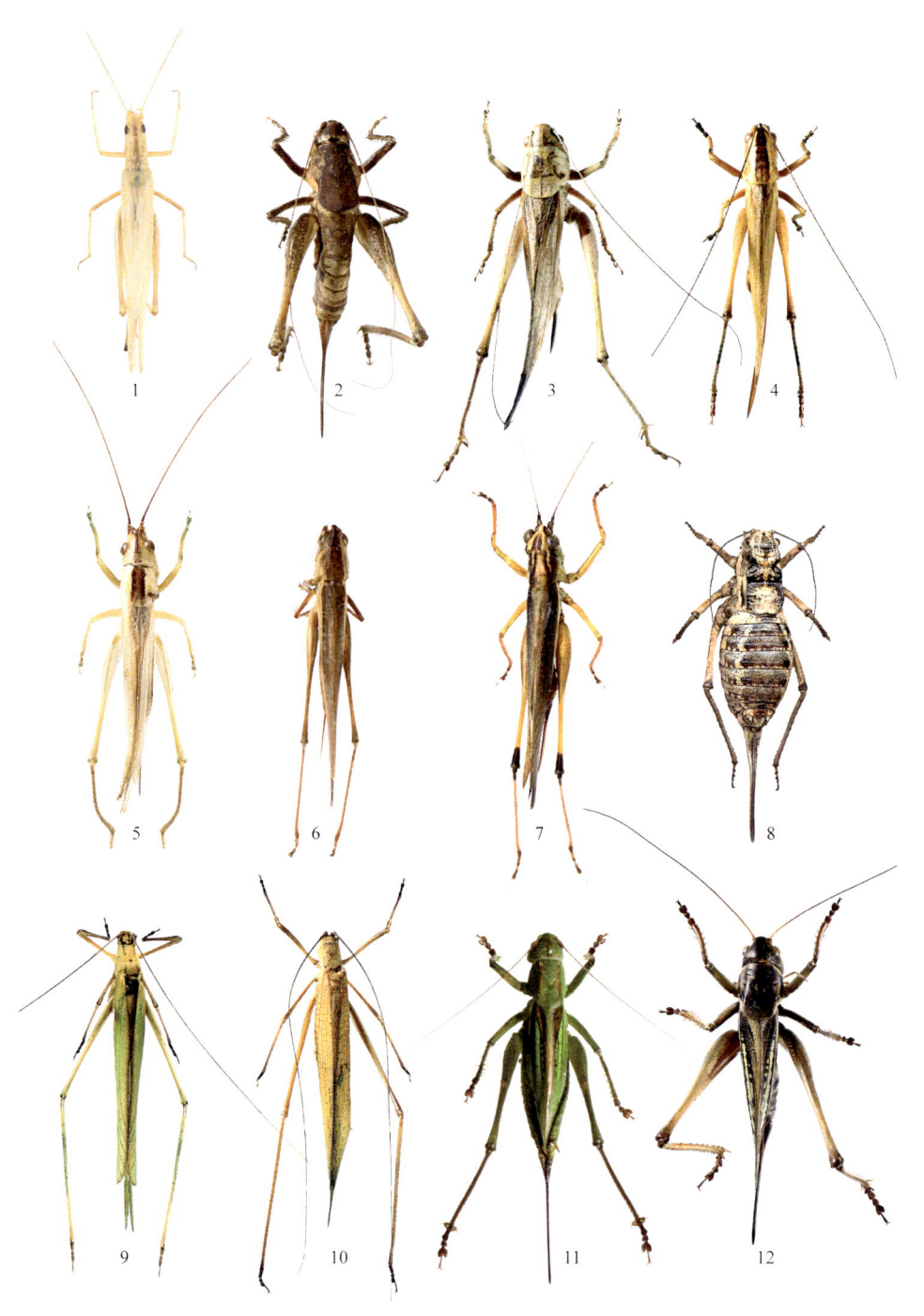

1. 黄树蟋 *Oecanthus rufescens*；2. 中华寰螽 *Atlanticus sinensis*；3. 双色螽 *Bicolorana bicolor bicolor*；4. 长瓣草螽 *Conocephalus (Anisoptera) gladiatus*；5. 长翅草螽 *Conocephalus (Anisoptera) longipennis*；6. 斑翅草螽 *Conocephalus (Anisoptera) maculatus*；7. 悦鸣草螽 *Conocephalus (Anisoptera) melaenus*；8. 笨棘硕螽 *Deracantha onos*；9. 日本条螽 *Ducetia japonica*；10. 秋掩耳螽 *Elimaea (Elimaea) fallax*；11. 伯格螽 *Gampsocleis buergeri*；12. 暗褐蝈螽 *Gampsocleis sedakovii*

图版 Ⅷ

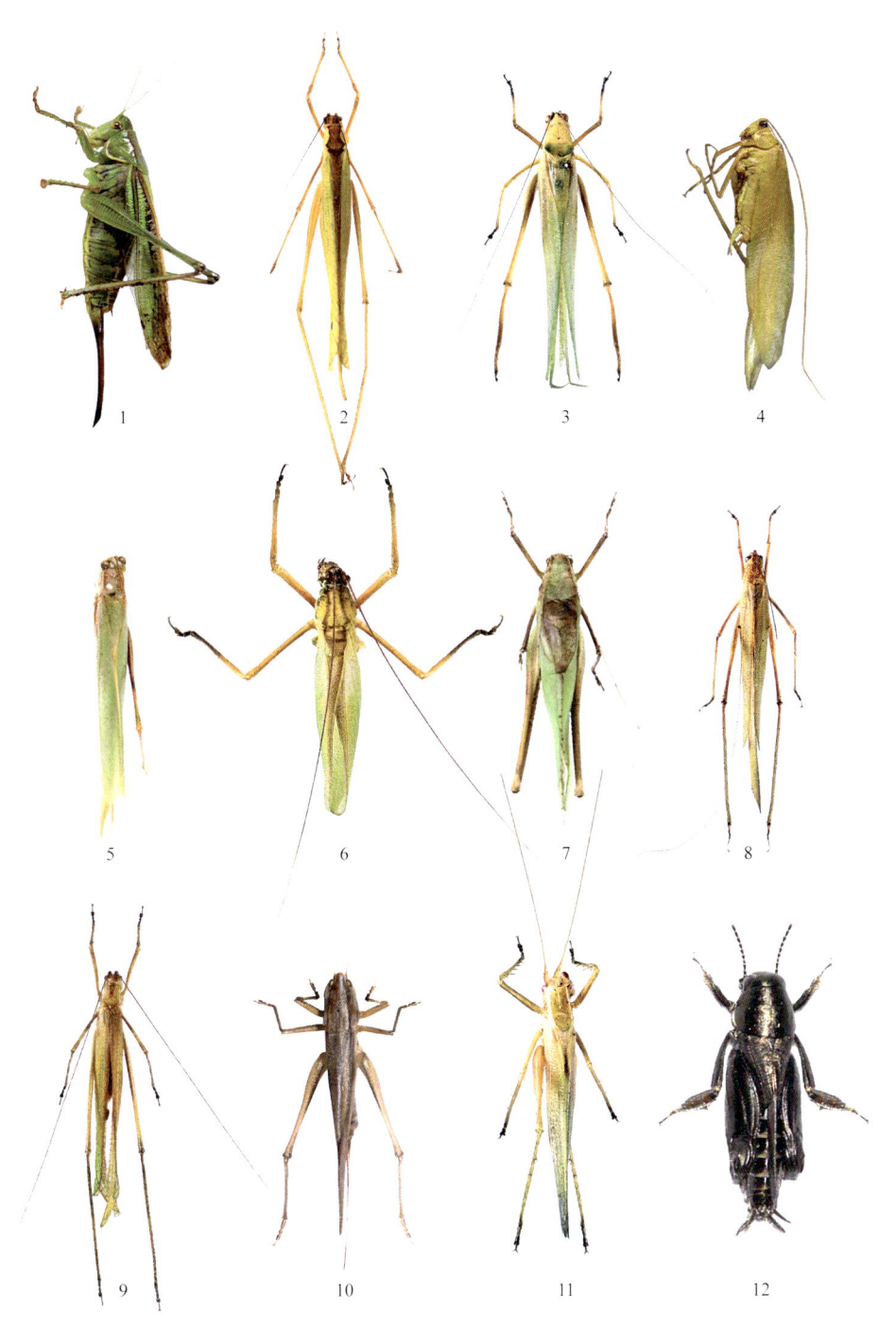

1. 乌苏里蝈螽 *Gampsocleis ussuriensis*；2. 中华半掩耳螽 *Hemielimaea (Hemielimaea) chinensis*；3. 黑角平背螽 *Isopsera nigronatennata*；4. 刺平背螽 *Isopsera spinosa*；5. 显沟平背螽 *Isopsera sulcata*；6. 短翅桑螽 *Kuwayamaea brachyptera*；7. 日本纺织娘 *Mecopoda niponensis*；8. 镰尾露螽 *Phaneroptera (Phaneroptera) falcate*；9. 疑钩额螽 *Ruspolia dubia*；10. 尖头草螽 *Ruspolia lineosa*；11. 棒尾剑螽 *Xiphidiopsis clavata*；12. 日本蚤蝼 *Xya japonica*

图版 IX

1. 斑腿双针蟋 *Dianemobius fascipes*；2. 中华剑角蝗 *Acrida cinerea*；3. 隆额网翅蝗 *Arcyptera coreana*；4. 网翅蝗 *Arcyptera fusca fusca*；5. 短星翅蝗 *Calliptamus abbreviatus*；6. 红褐斑腿蝗 *Catantops pinguis*；7. 棉蝗 *Chondracris rosea*；8. 白纹雏蝗 *Chorthippus albonemus*；9. 华北雏蝗 *Chorthippus brunneus huabeiensis*；10. 中华雏蝗 *Chorthippus chinensis*；11. 小翅雏蝗 *Chorthippus fallax*；12. 北方雏蝗 *Chorthippus hammarstroemi*

（8、9 引自杨定等，2015）

图版 X

1. 东方雏蝗 *Chorthippus intermedius*；2. 青藏雏蝗 *Chorthippus qingzangensis*；3. 长翅燕蝗 *Eirenephilus longipennis*；4. 北极黑蝗 *Melanoplus frigidus*；5. 条纹鸣蝗 *Mongolotettix vittatus*；6. 长翅幽蝗 *Ognevia longipennis*；7. 红腹牧草蝗 *Omocestus (Omocestus) haemorrhoidalis*；8. 红胫牧草蝗 *Omocestus (Omocestus) rufipes*；9. 中华稻蝗 *Oxya chinensis*；10. 宽翅曲背蝗 *Pararcyptera microptera meridionalis*；11. 短角外斑腿蝗 *Xenocatantops brachycerus*；12. 李氏大足蝗 *Aeropus licenti*（3、4 引自张长荣，1991；8 引自 https://naturforskaren.se/）

图版 XI

1. 毛足棒角蝗 *Dasyhippus barbipes*；2. 北京棒角蝗 *Dasyhippus peipingensis*；3. 宽须蚁蝗 *Myrmeleotettix palpalis*；4. 鼓翅皱膝蝗 *Angaracris barabensis*；5. 红翅皱膝蝗 *Angaracris rhodopa*；6. 轮纹异痂蝗 *Bryodemella tuberculatum dilutum*；7. 大垫尖翅蝗 *Epacromius coerulipes*；8. 亚洲飞蝗 *Locusta migratoria migratoria*；9. 沼泽蝗 *Mecostethus grossus*；10. 亚洲小车蝗 *Oedaleus decorus asiaticus*；11. 黄胫小车蝗 *Oedaleus infernalis*；12. 蒙古束颈蝗 *Sphingonotus mongolicus*（2 引自杨定等，2015；6 引自 https://redbookspb.eco-lo.ru/；9 引自张长荣，1991）

图版 XII

1. 疣蝗 *Trilophidia annulata*；2. 笨蝗 *Haplotropis brunneriana*；3. 短额负蝗 *Atractomorpha sinensis*；4. 波氏蚱 *Tetrix bolivari*；5. 日本蚱 *Tetrix japonica*；6. 隆背蚱 *Tetrix tartara*；7. 肥螋 *Anisolabis maritima*；8. 日本张球螋 *Anechura japonica*；9. 齿球螋 *Forficula mikado*；10. 托球螋 *Forficula tomis scudderi*；11. 迭球螋 *Forficula vicaria*；12. 蠼螋 *Labidura riparia*

图版 XIII

1. 小姬螋 *Labia minor*；2. 黑白纹蓟马 *Aeolothrips melaleucus*；3. 稻管蓟马 *Haplothrips* (*Haplothrips*) *aculeatus*；4. 华简管蓟马 *Haplothrips* (*Haplothrips*) *chinensis*；5. 玉米黄呆蓟马 *Anaphothrips obscurus*；6. 美洲棘蓟马 *Echinothrips americanus*；7. 塔六点蓟马 *Scolothrips takahashii*；8. 葱韭蓟马 *Thrips alliorum*；9. 黄蓟马 *Thrips flavus*；10. 烟蓟马 *Thrips tabaci*；11. 蚱蝉 *Cryptotympana atrata*（3 引自 www.gbif.org；6～8，10 引自王朝红，2020；9 引自 keys.lucidcentral.org）

图版 XIV

1. 斑透翅蝉 *Hyalessa maculaticollis*；2. 东北山蝉 *Kosemia admirabilis*；3. 蒙古寒蝉 *Meimuna mongolica*；4. 蟪蛄 *Platypleura kaempferi*；5. 柳尖胸沫蝉 *Omalophora pectoralis*；6. 二点铲头沫蝉 *Clovia bipunctata*；7. 中脊沫蝉 *Mesoptyelus decoratus*；8. 疣胸沫华蝉 *Sinophora (Sinophora) submacula*；9. 黑圆角蝉 *Gargara genistae*；10. 北京锯角蝉 *Pantaleon beijingensis*；11. 新县长突叶蝉 *Batracomorphus xinxianensis*；12. 黑尾凹大叶蝉 *Bothrogonia ferruginea*（12 引自陈祥盛等，2014）

图版 XV

1. 大青叶蝉 *Cicadella viridis*；2. 凹缘菱纹叶蝉 *Hishimonus sellatus*；3. 锥头叶蝉 *Japananus hyalinus*；4. 白边大叶蝉 *Kolla atramentaria*；5. 窗冠耳叶蝉 *Ledra auditura*；6. 窗翅叶蝉 *Mileewa margheritae*；7. 锯纹莫小叶蝉 *Motschulskyia serratus*；8. 黑尾叶蝉 *Nephotettix cincticeps*；9. 白头小板叶蝉 *Oniella honesta*；10. 柽柳叶蝉 *Opsius stactogalus*；11. 桃一点叶蝉 *Singapora shinshana*；12. 隐纹大叶蝉 *Tettigella thalia*（4 引自 Wilson et al., 2009；6 引自陈祥盛等, 2012）

图版 XVI

1. 斑翅角胸叶蝉 *Tituria maculata*；2. 弯茎拟狭额叶蝉 *Vartalapa curvata*；3. 交字小斑叶蝉 *Zygina* (*Zygina*) *yamashiroensis*；4. 黑带寡室袖蜡蝉 *Vekunta nigrolineata*；5. 月纹象蜡蝉 *Orthopagus lunulifer*；6. 丽象蜡蝉 *Orthopagus splendens*；7. 乌苏里鼻象蜡蝉 *Saigona ussuriensis*；8. 东北丽蜡蝉 *Limois kikuchi*；9. 斑衣蜡蝉 *Lycorma delicatula*；10. 透翅疏广蜡蝉 *Euricania clara*；11. 八点广翅蜡蝉 *Ricania speculum*；12. 白痣广翅蜡蝉 *Ricanula sublimata*（2 引自陈祥盛等，2012；10 引自段文心，2020；11 引自 Gao et al.，2022；12 引自段文心和陈祥盛，2020）

图版 XVII

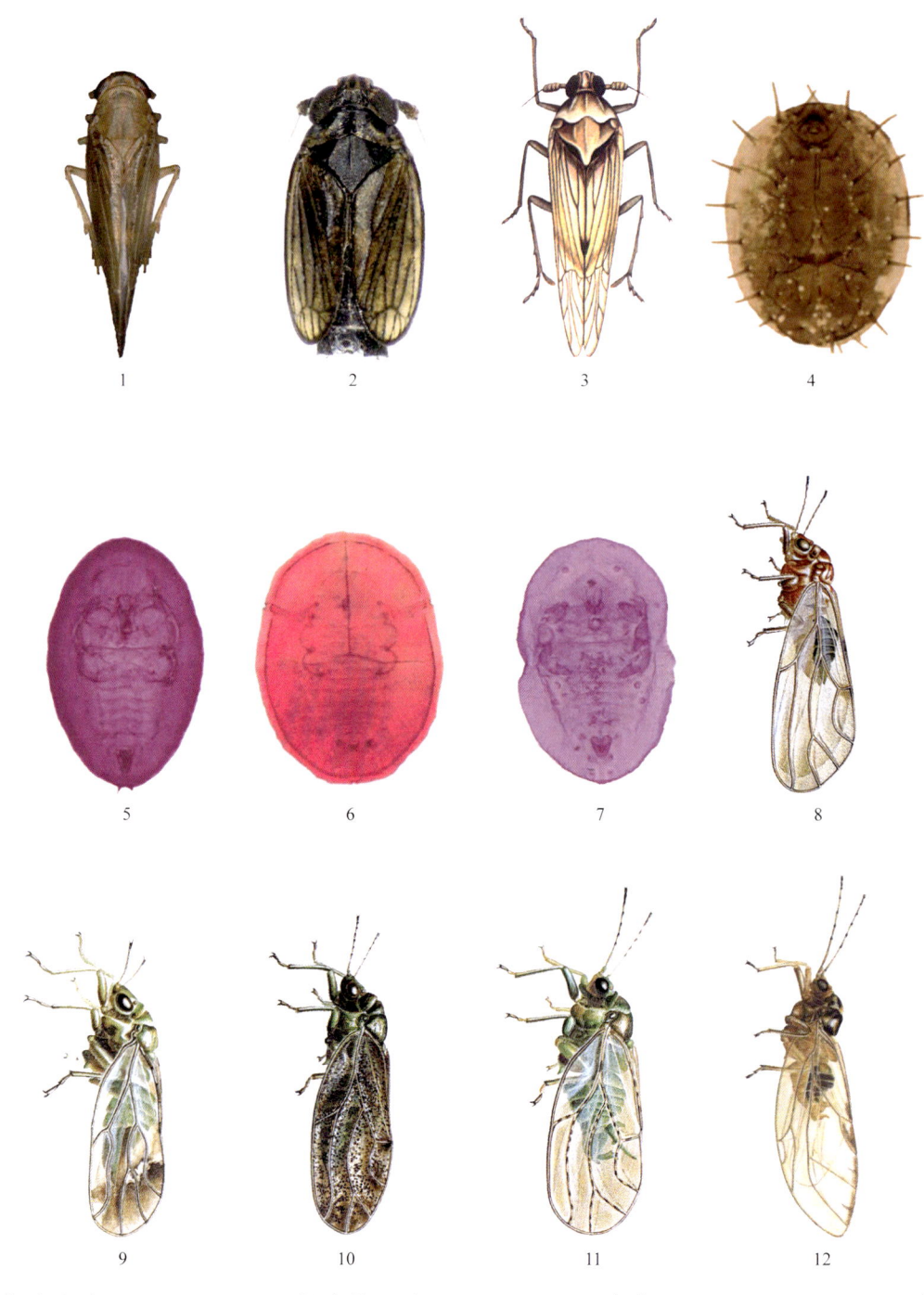

1. 短头飞虱 *Epeurysa nawaii*；2. 疑古北飞虱 *Javesella dubia*；3. 白背飞虱 *Sogatella furcifera*；4. 黑刺粉虱 *Aleurocanthus spiniferus*；5. 烟粉虱 *Bemisia tabaci*；6. 橘绿粉虱 *Dialeurodes citri*；7. 温室白粉虱 *Trialeurodes vaporariorum*；8. 蓼蓄斑木虱 *Aphalara avicularis*；9. 柽柳柽木虱 *Colposcenia aliena*；10. 异形边木虱 *Craspedolepta aberrantis*；11. 脉斑边木虱 *Craspedolepta lineolata*；12. 梧桐裂木虱 *Carsidara limbata*

（3 引自吴福桢和高兆宁，1978；4~7 蛹壳玻片图引自白润娥等，2019；8~12 引自李法圣，2011）

图版 XVIII

1. 黄带云实木虱 *Colophorina flavivittata*；2. 皂荚云实木虱 *Colophorina robinae*；3. 桑异脉木虱 *Anomoneura mori*；4. 垂柳喀木虱 *Cacopsylla babylonica*；5. 中国梨喀木虱 *Cacopsylla chinensis*；6. 辽梨喀木虱 *Cacopsylla liaoli*；7. 槐豆木虱 *Cyamophila willieti*；8. 华北桦木虱 *Psylla huabeialnia*；9. 北京朴盾木虱 *Celtisaspis beijingana*；10. 枸杞线角木虱 *Bactericera (Klimaszewskiella) gobica*；11. 垂柳线角木虱 *Bactericera (Klimaszewskiella) myohyangi*；12. 二带朴后个木虱 *Metatriozidus bifasciaticeltis*（1~12引自李法圣，2011）

图版 XIX

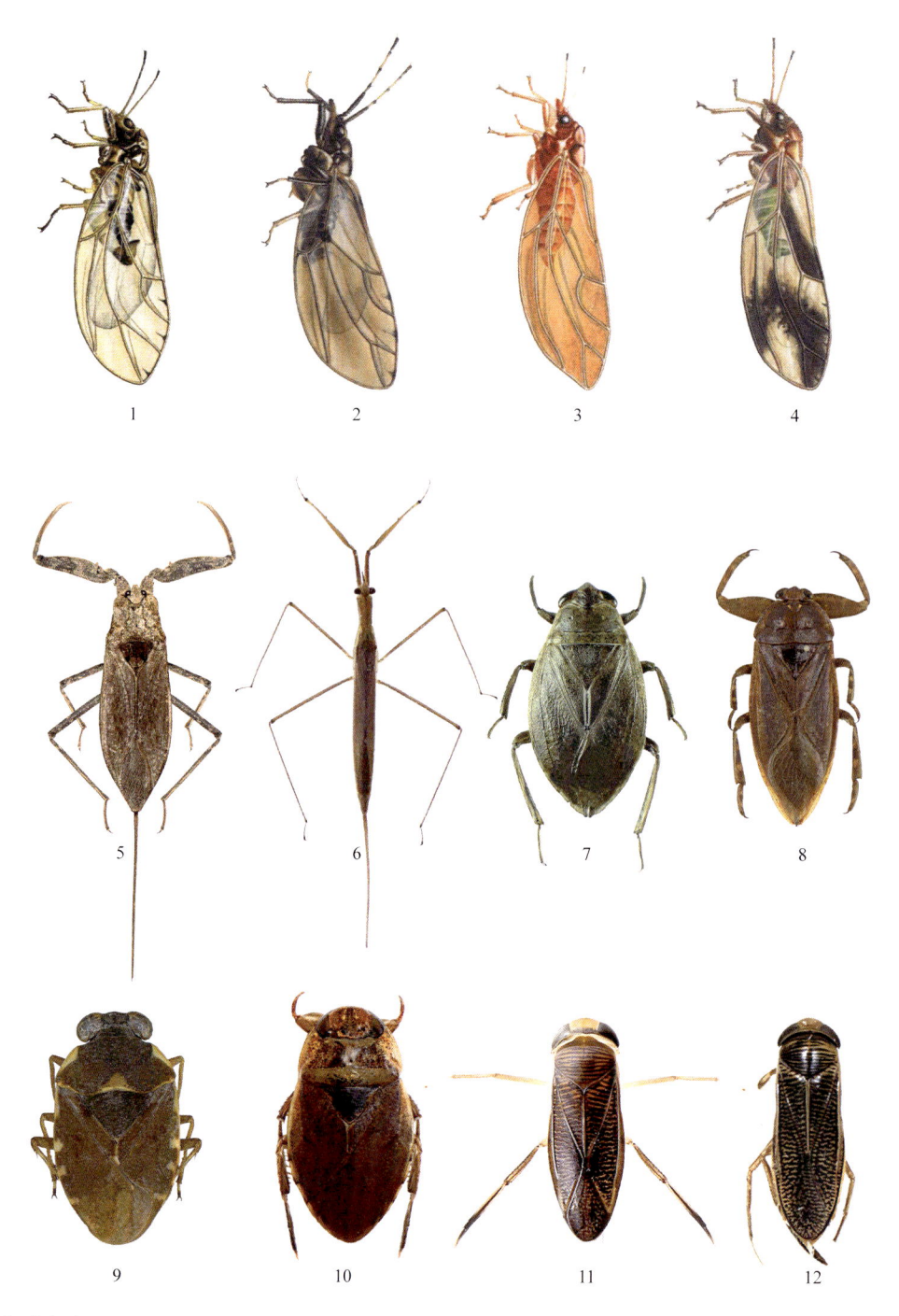

1. 沙枣后个木虱 *Metatriozidus magnisetosus*；2. 北京粗角个木虱 *Trachotrioza beijingensis*；3. 华北毛个木虱 *Trichochermes huabeianus*；4. 中华毛个木虱 *Trichochermes sinicus*；5. 日壮蝎蝽 *Laccotrephes (Laccotrephes) japonensis*；6. 一色螳蝎蝽 *Ranatra (Ranatra) unicolor*；7. 日本拟负蝽 *Appasus japonicus*；8. 大鳖负蝽 *Lethocerus deyrolli*；9. 黄边蚖蝽 *Ochterus marginatus marginatus*；10. 味潜蝽 *Ilyocoris cimicoides cimicoides*；11. 焦丽划蝽 *Callicorixa praeusta praeusta*；12. 扁跗夕划蝽 *Hesperocorixa mandshurica*（1~4 引自李法圣，2011）

图版 XX

1. 饰副划蝽 *Paracorixa armata*；2. 纹迹烁划蝽 *Sigara (Vermicorixa) lateralis*；3. 沙氏黾蝽 *Gerris (Gerris) sahlbergi*；4. 黑头叉胸花蝽 *Amphiareus obscuriceps*；5. 小原花蝽 *Anthocoris chibi*；6. 混色原花蝽 *Anthocoris confusus*；7. 淡边原花蝽 *Anthocoris limbatus*；8. 微小花蝽 *Orius minutus*；9. 东亚小花蝽 *Orius sauteri*；10. 长头截胸花蝽 *Temnostethus reduvinus*；11. 黑色肩花蝽 *Tetraphleps aterrimus*；12. 仓花蝽 *Xylocoris cursitans*

（5、9、11 引自刘国卿和卜文俊，2009）

图版 XXI

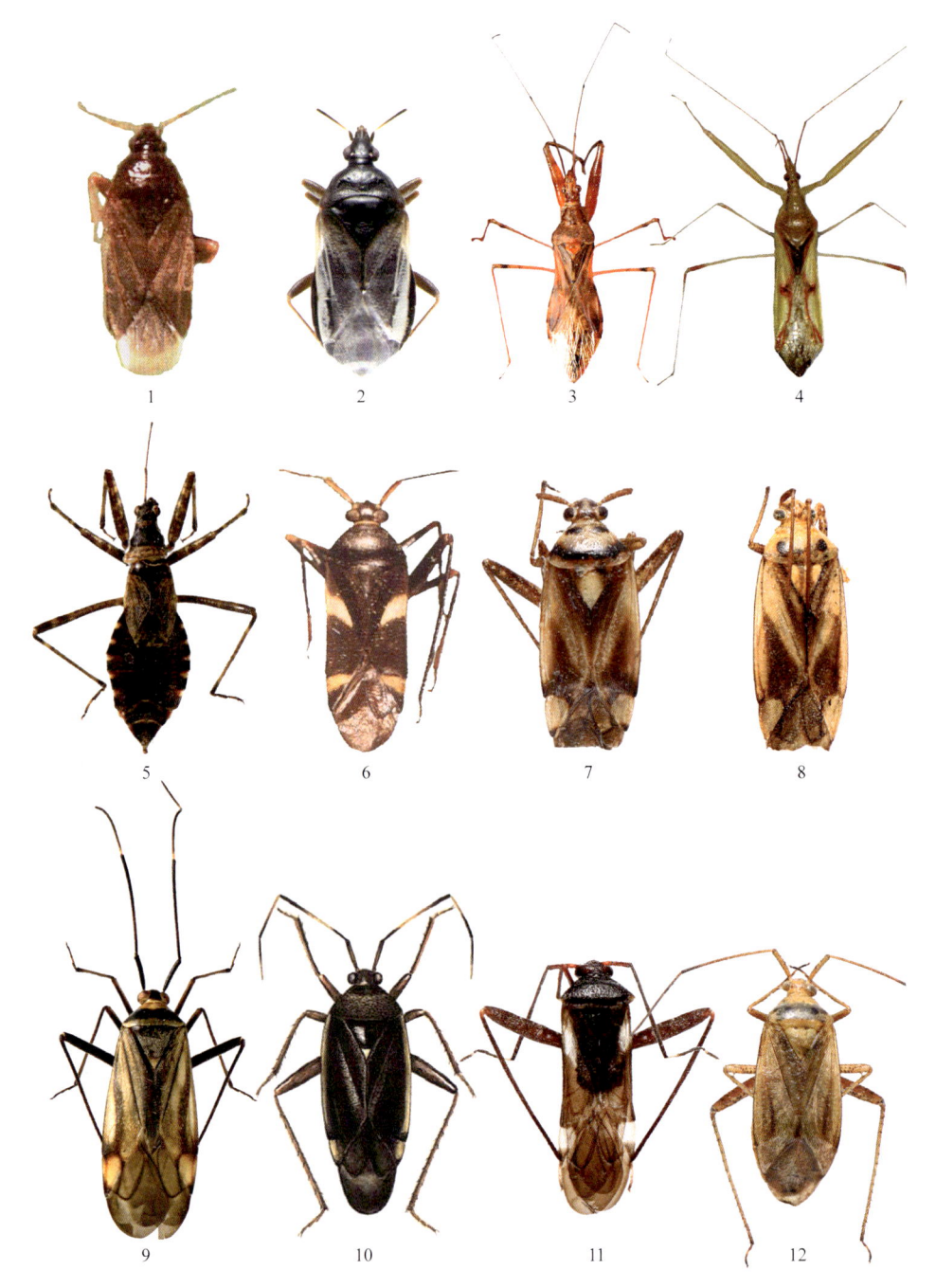

1. 日浦仓花蝽 *Xylocoris hiurai*；2. 东方细角花蝽 *Lyctocoris (Lyctocoris) beneficus*；3. 山高姬蝽 *Gorpis brevilineatus*；4. 日本高姬蝽 *Gorpis japonicus*；5. 泛希姬蝽 *Himacerus (Himacerus) apterus*；6. 白纹苜蓿盲蝽 *Adelphocoris albonotatus*；7. 三点苜蓿盲蝽 *Adelphocoris fasciaticollis*；8. 苜蓿盲蝽 *Adelphocoris lineolatus*；9. 黑头苜蓿盲蝽 *Adelphocoris melanocephalus*；10. 黑唇苜蓿盲蝽 *Adelphocoris nigritylus*；11. 斜斑苜蓿盲蝽 *Adelphocoris obliquefasciatus*；12. 四点苜蓿盲蝽 *Adelphocoris quadripunctatus*（1、6 引自刘国卿和卜文俊，2009；10 引自彩万志等，2017）

图版 XXII

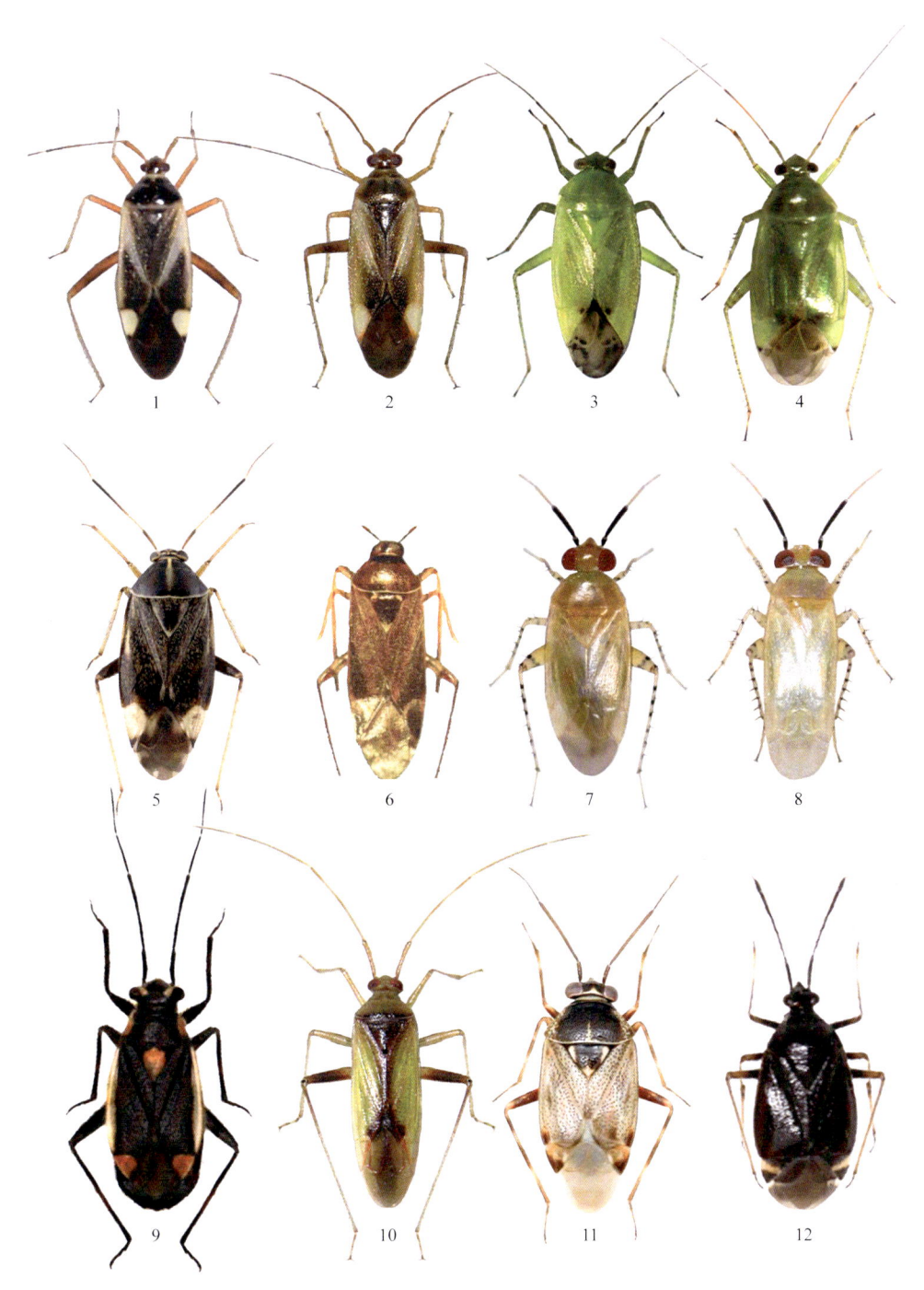

1. 淡须苜蓿盲蝽 *Adelphocoris reicheli*；2. 中黑苜蓿盲蝽 *Adelphocoris suturalis*；3. 绿盲蝽 *Apolygus lucorum*；4. 斯氏后丽盲蝽 *Apolygus spinolae*；5. 法氏树丽盲蝽 *Castanopsides falkovitshi*；6. 红足树丽盲蝽 *Arbolygus rubripes*；7. 榆毛翅盲蝽 *Blepharidopterus ulmicola*；8. 黑角微刺盲蝽 *Campylomma diversicornis*；9. 粗领盲蝽 *Capsodes gothicus*；10. 花肢淡盲蝽 *Creontiades coloripes*；11. 黑食蚜瓢盲蝽 *Deraeocoris* (*Camptobrochis*) *punctulatus*；12. 斑楔齿爪盲蝽 *Deraeocoris* (*Deraeocoris*) *ater*（6 引自刘国卿和卜文俊，2009）

图版 XXIII

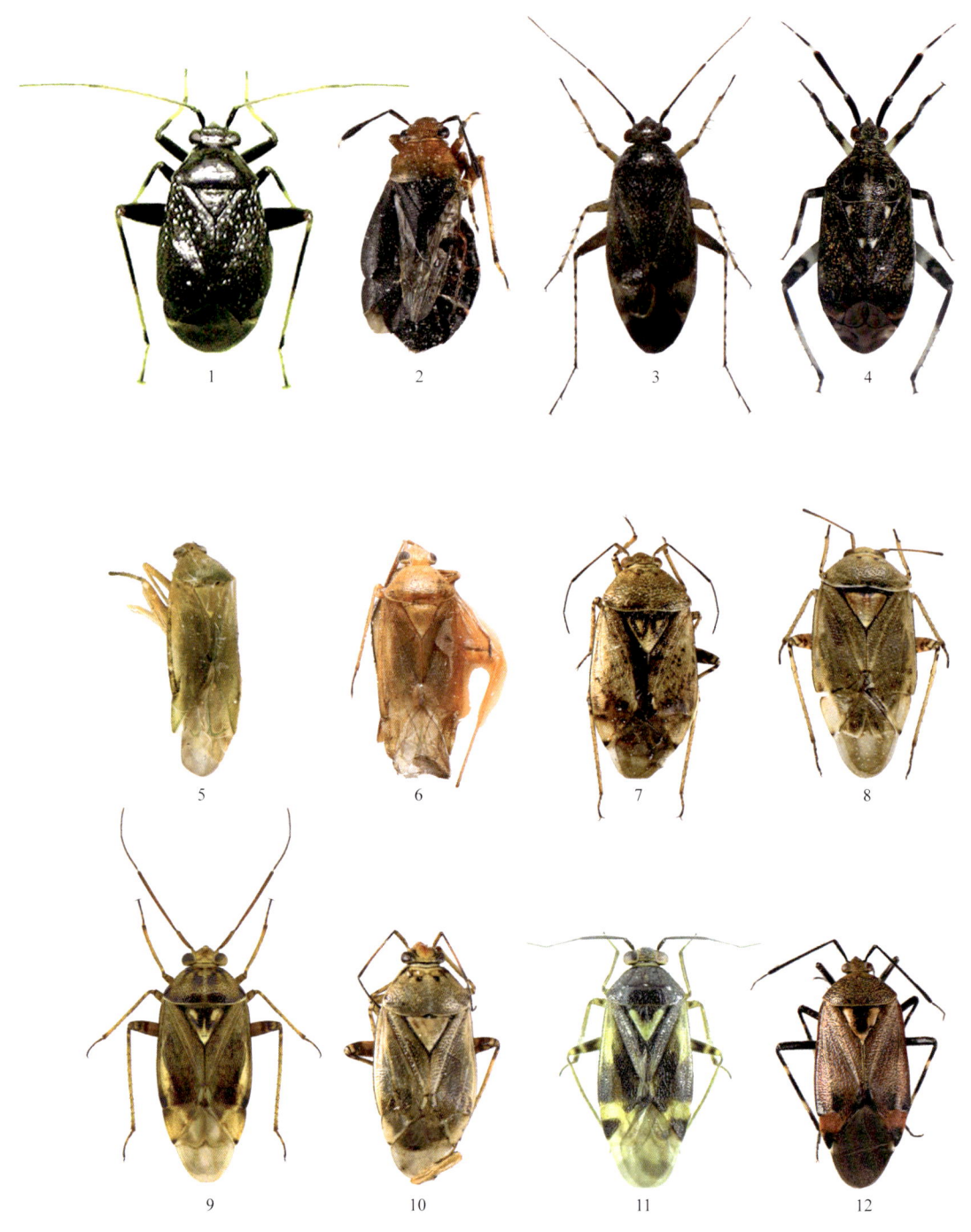

1. 甘薯跃盲蝽 *Ectmetopterus micantulus*; 2. 四川筈盲蝽 *Elthemidea sichuanense*; 3. 小欧盲蝽 *Europiella artemisiae*; 4. 眼斑厚盲蝽 *Eurystylus coelestialium*; 5. 完崤丽盲蝽 *Lygocoris integricarinatus*; 6. 皱胸丽盲蝽 *Lygocoris rugosicollis*; 7. 棱额草盲蝽 *Lygus discrepans*; 8. 雷氏草盲蝽 *Lygus renati*; 9. 长茅草盲蝽 *Lygus rugulipennis*; 10. 西伯利亚草盲蝽 *Lygus sibiricus*; 11. 烟盲蝽 *Nesidiocoris tenuis*; 12. 荨麻奥盲蝽 *Orthops mutans*

图版 XXIV

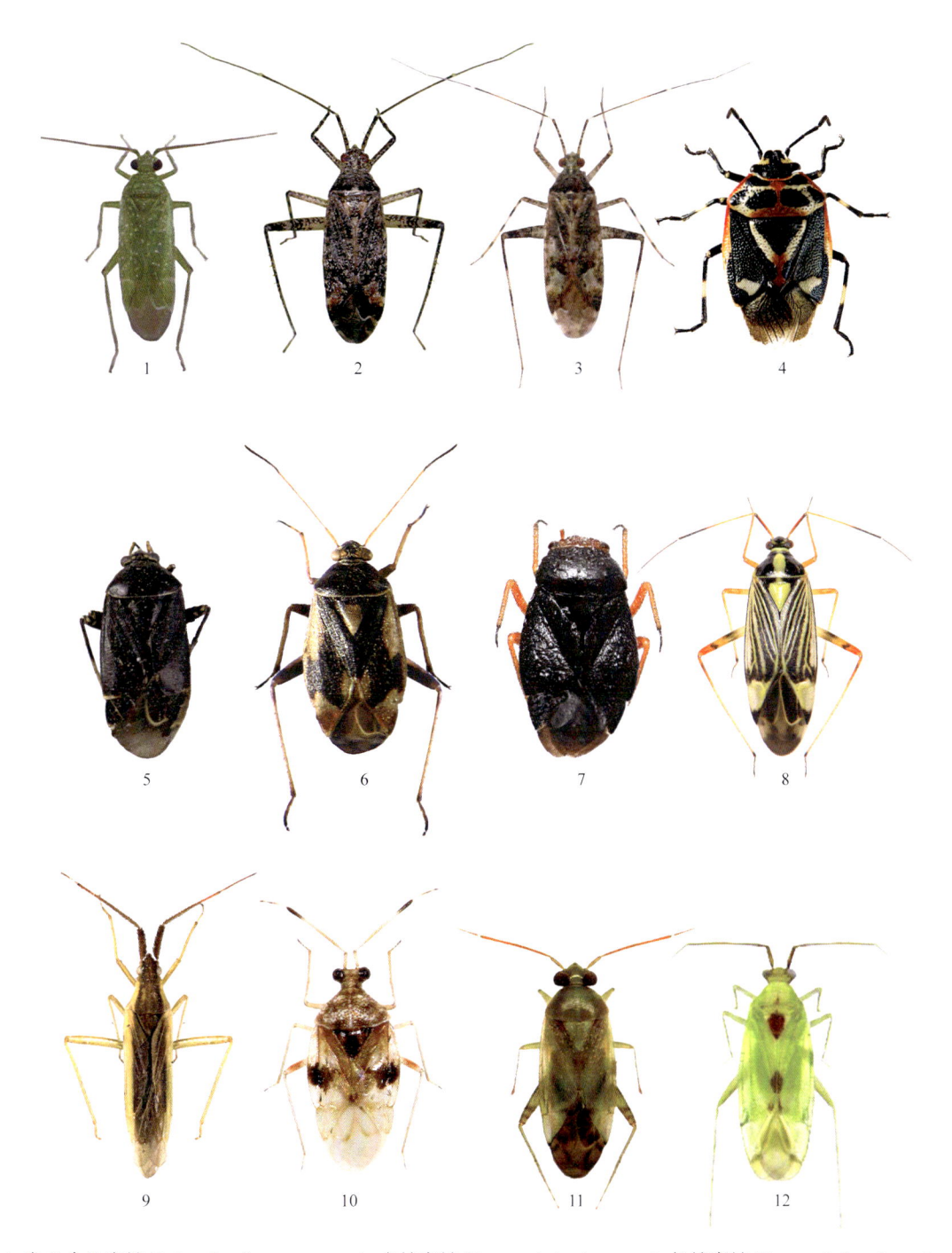

1. 杂毛合垫盲蝽 *Orthotylus flavosparsus*；2. 扁植盲蝽 *Phytocoris intricatus*；3. 长植盲蝽 *Phytocoris longipennis*；4. 横断异盲蝽 *Polymerus funestus*；5. 北京异盲蝽 *Polymerus pekinensis*；6. 斑异盲蝽 *Polymerus unifasciatus*；7. 黑始丽盲蝽 *Prolygus niger*；8. 美丽杆盲蝽 *Rhabdomiris pulcherrimus*；9. 西伯利亚狭盲蝽 *Stenodema sibirica*；10. 日本军配盲蝽 *Stethoconus japonicus*；11. 泛泰盲蝽 *Tailorilygus apicalis*；12. 红点平盲蝽 *Zanchius tarasovi*

图版XXV

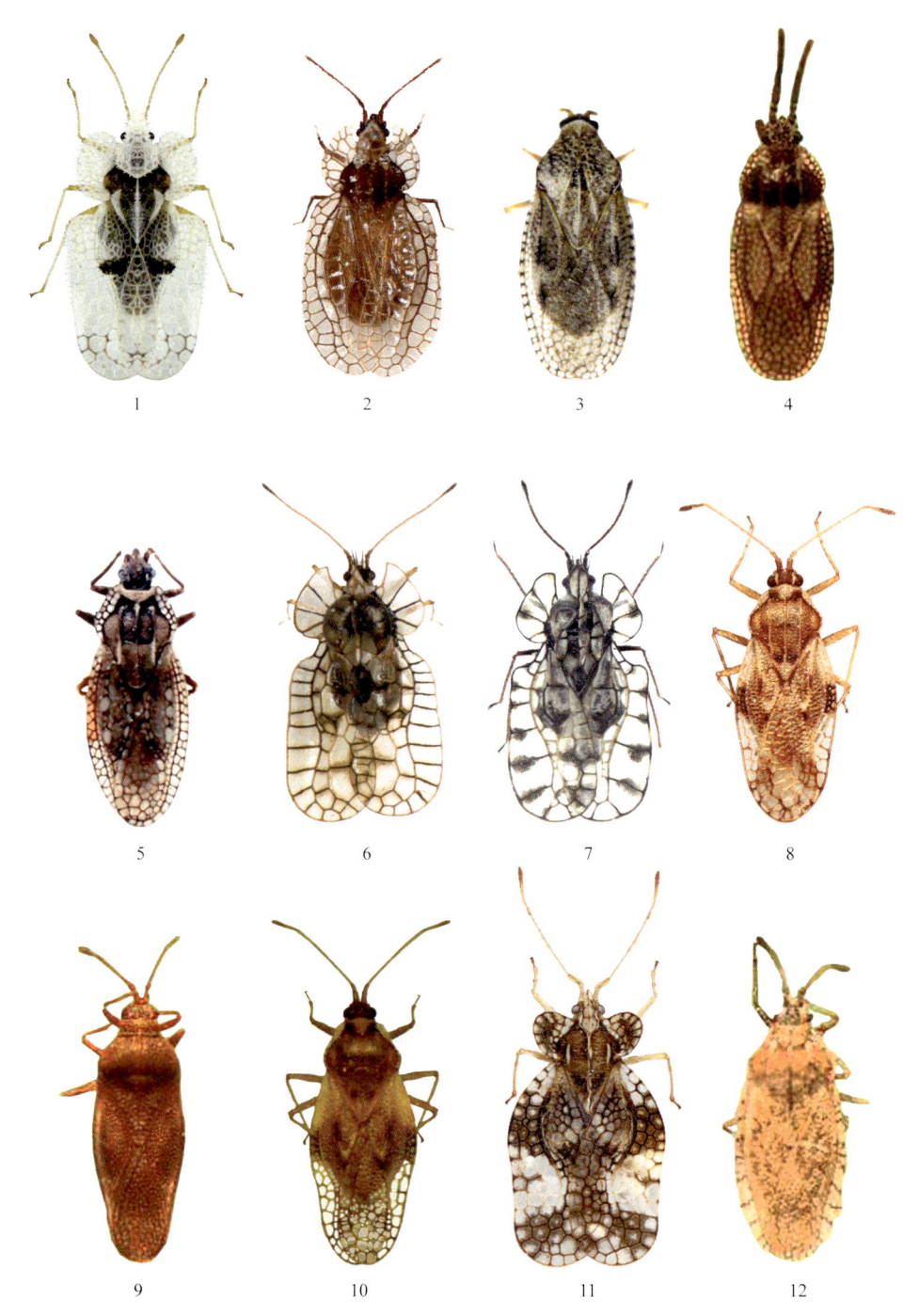

1. 悬铃木方翅网蝽 *Corythucha ciliata*；2. 长喙网蝽 *Derephysia (Derephysia) foliacea*；3. 古无孔网蝽 *Dictyla platyoma*；4. 黑粒角网蝽 *Dictyonota dlabolai*；5. 槐粒角网蝽 *Dictyonota mitoris*；6. 短贝脊网蝽 *Galeatus affinis*；7. 长贝脊网蝽 *Galeatus spinifrons*；8. 柳膜肩网蝽 *Hegesidemus habrus*；9. 窄眼网蝽 *Leptoypha capitata*；10. 杨柳网蝽 *Metasalis populi*；11. 梨冠网蝽 *Stephanitis nashi*；12. 长毛菊网蝽 *Tingis (Neolasiotropis) pilosa*

（4、9、12引自王宁，2008）

图版 XXVI

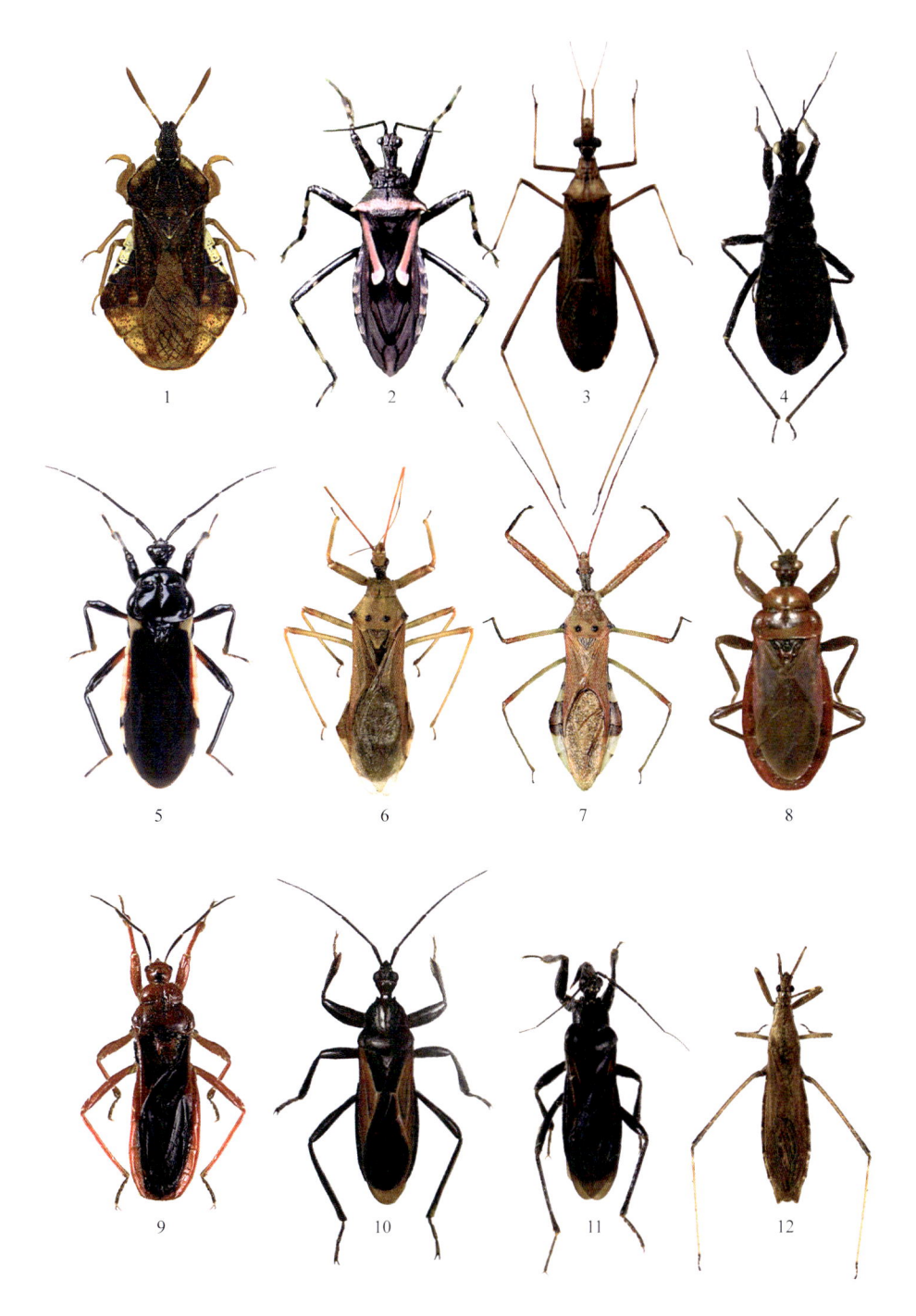

1. 原瘤蝽 *Phymata (Phymata) crassipes*；2. 淡带荆猎蝽 *Acanthaspis cincticrus*；3. 垢猎蝽 *Caunus noctulus*；4. 中黑土猎蝽 *Coranus lativentris*；5. 黑盾猎蝽 *Ectrychotes andreae*；6. 暗素猎蝽 *Epidaus nebulo*；7. 疣突素猎蝽 *Epidaus tuberosus*；8. 异赤猎蝽 *Haematoloecha limbata*；9. 亮钳猎蝽 *Labidocoris pectoralis*；10. 黄纹盗猎蝽 *Peirates atromaculatus*；11. 茶褐盗猎蝽 *Peirates fulvescens*；12. 双刺胸猎蝽 *Pygolampis bidentata*

（10引自彩万志等，2017）

图版 XXVII

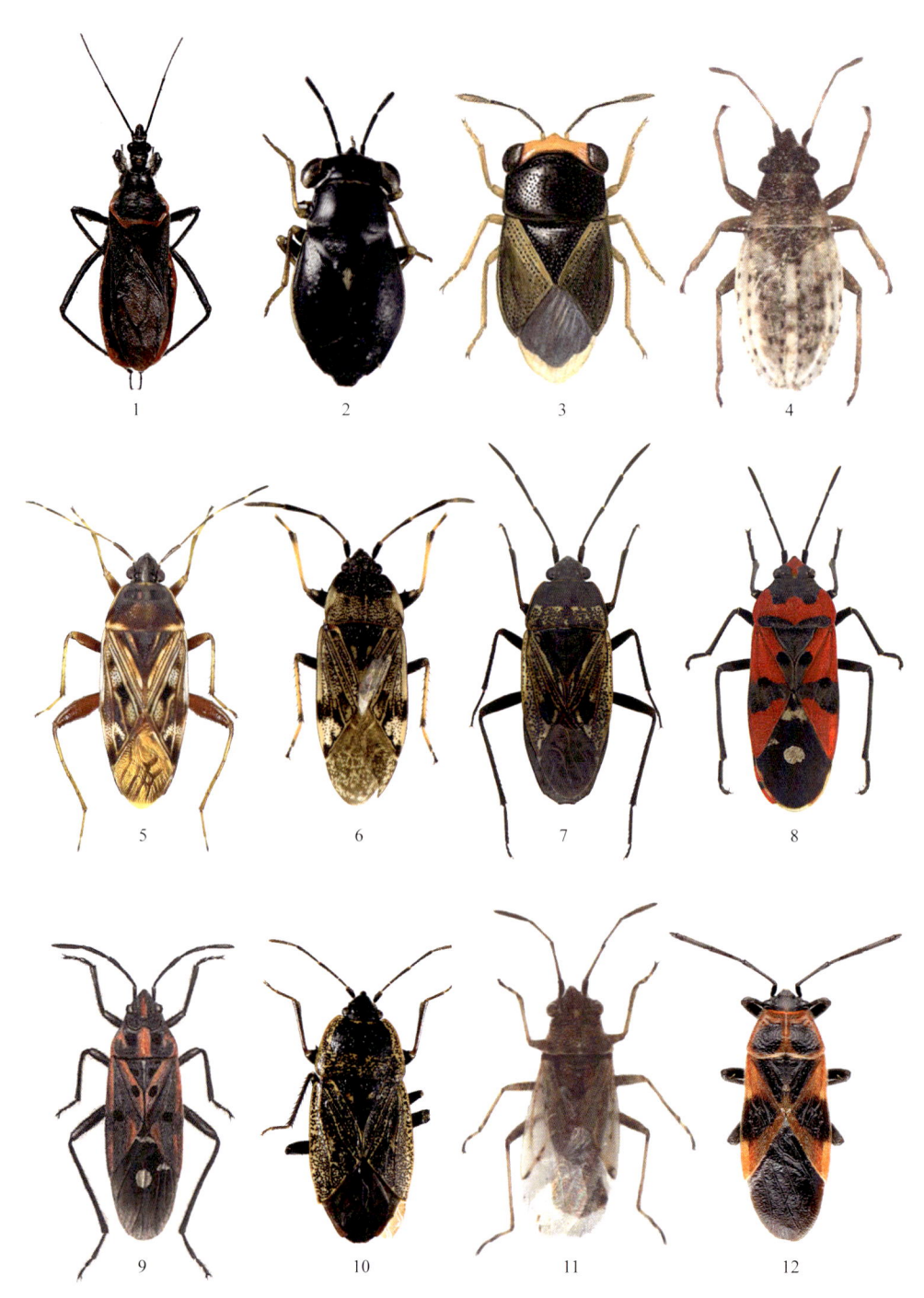

1. 红缘真猎蝽 *Rhinocoris leucospilus*；2. 黑大眼长蝽 *Geocoris (Geocoris) itonis*；3. 大眼长蝽 *Geocoris (Geocoris) pallidipennis*；4. 巨膜长蝽 *Jakowleffia setulosa*；5. 东亚毛肩长蝽 *Neolethaeus dallasi*；6. 白斑地长蝽 *Rhyparochromus (Panaorus) albomaculatus*；7. 松地长蝽 *Rhyparochromus (Rhyparochromus) pini*；8. 横带红长蝽 *Lygaeus equestris*；9. 角红长蝽 *Lygaeus hanseni*；10. 宽地长蝽 *Naphiellus irroratus*；11. 小长蝽 *Nysius ericae*；12. 红脊长蝽 *Tropidothorax elegans*（3、9 引自彩万志等，2017；4、11 引自杨定等，2013）

图版 XXVIII

1. 先地红蝽 *Pyrrhocoris sibiricus*；2. 曲缘红蝽 *Pyrrhocoris sinuaticollis*；3. 短头姬缘蝽 *Brachycarenus tigrinus*；4. 亚姬缘蝽 *Corizus tetraspilus*；5. 点伊缘蝽 *Rhopalus (Aeschyntelus) latus*；6. 黄伊缘蝽 *Rhopalus (Aeschyntelus) maculales*；7. 褐依缘蝽 *Rhopalus (Aeschyntelus) sapporensis*；8. 开环缘蝽 *Stictopleurus minutus*；9. 点蜂缘蝽 *Riptortus pedestris*；10. 斑背安缘蝽 *Anoplocnemis binotata*；11. 离缘蝽 *Chorosoma brevicolle*；12. 宽棘缘蝽 *Cletus rusticus*（5、8 引自彩万志等，2017）

图版 XXIX

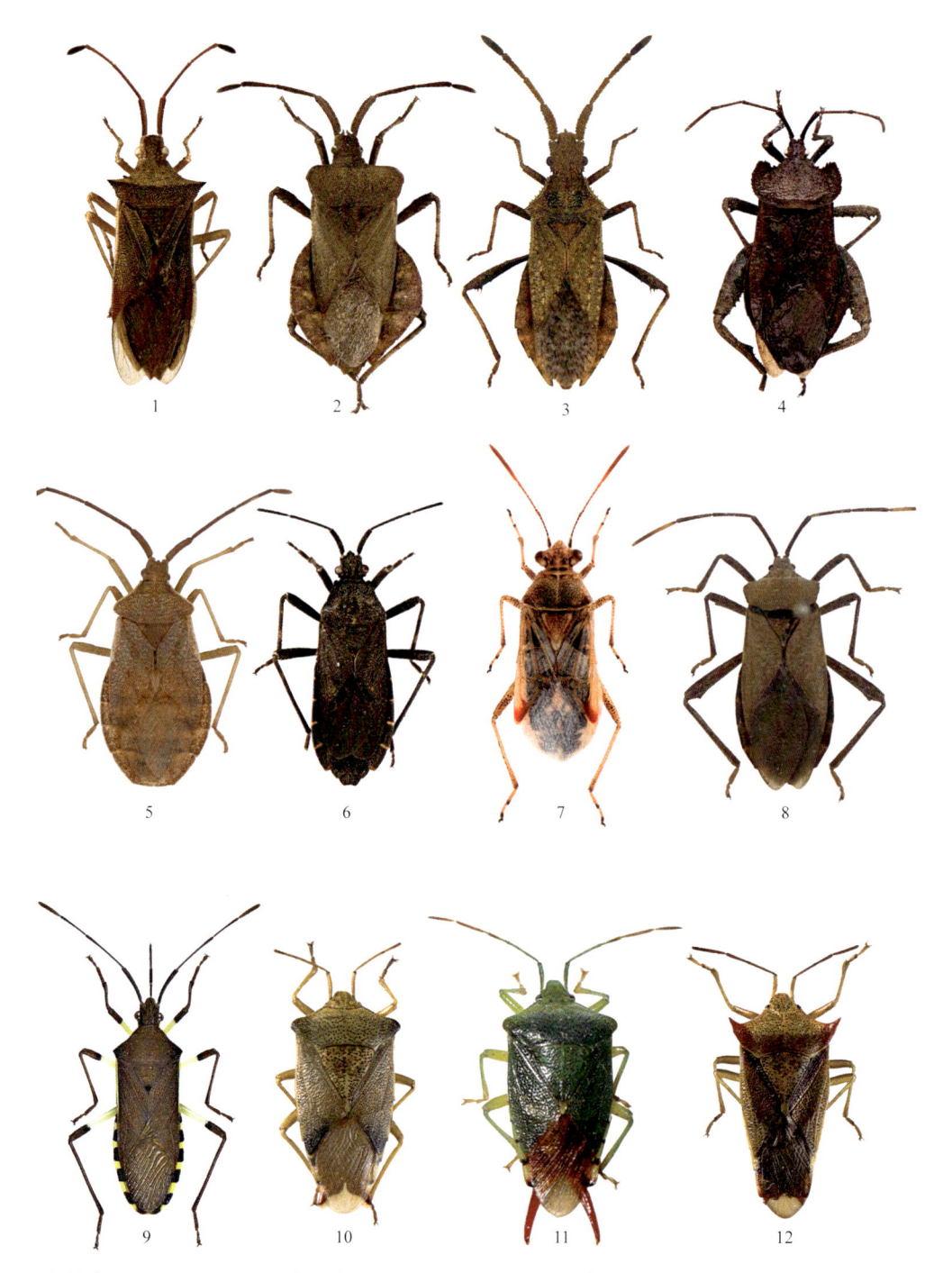

1. 平肩棘缘蝽 *Cletus tenuis*；2. 波原缘蝽 *Coreus potanini*；3. 颗缘蝽 *Coriomeris scabricornis scabricornis*；4. 褐奇缘蝽 *Derepteryx fuliginosa*；5. 广腹同缘蝽 *Homoeocerus (Tliponius) dilatatus*；6. 环胫黑缘蝽 *Hygia (Colpura) lativentris*；7. 粟缘蝽 *Liorhyssus hyalinus*；8. 波赭缘蝽 *Ochrochira potanini*；9. 钝肩普缘蝽 *Plinachtus bicoloripes*；10. 细齿同蝽 *Acanthosoma denticauda*；11. 细铗同蝽 *Acanthosoma forficula*；12. 黑背同蝽 *Acanthosoma nigrodorsum*

图版 XXX

1. 泛刺同蝽 *Acanthosoma spinicolle*；2. 宽肩直同蝽 *Elasmostethus humeralis*；3. 直同蝽 *Elasmostethus interstinctus*；4. 背匙同蝽 *Elasmucha dorsalis*；5. 匙同蝽 *Elasmucha ferrugata*；6. 齿匙同蝽 *Elasmucha fieberi*；7. 绿板同蝽 *Lindbergicicoris hochii*；8. 伯扁蝽 *Aradus* (*Aradus*) *bergrothianus*；9. 贝氏扁蝽 *Aradus* (*Aradus*) *betulae*；10. 同扁蝽 *Aradus* (*Aradus*) *compar*；11. 文扁蝽 *Aradus* (*Aradus*) *hieroglyphicus*；12. 圆肩跷蝽 *Metatropis longirostris*（2 引自彩万志等，2017）

图版 XXXI

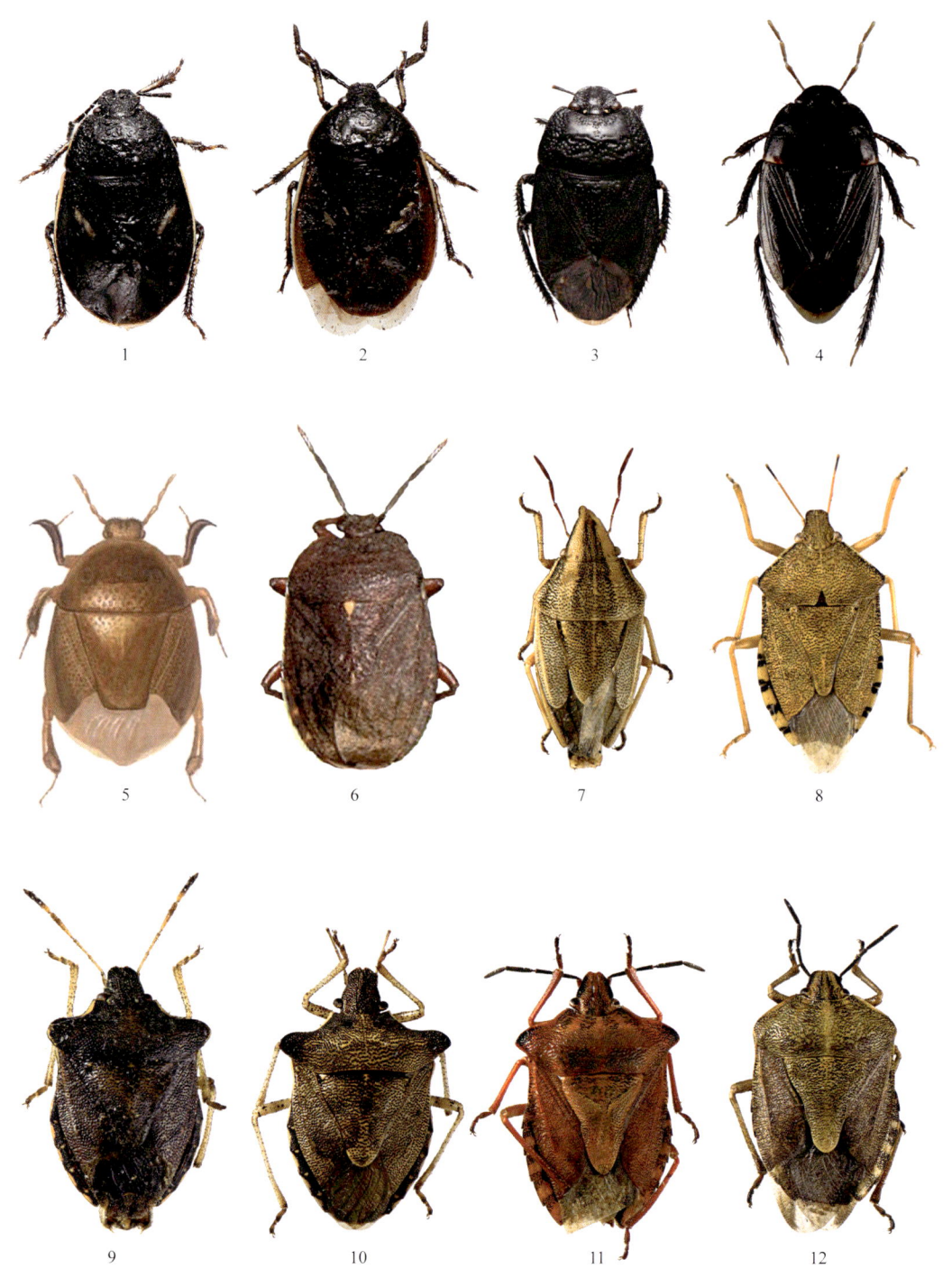

1. 长点阿土蝽 *Adomerus notatus*；2. 圆点阿土蝽 *Adomerus rotundus*；3. 大鳖土蝽 *Adrisa magna*；4. 青革土蝽 *Macroscytus japonensis*；5. 根土蝽 *Schiodtella japonica*；6. 小皱蝽 *Cyclopelta parva*；7. 华麦蝽 *Aelia fieberi*；8. 蠋蝽 *Arma custos*；9. 辉蝽 *Carbula humerigera*；10. 北方辉蝽 *Carbula putoni*；11. 紫翅果蝽 *Carpocoris purpureipennis*；12. 东亚果蝽 *Carpocoris seidenstueckeri*（5 引自彩万志等，2017）

图版 XXXII

1. 斑须蝽 *Dolycoris baccarum*；2. 麻皮蝽 *Erthesina fullo*；3. 菜蝽 *Eurydema dominulus*；4. 横纹菜蝽 *Eurydema* (*Eurydema*) *gebleri*；5. 二星蝽 *Eysarcoris guttiger*；6. 广二星蝽 *Eysarcoris ventralis*；7. 赤条蝽 *Graphosoma rubrolineatum*；8. 茶翅蝽 *Halyomorpha halys*；9. 全蝽 *Homalogonia obtusa*；10. 弯角蝽 *Lelia decempunctata*；11. 北曼蝽 *Menida disjecta*；12. 紫蓝曼蝽 *Menida violacea*（5 引自彩万志等，2017）

图版 XXXIII

1. 浩蝽 *Okeanos quelpartensis*；2. 宽碧蝽 *Palomena viridissima*；3. 金绿真蝽 *Pentatoma metallifera*；4. 青真蝽 *Pentatoma pulchra*；5. 红足真蝽 *Pentatoma rufipes*；6. 褐真蝽 *Pentatoma semiannulata*；7. 益蝽 *Picromerus lewisi*；8. 莽蝽 *Placosternum taurus*；9. 珀蝽 *Plautia crossota*；10. 珠蝽 *Rubiconia intermedia*；11. 圆颊珠蝽 *Rubiconia peltata*；12. 褐片蝽 *Sciocoris microphthalmus*

图版 XXXIV

1. 蓝蝽 *Zicrona caerulea*；2. 宽胸皮蝽 *Parapiesma salsolae*；3. 双痣圆龟蝽 *Coptosoma biguttula*；4. 中华圆龟蝽 *Coptosoma chinense*；5. 显著圆龟蝽 *Coptosoma notabilis*；6. 赛圆龟蝽 *Coptosoma seguyi*；7. 筛豆龟蝽 *Megacopta cribraria*；8. 狄豆龟蝽 *Megacopta distanti*；9. 侧边盐跳蝽 *Halosalda lateralis*；10. 广跳蝽 *Saldula pallipes*；11. 泛跳蝽 *Saldula palustris*；12. 毛顶跳蝽 *Saldula pilosella*（5 引自彩万志等，2017）

图版 XXXV

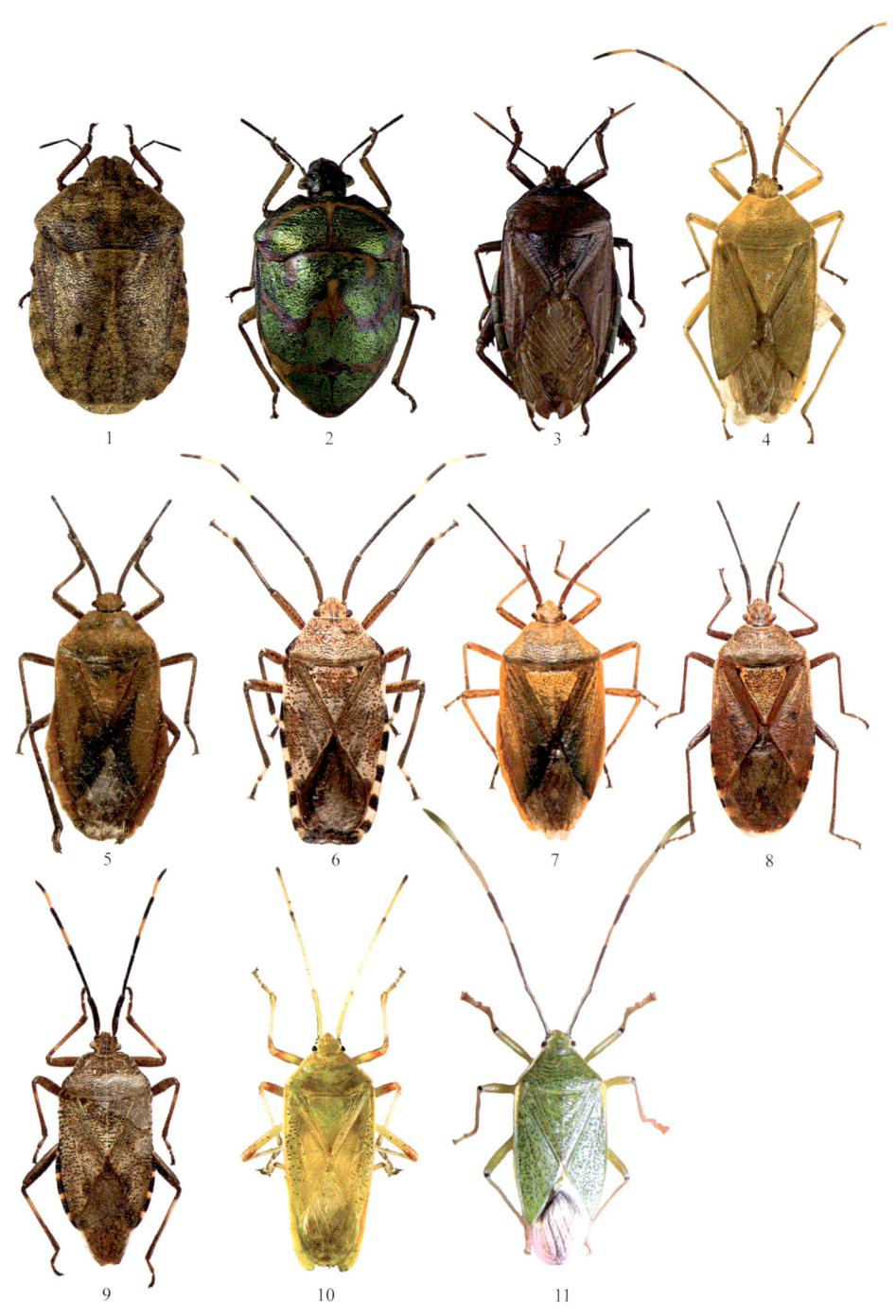

1. 扁盾蝽 *Eurygaster testudinaria*；2. 金绿宽盾蝽 *Poecilocoris lewisi*；3. 硕蝽 *Eurostus validus*；4. 拟壮异蝽 *Urochela* (*Chlorochela*) *caudata*；5. 黄壮异蝽 *Urochela* (*Chlorochela*) *flavoannulata*；6. 花壮异蝽 *Urochela* (*Chlorochela*) *luteovaria*；7. 无斑壮异蝽 *Urochela* (*Chlorochela*) *pollescens*；8. 红足壮异蝽 *Urochela* (*Urochela*) *quadrinotata*；9. 黄脊壮异蝽 *Urochela* (*Urochela*) *tunglingensis*；10. 侧点娇异蝽 *Urostylis lateralis*；11. 黑门娇异蝽 *Urostylis westwoodii*